国家电网有限公司
STATE GRID
CORPORATION OF CHINA

国家电网有限公司
技能人员专业培训教材

电气试验／化验

上册

国家电网有限公司 组编

中国电力出版社
CHINA ELECTRIC POWER PRESS

图书在版编目（CIP）数据

电气试验/化验：全 2 册/国家电网有限公司组编. —北京：中国电力出版社，2020.8
（2023.10 重印）

国家电网有限公司技能人员专业培训教材

ISBN 978-7-5198-4465-3

Ⅰ. ①电… Ⅱ. ①国… Ⅲ. ①电气设备–试验–技术培训–教材 Ⅳ. ①TM64-33

中国版本图书馆 CIP 数据核字（2020）第 042425 号

出版发行：中国电力出版社
地　　址：北京市东城区北京站西街 19 号（邮政编码 100005）
网　　址：http://www.cepp.sgcc.com.cn
责任编辑：闫姣姣（010-63412433）
责任校对：黄　蓓　常燕昆　朱丽芳　闫秀英
装帧设计：郝晓燕　赵姗姗
责任印制：石　雷

印　　刷：三河市百盛印装有限公司
版　　次：2020 年 8 月第一版
印　　次：2023 年 10 月北京第三次印刷
开　　本：710 毫米×980 毫米　16 开本
印　　张：82.25
字　　数：1581 千字
印　　数：3001—4500 册
定　　价：247.00 元（上、下册）

本书编委会

主　任　吕春泉

委　员　董双武　张　龙　杨　勇　张凡华

　　　　王晓希　孙晓雯　李振凯

编写人员　王　继　朱洪斌　余　翔　杨景刚

　　　　　蔚　超　朱孟周　李永宁　曹爱民

　　　　　战　杰　任志强　王　勇

前　言

　　为贯彻落实国家终身职业技能培训要求，全面加强国家电网有限公司新时代高技能人才队伍建设工作，有效提升技能人员岗位能力培训工作的针对性、有效性和规范性，加快建设一支纪律严明、素质优良、技艺精湛的高技能人才队伍，为建设具有中国特色国际领先的能源互联网企业提供强有力人才支撑，国家电网有限公司人力资源部组织公司系统技术技能专家，在《国家电网公司生产技能人员职业能力培训专用教材》（2010 年版）基础上，结合新理论、新技术、新方法、新设备，采用模块化结构，修编完成覆盖输电、变电、配电、营销、调度等 50 余个专业的培训教材。

　　本套专业培训教材是以各岗位小类的岗位能力培训规范为指导，以国家、行业及公司发布的法律法规、规章制度、规程规范、技术标准等为依据，以岗位能力提升、贴近工作实际为目的，以模块化教材为特点，语言简练、通俗易懂，专业术语完整准确，适用于培训教学、员工自学、资源开发等，也可作为相关大专院校教学参考书。

　　本书为《电气试验/化验》分册，共分上下两册，由王继、朱洪斌、余翔、杨景刚、蔚超、朱孟周、李永宁、曹爱民、战杰、任志强、王勇编写。在出版过程中，参与编写和审定的专家们以高度的责任感和严谨的作风，几易其稿，多次修订才最终定稿。在本套培训教材即将出版之际，谨向所有参与和支持本书籍出版的专家表示衷心的感谢！

　　由于编写人员水平有限，书中难免有错误和不足之处，敬请广大读者批评指正。

目　录

第二部分　其他类设备的绝缘试验

第三部分 线圈类及开关类设备的特性试验

下　　册

第五部分　油（气）试验室试验项目分析

第六部分 油（气）现 场 作 业

第七部分　设备状态检修及故障分析

第八部分 电气试验/化验规程

第一部分

线圈类及开关类设备的绝缘试验

第一章

绝缘电阻、吸收比（极化指数）测试

▲ 模块1　变压器绝缘电阻、吸收比（极化指数）测试
（Z13E1001 Ⅰ）

【模块描述】本模块介绍变压器绝缘电阻、吸收比（极化指数）的测试方法和技术要求。通过测试工作流程的介绍，掌握变压器绝缘电阻、吸收比（极化指数）测试前的准备工作和相关安全、技术措施、测试方法、技术要求及测试数据分析判断。

【模块内容】

一、测试目的

测量变压器绕组绝缘电阻、吸收比（极化指数）能有效地检查出变压器绝缘整体受潮、部件表面受潮或脏污以及贯穿性的集中性缺陷，如绝缘子破裂、引线靠壳、器身内部有金属接地、绕组围屏严重老化、绝缘油严重受潮等缺陷。

二、测试仪器、设备的选择

绝缘电阻表可分为手摇式绝缘电阻表和数字式绝缘电阻表。根据不同的被试品，按照相关规程的规定选择适当输出电压的绝缘电阻表。绝缘电阻表的精度不应小于1.5%。

（1）测量变压器绕组连同套管对地绝缘电阻时，采用5000V绝缘电阻表；若变压器电压等级在220kV及以上且容量为120MVA及以上，采用5000V的绝缘电阻表，且绝缘电阻表输出电流不小于3mA。通过图Z13E1001 Ⅰ-1接线可以测得绝缘电阻表的最大输出电流。

图Z13E1001 Ⅰ-1　测量绝缘电阻表
最大输出电流的接线图

（2）测量变压器铁芯和夹件对地绝缘电阻时，采用2500V（老旧变压器用1000V）的绝缘电阻表。夹件引出接地的，铁芯对地、夹件对地、铁芯与夹件间的绝缘电阻应分别测量。

三、危险点分析及控制措施

1. 防止高处坠落

应使用变压器专用爬梯上下，在变压器上作业应系好安全带。对 220kV 及以上变压器，需解开高压套管引线时，宜使用高处作业车，严禁徒手攀爬变压器高压套管。

2. 防止高处落物伤人

高处作业应使用工具袋，上下传递物件应用绳索拴牢传递，严禁抛掷。

3. 防止工作人员触电

（1）应严格执行 Q/GDW 1799.1—2013《国家电网公司电力安全工作规程　变电部分》的相关要求；

（2）高压试验工作不得少于两人。试验负责人应由有经验的人员担任，开始试验前，试验负责人应向全体试验人员详细布置试验中的安全注意事项，交待邻近间隔的带电部位，以及其他安全注意事项。

（3）试验现场应装设遮栏或围栏，遮栏或围栏与试验设备高压部分应有足够的安全距离，向外悬挂"止步，高压危险！"的标示牌，并派人看守。

（4）应确保操作人员及试验仪器与电力设备的高压部分保持足够的安全距离，且操作人员应使用绝缘垫。

（5）试验装置的金属外壳应可靠接地，高压引线应尽量缩短，并采用专用的高压试验线，必要时用绝缘物支挂牢固。

（6）加压前必须认真检查试验接线，使用规范的短路线，检查仪表的开始状态和试验电压挡位，均应正确无误。

（7）因试验需要断开设备接头时，拆前应做好标记，接后应进行检查。

（8）试验前，应通知有关人员离开被试设备，取得试验负责人许可后，方可加压；加压过程中应有人监护并呼唱。

（9）变更接线或试验结束时，应首先断开至被试品高压端的连线后断开试验电源，充分放电，并将升压设备的高压部分放电、短路接地。

（10）试验现场出现明显异常情况（如异声、电压波动、系统接地等）时，应立即停止试验工作，查明异常原因。

（11）高压试验作业人员在全部加压过程中，应精力集中，随时警戒异常现象发生。

（12）未装接地线的大电容被试设备，应先行放电再做试验。

（13）试验结束时，试验人员应拆除自装的接地短路线，并对被试设备进行检查，恢复试验前的状态，经试验负责人复查后，进行现场清理。

四、测试前的准备工作

1. 了解被试设备现场情况及试验条件

现场试验前，应查勘现场，查阅相关技术资料，包括设备出厂试验数据、历年数据及相关规程。

2. 测试仪器、设备准备

选择合适的绝缘电阻表、温（湿）度计、测试线、放电棒、接地线、安全带、安全帽、电工常用工具、试验临时安全遮栏、标示牌等，并查阅测试仪器、设备及绝缘工器具的检定合格证书有效期、相关技术资料、相关规程等。

3. 办理工作票并做好试验现场安全和技术措施

按相关安全生产管理规定办理工作许可手续；向试验人员交代工作内容、带电部位、现场安全措施、现场作业危险点，明确人员分工及试验程序。

五、现场测试步骤及要求

（一）测试接线

变压器绝缘电阻测试项目见表 Z13E1001Ⅰ–1。

表 Z13E1001Ⅰ–1　　　　　　　电力变压器绝缘电阻测试项目

序号	双绕组		三绕组	
	被测部位	接地部位	被测部位	接地部位
1	低压	高压、铁芯、外壳	低压	高压、中压、铁芯、外壳
2	—	—	中压	高压、低压、铁芯、外壳
3	高压	低压、铁芯、外壳	高压	中压、低压、铁芯、外壳
4	铁芯	夹件、外壳	铁芯	外壳
5	夹件	铁芯、外壳	夹件	外壳

以三绕组变压器中压侧绝缘电阻测试为例，测试接线如图 Z13E1001Ⅰ–2 所示。

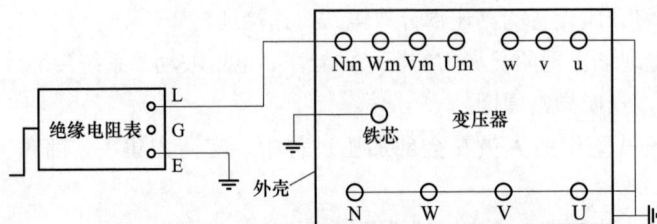

图 Z13E1001Ⅰ–2　变压器绝缘电阻测试接线图

（二）测试步骤

（1）使用前应对绝缘电阻表本身进行检查。

（2）测试的外部条件（指一次引线）应与前次条件相同。

（3）绕组绝缘电阻测量宜在顶层油温低于 50℃时进行测量，并记录顶层油温，SF_6 气体绝缘变压器及干式变压器记录绕组温度。

（4）应将被试绕组自身的端子短接，非被试绕组亦应短接并与外壳连接后接地。

（5）测试前对地充分放电，并解除设备外接线，电容量较大的被试品（如大中型变压器及电容器等）应充分放电。

测量时，绝缘电阻表的接线端子"L"接于被试设备的高压导体上，接地端子"E"接于被试设备的外壳或接地点上，屏蔽端子"G"接于设备的屏蔽环上，以消除表面泄漏电流的影响。被试品上的屏蔽环应按图 Z13E1001Ⅰ-3 所示的接线图，接在接近加压的高压端而远离接地部分，减少屏蔽对地的表面泄漏，以免造成绝缘电阻表过负荷。屏蔽环可以用熔丝或软铜线紧绕几圈而成。

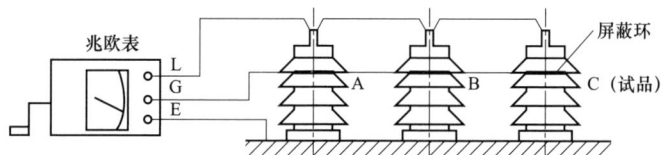

图 Z13E1001Ⅰ-3　屏蔽环的安装位置图

1. 变压器绕组连同套管对地绝缘电阻的测试步骤

（1）将被试品断电，充分放电并有效接地。

（2）检查绝缘电阻表是否正常，并选择被试设备相应的测量电压挡位。

（3）按不同的测试项目要求进行接线，注意由绝缘电阻表到被试品的连线应尽量短。

（4）经检查确认无误，绝缘电阻表到达额定输出电压后，待读数稳定或 60s 时，读取绝缘电阻值，并记录。若测量绝缘电阻阻值大于 10 000MΩ，不需要测量吸收比和极化指数。

（5）变压器按表 Z13E1001Ⅰ-1 测试项目并参考图 Z13E1001Ⅰ-2 进行接线，经检查确认无误后，驱动绝缘电阻表达额定转速或接通数字式绝缘电阻表电源后，再将测试线搭上测试部位，分别读取 15s、60s、10min 绝缘电阻值，并做好记录。

（6）读取绝缘电阻后，应先断开接至被试品高压端的连接线，然后将绝缘电阻表停止运转，以免变压器在测量时所充的电荷经绝缘电阻表放电而损坏绝缘电阻表。大多数数字式绝缘电阻表均具备自放电回路，可省略。

（7）对变压器测试部位放电接地，并按表 Z13E1001Ⅰ-1 测试项目依次进行测试。

（8）需要测量吸收比和极化指数时，分别在 15s、60s、10min 读取绝缘电阻值 R_{15s}、R_{60s}、R_{10min}，并做好记录，用下列公式进行计算

$$吸收比 = R_{60s}/R_{15s} \qquad (Z13E1001Ⅰ-1)$$
$$极化指数 = R_{10min}/R_{60s} \qquad (Z13E1001Ⅰ-2)$$

（9）读取绝缘电阻值后，如使用仪表为手摇式绝缘电阻表应先断开接至被试品高压端的连接线，然后将绝缘电阻表停止运转；如使用仪表为全自动式绝缘电阻表应等待仪表自动完成所有工作流程后，断开接至被试品高压端的连接线，然后将绝缘电阻表停止工作。

（10）测量结束时，被试品还应对地进行充分放电，对电容量较大的被试品，应先经过电阻放电再直接放电，其放电时间应不少于 5min。

2. 变压器铁芯和夹件对地绝缘电阻的测试步骤

（1）将铁芯和夹件引出小套管的接地线打开。

（2）将绝缘电阻表"L"端接小套管，"E"端接变压器外壳，进行测量，时间不得小于 60s。

（3）测量完成后，用放电电阻对铁芯和夹件进行放电，观察无放电声音或火花后，使用放电棒直接接地放电，并恢复铁芯接地线。

六、测试注意事项

（1）对于高压大容量的电力变压器，当因湿度等原因造成外绝缘对测量结果影响较大时，应尽量在相对湿度较小的时段（如午后）进行测量；空气相对湿度较大时，应在被试品上装设屏蔽环并连接到表上的屏蔽端子。减少外绝缘表面泄漏电流的影响。

（2）当第一次试验后需要进行第二次复测时，必须充分放电，对大容量的设备，至少放电 5min 以上，以保证测量数据准确，减少残余电荷的影响。

（3）当有较大感应电压时，必须采取措施防止感应高压损坏仪表和危及人身安全。

（4）如测得的绝缘电阻值过低，应进行分解测量，找出绝缘最低的部分。

（5）吸收比读数时，应避免记录时间带来的误差。

（6）绝缘电阻表的"L"和"E"端子不能对调，与被试品间的连线不能铰接或拖地。

（7）测量时应使用高压屏蔽线。测试线不要与地线缠绕，尽量悬空。

（8）变压器绝缘电阻大于 10 000MΩ 时，吸收比和极化指数可仅作为参考，绝缘电阻小于 10 000MΩ 时，应测试吸收比和极化指数。

七、测试结果分析及测试报告编写

（一）测试结果分析

1. 测试标准及要求

根据 Q/GDW 1168—2013《输变电设备状态检修试验规程》、Q/GDW 11447—2015《10kV～500kV 输变电设备交接试验规程》及《国家电网公司变电检测通用管理规定及细则》〔国网（运检/3）829—2017〕的规定，电力变压器绝缘电阻试验标准见表 Z13E1001Ⅰ-2。

绝缘电阻换算至同一温度下，与出厂试验值或前一次测试结果相比，绝缘电阻值不低于 70%，其换算公式为

$$R_2 = R_1 \times 1.5^{(t_1-t_2)/10} \qquad (Z13E1001\,\text{Ⅰ}\,-3)$$

式中　R_1、R_2——温度为 t_1、t_2 时的绝缘电阻值，MΩ。

表 Z13E1001Ⅰ-2　　　　　　电力变压器绝缘电阻试验标准

项目	标　准
铁芯绝缘电阻	≥100MΩ（新投运 1000MΩ）
	且与以前试验结果比较无明显变化
绕组绝缘电阻	无显著下降
	吸收比≥1.3 或极化指数≥1.5 或绝缘电阻≥10 000MΩ

2. 测试结果分析

（1）绝缘电阻的数值。所测得的绝缘电阻的数值不应小于一般允许值，若低于一般允许值，应进一步分析，查明原因。对电容量较大的高压电气设备的绝缘状况，主要以吸收比和极化指数的大小作为判断的依据。如果吸收比和极化指数有明显下降，说明其绝缘受潮或油质严重劣化。

（2）试验数值的相互比较。在设备未明确规定最低值的情况下，将结果与有关数据比较，包括同一设备的各相数据、同类设备间的数据、出厂试验数据、耐压前后数据、与历次同温度下的数据比较等，结合其他试验综合判断。

（3）应排除湿度、温度和脏污的影响。由于温度、湿度、脏污等条件对绝缘电阻的影响很明显，所以对试验结果进行分析时，应排除这些因素的影响，特别应考虑温度的影响。

（4）除注意绝缘电阻的大小外，要特别注意绝缘电阻的变化趋势。

（二）测试报告编写

试验记录应填写信息，包括基本信息（变电站、委托单位、试验单位、运行编号、

试验性质、试验日期、试验人员、试验地点、报告日期、编写人员、审核人员、批准人员、试验天气、环境温度、环境相对湿度、绕组温度），设备铭牌（生产厂家、出厂日期、出厂编号、设备型号、额定电压、额定电流、接线组别、相数、额定容量、电压组合、电流组合、容量组合、空载电流、空载损耗），试验数据（绕组绝缘电阻、吸收比、极化指数、铁芯绝缘电阻、夹件绝缘电阻、结果、试验仪器、项目结论等）。

八、案例

某变电站一台 SFZ11–40000/110 变压器，2005 年 12 月 22 日绝缘电阻进行测试，发现该变压器高、低压侧吸收比<1.3，而低压侧绝缘电阻值与前一次试验结果相比偏小，高压侧绝缘电阻值与前一次试验结果相比基本相等。两次测试条件分别为：① 2003 年 11 月 20 日，天气阴、气温 15℃、湿度 58%、变温 48℃；② 2005 年 12 月 22 日，天气阴、气温 11℃、湿度 62%、变温 45℃。测验结果比较（已进行温度换算）如表 Z13E1001Ⅰ–3 所示。

表 Z13E1001Ⅰ–3　　　　　　变压器两次测试结果比较

试验日期	2003 年 11 月 20 日		2005 年 12 月 22 日	
测试部位	绝缘电阻（MΩ）	吸收比	绝缘电阻（MΩ）	吸收比
低压—高压及地	18 000	1.35	8000	1.05
高压—低压及地	35 000	1.37	32 000	1.10

现场分析发现该变压器高、低压侧的引线未解，低压侧连接 10kV 母线桥，高压侧连接 110kV 隔离开关（已断开）。将变压器高、低压侧的引线解开后测试，低压侧绝缘电阻值达 16 000MΩ，吸收比 1.31，高压侧吸收比 1.34。

【思考与练习】

1. 三绕组变压器例行试验时，需测量绝缘电阻的哪些部位？

2. 一台 SFZ11–40000/110 变压器，在变温 50℃时测得高压绝缘电阻为 13 000MΩ，换算为变温 10℃时的绝缘电阻值是多少？

3. 测量变压器铁芯绝缘电阻时应注意哪些问题？变压器在大修后铁芯绝缘电阻的判断标准是什么？

▲ 模块 2　互感器绝缘电阻测试（Z13E1002Ⅰ）

【模块描述】本模块介绍电流互感器、串级式电压互感器、电容式电压互感器的绝缘电阻测试方法及技术要求。通过测试工作流程的介绍，掌握上述互感器绝缘电阻测试前的准备工作和相关安全、技术措施、测试方法、技术要求及测试数据分析判断。

【模块内容】

一、测试目的

测试互感器的绝缘电阻能有效地发现其绝缘整体受潮、脏污、贯穿性缺陷，以及绝缘击穿和严重过热老化等缺陷。末屏对地绝缘电阻的测量能有效地监测电容型电流互感器进水受潮缺陷。

二、测试仪器、设备的选择

测量互感器一次绕组绝缘电阻用 2500V 绝缘电阻表，测量 1000kV 电容式电压互感器二次绕组采用 2500V 绝缘电阻表，测量其他电压等级互感器的二次绕组绝缘电阻用 1000V 绝缘电阻表。

三、危险点分析及控制措施

1. 防止高处坠落

试验人员在拆、接互感器一次引线时，必须系好安全带。测量互感器一次绕组的绝缘电阻时，应尽量使用绝缘杆。使用梯子时，必须有人扶持或绑牢。在解开 220kV 及以上互感器一次引线时，宜使用高处作业车，严禁徒手攀爬互感器。

2. 防止高处落物伤人

高处作业应使用工具袋，上下传递物件应用绳索拴牢传递，严禁抛掷。

3. 防止人员触电

（1）应严格执行 Q/GDW 1799.1—2013《国家电网公司电力安全工作规程　变电部分》及 Q/GDW 1799.2—2013《国家电网公司电力安全工作规程　线路部分》的相关要求；

（2）高压试验工作不得少于两人。试验负责人应由有经验的人员担任，开始试验前，试验负责人应向全体试验人员详细布置试验中的安全注意事项，交待邻近间隔的带电部位，以及其他安全注意事项。

（3）试验现场应装设遮栏或围栏，遮栏或围栏与试验设备高压部分应有足够的安全距离，向外悬挂"止步，高压危险！"的标示牌，并派人看守。对于被试设备两端不在同一工作地点时，如电力电缆另一端应派专人看守。

（4）应确保操作人员及试验仪器与电力设备的高压部分保持足够的安全距离，且操作人员应使用绝缘垫。

（5）试验装置的金属外壳应可靠接地，高压引线应尽量缩短，并采用专用的高压试验线，必要时用绝缘物支挂牢固。

（6）加压前必须认真检查试验接线，使用规范的短路线，检查仪表的开始状态和试验电压挡位，均应正确无误。

（7）因试验需要断开设备接头时，拆前应做好标记，接后应进行检查。

（8）试验前，应通知有关人员离开被试设备，并取得试验负责人许可，方可加压；加压过程中应有人监护并呼唱。

（9）变更接线或试验结束时，应首先断开至被试品高压端的连线后断开试验电源，充分放电，并将升压设备的高压部分放电、短路接地。

（10）试验现场出现明显异常情况时（如异音、电压波动、系统接地等），应立即停止试验工作，查明异常原因。

（11）高压试验作业人员在全部加压过程中应精力集中，随时警戒异常现象发生。

（12）未装接地线的大电容被试设备，应先行放电再做试验。

（13）试验结束时，试验人员应拆除自装的接地短路线，并对被试设备进行检查，恢复试验前的状态，经试验负责人复查后，进行现场清理。

四、测试前的准备工作

1. 了解被试设备现场情况及试验条件

现场试验前，应查勘现场，查阅相关技术资料，包括设备出厂试验数据、历年数据及相关规程。

2. 测试仪器、设备准备

选择合适的绝缘电阻表、温（湿）度计、测试线、放电棒、接地线、安全带、安全帽、电工常用工具、试验临时安全遮栏、标示牌等，并查阅测试仪器、设备及绝缘工器具的检定合格证书有效期、相关技术资料、相关规程等。

3. 办理工作票并做好试验现场安全和技术措施

按相关安全生产管理规定办理工作许可手续；向试验人员交代工作内容、带电部位、现场安全措施、现场作业危险点，明确人员分工及试验程序。

五、现场测试步骤及要求

将被试品各绕组接地放电，放电时应用绝缘工具进行，不得用手碰触放电导线，并检查绝缘电阻表是否正常，然后根据被试品的测试项目分别进行接线和测试。

（一）测量电流互感器的绝缘电阻

1. 测量电流互感器一次绕组的绝缘电阻

（1）测试接线。以 110kV 电流互感器为例，测量电流互感器一次绕组绝缘电阻的接线如图 Z13E1002Ⅰ-1 所示。

（2）测试步骤。将电流互感器一次绕组端子 P1、P2 短接后接至绝缘电阻表"L"端，绝缘电阻表"E"端接地，电流互感器的二次绕组及末屏短路接地。接线经检查无误后，驱动绝缘电阻表达额定转速，将"L"端测试线搭上电流互感器高压测试部位，读取 60s 绝缘电阻值，并做好记录。完成测量后，应先断开接至被试电流互感器高压

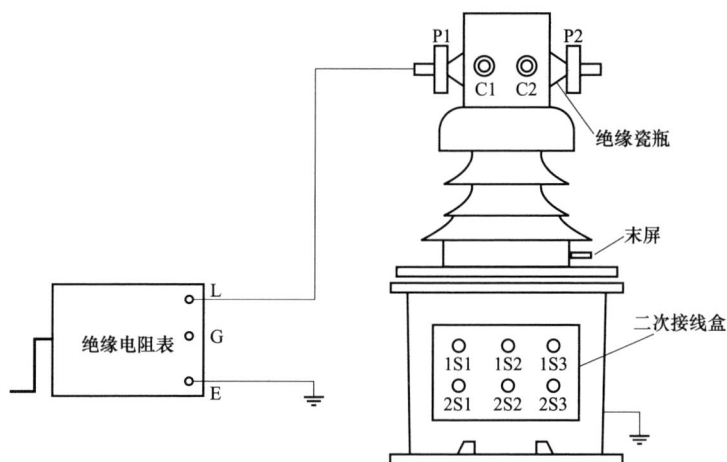

图 Z13E1002Ⅰ-1　测量电流互感器一次绕组绝缘电阻的接线图

端的连接线，再将绝缘电阻表停止运转，对电流互感器测试部位短接放电并接地。

2. 测量电流互感器末屏绝缘电阻

将电流互感器末屏接地解开，绝缘电阻表"L"端接电流互感器"末屏端"，"E"端接地，接线经检查无误后，驱动绝缘电阻表达额定转速，将"L"端测试线搭上电流互感器"末屏端"，读取 60s 绝缘电阻值，并做好记录。完成测量后，应先断开接至电流互感器"末屏端"的连接线，再将绝缘电阻表停止运转，对电流互感器"末屏端"测试部位短接放电并恢复接地。

3. 测量电流互感器二次绕组对地及之间的绝缘电阻

将电流互感器二次绕组分别短路，绝缘电阻表"L"端接测量绕组，"E"端接地，非测量绕组接地。检查无误后，驱动绝缘电阻表达额定转速，将绝缘电阻表"L"端连接线搭接测量绕组，读取 60s 绝缘电阻值，并做好记录。断开绝缘电阻表"L"端至测量绕组的连接线，再将绝缘电阻表停止运转，对所测二次绕组进行短接放电并接地。

电流互感器二次绕组的每一组都要分别进行测量，直至所有绕组测量完毕。

4. 测量电流互感器一次绕组间的绝缘电阻

解开电流互感器的一次绕组间所有连接片（串、并联使用），对 110kV 及以上电流互感器还应解开一次绕组间的避雷器。将绝缘电阻表"L"端接电流互感器一次绕组的"P1"端，"E"端接电流互感器一次绕组的"P2"端。接线经检查无误后，驱动绝缘电阻表达额定转速，将"L"端测试线搭上电流互感器"P1"端，"E"端测试线搭上电流互感器一次绕组的"P2"端，读取数据稳定后或 60s 绝缘电阻值，并做好记录。完成测量后，应先断开接至被试电流互感器"P1"端的连接线，再将绝缘电阻表停止运转。对所测一次绕组进行短接放电并接地。恢复所有连接片及避雷器的接线。

（二）测量串级式电压互感器的绝缘电阻

1. 测量串级式电压互感器一次绕组的绝缘电阻

（1）测试接线。测量串级式电压互感器一次绕组绝缘电阻的接线如图 Z13E1002 I –2 所示。

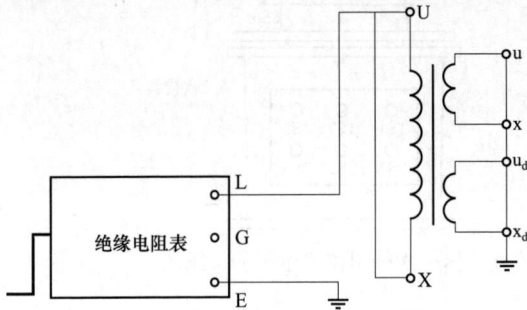

图 Z13E1002 I –2　测量串级式电压互感器
一次绕组绝缘电阻的接线图

（2）测试步骤。将电压互感器一次绕组末端（即"X"端）与地解开，并与"U"短接。绝缘电阻表"L"端接电压互感器一次绕组首端（即"U"端），"E"端接地，二次绕组短路接地。接线经检查无误后，驱动绝缘电阻表达额定转速，将"L"端测试线搭上电压互感器一次绕组"U"端或"X"端，读取 60s 绝缘电阻值，并做好记录。完成测量后，应先断开接至电压互感器一次绕组的连接线，再将绝缘电阻表停止运转。对电压互感器一次绕组放电接地。

2. 测量串级式电压互感器二次绕组的绝缘电阻

将电压互感器一次绕组短路接地，二次绕组分别短路，绝缘电阻表"L"端接测量绕组，"E"端接地，非测量绕组接地。检查接线无误后，驱动绝缘电阻表达额定转速，将绝缘电阻表"L"端连接线搭接测量绕组，读取 60s 绝缘电阻值，并做好记录。断开绝缘电阻表"L"端至测量绕组的连接线，再将绝缘电阻表停止运转，对所测二次绕组进行短接放电并接地。

电压互感器二次绕组的每一组都要分别进行测量，直至所有绕组测量完毕。

（三）测量电容式电压互感器的绝缘电阻

1. 测量电容式电压互感器主电容 C_1 绝缘电阻

（1）测试接线。测量电容式电压互感器主电容 C_1 绝缘电阻的接线如图 Z13E1002 I –3（a）所示。

（2）测试步骤。将绝缘电阻表"L"端接"U"端，"E"端接"3"，二次绕组分别短路接地。接线检查无误后，驱动绝缘电阻表达额定转速，将"L"端测试线搭上"U"端，读取 60s 或稳定后的绝缘电阻值，并做好记录。完成测量后，应先断开接至"U"端的连接线，再将绝缘电阻表停止运转，并对测试部位短路放电。

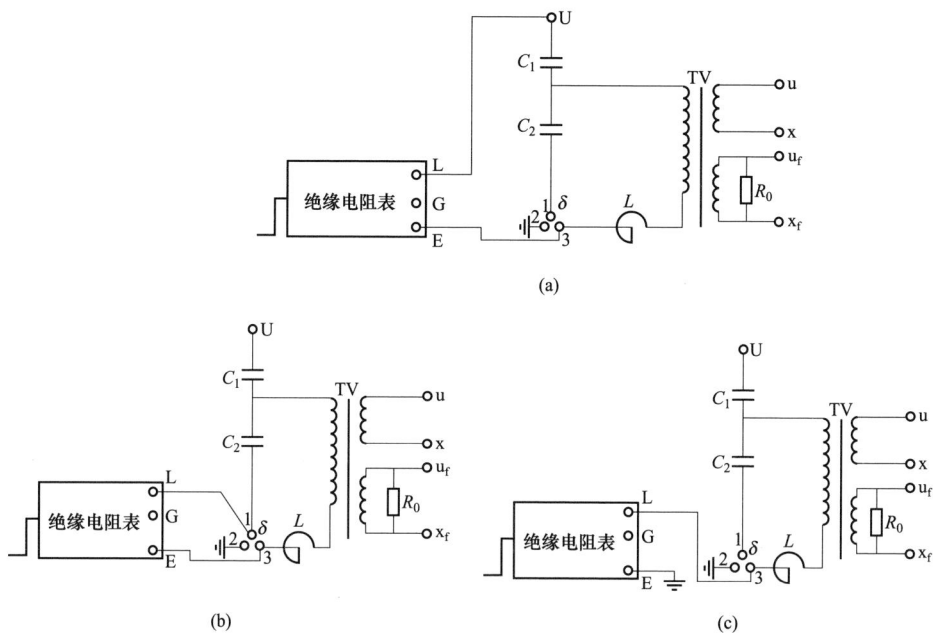

图 Z13E1002Ⅰ-3　测量电容式电压互感器绝缘电阻的接线图

（a）测量主电容 C_1 的绝缘电阻；（b）测量分压电容 C_2 的绝缘电阻；（c）测量中间变压器的绝缘电阻

C_1—主电容；C_2—分压电容；L—电抗器；TV—中间变压器；R_0—阻尼电阻

2. 测量电容式电压互感器分压电容 C_2 绝缘电阻

（1）测试接线。测量电容式电压互感器分压电容 C_2 绝缘电阻的接线，如图 Z13E1002Ⅰ-3（b）所示。

（2）测试步骤。将绝缘电阻表"L"端接"1"端，"E"端接"3"，二次绕组分别短路接地。接线检查无误后，驱动绝缘电阻表达额定转速，将"L"端测试线搭上"1"端，读取 60s 或稳定后的绝缘电阻值，并做好记录。完成测量后，应先断开接至"1"端的连接线，再将绝缘电阻表停止运转，并对测试部位短路放电。

3. 测量中间变压器的绝缘电阻

（1）测试接线。测量中间变压器绝缘电阻的接线，如图 Z13E1002Ⅰ-3（c）所示。

（2）测试步骤。将绝缘电阻表"L"端接"3"端，"E"端接地，二次绕组分别短路接地。接线检查无误后，驱动绝缘电阻表达额定转速，将"L"端测试线搭上"3"端，读取 60s 或稳定后的绝缘电阻值，并做好记录。完成测量后，应先断开接至"3"端的连接线，再将绝缘电阻表停止运转，并对测试部位短路放电。

4. 测量电容式电压互感器二次绕组的绝缘电阻

测量电容式电压互感器二次绕组的绝缘电阻与测量串级式电压互感器二次绕组的

绝缘电阻相同。

六、测试注意事项

（1）每次试验应选用相同电压、相同型号的绝缘电阻表。

（2）测量时宜使用高压屏蔽线且内屏蔽层（或单屏蔽的屏蔽层）应接"G"端子，双屏蔽的屏蔽线外屏蔽应当接地。若无高压屏蔽线，测试线不要与地线缠绕，应尽量悬空。测试线不能用双股绝缘线和绞线，应用单股线分开单独连接，以免因绞线绝缘不良而引起误差。

（3）试验人员之间应分工明确，测量时应配合默契，测量过程中要大声呼唱。

（4）测量时应在天气良好的情况下进行，且空气相对湿度不高于 80%。若遇天气潮湿、互感器表面脏污，则需要进行"屏蔽"测量，屏蔽是在互感器套管中上部表面用软铜线缠绕几圈，引至绝缘电阻表的屏蔽端（"G"端），以消除表面泄漏的影响。

（5）禁止在有雷电或邻近高压设备时使用绝缘电阻表，以免发生危险。

（6）测试电流互感器末屏绝缘的绝缘电阻、串级式电压互感器一次绕组绝缘电阻、电容式电压互感器主电容 C_1、分压电容 C_2 及中间变压器的绝缘电阻后，切记做好末屏、"X"端、"δ"端的接地。

（7）在将末屏接地解开时，应解开"接地端"，不要解开"末屏端"，以免造成末屏芯线断裂或渗油。

（8）在测量电流互感器末屏绝缘电阻时，将绝缘电阻表"L"端测试线搭上电流互感器"末屏端"后，观察有无放电和充电现象，或是否明显，取决于末屏对地电容量的大小和绝缘电阻表容量的大小。

七、测试结果分析及测试报告编写

（一）测试结果分析

1. 测试标准及要求

根据 Q/GDW 1168—2013《输变电设备状态检修试验规程》、Q/GDW 11447—2015《10kV～500kV 输变电设备交接试验规程》及《国家电网公司变电检测通用管理规定及细则》〔国网（运检/3）829—2017〕的规定，互感器绝缘电阻试验标准见表 Z13E1002 I –1。

表 Z13E1002 I –1　　　　　　　互感器绝缘电阻试验标准

设备	项目	标准
电流互感器	绕组及末屏的绝缘电阻	1）一次绕组： 35kV 及以上：>3000MΩ 或与上次测量值相比无显著变化。 2）末屏对地（电容型）：>1000MΩ（注意值）

续表

设备	项目	标　准
电磁式电压互感器	绕组绝缘电阻	1）一次绕组：绝缘电阻初值差不超过−50%； 二次绕组：≥10MΩ（注意值）。 2）同等或相近测量条件下，绝缘电阻应无显著降低（注意值）
电容式电压互感器	电容器极间绝缘电阻	≥10 000MΩ（1000kV）（注意值）； ≥5000MΩ（其他）（注意值）
	低压端对地绝缘电阻	不低于100MΩ
	二次绕组绝缘电阻	≥1000MΩ（1000kV）用2500V绝缘电阻表测量（1000kV）； ≥10MΩ（其他）（注意值）用1000V绝缘电阻表测量（其他）； 当二次绕组绝缘电阻不能满足要求时，应电磁单元绝缘油击穿电压和水分测量
	中间变压器的绝缘电阻	1）一次绕组对二次绕组及地应大于1000MΩ。 2）二次绕组之间及对地应大于10MΩ
		≥100MΩ

（1）在 Q/GDW 1168—2013《输变电设备状态检修试验规程》及 DL/T 596—1996《电力设备预防性试验规程》中，对电流互感器的绝缘电阻没有说明温度换算，因此每次的试验条件要基本相同。试验数据应与前一次或初始值测试结果相比，或参照同一设备历史数据，并结合规程标准及其他试验结果进行综合判断。

（2）在测量末屏绝缘电阻时，若没有充电现象，而绝缘电阻值很高，放电时无"火花"或"放电"声，可能末屏引线发生断裂，需用其他试验来进行综合判断。

（3）在测量末屏绝缘电阻时，若没有充电现象，而绝缘电阻值很低，放电时无"火花"或"放电"声，可能电流互感器末屏受潮。这是因为电容型电流互感器一般由10层以上电容串联。进水受潮后，水分一般不易渗入电容层间或使电容层普遍受潮，因此进行主绝缘试验往往不能有效地监测出其进水受潮。但是水分的密度大于变压器油，所以往往沉积于套管和电流互感器外层（末层）或底部（末屏与法兰间），而使末屏对地绝缘水平大大降低。因此，规程要求，当末屏对地绝缘电阻小于1000MΩ时，已超过"状态检修"的要求，要引起注意，应在测量一次绕组对末屏主绝缘的 C_x 和 $\tan\delta$ 值的同时，测量末屏对地的 C_x 和 $\tan\delta$ 值。

（4）在测量串级式电压互感器一次绕组的绝缘电阻时，由于末端（"X"端）的小套管脏污、受潮、破裂或支持小套管及二次端子的胶木板脏污、受潮，会影响一次绕组的绝缘电阻值，必须设法消除影响。

2. 测试结果分析

（1）绝缘电阻的数值。所测得的绝缘电阻的数值不应小于一般允许值，若低于一般允许值，应进一步分析，查明原因。如果吸收比和极化指数有明显下降，说明其绝缘受潮或油质严重劣化。

（2）试验数值的相互比较。在设备未明确规定最低值的情况下，将结果与有关数据比较，包括同一设备的各相的数据、同类设备间的数据、出厂试验数据、耐压前后数据比较等，结合其他试验综合判断。

（3）应排除湿度、温度和脏污的影响。由于温度、湿度、脏污等条件对绝缘电阻的影响很明显，所以对试验结果进行分析时，应排除这些因素的影响，特别应考虑温度的影响。

（4）除注意绝缘电阻的大小外，要特别注意绝缘电阻的变化趋势。

（二）测试报告编写

试验记录应填写信息，包括基本信息（变电站、委托单位、试验单位、运行编号、试验性质、试验日期、试验人员、试验地点、报告日期、编写人员、审核人员、批准人员、试验天气、环境温度、环境相对湿度），设备铭牌（生产厂家、出厂日期、出厂编号、设备型号、额定电压等），试验数据（主绝缘绝缘电阻、末屏绝缘电阻、二次绕组绝缘电阻、试验仪器、项目结论等）。

八、案例

某变电站对 110kV 电容型电流互感器进行例行试验，在测量末屏绝缘电阻时，观察绝缘电阻表，发现指针来回晃动，对末屏进行放电，无"火花"或"放电"声，初步判断电流互感器末屏内部接触不良。在测量一次绕组对末屏主绝缘电容量（C_x）和介质损耗（$\tan\delta$）时，其电容量（C_x）与铭牌电容（CN）的误差及介质损耗（$\tan\delta$）值均超过标准。将电流互感器解体，发现电流互感器末屏与末屏套管连接处已"碳化"。分析原因，在每次预试测量末屏绝缘电阻和介质损耗时，将末屏接地解开都是解开"末屏端"，长期这样导致末屏套管穿芯螺杆松动，内部引线扭曲变形，末屏与末屏套管接触不良。将电流互感器修理后进行试验，其末屏绝缘电阻、电容量（C_x）和介质损耗（$\tan\delta$）均合格。

【思考与练习】

1. 简述互感器绝缘电阻测试的目的及标准。
2. 将电容型电流互感器末屏接地解开时，应注意哪些问题？
3. 画出测量电容式电压互感器绝缘电阻的接线图。

▲ 模块3 高压断路器绝缘电阻测试（Z13E1003Ⅰ）

【模块描述】本模块介绍高压断路器绝缘电阻测试的方法和技术要求。通过对测试工作流程的介绍，掌握高压断路器绝缘电阻测试前的准备工作和相关安全、技术措施、测试方法、技术要求及测试数据分析判断。

【模块内容】

一、测试目的

高压断路器的主要绝缘部件有瓷套、拉杆和绝缘油。测量高压断路器的绝缘电阻应分别在合闸状态和分闸状态下进行。在合闸状态下主要是检查拉杆对地绝缘；在分闸状态下，主要是检查各断口之间的绝缘，通过测量可以检查出内部灭弧室是否受潮或烧伤。

二、测试仪器、设备的选择

测试仪器主要是绝缘电阻表，绝缘电阻表的电压等级应按以下规定选择：

（1）测试真空断路器、少油断路器整体绝缘电阻时采用 2500V 绝缘电阻表。分别在分、合闸状态下进行；测量时，注意外绝缘表面泄漏的影响。

（2）测试 SF_6 断路器、真空断路器、少油断路器的分、合闸线圈绝缘电阻时采用 500V 绝缘电阻表。

（3）测试 SF_6 断路器、真空断路器、少油断路器的辅助回路和控制回路绝缘电阻时采用 1000V 绝缘电阻表。

三、危险点分析及控制措施

1. 防止高处坠落

使用梯子应有人扶持或绑牢，在断路器上作业应系好安全带。

2. 防止高处落物伤人

高处作业应使用工具袋，上下传递物件应用绳索拴牢传递，严禁抛掷。

3. 防止人员触电

（1）应严格执行 Q/GDW 1799.1—2013《国家电网公司电力安全工作规程　变电部分》的相关要求；

（2）高压试验工作不得少于两人。试验负责人应由有经验的人员担任，开始试验前，试验负责人应向全体试验人员详细布置试验中的安全注意事项，交待邻近间隔的带电部位，以及其他安全注意事项。

（3）试验现场应装设遮栏或围栏，遮栏或围栏与试验设备高压部分应有足够的安全距离，向外悬挂"止步，高压危险！"的标示牌，并派人看守。

（4）应确保操作人员及试验仪器与电力设备的高压部分保持足够的安全距离，且操作人员应使用绝缘垫。

（5）试验装置的金属外壳应可靠接地，高压引线应尽量缩短，并采用专用的高压试验线，必要时用绝缘物支持牢固。

（6）加压前必须认真检查试验接线，使用规范的短路线，检查仪表的开始状态和

试验电压挡位，均应正确无误。

（7）因试验需要断开设备接头时，拆前应做好标记，接后应进行检查。

（8）试验前，应通知有关人员离开被试设备，取得试验负责人许可后，方可加压；加压过程中应有人监护并呼唱。

（9）变更接线或试验结束时，应首先断开至被试品高压端的连线后断开试验电源，充分放电，并将升压设备的高压部分放电、短路接地。

（10）试验现场出现明显异常情况时（如异声、电压波动、系统接地等），应立即停止试验工作，查明异常原因。

（11）高压试验作业人员在全部加压过程中，应精力集中，随时警戒异常现象发生。

（12）未装接地线的大电容被试设备，应先行放电再做试验。

（13）试验结束时，试验人员应拆除自装的接地短路线，并对被试设备进行检查，恢复试验前的状态，经试验负责人复查后，进行现场清理。

四、测试前的准备工作

1. 了解被试设备现场情况及试验条件

现场试验前，应查勘现场，查阅相关技术资料，包括设备出厂试验数据、历年数据及相关规程。

2. 测试仪器、设备准备

选择合适的绝缘电阻表、温（湿）度计、测试线、放电棒、接地线、安全带、安全帽、电工常用工具、试验临时安全遮栏、标示牌等，并查阅测试仪器、设备及绝缘工器具的检定合格证书有效期、相关技术资料、相关规程等。

3. 办理工作票并做好试验现场安全和技术措施

按相关安全生产管理规定办理工作许可手续；向试验人员交代工作内容、带电部位、现场安全措施、现场作业危险点，明确人员分工及试验程序。

五、现场测试步骤及要求

1. 测试接线

（1）三相对地及相间绝缘电阻测试时，应分别测量每相对地的绝缘电阻，其余两相均接地。

（2）断路器每个断口间绝缘电阻测试时，测试导线分别接至每个断口间。

（3）绝缘拉杆（提升杆）两端绝缘电阻测试时，测试导线分别接至绝缘拉杆（提升杆）两端。

（4）分、合闸线圈及控制回路间对地绝缘电阻测试时，测试导线分别接至分、合闸线圈与外壳（地）、控制回路与外壳（地）之间。

2. 测试步骤

（1）断开被试品的电源，将被试品接地放电，对电容量较大者（如 GIS 等），应充分放电（至少持续 5min）。放电时应用绝缘棒等工具进行，不得用手碰触放电导线。拆除或断开被试品对外的一切连线。

（2）用干燥清洁柔软的布擦去被试品外绝缘表面的脏污，必要时用无水乙醇等不含水分物质洗净。

（3）检查绝缘电阻表是否正常。若绝缘电阻表正常，将绝缘电阻表的接地端与被试品的地线连接，绝缘电阻表的高压端接上测试线，测试线的另一端悬空（不接试品），再次驱动绝缘电阻表，绝缘电阻表的指示应无明显差异，然后将绝缘电阻表停止转动。

（4）驱动绝缘电阻表达额定转速或接通绝缘电阻表电源，将测试线搭上测试部位，待指针稳定（或 60s）后，读取绝缘电阻值，并做好记录。

（5）断开接至被试品高压端的连接线，然后将绝缘电阻表停止运转。在测试大容量设备时更要注意，以免被试品的电容在测量时所充的电荷经绝缘电阻表放电，而使绝缘电阻表损坏。

（6）断开绝缘电阻表后，对被试品短接放电并接地。

六、测试注意事项

（1）试验应选用相同电压、相同型号的绝缘电阻表。

（2）测量时宜使用高压屏蔽线且内屏蔽层（或单屏蔽的屏蔽层）应接"G"端子，双屏蔽线外屏蔽应当接地。若无高压屏蔽线，测试线不要与地线缠绕，应尽量悬空。

（3）测量一般应在试品温度为 10～40℃、天气良好的情况下进行，且空气相对湿度不高于 80%。若相对湿度大于 80%时，应在引出线瓷套上装设屏蔽环（用细铜线或细熔丝紧扎 1～2 圈）并连接到绝缘电阻表屏蔽端子。常用的接线如图 Z13E1003Ⅰ–1 所示。屏蔽环应接在靠近绝缘电阻表高压端所接的瓷套端子，远离接地部分，以免造成绝缘电阻表过负荷，使端电压急剧降低，影响测量结果。

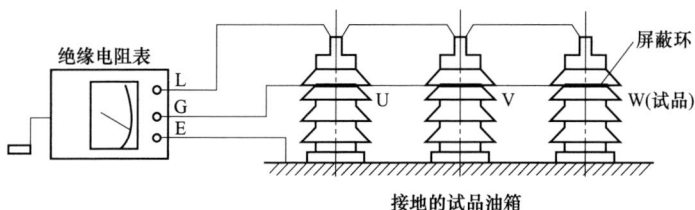

图 Z13E1003Ⅰ–1　测量绝缘电阻时屏蔽环的位置

七、测试结果分析及测试报告编写

（一）测试结果分析

1. 测试标准及要求

根据 Q/GDW 1168—2013《输变电设备状态检修试验规程》、Q/GDW 11447—2015《10kV～500kV 输变电设备交接试验规程》及《国家电网公司变电检测通用管理规定及细则》〔国网（运检/3）829—2017〕的规定，高压断路器绝缘电阻试验标准见表 Z13E1003Ⅰ–1。

表 Z13E1003Ⅰ–1 高压断路器绝缘电阻试验标准

设备	项目	标 准
少油断路器	绝缘电阻测量	整体绝缘电阻不低于 3000MΩ
多油断路器	绝缘电阻测量	整体绝缘电阻不低于 3000MΩ
真空断路器	绝缘电阻测量	整体绝缘电阻不低于 3000MΩ
操动机构	分、合闸线圈绝缘电阻	绝缘电阻不小于 1MΩ
	辅助回路和控制回路绝缘电阻	无显著下降

《电气设备交接及预防性试验规程》均未对断路器整体绝缘电阻允许值作出规定，因此，绝缘电阻测试数值一般参照制造厂规定。例行试验时，断口和用有机物制成的拉杆绝缘电阻一般不应低于表 Z13E1003Ⅰ–2 所列数值，交接试验时绝缘拉杆绝缘电阻一般不应低于表 Z13E1003Ⅰ–3 所列数值。

表 Z13E1003Ⅰ–2 例行试验时断口和有机物制成的拉杆绝缘电阻最小允许值 MΩ

试验类别	额 定 电 压（kV）			
	<24	24～40.5	72.5～252	363
大修后	1000	2500	5000	10 000
运行中	300	1000	3000	5000

表 Z13E1003Ⅰ–3 交接试验时绝缘拉杆绝缘电阻最小允许值 MΩ

额定电压（kV）	3～15	20～35	63～220	330～500
绝缘电阻值（MΩ）	1200	3000	6000	10 000

2. 测试结果分析

（1）绝缘电阻的数值。所测得的绝缘电阻的数值不应小于一般允许值，若低于一般允许值，应进一步分析，查明原因。对电容量较大的高压电气设备的绝缘状况，主要以吸收比和极化指数的大小作为判断的依据。如果吸收比和极化指数有明显下降，说明其绝缘受潮或油质严重劣化。

（2）试验数值的相互比较。在设备未明确规定最低值的情况下，将结果与有关数据比较，包括同一设备的各相的数据，同类设备间的数据，出厂试验数据，耐压前后数据，与历次同温度下的数据比较等，结合其他试验综合判断。

（3）应排除湿度、温度和脏污的影响。由于温度、湿度、脏污等条件对绝缘电阻的影响很明显，所以对试验结果进行分析时，应排除这些因素的影响，特别应考虑温度的影响。温度的换算可参考下式进行

$$R_2 = R_1 \times 1.5^{(t1-t2)/10} \qquad （Z13E1003 \text{I} -1）$$

式中　R_1、R_2——温度为 t_1、t_2 时的绝缘电阻值（MΩ）。

（二）测试报告编写

试验记录应填写信息，包括基本信息（变电站、委托单位、试验单位、运行编号、试验性质、试验日期、试验人员、试验地点、报告日期、编写人员、审核人员、批准人员、试验天气、环境温度、环境相对湿度），设备铭牌（生产厂家、出厂日期、出厂编号、设备型号、额定电压等），试验数据（本体对地绝缘电阻、相间绝缘电阻、分闸线圈绝缘电阻、合闸线圈绝缘电阻、辅助回路和控制回路绝缘电阻、试验仪器、项目结论等）。

八、案例

某变电站一台 SW6-60 型少油断路器，例行试验中测试绝缘电阻和泄漏电流，测试结果如表 Z13E1003 I -4 所示。

表 Z13E1003 I -4　　　　SW6-60 型少油断路器绝缘测试结果

相别	绝缘电阻（MΩ）	40kV 直流下泄漏电流（μA）
U	800	7
V	5000	1
W	5000	1

由表 Z13E1003 I -4 可见，U 相泄漏电流为 7μA，未超过要求值 10μA。但比 V、W 相明显增大，绝缘电阻较低，故采取缩短试验周期的措施，运行 6 个月后检测泄漏电流已高达 40μA。检查发现油中有水，绝缘拉杆受潮，经干燥处理和换油后，绝缘正常。

【思考与练习】

1. 在断路器分、合闸状态下测试绝缘电阻，检查的分别是断路器哪些部分的绝缘状况？

2. 对 10 000V 以上高压断路器主回路和二次控制回路测试绝缘电阻时，如何选用绝缘电阻表？

第二章

泄 漏 电 流 测 试

▲ 模块1 变压器泄漏电流测试（Z13E2001Ⅰ）

【模块描述】本模块介绍变压器泄漏电流测试的方法和技术要求。通过对测试工作流程的介绍，掌握变压器泄漏电流测试前的准备工作和相关安全、技术措施、测试方法、技术要求及测试数据分析判断。

【模块内容】

一、测试目的

测量变压器的泄漏电流能灵敏地反映变压器瓷质绝缘的裂纹、夹层绝缘的内部受潮及局部松散断裂、绝缘油劣化、绝缘的沿面炭化等缺陷。在判断局部缺陷上，测量泄漏电流比测量绝缘电阻更有特殊意义。

二、测试仪器、设备的选择

直流试验用的设备通常有高压直流发生器、直流电压测量装置、保护电阻、直流微安表及控制装置等组成。

根据不同试品的要求，试验电压应能满足试验的负极性输出和电压值连续可调，还必须具有足够的电源容量，因此需对直流高压成套设备的主要参数进行选择。在输出工作电流下，直流电压的纹波因数 S 不大于 3%。

三、危险点分析及控制措施

1. 防止高处坠落

应使用变压器专用爬梯上下，在变压器上作业应系好安全带。对 220kV 及以上变压器，需解开高压套管引线时，宜使用高处作业车，严禁徒手攀爬变压器高压套管。

2. 防止高处落物伤人

高处作业应使用工具袋，上下传递物件应用绳索拴牢传递，严禁抛掷。

3. 防止人员触电

（1）应严格执行 Q/GDW 1799.1—2013《国家电网公司电力安全工作规程 变电部分》的相关要求。

（2）高压试验工作不得少于两人。试验负责人应由有经验的人员担任，开始试验前，试验负责人应向全体试验人员详细交待试验中的安全注意事项，交待邻近间隔的带电部位，以及其他安全注意事项。

（3）试验现场应装设遮栏或围栏，遮栏或围栏与试验设备高压部分应有足够的安全距离，向外悬挂"止步，高压危险！"的标示牌，并派人看守。

（4）应确保操作人员及试验仪器与电力设备的高压部分保持足够的安全距离，且操作人员应使用绝缘垫。

（5）试验装置的金属外壳应可靠接地，高压引线应尽量缩短，并采用专用的高压试验线，必要时用绝缘物支持牢固。

（6）加压前必须认真检查试验接线，使用规范的短路线，表计倍率、量程、调压器零位及仪表的开始状态，均应正确无误。

（7）因试验需要断开设备接头时，拆前应做好标记，接后应进行检查。

（8）试验装置的电源开关，应使用明显断开的双极隔离开关。为了防止误合隔离开关，可在刀刃上加绝缘罩。试验装置的低压回路中应有两个串联电源开关，并加装过载自动跳闸装置。

（9）试验前，应通知所有人员离开被试设备，取得试验负责人许可后，方可加压。加压过程中应有人监护并呼唱。

（10）变更接线或试验结束时，应首先断开试验电源，并对升压设备的高压部分、试品放电、短路接地。

（11）试验现场出现明显异常情况时（如异声、电压波动、系统接地等），应立即停止试验工作，查明异常原因。

（12）高压试验作业人员在全部加压过程中，应精力集中，随时警戒异常现象发生。

（13）未装接地线的大电容被试设备，应先行充分放电再做试验。高压直流试验时，每告一段落或试验结束时，应将设备对地放电数次并短路接地。

（14）试验结束时，试验人员应拆除自装的接地短路线，并对被试设备进行检查，恢复试验前的状态，经试验负责人复查后，进行现场清理。

四、测试前的准备工作

1. 了解被试设备现场情况及试验条件

试验期间，大气环境条件应相对稳定。环境温度不宜低于 5℃，温度对泄漏电流的影响是极为显著的，因此，最好在以往试验相近的温度条件下进行测量，以便于进行分析比较。环境相对湿度不宜大于 80%。

现场试验前，应查勘现场，查阅相关技术资料，包括设备出厂试验数据、历年数据及相关规程。

2. 测试仪器、设备准备

选择合适的直流高压成套设备、温（湿）度计、高压屏蔽线、接地线、放电棒、短路用裸铜丝、万用表、电源线（带剩余电流动作保护器）、绝缘棒、安全带、安全帽、电工常用工具、试验临时安全遮栏、标示牌等，并查阅测试仪器、设备及绝缘工器具的检定合格证书有效期。

3. 办理工作票并做好试验现场安全和技术措施

按相关安全生产管理规定办理工作许可手续；向试验人员交代工作内容、带电部位、现场安全措施、现场作业危险点，明确人员分工及试验程序。

五、现场测试步骤及要求

1. 测试接线

变压器直流泄漏试验项目见表 Z13E2001Ⅰ–1。

表 Z13E2001Ⅰ–1　　　油浸式电力变压器直流泄漏试验项目

序号	双 绕 组		三 绕 组	
	被测绕组	接地部位	被测绕组	接地部位
1	低压	高压、外壳	低压	高压、中压、外壳
2	—	—	中压	高压、低压、外壳
3	高压	低压、外壳	高压	中压、低压、外壳

以三绕组变压器中压侧泄漏电流测试为例，测试接线如图 ZY1800502001–1 所示。

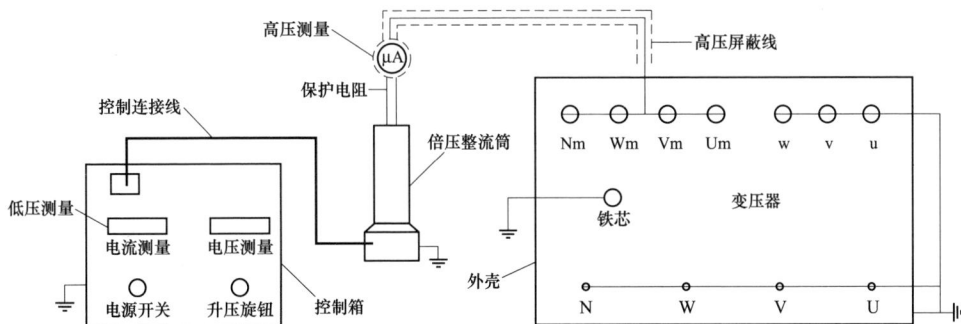

图 Z13E2001Ⅰ–1　变压器泄漏电流测试接线图

2. 测试步骤

（1）断开变压器有载分接开关、风冷电源，退出变压器本体保护等，将变压器各绕组接地放电，对大容量变压器应充分放电（5min 以上），放电时应用绝缘工具进行，不得用手碰触放电导线。拆除或断开对外的一切连线。

（2）按表 Z13E2001Ⅰ-1 试验项目并参考图 Z13E2001Ⅰ-1 进行接线，将高压屏蔽线的内屏蔽层（或单屏蔽的屏蔽层）应接 G 端子，双屏蔽线外屏蔽应当接地。

（3）检查确认接线无误后，通知其他人员离开被试变压器，并提醒试验人员要开始加压试验。

（4）合上控制箱"电源开关"，将"升压旋钮"从零开始均匀缓慢地升高电压，同时观察"电压测量"窗口。但也不必升压太慢，以免造成在接近试验电压时试品上的加压时间过长。从试验电压值的 75%开始，以每秒 2%的速度上升，直至升到表 Z13E2001Ⅰ-2 规定的试验电压，待 1min 后读取泄漏电流值 I。对大容量（120 000kVA 及以上）变压器，升到规定的试验电压，待 2~3min 后读取泄漏电流值比较准确。

（5）降低电压为零，断开控制箱"电源开关"，用专用放电棒对测试部位进行充分放电（放电时间不得少于 5min）。

（6）然后进行其他绕组的泄漏电流测量。

六、测试注意事项

（1）非被测部位短路接地要良好，不要接到变压器有油漆的地方，以免影响测试结果。

（2）使用成套直流高压装置测量变压器泄漏电流，它分为"高压测量"及"低压测量"。为保证测量的准确，一般应在高压侧测量泄漏电流。

若使用"线芯"与"屏蔽层"绝缘良好、耐压不小于 80kV，而"屏蔽层"与"地"有一定绝缘的高压屏蔽线时，高压屏蔽线可以放在地上使用，屏蔽层应接地，屏蔽线的芯线端与屏蔽层端应有一定距离，且不小于 0.4m。

若使用"线芯"与"屏蔽层"绝缘一般、耐压<10kV、而"屏蔽层"与"地"有较小绝缘电阻的高压屏蔽线时，高压屏蔽线不能放在地上使用，屏蔽层不能接地，其与地及其他物体保持一定的距离，不应小于 2m，应尽量悬空。

（3）测量应在天气良好时进行，且空气相对湿度不高于 80%。若遇天气潮湿、套管表面脏污，则需要进行"屏蔽"测量。

在高压侧测量泄漏电流时，"屏蔽"测量常用的接线如图 Z13E2001Ⅰ-2 所示。高压屏蔽线应尽量悬空，"屏蔽层"接在变压器引出线瓷套上的屏蔽环（用细铜线或细熔丝紧扎 1~2 圈）。而屏蔽环应装设在瓷套靠近加压的位置，远离法兰部分。

（4）由于残余电荷会直接影响泄漏电流的数值，故变压器接地放电时间至少 5min 以上。

（5）在试验时，由于泄漏电流存在吸收过程，包括一定的电容电流和吸收电流，故加压速度对泄漏电流测量结果有一定影响。因此对试品施加电压时，应从足够低的数值开始，缓慢地升高电压。从试验电压值的 75%开始，以每秒 2%的速度上升。

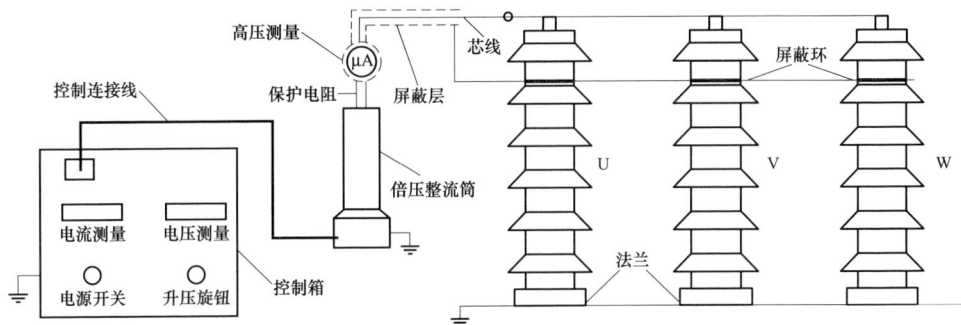

图 Z13E2001Ⅰ-2 在高压侧测量泄漏电流时进行"屏蔽"测量常用的接线图

（6）如果试验回路带保护电阻而且泄漏电流较大时，应接分压器测量电压，分压器应接至保护电阻之后微安表之前。

（7）试验结束后，必须先经适当的放电电阻对试品进行放电。如果直接对地放电，则可能产生频率极高的振荡过电压，对变压器的绝缘有危害。试验完毕后，需待试品上的电压降至 1/2 试验电压以下，将被试品先经电阻放电，最后直接接地放电。对大容量试品如长电缆、电容器、大电机等，需长时间放电，以使试品上的充电电荷放尽。正确放电方法：先将放电棒顶部金属尖端逐渐接近试品，至一定距离后空气间隙开始游离放电，可听到"嘶嘶"放电声。当无放电声音时可用放电棒顶部尖端接触试品放电，最后直接将接地线接触试品放电。

七、测试结果分析及测试报告编写

（一）测试结果分析

1. 测试标准及要求

根据 Q/GDW 1168—2013《输变电设备状态检修试验规程》、Q/GDW 11447—2015《10kV～500kV 输变电设备交接试验规程》及《国家电网公司变电检测通用管理规定及细则》〔国网（运检/3）829—2017〕的规定：

（1）当变压器电压等级为 35kV 及以上，且容量在 10 000kVA 及以上时，应测量直流泄漏电流。

（2）油浸式电力变压器直流泄漏试验电压标准应符合表 Z13E2001Ⅰ-2 的规定。当施加试验电压达 1min 时，在高压端读取泄漏电流值。

表 Z13E2001Ⅰ-2 油浸式电力变压器直流泄漏试验电压标准

绕组额定电压（kV）	3	6～10	20～35	63～330	500
直流试验电压（kV）	5	10	20	40	60

（3）绕组额定电压为 13.8kV 及 15.75kV 时，按 10kV 级标准；当为 18kV 时，按 20kV 级标准。

（4）分级绝缘变压器仍按被试绕组电压等级的标准，但不能超过中性点绝缘的耐压水平。

（5）油浸式电力变压器绕组在各试验电压及不同温度时的直流泄漏电流值，见表 Z13E2001Ⅰ-3 所示。

表 Z13E2001Ⅰ-3　　　油浸式电力变压器绕组直流泄漏电流值

额定电压（kV）	试验电压（kV）	在下列温度℃时的绕组泄漏电流值（μA）							
		10	20	30	40	50	60	70	80
2～3	5	11	17	25	39	55	83	125	178
6～15	10	22	33	50	77	112	166	250	356
20～35	20	33	50	74	111	167	250	400	570
63～330	40	33	50	74	111	167	250	400	570
500	60	20	30	45	67	100	150	235	330

2. 测试结果分析

试验过程中如无破坏性放电发生。泄漏电流无周期性或突发性摆动。在试验电压下不随时间延长有逐步上升的趋势。纵向、横向综合比较无明显变化。泄漏电流（直流电压）符合被试品技术文件或规程规定值，且耐压后绝缘电阻与耐压前相比无显著降低，满足上述要求则认为直流高电压试验合格。需特别说明的是：泄漏电流的数值，不仅和绝缘的性质、状态有关，而且和绝缘的结构、设备的容量等有关，因此，不能仅从泄漏电流的绝对值泛泛地判断绝缘是否良好，更要注重分析其温度特性、时间特性、电压特性及历次变化趋势从而进行综合判断。

试验时，若微安表数值周期性波动，则可能是试品绝缘不良，从而产生周期性放电，此时应查明原因并予以消除。试验时，若微安表数值突然性波动，如果是向减小方向，则可能是电源回路引起。如果是向增大方向，则可能是试验回路或试品出现闪络，或内部断续性放电引起。泄漏电流过大，应先检查试验回路各设备状态和屏蔽是否良好。泄漏电流过小，应检查接线是否正确，微安表保护部分有无分流与断线。在排除外因之后，才能对被试品做出正确的结论。

（1）由于电力变压器出厂试验一般不进行直流泄漏测量，因此油浸式电力变压器直流泄漏值应符合表 Z13E2001Ⅰ-3 有关标准规定。

（2）温度对泄漏电流影响很大，当温度升高时，泄漏电流将按指数规律上升，而且每次测量又难以在同一温度下进行，因此泄漏电流测量最好在被试品温度为 30～80℃范围内进行。因为在此温度范围内，被试品绝缘的不同状况，其泄漏电流变化较为显著，为了能对测量结果进行分析，一般都将测量结果换算到同一温度进行比较。

（3）通过记录逐段试验电压下的泄漏电流的关系曲线来分析。当泄漏电流在规定电压下，满足表 Z13E2001Ⅰ-3 的有关标准规定，做出 $i=f(u)$ 曲线，如图 Z13E2001Ⅰ-3 所示。

在图 Z13E2001Ⅰ-3 中，i_W 是规定的试验电压 u_2 下的泄漏电流，i_U 是试验电压 u_1 下的泄漏电流。在绝缘良好的状态下，电流与电压基本呈一条直线（见图 Z13E2001Ⅰ-3 中 0AC）。当绝缘有缺陷时，电流与电压不呈一条直线（见图 Z13E2001Ⅰ-3 中 0AB），因此，可以通过绘制 $i=f(u)$ 曲线来分析判断，以发现某些局部缺陷。

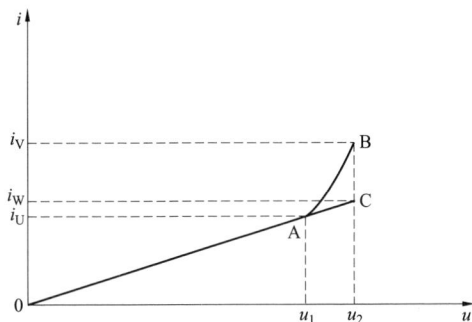

图 Z13E2001Ⅰ-3　泄漏电流与所加电压的关系曲线图

（二）测试报告编写

试验记录应填写信息，包括基本信息（变电站、委托单位、试验单位、运行编号、试验性质、试验日期、试验人员、试验地点、报告日期、编写人员、审核人员、批准人员、试验天气、环境温度、环境相对湿度、油温）；设备铭牌（生产厂家、出厂日期、出厂编号、设备型号、额定电压、额定电流、额定容量等）；试验数据（泄漏电流、仪器型号、结论等）。

八、案例

某变电站对一台额定电压为 110kV、额定容量为 40 000kVA 的双绕组变压器进行泄漏电流及主体介质损耗试验，其测试数据如表 Z13E2001Ⅰ-4 所示。

表 Z13E2001Ⅰ-4　　　　　双绕组变压器测试数据

试验部位＼试验时间	2001 年 3 月变温 35℃预防性试验		2004 年 8 月变温 38℃预防性试验	
	泄漏电流（μA）	主体介质损耗（tanδ）	泄漏电流（μA）	主体介质损耗（tanδ）
高压～低压及地	11	0.38	52	0.41
低压～高压及地	5	0.33	7	0.34

分析：高压对低压绕组及地主体介质损耗 tanδ 值与上年比较无明显差异，并未超标，但泄漏电流值却由上年的 11μA 增长至 52μA，虽仍在合格范围内但增长明显。随

后进行高压套管介质损耗测量，发现其 V 相套管 tanδ 值超标，经检查发现该相套管主屏受潮。

【思考与练习】

1. 写出三绕组变压器测量泄漏电流的部位。

2. 写出油浸式电力变压器直流泄漏试验电压标准。

3. 变压器泄漏电流试验与绝缘电阻试验有什么不同？

▲ 模块 2　40.5kV 及以上少油断路器的泄漏电流测试（Z13E2002Ⅰ）

【模块描述】本模块介绍 40.5kV 及以上少油断路器的泄漏电流测试的方法和技术要求。通过测试工作流程的介绍，掌握少油断路器泄漏电流测试前的准备工作和相关安全、技术措施、测试方法、技术要求及测试数据分析判断。

【模块内容】

一、测试目的

测量泄漏电流是 40.5kV 及以上少油断路器的重要试验项目之一。它能比较灵敏地发现断路器外表带有的危及绝缘强度的严重污秽、拉杆及绝缘油受潮、少油断路器灭弧室受潮劣化和碳化物过多等缺陷。

二、测试仪器、设备的选择

40.5kV 及以上少油断路器泄漏电流的测试仪器主要有成套直流高压发生器和由试验变压器、电容器、硅堆等元件构成的组合式直流高压发生器。目前现场普遍使用的是成套直流高压发生器，选用相应电压等级的成套直流高压发生器即可。

三、危险点分析及控制措施

1. 防止高处坠落

使用梯子应有人扶持或绑牢，在断路器上作业应系好安全带。

2. 防止高处落物伤人

高处作业应使用工具袋，上下传递物件应用绳索拴牢传递，严禁抛掷。

3. 防止人员触电

（1）应严格执行 Q/GDW 1799.1—2013《国家电网公司电力安全工作规程　变电部分》的相关要求。

（2）高压试验工作不得少于两人。试验负责人应由有经验的人员担任，开始试验前，试验负责人应向全体试验人员详细交待试验中的安全注意事项，交待邻近间隔的带电部位，以及其他安全注意事项。

（3）试验现场应装设遮栏或围栏，遮栏或围栏与试验设备高压部分应有足够的安全距离，向外悬挂"止步，高压危险！"的标示牌，并派人看守。

（4）应确保操作人员及试验仪器与电力设备的高压部分保持足够的安全距离，且操作人员应使用绝缘垫。

（5）试验装置的金属外壳应可靠接地，高压引线应尽量缩短，并采用专用的高压试验线，必要时用绝缘物支持牢固。

（6）加压前必须认真检查试验接线，使用规范的短路线，表计倍率、量程、调压器零位及仪表的开始状态，均应正确无误。

（7）因试验需要断开设备接头时，拆前应做好标记，接后应进行检查。

（8）试验装置的电源开关，应使用明显断开的双极隔离开关。为了防止误合隔离开关，可在刀刃上加绝缘罩。试验装置的低压回路中应有两个串联电源开关，并加装过载自动跳闸装置。

（9）试验前，应通知所有人员离开被试设备，并取得试验负责人许可，方可加压。加压过程中应有人监护并呼唱。

（10）变更接线或试验结束时，应首先断开试验电源，并对升压设备的高压部分、试品放电、短路接地。

（11）试验现场出现明显异常情况时（如异声、电压波动、系统接地等），应立即停止试验工作，查明异常原因。

（12）高压试验作业人员在全部加压过程中，应精力集中，随时警戒异常现象发生。

（13）未装接地线的大电容被试设备，应先行充分放电再做试验。高压直流试验时，每告一段落或试验结束时，应将设备对地放电数次并短路接地。

（14）试验结束时，试验人员应拆除自装的接地短路线，并对被试设备进行检查，恢复试验前的状态，经试验负责人复查后，进行现场清理。

四、测试前的准备工作

1. 了解被试设备现场情况及试验条件

试验期间，大气环境条件应相对稳定。环境温度不宜低于 5℃，温度对泄漏电流的影响是极为显著的，因此，最好在以往试验相近的温度条件下进行测量，以便于进行分析比较。环境相对湿度不宜大于 80%。

现场试验前，应查勘现场，查阅相关技术资料，包括设备出厂试验数据、历年数据及相关规程。

2. 测试仪器、设备准备

选择合适的直流高压成套设备、温（湿）度计、高压屏蔽线、接地线、放电棒、短路用裸铜丝、万用表、电源线（带剩余电流动作保护器）、绝缘棒、安全带、安全帽、电工常用工具、试验临时安全遮栏、标示牌等，并查阅测试仪器、设备及绝缘工器具的检定合格证书有效期。

3. 办理工作票并做好试验现场安全和技术措施

按相关安全生产管理规定办理工作许可手续；向试验人员交代工作内容、带电部位、现场安全措施、现场作业危险点，明确人员分工及试验程序。

五、现场测试步骤及要求

（一）测试接线

对于少油断路器可以在三角箱加压，断口外侧接地来测量整个单元的泄漏电流。断路器应在分闸位置按图 Z13E2002Ⅰ-1 所示的接线进行测量，即图 Z13E2002Ⅰ-1 中断路器灭弧室两端 A、A′ 接地，试验电压施加在 P 点。当泄漏电流数值超过标准值时，可进行分解试验，检查各部件绝缘是否符合标准。

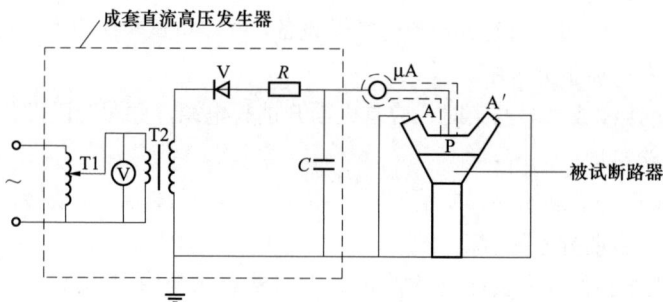

图 Z13E2002Ⅰ-1 少油断路器测量泄漏电流的原理接线图

（二）测试步骤

（1）将被试断路器接地放电。

（2）测试绝缘电阻，其值应正常。

（3）按图 Z13E2002Ⅰ-1 进行接线，检查接线正确后，合上试验电源，开始升压。对试品施加电压时，应从足够低的数值开始，然后缓慢地升高电压，一般从试验电压值的75%开始，以每秒2%的速度升压至试验电压值，读取 1min 的泄漏电流值。

（4）试验完毕，降压、切断高压电源。一般需待试品上的电压降至 1/2 试验电压以下，将被试品经电阻放电棒接地放电，最后直接接地放电。

六、测试注意事项

（1）试验宜在干燥、良好的天气条件下进行。

（2）试品表面应擦拭干净，试验场地应保持清洁，试品和周围的物体必须有足够的安全距离。

（3）高压引线应采用较大直径导线，且高压引线应尽量缩短，以减小杂散电流对泄漏电流的影响。

（4）在对 110kV 及以上少油断路器进行测试时，有时会出现负值现象，即空载泄漏电流比同样电压下测量的少油断路器泄漏电流大。产生这种现象的主要原因是高压试验引线的影响，当测试中出现负值时，可采取下列措施予以消除。

1）对引线端头采取均压措施，如用小铜球或光滑的无棱角的小金属体来改善线端头附近的电场强度，可减小电晕损失。

2）在高压侧可采用屏蔽、清洁设备、使接线头不外露、增加引线线径、尽量缩短高压引线等措施。

七、测试结果分析及测试报告编写

（一）测试结果分析

1．测试标准及要求

根据 Q/GDW 1168—2013《输变电设备状态检修试验规程》、Q/GDW 11447—2015《10kV～500kV 输变电设备交接试验规程》及《国家电网公司变电检测通用管理规定及细则》〔国网（运检/3）829—2017〕的规定：试验时避免高压引线及连接处电晕的干扰，并注意外绝缘表面泄漏的影响。

（1）每一元件的试验电压如表 Z13E2002Ⅰ–1 所示。

表 Z13E2002Ⅰ–1　　　　　少油断路器试验电压标准

额定电压（kV）	35kV	110（66）kV 及以上
直流试验电压（kV）	20	40

（2）泄漏电流不大于 10μA（注意值）。

2．测试结果分析

试验过程中如无破坏性放电发生。泄漏电流无周期性或突发性摆动。在试验电压下不随时间延长有逐步上升的趋势。纵向、横向综合比较无明显变化。泄漏电流（直流电压）符合被试品技术文件或规程规定值，且耐压后绝缘电阻与耐压前相比无显著降低，满足上述要求则认为直流高电压试验合格。需特别说明的是：泄漏电流的数值，不仅和绝缘的性质、状态有关，而且和绝缘的结构、设备的容量等有关，因此，不能仅从泄漏电流的绝对值泛泛地判断绝缘是否良好，还应注重分析其温度特性、时间特性、电压特性及历次变化趋势从而进行综合判断。

试验时，若微安表数值周期性波动，可能是试品绝缘不良，从而产生周期性放电，此时应查明原因并予以消除。试验时，若微安表数值突然性波动，如果是向减小方向，可能是电源回路引起。如果是向增大方向，可能是试验回路或试品出现闪络，或内部断续性放电引起。泄漏电流过大，应先检查试验回路各设备状态和屏蔽是否良好。泄漏电流过小，应检查接线是否正确，微安表保护部分有无分流与断线。在排除外因之后，才能对被试品做出正确的结论。

除与有关标准规定值比较外，还应与历年值相比较、与同类设备比较、同一设备各相间比较，观察其变化。根据设备的具体情况，有时即使数值仍低于标准，但增长迅速，也应引起充分注意，并结合其他试验结果进行综合判断。

（二）测试报告编写

试验记录应填写信息，包括基本信息（变电站、委托单位、试验单位、运行编号、试验性质、试验日期、试验人员、试验地点、报告日期、编写人员、审核人员、批准人员、试验天气、环境温度、环境相对湿度）；设备铭牌（生产厂家、出厂日期、出厂编号、设备型号、额定电压、额定电流、额定开断电流）；试验数据（泄漏电流、仪器型号、结论等）。

八、案例

某变电站一台 SW6-220 型少油断路器，在例行试验中测得绝缘电阻和泄漏电流的数据，见表 Z13E2002 I-2。

表 Z13E2002 I-2　　　SW6-220 型少油断路器绝缘测量结果

相　　别	绝缘电阻（MΩ）	40kV 直流下泄漏电流（μA）
U	10 000	2
V	5000	7
W	10 000	1

由表 ZY1800502002-4 可见，V 相的泄漏电流为 7μA，比 U、W 两相大，且绝缘电阻低，投入运行 9 个月后，V 相发生爆炸，原因是由于密封不良，瓷套内油中有水，绝缘拉杆受潮。油的击穿电压已降低到 16kV。

【思考与练习】

1. 为什么测量 110kV 及以上少油断路器的泄漏电流时，有时会出现负值？如何消除？

2. 断路器内绝缘拉杆受潮的原因是什么？

第三章

介质损耗角正切值 tanδ 测试

▲ 模块 1 变压器介质损耗角正切值 tanδ 测试
（Z13E3001Ⅱ）

【模块描述】本模块介绍变压器介质损耗角正切值 tanδ 的测试方法和技术要求。通过对测试工作流程的介绍，掌握变压器介质损耗角正切值 tanδ 测试前的准备工作和相关安全、技术措施、测试方法、技术要求及测试数据分析判断。

【模块内容】

一、测试目的

测试变压器绕组连同套管的介质损耗角正切值 tanδ 的目的主要是检查变压器整体是否受潮、绝缘油及纸是否劣化、绕组上是否附着油泥及存在严重局部缺陷等。它是判断变压器绝缘状态的一种较有效的手段，近年来随着变压器绕组变形测试的开展，测量变压器绕组的 tanδ 及电容量可以作为绕组变形判断的辅助手段之一。

二、测试仪器、设备的选择

介质损耗测试主要有西林电桥、M 型电桥和电流比较型电桥，目前应用较多的是数字化介质损耗因数测试仪。

试验电源的频率应为额定频率，频率：$50Hz \pm 0.5Hz$。波形：正弦波，波形失真度不大于 5%。测量时应注意非正弦波的高次谐波分量对介质损耗因数及电容量值的影响。

测试仪介质损耗因数测量范围：$0 \sim 0.1$。电容量测量范围：在 10kV 试验电压下，电容量的内施法测量范围不小于 40 000pF。

三、危险点分析及控制措施

1. 防止高处坠落

应使用变压器专用爬梯上下，在变压器上作业应系好安全带。对 220kV 及以上变压器，需解开高压套管引线时，宜使用高空作业车，严禁徒手攀爬变压器高压套管。

2. 防止高处落物伤人

高处作业应使用工具袋，上下传递物件应用绳索拴牢传递，严禁抛掷。

3. 防止人员触电

（1）应严格执行 Q/GDW 1799.1—2013《国家电网公司电力安全工作规程 变电部分》的相关要求。

（2）高压试验工作不得少于两人。试验负责人应由有经验的人员担任，开始试验前，试验负责人应向全体试验人员详细布置试验中的安全注意事项，交待邻近间隔的带电部位，以及其他安全注意事项。

（3）试验现场应装设遮栏或围栏，遮栏或围栏与试验设备高压部分应有足够的安全距离，向外悬挂"止步，高压危险！"的标示牌，并派人看守。

（4）应确保操作人员及试验仪器与电力设备的高压部分保持足够的安全距离，且操作人员应使用绝缘垫。

（5）试验装置的金属外壳应可靠接地，高压引线应尽量缩短，并采用专用的高压试验线，必要时用绝缘物支挂牢固。

（6）加压前必须认真检查试验接线，使用规范的短路线，检查仪表的开始状态和试验电压挡位，均应正确无误。

（7）因试验需要断开设备接头时，拆前应做好标记，接后应进行检查。

（8）试验前，应通知有关人员离开被试设备，并取得试验负责人许可，方可加压；加压过程中应有人监护并呼唱。

（9）变更接线或试验结束时，应首先断开至被试品高压端的连线后断开试验电源，充分放电，并将升压设备的高压部分放电、短路接地。

（10）试验现场出现明显异常情况时（如异声、电压波动、系统接地等），应立即停止试验工作，查明异常原因。

（11）高压试验作业人员在全部加压过程中，应精力集中，随时警戒异常现象发生。

（12）未装接地线的大电容被试设备，应先行放电再做试验。

（13）试验结束时，试验人员应拆除自装的接地短路线，并对被试设备进行检查，恢复试验前的状态，经试验负责人复查后，进行现场清理。

四、测试前的准备工作

1. 了解被试设备现场情况及试验条件

现场试验前，应查勘现场，查阅相关技术资料，包括设备出厂试验数据、历年数据及相关规程。

2. 测试仪器、设备准备

选择合适的数字式自动介质损耗测试仪（或 QS1 型西林电桥）、试验变压器、试验控制台、静电电压表、万用表、测试线、温（湿）度计、绝缘电阻表、放电棒、接地线、梯子、安全带、安全帽、绝缘垫、电工常用工具、试验临时安全遮栏、标示牌等，并查阅测试仪器、设备及绝缘工器具的检定合格证书有效期。

3. 办理工作票并做好试验现场安全和技术措施

按相关安全生产管理规定办理工作许可手续；向试验人员交代工作内容、带电部位、现场安全措施、现场作业危险点，明确人员分工及试验程序。

五、现场测试步骤及要求

（一）测试接线

电力变压器介质损耗角正切值 tanδ的测试项目见表 Z13E3001Ⅱ–1。在测试时，应按表 Z13E3001Ⅱ–1 的顺序要求依次进行。

表 Z13E3001Ⅱ–1   电力变压器 tanδ测试项目

测试顺序	双绕组变压器		三绕组变压器	
	加压绕组	接地部位	加压绕组	接地部位
1	低压	高压和外壳	低压	高压、中压和外壳
2	高压	低压和外壳	中压	高压、低压和外壳
3			高压	中压、低压和外壳
4	高压和低压	外壳	高压和中压	低压和外壳
5			高压、中压和低压	外壳

注 表中4、5两项只对16 000kVA 及以上的变压器进行测试，试验时高、中、低三绕组各端部应短接。

1. 数字式自动介质损耗测试仪

用数字式自动介质损耗测试仪测试变压器 tanδ的接线，如图 Z13E3001Ⅱ–1 所示。

2. QS1 型西林电桥

由于变压器外壳在运行中直接接地，所以现场测试时采用 QS1 型西林电桥反接法。为避免绕组电感和励磁损耗给测试带来误差，测试时需将测试绕组各相短路，非被试绕组各相短路接地或屏蔽。以双绕组变压器高压绕组对低压绕组和外壳 tanδ测试为例，其接线如图 Z13E3001Ⅱ–2 所示。

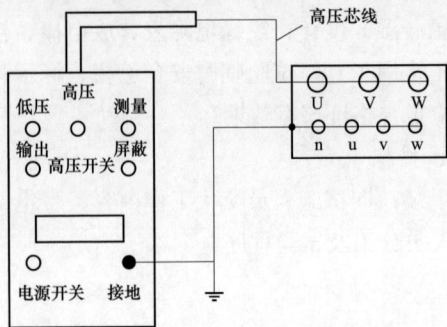

图 Z13E3001Ⅱ–1　用数字式自动介质损耗
测试仪测变压器 tanδ 的接线（反接线）图

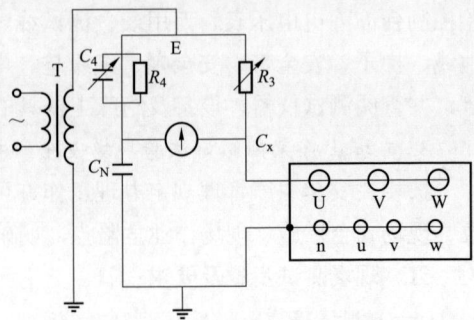

图 Z13E3001Ⅱ–2　用 QS1 西林电桥测变压器
tanδ 的接线（反接线）图

（二）测试步骤

（1）将变压器各绕组接地放电，对大容量变压器应充分放电（5min 以上）。放电时应用绝缘工具进行，不得用手碰触放电导线。拆除或断开变压器对外的一切连线。在测量 tanδ 前，测试变压器各侧绕组及绕组对地间的绝缘电阻，应正常。

（2）用万用表测量试验电源电压，应为 220V。

（3）将接地线一端接在地网上，另一端可靠地接于仪器面板的接地端子上，且地网的接地点应具有良好的导电性，否则会影响测量的正确性，甚至危及人身安全。

（4）按图 Z13E3001Ⅱ–1 或图 Z13E3001Ⅱ–2 进行接线，被试变压器的测试端三相用裸铜线短接，非被试端三相短路与变压器外壳连接后接地。确认接线无误后，开始试验，将电压升至试验电压，严格按照测试仪器操作步骤进行。

（5）测量结束后，用放电棒对试品加压部位进行放电。

六、测试注意事项

（1）测试应在天气良好、试品及环境温度不低于+5℃，湿度 80%以下的条件下进行。

（2）试验前必须对被试变压器外瓷套表面进行清洁或干燥处理。

（3）测量温度以变压器上层油温为准，尽量使每次测量的温度相近。且应在变压器上层油温低于 50℃时测量，不同温度下的 tanδ 值应换算到同一温度下进行比较。

（4）必须使用屏蔽线，否则会产生较大的误差；出于安全考虑，引线应尽量缩短。

（5）试验时被试变压器的每个绕组各相应短接。当绕组中有中性点引出线时，也应与三相一起短接，否则可能使测量误差增大，甚至会使电桥不能平衡。

（6）在使用 QS1 电桥时，反接线时三根引线都处于高电位，必须将导线悬空，导线及标准电容器对周围接地体应保持足够的绝缘距离。标准电容器带高电压，应放在平坦的地面上，应不与有接地的物体的外壳相碰。为防止检流计损坏，首先根据试品电容量大小选择合适的分流器位置，其次灵敏度的高低调节应与 R_3 和 C_4 配合调整，灵敏度低的时候调节 R_3 和 C_4 大数旋钮，灵敏度高时调节 R_3 和 C_4 小数或尾数旋钮。如有必要请参见 QS1 电桥说明书。

（7）现场测量存在电场和磁场干扰影响时，应采取相应措施进行消除。

（8）试验电压的选择。变压器绕组额定电压为 10kV 及以上者，施加电压应为 10kV；绕组额定电压为 10kV 以下者，施加电压为绕组额定电压。

七、测试结果分析及测试报告编写

（一）测试结果分析

1. 测试标准及要求

根据 Q/GDW 1168—2013《输变电设备状态检修试验规程》、Q/GDW 11447—2015《10kV～500kV 输变电设备交接试验规程》及《国家电网公司变电检测通用管理规定及细则》〔国网（运检/3）829—2017〕的规定：

（1）20℃时的介质损耗因数：

330kV 及以上：≤0.005（注意值）；

110（66）～220kV：≤0.008（注意值）；

35kV 及以下：≤0.015（注意值）。

（2）绕组电容量：与上次试验结果相比无明显变化。

2. 测试结果分析

（1）测试结果应换算到同一温度下进行比较，其值应不大于出厂试验值的 1.3 倍。一般可按下式进行换算，即

$$\tan \delta_2 = \tan \delta_1 \times 1.3^{(t_2 - t_1)/10} \qquad (\text{Z13E3001 II} -1)$$

式中　$\tan \delta_1$、$\tan \delta_2$——温度 t_1、t_2 时的 $\tan \delta$ 值。

（2）将结果与有关数据比较，包括同一设备的各相的数据，同类设备间的数据，出厂试验数据，耐压前后数据，与历次同温度下的数据比较等，进行综合分析判断。

若试验结果超标，结合绝缘电阻、绝缘油试验、耐压、红外成像、高压介质损耗等试验项目结果综合判断。

（二）测试报告编写

试验记录应填写信息，包括基本信息（变电站、委托单位、试验单位、运行编号、试验性质、试验日期、试验人员、试验地点、报告日期、编写人员、审核人员、批准人员、试验天气、环境温度、环境相对湿度、油温），设备铭牌（生产厂家、出厂日期、

出厂编号、设备型号、额定电压、额定电流、额定容量等），试验数据（介质损耗 $\tan\delta$、电容量、仪器型号、结论等）。

八、案例

案例 1：某变电站变压器（额定容量 31.5MVA，额定电压 66kV），预防性试验时用 QS1 西林电桥测量的 $\tan\delta$ 数值见表 Z13E3001Ⅱ-2。

表 Z13E3001Ⅱ-2 　　　　　　　某变压器 $\tan\delta$（%）测试值

绕组	$\tan\delta$（%）	变压器温度
高压	1.05	18℃
低压	1.12	

将 $\tan\delta$ 换算到 20℃时，即 $\tan\delta_{20℃}=\tan\delta_{18℃}\times1.3^{(20-18)/10}=1.05\times1.3^{1/5}=1.107\%$ 大于预防性试验规程规定的 0.8%时，则可判断为绝缘受潮。经过干燥处理后再测试，均小于 0.8%，符合规程规定。

案例 2：某变电站使用 QS1 型西林电桥对一台双绕组变压器（型号为 SJL-6300/60）进行预试，测试结果见表 Z13E3001Ⅱ-3。高压绕组对低压绕组及地的泄漏电流值高达 42μA，较上年测试值约增长 5 倍，但 $\tan\delta$ 为 0.2%，和上年相同。对套管进行测试后，测得高压侧套管的 $\tan\delta$，发现 V 相 $\tan\delta$ 值达 5.3%，明显不合格。

表 Z13E3001Ⅱ-3 　　　　　变压器绝缘电阻、泄漏电流、
$\tan\delta$（%）测试值比较

项别	部　位	绝缘电阻（MΩ）	泄漏电流（μA）		$\tan\delta$（%）	
			10kV	40kV	绕组	高压侧套管
2006 年 5 月（28℃时）	高压对低压、地	—	—	8.0	0.2	N 相 0.6 U 相 0.6 V 相 0.6 W 相 0.6
	低压对高压、地	5000/3000	2.0	—	0.2	
2007 年 6 月（28℃时）	高压对低压、地	1100/900	—	42.0	0.2	N 相 0.4 U 相 0.5 V 相 5.3 W 相 0.4
	低压对高压、地		2.0	—	0.2	

【思考与练习】

1. 测试变压器绕组连同套管的介质损耗角正切值 $\tan\delta$ 时，施加的电压有何规定？

2. 220kV 电压等级变压器进行例行试验时，绕组连同套管的介质损耗角正切值 $\tan\delta$ 在 20℃时的允许值为多少？

▲ 模块 2　电流互感器介质损耗角正切值 tanδ 测试（Z13E3002 Ⅱ）

【模块描述】 本模块介绍电流互感器介质损耗角正切值 tanδ 的测试方法和技术要求。通过测试工作流程的介绍，掌握电流互感器介质损耗角正切值 tanδ 测试前的准备工作和相关安全、技术措施、测试方法、技术要求及测试数据分析判断。

【模块内容】

一、测试目的

电流互感器介质损耗角正切值 tanδ 的测试能灵敏地发现油浸链式和串级绝缘结构电流互感器绝缘受潮、劣化及套管绝缘损坏等缺陷，对油纸电容型电流互感器由于制造工艺不良造成电容器极板边缘的局部放电和绝缘介质不均匀产生的局部放电、端部密封不严造成底部和末屏受潮、电容层绝缘老化及油的介电性能下降等缺陷，也能灵敏地反映。所以介质损耗角正切值 tanδ 是判定电流互感器绝缘介质是否存在局部缺陷、受潮及老化等的重要指标。

二、测试仪器、设备的选择

介质损耗测试主要有西林电桥、M 型电桥和电流比较型电桥，目前应用较多的是数字化介质损耗因数测试仪。

试验电源的频率应为额定频率，频率：50Hz±0.5Hz。波形为正弦波，波形失真度不大于 5%。测量时应注意非正弦波的高次谐波分量对介质损耗因数及电容量值的影响。

测试仪介质损耗因数测量范围：0～0.1。电容量测量范围：在 10kV 试验电压下，电容量的内施法测量范围不小于 40 000pF。

三、危险点分析及控制措施

1. 防止高处坠落

应使用专用绝缘梯上下，在电流互感器上作业应系好安全带。对 220kV 及以上电流互感器，需解开高压引线时，宜使用高处作业车（或高处检修作业架），严禁徒手攀爬电流互感器。

2. 防止高处落物伤人

高处作业应使用工具袋，上下传递物件应用绳索拴牢传递，严禁抛掷。

3. 防止人员触电

（1）应严格执行 Q/GDW 1799.1—2013《国家电网公司电力安全工作规程　变电部分》的相关要求。

（2）高压试验工作不得少于两人。试验负责人应由有经验的人员担任，开始试验前，试验负责人应向全体试验人员详细布置试验中的安全注意事项，交待邻近间隔的带电部位，以及其他安全注意事项。

（3）试验现场应装设遮栏或围栏，遮栏或围栏与试验设备高压部分应有足够的安全距离，向外悬挂"止步，高压危险！"的标示牌，并派人看守。

（4）应确保操作人员及试验仪器与电力设备的高压部分保持足够的安全距离，且操作人员应使用绝缘垫。

（5）试验装置的金属外壳应可靠接地，高压引线应尽量缩短，并采用专用的高压试验线，必要时用绝缘物支挂牢固。

（6）加压前必须认真检查试验接线，使用规范的短路线，检查仪表的开始状态和试验电压挡位，均应正确无误。

（7）因试验需要断开设备接头时，拆前应做好标记，接后应进行检查。

（8）试验前，应通知有关人员离开被试设备，取得试验负责人许可后，方可加压；加压过程中应有人监护并呼唱。

（9）变更接线或试验结束时，应首先断开至被试品高压端的连线后断开试验电源，充分放电，并将升压设备的高压部分放电、短路接地。

（10）试验现场出现明显异常情况时（如异声、电压波动、系统接地等），应立即停止试验工作，查明异常原因。

（11）高压试验作业人员在全部加压过程中，应精力集中，随时警戒异常现象发生。

（12）未装接地线的大电容被试设备，应先行放电再做试验。

（13）试验结束时，试验人员应拆除自装的接地短路线，并对被试设备进行检查，恢复试验前的状态，经试验负责人复查后，进行现场清理。

四、测试前的准备工作

1. 了解被试设备现场情况及试验条件

现场试验前，应查勘现场，查阅相关技术资料，包括设备出厂试验数据、历年数据及相关规程。

2. 测试仪器、设备准备

选择合适的数字式自动介质损耗测试仪（或 QS1 型高压西林电桥、标准电容、操作箱、10kV 升压器）、测试线、温（湿）度计、放电棒、接地线、梯子、安全带、安全帽、电工常用工具、试验临时安全遮栏、标示牌等，并查阅测试仪器、设备及绝缘工器具的检定合格证书有效期。

3. 办理工作票并做好试验现场安全和技术措施

按相关安全生产管理规定办理工作许可手续；向试验人员交代工作内容、带电部位、现场安全措施、现场作业危险点，明确人员分工及试验程序。

五、现场测试步骤及要求

（一）油浸链式和串级式电流互感器电容量及 tanδ 的测试

链式结构电流互感器一次和二次绕组互相垂直，一次和二次绕组上都包着油—纸绝缘，一、二次绕组绝缘各占主绝缘的一半，绝缘包扎不能保证连续性，易产生间隙，使电场不均匀，故主要适用于 35kV 的互感器。链式结构电流互感器一、二次绕组之间和对地电容较小，所以高压对地电容对测量影响较大。链式电流互感器结构如图 Z13E3002Ⅱ–1 所示。

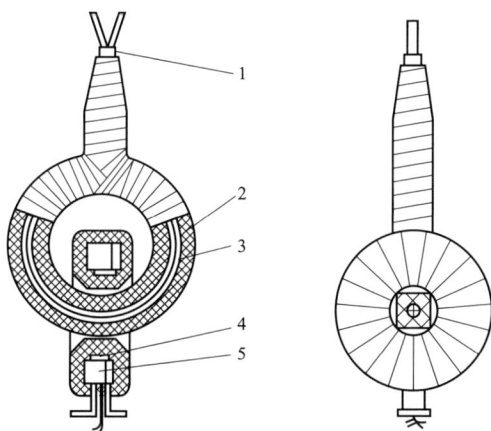

图 Z13E3002Ⅱ–1　链式电流互感器绝缘结构图
1—一次引线支架；2—主绝缘Ⅰ；3—一次绕组；4—主绝缘Ⅱ；5—二次绕组

1. 测试接线

油浸链式和串级结构电流互感器现场测试时，可按一次对二次绕组采用高压电桥正接线测量，也可按一次对二次绕组及外壳采用高压电桥反接线测量。

采用正接线时，桥体处于低压，屏蔽接地，对地寄生电容影响小，测量准确，操作安全方便，适用于电流互感器一、二次间绝缘测量和判断。在测量时，一次短接后接高压，二次短接后接电桥 C_x 端，电流互感器外壳接地。采用正接线测试 tanδ 的原理接线如图 Z13E3002Ⅱ–2 所示。

采用反接线时，桥体处于高压，高压电极及引线对地寄生电容影响大，尤其对电容较小的试品。反接线可以反映电流互感器一次对二次及地的绝缘状况，对电流互感器瓷套内外壁和绝缘支架的绝缘状况反映也较灵敏。测量时一次绕组短接后接电桥 C_x 端，二次各绕组短接后接地，电流互感器外壳接地。采用反接线测试 tanδ 的原理接线如图 Z13E3002Ⅱ–3 所示。

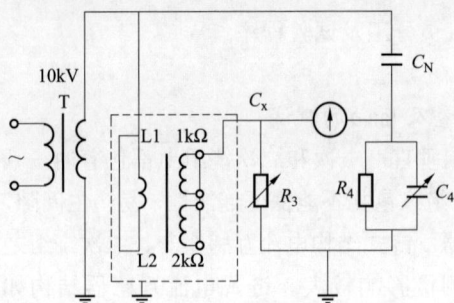

图 Z13E3002Ⅱ-2 电流互感器采用
正接线测试 tanδ 的原理接线图

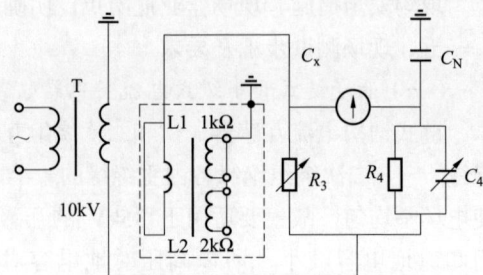

图 Z13E3002Ⅱ-3 电流互感器采用
反接线测试 tanδ 的原理接线图

2. 测试步骤

将电流互感器外壳接地，使用放电棒对电流互感器绕组放电接地，拆除一、二次连接线，一、二次绕组分别短接。

按图 Z13E3002Ⅱ-2 或图 Z13E3002Ⅱ-3 进行接线。检查 C_x 芯线和屏蔽层是否相碰、检查高压引线对地距离、电桥是否可靠接地。如使用 QS1 西林电桥还应检查分流器、检流计、灵敏度和 R_3 挡位和状态。如使用自动电桥应检查接线方式、测试电压、频率等的设置是否正确。

检查接线无误后，从零升至测试电压进行测试，测试完毕后，对数字式电桥应先将高压降到零，断开高压开关，读取测试数据，切断电桥电源，对被试品放电接地。对 QS1 西林电桥，测试完毕后先将高压降到零，立即切断电源，读取测试数据，对被试品放电接地。

恢复电流互感器一、二次连接线。

（二）电容型电流互感器电容量和 tanδ 的测试

电容型电流互感器一次绕组有 U 型和吊环型（倒立式）两种，主要适用于 110kV 及以上的电流互感器。U 型主绝缘包在一次绕组，倒立式相反。U 型地电屏（也称末屏）在最外层，倒立式相反。主屏层数随电压增高而增加，110kV 一般 6 层，220kV 10 层，对高电压电流互感器，为了均匀电场，主屏之间设置端屏，500kV 一般为 4 个主屏、30 个端屏。电容型电流互感器结构原理，如图 Z13E3002Ⅱ-4 所示。

1. 主绝缘电容量和 tanδ 的测试

（1）测试接线。

电容型电流互感器主绝缘测量一般采用正接线，测试一次绕组和末屏之间的 tanδ 和电容量。在测试时，一次绕组短接后接高压，电流互感器末屏接电桥 C_x 端，二次绕组短接后接地，电流互感器外壳接地。测试电压为 10kV。主绝缘电容量和 tanδ 的测试接线，如图 Z13E3002Ⅱ-5 所示。

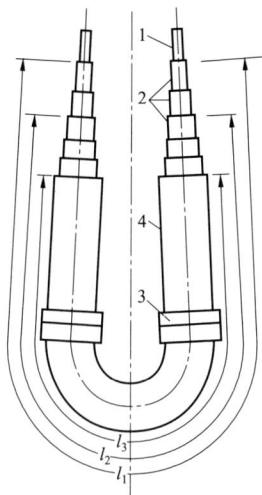

图 Z13E3002Ⅱ-4　电容型电流互感器
结构原理图

1—一次绕组；2—电容屏；3—二次绕组及铁芯；
4—末屏；l_1—一次绕组长度；l_2—二次绕组长度；
l_3—末屏长度

图 Z13E3002Ⅱ-5　电容型电流互感器
主绝缘电容量和 tan δ 的测试接线图

（2）测试步骤。

将电容型电流互感器外壳接地，对互感器绕组放电接地，一次绕组短接，二次绕组短接后接地，打开末屏接地线，将电桥"C_x"端与末屏相连，高压引线接至一次绕组，取下接地线。

检查接线无误后，从零升至测试电压进行测试，测试完毕后，对数字式电桥应先将高压降到零，断开高压开关，读取测试数据，切断电桥电源，对被试品放电接地。对 QS1 西林电桥，测试完毕后先将高压降到零，立即切断电源，读取测试数据后，将被试品放电接地。恢复电流互感器一、二次连接线，特别注意末屏接地引线的恢复。

2. 末屏对地电容量和 tan δ 的测试

电容型电流互感器进水受潮以后，水分一般沉积在底部，最容易使底部和末屏绝缘受潮。采用反接线测量末屏对地的 tan δ 和电容量能灵敏地发现电容型电流互感器主绝缘早期受潮故障。规程规定：如绝缘电阻小于 1000MΩ 时，应进行末屏对地 tan δ 和电容量的测试。

（1）测试接线。

采用反接线测量末屏对地的 tan δ 和电容时，在末屏与油箱座之间加压，测试时施

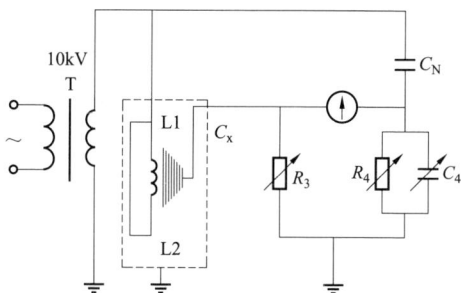

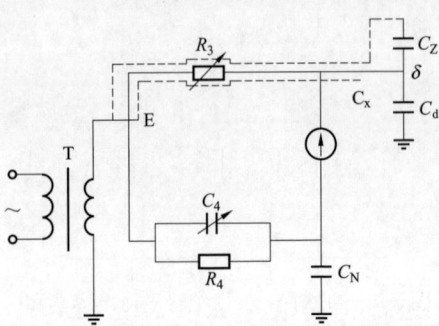

图 Z13E3002Ⅱ–6 电容型电流互感器末屏
对地电容量和 tanδ 的测试接线图

加电压一般可取 2～2.5kV。打开末屏接地线,将电桥"C_x"端与末屏相连接,将一次绕组短接后接到电桥的"E"端屏蔽,二次绕组短接后接地。末屏对地电容量和 tanδ 的测试接线如图 Z13E3002Ⅱ–6 所示,其中 C_Z 为主绝缘;C_d 为末屏对地绝缘;δ 为末屏引出线。

如采用数字式自动介质损耗测试仪,测试仪采用反接线,一次绕组短路接 C_x 测试线内屏蔽,C_x 测试线芯线接末屏端子。

（2）测试步骤。

将互感器外壳接地,电流互感器一次绕组对地放电接地,一次绕组短接后并接到电桥的"E"端屏蔽,二次绕组短接后接地,打开末屏接地线,将电桥"C_x"端与末屏相连接。取下接地线。检查接线无误后,从零升至测试电压进行测试,测试完毕后,对数字式电桥应先将高压降到零,断开高压开关,读取测试数据,切断电桥电源,对被试品放电接地。对 QS1 西林电桥,测试完毕后先将高压降到零,立即切断电源,读取测试数据,对被试品放电接地。恢复电流互感器一、二次连接线,特别注意末屏接地引线的恢复。

3. 主绝缘高压介质损耗和电容量测试

在《防止电力生产重大事故的二十五项重点要求》中,要求进行电流互感器的高压介质损耗测量。油纸电容型 tanδ 一般不进行温度换算,当 tanδ 值与出厂或上一次试验值比较有明显增长时,应综合分析 tanδ 与电压的关系。良好绝缘的 tanδ 不随电压的升高而明显增加,若绝缘内部有缺陷,则其 tanδ 将随试验电压的升高而明显增加,通过高压电容量和介质损耗测试可绘制 tanδ 与电压的曲线,以便进一步分析绝缘缺陷的性质,更灵敏地发现互感器绝缘内部的缺陷。

（1）测试接线。

主绝缘高电压电容量和介质损耗测试采用正接线,测试一次绕组和末屏之间的 tanδ 和电容量。测试时一次绕组短接后接高压,电流互感器末屏接电桥"C_x"端,二次绕组短接后接地,电流互感器外壳接地,标准电容 C_N 采用外附高压标准电容,因为测试电压为 $10\text{kV}\sim U_m/\sqrt{3}$,为保证 Z_4 桥臂的压降小于 1V,并能承受流过标准电容的电流,故在 Z_4 桥臂并联一无感电阻 R_b 以减少 Z_4 桥臂的阻抗,并联 R_b 后 Z_4 桥臂标准电阻为 R_{4b},R_{4b} 的阻值一般为 $1000/\pi$ 或 $100/\pi$,其测试接线如图 Z13E3002Ⅱ–7 所示。

（2）测试步骤。

将电容型电流互感器外壳接地，对互感
器绕组放电接地，拆除一次连线，一次绕组
短接，二次绕组短接后接地，打开末屏接地
线，将电桥"C_x"端与末屏相连接，高压引
线接至一次绕组和标准电容高压端，标准电
容下法兰接地。应在标准电容低压端和地之
间接入并联电阻 R_b，取下接地线。检查接
线无误后，从零升至测试电压进行测试，测

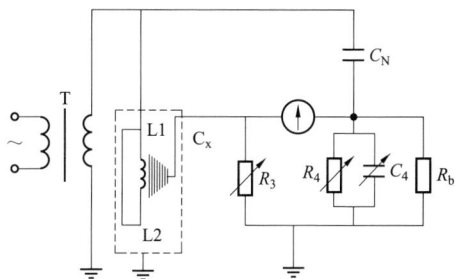

图 Z13E3002Ⅱ-7 主绝缘高压电容量和
介质损耗测试接线图

试电压为 $10kV \sim U_m/\sqrt{3}$，升压过程中在多点电压下测试 tanδ 值，读取测试数据；降
压过程中在相应各点电压下测试 tanδ 值，读取测试数据。测试完毕后，将高压降到零，
立即切断电源，将被试品放电接地。恢复电流互感器一、二次连接线，特别注意末屏
接地引线的恢复。

4. 变频谐振升压法主绝缘高电压电容量和介质损耗测试简介

主绝缘高电压电容量和介质损耗测试，除以上工频试验变压器升压法外，便携式
变频谐振升压法在现场也得到应用，解决了电流互感器现场高压介质损耗测量电源的
问题。

变频谐振升压法利用电流互感器与电抗器阻抗的不同性质，利用串联谐振原理获
得高电压，使高压电源体积大大减小。现场应用时，电抗器 L 采用多抽头方式，感抗
尽量接近互感器的容抗，以便回路尽量工作在 50Hz 左右。变频谐振升压法原理接线
如图 Z13E3002Ⅱ-8 所示。

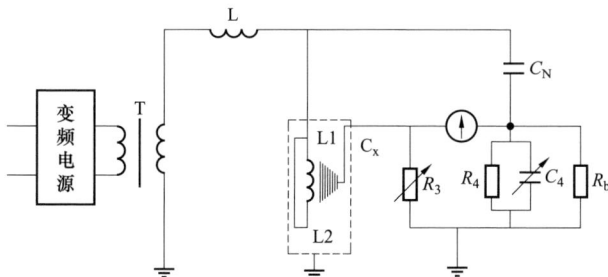

图 Z13E3002Ⅱ-8 变频谐振升压法原理接线图

六、测试注意事项

（1）测试应在良好的天气，湿度小于 80%，互感器本体及环境温度不低于+5℃的
条件下进行。

（2）互感器表面脏污、潮湿时，应采取擦拭和烘干等措施以减少表面泄漏电流的影响。互感器电容量较小时，加屏蔽环会影响电场分布，不宜采用。

（3）测试前，应先测试被试品的绝缘电阻，其值应正常。

（4）互感器附近架构、引线等所形成的杂散损耗，会对测量结果产生较大影响，高压引线与被试互感器的角度应尽量大，尽量远离被试品法兰，以免杂散电容影响测量结果，同时注意电场、磁场干扰。

（5）电桥本体用截面较大的裸铜导线可靠接地。被试电流互感器外壳可靠接地，电桥本体应直接与被试互感器外壳或接地点连接且尽量短。

（6）在测量电流互感器末屏介质损耗和电容量时，所加电压不得超过该末屏的承受电压。

七、测试结果分析及报告编写

（一）测试结果分析

1. 测试标准及要求

根据 Q/GDW 1168—2013《输变电设备状态检修试验规程》、Q/GDW 11447—2015《10kV～500kV 输变电设备交接试验规程》及《国家电网公司变电检测通用管理规定及细则》〔国网（运检/3）829—2017〕的规定：

（1）电容量初值差不超过±5%（警示值）。

（2）电流互感器介质损耗因数 $\tan\delta$ 不大于表 Z13E3002Ⅱ–1 中的数值要求（注意值）。

表 Z13E3002Ⅱ–1　　　　　　　电流互感器 $\tan\delta$（%）要求

U_m（kV）	126/72.5	252/363	≥550
$\tan\delta$（%）	0.01	0.008	0.007

聚四氟乙烯缠绕绝缘：≤0.005

适用于固体绝缘或油纸绝缘电流互感器；测量前应确认外绝缘表面清洁、干燥。如果测量值异常（测量值偏大或增量偏大），可测量介质损耗因数与测量电压之间的关系曲线，测量电压从 10kV 到 $U_m/\sqrt{3}$，介质损耗因数的增量应不超过 3±0.003，且介质损耗因数不大于 0.007（U_m≥550kV）、0.008（U_m 为 363kV/252kV）、0.01（U_m 为 126kV/72.5kV）。当末屏绝缘电阻不能满足要求时，可通过测量末屏介质损耗因数作进一步判断，测量电压为 2kV，通常要求小于 0.015。

2. 测试结果分析

$\tan\delta$ 和电容量应不超过规程规定值，测试数据与原始值相比不应有显著变化，一般应小于 30%（复合外套干式电容型 TA、SF_6TA 的介质损耗值参考制造厂）。

（1）油浸链式和串级式电流互感器。

由于电流互感器等效电容很小，易于受电场干扰，利用倒相法等方法测得的数据应进行计算分析。判断绝缘状况时应采用正接线测试值，因为

$$P = U^2 \omega C \tan \delta \qquad (\text{Z13E3002 II} -1)$$

式中　P——功率损耗，W；

　　　U——测试电压，V；

　　　ω——角频率；

　　　$\tan \delta$——介质损耗角正切值；

　　　C——被试品等效电容，F，即

$$C = \varepsilon \frac{S}{d} \qquad (\text{Z13E3002 II} -2)$$

式中　ε——介电系数，F/m；

　　　S——电容器极板面积，m^2；

　　　d——电容器极间距离，m。

根据式（Z13E3002 II-1）和式（Z13E3002 II-2），得出

$$P = U^2 \omega \frac{S}{d} \varepsilon \tan \delta \qquad (\text{Z13E3002 II} -3)$$

一般将 $\varepsilon \tan \delta$ 称作损耗因数。功率损耗 P 的大小直接与介质的 ε 和 $\tan \delta$ 的乘积成正比。在反接线时，因互感器的等效电容很小，高压对地电容影响较大，高压对地主要是空气，空气的介电系数 ε 近似为 1，空气的 $\tan \delta \approx 0.1$，$\tan \delta \approx 0.1$ 损耗因数很小，可称作小损耗因数。在小损耗因数影响下，根据式（Z13E3002 II-4）可以看出，由于 C_1 的存在且 $C_1 \tan \delta_1$ 的乘积很小，所以分子增加很少，测得的 $\tan \delta$ 偏小，不能准确反映互感器一次对二次的 $\tan \delta_2$，即

$$\tan \delta = \frac{C_1 \tan \delta_1 + C_2 \tan \delta_2}{C_1 + C_2} \qquad (\text{Z13E3002 II} -4)$$

式中　C_1——互感器一次对空气等效电容，pF；

　　　$\tan \delta_1$——互感器一次对空气介质损耗角正切值；

　　　C_2——互感器一次对二次等效电容，pF；

　　　$\tan \delta_2$——互感器一次对二次介质损耗角正切值。

正接线测试时屏蔽接地，一次杂散电容 C_1 被屏蔽掉，消除了小损耗因数的影响，所以分析和判断时，应采用正接线测量更容易发现绝缘故障。

（2）电容型电流互感器。

1）电容型电流互感器受潮缺陷。电容型电流互感器因结构原因受潮后，水分容易沉积在底部，随着受潮程度的加深，水分逐渐沿着主绝缘表面往上部和内部发展，根据受潮程度不同表现如下：

a. 电流互感器轻度受潮时，主屏介质损耗变化小，末屏对地绝缘电阻较低、末屏对地介质损耗增大。

b. 电流互感器严重进水受潮时，末屏绝缘电阻进一步降低，末屏介质损耗进一步增大。主屏介质损耗变化不明显，如水分渗透到端屏，主屏介质损耗变化较明显。

c. 电流互感器深度受潮时，主屏介质损耗增大，末屏绝缘电阻更低、末屏介质损耗更大。

2）利用 $\tan\delta$ 与电压的关系曲线分析判断电流互感器绝缘状况。GB 50150《电气装置安装工程　电气设备交接试验标准》规定：当对电流互感器绝缘性能有怀疑时，可采用高压法进行试验，试验电压在（0.5～1）$U_\mathrm{m}/\sqrt{3}$ 范围内。在进行电容型电流互感器 $\tan\delta$ 分析时，不仅要看绝对值，还要看不同试验电压下的 $\tan\delta$ 变化值。

电流互感器绝缘良好时，在一定电压范围内 $\tan\delta$ 一般随着电压升高变化很小，如图 Z13E3002Ⅱ-9（a）所示。

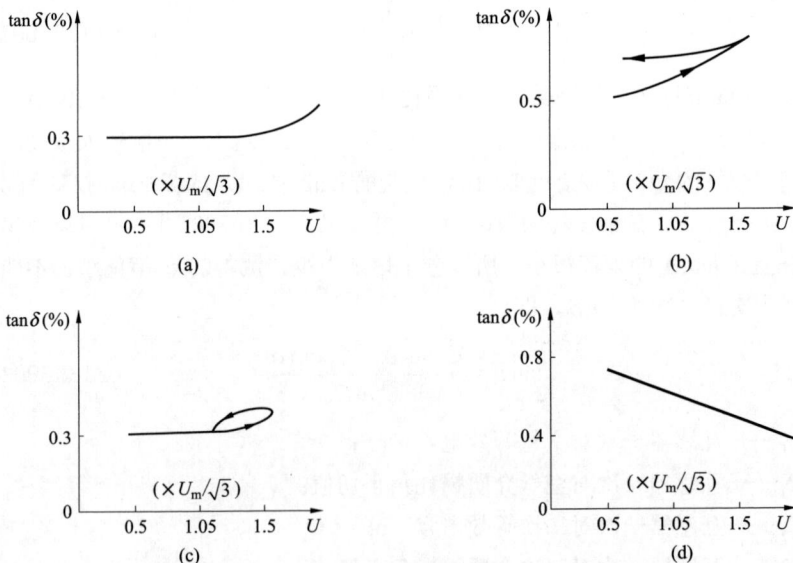

图 Z13E3002Ⅱ-9　电流互感器 $\tan\delta$ 与电压的关系

（a）绝缘良好时的 $\tan\delta = f(U)$ 曲线；（b）绝缘受潮时的 $\tan\delta = f(U)$ 曲线；

（c）绝缘气隙局部放电时的 $\tan\delta = f(U)$ 曲线；（d）主绝缘含有离子型杂质时的 $\tan\delta = f(U)$ 曲线

绝缘有缺陷时 $\tan\delta$ 变化则较显著，绝缘受潮介质损耗增加使绝缘温度增高，造成 $\tan\delta$ 迅速加大，电压下降时由于介质损耗增大导致介质发热，使损耗增加而不能回到原来响应电压下的 $\tan\delta$ 数值，如图 Z13E3002Ⅱ-9（b）所示。

在绝缘产生局部放电时，$\tan\delta$ 不随电压升高，当达到局部放电起始电压时 $\tan\delta$ 急剧增加，当电压下降到局部放电熄灭电压时，曲线重合。熄灭电压越低，绝缘局部缺陷越严重。绝缘产生气隙局部放电的 $\tan\delta = f(U)$ 曲线如图 Z13E3002Ⅱ-9（c）所示。

电流互感器主绝缘含有离子型杂质会造成随着试验电压升高 $\tan\delta$ 下降的情况，在交流电场下，随着电场的加强，离子运动速度加快，离子在纸层间或油中的迁移被阻拦，表现在电流上为有功分量波形畸变，有功电流波形畸变后超前电压一个角度，使 $\tan\delta$ 减小。一般为制造和检修质量问题，多为干燥不彻底，潮气浸入绝缘内部，或油被污染等情况造成的，如图 Z13E3002Ⅱ-9（d）所示。

3）高压电容量和介质损耗测试时并联电阻 R_b 和 $\tan\delta$ 及电容量 C_x 的计算。

扩大量程 10 倍（$n=10$）时，$R_{4b}=1000/\pi$，R_b、$\tan\delta$ 及电容量 C_x 的计算式为

$$R_b = R_4/(n-1) = 3184/(10-1) = 353.8（\Omega）\qquad (Z13E3002Ⅱ-5)$$

$$\tan\delta = \tan\delta_b/n$$

$$C_x = C_{xb}/n$$

式中　R_4——Z_4 桥臂标准电阻（10 000/π），Ω；

　　　R_{4b}——R_4 与 R_b 并联后的阻值，Ω；

　$\tan\delta_b$——并联电阻后的介质损耗值，%；

　　　C_{xb}——并联电阻后的电容值，pF。

4）电流互感器 $\tan\delta$ 综合判断。

将测试值和规程值比较、与被试品历年数据比较、与同类设备测试数据比较，并观察测试数据变化趋势、观察测试数据变化速率、观察电容量变化，必要时测量介质损耗与电压变化曲线，若测试数据变化明显，应配合其他试验进行综合判断。

（二）测试报告编写

试验记录应填写信息，包括基本信息（变电站、委托单位、试验单位、运行编号、试验性质、试验日期、试验人员、试验地点、报告日期、编写人员、审核人员、批准人员、试验天气、环境温度、环境相对湿度、油温）；设备铭牌（生产厂家、出厂日期、出厂编号、设备型号、额定电压等）；试验数据（介质损耗 $\tan\delta$、电容量、仪器型号、结论等）。

八、案例

一台电流互感器型号为 LCWD-110，使用 QS1 电桥测量 $\tan\delta$ 和电容量，采用反接线测试时，一次对地杂散电容 $C_1=25\text{pF}$，$\tan\delta_1=0.1$；一次对二次及地 $C_2=57\text{pF}$，一

次对二次 $\tan\delta_2 = 3.3\%$。采用反接线测量时，$\tan\delta = (C_1\tan\delta_1 + C_2\tan\delta_2)/(C_1 + C_2) = 2.3\%$；采用正接线测量时，此时一次对二次等效电容 $C = 50\text{pF}$，测得 $\tan\delta = 3.3\%$。可见，采用正接线测量更容易发现互感器绝缘故障。

【思考与练习】

1. 测试油浸链式电流互感器介质损耗角正切值时，正接线和反接线各反映互感器哪部分绝缘？

2. 测试电容型电流互感器主绝缘和末屏介质损耗角正切值时，各采用什么接线方式？

3. 为什么测试末屏对地介质损耗角正切值更容易发现电容型电流互感器轻度受潮故障？

4. 如何根据主绝缘、末屏对地介质损耗角正切值和绝缘电阻值来判断电容型电流互感器受潮程度？

▲ 模块 3　电压互感器的介质损耗角正切值 $\tan\delta$ 测试（Z13E3004Ⅲ）

【模块描述】本模块介绍电压互感器介质损耗角正切值 $\tan\delta$ 测试的方法和技术要求。通过测试工作流程的介绍，掌握电压互感器介质损耗角正切值 $\tan\delta$ 测试前的准备工作和相关安全、技术措施、测试方法、技术要求及测试数据分析判断。

【模块内容】

一、测试目的

测量电压互感器的介质损耗角正切值 $\tan\delta$，对判断其绝缘是否进水受潮和支架绝缘是否存在缺陷是一个比较有效的手段。由于其绝缘方式不同，可分为全绝缘和分级绝缘两种，故测量方法和接线也不同。

串级式电压互感器由于制造缺陷，易密封不良进水受潮，且其主绝缘和纵绝缘的设计裕度较小。进水受潮时其绝缘强度将明显下降，致使运行中常发生层、匝间和主绝缘击穿事故。同时，固定铁芯用的绝缘支架由于材质不良，易分层开裂，内部形成气泡，在电压作用下，气泡发生局部放电，进而导致整个绝缘支架的闪络。因此，测量其介质损耗角正切值 $\tan\delta$ 的目的，是为了反映其绝缘状况，防止互感器绝缘事故的发生。

二、测试仪器、设备的选择

介质损耗测试主要有西林电桥、M 型电桥和电流比较型电桥，目前应用较多的是数字化介质损耗因数测试仪。

　　试验电源的频率应为额定频率，频率：50Hz±0.5Hz。波形：正弦波，波形失真度不大于 5%。测量时应注意非正弦波的高次谐波分量对介质损耗因数及电容量值的影响。

　　测试仪介质损耗因数测量范围：0~0.1。电容量测量范围：在 10kV 试验电压下，电容量的内施法测量范围不小于 40 000pF。

三、危险点分析及控制措施

　　1. 防止高处坠落

　　使用梯子应有人扶持或绑牢，高处作业应系好安全带。

　　2. 防止高处落物伤人

　　高处作业应使用工具袋，上下传递物件应用绳索拴牢传递，严禁抛掷。

　　3. 防止人员触电

　　（1）应严格执行 Q/GDW 1799.1—2013《国家电网公司电力安全工作规程　变电部分》。

　　（2）高压试验工作不得少于两人。试验负责人应由有经验的人员担任，开始试验前，试验负责人应向全体试验人员详细布置试验中的安全注意事项，交待邻近间隔的带电部位，以及其他安全注意事项。

　　（3）试验现场应装设遮栏或围栏，遮栏或围栏与试验设备高压部分应有足够的安全距离，向外悬挂"止步，高压危险！"的标示牌，并派人看守。

　　（4）应确保操作人员及试验仪器与电力设备的高压部分保持足够的安全距离，且操作人员应使用绝缘垫。

　　（5）试验装置的金属外壳应可靠接地，高压引线应尽量缩短，并采用专用的高压试验线，必要时用绝缘物支挂牢固。

　　（6）加压前必须认真检查试验接线，使用规范的短路线，检查仪表的开始状态和试验电压挡位，均应正确无误。

　　（7）因试验需要断开设备接头时，拆前应做好标记，接后应进行检查。

　　（8）试验前，应通知有关人员离开被试设备，并取得试验负责人许可，方可加压；加压过程中应有人监护并呼唱。

　　（9）变更接线或试验结束时，应首先断开至被试品高压端的连线后断开试验电源，充分放电，并将升压设备的高压部分放电、短路接地。

　　（10）试验现场出现明显异常情况时（如异声、电压波动、系统接地等），应立即停止试验工作，查明异常原因。

　　（11）高压试验作业人员在全部加压过程中，应精力集中，随时警戒异常现象发生。

　　（12）未装接地线的大电容被试设备，应先行放电再做试验。

（13）试验结束时，试验人员应拆除自装的接地短路线，并对被试设备进行检查，恢复试验前的状态，经试验负责人复查后，进行现场清理。

四、测试前的准备工作

1. 了解被试设备现场情况及试验条件

现场试验前，应查勘现场，查阅相关技术资料，包括设备出厂试验数据、历年数据及相关规程。

2. 测试仪器、设备准备

选择合适的数字式自动介质损耗测试仪（或 QS1 型西林电桥）、试验变压器（或升压用的电压互感器）、试验控制台、静电电压表、交流电流表、交流电压表、绝缘垫（或绝缘鞋）、万用表、测试线、温（湿）度计、放电棒、接地线、梯子、安全带、安全帽、电工常用工具、试验临时安全遮栏、标示牌等，并查阅测试仪器、设备及绝缘工器具的检定合格证书有效期。

3. 办理工作票并做好试验现场安全和技术措施

按相关安全生产管理规定办理工作许可手续；向试验人员交代工作内容、带电部位、现场安全措施、现场作业危险点，明确人员分工及试验程序。

五、现场测试步骤及要求

（一）电磁式全绝缘电压互感器

1. 数字式自动介质损耗测试仪法

（1）测试接线。

用数字式自动介质损耗测试仪（反接法）测试电磁式全绝缘电压互感器 tanδ 的接线，如图 Z13E3004Ⅲ-1 所示。

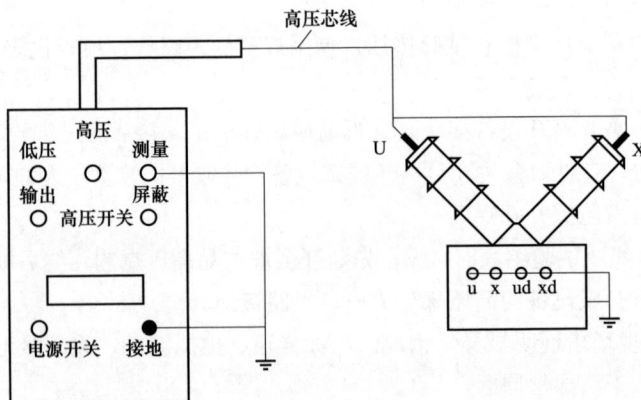

图 Z13E3004Ⅲ-1 用数字式自动介质损耗测试仪（反接法）
测电磁式全绝缘电压互感器 tanδ 的接线图

（2）测试步骤。

1）用万用表测量电源电压，应为 220V。

2）将接地线一端接在地网上，另一端可靠地接于面板的接地端子上，且地网的接地点应具有良好的导电性，否则会影响测量的正确性，甚至危及人身安全。

3）按图 Z13E3004Ⅲ-1 进行接线，被试品"U""X"端用裸铜线短接，其二次绕组和辅助绕组均短路接地。

4）确认接线无误后，打开仪器电源开关，选择试验电压及试验方法，进行测试，数字式自动介质损耗测试仪操作步骤参考仪器使用说明书。测试结束关闭高压开关，读数，关闭电源开关。

5）用放电棒对试品加压部位进行放电，并将升压设备的高压部分接地。

2. QS1 型西林电桥法

（1）测试接线。

对一般电磁式全绝缘电压互感器，采用 QS1 型西林电桥时，可以采用将一次绕组短路加压、二次及二次辅助绕组短路接西林电桥"C_x"点的正接法来测量 tan δ 及电容值；也可以采用将一次绕组短路接西林电桥的"C_x"点、二次及二次辅助绕组短路直接接地的反接法进行测试。常用反接法测试。电磁式全绝缘电压互感器 tan δ 及电容值测试顺序如表 Z13E3004Ⅲ-1 所示。

表 Z13E3004Ⅲ-1 　　电磁式全绝缘电压互感器 tan δ 及电容值测试顺序

测试顺序	电磁式全绝缘电压互感器	
	加压绕组	接地部位
1	低压	高压和外壳
2	高压	低压和外壳

用 QS1 型西林电桥反接法测试电磁式全绝缘电压互感器 tan δ 的接线，如图 Z13E3004Ⅲ-2 所示。

（2）测试步骤。

1）用万用表测量电源电压，应为 220V。按仪器使用说明书，布置好各试验仪器位置。

2）将接地线一端接在地网上，另一端可靠地接于面板的接地端子上，且地网的接地点应具有良好的导电性，否则会影响测量的正确性，甚至危及人身安全。

3）按图 Z13E3004Ⅲ-2 进行接线，被试品"U""X"端用裸铜线短接，其二次绕

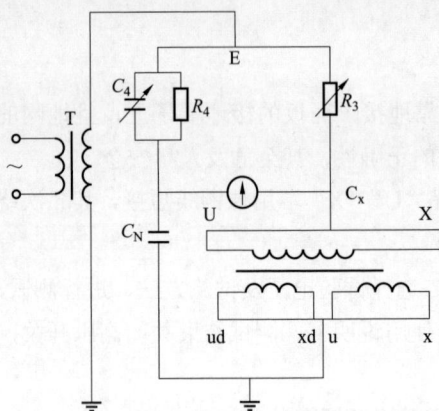

图 Z13E3004Ⅲ-2　用 QS1 型西林电桥反接法
测电磁式全绝缘电压互感器 $\tan\delta$ 的接线图

组和辅助绕组均短路接地。

4）确认接线无误后，开始测试，QS1型西林电桥操作方法见《产品使用说明书》。测试结束试验电压降低至 0，断开试验电源。记录分流器挡位、R_3 和 C_4 的数值。

5）用放电棒对试品加压部位进行放电，并将升压设备的高压部分接地。

（二）分级绝缘电压互感器或串级式电压互感器

220kV 串级式电压互感器原理接线，如图 Z13E3004Ⅲ-3 所示。一次绕组分成 4 段，分别绕在上下两个铁芯上；两个铁芯被支撑在绝缘支架上，上下铁芯对地电位分别为 $3U/4$ 和 $U/4$，一次绕组最末一个静电屏（共有 4 个静电屏）与末端"X"相连接，"X"点运行中直接接地。末电屏外是二次绕组 ux 和二次辅助绕组 udxd。"X"点与 ux 绕组运行中的电位差仅为 $100/\sqrt{3}$ V，它们之间的电容量约占整体电容量的 80%。110kV 串级式电压互感器的绕组及结构布置与 220kV 的相类似，一次绕组共分 2 段，只有一个铁芯，铁芯对地电位为 1/2 的工作电压（即 $U/2$）。

测量串级式电压互感器 $\tan\delta$ 和电容的主要方法有末端加压法、末端屏蔽法、常规试验法和自激法。末端加压法应用较广，它的优点是电压互感器"U"点接地，抗电场干扰能力较强，不足之处是存在二次端子板的影响，且不能测量绝缘支架的 $\tan\delta$ 值。末端屏蔽法"X"点接屏蔽，能排除端子板的影响，能测出绝缘支架的 $\tan\delta$ 值。

末端屏蔽法测绝缘支架的 $\tan\delta$ 值有间接法和直接法两种方法，由于支架的电容量很小（一般为 $10\sim25$pF），按直接法测量的灵敏度很低，在强电场干扰下往往不易测准，规程建议使用

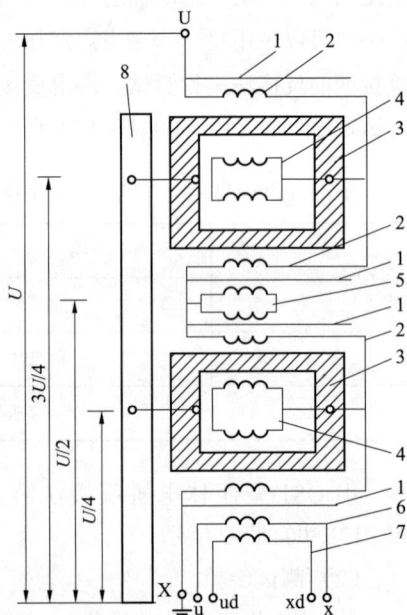

图 Z13E3004Ⅲ-3　220kV 串级式电压
互感器原理接线图
1—静电屏蔽层；2——次绕组（高压）；3—铁芯；
4—平衡绕组；5—耦合绕组；6—二次绕组；
7—二次辅助绕组；8—支架

间接法。自激法抗干扰能力差，一般较少采用。

1. 测试接线

（1）末端加压法测量一次绕组对二次绕组及二次辅助绕组 tan δ 的接线。末端加压法测量一次绕组对二次绕组及二次辅助绕组 tan δ 的接线如图 Z13E3004Ⅲ-4 所示。QS1 型电桥采用常规正接线，端子"x""xd"与"C_x"端连接，"X"端加 2～3kV 电压，"U"端接地，"ud""u"端悬空，电压互感器底座接地。

（2）末端加压法测量一次绕组对二次辅助绕组端部 tan δ 的接线。末端加压法测量一次绕组对二次辅助绕组端部 tan δ 的接线，如图 Z13E3004Ⅲ-5 所示。QS1 型电桥采用常规正接线，端子"xd"与"C_x"端连接，"X"端加 2～3kV 电压，"U""x"端接地，"ud""u"端悬空，电压互感器底座接地。

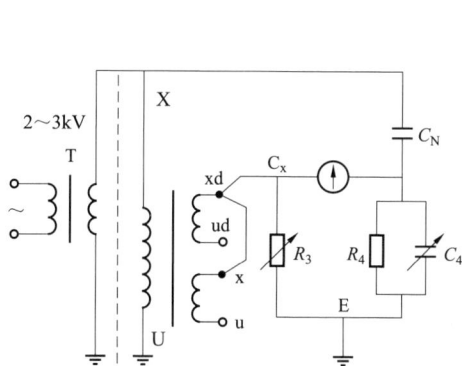

图 Z13E3004Ⅲ-4 末端加压法测量一次绕组
对二次绕组及二次辅助绕组 tan δ 的接线图
T—试验变压器；U、X—一次绕组端子；
u、x—二次绕组端子；ud、xd—二次辅助绕组端子；
C_x—西林电桥端子；E—电桥接地端子；
R_3—电桥可调电阻；R_4—电桥固定电阻；
C_4—电桥可调电容；C_N—标准电容

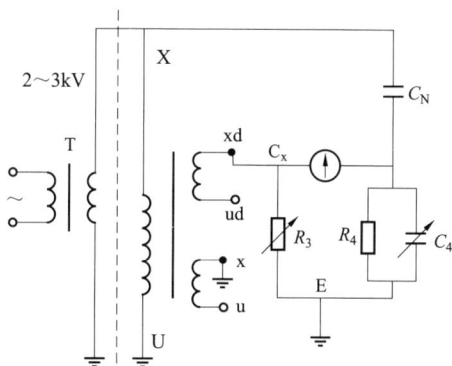

图 Z13E3004Ⅲ-5 末端加压法测量一次
绕组对二次辅助绕组端部 tan δ 的接线图
注：各符号含义同图 Z13E3004Ⅲ-4。

（3）用数字式自动介质损耗测试仪测试串级式电压互感器 tan δ 的接线。用数字式自动介质损耗测试仪测量串级式电压互感器 tan δ 的测试接线，如图 Z13E3004Ⅲ-6～图 Z13E3004Ⅲ-8 所示。图 Z13E3004Ⅲ-6 为正常法测串级式电压互感器一次绕组对二次绕组 tan δ 的接线图；图 Z13E3004Ⅲ-7 为正常法测串级式电压互感器一次绕组对地的 tan δ 接线图；图 Z13E3004Ⅲ-8 为正常法测串级式电压互感器一次绕组对二次绕组及地的 tan δ 接线图。

（4）末端屏蔽法测量一次绕组端部对支架与二次绕组并联的 tan δ 的接线。末端屏蔽法测量一次绕组对支架与二次绕组并联的 $\tan\delta$ 的接线如图 Z13E3004Ⅲ-9 所示，测出 C_1 及 $\tan\delta_1$。QS1 型电桥采用常规正接线，端子"x""xd"与底座和"C_x"端相连接，"X"端接地，"U"端加电压（根据 C_N 绝缘水平），"u""ud"端悬空，电压互感器底座绝缘。

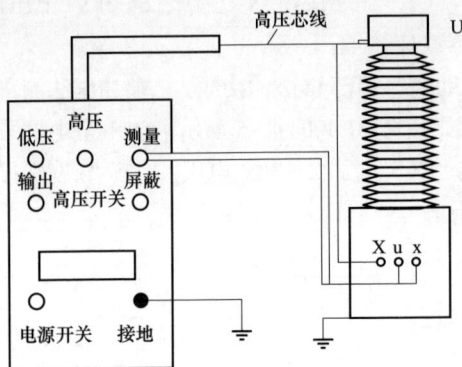

图 Z13E3004Ⅲ-6　用数字式自动介质损耗
测试仪（正接法）测串级式电压互感器
一次绕组对二次绕组 $\tan\delta$ 的接线图

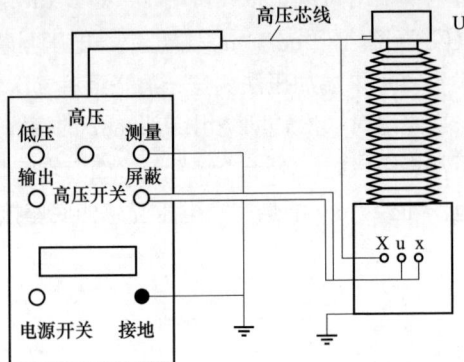

图 Z13E3004Ⅲ-7　用数字式自动介质损耗
测试仪（反接法）测串级式电压互感器
一次绕组对地的 $\tan\delta$ 接线图

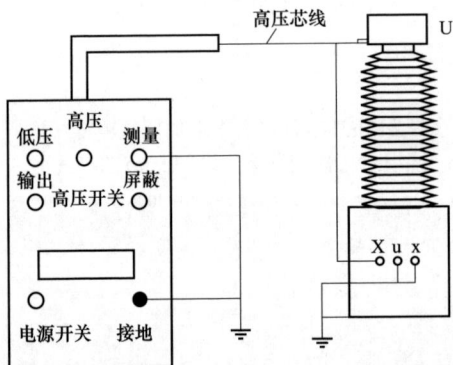

图 Z13E3004Ⅲ-8　用数字式自动介质损耗
测试仪（反接法）测串级式电压互感器
一次绕组对二次绕组及地的 $\tan\delta$ 接线图

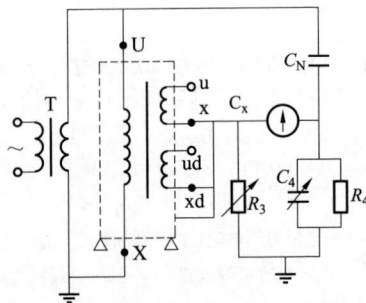

图 Z13E3004Ⅲ-9　末端屏蔽法测量一次绕组
对支架与二次绕组并联的 $\tan\delta$ 的接线图

（5）末端屏蔽法测量一次绕组端部对二次绕组 $\tan\delta$ 的接线。末端屏蔽法测量一次绕组对二次绕组 $\tan\delta$ 的接线如图 Z13E3004Ⅲ-10 所示，测出 C_2 及 $\tan\delta_2$。QS1 型电桥采用常规正接线，端子"x""xd"与"C_x"端连接，"X"端接地，"U"端加 10kV 电压，"u""ud"端悬空，电压互感器底座接地。

（6）末端屏蔽法直接测量绝缘支架 tanδ 的接线。末端屏蔽法直接测量绝缘支架
tanδ 的接线如图 Z13E3004Ⅲ-11 所示。QS1 型电桥采用常规正接线，电压互感器底座
与"C_x"端连接，"X""x""xd"端接地，"U"端加电压（根据 C_N 绝缘水平），"u"
"ud"端悬空，电压互感器底座绝缘。

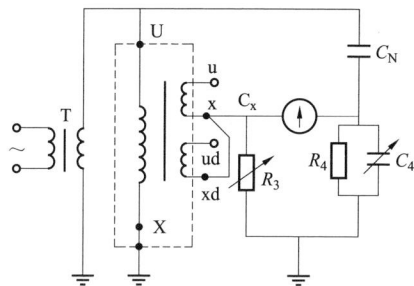

图 Z13E3004Ⅲ-10　末端屏蔽法测量
一次绕组对二次绕组 tanδ 的接线图

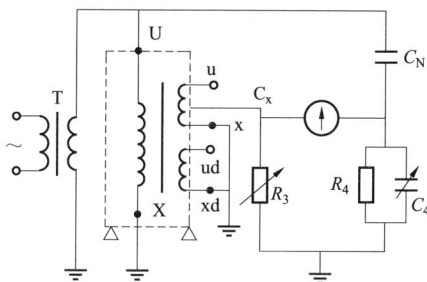

图 Z13E3004Ⅲ-11　末端屏蔽法
直接测量支架 tanδ 的接线图

2. 测试步骤

用数字式自动介质损耗测试仪或
QS1 型电桥测试分级绝缘电压互感器
或串级式电压互感器 tanδ 的步骤请参
考电磁式全绝缘电压互感器测试
tanδ 的步骤。

（三）电容式电压互感器

电容式电压互感器由电容分压器、
电磁单元（包括中间变压器和电抗器）
和接线端子盒组成，其原理接线如图
Z13E3004Ⅲ-12 所示。有一种电容式电
压互感器是单元式结构，电容分压器和
电磁单元分别为一个单元，可在现场组
装。另有一种电容式电压互感器为整体
式结构，电容分压器和电磁单元合装在

图 Z13E3004Ⅲ-12　电容式电压
互感器原理接线图

C_1—主电容；C_2—分压电容；δ—C_2 分压电容低压端；
J—载波耦合装置；K—接地开关；L—电抗器；
F—保护间隙；T1—中间变压器；
XT—中间变压器低压端；ux—中间变压器二次测量绕组；
uf、xf—中间变压器二次电压辅助绕组；R_0—阻尼电阻

一个瓷套内，无法使电磁单元同电容分压器两端断开。

1. 数字式自动介质损耗测试仪法

（1）测试接线。数字式自动介质损耗测试仪（自激法）测电容式电压互感器
tanδ 时，仪器工作方式选用"电容式电压互感器"，其接线如图 Z13E3004Ⅲ-13 和

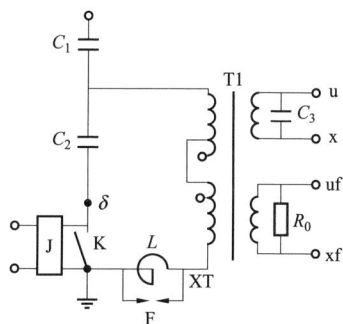

图 Z13E3004Ⅲ-14 所示。

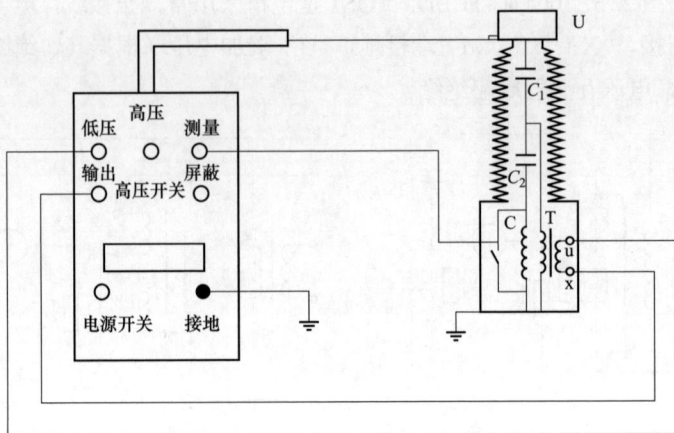

图 Z13E3004Ⅲ-13 用数字式自动介质损耗测试仪（自激法）测量 C_2 的接线图

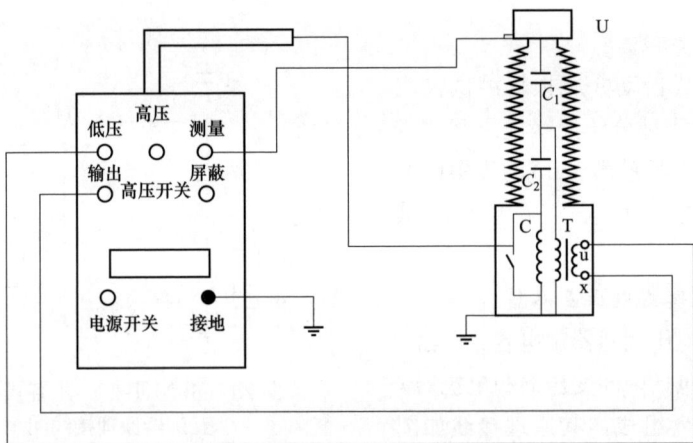

图 Z13E3004Ⅲ-14 用数字式自动介质损耗测试仪（自激法）测量 C_1 的接线图

（2）测试步骤。用数字式自动介质损耗测试仪测试电容式电压互感器 $\tan\delta$ 的步骤请参考用数字式自动介质损耗测试仪测试电磁式全绝缘电压互感器 $\tan\delta$ 的步骤。

2. QS1 型西林电桥法

（1）测试接线。测量主电容的 $\tan\delta_1$ 和 C_1 的接线如图 Z13E3004Ⅲ-15 所示。QS1型电桥采用常规正接线，由中间变压器 T1 励磁加压（一般选择额定输出容量最大的二次绕组加压），"XT"点接地，分压电容 C_2 的"δ"点接高压电桥的标准电容器高压端，主电容 C_1 高压端接高压电桥的"C_x"端。由于"δ"点绝缘水平所限，"δ"点接一块

3kV 静电电压表，监视试验电压不超过 2kV。此时 C_2 与 C_N 串联组成标准支路。一般 C_N 的 $\tan\delta\approx0$，而 C_2 远大于 C_N，故不影响测量结果。

　　测量分压电容的 $\tan\delta_2$ 和 C_2 的接线如图 Z13E3004Ⅲ–16 所示。QS1 型电桥采用常规正接线，由中间变压器 T1 励磁加压。"XT"点接地，分压电容 C_2 的"δ"点接高压电桥的"C_x"端，主电容 C_1 高压端与标准电容 C_N 高压端相连接。此时，C_1 与 C_N 串联组成标准支路。

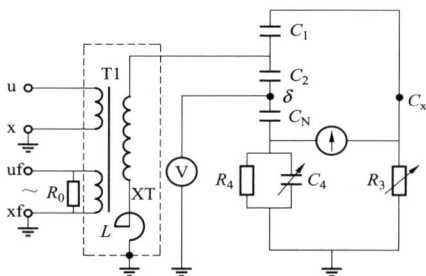

图 Z13E3004Ⅲ–15　测量主电容 $\tan\delta_1$、C_1 的接线图　　　　图 Z13E3004Ⅲ–16　测量分压电容 $\tan\delta_2$、C_2 的接线图

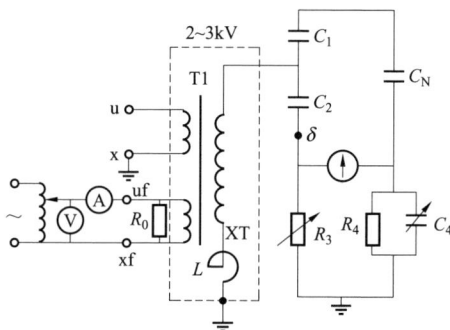

　　在测量 C_2 和 $\tan\delta_2$ 时，C_2 和中间变压器 T1 绕组及补偿电抗器 L 的电感会形成谐振回路，从而出现危险的过电压，因此加压绕组应选择带阻尼电阻的绕组。

　　测量中间变压器的 C 和 $\tan\delta$ 用 QS1 电桥反接线法。将 C_2 末端 δ 与 C_1 首端相连，XT 悬空，中间变压器各二次绕组均短路接地按 QSI 电桥反接线测量。由于 δ 点绝缘水平限制，外加交流电压 2kV，试验接线与等值电路如图 Z13E3004Ⅲ–17 所示。

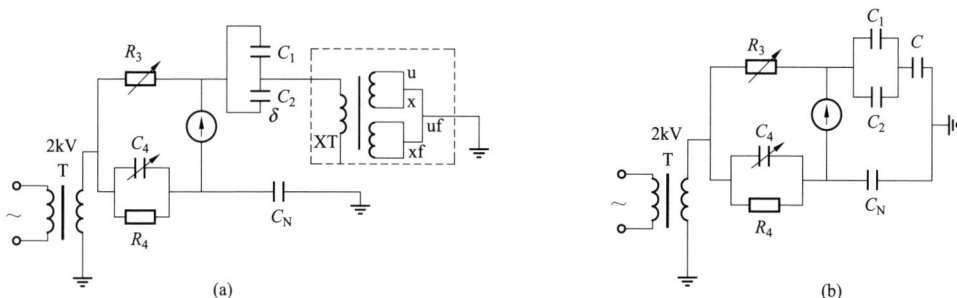

(a)　　　　　　　　　　　　　(b)

图 Z13E3004Ⅲ–17　用 QS1 电桥反接线法测量中间变压器的 C 和 $\tan\delta$ 的试验接线与等值电路图
（a）试验接线；（b）等值电路

（2）测试步骤。

1）将球隙间隙打开（见图 Z13E3004Ⅲ-12），"δ" 端子与地的接地开关（或连片）打开，电容式电压互感器金属外壳、二次绕组 ux 的引出端子 "x"、中间变压器 T1 的 "XT" 点及西林电桥外壳可靠接地。

2）测试前应进行 "δ" 端子对地绝缘电阻测量，"δ" 端子对地的绝缘电阻应大于 1000MΩ。

3）按图 Z13E3004Ⅲ-15 进行接线，测量 C_1 及 $\tan\delta_1$。静电电压表接 "δ" 端子。电桥分流器置 0.025A 挡，检查调压器应在零位。

4）开始均匀缓慢升压，仔细观察静电电压表指示，注意控制 "δ" 端子电压小于 3kV。

5）调节 QS1 型电桥至平衡，灵敏度旋钮回零位，降压为零，切断电源，读取可变电阻 R_3 的值 R_{31} 及 $\tan\delta_1$ 的值。对加压部位进行放电。

6）按图 Z13E3004Ⅲ-16 进行接线，测量 C_2 及 $\tan\delta_2$。电桥分流器置 0.15A 挡。调压器输出端接一块电流表。

7）开始缓慢升压，仔细观察励磁电流的大小，使其不超过额定电流的 2 倍。

8）调节 QS1 型电桥至平衡，灵敏度旋钮回零位，降压为零，切断电源，读取可变电阻 R_3 的值 R_{32} 及 $\tan\delta_2$ 的值。对加压部位进行放电。

9）按图 Z13E3004Ⅲ-17 进行接线，测量中间变压器 C_T 及 $\tan\delta_T$，将 C_2 末端 δ 与 C_1 首端相连，XT 悬空，中间变压器各二次绕组均短路接地，按 QS1 电桥反接线测量。注意控制 "δ" 端子电压小于 3kV。

10）测量结束后，恢复电压互感器端子箱接线，恢复球隙间隙（调整为 0.5mm）。

六、测试注意事项

1. 总则

（1）测试应在天气良好、且试品及环境温度不低于+5℃，相对湿度不大于 80% 的条件下进行。

（2）测试前应先测量被试品绝缘电阻。

（3）必要时可对试品表面（如外瓷套、或电容套管分压小瓷套、二次端子板等）进行清洁或干燥处理。

（4）无论采用何种接线方式，电桥本体、被试品油箱必须良好接地。

（5）在使用 QS1 电桥反接线时三根引线都处于高电位，导线及标准电容器对周围接地体应保持足够的绝缘距离。标准电容器带高电压，应放在平坦的地面上，不应与有接地的物体的外壳相碰。为防止检流计损坏，首先根据试品电容量大小选择合适的分流器位置，其次灵敏度的高低调节应与 R_3 和 C_4 配合调整，灵敏度低的时候调节 R_3 和 C_4 大数旋钮，灵敏度高时调节 R_3 和 C_4 小数或尾数旋钮。如有必要请参见 QS1 电桥说明书。

（6）现场测量存在电场和磁场干扰影响时，应采取相应措施进行消除。

（7）试验电压的选择，应根据试品的具体要求进行。

2. 串级式电压互感器 tan δ 测试注意事项

（1）测试绝缘支架 tan δ 时，注意底座绝缘垫必须良好，其绝缘电阻应大于 1000MΩ，否则会出现介质损耗角测试正误差。

（2）尽量减小高压引线对互感器的杂散电容。高压引线与瓷套的角度尽量大一些，一般高压引线与瓷套的角度应大于 90°。

（3）采用末端加压法和末端屏蔽法试验时，串级式电压互感器二次端子不能短接，"u""ud"端应悬空。

（4）由于电压互感器电容量较小，一般不宜用数字式自动介质损耗测试仪测试。当使用数字式自动介质损耗测试仪测量的数据与 QS1 型西林电桥测量数据差异较大时，以西林电桥测量数据为准。

3. 电容式电压互感器 tan δ 测试注意事项

（1）测量 C_1 及 $\tan \delta_1$ 时，将静电电压表接到 "δ" 端，监测其电压不超过 3kV，以免损伤绝缘及保护装置。

（2）测量 C_2 及 $\tan \delta_2$ 时，由于 C_2 较大，励磁回路电流较大，注意缓慢升压，并密切观察励磁电流的大小，以免励磁电流过大而引起电容式电压互感器损坏。

七、测试结果分析及测试报告编写

（一）测试结果分析

1. 测试标准及要求

根据 Q/GDW 1168—2013《输变电设备状态检修试验规程》、Q/GDW 11447—2015《10kV～500kV 输变电设备交接试验规程》及《国家电网公司变电检测通用管理规定及细则》〔国网（运检/3）829—2017〕的规定：

（1）电容式电压互感器电容量初值差不超过 ±2%（警示值）；介质损耗因数（油纸绝缘）≤0.005（注意值）；介质损耗因数（膜纸复合）≤0.002 5（注意值）。

（2）电磁式电压互感器绕组绝缘介质损耗因数（串级式 20℃）≤0.02（注意值）；介质损耗因数（非串级式）≤0.005（注意值）；支架介质损耗因数：≤0.05。

将结果与有关数据比较，包括同一设备的各相的数据，同类设备间的数据，出厂试验数据，耐压前后数据，与历次同温度下的数据比较等。为便于比较，宜将不同温度下测得的数值换算至 20℃，20℃～80℃温度范围内，经验公式为

$$\tan \delta = \tan \delta_0 \times 1.3^{(t-t_0)}$$

式中 $\tan\delta_0$ ——温度为 t_0 时的介质损耗因数值（一般取 $t_0=20℃$）；

$\tan\delta$ ——温度为 t 时的介质损耗因数值。

若试验结果超标，结合绝缘电阻、绝缘油试验、耐压、红外成像、高压介质损耗等试验项目结果综合判断。

2. 测试结果分析

（1）串级式电压互感器由于 C_x 值很小，为便于测量而在电桥 R_4、C_4 臂上并联电阻 3184Ω或 1592Ω。根据图 Z13E3004Ⅲ-9～图 Z13E3004Ⅲ-11 末端屏蔽法测量的结果按表 Z13E3004Ⅲ-2 进行计算。

表 Z13E3004Ⅲ-2　　　　串级式电压互感器电容量及 $\tan\delta$ 计算

额定电压（kV）	原始公式	R_4 上并联电阻 =3184（Ω）	R_4 上并联电阻 =1592（Ω）
220	$C_实=\dfrac{4R_4}{R_3}C_N$ $\tan\delta_实=\tan\delta_测$	$C_实=\dfrac{2R_4}{R_3}C_N$ $\tan\delta_实=\dfrac{1}{2}\tan\delta_测$	$C_实=\dfrac{4}{3}\times\dfrac{R_4}{R_3}C_N$ $\tan\delta_实=\dfrac{1}{3}\tan\delta_测$
110	$C_实=\dfrac{2R_4}{R_3}C_N$ $\tan\delta_实=\tan\delta_测$	$C_实=\dfrac{R_4}{R_3}C_N$ $\tan\delta_实=\dfrac{1}{2}\tan\delta_测$	$C_实=\dfrac{2}{3}\times\dfrac{R_4}{R_3}C_N$ $\tan\delta_实=\dfrac{1}{3}\tan\delta_测$

（2）间接法测试串级式电压互感器绝缘支架电容量和 $\tan\delta$ 的计算。图 Z13E3004Ⅲ-9 测量的是电压互感器一次绕组对支架与二次绕组并联的等值电容和 $\tan\delta$，其中一次绕组对底座包括瓷套、绝缘油和四根绝缘支架（仅下铁芯对底座部分）等部分。这几部分中以支架的电容量最大，因此近似认为下铁芯对底座的电容和介质损耗角正切值为支架的电容量和介质损耗角正切值。设图 Z13E3004Ⅲ-9、图 Z13E3004Ⅲ-10 测得的值分别为 C_1、$\tan\delta_1$、C_2、$\tan\delta_2$，则支架（四根并联）的电容量 C_Z 为

$$C_Z = C_1 - C_2$$

支架（四根并联）的介质损耗角正切值 $\tan\delta_Z$ 为

$$\tan\delta_Z = \frac{C_1\tan\delta_1 - C_2\tan\delta_2}{C_1 - C_2}$$

（3）电压互感器的电容量及 $\tan\delta$ 的测试结果，除应与有关标准、规程规定值比较外，还应与被试品历年试验值相比较，观察其发展趋势。根据设备的具体情况，有时即使数值仍低于标准，但增长迅速，也应引起充分注意。此外，还应与同类设备比较，看是否有明显差异，并结合其他试验结果进行综合分析判断。

（二）测试报告编写

试验记录应填写信息，包括基本信息（变电站、委托单位、试验单位、运行编号、试验性质、试验日期、试验人员、试验地点、报告日期、编写人员、审核人员、批准人员、试验天气、环境温度、环境相对湿度、油温），设备铭牌（生产厂家、出厂日期、出厂编号、设备型号、额定电压等），试验数据（介质损耗 tan δ、电容量、仪器型号、结论等）。

八、案例

案例 1：对一台串级式电压互感器绝缘支架进行例行试验（JCC2–110 型），用 QS1 西林电桥。测试结果为 tan δ =6.2%（36℃），已大于预防性规程要求值 6%，对该互感器进行了吊芯检查，发现支架上有多处放电点，支架上有 20mm 左右的分层开裂裂缝。又进行油色谱分析，H_2、C_2H_2 和 C_1+C_2 均超过规定值，乙炔达 11.9cm。说明有必要对支架绝缘引起足够的重视。

案例 2：某变电站的一台 TYD110/$\sqrt{3}$ –0.01 型电容式电压互感器，在 2008 年 7 月某日（晴、33℃）测得主电容的 tan δ 为 0.2%，电容量与历年相同；分压电容的 $\tan \delta_2$ 却达 3.2%，C_2 的测量点 δ 端子的绝缘电阻只有 600MΩ。而 2006 年 6 月某日（晴、29℃）投产测量结果是 $\tan \delta_2$ 为 0.2%，绝缘电阻为 6000MΩ，2007 年 7 月某日（晴、32℃）测得的 $\tan \delta_2$ 为 0.1%，绝缘电阻为 8000MΩ。对照前两年的测量结果，$\tan \delta_2$ 和绝缘电阻变化都很大，该互感器不能投入运行。又测量了二次绕组和辅助二次绕组的绝缘电阻，也为 600MΩ，分析以上情况，考虑二次出线板可能受潮。实际上，在试验前的两天里，天气一直在下雨，由于电容式电压互感器的出线端子箱是不密封的，潮气可以从出线洞口和端子箱门缝进入端子箱，加上固定的 δ 端子、二次绕组端子及辅助二次绕组端子的出线板是用玻璃钢板制作的，容易受潮，受潮后又不能短时间内自然干燥，所以一下雨，出线板就很快受潮，使 δ 端子、二次绕组及辅助二次绕组的绝缘电阻随之变小。

【思考与练习】

1. 如何测试电磁式全绝缘电压互感器的电容量及 tan δ 值？
2. 测量串级式电压互感器绝缘支架 tan δ 和电容量的方法主要有哪些？
3. 如何测试串级式电压互感器绝缘支架的 tan δ 和电容量？

◢ 模块 4 40.5kV 及以上非纯瓷套管 tan δ 和多油断路器的介质损耗角正切值 tan δ 测试（Z13E3003Ⅱ）

【模块描述】本模块介绍 40.5kV 及以上非纯瓷套管 tan δ 和多油断路器的介质损耗角正切值 tan δ 测试的方法和技术要求。通过测试工作流程的介绍，掌握 40.5kV 及以

上非纯瓷套管 $\tan\delta$ 和多油断路器的介质损耗角正切值 $\tan\delta$ 测试前的准备工作和相关安全、技术措施、测试方法、技术要求及测试数据分析判断。

【模块内容】

一、测试目的

测量 40.5kV 及以上非纯瓷套管 $\tan\delta$ 和多油断路器的介质损耗角正切值 $\tan\delta$ 的目的，主要是检查套管的绝缘状况，同时也检查其他绝缘部件，如灭弧室、绝缘拉杆、油箱绝缘围屏、绝缘油等的绝缘状况。

二、测试仪器、设备的选择

介质损耗测试主要有西林电桥、M 型电桥和电流比较型电桥，目前应用较多的是数字化介质损耗因数测试仪。

试验电源的频率应为额定频率，频率为 $50Hz\pm0.5Hz$；波形为正弦波，波形失真度不大于 5%。测量时应注意非正弦波的高次谐波分量对介质损耗因数及电容量值的影响。

测试仪介质损耗因数测量范围：$0\sim0.1$。电容量测量范围：在 10kV 试验电压下，电容量的内施法测量范围不小于 40 000pF。

三、危险点分析及控制措施

1. 防止高处坠落

使用梯子应有人扶持或绑牢，在断路器上作业应系好安全带。

2. 防止高处落物伤人

高处作业应使用工具袋，上下传递物件应用绳索拴牢传递，严禁抛掷。

3. 防止人员触电

（1）应严格执行 Q/GDW 1799.1—2013《国家电网公司电力安全工作规程 变电部分》。

（2）高压试验工作不得少于两人。试验负责人应由有经验的人员担任，开始试验前，试验负责人应向全体试验人员详细布置试验中的安全注意事项，交待邻近间隔的带电部位，以及其他安全注意事项。

（3）试验现场应装设遮栏或围栏，遮栏或围栏与试验设备高压部分应有足够的安全距离，向外悬挂"止步，高压危险！"的标示牌，并派人看守。

（4）应确保操作人员及试验仪器与电力设备的高压部分保持足够的安全距离，且操作人员应使用绝缘垫。

（5）试验装置的金属外壳应可靠接地，高压引线应尽量缩短，并采用专用的高压试验线，必要时用绝缘物支挂牢固。

（6）加压前必须认真检查试验接线，使用规范的短路线，检查仪表的开始状态和

试验电压挡位，均应正确无误。

（7）因试验需要断开设备接头时，拆前应做好标记，接后应进行检查。

（8）试验前，应通知有关人员离开被试设备，取得试验负责人许可后，方可加压；加压过程中应有人监护并呼唱。

（9）变更接线或试验结束时，应首先断开至被试品高压端的连线后断开试验电源，充分放电，并将升压设备的高压部分放电、短路接地。

（10）试验现场出现明显异常情况时（如异声、电压波动、系统接地等），应立即停止试验工作，查明异常原因。

（11）高压试验作业人员在全部加压过程中，应精力集中，随时警戒异常现象发生。

（12）未装接地线的大电容被试设备，应先行放电再做试验。

（13）试验结束时，试验人员应拆除自装的接地短路线，并对被试设备进行检查，恢复试验前的状态，经试验负责人复查后，进行现场清理。

四、测试前的准备工作

1. 了解被试设备现场情况及试验条件

现场试验前，应查勘现场，查阅相关技术资料，包括设备出厂试验数据、历年数据及相关规程。

2. 测试仪器、设备准备

选择合适的试验变压器、调压器、电压表、数字式自动介质损耗测试仪（或 QS1 型西林电桥）、测试线、绝缘垫、绝缘电阻表、温（湿）度计、放电棒、接地线、梯子、安全带、安全帽、电工常用工具、试验临时安全遮栏、标示牌等，并查阅测试仪器、设备及绝缘工器具的检定合格证书有效期。

3. 办理工作票并做好试验现场安全和技术措施

按相关安全生产管理规定办理工作许可手续；向试验人员交代工作内容、带电部位、现场安全措施、现场作业危险点，明确人员分工及试验程序。

五、现场测试步骤及要求

（一）测试接线

1. 数字式自动介质损耗测试仪法

用数字式自动介质损耗测试仪测试 40.5kV 及以上非纯瓷套管和多油断路器的介质损耗角正切值 $\tan\delta$ 的接线，如图 Z13E3003Ⅱ-1 所示。

2. QS1 西林电桥法

用 QS1 西林电桥测试 40.5kV 及以上非纯瓷套管和多油断路器的介质损耗角正切值 $\tan\delta$ 的接线，如图 Z13E3003Ⅱ-2 所示。

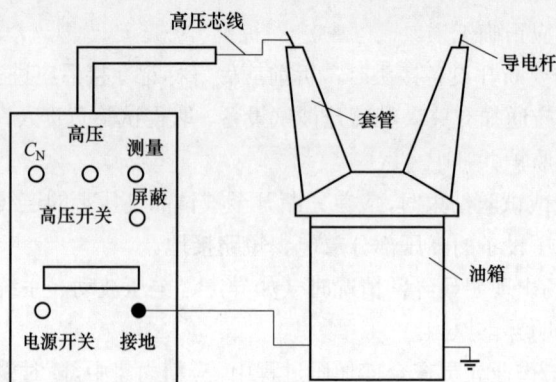

图 Z13E3003Ⅱ–1 数字式自动介质损耗测试仪测试 40.5kV 及以上
非纯瓷套管和多油断路器的介质损耗角正切值 tanδ 的接线图

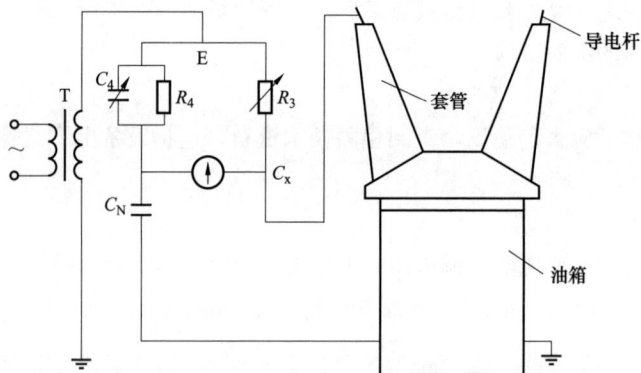

图 Z13E3003Ⅱ–2 用西林电桥测试 40.5kV 及以上非纯瓷套管和多油断路器的
介质损耗角正切值 tanδ 的接线图

（二）测试步骤

拆除断路器套管上的引线，测量 40.5kV 及以上非纯瓷套管及多油断路器的介质损耗角正切值 tanδ 前，测试绝缘电阻应正常。

在合闸状态分别测量每相整体（包括灭弧室、绝缘提升杆和套管）的 tanδ 和电容值（该项测量一般在需要时进行）。

多油断路器在分闸状态下，连同套管一起进行测量，测量时采用"反接线"，分别测量多油断路器的 U1、U2、V1、V2、W1、W2 相，共计 6 次。测试时，1 只套管加压测试，其余 5 只套管均接地，按图 Z13E3003Ⅱ–1 或图 Z13E3003Ⅱ–2 进行接线（如果套管是电容式套管，则按 QS1 西林电桥正接线测试套管本身 tanδ 及电容量），确认接线无误后，进行升压，严格按照仪器操作步骤进行（由于油箱内部绝缘对整体 tanδ 值的影响是建立在套管标准的基础上，因此，"标准"规定在 20℃时非纯瓷套管断路器 tanδ 允许比同型号的单独套管增大一些，见 DL/T 596—1996 规定）。

当测得的 tanδ 值超出试验标准或与以前比较显著增大时，应进行分解试验，查找原因，分解试验步骤如下：

（1）落下油箱（油箱无法落下者，可放去油箱内绝缘油）使灭弧室露出油面，进行测试。如 tanδ 明显下降者，则可能是绝缘油和油箱绝缘围屏绝缘不良。

（2）观察测试结果，如 tanδ 无明显下降变化，则应擦净油箱内瓷套表面再试，如 tanδ 明显下降则可能是套管脏污。

（3）如测试结果 tanδ 仍无明显变化，则可卸去灭弧室的屏罩再试，如 tanδ 明显下降，则可能是屏罩受潮，否则应拆卸灭弧室再进行测试（即测试单独套管的 tanδ）。

（4）如拆卸灭弧室后测试，tanδ 明显降低，则说明灭弧室受潮，否则说明套管绝缘不良。

六、测试注意事项

试验应在良好的天气，试品及环境温度不低于+5℃、湿度在 80%以下的条件下进行。

如测量单套管时宜采用正接法，这样受干扰小，测量结果较为准确，操作安全方便。使用反接法时，应尽量排除干扰。

无论采用何种接线方式，电桥本体必须良好接地。

七、测试结果分析及测试报告编写

（一）测试结果分析

1. 测试标准及要求

根据 Q/GDW 1168—2013《输变电设备状态检修试验规程》、Q/GDW 11447—2015《10kV～500kV 输变电设备交接试验规程》及《国家电网公司变电检测通用管理规定及细则》〔国网（运检/3）829—2017〕的规定：

多油断路器非纯瓷套管断路器的 tanδ（%）值的试验标准见表 Z13E3003Ⅱ–1 的规定。

表 Z13E3003Ⅱ–1　　　　tanδ（%）和电容值判断标准

电容量	（1）与初始值相比无明显变化； （2）电容量初值差不超过±5%（警示值）
介质损耗因数（20℃）	（1）72.5～126kV：≤0.01（注意值） （2）252～363kV：≤0.008（注意值） （3）≥550kV：≤0.007（注意值） 聚四氟乙烯缠绕绝缘：≤0.005

2. 测试结果分析

将结果与有关数据比较，包括同一设备的各相的数据，同类设备间的数据，出厂试验数据，耐压前后数据，与历次同温度下的数据比较等。为便于比较，宜将不同温度下测得的数值换算至20℃，20～80℃温度范围内，经验公式为

$$\tan\delta = \tan\delta_0 \times 1.3^{(t-t_0)}$$

式中 $\tan\delta_0$——温度为 t_0 时的介质损耗因数值（一般取 $t_0 = 20$℃）；

$\tan\delta$——温度为 t 时的介质损耗因数值。

若试验结果超标，结合绝缘电阻、绝缘油试验、耐压、红外成像、高压介质损耗等试验项目结果综合判断。

对 $\tan\delta$ 值进行判断的基本方法除应与有关"标准"规定值比较外，还应与历年值相比较，观察其发展趋势。根据设备的具体情况，有时即使数值仍低于标准，但增长迅速，也应引起充分注意。此外，还可与同类设备比较，看是否有明显差异。在比较时，除 $\tan\delta$ 值外，还应注意 C_x 值的变化情况。如发生明显变化，可配合其他试验方法，如绝缘油的分析、直流泄漏电流试验或提高测量 $\tan\delta$ 值的试验电压等进行综合判断。

（二）测试报告编写

试验记录应填写信息，包括基本信息（变电站、委托单位、试验单位、运行编号、试验性质、试验日期、试验人员、试验地点、报告日期、编写人员、审核人员、批准人员、试验天气、环境温度、环境相对湿度、油温），设备铭牌（生产厂家、出厂日期、出厂编号、设备型号、额定电压等）；试验数据（介质损耗 $\tan\delta$、电容量、仪器型号、结论等）。

八、案例

案例1：某变电站对 DW1-35、DW8-35 型多油断路器分解测试 $\tan\delta$，结果如表 Z13E3003Ⅱ-2 所示。

表 Z13E3003Ⅱ-2　　　多油断路器分解测试 $\tan\delta$ 结果

断路器		试验情况	折算到28℃时的 $\tan\delta$（%）	试验温度（℃）	判 断 结 果
DW1-35	1	（1）分闸状态、一支套管； （2）落下油箱； （3）去掉灭弧室	7.9 6.2 5.7	27 24.5 24.5	（1）需解体试验； （2）油箱绝缘筒良好，需再解体； （3）灭弧室良好，套管不合格
	2	（1）分闸状态、一支套管； （2）落下油箱； （3）去掉灭弧室	8.4 3.5 0.7	23 25 26	（1）需解体试验； （2）油箱绝缘筒不良，还有不良部位，需解体； （3）灭弧室受潮，套管良好

续表

断路器		试验情况	折算到28℃时的 tanδ（%）	试验温度（℃）	判 断 结 果
DW8-35	1	（1）分闸状态、一支套管； （2）落下油箱； （3）去掉灭弧室	8.2 6.3 5.4	30 29 28	（1）不合格，需解体试验； （2）油箱绝缘筒良好，需再解体； （3）灭弧室良好，套管不合格
	2	（1）分闸状态、一支套管； （2）落下油箱； （3）去掉灭弧室	9.3 4.1 0.9	20 22 23	（1）不合格，需解体试验； （2）油箱绝缘筒不良，需再解体； （3）灭弧室受潮、套管良好

案例 2：某变电站多油断路器 DW2-35 型预防性试验时发现 tanδ 异常，U1 相整体试验 tanδ=6.1%，卸去油箱及灭弧室测得 tanδ 分别为 3.3%及 1.5%；V2 相整体试验 tanδ=6.1%，卸去油箱及灭弧室测得 tanδ 分别为 3.8%及 1.6%；W2 相整体试验 tanδ=6.9%，卸去油箱及灭弧室测得 tanδ 分别为 4.6%及 3.8%（26℃，湿度 60%）；W2 相整体 tanδ>6%，说明该断路器已受潮，卸去油箱及灭弧室时 tanδ>3.0%，说明套管有问题。后经更换不合格套管，对所有灭弧室、隔板进行 24h 的烘烤及真空滤油，重新组装。测试 tanδ，U1 相为 4.9%，V1 相为 5.0%，U2 相为 5.0%，V2 相为 5.1%，W1 相为 5.1%，W2 相为 5.2%（阴天，24℃，湿度 66%）试验合格，但总体水平不高，绝缘水平下降。

【思考与练习】

1. 测量 40.5kV 及以上非纯瓷套管 tanδ 和多油断路器的介质损耗角正切值 tanδ 的目的是什么？

2. 如何查找多油断路器的绝缘缺陷？

第四章

外施工频耐压试验

▲ 模块1　互感器外施工频耐压试验（Z13E4001 I）

【模块描述】本模块介绍互感器的外施工频耐压试验方法及技术要求。通过对试验工作流程的介绍，掌握互感器的外施工频耐压试验前的准备工作和相关安全、技术措施、试验方法、技术要求及测试数据分析判断。

【模块内容】

一、试验目的

为考核电流互感器和全绝缘电压互感器的主绝缘强度和检查其局部缺陷，电流互感器和全绝缘电压互感器必须进行绕组连同套管一起对外壳的交流耐压试验。电流互感器和全绝缘电压互感器外施工频耐压试验一般在交接、大修后或必要时进行。串级式电压互感器及分级绝缘的电压互感器，因高压绕组首末端对地电位和绝缘等级不同，不能进行外施工频耐压试验，只能用倍频感应耐压试验来考核其绝缘。

二、试验仪器、设备的选择

（1）由于互感器要求的试验电源容量相对较小，因此只要有相应电压等级的试验变压器即可方便地进行该项试验。

（2）选用接触式单相调压器，容量与试验变压器相适应。

（3）试验变压器的高压输出端应串接保护电阻器，试验变压器的高压输出端应串接保护电阻器，保护电阻 R_1 一般取 0.1～0.5Ω/V，并应有足够的热容量和长度。与保护球隙串联的保护电阻 R_2，其电阻值通常取 1Ω/V，长度按表 Z13E4001 I –1 选取。

表 Z13E4001 I –1　　　　保护电阻器最小长度

试验电压（kV）	电阻长度（mm）	试验电压（kV）	电阻器长度（mm）
50	250	150	800
100	500		

（4）选用数字式、多量程峰值电压表。试验电压的测量一般应在高压侧进行。由

于互感器电容较小，交流耐压试验可在低压侧测量，并根据变比进行换算。电压表量程要满足测量要求，准确度等级不小于 0.5 级。

（5）选用相应电压等级的电容分压器。

三、危险点分析及控制措施

1. 防止高处坠落

使用梯子应有人扶持或绑牢，在互感器上作业应系好安全带。

2. 防止高处落物伤人

高处作业应使用工具袋，上下传递物件应用绳索拴牢传递，严禁抛掷。

3. 防止人员触电

（1）应严格执行 Q/GDW 1799.1—2013《国家电网公司电力安全工作规程　变电部分》。

（2）高压试验工作不得少于两人。试验负责人应由有经验的人员担任，开始试验前，试验负责人应向全体试验人员详细布置试验中的安全注意事项，交待邻近间隔的带电部位，以及其他安全注意事项。

（3）试验现场应装设遮栏或围栏，遮栏或围栏与试验设备高压部分应有足够的安全距离，向外悬挂"止步，高压危险！"的标示牌，并派人看守。

（4）应确保操作人员及试验仪器与电力设备的高压部分保持足够的安全距离，且操作人员应使用绝缘垫。

（5）试验装置的金属外壳应可靠接地，高压引线应尽量缩短，并采用专用的高压试验线，必要时用绝缘物支挂牢固。

（6）加压前必须认真检查试验接线，使用规范的短路线，检查仪表的开始状态和试验电压挡位，均应正确无误。

（7）因试验需要断开设备接头时，拆前应做好标记，接后应进行检查。

（8）试验前，应通知有关人员离开被试设备，取得试验负责人许可后，方可加压；加压过程中应有人监护并呼唱。

（9）变更接线或试验结束时，应首先断开至被试品高压端的连线后断开试验电源，充分放电，并将升压设备的高压部分放电、短路接地。

（10）试验现场出现明显异常情况时（如异声、电压波动、系统接地等），应立即停止试验工作，查明异常原因。

（11）高压试验作业人员在全部加压过程中，应精力集中，随时警戒异常现象发生。

（12）未装接地线的大电容被试设备，应先行放电再做试验。

（13）试验结束时，试验人员应拆除自装的接地短路线，并对被试设备进行检查，恢复试验前的状态，经试验负责人复查后，进行现场清理。

四、测试前的准备工作

1. 了解被试设备现场情况及试验条件

现场试验前，应查勘现场，查阅相关技术资料，包括设备出厂试验数据、历年数据及相关规程。

2. 测试仪器、设备准备

工频高电压通常采用高压试验变压器来产生。交流耐压试验的接线，应按被试品的电压、容量和现场实际试验设备条件来决定，用的设备通常有试验变压器、调压设备、过流保护装置、电压测量装置、保护球间隙、保护电阻及控制装置、温（湿）度计、测试线、放电棒、接地线、安全带、安全帽、电工常用工具、试验临时安全遮栏、标示牌等，并查阅测试仪器、设备及绝缘工器具的检定合格证书有效期、相关技术资料、相关规程等。

3. 办理工作票并做好试验现场安全和技术措施

按相关安全生产管理规定办理工作许可手续；向试验人员交代工作内容、带电部位、现场安全措施、现场作业危险点，明确人员分工及试验程序。

五、现场试验步骤及要求

（一）试验接线

电流互感器及全绝缘电压互感器外施工频耐压试验接线，如图 Z13E4001Ⅰ-1 所示。试验时，将一次绕组短接加压，二次绕组短路与外壳一起接地。

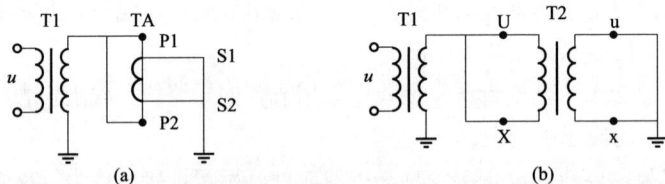

图 Z13E4001Ⅰ-1　电流互感器和全绝缘电压互感器外施工频耐压试验原理接线图
（a）电流互感器外施工频耐压试验原理接线；（b）全绝缘电压互感器外施工频耐压试验原理接线
T1—试验变压器；TA—被试电流互感器；T2—被试电压互感器

（二）试验步骤

（1）将互感器各绕组接地放电，拆除或断开互感器对外的一切连线。

（2）测试绝缘电阻，其值应正常。

（3）将一次绕组短接加压，二次绕组短路与外壳一起接地，通知二次回路工作人员撤离。进行接线，并检查试验接线正确无误、调压器在零位，试验回路中过电流和过电压保护应整定正确、可靠。空载试验，进行装置输出波形检查，且符合要求：$\sqrt{2} \pm 0.07$。

（4）合上试验电源，开始升压进行试验。升压速度在75%试验电压以前，可以是任意的，自75%电压开始应均匀升压，约为每秒2%试验电压的速率升压。升至试验电压，开始计时并读取试验电压。时间到后，迅速均匀降压到零（或1/3试验电压以下），然后切断电源，放电、挂接地线。试验中如无破坏性放电发生，则认为通过耐压试验。

（5）耐压试验后，测试绝缘电阻，其值应正常（一般绝缘电阻下降不大于30%）。

六、试验注意事项

（1）交流耐压是一种破坏性试验，因此耐压试验之前被试品必须通过绝缘电阻、$\tan\delta$等各项绝缘试验且合格。充油设备还应在注油后静置足够时间（110kV及以下，24h；220kV，48h；500kV，72h）方能加压，以避免耐压时造成不应有的绝缘击穿。

（2）进行绝缘试验时，被试品温度应不低于+5℃，户外试验应在良好的天气进行，且空气相对湿度一般不高于80%。

（3）试验过程中试验人员之间应口号联系清楚，加压过程中应有人监护并呼唱。

（4）升压必须从零（或接近于零）开始，切不可冲击合闸。交流耐压试验加至试验标准电压后的持续时间，凡无特殊说明者，均为60s。耐压试验后，迅速均匀降压到零（或接近于零），然后切断电源。

（5）升压过程中应密切监视高压回路、试验设备、测试仪表，监听被试品有何异响。

（6）有时耐压试验进行了数十秒钟，中途因故失去电源使试验中断，在查明原因恢复电源后，应重新进行全时间的持续耐压试验，不可仅进行"补足时间"的试验。

（7）试验回路中的电流互感器二次绕组不得开路，电压互感器二次绕组不得短路。

七、试验结果分析及试验报告编写

（一）试验结果分析

1. 试验标准及要求

根据Q/GDW 1168—2013《输变电设备状态检修试验规程》、Q/GDW 11447—2015《10kV～500kV输变电设备交接试验规程》、DL/T 474—2006《现场绝缘试验实施导则》及《国家电网公司变电检测通用管理规定及细则》〔国网（运检/3）829—2017〕的规定，互感器交接试验电压标准见表Z13E4001Ⅰ-2。

表 Z13E4001Ⅰ-2　　　　　　互感器交接试验电压标准

额定电压（kV）	最高工作电压（kV）	1min 工频耐受电压（有效值，kV）			
		电压互感器		电流互感器	
		出厂	交接	出厂	交接
3	3.6	25（18）	20（14）	25	20
6	7.2	30（23）	24（18）	30	24

续表

额定电压 (kV)	最高工作电压 (kV)	1min 工频耐受电压（有效值，kV）			
		电压互感器		电流互感器	
		出厂	交接	出厂	交接
10	12	42（28）	33（22）	42	33
15	17.5	55（40）	44（32）	55	44
20	24.0	65（50）	52（40）	65	52
35	40.5	95（80）	76（64）	95	76
66	69.0	140/185	112/148	140/185	112/148
110	126	200/230	160/184	200/230	160/184
220	252	395/460	316/368	395/460	316/368
330	363	510/630	408/504	510/630	408/504
500	550	680/740	544/592	680/740	544/592

注　1. 表中电气设备出厂试验电压参照 GB 311.1《高压输变电设备的绝缘配合》。

2. 括号内的数据为全绝缘结构电压互感器的匝间绝缘水平。

3. 斜杠上下为不同绝缘水平取值，以出厂（铭牌）值为准。

4. 交接试验时按出厂试验电压的 80% 进行。

5. 二次绕组之间及其对外壳的工频耐压试验电压标准应为 2kV。

6. 电压等级 110kV 及以上的电流互感器末屏及电压互感器接地端（N）对地的工频耐压试验电压标准应为 3kV。

2. 试验结果分析

互感器耐压试验后，可结合其他试验，如耐压前后的绝缘电阻测试、绝缘油的色谱分析等测试结果，进行综合判断，以确定被试品是否通过试验。

耐压试验过程中出现的现象同样是判断被试品合格与否的重要根据。现将常见绝缘缺陷可能引发的试验异常现象归纳成以下几点：

（1）主绝缘或匝绝缘击穿。发生这类放电时，表计指针摆动、电流上升、电压下降、试验回路过电流保护动作，重复试验时，则故障愈加发展。

（2）油间隙或油中气泡放电。这类放电时表计指针摆动，器身内并有响声。但油隙放电电流突变而电压下跌不大，并在再次加压时电压并不明显下降，其放电响声清脆。而气泡放电响声轻微断续，表计指示抖动，摆动不大，再次加压时放电响声消失，转为正常试验。

（3）悬浮物放电或固体绝缘爬电。这种类型放电响声混沌沉闷，电流突增，再次试验时异常现象不消失，且电压下跌，电流增大。

（二）试验报告编写

试验记录应填写信息，包括基本信息（变电站、委托单位、试验单位、运行编号、试验性质、试验日期、试验人员、试验地点、报告日期、编写人员、审核人员、批准人员、试验天气、环境温度、环境相对湿度），设备铭牌（生产厂家、出厂日期、出厂编号、设备型号、额定电压、额定电容量等），试验数据（试验电压、试验时间、仪器型号、结论等）。

八、案例

某变电站新更换一台 LMZ–10 型电流互感器，进行外施工频耐压试验，当试验电压升至 32.5kV（按规程规定，交接试验电压应为 33kV）时，互感器一次绕组对二次及地间发生击穿，经解体检查发现环氧浇铸绝缘部分有气泡。

【思考与练习】

1. 串级式电压互感器及分级绝缘的电压互感器，为何不能进行外施工频耐压试验？

2. 互感器耐压试验时，如何根据试验中的异常现象判断主绝缘或匝绝缘击穿？

▲ 模块 2　变压器外施工频耐压试验（Z13E4002Ⅱ）

【模块描述】本模块介绍变压器外施工频耐压试验方法及技术要求。通过对试验工作流程的介绍，掌握变压器外施工频耐压试验前的准备工作和相关安全、技术措施、试验方法、技术要求及测试数据分析判断。

【模块内容】

一、试验目的

工频耐压对考核变压器的主绝缘强度，检查主绝缘有无局部缺陷具有决定性的作用。它是检查验证变压器设计、制造和安装质量的重要手段。变压器外施工频耐压试验，用于全绝缘变压器或分级绝缘变压器的中性点耐压及低压绕组的耐压试验。

二、试验仪器、设备的选择

进行变压器耐压试验的设备，可根据情况采用工频试验变压器或串联谐振耐压装置。

（一）工频试验变压器的选择

1. 工频试验变压器

（1）电压选择。根据被试品的试验电压，选用具有合适电压的试验变压器。试验电压较高时，也可采用多级串接式试验变压器，并检查试验变压器所需低压侧电压是否与现场电源电压、调压器相配。

（2）电流选择。电流按下式计算

$$I = \omega C_x U \qquad (Z13E4002\text{II}-1)$$

式中　I——试验变压器高压侧应输出的电流，mA；

　　　ω——角频率，$\omega = 2\pi f$；

　　　C_x——被试品电容量，μF；

　　　U——试验电压，kV。

其中，C_x 可从测 $\tan\delta$ 中得到或按表 Z13E4002II–1、表 Z13E4002II–2 选取。

表 Z13E4002II–1　35～60kV 全绝缘电力变压器绕组间电容

变压器容量（kVA） 电容类型	630	2000	3150	6300	8000	16 000
高压–地+低压（pF）	2700	4100	4600	5900	7000	8200
低压–地+高压（pF）	4200	6600	7900	10 000	11 000	15 300

表 Z13E4002II–2　110kV 中性点分级绝缘电力变压器绕组电容

变压器容量（kVA） 电容类型	50 000	31 500	20 000	10 000	5600	3150
高–中+低+地（pF）	14 200	11 400	8700	6150	4200	3200
中–高+低+地（pF）	24 800	11 800	13 200	9600	—	—
低–高+中+地（pF）	19 300	19 300	12 000	9400	6800	14 800

（3）容量选择。相应求出试验所需电源容量

$$P = \omega C_x U^2 \times 10^{-3} \text{（kVA）} \qquad (Z13E4002\text{II}-2)$$

试验时，按 P 值选择试验变压器容量，一般不得超负荷运行。

2. 调压器

选用接触式调压器，要求：① 波形畸变小和阻抗电压低；② 从零起升压，能实现连续、平稳调压；③ 容量计算式为

$$P_0 = (0.75\sim1)\,P$$

式中　P_0——调压器容量，kVA；

　　　P——试验变压器容量，kVA。

3. 保护电阻

保护电阻 R_1 一般取 0.1～0.5Ω/V，并应有足够的热容量和长度。与保护球隙串联的保护电阻 R_2，其电阻值通常取 1Ω/V，长度按表 Z13E4002II–3 选取。

表 Z13E4002Ⅱ-3　　　　　　　　保护电阻器最小长度

试验电压（kV）	电阻器长度（mm）	试验电压（kV）	电阻器长度（mm）
50	250	150	800
100	500		

4. 电压表

选用数字式、多量程峰值电压表。由于"容升"的影响，被试变压器高压端往往先达到试验电压值。因此，被试变压器高压端电压是监视试验电压的主要依据。测量试验电压必须在高压侧测量，并以峰值表为准（峰值表读数除以 $\sqrt{2}$）。空载试验，进行装置输出波形检查，且符合要求：$\sqrt{2} \pm 0.07$。

5. 分压器

选用相应电压等级的分压器。

（二）串联谐振装置的选择

1. 调感式串联谐振耐压试验装置

调感式串联谐振耐压试验装置原理接线，如图 Z13E4002Ⅱ-1 所示。

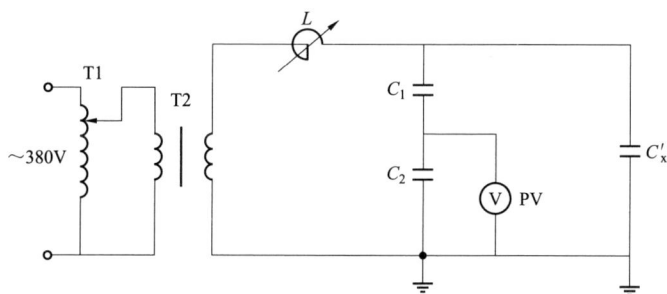

图 Z13E4002Ⅱ-1　调感式串联谐振耐压试验装置原理接线图

T1—调压器；T2—励磁变压器；L—可调电抗；C_1、C_2—电容分压器高、低压臂电容；C_x'—被试品电容

图 Z13E4002Ⅱ-1 中，被试变压器的等值电容 C_x' 和分压器的等值电容 C 之和为 C_x，L 是电抗器的电感量。当调节电抗器使 $\omega L = \dfrac{1}{\omega C_x}$ 时，电抗上的压降在数值上等于电容上的压降，即

$$U_L = U_{C_x} = U \qquad\qquad (\text{Z13E4002Ⅱ-3})$$

试验回路电流为

$$I_x = U\omega C_x = \dfrac{U}{\omega L} \qquad\qquad (\text{Z13E4002Ⅱ-4})$$

励磁变压器 T2 供给的电压大小 U_T 由回路品质因数 $Q\left(Q=\dfrac{\omega L}{R}\right)$ 值确定，其值为

$$U_T = \frac{U_{C_x}}{Q} = \frac{U}{Q} \qquad\qquad (Z13E4002\,\mathrm{II}-5)$$

串联谐振耐压试验电源容量应大于下式

$$S = \frac{U^2 \omega C_x}{Q} \qquad\qquad (Z13E4002\,\mathrm{II}-6)$$

上四式中，字母含义同式（Z13E4002 II-1）。

2. 变频串联谐振耐压试验装置

变频串联谐振耐压试验装置频率一般在 30～300Hz，但通过电抗器的组合和电容量的调节，试验频率可以控制在 45～55Hz 频率范围内，大部分可以控制在 49～51Hz 频率范围内，其原理接线如图 Z13E4002 II-2 所示。当调节变频柜输出电压频率达到谐振条件，即 $f=\dfrac{1}{2\pi\sqrt{LC}}$ 时，其余各参数同样应满足式（Z13E4002 II-3）～式（Z13E4002 II-6）及试验要求。

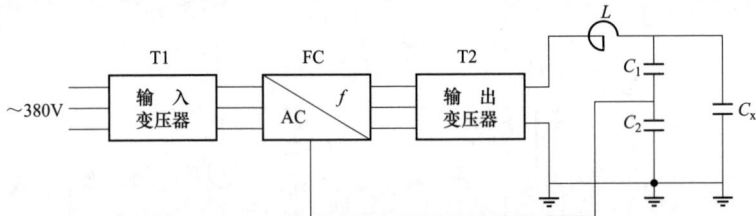

图 Z13E4002 II-2 变频串联谐振耐压试验装置原理接线

T1—输入变压器（隔离变压器）；FC—变频电源柜；T2—输出变压器（励磁变压器）；
L—固定高压电抗器；C_1、C_2—电容分压器高、低压臂电容；C_x—被试品电容

变频串联谐振装置原理与工频串联谐振装置基本相同，其主要区别是电压调节方式不同。

根据被试变压器试验电压值及电容量选择串联谐振耐压试验装置、电抗器及试验电源。

三、危险点分析及控制措施

1. 防止高处坠落

应使用变压器专用爬梯上下，在变压器上作业应系好安全带。对 220kV 及以上变压器，需解开高压套管引线时，宜使用高处作业车，严禁徒手攀爬变压器高压套管。

2. 防止高处落物伤人

高处作业应使用工具袋，上下传递物件应用绳索拴牢传递，严禁抛掷。

3. 防止工作人员触电

（1）应严格执行 Q/GDW 1799.1—2013《国家电网公司电力安全工作规程　变电部分》。

（2）高压试验工作不得少于两人。试验负责人应由有经验的人员担任，开始试验前，试验负责人应向全体试验人员详细布置试验中的安全注意事项，交待邻近间隔的带电部位，以及其他安全注意事项。

（3）试验现场应装设遮栏或围栏，遮栏或围栏与试验设备高压部分应有足够的安全距离，向外悬挂"止步，高压危险！"的标示牌，并派人看守。

（4）应确保操作人员及试验仪器与电力设备的高压部分保持足够的安全距离，且操作人员应使用绝缘垫。

（5）试验装置的金属外壳应可靠接地，高压引线应尽量缩短，并采用专用的高压试验线，必要时用绝缘物支挂牢固。

（6）加压前必须认真检查试验接线，使用规范的短路线，检查仪表的开始状态和试验电压挡位，均应正确无误。

（7）因试验需要断开设备接头时，拆前应做好标记，接后应进行检查。

（8）试验前，应通知有关人员离开被试设备，并取得试验负责人许可，方可加压；加压过程中应有人监护并呼唱。

（9）变更接线或试验结束时，应首先断开至被试品高压端的连线后断开试验电源，充分放电，并将升压设备的高压部分放电、短路接地。

（10）试验现场出现明显异常情况时（如异声、电压波动、系统接地等），应立即停止试验工作，查明异常原因。

（11）高压试验作业人员在全部加压过程中，应精力集中，随时警戒异常现象发生。

（12）未装接地线的大电容被试设备，应先行放电再做试验。

（13）试验结束时，试验人员应拆除自装的接地短路线，并对被试设备进行检查，恢复试验前的状态，经试验负责人复查后，进行现场清理。

四、试验前的准备工作

1. 了解被试设备现场情况及试验条件

查勘现场，查阅相关技术资料，包括该设备出厂资料、出厂试验报告及相关规程等，掌握该设备运行及缺陷情况。

2. 试验仪器、设备准备

选择合适的试验变压器及控制台、串联谐振耐压装置、保护电阻、球隙、分压器成套表计（或电容分压器、数字式多量程峰值电压表）、绝缘电阻表、高压导线、测试线、温（湿）度计、放电棒、接地线、梯子、安全带、安全帽、电工常用工具、试验临时安全遮栏、标示牌等，并查阅测试仪器、设备及绝缘工器具的检定合格证书有效期。

3. 办理工作票并做好试验现场安全和技术措施

按相关安全生产管理规定办理工作许可手续；向试验人员交代工作内容、带电部位、现场安全措施、现场作业危险点，明确人员分工及试验程序。

五、现场试验步骤及要求

（一）试验接线

（1）单相变压器耐压试验原理接线，如图 Z13E4002Ⅱ-3 所示。这时高压绕组整体对地电位相等，整个低压绕组电位为零，高、低压绕组绝缘间承受试验电压。

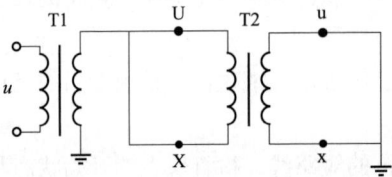

图 Z13E4002Ⅱ-3 单相变压器耐压试验
原理接线图
T1—试验变压器；T2—被试变压器

（2）三相变压器外施高压试验时，被试绕组所有出线套管应短接后加电压，非加压绕组所有出线也应短接并可靠接地。三相变压器的交流耐压试验项目见表 Z13E4002Ⅱ-4。试验时应按表 Z13E4002Ⅱ-4 的顺序要求依次进行。

表 Z13E4002Ⅱ-4　　　　三相变压器交流耐压试验项目

顺序	双绕组变压器		三绕组变压器	
	加压绕组	接地部位	加压绕组	接地部位
1	低压	高压和外壳	低压	高压、中压和外壳
2	高压	低压和外壳	中压	高压、低压和外壳
3			高压	中压、低压和外壳

（二）试验步骤

（1）将变压器各绕组接地放电，对大容量变压器应充分放电（5min）。放电时应用绝缘棒等工具进行，不得用手碰触放电导线。拆除或断开变压器对外的一切连线。

（2）进行接线，检查试验接线正确无误、调压器在零位。被试变压器外壳和非加压绕组应可靠接地，试验回路中过电流和过电压保护应整定正确、可靠。油浸变压器的套管、升高座、散热器等部位均应充分排气，避免器身内残存气泡的击穿放电。变压器本体所有电流互感器二次短路接地。通知二次回路工作人员撤离。

（3）合上试验电源，不接试品升压，将球隙的放电电压整定在 1.1 倍额定试验电压所对应的放电距离。同时检查试验电源波形，进行耐压试验前绝缘电阻测量。尽量使试验装置的电压保护回路与高压测量分压器测量电压互联，以方便进行过压保护的设定。

（4）断开试验电源，降低电压为零，将高压引线接上试品，接通电源，开始升压进行试验（当采用串联谐振试验装置时，试验电压的频率应为 45～65Hz，全电压下耐受时间为 60s。试验时，应在较低的励磁电压下调谐电感或频率找谐振点，当被试品上电压达到最高时，即达到试验回路的谐振点，可以开始升压进行试验）。

（5）升压必须从零（或接近于零）开始，切不可冲击合闸。升压速度在 75%试验电压以前，可以是任意的，自 75%电压开始应均匀升压，约为每秒 2%试验电压的速率升压。升压过程中应密切监视高压回路和仪表指示，监听被试品有何异响。升至试验电压，开始计时并读取试验电压。时间到后，迅速均匀降压到零（或 1/3 试验电压以下），然后切断电源，放电、挂接地线。试验中如无破坏性放电发生，则认为通过耐压试验。

（6）交流耐压试验前后应测试绝缘电阻，其值应没有明显变化（一般绝缘电阻下降不大于 30%）。

六、试验注意事项

（1）交流耐压是一项破坏性试验，因此耐压试验之前被试品必须通过绝缘电阻、吸收比、绝缘油色谱、$\tan\delta$ 等各项绝缘试验且合格。充油设备还应在注油后静置足够时间（110kV 及以下，24h；220kV，48h；500kV，72h）方能加压，以避免耐压时造成不应有的绝缘击穿。

（2）进行耐压试验时，被试品温度应不低于+5℃，户外试验应在良好的天气进行，且空气相对湿度一般不高于 80%。

（3）试验过程中试验人员之间应口号联系清楚，加压过程中应有人监护并呼唱。

（4）加压期间应密切关注异常情况发生：注视表计指示动态；防止谐振现象发生（非谐振方式耐压试验时）；注意观察、监听被试变压器、保护球隙的声音和现象，分析区别电晕或放电等有关迹象。

（5）有时耐压试验进行了数十秒钟，中途因故失去电源，使试验中断，在查明原因、恢复电源后，应重新进行全时间的持续耐压试验，不可仅进行"补足时间"的试验。

（6）谐振试验回路品质因数 Q 值的高低与试验设备、试品绝缘表面干燥清洁及高压引线直径大小、长短有关，因此试验宜在天气晴好的情况下进行。试验设备、试品绝缘表面应干燥、清洁。尽量缩短高压引线的长度，采用大直径的高压引线，以减小电晕损耗。提高试验回路品质因数 Q 值。

（7）变压器的接地端和测量控制系统的接地端要互相连接，并应自成回路，应采用一点接地方式，即仅有一点和接地网的接地端子相连。

七、试验结果分析及试验报告编写

（一）试验结果分析

1. 试验标准及要求

根据 Q/GDW 1168—2013《输变电设备状态检修试验规程》、Q/GDW 11447—2015《10kV～500kV 输变电设备交接试验规程》、DL/T 474—2006《现场绝缘试验实施导则》及《国家电网公司变电检测通用管理规定及细则》〔国网（运检/3）829—2017〕的规定：

变压器交接试验时，试验电压值按表 Z13E4002Ⅱ–5、表 Z13E4002Ⅱ–6 的规定。

表 Z13E4002Ⅱ–5　　　　电力变压器交接试验电压标准

系统标称电压（kV）	设备最高电压（kV）	交流耐受电压（kV）	
		油浸式电力变压器	干式电力变压器
≤1	≤1.1	—	2.5
3	3.6	14	8.5
6	7.2	20	17
10	12	28	24
15	17.5	36	32
20	24	44	43
35	40.5	68	60
66	72.5	112	—
110	126	160	—
220	252	316（288）	—
330	363	408（368）	—
500	550	544（504）	—

表 Z13E4002Ⅱ–6　　　110kV 及以上电力变压器中性点交接耐压试验电压标准

系统标称电压（kV）	设备最高电压（kV）	中性点接地方式	出厂耐受电压（kV）	交接耐受电压（kV）
110	126	不直接接地	95	76
220	252	直接接地	85	68
		不直接接地	200	160

续表

系统标称电压（kV）	设备最高电压（kV）	中性点接地方式	出厂耐受电压（kV）	交接耐受电压（kV）
330	363	直接接地	85	68
		不直接接地	230	184
500	550	直接接地	85	68
		经小阻抗接地	140	112

2. 试验结果分析

变压器交流耐压试验后应结合其他试验，如变压器耐压前后的绝缘电阻测试、局部放电测试、空载特性的测试、绝缘油的色谱分析等测试结果，进行综合判断，以确定被试品是否通过试验。

试验时主要是根据监视仪表指示和听声音，并辅以试验经验来判断。一般根据以下情况对故障性质进行判断。

（1）在进行外施交流耐压试验中，仪表指示不跳动，被试变压器无放电声音，这说明耐压试验合格。当电流表指示突然上升，同时被试变压器有放电声，有时还伴随着球隙放电时，很明显证明变压器耐压试验不合格。

（2）当被试变压器击穿时，试验中电流表的变化是由试验变压器的电抗和被试变压器的容抗比值决定的。当容抗与感抗之比等于 2 时，虽然变压器击穿，但电流表的指示没有变化；当比值大于 2 时击穿，电流必然上升；当比值小于 2 时击穿则电流下降，此情况一般在被试变压器容量很大或试验变压器容量不够时，有可能出现。

（3）在外施耐压试验中的升压阶段或持续阶段，被试变压器若发出很清脆的"嗒、嗒"的很像金属东西碰击油箱的放电声音，且电流表突然变化，则这种声音的放电往往是引线距离不够或者油中的间隙放电所造成的。当重复试验时，放电电压下降不明显。这种故障放电部位比较好找，故障也容易排除。

（4）放电声音很清脆，但比前一种声音小，仪表摆动不大，重复试验时放电现象消失，这种现象是变压器内部气泡放电。为了消除和减少油中的气泡，对 110kV 及以上变压器，应抽真空注油，静放时间应满足标准要求。

（5）放电声音如果是"哧……""吱……"，或者很沉闷的响声，电流表指示立即增大，这往往是固体绝缘内部放电。当重复试验时，放电电压明显下降。这种放电部位寻找困难，有时需借助超声定位来判断故障部位，或进行解体检查。

（6）在加压过程中，变压器内部有如炒豆般的响声，电流表的指示也很稳定，这是悬浮金属放电的声音，如夹件接地不良或变压器内部有金属异物以及铁芯悬浮等，都有可能产生这种放电声音。

（二）试验报告编写

试验记录应填写信息，包括基本信息（变电站、委托单位、试验单位、运行编号、试验性质、试验日期、试验人员、试验地点、报告日期、编写人员、审核人员、批准人员、试验天气、环境温度、环境相对湿度），设备铭牌（生产厂家、出厂日期、出厂编号、设备型号、额定电压、额定容量等），试验数据（试验电压、试验时间、仪器型号、结论等）。

八、案例

有 2 台变压器，容量为 8000kVA，电压为 35kV。已知其高压对低压及地（外壳）的电容为 7000pF。要对其进行工频交流耐压试验，请选择试验变压器。

解： 根据规程要求：35kV 变压器预防性试验按部分更换绕组电压值，即 72kV 考虑，计算如下

$$I = U\omega C_x = 72 \times 10^3 \times 314 \times 7000 \times 10^{-12} = 158 \times 10^{-3}（A）$$

$$P = 100 \times 10^3 \times 158 \times 10^{-3} = 15.8（kVA）$$

选择 100kV 原因是考虑 35kV 系统的其他高压设备也可以使用，按上述计算可选用 YD–20/100 型试验变压器。

【思考与练习】

1. 画出单相变压器耐压试验接线图。

2. 进行变压器等大电容量试品的耐压试验时，为什么要在高压侧监视试验电压？

模块 3　断路器耐压试验（Z13E4003Ⅱ）

【模块描述】本模块介绍断路器耐压试验的方法和技术要求。通过试验工作流程的介绍，掌握断路器耐压试验前的准备工作和相关安全、技术措施、试验方法、技术要求及测试数据分析判断。

【模块内容】

一、试验目的

交流耐压试验是鉴定设备绝缘强度最有效和最直接的试验项目。对断路器进行耐压试验的目的是为了检查断路器的安装质量，考核断路器的绝缘强度。

二、试验仪器、设备的选择

断路器耐压试验的设备，可根据情况采用工频试验变压器或串联谐振耐压装置。

（一）工频试验变压器的选择

1. 工频试验变压器

（1）电压选择。根据被试品的试验电压，选用具有合适电压的工频试验变压器。试验电压较高时，也可采用多级串接式试验变压器，并检查试验变压器所需低压侧电压是否与现场电源电压、调压器相配。

（2）电流选择。电流可按下式计算

$$I = \omega C_x U \qquad (Z13E4003 \text{II} -1)$$

式中　I——试验变压器高压侧应输出的电流，mA；

　　　ω——角频率，$\omega=2\pi f$；

　　　C_x——被试品电容量，μF，C_x 可从测 $\tan\delta$ 中得到或根据制造厂资料；

　　　U——试验电压，kV。

（3）容量选择。相应求出试验所需电源容量，计算式为

$$P = \omega C_x U^2 \times 10^{-3} \quad (kVA) \qquad (Z13E4003 \text{II} -2)$$

在试验时，按 P 值选择试验变压器容量，一般不得超负荷运行。

2. 调压器

选用接触式单相调压器，要求：① 波形畸变小和阻抗电压低；② 从零起升压，能实现连续、平稳调压；③ 容量按下式计算

$$P_0=(0.75 \sim 1)P$$

式中　P_0——调压器容量，kVA；

　　　P——试验变压器容量，kVA。

3. 保护电阻

保护电阻 R_1 一般取 0.1～0.5Ω/V，并应有足够的热容量和长度。与保护球隙串联的保护电阻 R_2，其电阻值通常取 1Ω/V。

4. 电压表

试验电压必须在高压侧测量，并以峰值表为准（峰值表读数除以 $\sqrt{2}$）。因此，选用数字式、多量程峰值电压表。

5. 分压器

选用相应电压等级的电容分压器。

（二）串联谐振耐压装置

1. 调感式串联谐振耐压试验装置

调感式串联谐振耐压试验装置原理接线，如图 Z13E4003 II -1 所示。

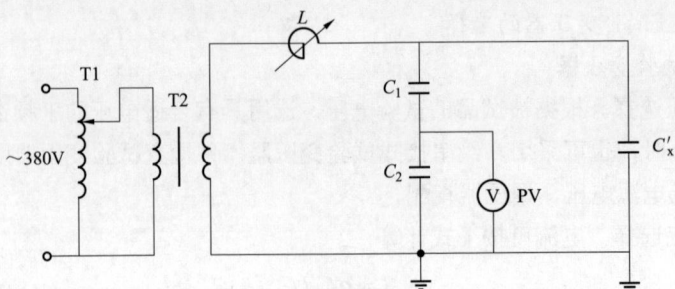

图 Z13E4003Ⅱ-1 调感式串联谐振耐压试验装置原理接线图

T1—调压器；T2—励磁变压器；L—可调电抗；

C_1、C_2—电容分压器高、低压臂电容；C'_x—被试品

图 Z13E4003Ⅱ-1 中，被试品 GIS 的等值电容 C'_x 与分压器的等值电容 C 之和为 C_x，L 是电抗器的电感量。当调节电抗器使 $\omega L = \dfrac{1}{\omega C_x}$ 时，电抗上的压降在数值上等于电容上的压降，即

$$U_L = U_{C_x} = U \qquad\qquad (\text{Z13E4003Ⅱ-3})$$

试验回路电流为

$$I_X = U\omega C_x = \frac{U}{\omega L} \qquad\qquad (\text{Z13E4003Ⅱ-4})$$

输出变压器 T2 供给的电压大小 U_T 由回路品质因数 $Q\left(Q = \dfrac{\omega L}{R}\right)$ 值确定，其值为

$$U_T = \frac{U_{C_x}}{Q} = \frac{U}{Q} \qquad\qquad (\text{Z13E4003Ⅱ-5})$$

串联谐振耐压试验电源容量应大于下式，即

$$S = \frac{U^2 \omega C_x}{Q} \qquad\qquad (\text{Z13E4003Ⅱ-6})$$

式中：字母含义同式（Z13E4003Ⅱ-1）。

2. 调频式串联谐振耐压试验装置

调频式串联谐振耐压试验装置原理接线如图 Z13E4003Ⅱ-2 所示，当调节变频柜输出电压频率达到谐振条件，即 $f = \dfrac{1}{2\pi\sqrt{LC}}$ 时，其余各参数同样应满足式（Z13E4003Ⅱ-3）~式（Z13E4003Ⅱ-6）及试验要求。

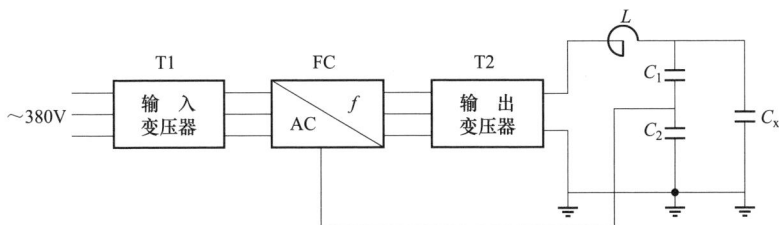

图 Z13E4003Ⅱ-2　调频式串联谐振耐压试验装置原理接线图

T1—输入变压器（隔离变压器）；FC—变频电源柜；T2—输出变压器（励磁变压器）；L—固定高压电抗器；

C_1、C_2—电容分压器高、低压臂电容；C_x—被试品

根据被试断路器试验电压值及电容量选择串联谐振耐压试验装置、电抗器及试验电源（如有些制造厂家要求使用工频电压进行断路器试验，如西门子 SF_6 定开距断路器）。

三、危险点分析及控制措施

1. 防止高处坠落

使用梯子应有人扶持或绑牢，在断路器上作业应系好安全带。

2. 防止高处落物伤人

高处作业应使用工具袋，上下传递物件应用绳索拴牢传递，严禁抛掷。

3. 防止工作人员触电

（1）应严格执行 Q/GDW 1799.1—2013《国家电网公司电力安全工作规程　变电部分》。

（2）高压试验工作不得少于两人。试验负责人应由有经验的人员担任，开始试验前，试验负责人应向全体试验人员详细布置试验中的安全注意事项，交待邻近间隔的带电部位，以及其他安全注意事项。

（3）试验现场应装设遮栏或围栏，遮栏或围栏与试验设备高压部分应有足够的安全距离，向外悬挂"止步，高压危险！"的标示牌，并派人看守。

（4）应确保操作人员及试验仪器与电力设备的高压部分保持足够的安全距离，且操作人员应使用绝缘垫。

（5）试验装置的金属外壳应可靠接地，高压引线应尽量缩短，并采用专用的高压试验线，必要时用绝缘物支挂牢固。

（6）加压前必须认真检查试验接线，使用规范的短路线，检查仪表的开始状态和试验电压挡位，均应正确无误。

（7）因试验需要断开设备接头时，拆前应做好标记，接后应进行检查。

（8）试验前，应通知有关人员离开被试设备，并取得试验负责人许可，方可加压；

加压过程中应有人监护并呼唱。

（9）变更接线或试验结束时，应首先断开试验电源，充分放电，并将升压设备的高压部分放电、短路接地。

（10）试验现场出现明显异常情况时（如异声、电压波动、系统接地等），应立即停止试验工作，查明异常原因。

（11）高压试验作业人员在全部加压过程中，应精力集中，随时警戒异常现象发生。

（12）未装接地线的大电容被试设备，应先行放电再做试验。

（13）试验结束时，试验人员应拆除自装的接地短路线，并对被试设备进行检查，恢复试验前的状态，经试验负责人复查后，进行现场清理。

四、测试前的准备工作

1. 了解被试设备现场情况及试验条件

查勘现场，查阅相关技术资料，包括该设备出厂资料、出厂试验报告及相关规程等，掌握该设备运行及缺陷情况。

2. 测试仪器、设备准备

选择合适的试验变压器及控制台、串联谐振耐压装置、保护电阻、球隙、电容分压器、数字多量程峰值电压表、绝缘电阻表、放电棒、绝缘操作杆、接地线、高压导线、万用表、温（湿）度计、电工常用工具、绝缘带（绳）、白布、安全带、安全帽、试验临时安全遮栏、标示牌等，并查阅测试仪器、设备及绝缘工器具检定合格且在证书有效期内。

3. 办理工作票并做好试验现场安全和技术措施

按相关安全生产管理规定办理工作许可手续；向试验人员交代工作内容、带电部位、现场安全措施、现场作业危险点，明确人员分工及试验程序。

五、现场测试步骤及要求

（一）试验接线

（1）断路器工频耐压试验原理接线，如图 Z13E4003Ⅱ-3 所示。

（2）断路器耐压试验接线如图 Z13E4003Ⅱ-4 所示。油断路器耐压试验应在合闸状态导电部分对地之间和在分闸状态的断口间分别进行。对于三相共箱式的油断路器应作相间耐压，试验时一相加压其余两相接地。对 500kV 定开距瓷柱式断路器只进行断口耐压试验。对 SF_6 罐式断路器的试验耐压方式相对地应为合闸对地，分闸状态两端轮流加压，另一端接地；还应对断口施加试验电压，例如 126kV 断路器：相对地 =230kV，断口 230kV+70kV。

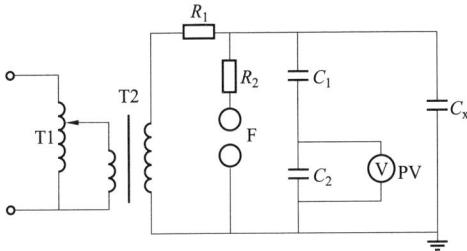

图 Z13E4003Ⅱ-3　断路器工频耐压试验原理接线图

T1—调压器；T2—试验变压器；R_1—保护电阻；R_2—球隙保护电阻；

F—球间隙；C_1、C_2—电容分压器高、低压臂电容；

PV—电压表；C_x—被试品

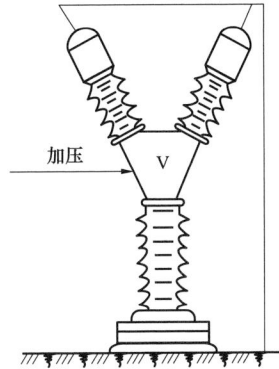

图 Z13E4003Ⅱ-4　断路器耐压试验接线图

（二）试验步骤

（1）将被试断路器接地放电，拆除或断开断路器对外的一切连线。

（2）测试绝缘电阻应正常。

（3）按图 Z13E4003Ⅱ-3 和图 Z13E4003Ⅱ-4 进行接线，检查试验接线正确、调压器在零位后，不接试品升压，将球隙的放电电压整定在 1.1 倍额定试验电压所对应的放电间隙。波形应符合要求，耐压前应进行绝缘电阻测量。

（4）断开试验电源，降低电压为零，将高压引线接上试品，接通电源，开始升压进行试验（当采用串联谐振试验装置时，在较低的试验电压下调谐电感或频率找谐振点；当被试品上电压达到最高时，即达到试验回路的谐振点，可以开始升压进行试验）。

（5）升压必须从零（或接近于零）开始，切不可冲击合闸。升压速度在75%试验电压以前，可以是任意的，自 75%电压开始应均匀升压，约为每秒 2%试验电压的速率升压。升压过程中应密切监视高压回路和仪表指示，监听被试品有何异响。升至试验电压，开始计时并读取试验电压。时间到后，迅速均匀降压到零（或 1/3 试验电压以下），然后切断电源，放电、挂接地线。试验中如无破坏性放电发生，则认为通过耐压试验。

（6）耐压后测试绝缘电阻，其值应无明显变化（一般绝缘电阻下降不大于30%）。

六、试验注意事项

（1）进行绝缘试验时，被试品温度应不低于+5℃。户外试验应在良好的天气进行，且空气相对湿度一般不高于80%。

（2）有时工频耐压试验进行了数十秒钟，中途因故失去电源，使试验中断，在查明原因，恢复电源后，应重新进行全时间的持续耐压试验，不可仅进行"补足时间"的试验。

（3）对于过滤和新加油的断路器必须等油中气泡全部逸出后才能进行耐压试验，以免油中气泡引起放电。一般需要静止 3～5h 后才能进行油断路器的交流耐压试验。对于 SF_6 断路器必须在充气至额定气压 24h 后才能进行交流耐压试验。

（4）油断路器耐压试验时如出现击穿声或冒烟，则为不合格，务必重新处理查明原因。原因未查明不得轻易重试以免造成损失。

（5）谐振试验回路品质因数 Q 值的高低与试验设备、试品绝缘表面干燥清洁及高压引线直径大小、长短有关，因此试验宜在天气晴好的情况下进行。试验设备、试品绝缘表面应干燥、清洁，尽量缩短高压引线的长度，采用大直径的高压引线，以减小电晕损耗，提高试验回路品质因数 Q 值。

七、试验结果分析及试验报告编写

（一）试验结果分析

1. 试验标准及要求

根据 Q/GDW 1168—2013《输变电设备状态检修试验规程》、Q/GDW 11447—2015《10kV～500kV 输变电设备交接试验规程》、DL/T 474—2006《现场绝缘试验实施导则》及《国家电网公司变电检测通用管理规定及细则》〔国网（运检/3）829—2017〕的规定：

（1）断路器应在分、合闸状态下分别进行试验（合闸状态下进行断路器带电部分对地的耐压试验，分闸状态下进行断路器断口间的耐压试验），耐压试验电压值按 DL/T 593—2006 的规定，如表 Z13E4003Ⅱ-1 和表 Z13E4003Ⅱ-2 所示。交接试验电压值按表 Z13E4003Ⅱ-3 的规定。

（2）72.5kV 及以上断路器按 DL/T 593 规定值的（或出厂试验电压值的）80%。

（3）三相共箱式的油断路器应作相间耐压试验，其试验电压值与对地耐压值相同。

（4）126kV 及以上油断路器提升杆的交流耐压试验电压按 DL/T 593 规定值的 80%。

（5）对 500kV 定开距瓷柱式断路器只进行断口耐压试验。

（6）辅助回路和控制回路交流耐压试验电压可利用 2500V 绝缘电阻表替代。

表 Z13E4003Ⅱ-1　　　　断路器额定电压范围Ⅰ的绝缘水平

额定电压 （有效值，kV）	额定工频短时耐受电压（有效值，kV）	
	通　用　值	隔　离　断　口
3.6	25/18	27/20
7.2	30/23	34/27

续表

额定电压 (有效值，kV)	额定工频短时耐受电压（有效值，kV）	
	通 用 值	隔 离 断 口
12	42/30	48/36
24	65/50	79/64
40.5	95/80	118/103
72.5	140	180
	160	200
126	185	$185\left(+\genfrac{}{}{0pt}{}{50}{70}\right)$
	230	$230\left(+\genfrac{}{}{0pt}{}{50}{70}\right)$
252	395	$395\left(+\genfrac{}{}{0pt}{}{100}{145}\right)$
	460	$460\left(+\genfrac{}{}{0pt}{}{100}{145}\right)$

表 Z13E4003Ⅱ-2　　断路器额定电压范围Ⅱ的绝缘水平

额定电压 (有效值，kV)	额定短时工频耐受电压（有效值，kV）	
	相对地及相间	开关断口及隔离断口
363	460	$460\left(+\genfrac{}{}{0pt}{}{150}{210}\right)$
	510	$510\left(+\genfrac{}{}{0pt}{}{150}{210}\right)$
550	680	$680\left(+\genfrac{}{}{0pt}{}{220}{315}\right)$
	740	$740\left(+\genfrac{}{}{0pt}{}{220}{315}\right)$
800	900	$900\left(+\genfrac{}{}{0pt}{}{320}{460}\right)$
	960	$960\left(+\genfrac{}{}{0pt}{}{320}{460}\right)$
1100	1100	$1100\left(+\genfrac{}{}{0pt}{}{445}{635}\right)$

注　表中括号内的数值分别为 $0.7/\sqrt{3}$ 和 $1.0/\sqrt{3}$ ，是加在对侧端子上的工频电压有效值。

表 Z13E4003Ⅱ–3   断路器（交接试验）交流耐压试验标准

额定电压 （kV）	最高工作电压 （kV）	1min 工频耐受电压（峰值，kV）			
		相对地	相间	断路器断口	隔离断口
3	3.6	25	25	25	27
6	7.2	32	32	32	36
10	12	42	42	42	49
35	40.5	95	95	95	118
66	72.5	155	155	155	197
110	126	200	200	200	225
		230	230	230	265
220	252	360	360	360	415
		395	395	395	460
330	363	460	460	520	520
		510	510	580	580
500	550	630	630	790	790
		680	680	790	790
		740	740	790	790

注 设备无特殊规定时，采用最高一级试验电压。

2. 试验结果分析

（1）在升压和耐压过程中，如发现电压表指针摆动很大，电流表指示急剧增加，调压器往上升方向调节，电流上升、电压基本不变甚至有下降趋势，被试品冒烟、出气、焦臭、闪络、燃烧或发出击穿响声（或断续放电声），应立即停止升压，降压停电后查明原因。这些现象如查明是绝缘部分出现的，则认为被试品交流耐压试验不合格。如确定被试品的表面闪络是由于空气湿度大或绝缘表面脏污等所致，应将被试品绝缘表面清洁干燥处理后，再进行试验。

（2）试验结果应根据试验中有无发生破坏性放电、有无出现绝缘普遍或局部发热及耐压试验前后绝缘电阻有无明显变化，进行全面分析后做出判断。

（二）试验报告编写

试验记录应填写信息，包括基本信息（变电站、委托单位、试验单位、运行编号、试验性质、试验日期、试验人员、试验地点、报告日期、编写人员、审核人员、批准人员、试验天气、环境温度、环境相对湿度）；设备铭牌（生产厂家、出厂日期、出厂编号、设备型号、额定电压等）；试验数据（试验电压、试验时间、仪器型号、结论等）。

八、案例

案例 1：一台 10kV 真空断路器（ZN–10 型），在大修时检查真空灭弧室真空度，按规定对断口进行 42kV 工频交流耐压试验，耐压试验中断口产生闪络，后又降低电压到 28kV，还是有闪络现象，直至降到 15kV 才无闪络现象。观察灭弧室内有雾气颜色，触头有氧化现象。决定更换新灭弧室，分析原因是使用时间较长，开断次数过多所致。

案例 2：某电厂新更换一台 10kV 手车式真空断路器，按规程规定对新更换的断路器进行相间、对地 42kV/1min 工频交流耐压试验，在升压至 40kV 时，断路器 U 相绝缘隔板与金属架间发生闪络放电，切断试验电源后检查，发现绝缘隔板有脏污，擦拭干净后，耐压试验通过。

【思考与练习】

1. 断路器耐压试验的目的是什么？
2. 对于过滤和新加油的断路器为什么要静止 3～5h 才能进行耐压试验？
3. 串联谐振耐压试验的原理是什么？
4. 断路器耐压试验中应注意哪些事项？

▲ 模块 4　GIS 现场交流耐压试验（Z13E4004Ⅲ）

【模块描述】本模块介绍 GIS（气体绝缘金属封闭开关设备）交流耐压试验方法和技术要求。通过试验工作流程的介绍，掌握 GIS 现场交流耐压试验前的准备工作和相关安全、技术措施、试验方法、技术要求及测试数据分析判断。

【模块内容】

一、试验目的

GIS 因体积较大，需现场组装，受现场条件的限制，比如环境温度、湿度和空气的洁净度、安装工器具的精度、安装工艺水平、安装质量等都很难有效控制，对 GIS 安全运行造成一定影响。另外，GIS 的内部空间极为有限，工作场强很高，且绝缘裕度相对较小。GIS 投运初期，绝缘击穿大多是由金属颗粒、悬浮导体、表面毛刺或颗粒等缺陷造成的，如图 Z13E4004Ⅲ–1 所示。

交流耐压试验对检查是否存在杂质（如自由导电微粒）比较敏感。GIS 现场交流耐压试验的主要目的是通过耐压试验检验被试设备的运输和安装是否正确，检查被试设备内部是否有异物，检验被试设备内部洁净度和绝缘是否达到规定要求。通过现场交流耐压试验和完善的交接验收可起到预防故障的作用。

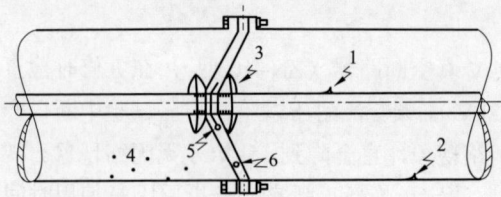

图 Z13E4004Ⅲ-1　GIS 内部缺陷示意图

1—导体上的毛刺或颗粒；2—壳体上的毛刺或颗粒；3—悬浮屏蔽（接触不良）；
4—自由移动的金属颗粒；5—盆式绝缘子上的颗粒；6—盆式绝缘子内部缺陷

二、试验仪器、设备的选择

（一）工频耐压试验设备的选择

由于 GIS 中带电导体对筒壳的间距小，对地电容较大，若用常规工频试验变压器做耐压试验，试验设备笨重，不便搬运，给现场试验带来困难，一般现场较少采用。如采用常规工频试验变压器，试验变压器的容量应大于下式的要求，即

$$P = \omega C_x U_s^2 \times 10^{-3} \qquad （Z13E4004Ⅲ-1）$$

式中　P——试验变压器容量，kVA；

　　　ω——角频率，$\omega = 2\pi f$；

　　　C_x——被试品电容量，μF；

　　　U_s——试验电压，kV。

（二）串联谐振试验设备的选择

串联谐振装置利用额定电压较低的试验变压器可以得到较高的输出电压，用小容量的试验变压器可以对大容量的试品进行交流耐压试验。串联谐振耐压试验升压平稳，输出电压波形为正弦波，试验过程安全可靠，被试品击穿时，谐振条件被破坏，高压自动下降，特别适合 GIS 交流耐压。

1. 调感式串联谐振设备的选择

调感式串联谐振试验设备采用铁芯气隙可调节的高压电抗器调节串联电抗值。其缺点是噪声大，机械结构复杂，设备笨重，但试验电压频率为工频，一般在 GIS 间隔较少的情况下使用。串联电抗器电感应满足下式要求，即

$$L = \frac{1}{(100\pi)^2 C_x} \qquad （Z13E4004Ⅲ-2）$$

式中　L——串联电抗器电感，H；

　　　C_x——被试品电容量，F。

励磁变压器高压侧和串联电抗器的电流应大于下式要求，即

$$I_C = \omega C_x U_s \times 10^{-3} \qquad （Z13E4004Ⅲ-3）$$

式中 I_C——被试品电流，A；

C_x、U_s 意义同式（Z13E4004Ⅲ-1）。

励磁变压器额定容量按下式计算

$$P = I_C U_N \qquad \text{（Z13E4004Ⅲ-4）}$$

式中 P ——励磁变压器容量，VA；

$\quad I_C$ ——励磁变压器高压侧电流（即被试品电流），A；

$\quad U_N$ ——励磁变压器高压侧额定电压，V。

2. 变频式串联谐振设备的选择

变频式串联谐振试验装置适应大容量试品，具有试验电源电压低、功率小（仅需提供试验回路中的有功功率）、试验电压波形良好的特点。

（1）谐振频率。试验频率范围在 10～300Hz 之间，应根据 GIS 的电容量和电抗器的电感量计算谐振频率，可按下式计算

$$f_0 = \frac{1}{2\pi\sqrt{LC}} \times 10^3 \qquad \text{（Z13E4004Ⅲ-5）}$$

式中 f_0 ——谐振频率，Hz；

$\quad L$ ——电抗器电感量，H；

$\quad C$ ——被试品和分压器电容量，μF。

（2）电抗器电流。流过电抗器的电流等于流过被试品的电流，电抗器的电流可按下式计算

$$I_L = I_C = \omega C_x U_s \times 10^{-3} \qquad \text{（Z13E4004Ⅲ-6）}$$

式中 I_L、I_C——流过电抗器或被试品的电流，A；

C_x、U_s 意义同式（Z13E4004Ⅲ-1）。

（3）励磁变压器容量。励磁变压器容量 P 应大于下式要求，即

$$P = I_C U_N \qquad \text{（Z13E4004Ⅲ-7）}$$

式中 P——励磁变压器容量，VA；

$\quad I_C$、U_N 意义同上。

（4）变频电源的容量。变频电源的容量等于励磁变压器的容量。变频器的输入电流应按下式计算

$$\left.\begin{array}{ll} \text{单相} & I_I = \dfrac{P}{U_I} \\[3mm] \text{三相} & I_I = \dfrac{P}{U_I\sqrt{3}} \end{array}\right\} \qquad \text{（Z13E4004Ⅲ-8）}$$

式中 I_{I} ——变频器输入电流，A；

P ——变频器输入容量，VA；

U_{I} ——变频器输入电压，V。

三、危险点分析及控制措施

1. 防止高处坠落

在 GIS 上作业应系好安全带。

2. 防止高处落物伤人

高处作业应使用工具袋，上下传递物件应用绳索拴牢传递，严禁抛掷。

3. 防止工作人员触电

（1）应严格执行 Q/GDW 1799.1—2013《国家电网公司电力安全工作规程 变电部分》。

（2）高压试验工作不得少于两人。试验负责人应由有经验的人员担任，开始试验前，试验负责人应向全体试验人员详细布置试验中的安全注意事项，交待邻近间隔的带电部位，以及其他安全注意事项。

（3）试验现场应装设遮栏或围栏，遮栏或围栏与试验设备高压部分应有足够的安全距离，向外悬挂"止步，高压危险！"的标示牌，并派人看守。

（4）应确保操作人员及试验仪器与电力设备的高压部分保持足够的安全距离，且操作人员应使用绝缘垫。

（5）试验装置的金属外壳应可靠接地，高压引线应尽量缩短，并采用专用的高压试验线，必要时用绝缘物支挂牢固。

（6）加压前必须认真检查试验接线，使用规范的短路线，检查仪表的开始状态和试验电压挡位，均应正确无误。

（7）因试验需要断开设备接头时，拆前应做好标记，接后应进行检查。

（8）试验前，应通知有关人员离开被试设备，并取得试验负责人许可，方可加压；加压过程中应有人监护并呼唱。

（9）变更接线或试验结束时，应首先断开至被试品高压端的连线后断开试验电源，充分放电，并将升压设备的高压部分放电、短路接地。

（10）试验现场出现明显异常情况时（如异声、电压波动、系统接地等），应立即停止试验工作，查明异常原因。

（11）高压试验作业人员在全部加压过程中，应精力集中，随时警戒异常现象发生。

（12）未装接地线的大电容被试设备，应先行放电再做试验。

（13）试验结束时，试验人员应拆除自装的接地短路线，并对被试设备进行检查，恢复试验前的状态，经试验负责人复查后，进行现场清理。

4. 防止 GIS 非带电间隔与带电间隔的电压感应

不参与试验的间隔应可靠隔离并合上接地开关，并有足够的安全距离。

四、试验前的准备工作

1. 了解被试设备现场情况及试验条件

查勘现场。查阅相关技术资料，包括该设备出厂资料、出厂试验报告及相关规程等。了解试验电源情况（容量、据试验地点的距离），被试设备与地网连接情况，被试设备中避雷器、电压互感器连接导体是否已安装，电缆终端是否已接入，仓室情况，电流互感器二次是否已短路，试验设备能否满足试验的要求（包括试验设备如何进场、摆放位置，如试验设备容量裕度有限，应实测试品各相电容值）。掌握该设备运行情况及缺陷情况，根据已掌握的情况制定合理的试验方案。

2. 试验仪器、设备准备

选择合适的变频电源、高压串联电抗器、控制箱、励磁变压器、交流分压器、大截面高压引线、带剩余电流动作保护器的单相和三相电源接线板、放电棒、接地线、安全带、绝缘梯、安全帽、电工常用工具、试验临时安全遮拦、标示牌等，并查阅测试仪器、设备及绝缘工器具的检定合格证书有效期。

3. 办理工作票并做好试验现场安全和技术措施

按相关安全生产管理规定办理工作许可手续；按相关安全生产管理规定办理工作许可手续；向试验人员交代工作内容、带电部位、现场安全措施、现场作业危险点，明确人员分试验过程及步骤。

五、现场试验步骤及要求

（一）试验接线

变频式串联谐振 GIS 现场交流耐压试验原理接线如图 Z13E4004Ⅲ-2 所示。试验电压可接到被试相的合适点上，可以利用隔离开关或三通接上临时试验套管。

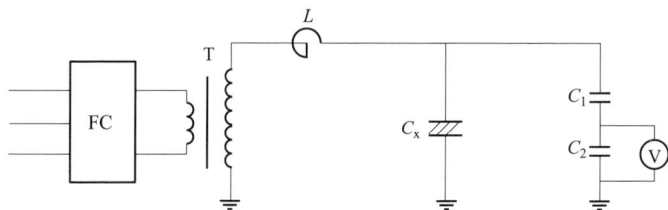

图 Z13E4004Ⅲ-2　变频式串联谐振 GIS 交流耐压试验原理接线图

FC—变频电源；T—励磁变压器；L—串联电抗器；C_x—被试 GIS 对地、相间及分压器等效电容；
C_1、C_2—电容分压器高、低压臂

GB 50150—2006《电气装置安装工程　电气设备交接试验标准》规定也可以直接

利用 SF_6 封闭式组合电器自身的电磁式电压互感器（试验容量小于电压互感器的负载容量）或电力变压器，由低压侧施加试验电源，在高压侧感应出所需的试验电压。该办法不需高压试验设备，也不用高压引线的连接和拆除。采用这种方法要考虑试验过程中磁路饱和、被试品击穿等引起的过电流问题。

（二）试验步骤

1. 检查试品

被试设备应调试合格，其他绝缘、特性试验合格后，检验 SF_6 气体在额定压力，建议在允许的最低工作气压下进行试验。试验回路中的 TA 二次应短路接地，试验回路中的避雷器和保护火花间隙应与被试 GIS 间隔断开。试验前检查高压电缆和架空线、电压互感器、电力变压器高压引出线已与 GIS 断开，方可进行耐压试验。对于部分电磁式电压互感器，如采用变频电源，电磁式电压互感器经频率计算不会引起磁饱和，也可以和主回路一起耐压。

根据试验方案的内容，与制造厂代表协商试验程序、老练电压和时间，共同检查各气室压力、合闸、分闸、短路、接地等确认无误。

2. 接线并检查

试验时，如利用隔离开关或三通接上临时试验套管，此时要回收隔离开关或三通气室的 SF_6 气体，卸掉开关或三通的端盖，然后安装试验用套管及连接金具、均压部件等，最后该气室抽真空后充入 SF_6 气体。如 GIS 为共筒式，应认真检查检测套管连通相别。

若 GIS 整体电容量较大，耐压试验也可以分段进行。根据试验方案，检查 GIS 隔离开关、断路器和接地开关的位置是否符合试验方案中的方式，非被试间隔设备应在断开位置，接地开关应在合闸位置。

每一相都应进行试验，非被试相和外壳一起接地。

试验时，根据现场实际情况，合理布置试验设备，尽量使试验设备接线紧凑并安放稳固，接地线应使用专用接地线。按图 Z13E4004Ⅲ-2 进行试验接线，并检查试验接线，试验变压器的一端接地并与 GIS 的外壳相连。检查试验设备的接地、分压器的分压比和挡位是否正确。

3. GIS 交流耐压试验前的老练试验

GIS 交流耐压试验前应进行老练试验，老练试验通过逐次增加电压达到以下两个目的：

（1）将设备中可能存在的活动微粒迁移到低电场区域。

（2）通过放电烧掉细小的微粒或电极上的毛刺、附着的尘埃等。

老练试验的基本原则是既要达到设备净化的目的，又要尽量减少净化过程中微粒触发的击穿，还要减少对被试设备的损害，即减少设备承受较高电压作用的时间。所以逐级升压时，在低压下可保持较长时间，在高电压下不允许长时间耐压。老练试验过程中发生击穿放电也按耐压试验的判据来判别。

老练试验施加的电压和时间可与制造厂、用户协商，根据具体情况绘出"试验电压—试验时间"关系图，以下举例说明：

1）1.1 倍设备额定相对地电压 10min，然后下降至零，最后上升到现场交流耐压额定值 1min。

2）1.0 倍设备额定相对地电压 5min，然后升到 1.73 倍设备额定相对地电压 3min，最后上升到现场交流耐压额定值 1min。

加压前通知试验现场及 GIS 室监护人试验开始，确认正常后，取下高压接地线，合上电源隔离开关，然后合上变频电源控制开关和工作电源开关，电路稳定后合上变频器主回路开关，设定保护电压为试验电压大小的 1.10～1.15 倍。

升压时，必须按规定的升压速度从零开始均匀地升压，先旋转电压调节旋钮，把输出功率比调节到 2%或一个较小的电压，通过旋转频率调节旋钮改变试验回路频率的大小，观察励磁电压和试验电压的数值。当励磁电压为最小、同时试验电压为最大时，这个时候的频率就是试验回路的谐振频率。当试验回路达到谐振频率时开始升压，电压达到老练试验电压后，开始计时并读取试验电压，试验时间到后，继续升压至下一个老练点。老练过程结束后，确认设备状态正常即可进行耐压试验。

按规定的升压速度将电压从零开始均匀地升压至耐压试验电压值，读取试验电压，并开始计时 1min。试验结束后，将电压降压到零位，切断变频电源主回路开关，断开变频器电源和试验电源。

试验中 GIS 室监护人应密切注意 GIS 及 GIS 耐压装置的带电状态和仪表指示变化过程，当试验过程中试品发生击穿、闪络或加压过程中出现异常现象时，及时通知操作人员立即降下电压，并切断试验电源，用接地棒对试品充分放电后，进行检查、处理后再进行试验。

试验完毕，必须对高压部位充分放电并接地，然后拆改接线，进行其他相或其他间隔试验，其试验步骤同上。

试验结束后，用绝缘电阻表测量绝缘电阻。测试完毕，将被试相短路接地，充分放电，恢复接线。

六、试验注意事项

（1）试验电源的容量必须满足试验要求。

（2）为减小电晕损失，提高串联谐振系统 Q 值，高压引线应采用扩径金属软管。

（3）GIS 如有观察窗，绝缘试验时需用接地金属箔将观察窗易接近的一侧盖起来。

（4）进行耐压试验时，应在较低电压下调谐谐振频率，然后才可以升压进行耐压试验。

（5）如电压互感器与 GIS 一起进行耐压试验，检查电压互感器一次绕组、二次绕组尾端应接地，其二次绕组不应短接。

（6）试验天气的状况对品质因数 Q 值影响很大，因此试验应在较干燥的天气情况下进行。

（7）试验回路中的 TA 二次侧应短路接地。

七、试验结果分析及试验报告编写

（一）试验结果分析

1. 试验标准及要求

根据 Q/GDW 1168—2013《输变电设备状态检修试验规程》、Q/GDW 11447—2015《10kV～500kV 输变电设备交接试验规程》、DL/T 474—2006《现场绝缘试验实施导则》及《国家电网公司变电检测通用管理规定及细则》〔国网（运检/3）829—2017〕的规定：

主回路绝缘试验应在其他试验项目完成后进行，GIS 的每一新安装部分都应进行耐压试验。由于受到设备电流的限制和允许试验电压的限制，有些部件应该解开或单独进行检测，如高压电缆、变压器、避雷器和部分电压互感器等。

试验电压的波形和频率：电压波形应接近正弦波，两个半波应完全一样，且峰值与有效值之比应等于 $\sqrt{2} \pm 0.07$。试验电压的频率一般在 10～300Hz 的范围内。

试验电压的施加：规定的试验电压应施加到每相导体和外壳之间，每次一相，其他相的导体应与接地的外壳相连。试验电源可接到被试相导体任一部位。

选定的试验程序应使每个部件都至少施加一次试验电压。在制订试验方案时，必须同时注意要尽可能减少固体绝缘的重复试验次数，如尽量在 GIS 不同部位引入试验电压。

若金属氧化物避雷器、电磁式电压互感器与母线之间连接有隔离开关，在工频耐压试验前做老练试验时，可将隔离开关合上，加额定电压检查电磁式电压互感器的变比以及金属氧化物避雷器阻性电流和全电流。工频耐压试验时，要打开隔离开关，合上接地开关。

若金属氧化物避雷器、电磁式电压互感器与母线之间的连接无隔离开关，工频耐压试验前其导电杆不能安装，待工频耐压试验后再安装，金属氧化物避雷器、电磁式电压互感器安装后加额定电压检查电压互感器变比、金属氧化物避雷器阻性电流和全电流。

若交流耐压试验采用变频电源时，电磁式电压互感器经计算其频率不会引起磁饱和，可与主回路一起进行耐压试验。

扩建工程的所有间隔和经过解体检修的气室试验电压水平和实施方法应和制造厂协商解决。

在状态检修试验时，应参照 Q/GDW 1168—2013《输变电设备状态检修试验规程》。

2. 试验结果分析

试验判据：如 GIS 的每一部件均已按选定的试验程序耐受规定的试验电压而无击穿放电，则认为整个 GIS 通过试验。

现场耐压试验发生击穿，则应确定放电类型。如进行耐压试验的 GIS 进出线和间隔较多，仅靠人耳的监听来判断确切部位比较困难，最好采用放电定位仪器，将探头安装在被试部分的外壳上，根据监听放电的情况，移动放电定位仪器探头，直到确定放电部位，判断放电类型。

（1）非自恢复放电。固体绝缘沿面击穿放电，则应打开封闭间隔，仔细检查绝缘表面的损伤情况，作必要的处理后，再进行规定电压的耐压试验。

（2）自恢复放电。由于脏污和表面缺陷，引起气体击穿放电，放电后脏污和缺陷可能烧掉，耐压试验可以通过。

现场耐压试验发生击穿，确定放电类型后，在分析的基础上进行重新试验，试验加压方法和厂方研究商定。

（二）试验报告编写

试验记录应填写信息，包括基本信息（变电站、委托单位、试验单位、运行编号、试验性质、试验日期、试验人员、试验地点、报告日期、编写人员、审核人员、批准人员、试验天气、环境温度、环境相对湿度），设备铭牌（生产厂家、出厂日期、出厂编号、设备型号、额定电压等），试验数据（试验电压、试验时间、仪器型号、结论等）。

八、案例

一台 220kV 型号为 8DN9 的 GIS 进行交流耐压试验，设备额定电压 245kV，出厂额定工频耐受电压 460kV，每相对地电容量 0.003μF，现有三节 125kV/4A 电抗器，电感量 80H，分别计算试验电压、试验频率和高压回路电流。

解：（1）试验电压值：规程规定现场交流耐压试验电压值为出厂试验施加电压值的 80%，所以应施加的试验电压 U_s=460×0.8=368（kV）。

（2）试验频率：试验频率根据被试品对地电容量（忽略电容分压器电容量）和电抗器电感量计算

$$f_0 = \frac{1}{2\pi\sqrt{LC}} \times 10^3 = \frac{1}{6.28\sqrt{80 \times 3 \times 0.003}} \times 10^3 = 188 \text{（Hz）}$$

（3）高压回路电流为

$$I_L = I_C = \omega C_x U_s \times 10^{-3} = 6.28 \times 188 \times 0.003 \times 368 \times 10^{-3} = 1.3 \ (A)$$

【思考与练习】

1. 在进行 GIS 耐压试验时，对 GIS 内部 SF$_6$ 气体密度或压力有什么要求？

2. 对 GIS 进行现场耐压试验时，对其中的电磁式电压互感器、避雷器、保护间隙应如何处理？

3. 耐压试验时 GIS 的电流互感器二次绕组如何处理？

4. GIS 老练试验的目的是什么？

第五章

感 应 耐 压 试 验

▲ 模块 1 电压互感器感应耐压试验（Z13E5001Ⅱ）

【模块描述】本模块介绍电压互感器感应耐压试验方法和技术要求。通过试验工作流程的介绍，掌握电压互感器感应耐压试验前的准备工作和相关安全、技术措施、试验方法、技术要求及测试数据分析判断。

【模块内容】

一、试验目的

电压互感器感应耐压试验的目的主要是考核电压互感器对工频过电压、暂时过电压、操作过电压的承受能力，检测外绝缘和层间及匝间绝缘状况，检测互感器电磁线圈质量不良（如漆皮脱落、绕线时打结）等纵绝缘缺陷。电压互感器感应耐压试验主要应用于分级绝缘电压互感器，由于分级绝缘电压互感器末端绝缘水平很低，一般为 3~5kV 左右，不能与首端承受同一耐压水平，而感应耐压试验时电压互感器末端接地，从二次侧施加频率高于工频的试验电压，一次侧感应出相应的试验电压，电压分布情况与运行时相同，且高于运行电压，达到了考核电压互感器纵绝缘的目的。

二、试验仪器、设备的选择

（一）三倍频发生器

1. 试验电源频率的选择

在电压互感器感应耐压试验时，施加在互感器绕组上的试验电压高于运行电压数倍，要满足试验要求使铁芯不过励磁，只能提高试验电源频率，工程中选择三倍频变压器一般就可以满足电压互感器感应耐压试验的要求。近年来，变频发生器得到广泛应用，通过调节电压的频率满足试验要求，也很方便实用。

2. 三倍频发生器输入电压的选择

三倍频发生器输入电压高低很关键。输入电压太低，三倍频发生器输出 3 次谐波含量低，导致输出电压低；输入电压太高，三倍频发生器 3 次以上谐波高，输出波形变差，输出效率变低。当输入电压不合适时，可使用三相调压器调节合适的励磁电压。

在一般输入电压高时，选择匝数多的抽头。

3. 试验电压的选择

感应耐压试验，试验电压频率可以比额定电压频率高，以免铁芯饱和。感应耐压时间应为 1min。若试验频率超过两倍额定频率时，其试验时间可少于 1min，并按下式计算，最少为 15s，即

$$t = \frac{2f_n}{f_s} \times 60 \, (\text{s}) \qquad (\text{Z13E5001 II} - 1)$$

式中　t ——试验时间，s；

　　　f_n ——额定频率，Hz；

　　　f_s ——试验频率，Hz。

电压互感器感应耐压试验时，试验电压频率较高，被试互感器为容性负荷，为了避免"容升"的影响，一般要求试验电压在高压侧测量。若在低压侧测量，应考虑"容升"问题，此时低压侧施加的试验电压为

$$u_s = \frac{u_x}{k(1+k')} \qquad (\text{Z13E5001 II} - 2)$$

式中　u_s ——低压侧试验电压，V；

　　　u_x ——高压侧试验电压，V；

　　　k ——电压互感器变比；

　　　k' ——容升修正系数。

分级绝缘电压互感器感应耐压试验容升修正系数，见表 Z13E5001 II－1。

表 **Z13E5001 II－1**　　　分级绝缘电压互感器感应耐压试验容升修正系数

电压互感器电压等级（kV）	35	66	110	220
容升修正系数（%）	3	4	5	8

（二）补偿电感

由于电压互感器感应耐压试验时呈容性负荷状态，为减少试验设备容量、避免倍频谐振，故应根据电压互感器不同电压等级在其二次绕组或辅助绕组接入补偿电感。补偿电感的选择原则是在试验频率下，被试电压互感器仍呈容性。

为了有目的地选择补偿电感，试验前应对电压互感器辅助绕组加 150Hz 电压至额定电压 100V，读取电流 i_{udxd}，确定加压线圈的输入容抗值，然后按经验公式选择补偿量，使补偿达到预期的效果。输入容抗值应按下式计算，即

$$x_{\mathrm{C}} = \frac{u_{\mathrm{udxd}}}{i_{\mathrm{udxd}}} \times \frac{1}{k^2} = \frac{u_{\mathrm{udxd}}}{3i_{\mathrm{udxd}}} \qquad (\text{Z}13\text{E}5001\,\text{II}-3)$$

式中　x_{C}——输入容抗值，Ω；

　　u_{udxd}——辅助绕组额定电压，V；

　　i_{udxd}——辅助绕组电流，A；

　　k——辅助绕组与二次绕组额定电压比值，$100/57.7 = \sqrt{3}$。

补偿电感的感抗值 x_{L} 应按式（Z13E5001 II−4）选取

$$x_{\mathrm{L}} = x_{\mathrm{C}} + (0.5 \sim 2) \qquad (\text{Z}13\text{E}5001\,\text{II}-4)$$

然后，按式（Z13E5001 II−5）将感抗值 x_{L} 换算为补偿电感量 L，即

$$L = \frac{x_{\mathrm{L}}}{2\pi f_{\mathrm{s}}} \times 10^3 \qquad (\text{Z}13\text{E}5001\,\text{II}-5)$$

式中　L——补偿电感的电感量，mH；

　　f_{s}——试验频率，Hz。

根据计算出的电感量 L 选择补偿电抗器的抽头，然后接入被测互感器的 ux 绕组。将倍（变）频电压升至 100V，测量被测互感器加压的辅助二次绕组处的 $\cos\varphi$ 值。如果 $\cos\varphi$ 在 0.7～0.9 的范围内，则补偿量合适。如 $\cos\varphi$ 过大，应增加 0.5～1Ω 的补偿电抗。如 $\cos\varphi$ 过小，则减少补偿电抗 0.5～1Ω。

三、危险点分析及控制措施

1. 防止高处坠落

在互感器上作业应系好安全带。对 220kV 及以上互感器，需解开引线时，宜使用高处作业车，严禁徒手攀爬互感器套管。

2. 防止高处落物伤人

高处作业应使用工具袋，上下传递物件应用绳索拴牢传递，严禁抛掷。

3. 防止工作人员触电

（1）应严格执行 Q/GDW 1799.1—2013《国家电网公司电力安全工作规程　变电部分》的相关要求。

（2）高压试验工作不得少于两人。试验负责人应由有经验的人员担任，开始试验前，试验负责人应向全体试验人员详细布置试验中的安全注意事项，交待邻近间隔的带电部位，以及其他安全注意事项。

（3）试验现场应装设遮栏或围栏，遮栏或围栏与试验设备高压部分应有足够的安全距离，向外悬挂"止步，高压危险！"的标示牌，并派人看守。

（4）应确保操作人员及试验仪器与电力设备的高压部分保持足够的安全距离，且

操作人员应使用绝缘垫。

（5）试验装置的金属外壳应可靠接地，高压引线应尽量缩短，并采用专用的高压试验线，必要时用绝缘物支挂牢固。

（6）对于被试设备两端不在同一工作地点时，设备另一端应派专人看守。

（7）加压前必须认真检查试验接线，使用规范的短路线，表计倍率、量程、调压器零位及仪表的开始状态，均应正确无误。

（8）因试验需要断开设备接头时，拆前应做好标记，接后应进行检查。

（9）试验装置的电源开关，应使用明显断开的双极隔离开关。为了防止误合隔离开关，可在刀刃上加绝缘罩。试验装置的低压回路中应有两个串联电源开关，并加装过载自动跳闸装置。

（10）试验前，应通知所有人员离开被试设备，并取得试验负责人许可，方可加压；加压过程中应有人监护并呼唱。

（11）变更接线或试验结束时，应首先断开试验电源，放电，并将升压设备的高压部分放电、短路接地。

（12）试验现场出现明显异常情况时（如异声、电压波动、系统接地等），应立即停止试验工作，查明异常原因。

（13）高压试验作业人员在全部加压过程中，应精力集中，随时警戒异常现象发生。

（14）未装接地线的大电容被试设备，应先行放电再做试验。

（15）试验结束时，试验人员应拆除自装的接地短路线，并对被试设备进行检查，恢复试验前的状态，经试验负责人复查后，进行现场清理。

四、试验前的准备工作

1. 了解被试设备现场情况及试验条件

查勘现场，查阅相关技术资料，包括该设备出厂资料、出厂试验报告及相关规程等，掌握该设备运行及缺陷情况。

2. 试验仪器、设备准备

选择合适的三倍频变压器（或变频发生器）、补偿电抗、调压器、电流互感器、分压器（或静电电压表、测量用电压互感器）、测试线、温（湿）度计、放电棒、接地线、梯子、安全带、安全帽、电工常用工具、试验临时安全遮栏、标示牌等，并查阅测试仪器、设备及绝缘工器具的检定合格证书有效期。

3. 办理工作票并做好试验现场安全和技术措施

按相关安全生产管理规定办理工作许可手续；按相关安全生产管理规定办理工作许可手续；向试验人员交代工作内容、带电部位、现场安全措施、现场作业危险点，明确人员分工及试验程序。

五、现场试验步骤及要求

（一）试验接线

试验时，电压互感器外壳、铁芯、二次绕组、辅助绕组及一次绕组尾端接地。一般 35kV 电压互感器可从二次绕组加压，110kV 及以上电压互感器可从辅助绕组（二次热容量较大的绕组）施加电压，在辅助绕组加压所需的试验容量比从二次绕组加压时要小，同时电压互感器容量大时可利用二次绕组加补偿电感，也可将二次绕组和辅助绕组串起来加压效果会更好。分级绝缘电压互感器三倍频感应耐压试验原理接线，如图 Z13E5001Ⅱ-1 所示。

（二）试验步骤

（1）对电压互感器进行放电，将其高压端接地，拆除所有引线。合理布置试验设备，试验设备外壳应可靠接地。油浸式电压互感器外壳、干式电压互感器铁芯须接地。

（2）按图 ZY18005025-1 进行接线，接线完毕后，认真检查接线，调整、检查操作箱保护装置，用万用表测量三相电压。根据三相输入电压的大小，合理选择三倍频变压器输入端抽头。必要时，在三倍频变压器输出端使用示波器监视波形。

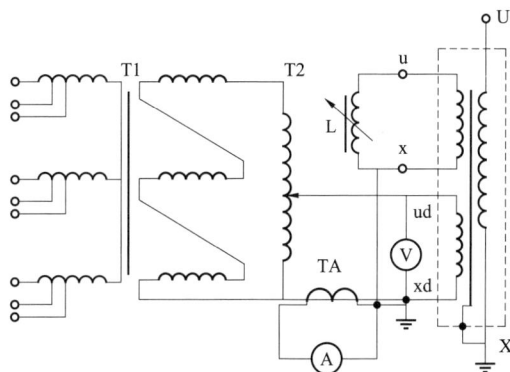

图 Z13E5001Ⅱ-1 分级绝缘电压互感器三倍频感应耐压试验原理接线图
T1—三倍频发生器；T2—调压器；TA—电流互感器；
L—补偿电感；V—电压表；A—电流表

（3）接通三相电源，合上电源开关，从零（或接近零）开始升压。试验过程中密切观察电流表和电压表的变化情况，观察电压波形是否平滑。升压速度在 75%试验电压以前可以是任意的，自 75%试验电压开始应以每秒 2%试验电压的速率连续升至试验电压，开始计时。感应耐压时间按有关规定，但不少于 15s。

（4）耐压结束后，迅速均匀降压到零（或接近零），然后切断电源。使用绝缘棒对被试电压互感器放电，拆除试验接线，试验结束。

六、试验注意事项

（1）被试电压互感器各绕组末端、座架、箱壳（如果有）、铁芯均应接地。

（2）使用三倍频变压器时，因装置铁芯采用过励磁原理，使用时间最好不超过 1min。

（3）使用变频发生器时，上限频率应不超过 300Hz，以免电压互感器铁芯过热。

（4）采用补偿电感时，补偿后试品必须呈容性，以免发生谐振。

七、试验结果分析及试验报告编写

（一）试验结果分析

1. 试验标准及要求

根据 Q/GDW 1168—2013《输变电设备状态检修试验规程》、Q/GDW 11447—2015《10kV～500kV 输变电设备交接试验规程》、DL/T 474—2006《现场绝缘试验实施导则》及《国家电网公司变电检测通用管理规定及细则》〔国网（运检/3）829—2017〕的规定：

电磁式电压互感器（包括电容式电压互感器的电磁单元）在遇到铁芯磁密较高的情况下，宜按下列规定进行感应耐压试验。

（1）感应耐压试验电压应为出厂试验电压的 80%。

（2）感应耐压试验前后，应各进行一次额定电压时的空载电流测量，两次测得值相比不应有明显差别。

（3）对 66kV 及以上的油浸式电压互感器，感应耐压试验前后，应各进行一次绝缘油的色谱分析，两次测得值相比不应有明显差别。

（4）对电容式电压互感器的中间变压器进行感应耐压试验时，应将分压电容拆开。由于产品结构原因现场无条件拆开时，可不进行感应耐压试验。

2. 试验结果分析

（1）试验中如无破坏性放电发生，且耐压前后绝缘无明显变化，则认为耐压试验通过。

（2）在升压和耐压过程中，如发现电压表指示变化很大，电流表指示急剧增加，调压器往上升方向调节，电流上升、电压基本不变甚至有下降趋势，被试品冒烟、出气、焦臭、闪络、燃烧或发出击穿响声（或断续放电声），应立即停止升压、降压、停电后查明原因。这些现象如查明是绝缘部分出现的，则认为被试品交流耐压试验不合格。如确定被试品的表面闪络是由于空气湿度或表面脏污等所致，应将被试品清洁干燥处理后，再进行试验。

（3）被试品为有机绝缘材料时，试验后如出现普遍或局部发热，则认为绝缘不良，应立即处理后，再做耐压。

（4）试验中途因故失去电源，在查明原因，恢复电源后，应重新进行全时间的持续耐压试验。

（二）试验报告编写

试验记录应填写信息，包括基本信息（变电站、委托单位、试验单位、运行编号、试验性质、试验日期、试验人员、试验地点、报告日期、编写人员、审核人员、批准人员、试验天气、环境温度、环境相对湿度），设备铭牌（生产厂家、出厂日期、出厂

编号、设备型号、额定电压等），试验数据（试验电压、试验时间、试验频率、仪器型号、结论等）。

八、案例

一台型号为 JCC2–110 型串级式电压互感器，其额定电压为 $110/\sqrt{3}/0.1/\sqrt{3}/0.1\text{kV}$，出厂试验电压是 230kV。现要求采用三倍频进行感应耐压试验，试验时在辅助绕组施加电压，问实际施加在辅助绕组上的试验电压为多少伏才能满足试验要求？

解：（1）确定高压侧试验电压。根据规程规定试验电压应为出厂试验电压的 80%，即

$$u_x = 230 \times 80\% = 184 \text{（kV）}$$

（2）计算变比 K 为

$$K = 110/\sqrt{3}/0.1 = 635$$

（3）不考虑"容升"时辅助绕组应施加的电压为

$$u_s = 184\,000/635 = 289.76 \text{（V）}$$

（4）考虑"容升"时辅助绕组实际应施加的电压。根据式（Z13E5001Ⅱ–1）和表 Z13E5001Ⅱ–1 可计算得出

$$u_s = \frac{u_x}{k(1+k')} = \frac{184\,000}{635(1+0.05)} = 276 \text{（V）}$$

故在辅助绕组实际施加 276V 电压时，电压互感器高压侧便感应出 184kV 的电压。

【思考与练习】

1. 为什么分级绝缘电压互感器要进行感应耐压试验？感应耐压试验时间是怎样确定的？

2. 电压互感器感应耐压试验时，补偿电感的选择原则是什么？试验电压最好在什么部位测量？

3. 如何判断电压互感器感应耐压试验结果？

模块 2　变压器感应耐压试验（Z13E5002Ⅲ）

【模块描述】本模块介绍变压器感应耐压试验方法和技术要求。通过试验工作流程的介绍，掌握变压器感应耐压试验前的准备工作和相关安全、技术措施、试验方法、技术要求及测试数据分析判断。

【模块内容】

一、试验目的

变压器的绝缘可分为主绝缘和纵绝缘，其中主绝缘主要包括变压器绕组的相间绝

缘、不同电压等级绕组间绝缘和相对地绝缘；纵绝缘则是指变压器同一绕组具有不同电位的不同点和不同部位之间的绝缘，主要包括绕组匝间、层间和段间的绝缘性能。

变压器交流外施耐压试验，只考验了全绝缘变压器主绝缘的电气强度，而感应耐压试验是考核全绝缘变压器纵绝缘的电气强度；对中性点是分级绝缘的变压器来说，其主绝缘、纵绝缘都可由感应耐压试验进行考核。国家标准和国际电工委员会（IEC）标准中规定的"变压器感应耐压试验"是专门用于检验变压器纵绝缘性能的测试方法之一。

二、试验仪器、设备的选择

进行感应耐压所需的主要设备包括试验电源、中间变压器、补偿电抗器、高压分压器、支撑变压器及电压、电流测量设备等。

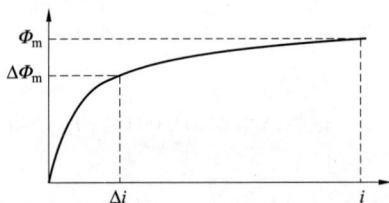

图 Z13E5002Ⅲ-1 变压器励磁电流与主磁通振幅的关系

（一）试验电源

1. 试验电源频率的选择

变压器感应耐压试验时，施加在变压器绕组上的试验电压高于运行电压数倍。因为变压器的励磁电流 i 与主磁通振幅 Φ_m 的特性曲线一般设计在额定频率和额定电压下接近弯曲饱和部分，如图 Z13E5002Ⅲ-1 所示。

根据电磁感应定律

$$U=E=4.44Wf\Phi_m \qquad (Z13E5002Ⅲ-1)$$

式中　U——电源电压，V；

　　　E——感应电势，V；

　　　f——频率，Hz；

　　　W——绕组匝数；

　　　Φ_m——铁芯主磁通，Wb。

变压器施加 2 倍以上的额定电压必然会导致铁芯严重饱和，主磁通 Φ_m 增大 $\Delta\Phi_m$，励磁电流 i 会急剧增加，致使变压器发热烧毁。为了使变压器在施加 2 倍以上额定电压时铁芯不饱和，就需要提高试验电源的频率至 2 倍频以上。

感应耐压试验电源频率一般为 100～300Hz，大容量变压器感应试验时，常用 100～250Hz。

2. 现场常用的试验电源

（1）中频发电机组。

中频发电机组由一台电动机和一台中频同步发电机组成。中频发电机组的频率不能调节，机组选定后只能在某一频率下进行试验。在现场试验中，由于发电机试验电源容量有限，需要感性电抗补偿。

（2）变频电源。

变频电源广泛应用电子和计算机技术，系统具有人工智能，由高性能数字信号处理器进行控制，采用多重快速保护，确保控制的实时性、测量的准确性及安全的可靠性。

变频电源有两种方式：一种是开关型脉冲调制方式（IGBT 变频电源），一种是线性放大方式［模拟（纯正弦）变频电源］。由于开关型脉冲调制变频电源装置的变频输出信号是经过 PWS 脉冲调制后再由大功率模块放大后实现的，因此不可避免地含有大量的、多类型的高次谐波，不适于变压器局部放电试验，而感应耐压一般是与局部放电同时进行，所以感应耐压选择线性放大方式。线性放大方式是由低频大功率晶体管组成的线性矩阵放大网络，大功率晶体管工作在线性放大区，因而可以获得与信号源一致的标准正弦波形。此种电源由于设备可靠，运输方便，需用的电抗器较少，有时可不用补偿电抗器，在目前现场试验中较多采用。

（3）三倍频（150Hz）发生装置。

三倍频发生装置输入电压高低很关键。输入电压太低，装置输出 3 次谐波含量低，导致输出电压低；输入电压太高，装置 3 次以上高次谐波成分较大，输出波形变差，输出效率变低。输入电压不合适时，可使用三相调压器调节合适的励磁电压。一般输入电压高时，选择匝数多的抽头。三相三柱式变压器不能做三倍频变压器。

3. 试验电源容量的选择

进行感应耐压试验所需容量是由被试变压器的铁损（有功）、励磁无功功率、绕组间和对地电容的充电容量三者所决定。

（1）铁损 P_0 的估算。

变压器的铁损与电源频率和磁通密度的变化有一定的比率关系，根据试验结果，其铁损 P_0 与额定频率下的铁损 P_0' 的关系可用式（Z13E5002Ⅲ–2）表示

$$P_0 = \left(\frac{f_s}{f_n}\right)^m \left(\frac{f_n}{f_s} k_s\right)^n P_0' \qquad （Z13E5002Ⅲ–2）$$

式中　P_0——试验频率下的铁损，kW；

　　　f_n——额定工作频率，50Hz；

　　　f_s——试验时所采用的频率，Hz；

　　　k_s——试验电压与额定电压的比值；

　　　P_0'——额定频率下的铁损，kW；

　　　m——系数，对冷轧硅钢片取 1.6，对热轧硅钢片取 1.3；

n ——系数，对冷轧硅钢片取 1.9，对热轧硅钢片取 1.8。

计算时应注意，在分相进行三相变压器感应耐压试验，非被试相系半压励磁，也应按所加电压进行铁损的计算，则总的铁损为三者之和。

（2）励磁无功功率 Q_m 的估算。

因为变压器励磁无功功率与磁通密度对应的磁场强度有关，故计算式为

$$Q_m = Q'_m \frac{H}{H'} \qquad (Z13E5002Ⅲ-3)$$

其中

$$Q'_m = \sqrt{(U_n I_0)^2 - (P'_0)^2}$$

式中 Q'_m ——额定频率和额定电压下变压器的励磁功率，kvar；

U_n——额定励磁电压，kV；

I_0 ——额定励磁电流，A；

P'_0 ——额定频率下的铁损，kW。

求出额定励磁功率 Q'_m 后，由磁化曲线查出对应于磁通密度 B'_m 和 B_m 的磁场强度 H' 和 H，因而可以求出试验频率下的励磁无功功率。三相变压器分相试验时，非被试两相为半压励磁，磁通密度仅为试验相的 1/2，同样也需要根据其磁通密度大小查出对应的磁场强度，确定励磁无功功率。变压器的总励磁无功功率为三者之和。

（3）电容无功功率的估算。

估算变压器的等效电容后可按一般计算电容无功功率的方法求出容性无功功率，即

$$Q_C = \omega_s C U_s^2 \qquad (Z13E5002Ⅲ-4)$$

其中

$$\omega_s = 2\pi f_s$$

式中 Q_C ——容性无功功率，kvar；

f_s——试验频率，Hz；

U_s——试验电压，kV；

C ——变压器等效电容，pF。

估算出上述功率后即可确定试验所需的容量，即

$$S_T = \sqrt{(P_0)^2 + (Q_m - Q_c)^2} \qquad (Z13E5002Ⅲ-5)$$

采用三倍频装置为试验电源时效率很低（20%～30%），因此试验装置的总容量（kVA）应不小于被试品需要容量的 3 倍以上。对于发电机组可按 1.73 倍 S_T 选定。

（二）中间变压器

在感应耐压试验中，电源的输出电压往往不能满足试验电压的要求，因此需要中间变压器将电源的输出电压升高至所需试验电压。中间变压器的容量和电压选择要进

行电压分布的计算。

1. 变比计算

感应耐压时，将被试变压器高、中压侧分接开关调至 1 档，使全部线匝绝缘都受到考验。此时高、中、低压绕组的电压分别为 U_H、U_m 和 U_L，变比计算如下

高低压间变比 $$K_1 = \frac{U_{H相}}{U_{L相}} \qquad (Z13E5002 Ⅲ-6)$$

中低压间变比 $$K_2 = \frac{U_{m相}}{U_{L相}} \qquad (Z13E5002 Ⅲ-7)$$

2. 电压分布计算

根据试验电压标准（见图 Z13E5002Ⅲ-2）和试验加压接线和方法（见图 Z13E5002Ⅲ-3），计算各级电压分布（以 U 相试验为例）。

被试相高压端对地及相间电压 $U_{UD} = U_{UV} = U_{UW}$

被试相高压端绕组两端电压 $$U_{UN} = \frac{2}{3} U_{UD}$$

被试相中压端对地及相间电压 $U_{UmNm} = U_{UmVm} = U_{UmWm}$

高压绕组中性点对地电压 $$U_{ND} = \frac{1}{3} U_{UD}$$

低压绕组外施电压 $$U_{uw} = \frac{U_{UN}}{K_1}$$

升压变压器测量绕组电压 $$U_{mn} = \frac{U_{uw}}{k}$$

式中　k——升压变比。

中间变压器的变比和电压按照 U_{uw} 和 U_{mn} 选择，中间变压器的容量应大于或等于电源的容量，且阻抗应尽可能小，以减小试验电流在中间变压器上的电压变化（偏离空载电压比）。理想情况是使中间变压器的一次侧电压等于试验电源的额定输出电压，二次侧电压等于被试品的试验电压。为适应不同试验电压的需要，中间变压器的变比应在一定范围内可调，而且中间变压器的空载电流应小到不影响电源电压的波形。

（三）补偿电抗器

当电源采用中频发电机组，被试变压器呈容性时，必须使用补偿电抗器，使负荷呈感性，以避免发生谐振和发电机自励磁过电压。电抗器的补偿容量与被试变压器的电容量和试验电源频率有关。

当电源采用变频电源或三倍频电源时，根据谐振频率范围的要求，可不用补偿电

抗器或经计算选择补偿电抗器。

补偿电抗器的选择原则如下：

（1）按照变压器入口电容选择并联电抗器，使谐振频率在 100Hz 以上。

（2）也可固定加压频率在 100～200Hz，在电源和中间变压器容量满足的条件下，可不用补偿电抗器；或者按照电源和中间变压器容量的参数，选择补偿电抗器。

（四）分压器

分压器用于高压试验电压的测量，其耐受电压应满足试验电压的要求。

（五）支撑变压器

支撑变压器是为感应耐压试验专门设计的变压器（如果现场试验条件可满足试验要求，可不采用），通常为单相，具有多种组合的变压比，相邻变压比之间差别不大但整个调压范围很宽，以满足不同支撑电压与被试品感应电压同相位，因此支撑变压器和中间变压器通常采用同一电源。

三、危险点分析及控制措施

1. 防止高处坠落

在变压器上作业系好安全带，使用变压器专用爬梯上下。

2. 防止高处落物伤人

高处作业应使用工具袋，上下传递物件应用绳索拴牢传递，严禁抛掷。试验人员在装卸、起吊试验设备时，必须认真检查确保钢丝绳、U 形环完好合格。挂稳、吊平，缓慢升降，严禁吊臂下站人。

3. 防止工作人员触电

拆、接试验接线前，应将被试设备对地充分放电，以防止剩余电荷、感应电压伤人及影响测量结果。注意保持与带电体的安全距离。试验现场周围必须有明显标志，防止误入试验现场。

4. 防止被试设备损坏

在试验回路并接保护球隙，避免施加过高电压。

四、试验前的准备工作

1. 了解被试设备现场情况及试验条件

查勘现场，查阅相关技术资料、变压器出厂资料、出厂试验报告及相关规程等，掌握该变压器运行及缺陷情况，编写作业指导书及试验方案。

2. 测试仪器、设备准备

参照试验标准和变压器类型、型号、参数，确定加压试验方法和试验电压值（参照变压器铭牌绝缘水平确定）；对被试变压器所需的试验功率、感性无功、容性无功进行估算，确定试验电源容量是否满足要求；进行试验回路参数的估算，包括试验电源工作点估算、电抗器补偿容量估算及配置方案；中间升压变压器变比的选择，若有支撑变压器，进行变比选择。根据计算结果选择合适的试验电源、中间变压器、补偿电抗、电流互感器、分压器、带漏电保护器的电源接线板、放电棒、接地线、安全带、安全帽、电工常用工具、试验临时安全遮栏、标示牌、万用表、温（湿）度计、电源线轴、清洁布、绝缘塑料带等，并查阅测试仪器、设备及绝缘工器具的检定合格证书有效期。

3. 办理工作票并做好试验现场安全和技术措施

向试验人员交代工作内容、带电部位、现场安全措施、现场作业危险点，明确人员分工及试验程序。

五、现场试验步骤及要求

（一）试验要求和方法

1. 试验方法

（1）自身励磁。在被试变压器低压侧施加较高的励磁电压，在高压侧感应出所需要的试验电压。这种方法对电力变压器进行试验时，当绕组端部对地试验电压达到要求时，则匝间试验电压将超过规定值，所以一般变压器很少单独采用。

（2）自耦支撑连接。即以电压较低的绕组或以同电压等级的非被试相来支撑被试的高压绕组，绕组出线端对地试验电压较易达到要求，同时又可使绕组匝间电压不超过规定值，并使绕组端部与相邻绕组最近点和高压相间也能符合试验要求。

（3）采用外加支撑变压器法。可以调节支撑电压以便更好地满足试验要求。一般制造厂专门备有各种电压抽头的支撑变压器作为感应耐压之用，电力部门在现场进行试验时要临时选择电压适当的支撑变压器，存在一定困难。

2. 试验分类

感应耐压试验分为短时感应耐压试验（ACSD）和长时感应耐压试验（ACLD），长时感应耐压试验是在整个试验期间，一直进行局部放电测量。对于某些等级的变压器而言，其长时感应试验的试验接线与短时感应耐压试验的接线方式有所不同。本篇只介绍短时感应耐压试验，长时感应耐压试验在变压器局部放电测量中介绍，具体接线方式按照相关章节进行。

短时感应耐压试验（ACSD）对地施加试验电压和时间顺序如图 Z13E5002Ⅲ-2 所示。

图 Z13E5002Ⅲ-2 所示的施加电压的时间顺序说明如下（以下电压为对地电压）：

（1）在不大于 $1/3U$ 时，接通电源。

（2）上升到 $1.1U_\mathrm{m}/\sqrt{3}$，保持 5min。

（3）上升到 U_2，保持 5min。

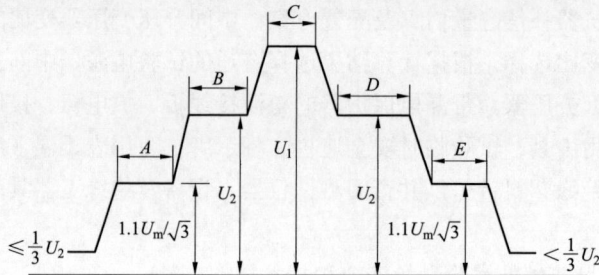

图 Z13E5002Ⅲ-2 短时感应耐压试验（ACSD）
对地施加试验电压和时间顺序

$A=5\text{min}$; $B=5\text{min}$; $C=$试验时间; $D\geqslant5\text{min}$; $E=5\text{min}$

$U_2=1.3U_\text{m}/\sqrt{3}$ （相对地电压）; $U_1=U_\text{m}$（U_m 为系统最高运行线电压）

（4）上升到 U_1，其试验时间按第（3）条规定。

（5）试验后立刻不间断地降低到 U_2，保持时间大于 5min。

（6）降低到 $1.1U_\text{m}/\sqrt{3}$，保持 5min。

（7）当电压降低到 $1/3U_2$ 以下时，方可切断电源。

试验持续时间与试验频率无关，但电压 U_1 下的试验时间除外。

3. 试验时间

当试验电压频率等于或小于 2 倍额定频率时，全电压下试验时间为 60s；当试验电压频率大于 2 倍额定频率时，全电压下试验时间 t 按下式计算

$$t=120\times(f_1/f_2) \hspace{3cm} \text{（Z13E5002Ⅲ-8）}$$

式中　t——试验电压持续时间；

　　　f_1——额定频率，Hz；

　　　f_2——试验电压频率，Hz。如果试验电源的频率大于 400Hz，试验电压持续时间应不小于 15s。

（二）试验接线及步骤

1. 试验接线

（1）全绝缘变压器。

对于 110kV 级及以下的全绝缘的变压器，一般为三相变压器，采用三相对称的交流电源，在试品的低压绕组（或其他绕组）线端施加 2 倍以上频率的 2 倍额定电压，其他绕组开路。试品绕组星形连接的中性点端子接地，无中性点引出或非星形连接的绕组，也应选择合适的线端接地，或者使中间变压器某点接地，以避免电位悬浮。其试验接线如图 Z13E5002Ⅲ-3 所示。这种接线只能满足线间达到的试验电压，由于中性点对地的电压很低，因此对中性点和线圈还需进行一次外施高压主绝缘耐压试验。

纵绝缘是否承受住了感应耐压，这需要根据试验后的空载损耗测试，与试验前的测量值进行比较才能判断。

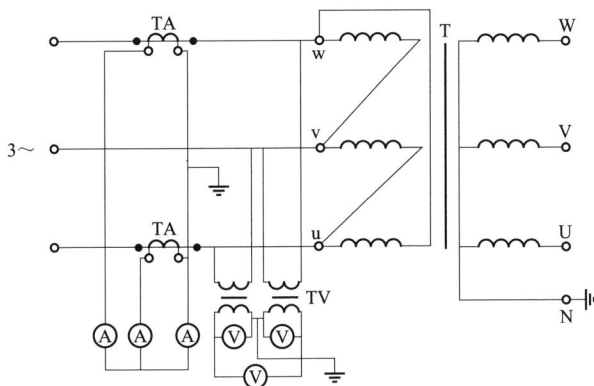

图 Z13E5002Ⅲ-3　全绝缘变压器感应耐压试验接线图
T—被试变压器；TA—电流互感器；TV—电压互感器；A—电流表；V—电压表

（2）分级绝缘变压器。

我国对 110kV 级及以上的电力变压器，通常采用分级绝缘方式，即中性点的绝缘水平低于线端绝缘水平。例如，110kV 级变压器中性点绝缘水平为 35kV 级；220、330kV 级变压器中性点绝缘水平为 35kV 或 110kV 级；500kV 级变压器中性点绝缘水平为 35kV 或 63kV 级等。

对于分级绝缘变压器，外施电压只能考核中性点的绝缘水平。由于分级绝缘变压器高压均为星形连接，若采用全绝缘变压器的感应耐压试验方法，当线端对地达到试验电压时，相间电压已达到线端对地电压的 $\sqrt{3}$ 倍，已超出绝缘耐受水平。因此，只能采用单相感应的方法。

1）单相分级绝缘变压器的直接励磁法。

单相变压器大多是电压比较高的分级绝缘变压器。此种变压器采用直接励磁法是合适的。绕组具有并联回路，且在中部出现的单相变压器的试验接线及相量图如图 Z13E5002Ⅲ-4 所示。

在图 Z13E5002Ⅲ-4 中，被试绕组线端对地及对相邻绕组最近点的试验电压差不多，一般能满足试验要求，但此时感应电压的倍数大都超过 2 倍。若设计允许大于 2 倍额定电压时，采用进行感应耐压是最简便的。

在图 Z13E5002Ⅲ-4（a）中，高压绕组 U 对 1/2 低压绕组处的试验电压比对地电压低 $U_{ux}/2$；而在图 Z13E5002Ⅲ-4（b）中，高压绕组 U 对 1/2 低压绕组处的试验电压比对地电压高 $U_{ux}/2$。因此，为使被试绕组线端对地及对相邻绕组最近点的电压达到试验电压，最理想的试验方法是采用图 Z13E5002Ⅲ–4（c）的接线，此时高压绕组 U 对 1/2 低压绕组处的试验电压与对地试验电压相等。该试验线路要求选用的中间变压器若为单相时，高压绕组的首、末端与绕组中部必须全部引出；若为三相，星形连接要有中性点引出。

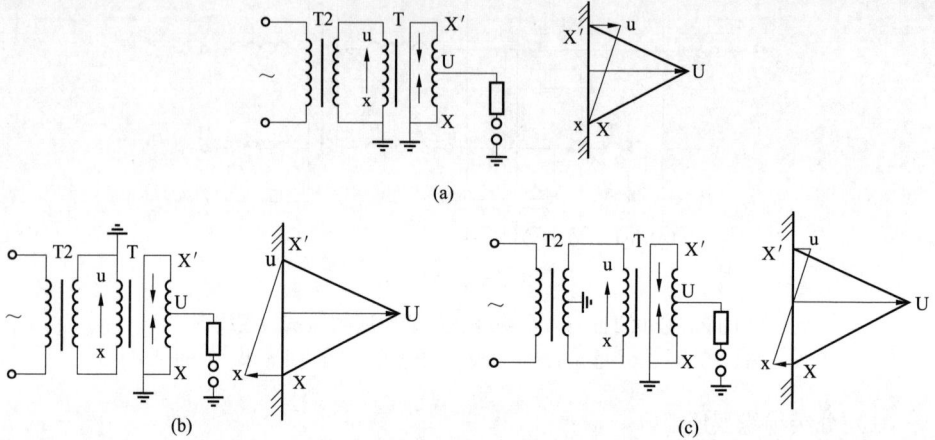

图 Z13E5002Ⅲ–4　中部出现单相变压器试验接线及相量图

（a）高压绕组 U 对 1/2 低压绕组处的试验电压比对地电压低 $U_{ux}/2$；（b）高压绕组 U 对 1/2 低压绕组处的试验电压比对地电压高 $U_{ux}/2$；（c）高压绕组 U 对 1/2 低压绕组处的试验电压与对地试验电压相等

　　对于高压绕组为端部出线结构的单相三绕组自耦变压器，试验接线及电位分布图如图 Z13E5002Ⅲ–5 所示。

　　要使高压绕组线端对地及对相邻绕组最近点的试验电压同时满足要求，接地点的选择至关重要。因此，试验前应根据变压器不同结构、不同接线组别，正确选择试验设备和接线方式。

　　图 Z13E5002Ⅲ–5 是典型的单相三绕组自耦变压器两种感应耐压试验线路及电位分布图。

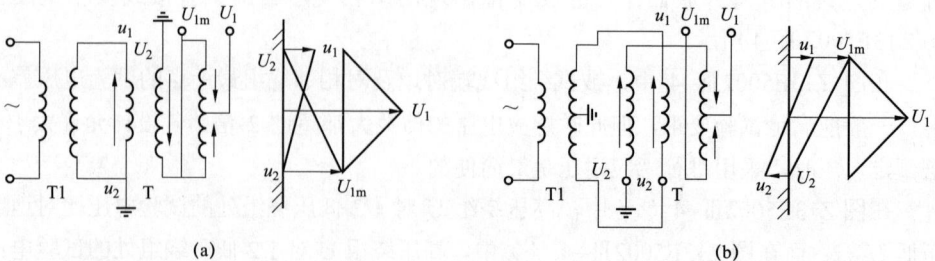

图 Z13E5002Ⅲ–5　单相三绕组自耦变压器的试验接线及电位分布图

2）单相分级绝缘变压器的支撑法。

单相变压器感应耐压试验时，采用直接励磁法并不很多，主要有两个原因：一个是由于变压器的感应试验电压值为相电压的 2 倍甚至 3 倍以上。因此，要使被试绕组线端达到试验电压，感应倍数也要相应提高至相同水平，如此高的感应倍数可能使低压绕组超过其试验电压。另一个是对三绕组和自耦变压器，通常要求中压绕组（或公共绕组）线端和高压绕组（或串联绕组）线端同时达到试验电压，直接励磁法往往难于满足。因此，在大多数情况下，要借助于被试品的其他绕组或支撑变压器来完成感应耐压试验，这就是通常所说的支撑法。其原理是利用被试绕组感应电动势相位相同或相反的其他绕组或支撑变压器提高或降低被试绕组的对地电位，图 Z13E5002Ⅲ-6 是采用支撑法进行单相变压器感应耐压的四种典型情况。

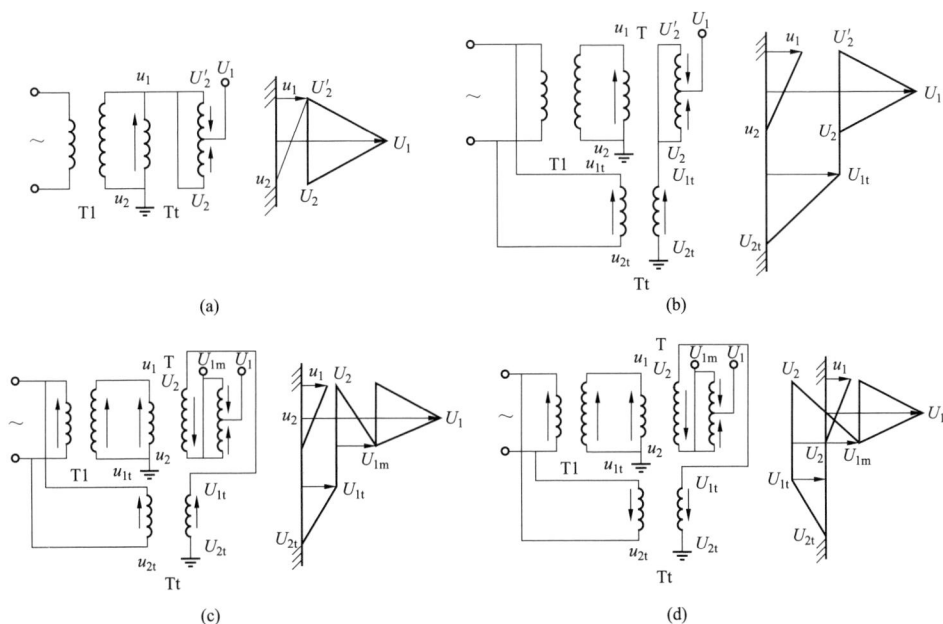

图 Z13E5002Ⅲ-6　用支撑法进行单相变压器感应耐压试验图

图 Z13E5002Ⅲ-6（a）是利用被试品低压绕组首端与高压绕组中性点端相连，使整个高压绕组的对地电位提高了一个低压绕组的电压，以满足高压绕组线端对地试验电压的要求。图 Z13E5002Ⅲ-6（b）将支撑变压器低压绕组与中间变压器低压绕组的同名端相连，使支撑变压器与被试变压器的感应电动势相位一致，将支撑变压器的输出端接至被试变压器高压绕组的中性点上，从而提高被试变压器高压绕组线端对地试验电压。

图 Z13E5002Ⅲ-6（c）和（d）为单相自耦变压器利用支撑变压器进行正、反支撑，正支撑即将支撑变压器低压绕组与中间变压器低压绕组的同名端相连；反支撑即将支撑变压器低压绕组与中间变压器低压绕组的异名端相连。后者使被试线端对地电压降低，以达到提高相邻绕组间电压的目的。

（3）三相分级绝缘变压器。

感应电压通常是采用施加单相电压来逐项进行。图 Z13E5002Ⅲ-7 是国际电工委员会推荐的几种接线。

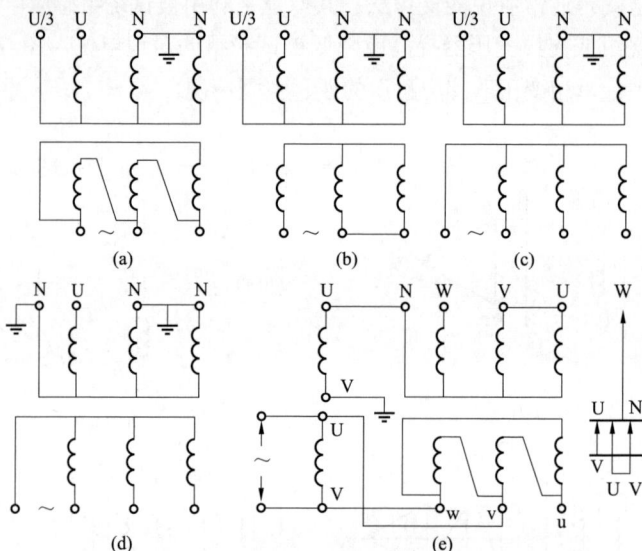

图 Z13E5002Ⅲ-7 分级绝缘变压器感应耐压试验接线图

当中性点的试验电压高于被试线端的试验电压的 1/3 时，可采用图 Z13E5002Ⅲ-7（a）～（c）的试验接线；如果变压器铁芯是三相三柱，则采用图 Z13E5002Ⅲ-7（b）和（c）接线；三相五柱式变压器（或壳式变压器）采用图 Z13E5002Ⅲ-7（a）线路。图 Z13E5002Ⅲ-7（d）适用于高低压绕组均为丫连接的三相五柱变压器。当被试变压器为三相三柱自耦变压器，其中性点试验电压低于端的试验电压的 1/3 时，可采用图 Z13E5002Ⅲ-7（e）接线，被试相的励磁绕组与支撑变压器的低压绕组并联。

当试验设备不满足正常的试验要求或试验线路绝缘不允许时，可采用非被试相励磁的试验方法，典型试验线路如图 Z13E5002Ⅲ-8 所示。图 Z13E5002Ⅲ-8（a）是接线组别为 YNyn0，励磁电压仅为被试相励磁电压的一半。图 Z13E5002Ⅲ-8（b）是接线组别为 YNd11，励磁电压也仅为被试相励磁电压的一半。图 Z13E5002Ⅲ-8（c）是被试变压器高压侧非被试相励磁的试验线路，适用于无法在低压绕组直接进行励磁的场合。

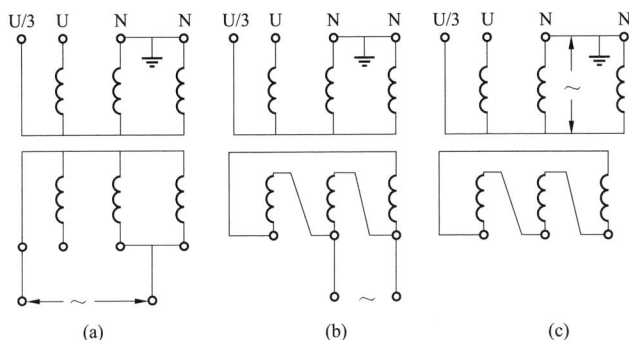

图 Z13E5002Ⅲ-8 非被试相励磁的感应耐压典型试验线路图

对分级绝缘变压器的感应耐压试验没有统一的接线方式。图 Z13E5002Ⅲ-9 和图 Z13E5002Ⅲ-10 是在现场常用的两种接线方式。图 Z13E5002Ⅲ-9 采用两相非被试相支撑被试相，中性点电位为 1/3 试验电压；图 Z13E5002Ⅲ-10 采用一相非被试相支撑被试相，中性点电位为 2/3 试验电压。

图 Z13E5002Ⅲ-9 两相非被试相支撑被试相

图 Z13E5002Ⅲ-10 一相非被试相支撑被试相

2. 试验条件

（1）变压器的常规绝缘试验应全部合格。带有分接开关或有载调压变压器应确定分接开关挡位。

（2）变压器真空注满油后，按照电压等级参照相关标准静置相应时间，并于试验前将各套管法兰处沉积的气体排除，防止气泡放电。

（3）试验前应将套管式 TA 的二次全部端子短路接地，防止感应高压和悬浮电位放电。

（4）试验前后取变压器本体油样作色谱分析，并对比其结果应无明显变化。

3. 试验步骤

（1）检查被试品状态，放出油箱及套管升高座内的残留气体，检查油箱和绕组的接地是否正确。

（2）安装主变压器高、中压端的均压罩，短接套管式 TA 二次端子，将试验设备吊装到位。

（3）根据变压器类型，选择合适的加压方法，按相应试验接线图接好各试验设备以及仪表，并保证各高电压引线的电气距离，连接中间变压器和被试变压器低压套管端头的导线应用绝缘带固定，防止摆动。

（4）在试验场地周围装设安全围栏，并派专人看守。

（5）确认电源自动开关在分断位置，接好电源三相 380V 端子，使用合适截面的导线，并注意可靠连接。空试试验设备，若无异常，则将电源设备输出两端分别接到被试变压器的低压侧。

（6）合上电源自动开关。按照电源设备使用说明书进行操作。

（7）清除闲杂人员，试验人员及现场安全负责人到位，加压前由试验负责人复核试验接线，确保接线无误方可加压，试验正式开始。

（8）升电压至 1/3～1/2 额定电压，观察变频柜输入及输出电流及分压器数值，确认试验回路各部分正常后，升至试验电压，持续相关标准规定的时间。

（9）试验结束后，迅速降低试验电压至零，切断电源。将被试变压器接地充分放电后拆线。

六、试验注意事项

（1）对于大型电力变压器（电压在 110kV 及以上），当用 150Hz 及以上电源进行试验时，被试变压器的试验电流呈容性。在试验中，中频发电机组要注意自励磁现象。

（2）因为感应耐压试验为破坏性试验，所以试验前应保证变压器常规试验都必须合格。

（3）试验应在小于 1/3 试验电压下合闸，将电压尽快升至试验电压，随时监视试验电源及被试品的电压和电流有无异常变化，变压器内部有无异常声响。若有异常，应立即降压断电检查。

（4）被试变压器高、中压侧分接开关应尽量调至适当挡位，使全部线匝绝缘都受到考验。

（5）由于分级绝缘变压器绕组对地电容较大，"容升"现象严重，因此试验电压的测量需用分压器在设备高压端直接测量。

（6）试验电压的波形应为正弦波，以有效值为准施加电压。

七、试验结果分析及报告编写

（一）试验结果分析

1. 试验标准及要求

按照《电力变压器 第 3 部分 绝缘水平、绝缘试验和外绝缘空气间隙》（GB 1094.3—2003）、根据 Q/GDW 1168—2013《输变电设备状态检修试验规程》、Q/GDW

11447—2015《10kV～500kV 输变电设备交接试验规程》、DL/T 474—2006《现场绝缘试验实施导则》及《国家电网公司变电检测通用管理规定及细则》〔国网（运检/3）829—2017〕的规定。

对中性点分级绝缘产品的感应高压试验要同时使绕组对地、与相邻绕组最近点间、匝间和两相间的绝缘都能受到试验电压，并尽可能达到规定的试验电压值。

现场短时感应耐压试验按出厂值的 80%施加。

2. 试验结果分析

（1）试验中如无破坏性放电发生，且耐压前后绝缘无明显变化，则认为耐压试验通过。

（2）在升压和耐压过程中，如发现电压表指示变化很大，电流表指示急剧增加，调压器往上升方向调节，电流上升、电压基本不变甚至有下降趋势，被试品冒烟、出气、焦臭、闪络、燃烧或发出击穿响声（或断续放电声），应立即停止升压，降压、停电后查明原因。这些现象如查明是绝缘部分出现的，则认为被试品交流耐压试验不合格。如确定被试品的表面闪络是由于空气湿度或表面脏污等所致，应将被试品清洁干燥处理后，再进行试验。

（3）被试品为有机绝缘材料时，试验后如出现普遍或局部发热，则认为绝缘不良，应立即处理后，再做耐压。

（4）试验中途因故失去电源，在查明原因，恢复电源后，应重新进行全时间的持续耐压试验。

（二）试验报告编写

试验记录应填写信息，包括基本信息（变电站、委托单位、试验单位、运行编号、试验性质、试验日期、试验人员、试验地点、报告日期、编写人员、审核人员、批准人员、试验天气、环境温度、环境相对湿度），设备铭牌（生产厂家、出厂日期、出厂编号、设备型号、额定电压等），试验数据（试验电压、试验时间、试验频率、仪器型号、结论等）。

八、案例

案例 1： 三相分级绝缘变压器感应耐压试验。

试品型号为 SFPS7–120000/220；容量为 120 000/120 000/120 000kVA；电压为 230±2×2.5%/121/38.5kV；接线组别为 YNyn0d11。

以 U 相为例，感应耐压试验接线如图 Z13E5002Ⅲ–11 所示。

试验电压为：高压线端 399.5kV（三相分接开关均在Ⅰ分接），中压线端 200kV。

匝间电压感应倍数为

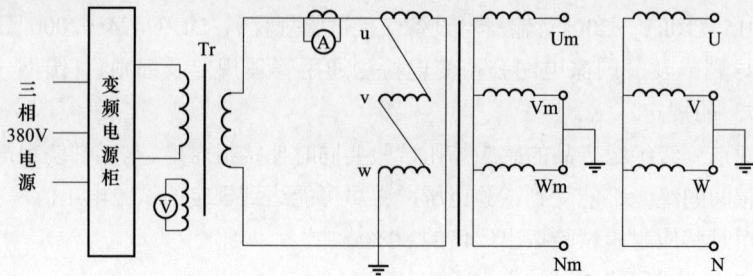

图 Z13E5002Ⅲ–11　被试相低压侧励磁感应耐压试验接线图

$$k= \left[399.5 \times (2/3) \right] / (230 \times 1.05/\sqrt{3}) = 1.91$$

各部电压计算如下

$$U_{uw} = 38.5 \times 1.91 = 73.5 \ (kV)$$

$$U_{vw} = U_{uv} = (1/2) \ U_{uw} = 36.8 \ (kV)$$

$$U_{Um-地} = (121/\sqrt{3}) \times 1.91 \times 1.5 = 200 \ (kV)$$

$$U_{Nm-地} = (1/3) \ U_{Um-地} = 66.7 \ (kV)$$

$$U_{U-地} = (230 \times 1.05/\sqrt{3}) \times 1.91 \times 1.5 = 399.5 \ (kV)$$

$$U_{N-地} = (1/3) \ U_{U-地} = 133.2 \ (kV)$$

被试相低压励磁需要中间变压器 Tr 输出 73.5kV 电压，此时可满足试验电压要求。

案例 2： 三相分级绝缘变压器感应耐压试验。

（1）被试变压器铭牌参数。试品型号为 SFSZ-20000/110；额定容量为 20MVA；额定电压为 110±2×2.5%/38.5±2×2.5%/11kV；接线组别为 YNyn0d11。

（2）试验电压与耐压时间。110kV 变压器出厂试验时，高压端对地和高压绕组相间的试验电压均为 200kV，中性点对地的试验电压为 95kV。因此这次感应耐压试验的试验电压标准如下。

高压绕组相间试验电压：200×0.80 = 160（kV）

高压中性点对地的试验电压：95×0.80 = 76（kV）

耐压时间与试验电压的频率有关。此次试验采用 250Hz 电源装置提供试验电压，其耐压时间为

$$t = 2 \times 60 \times \frac{50}{250} = 24 \ (s)$$

（3）试验接线。为了使高压端对地和高压绕组相间的试验电压相同，同时对中性点绝缘也进行适当考验，这次感应耐压试验采用将非试验相接地、中性点支撑加压的接线方式。其 U 相试验的接线如图 Z13E5002Ⅲ–12（a）所示。

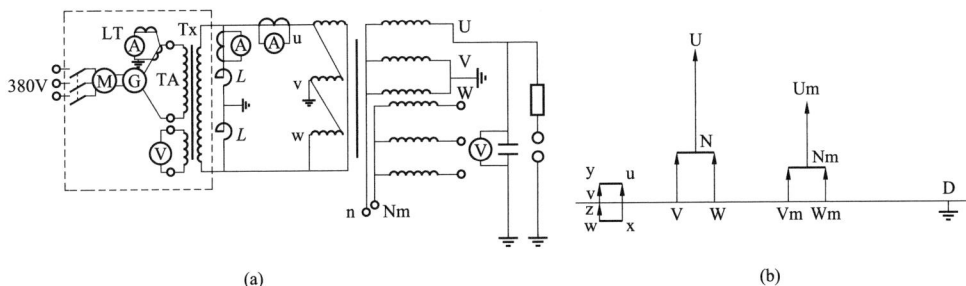

图 Z13E5002Ⅲ-12 感应耐压试验接线和电压相量图

试验时,使用电容分压器监测被试相高压端对地试验电压。按照图 Z13E5002Ⅲ-12 接线方式,高压中性点对地电压与被试相高压端对地电压严格地遵循 1:3 的关系,限于现场试验条件,采用监测高压中性点对地电压的方式。

(4) 电压分布。

1) 变比计算。

感应耐压时,将被试变压器高、中压侧分接开关调至 1 挡,使全部线匝绝缘都受到考验。此时高、低压绕组的电压分别为 121kV 和 10.5kV。因此,计算高低压间变比为

$$K = \frac{121/\sqrt{3}}{10.5} = 6.653$$

2) 电压分布计算。

按图 Z13E5002Ⅲ-12 (a) 接线试验时,其电压相量图如图 Z13E5002Ⅲ-12 (b) 所示。根据试验电压标准,计算各级电压分布(以 U 相试验为例)如下。

被试相高压端对地及相间电压

$$U_{UD} = U_{UV} = U_{UW} = 160 \text{(kV)}$$

被试相高压端绕组电压

$$U_{UN} = \frac{2}{3}U_{UD} = \frac{2}{3} \times 160 = 106.7 \text{(kV)}$$

高压绕组中性点对地电压

$$U_{ND} = \frac{1}{3}U_{UD} = \frac{1}{3} \times 160 = 53.3 \text{(kV)}$$

低压绕组外施电压

$$U_{uw} = \frac{U_{UN}}{K} = \frac{106.7}{6.653} = 16.0 \text{(kV)}$$

升压变压器变比为 175，升压变压器测量绕组电压

$$U_{\mathrm{mn}} = \frac{U_{\mathrm{ac}}}{175} = \frac{16.0}{175} = 0.091 \, (\mathrm{kV}) = 91 \, (\mathrm{V})$$

高压绕组中性点对地电压小于标准的 80.75kV，可用中性点外施电压进行耐压。

【思考与练习】

1. 变压器为什么要进行感应耐压试验？简述其原理。

2. 感应耐压时，如何选择试验电源的容量？

3. 画出变压器短时感应耐压试验（ACSD）对地施加试验电压和时间顺序图并说明。

第六章

局 部 放 电 试 验

◢ 模块1 互感器局部放电试验（Z13E6001Ⅲ）

【模块描述】本模块介绍互感器局部放电试验方法和技术要求。通过试验工作流程的介绍，掌握互感器局部放电试验前的准备工作和相关安全、技术措施、试验方法、技术要求及测试数据分析判断。

【模块内容】

一、试验目的

局部放电量过高，会危及电气设备的使用寿命，由局部放电而产生的电子、离子以及热效应会加速互感器绝缘的电老化，造成安全隐患，系统中不少互感器故障是由局部放电发展而形成的。互感器局部放电试验是判断其绝缘状况的一种有效方法。

二、试验仪器、设备的选择

（一）试验加压设备

1. 工频无局部放电试验电源（背景噪声不得超过标准限定的 50%）

对 35kV 及以下的电流互感器进行局部放电试验时，可采用工频无局部放电试验变压器，其容量可根据试验电流和额定电压来选择，额定电压应高于试验电压，试验电流 $I_x = \omega CU$，其中 C 为被试互感器的电容与耦合电容之和，U 为额定电压，ω 为试验电源角频率。

此套电源还包括控制柜、调压器、保护电阻等。调压器输入三相电压 380V，输出电压 0～400V，容量应为工频无局部放电试验变压器容量的 75%～100%；保护电阻在 10～100kΩ 数量级选取。

对电容式电压互感器，局部放电试验可分节进行，这样加在每节电容上的电压较低，但因其电容量值较大，若采用工频无局部放电试验变压器（目前多采用变频电源），需要采用并联补偿电抗加压方式，试验变压器仅提供试验回路的阻性电流及补偿后剩余的部分容性或感性电流，将大大降低对试验变压器的容量要求，补偿电抗的额定电压应高于试验电压，应按照下式计算

$$I_{\mathrm{L}}=\frac{U\times10^3}{\omega L} \qquad (\text{Z13E6001}\,\text{III}-1)$$

$$I_{\mathrm{C}}=(U\times10^3)\omega(C\times10^{-12}) \qquad (\text{Z13E6001}\,\text{III}-2)$$

$$I_{\mathrm{Z}}=I_{\mathrm{L}}-I_{\mathrm{C}} \qquad (\text{Z13E6001}\,\text{III}-3)$$

$$S=UI_{\mathrm{Z}} \qquad (\text{Z13E6001}\,\text{III}-4)$$

式中　U——试验电压，kV；

L、I_{L}——分别为补偿电抗器电感和电流，H、A；

C、I_{C}——分别为互感器电容和电流，pF、A；

I_{Z}——试验回路总电流，A；

S——试验变压器的容量，kVA。

2. 变频试验电源

对电磁式电压互感器进行局部放电试验时，施加在互感器绕组上的试验电压高于运行电压数倍，要满足试验要求，只能提高试验电源频率，使铁芯不过励磁。一般采用二次侧感应加压方法，可采用三倍频电源或变频电源。

（1）三倍频电源。三倍频发生器输入电压高低很关键。输入电压太低，三倍频发生器输出 3 次谐波含量低，导致输出电压低；输入电压太高，三倍频发生器 3 次以上谐波高，输出波形变差，输出效率变低。输入电压不合适时，可使用三相调压器调节合适的励磁电压。一般输入电压高时，选择匝数多的抽头。

对于电磁式电压互感器，采用二次感应升压方法时，可采用三倍频电源。由于电压互感器感应耐压试验时呈容性负载状态，为减少试验设备容量、避免倍频谐振，根据不同电压等级在二次绕组或辅助绕组接入补偿电感。补偿电感的选择原则是在试验频率下，被试电压互感器仍呈容性。

为了有目的地选择补偿电感，在试验前对电压互感器辅助绕组加 150Hz 电压至额定电压 100V，读取电流 i_{udxd}，确定加压绕组的输入容抗值，然后按经验公式选择补偿量，使补偿达到预期的效果。输入容抗值应按式（Z13E6001 III-5）计算

$$x_{\mathrm{C}}=\frac{u_{\mathrm{udxd}}}{i_{\mathrm{udxd}}}\times\frac{1}{k^2}=\frac{u_{\mathrm{udxd}}}{3i_{\mathrm{udxd}}} \qquad (\text{Z13E6001}\,\text{III}-5)$$

式中　x_{C}——输入容抗值，Ω；

u_{udxd}——辅助绕组额定电压，V；

i_{udxd}——辅助绕组电流，A；

k——辅助绕组与二次绕组额定电压比值，$100/57.7=\sqrt{3}$。

补偿电感的感抗值应按式（Z13E6001 III-6）选取

$$x_{\mathrm{L}} = x_{\mathrm{C}} + (0.5 \sim 2) \qquad (\text{Z13E6001}\text{Ⅲ}-6)$$

式中　　x_{L}——补偿电感的感抗值，Ω；

　　　　x_{C}——输入容抗值，Ω。

按式（Z13E6001Ⅲ-6）将感抗值 x_{L} 换算为补偿电感量 L，即

$$L = \frac{x_{\mathrm{L}}}{2\pi f_{\mathrm{s}}} \times 10^3 \qquad (\text{Z13E6001}\text{Ⅲ}-7)$$

式中　　L——补偿电感的电感量，mH；

　　　　f_{s}——试验频率，Hz。

根据计算出的电感量选择补偿电抗器，然后接入被测互感器的 ux 绕组。将倍（变）频电压升至 100V，测量被测互感器加压的辅助二次绕组处的 $\cos\varphi$ 值。如果 $\cos\varphi$ 在 0.7～0.9 的范围内，则补偿量合适。如 $\cos\varphi$ 过大，应增加 0.5～1Ω 的补偿电抗。如 $\cos\varphi$ 过小，则减少补偿电抗 0.5～1Ω。

根据局部放电试验所加电压 U_{x}，考虑"容升"问题，此时低压侧施加的试验电压应按式（Z13E6001Ⅲ-8）计算

$$U_{\mathrm{s}} = \frac{U_{\mathrm{x}}}{k(1+k')} \qquad (\text{Z13E6001}\text{Ⅲ}-8)$$

式中　　U_{s}——低压侧试验电压，V；

　　　　U_{x}——高压侧试验电压，V；

　　　　k——电压互感器变比；

　　　　k'——容升修正系数。

此时试验回路的电流 $I=U_{\mathrm{s}}/(X_{\mathrm{C}}-X_{\mathrm{L}})$，其中 X_{C} 为试验回路容抗，X_{L} 为试验回路感抗，所需试验装置的输出容量 $S_0=IU_{\mathrm{s}}$。由于三倍频变压器的效率只有 15%～20%，取 15%，因此选择输入容量 $S_{\mathrm{I}}=S_0/15\%$。

（2）变频电源。

变频电源采用一级连续、频率幅值可调、标准正弦信号经过三级放大方式输出单相正弦信号，实现大功率输出，是目前现场局部放电试验常用的试验电源。

对 110kV 及以上电流互感器、电容式电压互感器进行局部放电试验时，采用串联谐振方式一次侧加压，变频试验电源频率（20～300Hz）可满足要求。

变频电源输出功率一般大于或等于励磁变压器的输出容量，励磁变压器的输出容量可根据试验容量按式（Z13E6001Ⅲ-9）估算出励磁变压器容量 S 为

$$S = \frac{S_0}{Q} = \frac{U\omega C}{Q} \qquad (\text{Z13E6001}\text{Ⅲ}-9)$$

式中 S_0——试验容量，VA；

    C——被试品电容；

    ω——谐振频率；

    U——试验电压；

    Q——品质因数，$Q = \omega L/R$，L 为试验回路电感，R 为试验回路电阻，一般在
30～150，可取 50 进行估算。

（二）局部放电测试仪

现场进行局部放电试验时，可根据环境干扰水平选择仪器上的不同频带。干扰较强时一般选用窄频带，如可取 $f_0 = 30 \sim 200\text{kHz}$，$\Delta f = 5 \sim 15\text{kHz}$；干扰较弱时一般选用宽频带。在满足信噪比的条件下，频带选择的宽一些可提高测量的灵敏度，也可以使测得的放电波形失真小一些。为了消除励磁谐波和低频干扰，测试仪频带的下限通常选择 40kHz，而上限选择为 300kHz。

目前有标准依据的是测量视在放电量的测量仪器，通常是示波屏、数字式放电量（pC）表或数字和示波屏显示两者并用的指示方式。示波屏上显示的放电波形有助于区分内部放电和来自外部的干扰。放电脉冲通常显示在测量仪器的示波屏上的椭圆基线上。

三、危险点分析及控制措施

1. 防止高处坠落

在互感器上作业应系好安全带。对 220kV 及以上互感器，需解开引线时，宜使用高处作业车，严禁徒手攀爬互感器套管。

2. 防止高处落物伤人

高处作业应使用工具袋，上下传递物件应用绳索拴牢传递，严禁抛掷。

3. 防止工作人员触电

（1）应严格执行 Q/GDW 1799.1—2013《国家电网公司电力安全工作规程　变电部分》的相关要求。

（2）高压试验工作不得少于两人。试验负责人应由有经验的人员担任，开始试验前，试验负责人应向全体试验人员详细布置试验中的安全注意事项，交待邻近间隔的带电部位，以及其他安全注意事项。

（3）试验现场应装设遮栏或围栏，遮栏或围栏与试验设备高压部分应有足够的安全距离，向外悬挂"止步，高压危险！"的标示牌，并派人看守。

（4）应确保操作人员及试验仪器与电力设备的高压部分保持足够的安全距离，且操作人员应使用绝缘垫。

（5）试验装置的金属外壳应可靠接地，高压引线应尽量缩短，并采用专用的高压

试验线，必要时用绝缘物支挂牢固。

（6）对于被试设备两端不在同一工作地点时，如电力电缆另一端应派专人看守。

（7）加压前必须认真检查试验接线，使用规范的短路线，表计倍率、量程、调压器零位及仪表的开始状态，均应正确无误。

（8）因试验需要断开设备接头时，拆前应做好标记，接后应进行检查。

（9）试验装置的电源开关，应使用明显断开的双极隔离开关。为了防止误合隔离开关，可在刀刃上加绝缘罩。试验装置的低压回路中应有两个串联电源开关，并加装过载自动跳闸装置。

（10）试验前，应通知所有人员离开被试设备，并取得试验负责人许可，方可加压；加压过程中应有人监护并呼唱。

（11）变更接线或试验结束时，应首先断开试验电源，放电，并将升压设备的高压部分放电、短路接地。

（12）试验现场出现明显异常情况时（如异声、电压波动、系统接地等），应立即停止试验工作，查明异常原因。

（13）高压试验作业人员在全部加压过程中，应精力集中，随时警戒异常现象发生。

（14）未装接地线的大电容被试设备，应先行充分放电再做试验。

（15）试验结束时，试验人员应拆除自装的接地短路线，并对被试设备进行检查，恢复试验前的状态，经试验负责人复查后，进行现场清理。

四、试验前的准备工作

1. 了解被试设备现场情况及试验条件

查勘现场，查阅相关技术资料、互感器出厂资料、出厂试验报告及相关规程等，掌握该互感器运行及缺陷情况，根据试验电压和被试互感器参数，估算所需试验电源、励磁变压器及电抗器补偿容量，编写作业指导书及试验方案。

2. 测试仪器、设备准备

根据互感器试品的型式和参数，选择合适的电源类型和相应配套试验设备，准备带漏电保护器的电源接线板、放电棒、接地线、安全带、安全帽、电工常用工具、试验临时安全遮栏、标示牌、万用表、温（湿）度计、电源线轴、清洁布、绝缘塑料带等，并查阅测试仪器、设备及绝缘工器具的检定合格证书有效期。

3. 办理工作票并做好试验现场安全和技术措施

按相关安全生产管理规定办理工作许可手续；向试验人员交代工作内容、带电部位、现场安全措施、现场作业危险点，明确人员分工及试验程序。

五、试验过程及步骤

（一）试验方法

1. 试验加压方法

（1）电流互感器。电流互感器是典型的电容型高压电气设备，其局部放电试验电压从高压侧施加。对 35kV 及以上的电流互感器，电源可由工频无局部放电试验变压器提供，也可由变频电源提供。

（2）电磁式电压互感器。电磁式电压互感器有单级和串级两种结构，35kV 及以下的为单级结构，110kV 两种结构均有，220kV 一般为串级结构。进行局部放电试验时，由于试验电压远高于试品运行电压，会由于过励磁产生大电流而损坏设备，现场试验电源可采用 3 倍频电源或变频电源。

电磁式电压互感器的试验方法比较特殊，从原理上同变压器有相似之处，它也是具有分布参数的电路，但其电容量要小得多，可用试验电源在一次侧外施变频电压，但现场往往采用二次侧加压、一次侧感应出相应的试验电压的方法。采用后者时，要注意试验电压值会高于低压施加电压乘变比，因为有电容电流引起的容升，一般 35kV 互感器"容升"约为 3%，110kV 互感器"容升"约为 5%，220kV 互感器"容升"约为 8%。

（3）电容式电压互感器。对 220kV 及以上电压等级一般采用电容式电压互感器，因其电容量值较大，电源电流或电源容量不容易满足要求，可采用工频补偿电抗器或变频试验方法，但常采用串联谐振升压。

电容式电压互感器高压电容根据电压等级由 n 节耦合电容器组成，中压电容（分压电容器）抽头由瓷套从底座引至电磁装置的油箱内，电磁装置由中间变压器，补偿电抗器和阻尼器组成，作为分压器底座。测量不带底座的上面单元件时，与常规做法无区别，将下法兰盘接检测阻抗输入端，上法兰盘接高压，检测阻抗接地端与不测量的单元牢固接地，并将间隙 s 可靠短接。测量带底座的下节时，因现场试验环境差，要求停电时间短，一般不将下节与底座拆开，以免绝缘油受潮及脏污，同时也避免拆接引线带来的接触不良、密封不好等不安全后果。考虑下节的分压比，中压端电压只允许为额定电压的 1.5 倍以下，以免将互感器损坏。

2. 局部放电测量方法

脉冲电流法是唯一有标准的互感器局部放电检测方法。它通过检测阻抗、耦合电容、外壳接地线、铁芯接地线以及绕组中由于局部放电引起的脉冲电流，获得视在放电量。

脉冲电流法的测试回路，如图 Z13E6001Ⅲ–1 所示，Z_f 为高频滤波器。

当试品 C_x 产生一次局部放电时，在其两端就会产生一个瞬时的电压变化 Δu，此

时在被试品 C_x、耦合电容 C_k 和检测阻抗 Z_d
组成的回路中产生一个脉冲电流 i。该脉冲电
流流经检测阻抗 Z_d，在其两端产生一脉冲电
压，将此脉冲电压进行采集、放大等处理，就
可以测定局部放电的一些基本参量。

在进行互感器的局部放电试验时，电源干
扰主要来自两个方面，一是来自电源供电网
络，也就是现场的检修电源，采用低压低通滤

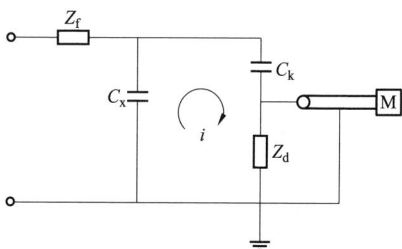

图 Z13E6001Ⅲ-1　脉冲电流法测试回路图

波器和屏蔽式隔离变压器滤除干扰；二是来自试验供电网络，即试验变压器及调压装
置，可采用高压低通滤波器滤除干扰信号。抗电源干扰信号方法的试验回路可按照
图 Z13E6001Ⅲ-2 试验接线方式。

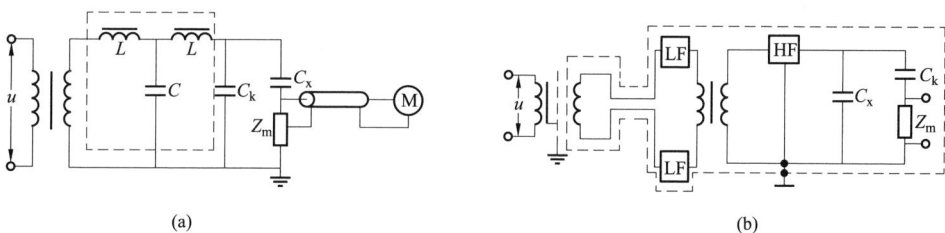

图 Z13E6001Ⅲ-2　抗电源干扰信号方法的试验接线图
（a）高压低通滤波器滤除干扰信号示意图（虚线框内部分即图 Z13E6001Ⅲ-1 中的 Z_f）；
（b）低压、高压低通滤波器滤除干扰信号示意图

在现场进行试验，干扰不仅来自电源，还有空间干扰，即各类电磁场辐射在试验回路
感应所产生的干扰，而此时滤波器等对于空间电磁场在试品、耦合电容器等部分的回路产
生的干扰是无法抑制的，当这类干扰影响测量时，可采用平衡接线法和利用局部放电仪的
功能抑制干扰，提高检测的灵敏度。当干扰源来自电源方面时，平衡电路应该包括高压回
路在内，即两台设备都应该用同一电源加高压，接地侧接到平衡输入单元，取得最佳的平
衡效果。当干扰源来自电磁波的耦合作用时，接地平衡电路的两台试品其中一台可以不加
高压，其余电路不变，不加压的一台试品相当于一个天线作用，与试品耦合的同样的高频
信号相平衡，减少了干扰信号，但这种方法对电源噪声没有抑制作用。

（二）试验接线

1. 加压回路接线

现场试验采用三倍频电源，加在电压互感器二次绕组，励磁产生试验电压的接线
如图 Z13E6001Ⅲ-3 所示。在试验时，外壳、铁芯、二次绕组、辅助绕组及一次绕组
尾端接地。

试验的加压程序如图 Z13E6001Ⅲ-4 所示。

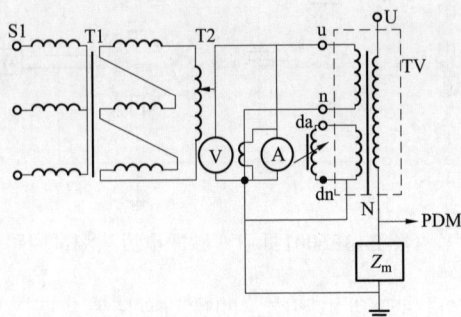

图 Z13E6001Ⅲ-3 互感器局部放电试验三倍
频电源加压回路接线图

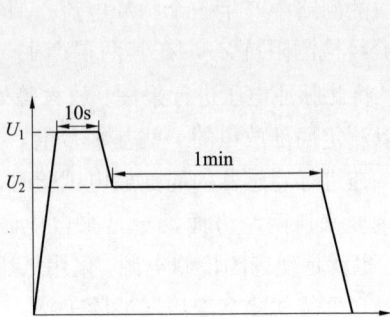

图 Z13E6001Ⅲ-4 互感器局部放电试验
加压程序图

注：$U_1=0.8×$工频耐受电压；$U_2=1.2U_m/\sqrt{3}$

图 Z13E6001Ⅲ-4 中，施加试验电压时，接通电源并增加至 U_1，持续 10s。然后，立即将电压从 U_1 降低至 U_2，保持 1min，进行局部放电观测，记录放电量值，降电压，当电压降低到零时切断电源，加压完毕。

电容式电压互感器上面几节采用外施电压法进行，与电流互感器试验时一样。测量带底座的下节时，也采用外施电压法，但考虑下节的分压比，中压端电压只允许为额定电压的 1.5 倍以下，以免将互感器损坏。

2. 测量回路接线

（1）串联法。互感器局部放电试验串联法测量接线如图 Z13E6001Ⅲ-5 所示。

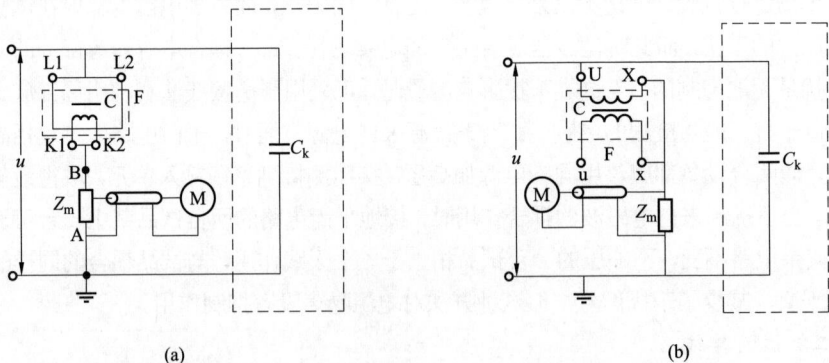

(a)

(b)

图 Z13E6001Ⅲ-5 互感器局部放电试验串联法测量接线图

（a）电流互感器；（b）电压互感器

C_k—互感器高压侧对地杂散电容；C—铁芯；Z_m—测量阻抗；F—外壳；L1、L2—电流互感器一次绕组端子；
K1、K2—电流互感器二次绕组端子；U、X—电压互感器一次绕组端子；u、x—电压互感器二次绕组端子

（2）并联法。互感器局部放电试验并联法测量接线如图 Z13E6001Ⅲ-6 所示。

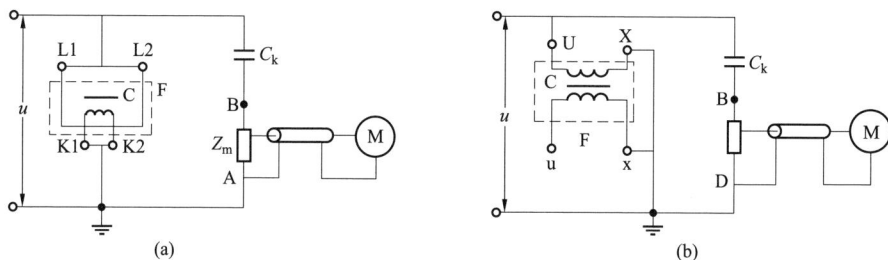

图 Z13E6001Ⅲ-6　互感器局部放电试验并联法测量接线图

（a）电流互感器；（b）电压互感器

C_k—外加耦合电容器

（3）平衡法。电压互感器和电流互感器局部放电试验平衡法测量接线如图 Z13E6001 Ⅲ-7 所示。

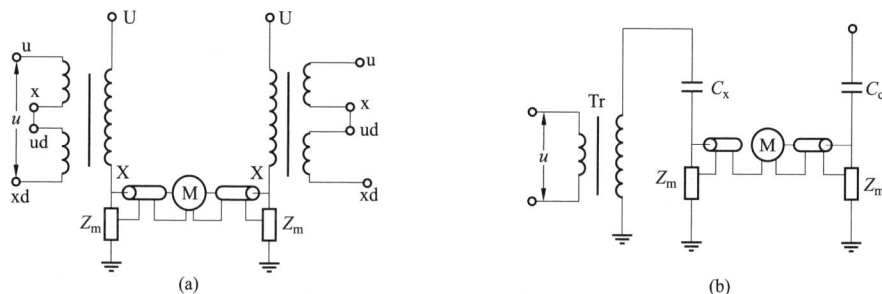

图 Z13E6001Ⅲ-7　互感器局部放电试验平衡法测量接线图

（a）电压互感器；（b）电流互感器

Tr—试验变压器；C_x—被试电流互感器；C_c—邻近相电流互感器

（三）试验步骤

（1）清洁干燥互感器的瓷套表面。

（2）按相应试验接线图接好各试验设备以及仪表，并保证各高电压引线的电气距离，连接中间变压器和被试互感器端头的导线应用绝缘带固定，防止摆动。

（3）清除闲杂人等，试验人员、安全巡视人员各就各位。

（4）局部放电测试仪信号同步，将局部放电仪与电源信号同步。把倍频电源的输出端与互感器断开并悬空，再使倍频电源带电，调整局部放电测试仪的外触信号，使局部放电仪有大小适中的椭圆。在互感器的高压端注入校正脉冲，观察示波图中是否有干扰信号，然后调节倍率和细调，确定度量尺度。检查是否已断开互感器倍频电源的连接。

（5）对互感器进行加压，进行起始、熄灭电压测量。根据标准规定，进行局部放电试验。此时外触发信号应放至零位。然后降压到试验电压，调外触发信号使局部放电仪有大小适中的椭圆，应注意局部放电仪外触发电压不允许超过的电压值。待数据稳定后，读取互感器的放电量，降电压至零，断开电源。

（6）升压变压器高压端挂接地线，对试验回路充分放电后拆线。

六、试验注意事项

（1）试验前，互感器完成全部常规试验，结果合格。如果互感器受机械作用，应静止一段时间再进行试验。

（2）被试互感器附近的围栏等可能有电位悬浮的导体均应可靠接地，防止因杂散电容耦合而产生悬浮电位放电。

（3）被试互感器附近所有金属物体均良好接地，否则由于尖端电晕或小间隙放电，对局部放电测量会产生严重干扰。试验区内一般要求地面无任何金属异物、场地干净、试品瓷套无纤维尘积等，以免对局部放电测试产生影响。

（4）试验应在不大于 1/3 测量电压下接通电源，然后按标准规定进行测量，最后降到 1/3 测量电压下，方可切除电源。

（5）按照电压等级选择试验回路的所有引线直径，引线宜采用金属管状柔性导线，试验导线接头、试品高压端放置均压环，从而保证了试验回路在试验电压下不产生电晕。

（6）采用无晕试验变压器，保证试验回路固有局部放电量小于 5pC；整个试验回路一点接地，接地回路采用铜箔，抑制试验回路接地系统的干扰。

（7）试验宜采用平衡抗干扰接线方式，能有效抑制空间干扰信号及回路电晕信号，增益放大试品局部放电信号，提高了试验的抗干扰能力。

（8）仔细检查试验回路，对可能引起电场较大畸变的部位，进行适当处理。

（9）局部放电试验过程中，被试互感器周围的电气施工应尽可能停止，特别是电焊作业，以减少试验干扰。

七、试验结果分析及试验报告编写

（一）试验标准及结果分析

1. 试验标准及要求

按照 GB 1207—2006《电磁式电压互感器》、GB 1208—2006《电流互感器》、GB/T 4703—2007《电容式电压互感器》、GB/T 7354—2003《局部放电测量》、DL 417—2006《电力设备局部放电现场测量导则》、Q/GDW 1168—2013《输变电设备状态检修试验规程》、Q/GDW 11447—2015《10kV～500kV 输变电设备交接试验规程》、DL/T 474—2006

《现场绝缘试验实施导则》及《国家电网公司变电检测通用管理规定及细则》〔国网（运检/3）829—2017〕的规定：

2. 试验结果分析

（1）试验期间试品不击穿，测得视在放电量不超过试验标准，则认为试验合格。互感器局部放电标准值如表 Z13E6001Ⅲ-1 所示。

表 Z13E6001Ⅲ-1　　　　　　　　　　互感器局部放电标准值

设备	局部放电标准值
电流互感器	$1.2U_m/\sqrt{3}$ 下： ≤20pC（气体）； ≤20pC（油纸绝缘及聚四氟乙烯缠绕绝缘）； ≤50pC（固体）（注意值）
电磁式电压互感器	$1.2U_m/\sqrt{3}$ 下： ≤20pC（气体）； ≤20pC（液体浸渍）； ≤50pC（固体）（注意值）
电容式电压互感器	$1.2U_m/\sqrt{3}$ 下：≤10pC

（2）若视在放电量超出标准，根据试品放电的特征、与施加电压及时间的规律，区分并剔除由外界干扰引起的高频脉冲信号。

（二）试验报告编写

试验记录应填写信息，包括基本信息（变电站、委托单位、试验单位、运行编号、试验性质、试验日期、试验人员、试验地点、报告日期、编写人员、审核人员、批准人员、试验天气、环境温度、环境相对湿度），设备铭牌（生产厂家、出厂日期、出厂编号、设备型号、额定电压、结构型式等），试验数据（起始放电电压、熄灭放电电压、不同测试时间（Min）时放电量、仪器型号、结论等）。

八、案例

某变电站 500kV 电容式电压互感器现场局部放电测量。试品型号为 WVL500-5H；每节电容量为 15 000pF；电容式电压互感器由 2 节耦合电容器及一个下节（包括 C_{13}、C_2 及电磁单元）组成。

依照相关标准 GB/T 4703—2007 及 GB 50150—2006 对 500kV 电容式电压互感器局部放电试验可分节进行。局部放电加压程序如图 Z13E6001Ⅲ-4 所示，其中：

预加电压 U_1 =（0.8×1.3$U_m/\sqrt{3}$）/3=（0.8×1.3×550/$\sqrt{3}$）/3=190.67（kV）

测量电压 U_2 =（1.2$U_m/\sqrt{3}$）/3=（1.1×550/$\sqrt{3}$）/3=127（kV）

当试验电压为 190kV 时试验变压器所需容量为

$$S=U_2\omega C=（190\times10^3）\times2\times314\times15\ 000\times10^{-12}=170（kVA）$$

为消除外界干扰，局部放电测量采用平衡回路测量法，则变压器所需容量高达340kVA，为解决试验容量难题，只能采用并联补偿加压方式。即当电容器与电抗器并联结线时，流过电抗器的电流 I_L 的相位与流电电容量的电流 I_C 相位相反，选择适当的电容及电感使 $X_L\approx X_C$，则试验变压器仅提供试验回路的阻性电流及补偿后剩余的部分容性或感性电流，这将大大降低对试验变压器的容量要求。

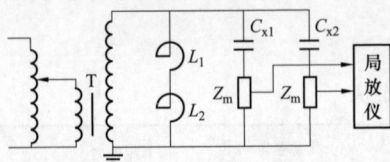

图 Z13E6001Ⅲ–8 局部放电试验接线图

T—750kV 无局部放电试验变压器；

L_1、L_2—并联补偿电抗器（$L_1=L_2$=186H）；

C_{x1}、C_{x2}—试品电容器（$C_{X1}\approx C_{X2}\approx$15 000pF）

在试验中采用如图 Z13E6001Ⅲ–8 所示的接线方式。当试验电压为 190kV 时，有

流过电抗器的电流

$$I_L=U/\omega L=（190\times10^3）/（314\times186\times2）=1.626\ 6（A）$$

流过电容器的电流

$$I_C=U\omega C=190\times10^3\times314\times（2\times15\ 000\times10^{-12}）=1.789\ 8（A）$$

试验变压器高压侧电流

$$I_{总}=I_C-I_L=163.2（mA）$$

所需试验变压器容量

$$S=UI=190\times10^3\times163.2\times10^{-3}=31（kVA）$$

因此大大降低了对试验变压器的容量要求，加上杂散电容等因素，高压侧电流不超过 250mA，即所需试验变压器容量不超过 50kVA，试验变压器能够满足试验要求。

试验采用平衡抗干扰接线方式，如图 Z13E6001Ⅲ–8 所示。分别从 C_{x1}、C_{x2} 取两路信号进入局部放电仪，通过对比两路信号，能有效地抑制空间干扰信号及回路电晕信号，仅增益放大试品局部放电信号，提高了试验的抗干扰能力。

【思考与练习】

1. 互感器进行局部放电的加压试验方法以及测量方法是什么？

2. 请以图示说明互感器局部放电的加压过程。

3. 在进行互感器的局部放电试验时，有哪几种电源干扰？消除的方法是什么？

▲ 模块2 变压器局部放电试验（Z13E6002Ⅲ）

【模块描述】本模块介绍变压器局部放电试验方法和技术要求。通过试验工作流

程的介绍，掌握变压器局部放电试验前的准备工作和相关安全、技术措施、试验方法、技术要求及测试数据分析判断。

【模块内容】

一、试验目的

变压器故障以绝缘故障为主，一些非绝缘性原发故障可以转化为绝缘故障，而且变压器绝缘的劣化往往不是单一因素造成的，而是多种因素共同作用的结果。局部放电既是绝缘劣化的原因，又是绝缘劣化的先兆和表现形式。与其他绝缘试验相比，局部放电的检测能够提前反映变压器的绝缘状况，及时发现变压器内部的绝缘缺陷，预防潜伏性和突发性事故的发生。

二、试验仪器、设备的选择

（一）加压试验仪器、设备

1. 试验电源

局部放电试验可采用中频发电机组或者变频电源方式来获取试验电源。中频发电机组由于性能稳定、容量大，比较适用于超高压和特高压变压器试验。变频电源由于质量和体积小，便于长距离运输和现场试验的摆放，且要求现场提供的电源容量小，故目前在现场较多采用。

2. 励磁变压器

在选择励磁变压器时，应充分考虑能灵活变换输入、输出侧的变比，获得不同的输出试验电压。励磁变压器具备以下结构和特点，一般可满足现场试验的要求。

低压绕组：共 2 个绕组、4 套管输入，一般额定电压为 2×350V 左右，可串联和并联工作。

高压绕组：共 6 个绕组、12 套管输出，一般额定电压为 2×40kV，2×10kV，2×5kV，可串联和并联工作。

3. 补偿电抗器

采用中频发电机组时，需要采用过补偿，一般过补偿＞10%，但对于 500kV 及以上变压器，考虑到其容性电流较大（多达 50A），若过补偿太多，则需要的电抗器数量多，发电机容量及现场电源容量都难以满足要求，所以过补偿以约 5% 为宜。

采用变频电源时，一般使回路成谐振状态，谐振频率要求达到 100Hz 以上，或者 100Hz 以上某个频率处于欠补偿，电源容量可以满足试验要求。

补偿电抗一般采用对称补偿，可降低电抗器工作电压。

4. 试验连接导线

根据变压器局部放电试验的不同试验电压，应选择合适的加压导线，并留有一定的裕度，保证在测量电压下不会产生电晕。

5. 高压屏蔽罩

在变压器局部放电试验过程中，应充分考虑试验均压屏蔽罩的结构及电场分布，尽量改善主变压器套管出线端电场分布，降低均压罩及金具表面电场强度。一般情况下，防电晕屏蔽装置有半球形、双环形、三环形、四环形等。应根据电压高低，选择合适的尺寸。

（二）测量试验仪器、设备

现场进行局部放电试验时，可根据环境干扰水平选择仪器上的不同频带。干扰较强时一般选用窄频带，如可取 $f_0 = 30 \sim 200\text{kHz}$，$\Delta f = 5 \sim 15\text{kHz}$；干扰较弱时一般选用宽频带。在满足信噪比的条件下，频带选择的宽一些可提高测量的灵敏度，也可以使测得的放电波形失真小一些。为了消除励磁谐波和低频干扰，测试仪频带的下限通常选择 40kHz，而上限选择为 300kHz。

目前有标准依据的是测量视在放电量的测量仪器，通常是示波屏、数字式放电量（pC）表或数字和示波屏显示两者并用的指示方式。示波屏上显示的放电波形有助于区分内部放电和来自外部的干扰。放电脉冲通常显示在测量仪器的示波屏上的椭圆基线上。

三、危险点分析及控制措施

1. 防止高处坠落

试验人员进入现场必须戴安全帽，高处作业必须挂安全带，严禁徒手攀爬变压器套管。

2. 防止高处落物伤人

高处作业应使用工具袋，上下传递物件应用绳索拴牢传递，严禁抛掷。

3. 防止工作人员触电

（1）应严格执行 Q/GDW 1799.1—2013《国家电网公司电力安全工作规程　变电部分》的相关要求。

（2）高压试验工作不得少于两人。试验负责人应由有经验的人员担任，开始试验前，试验负责人应向全体试验人员详细布置试验中的安全注意事项，交待邻近间隔的带电部位，以及其他安全注意事项。

（3）试验现场应装设遮栏或围栏，遮栏或围栏与试验设备高压部分应有足够的安全距离，向外悬挂"止步，高压危险！"的标示牌，并派人看守。

（4）应确保操作人员及试验仪器与电力设备的高压部分保持足够的安全距离，且操作人员应使用绝缘垫。

（5）试验装置的金属外壳应可靠接地，高压引线应尽量缩短，并采用专用的高压试验线，必要时用绝缘物支挂牢固。

（6）对于被试设备两端不在同一工作地点时，另一端应派专人看守。

（7）加压前必须认真检查试验接线，使用规范的短路线，表计倍率、量程、调压器零位及仪表的开始状态，均应正确无误。

（8）因试验需要断开设备接头时，拆前应做好标记，接后应进行检查。

（9）试验装置的电源开关，应使用明显断开的双极隔离开关。为了防止误合隔离开关，可在刀刃上加绝缘罩。试验装置的低压回路中应有两个串联电源开关，并加装过载自动跳闸装置。

（10）试验前，应通知所有人员离开被试设备，并取得试验负责人许可，方可加压；加压过程中应有人监护并呼唱。

（11）变更接线或试验结束时，应首先断开试验电源，放电，并将升压设备的高压部分放电、短路接地。

（12）试验现场出现明显异常情况时（如异声、电压波动、系统接地等），应立即停止试验工作，查明异常原因。

（13）高压试验作业人员在全部加压过程中，应精力集中，随时警戒异常现象发生。

（14）未装接地线的大电容被试设备，应先行充分放电再做试验。

（15）试验结束时，试验人员应拆除自装的接地短路线，并对被试设备进行检查，恢复试验前的状态，经试验负责人复查后，进行现场清理。

四、试验前的准备工作

1. 了解被试设备现场情况及试验条件

查勘现场，查阅相关技术资料、变压器出厂资料、出厂试验报告及相关规程等，掌握该变压器运行及缺陷情况，根据试验电压和被试变压器参数，估算所需试验电源、励磁变压器及电抗器补偿容量，编写作业指导书及试验方案。

2. 测试仪器、设备准备

选择合适试验设备、供电电源容量、带剩余电流动作保护器的电源接线板、放电棒、接地线、安全带、安全帽、电工常用工具、试验临时安全遮栏、标示牌、万用表、温（湿）度计、电源线轴、清洁布、绝缘塑料带等，并查阅测试仪器、设备及绝缘工器具的检定合格证书有效期。

3. 办理工作票并做好试验现场安全和技术措施

按相关安全生产管理规定办理工作许可手续；向试验人员交代工作内容、带电部位、现场安全措施、现场作业危险点，明确人员分工及试验程序。

五、现场试验步骤及要求

（一）试验方法

1. 试验加压方法

局部放电试验是对电压很敏感的试验，只有当内部缺陷的场强达到起始放电场强时，脉冲放电量才能观察到。在现场试验中采用工频电源利用支撑法使绕组中感应出这么高的试验电压，但是工频调压装置在现场不易应用。因为铁芯磁通密度饱和，励磁电流和铁磁损耗都会急剧增加，提高电源频率是目前唯一可行的方法。

试验是通过励磁变压器升压，向被试变压器低压侧施加电压，在高压侧感应出高压的方法来进行的。对于回路中容性分量的补偿，常用的方式是在低压端加装并联电抗器，用以补偿回路中的容性无功分量。

2. 加压试验容量的计算

变压器局部放电试验时，正确估计其试验容量对试验的顺利进行关系很大。由于在变频（100Hz 以上）试验时，空载时变压器励磁无功功率较小，可不用考虑，只考虑有功功率和容性无功功率。

（1）变压器有功功率的估算。由于变压器局部放电试验常常采用单相法，试验相和非被试相的有功损耗分别为

$$P_{0f} = \left(\frac{f}{f_n}\right)^m \left(\frac{B'_m}{B_m}\right)^n \left(\frac{P'_0}{3}\right) \qquad (\text{Z13E6002Ⅲ-1})$$

$$P'_{0f} = \left(\frac{f}{f_n}\right)^m \left(\frac{B''_m}{B_m}\right)^n \left(\frac{P'_0}{3}\right) \qquad (\text{Z13E6002Ⅲ-2})$$

其中 $$B'_m = k f_n / f$$

式中　P_{0f}、P'_{0f} ——试验相和非试相的有功损耗，kW；

f ——试验频率，Hz；

f_n ——额定频率，50Hz；

B_m ——额定电压和额定频率下的磁通密度，T；

B'_m、B''_m ——试验相和非试相的磁通密度，T；

P'_0 ——额定电压和额定频率下的有功损耗，kW；

m ——系数，对冷轧硅钢片取 1.6，对热轧硅钢片取 1.3；

n ——系数，对冷轧硅钢片取 1.9，对热轧硅钢片取 1.8；

k ——试验电压与额定电压的比值，非试相约为 0.75。

试验时的总有功损耗 $P_{\Sigma y}$ 和总有功电流 $I_{\Sigma y}$ 分别为

$$P_{\Sigma y} = P_{0f} + 2P'_{0f} \qquad (\text{Z13E6002Ⅲ-3})$$

$$I_{\Sigma y} = P_{\Sigma y} / U_L \qquad (\text{Z13E6002Ⅲ-4})$$

式中　U_L ——变压器低压绕组试验电压。

（2）被试变压器容性无功功率估算。按集中电容估算。首先，用介质损耗测量中

的数据算出变压器各侧绕组总的对地电容 C_x。从而得出每相的对地电容，此电容上的电压以绕组首尾电位之和的一半计算，从而得出绕组被试相和非被试相的电容电流分别为

$$I_{GE} = \omega \frac{C_x}{3} \frac{U}{2} = \frac{1}{3}\pi f C_x U \qquad (\text{Z13E6002Ⅲ}-5)$$

$$I'_{GE} = \omega \frac{C_x}{3} \frac{U}{4} = \frac{1}{6}\pi f C_x U \qquad (\text{Z13E6002Ⅲ}-6)$$

根据上式，算出高、中、低三侧绕组的被试相和非被试相的电容电流，然后将高、中压侧的电容电流分别乘各自的变比换算至低压侧，从而得出低压侧总的电容电流，再乘变压器低压侧上所施加的试验电压，即得到试验频率下的容性无功估算值。

估算的有功电流和容功无功电流的矢量和即为被试变压器试验电压下的入口电流。电抗器的电压和容量可根据实际接线和试验容量的估算进行补偿。

3. 局部放电测量方法

脉冲电流法是目前唯一有标准的变压器局部放电检测方法。它是通过检测阻抗、检测变压器套管末屏接地线、外壳接地线、铁芯接地线以及绕组中由于局部放电引起的脉冲电流，获得视在放电量，其测试回路如图 Z13E6002Ⅲ-1 所示。

当试品 C_x 产生一次局部放电时，在其两端就会产生一个瞬时的电压变化 Δu，此时在被试品 C_x、耦合电容 C_k（套管末屏）和检测阻抗 Z_d 组成的回路中产

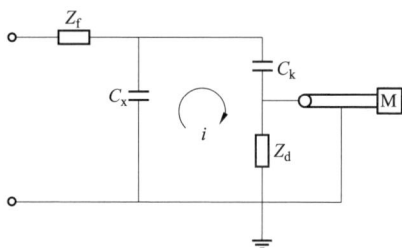

图 Z13E6002Ⅲ-1 脉冲电流法基本测试回路图

生一个脉冲电流 i，该脉冲电流流经检测阻抗 Z_d，在其两端产生一脉冲电压，将此脉冲电压进行采集、放大等处理，就可以测定局部放电的一些基本参量，尤其是视在放电量。当校准脉冲与实际放电脉冲波形完全相同时，测试仪器测得的视在放电量才是真实的，而且与测量频率无关。两者波形不同时，其频谱分布不同，而测试仪的频带是有限的，只能拾取其中某一部分频带的分量，这样校准值与实际值就出现偏差。如果校准脉冲的高频分量比实际放电脉冲多，而低频分量少，采用较宽频带比窄频带测得的放电量偏小；反之，如果校准脉冲比实际放电脉冲的高频分量少，则宽频带比窄频带测量值偏大。

（二）试验接线

1. 测量回路接线

用脉冲电流法测量局部放电的基本回路采用直接测量法的接线方式，如

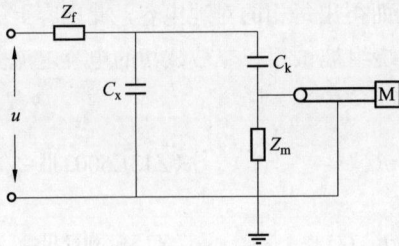

图 Z13E6002Ⅲ-2 局部放电测量接线图

Z_f—高频滤波器（阻塞阻抗）；C_x—试品等效电容（变压器的等效入口电容）；C_k—耦合电容（被试变压器套管电容）；Z_m—检测阻抗；

M—局部放电测量仪

图 Z13E6002Ⅲ-2 所示。

根据试验时干扰情况，试验回路接有一阻塞阻抗 Z_f，以降低来自电源的干扰，也能适当提高测量回路的最小可测量水平。对于同一个放电源，测试仪在不同的频带范围测量结果是不同的。

2. 加压回路接线

以高压侧 U 相的测量为例，试验采用低压励磁、对称加压接线方式，局部放电加压试验接线如图 Z13E6002Ⅲ-3 所示。

试验加压程序如图 Z13E6002Ⅲ-4 所示。

图 Z13E6002Ⅲ-4 中，当施加试验电压时，接通电源并增加至 U_3，持续 5min，读取放电量值；无异常则增加电压至 U_2，持续 5min，读取放电量值；无异常再增加电压至 U_1，进行耐压试验，耐压时间为（120×50/f）s；然后，立即将电压从 U_1 降低至 U_2，保持 30min（330kV 以上变压器为 60min），进行局部放电观测，在此过程中，每 5min 记录一次放电量值；30min 满，则降电压至 U_3，持续 5min，记录放电量值；降电压，当电压降低到零时切断电源，加压完毕。

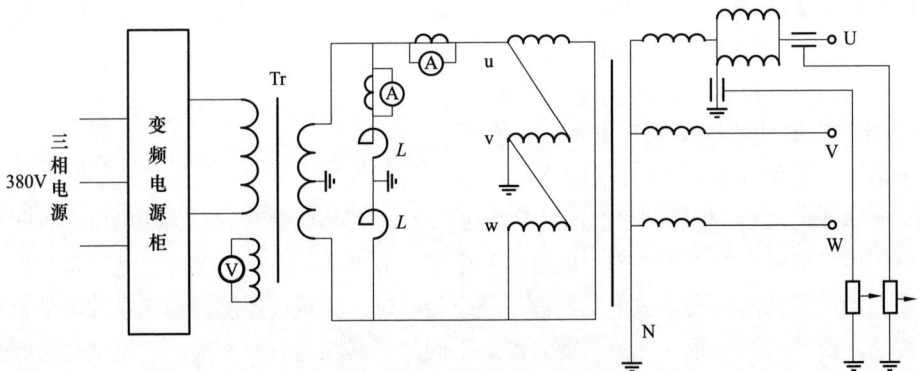

图 Z13E6002Ⅲ-3 变压器局部放电试验接线（U 相）

试验回路的均压、防电晕措施是否完善，将直接导致测试回路背景偏大，影响测量结果的准确性。

（三）试验步骤

以变频电源为例。

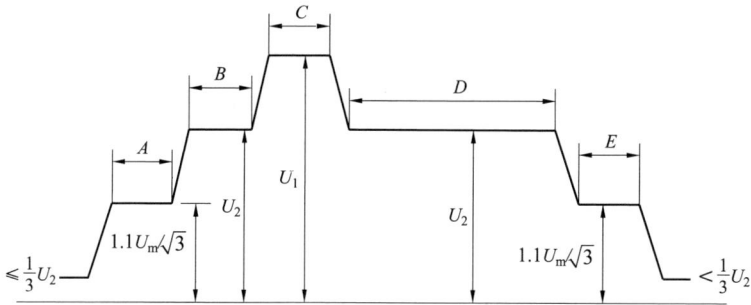

图 Z13E6002Ⅲ-4   局部放电试验加压程序图

$A=5\text{min}$；$B=5\text{min}$；$C=$试验时间；$D\geqslant60\text{min}$；$E=5\text{min}$；$U_2=1.3U_m/\sqrt{3}$（相对地电压）；

$U_1=U_m$（U_m 为系统最高运行线电压）

（1）在被试变压器高、中压端安装均压罩，短接被试品 TA 二次侧端子，将试验设备吊装到位。

（2）在试验场地周围装设安全围栏，并派专人看守。

（3）确认变频柜中自动开关在分断位置，按图 Z13E6002Ⅲ-4 接线，使用合适截面的导线，接好变频柜三相 380V 端子，将变频柜输出两端分别接到励磁变压器的低压侧，励磁变压器高压侧接到被试变压器加压相。

（4）从变压器顶端注入标准方波进行校准，按照相应标准输入校准信号。观测背景放电量水平、波形特点、相位等情况并进行记录。

（5）加压前由试验负责人复核试验接线，确保接线无误方可加压。

（6）变频柜按照《使用说明书》要求操作。

（7）清除闲杂人员，试验人员、安全巡视人员各就各位，试验正式开始。

（8）升电压，开始测试。升电压至 1/3～1/2 额定电压，观测局部放电量有无异常，有则必须查明原因。观察钳形电流表数值，分析试验回路各部分是否正常。

（9）按加压程序给被试变压器加压，测试并记录局部放电起始放电电压、局部放电熄灭电压、各阶段局部放电量等数值。在试验过程中，一直监视局部放电量、放电波形、各表计读数。

（10）全部试验结束后，迅速降低试验电压，当电压降到 30%试验电压以下时，可以切断电源。励磁变压器高压端挂接地线，对试验回路充分放电后拆线。

六、试验注意事项

（1）局部放电试验前变压器完成全部常规试验，包括绝缘油色谱试验，且试验结果合格。变压器真空注油后按规定静置相应时间，并放掉各侧套管法兰及散热器顶端等处沉积的气体。

（2）被试变压器高、中压侧分接开关应调至 1 档，使全部线匝绝缘都受到考验。

（3）为消除地网中杂散电流对测试的影响，应检查地线连接，坚持局部放电试验测试回路一点接地的原则。试验电源、励磁变压器和补偿电抗器外壳接地线应分别引至被试变压器油箱的接地引下线上，防止地线环流产生干扰。

（4）被试变压器附近的围栏、油箱等可能电位悬浮的导体均应可靠接地，防止因杂散电容耦合而产生悬浮电位放电。

（5）仔细检查试验回路，对可能引起电场较大畸变的部位，进行适当处理。

（6）局部放电试验过程中，被试变压器周围的电气施工应尽可能停止，特别是电焊作业，以减少试验干扰。

（7）正式试验开始之前，预升较低试验电压，校核被试变压器高压端电压。

（8）在电压升至 U_2 及由 U_2 再降低的过程中，应记录可能出现的起始放电电压和熄灭电压值；在电压 U_3、U_2 的第一阶段中应分别读取并记下一个读数；在施加 U_1 的短时间内不要求读取放电量但应观察；在电压 U_2 的第二阶段的整个期间内，应连续地观察并按每 5min 时间间隔记录一个局部放电水平；在电压 U_3 的第二阶段内，应连续地观察，读取并记下一个局部放电水平。

七、试验结果分析及报告编写

（一）试验标准及结果分析

1. 试验标准及要求

按照 GB 1094.3—2003《电力变压器 第 3 部分 绝缘水平、绝缘试验和外绝缘空气间隙》、DL 417—2006《电力设备局部放电现场测量导则》、Q/GDW 1168—2013《输变电设备状态检修试验规程》、Q/GDW 11447—2015《10kV～500kV 输变电设备交接试验规程》、DL/T 474—2006《现场绝缘试验实施导则》及《国家电网公司变电检测通用管理规定及细则》〔国网（运检/3）829—2017〕的规定：

2. 试验结果分析

（1）试验期间试品不击穿，测得视在放电量不超过试验标准，则认为试验合格。变压器局部放电标准值如表 Z13E6002Ⅲ-1 所示。

表 Z13E6002Ⅲ-1   **变压器局部放电标准值**

设备	局部放电标准值
110（66）kV 及以上油浸式电力变压器、电抗器	$1.3U_m/\sqrt{3}$ 下：≤300pC
SF_6 气体变压器	$1.3U_m/\sqrt{3}$ 下：≤300pC 或符合制造商要求
消弧线圈、干式电抗器、干式变压器	≤10pC（注意值）或符合制造商要求

（2）若视在放电量超出标准，根据试品放电的特征、与施加电压及时间的规律，区分并剔除由外界干扰引起的高频脉冲信号。

（3）高压套管内部放电判断。变压器高压套管末屏测量局部放电等效回路如图 Z13E6002Ⅲ-5 所示。

变压器内部放电时，在 C_x 两端产生脉冲电压 Δu_x，其视在放电量

$$q_x = \left(C_x + \frac{C_k \cdot C_d}{C_k + C_d} \right) \Delta u_x$$

反应到 C_d 两端的脉冲电压为

$$e_x = \frac{C_k}{C_k + C_d} \cdot \Delta u_x$$

将 Δu_x 代入并简化得

$$e_x = \frac{C_k}{(C_k + C_d)C_x + C_k C_d} q_x$$

高压套管内部放电时，在 C_k 两端产生脉冲电压 Δu_k，其视在放电量

$$q_k = \left(C_k + \frac{C_x \cdot C_d}{C_x + C_d} \right) \Delta u_k$$

反应到 C_d 两端的脉冲电压为

$$e_k = \frac{C_x}{(C_x + C_d)C_k + C_x C_d} q_k$$

假设这两种情况的放电在 C_d 两端产生的脉冲电压相等，即 $e_x = e_k$，则由上述 e_x 和 e_k 的表达式可得

$$q_x = \frac{C_x}{C_k} q_k$$

一般变压器入口电容 C_x 总是大于高压套管电容 C_k。

由上式可以看出，若 $C_x = 3000\text{pF}$，$C_k = 300\text{pF}$，高压套管内部产生 50pC 的视在放电量，反应到局部放电检测仪上，相当于变压器本身产生了 $q_k = 500\text{pC}$ 的视在放电量。因此，高压套管内部放电的问题不容忽视，必要时应采用电气定位法或单独对高压套管进行局部放电测量，以排除套管放电的影响。

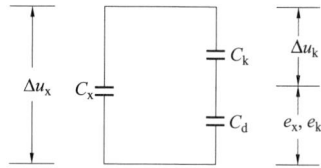

图 Z13E6002Ⅲ-5　变压器高压套管局部放电等效回路图

C_x —变压器的入口电容；C_k —高压套管电容；C_d —检测阻抗和同轴电缆电容

（二）試驗報告編寫

試驗記錄應填寫信息，包括基本信息（變電站、委托單位、試驗單位、運行編號、試驗性質、試驗日期、試驗人員、試驗地點、報告日期、編寫人員、審核人員、批準人員、試驗天氣、環境溫度、環境相對濕度），設備銘牌（生產廠家、出廠日期、出廠編號、設備型號、額定電壓、結構型式等），試驗數據（起始放電電壓、熄滅放電電壓、不同測試時間（Min）時放電量、儀器型號、結論等）。

八、案例

某變電站 330kV 變壓器進行現場局部放電測量，試品型號為 OSSPS9–400000/330，額定容量為 400 000kVA，額定電壓為 $363/\sqrt{3} \pm 2\times2.5\%/24kV$，接線組別為 YNyn0d11。

根據 GB 1094—2003《電力變壓器》和 Q/GDW 1168—2013《輸變電設備狀態檢修試驗規程》的要求，結合該變壓器的實際狀況，此次局部放電試驗電壓確定為 1.3 倍額定電壓。局部放電加壓程序見圖 Z13E6002Ⅲ–4 所示。

預加電壓 $U_1 = 1.5U_{M}/\sqrt{3} = 314$（kV）

測量電壓 $U_2 = 1.3U_{M}/\sqrt{3} = 272$（kV），$U_3 = 1.1U_{M}/\sqrt{3} = 230kV$

U_M 為 330kV 系統最高電壓 363kV。

主變壓器局部放電試驗時，高壓有載分接開關在 4 擋，則此時高低壓繞組的運行電壓分別為 353.93kV 和 24kV。因此，高低壓繞組間的變比為：$K_{12} = 353.93/\sqrt{3}/24 = 8.5$。升壓變壓器高壓端與測量端變比為 200。

據此亦可計算出試驗回路中與試驗電壓對應的各級電壓數值，見表 Z13E6002Ⅲ–2。

表 Z13E6002Ⅲ–2　　　　　試驗過程中各級電壓數值

試驗電壓	$1.5U_{M}/\sqrt{3}$	$1.3U_{M}/\sqrt{3}$	$1.1U_{M}/\sqrt{3}$
高壓端對地電壓	314kV	272kV	230kV
低壓繞組輸入電壓	36.9kV	32kV	27kV
升壓變測量線圈電壓	184V	160V	135V

現場局部放電試驗數據記錄，見表 Z13E6002Ⅲ–3。

表 Z13E6002Ⅲ–3　　某變電站主變壓器現場局部放電試驗數據記錄

試驗電壓	測量時間（min）	U	V	W
$1.1U_{M}/\sqrt{3}$	5	50	10	40
$1.3U_{M}/\sqrt{3}$	5	130	20	80
$1.5U_{M}/\sqrt{3}$	50s	180	30	100

续表

试验电压	测量时间（min）	U	V	W
1.3U_M/$\sqrt{3}$	5	160	30	80
	10	170	20	80
	15	170	20	80
	20	160	20	80
	25	130	20	80
	30	130	20	80
	35	130	20	80
	40	130	20	80
	45	140	20	80
	50	150	20	80
	55	140	20	80
	60	130	20	80
1.1U_M/$\sqrt{3}$	5	30	20	70

（测量时间列中部标注"测量电压"）

按照 GB 1094.3—2003《电力变压器　第 3 部分：绝缘水平、绝缘试验和外绝缘空气间隙》和 DL 417—2006《电力设备局部放电现场测量导则》，本次试验局部放电标准要求为：在 1.3U_m/$\sqrt{3}$ 试验电压下，高压绕组放电量小于 500pC。

该变电站主变压器局部放电试验结果显示，三相高压绕组 1.3U_M/$\sqrt{3}$ 电压下局部放电量均未超过标准要求的数值，说明该变压器经过检修后绝缘状况良好，可以投入电网运行。

【思考与练习】

1. 变压器局部放电试验时，采用变频电源的主要原因是什么？
2. 用图说明变压器局部放电的加压过程。
3. 变压器局部放电试验时，应采取哪些抗干扰措施？

▲ 模块 3　GIS 局部放电试验（Z13E6003Ⅲ）

【模块描述】 本模块介绍 GIS 局部放电试验方法和技术要求。通过试验工作流程的介绍，掌握 GIS 局部放电试验前的准备工作和相关安全、技术措施、试验方法、技术要求及测试数据分析判断。

【模块内容】

一、试验目的

GIS 内的绝缘主要是气体绝缘和固体绝缘两种形态，几乎在 GIS 的各类缺陷发生过程中都会产生局部放电现象，长期局部放电的存在会引起 SF_6 的微弱分解、环氧材料的腐蚀、绝缘材料的电蚀老化。利用测试仪器对 GIS 中的局部放电进行检测是一种非常有效的手段，能及早发现和定位绝缘缺陷，保证 GIS 的安全运行，有效指导检修和维护。

二、试验仪器、设备的选择

根据不同的测量原理和方法，可采用不同的检测仪器。

（1）若采用脉冲电流法可选用脉冲法局部放电测试仪。现场进行局部放电试验时，可根据环境干扰水平选择相应的仪器。当干扰较强时，一般选用窄频带测量仪器，如 $f_0=30\sim200kHz$，带宽 $\Delta f=5\sim15kHz$；当干扰较弱时，一般选用宽频带测量仪器，如 $f_1=10\sim50kHz$，$f_2=80\sim400kHz$。$f_2=1\sim10kHz$ 的很宽频带的仪器具有较高的灵敏度，适用于屏蔽效果好的试验室。目前此种方法基本是在实验室中多进行内置式升压和测量。

（2）若采用超声波法可选用超声波局部放电测试仪。超声波法常用的传感器为 AE 传感器和加速度传感器。为了消除其他的声源干扰，监测频率一般选择 $1\sim20kHz$。由于测量频率比较低，采用加速度传感器可能比测超声的声发射传感器有更高的灵敏度，如常用的自振频率为 30kHz 左右的压电式加速度传感器，可以探测到 $5\sim10g$ 的加速度值。

（3）若采用特高频法可选用特高频局部放电测试仪。由于 SF_6 气体的绝缘能力，因此在 GIS 中发生的局部放电的电磁波特性与在空气中发生的不同，具有更高的频率，其波头的时间非常短，而且分布的比较散，从几千赫兹到几千兆赫兹都有分布。可以利用内、外置天线测量从 $300MHz\sim1.5GHz$ 的局部放电信号，在 1GHz 内能保证信号线性，灵敏度都能达到十几皮库的水平，在某些优化的情况下甚至可以达到 1pC 或更低。

三、危险点分析和控制措施

1. 防止高处坠落

高处作业时应系好安全带，使用专用爬梯上下。

2. 防止人员损伤

高处作业应使用工具袋，上下传递物件应用绳索拴牢传递，严禁抛掷，防止人员滑跌。

3. 防止 GIS 外壳损害

防止踩踏损坏 GIS 外壳上的附属设备。

4. 防止工作人员触电

（1）应严格执行 Q/GDW 1799.1—2013《国家电网公司电力安全工作规程　变电部分》的相关要求。

（2）带电检测工作不得少于两人。检测负责人应由有经验的人员担任，开始检测前，检测负责人应向全体检测人员详细布置安全注意事项。

（3）应在良好的天气下进行，户外作业如遇雷、雨、雪、雾不得进行该项工作，风力大于 5 级时，不宜进行该项工作。

（4）检测时应与设备带电部位保持足够的安全距离，并避开设备防爆口或压力释放口。

（5）在进行检测时，要防止误碰误动设备。

（6）行走中注意脚下，防止踩踏设备管道。

（7）防止传感器坠落而误碰运行设备和试验设备。

（8）保证被测设备绝缘良好，防止低压触电。

（9）在使用传感器进行检测时，应戴绝缘手套，避免手部直接接触传感器金属部件。

（10）测试现场出现明显异常情况时（如异声、电压波动、系统接地等），应立即停止测试工作并撤离现场。

（11）使用同轴电缆的检测仪器在检测中应保持同轴电缆完全展开，并避免同轴电缆外皮受到刮蹭。

四、试验前的准备工作

1. 了解被试设备现场情况及试验条件

查勘现场，查阅相关技术资料、GIS 出厂资料、出厂试验报告及相关规程等，掌握该 GIS 运行及缺陷情况，编写作业指导书及试验方案。

2. 测试仪器、设备准备

选择合适的 GIS 局部放电测试仪、带漏电保护器的电源接线板、放电棒、接地线、安全带、安全帽、电工常用工具、试验临时安全遮栏、标示牌、万用表、温（湿）度计、电源线轴等，并查阅测试仪器、设备及绝缘工器具的检定合格证书有效期。

3. 办理工作票并做好试验现场安全和技术措施

按相关安全生产管理规定办理工作许可手续；向试验人员交代工作内容、带电部位、现场安全措施、现场作业危险点，明确人员分工及试验程序。

五、试验过程及步骤

（一）试验方法

1. 脉冲电流法

脉冲电流法利用了试品中局部放电发生的时刻，在试品施加电压的两端会有脉冲电荷产生这一原理。在试验室可采用耦合电容和检测阻抗与试品组成一个回路，回路中的耦合电容承受了工频高压，而高频的局部放电信号则主要由检测阻抗获得，而且耦合电容在试验电压下不应出现局部放电。脉冲电流方法得到局部放电信号信息丰富，可利用电流脉冲的统计特征（如 ϕ-q-n 谱图）和实测波形来判定放电的严重程度。利用校准脉冲，还可以对局部放电的大小进行标定，即用 pC 值来衡量局部放电的大小。其主要工作在几千赫兹到几兆赫兹，因此在现场应用容易受到干扰，主要在屏蔽良好，背景信号很小（<2pC）的试验室中应用。脉冲电流法也是 IEC60270 中标准的局部放电检测方法。

2. 超声波法

GIS 发生局部放电时分子间剧烈碰撞并在瞬间形成一种压力，产生超声波脉冲，类型包括纵波、横波和表面波。不同的电气设备，环境条件和绝缘状况产生的声波频谱都不相同。GIS 中沿 SF_6 气体传播的只有纵波，这种超声纵波以某种速度以球面波的形式向四面传播。由于超声波的波长较短，因此它的方向性较强，从而它的能量较为集中，可以通过设置在外壁的压敏传感器收集超声信号。

声波在 GIS 中的传播速度很慢，约为油中传播速度的 1/10，仅 140m/s。它的衰减也大，当温度为 20～28℃，测量频率为 40kHz 时，衰减为 26dB/m（类似条件下空气中的衰减仅为 0.98dB/m；钢在频率为 10MHz 时，衰减为 21.5dB/m；变压器油则为钢板的 1/13），且与频率的 1～2 次方成正比。信号通过不同物质时传播速率不同，不同的边界材料处还会产生反射，因此信号模式复杂，且高频部分衰减很快。

纵波在钢中的传播速度较快，为 6000m/s；横波的传播速度较慢，约为纵波的一半，且衰减也小。纵波和横波的衰减随着频率增高而增大，但比在 SF_6 中的衰减要小，与变压器油相比，由于声阻抗不匹配而造成的界面衰减，从 SF_6 传到钢板要比油中传到钢板造成的衰减大得多。因此，从 GIS 外壳上测得的声波往往是沿着金属材料最近的方向传到金属体后，以横波形式传播到传感器，如图 Z13E6003Ⅲ-1 所示。

局部放电产生的声波频谱分布很广，约为 10～10^7Hz。随着电气设备、放电情况、传播介质及环境的不同，能检测到的声波频谱有不同，在 GIS 中，由于高频分量在传播过程中都衰减掉了，能监测到的声波包含的低频分量比较丰富，在 GIS 中除了局部放电产生的声波外，还有导电颗粒碰撞金属外壳、电磁振动及机械振动等发出的声波，这些声波的频率一般较低，在 10kHz 以下。国际大电网会议（CIGRE）认为超声波局部放电检测方法的声波范围是 20～100kHz。

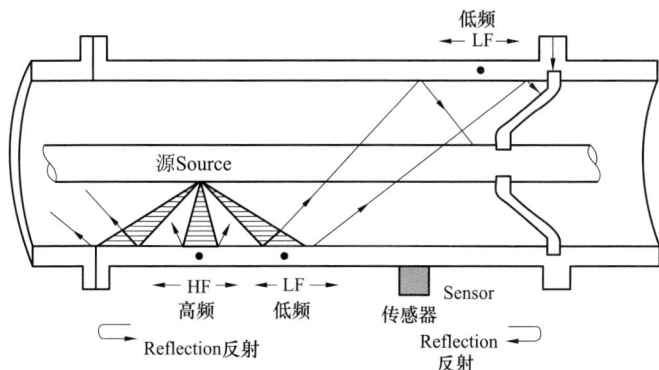

图 Z13E6003Ⅲ-1 声波和振动在 GIS 中的传播

综上所述，因局部放电产生的声波传到金属外壳和金属颗粒撞击外壳引起的振动频率大约在数千到数十千赫兹之间。

声学方法是非入侵式的，可对在不停电的情况下进行检测。另外由于声波的衰减，使得超声波检测的有效距离很短，这样超声波仪器可以直接对局部放电源进行定位（＜10cm）且不容易受 GIS 外部噪声源影响。

超声波法的优点是灵敏度高，抗电磁能力强，可以直接定位，适应于现场测试，缺点是结构复杂，需要有经验的人员进行操作。对于在线监测系统，如果需要对故障精确定位时，所需要的传感器过多。

3. 特高频法（UHF）

在局部放电发生的过程中，由于放电的存在，都会向外界发散出电磁波，利用专用的天线和仪器检测，就可以了解到 GIS 内局部放电的情况，这种方法被称为电磁波法。由于 SF_6 气体的高绝缘能力，因此在 GIS 中发生的局部放电的电磁波特性与在空气中发生的不同，具有更高的频率，其波头的时间非常短，且分布较散，从几千赫兹到几千兆赫兹都有分布。

GIS 从截面上来看是一种具有同轴结构的波导，由于 GIS 气室的分段，应看作一种低损耗的具有不同传输阻抗的同轴传输线的串联结构。因此电磁波在其中的传导过程也比较复杂。一般来讲，GIS 中电磁波的传递存在下限截止频率，相对高频的信号在 GIS 中衰减的要比低频的快，经过 GIS 气室间隔或转角、T 型接头的时候信号衰减的更明显，在 GIS 中的电磁波传递过程中还会发生了波的谐振和延迟等。高频电磁波在 GIS 内部的传递过程是比较复杂的。目前一般可近似地用传输线模型来研究 GIS 中的局部放电信号传输特性。电磁波在 GIS 中的传播形式不是单一的，既有横向电磁场波（Transverse ElectroMagnetic，TEM），又有横向电场波（Transverse Electric，TE）及横向磁场波（Transverse Magnetic，TM）。有的研究还指出在低频 500MHz 以下，绝缘子孔上的连接栓有电磁屏蔽的效果；对于 500MHZ～1.2GHz 的高频，由于连接栓的电感和绝缘子孔的电容发生并联谐振，故电磁波很容易辐射出来；增加绝缘子的厚度会减弱屏蔽效果，增加电磁波的辐射；对于 1.2GHz 以上的高频，由于连接栓的阻抗较大，故有无连接栓时的频谱很相似；1.5GHz 以上的电磁波主要通过外壳辐射，而不是由绝缘子上的孔辐射到外面。

特高频局部放电测量方法是通过检测 GIS 中局部放电发射的大量高频放电信号来确定局部放电是否发生的。它可以利用内、外置天线进行测量。

特高频测试方法利用不同的天线测量 GIS 局部放电发射出的高频电磁波信号，并将采集的信号利用屏蔽电缆向后传送。有些仪器会配置前置放大或滤波元件，将微弱信号放大或过滤掉一些干扰，经过模数转换后，利用光电转换单元进行隔离后再送，这样可以提高抗干扰的能力，如图 Z13E6003Ⅲ-2 所示。

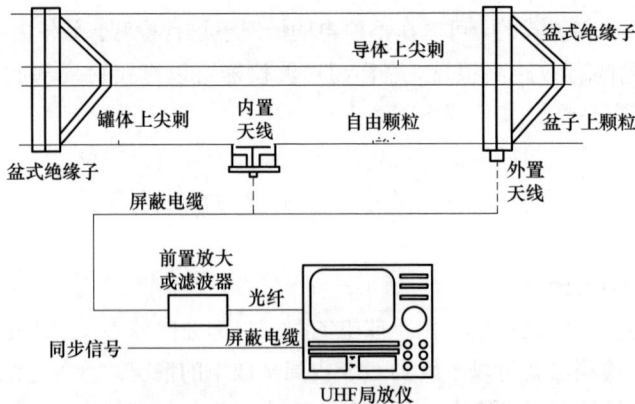

图 Z13E6003Ⅲ-2 特高频法测量局部放电系统示意图

特高频法采集信号和信号分析一般有宽带法和窄带法，前者采集宽频带的数据，观察局部放电发生的频带和幅值判断局部放电以及产生的原因；后者在局部放电频带范围内选定某个频率后用频谱分析仪观察该频率下的时域信号，从而判断局部放电产生原因。

特高频法进行局部放电定位大致分为方向定位法和距离定位法。距离定位法对示波器的要求很高（为达到 10cm 以内的定位准确度，需要高达 0.1ns 的时间分辨率）。方向定位法简单，但是无法得到具体的位置，只能判断电源在传感器的左边还是右边。

由于除了少数的 GIS 外，绝大多数在出厂时候没有配置内置的传感器，甚至没有预留安装传感器的位置，只能使用各种外置的传感器进行测量，因此使用外置传感器的仪器的抗干扰能力、灵敏度、滤波方法、信号处理策略和算法和有无指纹库或诊断系统就成为衡量不同仪器需要考虑的问题。

（二）试验接线

1. 脉冲电流法

脉冲电流法可以采用检测阻抗与试品串联或并联的接法，这与试品的接地方式有关。这两种接线方法都可以称为直接法测量回路，其试验接线如图 Z13E6003Ⅲ–3 所示。

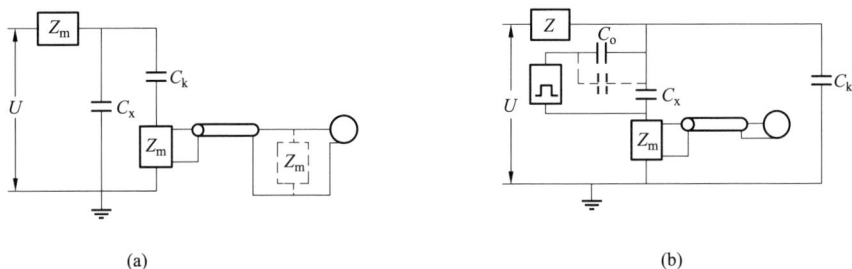

(a)　　　　　　　　　(b)

图 Z13E6003Ⅲ–3　直接法试验接线图

（a）并联法；（b）串联法

为了抑制外部干扰，还可以利用平衡法测量回路，即利用两个相同试品来消除共模干扰，对于从高压侧进入的干扰有一定作用。但是，平衡法的检测灵敏度要比直接法低，其试验接线如图 Z13E6003Ⅲ–4 所示。

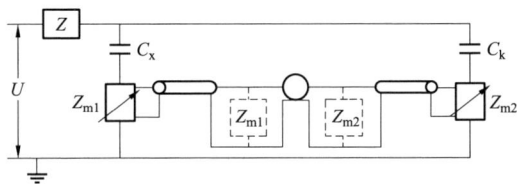

图 Z13E6003Ⅲ–4　平衡法试验接线图

2. 超声波法

超声波法是一种可在低压侧测量的方法，可在运行的 GIS 中或 GIS 现场交接耐压试验时进行。因此，需要人员手持传感器或在 GIS 上装设传感器进行测量。

用超声波法测试局部放电的接线，如图 Z13E6003Ⅲ–5 所示。

3. 特高频法

用特高频法测试局部放电的接线如图 Z13E6003Ⅲ–6 所示。

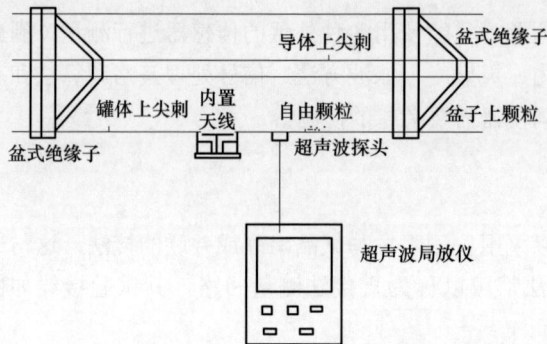

图 Z13E6003Ⅲ-5 用超声波法测试局部放电的接线图

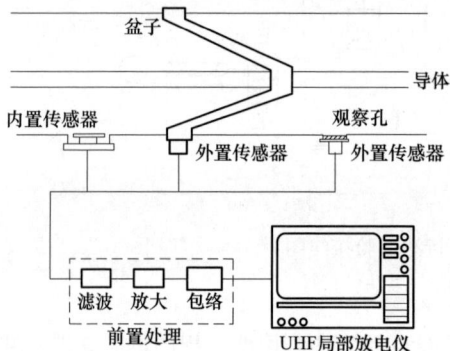

图 Z13E6003Ⅲ-6 现场交接试验时特高频法
测试局部放电的接线图

特高频传感器尺寸比较大,可利用绑带直接固定在盆式绝缘子的位置进行测量,直接利用内置传感器效果更好。

(三)试验步骤

1. 脉冲电流法

(1)清除试验场地周围的杂物,对于难以移动的、有尖角的金属物体应予以接地,防止悬浮放电干扰。

(2)参考试品的接地条件,选择不同试验接线方式搭接试验回路。

(3)按照试品的容量,选择不同的检测阻抗,以保证测量灵敏度。

(4)按试验回路接线。

(5)试验前进行校准标定,校准结束后应将其从试验回路中拆除,防止损坏。

(6)按照加压程序给被试 GIS 加压,到达局部放电试验电压后进行局部放电测量,电压太高时可切断信号。另外,应注意局部放电的起始电压和熄灭电压。

(7)全部试验结束后,迅速降低试验电压,当电压降到30%试验电压以下时,可以切断电源。

2. 超声波法

以运行中 GIS 测量为例,若在 GIS 交接时测量,可结合现场交接耐压试验进行。

(1)参考现场环境决定是否使用前置放大器。

(2)作好传感器连接,做好仪器的接地,防止干扰。

(3)测量时应在传感器与被试设备间使用耦合剂,如凡士林等,以达到排除空气,紧密接触的目的。GIS 的每个气室都应检查，每个检查点间距不要太大。

（4）按照使用说明书操作仪器，进行测量并记录。

（5）若发现信号异常，则应用多种模式观察，并在附近其他点位测试，尽量找到信号最强的位置。

（6）试验结束后，收置好设备，清除残留在被试设备表面的耦合剂。

3. 特高频法

以运行中 GIS 测量为例，若在 GIS 交接时测量，可结合现场交接耐压试验进行。

（1）将仪器放置在平稳的位置。

（2）依照被试品条件，使用内置或外置的传感器，并按图 Z13E6003Ⅲ-6 做好连接。

（3）按照使用说明书操作仪器，进行测量并记录。

（4）利用盆式绝缘子或观察窗等位置进行测量，传感器与被试设备尽量靠近，或利用绑带固定到被试设备上。

（5）若在某位置上检测到信号，则应加长观测时间，在左右相邻盆子处检查，还可利用双传感器进行定位。若检测到的信号比较微弱，可以利用放大器进行放大后再测量。

（6）试验结束后，恢复现场状况，收置好仪器。

六、试验注意事项

1. 脉冲电流法

由于脉冲电流法容易受到外界干扰的影响，因此对试验环境、连线、试验回路等有比较严格的要求。

（1）试验前先清除除试验场地周围杂物，可能产生放电的金属物体应可靠接地，防止因杂散电容耦合而产生悬浮电位放电。

（2）试验设备都需要留一定余度，即高压试验设备本身在进行局部放电试验的电压下不会产生放电。

（3）高压连接线都应该使用扩径导线，防止电晕产生，回路应尽量紧凑，减少尺寸。

（4）所有的电气连接都应该保证接触良好，最好使用屏蔽措施改善电场，还要注意接地的连接，最好使用铜箔铺设并单点接地。

（5）对于测量回路和单元应注意电磁屏蔽和阻抗匹配。试验回路和测量回路都应采用电源隔离措施，防止干扰从电源进入，回路中还应考虑使用滤波器来消除高频干扰。

（6）试验回路每次使用都必须进行校准，局部放电试验后可再进行一次校准。

（7）检测中若存在明显干扰可通过开时间窗进行消除，若干扰过于明显则应通过其他方法解决，比如更改滤波器配置、改进试验回路或者另择时间，选择环境干扰较小的时刻进行试验。

2. 超声波法

（1）在传感器上施加一定的垂直于 GIS 表面的压力，这样可以减少因为传感器接触不紧或来回滑动造成的测量偏差。

（2）检测过程中，若发现比背景信号偏高或与其他测点的信号有明显的不同，则应该在该点周围间隔约 0.2m 距离多次测量，争取找到在该位置处信号幅值最大的点位。

3. 特高频法

（1）应使传感器的金属屏蔽外壳与 GIS 的金属外壳或盆式绝缘子的金属法兰边沿接触，以减少空间的干扰电磁波进入天线干扰测量。

（2）需要同步信号的仪器可从现场 220/380V 的工作电源中获得，对于有相位要求的同步信号则可以在 TV 二次侧获得，注意防止 TV 二次短路。

七、试验结果分析及试验报告编写

（一）试验标准及结果分析

1. 试验标准及要求

脉冲电流法是 GIS 产品出厂试验时进行的局部放电检查项目，按照 IEC 标准和国家标准及电力行业标准的规定，一般要求单件元件的局部放电值在额定试验电压下不超过 3pC，组合部件不超过 10pC，一些特殊的产品可以单独商定对局部放电的试验要求，比如 800kV 产品出厂时对组合产品的局部放电要求是不超过 5pC，盆式绝缘子、绝缘支柱等单件的局部放电不超过 3pC。

超声波局部放电试验没有可以参照的标准，因此主要利用特征图谱进行评判。

特高频方法也没有相应的标准可以直接参照，只能通过利用特征图谱进行评判来确定。

在状态检修试验时，参照 Q/GDW 1168—2013《输变电设备状态检修试验规程》。

2. 试验结果分析

试验过程中，若发现存在持续性的超过局部放电要求的局部放电存在，则认为局部放电试验没有通过，试品应退出试验室进行处理或拆解检查，完成后方可再次进行局部放电试验，直到试验通过为止。脉冲电流法局部放电的典型波形图谱，如图 Z13E6003Ⅲ-7 所示。

在超声波法中，若存在测量数据超过背景、以往数据和其他测点数据的情况存在，则应仔细查找，确定该位置信号最大点。若该数据只是其他数据的 5 倍左右，则需要加强监测，观察数据与 50Hz 或 100Hz 相关性问题，利用其他检测手段进行综合判断；在短期内再安排一次或多次检测，监视测量数据的变化。若发生明显增大的情况，则考虑停电检修。若一段时间保持不变或减小，则可再间隔一段时间后（2～3 个月）再次检

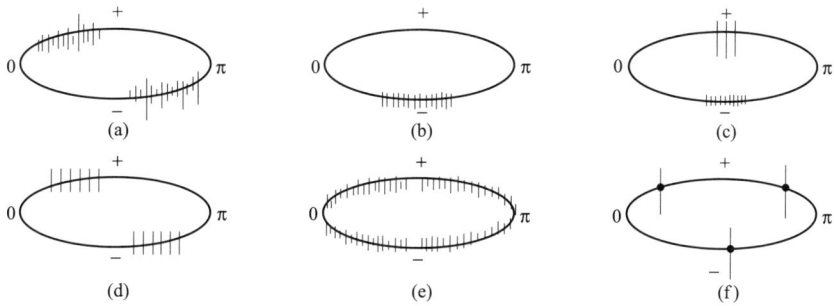

图 Z13E6003Ⅲ-7 脉冲电流法局部放电典型波形图谱

（a）绝缘介质内部气泡放电；（b）尖对板电晕放电；（c）尖对板间有绝缘屏障的放电；
（d）悬浮电位引起的放电；（e）接触不良引起的干扰；（f）晶闸管引起的干扰

查。若检测数据超过其他数据达到 10 倍以上的情况，可考虑 GIS 停电检查，亦可利用检修后耐压试验的机会再进行检测，一般数据超出的情况会消失。对于在 TV 上测量到的信号可能会比较大，有的可能达到背景信号的 20 倍左右，则可能是由于 TV 的铁芯在交变电场中磁性变化导致其尺寸轻微改变，从而产生噪声，被声学传感器发觉到，这种现象是正常的。这一现象称为磁致伸缩。常见的超声波测量波形，如图 Z13E6003Ⅲ-8 所示。

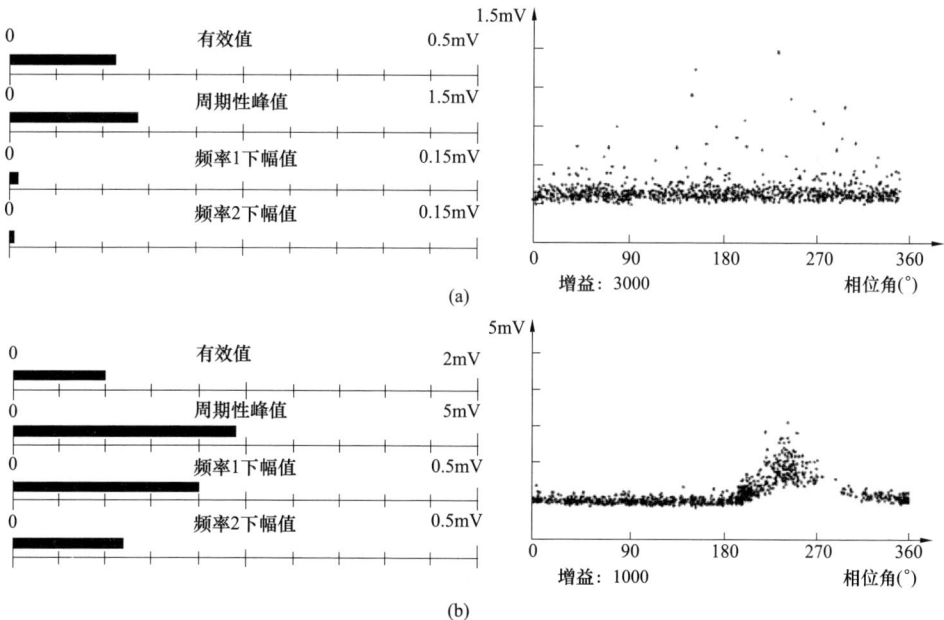

图 Z13E6003Ⅲ-8 常见的超声波测量波形图（一）
（a）无局部放电的超声波波形；（b）突起的超声波波形

（c）

（d）

（e）

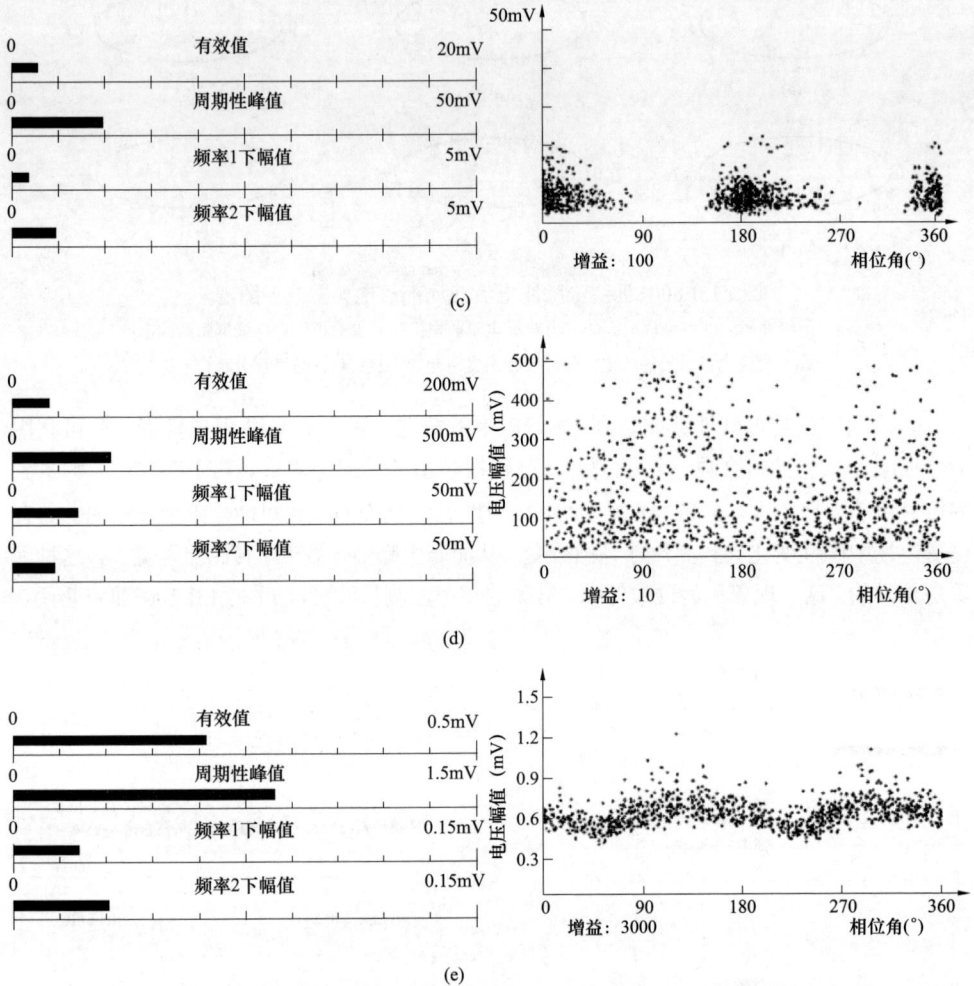

图 Z13E6003Ⅲ-8 常见的超声波测量波形图（二）

（c）屏蔽松动的超声波波形；（d）自由颗粒的超声波波形；（e）磁致伸缩的超声波波形

超高频法中，若来自 GIS 方向则可能是局部放电信号，若偏离 GIS 则有可能是干扰或其他设备的局部放电。几种常见的超高频信号波形，如图 Z13E6003Ⅲ-9 所示。

在超高频局部放电测量方法中，不同的缺陷也可以通过各自的特征进行辅助分析，其特点见表 Z13E6003Ⅲ-1。

(a)

(b)

(c)

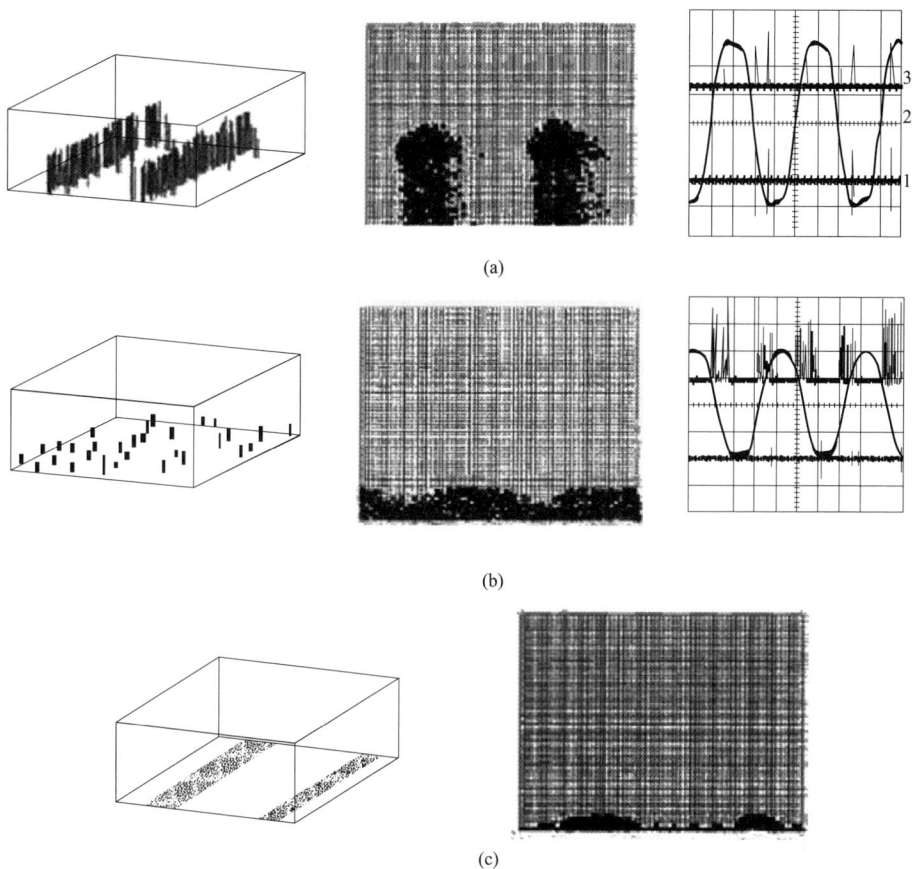

图 Z13E6003Ⅲ-9　几种常见的超高频信号波形图

（a）悬浮电位放电；（b）自由颗粒放电；（c）突起放电

表 Z13E6003Ⅲ-1　　　　　　　不同缺陷的超高频信号特点

放电类型	波 形 特 征	相 位 特 征	频谱特征
悬浮电位部件	脉冲清晰；脉冲幅值、间隔、放电次数稳定规律。脉冲幅值较大	电压上升沿	较强的高频分量
绝缘表面金属颗粒对	脉冲清晰；脉冲幅值、间隔、放电次数稳定规律。脉冲幅值较小	电压上升沿	较强的高频分量
绝缘表面单个金属颗粒	脉冲不清晰；脉冲幅值、间隔、放电次数不规律	电压上升沿；正负半波不对称	中等的高频分量
绝缘内部裂缝	脉冲清晰；幅值较小；幅值分散	电压峰值左右，相位分布较大	较弱的高频分量

放电类型	波 形 特 征	相 位 特 征	频谱特征
SF$_6$中电晕放电	脉冲不清晰，脉冲多且相互叠加	电压峰值，正负半波不对称	中等的高频分量

（二）试验报告编写

试验记录应填写信息，包括基本信息（变电站、委托单位、试验单位、运行编号、试验性质、试验日期、试验人员、试验地点、报告日期、编写人员、审核人员、批准人员、试验天气、环境温度、环境相对湿度），设备铭牌（生产厂家、出厂日期、出厂编号、设备型号、额定电压等），试验数据（图谱、特征分析、仪器型号、结论等）。

八、案例

用超声波方法检测某 110kV 变电站 1102 的 2 号主变压器线路避雷器隔离开关气室，其测量信号波形如图 Z13E6003Ⅲ-10 所示。

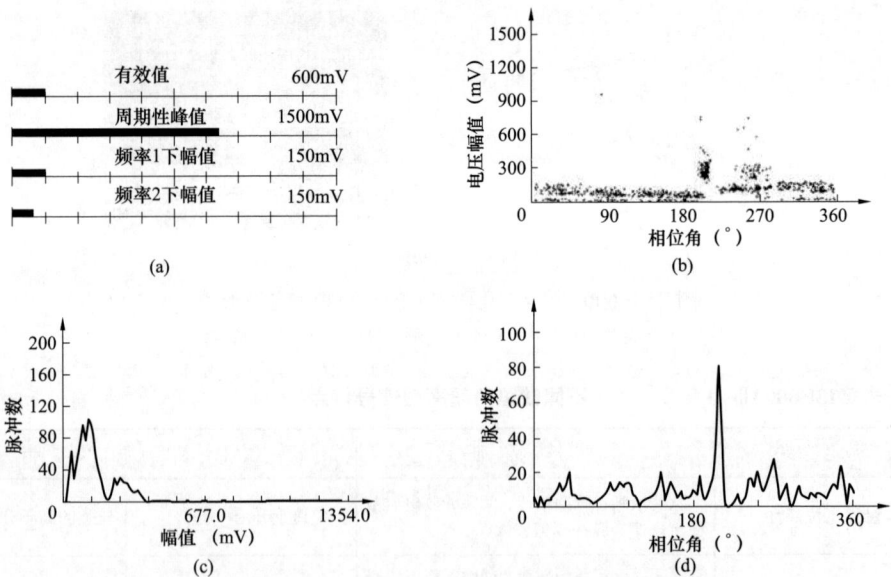

图 Z13E6003Ⅲ-10　现场超声波测量信号波形图
（a）连续模式；（b）相位图；（c）幅值分布；（d）相位分布

经分析判断为该气室有严重局部放电，很快安排了停电处理，解体后打开气室发现隔离开关桩头严重烧损。经过更换处理后，通过耐压试验，再次用超声波检测后数据已经正常，如图 Z13E6003Ⅲ-11 所示。

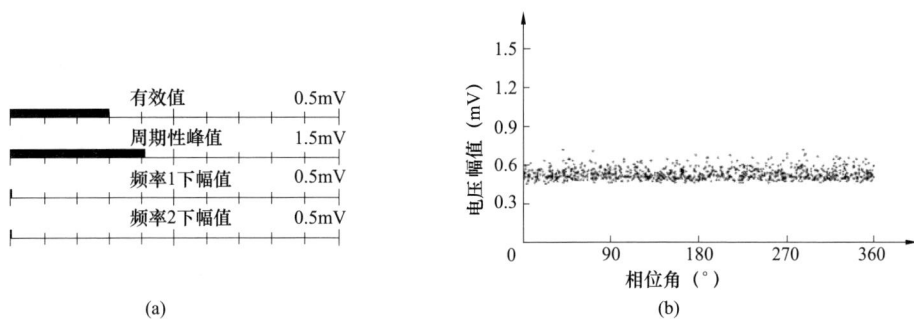

图 Z13E6003Ⅲ-11　处理后超声波信号波形图
（a）连续模式；（b）相位图

【思考与练习】

1. GIS 局部放电试验常用的方法有哪几种？简述各自的优缺点。

2. 使用超声波法和超高频法测量 GIS 局部放电的部位有什么不同？

3. 绝缘内部裂缝和绝缘表面金属颗粒表现出的超高频波形特征是什么？

第二部分

其他类设备的绝缘试验

第七章

绝缘电阻测试、核对相位

▲ 模块 1　套管绝缘电阻测试（Z13F1001 Ⅰ）

【模块描述】本模块介绍套管绝缘电阻的测试方法和技术要求。通过测试工作流程的介绍，掌握套管绝缘电阻测试前的准备工作和相关安全、技术措施、测试方法、技术要求及测试数据及分析判断。

【模块内容】

一、测试目的

测试套管的绝缘电阻能有效地发现其绝缘整体受潮、脏污、贯穿性缺陷，以及绝缘击穿和严重过热老化等缺陷。

二、测试仪器、设备的选择

绝缘电阻表可分为手摇式绝缘电阻表和数字式绝缘电阻表。根据不同的被试品，按照相关规程的规定来选择适当输出电压的绝缘电阻表。绝缘电阻表的精度不应小于1.5%。

（1）测套管主绝缘的绝缘电阻时，采用 2500V 绝缘电阻表。

（2）测套管末屏绝缘电阻时，采用 2500V 绝缘电阻表。

三、危险点分析及控制措施

1. 防止高处坠落

试验人员在拆、接套管一次引线时，必须系好安全带。测量套管主绝缘的绝缘电阻时，应尽量使用绝缘杆。使用梯子时，必须有人扶持或绑牢。在解开 220kV 及以上高压套管引线时，宜使用高处作业车，严禁徒手攀爬高压套管。

2. 防止高处落物伤人

高处作业应使用工具袋，上下传递物件应用绳索拴牢传递，严禁抛掷。

3. 防止人员触电

（1）应严格执行 Q/GDW 1799.1—2013《国家电网公司电力安全工作规程　变电部分》的相关要求。

（2）高压试验工作不得少于两人。试验负责人应由有经验的人员担任，开始试验前，试验负责人应向全体试验人员详细布置试验中的安全注意事项，交待邻近间隔的带电部位，以及其他安全注意事项。

（3）试验现场应装设遮栏或围栏，遮栏或围栏与试验设备高压部分应有足够的安全距离，向外悬挂"止步，高压危险！"的标示牌，并派人看守。

（4）应确保操作人员及试验仪器与电力设备的高压部分保持足够的安全距离，且操作人员应使用绝缘垫。

（5）试验装置的金属外壳应可靠接地，高压引线应尽量缩短，并采用专用的高压试验线，必要时用绝缘物支挂牢固。

（6）加压前必须认真检查试验接线，使用规范的短路线，检查仪表的开始状态和试验电压挡位，均应正确无误。

（7）因试验需要断开设备接头时，拆前应做好标记，接后应进行检查。

（8）试验前，应通知所有人员离开被试设备，并取得试验负责人许可，方可加压；加压过程中应有人监护并呼唱。

（9）变更接线或试验结束时，应首先断开至被试品高压端的连线后断开试验电源，充分放电，并将升压设备的高压部分放电、短路接地。

（10）试验现场出现明显异常情况时（如异声、电压波动、系统接地等），应立即停止试验工作，查明异常原因。

（11）高压试验作业人员在全部加压过程中，应精力集中，随时警戒异常现象发生。

（12）未装接地线的大电容被试设备，应先行充分放电再做试验。

（13）试验结束时，试验人员应拆除自装的接地短路线，并对被试设备进行检查，恢复试验前的状态，经试验负责人复查后，进行现场清理。

四、测试前的准备工作

1. 了解被试设备现场情况及试验条件

现场试验前，应查勘现场，查阅相关技术资料，包括设备出厂试验数据、历年数据及相关规程；按相关安全生产管理规定办理工作许可手续。

2. 测试仪器、设备准备

选择合适的绝缘电阻表、测试线、温（湿）度计、放电棒、接地线、梯子、安全带、安全帽、电工常用工具、试验临时安全遮栏、标示牌等，并查阅测试仪器、设备及绝缘工器具的检定合格证书有效期。

3. 办理工作票并做好试验现场安全和技术措施

按相关安全生产管理规定办理工作许可手续；向试验人员交代工作内容、带电部位、现场安全措施、现场作业危险点，明确人员分工及试验程序。

五、现场测试步骤及要求

（一）测试接线

（1）纯瓷套管：将套管的一次侧（导电杆）接入绝缘电阻表的"L"端，法兰（接地端）接入绝缘电阻表的"E"端。

（2）电容套管主绝缘：将套管的一次侧（导电杆）接入绝缘电阻表的"L"端，末屏接入绝缘电阻表的"E"端。

（3）电容套管末屏绝缘：将套管的末屏接入绝缘电阻表的"L"端，外壳及地接入绝缘电阻表的"E"端。

（二）测试步骤

（1）将套管接地放电，放电时应用绝缘棒等工具进行，不得用手碰触放电导线。拆除或断开套管对外的一切连接线。

（2）检查绝缘电阻表是否正常。若绝缘电阻表正常，将绝缘电阻表的接地端与被试品的地线连接，绝缘电阻表的高压端接上测试线，测试线的另一端悬空（不接试品），先开路，再短路，绝缘电阻表的指示应无明显差异。然后将绝缘电阻表停止转动。

（3）进行接线，经检查无误后，驱动绝缘电阻表达额定转速，将"L"端测试线搭上套管高压测试部位，读取60s绝缘电阻值，并做好记录。

（4）读取绝缘电阻后，应先断开接至被试套管高压端的连接线，再将绝缘电阻表停止运转，以免绝缘电阻表反充电而损坏绝缘电阻表。

（5）对套管测试部位短接放电并接地。

六、测试注意事项

（1）历次试验宜选用相同电压、相同型号的绝缘电阻表。

（2）测量时宜使用高压屏蔽线内屏蔽层（或单屏蔽的屏蔽层）应接G端子，双屏蔽的屏蔽线外屏蔽应当接地。若无高压屏蔽线，测试线不要与地线缠绕，应尽量悬空。测试线不能用双股绝缘线和绞线，应用单股线分开单独连接，以免因绞线绝缘不良而引起误差。

（3）试验人员之间应分工明确，测量时应配合默契，测量过程中要大声呼唱。

（4）测量时应在天气良好的情况下进行，且空气相对湿度不高于80%。若遇天气潮湿、套管表面脏污，则需要进行"屏蔽"测量。测量常用屏蔽的接线如图Z13F1001Ⅰ-1所示。

（5）禁止在有雷电时或邻近高压设备时使用绝缘电阻表，以免发生危险。

（6）测试电容套管末屏绝缘的绝缘电阻后，切记做好末屏接地，以防末屏在运行中放电。

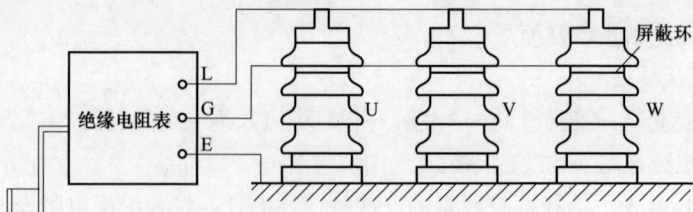

图 Z13F1001Ⅰ-1 测量采用屏蔽的接线图

七、测试结果分析及测试报告编写

（一）测试标准及结果分析

1. 测试标准及要求

根据 Q/GDW 1168—2013《输变电设备状态检修试验规程》、Q/GDW 11447—2015《10kV～500kV 输变电设备交接试验规程》及《国家电网公司变电检测通用管理规定及细则》〔国网（运检/3）829—2017〕的规定：套管主绝缘的绝缘电阻值不应低于10 000MΩ，末屏对地的绝缘电阻不应低于 1000MΩ。

2. 测试结果分析

（1）绝缘电阻的数值。

所测得的绝缘电阻的数值不应小于一般允许值，若低于一般允许值，应进一步分析，查明原因。对电容量较大的高压电气设备的绝缘状况，主要以吸收比和极化指数的大小作为判断的依据。如果吸收比和极化指数有明显下降，说明其绝缘受潮或油质严重劣化。

（2）试验数值的相互比较。

在设备未明确规定最低值的情况下，将结果与有关数据比较，包括同一设备的各相的数据，同类设备间的数据，出厂试验数据，耐压前后数据，与历次同温度下的数据比较等，结合其他试验综合判断。

（3）应排除湿度、温度和脏污的影响。

由于温度、湿度、脏污等条件对绝缘电阻的影响很明显，所以对试验结果进行分析时，应排除这些因素的影响，特别应考虑温度的影响。温度的换算可参考下式进行

$$R_2 = R_1 \times 1.5^{(t_1 - t_2)/10}$$

式中 R_1、R_2——温度为 t_1、t_2 时的绝缘电阻值（MΩ）。

（二）测试报告编写

试验记录应填写信息，包括基本信息（变电站、委托单位、试验单位、运行编号、试验性质、试验日期、试验人员、试验地点、报告日期、编写人员、审核人员、批准人员、试验天气、环境温度、环境相对湿度），设备铭牌（生产厂家、出厂日期、出厂

编号、设备型号、额定电压、额定电容量等），试验数据（本体绝缘电阻、末屏绝缘电阻、试验仪器、结论等）。

八、案例

某变电站 110kV 电容型套管末屏绝缘电阻测量为 600MΩ（温度为 30℃，小于标准规定值 1000MΩ），在仔细观察后发现此套管末屏小瓷套上散布有小水珠，用干布进行擦拭，并用吹风机进行干燥处理，随后测量绝缘电阻值为 1300MΩ（大于标准值），现场人员并未急于下结论，而使将其与上次试验结果 2000MΩ（温度为 25℃）进行比较，在考虑温度、湿度等因素影响后，发现两次结果接近，故判断此套管合格。

【思考与练习】

1. 简述套管绝缘电阻测试的目的、接线及标准。

2. 如何对套管绝缘电阻的测试结果进行分析判断？

◢ 模块 2　绝缘子绝缘电阻测试（Z13F1002Ⅰ）

【模块描述】 本模块介绍绝缘子绝缘电阻的测试方法和技术要求。通过测试工作流程的介绍，掌握绝缘子绝缘电阻测试前的准备工作和相关安全、技术措施、测试方法、技术要求及测试数据分析判断。

【模块内容】

一、测试目的

测量绝缘子绝缘电阻是检查绝缘子绝缘状态最简便和最基本的方法，它能有效地发现绝缘子贯穿性裂纹或有裂纹（龟裂）以及湿气、灰尘及脏污入侵后造成的绝缘不良。

二、测试仪器、设备的选择

对绝缘子而言，一般选取 2500V 及以上的绝缘电阻表进行测量。应用绝缘电阻检测零值时，宜用 5000V 绝缘电阻表，绝缘电阻应不低于 500MΩ，达不到 500MΩ 时，在绝缘子表面加屏蔽环并接绝缘电阻表屏蔽端子后重新测量，若仍小于 500MΩ 时，可判定为零值绝缘子。

三、危险点分析及控制措施

1. 防止高处坠落

人员在拆、接绝缘子一次引线时，必须系好安全带。测量绝缘电阻时，应尽量使用绝缘杆。使用梯子时，必须有人扶持或绑牢。

2. 防止高处落物伤人

高处作业应使用工具袋，上下传递物件应用绳索拴牢传递，严禁抛掷。

3. 防止人员触电

（1）应严格执行 Q/GDW 1799.1—2013《国家电网公司电力安全工作规程 变电部分》的相关要求；

（2）高压试验工作不得少于两人。试验负责人应由有经验的人员担任，开始试验前，试验负责人应向全体试验人员详细布置试验中的安全注意事项，交待邻近间隔的带电部位，以及其他安全注意事项。

（3）试验现场应装设遮栏或围栏，遮栏或围栏与试验设备高压部分应有足够的安全距离，向外悬挂"止步，高压危险！"的标示牌，并派人看守。

（4）应确保操作人员及试验仪器与电力设备的高压部分保持足够的安全距离，且操作人员应使用绝缘垫。

（5）试验装置的金属外壳应可靠接地，高压引线应尽量缩短，并采用专用的高压试验线，必要时用绝缘物支挂牢固。

（6）加压前必须认真检查试验接线，使用规范的短路线，检查仪表的开始状态和试验电压挡位，均应正确无误。

（7）因试验需要断开设备接头时，拆前应做好标记，接后应进行检查。

（8）试验前，应通知有关人员离开被试设备，并取得试验负责人许可，方可加压；加压过程中应有人监护并呼唱。

（9）变更接线或试验结束时，应首先断开至被试品高压端的连线后断开试验电源，充分放电，并将升压设备的高压部分放电、短路接地。

（10）试验现场出现明显异常情况时（如异声、电压波动、系统接地等），应立即停止试验工作，查明异常原因。

（11）高压试验作业人员在全部加压过程中，应精力集中，随时警戒异常现象发生。

（12）未装接地线的大电容被试设备，应先行放电再做试验。

（13）试验结束时，试验人员应拆除自装的接地短路线，并对被试设备进行检查，恢复试验前的状态，经试验负责人复查后，进行现场清理。

四、测试前的准备工作

1. 了解被试设备现场情况及试验条件

查勘现场，查阅相关技术资料，包括该设备出厂资料、出厂试验报告及相关规程等，掌握该设备运行及缺陷情况。

2. 测试仪器、设备准备

选择合适的绝缘电阻表、测试线、温（湿）度计、放电棒、接地线、梯子、安全带、安全帽、电工常用工具、试验临时安全遮栏、标示牌等，并查阅测试仪器、设备及绝缘工器具的检定合格证书有效期。

3. 办理工作票并做好试验现场安全和技术措施

按相关安全生产管理规定办理工作许可手续；向试验人员交代工作内容、带电部位、现场安全措施、现场作业危险点，明确人员分工及试验程序。

五、现场测试步骤及要求

（一）测试接线

（1）单元件绝缘子：将绝缘电阻表的"L"端、"E"端分别接入绝缘子的两端金具或法兰。

（2）多元件绝缘子：在分层胶合处缠绕铜线，并接入绝缘电阻表的"L"端、"E"端。

（二）测试步骤

（1）将绝缘子接地放电，放电时应用绝缘棒等工具进行，不得用手碰触放电导线。拆除或断开被试绝缘子对外的一切连线。

（2）检查绝缘电阻表是否正常，若绝缘电阻表正常，将绝缘电阻表的接地端与被试品的地线连接，绝缘电阻表的高压端接上测试线，测试线的另一端悬空（不接试品），再次驱动绝缘电阻表，绝缘电阻表的指示应无明显差异，然后将绝缘电阻表停止转动。

（3）进行接线，经检查无误后，驱动绝缘电阻表达额定转速，将测试线搭上测试部位，读取 60s 绝缘电阻值，并做好记录。

（4）读取绝缘电阻后，应先断开接至被试品高压端的连接线，再将绝缘电阻表停止运转，以免绝缘电阻表反充电而损坏绝缘电阻表。

（5）对绝缘子测试部位短接放电并接地。

六、测试注意事项

（1）宜选用相同电压、相同型号的绝缘电阻表。

（2）测量时宜使用高压屏蔽线且屏蔽层接地。若无高压屏蔽线，测试线不要与地线缠绕，应尽量悬空。测试线不能用双股绝缘线和绞线，应用单股线分开单独连接，以免因绞线绝缘不良而引起误差。

（3）试验人员之间应分工明确，测量时应配合默契，测量过程中要大声呼唱。

（4）测量时应在天气良好的情况下进行，且空气相对湿度不高于 80%。若遇天气潮湿、绝缘子表面脏污，则需要进行"屏蔽"测量。测量采用屏蔽的接线如图 Z13F1002Ⅰ–1 所示。

七、测试结果分析及测试报告编写

（一）测试标准及结果分析

1. 测试标准及要求

根据 Q/GDW 1168—2013《输变电设备状态检修试验规程》、Q/GDW 11447—2015

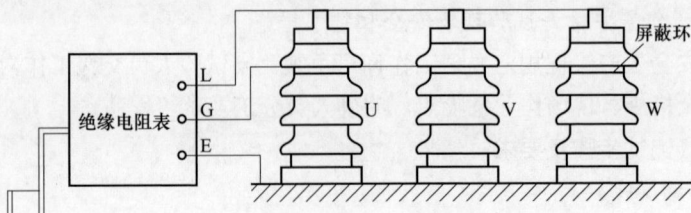

图 Z13F1002 I −1 测量采用屏蔽的接线图

《10kV～500kV 输变电设备交接试验规程》及《国家电网公司变电检测通用管理规定及细则》〔国网（运检/3）829—2017〕的规定：绝缘电阻检测零值时，宜用 5000V 绝缘电阻表，绝缘电阻应不低于 500MΩ，达不到 500MΩ 时，在绝缘子表面加屏蔽环并接绝缘电阻表屏蔽端子后重新测量，若仍小于 500MΩ 时，可判定为零值绝缘子。

2. 测试结果分析

（1）绝缘电阻的数值。所测得的绝缘电阻的数值不应小于一般允许值，若低于一般允许值，应进一步分析，查明原因。对电容量较大的高压电气设备的绝缘状况，主要以吸收比和极化指数的大小作为判断的依据。如果吸收比和极化指数有明显下降，说明其绝缘受潮或油质严重劣化。

（2）试验数值的相互比较。在设备未明确规定最低值的情况下，将结果与有关数据比较，包括同一设备的各相的数据，同类设备间的数据，出厂试验数据，耐压前后数据，与历次同温度下的数据比较等，结合其他试验综合判断。

（3）应排除湿度、温度和脏污的影响。由于温度、湿度、脏污等条件对绝缘电阻的影响很明显，所以对试验结果进行分析时，应排除这些因素的影响，特别应考虑温度的影响。温度的换算可参考下式进行

$$R_2 = R_1 \times 1.5^{(t_1-t_2)/10}$$

式中 R_1、R_2—温度为 t_1、t_2 时的绝缘电阻值（MΩ）。

（二）测试报告编写

试验记录应填写信息，包括基本信息（变电站、委托单位、试验单位、运行编号、试验性质、试验日期、试验人员、试验地点、报告日期、编写人员、审核人员、批准人员、试验天气、环境温度、环境相对湿度），设备铭牌（生产厂家、出厂日期、出厂编号、设备型号、额定电压、额定电容量等），试验数据（绝缘电阻、试验仪器、结论等）。

八、案例

某供电局对支持绝缘子测量绝缘电阻，预试中多次发现低绝缘电阻绝缘子，及时

加以更换。

（1）10kV 开关柜测得 U 相和 W 相的绝缘电阻分别为 20MΩ、50MΩ（应大于 300MΩ），经检查为断路器支持绝缘子裂纹，不合格，予以更换。

（2）35kV 中置式开关柜中爬电严重，紧急停电后测得 U、V、W 三相绝缘电阻均为 100MΩ，交流耐压只能加到 35kV，经检查为小车开关柜支持用有机绝缘子沿面受潮，环境湿度 90%，经除湿机干燥处理后合格。

【思考与练习】

1. 简述绝缘子绝缘电阻测试的目的、接线及标准。

2. 测量绝缘子绝缘电阻时应注意哪些问题？

◢ 模块 3　架空线路绝缘电阻测试和核对相位（Z13F1003Ⅰ）

【模块描述】本模块介绍架空线路绝缘电阻测试和核对相位的测试方法和技术要求。通过测试工作流程的介绍，掌握架空线路绝缘电阻测试和核对相位测试前的准备工作和相关安全、技术措施、测试方法、技术要求及测试数据分析判断。

【模块内容】

一、架空线路绝缘电阻测试和核对相位目的

架空线路敷设完成后，为确保线路两侧变电站同相相连，检查架空线路对地绝缘状况，须对架空线路进行绝缘电阻测试和核对相位。绝缘电阻测量合格是开展线路参数测试的一个先决条件。

二、测试仪器、设备的选择

架空线路一般选用 2500V 绝缘电阻表进行绝缘电阻测试和核对相位工作。

三、危险点分析及控制措施

1. 防止试验时伤及工作人员

在开工前必须确认线路无人作业，方能进行试验工作。

2. 防止线路感应电压伤人

在测量感应电压后，将测得数据报线路对侧（短路侧）配合人员，以做好相应防护措施。在变更试验接线前应将架空线路接地充分放电，如遇交叉、平行及同杆架设，则应使用地线保护措施。以防止剩余电荷、感应电压伤人及影响测量结果。

3. 防止测量时伤及试验人员

在测量过程中，应由工作负责人统一指挥，试验点和线路对侧（短路侧）配合人员应保持通信畅通，对侧（短路侧）配合人员的工作，应得到工作负责人许可后方可进行。

严禁在雷雨天气进行线路参数测量，若在测量过程中沿线路有雷阵雨发生，则应立即停止测量。

4. 防止高处坠落

试验人员登高处接线时，应系好安全带。

5. 防止高处落物伤人

高处作业应使用工具袋，上下传递物件应用绳索拴牢传递，严禁抛掷。

四、测试前的准备工作

1. 了解被试设备现场情况及试验条件

在测量前进行现场查勘，知晓被测线路与相邻其他运行线路情况，并查阅相关技术资料及相关规程。

2. 测试仪器、设备准备

选择合适的绝缘电阻表、温（湿）度计、高压屏蔽线、接地线、放电棒、梯子、安全带、安全帽、电工常用工具、试验临时安全遮栏、标示牌、绝缘杆等，并查阅测试仪器、设备及绝缘工器具的检定合格证书有效期。

3. 办理工作票并做好试验现场安全和技术措施

进入试验现场后，办理工作票并做好试验现场安全措施，并向试验人员交代工作内容、带电部位、现场安全措施、现场作业危险点，以及明确人员分工及试验程序。

4. 测量前与施工方确认

测量前在现场会同施工方，再次对线路进行确认。

五、现场测试步骤及要求

1. 测试接线

测量架空线路绝缘电阻及核对相位的接线如图 Z13F1003Ⅰ-1 所示，在核对架空线路相位的同时进行绝缘电阻测量。在核对架空线路相位时，是利用大地作为回路，对线路两端进行测量。

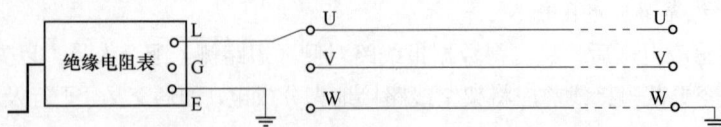

图 Z13F1003Ⅰ-1 架空线路绝缘电阻测量及核对相位接线图

2. 测试步骤

（1）将架空线路两端的线路接地开关拉开，三相线路全部悬空，线路对侧一相接地，按图 Z13F1003Ⅰ-1 进行接线。

（2）将高压屏蔽线一端接绝缘电阻表"L"端，另一端接绝缘杆，绝缘电阻表"E"端接地。

（3）通知对侧人员将被试线路其中一相接地，另两相空载断开，试验人员驱动绝缘电阻表达额定转速后，将绝缘杆搭接线路，分别测量线路三相绝缘电阻。其中对侧接地相的绝缘电阻为零，另两相待绝缘电阻表指针稳定后读取绝缘电阻值。

（4）完成上述操作后，试验人员通知对侧试验人员将接地线，接在线路另一相，重复上述步骤（3），直至对侧三相均有一次接地。

（5）记录对侧接地相测量端绝缘电阻为零的相的对应情况及线路绝缘电阻值。

六、测试注意事项

（1）在测量线路绝缘电阻、核对相位之前，必须进行感应电压测量。

（2）当线路感应电压超过绝缘电阻表输出电压时，应选用电压等级输出更高的绝缘电阻表，亦可利用直流高压发生器。

（3）在测量过程必须保证通信的畅通，对侧配合的试验人员必须听从试验负责人指挥。

（4）绝缘电阻测试过程应有明显充电现象。

七、测试结果分析及测试报告编写

（一）测试标准及结果分析

1. 测试标准及要求

根据 GB 50150—2006《电气装置安装工程　电气设备交接试验标准》及 Q/GDW 1168—2013《输变电设备状态检修试验规程》的规定，架空线路绝缘电阻：330kV 及以下，不低于 300MΩ；500kV，不低于 500MΩ。相位核对应与线路两端所接系统相位准确无误。

2. 测试结果分析

（1）架空线路绝缘电阻受大气条件影响非常大，若线路经过的地区有浓雾、暴雨其绝缘电阻可能从正常的数千降至几百甚至几十个兆欧。因此对架空线路绝缘电阻值的判断应在了解其经过区域气候条件的基础上进行。

（2）由于有的架空线较长电容量较大，而测量时间过短，易引起对试验结果的误判断。

（二）测试报告编写

测试报告填写应包含被试品型号、线路编号、测试日期、环境温、湿度、测试人员、测试数据、测试结论等，若测试过程中存在特殊天气应写明情况。

八、案例

某架空线路进行绝缘电阻和核对相位工作，测量试验结果见表 Z13F1003Ⅰ–1。

表 Z13F1003Ⅰ–1　　　架空线路绝缘电阻和核对相位试验结果

相别 对侧接地相	架空线路绝缘电阻（MΩ）		
	U	V	W
U	0	140	160
V	190	0	170
W	210	160	0

　　分析上述数据，线路相位正确，但整体绝缘水平很低。后通过线路架设施工单位了解，该线路穿越山区，山区内绝大多数时候都为浓雾缭绕，为该线路绝缘电阻低的主要原因。

【思考与练习】

1. 如何利用绝缘电阻表进行架空线路相位核对？

2. 为什么说架空线路绝缘电阻值受大气条件影响很大？

▲ 模块 4　电缆线路绝缘电阻测试和核对相位（Z13F1004Ⅰ）

【模块描述】本模块介绍电缆线路绝缘电阻测试和核对相位的试验方法和注意事项。通过对测试工作流程的介绍，掌握电缆线路绝缘电阻测试和核对相位的试验的准备工作和相关安全、技术措施及测试数据分析判断。

【模块内容】

一、电缆线路绝缘电阻测试和核对相位的目的

电缆线路敷设完成后，为确保电缆线路两侧变电站同相相连，检查电缆主体绝缘是否良好、敷设过程中是否存在电缆绝缘层被破坏的情况，就必须对电缆线路进行绝缘电阻测试和核对相位。电缆线路绝缘电阻测试合格是开展电力电缆现场交接交流耐压试验以及电缆线路参数测试的一个先决条件。

二、测试仪器、设备的选择

（1）0.6/1kV 电缆用 1000V 绝缘电阻表。

（2）0.6/1kV 以上电缆用 2500V 绝缘电阻表。

（3）6/6kV 及以上电缆也可用 5000V 绝缘电阻表。

（4）橡塑电缆外护套、内衬层的测量用 500V 绝缘电阻表。

三、危险点分析及控制措施

1. 防止高处坠落

高处作业应系好安全带。

2. 防止高处落物伤人

高处作业应使用工具袋，上下传递物件应用绳索拴牢传递，严禁抛掷。

3. 防止人员触电

开工前必须确认电缆线路工作已完成，线路及两侧均无工作人员后方能进行该相试验工作。电缆线路对侧应有专人配合，两侧人员在试验过程中保持通信畅通。试验前应将交叉互联系统接地，试验完毕或换相前，必须对被试电缆多次放电并挂接地线后，方能进行拆接引线、搭接地线的工作。

4. 若试验需要将线路电磁式电压互感器一次绕组末端接地解开，恢复时必须检查

四、测试前的准备工作

1. 了解被试设备现场情况及试验条件

查勘现场，查阅相关技术资料，包括该设备出厂资料、出厂试验报告及相关规程等，掌握该设备运行及缺陷情况。

2. 测试仪器、设备准备

选择合适的绝缘电阻表、温（湿）度计、接地线、放电棒、万用表、电源箱（带剩余电流动作保护器）、绝缘杆、二次连接线、安全带、安全帽、电工常用工具、试验临时安全遮栏、标示牌等，查阅测试仪器、设备及绝缘工器具的检定合格证书有效期，并要求线路施工方提供线路施工完毕、人员已撤离的确认函。

3. 办理工作票并做好试验现场安全和技术措施

向试验人员交代工作内容、带电部位、现场安全措施、现场作业危险点，明确人员分工及试验程序。

五、现场测试步骤及要求

（一）测量三相电缆芯线对地及相间绝缘电阻

1. 测试接线

一般在电压等级 10kV 及以下的电缆基本上是三相电缆，测量芯线绝缘电阻的接线如图 Z13F1004Ⅰ-1 所示，应分别在每一相上进行。对一相进行试验或测量时，其他两相导体、金属屏蔽或金属护套（铠装层）应一起接地。

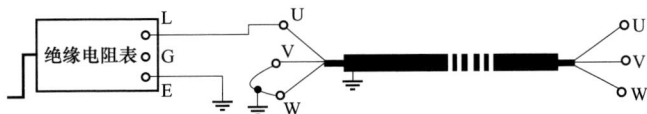

图 Z13F1004Ⅰ-1 三相电缆芯线绝缘电阻测试接线图

2. 测试步骤

（1）将电缆两端的线路接地开关拉开，对电缆进行充分放电。

（2）按图 Z13F1004Ⅰ-1 进行接线，对侧三相全部悬空，将测量线一端接绝缘电阻表"L"端，另一端接绝缘杆，绝缘电阻表"E"端接地。

（3）通知对侧试验人员准备开始试验（以 U 相为例）。试验人员驱动绝缘电阻表达额定转速后，将绝缘杆搭接电缆 U 相，待绝缘电阻表指针稳定后读取绝缘电阻值并记录。完毕后，将绝缘杆脱离电缆 U 相，再停止绝缘电阻表转动，并对 U 相进行放电。

（4）按表 Z13F1004Ⅰ-1 中所列测量部位，分别测量 V、W 相绝缘电阻。

表 Z13F1004Ⅰ-1 测量电缆芯线绝缘电阻

测量部位	短路接地	测量部位	短路接地
U	VW	W	UV
V	UW		

（二）测量三相电缆外护套、内衬层的对地绝缘电阻

1. 测试接线

测量三相电缆外护套（绝缘护套）、内衬层的对地绝缘电阻测试接线如图 Z13F1004Ⅰ-2 所示，应将"金属护层"、"金属屏蔽层"接地解开。

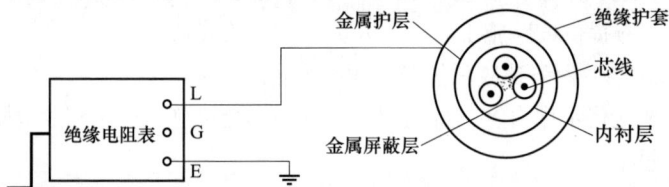

图 Z13F1004Ⅰ-2 三相电缆外护套、内衬层的对地绝缘电阻测试接线图

2. 测试步骤

（1）测量外护套的对地绝缘电阻。

将"金属护层"、"金属屏蔽层"接地解开。将测量线一端接绝缘电阻表"L"端，另一端接绝缘杆，绝缘电阻表"E"端接地。驱动绝缘电阻表达额定转速后，将绝缘杆搭接"金属护层"，待绝缘电阻表指针稳定后读取 1min 绝缘电阻值并记录。完毕后，将绝缘杆脱离"金属护层"，再停止绝缘电阻表转动，并对"金属护层"进行放电。

（2）测量内衬层（内护层）的对地绝缘电阻。

将"金属护层"接地，将测量线一端接绝缘电阻表"L"端，另一端接绝缘杆，绝缘电阻表"E"端接地。驱动绝缘电阻表达额定转速后，将绝缘杆搭接"金属屏蔽层"，待绝缘电阻表指针稳定后读取 1min 绝缘电阻值并记录。完毕后，将绝缘杆脱离"金属屏蔽层"，再停止绝缘电阻表转动，并对"金属屏蔽层"进行放电。

（三）核对三相电缆相位

1. 测试接线

核对三相电缆相位的接线如图 Z13F1004Ⅰ-3 所示，应分别在每一相上进行。对一相进行测量时，其末端应短路接地。

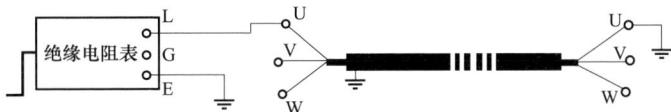

图 Z13F1004Ⅰ-3　三相电缆核对相位的接线图

2. 测试步骤

（1）将电缆两端的线路接地开关拉开，对电缆进行充分放电。对侧三相全部悬空，将测量线一端接绝缘电阻表"L"端，另一端接绝缘杆，绝缘电阻表"E"端接地。

（2）通知对侧人员将电缆其中一相接地（以 U 相为例），另两相断开，试验人员驱动绝缘电阻表达额定转速后，将绝缘杆搭接线路，分别测量电缆三相绝缘电阻，其中对侧接地相（U 相）绝缘电阻为零，另两相（V、W）绝缘电阻表指针指示有绝缘电阻值。完毕后，将绝缘杆脱离电缆 U 相，再停止绝缘电阻表转动，进行放电并记录。

（3）完成上述操作后，通知对侧试验人员将接地线，接在线路另一相，重复上述步骤（2）操作，直至对侧三相均有一次接地。

（四）测量单相电缆芯线对地绝缘电阻

一般在电压等级 110kV 及以上的电缆基本上是单相电缆，有部分 35kV 电缆是单相的。而 110kV 及以上的电缆两端基本上都是与 GIS 相连，因此在测量电缆芯线对地绝缘电阻时，要从 GIS 套管上进行测量。若是电缆套管与电气设备相连，则从电缆套管上进行测量。

1. 测试接线

单相电缆芯线对地绝缘电阻测试接线如图 Z13F1004Ⅰ-4 所示，应分别在每一相上进行。对一相进行试验或测量时，其金属屏蔽或金属护套（铠装层）一起接地。

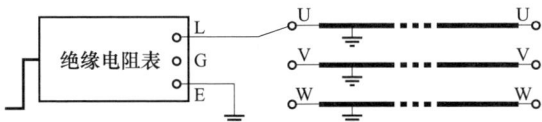

图 Z13F1004Ⅰ-4　测量单相电缆芯线对地绝缘电阻的接线图

2. 测试步骤

（1）将电缆两端的线路接地开关拉开，对电缆进行充分放电。对侧三相全部悬空，将测量线一端接绝缘电阻表"L"端，另一端接绝缘杆，绝缘电阻表"E"端接地。

（2）通知对侧试验人员准备开始试验（以 U 相为例），试验人员驱动绝缘电阻表达额定转速后，将绝缘杆搭接电缆 U 相，待绝缘电阻表指针稳定后读取 1min 绝缘电阻值并做好记录。完毕后，将绝缘杆脱离电缆 U 相，再停止绝缘电阻表转动，并对 U 相进行放电。

（3）分别测量 V、W 相绝缘电阻。

（五）测量单相电缆外护套（金属护套或铠装层）对地绝缘电阻

1. 测试接线

对于电压等级在 110kV 及以上的单相电缆一般只有外护套，其测试接线如图 Z13F1004Ⅰ-5 所示。

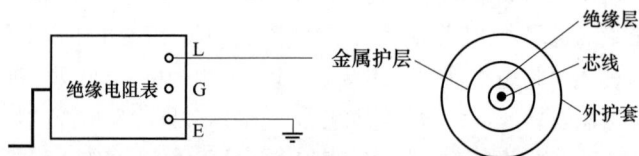

图 Z13F1004Ⅰ-5　测量单相电缆外护套的对地绝缘电阻接线图

2. 测试步骤

（1）将电缆"金属护层"接地解开，并解开电缆所有的护层保护器，在互联箱中将各段电缆金属护层连接，使绝缘接头及"连板"绝缘也能结合在一起进行试验。

（2）将测量线一端接绝缘电阻表"L"端，另一端接绝缘杆，绝缘电阻表"E"端接地。驱动绝缘电阻表达额定转速后，将绝缘杆搭接"金属护层"，待绝缘电阻表指针稳定后读取 1min 绝缘电阻值并记录。完毕后，将绝缘杆脱离"金属护层"，再停止绝缘电阻表转动，并对"金属护层"进行放电。

（六）核对单相电缆相位

1. 单根电缆核对相位

（1）测试接线。核对单相电缆相位的接线如图 Z13F1004Ⅰ-6 所示，应分别在每一相上进行。对一相进行测量时，其末端应短路接地。

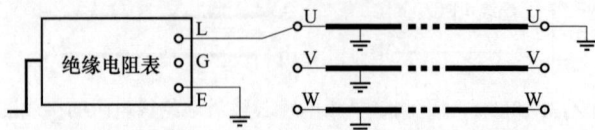

图 Z13F1004Ⅰ-6　单相电缆核对相位的接线图

（2）测试步骤。将电缆两端的线路接地开关拉开，对电缆进行充分放电。对侧三相全部悬空，将测量线一端接绝缘电阻表"L"端，另一端接绝缘杆，绝缘电阻表"E"端接地。

通知对侧人员将电缆其中一相接地（以 U 相为例），另两相断开，试验人员驱动绝缘电阻表达额定转速后，将绝缘杆搭接线路，分别测量电缆三相绝缘电阻，其中对侧接地相（U 相）绝缘电阻为零，另两相（V、W）绝缘电阻表指针指示有绝缘电阻值。完毕后，将绝缘杆脱离电缆 U 相，再停止绝缘电阻表转动，进行放电并记录。重复上述步骤找出 B 相及 C 相。

2. 并联电缆核对相位

（1）测试接线。对三相电缆并联运行的情况，核对电缆相位试验接线如图 Z13F1004Ⅰ-7 所示。

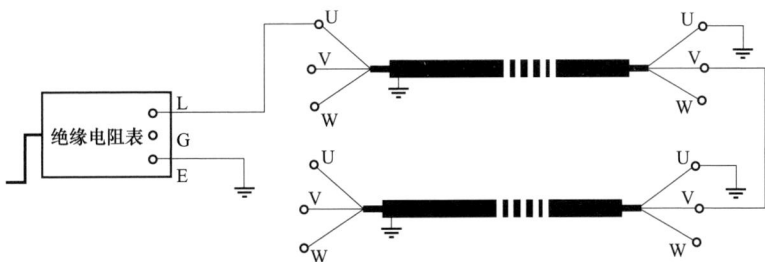

图 Z13F1004Ⅰ-7　并联电缆核对相位试验接线图

（2）测试步骤。通知对侧人员将两根电缆 U 相接地，V 相连接，W 相"悬空"，如图 Z13F1004Ⅰ-7 所示。试验人员将测量线一端接绝缘电阻表"L"端，另一端接绝缘杆，绝缘电阻表"E"端接地，驱动绝缘电阻表达额定转速后，将绝缘杆分别搭接线路。出现的情况有：① 绝缘电阻为"零"，判定是 U 相；② 绝缘电阻不为"零"，且两相相通，判定是 V 相；③ 绝缘电阻不为"零"，且两相不通，判定是 W 相。

六、测试注意事项

（1）在测量电缆线路绝缘电阻、核对相位之前，必须进行感应电压测量。

（2）当电缆线路感应电压超过绝缘电阻表输出电压时，应选用电压等级输出更高的绝缘电阻表。

（3）在测量过程必须保证通信的畅通，对侧配合的试验人员必须听从试验负责人指挥。

（4）绝缘电阻测试过程应有明显充电现象。

（5）电缆电容量大，充电时间较长，测量时必须给予足够的充电时间，待绝缘电阻表指针完全稳定后方可读数。

（6）电缆两端都与 GIS 相连，在测量"电缆芯线对地绝缘电阻"、"核对电缆相位"时，若连接有电磁式电压互感器，则将电压互感器的一次绕组末端接地解开，恢复时必须检查。

七、测试结果分析及测试报告编写

（一）测试结果分析

1. 测试标准及要求

根据《电线电缆电性能试验方法 绝缘电阻》（GB/T 3048.5—2007）、GB 50150—2006《电气装置安装工程 电气设备交接试验标准》、Q/GDW 1168—2013《输变电设备状态检修试验规程》及 DL/T 596—1996《电力设备预防性试验规程》的规定：

根据 Q/GDW 1168—2013《输变电设备状态检修试验规程》、Q/GDW 11447—2015《10kV～500kV 输变电设备交接试验规程》及《国家电网公司变电检测通用管理规定及细则》〔国网（运检/3）829—2017〕的规定：

（1）电缆线路绝缘电阻应在进行交流或直流耐压前后进行，分别测量耐压试验前后，绝缘电阻测量应无明显变化。

（2）橡塑电缆外护套、内衬套的绝缘电阻不低于 0.5MΩ/km。

（3）相位核对应与电缆两端所接系统相位准确无误。

2. 测试结果分析

（1）橡塑电缆内衬层和外护套破坏进水的确定方法。直埋橡塑电缆的外护套，特别是聚氯乙烯外护套，受地下水的长期浸泡吸水后，或者受到外力破坏而又未完全破损时，其绝缘电阻均有可能下降至规定值以下，因此当外护套或内衬层破损进水后，用绝缘电阻表测量时，每千米绝缘电阻值低于 0.5MΩ 时，用万用表的"正"、"负"表笔轮换测量铠装层对地或铠装层对铜屏蔽层的绝缘电阻，此时在测量回路内由于形成的原电池与万用表内干电池相串联，当极性组合使电压相加时，测得的电阻值较小；反之，测得的电阻值较大。因此，在上述两次测得的电阻值相差较大时，表明已形成原电池，就可判断外护套和内衬层已破损进水。

35kV 及以下电压等级的三相电缆（双护层）外护套破损不一定要立即修理，但内衬层破损进水后，水分直接与电缆芯接触并可能会腐蚀铜屏蔽层，一般应尽快检修，35kV 及以上电压等级的单相或三相电缆（单护层）电缆外护套破损一定要立即修复，以免造成金属护层多点接地形成环流。

（2）由于电缆电容量大，在绝缘电阻测试过程测量时间过短，"充电"还未完成下读数，易引起对试验结果的误判断。

（3）测得的芯线及护层绝缘电阻都应达到上述规定值，在测量过程中还应注意有无明显的充电过程以及试验完毕后的放电是否明显。而无明显充电及放电现象，其绝缘电阻值正常，应怀疑被试品未接入试验回路。

（二）测试报告编写

测试报告填写应包括测试时间、测试人员、天气情况、环境温度、湿度、使用地点、电缆型号、线路编号、测试结果、测试结论、试验性质（交接试验、预防性试验、检查、实行状态检修的应填明例行试验或诊断试验）、绝缘电阻表的型号、出厂编号，备注栏写明其他需要注意的内容，如拆除引线等。

八、案例

某电缆线路在进行绝缘电阻和核对相位工作，测量试验结果见表 Z13F1004Ⅰ-2。

表 Z13F1004Ⅰ-2　　　　　　电缆绝缘电阻和核对相位试验结果

相别　　　　　　　　　　对侧接地相	电缆芯线绝缘电阻（MΩ）		
	U	V	W
U	0	0	80 000
V	90 000	0	80 000
W	90 000	0	0

分析上述数据，线路核对相位基本正确，但 V 相芯线有接地现象。通过巡线发现，在电缆敷设过程中 V 相某位置受挤压破损，芯线与护层通过进入破损点的杂质与地联通。

【思考与练习】

1. 如何测量电缆外护套、内衬层的对地绝缘电阻？

2. 画出 10kV 三相电缆绝缘电阻测试接线图，并说明在测量过程中应注意哪些事项。

▲ 模块 5　电容器绝缘电阻测试（Z13F1005Ⅰ）

【模块描述】本模块介绍电容器绝缘电阻的测试方法和技术要求。通过测试工作流程的介绍，掌握电容器绝缘电阻测试前的准备工作和相关安全、技术措施、测试方法、技术要求及测试数据的分析判断。

【模块内容】

一、测试目的

电容器是全密封设备，如密封不严或不牢固造成渗漏油现象，使空气和水分以及杂质都可能进入油箱内部，使绝缘电阻降低，甚至造成绝缘损坏，危害极大，因此电容器是不允许渗漏油的。电容器绝缘电阻测试可以发现电容器由于油箱焊缝和套管处焊接工艺不良，密封不严造成绝缘降低的故障，同时可发现电容器高压套管受潮及缺陷。

二、测试仪器、设备的选择

绝缘电阻表可分为手摇式绝缘电阻表和数字式绝缘电阻表。根据不同的被试品，按照相关规程的规定来选择适当输出电压的绝缘电阻表。绝缘电阻表的精度不应小于1.5%。绝缘电阻表可分为手摇式绝缘电阻表和数字式绝缘电阻表。根据不同的被试品，按照相关规程的规定来选择适当输出电压的绝缘电阻表。绝缘电阻表的精度不应小于1.5%。

（1）测量电容器主绝缘电阻，如测量高压并联电容器双极对地绝缘电阻、断口电容器极间绝缘电阻、耦合电容器极间绝缘电阻和集合式高压并联电容器相间及对地绝缘电阻，应采用 2500V 绝缘电阻表。

（2）测量耦合电容器小套管对地绝缘电阻，应使用 1000V 绝缘电阻表。

三、危险点分析及控制措施

1. 防止高处坠落

在电容器上作业应系好安全带。对 220kV 及以上的电容器，需解开引线时，宜使用高处作业车，严禁徒手攀爬电容器套管。

2. 防止高处落物伤人

高处作业应使用工具袋，上下传递物件应用绳索拴牢传递，严禁抛掷。

3. 防止工作人员触电

（1）应严格执行 Q/GDW 1799.1—2013《国家电网公司电力安全工作规程　变电部分》及 Q/GDW 1799.2—2013《电力安全工作规程　线路部分》的相关要求。

（2）高压试验工作不得少于两人。试验负责人应由有经验的人员担任，开始试验前，试验负责人应向全体试验人员详细布置试验中的安全注意事项，交待邻近间隔的带电部位，以及其他安全注意事项。

（3）试验现场应装设遮栏或围栏，遮栏或围栏与试验设备高压部分应有足够的安全距离，向外悬挂"止步，高压危险！"的标示牌，并派人看守。对于被试设备两端不在同一工作地点时，如电力电缆另一端应派专人看守。

（4）应确保操作人员及试验仪器与电力设备的高压部分保持足够的安全距离，且操作人员应使用绝缘垫。

（5）试验装置的金属外壳应可靠接地，高压引线应尽量缩短，并采用专用的高压试验线，必要时用绝缘物支挂牢固。

（6）加压前必须认真检查试验接线，使用规范的短路线，检查仪表的开始状态和

试验电压挡位，均应正确无误。

（7）因试验需要断开设备接头时，拆前应做好标记，接后应进行检查。

（8）试验前，应通知所有人员离开被试设备，并取得试验负责人许可，方可加压；加压过程中应有人监护并呼唱。

（9）变更接线或试验结束时，应首先断开至被试品高压端的连线后断开试验电源，充分放电，并将升压设备的高压部分放电、短路接地。

（10）试验现场出现明显异常情况时（如异声、电压波动、系统接地等），应立即停止试验工作，查明异常原因。

（11）高压试验作业人员在全部加压过程中，应精力集中，随时警戒异常现象发生。

（12）未装接地线的大电容被试设备，应先行充分放电再做试验。

（13）试验结束时，试验人员应拆除自装的接地短路线，并对被试设备进行检查，恢复试验前的状态，经试验负责人复查后，进行现场清理。

四、测试前的准备工作

1. 了解被试设备现场情况及试验条件

现场试验前，应查勘现场，查阅相关技术资料，包括设备出厂试验数据、历年数据及相关规程；检查环境、人员等是否满足试验要求。

2. 测试仪器、设备准备

选择合适的绝缘电阻表、测试线、温（湿）度计、放电棒、接地线、梯子、安全带、安全帽、电工常用工具、试验临时安全遮栏、标示牌等，并查阅测试仪器、设备及绝缘工器具的检定合格证书有效期。

3. 办理工作票并做好试验现场安全和技术措施

按相关安全生产管理规定办理工作许可手续。向试验人员交代工作内容、带电部位、现场安全措施、现场作业危险点，明确人员分工及试验程序。

五、现场测试步骤及要求

（一）耦合电容器极间及小套管对地绝缘电阻测试

1. 测试接线

测试耦合电容器极间绝缘电阻时，耦合电容器高压端接绝缘电阻表的"L"端，耦合电容器的下法兰和小套管接地，绝缘电阻表的"E"端接地。表面潮湿或脏污时应在靠近耦合电容器高压端1～2瓷裙处加装屏蔽环，屏蔽环接于绝缘电阻表的"G"端。其测试接线如图 Z13F1005Ⅰ-1 所示。

测试耦合电容器小套管对地绝缘电阻时，耦合电容器的小套管接绝缘电阻表的"L"端，耦合电容器的法兰接地。

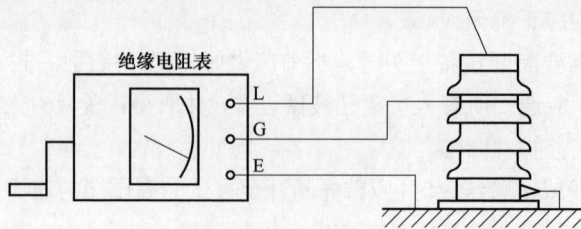

图 Z13F1005 I−1　耦合电容器极间绝缘电阻测试接线图

2. 测试步骤

测试前首先对电容器充分放电，拆除与电容器的所有接线，表面脏污时应进行擦拭。

测量极间绝缘电阻时，法兰和小套管接地，测试前首先检查绝缘电阻表是否正常。耦合电容器高压端接绝缘电阻表的"L"端，绝缘电阻表的"E"端接地，读取 1min 或稳定后的绝缘电阻值。读取数据后断开"L"端与电容器的连接线，停止或关断绝缘电阻表，使用放电棒对电容器进行充分放电。

测试小套管对地绝缘电阻时，先拆除小套管的连接线，检查法兰是否接地，耦合电容器高压端不接地，耦合电容器小套管接绝缘电阻表的"L"端，绝缘电阻表的"E"端接地，读取 1min 的绝缘电阻值。读取数据后断开"L"端与电容器的连接线，停止或关断绝缘电阻表，试验后将小套管对地放电。

（二）断路器电容器极间绝缘电阻测试

1. 测试接线

测试时，断路器电容器一端接绝缘电阻表的"L"端，另一端接绝缘电阻表的"E"端。

2. 测试步骤

交接试验时，断路器电容器绝缘电阻应在安装前测试，可以减少断路器灭弧室的影响。预防性试验时应检查断路器是否在开断状态，如测试的绝缘电阻过低，可拆下断路器电容器进行测试，以判断故障部位。测试前使用放电棒对电容器放电，放电时电容器一端接地，另一端通过放电棒短接放电。测试前首先检查绝缘电阻表是否正常，断路器电容器一端接绝缘电阻表的"L"端，另一端接地和绝缘电阻表的"E"端，读取 1min 或稳定后的绝缘电阻值。读取数据后断开"L"端与电容器的连接线，停止或关断绝缘电阻表，使用放电棒对断路器电容器进行充分放电。

（三）高压并联电容器双极对地绝缘电阻测试

1. 测试接线

测试高压并联电容器双极对地绝缘电阻时，电容器两电极之间用裸铜线短接后接绝缘电阻表的"L"端，外壳可靠接地，绝缘电阻表的"E"端接地。其测试接线如图 Z13F1005 I –2 所示。

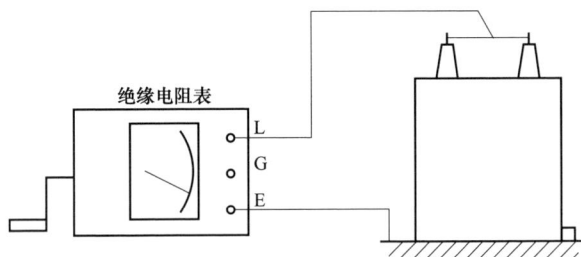

图 Z13F1005 I –2　高压并联电容器双极对地绝缘电阻测试接线图

2. 测试步骤

测试前首先对电容器进行充分放电，拆除与电容器的所有接线，清洁电容器套管，电容器外壳应可靠接地，测试前首先检查绝缘电阻表是否正常，然后被试电容器极间短接后接绝缘电阻表的"L"端，绝缘电阻表的"E"端接地，读取 1min 或稳定后的绝缘电阻值。读取数据后断开"L"端与电容器的连接线，停止或关断绝缘电阻表，使用放电棒对电容器进行充分放电。

（四）集合式高压并联电容器相间及对地绝缘电阻测试

1. 测试接线

测试集合式高压并联电容器相间及对地绝缘电阻时，各相极间应短接，测试相接绝缘电阻表的"L"端，非测试相接地，电容器外壳应可靠接地，绝缘电阻表的"E"端接地。其测试接线如图 Z13F1005 I –3 所示。

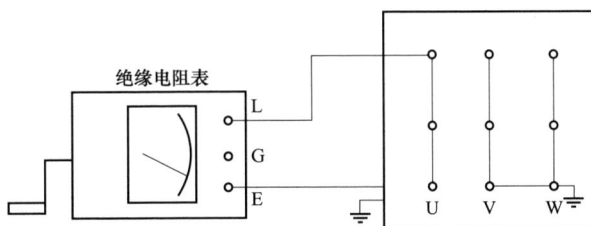

图 Z13F1005 I –3　集合式高压并联电容器相间及对地绝缘电阻测试接线图

2. 测试步骤

测试前对电容器进行充分放电，拆除与电容器的所有接线，清洁电容器套管，电容器外壳应可靠接地，被试电容器各相极间短接，绝缘电阻表的"E"端接地，测试前首先检查绝缘电阻表是否正常。被试电容器 U、V、W 三相分别与绝缘电阻表的"L"

端连接，非被试相接地，测试各相对地及相间绝缘电阻，读取 1min 或稳定后的绝缘电阻值，读取数据后断开"L"端与电容器的连接线，停止或关断绝缘电阻表，测试后使用放电棒对电容器进行充分放电。

六、测试注意事项

（1）为了克服测试线本身对地电阻的影响，绝缘电阻表的"L"端测试线应尽量使用屏蔽线，芯线与屏蔽层不应短接。在测量时，绝缘电阻表"L"端的测试线应使用绝缘棒与被试电容器连接。

（2）运行中的电容器，为克服残余电荷影响测试数据，测试前应充分放电。电容器不仅极间放电，极对地也要放电。并联电容器应从电极引出端直接放电，避免通过熔丝放电。

（3）放电时应使用放电棒，放电后再直接通过接地线放电接地。

（4）正确使用绝缘电阻表，注意操作程序，防止反充电。

（5）避免测试并联电容器极间绝缘电阻。因并联电容器极间电容较大，操作不当将造成人身和设备事故。

七、测试结果分析及测试报告编写

（一）测试结果分析

1. 测试标准及要求

根据 Q/GDW 1168—2013《输变电设备状态检修试验规程》、Q/GDW 11447—2015《10kV～500kV 输变电设备交接试验规程》及《国家电网公司变电检测通用管理规定及细则》〔国网（运检/3）829—2017〕的规定，电容器绝缘电阻试验标准见表 Z13F1005 I –1。

表 Z13F1005 I –1　　　　　　电容器绝缘电阻试验标准

设备	项目	标准
高压/干式并联电容器	极对壳绝缘电阻	≥2000MΩ
耦合电容器	极间绝缘电阻	≥5000MΩ
	低压端对地绝缘电阻	≥100MΩ
集合式电容器	相间和极对壳绝缘电阻	≥2000MΩ
断路器断口并联电容器	极间绝缘电阻	≥2000MΩ

2. 测试结果分析

所测得的绝缘电阻的数值不应小于一般允许值，若低于一般允许值，应进一步分析，查明原因。对电容量较大的高压电气设备的绝缘状况，主要以吸收比和极化指数的大小作为判断的依据。如果吸收比和极化指数有明显下降，说明其绝缘受潮或油质严重劣化。

在设备未明确规定最低值的情况下，将结果与有关数据比较，包括同一设备的各相的数据，同类设备间的数据，出厂试验数据，耐压前后数据，与历次同温度下的数据比较等，结合其他试验综合判断。

由于温度、湿度、脏污等条件对绝缘电阻的影响很明显，所以对试验结果进行分析时，应排除这些因素的影响，特别应考虑温度的影响。温度的换算可参考下式进行

$$R_2 = R_1 \times 1.5^{(t_1-t_2)/10}$$

式中　R_1、R_2——温度为t_1、t_2时的绝缘电阻值（MΩ）。

对电容量较大的电容器测试数据变化较大时，为克服残余电荷的影响应检查测试前放电是否充分，必要时可放电 5min 以上，然后重新测量。

电容器电容量比较大时，充电时间比较长，测量时应读取 1min 或稳定后的数据，便于以后的分析比较。

高压并联电容器绝缘结构比较简单，双极对地电容较小，绝缘电阻能有效地反映瓷套管和极对壳的绝缘缺陷。实践证明，双极对地绝缘电阻低，大部分是电容器密封不严或不牢固使空气和水分以及杂质进入油箱内部，造成套管内部和油纸绝缘受潮使绝缘电阻降低。

对于耦合电容器和断路器电容器极间绝缘缺陷，极间绝缘电阻的测试数据反映效果不够显著。因为耦合电容器和断路器电容器极间电容由较多电容元件串联组成，电容器绝缘缺陷初期，绝缘劣化和受潮的电容器元件是个别的，由于元件串联原因，极间绝缘电阻变化不是很显著。

如果测得的绝缘电阻很低，可以判断绝缘不良，但大多数情况下应结合其他测量参数综合判断。

（二）测试报告编写

试验记录应填写信息，包括基本信息（变电站、委托单位、试验单位、运行编号、试验性质、试验日期、试验人员、试验地点、报告日期、编写人员、审核人员、批准人员、试验天气、环境温度、环境相对湿度），设备铭牌（生产厂家、出厂日期、出厂编号、设备型号、额定电压等），试验数据（绝缘电阻、试验仪器、结论等）。

八、案例

一台新安装 110kV 耦合电容器，型号：OWF-110$\sqrt{3}$-0.01，铭牌电容量 0.009 980μF，交接试验数据为：绝缘电阻 50 000MΩ，tanδ=0.30%，电容量 =0.011 2μF。从数据中可见，极间绝缘电阻较大，但 tanδ 和电容量均超标。所以说，耦合电容器极间绝缘电阻的测试数据反映绝缘缺陷效果不够显著。

【思考与练习】

1. 绝缘电阻表的"L"端测试线为什么使用屏蔽线？

2. 测试电容器绝缘电阻前，为什么要对电容器进行充分放电？

3. 为什么对于耦合电容器和断路器电容器，在电容器绝缘缺陷初期，极间绝缘电阻反映绝缘缺陷不是很显著？

▲ 模块 6 避雷器绝缘电阻测试（Z13F1006Ⅰ）

【模块描述】本模块介绍氧化锌避雷器及阀型避雷器绝缘电阻的测试方法和技术要求。通过测试工作流程的介绍，掌握避雷器绝缘电阻测试前的准备工作和相关安全、技术措施、测试方法、技术要求及测试数据分析判断。

【模块内容】

一、测试目的

当避雷器密封良好时，其绝缘电阻很高，受潮以后，则绝缘电阻下降很多，因此测量避雷器绝缘电阻对判断避雷器是否受潮是很有效的一种方法。对带并联电阻的阀型避雷器，还可检查并联电阻是否老化或通断及接触是否良好。对金属氧化物避雷器，测量其绝缘电阻可检查出是否存在内部受潮或瓷套裂纹等缺陷。对带放电计数器的避雷器应进行底座绝缘电阻测试，其目的是检查底座绝缘是否受潮或瓷套出现裂纹等，保证放电计数器在避雷器动作时能够正确计数。

二、测试仪器、设备的选择

绝缘电阻表可分为手摇式绝缘电阻表和数字式绝缘电阻表。根据不同的被试品，按照相关规程的规定来选择适当输出电压的绝缘电阻表。绝缘电阻表的精度不应小于1.5%。

1000kV 设备用 2500V 及以上的绝缘电阻表测量；测量小于 1000kV 设备绝缘电阻用 2500V 绝缘电阻表；测量底座绝缘电阻用 2500V 绝缘电阻表。

三、危险点分析及控制措施

1. 防止高处坠落

人员在拆、接避雷器一次引线时，必须系好安全带。在测量绝缘电阻时，应尽量使用绝缘杆。在使用梯子时，必须有人扶持或绑牢。

2. 防止高处落物伤人

高处作业应使用工具袋，上下传递物件应用绳索拴牢传递，严禁抛掷。

3. 防止人员触电

（1）应严格执行 Q/GDW 1799.1—2013《国家电网公司电力安全工作规程　变电

部分》及 Q/GDW 1799.2—2013《电力安全工作规程　线路部分》的相关要求。

（2）高压试验工作不得少于两人。试验负责人应由有经验的人员担任，开始试验前，试验负责人应向全体试验人员详细布置试验中的安全注意事项，交待邻近间隔的带电部位，以及其他安全注意事项。

（3）试验现场应装设遮栏或围栏，遮栏或围栏与试验设备高压部分应有足够的安全距离，向外悬挂"止步，高压危险！"的标示牌，并派人看守。

（4）应确保操作人员及试验仪器与电力设备的高压部分保持足够的安全距离，且操作人员应使用绝缘垫。

（5）试验装置的金属外壳应可靠接地，高压引线应尽量缩短，并采用专用的高压试验线，必要时用绝缘物支挂牢固。

（6）加压前必须认真检查试验接线，使用规范的短路线，检查仪表的开始状态和试验电压挡位，均应正确无误。

（7）因试验需要断开设备接头时，拆前应做好标记，接后应进行检查。

（8）试验前，应通知所有人员离开被试设备，并取得试验负责人许可，方可加压；加压过程中应有人监护并呼唱。

（9）变更接线或试验结束时，应首先断开至被试品高压端的连线后断开试验电源，充分放电，并将升压设备的高压部分放电、短路接地。

（10）试验现场出现明显异常情况时（如异声、电压波动、系统接地等），应立即停止试验工作，查明异常原因。

（11）高压试验作业人员在全部加压过程中，应精力集中，随时警戒异常现象发生。

（12）未装接地线的大电容被试设备，应先行充分放电再做试验。

（13）试验结束时，试验人员应拆除自装的接地短路线，并对被试设备进行检查，恢复试验前的状态，经试验负责人复查后，进行现场清理。

四、测试前的准备工作

1. 了解被试设备现场情况及试验条件

现场试验前，应查勘现场，查阅相关技术资料，包括设备出厂试验数据、历年数据及相关规程；检查环境、人员等是否满足试验要求。

2. 测试仪器、设备准备

选择合适的绝缘电阻表、测试线、温（湿）度计、放电棒、接地线、梯子、安全带、安全帽、电工常用工具、试验临时安全遮栏、标示牌等，并查阅测试仪器、设备及绝缘工器具的检定合格证书有效期。

3. 办理工作票并做好试验现场安全和技术措施

按相关安全生产管理规定办理工作许可手续。向试验人员交代工作内容、带电部位、现场安全措施、现场作业危险点，明确人员分工及试验程序。

五、现场测试步骤及要求

（一）测试接线

绝缘电阻表上的接线端子"L"是接高压端的，"E"是接被试品的接地端的，"G"是接屏蔽端的。如被试品带有放电计数器，应将放电计数器前端作为接地端，采用屏蔽线连接。例如，被试品表面泄漏电流较大，还需接上屏蔽环。

（二）测试步骤

（1）将避雷器接地放电，放电时应用绝缘棒等工具进行，不得用手碰触放电导线。拆除或断开被试避雷器对外的一切连线。

（2）检查绝缘电阻表是否正常，若绝缘电阻表正常，将绝缘电阻表的接地端与被试品的地线连接，绝缘电阻表的高压端接上测试线，测试线的另一端悬空（不接试品），再次驱动绝缘电阻表，绝缘电阻表的指示应无明显差异，然后将绝缘电阻表停止转动。

（3）进行接线，经检查无误后，驱动绝缘电阻表达额定转速，将测试线搭上测试部位，读取 60s 绝缘电阻值，并做好记录。

（4）读取绝缘电阻后，应先断开接至被试品高压端的连接线，再将绝缘电阻表停止运转，以免绝缘电阻表反充电而损坏绝缘电阻表。

（5）对避雷器测试部位短接放电并接地。

（6）接有放电计数器的避雷器应测试避雷器的底座绝缘电阻。拆除放电计数器的上端引线，按上述步骤（3）～（5）所述的测试方法对避雷器的底座进行绝缘电阻测试。

六、测试注意事项

（1）宜选用相同电压、相同型号的绝缘电阻表。

（2）测量时宜使用高压屏蔽线内屏蔽层（或单屏蔽的屏蔽层）应接 G 端子，双屏蔽的屏蔽线外屏蔽应当接地。若无高压屏蔽线，测试线不要与地线缠绕，应尽量悬空。测试线不能用两根绝缘线和绞线，应用单根线分开单独连接，以免因绞线绝缘不良而引起误差。

（3）试验人员之间应分工明确，测量时应配合默契，测量过程中要大声呼唱。

（4）测量时应在天气良好的情况下进行，且空气相对湿度不高于 80%。若遇天气潮湿、绝缘子表面脏污，则需要进行"屏蔽"测量。测量采用屏蔽的接线如图 Z13F1006Ⅰ-1 所示。

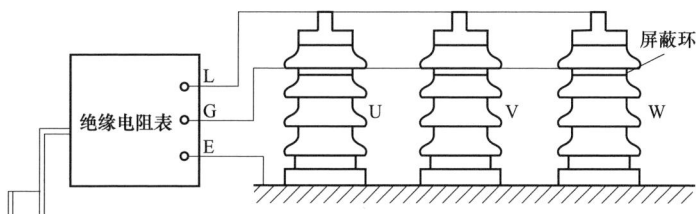

图 Z13F1006Ⅰ-1 测量采用屏蔽的接线图

七、测试结果分析及测试报告编写

（一）测试标准及结果分析

1. 测试标准及要求

根据 Q/GDW 1168—2013《输变电设备状态检修试验规程》、Q/GDW 11447—2015《10kV～500kV 输变电设备交接试验规程》及《国家电网公司变电检测通用管理规定及细则》〔国网（运检/3）829—2017〕的规定：底座绝缘电阻不应低于 100MΩ，1000kV 设备用 2500V 及以上的绝缘电阻表测量不应低于 2500MΩ。

2. 测试结果分析

（1）绝缘电阻的数值。所测得的绝缘电阻的数值不应小于一般允许值，若低于一般允许值，应进一步分析，查明原因。对电容量较大的高压电气设备的绝缘状况，主要以吸收比和极化指数的大小作为判断的依据。如果吸收比和极化指数有明显下降，说明其绝缘受潮或油质严重劣化。

（2）试验数值的相互比较。在设备未明确规定最低值的情况下，将结果与有关数据比较，包括同一设备的各相的数据，同类设备间的数据，出厂试验数据，耐压前后数据，与历次同温度下的数据比较等，结合其他试验综合判断。

（3）应排除湿度、温度和脏污的影响。由于温度、湿度、脏污等条件对绝缘电阻的影响很明显，所以对试验结果进行分析时，应排除这些因素的影响，特别应考虑温度的影响。温度的换算可参考下式进行

$$R_2 = R_1 \times 1.5^{(t_1-t_2)/10}$$

式中 R_1、R_2——温度为 t_1、t_2 时的绝缘电阻值（MΩ）。

（二）测试报告编写

试验记录应填写信息，包括基本信息（变电站、委托单位、试验单位、运行编号、试验性质、试验日期、试验人员、试验地点、报告日期、编写人员、审核人员、批准人员、试验天气、环境温度、环境相对湿度），设备铭牌（生产厂家、出厂日期、出厂编号、设备型号、额定电压等），试验数据（各节绝缘电阻、试验仪器、结论等）。

八、案例

某变电站一只 10kV 型号为 HY5WZ–17/45 型氧化锌避雷器，在预防性试验中绝缘电阻为 100MΩ，历年数据在 10 000MΩ以上，对其进行泄漏电流测试，75%U_{1mA} 下的泄漏电流为 200μA，判断该避雷器不合格，予以更换。

【思考与练习】

1. 避雷器绝缘电阻的测试目的是什么？

2. 当避雷器绝缘电阻测试值与历年相比降低较多时，应采取哪些措施来进一步分析判断？如果需要屏蔽，应如何进行？

3. 避雷器绝缘电阻值的测试标准是什么？

第八章

介质损耗角正切值 tanδ 和电容量的测试

▲ 模块 1 套管介质损耗角正切值 tanδ 和电容量测试
（Z13F2001 Ⅱ）

【模块描述】本模块介绍电容型套管介质损耗角正切值 tanδ 和电容量的测试方法和技术要求。通过测试工作流程的介绍，掌握电容型套管介质损耗角正切值 tanδ 和电容量测试前的准备工作和相关安全、技术措施、测试方法、技术要求及测试数据分析判断。

【模块内容】

一、测试目的

套管介质损耗角正切值 tanδ 和电容量测试是判断套管是否受潮的一个重要试验项目。根据套管介质损耗角正切值 tanδ 和电容量的变化，可以较灵敏地反映出套管绝缘劣化、受潮、电容层短路、漏油和其他局部缺陷。

二、测试仪器、设备的选择

介质损耗测试主要有西林电桥、M 型电桥和电流比较型电桥，目前应用较多的是数字化介质损耗因数测试仪。

试验电源的频率应为额定频率，频率：50Hz±0.5Hz。波形：正弦波，波形失真度不大于 5%。测量时应注意非正弦波的高次谐波分量对介质损耗因数及电容量值的影响。

测试仪介质损耗因数测量范围：0～0.1。电容量测量范围：在 10kV 试验电压下，电容量的内施法测量范围不小于 40 000pF。

三、危险点分析及控制措施

1. 防止高处坠落

工作人员在进行套管拆、接线时，必须系好安全带。使用梯子必须有人扶持或绑牢。对 220kV 及以上套管，需解开高压引线时，宜使用高处作业车（或高处检修作业架），严禁徒手攀爬套管。

2. 防止高处落物伤人

高处作业应使用工具袋，上下传递物件应用绳索拴牢传递，严禁抛掷。

3. 防止人员触电

（1）应严格执行 Q/GDW 1799.1—2013《国家电网公司电力安全工作规程 变电部分》的相关要求。

（2）高压试验工作不得少于两人。试验负责人应由有经验的人员担任，开始试验前，试验负责人应向全体试验人员详细布置试验中的安全注意事项，交待邻近间隔的带电部位，以及其他安全注意事项。

（3）试验现场应装设遮栏或围栏，遮栏或围栏与试验设备高压部分应有足够的安全距离，向外悬挂"止步，高压危险！"的标示牌，并派人看守。

（4）应确保操作人员及试验仪器与电力设备的高压部分保持足够的安全距离，且操作人员应使用绝缘垫。

（5）试验装置的金属外壳应可靠接地，高压引线应尽量缩短，并采用专用的高压试验线，必要时用绝缘物支挂牢固。

（6）加压前必须认真检查试验接线，使用规范的短路线，检查仪表的开始状态和试验电压挡位，均应正确无误。

（7）因试验需要断开设备接头时，拆前应做好标记，接后应进行检查。

（8）试验前，应通知有关人员离开被试设备，并取得试验负责人许可，方可加压；加压过程中应有人监护并呼唱。

（9）变更接线或试验结束时，应首先断开至被试品高压端的连线后断开试验电源，充分放电，并将升压设备的高压部分放电、短路接地。

（10）试验现场出现明显异常情况时（如异音、电压波动、系统接地等），应立即停止试验工作，查明异常原因。

（11）高压试验作业人员在全部加压过程中，应精力集中，随时警戒异常现象发生。

（12）未装接地线的大电容被试设备，应先行放电再做试验。

（13）试验结束时，试验人员应拆除自装的接地短路线，并对被试设备进行检查，恢复试验前的状态，经试验负责人复查后，进行现场清理。

四、测试前的准备工作

1. 了解被试设备现场情况及试验条件

查勘现场，查阅相关技术资料，包括该套管出厂资料、出厂试验报告及相关规程等，掌握该套管运行及缺陷情况。

2. 测试仪器、设备准备

选择合适的数字式自动介质损耗测试仪（或 QS1 型西林电桥）、试验变压器、试验控制台、静电电压表、万用表、测试线、温（湿）度计、绝缘电阻表、放电棒、接地线、梯子、安全带、安全帽、绝缘垫、电工常用工具、试验临时安全遮栏、标示牌等，并查阅测试仪器、设备及绝缘工器具的检定合格证书有效期。

3. 办理工作票并做好试验现场安全和技术措施

按相关安全生产管理规定办理工作许可手续；向试验人员交代工作内容、带电部位、现场安全措施、现场作业危险点，明确人员分工及试验程序。

五、现场测试步骤及要求

（一）测试接线

1. 测量不带末屏的套管

对单独套管，采用正接线方式。将套管垂直放置在支架上，中部法兰用高电阻的绝缘垫对地绝缘。将电桥高压线接至套管导电杆，测量线"C_x"接至法兰，如图 Z13F2001Ⅱ-1 所示。

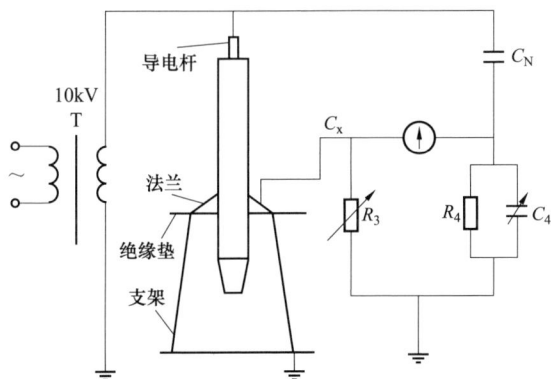

图 Z13F2001Ⅱ-1　测量不带末屏套管 tanδ 的正接线图

对已安装于电力设备上的高压套管，采用反接线方式。将套管的一次引线拆除，测量线"C_x"接至套管导电杆，套管法兰与设备金属外壳直接连接并接地，如图 Z13F2001Ⅱ-2 所示。断路器套管进行测试时，应将断路器断开。

2. 测量带末屏的套管 tanδ 值

测量带末屏套管的主绝缘 tanδ 值采用正接线方式，接线如图 Z13F2001Ⅱ-3 所示。将套管中部法兰直接接地，将高压线接至套管导电杆，测量线"C_x"接至末屏小套管。

测量套管末屏的 tanδ 值采用反接线方式，接线如图 Z13F2001Ⅱ-4 所示。将套管中部法兰直接接地，测量线"C_x"接至末屏小套管，导电杆接测量线屏蔽端。

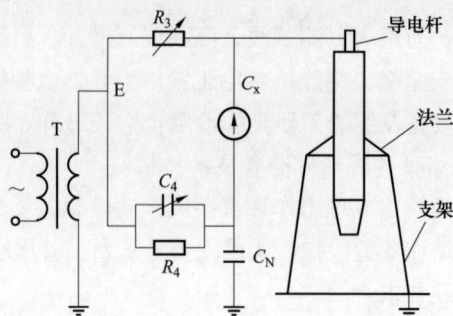

图 Z13F2001Ⅱ-2 测量不带末屏套管 $\tan\delta$ 的反接线图

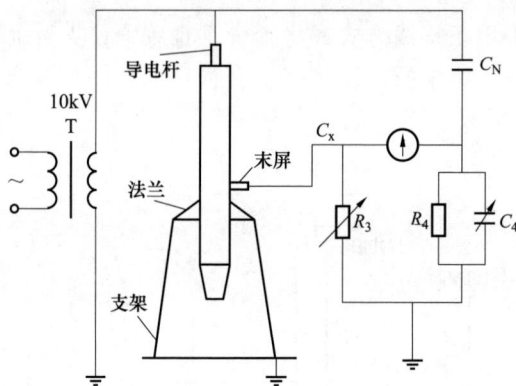

图 Z13F2001Ⅱ-3 测试带末屏套管主绝缘 $\tan\delta$ 的正接线图

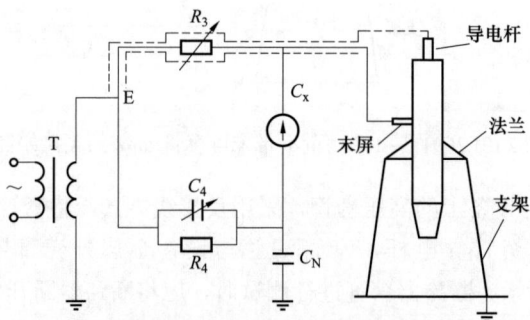

图 Z13F2001Ⅱ-4 测试末屏套管 $\tan\delta$ 的反接线图

（二）测试步骤

（1）对套管接地放电并拆除引线。用干燥清洁柔软的布擦去被试套管外绝缘表面的脏污，必要时用适当的清洁剂洗净。

（2）进行接线，检查接线无误后，对于安装在变压器上的套管，应将一次端的 A、

B、C、N 短接。从零升至测试电压进行测试，测试完毕后，对数字式电桥应先将高压降到零，断开高压开关，读取测试数据，切断电桥电源，对被试品放电接地。对 QS1 西林电桥，测试完毕后将高压降到零，立即切断电源，读取测试数据，对被试品放电接地。

（3）恢复套管连接线，特别注意末屏接地引线的恢复。

六、测试注意事项

（1）测试应在良好的天气，湿度小于 80%，套管本身及环境温度不低于 5℃ 的条件下进行。

（2）测试前，应先测试被试品的绝缘电阻，其值应正常。

（3）在拆除套管一次引线时要采用正确方法，选用合适的工具进行，严防工具打滑损坏套管瓷套。拆除套管末屏接地时，注意防止末屏小套管漏油或小套管内接线转动、松脱。试验完毕应可靠恢复末屏接地，防止运行中末屏放电。

（4）油套管试验前要观察其油位是否正常，不得在套管无油的状态下进行试验。

（5）测量独立的电容型套管介质损耗时，由于其电容小，当套管位置放置不同时，因高压电极和测量电极对周围的物体存在杂散阻抗，会对套管的实测结果有很大影响，不同的放置位置测试结果不同。因此，在测量高压电容型套管的介质损耗时，要求垂直放置在接地的套管架上，不应把套管水平放置或吊起任意角度进行测量。

（6）测量时，应使高压引线与试品夹角接近或大于 90℃。因为套管的电容量一般不大，在测量介质损耗时高压引线与试品的杂散电容对测量的影响较大，尤其是瓷套表面存在脏污并受潮时，所以应尽量减小高压引线与试品间的杂散电容。

（7）在测量变压器套管时，为了安全以及减少线圈电感的影响，所有变压器线圈都应短路，并且非被试套管上的线圈应当接地。各相套管单独试验，非试验相套管的末屏必须可靠接地。

（8）当相对湿度较大时，正接线测量 tanδ 结果偏小，甚至可能出现负值；反接线测量 tanδ 结果往往偏大。不宜采用加屏蔽环，来防止表面泄漏电流的影响。有条件时可采用电吹风吹干瓷套表面或待阳光暴晒后进行测量。

（9）在进行多油断路器套管试验时，如发现或怀疑套管介质损耗异常，可将油箱落下、拆除灭弧室进一步分解试验，以确定是否为套管故障。

（10）在设备部分停电的环境下进行测试时，应采取抗干扰的措施，以便获得准确数值。

七、测试结果分析及测试报告编写

（一）测试标准及结果分析

1. 测试标准及要求

根据 Q/GDW 1168—2013《输变电设备状态检修试验规程》、Q/GDW 11447—

2015《10kV～500kV输变电设备交接试验规程》及《国家电网公司变电检测通用管理规定及细则》〔国网（运检/3）829—2017〕的规定：20℃时的 tanδ%值应不大于表 Z13F2001Ⅱ-1 中数值。

表 Z13F2001Ⅱ-1　　套管 tanδ（%）和电容值判断标准

| 高压套管 | 电容量 | (1) 与初始值相比无明显变化；
(2) 电容量初值差不超过±5%（警示值）；
(3) 1000kV：不超过±2% |
| | 介质损耗因数（20℃） | (1) 72.5～126kV：≤0.01（注意值）。
(2) 252～363kV：≤0.008（注意值）。
(3) ≥550kV：≤0.007（注意值）。
(4) 1000kV：主绝缘不大于 0.006；末屏对地绝缘不大于 0.01。
聚四氟乙烯缠绕绝缘：≤0.005 |

注　表中未规定的套管按厂家技术说明书执行。

2. 测试结果分析

将结果与有关数据比较，包括同一设备的各相的数据，同类设备间的数据，出厂试验数据，耐压前后数据，与历次同温度下的数据比较等。为便于比较，宜将不同温度下测得的数值换算至 20℃，20℃～80℃温度范围内，经验公式为

$$\tan\delta = \tan\delta_0 \times 1.3^{(t-t_0)}$$

式中　　tanδ_0——度为 t_0 时的介质损耗因数值（一般取 t_0=20℃）。

　　　　tanδ——温度为 t 时的介质损耗因数值。

若试验结果超标，结合绝缘电阻、绝缘油试验、耐压、红外成像、高压介质损耗等试验项目综合判断。

（二）测试报告编写

试验记录应填写信息，包括基本信息（变电站、委托单位、试验单位、运行编号、试验性质、试验日期、试验人员、试验地点、报告日期、编写人员、审核人员、批准人员、试验天气、环境温度、环境相对湿度、油温），设备铭牌（生产厂家、出厂日期、出厂编号、设备型号、额定电压、额定电流、额定容量等），试验数据（介质损耗 tanδ、电容量、仪器型号、结论等）。

八、案例

案例 1：某供电局 110kV 主变压器 U 相套管（型号 BRL2W-110/600 油纸电容式套管，1975 年 8 月出厂，电容量为 280pF），在试验中介质损耗为 0.9%，电容量 293pF，末屏对地绝缘电阻为 1600MΩ，虽然介质损耗、电容量和套管末屏绝缘电阻均未超出规程规定（tanδ<1.0%，末屏绝缘电阻>1000MΩ），但与上次试验结果（tanδ：0.15%，

电容量：286pF，末屏对地绝缘电阻：2500MΩ）相比，变化已非常明显。综合分析主要原因是由于套管密封不良受潮引起的。决定对套管进行烘干处理，经过解体对套管电容芯进行烘干处理后测量 tanδ 为 0.14%，电容量为 281pF，末屏对地绝缘电阻为 10 000MΩ。套管绝缘性能恢复正常。

案例 2：某支 220kV 套管，投运前发现储油柜漏油，添加 20kg 合格绝缘油后才见到油位，其测试结果如表 Z13F2001Ⅱ–2 所示。

表 Z13F2001Ⅱ–2　　　　　　　　220kV 套管测试结果

测 试 部 位	tanδ（%）	绝缘电阻（MΩ）
主绝缘	0.33	50 000
末屏对地	6.3	60

从表 Z13F2001Ⅱ–2 可见，若只测量主绝缘 tanδ，则可判断绝缘无异常；但若测量末屏对地的 tanδ，说明外层绝缘已严重受潮。由于外层绝缘受潮也将导致主绝缘逐渐受潮，只是在测量时尚未达到严重程度而已。

【思考与练习】

1. 电容型套管的电容量与出厂值或上一次测量值有明显差别时，可能的原因有哪些？

2. 测量 110kV 电容型套管主绝缘 tanδ 和末屏对地的 tanδ，接线有何区别？标准是什么？

◢ 模块 2　电容器介质损耗角正切值 tanδ 测试（Z13F2002Ⅱ）

【模块描述】本模块介绍耦合电容器和断口电容器极间介质损耗角正切值 tanδ 的测试方法和技术要求。通过测试工作流程的介绍，掌握电容器介质损耗角正切值 tanδ 测试前的准备工作和相关安全、技术措施、测试方法、技术要求及测试数据分析判断。

【模块内容】

一、测试目的

电容器介质损耗角正切值 tanδ 和电容器绝缘介质的种类、厚度、浸渍剂的特性以及制造工艺有关。电容器 tanδ 的测量能灵敏地反映电容器绝缘介质受潮、击穿等绝缘缺陷，对制造过程中真空处理和剩余应力、引线端子焊接不良、有毛刺、铝箔或膜纸不平整等工艺的问题也有较灵敏的反应，因而电容器介质损耗角正切值 tanδ 是电容器絶縁優劣的重要指標。

二、測試儀器的選択

介質損耗測試主要有西林電橋、M 型電橋和電流比較型電橋，目前応用較多的是数字化介質損耗因数測試儀。

試験電源的頻率応為額定頻率，頻率：50Hz±0.5Hz。波形：正弦波，波形失真度不大于 5%。測量時応注意非正弦波的高次諧波分量対介質損耗因数及電容量値的影響。

測試儀介質損耗因数測量範囲：0～0.1。電容量測量範囲：在 10kV 試験電圧下，電容量的内施法測量範囲不小于 40 000pF。

三、危険点分析及控制措施

1. 防止高処墜落

在電容器上作業応系好安全帯。対 220kV 及以上電容器，需解開引線時，宜使用高処作業車，厳禁徒手攀爬互感器套管。

2. 防止高処落物傷人

高処作業応使用工具袋，上下伝逓物件応用縄索拴牢伝逓，厳禁抛擲。

3. 防止工作人員触電

（1）応厳格執行 Q/GDW 1799.1—2013《国家電網公司電力安全工作規程　変電部分》的相関要求。

（2）高圧試験工作不得少于両人。試験負責人応由有経験的人員担任，開始試験前，試験負責人応向全体試験人員詳細布置試験中的安全注意事項，交待邻近間隔的帯電部位、危険点以及其他安全注意事項。

（3）試験現場応装設遮欄或囲欄，遮欄或囲欄与試験設備高圧部分応有足够的安全距離，向外悬挂"止歩，高圧危険！"的標示牌，并派人看守。

（4）応確保操作人員及試験儀器与電力設備的高圧部分保持足够的安全距離，且操作人員応使用絶縁墊。

（5）試験装置的金属外殻応可靠接地，高圧引線応尽量縮短，并採用専用的高圧試験線，必要時用絶縁物支挂牢固。

（6）加圧前必須認真検査試験接線，使用規範的短路線，検査所用儀器試験方法、試験電圧的選択及開始状態，均応正確無誤。

（7）因試験需要断開設備接頭時，拆前応做好標記，接後応進行検査。

（8）試験前，応通知所有人員離開被試設備，并取得試験負責人許可，方可加圧；加圧過程中応有人監護并呼唱。

（9）変更接線或試験結束時，応首先断開試験電源，放電，并将升圧設備的高圧部分充分放电、短路接地。

（10）试验现场出现明显异常情况时（如异声、电压波动、系统接地等），应立即中断加压，停止试验工作，查明异常原因。

（11）高压试验作业人员在全部加压过程中，应精力集中，随时警戒异常现象发生。

（12）未装接地线的大电容被试设备，应先行放电再做试验。如其他设备试验有可能使大电容设备产生感应电的情况，应在其他设备完成试验后对大电容设备进行充分放电。

（13）试验结束时，试验人员应拆除自装的接地短路线，并对被试设备进行检查，恢复试验前的状态，经试验负责人复查后，进行现场清理。

四、测试前的准备工作

1. 了解被试设备现场情况及试验条件

查勘现场，查阅相关技术资料，包括该设备出厂资料、出厂试验报告及相关规程等，掌握该设备运行及缺陷情况。

2. 测试仪器、设备准备

选择合适的数字式自动介质损耗测试仪（或 QS1 型高压西林电桥、标准电容、操作箱、10kV 升压器）、测试线、温（湿）度计、放电棒、接地线、梯子、安全带、安全帽、电工常用工具、试验临时安全遮栏、标示牌等，并查阅测试仪器、设备及绝缘工器具的检定合格证书有效期。

3. 办理工作票并做好试验现场安全和技术措施

按相关安全生产管理规定办理工作许可手续；向试验人员交代工作内容、带电部位、现场安全措施、现场作业危险点，明确人员分工及试验程序。

五、现场测试步骤及要求

（一）耦合电容器测试

1. 测试接线

耦合电容器tanδ的测量一般采用正接线，分析比较时采用反接线测量。正接线测试接线如图 Z13F2002Ⅱ-1（a）所示，反接线测试接线如图 Z13F2002Ⅱ-1（b）所示。采用正接线测量时，耦合电容器高压电极接测试电压，法兰接地，耦合电容器低压电极小套管接电桥 C_x 端，若被试品没有小套管，C_x 端与法兰连接并垫绝缘物测量。采用反接线时，耦合电容器高压电极接电桥 C_x 端，法兰和小套管接地。

2. 测试步骤

耦合电容器tanδ测量采用正接线测量时，先将被试电容器对地放电并接地，拆除被试电容器对外所有一次连接线，电容器法兰接地，打开小套管接地线并与电桥 C_x 端相连接，高压引线接至电容器高压电极，取下接地线，检查接线无误后，通知其他

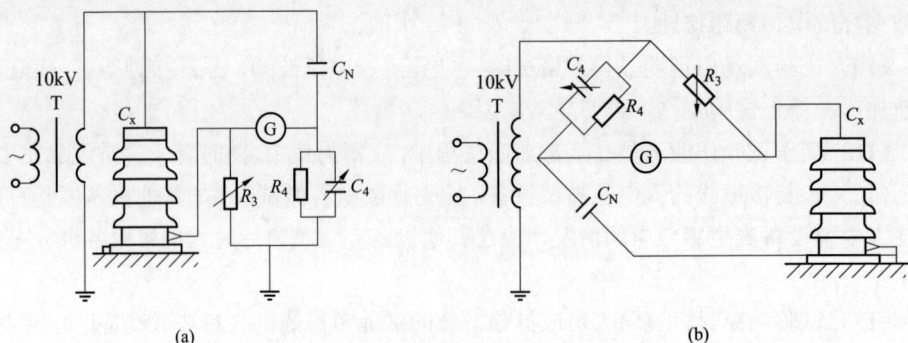

图 Z13F2002Ⅱ-1 耦合电容器 tanδ 的测试接线图

(a) 正接线；(b) 反接线

T—试验变压器；G—检流计；C_x—被试品；R_3、R_4—标准电阻；C_N、C_4—标准电容

人员远离被试品并监护。合上试验电源，从零开始升压至测试电压进行测试，测试电压为 10kV。测试完毕后先将电压降到零，然后读取测量数据，切断电源，对被试品进行放电并接地，拆除测试引线。特别注意小套管接地引线的恢复。

采用反接线测量时，电桥 C_x 端接电容器高压电极，低压电极接地。测量下节耦合电容器时下法兰和小套管接地，采用反接线测量时，桥体接地应直接与被试品接地点直接连接，测试电压为 10kV。

（二）断路器电容器测试

1. 测试接线

断路器电容器 tanδ 测量通常采用正接线，如图 Z13F2002Ⅱ-2 所示，测量时被试电容器一端接测试电压，另一端接电桥 C_x 端。如断口电容器在安装前测试，应注意测量端要垫绝缘物。

2. 测试步骤

交接时断口电容器的 tanδ 应在安装前测试，主要是避免断路器灭弧室的影响。测试前先将被试电容器极间短路放电并接地，高压引线接至断路器电容器一端电极，电容器另一端接电桥 C_x 端。取下接地线，检查接线无误后，通知其他人员远离被试电容器。合上试验电源，从零开始升压至测试电压进行测试，测试电压为 10kV。测试完毕后将电压降到零后读取测

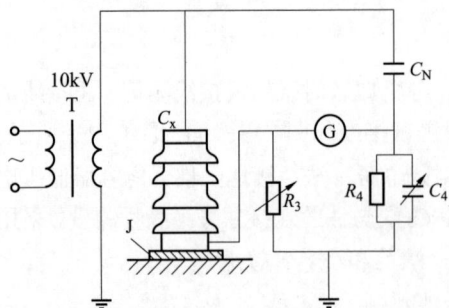

图 Z13F2002Ⅱ-2 断口电容器 tanδ 测量接线图

T—试验变压器；J—绝缘物；G—检流计；C_x—被试品；R_3、R_4—标准电阻；C_N、C_4—标准电容

量数据，然后切断电源，对被试品进行放电并接地。

预防性试验时，如果测试数据偏大，可将电容器的一端拆开进行测试。

六、测试注意事项

（1）测试应在良好的天气下进行，电容器本身及环境温度不低于+5℃，电容器表面脏污、潮湿时，应采取擦拭和烘干等措施减少表面泄漏电流的影响，必要时加屏蔽环屏蔽表面泄漏电流。

（2）采用反接线测量时，电桥本体用截面较大的裸铜导线可靠接地，接地点应直接与被试品接地点直接连接。注意电桥C_x端对地距离应足够大，引线不能过长，以减少对地电容。

（3）接线紧凑、布置合理，注意电场、磁场干扰。测试现场如有电场或磁场干扰应采用移相法、倒相法或变频法等抗干扰方法。

（4）高压引线连接应紧密牢靠，否则接触电阻会影响膜纸复合绝缘电容器的tanδ。

（5）测试前必须检查电容器是否漏油。如漏油，则电容器应退出运行，不必进行测试。

七、测试结果分析及测试报告编写

（一）测试标准及结果分析

1. 测试标准及要求

根据Q/GDW 1168—2013《输变电设备状态检修试验规程》、Q/GDW 11447—2015《10kV～500kV 输变电设备交接试验规程》及《国家电网公司变电检测通用管理规定及细则》〔国网（运检/3）829—2017〕的规定：

——电容量初值差不超过±5%（警示值）。

——介质损耗因数：膜纸复合≤0.002 5；油浸纸≤0.005（注意值）。

——多节串联的，应分节测量；测量前应确认外绝缘表面清洁、干燥，分析时应注意温度影响。

（1）测试结果应换算到同一温度下进行比较，其值应不大于出厂试验值的1.3倍。一般可按式（Z13F2002Ⅱ-1）进行换算，即

$$\tan\delta_2 = \tan\delta_1 \times 1.3^{(t_2-t_1)/10} \qquad (Z13F2002 Ⅱ-1)$$

式中 $\tan\delta_1$、$\tan\delta_2$——温度t_1、t_2时的tanδ值。

（2）将结果与有关数据比较，包括同一设备的各相的数据，同类设备间的数据，出厂试验数据，耐压前后数据，与历次同温度下的数据比较等，进行综合分析判断。若试验结果超标，结合绝缘电阻、绝缘油试验、耐压、红外成像、高压介质损耗等试

验项目结果综合判断。

2. 测试结果分析

电容器 $\tan\delta$ 测量通常采用正接线。亦可使用反接线测试。能反映瓷套绝缘状况：瓷套裂纹及内壁受潮等。

电容器内部元件为串、并联结构，特别是耦合电容器等电容器串联元件较多，个别元件短路、开路或劣化，$\tan\delta$ 反应并不是很灵敏，因为 $\tan\delta$ 与缺陷部分体积大小有关，其关系为

$$\tan\delta = \tan\delta_1 + \frac{V_2}{V}\tan\delta_2 \qquad (Z13F2002\,\mathrm{II}-2)$$

式中　$\tan\delta_1$——绝缘良好部分介质损耗角正切值；

　　　$\tan\delta_2$——绝缘缺陷部分介质损耗角正切值；

　　　V_2——绝缘缺陷部分体积；

　　　V——绝缘总体积。

由式（Z13F2002 II-1）可见，对电容量较大的试品，$\tan\delta$ 反应绝缘缺陷并不是很灵敏，还要结合电容量的变化综合判断。

OWF 型电容器绝缘为膜纸复合绝缘，用聚丙烯薄膜与电容器纸复合，有功损耗较低，约为油纸绝缘电容器的 1/4，介质损耗因数应小于 0.1%，因为其中聚丙烯粗化膜电容器的介质损耗因数只有 0.01%，损耗为电容器纸的 1/10，有机合成浸渍剂的介质损耗因数也只有 0.03%。

现场测量中膜纸复合绝缘的电容器介质损耗 $\tan\delta$ 一般小于 0.2%，但有少部分介质损耗超过 0.2%，应具体分析判断，不能轻易判断不合格。现场测量中应使用分辨率高、误差小的交流电桥或数字式自动介质损耗测试仪测试。如果使用 QS1 电桥测试，电桥 Z_4 臂可并联一电阻 R_b 以提高分辨率，如将 QS1 电桥分辨率提高至 0.01%，并联电阻计算式为

$$R_b = \frac{R_4}{N-1} = \frac{3184}{10-1} = 353.8\,(\Omega) \qquad (Z13F2002\,\mathrm{II}-3)$$

式中　R_b——外加并联电阻，Ω；

　　　R_4——电桥 Z_4 桥臂标注电阻，Ω；

　　　N——分辨率提高倍数。

电桥 Z_4 臂并联电阻后提高了分辨率 N 倍，并联电阻后的 $\tan\delta_b$ 的计算式为

$$\tan\delta_b = \frac{\tan\delta}{N} \qquad (Z13F2002\,\mathrm{II}-4)$$

式中　$\tan\delta$——测量值，%。

电桥 Z_4 臂并联电阻后电容量扩大了 N 倍，并联电阻后的 C_{xb} 的计算式为

$$C_{xb} = \frac{C_x}{N} \qquad\qquad (\text{Z13F2002 II} - 5)$$

式中　C_x——电容量测量值，pF。

电容器 tanδ 的综合判断内容如下：

（1）与规程值比较；

（2）与产品技术条件比较；

（3）与历年数据比较；

（4）与同类设备测试数据比较；

（5）观察测试数据变化趋势；

（6）观察测试数据变化速率；

（7）观察电容量变化；

（8）必要时测量温度与 tanδ 的关系曲线。

（二）测试报告编写

试验记录应填写信息，包括基本信息（变电站、委托单位、试验单位、运行编号、试验性质、试验日期、试验人员、试验地点、报告日期、编写人员、审核人员、批准人员、试验天气、环境温度、环境相对湿度、油温），设备铭牌（生产厂家、出厂日期、出厂编号、设备型号、额定电压等），试验数据（介质损耗 tanδ、电容量、仪器型号、结论等）。

八、案例

一台型号 OY–110/$\sqrt{3}$ –0.01 的耦合电容器，原始 tanδ 测试数据是 0.2%，电容量 0.009 980μF，测试环境温度 29℃，本次测试数据 0.3%，电容量 0.011 00μF，测试环境温度 30℃，tanδ 增大，电容量增长明显，仔细检查发现耦合电容器上法兰与瓷套结合处渗油。分析认为耦合电容器密封不严进水受潮，导致绝缘劣化。因为良好的油纸绝缘的 tanδ 在 10～30℃ 范围内是稳定的或变化很小的，只有绝缘劣化 tanδ 变化才会明显，电容量增大显著，说明电容器进水受潮，因为水的介电系数比电容器油要高。

【思考与练习】

1. 耦合电容器 tanδ 测试接线通常采用哪种接线？

2. 目前常用的耦合电容器绝缘介质主要有哪几种？

3. 进行断路器电容器 tanδ 交接试验，有什么要求？

4. QS1 电桥提高分辨率时并联电阻 R_b 和 tanδ_b 如何计算？

第九章

交流耐压试验

▲ 模块1　绝缘子、套管交流耐压试验（Z13F3001 Ⅱ）

【模块描述】本模块介绍绝缘子、套管交流耐压试验的方法和技术要求。通过试验工作流程的介绍，掌握绝缘子、套管交流耐压试验前的准备工作和相关安全、技术措施、试验方法、技术要求及测试数据分析判断。

【模块内容】

一、试验目的

绝缘子、套管的交流耐压试验是鉴定其绝缘强度最直接的方法，它对于判断绝缘子、套管能否投入运行具有决定性的意义，也是保证绝缘子、套管质量，避免发生绝缘事故的重要手段。交流耐压试验符合设备实际运行情况，因此能有效地发现绝缘缺陷。

二、试验仪器、设备的选择

1. 试验变压器

（1）电压的选择。根据被试品的试验电压，选用电压合适的试验变压器，还应考虑试验变压器低压侧电压是否和试验现场的电源电压及调压器相符。当试验电压较高时，可采用串级式试验变压器。

（2）电流的选择。试验变压器的额定电流，应能满足流过被试品的电容电流和泄漏电流的要求，计算式为

$$I = \omega C_x U \qquad\qquad (\text{Z13F3001 Ⅱ}-1)$$

式中　I ——试验变压器高压侧应输出的电流，mA；

　　　ω ——角频率，$\omega = 2\pi f$；

　　　C_x ——被试品电容量，μF；

　　　U ——试验电压，kV。

其中，C_x 对于绝缘子一般为 100pF 以下，对于高压套管为 50～600pF。

（3）容量的选择。一般按式（Z13F3001Ⅱ-2）计算，在试验时，按计算值选择变压器容量，一般不得超负荷运行。对采用电压互感器做试验电源时，容许在 3min 内超负荷 3.5～5 倍，即

$$P=\omega C_{\mathrm{x}}U^{2}\times10^{-3} \qquad\qquad （Z13F3001Ⅱ-2）$$

式中 P——试验变压器容量，kVA；

其他符号含义同式（Z13F3001Ⅱ-1）。

2. 对于绝缘子和套管耐压尽量采用自耦调压器

要求：① 波形畸变小和阻抗电压低；② 从零起升压，能实现连续、平稳调压；③ 容量计算式为

$$P_{0}=（0.75～1）P$$

式中 P_{0}——调压器容量，kVA；

P——试验变压器容量，kVA。

3. 保护电阻 R_{1} 和 R_{2}

保护电阻 R_{1} 一般取 0.1～0.5Ω/V，并应有足够的热容量和长度。与保护球隙串联的保护电阻 R_{2}，其电阻值通常取 1Ω/V。

4. 电压表和电流表

电压表、电流表的量程应满足测量要求，准确度等级不小于 0.5 级。分压器应满足测量要求，分压比应稳定在±1%之内。

三、危险点分析及控制措施

1. 防止高处坠落

登高作业要正确使用安全带，使用梯子时要绑扎牢固或有人扶持；使用高处作业车进行作业时，要检查作业斗的门锁是否牢固及作业车定位闭锁是否完好；在夏季要避开高温时段进行高处作业，防止工作人员高温中暑引起高处坠落。

2. 防止高处落物伤人

高处作业应使用工具袋，上下传递物件应用绳索拴牢传递，严禁抛掷。工作人员进入现场必须正确佩戴安全帽，高处作业下方不得站人。

3. 防止人员触电

（1）应严格执行 Q/GDW 1799.1—2013《国家电网公司电力安全工作规程　变电部分》。

（2）高压试验工作不得少于两人。试验负责人应由有经验的人员担任，开始试验前，试验负责人应向全体试验人员详细布置试验中的安全注意事项，交待邻近间隔的带电部位，以及其他安全注意事项。

（3）试验现场应装设遮栏或围栏，遮栏或围栏与试验设备高压部分应有足够的安全距离，向外悬挂"止步，高压危险！"的标示牌，并派人看守。

（4）应确保操作人员及试验仪器与电力设备的高压部分保持足够的安全距离，且操作人员应使用绝缘垫。

（5）试验装置的金属外壳应可靠接地，高压引线应尽量缩短，并采用专用的高压试验线，必要时用绝缘物支挂牢固。

（6）加压前必须认真检查试验接线，使用规范的短路线，检查仪表的开始状态和试验电压挡位，均应正确无误。

（7）因试验需要断开设备接头时，拆前应做好标记，接后应进行检查。

（8）试验前，应通知有关人员离开被试设备，并取得试验负责人许可，方可加压；加压过程中应有人监护并呼唱。

（9）变更接线或试验结束时，应首先断开至被试品高压端的连线后断开试验电源，充分放电，并将升压设备的高压部分放电、短路接地。

（10）试验现场出现明显异常情况时（如异音、电压波动、系统接地等），应立即停止试验工作，查明异常原因。

（11）高压试验作业人员在全部加压过程中，应精力集中，随时警戒异常现象发生。

（12）未装接地线的大电容被试设备，应先行放电再做试验。

（13）试验结束时，试验人员应拆除自装的接地短路线，并对被试设备进行检查，恢复试验前的状态，经试验负责人复查后，进行现场清理。

四、试验前的准备工作

1. 了解被试设备现场情况及试验条件

查勘现场，查阅相关技术资料，包括该设备出厂资料、出厂试验报告及相关规程等，掌握该设备运行及缺陷情况。

2. 测试仪器、设备准备

选择合适的试验变压器、调压器、电源箱、升压控制箱、电压表、电流表、分压器、球隙、保护电阻、温（湿）度计、放电棒、接地线、电源线、梯子、安全带、常用工具、试验临时安全遮栏等，并查阅测试仪器、设备及绝缘工器具的检定合格证书有效期。

3. 办理工作票并做好试验现场安全和技术措施

按相关安全生产管理规定办理工作许可手续；向试验人员交代工作内容、带电部位、现场安全措施、现场作业危险点，明确人员分工及试验程序。

五、现场试验步骤及要求

（一）试验接线

绝缘子和套管交流耐压试验原理接线，如图 Z13F3001Ⅱ-1 所示。

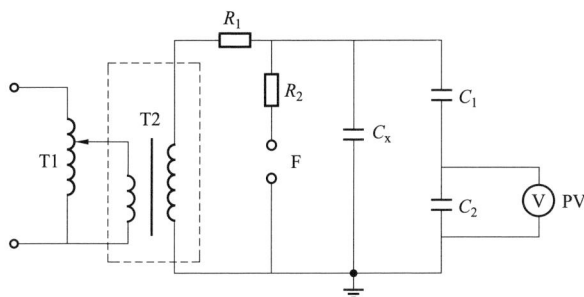

图 Z13F3001Ⅱ-1 绝缘子和套管交流耐压试验原理接线图

T1—调压器；T2—试验变压器；R_1—限流电阻；R_2—球隙保护电阻；F—球间隙；
C_x—被试品电容；C_1、C_2—电容分压器高、低压臂电容；PV—电压表

1. 套管交流耐压接线

套管主绝缘耐压时，将套管的一次侧接入交流耐压装置的高压部分，法兰及末屏接地。

末屏对地耐压时，将套管末屏接入耐压装置的高压部分，法兰接地，末屏对地耐压严格按产品说明书要求进行。

运行中设备的套管耐压一般随设备整体进行耐压，按组合设备最低试验电压进行。

2. 绝缘子交流耐压接线

单元件绝缘子耐压时，将交流耐压装置的高压端接入绝缘子的金具或法兰一端，另一端接地。

多元件绝缘子耐压时，在绝缘子分层胶合处缠绕铜线并接入高压，并将其两端分别接地，其接线如图 Z13F3001Ⅱ-2 所示。

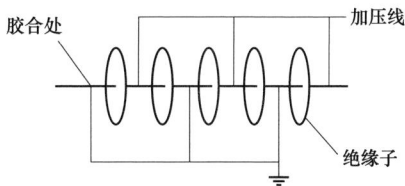

图 Z13F3001Ⅱ-2 多元件绝缘子交流耐压接线图

（二）试验步骤

（1）对被试品接地放电并拆除引线。

（2）用干燥清洁柔软的布擦去被试品外绝缘表面的脏污，必要时用适当的清洁剂洗净。

（3）测试绝缘电阻，绝缘电阻应为标准值。

（4）合理布置试验设备，并将试验设备外壳和被试品金属外壳可靠接地。进行接线，并检查试验接线正确无误、调压器在零位，试验回路中过电流和过电压保护应整定正确、可靠。

（5）将球间隙的放电电压整定在 1.2 倍额定试验电压所对应的放电距离。

（6）将高压引线接上试品，接通电源，开始升压进行试验。升压速度在 75% 试验

电压以前，可以是任意的，自 75%电压开始应均匀升压，约为每秒 2%试验电压的速率升压。升至试验电压，开始计时并读取试验电压。时间到后，迅速均匀降压到零（或 1/3 试验电压以下），然后切断电源，放电、挂接地线。试验中如无破坏性放电发生，则认为通过耐压试验。

（7）测试绝缘电阻，其值应正常（一般绝缘电阻下降不大于 30%）。

六、试验注意事项

（1）在进行交流耐压试验前，应先进行其他绝缘试验，合格后才能进行耐压试验。

（2）充油套管经运输或注油后，交流耐压试验前还应将试品按规定静置足够的时间，以排除内部可能残存的空气。

（3）被试品按试验电压要求与带电或其他设备保持足够安全距离。

（4）升压过程中应密切监视高压回路、试验设备、测试仪表，监听被试品有何异响。

（5）有时耐压试验进行了数十秒钟，中途因故失去电源使试验中断，在查明原因恢复电源后，应重新进行全时间的持续耐压试验，不可仅进行"补足时间"的试验。

七、试验结果分析及试验报告编写

（一）试验标准及结果分析

1. 试验标准及要求

根据 Q/GDW 1168—2013《输变电设备状态检修试验规程》、Q/GDW 11447—2015《10kV～500kV 输变电设备交接试验规程》、DL/T 474—2006《现场绝缘试验实施导则》及《国家电网公司变电检测通用管理规定及细则》〔国网（运检/3）829—2017〕的规定，支柱绝缘子交流耐压值一般为出厂值的 85%，可参照表 Z13F3001Ⅱ-1。

表 Z13F3001Ⅱ-1　　　　　支柱绝缘子交流耐压值　　　　　kV

额定电压（kV）	最高工作电压（kV）	交流耐压试验电压（kV）			
		纯 瓷 绝 缘		固体有机绝缘	
		出　　厂	交接及大修	出　　厂	交接及大修
3	3.5	25	25	25	22
6	6.9	32	32	32	26
10	11.5	42	42	42	38
15	17.5	57	57	57	50
20	23.0	68	68	68	59
35	40.5	100	100	100	90
44	50.6		125		110
60	69.0	165	165	165	150

续表

额定电压 （kV）	最高工作电压 （kV）	交流耐压试验电压（kV）			
		纯 瓷 绝 缘		固体有机绝缘	
		出 厂	交接及大修	出 厂	交接及大修
110	126.0	265	265 （305）	265	240 （280）
154	177.0		330		360
220	252.0	490	490	490	440
330	363.0	630	630		

注 括号中数值适用于小接地短路电流系统。

35kV 针式支柱绝缘子交流耐压试验电压值：两个胶合元件者，每元件 50kV；三个胶合元件者，每元件 34kV。

机械破坏负荷为 60～300kN 的盘形悬式绝缘子，交流耐压试验电压值均取 60kV。

35kV 及以下纯瓷穿墙套管可随母线绝缘子一起交流耐压。

2. 试验结果分析

（1）试验中如无破坏性放电发生，则认为通过耐压试验。

（2）被试品为有机绝缘材料时，试验后可利用红外测温（或立即触摸表面），如出现普遍或局部发热，则认为绝缘不良，应处理后，再进行耐压试验。

（3）对 35kV 穿墙套管及母线支持绝缘子进行交流耐压试验时，有时在瓷套表面发生较强烈的表面局部放电现象，只要不发生线端对地的闪络或击穿，可认为耐压合格。

（4）试验中如发现电压表指针摆动很大，电流表指示急剧增加，调压器往上升方向调节，电流上升、电压基本不变甚至有下降趋势，被试品冒烟、出气、焦臭、闪络、燃烧或发出击穿响声等，应立即停止升压，在高压侧挂上地线后，查明原因。这些现象如查明是绝缘部分出现的，则认为被试品交流耐压试验不合格。如确定被试品的表面闪络是由于空气湿度或表面脏污等所致，应将被试品清洁干燥处理后，再做耐压试验。

（二）试验报告编写

绝缘子、套管交流耐压试验记录应填写信息，包括基本信息（变电站、委托单位、试验单位、运行编号、试验性质、试验日期、试验人员、试验地点、报告日期、编写人员、审核人员、批准人员、试验天气、环境温度、环境相对湿度），设备铭牌（生产厂家、出厂日期、出厂编号、设备型号、额定电压、额定电容量等），试验数据（试验电压、试验时间、仪器型号、结论等）。

【思考与练习】

1. 套管和绝缘子交流耐压时的注意事项有哪些？
2. 35kV 套管及绝缘子交流耐压的标准是什么？

▶ 模块 2 电容器交流耐压试验（Z13F3002Ⅱ）

【模块描述】 本模块介绍耦合电容器、断口电容器、高压并联电容器及集合式电容器交流耐压试验方法和技术要求。通过试验工作流程的介绍，掌握电容器交流耐压试验前的准备工作和相关安全、技术措施、试验方法、技术要求及测试数据分析判断。

【模块内容】

一、试验目的

GB 50150—2006《电气装置安装工程 电气设备交接试验标准》只对并联电容器交流耐压试验进行了规定，并联电容器极对地交流耐压试验的目的是考核其绝缘的电气强度，主要检查电容器内部极对外壳的绝缘、电容元件外包绝缘、浸渍剂泄漏引起的滑闪和套管以及引线故障。有些规程对耦合电容器交接和必要时进行极间交流耐压也作了规定，试验的目的是考核极间绝缘的电气强度，检查绝缘沿面和贯穿性击穿故障。电极对油箱的绝缘强度一般是比较高的，但由于生产工艺的缺陷，如在焊接过程中烧伤了元件与油箱间的绝缘纸板，引线没包绝缘，油量不足，采用短尾套管绝缘距离不够，瓷套质量不良等，在试验过程中都可能及时发现。

二、试验仪器、设备的选择

电容器交流耐压主要应用试验变压器、操作箱、交流分压器及保护球隙等，系统准确等级 1.0 级以上。

试验变压器的选择：

（1）试验变压器高压侧电流应按式（Z13F3002Ⅱ-1）计算

$$I = \omega C_x U_s \qquad\qquad （Z13F3002Ⅱ-1）$$

式中 I——试验变压器高压侧电流，mA；

ω——角频率；

C_x——被试电容器电容量，μF；

U_s——试验电压，kV。

（2）试验变压器的容量按式（Z13F3002Ⅱ-2）选取

$$P = U_N^2 \omega C_x \times 10^{-3} \qquad\qquad （Z13F3002Ⅱ-2）$$

式中 P——试验变压器容量，kVA；

U_N——试验变压器高压侧额定电压，kV。

注意：试验变压器容量选择时应使用额定电压计算，否则有可能出现高压输出电流不能满足试验要求的情况。

三、危险点分析及控制措施

1. 防止高处坠落

在电容器上作业应系好安全带。对 220kV 及以上的电容器，需解开引线时，宜使用高处作业车，严禁徒手攀爬电容器套管。

2. 防止高处落物伤人

高处作业应使用工具袋，上下传递物件应用绳索拴牢传递，严禁抛掷。

3. 防止工作人员触电

（1）应严格执行 Q/GDW 1799.1—2013《国家电网公司电力安全工作规程　变电部分》。

（2）高压试验工作不得少于两人。试验负责人应由有经验的人员担任，开始试验前，试验负责人应向全体试验人员详细布置试验中的安全注意事项，交待邻近间隔的带电部位，以及其他安全注意事项。

（3）试验现场应装设遮栏或围栏，遮栏或围栏与试验设备高压部分应有足够的安全距离，向外悬挂"止步，高压危险！"的标示牌，并派人看守。

（4）应确保操作人员及试验仪器与电力设备的高压部分保持足够的安全距离，且操作人员应使用绝缘垫。

（5）试验装置的金属外壳应可靠接地，高压引线应尽量缩短，并采用专用的高压试验线，必要时用绝缘物支挂牢固。

（6）加压前必须认真检查试验接线，使用规范的短路线，检查仪表的开始状态和试验电压挡位，均应正确无误。

（7）因试验需要断开设备接头时，拆前应做好标记，接后应进行检查。

（8）试验前，应通知有关人员离开被试设备，并取得试验负责人许可，方可加压；加压过程中应有人监护并呼唱。

（9）变更接线或试验结束时，应首先断开至被试品高压端的连线后断开试验电源，充分放电，并将升压设备的高压部分放电、短路接地。

（10）试验现场出现明显异常情况时（如异声、电压波动、系统接地等），应立即停止试验工作，查明异常原因。

（11）高压试验作业人员在全部加压过程中，应精力集中，随时警戒异常现象发生。

（12）未装接地线的大电容被试设备，应先行放电再做试验。

（13）试验结束时，试验人员应拆除自装的接地短路线，并对被试设备进行检查，恢复试验前的状态，经试验负责人复查后，进行现场清理。

四、试验前的准备工作

1. 了解被试设备现场情况及试验条件

查勘现场，查阅相关技术资料，包括该设备出厂资料、出厂试验报告及相关规程等，掌握该设备运行及缺陷情况。

2. 试验仪器、设备准备

选择合适的试验变压器、操作箱、分压器、保护球隙、测试线、温（湿）度计、放电棒、接地线、梯子、安全带、安全帽、电工常用工具、试验临时安全遮栏、标示牌等，并查阅测试仪器、设备及绝缘工器具的检定合格证书有效期。

3. 办理工作票并做好试验现场安全和技术措施

按相关安全生产管理规定办理工作许可手续；向试验人员交代工作内容、带电部位、现场安全措施、现场作业危险点，明确人员分工及试验程序。

五、现场试验步骤及要求

（一）耦合电容器极间和小套管交流耐压

1. 试验接线

试验时耦合电容器高压端与试验变压器高压引线相连，耦合电容器的下法兰和小套管接地，原理接线如图 Z13F3002Ⅱ-1 所示。

在小套管耐压试验时，法兰接地。

2. 试验步骤

耦合电容器极间交流耐压试验应在绝缘试验合格后进行。

对电容器进行充分放电并接地，做好相关安全措施，拆除所有引线并注意距离，耦合电容器的下法兰和小套管接地。

合理布置试验设备，试验设备外壳应可靠接地。按图 Z13F3002Ⅱ-1 进行接线，检查接线是否正确，调整、检查操作箱保护装置，调整保护球隙的放电电压为试验电压的 1.2 倍。

检查调压器零位，合上电源开关，从零（或接近于零）开始升压。试验过程中观察电流表和电压表的变化情况，一般在 50%试验电压下打开电流表短路开关读取电流，然后合上电流表短路开关。升至试验电压后（试验电压为出厂值的 75%），开始计时，60s 时打开电流表短路开关读取电流值后，迅速均匀降压到零（或接近于零），然后切断电源，使用放电棒对电容器进行充分放电并接地，拆除高压引线，试验结束。

小套管耐压试验步骤同第 1 条。

（二）高压并联电容器极对地交流耐压试验

1. 试验接线

试验时两电极短接后接高压，电容器外壳接地，试验接线如图 Z13F3002Ⅱ-2 所示。

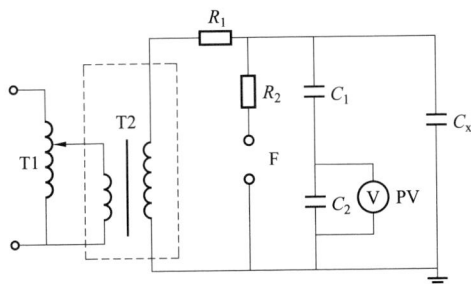

图 Z13F3002Ⅱ-1　耦合电容器极间交流耐压试验原理接线图

T1—调压器；T2—试验变压器；R_1—限流电阻；R_2—球隙保护电阻；F—球隙；

C_1、C_2—分压电容器高、低压臂电容；PV—电压表；C_x—被试电容器

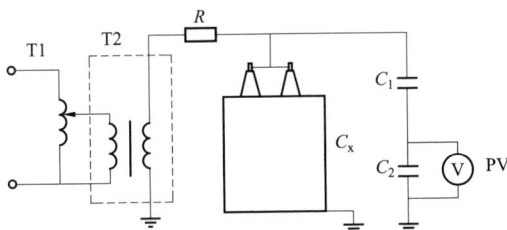

图 Z13F3002Ⅱ-2　高压并联电容器极对地交流耐压试验接线图

2. 试验步骤

对电容器进行充分放电并接地，做好相关安全措施，拆除所有引线和外熔丝。试验时取下接地线，电容器双极短接后接高压引线，高压引线应连接牢固，引线尽量短，必要时使用绝缘物支撑或扎牢，注意高压引线对周围非试验设备的安全距离，电容器外壳接地，周围非试验设备接地。高压并联电容器极对地交流耐压试验电压为出厂值的 75%，试验步骤同耦合电容器。

（三）集合式高压并联电容器相间及对地交流耐压试验

1. 试验接线

试验时各相极间短接，试验相短接后接高压，非试验相短接后接地，外壳接地，三相分别施加试验电压，试验接线如图 Z13F3002Ⅱ-3 所示。

2. 试验步骤

对电容器进行充分放电并接地，做好相关安全措施，拆除所有引线和外熔丝。试验时取下接地线，电容器各相电极间短接，外壳接地，试验相接高压引线，非试验相接地，U、V、W 三相分别施加试验电压，集合式高压并联电容器相间及对地交流耐压试验电压为出厂值的 75%，试验步骤同耦合电容器。

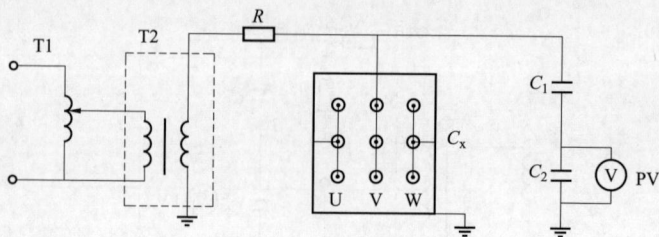

图 Z13F3002Ⅱ-3 集合式高压并联电容器相间及对地交流耐压试验接线图

六、试验注意事项

（1）耐压试验前首先检查其他试验项目是否合格，合格后才可进行交流耐压试验。

（2）试验前后应对电容器进行充分放电，应从电极引出端直接放电，避免通过熔丝放电，以免放电电流熔断熔丝。

（3）注意容升和电压谐振。试验电压应在耦合电容器两端或并联电容器极对地之间测量，耦合电容器因试验电压较高，为防止电压谐振，还应与被试品并接球隙进行保护。

（4）试验回路必须装设过电流保护装置且动作灵敏可靠，动作电流可按试验变压器额定电流的 1.5～2 倍整定。

（5）试验时注意电压波形。为防止电压畸变，应避免使用移圈式调压器。电源电压应采用线电压。为克服电源干扰，可在试验变压器低压侧加滤波装置。

（6）防止冲击合闸及合闸过电压。应从零（或接近于零）开始升压，切不可冲击合闸。必要时在调压器与试验变压器之间加装隔离开关，先合调压器电源开关，再合上隔离开关。试验过程中，如发现试验设备或被试品异常，应停止升压，立即降压、断电，查明原因后再进行下面的工作。

七、试验结果分析及试验报告编写

（一）试验标准及结果分析

1. 试验标准及要求

根据 Q/GDW 1168—2013《输变电设备状态检修试验规程》、Q/GDW 11447—2015《10kV～500kV 输变电设备交接试验规程》、DL/T 474—2006《现场绝缘试验实施导则》及《国家电网公司变电检测通用管理规定及细则》〔国网（运检/3）829—2017〕的规定：

耦合电容器交流耐压试验标准为出厂试验电压的 75%。

并联电容器施加电压部位是双极对外壳之间，集合式并联电容器施加电压部位是极对外壳及相间。并联电容器交流耐压标准见表 Z13F3002Ⅱ-1。当电容器出厂试验电压不符合表 Z13F3002Ⅱ-1 的规定时，交接试验电压应为电容器出厂试验电压的 75%。

表 Z13F3002Ⅱ-1　　　　　　　　　并联电容器交流耐压标准

额定电压（kV）	<1	1	3	6	10	15	20	35
出厂试验电压（kV）	3	6	18/25	23/30	30/42	40/55	50/65	80/95
交接试验电压（kV）	2.25	4.5	18.76	22.5	31.5	41.25	48.75	71.25

注　斜线下的数据为外绝缘的干耐受电压。

2. 试验结果分析

电容器在交流耐压试验前后应测量绝缘电阻，绝缘电阻不应有明显变化。耐压试验前后电容量变化应小于±2%。试验中如无破坏性放电发生，则认为通过耐压试验。

在试验过程中，如发现电压表指针摆动很大，电流表指示急剧增加，升压时电流上升、电压基本不变甚至有下降趋势，被试品冒烟、闪络或发出击穿放电声等，这些现象说明是绝缘部分出现故障，则认为被试电容器交流耐压试验不合格。如确定被试品的表面闪络是由于空气湿度或表面脏污等所致，应将被试品清洁干燥处理后，再进行试验。

在试验过程中，不能只依据过流保护装置动作情况来分析判断试验结果。如过流保护装置动作，不应简单认为是电容器击穿或绝缘故障，应认真检查分析，是否过流保护整定过小，或被试电容器电容电流超出试验设备保护动作范围。相反，如整定值过大，即使电容器发生放电或局部小电流击穿，过流保护装置不一定动作。所以，应结合被试品和试验设备具体分析判断。

（二）试验报告编写

试验记录应填写信息，包括基本信息（变电站、委托单位、试验单位、运行编号、试验性质、试验日期、试验人员、试验地点、报告日期、编写人员、审核人员、批准人员、试验天气、环境温度、环境相对湿度），设备铭牌（生产厂家、出厂日期、出厂编号、设备型号、额定电压、额定电容量等），试验数据（试验电压、试验时间、仪器型号、结论等）。

八、案例

对一台型号为 OY-110/$\sqrt{3}$-0.006 6 的耦合电容器进行交流耐压试验，铭牌电容量为 0.006 550μF，试验电压 138.8kV，求流过被试品的电容电流和试验变压器的容量？

根据式（Z13F3002Ⅱ-1）可得

$$I = \omega C_x U_s = 314 \times 0.006\,550 \times 138.8 = 285.5（\text{mA}）\approx 286\text{mA}$$

故通过试品的电容电流为 286mA。

根据式（Z13F3002Ⅱ-2）可得

$$P = U^2 \omega C \times 10^{-3} = 150^2 \times 314 \times 0.006\,550 \times 10^{-3} = 46.3（\text{kVA}）$$

故可选用额定容量为 50kVA、额定电压为 150kV 的高压试验变压器。

试验变压器高压侧输出额定电流为

$$I_N = \frac{P_N}{U_N} = \frac{50}{150} = 0.333（A）$$

可见试验变压器容量为 50kVA 时，其高压输出电流满足试验要求。

【思考与练习】

1. 耦合电容器和并联电容器交流耐压时，试验电压各施加在什么部位？

2. 并联电容器放电时，为什么要直接在电极引出端放电？

3. 为什么不能只依据过流保护装置动作情况来分析判断试验结果？

4. 高电压、大容量的试品交流耐压试验时，为什么使用球隙保护？

第十章

套管局部放电试验

▲ 模块1 套管局部放电试验（Z13F4001Ⅲ）

【模块描述】本模块介绍套管局部放电试验方法和技术要求。通过试验工作流程的介绍，掌握套管局部放电试验前的准备工作和相关安全、技术措施、试验方法、技术要求及测试数据分析判断。

【模块内容】

一、试验目的

套管是变电站电气设备的一个重要部分，主要与变压器、电抗器和断路器等设备配套使用。套管在制造和运输过程中，可能会出现某些缺陷，局部放电测量就是检测套管质量的一项重要的非破坏性试验，利用局部放电测量可判断套管是否存在绝缘缺陷。此项试验一般在实验室进行。

二、试验仪器、设备的选择

（一）升压试验电源

套管结构比较简单，可以当作集中参数的纯电容处理，其中电容一般约几百皮法。可采用工频无晕试验变压器。

1. 工频无晕试验变压器

根据被试套管与设备的电容量加上耦合电容 C_k 的容量，通过式（Z13F4001Ⅲ-1）可算出通过试品的电流，按照电流和电压可选择工频无晕试验变压器的容量，即

$$I_s = \omega C_x U_s \qquad\qquad (Z13F4001Ⅲ-1)$$

式中　I_s——试验电压下通过试品的电流，A；

　　　ω——角频率，$\omega = 2\pi f$，$f = 50Hz$；

　　　C_x——试验回路等值电容，pF；

　　　U_s——试验电压，kV。

此套升压电源还包括控制柜、调压器、保护电阻等。调压器输入电压 220V，输出电压 0~250V，容量不小于工频无晕试验变压器容量；保护电阻在 10~100kΩ 数量级

选取。

2. 变频谐振电源

（1）变频电源。可选用串联谐振或并联谐振的方法进行，变频电源输出功率应满足试验要求。一般变频电源输出功率不小于励磁变压器的输出容量。

（2）励磁变压器。励磁变压器输出容量应满足试验容量的要求，其计算式为

$$P_I = I_I U_N \qquad (Z13F4001 \text{III}-2)$$

其中
$$I_I = I_L = I_C = \omega_0 C_x U_s \times 10^{-3} \qquad (Z13F4001 \text{III}-3)$$

式中　P_I——励磁变压器输出容量，VA；

　　　I_I——试验回路谐振时电流，A；

　　　U_N——励磁变压器高压侧额定电压，V；

　I_L、I_C——谐振时流过电感或电容的电流，A；

　　　ω_0——谐振时角频率。

　　　C_x——试验回路等值电容，pF；

　　　U_s——试验电压，kV。

（3）谐振电抗器。根据套管的试验电压和试验回路等值电容选取谐振电抗器。

1）谐振频率应符合试验频率要求范围，套管局部放电耐压频率范围为 20～300Hz。谐振频率 f_0 可根据电抗器的电感值 L 和试验回路等值电容 C_x 计算，即

$$f_0 = \frac{1}{2\pi\sqrt{LC_x}} \times 10^3 \qquad (Z13F4001 \text{III}-4)$$

电抗器的电感值 L 也可根据试验回路等值电容 C_x 和试验频率 f_0 选取，即

$$L = \frac{1}{(2\pi f_0)^2 C_x} \times 10^6 \qquad (Z13F4001 \text{III}-5)$$

2）电抗器用于与试验回路等值电容进行谐振，以获得高电压，电抗器的额定电压应满足套管试验电压的要求。

3）谐振电抗器的额定容量应满足试验容量的要求，试验容量 P_0 可按式（Z13F4001 III-6）计算

$$P_0 = U_L I_L = U_C I_C \qquad (Z13F4001 \text{III}-6)$$

式中　U_L、U_C——分别为试验时电感、电容两端的电压，V；

　　　I_L、I_C——谐振时流过电感、电容的电流，A。

（二）局部放电测试仪

现场进行局部放电试验时，可根据环境干扰水平选择相应的仪器。当干扰较强时，一般选用窄频带测量仪器，如 $f_0 = （30～200）$ kHz，带宽 $\Delta f = （5～15）$ kHz；当干扰

较弱时，一般选用宽频带测量仪器，如 $f_1 = (10 \sim 50)$ kHz，$f_2 = (80 \sim 400)$ kHz。对于 $f_2 = (1 \sim 10)$ kHz 的很宽频带的仪器，由于具有较高的灵敏度，一般适用于屏蔽效果好的试验室。

三、危险点分析及控制措施

1. 防止工作人员触电

（1）应严格执行 Q/GDW 1799.1—2013《国家电网公司电力安全工作规程　变电部分》的相关要求。

（2）高压试验工作不得少于两人。试验负责人应由有经验的人员担任，开始试验前，试验负责人应向全体试验人员详细布置试验中的安全注意事项，交待邻近间隔的带电部位，以及其他安全注意事项。

（3）试验现场应装设遮栏或围栏，遮栏或围栏与试验设备高压部分应有足够的安全距离，向外悬挂"止步，高压危险！"的标示牌，并派人看守。

（4）应确保操作人员及试验仪器与电力设备的高压部分保持足够的安全距离，且操作人员应使用绝缘垫。

（5）试验装置的金属外壳应可靠接地，高压引线应尽量缩短，并采用专用的高压试验线，必要时用绝缘物支持牢固。

（6）对于被试设备两端不在同一工作地点时，如电力电缆另一端应派专人看守。

（7）加压前必须认真检查试验接线，使用规范的短路线，表计倍率、量程、调压器零位及仪表的开始状态，均应正确无误。

（8）因试验需要断开设备接头时，拆前应做好标记，接后应进行检查。

（9）试验装置的电源开关，应使用明显断开的双极隔离开关。为了防止误合隔离开关，可在刀刃上加绝缘罩。试验装置的低压回路中应有两个串联电源开关，并加装过载自动跳闸装置。

（10）试验前，应通知所有人员离开被试设备，并取得试验负责人许可，方可加压；加压过程中应有人监护并呼唱。

（11）变更接线或试验结束时，应首先断开试验电源，放电，并将升压设备的高压部分放电、短路接地。

（12）试验现场出现明显异常情况时（如异声、电压波动、系统接地等），应立即停止试验工作，查明异常原因。

（13）高压试验作业人员在全部加压过程中，应精力集中，随时警戒异常现象发生。

（14）未装接地线的大电容被试设备，应先行充分放电再做试验。

（15）试验结束时，试验人员应拆除自装的接地短路线，并对被试设备进行检查，恢复试验前的状态，经试验负责人复查后，进行现场清理。

2. 防止设备损坏和人身事故

对试验变压器或电抗器等大件设备应选择平稳的场地安装稳固，做好仪器设备的防护措施。

3. 防止高处落物伤人

高处作业应使用工具袋，上下传递物件应用绳索拴牢传递，严禁抛掷。

四、试验前的准备工作

1. 了解被试设备现场情况及试验条件

查勘现场，查阅相关技术资料、套管出厂资料、出厂试验报告及相关规程等，掌握该套管运行及缺陷情况，根据试验电压和被试变压器参数，估算所需试验电源、励磁变压器及电抗器补偿容量，编写作业指导书及试验方案。

2. 试验仪器、设备准备

选择合适的试验设备、供电电源容量、带保护器的电源接线板、放电棒、接地线、安全带、安全帽、电工常用工具、试验临时安全遮栏、标示牌、万用表、温（湿）度计、电源线轴、清洁布、绝缘绳（带）等，准备油套管试验油箱或 SF$_6$ 套管的气室等试验附属设备，并查阅试验仪器、设备及绝缘工器具的检定合格证书有效期。

3. 办理工作票并做好试验现场安全和技术措施

按相关安全生产管理规定办理工作许可手续；向试验人员交代工作内容、带电部位、现场安全措施、现场作业危险点，明确人员分工及试验程序。

五、现场试验步骤及要求

（一）试验方法

按照 DL/T 417—2006《电力设备局部放电现场测量导则》进行，试验方法采用串联法、并联法或平衡法进行。套管分为油气套管和油套管，在试验时要根据套管类型选择油箱或耐压工装作为配套使用设备。两种套管的试验原理和方法均相同，以油套管为例进行说明。

变压器或电抗器套管局部放电试验时，其下部必须浸入一合适的油筒内，注入筒内的油应符合油质试验的有关标准，并静止48h 后才能进行试验。试验时以杂散电容 C_s 取代耦合电容器 C_k，试验接线如图 Z13F4001Ⅲ-1 所示。

套管局部放电的试验电压，由试验变压器外施产生，穿墙或其他形式的套管的试验不需放入油筒。

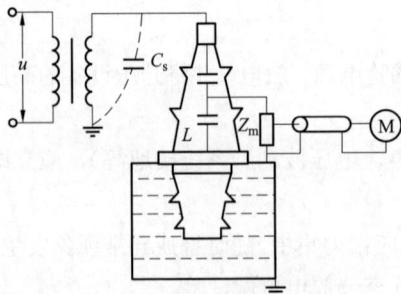

图 Z13F4001Ⅲ-1　变压器套管试验接线图
L—电容末屏

测量电路的背景噪声和测量灵敏度应能测出 5pC 的局部放电量及规定允许放电量的 20%，当测量套管规定局部放电量不大于 10pC 时，则背景噪声允许达到 100%，对已知由外部干扰引起的脉冲，可利用平衡试验线路，带阻滤波器调谐等办法来消除，或用时间窗的方法从干扰中分离出真正的局部放电信号。当使用 pC 直接表示的仪表进行读数时，应以其重复出现的最高值为准。

（二）试验接线

套管进行局部放电时，采用外施电压法。在试验时，电压应先升高至 $2U_N/\sqrt{3}$，维持 5s，然后降至 $1.05U_N/\sqrt{3}$（油浸纸绝缘套管）、$1.5U_N/\sqrt{3}$（油浸纸绝缘变压器和电抗器套管）、$1.05U_N/\sqrt{3}$（气体绝缘套管）维持 5min，并测量视在放电量。

套管局部放电测量时，常用的试验接线如图 Z13F4001Ⅲ−2 所示。如果套管末屏具有抽头，则可按图 Z13F4001Ⅲ−3 的接线来进行测量。

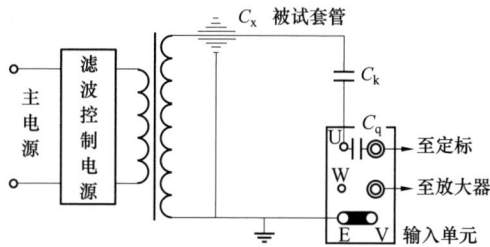

图 Z13F4001Ⅲ−2　采用外接耦合电容的套管局部放电测量接线

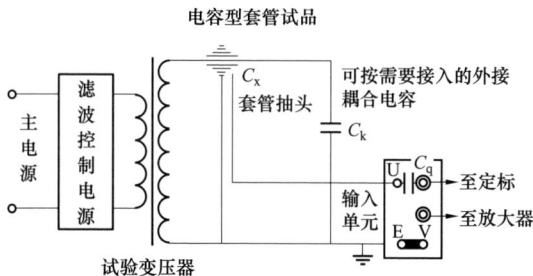

图 Z13F4001Ⅲ−3　电容型套管的局部放电测量接线

因套管电容较小，试验变压器杂散电容的影响较大，测量时最好先打零标。

（三）试验步骤

（1）试品处理。套管的瓷套表面应清洁干燥，绝缘油的油量或气体压力要符合有关规程要求。

（2）按相应试验接线图接好各试验设备及仪表，并保证各高压引线的电气距离，连接试验变压器和被试套管端头的导线应用绝缘带固定，防止摆动。

（3）仔细检查试验回路，对可能引起电场较大畸变的部位，进行适当处理。

（4）从套管顶端注入标准方波进行校准，按照相应标准输入校准信号。观测背景放电量水平、波形特点、相位等情况并进行记录。

（5）清除闲杂人员，试验人员、安全巡视人员各就各位。

（6）对套管进行加压，试验应在不大于 1/3 测量电压下接通电源，然后按标准规定进行测量，待数据稳定后，读取套管的放电量。最后降到 1/3 测量电压下，方可切除电源。

（7）在试验变压器高压端挂接地线，对试验回路充分放电后拆线。

六、试验注意事项

（1）局部放电试验前，套管应完成全部常规试验，并且结果合格。套管若受机械作用，应静止一段时间再进行试验。

（2）被试套管附近的围栏等可能有电位悬浮的导体均应可靠接地，防止因杂散电容耦合而产生悬浮电位放电。

（3）被试套管附近所有金属物体均应良好接地，否则由于尖端电晕或小间隙放电，对局部放电测量会产生严重干扰。试区内一般要求地面无任何金属异物、场地干净、试品瓷套无纤维尘积等，否则它们对局部放电测试有影响。

（4）按照电压等级选择试验回路的所有引线直径。引线宜采用金属圆管，试验导线接头、试品高压端放置均压环，从而保证试验回路在试验电压下不产生电晕。

（5）整个试验回路一点接地，接地回路采用铜箔，以抑制试验回路接地系统的干扰。

（6）局部放电试验过程中，被试套管周围的电气施工应尽可能停止，特别是电焊作业，以减少试验干扰。

七、试验结果分析及试验报告编写

（一）试验标准及结果分析

1. 试验标准及要求

执行 GB/T 4109—1999《高压套管技术条件》和 GB/T 7354—2003《局部放电测量》。根据 Q/GDW 1168—2013《输变电设备状态检修试验规程》、Q/GDW 11447—2015《10kV～500kV 输变电设备交接试验规程》、DL/T 474—2006《现场绝缘试验实施导则》及《国家电网公司变电检测通用管理规定及细则》〔国网（运检/3）829—2017〕的规定：

（1）试验期间试品不击穿，测得视在放电量不超过试验标准，则认为试验合格。局部放电标准值如表 Z13F4001Ⅲ–1 所示。

表 Z13F4001Ⅲ-1 套管局部放电标准值

设备	局部放电标准值
套管	$1.05U_m/\sqrt{3}$ 下： 油浸纸、复合绝缘、树脂浸渍、充气≤10pC； 树脂粘纸（胶纸绝缘）≤100pC（注意值）

（2）若视在放电量超出标准，根据试品放电的特征、与施加电压及时间的规律，区分并剔除由外界干扰引起的高频脉冲信号。

2. 试验结果分析

试验期间试品不击穿，测得视在放电量不超过允许的限值，则认为试验合格。

（二）试验报告编写

试验记录应填写信息，包括基本信息（变电站、委托单位、试验单位、运行编号、试验性质、试验日期、试验人员、试验地点、报告日期、编写人员、审核人员、批准人员、试验天气、环境温度、环境相对湿度），设备铭牌（生产厂家、出厂日期、出厂编号、设备型号、额定电压、结构型式等），试验数据（起始放电电压、熄灭放电电压、不同测试时间（Min）时放电量、仪器型号、结论等）。

八、案例

套管局部放电试验实例，如表 Z13F4001Ⅲ-2 所示。

表 Z13F4001Ⅲ-2 套管局部放电试验实例

委试号	局部放电量测量试验		年 月 日
试区大气条件	$P=98.4kPa$，$t_{(干)}=12.5℃$，$t_{(湿)}=8.0℃$		
试品型号名称	550kV GIS 用气体套管	试品编号	试样
委托单位			
试验依据标准	GB/T 4109		

（1）试验电压：如图 Z13F4001Ⅲ-4 所示，预加电压为 $2U_N/\sqrt{3}=635kV$，在 $1.5U_N/\sqrt{3}$、$1.05U_N/\sqrt{3}$ 测量电压下分别进行局部放电量测量，要求的局部放电量最大值分别为 10pC、5pC。

（2）所采用的试验回路如图 Z13F4001Ⅲ-5 所示。

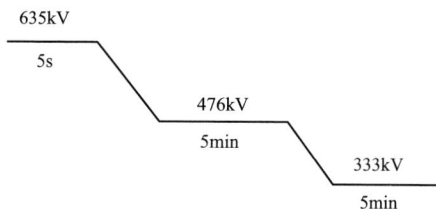

图 Z13F4001Ⅲ-4 试验电压图

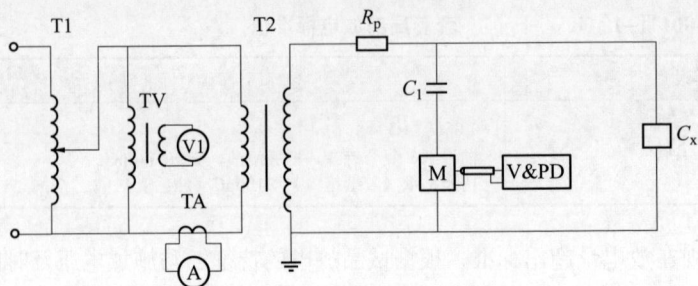

图 Z13F4001Ⅲ-5 试验回路图

T1—2250kVA 调压器；TA—电流互感器；T2—2250kV 工频试验变压器；M—检测阻抗；C_x—试品；R_p—30kΩ保护电阻；V1—电压表；A—电流表；C_1—分压器高压臂电容；V&PD—LDS-6 局部放电仪

（3）测量数据如表 Z13F4001Ⅲ-3 所示。

表 Z13F4001Ⅲ-3 测 量 数 据 表 电压单位：kV（峰值/$\sqrt{2}$）

	施加电压/加压时间			局部放电测量值（pC）
预加电压	预加电压/加压时间	635kV/5s		—
测量电压	测量电压/加压时间	476kV/5min		9.3～9.9
	测量电压/加压时间	333kV/5min		3.8～4.2
厂家负责人		现场监造		试验负责人
试验参加人				记录人
校核人		审核人		

【思考与练习】

1. 为什么要进行套管的局部放电测量？

2. 画图说明变压器或电抗器套管局部放电试验方法。

3. 对油套管或气套管进行局部放电试验时，各需要什么辅助设备？

第十一章

电缆交流（直流）耐压和直流泄漏电流试验

▲ 模块1 电力电缆直流耐压和泄漏电流测试（Z13F5001 I）

【模块描述】本模块介绍油纸绝缘电力电缆直流泄漏和直流耐压试验的测试方法和技术要求。通过测试工作流程的介绍，掌握油纸绝缘电力电缆直流泄漏和直流耐压试验前的准备工作和相关安全、技术措施、测试方法、技术要求及测试数据分析判断。

【模块内容】

一、测试目的

电力电缆直流耐压和泄漏电流测试主要用来反映油纸绝缘电缆的耐压特性和泄漏特性。直流耐压主要考验电缆的绝缘强度，是检查油纸电缆绝缘干枯、气泡、纸绝缘中的机械损伤和工艺包缠缺陷的有效办法；直流泄漏电流测试可灵敏地反映电缆绝缘受潮与劣化的状况。

电缆在直流电压的作用下，绝缘中的电压按电阻分布，当电缆绝缘存在着有发展性局部缺陷时，直流电压将大部分施加在与缺陷绝缘串联的未损坏的绝缘部分上，直流耐压试验比交流耐压试验更容易扩大电缆的局部缺陷。

二、测试仪器、设备的选择

可选择成套中频串级直流高压发生器或工频组装式直流高压发生器。

（一）成套中频串级直流高压发生器

1. 对试验电压的要求

直流高压发生器的输出电压应为单极性持续电压，用极性、平均值和脉动因数表示。要求使用负极性直流电压，脉动因数小于3%。测试时应保证电压相对稳定，当测试时间维持在60s以内时，输出电压波动保持在±1%以内；当测试时间超过60s时，输出电压波动保持在±3%以内。

2. 直流高压发生器电压和容量的选择

（1）直流电压选择。根据电缆的电压等级选择测试设备，如10kV电压等级电缆，可选择60kV直流高压发生器；35kV电压等级电缆，可选择200kV直流高压发生器。

（2）直流高压发生器应有足够的容量。根据电缆长度，高压侧电流可选 1～5mA 或更高，电缆长度较长时，应选用容量大的设备以减少充电时间。

（二）工频组装式直流高压发生器

1. 保护电阻

保护电阻的阻值可按式（Z13F5001Ⅰ-1）选取

$$R = (0.001 \sim 0.01)\frac{U_\text{d}}{I_\text{d}} \qquad (Z13F5001Ⅰ-1)$$

式中　R——保护电阻，Ω；

　　　U_d——直流试验电压值，V；

　　　I_d——试品电流，A。

I_d 较大时，为减少 R 的发热，可取式中较小的系数。R 的绝缘管长度应能耐受幅值为 U_d 的冲击电压，并留有适当裕度。

保护电阻也可参照表 Z13F5001Ⅰ-1 所列的数值选用。高压保护电阻通常采用水电阻器，水电阻管内径一般不小于 12mm。采用其他电阻材料时应注意防止匝间放电短路。

表 Z13F5001Ⅰ-1 　　　　　保 护 电 阻 参 数

直流试验电压 （kV）	电阻值 （MΩ）	电阻器表面绝缘长度 （不小于，mm）
60 及以下	0.3～0.5	200
140～160	0.9～1.5	500～600
500	0.9～1.5	2000

保护电阻的值应选取合适。若其值太大，则当电缆端部发生沿其表面闪络放电或内部击穿时，不能保证在 0.02s 内断电。

2. 高压硅堆

硅堆的反峰电压应大于最高直流试验电压的 2 倍，并有 20% 的裕度。在多个硅堆串联时，应并联均压电阻，阻值可选 1000MΩ。

3. 放电棒和放电电阻的选择

放电电阻 $R=200\sim500\Omega/\text{kV}$，电阻长度>200mm，放电棒绝缘部分长度应≥1000mm，同时注意放电电阻的容量。

三、危险点分析及控制措施

防止工作人员触电：试验前后应将被试电缆对地充分放电，以防止剩余电荷、感应电压伤人及影响测量结果。测试前与检修负责人协调，不允许有交叉作业，试验接线应正确、牢固，试验人员应精力集中，电缆测试时对端应有专人监护，测试设备外壳应可靠接地。

四、测试前的准备工作

1. 了解被试设备现场情况及试验条件

查勘现场，查阅相关技术资料，包括该设备出厂资料、出厂试验报告及相关规程，掌握该设备运行及缺陷情况等。

2. 测试仪器、设备准备

选择合适的中频高压直流发生器一套，如采用工频现场组装的直流发生器，应准备带保护装置的调压控制箱、相应电压等级升压变压器、电压表、分压器高压测量装置、限流电阻、高压硅堆、带屏蔽罩微安电流表、测试用屏蔽线、温湿度计、放电棒、接地线、梯子、安全带、安全帽、电工常用工具、试验临时安全遮栏、标示牌等，并查阅测试仪器、设备及绝缘工器具的检定合格证书有效期。

3. 办理工作票并做好试验现场安全和技术措施

向试验人员交代工作内容、带电部位、现场安全措施、现场作业危险点，明确人员分工及试验程序。

五、现场测试步骤及要求

（一）测试接线

1. 微安电流表接在高压侧的接线

微安电流表接在高压侧的原理接线如图 Z13F5001Ⅰ-1 所示。微安表外壳屏蔽，高压引线采用屏蔽线，将屏蔽掉高压对地杂散电流，同时电缆终端头采取屏蔽措施，屏蔽掉电缆表面泄漏电流的影响，此时的测试电流等于电缆的泄漏电流，测量结果较准确。

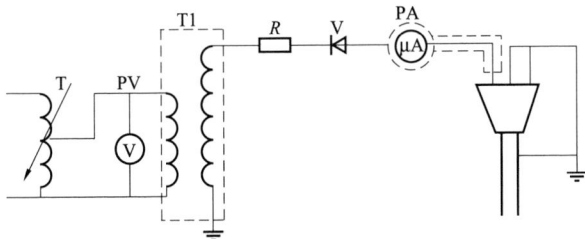

图 Z13F5001Ⅰ-1 微安电流表接在高压侧的原理接线图

T—调压器；T1—试验变压器；R—保护电阻；V—高压硅堆；PV—电压表；PA—微安电流表

2. 微安电流表接在低压侧的接线

微安电流表接在低压侧的原理接线如图 Z13F5001Ⅰ-2 所示。由于高压对地杂散电流及高压电源本身对地杂散电流的影响，使测量结果偏大，电缆较长时可使用此接线，同时这种接线便于短接微安电流表。实际应用中可分别测量未接入电缆及接入电缆时的电流，然后两者相减求出电缆的泄漏电流。

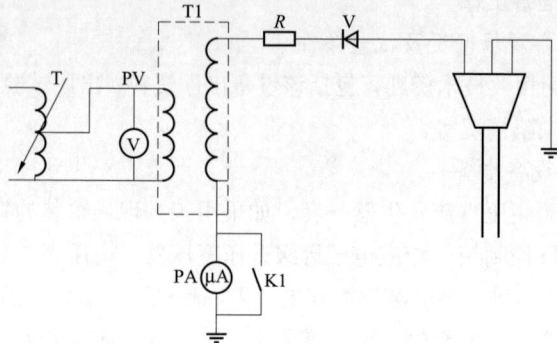

图 Z13F5001Ⅰ-2　微安电流表接在低压侧的原理接线图

K1—短路开关

3. 克服电缆终端头对地杂散电流和表面泄漏电流影响的方法和接线

（1）消除电缆终端头对地杂散电流的影响。室内终端头之间距离较近，测量时电场较强，加压相易产生电晕，电晕现象严重时会影响泄漏电流的测量，此时可在加压相电缆终端头与地之间加绝缘隔离板或在加压相终端头套绝缘物，在加压相与地及非加压相终端头之间形成电场屏障以消除电缆终端头杂散电流的影响。

（2）克服电缆终端头表面泄漏电流的影响。

1）电缆终端头两端同时测量泄漏电流。其测试接线如图 Z13F5001Ⅰ-3 所示，I_1 为加压侧屏蔽掉表面泄漏电流和杂散电流后的测量电流，同时包括电缆另一侧的表面泄漏电流和杂散电流 I_2，电缆的泄漏电流值 I_C 可按式（Z13F5001Ⅰ-2）计算，即

$$I_C = I_1 - I_2 \qquad\qquad （Z13F5001Ⅰ-2）$$

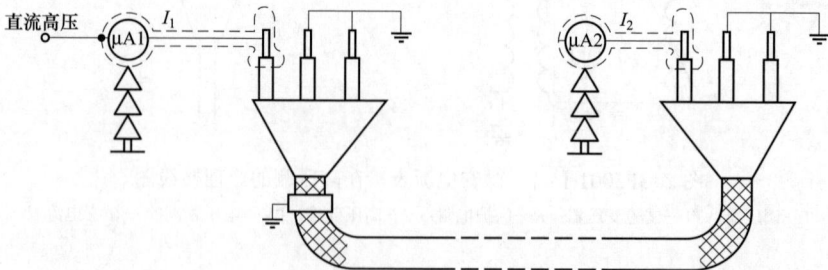

图 Z13F5001Ⅰ-3　电缆终端头两侧同时测量泄漏电流的测试接线图

式中　I_C——电缆泄漏电流，μA；

　　　I_1——电缆泄漏电流及电缆非加压侧的表面泄漏电流和杂散电流，μA；

　　　I_2——电缆非加压侧的表面泄漏电流和杂散电流，μA。

实际测量时可采用多股裸铜线在电缆两侧终端头上部紧密缠绕 2 圈作为屏蔽环，屏蔽环与金属屏蔽帽连接后与高压测量线屏蔽层连接，测量线屏蔽层注意与微安电流表输入端相连接。

2）利用非试验相为屏蔽连线屏蔽表面泄漏电流。其测试接线如图 Z13F5001Ⅰ–4 所示，此测试方法能够屏蔽加压相两侧表面泄漏电流和杂散电流，但对三相统包电缆测量时缺少作为屏蔽相的缆芯泄漏电流，同时每相对地承受两次直流耐受电压，对测试数据的判断和被试电缆不利。

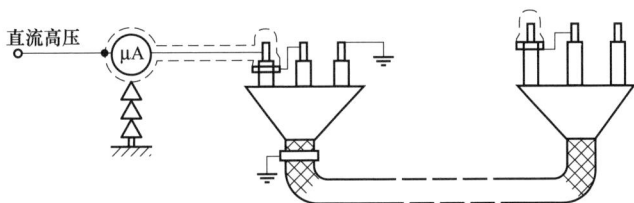

图 Z13F5001Ⅰ–4　利用非试验相为屏蔽连线屏蔽表面泄漏电流的测试接线图

（二）测试步骤

（1）对电缆进行充分放电，拆除电缆两侧终端头与其他设备的连接线。

（2）选择合适的接线方式，将直流高压发生器高压端引出线与电缆被试相连接（三相依次施加电压），加压相对地应有足够距离。电缆金属铠甲及铅护套（三相分包）和非试验相可靠接地。检查各试验设备的位置、量程是否合适，调压器指示应在零位，所有接线应正确无误。

（3）合上电源开关开始升压，应从足够低的数值开始缓慢地升高电压。

直流耐压试验和泄漏电流测试一般结合起来进行，即在直流耐压的过程中随着电压的升高，分段读取泄漏电流值，最后进行直流耐压试验。试验时，试验电压可分 4～6 个阶段均匀升压，每阶段停留 1min，打开微安表短路开关读取各点泄漏电流值，如电缆较长电容大，可取 3～10min。从试验电压值的 75%开始，应以每秒 2%的速度升到试验电压值，持续相应耐压时间。

（4）试验结束后，应迅速均匀地降低电压，不可突然切断电源。调压器退到零时切断电源。试验完毕必须使用放电棒经放电电阻放电，多次放电至无火花后，再直接通过地线放电接地。

六、测试注意事项

（1）试验宜在干燥的天气条件下进行，脏污时应将电缆终端头擦拭干净，以减少泄漏电流。温度对泄漏电流测试结果的影响较为显著，环境温度应不低于 5℃，空气相对湿度一般不高于 80%。

（2）试验场地应保持清洁，电缆终端头和周围的物体必须有足够的放电距离，防止被试品的杂散电流对试验结果产生影响。

（3）电缆直流耐压和泄漏电流测试应在绝缘电阻和其他测试项目测试合格后进行。

（4）高压微安电流表应固定牢靠，注意倍率选择和固定支撑物的影响。

（5）试验设备布置应紧凑，直流高压端及引线与周围接地体之间应保持足够的安全距离，与直流高压端邻近的易感应电荷的设备均应可靠接地。

七、测试结果分析及测试报告编写

（一）测试标准及结果分析

1. 测试标准及要求

新敷设的电缆线路投入运行 3~12 个月，一般应做 1 次直流耐压试验，然后按正常周期试验。

试验结果异常，但根据综合判断允许在监视条件下继续运行的电缆线路，其试验周期应缩短，如在不少于 6 个月时间内，经连续 3 次以上试验，试验结果无明显变化，则可以按正常周期试验。

（1）试验电压值。

1）油纸绝缘电缆直流耐压试验电压：

统包绝缘电缆试验电压 U_s 可采用式（Z13F5001Ⅰ–3）计算，即

$$U_s = 5 \times \frac{U_0 + U}{2} \qquad\qquad (Z13F5001 Ⅰ–3)$$

式中　U_s——直流耐压试验电压，kV；

　　　U_0——电缆导体对地额定电压，kV；

　　　U——电缆额定线电压，kV。

分相屏蔽绝缘电缆试验电压 U_s 可采用下式计算，即

$$U_s = 5 \times U_0 \qquad\qquad (Z13F5001 Ⅰ–4)$$

现场试验时，试验电压值按表 Z13F5001Ⅰ–2 的规定。

表 Z13F5001Ⅰ–2　　　　油纸绝缘电缆试验电压值

电缆额定电压 U_0/U	1.8/3	2.6/3	2.6/6	6/6	6/10	8.7/10	21/35	26/35
直流试验电压（kV）	12	17	24	30	40	47	105	130

2）充油绝缘电缆直流试验电压按表 Z13F5001Ⅰ–3 的规定。

表 Z13F5001Ⅰ–3　　　　　　充油绝缘电缆直流试验电压

电缆额定电压 U_0/U	直流试验电压（kV）	电缆额定电压 U_0/U	直流试验电压（kV）
48/66	165	190/330	585
	175		650
64/110	225		710
	275	290/500	775
127/220	425		835
	475		
	510		

　　直流耐压试验标准与 U_0 有关，测试中不但要考虑相间绝缘，还要考虑相对地绝缘是否合乎要求，以免损伤电缆绝缘。特别应注意 U_0/U 的值，如 10kV 和 35kV 电缆分普通绝缘和加强绝缘两种，10kV 电缆额定电压分为 6/10kV 和 8.7/10kV；35kV 电缆额定电压分为 21/35kV 和 26/35kV 等。

　　（2）交接试验耐压时间为15min；预防性试验耐压时间为5min。耐压 15min 或 5min 时的泄漏电流值不应大于耐压 1min 时的泄漏电流值。油纸绝缘电缆泄漏电流的三相不平衡系数（最大值与最小值之比）不应大于 2。当 6/10kV 及以上电缆的泄漏电流小于 20μA 和 6kV 及以下电压等级电缆泄漏电流小于 10μA 时，其不平衡系数不作规定；电缆泄漏电流值见表 Z13F5001Ⅰ–4。

表 Z13F5001Ⅰ–4　　　　　　油纸绝缘电缆泄漏电流值

系统额定电压（kV）	泄漏电流值（μA/km）	系统额定电压（kV）	泄漏电流值（μA/km）
6 及以下	20	10 及以上	10～60

2. 测试结果分析

　　（1）如果在试验期间出现电流急剧增加，甚至直流高压发生器的保护装置跳闸，或被试电缆不能再次耐受所规定的试验电压，则可认为被试电缆已击穿。

　　（2）泄漏电流值和不平衡系数只作为判断绝缘状况的参考，不作为是否能投入运行的判据，应结合其他测试参数综合判断。

　　（3）电缆的泄漏电流具有下列情况之一，电缆绝缘可能有缺陷，应找出缺陷部位，并予以处理：

1）泄漏电流很不稳定。

2）泄漏电流随试验电压升高急剧上升。

3）泄漏电流随试验时间延长有上升现象。

（4）测试结果不仅看试验数据合格与否，还要注意数值变化速率和变化趋势。应与相同类型电缆的试验数据和被试电缆原始试验数据进行比较，掌握试验数据的变化规律。

（5）在一定测试电压下，泄漏电流作周期性摆动，说明电缆可能存在局部孔隙性缺陷或电缆终端头脏污滑闪。应处理后复试，以确定电缆绝缘的状况。

（6）如果电缆泄漏电流的三相不平衡系数较大，应检查电缆相间及对地距离是否满足要求。

（7）如果电流在升压的每一阶段不随时间下降反而上升，说明电缆整体受潮。泄漏电流随时间的延长有上升现象，是绝缘缺陷发展的迹象。绝缘良好的电缆在试验电压下的稳态泄漏电流值随时间的延长保持不变，电压稳定后应略有下降。如果所测泄漏电流值随试验电压值的升高或加压时间的增加而上升较快，或与相同类型电缆比较数值增大较多，或者和被试电缆历史数据比较呈明显的上升趋势，应检查接线和试验方法，综合分析后，判断被试电缆是否能够继续运行。

（二）测试报告编写

测试报告填写应包括被试设备运行编号、测试时间、测试人员、天气情况、环境温度、湿度、使用地点、电缆参数、测试结果、测试结论、试验性质（交接试验、预防性试验、检查、实行状态检修的应填明例行试验或诊断试验）、试验仪器表的型号、出厂编号，备注栏写明其他需要注意的内容，如拆除引线等。

八、案例

（1）某站 6kV 油浸纸电缆在不同电压极性作用下泄漏电流的测量结果见表 Z13F5001Ⅰ–5。

表 Z13F5001Ⅰ–5　　6kV 运行中油浸纸电缆在不同电压极性

作用下的泄漏电流测量结果

试验电压（kV）	I_U		I_V		I_W	
	+DC	–DC	+DC	–DC	+DC	–DC
10	0.15	1.05	0.40	0.75	0.10	0.80
15	0.20	4.20	1.20	4.80	0.65	3.50
20	0.40	9.00	4.90	11.0	2.90	9.00
25	1.30	14.00	7.00	15.00	4.45	13.00
30	3.40	19.80	11.60	20.20	7.40	18.30

（2）案例分析。从表 Z13F5001Ⅰ-5 可以看出，试验电压极性对运行电缆泄漏电流的测量结果有明显的影响。油纸绝缘受潮越严重，负极性电压与正极性电压测量结果的差别越显著，所以用负极性试验电压进行泄漏电流测量较为严格，易于发现油纸绝缘的绝缘缺陷。

【思考与练习】

1. 电缆直流耐压和直流泄漏电流测试的目的是什么？
2. 微安电流表接在高压侧和微安表接在低压侧对泄漏电流测量有什么影响？
3. 简述在加压相电缆终端头与地之间加电场屏障的目的是什么？

▲ 模块 2　橡塑绝缘电力电缆变频谐振耐压试验（Z13F5003Ⅲ）

【模块描述】本模块介绍橡塑绝缘电力电缆变频谐振试验方法和技术要求。通过试验工作流程的介绍，掌握橡塑绝缘电力电缆串联谐振试验前的准备工作和相关安全、技术措施、试验方法、技术要求及测试数据分析判断。

【模块内容】

一、试验目的

为了检验和保证橡塑电缆的安装质量，在投运前对交联电缆进行耐压试验是十分必要的。传统的直流耐压试验具有试验设备轻便、容量小等优点，对于油纸绝缘电缆应用效果很好。但对于橡塑绝缘电缆，无论从理论上还是实践上都证明了不宜采用直流耐压的方法。

橡塑绝缘电力电缆进行直流耐压试验的缺点：

（1）直流耐压试验不能模拟橡塑电缆的实际运行工况。

（2）在很多情况下，直流耐压试验无法像交流耐压试验那样可以迅速地检测出交联电缆存在机械损伤等明显缺陷。

（3）交联电缆在直流电压作用下会产生"记忆"效应，积累单极性残余电荷，需要很长时间才能将直流电压释放。电缆如果在直流残余电荷未完全释放之前投运，直流偏压便会叠加在交流电压的峰值上，使得电缆上的电压超过其额定电压，从而有可能导致电缆绝缘击穿。

（4）橡塑绝缘电缆绝缘易产生水树枝，一旦产生水树枝，在直流电压下会迅速转变为电树枝，并形成放电，加速了绝缘劣化，以至于运行后在工频电压作用下形成击穿。

二、试验仪器、设备的选择

串联谐振成套装置选择如下：

1. 谐振频率的计算

根据所选电抗器的电感值与被试电缆对地电容计算谐振时的频率。谐振频率应符合试验频率要求范围，橡塑电缆交流耐压频率范围为 20～300Hz。谐振频率按式（Z13F5003Ⅲ-1）计算

$$f_0 = \frac{1}{2\pi\sqrt{LC_x}} \times 10^3 \qquad (\text{Z13F5003Ⅲ-1})$$

式中　f_0——谐振频率，Hz；

　　　L——电抗器电感量，H；

　　　C_x——被试品和分压器电容，μF。

2. 高压试验回路电流计算

$$I = I_L = I_C = \omega C_x U_s \times 10^{-3} \qquad (\text{Z13F5003Ⅲ-2})$$

式中　I——高压试验回路电流，A；

　　　ω——谐振时角频率，$\omega = 2\pi f_0$；

　　　C_x——被试电缆和分压器电容量，μF；

　　　U_s——试验电压，kV。

3. 励磁变压器容量的选择

（1）按试验容量估算。根据串联谐振原理，谐振时系统的输入容量比试验容量小 Q 倍，所以可以根据试验容量估算励磁变压器容量。

试验容量 P_0 等于电感或电容两端的试验电压乘以流过它们的电流，即

$$P_0 = U_L I_L = U_C I_C \qquad (\text{Z13F5003Ⅲ-3})$$

式中　U_L、U_C——电感、电容两端的试验电压，V；

　　　I_L、I_C——流过电感、电容的电流，A。

根据试验容量 P_0 估算励磁变压器容量 P，即

$$P = \frac{P_0}{Q} \qquad (\text{Z13F5003Ⅲ-4})$$

式中　Q——品质因数。

Q 值的选择：试验装置容量小于 100kvar 时品质因数应不小于 15，试验装置容量在 100～400kvar 时品质因数应不小于 30，试验装置容量大于 400kvar 时品质因数应大于 40。

（2）按高压试验回路电流 I 计算

$$P = I U_N \qquad (\text{Z13F5003Ⅲ-5})$$

其中 $$U_N \geqslant \frac{U_0}{Q}$$

式中　P——励磁变压器容量，VA；

　　　I——试验回路电流，A；

　　　U_N——励磁变高压侧额定电压，V；

　　　U_0——试验回路谐振时电缆两端电压，$U_0 = U_L = U_C$。

4. 变频电源输出功率的选择

变频电源输出功率应满足试验要求。变频电源输出功率一般等于励磁变压器的输出容量。

5. 谐振电抗器的选择

谐振电抗器用于与试验回路电容进行谐振，以获得高电压。谐振电抗器的额定电压应满足电缆试验电压的要求。根据试验电压和电缆的对地电容选取谐振电抗器。

谐振电抗器的电感值可根据电缆对地电容和试验频率选取，电感值按式（Z13F5003Ⅲ-6）计算

$$L = \frac{1}{(2\pi f)^2 C_x} \times 10^6 \qquad (Z13F5003Ⅲ-6)$$

式中　L——谐振电抗器的电感值，H；

　　　f——试验时频率下限，Hz。

谐振电抗器的额定容量应满足试验容量的要求。

6. 电容分压器

电容分压器的额定电压应满足试验电压要求，精度1.5级及以上。

7. 电容补偿器

当电缆较短，试验回路谐振频率低于试验频率下限时，可采用电容补偿器进行补偿，其额定电压应满足试验要求。

8. 电源容量的选择

交流供电电源为串联谐振系统提供激励能量，为满足电缆交流耐压试验的要求，试验前必须对电源的容量进行计算。供电电源可以是单相或三相，试验容量较大时应采用三相交流电源。交流电源的输出电流应大于变频电源的输入电流，变频电源的输入电流按式（Z13F5003Ⅲ-7）计算

单相 $$I_I = \frac{P}{U_I} \qquad (Z13F5003Ⅲ-7)$$

三相 $$I_I = \frac{P}{U_I \sqrt{3}}$$

式中 I_I——变频器输入电流，A；

$\qquad$ P——变频电源输入功率，VA；

$\qquad$ U_I——变频电源输入电压，V。

三、危险点分析及控制措施

1. 防止工作人员触电

（1）应严格执行 Q/GDW 1799.1—2013《国家电网公司电力安全工作规程 变电部分》的相关要求。

（2）高压试验工作不得少于两人。试验负责人应由有经验的人员担任，开始试验前，试验负责人应向全体试验人员详细布置试验中的安全注意事项，交待邻近间隔的带电部位，以及其他安全注意事项。

（3）试验现场应装设遮栏或围栏，遮栏或围栏与试验设备高压部分应有足够的安全距离，向外悬挂"止步，高压危险！"的标示牌，并派人看守。

（4）应确保操作人员及试验仪器与电力设备的高压部分保持足够的安全距离，且操作人员应使用绝缘垫。

（5）试验装置的金属外壳应可靠接地，高压引线应尽量缩短，并采用专用的高压试验线，必要时用绝缘物支挂牢固。

（6）对于被试设备两端不在同一工作地点时，设备另一端应派专人看守。

（7）加压前必须认真检查试验接线，使用规范的短路线，表计倍率、量程、调压器零位及仪表的开始状态，均应正确无误。

（8）因试验需要断开设备接头时，拆前应做好标记，接后应进行检查。

（9）试验装置的电源开关，应使用明显断开的双极隔离开关。为了防止误合隔离开关，可在刀刃上加绝缘罩。试验装置的低压回路中应有两个串联电源开关，并加装过载自动跳闸装置。

（10）试验前，应通知所有人员离开被试设备，并取得试验负责人许可，方可加压；加压过程中应有人监护并呼唱。

（11）变更接线或试验结束时，应首先断开试验电源，放电，并将升压设备的高压部分放电、短路接地。

（12）试验现场出现明显异常情况时（如异声、电压波动、系统接地等），应立即停止试验工作，查明异常原因。

（13）高压试验作业人员在全部加压过程中，应精力集中，随时警戒异常现象发生。

（14）未装接地线的大电容被试设备，应先行放电再做试验。

（15）试验结束时，试验人员应拆除自装的接地短路线，并对被试设备进行检查，恢复试验前的状态，经试验负责人复查后，进行现场清理。

2. 防止设备损坏和人身事故

电抗器应安放稳固。

四、试验前的准备工作

1. 了解被试设备现场情况及试验条件

查勘现场，查阅相关技术资料，包括该设备出厂资料、出厂试验报告及相关规程等，掌握该设备运行及缺陷情况。

2. 试验仪器、设备准备

选择合适的变频电源、励磁变压器、电抗器、电容分压器、专用连接线、带剩余电流动作保护器的电源接线板、放电棒、接地线、安全带、安全帽、电工常用工具、试验临时安全遮栏、万用表、温（湿）度计、三相电源线轴、标示牌等，并查阅测试仪器、设备及绝缘工器具的检定合格证书有效期。

3. 办理工作票并做好试验现场安全和技术措施

按相关安全生产管理规定办理工作许可手续；向试验人员交代工作内容、带电部位、现场安全措施、现场作业危险点，明确人员分工及试验程序。

五、现场试验步骤及要求

1. 试验接线

现场试验常采用变频串联谐振试验接线。

（1）电缆变频串联谐振试验原理接线如图 Z13F5003Ⅲ–1 所示。在试验时，应将试验设备外壳接地。变频电源输出与励磁变压器输入端相连，励磁变压器高压侧尾端接地，高压输出与电抗器尾端连接，如电抗器两节串联使用，注意上下节首尾连接，然后电抗器高压端采用大截面软引线与分压器和电缆被试芯线相连，非被试相、电缆屏蔽层及铠装层或外护套接地。

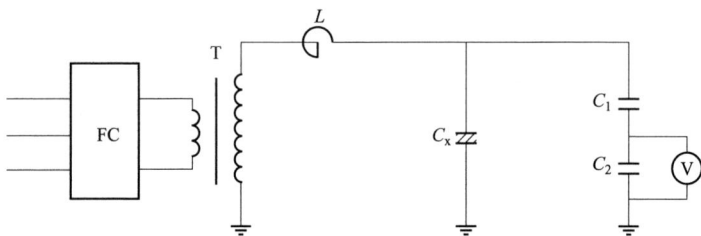

图 Z13F5003Ⅲ–1　电缆变频串联谐振试验原理接线图

FC—变频电源；T—励磁变压器；L—谐振电抗器；C_x—被试电缆等效电容；

C_1、C_2—电容分压器高、低压臂电容

（2）当被试电缆电容较大时，可以采用串—并联谐振法。电缆串—并联谐振试验原理接线如图 Z13F5003Ⅲ–2 所示。被试交联电缆两端并联电抗器，以补偿被试电缆

的部分容性电流，从而降低对电抗器及励磁变压器容量的要求。但由于并联了电抗器，试验回路的品质因数 Q 会受到一定的影响。因为随着并联电抗器数目的增加，会导致整个回路所需的有功损耗增加，品质因数 Q 随之降低。

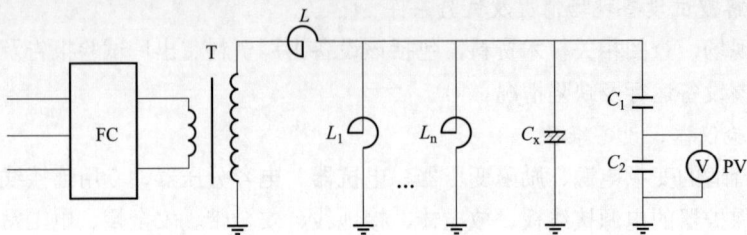

图 Z13F5003Ⅲ-2 电缆串—并联谐振试验原理接线图

L_1、L_n—并联电抗器；其他字母符号含义同图 Z13F5003Ⅲ-1

2. 试验步骤

试验前充分对被试电缆放电，拆除被试电缆两侧引线，测试电缆绝缘电阻。检查并核实电缆两侧是否满足试验条件。根据电缆电容量和试验装置容量大小按图 Z13F5003Ⅲ-1 或图 Z13F5003Ⅲ-2 接线。检查接线无误后开始试验。

按说明书进行操作。按升压速度要求升压至耐压值，记录电压和时间。

升压过程中注意观察电压表和电流表及其他异常现象，到达试验时间后，降压，切断变频电源开关，对电缆进行充分放电并接地后，拆改接线，重复上述操作步骤进行其他相试验。

电缆耐压试验结束后，应测试电缆绝缘电阻。

六、试验注意事项

（1）试验应在干燥良好的天气情况下进行。

（2）为减小电晕损失，提高试验回路 Q 值，高压引线宜采用大直径金属软管。

（3）合理布置试验设备，尽量缩小试验装置与试品之间的接线距离。

（4）试验时必须在较低电压下调整谐振频率，然后才可以升压进行试验。

七、试验结果分析及试验报告编写

（一）试验标准及结果分析

1. 试验标准及要求

根据 Q/GDW 1168—2013《输变电设备状态检修试验规程》、Q/GDW 11447—2015《10kV～500kV 输变电设备交接试验规程》及《国家电网公司变电检测通用管理规定及细则》〔国网（运检/3）829—2017〕、DL/T 474—2006《现场绝缘试验实施导则》的规定：

（1）对电缆的主绝缘进行耐压试验时，应分别在每一相上进行。对一相电缆进行试验时，其他两相导体、屏蔽层及铠装层或金属护层应一起接地。

（2）电缆主绝缘进行耐压试验时，如金属护层接有过电压保护器，必须将护层过电压保护器短接。

（3）耐压试验前后，绝缘电阻测量应无明显变化。

（4）橡塑电缆优先采用 20～300Hz 交流耐压试验。20～300Hz 交流耐压试验电压和时间见表 Z13F5003Ⅲ-1。

表 Z13F5003Ⅲ-1　　　　20～300Hz 交流耐压试验电压和时间

额定电压 U_0/U（kV）	试验电压（kV）	试验时间（min）
18/30 及以下	$2.5U_0$（或 $2U_0$）	5（或 60）
21/35～64/110	$2U_0$	60
127/220	$1.7U_0$（或 $1.4U_0$）	60
190/330	$1.7U_0$（或 $1.3U_0$）	60
290/500	$1.7U_0$（或 $1.1U_0$）	60

2. 试验结果分析

试验中如无破坏性放电发生，则认为耐压试验合格。

（二）试验报告编写

试验记录应填写信息，包括基本信息（变电站、委托单位、试验单位、运行编号、试验性质、试验日期、试验人员、试验地点、报告日期、编写人员、审核人员、批准人员、试验天气、环境温度、环境相对湿度），设备铭牌（生产厂家、出厂日期、出厂编号、设备型号、额定电压等），试验数据（试验电压、试验频率、试验仪器、项目结论等）。

八、案例

某型号为 YJY22-26/35 的交联聚乙烯绝缘电缆，采用串联谐振法进行交流耐压试验。电缆长度为 2km，电容量 0.175μF/km。电抗器额定电压 70kV、电感量 70H、额定容量 350kVA。求谐振时的频率和试验电压下电缆的电流及试验容量。

解：试验电压 U_s 等于 $2U_0$：$U_s=2×26=52$（kV）

电缆的电容量：$C=0.175×2=0.35$（μF）

谐振时的频率 f_0 为

$$f_0 = \frac{1}{2\pi\sqrt{LC}}×10^3 = \frac{1}{6.28\sqrt{70×0.35}}×10^3 = 32（\text{Hz}）$$

试验电压下电缆的电流 I_C 为

$$I_C = \omega C_x U_s \times 10^{-3} = 6.28 \times 32 \times 0.35 \times 52 \times 10^{-3} = 3.66 \,(\text{A})$$

试验容量 P_0 等于试验电压 U_s 和电流 I_C 的乘积，即

$$P_0 = U_s I_C = 52 \times 3.66 = 190.3 \,(\text{kVA})$$

【思考与练习】

1. 橡塑绝缘电力电缆为什么宜采用交流耐压？
2. 橡塑绝缘电力电缆采用交流耐压时，如何计算试验回路电流和谐振频率？
3. 画出橡塑绝缘电力电缆串联谐振耐压试验的原理接线。

模块 3　0.1Hz 超低频耐压试验（Z13F5002Ⅱ）

【模块描述】本模块介绍橡塑绝缘电力电缆 0.1Hz 超低频耐压试验方法和技术要求。通过试验工作流程的介绍，掌握橡塑绝缘电力电缆 0.1Hz 超低频耐压试验前的准备工作和相关安全、技术措施、试验方法、技术要求及测试数据分析判断。

【模块内容】

一、试验目的及应用

（一）试验目的

0.1Hz 超低频试验能有效地检验橡塑电缆、发电机、变压器等设备的生产质量和安装质量，考核发电机、变压器的主绝缘、电缆终端头和中间接头的绝缘强度，较灵敏地发现机械损伤等明显缺陷。

（二）使用 0.1Hz 超低频测试系统的原因

0.1Hz 超低频耐压试验仍属于交流耐压试验，可以有效地发现容性设备存在的缺陷，实践证明使用超低频时电缆的击穿电压与使用工频交流所得到的电压值是相当的。串联谐振试验方法的等效性好，在现场电缆的交流耐压试验中得到广泛采用，但调感式或变频谐振试验装置费用高，体积大，运输困难，而 0.1Hz 超低频测试系统输入功率小、体积小，比较适合中压容性设备的交流耐压试验，还可作为局部放电、介质损失测量的电源。

（三）0.1Hz 超低频耐压试验的特点和局限性

0.1Hz 超低频电压波形主要有正弦波和余弦波两种。0.1Hz 超低频耐压试验的特点和局限性主要有：

（1）在超低频系统中，所需功率非常低。与 50Hz 系统相比，理论上讲，0.1Hz 系统要小 500 倍，所以设备体积小、质量轻，成本接近直流测试系统。

（2）用于局部放电测量时，可抑制 50Hz 交流的干扰。

（3）由于原理和结构的原因，目前 0.1Hz 超低频耐压装置的输出电压较低，一般只应用于 35kV 及以下橡塑电缆和其他电容性电气设备的试验。

二、试验仪器、设备的选择

0.1Hz 超低频试验装置的容量由被测试设备的电容电流和试验电压来确定。

（1）电容电流的计算。当试验频率为 0.1Hz 时，被试设备的电容电流计算式为

$$I_{C0.1} = 2\pi f_{0.1} C_x U_s \times 10^{-3} \qquad （Z13F5002\,\mathrm{II}-1）$$

式中　$I_{C0.1}$——试验频率为 0.1Hz 时流过被试设备的电容电流，A；

　　　$f_{0.1}$——试验频率，Hz；

　　　C_x——被试品电容量，μF；

　　　U_s——试验电压，kV。

（2）试验容量的计算。试验容量应大于式（Z13F5002 II-2）计算值，即

$$P = U_s^2 2\pi f_{0.1} C_x \qquad （Z13F5002\,\mathrm{II}-2）$$

式中　P——试验装置容量，VA。

三、危险点分析及控制措施

（1）应严格执行 Q/GDW 1799.1—2013《国家电网公司电力安全工作规程　变电部分》的相关要求。

（2）高压试验工作不得少于两人。试验负责人应由有经验的人员担任，开始试验前，试验负责人应向全体试验人员详细布置试验中的安全注意事项，交待邻近间隔的带电部位，以及其他安全注意事项。

（3）试验现场应装设遮栏或围栏，遮栏或围栏与试验设备高压部分应有足够的安全距离，向外悬挂"止步，高压危险！"的标示牌，并派人看守。

（4）应确保操作人员及试验仪器与电力设备的高压部分保持足够的安全距离，且操作人员应使用绝缘垫。

（5）试验装置的金属外壳应可靠接地，高压引线应尽量缩短，并采用专用的高压试验线，必要时用绝缘物支挂牢固。

（6）加压前必须认真检查试验接线，使用规范的短路线，检查仪表的开始状态和试验电压挡位，均应正确无误。

（7）因试验需要断开设备接头时，拆前应做好标记，接后应进行检查。

（8）试验前，应通知有关人员离开被试设备，并取得试验负责人许可，方可加压；加压过程中应有人监护并呼唱。

（9）变更接线或试验结束时，应首先断开至被试品高压端的连线后断开试验电源，

充分放电，并将升压设备的高压部分放电、短路接地。

（10）试验现场出现明显异常情况时（如异音、电压波动、系统接地等），应立即停止试验工作，查明异常原因。

（11）高压试验作业人员在全部加压过程中，应精力集中，随时警戒异常现象发生。

（12）未装接地线的大电容被试设备，应先行放电再做试验。

（13）试验结束时，试验人员应拆除自装的接地短路线，并对被试设备进行检查，恢复试验前的状态，经试验负责人复查后，进行现场清理。

四、试验前的准备工作

1. 了解被试设备现场情况及试验条件

查勘现场，查阅相关技术资料，包括该设备出厂资料、出厂试验报告及相关规程等，掌握该设备运行及缺陷情况。

2. 试验仪器、设备准备

选择合适的 0.1Hz 超低频耐压装置、测试线、温（湿）度计、放电棒、接地线、梯子、安全带、安全帽、电工常用工具、试验临时安全遮栏、标示牌等，并查阅测试仪器、设备及绝缘工器具的检定合格证书有效期。

3. 办理工作票并做好试验现场安全和技术措施

按相关安全生产管理规定办理工作许可手续；向试验人员交代工作内容、带电部位、现场安全措施、现场作业危险点，明确人员分工及试验程序。

五、现场试验步骤及要求

（一）试验接线

0.1Hz 超低频电缆试验接线，如图 Z13F5002Ⅱ–1 所示。

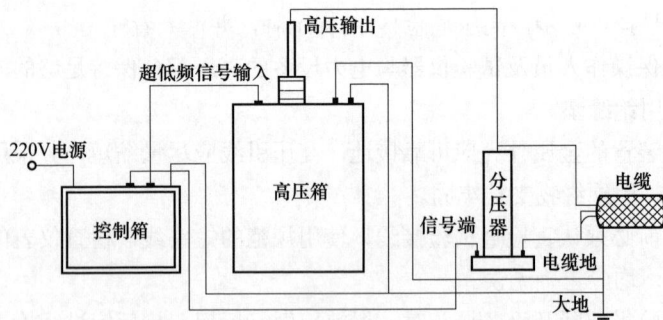

图 Z13F5002Ⅱ–1 0.1Hz 超低频电缆试验接线图

在试验时，控制箱、高压箱、分压器和被试品非加压部分接地。高压输出端接被试品试验部位，控制箱输出电缆与高压箱连接，分压器高压端与高压箱高压输出端连接，信号端与控制箱连接。

（二）试验步骤

（1）对被试品进行充分放电，拆除被试品对外所有连接线。

（2）用 2500～10 000V 绝缘电阻表对被试品进行绝缘电阻试验。

（3）按图 Z13F5002Ⅱ-1 进行接线，检查接线无误后，合上电源，设定好试验频率、时间和电压以及高压侧的过流保护值、过压保护值。

（4）按升压要求开始升压试验，升压过程中应密切监视高压回路，监听电缆有无异常响声。当升至试验电压时，开始记录试验时间并读取试验电压值。

（5）试验时间到，即将电压降到最低后切断电源，对被试品进行充分放电。

（6）重复上述步骤进行其他部位试验。

六、试验注意事项

（1）绝缘电阻试验合格后，方可进行低频耐压试验。

（2）试验设备外壳和被试品非加压部分必须接地。

（3）在升压和耐压过程中，如发现输出波形异常畸变，而且电流异常增大，电压不稳，被试品发生异味、烟雾、异常响声或闪络等现象，应立即停止升压，降压、断电后，查明原因。

七、试验结果分析及试验报告编写

（一）试验标准及结果分析

1. 试验标准及要求

现行国家标准和 IEC 标准均无 0.1Hz 超低频试验标准，国内使用经验也不多，依据尚不充分，试验经验与判据均不成熟，其主要参考标准如下：

（1）橡塑电缆 0.1Hz 交流耐压试验标准参考见表 Z13F5002Ⅱ-1。

表 Z13F5002Ⅱ-1　橡塑电缆 0.1Hz 交流耐压试验标准参考

额定电压 ＼ 试验电压和时间	试验电压峰值（kV）	试验时间（min）
35kV 及以下	$3U_0$	60

注　U_0 为电缆对地电压。

（2）发电机 0.1Hz 交流耐压试验标准为

$$U_{0.1}=1.2\sqrt{2}\,U_{50} \qquad (Z13F5002Ⅱ-3)$$

式中　$U_{0.1}$——0.1Hz 交流耐压试验电压，kV；

U_{50}——50Hz 交流耐压试验电压，kV。

注意，"容升"效应和电压谐振现象如下：

在 0.1Hz 超低频耐压试验时，由于被试品为容性负荷，容性电流在超低频高压发生器绕组上产生压降，造成实际作用在被试品上的电压值较高，超过按变比计算的高压侧所输出的电压值而产生"容升"效应。由于被试品电容与超低频高压发生器阻抗形成串联回路，当被试品电容与超低频高压发生器的漏抗相等或接近时，极易发生串联谐振，造成被试品端电压显著升高，危及试验设备和被试品绝缘，因此需在电压输出端接适当阻值的阻尼电阻，以削弱谐振程度。

现场较多使用有效值电压表测量试验电压，应改用峰值电压表在被试品高压端直接测量试验电压值。

2. 试验结果分析

在耐压过程中，若无异常声响、气味、冒烟以及数据显示不稳定等现象，可以认为被试品绝缘耐受住试验电压的考验。

（二）试验报告编写

试验记录应填写信息，包括基本信息（变电站、委托单位、试验单位、运行编号、试验性质、试验日期、试验人员、试验地点、报告日期、编写人员、审核人员、批准人员、试验天气、环境温度、环境相对湿度），设备铭牌（生产厂家、出厂日期、出厂编号、设备型号、额定电压等），试验数据（试验电压、试验仪器、项目结论等）。

八、案例

一条型号为 YJY22-8.7/10 的 10kV 交联聚乙烯电力电缆，用 0.1Hz 超低频法进行交流耐压试验。电缆额定电压为 10kV，对地电压 U_0=8.7kV，电缆截面 240mm²，对地等效电容 0.339μF/km，电缆长度 3.5km，问试验电压有效值和峰值各是多少？试验时电缆对地电流是多少？试验设备容量应大于多少？

解：试验电压有效值：U_s=3U_0=3×8.7=26.1（kV）

试验电压峰值：U_{sp}=$U_s\sqrt{2}$=26.1$\sqrt{2}$=36.9（kV）

电缆对地电流：$I_{C0.1}$=2π$f_{0.1}C_xU_s$×10⁻³=6.28×0.1×3.5×0.339×26.1×10⁻³=0.019（A）

试验设备容量：P=$U_s^2$2π$f_{0.1}C_x$=26.1²×6.28×0.1×3.5×0.339=507（VA）

【思考与练习】

1. 0.1Hz 超低频测试系统有什么优点？

2. 如何计算 0.1Hz 超低频试验被试品对地电流的大小？

3. 0.1Hz 超低频试验的注意事项是什么？

第十二章

绝 缘 工 具 试 验

◢ 模块 1　绝缘滑车试验（Z13F6001Ⅰ）

【**模块描述**】本模块介绍绝缘滑车试验的方法和技术要求。通过试验工作流程的介绍，掌握试验前的准备工作和相关安全、技术措施、试验方法、技术要求及试验结果分析判断。

【**模块内容**】

一、试验目的

对绝缘滑车进行检查和试验的目的是为了发现绝缘滑车的缺陷和绝缘隐患，预防人身事故的发生。

二、试验仪器、设备的选择

（1）由于被试品电容量较小，一般只要有相应电压等级的工频试验变压器即可，同时选用相应电压等级的工频分压器。

（2）选用单相自耦调压器，其容量与试验变压器的相同。

（3）保护电阻一般取 0.1～0.5Ω/V，并应有足够的热容量和长度。

（4）选用量程为 500V、0.5 级的交流电压表。

（5）选用电压等级为 2500V 的绝缘电阻表。

三、危险点分析及控制措施

加压时试验人员应与带电部位保持足够的安全距离。试验仪器的金属外壳应可靠接地，仪器操作人员必须站在绝缘垫上操作。

四、试验前的准备工作

1. 了解被试设备现场情况及试验条件

查阅相关技术资料，包括该设备出厂资料、出厂试验报告及相关规程等，掌握试品运行情况。

2. 试验仪器、设备准备

选择合适的隔离开关、试验电极、试验变压器、调压器、保护电阻、交流电压表、绝缘电阻表、测试线、温（湿）度计、放电棒、接地线、电工常用工具、试验临时安全遮栏、标示牌等，并查阅测试仪器、设备及绝缘工器具的检定合格证书有效期。

3. 做好试验现场安全和技术措施

向试验人员交代工作内容、带电部位、现场安全措施、现场作业危险点，明确人员分工及试验程序。

五、现场试验步骤及要求

（一）试验接线

（1）绝缘滑车工频耐压试验原理接线，如图 Z13F6001Ⅰ-1 所示。

（2）绝缘滑车试验接线，如图 Z13F6001Ⅰ-2 所示。

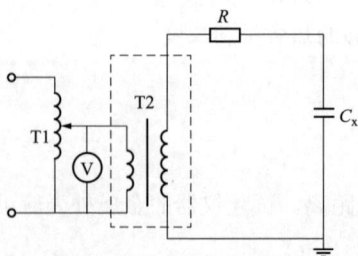

图 Z13F6001Ⅰ-1　绝缘滑车工频
耐压试验原理接线图

T1—调压器；T2—试验变压器；R—限流电阻；
C_x—被试品；V—电压表

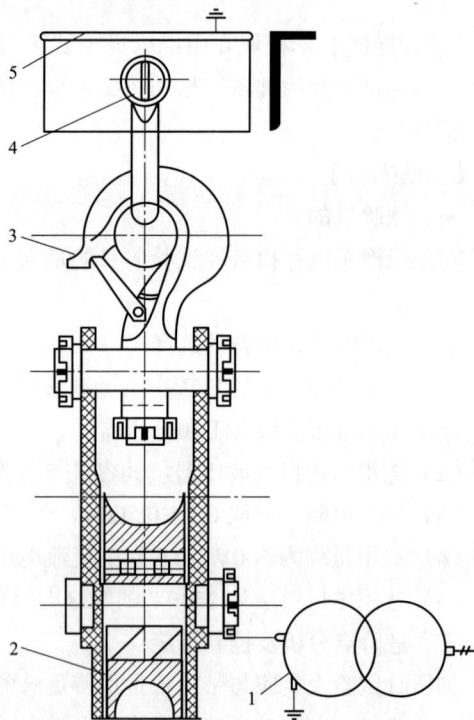

图 Z13F6001Ⅰ-2　绝缘滑车试验接线图

1—工频试验装置；2—滑轮；3—吊钩；
4—U 形环；5—金属横担

（二）试验步骤

（1）对试品进行外观检查。试品的绝缘部分应清洁、光滑，无气泡、皱纹、开裂等现象，滑轮在中轴上应转动灵活，无卡阻和碰擦轮缘现象；吊钩、吊环在吊梁上应转动灵活；侧板开口在 90°范围内无卡阻现象。

（2）测试绝缘电阻应正常。

（3）按图 Z13F6001Ⅰ-2 进行接线。检查试验接线正确、调压器在零位后，将高压引线接上试品，接通电源，开始升压进行试验。升压速度在 75%试验电压以前，可以是任意的，自 75%电压开始应均匀升压，约为每秒 2%试验电压的速率升压。升至试验电压，开始计时并读取试验电压。时间到后，迅速降压至零，然后断开电源，放电、挂接地线。

（4）立即触摸绝缘表面。如出现普遍或局部发热，则认为绝缘不良，应处理后再做耐压试验。

（5）测试绝缘电阻应正常。

六、试验注意事项

（1）进行绝缘试验时，被试品温度应不低于+5℃。户外试验应在良好的天气进行，且空气相对湿度一般不高于 80%。

（2）升压必须从零（或接近于零）开始，切不可冲击合闸。

（3）升压过程中应密切监视高压回路、试验设备仪表指示状态，监听被试品有无异响。

（4）有时耐压试验进行了数十秒钟，中途因故失去电源，使试验中断，在查明原因恢复电源后，应重新进行全时间的持续耐压试验，不可仅进行"补足时间"的试验。

七、试验结果分析及试验报告编写

（一）试验标准及结果分析

1. 试验标准及要求

根据 DL/T 976—2005《带电作业工具、装置和设备预防性试验规程》及 DL/T 878—2004《带电作业用绝缘工具试验导则》的规定：

各种型号的绝缘滑车均应能通过交流工频 25kV、1min 耐压试验。其中，绝缘钩型滑车应能通过交流工频 37kV、1min 耐压试验。试验以不发热、不击穿为合格。

2. 试验结果分析

（1）在升压和耐压过程中，如确定被试品的表面闪络是由于空气湿度或表面脏污等所致，应将被试品清洁干燥处理后，再进行试验。否则，认为被试品交流耐压试验不合格。

（2）试验结果应根据试验中有无发生破坏性放电、有无出现绝缘普遍或局部发热及耐压试验前后绝缘电阻有无明显变化，进行全面分析后做出判断。

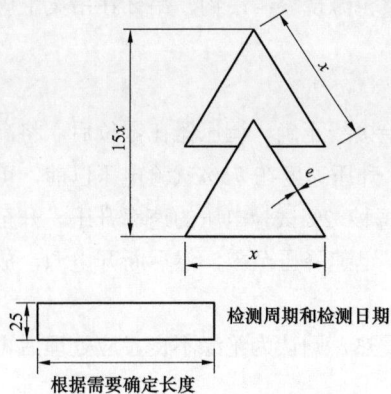

图 Z13F6001Ⅰ–3 试验合格标志
式样及要求

x—可以是 16、25 或 40；*e*—线条的宽度，2mm
注：长度单位为 mm。

进行试验通过。

（二）试验报告编写

试验报告填写应包括试验时间、试验人员、天气情况、环境温度、湿度、试品名称型号、试验结果、试验结论、试验性质、试验仪器名称型号、出厂编号等。

全部试验完成后填写试验合格标志，合格标志贴在不妨碍绝缘性能的明显位置。试验合格标志式样及要求，如图 Z13F6001Ⅰ–3 所示。

八、案例

在一次绝缘滑车进行预防性试验时，试验前未进行绝缘电阻测试，直接进行耐压试验，当加至规定的试验电压数秒后，被试品出现冒烟、出气异常现象。断开试验电源，经检查发现因绝缘滑车受潮导致绝缘降低。后经干燥后

【思考与练习】

1. 各种型号的绝缘滑车交流工频耐压试验值为多少？其中绝缘钩型滑车交流工频耐压试验值为多少？

2. 简述绝缘滑车试验的试验步骤。

▲ 模块 2　绝缘操作杆试验（Z13F6002Ⅰ）

【模块描述】本模块介绍绝缘操作杆试验的方法和技术要求。通过试验工作流程的介绍，掌握试验前的准备工作和相关安全、技术措施、试验方法、技术要求及试验结果分析判断。

【模块内容】

一、试验目的

对绝缘操作杆进行检查和试验的目的是，为了发现绝缘操作杆的缺陷和绝缘隐患，预防设备及人身事故的发生。

二、试验仪器、设备的选择

（1）由于被试品电容量较小，一般只要有相应电压等级的工频试验变压器即可，同时选用相应电压等级的工频分压器。

（2）保护电阻一般取 0.1～0.5Ω/V，并应有足够的热容量和长度。

（3）选用单相接触式调压器，其容量与试验变压器相同。

（4）选用多量程峰值电压表。

（5）选用相应电压等级冲击电压发生器一套。

（6）选用电压等级为 2500V 的绝缘电阻表。

三、危险点分析及控制措施

加压时试验人员应与带电部位保持足够的安全距离，试验仪器的金属外壳应可靠接地，仪器操作人员必须站在绝缘垫上操作。

四、试验前的准备工作

1. 了解被试设备现场情况及试验条件

查阅相关技术资料，包括试品出厂资料、出厂试验报告及相关规程等，掌握试品运行情况。

2. 试验仪器、设备准备

选择合适的试验电极（宽 50mm 的金属箔）、成套工频耐压试验装置（或工频试验变压器、调压器、保护电阻、球隙、峰值电压表）、冲击电压发生器、绝缘电阻表、测试线、温（湿）度计、放电棒、接地线、梯子、安全带、电工常用工具、试验临时安全遮栏、标示牌等，并查阅测试仪器、设备及绝缘工器具的检定合格证书有效期。

3. 做好试验现场安全和技术措施

向试验人员交代工作内容、带电部位、现场安全措施、现场作业危险点，明确人员分工及试验程序。

五、现场试验步骤及要求

（一）试验接线

（1）绝缘操作杆工频耐压试验原理接线如图 Z13F6002Ⅰ-1 所示。

（2）工频耐压及操作冲击耐压试验接线如图 Z13F6002Ⅰ-2 所示。高压试验电极布置于绝缘杆的工作部分，试品垂直悬挂在模拟导线上，高压试验电极和接地极间的长度即为试验长度，根据表 Z13F6002Ⅰ-1 和表 Z13F6002Ⅰ-2 中规定确定两电极间距离，绝缘杆间应保持一定距离，以便于观察试验情况。接地极和高压试验电极以宽50mm 的金属箔包绕，电极缠绕点处于同一水平位置。

表 Z13F6002Ⅰ-1　　　10～220kV 电压等级操作杆的电气性能

额定电压（kV）	试验电极间距离（m）	1min 工频耐受电压（kV）
10	0.40	45
35	0.60	95

续表

额定电压（kV）	试验电极间距离（m）	1min 工频耐受电压（kV）
66	0.70	175
110	1.00	220
220	1.80	440

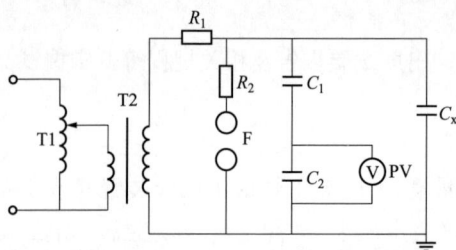

图 Z13F6002 I –1　绝缘操作杆工频
耐压试验原理接线图

T1—调压器；T2—试验变压器；R_1—限流电阻；
R_2—球隙保护电阻；F—球间隙；C_x—被试品电容；
C_1、C_2—电容分压器高低压臂；PV—峰值电压表

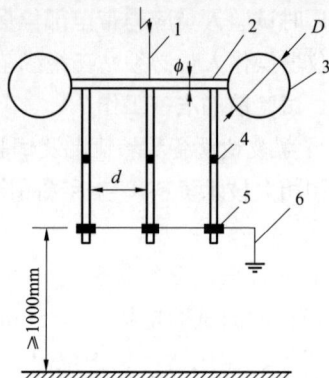

图 Z13F6002 I –2　工频耐压及操作冲击
耐压试验接线图

1—高压引线；2—模拟导线（$\phi \geqslant 30$mm）；3—均压球
（$D=200 \sim 300$mm）；4—试品（试品间距 $d \geqslant 500$mm）；
5—下部试验电极；6—接地引线

注：1. 用直径不小于 30mm 的单导线作模拟导线，
　　模拟导线两端设置均压球（或均压环），其直
　　径不小于 200mm；
　　2. 均压球距试品不小于 1.5m，多个试品同时进
　　行试验时，试品间距 d 不小于 500mm。

表 Z13F6002 I –2　　330～750kV 电压等级操作杆的电气性能

额定电压（kV）	试验电极间距离（m）	3min 工频耐受电压（kV）	操作冲击耐受电压（kV）
330	2.80	380	800
500	3.70	580	1050
750	4.70	780	1300
±500	3.20	680*	950

*　±500kV 直流耐压试验的加压值。

（二）试验步骤

（1）对被试品进行外观及尺寸检查。试品应光滑，无气泡、皱纹、开裂，玻璃纤

维布与树脂间黏接完好不得开胶，杆段间连接牢固。操作杆各部分尺寸应符合表 Z13F6002Ⅰ–3 的规定。

表 Z13F6002Ⅰ–3　　　　　　　　操作杆各部分长度要求

额定电压（kV）	最短有效绝缘长度（m）	有金属接头长度（m）	手持部分长度（m）
10	0.70	≤0.10	≥0.60
35	0.90	≤0.10	≥0.60
66	1.00	≤0.10	≥0.60
110	1.30	≤0.10	≥0.70
220	2.10	≤0.10	≥1.00
330	3.10	≤0.10	≥1.00
500	4.00	≤0.10	≥1.00
750	5.00	≤0.10	≥1.00
±500	3.50	≤0.10	≥1.00

（2）测试绝缘电阻应正常。

（3）工频耐压试验。按图 Z13F6002Ⅰ–1 和图 Z13F6002Ⅰ–2 进行接线，检查试验接线正确、调压器在零位后，将高压引线接上试品，接通电源，开始升压进行试验。升压速度在升压至 75%试验电压以前可以是任意的，自升压至 75%试验电压开始应均匀升压，约为每秒 2%试验电压的速率升压。升至试验电压值，开始计时并读取试验电压。时间到后，迅速均匀降压到零（或 1/3 试验电压以下），然后切断电源，放电、挂接地线。

试验中如无破坏性放电发生，则认为通过耐压试验。试验后应立即触摸绝缘表面，如出现普遍或局部发热，则说明在试验电压下绝缘操作杆泄漏电流较大，认为绝缘操作杆的绝缘不良，应立即处理后，再做耐压试验。耐压试验后测试绝缘电阻应正常。

（4）操作冲击耐压试验。操作冲击试验布置与工频耐压试验相同。试验前在较低的电压（50%额定试验电压）下调整冲击电压发生器的输出波形，使发生器的操作波的波形符合试验要求（在较低电压下可以多次调整试验波形，对被试品绝缘不会造成损坏。避免在过高电压下调整波形，由于试验波形不符合试验要求，可能造成被试品击穿的情况发生）。然后升至规定电压进行试验。试验时对每一试品在试验电极间，施加 15 次波形为 250/2500μs 正极性标准操作波的额定冲击耐受电压，试品均应无闪络、击穿及过热发生，则试验通过。

六、试验注意事项

（1）进行绝缘试验时，被试品温度应不低于+5℃。户外试验应在良好的天气进行，且空气相对湿度一般不高于 80%。

（2）试验过程中试验人员之间应分工明确，加压过程中应有人监护并呼唱。

（3）升压必须从零（或接近于零）开始，切不可冲击合闸。

（4）升压过程中应密切监视高压回路、试验设备仪表指示状态，监听被试品有无异响。

（5）有时工频耐压试验进行了数十秒钟，中途因故失去电源，使试验中断，在查明原因，恢复电源后，应重新进行全时间的持续耐压试验，不可仅进行"补足时间"的试验。

七、试验结果分析及试验报告编写

（一）试验标准及结果分析

1. 试验标准及要求

根据 DL/T 976—2005《带电作业工具、装置和设备预防性试验规程》及 DL/T 878—2004《带电作业用绝缘工具试验导则》的规定：

工频耐压试验和操作冲击耐压试验：220kV 及以下电压等级的试品应能通过短时（1min）工频耐受电压试验（以无击穿、无闪络及发热为合格），330kV 及以上电压等级的试品应能通过长时间（3min）工频耐受电压试验（以无击穿、无闪络及发热为合格），以及操作冲击耐受电压试验（15 次加压，以无一次击穿、闪络及过热为合格），其电气性能应符合表 Z13F6002 I –1 和表 Z13F6002 I –2 的规定。

2. 试验结果分析

（1）在升压和耐压过程中，如确定被试品的表面闪络是由于空气湿度或表面脏污等所致，应将被试品清洁干燥处理后，再进行试验。否则，认为被试品交流耐压试验不合格。

（2）试验结果应根据试验中有无发生破坏性放电、有无出现绝缘普遍或局部发热及耐压试验前后绝缘电阻有无明显变化，进行全面分析后作出判断。

（二）试验报告编写

试验报告填写应包括试验时间、试验人员、天气情况、环境温度、湿度、试品名称型号、试验结果、试验结论、试验性质、试验仪器名称型号、出厂编号等。

全部试验完成后填写试验合格标志，合格标志贴在不妨碍绝缘性能的明显位置，其试验合格标志式样及要求如图 Z13F6002 I –3 所示。

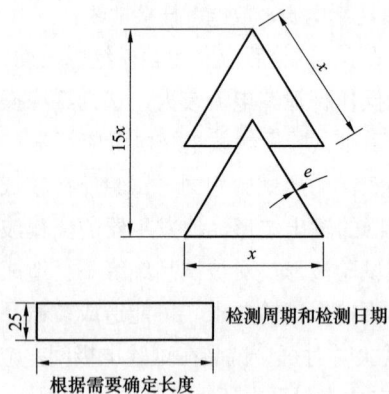

图 Z13F6002 I –3 试验合格标志式样及要求图

x—可以是 16、25 或 40；*e*—线条的宽度，2mm

注：长度单位为 mm。

八、案例

在一次绝缘操作杆预防性试验时，加压过程中发现电压表指针摆动较大，电流表指示逐渐增加，当加至规定的试验电压数秒后，被试品出现冒烟、出气异常现象。断开试验电源，手摸绝缘操作杆加压部分发现较热，测试绝缘电阻发现绝缘电阻降低。经检查发现是绝缘操作杆受潮。

【思考与练习】

1. 如何选择试验变压器保护电阻？

2. 为什么有机绝缘材料制成的试品，在工频耐压后要用手触摸绝缘操作杆加压部分？

◢ 模块 3 绝缘硬梯试验（Z13F6003Ⅰ）

【模块描述】 本模块介绍绝缘硬梯试验的方法和技术要求。通过试验工作流程的介绍，掌握试验前的准备工作和相关安全、技术措施、试验方法、技术要求及试验结果分析判断。

【模块内容】

一、试验目的

绝缘硬梯有平梯、挂梯、直立独杆梯、升降梯和人字梯等类别，对绝缘硬梯进行检查和试验的目的是为了发现绝缘硬梯的缺陷和绝缘隐患，预防人身事故的发生。

二、试验仪器、设备的选择

（1）由于被试品电容量较小，一般只要有相应电压等级的工频试验变压器即可。同时选用相应电压等级的工频分压器。

（2）保护电阻一般取 0.1~0.5Ω/V，并应有足够的热容量和长度。

（3）选用单相接触式调压器，其容量与试验变压器相同。

（4）选用多量程峰值电压表。

（5）选用相应电压等级冲击电压发生器一套。

（6）选用电压等级为 2500V 的绝缘电阻表。

三、危险点分析及控制措施

加压时试验人员应与带电部位保持足够的安全距离，试验仪器的金属外壳应可靠接地，仪器操作人员必须站在绝缘垫上操作。

四、试验前的准备工作

1. 了解被试设备现场情况及试验条件

查阅相关技术资料，包括试品出厂资料、出厂试验报告及相关规程等，掌握试品运行情况。

2. 试验仪器、设备准备

选择合适的试验电极（宽 50mm 的金属箔）、成套工频耐压试验装置（或工频试验变压器、调压器、保护电阻、球隙、峰值电压表）、冲击电压发生器、绝缘电阻表、测试线、温（湿）度计、放电棒、接地线、梯子、安全带、电工常用工具、试验临时安全遮栏、标示牌等，并查阅测试仪器、设备及绝缘工器具的检定合格证书有效期。

3. 做好试验现场安全和技术措施

向试验人员交代工作内容、带电部位、现场安全措施、现场作业危险点，明确人员分工及试验程序。

五、现场试验步骤及要求

（一）试验接线

（1）绝缘硬梯工频耐压试验原理接线，如图 Z13F6003Ⅰ–1 所示。

（2）工频耐压及操作冲击耐压试验接线如图 Z13F6003Ⅰ–2 所示。高压试验电极布置于绝缘硬梯的工作部分，试品垂直悬挂在模拟导线上，高压试验电极和接地极间

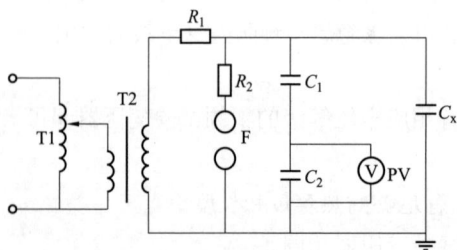

图 Z13F6003Ⅰ–1 绝缘硬梯工频耐压试验原理接线图

T1—调压器；T2—试验变压器；R_1—限流电阻；
R_2—球隙保护电阻；F—球间隙；C_x—被试品；
C_1、C_2—电容分压器高低压臂；PV—电压表

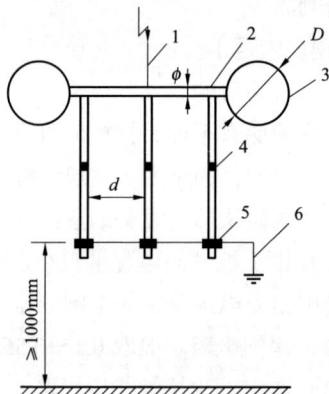

图 Z13F6003Ⅰ–2 工频耐压及操作冲击耐压试验接线图

1—高压引线；2—模拟导线（$\phi \geqslant 30mm$）；3—均压球
（$D=200\sim300mm$）；4—试品（试品间距 $d \geqslant 500mm$）；
5—下部试验电极；6—接地引线

注：1. 用直径不小于 30mm 的单导线作模拟导线，模拟导线两端设置均压球（或均压环），其直径不小于 200mm；

2. 均压球距试品不小于 1.5m，多个试品同时进行试验时，试品间距 d 不小于 500mm。

的长度即为试验长度，根据表 Z13F6003 I –1 和表 Z13F6003 I –2 中规定确定两电极间距离，绝缘硬梯间应保持一定距离，以便于观察试验情况。接地极和高压试验电极以宽 50mm 的金属箔包绕，电极缠绕点处于同一水平位置。

（二）试验步骤

（1）对被试品进行外观及尺寸检查，试品应清洁、光滑，无气泡、皱纹、开裂，玻璃纤维布与树脂间黏接完好不得开胶，杆段间连接牢固。

（2）测试试品绝缘电阻应正常。

（3）工频耐压试验。按图 Z13F6003 I –1 和图 Z13F6003 I –2 进行接线，检查接线正确、调压器在零位后。将高压引线接上试品，接通电源，开始升压进行试验。升压速度在 75%试验电压以前，可以是任意的，自 75%电压开始应均匀升压，约为每秒 2%试验电压的速率升压。升至试验电压，开始计时并读取试验电压。时间到后，迅速均匀降压到零（或 1/3 试验电压以下），然后断开电源。放电、挂接地线。

试验中如无破坏性放电发生，则认为通过耐压试验。试验后应立即触摸绝缘表面，如出现普遍或局部发热，则认为绝缘不良，应立即处理后，再做耐压试验。耐压试验后测试绝缘电阻应正常。

（4）操作冲击耐压试验。操作冲击试验布置与工频耐压试验相同。试验前应在较低的电压（50%额定试验电压）下调整冲击电压发生器的输出波形，使发生器操作波的波形符合试验要求（在较低电压下可以多次调整试验波形，而对被试品绝缘不会造成损坏。避免在过高电压下调整波形，由于试验波形不符合试验要求，造成被试品击穿的情况发生）。然后升至规定电压进行试验。试验时对每一试品在试验电极间，施加15 次波形为 250/2500μs 正极性标准操作波的额定冲击耐受电压，试品无闪络、击穿及过热发生，则试验通过。

六、试验注意事项

（1）进行绝缘试验时，被试品温度应不低于+5℃。户外试验应在良好的天气进行，且空气相对湿度一般不高于 80%。

（2）试验过程中试验人员之间应分工明确，加压过程中应有人监护并呼唱。

（3）升压必须从零（或接近于零）开始，切不可冲击合闸。

（4）升压过程中应密切监视高压回路、试验设备仪表指示状态，监听被试品有无异响。

（5）有时工频耐压试验进行了数十秒钟，中途因故失去电源，使试验中断，在查明原因，恢复电源后，应重新进行全时间的持续耐压试验，不可仅进行"补足时间"的试验。

七、试验结果分析及试验报告编写

(一)试验标准及结果分析

1. 试验标准及要求

根据 DL/T 976—2005《带电作业工具、装置和设备预防性试验规程》及 DL/T 878—2004《带电作业用绝缘工具试验导则》的规定:

工频耐压试验和操作冲击耐压试验: 220kV 及以下电压等级的试品应能通过短时工频耐受电压试验(以无击穿、无闪络及发热为合格),其电气性能应符合表 Z13F6003 I −1 的规定。330kV 及以上电压等级的试品应能通过长时间工频耐受电压试验(以无击穿、无闪络及发热为合格)以及操作冲击耐受电压试验(15 次加压,以无一次击穿、闪络及过热为合格),其电气性能应符合表 Z13F6003 I −2 的规定。

表 Z13F6003 I −1 　　10～220kV 电压等级绝缘硬梯的电气性能

额定电压(kV)	试验电极间距离(m)	1min 工频耐受电压(kV)
10	0.40	45
35	0.60	95
66	0.70	175
110	1.00	220
220	1.80	440

表 Z13F6003 I −2 　　330～750kV 电压等级绝缘硬梯的电气性能

额定电压(kV)	试验电极间距离(m)	3min 工频耐受电压(kV)	操作冲击耐受电压(kV)
330	2.80	380	800
500	3.70	580	1050
750	4.70	780	1300
±500	3.20	680*	950

* ±500kV 直流耐压试验的加压值。

2. 试验结果分析

(1)在升压和耐压过程中,如确定被试品的表面闪络是由于空气湿度或表面脏污等所致,应将被试品清洁干燥处理后,再进行试验。否则,认为被试品交流耐压试验不合格。

(2)试验结果应根据试验中有无发生破坏性放电、有无出现绝缘普遍或局部发热及耐压试验前后绝缘电阻有无明显变化,进行全面分析后做出判断。

（二）试验报告编写

试验报告填写应包括试验时间、试验人员、天气情况、环境温度、湿度、试品名称型号、试品参数、试验结果、试验结论、试验性质、试验仪器名称型号、出厂编号等。

全部试验完成后填写试验合格标志，合格标志贴在不妨碍绝缘性能的明显位置，其试验合格标志式样及要求如图 Z13F6003Ⅰ-3 所示。

八、案例

在一次绝缘硬梯操作冲击耐压试验过程中，施加第 2 次波形为 250/2500μs 正极性标准操作波的额定冲击耐受电压时，绝缘硬梯表面发生闪络现象，断开电源，检查发现绝缘硬梯表面有脏污，经擦拭后重新进行操作冲击耐压试验，试验通过。

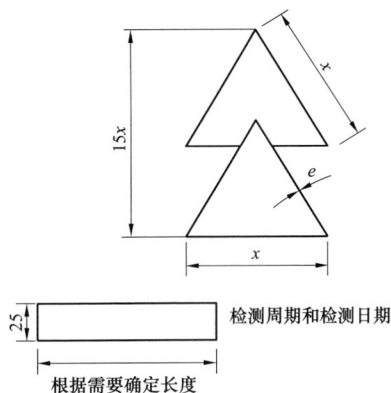

图 Z13F6003Ⅰ-3　试验合格标志式样及要求

x—可以是 16、25 或 40；e—线条的宽度，2mm

注：长度单位为 mm。

【思考与练习】

1. 为什么进行操作冲击耐压试验前，应在较低的电压下调整冲击电压发生器的输出波形，使发生器的操作波的波形符合试验要求，然后才能正式进行试验？

2. 进行操作冲击耐压试验时对操作冲击耐压的波形有什么要求？

▲ 模块 4　绝缘绳索类工具试验（Z13F6004Ⅰ）

【模块描述】本模块介绍绝缘绳索类工具试验的方法和技术要求。通过试验工作流程的介绍，掌握试验前的准备工作和相关安全、技术措施、试验方法、技术要求及试验结果分析判断。

【模块内容】

一、试验目的

对绝缘绳索类工具进行检查和试验的目的是为了发现绝缘绳索类工具的缺陷和绝缘隐患，预防人身事故的发生。

二、试验仪器、设备的选择

（1）由于被试品电容量较小，一般只要有相应电压等级的工频试验变压器即可，同时选用相应电压等级的工频分压器。

（2）保护电阻一般取 0.1～0.5Ω/V，并应有足够的热容量和长度。

（3）选用单相接触式调压器，其容量与试验变压器相同。

（4）选用多量程峰值电压表。

（5）选用相应电压等级的冲击电压发生器。

（6）选用电压等级为 2500V 的绝缘电阻表。

三、危险点分析及控制措施

加压时试验人员应与带电部位保持足够的安全距离。试验仪器的金属外壳应可靠接地，仪器操作人员必须站在绝缘垫上操作。

四、试验前的准备工作

1. 了解被试设备现场情况及试验条件

查阅相关技术资料，包括该设备出厂资料、出厂试验报告及相关规程等，掌握试品运行情况。

2. 试验仪器、设备准备

选择合适的试验电极、试验变压器、调压器、冲击电压发生器、保护电阻、峰值电压表、绝缘电阻表、测试线、温（湿）度计、放电棒、接地线、电工常用工具、试验临时安全遮栏、标示牌等，并查阅测试仪器、设备及绝缘工器具的检定合格证书有效期。

3. 做好试验现场安全和技术措施

向试验人员交代工作内容、带电部位、现场安全措施、现场作业危险点，明确人员分工及试验程序。

五、现场试验步骤及要求

（一）试验接线

（1）绝缘绳索类工具工频耐压试验原理接线如图 Z13F6004Ⅰ-1 所示。

（2）工频耐压及操作冲击耐压试验接线如图 Z13F6004Ⅰ-2 所示。高压试验电极布置于绝缘绳索类工具的工作部分，试品垂直悬挂在模拟导线上，高压试验电极和接地极间的长度即为试验长度，根据表 Z13F6004Ⅰ-1 和表 Z13F6004Ⅰ-2 中规定确定两电极间距离，绝缘绳索类工具间应保持一定距离，以便于观察试验情况。接地极和高压试验电极以宽 50mm 的金属箔包绕，电极缠绕点处于同一水平位置。

（二）试验步骤

（1）对被试品进行外观及尺寸检查。

1）所有绝缘绳索类工具的捻合成的绳索合绳股应紧密绞合，不得有松散、分股的现象；绳索各股及各股中丝线不应有叠痕、凸起、压伤、背股、抽筋等缺陷，不得有错乱、交叉的丝、线、股。

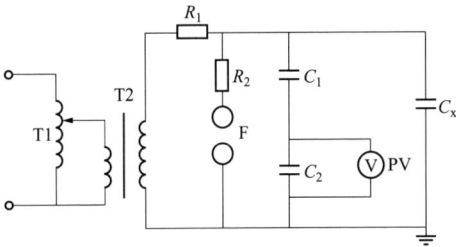

图 Z13F6004 I -1 绝缘绳索类工具
工频耐压试验原理接线图

T1—调压器；T2—试验变压器；R_1—限流电阻；
R_2—球隙保护电阻；F—球间隙；C_x—被试品；
C_1、C_2—电容分压器高低压臂；PV—峰值电压表

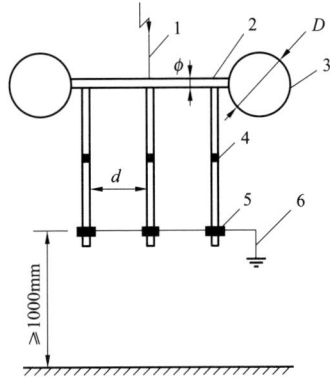

图 Z13F6004 I -2 工频耐压及操作冲击
耐压试验接线图

1—高压引线；2—模拟导线（$\phi \geqslant 30$mm）；3—均压球
（$D = 200 \sim 300$mm）；4—试品（试品间距 $d \geqslant 500$mm）；
5—下部试验电极；6—接地引线

注：1. 用直径不小于 30mm 的单芯线作模拟导线，模拟
      导线两端设置均压球（或均压环），其直径不小
      于 200mm；
    2. 均压球距试品不小于 1.5m，多个试品同时进行
      试验时，试品间距 d 不小于 500mm。

2）人身绝缘保险绳、导线绝缘保险绳、消弧绳、绝缘测距绳以及绳套均应满足各自的功能规定和工艺要求。

（2）测试绝缘电阻应正常。

（3）工频耐压试验。按图 Z13F6004 I -2 进行接线，检查试验接线正确、调压器在零位后，将高压引线接上试品，接通电源，开始升压进行试验。升压速度在升压至75%试验电压以前，可以是任意的，自升压 75%试验电压开始应均匀升压，约为每秒2%试验电压的速率升压。升至试验电压后开始计时并读取试验电压。时间到后，迅速均匀降压到零（或1/3试验电压以下），然后断开电源。放电、挂接地线。

试验中如无破坏性放电发生，则认为通过耐压试验。试验后应立即触摸试品表面，如出现普遍或局部发热，则认为绝缘不良，应立即处理后，再做耐压试验。耐压试验后测试绝缘电阻应正常。

（4）操作冲击耐压试验。操作冲击试验布置与工频耐压试验相同。试验前应在较低的电压（50%额定试验电压）下调整冲击电压发生器的输出波形，使发生器操作波的波形符合试验要求（在较低电压下可以多次调整试验波形，而对被试品绝缘不会造

成损坏。避免在过高电压下调整波形，由于试验波形不符合试验要求，造成被试品击穿的情况发生）。然后升至规定电压进行试验。试验时对每一试品在试验电极间，施加 15 次波形为 250/2500μs 正极性标准操作波的额定冲击耐受电压，试品应无闪络、击穿及过热发生，则试验通过。

六、试验注意事项

（1）进行绝缘试验时，被试品温度应不低于+5℃。户外试验应在良好的天气进行，且空气相对湿度一般不高于 80%。

（2）试验过程中试验人员之间应分工明确，加压过程中应有人监护并呼唱。

（3）升压必须从零（或接近于零）开始，切不可冲击合闸。

（4）升压过程中应密切监视高压回路、试验设备仪表指示状态，监听被试品有无异响。

（5）有时耐压试验进行了数十秒钟，中途因故失去电源，使试验中断，在查明原因，恢复电源后，应重新进行全时间的持续耐压试验，不可仅进行"补足时间"的试验。

七、试验结果分析及试验报告编写

（一）试验标准及结果分析

1. 试验标准及要求

根据 DL/T 976—2005《带电作业工具、装置和设备预防性试验规程》及 DL/T 878—2004《带电作业用绝缘工具试验导则》的规定：

工频耐压试验和操作冲击耐压试验：220kV 及以下电压等级的试品应能通过短时工频耐受电压试验（以无击穿、无闪络及发热为合格），330kV 及以上电压等级的试品应能通过长时间工频耐受电压试验（以无击穿、无闪络及发热为合格），以及操作冲击耐受电压试验（15 次加压，以无一次击穿、闪络及过热为合格），其电气性能应符合表 Z13F6004Ⅰ-1 和表 Z13F6004Ⅰ-2 的规定。

表 Z13F6004Ⅰ-1 10～220kV 电压等级绝缘绳索类工具的电气性能

额定电压（kV）	试验电极间距离（m）	1min 工频耐受电压（kV）
10	0.40	45
35	0.60	95
66	0.70	175
110	1.00	220
220	1.80	440

表 Z13F6004Ⅰ-2　　　　　330～750kV 电压等级绝缘绳索类
工具的电气性能

额定电压（kV）	试验电极间距离（m）	3min 工频耐受电压（kV）	操作冲击耐受电压（kV）
330	2.80	380	800
500	3.70	580	1050
750	4.70	780	1300
±500	3.20	680*	950

＊　±500kV 直流耐压试验的加压值。

2. 试验结果分析

（1）在升压和耐压过程中，如确定被试品的表面闪络是由于空气湿度或表面脏污等所致，应将被试品清洁干燥处理后，再进行试验。否则，认为被试品交流耐压试验不合格。

（2）试验结果应根据试验中有无发生破坏性放电、有无出现绝缘普遍或局部发热及耐压试验前后绝缘电阻有无明显变化，进行全面分析后做出判断。

（二）试验报告编写

试验报告填写应包括试验时间、试验人员、天气情况、环境温度、湿度、试品名称型号、试验结果、试验结论、试验性质、试验仪器名称型号、出厂编号等。

全部试验完成后填写试验合格标志，合格标志贴在不妨碍绝缘性能的明显位置，其试验合格标志式样及要求如图 Z13F6004Ⅰ-3 所示。

八、案例

在进行 500kV 绝缘绳索工频耐压试验过程中，当施加额定试验电压 70s 后，被试绝缘绳索表面发生闪络、冒烟，经检查绝缘绳索受

潮导致耐压试验中闪络、冒烟。被试绝缘绳索没有通过工频耐压试验。

图 Z13F6004Ⅰ-3　试验合格标志
式样及要求图

x—可以是 16、25 或 40；e—线条的宽度，2mm
注：长度单位为 mm。

【思考与练习】

1. 对 220kV 的绝缘绳索类工具进行工频耐压试验时，试验电极间的距离为多少？1min 工频耐受电压值是多少？

2. 对 500kV 的绝缘绳索类工具进行工频耐压和操作冲击耐压时，试验电极间的距离为多少？3min 工频耐受电压值和操作冲击耐受电压值分别为多少？

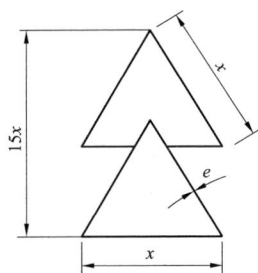

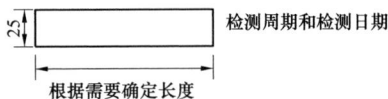

第十三章

防 护 用 具 试 验

◢ 模块 1 屏蔽服装试验（Z13F7001 Ⅰ）

【模块描述】本模块介绍屏蔽服装试验的方法和技术要求。通过试验工作流程的介绍，掌握试验前的准备工作和相关安全、技术措施、试验方法、技术要求及试验结果分析判断。

【模块内容】

一、试验目的

屏蔽服装应具有较好的屏蔽性能、较低的电阻、适当的通流容量、一定的阻燃性及较好的透气性，达到穿戴者舒适目的。一般采用金属纤维和阻燃纤维混纺织成的衣料制作。对屏蔽服装进行检查和试验的目的是为了发现屏蔽服装存在的缺陷及绝缘隐患，预防人身事故的发生。

二、试验仪器、设备的选择

（1）选用量程为 $10^{-4}\sim10^{6}\Omega$ 的 QJ31 型单、双臂电桥。

（2）选用额定频率为 50Hz、额定电压为 600V 的正弦波电压发生器（波形符合 GB/T 16927.2 的要求）。

（3）选用 0.5 级、量程为 600V 的交流电压表。

（4）选用输入阻抗大于 10MΩ 的多量程数字电压表或示波器（如 CA9020 示波器）。

（5）选用直径 400mm、厚 5±0.5mm 的橡胶板（其表面硬度为肖氏级 60～65 度）。

（6）选用直径为 400mm 的圆形绝缘板。

（7）选用直径为 4mm 的钢珠数千克。

（8）选用直径为 300mm 带接线柱的黄铜板一块、屏蔽服装成品电阻试验电极一只［见图 Z13F7001Ⅰ–1（a）］、屏蔽服装屏蔽效率试验黄铜电极一只（内装 2MΩ负荷电阻，质量 3kg，见图 Z13F7001Ⅰ–2）。

三、危险点分析及控制措施

加压时试验人员应与带电部位保持足够的安全距离。试验仪器的金属外壳应可靠接地，仪器操作人员必须站在绝缘垫上操作。

四、试验前的准备工作

1. 了解试验设备现场情况及试验条件

查阅相关技术资料，包括该被试品出厂资料、出厂试验报告及相关规程等，掌握该试品使用情况。

2. 试验仪器、设备准备

选择合适的单、双臂电桥、试验电极、正弦波电压发生器、电压表、示波器、橡胶板、黄铜板、钢珠数千克、圆形绝缘板、试验台、毛毡等，电工常用工具、试验临时安全遮栏、标示牌等，并查阅测试仪器、设备及绝缘工器具的检定合格证书有效期。

3. 做好试验现场安全和技术措施

向试验人员交代工作内容、带电部位、现场安全措施、现场作业危险点，明确人员分工及试验程序。

五、现场试验步骤及要求

（一）试验接线

（1）屏蔽服装（如上衣、裤子、手套、袜子、鞋）电阻试验图，如图 Z13F7001Ⅰ–1 所示。

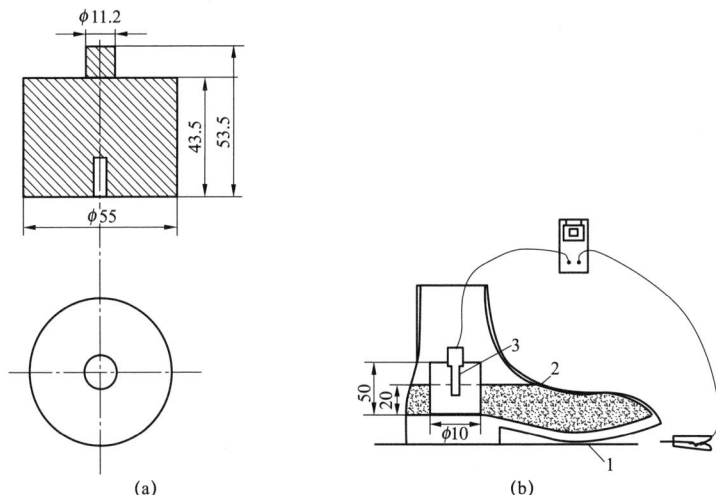

图 Z13F7001Ⅰ–1　屏蔽服装（如上衣、裤子、手套、袜子、鞋）电阻试验图
（a）屏蔽服装成品电阻试验电极；（b）鞋子电阻测量示意图
1—测试电极接线柱；2—钢珠；3—测试电极

（2）屏蔽服装屏蔽效率试验电极图，如图 Z13F7001Ⅰ–2 所示。

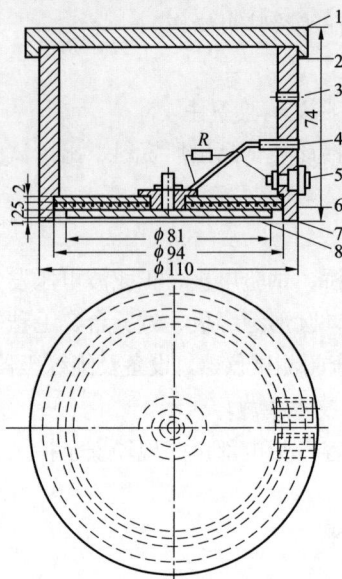

图 Z13F7001 I –2   屏蔽服装屏蔽效率试验电极图
1—上盖；2—屏蔽外壳；3—固定电缆螺孔；4—电缆连接测量仪表；5—接地螺母；
6—屏蔽电极；7—绝缘板；8—接收电极；R—负荷电阻

（3）屏蔽服装屏蔽效率测试接线，如图 Z13F7001 I –3 所示。

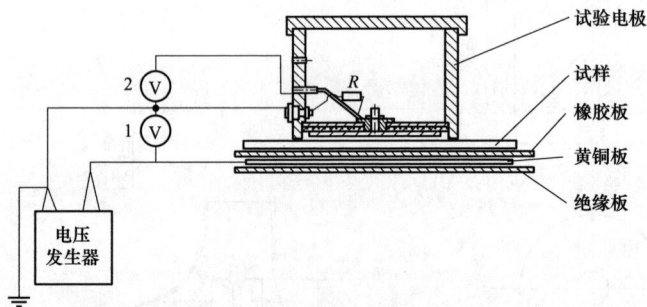

图 Z13F7001 I –3   屏蔽服装屏蔽效率测试接线图
1—600V 电压表；2—输入阻抗大于 10MΩ的多量程数字电压表或 CA9020 示波器

（二）试验步骤

1. 外观及尺寸检查

整套屏蔽服装，包括上衣、裤子、鞋子、袜子和帽子均应完好无损，无明显孔洞，分流连接线完好，连接头连接可靠（工作中不会自动脱开）。

2. 连接头组装检查

上衣、裤子、帽子之间应有两个连接头，上衣与手套、裤子与袜子每端分别各有一个连接头。将连接头组装好后，轻扯连接部位，确认其具有一定的机械强度。

3. 屏蔽服装（包括上衣、裤子、手套、袜子、鞋）电阻测试

在试验台上铺一块 5mm 毛毡，将手套、短袜平铺在毛毡上，在手套、短袜内衬一层塑料薄膜，使各布层间相互隔开，避免层间短路；将一个试验电极压在手套的中指指尖或短袜袜尖处；另一个试验电极压在手套或短袜的开口处分流连接线上；用 QJ31 型单、双臂电桥测量两电极间的电阻。

将鞋子平放在平板电极上，然后将圆柱形电极放在鞋里的底面上，并在圆柱形电极周围装上钢珠，将整个鞋底盖住并达到 20mm 深，如图 Z13F7001Ⅰ–1（b）所示。用 QJ31 型单、双臂电桥测量两电极间的电阻。

整套衣服电阻测试时，先将衣服给模拟人穿上，平放在桌上，将两个电极分别垂直平放在各被测点（整套屏蔽服各最远端点之间，即手套与短袜及帽子与短袜）上，用 QJ31 型单、双臂电桥检测手套与短袜及帽子与短袜间的电阻。

4. 屏蔽服装屏蔽效率测试

按图 ZY1800519001–3 将电压发生器低压端、电极接地部分、电压表低压端连接接地。将电压发生器高压端、黄铜板接线柱、电压表高压端连接好。将绝缘板、黄铜板、橡胶板、电极装置按顺序放在水平支架上。

检查测试接线正确、调压器在零位后，在没有被试品的情况下，将 50Hz、600V 电压施加到测量设备上，读出电压值，此值即为基准电压，用符号 U_{ret} 表示，并做好记录。

将绝缘板、黄铜板、橡胶板、被试品、电极装置（放置位置不能超出被试品边缘）按顺序放在水平支架上。将被试品紧贴在电极下面压平，施加电压，读出电极端的电压，用符号 U 表示，并做好记录。

六、试验注意事项

（1）试验需在温度为 23℃±2℃、相对湿度为 45%～55% 的环境中进行 24h 以上，以适应试验环境。

（2）升压必须从零开始，切不可冲击合闸。试验后，应迅速均匀降压到零，然后切断电源。

（3）在测屏蔽服装电阻时，应先分别测量上衣、裤子、手套、袜子任意两个最远端之间的电阻，以及鞋的电阻。然后测量整套屏蔽服装（将上衣、裤子、手套、袜子、帽子和鞋全部组装好）的电阻，且测点位置应距接缝边缘及分流连接线 3cm 以上。

七、试验结果分析及试验报告编写

（一）试验标准及结果分析

1. 试验标准及要求

根据 DL/T 976—2005《带电作业工具、装置和设备预防性试验规程》及 DL/T 878—2004《带电作业用绝缘工具试验导则》的规定：

（1）成衣（包括鞋、袜、屏蔽服装）电阻试验，其电阻值应符合表 Z13F7001Ⅰ–1 的要求。

表 Z13F7001Ⅰ–1 　　　　　　　　屏蔽服装的电阻要求

屏蔽服装部位名称	电阻值（Ω）	屏蔽服装部位名称	电阻值（Ω）
上衣	≤15	手套	≤15
裤子	≤15	鞋	≤500
袜子	≤15	整套屏蔽服装	≤20

（2）整套服装的屏蔽效率试验。上衣在左右前胸正中、后背正中各测一点；裤子在膝盖处各测一点。将测得 5 点数据的算术平均值作为整套屏蔽服装的屏蔽效率值。整套屏蔽服装的屏蔽效率不得小于 30dB。

2. 试验结果分析

（1）屏蔽服装屏蔽效率按式（Z13F7001Ⅰ–1）计算

$$SE = 20\lg\left(\frac{U_{\text{ret}}}{U}\right) \qquad (\text{Z13F7001Ⅰ–1})$$

式中　SE——屏蔽效率，dB；

　　　U_{ret}——基准电压（没有屏蔽时），V；

　　　U——屏蔽后的电压值，V。

（2）试验结果应与该屏蔽服装历次试验结果相比较，与同类屏蔽服装试验结果相比较，参照相关的试验结果，根据变化规律和趋势，进行全面分析后做出判断。

（二）试验报告编写

试验报告填写应包括试验日期、试验人员、天气情况、环境温度、湿度、试品名称型号、试品参数、试验结果、试验结论、试验性质（交接试验、预防性试验、检查）、试验仪器名称型号、出厂编号等。

全部试验完成后填写试验合格标志，合格标志贴在不妨碍绝缘性能的明显位置，其试验合格标志式样及要求如图 Z13F7001Ⅰ–4 所示。

八、案例

案例 1：一只屏蔽服装手套，经多次测试其直流电阻均为 20Ω左右，经检查手套中金属纤维有多处磨损，断裂。该手套不符合使用要求，不合格，应报废。

案例 2：一套服装的屏蔽效率试验结果为 27dB（小于 30dB）。经检查服装中金属纤维有多处磨损严重。该服装不符合使用要求，不合格，应报废。

【思考与练习】

1. 试验标准对屏蔽服装各部分的电阻测试有何要求？

2. 如何进行屏蔽服装屏蔽效率测试？

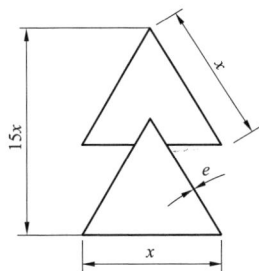

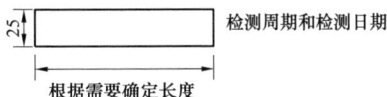

图 Z13F7001Ⅰ–4　试验合格标志式样及要求

x—可以是 16、25 或 40；e—线条的宽度，2mm

注：长度单位为 mm。

◢ 模块 2　绝缘服试验（Z13F7002Ⅰ）

【模块描述】本模块介绍绝缘服试验的方法和技术要求。通过试验工作流程的介绍，掌握试验前的准备工作和相关安全、技术措施、试验方法、技术要求及试验结果分析判断。

【模块内容】

一、试验目的

绝缘服应具有较高的击穿电压、一定的机械强度，且耐磨、耐撕裂。对绝缘服进行检查和试验的目的是为了发现绝缘服存在的缺陷和绝缘隐患，预防人身事故的发生。

二、试验仪器、设备的选择

（1）工频试验变压器。由于被试品电容量较小，一般只要有相应电压等级的工频试验变压器即可。

（2）选用单相自耦调压器，其容量与工频试验变压器的相同。

（3）保护电阻一般取 0.1～0.5Ω/V，并应有足够的热容量和长度。

（4）选用量程为 500V、0.5 级的交流电压表。

（5）选用额定电压 1000V 绝缘电阻表。

三、危险点分析及控制措施

加压时试验人员应与带电部位保持足够的安全距离。试验仪器的金属外壳应可靠接地，仪器操作人员必须站在绝缘垫上操作。

四、试验前的准备工作

1. 了解被试设备现场情况及试验条件

查阅相关技术资料，包括该设备出厂资料、出厂试验报告及相关规程等，掌握试品运行情况。

2. 试验仪器、设备准备

选择合适的试验电极［见图 Z13F7002Ⅰ-2（d）］、试验变压器、试验台、绝缘电阻表、测试线、温（湿）度计、放电棒、接地线、电工常用工具、试验临时安全遮栏、标示牌等，并查阅测试仪器、设备及绝缘工器具的检定合格证书有效期。

3. 做好试验现场安全和技术措施

向试验人员交代工作内容、带电部位、现场安全措施、现场作业危险点，明确人员分工及试验程序。

五、现场试验步骤及要求

（一）试验接线

（1）绝缘服工频耐压试验原理接线如图 Z13F7002Ⅰ-1 所示。

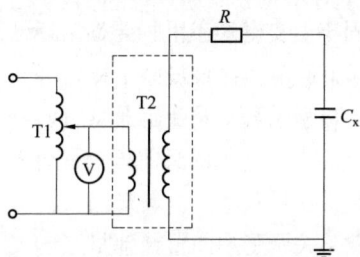

图 Z13F7002Ⅰ-1 绝缘服工频
耐压试验原理接线图

T1—调压器；T2—试验变压器；R—保护电阻；
C_x—被试品；V—电压表

（2）绝缘服层向工频耐压试验电极布置如图 Z13F7002Ⅰ-2 所示。

（二）试验步骤

（1）外观检查。整套绝缘服，包括上衣（披肩）、裤子均应完好无损，无深度划痕和裂痕，无明显孔洞。

（2）测试试品绝缘电阻，绝缘电阻应正常。

（3）检查试验接线正确、调压器在零位后，将高压引线接上试品，接通电源开始升压，试验电压应从较低值开始上升，并以大约 1000V/s 的速度逐渐升压，直至 20kV 或绝缘服发生击穿。试验时间从达到规定的试验电压值开始计时，并读取试验电压。时间到后，迅速均匀降压至零，断开试验电源，并放电、挂接地线。

（4）立即触摸绝缘表面，如出现普遍或局部发热，则认为绝缘不良，应处理后再做耐压试验。

（5）耐压试验后，测试绝缘电阻，应正常。

六、试验注意事项

（1）试验应在环境温度 23±2℃的环境温度下进行。

（2）试验人员之间应分工明确，配合默契。

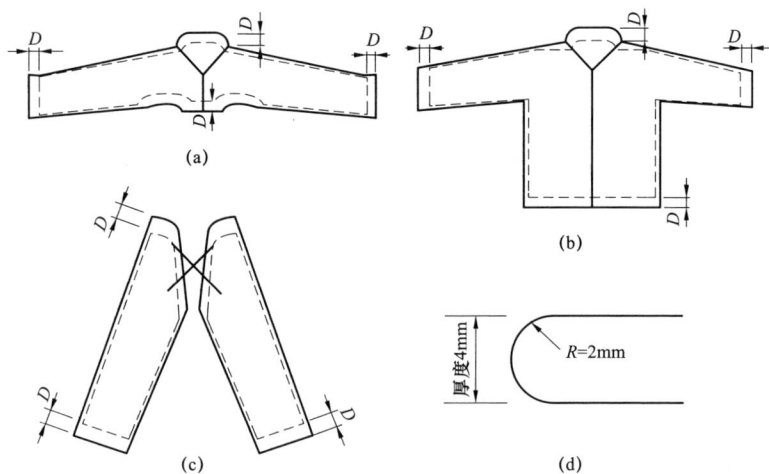

图 Z13F7002 I −2 绝缘服层向工频耐压试验电极布置图

（a）绝缘披肩内电极布置图；（b）绝缘上衣内电极布置图；

（c）绝缘裤内电极布置图；（d）内电极边缘倒角图

注：1. D 为电极间距（65mm±5mm）。

2. 为防止沿绝缘服边缘发生沿面闪络，应注意高压引线距绝缘服边缘的距离或采用套管引入高压的方式。

3. 进行绝缘服（披肩）的层向工频耐压试验时，电极由海绵或其他吸水材料（如棉布）制成的湿电极组成，电极厚度为 4mm±1mm，电极边缘应倒角［见图 Z13F7002 I −2（d）］。内外电极形状与绝缘服内外形状相符。电极设计及加工应使电极之间的电场均匀且无电晕发生。将绝缘服平整布置于内外电极之间，不应强行曳拉，并用干燥的棉布擦干电极周围绝缘服上的水迹。

4. 水的电阻率为 1000Ω·cm。

（3）升压必须从零（或接近于零）开始，切不可冲击合闸。

（4）升压过程中应密切监视高压回路、试验设备仪表指示状态，监听被试品有无异响。

七、试验结果分析及试验报告编写

（一）试验标准及结果分析

1. 试验标准及要求

根据 DL/T 976—2005《带电作业工具、装置和设备预防性试验规程》及 DL/T 878—2004《带电作业用绝缘工具试验导则》的规定：

对绝缘服进行整衣层向工频耐压时，绝缘上衣的前胸，后背、左袖、右袖，披肩的双肩和左右袖，绝缘裤的左右腿的各部位均应进行试验，其电气性能应符合表 Z13F7002 I −1 的规定。以无电晕发生、无闪络、无击穿、无明显发热为合格。

表 Z13F7002Ⅰ-1　　　　　　　绝缘服（披肩）的电气性能

服装（披肩）级别	额定电压（V）	1min 交流耐受电压有效值（V）
0	380	5000
1	3000	10 000
2	10 000	20 000

2. 试验结果分析

（1）在升压和耐压过程中，如确定被试品的表面闪络是由于空气湿度或表面脏污等所致，应将被试品清洁干燥处理后，再进行试验。否则，认为被试品交流耐压试验不合格。

（2）试验结果应根据试验中有无发生破坏性放电、有无出现绝缘普遍或局部发热及耐压试验前后绝缘电阻有无明显变化，进行全面分析后做出判断。

（二）试验报告编写

试验报告填写应包括试验时间、试验人员、天气情况、环境温度、湿度、试品名称型号、试验结果、试验结论、试验性质、试验仪器名称型号、出厂编号等。

全部试验完成后填写试验合格标志，合格标志贴在不妨碍绝缘性能的明显位置，其试验合格标志式样及要求如图 Z13F7002Ⅰ-3 所示。

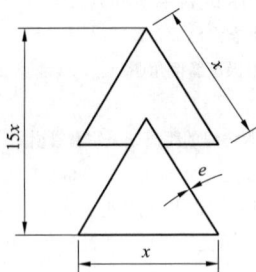

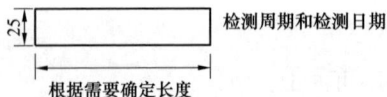

图 Z13F7002Ⅰ-3　试验合格标志式样及要求

x—可以是 16、25 或 40；e—线条的宽度，2mm
注：长度单位为 mm。

八、案例

某次进行整衣层向工频耐压试验时，对 1 级绝缘服试验，施加工频电压 8500V 时发生放电现象，断开试验电源，检查发现绝缘服右肩部绝缘有破损。

【思考与练习】

1. 绝缘服层向工频耐压试验时，对试验电极有什么要求？对水的电阻率有什么要求？

2. 在绝缘服层向工频耐压试验中，升压时应注意哪些事项？

▲ 模块 3　绝缘手套试验（Z13F7003 Ⅰ）

【模块描述】本模块介绍绝缘手套试验的方法和技术要求。通过试验工作流程的介绍，掌握试验前的准备工作和相关安全、技术措施、试验方法、技术要求及试验结果分析判断。

【模块内容】

一、试验目的

绝缘手套的外形形状为分指式（异形），采用合成橡胶或天然橡胶制成。对绝缘手套进行检查和试验的目的是为了发现绝缘手套存在的缺陷和绝缘隐患，预防人身事故的发生。

二、试验仪器、设备的选择

（1）由于被试品电容量较小，一般只要有相应电压等级的工频试验变压器即可。

（2）选用单相自耦调压器，输入电压为 220V，其容量与试验变压器相同。

（3）保护电阻一般取 0.1～0.5Ω/V，并应有足够的热容量和长度。

（4）选用量程为 500V、0.5 级的交流电压表。

（5）选用额定输出电压大于 60kV、额定输出电流为 2mA 的成套直流高压发生器或相应电压及电流的高压硅堆。

（6）选用电压等级为 2500V 的绝缘电阻表。

（7）选用 30mA、0.5 级交流毫安电流表。

三、危险点分析及控制措施

加压时试验人员应与带电部位保持足够的安全距离。试验仪器的金属外壳应可靠接地，仪器操作人员必须站在绝缘垫上操作。

四、试验前的准备工作

1. 了解被试设备现场情况及试验条件

查阅相关技术资料，包括试品出厂资料、出厂试验报告及相关规程等，掌握试品运行情况。

2. 试验仪器、设备准备

选择合适的盛水金属器皿、试验电极、试验变压器、调压器、直流高压发生器（或高压硅堆）、保护电阻、交流毫安电流表、交流电压表、短路开关、绝缘电阻表、测试线、温（湿）度计、放电棒、接地线、电工常用工具、试验临时安全遮栏、标示牌等，并查阅测试仪器、设备及绝缘工器具的检定合格证书有效期。

3. 做好试验现场安全和技术措施

向试验人员交代工作内容、带电部位、现场安全措施、现场作业危险点，明确人员分工及试验程序。

五、现场试验步骤及要求

（一）试验接线

（1）绝缘手套耐压试验时吃水深度要求见图 Z13F7003Ⅰ-1。

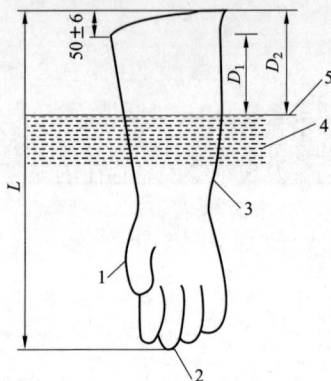

图 Z13F7003Ⅰ-1 绝缘手套耐压试验时吃水深度要求
1—大拇指；2—中指；3—手套；4—水；5—水面线

（2）绝缘手套交、直流耐压试验接线见图 Z13F7003Ⅰ-2。

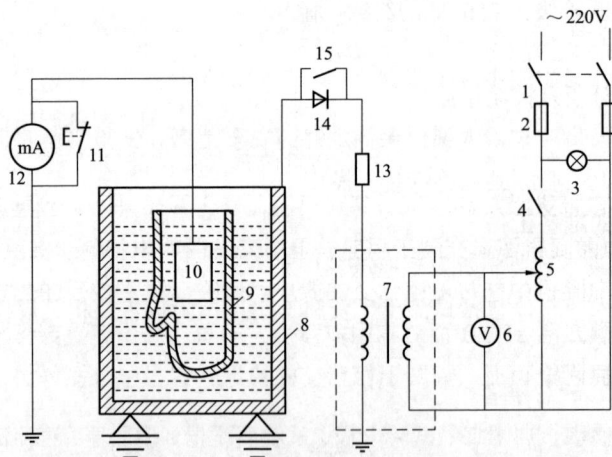

图 Z13F7003Ⅰ-2 绝缘手套交、直流耐压试验接线图
1—隔离开关；2—熔丝；3—电源指示灯；4—过流开关；5—调压器；6—电压表；7—试验变压器；
8—盛水金属器皿；9—被试绝缘手套；10—电极；11—毫安电流表短路开关；12—毫安电流表；
13—保护电阻；14—高压硅堆；15—高压硅堆短路开关

试验前在被试手套内注水，并将手套悬吊在盛满同样水的金属器皿内，手套内外的水面应相同，其吃水深度见表 Z13F7003Ⅰ-1 规定，要求手套露出水面的部分保持干燥清洁。金属器皿应用绝缘物将容器对地绝缘。试验电压的一端接金属器皿外壳，另一端经电极串接交流毫安表和短路开关后接地。

如盛水容器为绝缘材料制品，试验电压的一端用金属块吊于手套外的水中，另一端用金属块吊于手套内的水中，串接交流毫安表和短路开关后接地。也可将交流毫安表和短路开关串接在试验变压器的地线回路内。

表 Z13F7003Ⅰ-1 　　　　　　　　绝 缘 手 套 吃 水 深 度

型号	手套露出水面部分长度 D_1 或 D_2（mm）			
	交流验证电压试验	交流耐受电压试验	直流验证电压试验	直流耐受电压试验
1	40	65	50	100
2	65	75	75	130
3	90	100	100	150

注　吃水深度允许误差±13mm；D_1 适用于圆弧形袖口手套；D_2 适用于平袖口手套。

（二）试验步骤

（1）对绝缘手套进行外观检查。绝缘手套内外表面均应完好无损，无划痕、裂缝、折缝和孔洞。尺寸应符合相关标准要求。检查时可从手套口开始挤压空气来发现有无缺陷。

（2）测试试品绝缘电阻，绝缘电阻应正常。

（3）直流耐压试验。按图 Z13F7003Ⅰ-2 进行接线。将图 Z13F7003Ⅰ-2 中高压硅堆短接开关 15 断开，检查试验接线正确、调压器在零位后，将高压引线接上试品，接通电源，开始升压。电压应从较低值开始上升，并以大约 1000V/s 的速度逐渐升压至试验电压值，开始计时并读取试验电压。时间到后，迅速均匀降压到零，断开试验电源，并放电、挂接地线。

（4）立即触摸绝缘表面。如出现普遍或局部发热，则认为绝缘不良，应处理后再做耐压试验。

（5）测试绝缘电阻，其值应正常。

（6）交流耐压试验。按图 Z13F7003Ⅰ-2 进行接线，将图 Z13F7003Ⅰ-2 中高压硅堆短接开关 15 合上，检查试验接线正确、调压器在零位后，将高压引线接上试品，接通电源，开始升压。电压应从较低值开始上升，并以大约 1000V/s 的速度逐渐升压至试验电压值，开始计时并读取试验电压。时间到后，迅速均匀降压到零，断开试验电源，并放电、挂接地线。

（7）立即触摸绝缘表面。如出现普遍或局部发热，则认为绝缘不良，应处理后再做耐压试验。

（8）测试绝缘电阻，其值应正常。

（9）耐压试验合格后的绝缘手套，从容器中取出后，应在清水中冲洗数次，烘干后才可以继续使用。

六、试验注意事项

（1）试验应在环境温度为 23±2℃、天气良好的情况下进行，且空气相对湿度一般不高于 80%。

（2）被试手套内部注入的水电阻率应不大于 750Ω·cm。

（3）试验人员之间应分工明确，配合默契，加压过程中应有人监护并呼唱。

（4）耐压试验时，升压必须从零（或接近于零）开始，切不可冲击合闸。

（5）升压过程中应密切监视高压回路及毫安表数值，监听被试品有无异响。

七、试验结果分析及试验报告编写

（一）试验标准及结果分析

1. 试验标准及要求

根据 DL/T 976—2005《带电作业工具、装置和设备预防性试验规程》、DL/T 878—2004《带电作业用绝缘工具试验导则》及《电力安全工器具预防性试验规程（试行）》的规定：

对各型绝缘手套进行交、直流耐压试验时，加压时间各保持 1min，其耐压值应分别符合表 Z13F7003Ⅰ–2～表 Z13F7003Ⅰ–4 的规定，以无电晕发生、闪络、击穿、明显发热为合格。

表 Z13F7003Ⅰ–2 带电作业绝缘手套的交流耐压值

型号	额定电压（V）	交流耐受电压（有效值，V）
1	3000	10 000
2	10 000	20 000
3	20 000	30 000

表 Z13F7003Ⅰ–3 带电作业绝缘手套的直流耐压值

型号	额定电压（V）	直流耐受电压（平均值，V）
1	3000	20 000
2	10 000	30 000
3	20 000	40 000

表 Z13F7003Ⅰ-4　　　　　　　　普通型绝缘手套电气性能要求

要　　求			
电压等级	工频耐压（kV）	持续时间（min）	泄漏电流（mA）
高压	8	1	≤9
低压	2.5	1	≤2.5

2. 试验结果分析

（1）在升压和耐压过程中，如发现电压表指针摆动很大，电流表指示急剧增加，调压器往上升方向调节，电流上升、电压基本不变甚至有下降趋势，被试品冒烟、出气、焦臭、闪络、燃烧或发出击穿响声（或断续放电声），应立即停止升压，降压至零，停电后查明原因。这些现象如查明是绝缘部分出现的，则认为被试品交流耐压试验不合格。如确定被试品的表面闪络是由于空气湿度或表面脏污等所致，应将被试品清洁干燥处理后，再进行试验。

（2）试验结果应根据试验中有无发生破坏性放电、有无出现绝缘普遍或局部发热及耐压试验前后绝缘电阻有无明显变化，进行全面分析后作出判断。

（二）试验报告编写

试验报告填写应包括试验时间、试验人员、天气情况、环境温度、湿度、试品名称型号、试验结果、试验结论、试验性质、试验仪器名称型号、出厂编号等。

全部试验完成后填写试验合格标志，合格标志贴在不妨碍绝缘性能的明显位置，其试验合格标志式样及要求如图 Z13F7003Ⅰ-3 所示。

八、案例

在一次绝缘手套预防性试验中，对 2 型带电作业绝缘手套施加交流电压至 15 000V 时，发生击穿放电。断开试验电源后，检查发现绝缘手套手指处因橡胶老化开裂而击穿。

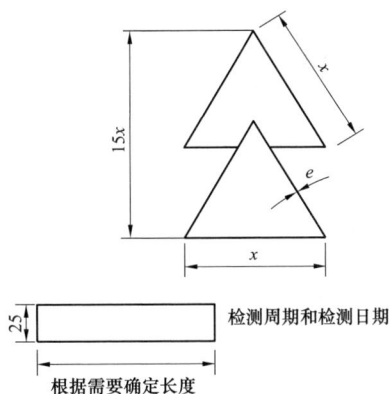

图 Z13F7003Ⅰ-3　试验合格标志式样及要求
x—可以是 16、25 或 40；e—线条的宽度，2mm
注：长度单位为 mm。

【思考与练习】

1. 如何进行绝缘手套工频耐压试验？

2. 绝缘手套进行工频耐压试验时，对试验电压有什么规定？

▲ 模块 4 绝缘鞋（靴）试验（Z13F7004Ⅰ）

【模块描述】本模块介绍绝缘鞋（靴）试验的方法和技术要求。通过试验工作流程的介绍，掌握试验前的准备工作和相关安全、技术措施、试验方法、技术要求及试验结果分析判断。

【模块内容】

一、试验目的

绝缘鞋（靴）有布面、皮面和胶面三个类别。鞋底采用橡胶类绝缘材料制作。对绝缘鞋（靴）进行检查和试验的目的是为了发现绝缘鞋（靴）的缺陷和绝缘隐患，预防人身事故的发生。

二、试验仪器、设备的选择

（1）由于被试品电容量较小，一般只要有相应电压等级的工频试验变压器即可。

（2）选用单相自耦调压器，其容量与试验变压器相同。

（3）保护电阻一般取 $0.1 \sim 0.5\Omega/V$，并应有足够的热容量和长度。

（4）选用量程为 500V、0.5 级的交流电压表。

（5）选用电压等级为 2500V 的绝缘电阻表。

（6）选用多量程交流毫安电流表。

三、危险点分析及控制措施

加压时试验人员应与带电部位保持足够的安全距离。试验仪器的金属外壳应可靠接地，仪器操作人员必须站在绝缘垫上操作。

四、试验前的准备工作

1. 了解被试设备现场情况及试验条件

查阅相关技术资料，包括试品出厂资料、出厂试验报告及相关规程等，掌握试品运行情况。

2. 试验仪器、设备准备

选择合适的隔离开关、盛水金属器皿、电极、毫安电流表、短路开关、试验变压器、调压器、电压表、保护电阻、绝缘电阻表、测试线、温（湿）度计、放电棒、接地线、电工常用工具、试验临时安全遮栏、标示牌等，并查阅测试仪器、设备及绝缘工器具的检定合格证书有效期。

3. 做好试验现场安全和技术措施

向试验人员交代工作内容、带电部位、现场安全措施、现场作业危险点，明确人员分工及试验程序。

五、现场试验步骤及要求

（一）试验接线

绝缘鞋的电气绝缘性能试验布置有以下两种方法。

（1）A 方法：试样鞋内注水，试验电极置鞋内水中（水电阻率不大于 750Ω·cm），外电极为置于金属器皿中的水（水电阻率不大于 750Ω·cm）。绝缘鞋（靴）交流耐压试验接线，如图 Z13F7004Ⅰ–1 所示。

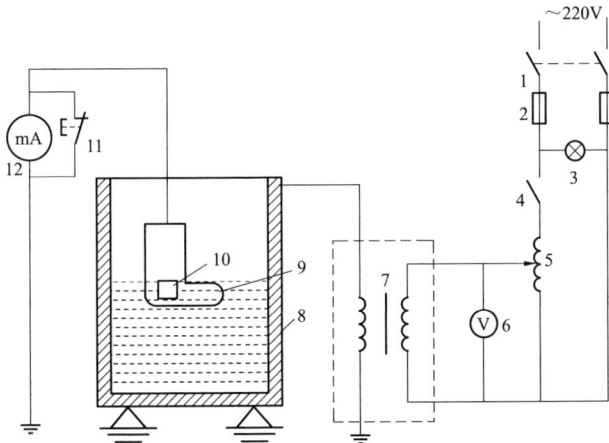

图 Z13F7004Ⅰ–1　绝缘鞋（靴）交流耐压试验接线图

1—隔离开关；2—熔丝；3—电源指示灯；4—过流开关；5—调压器；6—电压表；7—试验变压器；
8—盛水金属器皿；9—绝缘鞋（靴）；10—电极；11—毫安电流表短路开关；12—毫安电流表

试验时，绝缘鞋内外水平面呈相同高度，注水量及水位应符合表 Z13F7004Ⅰ–1 的规定。

表 Z13F7004Ⅰ–1　　　　注 水 量 及 水 位 规 定

绝缘鞋规格	鞋内注水量（mL）	鞋 外 水 位
$22 \sim 23\frac{1}{2}$	80	以外底全部浸水为准
$24 \sim 25$	100	
$25\frac{1}{2} \sim 27\frac{1}{2}$	150	
$28 \sim 30$	180	

注　试验电压为 20kV 以下时，绝缘鞋试样内、外水位应距靴口 65mm。

（2）B 方法。试样内电极为金属鞋楦（其规格应与试样鞋号一致）或铺满鞋底布的、直径不大于 4mm 的金属粒；外电极为置于金属器皿的浸水泡沫塑料或电阻率不大于 750Ω·cm 的水。

试验前在被试绝缘鞋（靴）内装入水，并悬吊在盛满同样水的金属器皿内，内外的水面不能高于绝缘鞋（靴）的绝缘部分以下 5cm 的位置，并要求露出水面的部分保持干燥清洁，金属器皿应用绝缘物将容器对地绝缘，试验电压的一端接金属器皿外壳，另一端经电极串接交流毫安表和短路开关后接地。

如盛水容器为绝缘材料制品，试验电压的一端用金属块吊于绝缘鞋外的水中，另一端用金属块吊于绝缘鞋内的水中，串接交流毫安电流表和短路开关后接地。也可将交流毫安电流表和短路开关串接在试验变压器的地线回路内。

（二）试验步骤

（1）对绝缘鞋（靴）进行外观检查。绝缘鞋（靴）一般为平跟而且有防滑花纹，因此，凡绝缘鞋（靴）有破损、鞋底防滑齿磨平、外底磨透露出绝缘层，均不得再作绝缘鞋（靴）使用。

（2）测试绝缘电阻应正常。

（3）按图 ZY1800519004-1 进行接线，检查试验接线正确、调压器在零位后，将高压引线接上试品，接通电源，开始升压进行试验。试验时电压应从较低值开始上升，并以约 1000V/s 的速度逐渐升压至试验电压值，开始计时并读取试验电压。测量并记录泄漏电流值，时间到后迅速降压至零，然后断开电源，放电、挂接地线。

（4）立即触摸绝缘表面。如出现普遍或局部发热，则认为绝缘不良，应处理后再做耐压试验。

（5）测试绝缘电阻应正常。

六、试验注意事项

（1）进行绝缘试验时，被试品温度应不低于+5℃。户外试验应在良好的天气进行，且空气相对湿度一般不高于 80%。

（2）工频耐压时，升压必须从零（或接近于零）开始，切不可冲击合闸。

（3）升压过程中应密切监视高压回路、试验设备仪表指示状态，监听被试品有无异响。

（4）有时耐压试验进行了数十秒钟，中途因故失去电源，使试验中断，在查明原因，恢复电源后，应重新进行全时间的持续耐压试验，不可仅进行"补足时间"的试验。

七、试验结果分析及试验报告编写

（一）试验标准及结果分析

1. 试验标准及要求

根据 DL/T 976—2005《带电作业工具、装置和设备预防性试验规程》及 DL/T 878—

2004《带电作业用绝缘工具试验导则》的规定：对绝缘鞋（靴）进行交流耐压试验时，加压时间保持 1min，其电气性能应符合表 Z13F7004Ⅰ–2 的规定，以无电晕发生、闪络、击穿、明显发热为合格。

表 Z13F7004Ⅰ–2　　　　　　　　绝缘鞋（靴）的电气特性

额定电压（V）	交流耐受电压（有效值，V）	额定电压（V）	交流耐受电压（有效值，V）
400	3500	3000～10 000	15 000

2. 试验结果分析

（1）在升压和耐压过程中，如发现电压表指针摆动很大，电流表指示急剧增加，调压器往上升方向调节，电流上升、电压基本不变甚至有下降趋势，被试品冒烟、出气、焦臭、闪络、燃烧或发出击穿响声（或断续放电声），应立即停止升压，降压为零、停电后查明原因。这些现象如查明是绝缘部分出现的，则认为被试品交流耐压试验不合格。如确定被试品的表面闪络是由于空气湿度或表面脏污等所致，应将被试品清洁干燥处理后，再进行试验。

（2）试验结果应根据试验中有无发生破坏性放电、有无出现绝缘普遍或局部发热及耐压试验前后绝缘电阻有无明显变化，进行全面分析后做出判断。

（二）试验报告编写

测试报告填写应包括测试时间、测试人员、天气情况、环境温度、湿度、试品的名称型号、试品参数、测试结果、测试结论、试验性质（交接试验、预防性试验、检查）、试验仪器名称型号及出厂编号等。

全部试验完成后填写试验合格标志，合格标志贴在不妨碍绝缘性能的明显位置，其试验合格标志式样及要求如图 Z13F7004Ⅰ–2 所示。

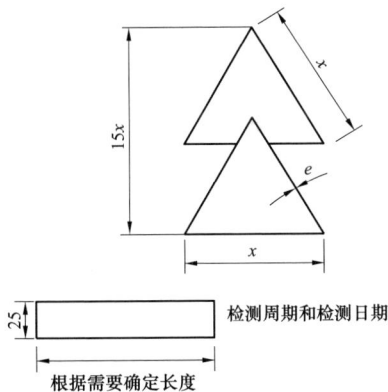

图 Z13F7004Ⅰ–2　试验合格标志式样及要求

x—可以是 16、25 或 40；e—线条的宽度，2mm

注：长度单位为 mm。

【思考与练习】

1. 如何进行绝缘鞋（靴）的工频耐压试验？对试验电极有什么要求？

2. 绝缘鞋（靴）工频耐压试验时，对试验电压有什么规定？

模块 5　绝缘垫试验（Z13F7005Ⅰ）

【模块描述】本模块介绍绝缘垫试验的方法和技术要求。通过试验工作流程的介绍，掌握试验前的准备工作和相关安全、技术措施、试验方法、技术要求及试验结果分析判断。

【模块内容】

一、试验目的

绝缘垫采用橡胶类绝缘材料制成。对绝缘垫进行检查和试验的目的是为了发现绝缘垫的缺陷和绝缘隐患，预防人身事故的发生。

二、试验仪器、设备的选择

（1）由于被试品电容量较小，一般只要有相应电压等级的工频试验变压器即可。

（2）选用单相自耦调压器，其容量与试验变压器的相同。

（3）保护电阻一般取 0.1～0.5Ω/V，并应有足够的热容量和长度。

（4）选用量程为 500V、0.5 级的交流电压表。

（5）选用电压等级为 2500V 的绝缘电阻表。

三、危险点分析及控制措施

加压时试验人员应与带电部位保持足够的安全距离。试验仪器的金属外壳应可靠接地，仪器操作人员必须站在绝缘垫上操作。

四、试验前的准备工作

1. 了解试验设备现场情况及试验条件

查阅相关技术资料，包括该被试品出厂资料、出厂试验报告及相关规程等，掌握该试品使用情况。

2. 试验仪器、设备准备

选择合适的试验电极、湿海绵、有机玻璃、试验变压器、控制台、电压表、保护电阻、绝缘电阻表、万用表、放电棒、接地线、电工常用工具、试验临时安全遮栏、标示牌等，并查阅测试仪器、设备及绝缘工器具的检定合格证书有效期。

3. 做好试验现场安全和技术措施

向试验人员交代工作内容、带电部位、现场安全措施、现场作业危险点，明确人员分工及试验程序。

五、现场试验步骤及要求

（一）试验接线

（1）绝缘垫工频耐压试验原理接线如图 Z13F7005Ⅰ-1 所示。

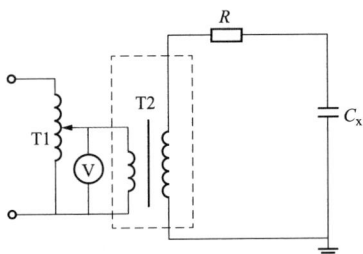

图 Z13F7005Ⅰ-1　绝缘垫工频耐压试验原理接线图

T1—调压器；T2—试验变压器；R—限流电阻；C_x—被试品；V—电压表

（2）绝缘垫进行预防性试验时的交流耐压电极布置如图 Z13F7005Ⅰ-2 所示。

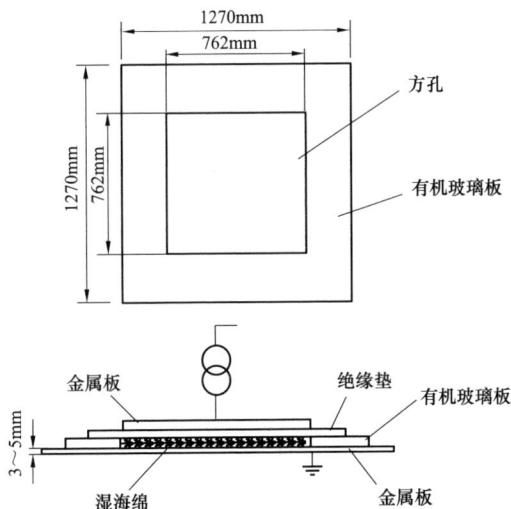

图 Z13F7005Ⅰ-2　绝缘垫预防性试验时的交流耐压电极布置图

（3）绝缘垫进行型式试验和抽样试验时试验电极布置如图 Z13F7005Ⅰ-3 所示。

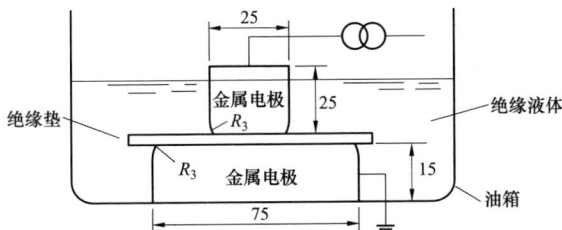

图 Z13F7005Ⅰ-3　绝缘垫型式试验和抽样试验时试验电极布置图

当因试验需要进行绝缘垫型式试验和抽样试验时，需从绝缘垫上切取 5 个

150mm×150mm 试样。把试样固定在图 Z13F7005Ⅰ-3 所示的金属电极之间并把整个装置浸泡在变压器油中。试样不应触及油箱壁。

（二）试验步骤

（1）对绝缘垫进行外观检查。绝缘垫上、下表面均不应存在有害的缺陷，如小孔、裂缝、局部隆起、切口、夹杂导电异物、折缝、空隙等。应按相关标准进行厚度检查，在整个垫面上随机选择 5 个以上不同的点进行测量和检查。测量时，使用千分尺或同样精度的仪器进行测量。千分尺的精度应在 0.02mm 以内，测钻的直径为 6mm，平面压脚的直径为 3.17±0.25mm，压脚应能施加 0.83±0.03N 的压力。绝缘垫应平展放置，以使千分尺测量面之间是平滑的。

（2）测试绝缘电阻应正常。

（3）检查试验接线正确、调压器在零位后，将高压引线接上试品，接通电源，开始升压。试验电压从较低值开始上升，以 1000V/s 的速率逐渐升压至试验电压值，开始计时并读取试验电压。时间到后，迅速降压至零，然后断开电源，并放电、挂接地线。

（4）立即触摸绝缘表面。如出现普遍或局部发热，则认为绝缘不良，应处理后再做耐压试验。

（5）测试绝缘电阻应正常。

六、试验注意事项

（1）进行绝缘试验时，被试品温度应不低于+5℃。户外试验应在良好的天气进行，且空气相对湿度一般不高于80%。

（2）工频耐压时，升压必须从零（或接近于零）开始，切不可冲击合闸。

（3）升压过程中应密切监视高压回路、试验设备指示仪表状态，监听被试品有何异响。

（4）有时耐压试验进行了数十秒钟，中途因故失去电源，使试验中断，在查明原因，恢复电源后，应重新进行全时间的持续耐压试验，不可仅进行"补足时间"的试验。

七、试验结果分析及试验报告编写

（一）试验标准及结果分析

1. 试验标准及要求

根据 DL/T 976—2005《带电作业工具、装置和设备预防性试验规程》及 DL/T 878—2004《带电作业用绝缘工具试验导则》的规定：

（1）对绝缘垫进行预防性交流耐压试验时，加压时间保持1min，其电气性能应符合表 Z13F7005Ⅰ-1 的规定，以无电晕发生、闪络、击穿、明显发热为合格。

表 Z13F7005Ⅰ-1   绝缘垫预防性试验的交流耐压值

级别	额定电压（V）	交流耐受电压（有效值，V）
0	380	5000
1	3000	10 000
2	6000、10 000	20 000
3	20 000	30 000

（2）对绝缘垫进行型式试验和抽样试验交流耐压时，加压时间保持 3min，其电气性能应符合表 Z13F7005Ⅰ-2 的规定，以无电晕发生、闪络、击穿、明显发热为合格。

表 Z13F7005Ⅰ-2   绝缘垫型式试验和抽样试验的交流耐压值

级别	交流耐受电压（有效值，kV）	级别	交流耐受电压（有效值，kV）
0	10	2	30
1	20	3	40

2. 试验结果分析

（1）在升压和耐压过程中，如发现电压表指针摆动很大，电流表指示急剧增加，调压器往上升方向调节、电流上升、电压基本不变甚至有下降趋势，被试品冒烟、出气、焦臭、闪络、燃烧或发出击穿响声（或断续放电声），应立即停止升压，降压停电后查明原因。这些现象如查明是绝缘部分出现的，则认为被试品交流耐压试验不合格。如确定被试品的表面闪络是由于空气湿度或表面脏污等所致，应将被试品清洁干燥处理后，再进行试验。

（2）试验结果应根据试验中有无发生破坏性放电、有无出现绝缘普遍或局部发热及耐压试验前后绝缘电阻有无明显变化，进行全面分析后作出判断。

（二）试验报告编写

试验报告填写应包括试验日期、试验人员、天气情况、环境温度、湿度、试品名称型号、试品参数、制造厂、制造日期、试验结果、试验结论、试验性质（交接试验、预防性试验、检查）、试验仪器名称型号及出厂编号等。

全部试验完成后填写试验合格标志，合格标志贴在不妨碍绝缘性能的明显位置，其试验合格标志式样及要求如图 Z13F7005Ⅰ-4 所示。

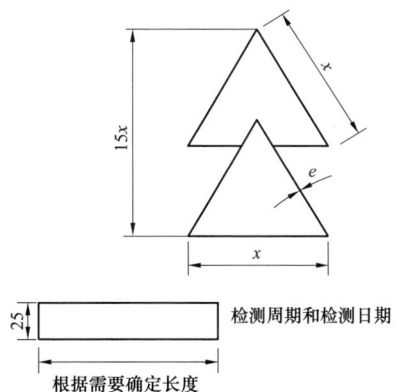

图 Z13F7005Ⅰ-4　试验合格标志式样及要求

x—可以是 16、25 或 40；e—线条的宽度，2mm
注：长度单位为 mm。

八、案例

在一次绝缘垫预防性试验时，对一块级别为"2"的绝缘垫，进行 20 000V、1min 工频交流耐压试验，当升压到 18 000V 时被试绝缘垫发生击穿、放电。断开试验电源检查，发现绝缘垫中部有一被锐物刺伤的小孔。

【思考与练习】

1. 绝缘垫预防性耐压试验时，试验电极如何布置？

2. 绝缘垫的型式试验和抽样耐压试验时，试验电极如何布置？

3. 对绝缘垫分别进行预防性试验、型式试验和抽样耐压试验时，试验电压各有什么规定？

▲ 模块 6 遮蔽罩试验（Z13F7006 I ）

【模块描述】本模块介绍遮蔽罩试验的方法和技术要求。通过试验工作流程的介绍，掌握试验前的准备工作和相关安全、技术措施、试验方法、技术要求及试验结果分析判断。

【模块内容】

一、试验目的

遮蔽罩采用环氧树脂、塑料、橡胶及聚合物等绝缘材料制成。对遮蔽罩进行检查、试验的目的是为了发现遮蔽罩的缺陷和绝缘隐患，预防人身事故发生。

二、试验仪器、设备的选择

（1）由于被试品电容量较小，一般只要有相应电压等级的工频试验变压器即可，同时选用相应电压等级的工频分压器。

（2）选用单相自耦调压器，其容量与试验变压器相同。

（3）保护电阻一般取 $0.1\sim0.5\Omega/V$，并应有足够的热容量和长度。

（4）选用 0.5 级、量程为 500V 的交流电压表。

（5）选用电压等级为 2500V 的绝缘电阻表。

三、危险点分析及控制措施

加压时试验人员应与带电部位保持足够的安全距离。试验仪器的金属外壳应可靠接地，仪器操作人员必须站在绝缘垫上操作。

四、试验前的准备工作

1. 了解被试设备现场情况及试验条件

查阅相关技术资料，包括试品出厂资料、出厂试验报告及相关规程等，掌握试品运行情况。

2. 试验仪器、设备准备

选择合适的隔离开关、试验电极、试验变压器、电压表、保护电阻、绝缘电阻表、测试线、温（湿）度计、放电棒、接地线、电工常用工具、试验临时安全遮栏、标示牌等，并查阅测试仪器、设备及绝缘工器具的检定合格证书有效期。

3. 做好试验现场安全和技术措施

向试验人员交代工作内容、带电部位、现场安全措施、现场作业危险点，明确人员分工及试验程序。

五、现场试验步骤及要求

（一）试验接线

（1）绝缘罩工频耐压试验原理接线如图 Z13F7006Ⅰ-1 所示。

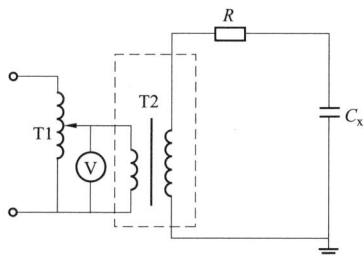

图 Z13F7006Ⅰ-1　绝缘罩工频耐压试验原理接线图

T1—调压器；T2—试验变压器；R—限流电阻；C_x—被试品；V—电压表

（2）遮蔽罩试验电极如图 Z13F7006Ⅰ-2 所示。

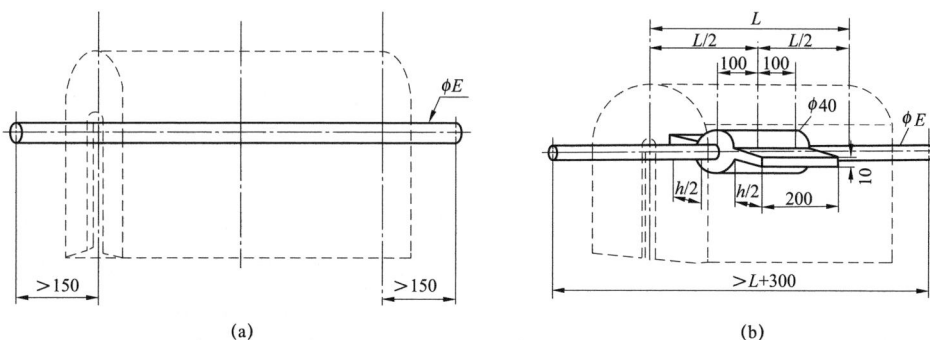

(a)　　　　　　　　　　　　　　(b)

图 Z13F7006Ⅰ-2　遮蔽罩试验电极

图 Z13F7006Ⅰ-2 中，尺寸 h 值由式（Z13F7006Ⅰ-1）确定

$$h=40\times(C+1)$$

（Z13F7006Ⅰ-1）

式中 C——遮蔽罩级别数。

试验电极应由不锈钢制成，表面及边缘应加工光滑，其边缘曲率半径为 $1\pm0.5mm$。内电极是高压电极，由不锈的金属棒（或金属管）和一翼状金属块组成，对于不同电压等级的遮蔽罩，对应的内电极金属棒（或金属管）的直径如表 Z13F7006 I –1 所示。

外电极是接地电极，应用电阻率较小的金属材料制成，其表面电阻应小于 100Ω（如导电纤维、金属箔或网眼宽度小于 2mm 的金属网）。电极边缘应圆滑并能与遮蔽罩很好地套合，不会使外电极刺入或划伤遮蔽罩。将外电极套在遮蔽罩的外表面，其边缘距内电极的距离应满足表 Z13F7006 I –2 的要求。

表 Z13F7006 I –1　　　遮蔽带电部件的遮蔽罩的内电极直径 ϕ_E

级别	小电极直径（mm）	大电极直径（mm）
0	4.0	
1	4.0	大电极的直径与遮蔽罩的级别无关，可以选用下列数值 4.0，6.5，
2	4.0	10.0，15.0，22.0，32.0，45.0
3	6.5	

表 Z13F7006 I –2　　　　　**内 外 电 极 间 的 距 离**

级别	内外电极间的距离（mm）	级别	内外电极间的距离（mm）
0	40	2	135
1	90	3	180

（二）试验步骤

（1）对遮蔽罩进行外观检查。遮蔽罩上、下表面均不应存在有害的缺陷，如小孔、裂缝、局部隆起、切口、夹杂导电异物、拆缝、空隙、凹凸波纹等。尺寸应符合相关标准要求。

（2）测试绝缘电阻应正常。

（3）按图 Z13F7006 I –1 进行接线，检查试验接线正确、调压器在零位后，将高压引线接上试品，接通电源，开始升压进行试验，试验电压从较低值开始上升，以 1000V/s 的速率逐渐升压至试验电压值，开始计时并读取试验电压。时间到后，迅速均匀降压至零，然后断开电源，并放电、挂接地线。

（4）立即触摸绝缘表面。如出现普遍或局部发热，则认为绝缘不良，应处理后再做耐压试验。

（5）测试绝缘电阻应正常。

六、试验注意事项

（1）进行绝缘试验时，被试品温度应不低于+5℃。户外试验应在良好的天气进行，且空气相对湿度一般不高于80%。

（2）试验过程中试验人员之间应分工明确、口号联系清楚、配合默契，加压过程中应有人监护并呼唱。

（3）耐压试验时，升压必须从零（或接近于零）开始，切不可冲击合闸。

（4）升压过程中应密切监视高压回路、试验设备指示仪表状态，监听被试品有何异响。

（5）有时耐压试验进行了数十秒钟，中途因故失去电源，使试验中断，在查明原因恢复电源后，应重新进行全时间的持续耐压试验，不可仅进行"补足时间"的试验。

七、试验结果分析及试验报告编写

（一）试验标准及结果分析

1. 试验标准及要求

根据DL/T 976—2005《带电作业工具、装置和设备预防性试验规程》及DL/T 878—2004《带电作业用绝缘工具试验导则》的规定：

对遮蔽罩进行交流耐压试验时，加压时间保持1min，其电气性能应符合表Z13F7006Ⅰ–3的规定。以无电晕发生、无闪络、无击穿、无明显发热为合格。

表 Z13F7006Ⅰ–3 遮蔽罩的交流耐压值

级　　别	额定电压（V）	交流耐受电压（有效值，V）
0	380	50 000
1	3000	10 000
2	6000～10 000	20 000
3	20 000	30 000
4	30 000	50 000

2. 试验结果分析

（1）在升压和耐压过程中，如发现电压表指针摆动很大，电流表指示急剧增加，调压器往上升方向调节、电流上升、电压基本不变甚至有下降趋势，被试品冒烟、出气、焦臭、闪络、燃烧或发出击穿响声（或断续放电声），应立即停止升压，降压停电后查明原因。这些现象如查明是绝缘部分出现的，则认为被试品交流耐压试验不合格。如确定被试品的表面闪络是由于空气湿度或表面脏污等所致，应将被试品清洁干燥处理后，再进行试验。

（2）试验结果应根据试验中有无发生破坏性放电、有无出现绝缘普遍或局部发热及耐压试验前后绝缘电阻有无明显变化，进行全面分析后作出判断。

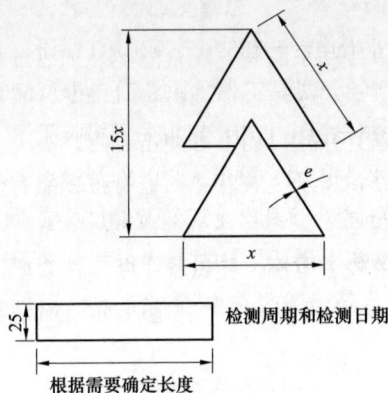

图 Z13F7006Ⅰ-3　试验合格
标志式样及要求

x—可以是 16、25 或 40；e—线条的宽度，2mm
注：长度单位为 mm。

【思考与练习】

遮蔽罩进行交流耐压试验时，对试验电极有什么要求及规定？

（二）试验报告编写

试验报告填写应包括试验时间、试验人员、天气情况、环境温度、湿度、试品名称型号、试验结果、试验结论、试验性质、试验仪器名称型号、出厂编号等。

全部试验完成后填写试验合格标志，合格标志贴在不妨碍绝缘性能的明显位置，并试验合格标志式样及要求，如图 Z13F7006Ⅰ-3 所示。

八、案例

一次进行 10kV 遮蔽罩交流耐压试验时，当试验电压升至 18 000V 时，试品表面发生闪络，断开试验电源检查，发现试品表面有脏污，擦拭清洁后试验通过。

第十四章

装置及设备试验

◢ 模块 1 绝缘斗臂车试验（Z13F8001Ⅲ）

【模块描述】本模块介绍绝缘斗臂车试验的方法和技术要求。通过试验工作流程的介绍，掌握试验前的准备工作和相关安全、技术措施、试验项目、技术要求及试验结果分析判断。

【模块内容】

一、试验目的

绝缘斗臂车分为直接伸缩绝缘臂式、折叠式和折叠带伸缩绝缘臂式三种类型，其作业工作斗有单双斗和单双层（内、外）斗之分。绝缘臂和绝缘外斗一般采用环氧玻璃钢等材料制作，绝缘内衬（绝缘内斗）一般采用聚四氟乙烯等高分子材料制作。对绝缘斗臂车进行检查和试验的目的是为了发现绝缘斗臂车的缺陷及绝缘隐患，预防人身事故发生。

二、试验仪器、设备的选择

（1）由于被试品电容量较小，一般只要有相应电压等级的工频试验变压器即可，同时选用相应电压等级的工频分压器。

（2）保护电阻一般取 0.1～0.5Ω/V，并应有足够的热容量和长度。

（3）调压器应选择单相接触式调压器，其容量与试验变压器的相同。

（4）选用多量程峰值电压表。

（5）交流微安表应选择额定电流为 1mA、0.5 级。

（6）选用额定电压为 2500V 的绝缘电阻表。

三、危险点分析及控制措施

1. 防止高处坠落

使用梯子应有人扶持或绑牢，在斗臂车上作业应系好安全带。

2. 防止高处落物伤人

高处作业应使用工具袋，上下传递物件应用绳索拴牢传递，严禁抛掷。

3. 防止工作人员触电

试验人员必须把被试设备接地，再进行接线操作。工作人员应与带电部位保持足够的安全距离。试验仪器的金属外壳应可靠接地，仪器操作人员必须站在绝缘垫上。

四、试验前的准备工作

1. 了解被试设备现场情况及试验条件

查阅相关技术资料，包括该设备出厂资料、出厂试验报告及相关规程等，掌握该设备使用情况。

2. 试验仪器、设备准备

选择合适的试验电极（宽 50mm 金属箔）、试验变压器、控制台、工频分压器、保护电阻、微安电流表、绝缘电阻表、测试线、温（湿）度计、放电棒、接地线、梯子、安全带、安全帽、电工常用工具、试验临时安全遮栏、标示牌等，并查阅测试仪器、设备及绝缘工器具的检定合格证书有效期。

3. 做好试验现场安全和技术措施

向试验人员交代工作内容、带电部位、现场安全措施、现场作业危险点，明确人员分工及试验程序。

五、现场试验步骤及要求

（一）试验接线

（1）绝缘斗臂车工频耐压试验原理接线，如图 Z13F8001Ⅲ-1 所示。

（2）直接伸缩绝缘斗臂车试验布置，如图 Z13F8001Ⅲ-2 所示。

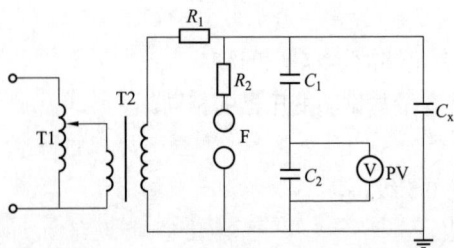

图 Z13F8001Ⅲ-1 绝缘斗臂车工频耐压试验
原理接线图

T1—调压器；T2—试验变压器；R_1—限流电阻；
R_2—球隙保护电阻；F—球间隙；C_x—被试品；
C_1、C_2—电容分压器高、低压臂；PV—电压表

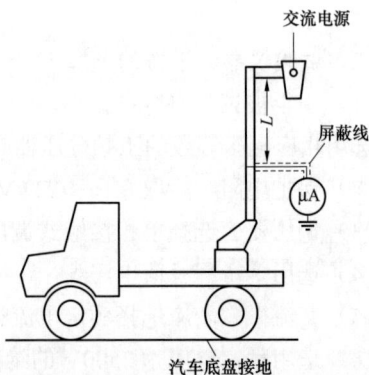

图 Z13F8001Ⅲ-2 直接伸缩绝缘
斗臂车试验布置图

注：测量泄漏电流时，高压电极加在斗与臂的连接处，请勿将绝缘胶管和绝缘操作杆连接进去；耐压试验时，高压端应将绝缘胶管和绝缘操作杆一并连接进去。

（3）折叠式或折叠带伸缩臂式斗臂车试验布置如图 Z13F8001Ⅲ-3 所示。

（4）绝缘斗臂车绝缘内斗层向耐压试验布置如图 Z13F8001Ⅲ-4 所示。

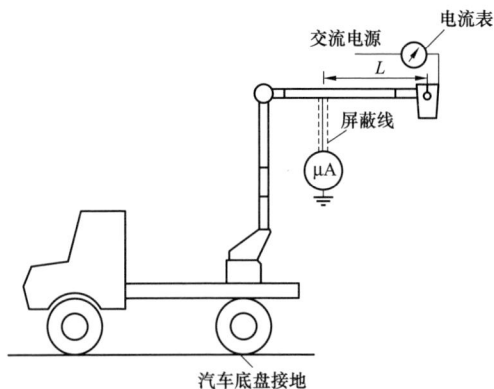

图 Z13F8001Ⅲ-3 折叠式或折叠带伸缩臂式斗
臂车试验布置图

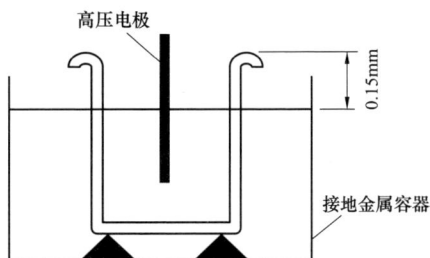

注：无论在测量泄漏电流和耐压试验时，在高压端均应将
绝缘胶管和绝缘操作杆连接进去，在接地端也应确认
绝缘胶管和绝缘操作杆连接进去。

图 Z13F8001Ⅲ-4 绝缘斗臂车绝缘
内斗层向耐压试验布置图

（5）绝缘斗臂车绝缘外斗表面工频耐压试验接线如图 Z13F8001Ⅲ-5 所示。

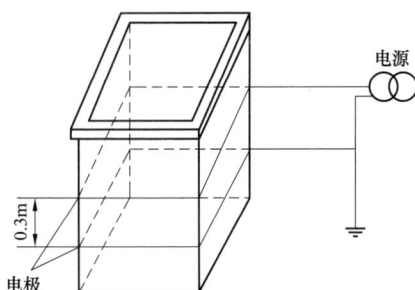

图 Z13F8001Ⅲ-5 绝缘斗臂车绝缘外斗表面工频耐压试验接线图

注：1. 绝缘斗臂车就目前我国已有的车型，按试验接线分为两类，一类为直接伸缩绝缘臂式，另一类为其他类（包
括折叠式、折叠带伸缩臂式等类型）。进行电气试验时，先按表 Z13F8001Ⅲ-1 的要求加压，同时测量泄漏
电流，然后按表 Z13F8001Ⅲ-2 和表 Z13F8001Ⅲ-3 的要求进行工频耐压试验。

2. 直接伸缩绝缘臂式斗臂车，由于绝缘臂为封闭式，其内绝缘胶管和操作杆无法与绝缘臂并接，因而允许只
测绝缘臂的泄漏电流，试验接线见图 Z13F8001Ⅲ-2。而其他类型的斗臂车在进行耐压试验及泄漏电流试验
时，均应将绝缘臂及其内部绝缘胶管和操作杆并接起来，试验接线见图 Z13F8001Ⅲ-3。

3. 绝缘内衬（斗）只进行层向工频耐压试验，试验接线见图 Z13F8001Ⅲ-4；绝缘外斗则只进行表面工频耐压
试验，试验接线见图 Z13F8001Ⅲ-5。

（二）试验步骤

进行预防性试验时一般先进行外观检查，然后进行机械试验（额定载荷全工况试验），最后进行电气试验。

（1）对被试品进行外观及尺寸检查。定期检查必须由受过专业训练的人来完成。

用肉眼检查绝缘斗、臂表面的损伤情况，如裂缝、绝缘剥落、深度划痕等，对内衬外斗的壁厚进行测量，是否符合制造厂的壁厚限值。同时，还要进行下列检查：

1）结构件的变形、裂缝或锈蚀、轴销、轴承、转轴、齿轮、滚轮、锁紧装置、链条、链轮、钢缆、皮带轮等零件的磨损或变形。

2）气动、液压保险阀装置及气动、液压装置中软管和管路的泄漏痕迹、非正常变形或过量磨损。

3）压缩机、油泵、电动机、发动机的松动、泄漏、非正常噪声或振动、运转速度变缓或过热现象。

4）气动、液压阀的错误动作、阀体外部的裂缝、漏洞以及渗出物黏附在线圈上，气动、液压、闭锁阀的错误动作和可见损伤。

5）气动、液压装置的洁净程度，在系统中出现其他物质，并发生了恶变。

6）不太容易发现的电气系统及部件的损坏或磨损。

7）泄漏监视系统的状况。

8）真空保护系统的操作应充分尊重制造厂商的建议。

9）上下两臂的运行测试及螺栓和其他紧固件的松紧状况。

10）生产厂商特别指出的焊缝。

（2）测试绝缘电阻应正常。

（3）按试验项目进行接线，检查试验接线正确、调压器在零位后，将高压引线接上试品，接通电源，开始升压进行试验。先按表 Z13F8001Ⅲ-1 的要求加压，同时测量泄漏电流，然后按表 Z13F8001Ⅲ-2 的要求进行工频耐压试验。

升压时，自 75%试验电压开始应均匀升压，约为每秒 2%试验电压的速率升压。升至试验电压，开始计时并读取试验电压或泄漏电流。时间到后，迅速均匀降压到零（或 1/3 试验电压以下），然后切断电源，并放电、挂接地线。

（4）立即触摸绝缘表面。如出现普遍或局部发热，则认为绝缘不良，应进行处理后再做耐压试验。

（5）测试绝缘电阻，其值应正常。

六、试验注意事项

（1）进行绝缘试验时，被试品温度应不低于+5℃。户外试验应在良好的天气进行，且空气相对湿度一般不高于80%。

（2）工频耐压时，升压必须从零（或接近于零）开始，切不可冲击合闸。

（3）升压过程中应密切监视高压回路、试验设备仪表指示状态，监听被试品有无异响。

（4）有时耐压试验进行了数十秒钟，中途因故失去电源，使试验中断，在查明原因，恢复电源后，应重新进行全时间的持续耐压试验，不可仅进行"补足时间"的试验。

七、试验结果分析及试验报告编写

（一）试验标准及结果分析

1. 试验标准及要求

根据 DL/T 976—2005《带电作业工具、装置和设备预防性试验规程》及 DL/T 878—2004《带电作业用绝缘工具试验导则》的规定：对绝缘斗臂车进行交流耐压及泄漏电流试验时，应分别对绝缘上臂、绝缘下臂、绝缘外斗、绝缘内衬、绝缘吊臂进行试验，其电气性能应分别符合表 Z13F8001Ⅲ-1～表 Z13F8001Ⅲ-3 的规定，以无闪络、击穿、明显发热为合格。

表 Z13F8001Ⅲ-1　　　　绝缘斗臂车的泄漏电流允许值

测试部位	斗臂车的额定电压（有效值，kV）	试验距离（m）	试验电压（有效值，kV）	允许最大泄漏电流（μA）
上臂	10	1.0	20	400
	35	1.5	60	400
	66	1.5	120	400
	110	2.0	200	400
	220	3.0	320	400

表 Z13F8001Ⅲ-2　　　　斗臂车绝缘部件的定期电气试验

测试部位	试验电压（有效值，kV）	试验时间（min）	要　求
下臂绝缘部分	35	3.0	无火花放电、闪络或击穿现象、无发热现象（温差10℃）
绝缘外斗	35	1.0	无闪络或击穿现象
绝缘内衬（斗）	35	1.0	无闪络或击穿现象
绝缘吊臂	100/m	1.0	无火花放电、闪络或击穿现象、无发热现象（温差10℃）

表 Z13F8001Ⅲ-3 绝缘斗臂车的定期工频耐压试验

测试部位	工频耐压试验			
	斗臂车的额定电压 (有效值, kV)	试验距离(m)	试验电压 (有效值, kV)	试验时间(min)
上臂	10	1.0	45	1.0
	35	1.5	95	1.0
	66	1.5	175	1.0
	110	2.0	220	1.0
	220	3.0	440	1.0

2. 试验结果分析

（1）在升压和耐压过程中，如发现电压表指针摆动很大，电流表指示急剧增加，调压器往上升方向调节，电流上升、电压基本不变甚至有下降趋势，被试品冒烟、出气、焦臭、闪络、燃烧或发出击穿声（或断续放电声），应立即停止升压，降压停电后查明原因。这些现象如查明是绝缘部分出现的，则认为被试品交流耐压试验不合格。如确定被试品的表面闪络是由于空气湿度或表面脏污等所致，应将被试品清洁干燥处理后，再进行试验。

（2）试验结果应根据试验中有无发生破坏性放电、有无出现绝缘普遍或局部发热及耐压试验前后绝缘电阻有无明显变化，进行全面分析后做出判断。

（二）试验报告编写

试验报告填写应包括试验日期、试验人员、天气情况、环境温度、湿度、试品名称型号、试品参数、试验结果、试验结论、试验性质（交接试验、预防性试验、检查）、试验仪器名称型号、出厂编号等。

全部试验完成后填写试验合格标志，合格标志贴在不妨碍绝缘性能的明显位置。

八、案例

在一次对绝缘斗臂车内斗层向耐压试验时，升压过程中发现电压表指针摆动很大，电流表指示急剧增加，调压器往上升方向调节，电流上升、电压基本不变甚至有下降趋势，被试品有冒烟现象，断开试验电源后，经检查内斗侧面绝缘有损伤。

【思考与练习】

1. 绝缘斗臂车的定期检查项目有哪些？

2. 如何进行绝缘斗臂车耐压和泄漏电流试验？

3. 绝缘斗臂车试验注意事项有哪些？

▲ 模块 2 接地及接地短路装置试验（Z13F8002Ⅲ）

【模块描述】本模块介绍接地及接地短路装置试验的方法和技术要求。通过试验工作流程的介绍，掌握试验前的准备工作和相关安全、技术措施、试验方法、技术要求及试验结果分析判断。

【模块内容】

一、试验目的

对接地及接地短路装置进行检查和试验的目的是为了发现接地及接地短路装置的缺陷和绝缘隐患，预防人身事故的发生。

二、试验仪器、设备的选择

（1）由于被试品电容量较小，一般只要有相应电压等级的工频试验变压器即可，同时选用与工频试验变压器相应电压等级的工频分压器。

（2）保护电阻一般取 0.1～0.5Ω/V，并应有足够的热容量和长度。

（3）选用单相接触式调压器，其容量与工频试验变压器的相同。

（4）选用多量程峰值电压表。

（5）选用相应电压等级的冲击电压发生器一套。

（6）选用电压等级为 2500V 的绝缘电阻表。

（7）试验电极选用宽 50mm 的金属箔。

三、危险点分析及控制措施

加压前试验人员应与带电部位保持足够的安全距离。试验仪器的金属外壳应可靠接地，仪器操作人员必须站在绝缘垫上操作。

四、试验前的准备工作

1. 了解被试设备现场情况及试验条件

查勘现场，查阅相关技术资料，包括试品出厂资料、出厂试验报告及相关规程等，掌握该试品运行情况。

2. 试验仪器、设备准备

选择合适的试验电极（宽 50mm 的金属箔）、试验变压器、调压器、工频分压器、冲击电压发生器、保护电阻、球隙、峰值电压表、直流电阻测试仪（或 100A 直流电源、多量程直流毫伏电压表、直流电流表及 100A 分流器）、绝缘电阻表、温（湿）度计、放电棒、接地线、梯子、安全带、安全帽、电工常用工具、试验临时安全遮栏、标示牌等，并查阅测试仪器、设备及绝缘工器具的检定合格证书有效期。

3. 做好试验现场安全和技术措施

向试验人员交代工作内容、带电部位、现场安全措施、现场作业危险点，明确人

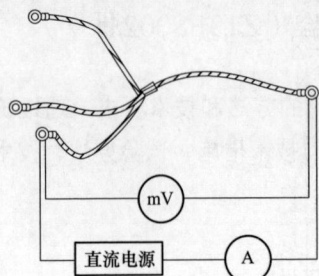

图 Z13F8002Ⅲ-1 接地及接地短路
装置直流电阻测试接线图

员分工及试验程序。

五、现场试验步骤及要求

（一）试验接线

（1）测试接地及接地短路装置直流电阻的接线如图 Z13F8002Ⅲ-1 所示。

（2）接地及接地短路装置工频耐压试验原理接线如图 Z13F8002Ⅲ-2 所示。

（3）工频耐压及操作冲击耐压试验接线如图 Z13F8002Ⅲ-3 所示。

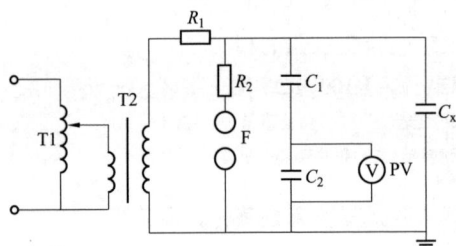

图 Z13F8002Ⅲ-2 接地及接地短路装置工频
耐压试验原理接线图

T1—调压器；T2—试验变压器；R_1—保护电阻；
R_2—球隙保护电阻；F—球间隙；C_x—被试品；
C_1、C_2—电容分压器高低压臂；PV—电压表

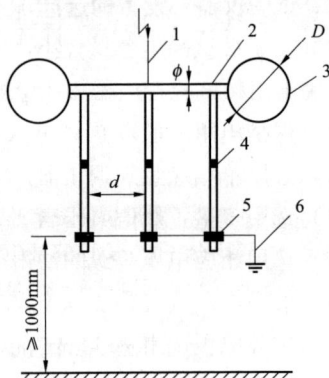

图 Z13F8002Ⅲ-3 工频耐压及操作冲击耐压
试验接线图

1—高压引线；2—模拟导线（$\phi \geqslant 30mm$）；3—均压球
（$D=200\sim300mm$）；4—试品（试品间距 $d \geqslant 500mm$）；
5—下部试验电极；6—接地引线

高压试验电极布置于接地及接地短路装置绝缘的工作部分，被试品应垂直悬挂在模拟导线上，高压试验电极和接地极间的长度即为试验长度，根据表 Z13F8002Ⅲ-2 和表 Z13F8002Ⅲ-3 中规定确定两电极间距离，被试品间应保持一定距离，以便于观察试验情况。接地极和高压试验电极以宽 50mm 的金属箔包绕，电极缠绕点处于同一水平位置。

（二）试验步骤

（1）对被试品进行外观及尺寸检查。

检查的项目有以下几类：

1）携带型接地及接地短路装置的电缆与金属端头（线鼻子）的连接部位抗疲劳性

能要良好，连接部位要有防止松动、滑动和转动的措施，连接线夹应与导线表面形状相配。

2）电缆的绝缘护层应完好、无损，接地操作杆的绝缘部件应光滑，无气泡、皱纹、开裂，玻璃纤维布与树脂间黏接完好，杆段间连接牢固，绝缘件与金属件的连接应牢固可靠。

3）短路电缆、短路条、接地电缆的横截面应符合有关标准的要求。

（2）接地线的成组直流电阻试验。

先测量各接线鼻间两端的长度，根据测得的直流电阻值，算出每米的电阻值。再将测试导线与被试品按图 Z13F8002Ⅲ-1 连接好，注意将接有电流表的 2 根测试线接在被试品的两端，接有毫伏电压表的 2 根电压测试线接在电流测试线的内侧。测试应大于 30A，测试如符合表 Z13F8002Ⅲ-1 的规定，则为合格。

（3）测试绝缘电阻应正常。

（4）工频耐压试验。

按图 Z13F8002Ⅲ-2 和图 Z13F8002Ⅲ-3 进行接线，检查试验接线正确、调压器在零位后，将高压引线接上试品，接通电源，开始升压进行试验。升压速度在升压至 75% 试验电压以前，可以是任意的，自 75%试验电压开始应均匀升压，约为每秒 2%试验电压的速率升压。升至试验电压后开始计时并读取试验电压。时间到后，迅速均匀降压到零（或 1/3 试验电压以下），然后断开电源，放电、挂接地线。

试验中若无破坏性放电发生，则认为通过耐压试验。试验后应立即触摸绝缘表面，若出现普遍或局部发热，则认为绝缘不良，应立即处理后，再做耐压试验。耐压试验后测试绝缘电阻，应正常。

（5）操作冲击耐压试验。

操作冲击试验布置与工频耐压试验相同。试验前在较低电压（约 50%试验电压）下调整冲击电压发生器的输出波形，使发生器的操作波的波形符合试验要求（在较低电压下可以多次调整试验波形，对被试品绝缘不会造成损坏，应避免在过高电压下调整波形。由于试验波形不符合试验要求，可能造成被试品击穿的情况发生）。然后升至规定电压进行试验。试验时对每一试品在试验电极间，施加 15 次波形为 250/2500μs 正极性标准操作波的额定冲击耐受电压，试品应无一次发生闪络和击穿，则试验通过。

六、试验注意事项

（1）进行绝缘试验时，被试品温度应不低于+5℃。户外试验应在良好的天气进行，且空气相对湿度一般不高于 80%。

（2）升压必须从零（或接近于零）开始，切不可冲击合闸。

（3）升压过程中应密切监视高压回路、试验设备仪表指示状态，监听被试品有无异响。

（4）有时工频耐压试验进行了数十秒钟，中途因故失去电源，使试验中断，在查明原因，恢复电源后，应重新进行全时间的持续耐压试验，不可仅进行"补足时间"的试验。

七、试验结果分析及试验报告编写

（一）试验标准及结果分析

1. 试验标准及要求

根据 DL/T 976—2005《带电作业工具、装置和设备预防性试验规程》及 DL/T 878—2004《带电作业用绝缘工具试验导则》的规定：

（1）接地及接地短路装置直流电阻试验平均每米电阻值不大于表 Z13F8002Ⅲ-1 规定。

表 Z13F8002Ⅲ-1   接地及接地短路装置直流电阻值

接地线规格（mm²）	10	16	25	35	50	70	95	120
平均每米电阻值（mΩ）	1.98	1.24	0.79	0.56	0.40	0.28	0.21	0.16

（2）工频耐压试验及操作冲击耐压试验。10～220kV 电压等级的试品应能通过 1min 短时工频耐受电压试验（以无击穿、无闪络及发热为合格），其电气性能应符合表 Z13F8002Ⅲ-2 的规定。对 330kV 及以上电压等级的试品应能通过 3min 长时间工频耐受电压试验（以无击穿、无闪络及无明显发热为合格），以及操作冲击耐受电压试验（15 次加压，以无一次击穿、闪络及明显过热为合格），其电气性能应符合表 Z13F8002Ⅲ-3 的规定。

表 Z13F8002Ⅲ-2   10～220kV 接地操作杆电气性能

额定电压（kV）	试验电极间距离（m）	1min 工频耐压值（kV）
10	0.40	45
35	0.60	95
66	0.70	175
110	1.00	220
220	1.80	440
220～500 绝缘架空地线	0.40	45
试验设备	0.40	45

表 Z13F8002Ⅲ-3　　　　　330～750kV 接地操作杆电气性能

额定电压（kV）	试验电极间距离（m）	3min 工频耐受电压（kV）	操作冲击耐受电压（kV）
330	2.80	380	800
500	3.70	580	1050
750	4.70	780	1300

2．试验结果分析

（1）进行接地线的成组直流电阻试验时，测试如符合表 Z13F8002Ⅲ-1 的规定，则直流电阻结果为合格。

（2）耐压试验时，在升压和耐压过程中，如发现电压表指针摆动很大，电流表指示急剧增加，调压器往上升方向调节，电流上升、电压基本不变甚至有下降趋势，被试品冒烟、出气、焦臭、闪络、燃烧或发出击穿响声（或断续放电声），应立即停止升压，降压停电后查明原因。这些现象如查明是绝缘部分出现的，则认为被试品交流耐压试验不合格。如确定被试品的表面闪络是由于空气湿度或表面脏污等所致，应将被试品清洁干燥处理后，再进行试验。

（3）试验结果应根据试验中有无发生破坏性放电、有无出现绝缘普遍或局部发热及耐压试验前后绝缘电阻有无有明显变化，进行全面分析后作出判断。

（二）试验报告编写

试验报告填写应包括试验日期、试验人员、天气情况、环境温度、湿度、试品名称型号、试品参数、制造厂、制造日期、试验结果、试验结论、试验性质（交接试验、预防性试验、检查）、试验仪器名称型号、出厂编号等。

全部试验完成后填写试验合格标志，合格标志贴在不妨碍绝缘性能的明显位置。

八、案例

对某厂生产的一组接地短路线（标称接地导线规格为25mm²）进行直流电阻测试，结果发现其导线直流电阻平均每米电阻值为 0.9mΩ，大于规定的平均每米电阻值 0.79mΩ，检查发现其接地导线截面小于标称的 25mm²。

【思考与练习】

1．各种电压等级接地及接地短路装置的工频耐压试验值是多少？

2．330kV 及以上电压等级接地操作杆操作冲击耐受电压值为多少？

3．接地及接地短路装置试验注意事项有哪些？

▲ 模块 3 核相仪试验（Z13F8003Ⅲ）

【模块描述】本模块介绍核相仪试验的方法和技术要求。通过试验工作流程的介绍，掌握试验前的准备工作和相关安全、技术措施、试验方法、技术要求及试验结果分析判断。

【模块内容】

一、试验目的

对核相仪进行检查和试验的目的是为了检查核相仪存在的绝缘隐患，预防设备及人身事故发生。

二、试验仪器、设备的选择

（1）由于被试品电容量较小，一般只要有相应电压等级的工频试验变压器即可。

（2）选用单相接触式调压器，其容量与试验变压器相同。

（3）选用量程为 500V；0.5 级的交流电压表。

（4）选用多量程、最大量程为 1000μA 的交流微安电流表。

（5）选用电压等级为 2500V 的绝缘电阻表。

三、危险点分析及控制措施

加压时试验人员应与带电部位保持足够的安全距离。试验仪器的金属外壳应可靠接地，仪器操作人员必须站在绝缘垫上操作。

四、试验前的准备工作

1. 了解被试设备现场情况及试验条件

查阅相关技术资料，包括该设备出厂资料、出厂试验报告及相关规程等，掌握试品运行情况。

2. 试验仪器、设备准备

选择合适的试验电极（宽 50mm 金属箔）、试验变压器及控制台、交流微安电流表、交流电压表、保护电阻、绝缘电阻表、测试线、温（湿）度计、放电棒、接地线、电工常用工具、试验临时安全遮栏、标示牌等，并查阅测试仪器、设备及绝缘工器具的检定合格证书有效期。

3. 做好试验现场安全和技术措施

向试验人员交代工作内容、带电部位、现场安全措施、现场作业危险点，明确人员分工及试验程序。

五、现场试验步骤及要求

（一）试验接线

（1）核相仪绝缘部件工频耐压试验原理接线如图 Z13F8003Ⅲ-1 所示。

（2）核相仪绝缘部件工频耐压及泄漏电流试验接线如图 Z13F8003Ⅲ-2 所示。

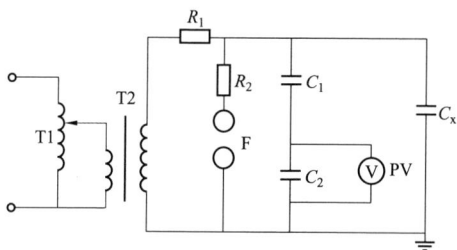

图 Z13F8003Ⅲ-1　核相仪绝缘部件
工频耐压试验原理接线图

T1—调压器；T2—试验变压器；R_1—保护电阻；
R_2—球隙保护电阻；F—球间隙；C_x—被试品；
C_1、C_2—电容分压器高低压臂；PV—电压表

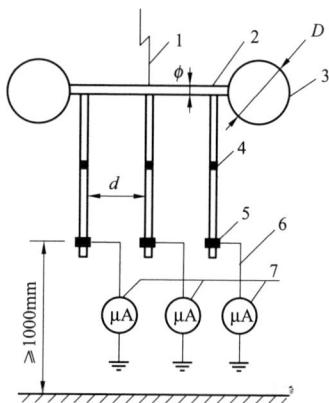

图 Z13F8003Ⅲ-2　核相仪绝缘部件工频
耐压及泄漏电流试验接线图

1—高压引线；2—模拟导线（$\phi \geqslant 30$mm）；3—均压球
（$D=200\sim300$mm）；4—试品（试品间距 $d\geqslant500$mm）；
5—下部试验电极；6—接地引线；7—微安电流表

　　高压试验电极布置于核相器绝缘部件的工作部分，被试品垂直悬挂在模拟导线上，接地回路串入微安表，高压试验电极和接地极间的长度即为试验长度，根据表 Z13F8003Ⅲ-1 中规定确定两电极间距离，核相器绝缘杆间应保持一定距离，以便于观察试验情况。接地极和高压试验电极以宽 50mm 的金属箔包绕，电极缠绕点处于同一水平位置。

（二）试验步骤

（1）对被试品进行外观及尺寸检查。检查的项目有以下几类：

1）对核相仪的各部件进行检查，包括手柄、手护环、绝缘元件、电阻元件、限位标记和接触电极、连接引线、接地引线、指示器、转接器和绝缘杆等均应无明显损伤。

2）各部件连接应牢固可靠，指示器应密封完好，表面应光滑、平整，指示器上的标志应完整。

3）绝缘杆内外表面应清洁、光滑，无划痕及硬伤。

（2）测试绝缘电阻应正常。

（3）工频耐压及泄漏电流试验。按图 Z13F8003Ⅲ-2 进行接线，检查试验接线正确、调压器在零位后，将高压引线接上试品，接通电源，开始升压进行试验。升压速度在升压至 75%试验电压以前，可以是任意的，自升至 75%试验电压开始应均匀

升壓，約為每秒 2%試驗電壓的速率升壓。升至試驗電壓，開始計時並讀取試驗電壓，同時測量洩漏電流。時間到後，迅速均勻降壓至零，然後斷開電源，並放電、掛接地線。

試驗中如無破壞性放電發生，則認為通過耐壓試驗。試驗後應立即觸摸絕緣表面，如出現普遍或局部發熱，則認為絕緣不良，應立即處理後，再做耐壓試驗。

（4）耐壓試驗後測試絕緣電阻，絕緣電阻應正常。

六、試驗注意事項

（1）進行絕緣試驗時，被試品溫度應不低於+5℃。戶外試驗應在良好的天氣進行，且空氣相對濕度一般不高於 80%。

（2）試驗過程中試驗人員之間應分工明確，加壓過程中應有人監護並呼唱。

（3）升壓必須從零（或接近於零）開始，切不可衝擊合閘。

（4）升壓過程中應密切監視高壓回路、試驗設備儀表指示狀態，監聽被試品有無異響。

（5）有時工頻耐壓試驗進行了數十秒鐘，中途因故失去電源，使試驗中斷，在查明原因，恢復電源後，應重新進行全時間的持續耐壓試驗，不可僅進行"補足時間"的試驗。

七、試驗結果分析及試驗報告編寫

（一）試驗標準及結果分析

1. 試驗標準及要求

根據 DL/T 976—2005《帶電作業工具、裝置和設備預防性試驗規程》及 DL/T 878—2004《帶電作業用絕緣工具試驗導則》的規定：

對核相儀絕緣部件進行工頻耐壓及洩漏電流試驗時，加壓時間保持 1min，其電氣性能應符合表 Z13F8003Ⅲ-1 的規定，以無閃絡、擊穿、明顯發熱為合格。

表 Z13F8003Ⅲ-1　　　核相儀絕緣部件的電氣性能

額定電壓（kV）	試驗電極間距離（m）	1min 工頻耐壓值（kV）	允許最大洩漏電流（μA）
10 及以下	300	12	500
20	450	24	500
35	600	42	500

2. 試驗結果分析

（1）在升壓和耐壓過程中，如確定被試品的表面閃絡是由於空氣濕度或表面髒污等所致，應將被試品清潔乾燥處理後，再進行試驗。否則，認為被試品交流耐壓試驗不合格。

（2）试验结果应根据试验中有无发生破坏性放电、有无出现绝缘普遍或局部发热及耐压试验前后绝缘电阻有无明显变化、试验中最大泄漏电流有无超过表 Z13F8003 Ⅲ-1 的规定，进行全面分析后作出判断。

（二）试验报告编写

试验报告填写应包括测试时间、测试人员、天气情况、环境温度、湿度、试品名称型号、试品参数、测试结果、测试结论、实验性质（交接试验、预防性试验、检查）、试验仪器名称型号、出厂编号等。

全部试验完成后填写试验合格标志，合格标志贴在不妨碍绝缘性能的明显位置。

八、案例

一次对 10kV 核相仪进行交流耐压及泄漏电流试验时，加压试验中随着电压上升发现泄漏电流增长较快，升至额定试验电压时，泄漏电流已达 2mA，超过允许值。降下电压断开电源后，经检查发现绝缘部分受潮，用红外线灯干燥后。通过试验。

【思考与练习】

1. 各电压等级核相仪绝缘部件的耐压试验标准及泄漏电流允许值分别为多少？
2. 核相仪绝缘部件耐压及泄漏电流试验中，对模拟导线和均压球各有什么要求？
3. 核相仪试验注意事项有哪些？

▲ 模块 4　验电器试验（Z13F8004Ⅲ）

【模块描述】本模块介绍验电器试验的方法和技术要求。通过试验工作流程的介绍，掌握试验前的准备工作和相关安全、技术措施、试验方法、技术要求及试验结果分析判断。

【模块内容】

一、试验目的

对验电器进行检查和试验的目的是为了发现验电器存在的缺陷及绝缘隐患，预防人身事故发生。

二、试验仪器、设备的选择

（1）由于被试品电容量较小，一般只要有相应电压等级的工频试验变压器即可。同时，选用相应电压等级的工频分压器。

（2）保护电阻一般取 $0.1 \sim 0.5 \Omega/V$，并应有足够的热容量和长度。

（3）选用单相接触式调压器，其容量与试验变压器相同。

（4）选用多量程峰值电压表。

（5）选用电压等级为 2500V 的绝缘电阻表。

（6）选用多量程交流微安电流表。

三、危险点分析及控制措施

加压时试验人员应与带电部位保持足够的安全距离。试验仪器的金属外壳应可靠接地，仪器操作人员必须站在绝缘垫上操作。

四、试验前的准备工作

1. 了解被试设备现场情况及试验条件

查阅相关技术资料，包括该设备出厂资料、出厂试验报告及相关规程等，掌握试品运行情况。

2. 试验仪器、设备准备

选择合适的试验电极（宽 50mm 金属箔）、试验变压器、调压器、工频分压器、保护电阻、多量程峰值电压表、球隙、绝缘电阻表、测试线、温（湿）度计、放电棒、接地线、梯子、安全带、安全帽、电工常用工具、试验临时安全遮栏、标示牌等，并查阅测试仪器、设备及绝缘工器具的检定合格证书有效期。

3. 做好试验现场安全和技术措施

向试验人员交代工作内容、带电部位、现场安全措施、现场作业危险点，明确人员分工及试验程序。

五、现场试验步骤及要求

（一）试验接线

（1）验电器启动电压试验布置，如图 Z13F8004Ⅲ-1 所示。

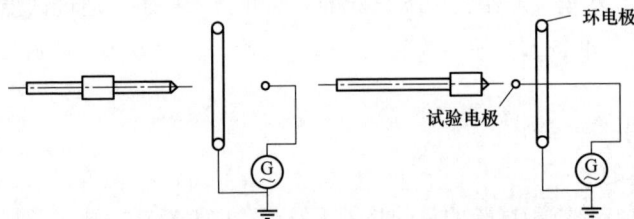

图 Z13F8004Ⅲ-1 验电器启动电压试验布置图

（2）验电器工频耐压试验原理接线，如图 Z13F8004Ⅲ-2 所示。

（3）验电器工频耐压试验接线，如图 Z13F8004Ⅲ-3 所示。

高压试验电极布置于验电器绝缘杆的工作部分，试品垂直悬挂在模拟导线上，高压试验电极和接地极间的长度即为试验长度，根据表 Z13F8004Ⅲ-1 中规定确定两电极间距离，验电器绝缘杆间应保持一定距离，以便于观察试验情况。接地极和高压试验电极以宽 50mm 的金属箔包绕，电极缠绕点处于同一水平位置。

（二）试验步骤

（1）对被试品进行外观及尺寸检查。验电器的各部件，包括手柄、手护环、绝缘元件、限位标记和接触电极、指示器和绝缘杆等均应无明显损伤。各部件连接应牢固可靠，指示器应密封完好，表面应光滑、平整，指示器上的标志应完整。绝缘杆内外表面应清洁、光滑，无划痕及硬伤。

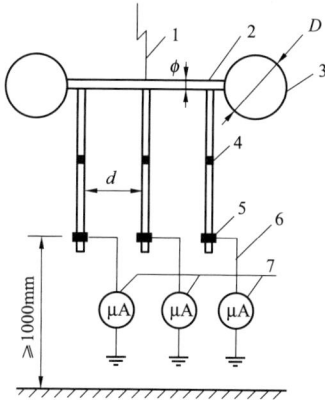

图 Z13F8004Ⅲ-2 验电器工频耐压试验原理接线图

T1—调压器；T2—试验变压器；R_1—保护电阻；R_2—球隙保护电阻；F—球间隙；C_x—被试品；C_1、C_2—电容分压器高低压臂；PV—电压表

（2）验电器启动电压试验。高压电极由金属球体构成，在 1m 的空间范围内不应放置其他物体，将验电器的接触电极与一极接地的高压电极相接触，逐渐升高高压电极的电压，当验电器发出"电压存在"信号，如"声光"指示时，记录此时的起动电压。若该电压在 0.15～0.4 倍额定电压之间，则认为试验通过。

（3）测试试品绝缘电阻，绝缘电阻应正常。

（4）工频耐压试验。按图 Z13F8004Ⅲ-2 和图 Z13F8004Ⅲ-3 进行接线，检查试验接线正确、调压器在零位后，将高压引线接上试品，接通电源，开始升压进行试验。升压速度在升压至 75%试验电压以前，可以是任意的，自升至 75%试验电压开始应均匀升压，约为每秒 2%试验电压的速率升压。升至试验电压，开始计时并读取试验电压（或泄漏电流）。时间到后，迅速均匀降压到零（或 1/3 试验电压以下），然后断开电源，放电、挂接地线。

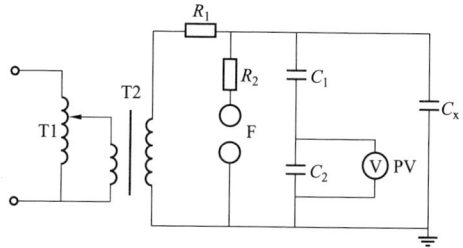

图 Z13F8004Ⅲ-3 验电器工频耐压试验接线图

1—高压引线；2—模拟导线（$\phi \geq 30mm$）；3—均压球（$D=200～300mm$）；4—试品（试品间距 $d \geq 500mm$）；5—下部试验电极；6—接地引线；7—微安表

试验中如无破坏性放电发生，则认为通过耐压试验。试验后应立即触摸表面，如出现普遍或局部发热，则认为绝缘不良，应立即处理后，再做耐压试验。

（5）耐压试验后，测试绝缘电阻应正常。

六、试验注意事项

（1）进行绝缘试验时，被试品温度应不低于+5℃。户外试验应在良好的天气进行，且空气相对湿度一般不高于80%。

（2）试验过程中试验人员之间应分工明确，加压过程中应有人监护并呼唱。

（3）升压必须从零（或接近于零）开始，切不可冲击合闸。

（4）升压过程中应密切监视高压回路、试验设备仪表指示状态，监听被试品有无异响。

（5）有时工频耐压试验进行了数十秒钟，中途因故失去电源，使试验中断，在查明原因，恢复电源后，应重新进行全时间的持续耐压试验，不可仅进行"补足时间"的试验。

七、试验结果分析及试验报告编写

（一）试验标准及结果分析

1. 试验标准及要求

根据 DL/T 976—2005《带电作业工具、装置和设备预防性试验规程》、DL/T 878—2004《带电作业用绝缘工具试验导则》及 DL/T 1476—2015《电力安全工器具预防性试验规程（试行）》的规定：

（1）验电器启动电压不高于额定电压的40%。

（2）对验电器进行交流耐压及泄漏电流试验时，加压时间保持 1min，其电气性能应符合表 Z13F8004Ⅲ-1 的规定。以无闪络、击穿、明显发热为合格。

表 Z13F8004Ⅲ-1　10～20kV 电压等级验电器操作杆的电气性能

额定电压（kV）	试验电极间距离（m）	1min 工频耐压值（kV）	允许最大泄漏电流（μA）
10	0.40	45	
35	0.60	95	500
66	0.70	175	500
110	1.00	220	500
220	1.80	440	500

2. 试验结果分析

（1）在升压和耐压过程中，如确定被试品的表面闪络是由于空气湿度或表面脏污等所致，应将被试品清洁干燥处理后，再进行试验。否则，认为被试品交流耐压试验不合格。

（2）试验结果应根据试验中有无发生破坏性放电、有无出现绝缘普遍或局部发热、最大泄漏电流是否超过表 Z13F8004Ⅲ-1 规定及耐压试验前后绝缘电阻有无明显变化，进行全面分析后作出判断。

（二）试验报告编写

试验报告填写应包括试验时间、试验人员、天气情况、环境温度、湿度、试品名称型号、试验结果、试验结论、试验性质、试验仪器名称型号、出厂编号等。

全部试验完成后填写试验合格标志，合格标志贴在不妨碍绝缘性能的明显位置。

八、案例

案例 1：某一额定电压为 10kV 的验电器进行起动电压试验，当逐渐升高高压电极的电压，验电器发出"电压存在"信号，此时的启动电压为 6kV。该验电器起动电压试验不合格。

案例 2：某一额定电压为 10kV 的验电器操作杆，进行交流耐压及泄漏电流试验时，测试的泄漏电流为 550μA，经检查发现操作杆受潮，干燥处理后，测试的泄漏电流为 310μA，试验合格。

【思考与练习】

1. 各种电压等级验电器启动电压值是多少？

2. 各种电压等级验电器进行耐压试验时的试验电压值是多少？允许最大泄漏电流值又为多少？

3. 验电器试验注意事项有哪些？

▲ 模块 5 绝缘子电位分布测试仪试验（Z13F8005Ⅲ）

【模块描述】本模块介绍绝缘子电位分布测试仪试验的方法和技术要求。通过试验工作流程的介绍，掌握试验前的准备工作和相关安全、技术措施、试验方法、技术要求及试验结果分析判断。

【模块内容】

一、试验目的

对绝缘子电位分布测试仪进行检查和试验的目的是为了发现绝缘子电位分布测试仪存在的绝缘缺陷和性能隐患，预防人身事故发生。

二、试验仪器、设备的选择

（1）由于被试品电容量较小，一般只要有相应电压等级的工频试验变压器即可。同时选用与工频试验变压器相应电压等级的工频分压器。

（2）保护电阻一般取 0.1~0.5Ω/V，并应有足够的热容量和长度。

（3）选用单相接触式调压器，其容量与试验变压器相同。

（4）选用数字式、多量程峰值电压表。

（5）选用电压等级为 2500V 的绝缘电阻表。

（6）选用相应电压等级的冲击电压发生器。

（7）选用 0～50kV、0.5 级数字式交流电压表一块。

三、危险点分析及控制措施

加压时试验人员应与带电部位保持足够的安全距离。试验仪器的金属外壳应可靠接地，仪器操作人员必须站在绝缘垫上操作。

四、试验前的准备工作

1. 了解被试设备现场情况及试验条件

查阅相关技术资料，包括该设备出厂资料、出厂试验报告及相关规程等，掌握试品运行情况。

2. 试验仪器、设备准备

选择合适的试验电极（宽 50mm 金属箔）、试验变压器、工频分压器、调压器、保护电阻、峰值电压表、高压数字式电压表、冲击电压发生器、绝缘电阻表、测试线、温（湿）度计、放电棒、接地线、电工常用工具、试验临时安全遮栏、标示牌等，并查阅测试仪器、设备及绝缘工器具的检定合格证书有效期。

3. 做好试验现场安全和技术措施

向试验人员交代工作内容、带电部位、现场安全措施、现场作业危险点，明确人员分工及试验程序。

五、现场试验步骤及要求

（一）试验接线

（1）绝缘子电位分布测试仪测量精度校验试验布置，如图 Z13F8005Ⅲ-1 所示。

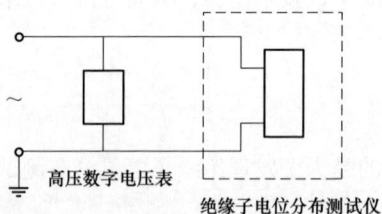

图 Z13F8005Ⅲ-1 绝缘子电位分布测试仪测量精度校验试验布置图

（2）高压试验电极布置于绝缘子电位分布测试仪的操作杆工作部分，试品垂直悬挂在模拟导线上，高压试验电极和接地极间的长度即为试验长度，根据表 Z13F8005Ⅲ-1 和表 Z13F8005Ⅲ-2 中规定确定两电极间距离，绝缘子电位分布测试仪的操作杆间应保持一定距离，以便于观察试验情况。接地极和高压试验电极以宽 50mm 的金属箔包绕，电极缠绕点处于同一水平位置。

（二）试验步骤

（1）对被试品进行外观及尺寸检查。检查绝缘子电位分布测试仪的各部分连接是否完好，整体外形有无损伤、变形，标志是否清晰。

（2）测量精度校验试验。在绝缘子电位分布测试仪的两探针间施加工频电压约 18kV，用高压数字电压表读出电压数值，调整绝缘子电位分布测试仪的调整电位器，使绝缘子电位分布测试仪的电压读数与电压表的误差小于 1%，撤除电压。

1min 后继续在绝缘子电位分布测试仪的两探针间施加工频电压（小于绝缘子电位分布测试仪的最大电压），记录电压值和绝缘子电位分布测试仪的电压读数。撤除电压。此过程重复 3 次。如 3 次试验结果的两电压之间误差均小于 1%，则通过试验。

（3）测试绝缘电阻应正常。

（4）工频耐压试验。按图 Z13F8005Ⅲ-2 和图 Z13F8005Ⅲ-3 进行接线，检查试验接线正确、调压器在零位后，将高压引线接上试品，接通电源，开始升压进行试验。升压速度在升至 75%试验电压以前，可以是任意的，自升至 75%试验电压开始应均匀升压，约为每秒 2%试验电压的速率升压。升至试验电压，开始计时并读取试验电压。时间到后，迅速均匀降压至零，然后断开电源，并放电、挂接地线。

试验中如无破坏性放电发生，则认为通过耐压试验。试验后应立即触摸绝缘表面，如出现普遍或局部发热，则认为绝缘不良，应立即处理后，再做耐压试验。耐压试验后测试绝缘电阻应正常。

（5）操作冲击耐压试验。操作冲击试验布置与工频耐压试验相同。试验前在较低的电压（约 50%试验电压）下调整冲击电压发生器的输出波形，使发生器的操作波的波形符合试验要求（在较低电压下可以多次调整试验波形，而对被试品绝缘不会造成损坏。避免在过高电压下调整波形，由于试验波形不符合试验要求，造成被试品击穿的情况发生）。然后升至规定电压进行试验。试验时对每一试品在试验电极间，施加 15 次波形为 250/2500μs 正极性标准操作波的额定冲击耐受电压，试品均应无闪络、击穿及过热发生，则试验通过。

六、试验注意事项

（1）进行绝缘试验时，被试品温度应不低于+5℃。户外试验应在良好的天气进行，且空气相对湿度一般不高于 80%。

（2）试验过程中试验人员之间应分工明确，加压过程中应有人监护并呼唱。

（3）升压必须从零（或接近于零）开始，切不可冲击合闸。

（4）升压过程中应密切监视高压回路、试验设备仪表指示状态，监听被试品有无异响。

（5）有时工频耐压试验进行了数十秒钟，中途因故失去电源，使试验中断，在查明原因，恢复电源后，应重新进行全时间的持续耐压试验，不可仅进行"补足时间"的试验。

七、试验结果分析及试验报告编写

（一）试验标准及结果分析

1. 试验标准及要求

根据 DL/T 976—2005《带电作业工具、装置和设备预防性试验规程》及 DL/T 878—2004《带电作业用绝缘工具试验导则》的规定：

（1）测量精度校验试验。以一个标准的工频电压与绝缘子电位分布测试仪测得的电压进行比较，3 次比较试验两电压值之间的误差小于 1%，则试验通过。

（2）工频耐压与操作冲击耐压试验。对 66～220kV 的电位分布测试仪操作杆进行工频耐压试验时，加压时间保持 1min，其电气性能应符合表 Z13F8005Ⅲ-1 的规定，以无闪络、击穿、明显发热为合格。对 330kV 及以上电压等级的试品应能通过长时间工频耐受电压试验（以无击穿、闪络及明显发热为合格），以及操作冲击耐受电压试验（15 次加压，以无一次击穿、闪络及明显过热为合格），其电气性能应符合表 Z13F8005Ⅲ-2 的规定。

表 Z13F8005Ⅲ-1　66～220kV 绝缘子电位分布测试仪操作杆电气性能

额定电压（kV）	试验电极间距离（m）	1min 工频耐压值（kV）
66	0.70	175
110	1.00	220
220	1.80	440

表 Z13F8005Ⅲ-2　330～750kV 绝缘子电位分布测试仪操作杆电气性能

额定电压（kV）	试验电极间距离（m）	3min 工频耐压值（kV）	操作冲击耐受电压（kV）
330	2.80	380	800
500	3.70	580	1050
750	4.70	780	1300

2. 试验结果分析

（1）绝缘子电位分布测试仪的两探针间施加工频电压 3 次，若 3 次试验结果的两电压之间误差均小于 1%，则通过试验。

（2）在升压和耐压过程中，如确定被试品的表面闪络是由于空气湿度或表面脏污等所致，应将被试品清洁干燥处理后，再进行试验。否则，认为被试品交流耐压试验不合格。

（3）试验结果应根据试验中有无发生破坏性放电、有无出现绝缘普遍或局部发热及耐压试验前后绝缘电阻有无明显变化，进行全面分析后作出判断。

（二）试验报告编写

试验报告填写应包括试验时间、试验人员、天气情况、环境温度、湿度、试品名称型号、试验结果、试验结论、试验性质、试验仪器名称型号及出厂编号等。

全部试验完成后填写试验合格标志，合格标志贴在不妨碍绝缘性能的明显位置。

八、案例

在一次进行绝缘子电位分布测试仪的测量精度校验试验中，在两探针间施加工频电压约 18kV，用高压数字电压表读出电压数值，发现电位分布测试仪的电压读数与电压表的误差大于 3%。后经调整绝缘子电位分布测试仪的调整电位器，使绝缘子电位分布测试仪的电压读数与电压表的误差小于 1%，合格。

【思考与练习】

1. 各种电压等级绝缘子电位分布测试仪操作杆的交流耐压试验值是多少？

2. 标准规定对 330kV 及以上电压等级绝缘子电位分布测试仪应能通过多长时间工频耐受电压试验？试品怎么样才算合格？

3. 绝缘子电位分布测试仪试验注意事项有哪些？

第十五章

试验仪器仪表校验

◢ 模块1　电流表的校验（Z13F9001Ⅱ）

【模块描述】本模块介绍电流表检定、校准、检测方法。通过流程介绍和要点归纳，掌握电流表的检定、校准、检测的内容、危险点控制措施及准备工作、步骤、结果处理和注意事项。

【模块内容】

一、检定、校准、检测的目的及内容

电流表是测量电流的专用仪表，电流表的误差在使用中会直接影响测量的准确性。为保证电流测量的准确、可靠，按 JJG 124—2005《电流表、电压表、功率表及电阻表检定规程》及 DL/T 1473—2016《电测量指示仪表检定规程》规定，应在规定时间周期内，对电流表进行检定、校准、检测。其主要内容是使用标准装置对电流表的误差进行检定、校准、检测。

二、危险点分析及控制措施

由于本模块检定、校准、检测过程中需要通电进行，安全工作要求主要参照国家电网公司《电力安全工作规程》有关规定执行。这里主要强调，为了防止在检定、校准、检测过程中电流回路开路，必须认真检查接线，连接导线应有良好绝缘。

三、检定、校准、检测的准备工作

1. 环境条件

（1）被检定、校准、检测电流表置于参比环境条件中，应有足够的时间（通常为2h），以消除温度梯度的影响。除制造厂另有规定外，不需要预热。

（2）有关影响量的标准条件和允许偏差见表 Z13F9001Ⅱ-1。

表 Z13F9001Ⅱ-1　　　有关影响量的标准条件和允许偏差

影响量	标准条件	允许偏差	
		准确度等级等于和小于 0.2	准确度等级等于和大于 0.5
环境温度	20℃	±2℃	±5℃
相对湿度	40%～60%	40%～60%	40%～80%
直流被测量的纹波	纹波含量为零	纹波含量 1%	纹波含量 3%

2. 标准装置

（1）标准装置应具有有效期内的检定合格证书或校准证书。

（2）标准装置输出（测量）范围应在被检定、校准、检测电流表测量上限 1～1.25 倍范围内。

（3）标准装置由标准器、辅助设备及环境条件等所引起的测量扩展不确定度（k 取 2）应小于被检定、校准、检测电流表最大允许误差的 1/3。

（4）供电电源在 30s 内稳定度应不低于被检定、校准、检测电流表最大允许误差的 1/10。

（5）标准装置中的调节设备，应保证由零调至被检定、校准、检测电流表上限，且平稳而连续调至被检定、校准、检测电流表的任何一个分度线，调节细度应不低于被检定、校准、检测电流表最大允许误差的 1/10。标准表应有足够的标度分辨力（或数字位数），使读数的数值分辨率等于或优于被检定、校准、检测电流表准确度等级的 1/10。

（6）标准装置应有良好的屏蔽和接地，以避免外界干扰。

四、检定、校准、检测的步骤

（1）外观检查。被检定、校准、检测电流表应无明显影响测量的缺陷。

（2）绝缘电阻。在被检定、校准、检测电流表的所有测量端与外壳的参考"地"之间加 500V 直流电压，测得的绝缘电阻应不低于 5MΩ。

（3）介电强度。在被检定、校准、检测电流表的所有测量端与外壳的参考"地"之间加频率为 50Hz 正弦交流电压，历时 1min，试验中不应出现击穿或飞弧现象（仅针对首次或修理后被检定、校准、检测的电流表）。

（4）标准装置检查。检查标准装置电源设置开关位置，应与选择的仪器电源方式匹配。标准装置应无电流回路开路、电压回路短路或接地情况发生。

（5）标准装置预热。接通电源，预热标准装置 30min。

（6）测试线检查。测试导线应绝缘良好，无破损。

（7）接线。将被检定、校准、检测电流表的测量端钮与标准装置电流输出端相连

图 Z13F9001Ⅱ-1　检定、校准、检测电流表的接线图

接，所有端钮与导线连接应紧密、牢固。接线如图 Z13F9001Ⅱ-1 所示。

（8）根据被检定、校准、检测电流表型式设置标准装置工作参数。

（9）对被检定、校准、检测电流表进行基本误差、升降变差、偏离零位、位置影响和阻尼的检定、校准、检测，并记录数据。

（10）检定、校准、检测结束，将标准装置输出复位，关闭电源，拆除接线。

（11）对数据进行计算，检定合格的电流表贴合格证，校准、检测的可贴计量确认标识。

五、检定、校准、检测结果处理

（1）基本误差

$$\gamma = \frac{X - X_0}{X_N} \times 100\% \qquad (Z13F9001Ⅱ-1)$$

式中　X——被检定、校准、检测电流表的指示值；

X_0——被测量的实际值；

X_N——引用值。

（2）升降变差

$$\gamma = \frac{|X_{01} - X_{02}|}{X_N} \times 100\% \qquad (Z13F9001Ⅱ-2)$$

式中　X_{01}——被测量上升的实际值；

X_{02}——被测量下降的实际值。

（3）误差处理：对检定、校准、检测的数据进行修约化整处理，并出具检定、校准证书或检测报告。原始记录填写应用签字笔或钢笔书写，不得任意修改。

六、检定、校准、检测的注意事项

（1）检定、校准、检测公用一个标度尺的多量程电流表基本误差时，只对其中某个量程（称全检定、校准、检测量程）的测量范围内带数字的分度线进行检定、校准、检测，而其余量程（称非全检定、校准、检测量程）只检定、校准、检测量程上限和可以判定最大误差的分度线。全检定、校准、检测量程一般选取常用量程。

（2）检定、校准、检测升降变差时，应在一个方向平稳地先上升后下降。

（3）偏离零位试验又称断电回零试验，仅针对在标度尺上有零分度线的被检定、校准、检测电流表。

（4）对没有装水准器，且有位置标志的电流表进行位置影响检定、校准、检测时，误差改变量应不超过最大允许误差的 50%；对无位置标志的被检定、校准、检测电流表，误差改变量应不超过最大允许误差的 100%。

（5）检定、校准、检测阻尼时，指示器偏转应在标度尺长的 2/3 处。

（6）最大基本误差、最大升降变差均应在所有量程中找出。

（7）接线过程中，严禁电流回路开路。

（8）测试线连接完毕后，应有专人检查，确认无误后，方可进行。

【思考与练习】

1. 电流表现场检定、校准、检测时，有哪些注意事项？

2. 选择标准装置需注意哪些项目？

◢ 模块 2　电压表的校验（Z13F9002 Ⅱ）

【模块描述】本模块介绍电压表检定、校准、检测方法。通过流程介绍和要点归纳，掌握电压表的检定、校准、检测的内容、危险点控制措施及准备工作、步骤、结果处理和注意事项。

【模块内容】

一、检定、校准、检测的目的及内容

电压表是测量电压的专用仪表，电压表的误差在使用中会直接影响测量的准确性。为保证电压测量的准确、可靠，按 JJG 124—2005《电流表、电压表、功率表及电阻表检定规程》及 DL/T 1473—2016《电测量指示仪表检定规程》规定，应在规定时间周期内，对电压表进行检定、校准、检测。其主要内容是使用标准装置对电压表的误差进行检定、校准、检测。

二、危险点分析及控制措施

由于本模块检定、校准、检测过程中需要通电进行，安全工作要求主要参照《国家电网公司电力安全工作规程》有关规定执行。这里主要强调，为了防止在检定、校准、检测过程中电压回路短路或接地，必须认真检查接线，连接导线应有良好绝缘。

三、检定、校准、检测的准备工作

1. 环境条件

（1）被检定、校准、检测电压表置于参比环境条件中，应有足够的时间（通常为 2h），以消除温度梯度的影响。除制造厂另有规定外，不需要预热。

（2）有关影响量的标准条件和允许偏差，见表 Z13F9001 Ⅱ-1。

2. 标准装置

（1）标准装置应具有有效期内的检定合格证书或校准证书。

（2）标准装置输出（测量）范围应在被检定、校准、检测电压表测量上限 1～1.25 倍范围内。

（3）标准装置由标准器、辅助设备及环境条件等所引起的测量扩展不确定度（k 取 2）应小于被检定、校准、检测电压表最大允许误差的 1/3。

（4）供电电源在 30s 内稳定度应不低于被检定、校准、检测电压表最大允许误差的 1/10。

（5）标准装置中的调节设备，应保证由零调至被检定、校准、检测电压表上限，且平稳而连续调至被检定、校准、检测电压表的任何一个分度线，调节细度应不低于被检定、校准、检测电压表最大允许误差的 1/10。标准表应有足够的标度分辨力（或数字位数），使读数的数值分辨率等于或优于被检定、校准、检测电压表准确度等级的 1/10。

（6）标准装置应有良好的屏蔽和接地，以避免外界干扰。

四、检定、校准、检测的步骤

（1）外观检查。被检定、校准、检测电压表应无明显影响测量的缺陷。

（2）绝缘电阻。在被检定、校准、检测电压表的所有测量端与外壳的参考"地"之间加 500V 直流电压，绝缘电阻值应不小于 5MΩ。

（3）介电强度。在被检定、校准、检测电压表的所有测量端与外壳的参考"地"之间加频率为 50Hz 的正弦交流电压，历时 1min，试验中不应出现击穿或飞弧现象。（仅对首次或修理后被检定、校准、检测的电压表）

（4）标准装置检查。检查标准装置电源设置开关位置，应与选择的仪器电源方式匹配。标准装置应无电流回路开路、电压回路短路或接地情况发生。

（5）标准装置预热。接通电源，预热标准装置 30min。

（6）测试线检查。测试导线应绝缘良好，无破损。

（7）接线。将被检定、校准、检测电压表的测量端钮与标准装置电压输出端相连接，所有端钮与导线连接应紧密、牢固。接线如图 Z13F9002Ⅱ-1 所示。

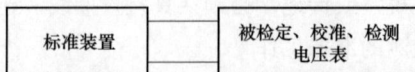

图 Z13F9002Ⅱ-1　检定、校准、检测电压表的接线图

（8）根据被检定、校准、检测电压表型式设置标准装置工作参数。

（9）对被检定、校准、检测电压表进行基本误差、升降变差、偏离零位、位置影响和阻尼的检定、校准、检测，并记录数据。

（10）检定、校准、检测结束，将标准装置输出复位，关闭电源，拆除接线。

（11）对数据进行计算，检定合格的电压表贴合格证，校准、检测的可贴计量确认标识。

五、检定、校准、检测结果处理

（1）基本误差

$$\gamma = \frac{X - X_0}{X_N} \times 100\% \qquad （Z13F9002\, \mathrm{II} -1）$$

式中　X——被检定、校准、检测电压表的指示值；

　　　X_0——被测量的实际值；

　　　X_N——引用值。

（2）升降变差

$$\gamma = \frac{\left| X_{01} - X_{02} \right|}{X_N} \times 100\% \qquad （Z13F9002\, \mathrm{II} -2）$$

式中　X_{01}——被测量上升的实际值；

　　　X_{02}——被测量下降的实际值。

（3）误差处理：对检定、校准、检测的数据应进行修约化整处理，并出具检定、校准证书或检测报告。原始记录填写应用签字笔或钢笔书写，不得任意修改。

六、检定、校准、检测的注意事项

（1）检定、校准、检测公用一个标度尺的多量程电压表基本误差时，只对其中某个量程（称全检定、校准、检测量程）的测量范围内带数字的分度线进行检定、校准、检测，而其余量程（称非全检定、校准、检测量程）只检定、校准、检测量程上限和可以判定最大误差的分度线。全检定、校准、检测量程一般选取常用量程。

（2）检定、校准、检测升降变差时，应在一个方向平稳地先上升后下降。

（3）偏离零位试验又称断电回零试验，仅针对在标度尺上有零分度线的被检定、校准、检测电压表。

（4）对没有装水准器，且有位置标志的电压表进行位置影响检定、校准、检测时，误差改变量应不超过最大允许误差的 50%；对无位置标志的被检定、校准、检测电压表，误差改变量应不超过最大允许误差的 100%。

（5）检定、校准、检测阻尼时，指示器偏转应在标度尺长的 2/3 处。

（6）最大基本误差、最大升降变差均应在所有量程中找出。

（7）接线过程中，严禁电压回路短路或接地。

（8）测试线连接完毕后，应有专人检查，确认无误后，方可进行。

【思考与练习】

1. 简述绝缘电阻的检定、校准、检测步骤。

2. 试问如何选择全检定、校准、检测量程?

模块 3 功率表的校验 (Z13F9003 Ⅱ)

【模块描述】本模块介绍功率表检定、校准、检测方法。通过流程介绍和要点归纳,掌握功率表的检定、校准、检测的内容、危险点控制措施及准备工作、步骤、结果处理和注意事项。

【模块内容】

一、检定、校准、检测的目的及内容

功率表是测量功率的专用仪表,功率表的误差在使用中会直接影响测量的准确性。为保证功率测量的准确、可靠,按 JJG 124—2005《电流表、电压表、功率表及电阻表检定规程》及 DL/T 1473—2016《电测量指示仪表检定规程》规定,应在规定时间周期内,对功率表进行检定、校准、检测。其主要内容是使用标准装置对功率表的误差进行检定、校准、检测。

二、危险点分析及控制措施

由于本模块检定、校准、检测过程中需要通电进行,安全工作要求主要参照《国家电网公司电力安全工作规程》有关规定执行。这里主要强调,为了防止在检定、校准、检测过程中电流回路开路、电压回路短路或接地,必须认真检查接线,连接导线应有良好绝缘。

三、检定、校准、检测的准备工作

1. 环境条件

(1) 被检定、校准、检测功率表置于参比环境条件中,应有足够的时间(通常为 2h),以消除温度梯度的影响。除制造厂另有规定外,不需要预热。

(2) 有关影响量的标准条件和允许偏差,见表 Z13F9001 Ⅱ-1。

2. 标准装置

(1) 标准装置应具有有效期内的检定合格证书或校准证书。

(2) 标准装置输出(测量)范围应在被检定、校准、检测功率表测量上限 1~1.25 倍范围内。

(3) 标准装置由标准器、辅助设备及环境条件等所引起的测量扩展不确定度(k 取 2)应小于被检定、校准、检测功率表最大允许误差的 1/3。

(4) 供电电源在 30s 内稳定度应不低于被检定、校准、检测功率表最大允许误差的 1/10。

(5) 标准装置中的调节设备,应保证由零调至被检定、校准、检测功率表上限,且平稳而连续调至被检定、校准、检测功率表的任何一个分度线，调节细度应不低于被检定、校准、检测功率表最大允许误差的 1/10。标准表应有足够的标度分辨力（或数字位数），使读数的数值分辨率等于或优于被检定、校准、检测功率表准确度等级的 l/10。

（6）标准装置应有良好的屏蔽和接地，以避免外界干扰。

四、检定、校准、检测的步骤

（1）外观检查。被检定、校准、检测功率表应无明显影响测量的缺陷。

（2）绝缘电阻。在被检定、校准、检测功率表的所有测量端与外壳的参考"地"之间加 500V 直流电压，历时 1min，绝缘电阻值应不小于 5MΩ。

（3）介电强度。在被检定、校准、检测功率表的所有测量端与外壳的参考"地"之间加频率为 50Hz 实用正弦波的交流电压，历时 1min，击穿电流为 5mA，试验中不应出现击穿或飞弧现象（仅对首次或修理后被检定、校准、检测的功率表）。

（4）标准装置检查。检查标准装置电源设置开关位置，应与选择的仪器电源方式匹配。标准装置应无电流回路开路、电压回路短路或接地情况发生。

（5）标准装置预热。接通电源，预热标准装置 30min。

（6）测试线检查。测试导线应绝缘良好，无破损。

（7）接线。将被检定、校准、检测功率表的电压、电流测量端钮分别与标准装置电压、电流输出端相连接，所有端钮与导线连接应紧密、牢固。接线如图 Z13F9003Ⅱ-1 所示。

（8）根据被检定、校准、检测功率表型式设置标准装置工作参数。

图 Z13F9003Ⅱ-1　检定、校准、检测功率表的接线图

（9）对被检定、校准、检测功率表进行基本误差、升降变差、功率因数影响、偏离零位、位置影响和阻尼的检定、校准、检测，并记录数据。

（10）检定、校准、检测结束，将标准装置输出复位，关闭电源，拆除接线。

（11）对数据进行计算，检定合格的电压表贴合格证，校准、检测的可贴计量确认标识。

五、检定、校准、检测结果处理

（1）基本误差

$$\gamma = \frac{X - X_0}{X_N} \times 100\% \qquad (Z13F9003Ⅱ-1)$$

式中　X ——被检定、校准、检测功率表的指示值；

X_0——被测量的实际值；

X_N——引用值。

（2）升降变差

$$\gamma = \frac{|X_{01} - X_{02}|}{X_N} \times 100\% \qquad (Z13F9003 \, \text{II} -2)$$

式中 X_{01}——被测量上升的实际值；

X_{02}——被测量下降的实际值。

（3）功率因数引起的改变量

$$\gamma = \frac{|X_{02} - X_{01}|}{X_N} \times 100\% \qquad (Z13F9003 \, \text{II} -3)$$

式中 X_{02}——功率因数 0.5 感性或 0.5 容性时，被测量的实际值；

X_{01}——功率因数 1.0 时，被测量的实际值。

（4）误差处理：对检定、校准、检测的数据进行修约化整处理，并出具检定、校准证书或检测报告。原始记录填写应用签字笔或钢笔书写，不得任意修改。

六、检定、校准、检测的注意事项

（1）检定、校准、检测公用一个标度尺的多量程功率表基本误差时，只对其中某个量程（称全检定、校准、检测量程）的测量范围内带数字的分度线进行检定、校准、检测，而其余量程（称非全检定、校准、检测量程）只检定、校准、检测量程上限和可以判定最大误差的分度线。全检定、校准、检测量程一般选取常用量程。

（2）检定、校准、检测升降变差时，应在一个方向平稳地先上升后下降。

（3）当被检定、校准、检测功率表测量范围中心无分度线时，选择小于测量范围中心的刻度线进行检定、校准、检测功率因数影响。

（4）偏离零位试验又称断电回零试验，仅针对在标度尺上有零分度线的被检定、校准、检测功率表。

（5）需进行只有电压回路通电，指示器偏离零分度线的试验，其改变量应不超过最大允许误差的 100%。

（6）对没有装水准器，且有位置标志的功率表进行位置影响检定、校准、检测时，误差改变量应不超过最大允许误差的 50%；对无位置标志的被检定、校准、检测功率表，误差改变量应不超过最大允许误差的 100%。

（7）检定、校准、检测阻尼时，指示器偏转应在标度尺长的 2/3 处。

（8）最大基本误差、最大升降变差均应在所有量程中找出。

（9）功率因数引起的改变量应选取 0.5 感性和 0.5 容性两种情况下的最大值。

（10）接线过程中，严禁电流回路开路、电压回路短路或接地。

（11）测试线连接完毕后，应有专人检查，确认无误后，方可进行。

【思考与练习】

1. 检定、校准、检测升降变差有哪些注意事项？

2. 简述功率因数影响。

◢ 模块 4 电阻表的校验（Z13F9004Ⅱ）

【模块描述】本模块介绍电阻表检定、校准、检测方法。通过流程介绍和要点归纳，掌握电阻表的检定、校准、检测的内容及准备工作、步骤、结果处理和注意事项。

【模块内容】

一、检定、校准、检测的目的及内容

电阻表是测量电阻的专用仪表，电阻表的误差在使用中会直接影响测量的准确性。为保证电阻测量的准确、可靠，按 JJG 124—2005《电流表、电压表、功率表及电阻表检定规程》及 DL/T 1473—2016《电测量指示仪表检定规程》规定，应在规定时间周期内，对电阻表进行检定、校准、检测。其主要内容是使用标准装置对电阻表的误差进行检定、校准、检测。

二、检定、校准、检测的准备工作

1. 环境条件

（1）被检定、校准、检测电阻表置于参比环境条件中，应有足够的时间（通常为 2h），以消除温度梯度的影响。

（2）有关影响量的标准条件和允许偏差，见表 Z13F9001Ⅱ–1。

2. 标准装置

（1）标准装置应具有有效期内的检定合格证书或校准证书。

（2）标准装置输出范围应在被检定、校准、检测电阻表测量上限 1～1.25 倍范围内。

（3）标准装置由标准器、辅助设备及环境条件等所引起的测量扩展不确定度（k 取 2）应小于被检定、校准、检测电阻表最大允许误差的 1/3。

（4）标准装置应可以由零调至被检定、校准、检测电阻表上限，且平稳而连续调至被检定、校准、检测电阻表的任何一个分度线，调节细度应不低于被检定、校准、检测电阻表最大允许误差的 1/10。并且有足够的标度分辨力，使读数的数值分辨率等于或优于被检定、校准、检测电阻表准确度等级的 1/10。

（5）标准装置应有良好的屏蔽和接地，以避免外界干扰。

三、检定、校准、检测的步骤

（1）外观检查。被检定、校准、检测电阻表应无明显影响测量的缺陷。

（2）绝缘电阻。在被检定、校准、检测电阻表的所有测量端与外壳的参考"地"之间加 500V 直流电压，历时 1min，绝缘电阻值应不小于 5MΩ。

（3）介电强度。在被检定、校准、检测电阻表的所有测量端与外壳的参考"地"之间加频率为 50Hz 实用正弦波的交流电压，历时 1min，击穿电流为 5mA，试验中不应出现击穿或飞弧现象。（仅对首次或修理后被检定、校准、检测的电阻表）

（4）标准装置检查。检查标准装置各个旋钮位置是否正确，应无松动、接触不良情况发生。

（5）测试线检查。测试导线应绝缘良好，无破损。

（6）接线。将被检定、校准、检测电阻表测量端与标准装置电阻输出端相连接，所有端子与导线连接应紧密、牢固。接线如图 Z13F9004Ⅱ-1 所示。

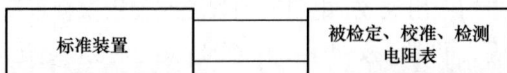

图 Z13F9004Ⅱ-1　检定、校准、检测电阻表的接线图

（7）依据规 JJG 124—2005《电流表、电压表、功率表及电阻表检定规程》及 DL/T 1473—2016《电测量指示仪表检定规程》规定对被检定、校准、检测电阻表进行基本误差、升降变差和阻尼的检定、校准、检测。并记录数据。

（8）检定、校准、检测结束，拆除接线。

（9）对数据进行计算，检定合格的电阻表贴合格证。

四、检定、校准、检测结果处理

（1）基本误差

$$\gamma = \frac{X - X_0}{X_N} \times 100\% \qquad (\text{Z13F9004Ⅱ-1})$$

式中　X——被检定、校准、检测电阻表的指示值；

　　　X_0——被测量的实际值；

　　　X_N——引用值。

（2）升降变差

$$\gamma = \frac{|X_{01} - X_{02}|}{X_N} \times 100\% \qquad (\text{Z13F9004Ⅱ-2})$$

式中　X_{01}——被测量上升的实际值；

X_{02}——被测量下降的实际值。

（3）误差处理：

对检定、校准、检测的结果进行修约化整处理并出具检定、校准证书或检测报告。原始记录填写应用签字笔或钢笔书写，不得任意修改。

五、检定、校准、检测的注意事项

（1）检定、校准、检测公用一个标度尺的多量程电阻表基本误差时，只对其中某个量程（称全检定、校准、检测量程）的测量范围内带数字的分度线进行检定、校准、检测，而其余量程（称非全检定、校准、检测量程）只检定、校准、检测带有数字分度线的中值电阻。

（2）当电阻表最小量程为 $R×1$（Ω）时，一般选取 $R×10$（Ω）为全检定、校准、检测量程。

（3）检定、校准、检测升降变差时，应在一个方向平稳地先上升后下降。

（4）对没有装水准器，且有位置标志的电阻表进行位置影响检定、校准、检测时，误差改变量应不超过最大允许误差的 50%；对无位置标志的被检定、校准、检测电阻表误差改变量应不超过最大允许误差的 100%。

（5）最大基本误差、最大升降变差均应在所有量程中找出。

（6）测试线连接完毕后，应有专人检查，确认无误后，方可进行。

【思考与练习】

1. 电阻表现场检定、校准、检测时，有哪些注意事项？

2. 电阻表最小量程为 $R×1$（Ω）时，如何选取全检定、校准、检测量程？

▲ 模块 5　频率表的校验（Z13F9005Ⅱ）

【模块描述】本模块介绍频率表检定、校准、检测方法。通过流程介绍和要点归纳，掌握频率表的检定、校准、检测的内容、危险点控制措施及准备工作、步骤、结果处理和注意事项。

【模块内容】

一、检定、校准、检测的目的及内容

频率表是测量电压频率的专用仪表，频率表的误差在使用中会直接影响测量的准确性。为保证频率测量的准确、可靠，按 JJG 603—2006《频率表检定规程》规定，应在规定时间周期内，对频率表进行检定、校准、检测。其主要内容是使用标准装置对频率表的误差进行检定、校准、检测。

二、危险点分析及控制措施

由于本模块检定、校准、检测过程中需要通电进行，安全工作要求主要参照《国家电网公司电力安全工作规程》有关规定执行。这里主要强调，为了防止在检定、校准、检测过程中电压回路短路或接地，必须认真检查接线，连接导线应有良好绝缘。

三、检定、校准、检测的准备工作

1. 环境条件

（1）被检定、校准、检测频率表置于参比环境条件中，应有足够的时间（通常为2h），以消除温度梯度的影响。除制造厂另有规定外，不需要预热。

（2）指针式频率表：环境温度取（23±2）℃；相对湿度取≤80%。

数字式频率表：环境温度取15～30℃，相对湿度取≤80%。

2. 标准装置

（1）标准装置应具有有效期内的检定合格证书或校准证书。

（2）标准装置输出（测量）范围应包含被检定、校准、检测频率表测量范围。

（3）标准装置由标准器、辅助设备及环境条件等所引起的测量误差，应比被检定、校准、检测频率表最大允许误差小一个数量级。

（4）标准装置应有良好的屏蔽和接地，以避免外界干扰。

四、检定、校准、检测的步骤

（1）外观检查。被检定、校准、检测频率表应无明显影响测量的缺陷。

（2）标准装置检查。检查标准装置电源设置开关位置，应与选择的仪器电源方式匹配。标准装置应无电流回路开路、电压回路短路或接地情况发生。

（3）标准装置预热。接通电源，预热标准装置30min。

（4）测试线检查。测试导线应绝缘良好，无破损。

（5）接线。将被检定、校准、检测频率表测量端钮与标准装置电压输出端相连接，所有端子与导线连接应紧密、牢固。接线如图Z13F9005Ⅱ-1所示。

图 Z13F9005Ⅱ-1 检定、校准、检测频率表的接线图

（6）根据被检定、校准、检测频率表型式设置标准装置工作参数。

（7）对被检定、校准、检测频率表进行测量误差、输入电压和测量范围的检定、校准、检测，并记录数据。

（8）检定、校准、检测结束，将标准装置输出复位，关闭电源，拆除接线。

（9）对数据进行计算，检定合格的频率表贴合格证，校准、检测的可贴计量确认标识。

五、检定、校准、检测结果处理

（1）基本误差

$$\gamma = \frac{f_i - f_{ia}}{f_M} \times 100\%　\qquad （Z13F9005\,\mathrm{II}-1）$$

式中　f_i——被检定、校准、检测指针式频率表的示值；

　　　f_{ia}——标准频率值；

　　　f_M——指针式频率表的最大刻度值。

$$\gamma = \frac{\overline{f}_x - f_0}{f_0} \times 100\%　\qquad （Z13F9005\,\mathrm{II}-2）$$

式中　$\overline{f}_x$——被检定、校准、检测数显式频率表的 3 次测量结果示值的平均值；

　　　f_0——标准频率值。

（2）升降变差

$$\gamma = \frac{|f_{ia} - f_{ib}|}{f_M} \times 100\%　\qquad （Z13F9005\,\mathrm{II}-3）$$

式中　f_{ia}——被测量上升的实际值；

　　　f_{ib}——被测量下降的实际值。

（3）误差处理：对检定、校准、检测的结果出具检定、校准证书或检测报告。原始记录填写应用签字笔或钢笔书写，不得任意修改。

六、检定、校准、检测的注意事项

（1）检定、校准、检测测量范围时，标准装置选择输出电压 220V，分别选取被检定、校准、检测频率表测量范围的最大值和最小值进行。

（2）被检定、校准、检测数显式频率表不需进行升降变差试验。

（3）检定、校准、检测升降变差时，应在一个方向平稳地先上升后下降。

（4）最大基本误差、最大升降变差均应在所有量程中找出。

（5）接线过程中，严禁电压回路短路或接地。

（6）测试线连接完毕后，应有专人检查，确认无误后，方可进行。

【思考与练习】

1. 如何进行测量范围的检定、校准、检测？

2. 如何判定最大基本误差？

◢ 模块 6　相位表的校验（Z13F9006 II ）

【模块描述】 本模块介绍相位表检定、校准、检测方法。通过流程介绍和要点归纳，掌握相位表的检定、校准、检测的内容、危险点控制措施及准备工作、步骤、结果处理和注意事项。

【模块内容】

一、检定、校准、检测的目的及内容

相位表是测量两个交流电参量之间相位的专用仪表，相位表的误差在使用中会直接影响测量的准确性。为保证相位测量的准确、可靠，按 JJG 440—2008《工频单相相位表检定规程》规定，应在规定时间周期内，对相位表进行检定、校准、检测。其主要内容是使用标准装置对相位表的误差进行检定、校准、检测。

二、危险点分析及控制措施

由于本模块检定、校准、检测过程中需要通电进行，安全工作要求主要参照《国家电网公司电力安全工作规程》有关规定执行。这里主要强调，为了防止在检定、校准、检测过程中电流回路开路、电压回路短路或接地，必须认真检查接线，连接导线应有良好绝缘。

三、检定、校准、检测的准备工作

1. 环境条件

（1）被检定、校准、检测相位表置于参比环境条件中，应有足够的时间（通常为 2h)，以消除温度梯度的影响。

（2）环境温度取（20±2）℃。

2. 标准装置

（1）标准装置应具有有效期内的检定合格证书或校准证书。

（2）标准装置输出（测量）范围应为 0°～360°。

（3）标准装置由标准器、辅助设备及环境条件等所引起的测量扩展不确定度（k 取 2）应小于被检定、校准、检测相位表最大允许误差的 1/3。

（4）供电电源在 30s 内稳定度应不低于被检定、校准、检测相位表最大允许误差的 1/10。

（5）标准装置中的调节设备应保证由零调至被检定、校准、检测相位表上限，且平稳而连续调至被检定、校准、检测相位表的任何一个分度线，调节细度应不低于被检定、校准、检测相位表最大允许误差的 1/10。标准表应有足够的标度分辨力（或数字位数），使读数的数值分辨率等于或优于被检定、校准、检测相位表准确度等级的 1/10。

（6）标准装置应有良好的屏蔽和接地，以避免外界干扰。

四、检定、校准、检测的步骤

（1）外观检查。被检定、校准、检测相位表应无明显影响测量的缺陷。

（2）绝缘电阻。在被检定、校准、检测相位表的所有测量端与外壳的参考"地"之间加 500V 直流电压，历时 1min，绝缘电阻值应不小于 5MΩ。

（3）介电强度。在被检定、校准、检测相位表的所有测量端与外壳的参考"地"之间加频率为 50Hz 实用正弦波的交流电压，历时 1min，击穿电流为 5mA，试验中不应出现击穿或飞弧现象。（仅对修理后被检定、校准、检测的相位表）

（4）标准装置检查。检查标准装置电源设置开关位置，应与选择的仪器电源方式匹配。标准装置应无电流回路开路、电压回路短路或接地情况发生。

（5）标准装置预热。接通电源，预热标准装置 30min。

（6）测试线检查。测试导线应绝缘良好，无破损。

（7）接线。将被检定、校准、检测相位表的电压、电流测量端钮分别与标准装置电压、电流输出端相连接，所有端子与导线连接应紧密、牢固。接线如图 Z13F9006Ⅱ-1 所示。

（8）根据被检定、校准、检测相位表型式设置标准装置工作参数。

```
┌──────────┐      ┌──────────────┐
│ 标准装置  │──────│ 被检定、校准、检测 │
│          │      │ 相位表        │
└──────────┘      └──────────────┘
```

图 Z13F9006Ⅱ-1　检定、校准、检测相位表的接线图

（9）被检定、校准、检测相位表进行基本误差、升降变差、非额定负荷影响、阻尼、极性和频率影响的检定、校准、检测，并记录数据。

（10）检定、校准、检测结束，将标准装置输出复位，关闭电源，拆除接线。

（11）对数据进行计算，检定合格的相位表贴合格证；校准、检测的可贴计量确认标识。

五、检定、校准、检测结果处理

（1）基本误差

$$\gamma = \frac{\varphi_x - \varphi_0}{\varphi_N} \times 100\% \qquad (Z13F9006Ⅱ-1)$$

式中　φ_x——被检定、校准、检测相位表的示值；

　　　φ_0——标准相位值；

　　　φ_N——基准值（$\varphi_N = 90°$）。

（2）升降变差

$$\gamma = \frac{|\varphi_{01} - \varphi_{02}|}{\varphi_N} \times 100\% \qquad (Z13F9006Ⅱ-2)$$

式中　φ_{01}——被测量上升的实际值；

　　　φ_{02}——被测量下降的实际值。

（3）误差处理：检定、校准、检测的结果应出具检定、校准证书或检测报告。原始记录填写应用签字笔或钢笔书写，不得任意修改。

六、检定、校准、检测的注意事项

（1）有调零器的相位表应在预热前将指示器调至零位，在检定、校准、检测过程中不允许重新调整零位。

（2）检定、校准、检测倾斜影响时，对有机械零位的相位表不通电，对无机械零位的相位表通以额定电压和40%的额定电流。

（3）检定、校准、检测升降变差时，应在一个方向平稳地先上升后下降。

（4）检定、校准、检测非额定负荷影响的基本误差、升降变差均应不超过被检定、校准、检测相位表最大允许误差的100%。

（5）检定、校准、检测阻尼时，指示器偏转应在标度尺长的2/3处。

（6）最大基本误差、最大升降变差均应在所有量程中找出。

（7）接线过程中，严禁电流回路开路、电压回路短路或接地。

（8）测试线连接完毕后，应有专人检查，确认无误后，方可进行。

【思考与练习】

1. 简述非额定负荷影响的检定、校准、检测。

2. 对有机械零位的相位表如何进行检定、校准、检测？

▲ 模块 7 万用表的校验（Z13F9007Ⅱ）

【模块描述】 本模块介绍万用表检定、校准、检测方法。通过流程介绍和要点归纳，掌握万用表的检定、校准、检测的内容、危险点控制措施及准备工作、步骤、结果处理和注意事项。

【模块内容】

一、检定、校准、检测的目的及内容

万用表是测量电压、电流、电阻的多功能组合仪表，万用表的误差在使用中会直接影响测量的准确性。为保证电压、电流、电阻测量的准确、可靠，按 JJG 124—2005《电流表、电压表、功率表及电阻表检定规程》及 DL/T 1473—2016《电测量指示仪表检定规程》规定，应在规定时间周期内，对万用表进行检定、校准、检测。其主要内容是使用标准装置对万用表的误差进行检定、校准、检测。

二、危险点分析及控制措施

由于本模块检定、校准、检测过程中需要通电进行，安全工作要求主要参照《国家电网公司电力安全工作规程》有关规定执行。这里主要强调，为了防止在检定、校准、检测过程中电流回路开路、电压回路短路或接地，必须认真检查接线，连接导线应有良好绝缘。

三、检定、校准、检测的准备工作

1. 环境条件

（1）被检定、校准、检测万用表置于参比环境条件中，应有足够的时间（通常为2h），以消除温度梯度的影响。除制造厂另有规定外，不需要预热。

（2）有关影响量的标准条件和允许偏差见表 Z13F9001 Ⅱ−1。

2. 标准装置

（1）标准装置应具有有效期内的检定合格证书或校准证书。

（2）标准装置输出（测量）范围应在被检定、校准、检测万用表测量上限 1～1.25 倍范围内。

（3）标准装置由标准器、辅助设备及环境条件等所引起的测量扩展不确定度（k 取 2）应小于被检定、校准、检测万用表最大允许误差的 1/3。

（4）供电电源在 30s 内稳定度应不低于被检定、校准、检测万用表最大允许误差的 1/10。

（5）标准装置中的调节设备应保证由零调至被检定、校准、检测万用表上限，且平稳而连续调至被检定、校准、检测万用表的任何一个分度线，调节细度应不低于被检定、校准、检测万用表最大允许误差的 1/10。标准表应有足够的标度分辨力（或数字位数），使读数的数值分辨率等于或优于被检定、校准、检测万用表准确度等级的 1/10。

（6）标准装置应有良好的屏蔽和接地，以避免外界干扰。

四、检定、校准、检测的步骤

（1）外观检查。被检定、校准、检测万用表应无明显影响测量的缺陷。

（2）绝缘电阻。在被检定、校准、检测万用表的所有测量端与外壳的参考"地"之间加 500V 直流电压，历时 1min，绝缘电阻值应不小于 5MΩ。

（3）介电强度。在被检定、校准、检测万用表的所有测量端与外壳的参考"地"之间加频率为 50Hz 实用正弦波的交流电压，历时 1min，击穿电流为 5mA，试验中不应出现击穿或飞弧现象（仅针对首次或修理后被检定、校准、检测的万用表）。

（4）标准装置检查。检查标准装置电源设置开关位置，应与选择的仪器电源方式匹配。标准装置应无电流回路开路、电压回路短路或接地情况发生。

（5）标准装置预热。接通电源，预热标准装置 30min。

（6）测试线检查。测试导线应绝缘良好，无破损。

（7）接线。将被检定、校准、检测万用表的测量端钮分别与标准装置的输出端相

图 Z13F9007Ⅱ–1 检定、校准、
检测万用表的接线图

连接，所有端钮与导线连接应紧密、牢固。接线如图 Z13F9007Ⅱ–1 所示。

（8）根据被检定、校准、检测万用表型式设置标准装置工作参数。

（9）对被检定、校准、检测万用表的电压、电流、电阻分别进行基本误差、升降变差、偏离零位、位置影响和阻尼的检定、校准、检测，并记录数据。

（10）检定、校准、检测结束，将标准装置输出复位，关闭电源，拆除接线。

（11）对数据进行计算，检定合格的万用表贴合格证，校准、检测的可贴计量确认标识。

五、检定、校准、检测结果处理

（1）基本误差

$$\gamma = \frac{X - X_0}{X_N} \times 100\% \qquad (Z13F9007Ⅱ–1)$$

式中　X——被检定、校准、检测万用表的电压或电流指示值；

　X_0——被测量的实际值；

　X_N——引用值。

（2）升降变差

$$\gamma = \frac{|X_{01} - X_{02}|}{X_N} \times 100\% \qquad (Z13F9007Ⅱ–2)$$

式中　X_{01}——被测量上升的实际值；

　X_{02}——被测量下降的实际值。

（3）误差处理：检定、校准、检测的数据进行修约化整处理，并出具检定、校准证书或检测报告。原始记录填写应用签字笔或钢笔书写，不得任意修改。

六、检定、校准、检测注意事项

（1）凡公用一个标度尺的交直流电压、电流量程，只对其中某个量程（称全检定、校准、检测量程）的测量范围内带数字的分度线进行检定、校准、检测，而其余量程（称非全检定、校准、检测量程）只检量程上限和可以判定最大误差的分度线。全检定、校准、检测量程一般选取常用量程。

（2）检定、校准、检测电阻基本误差时，对其中一个量程的带数字分度线进行全部检定、校准、检测；其他量程可只检定、校准、检测几何中心分度线和可以判断为最大误差的分度线。

（3）被检定、校准、检测万用电表有蜂鸣器时，应将旋钮置于蜂鸣器使用位置，电路短路后，应听到正常的蜂鸣声（若说明书另有说明，应按说明书进行）。

（4）被检定、校准、检测万用电表附有自动断路器时，应通以规定倍数的过负荷电流，检验断路器是否能可靠动作。

（5）万用电表的分贝标度尺，一般可不进行检定、校准、检测。但应把与分贝量程对应的交流电压量程（分贝量程的零分贝分度线与该电压量程的 0.775V 分度线相对应）的全部带数字的分度线进行检定、校准、检测。

（6）检定、校准、检测升降变差时，应在一个方向平稳地先上升后下降。

（7）偏离零位试验又称断电回零试验。仅针对在标度尺上有零分度线的被检定、校准、检测万用表。

（8）对没有装水准器，且有位置标志的万用表进行位置影响检定、校准、检测时，误差改变量应不超过最大允许误差的 50%；对无位置标志的被检定、校准、检测万用表，误差改变量应不超过最大允许误差的 100%。

（9）检定、校准、检测阻尼时，指示器偏转应在标度尺长的 2/3 处。

（10）最大基本误差、最大升降变差均应在所有量程中找出。

（11）接线过程中，严禁电流回路开路、电压回路短路或接地。

（12）测试线连接完毕后，应有专人检查，确认无误后，方可进行。

【思考与练习】

1. 简述检定、校准、检测万用表电阻量程的基本误差。

2. 试述万用表的用途。

▲ 模块 8　钳形表的校验（Z13F9008Ⅱ）

【模块描述】本模块介绍钳形表检定、校准、检测方法。通过流程介绍和要点归纳，掌握钳形表的检定、校准、检测的内容、危险点控制措施及准备工作、步骤、结果处理和注意事项。

【模块内容】

一、检定、校准、检测的目的及内容

钳形表是测量电压、电流、电阻的多功能专用仪表，它与万用表不同，能直接测量 20～1000A 的大电流。钳形表的误差在使用中会直接影响测量的准确性。为保证电压、电流、电阻测量的准确、可靠，按 JJG 124—2005《电流表、电压表、功率表及电阻表检定规程》、DL/T 1473—2016《电测量指示仪表检定规程》及 JJF 1075—2015《钳形电流表校准规范》规定，应在规定时间周期内，对钳形表进行检定、校准、检测。

其主要内容是使用标准装置对钳形表的误差进行检定、校准、检测。

二、危险点分析及控制措施

由于本模块检定、校准、检测过程中需要通电进行，安全工作要求主要参照《国家电网公司电力安全工作规程》有关规定执行。这里主要强调，为了防止在检定、校准、检测过程中电流回路开路、电压回路短路或接地，必须认真检查接线，连接导线应有良好绝缘。

三、检定、校准、检测的准备工作

1. 环境条件

（1）被检定、校准、检测钳形表置于参比环境条件中，应有足够的时间（通常为 2h），以消除温度梯度的影响。除制造厂另有规定外，不需要预热。

（2）有关影响量的标准条件和允许偏差见表 Z13F9001Ⅱ–1。

2. 标准装置

（1）标准装置应具有有效期内的检定合格证书或校准证书。

（2）标准装置输出（测量）范围应在被检定、校准、检测钳形表测量上限 1～1.25 倍范围内。

（3）标准装置由标准器、辅助设备及环境条件等所引起的测量扩展不确定度（k 取 2）应小于被检定、校准、检测钳形表最大允许误差的 1/3。

（4）供电电源在 30s 内稳定度应不低于被检定、校准、检测钳形表最大允许误差的 1/10。

（5）标准装置中的调节设备应保证由零调至被检定、校准、检测钳形表上限，且平稳而连续调至被检定、校准、检测钳形表的任何一个分度线，调节细度应不低于被检定、校准、检测钳形表最大允许误差的 1/10。标准表应有足够的标度分辨力（或数字位数），使读数的数值分辨率等于或优于被检定、校准、检测钳形表准确度等级的 1/10。

（6）标准装置应有良好的屏蔽和接地，以避免外界干扰。

四、检定、校准、检测的步骤

（1）外观检查。被检定、校准、检测钳形表应无明显影响测量的缺陷。

（2）绝缘电阻。在被检定、校准、检测钳形表的所有测量端与外壳的参考"地"之间加 500V 直流电压，历时 1min，绝缘电阻值应不小于 5MΩ。

（3）介电强度。在被检定、校准、检测钳形表的所有测量端与外壳的参考"地"之间加频率为 50Hz 实用正弦波的交流电压，历时 1min，击穿电流为 5mA，试验中不应出现击穿或飞弧现象。（仅针对首次或修理后被检定、校准、检测的钳形表）

（4）标准装置检查。检查标准装置电源设置开关位置，应与选择的仪器电源方式匹配。标准装置应无电流回路开路、电压回路短路或接地情况发生。

（5）标准装置预热。接通电源，预热标准装置 30min。

（6）测试线检查。测试导线应绝缘良好，无破损。

（7）接线。将被检定、校准、检测钳形表的测量端钮分别与标准装置的输出端相连接，所有端钮与导线连接应紧密、牢固。接线如图 Z13F9008Ⅱ-1 所示。

图 Z13F9008Ⅱ-1 检定、校准、检测钳形表的接线图

（8）根据被检定、校准、检测钳形表型式设置标准装置工作参数。

（9）对被检定、校准、检测钳形表的电压、电流、电阻分别进行基本误差、升降变差、偏离零位、位置影响、阻尼、分辨和显示能力的检定、校准、检测，并记录数据。

（10）检定、校准、检测结束，将标准装置输出复位，关闭电源，拆除接线。

（11）对数据进行计算，检定合格的钳形表贴合格证，校准、检测的可贴计量确认标识。

五、检定、校准、检测结果处理

（1）基本误差

$$\gamma = \frac{X - X_0}{X_N} \times 100\% \qquad (Z13F9008Ⅱ-1)$$

式中　X——被检定、校准、检测钳形表的电压或电流指示值；

　　　X_0——被测量的实际值；

　　　X_N——引用值。

（2）升降变差

$$\gamma = \frac{|X_{01} - X_{02}|}{X_N} \times 100\% \qquad (Z13F9008Ⅱ-2)$$

式中　X_{01}——被测量上升的实际值；

　　　X_{02}——被测量下降的实际值。

（3）误差处理：检定、校准、检测的数据应进行修约化整处理并出具检定、校准证书或检测报告。原始记录填写应用签字笔或钢笔书写，不得任意修改。

六、检定、校准、检测的注意事项

（1）检定、校准、检测时，钳口铁芯端面上的脏物应擦去，并保证两端面接触良好。

（2）检定、校准、检测钳形表电流时，测试导线应置于钳口中心位置，并于铁芯窗口平面垂直。

（3）指针式钳形表公用一个标度尺的交直流电压、电流量程，只对其中某个量程（称全检定、校准、检测量程）的测量范围内带数字的分度线进行检定、校准、检测，而其余量程（称非全检定、校准、检测量程）只检量程上限和可以判定最大误差的分度线。全检定、校准、检测量程一般选取常用量程。

（4）检定、校准、检测数字式钳形表基本误差时，选取准确度最高的量程为全检定、校准、检测量程，均匀的选取不少于 5 个检定、校准、检测点。

（5）检定、校准、检测电阻基本误差时，对其中一个量程的带数字分度线进行全部检定、校准、检测；其他量程可只检定、校准、检测几何中心分度线和可以判断为最大误差的分度线。

（6）检定、校准、检测升降变差时，应在一个方向平稳地先上升后下降。

（7）偏离零位试验又称断电回零试验。仅针对在标度尺上有零分度线的被检定、校准、检测钳形表。

（8）对没有装水准器，且有位置标志的钳形表进行位置影响检定、校准、检测时，误差改变量应不超过最大允许误差的 50%；对无位置标志的被检定、校准、检测钳形表，误差改变量应不超过最大允许误差的 100%。

（9）检定、校准、检测阻尼时，指示器偏转应在标度尺长的 2/3 处。

（10）升降变差、偏离零位、位置影响和阻尼的检定、校准、检测针对指针式钳形表。

（11）数字式钳形表应作分辨力、显示能力的检定、校准、检测。

（12）最大基本误差、最大升降变差均应在所有量程中找出。

（13）接线过程中，严禁流回路开路、电压回路短路或接地。

（14）测试线连接完毕后，应有专人检查，确认无误后，方可进行。

【思考与练习】

1. 简述数字式钳形表分辨力的检定、校准、检测。

2. 简述数字式钳形表显示能力的检定、校准、检测。

▲ 模块9 直流数字表的校验（Z13F9009 Ⅱ）

【模块描述】本模块介绍直流数字表检定、校准、检测方法。通过流程介绍和要点归纳，掌握直流数字表的检定、校准、检测的内容、危险点控制措施及准备工作、步骤、结果处理和注意事项。

【模块内容】

一、检定、校准、检测的目的及内容

直流数字表是测量直流电压、电流和电阻的专用仪表，直流数字表的误差在使用中会直接影响测量的准确性。为保证直流电压、电流和电阻测量的准确、可靠，按 DL/T 980—2005《数字多用表检定规程》等相关规定，应在规定时间周期内，对直流数字表进行检定、校准、检测。其主要内容是使用标准装置对直流数字表的误差进行检定、校准、检测。

二、危险点分析及控制措施

由于本模块检定、校准、检测过程中需要通电进行，安全工作要求主要参照《国家电网公司电力安全工作规程》有关规定执行。这里主要强调，为了防止在检定、校准、检测过程中电流回路开路、电压回路短路或接地，必须认真检查接线，连接导线应有良好绝缘。

三、检定、校准、检测的准备工作

1. 环境条件

（1）被检定、校准、检测直流数字表应在恒温室内放置 24h 以上。

（2）有关影响量的标准条件和允许偏差见表 Z13F9009Ⅱ–1。

表 Z13F9009Ⅱ–1　　　　有关影响量的标准条件和允许偏差

影 响 量	标 准 条 件	允 许 偏 差	
		功耗≤50W	功耗>50W
环境温度	20℃	±1℃	±2℃
相对湿度	60%	±15%	
直流被测量的纹波	纹波含量为零	与被测量相比可忽略	

2. 标准装置

（1）标准装置应具有有效期内的检定合格证书或校准证书。

（2）标准装置的综合不确定度应小于被检定、校准、检测直流数字表允许误差的 1/5～1/3。

（3）直流稳压电源的短期稳定度和调节细度应为被检定、校准、检测直流数字表允许误差的 1/10～1/5。输出应能做到连续可调或外加设备进行调节。

（4）标准装置的灵敏度应为被检定、校准、检测直流数字表允许误差的 1/10～1/5。

（5）应尽量采取自动测试（校准）系统进行检定、校准、检测和数据处理，以取代手动操作，提高工作效率。

（6）对整个测量电路系统，应有良好的屏蔽、接地措施，以避免串模和共模干扰。要远离强电场、磁场，以避免电磁场和静电感应。线路对地的绝缘电阻要尽量高，以减小泄漏对测量结果的影响。

四、检定、校准、检测的步骤

（1）外观和通电检查。被检定、校准、检测直流数字表应无明显影响测量的缺陷；通电后，一般性功能应符合说明书规定。

（2）绝缘电阻。在被检定、校准、检测直流数字表的所有测量端与外壳的参考"地"之间加 500V 直流电压，历时 1min，绝缘电阻值应不小于 5MΩ。

（3）介电强度。在被检定、校准、检测直流数字表的所有测量端与外壳的参考"地"之间加频率为 50Hz 实用正弦波的交流电压，历时 1min，击穿电流为 5mA，试验中不应出现击穿或飞弧现象（仅在用户提出要求时进行）。

（4）标准装置检查。检查标准装置电源设置开关位置，应与选择的仪器电源方式匹配。标准装置应无电流回路开路、电压回路短路或接地情况发生。

（5）标准装置预热。接通电源，预热标准装置 30min。

（6）测试线检查。测试导线应绝缘良好，无破损。

（7）接线。将被检定、校准、检测交流数字表的测量端钮与标准装置输出端相连接，所有端钮与导线连接应紧密、牢固。接线如图 Z13F9009Ⅱ-1 所示。

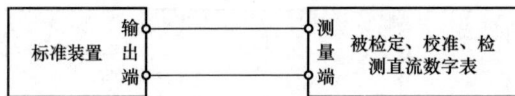

图 Z13F9009Ⅱ-1 直流数字表检定、校准、检测接线示意图

（8）根据被检定、校准、检测直流数字表型式设置标准装置工作参数。

（9）对被检定、校准、检测直流数字表进行显示能力、分辨力、基本误差、稳定误差、线性误差、输入电阻和零电流、串模干扰抑制比和共模干扰抑制比的检定、校准、检测，并记录数据。

（10）检定、校准、检测结束，将标准装置输出复位，关闭电源，拆除接线。

（11）对数据进行计算，检定合格的直流数字表贴合格证，校准、检测的可贴计量确认标识。

五、检定、校准、检测结果处理

（1）基本误差

$$\gamma = \frac{X - X_0}{X_0} \times 100\% \qquad (Z13F9009Ⅱ-1)$$

式中 X——被检定、校准、检测直流数字表的显示值；

X_0——被测量的实际值。

（2）误差处理：检定、校准、检测的数据应进行修约化整处理并出具检定、校准证书或检测报告。原始记录填写应用签字笔或钢笔书写，不得任意修改。

六、检定、校准、检测的注意事项

（1）由于直流数字电压表是直流数字表的主体，检定、校准、检测直流数字表时，一般先检定、校准、检测直流电压功能。

（2）检定、校准、检测直流数字表基本误差时，基本量程应均匀地选取不少于 10个检定、校准、检测点。

（3）为保证检定、校准、检测直流数字表各量程测量误差的连续性，各量程中间不应有间断点；其他非基本量程要在考虑上下限以及对应于基本量程最大误差点的条件下，选择 3～5 个检定、校准、检测点。

（4）检定、校准、检测点要在正、负两个极性上进行。

（5）检定、校准、检测显示能力可在通电时一起进行。

（6）检定、校准、检测分辨力时，一般只在最小量程进行。

（7）检定、校准、检测稳定误差时，测量次数应不少于 3 次。

（8）接线过程中，严禁电流回路开路，电压回路短路或接地。

（9）测试线连接完毕后，应有专人检查，确认无误后，方可进行。

【思考与练习】

1. 简述直流数字电压表是直流数字表的主体的原因。

2. 简述直流数字表检定、校准、检测点的选择。

◢ 模块 10 交流数字表的校验（Z13F9010 Ⅱ）

【模块描述】本模块介绍交流数字表检定、校准、检测方法。通过流程介绍和要点归纳，掌握交流数字表的检定、校准、检测的内容、危险点控制措施及准备工作、步骤、结果处理和注意事项。

【模块内容】

一、检定、校准、检测的目的及内容

交流数字表是测量交流电压、电流的专用仪表，交流数字表的误差在使用中会直接影响测量的准确性。为保证交流电压、电流测量的准确、可靠，按 JJG（航天）34—1999《交流数字电压表检定规程》、JJG（航天）35—1999《交流数字电流表检定规程》和 DL/T 980—2005《数字多用表检定规程》规定，应在规定时间周期内，对交流数字表进行检定、校准、检测。其主要内容是使用标准装置对交流数字表的误差进行检定、校准、检测。

二、危险点分析及控制措施

由于本模块检定、校准、检测过程中需要通电进行，安全工作要求主要参照《国家电网公司电力安全工作规程》有关规定执行。这里主要强调，为了防止在检定、校准、检测过程中电流回路开路，电压回路短路或接地，必须认真检查接线，连接导线应有良好绝缘。

三、检定、校准、检测的准备工作

1. 环境条件

（1）被检定、校准、检测交流数字表应在恒温室内放置 24h 以上。

（2）环境温度应为 20±5℃，环境相对湿度应为 20%～75%。

2. 标准装置

（1）标准装置应具有有效期内的检定合格证书或校准证书。

（2）标准装置输出范围应覆盖被检定、校准、检测交流数字表测量范围。

（3）标准装置的综合不确定度应小于被检定、校准、检测交流数字表允许误差的 1/3。

（4）标准装置的稳定性与分辨力应小于被检定、校准、检测交流数字表允许误差的 1/5。

四、检定、校准、检测的步骤

（1）外观及附件检查。被检定、校准、检测交流数字表应无明显影响测量的缺陷。

（2）工作正常性检查。通电后，一般性功能应符合说明书规定。

（3）标准装置检查。检查标准装置电源设置开关位置，应与选择的仪器电源方式匹配。标准装置应无电流回路开路、电压回路短路或接地情况发生。

（4）标准装置预热。接通电源，预热标准装置 30min。

（5）被检定、校准、检测交流数字表预热及预调。严格按说明书要求预热及预调被检定、校准、检测交流数字表。

（6）测试线检查。测试导线应绝缘良好，无破损。

（7）接线。将被检定、校准、检测交流数字表的测量端钮与标准装置输出端相连接，所有端钮与导线连接应紧密、牢固。接线如图 Z13F9010Ⅱ-1 所示。

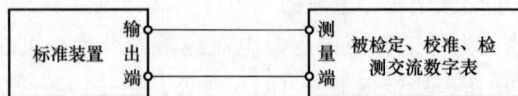

图 Z13F9010Ⅱ-1　交流数字表检定、校准、检测接线示意图

（8）根据被检定、校准、检测交流数字表型式设置标准装置工作参数。

（9）对被检定、校准、检测交流数字表进行分辨力、稳定性和示值误差的检定、校准、检测，并记录数据。

（10）检定、校准、检测结束，将标准装置输出复位，关闭电源，拆除接线。

（11）对数据进行计算，检定合格的交流数字表贴合格证，校准、检测的可贴计量确认标识。

五、检定、校准、检测结果处理

（1）基本误差

$$\gamma = \frac{X - X_0}{X_0} \times 100\% \qquad\qquad (Z13F9010\,\mathrm{II}-1)$$

式中 X——被检定、校准、检测交流数字表的显示值；

X_0——被测量的实际值。

（2）误差处理：检定、校准、检测的数据应进行修约化整处理并出具检定、校准证书或检测报告。原始记录填写应用签字笔或钢笔书写，不得任意修改。

六、检定、校准、检测的注意事项

（1）检定、校准、检测交流数字表基本误差时，选择频率最高的一个频率点对基本量程的 5 个点，非基本量程的 3 个点进行检定、校准、检测；每个频段的上、下限频率上，对每量程上限和 1/10 量程点进行检定、校准、检测。

（2）检定、校准、检测交流数字表稳定性时，一般表示为 10min 或 24h 稳定性。

（3）检定、校准、检测分辨力时，一般只在最小量程进行。

（4）接线过程中，严禁电流回路开路，电压回路短路或接地。

（5）测试线连接完毕后，应有专人检查，确认无误后，方可进行。

【思考与练习】

1. 简述交流数字表稳定性的检定、校准、检测。

2. 简述交流数字表分辨力的检定、校准、检测。

▲ 模块 11　直流电桥的校验（Z13F9011 II）

【模块描述】本模块介绍直流电桥检定、校准、检测方法。通过流程介绍和要点归纳，掌握直流电桥的检定、校准、检测的目的、内容及准备工作、步骤、结果处理和注意事项。

【模块内容】

一、检定、校准、检测的目的及内容

直流电桥是测量直流电阻的专用仪器，直流电桥的误差在使用中会直接影响测量的准确性。为保证直流电阻测量的准确、可靠，按 JJG 125—2004《直流电桥检定规程》规定，应在规定时间周期内，对直流电桥进行检定、校准、检测。其主要内容是使用标准装置对直流电桥的误差进行检定、校准、检测。

二、检定、校准、检测的准备工作

1. 环境条件

（1）被检定、校准、检测直流电桥必须在参比条件下稳定 24h。

（2）环境温度应为（20±2）℃，环境相对湿度应为 40%～60%。

2. 标准装置

（1）标准装置应具有有效期内的检定合格证书或校准证书。

（2）标准装置允许误差限值应不超过被检定、校准、检测直流电桥允许误差限值的 1/5～1/4。

（3）标准装置由标准器、辅助设备及环境条件等所引起的测量扩展不确定度（k 取 2）应小于被检定、校准、检测电桥最大允许误差的 1/3。

（4）检定、校准、检测时，由残余电势、开关接触电阻变差、连接导线电阻、绝缘电阻引起的泄漏电流及静电等因素引入的不确定度不大于被检定、校准、检测直流电桥最大允许误差的 1/20。

（5）标准装置中灵敏度阀引入的不确定度不大于被检定、校准、检测直流电桥最大允许误差的 1/10。

（6）标准装置应有良好的屏蔽和接地，以避免外界干扰。

三、检定、校准、检测的步骤

（1）外观及线路检查。被检定、校准、检测直流电桥应无明显影响测量的缺陷；内部电阻元件，不应有开路或短路的现象。

（2）绝缘电阻。在被检定、校准、检测直流电桥的所有测量端与外壳的参考"地"之间加 500V 直流电压，历时 1min，绝缘电阻值应不小于 20MΩ。

（3）介电强度。在被检定、校准、检测直流电桥的所有测量端与外壳的参考"地"之间加频率为 50Hz 实用正弦波的交流电压，历时 1min，击穿电流为 5mA，试验中不应出现击穿或飞弧现象（仅针对首次或修理后被检定、校准、检测的直流电桥）。

（4）标准装置检查。检查标准装置各个旋钮位置是否正确，应无明显不稳定及短路或开路现象。

（5）测试线检查。测试导线应绝缘良好，无破损。

（6）接线。将被检定、校准、检测直流电桥测量端与标准装置输出端相连接，所有端子与导线连接应紧密、牢固。接线如图 Z13F9011Ⅱ-1 所示。

（7）对被检定、校准、检测直流电桥的内附指零仪灵敏度、内附指零仪阻尼时间、内附指零仪飘移、内附指零仪抖动和基本误差进行检定、校准、检测，并记录数据。

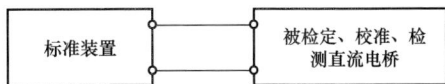

图 Z13F9011Ⅱ-1　检定、校准、检测直流电桥接线示意图

（8）检定、校准、检测结束，拆除接线。

（9）对数据进行计算，检定合格的直流电桥贴合格证，校准、检测的可贴计量确认标识。

四、检定、校准、检测结果处理

（1）相对允许基本误差

$$\delta = \pm\left(1 + \frac{R_N}{KX}\right)C\% \qquad\qquad (Z13F9011Ⅱ-1)$$

式中　δ——电桥的相对允许基本误差；

　　　R_N——基准值；

　　　X——标度盘示值；

　　　K——制造厂规定的数值；

　　　C——准确度等级。

（2）误差处理：检定、校准、检测的数据应进行修约化整处理并出具检定、校准证书或检测报告。原始记录填写应用签字笔或钢笔书写，不得任意修改。

五、检定、校准、检测的注意事项

（1）检定、校准、检测电子放大式内附指零仪除灵敏度和阻尼时间试验外，还需增加预热时间、指零仪漂移和内附指零仪抖动试验。

（2）整体检定、校准、检测直流电桥时，应注意连接导线电阻、开关接触电阻及标准装置的残余电阻对检定、校准、检测结果带来的影响。

（3）整体检定、校准、检测四端式直流电桥时，跨线电阻应不大于 0.01Ω。

（4）测试线连接完毕后，应有专人检查，确认无误后，方可进行。

【思考与练习】

1. 简述跨线电阻大于 0.01Ω 对测量误差的影响。

2. 简述直流电桥检定、校准、检测的步骤。

▲ 模块 12 绝缘电阻表的校验（Z13F9012Ⅱ）

【模块描述】本模块介绍绝缘电阻表检定、校准、检测方法。通过流程介绍和要点归纳，掌握绝缘电阻表的检定、校准、检测的目的、内容及准备工作、步骤、结果处理和注意事项。

【模块内容】

一、检定、校准、检测的目的及内容

绝缘电阻表是测量绝缘电阻的专用仪表，绝缘电阻表的误差在使用中会直接影响测量的准确性。为保证绝缘电阻测量的准确、可靠，按相关规程规定，应在规定时间周期内，对绝缘电阻表进行检定、校准、检测。其主要内容是使用标准装置对绝缘电阻表的误差进行检定、校准、检测。

二、检定、校准、检测的准备工作

1. 环境条件

（1）被检定、校准、检测绝缘电阻表置于参比环境条件中，应有足够的时间（通常为 2h），以消除温度梯度的影响。

（2）环境温度应为 23±5℃，环境相对湿度应为＜80%。

2. 标准装置

（1）标准装置应具有有效期内的检定合格证书或校准证书。

（2）标准装置的量程应能覆盖被检定、校准、检测绝缘电阻表量程的上限值，步进值应小于被检定、校准、检测绝缘电阻表的分辨力。

（3）标准装置允许误差限值应不超过被检定、校准、检测绝缘电阻表允许误差限值的 1/4。

（4）标准装置的调节细度应小于被检定、校准、检测绝缘电阻表分度线指示值与 α/2000 的乘积（α 为被检定、校准、检测绝缘电阻表准确度等级指数）。

（5）标准装置由标准器、辅助设备及环境条件等所引起的测量扩展不确定度（k 取 2）应小于被检定、校准、检测绝缘电阻表最大允许误差的 1/3。

（6）标准装置应为三端电阻定义、十进可调结构、具有单独的泄漏屏蔽端钮和接地端钮。

三、检定、校准、检测的步骤

（1）外观检查。被检定、校准、检测绝缘电阻表应无明显影响测量的缺陷。

（2）绝缘电阻。在被检定、校准、检测绝缘电阻表的所有测量端与外壳的参考"地"之间加 500V 直流电压，历时 1min，绝缘电阻值应不小于 5MΩ。

（3）介电强度。在被检定、校准、检测绝缘电阻表的所有测量端与外壳的参考"地"

之间加频率为 50Hz 实用正弦波的交流电压，历时 1min，击穿电流为 5mA，试验中不应出现击穿或飞弧现象（仅针对首次或修理后被检定、校准、检测的绝缘电阻表）。

（4）标准装置检查。检查标准装置各个旋钮位置是否正确，应无明显不稳定及短路或开路现象。

（5）测试线检查。测试导线应绝缘良好，无破损。

（6）接线。将被检定、校准、检测绝缘电阻表测量端与标准装置输出端相连接，所有端子与导线连接应紧密、牢固。接线如图 Z13F9012Ⅱ-1 所示。

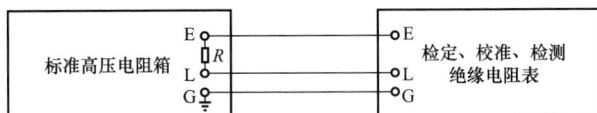

图 Z13F9012Ⅱ-1　绝缘电阻表基本误差检定接线图

（7）对被检定、校准、检测绝缘电阻表进行基本误差、端钮电压及其稳定性、倾斜影响、显示能力和分辨力的检定、校准、检测。并记录数据。

（8）检定、校准、检测结束，拆除接线。

（9）对数据进行计算，检定合格的绝缘电阻表贴合格证；校准、检测的可贴计量确认标识。

四、检定、校准、检测结果处理

（1）指针式绝缘电阻表基本误差为

$$\Delta=\pm（R_x \cdot A\%）\qquad (Z13F9012Ⅱ-1)$$

式中　Δ——允许绝对误差；

R_x——指示值；

A——准确度等级指数。

（2）数字式绝缘电阻表基本误差。

绝对误差为

$$\Delta=\pm（a\% \cdot R_x+b\% \cdot R_m）\qquad (Z13F9012Ⅱ-2)$$

或

$$\Delta=\pm（a\% \cdot R_x+n \text{ 个字}）$$

相对误差为

$$\gamma=\pm（a\%+\frac{R_m}{R_x} \cdot b\%）\qquad (Z13F9012Ⅱ-3)$$

或

$$\gamma = \pm\,(a\% + n\ \text{个字}/R_x)$$

式中　R_m——被检表满量程值；

　　　　a、b、n 由制造厂给出。

（3）误差处理：检定、校准、检测的数据应进行修约化整处理并出具检定、校准证书或检测报告。原始记录填写应用签字笔或钢笔书写，不得任意修改。

五、检定、校准、检测的注意事项

（1）手柄转速应在额定转速 $120_{-2}^{+5}\,r/min$（或 $150_{-2}^{+5}\,r/min$）范围内。

（2）对非线性标尺的被检定、校准、检测的绝缘电阻表的基准值规定为测量指示值。

（3）指针式绝缘电阻表应进行倾斜影响的检定、校准、检测。在参比条件下，分别在倾斜前、后、左、右 4 个方向的测量 I 区段测量范围上限、下限及中值三分度线的误差值。

（4）数字式绝缘电阻表应进行显示部分和分辨力检查。

（5）测试线连接完毕后，应有专人检查，确认无误后，方可进行。

【思考与练习】

1. 简述泄漏电流对误差的影响。

2. 简述倾斜影响对误差的影响。

▲ 模块 13　接地电阻表的校验（Z13F9013Ⅱ）

【模块描述】 本模块介绍接地电阻表检定、校准、检测方法。通过流程介绍和要点归纳，掌握接地电阻表的检定、校准、检测的目的、内容及准备工作、步骤、结果处理和注意事项。

【模块内容】

一、检定、校准、检测的目的及内容

接地电阻表是测量各种接地装置的接地电阻的专用仪表，接地电阻表的误差在使用中会直接影响测量的准确性。为保证接地电阻测量的准确、可靠，按 JJG 366—2004《接地电阻表检定规程》规定，应在规定时间周期内，对接地电阻表进行检定、校准、检测。其主要内容是使用标准装置对接地电阻表的误差进行检定、校准、检测。

二、检定、校准、检测的准备工作

1. 环境条件

（1）被检定、校准、检测接地电阻表置于参比环境条件中，应有足够的时间（通常为 2h），以消除温度梯度的影响。

（2）环境温度应为（20±5）℃，环境相对湿度应为40%～75%。

2. 标准装置

（1）标准装置应具有有效期内的检定合格证书或校准证书。

（2）标准装置的量程应能覆盖被检定、校准、检测接地电阻表的量程，其允许电流应大于被检定、校准、检测接地电阻表的工作电流，其调节细度不低于被检定、校准、检测接地电阻表最大允许误差的1/10。

（3）标准装置允许误差限值应不超过被检定、校准、检测接地电阻表允许误差限值的1/4。

（4）标准装置由标准器、辅助设备及环境条件等所引起的测量扩展不确定度（k取2）应小于被检定、校准、检测电流表最大允许误差的1/3。

（5）辅助电阻值最大允许误差不超过±5%。

（6）标准装置应有良好的屏蔽和接地，以避免外界干扰。

三、检定、校准、检测的步骤

（1）外观检查。被检定、校准、检测接地电阻表应无明显影响测量的缺陷。

（2）绝缘电阻。在被检定、校准、检测接地电阻表的所有测量端与外壳的参考"地"之间加500V直流电压，历时1min，绝缘电阻值应不小于5MΩ。

（3）介电强度。在被检定、校准、检测接地电阻表的所有测量端与外壳的参考"地"之间加频率为50Hz实用正弦波的交流电压，历时1min，击穿电流为5mA，试验中不应出现击穿或飞弧现象（仅针对首次或修理后被检定、校准、检测的接地电阻表）。

（4）标准装置检查。检查标准装置各个旋钮位置是否正确，应无明显不稳定及短路或开路现象。

（5）测试线检查。测试导线应绝缘良好，无破损。

（6）接线。将被检定、校准、检测接地电阻表测量端与标准装置输出端相连接，所有端子与导线连接应紧密、牢固。当测量接地电阻表的示值大于10Ω时，接线如图Z13F9013Ⅱ-1所示；当测量接地电阻表的示值小于等于10Ω时，接线如图Z13F9013Ⅱ-2所示。

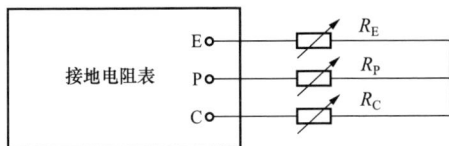

图 Z13F9013Ⅱ-1 接地电阻表示值 $R_x>10Ω$ 时接线图

E—被检接地电阻电极；P—电位电极；C—辅助电极；R_E—标准电阻箱；R_P、R_C—辅助接地电阻箱

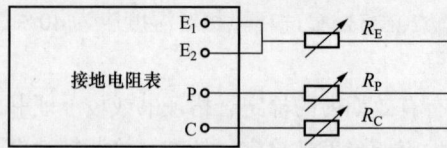

图 Z13F9013Ⅱ–2 接地电阻表示值 $R_x \leqslant 10\Omega$ 时接线图

E_1、E_2—被检接地电阻电极；P—电位电极；C—辅助电极；R_E—标准电阻箱；R_p、R_C—辅助接地电阻箱

（7）对被检定、校准、检测接地电阻表进行示值误差、位置影响、辅助接地电阻和地电压影响的检定、校准、检测，并记录数据。

（8）检定、校准、检测结束，拆除接线。

（9）对数据进行计算，检定合格的接地电阻表贴合格证，校准、检测的可贴计量确认标识。

四、检定、校准、检测结果处理

（1）指针式接地电阻表基本误差

$$E = \frac{R_x - R_n}{R_m} \times 100\% \qquad (Z13F9013Ⅱ-1)$$

式中 E——示值误差；

　　R_x——指示值；

　　R_n——实际值；

　　R_m——满刻度值。

（2）数字式接地电阻表基本误差。

绝对误差为

$$\Delta R = \pm (a\%R_x + b\%R_m) \qquad (Z13F9013Ⅱ-2)$$

或

$$\Delta R = \pm (a\%R_x + n \text{ 个字})$$

相对误差为

$$\gamma = \pm \left(a\% + \frac{R_m}{R_x}b\%\right) \qquad (Z13F9013Ⅱ-3)$$

或

$$\gamma = \pm (a\% + n \text{ 个字}/R_x)$$

式中 a、b、n 由制造厂给出。

（3）误差处理：检定、校准、检测的数据应进行修约化整处理并出具检定、校准证书或检测报告。原始记录填写应用签字笔或钢笔书写，不得任意修改。

五、检定、校准、检测的注意事项

（1）检定、校准、检测接地电阻表示值误差时，非全检量程需检定、校准、检测该量程中测量上限及对应全检定、校准、检测量程中的最大正、负误差分度线 3 个点；当仅有最大正或负误差时，可检 2 个点。

（2）检定、校准、检测接地电阻表辅助接地电阻影响时，应选择被检定、校准、检测接地电阻表最低电阻量程上限进行。

（3）指针式接地电阻表应进行倾斜影响的检验。

（4）测试线连接完毕后，应有专人检查，确认无误后，方可进行。

【思考与练习】

1. 简述指针式接地电阻表基本误差公式。

2. 简述数字式接地电阻表基本误差公式。

第三部分

线圈类及开关类设备的特性试验

第十六章

线圈类设备变比、极性和接线组别试验

▲ 模块 1　变压器的变比、极性及接线组别试验（Z13G1001 I ）

【模块描述】本模块介绍变压器变比、极性及接线组别试验的原理、方法和技术要求。通过试验工作流程的介绍，掌握变压器的变比、极性及接线组别试验前的准备工作和相关安全、技术措施、试验方法、技术要求及测试数据分析判断。

【模块内容】

一、试验目的

变压器的绕组间存在着极性、变比关系，当需要几个绕组互相连接时，必须知道极性才能正确地进行连接。而变压器变比、接线组别是并列运行的重要条件之一，若参加并列运行的变压器变比、接线组别不一致，将出现不能允许的环流。因此，变压器在出厂试验时，须检查变压器变比、极性、接线组别，其目的在于检验绕组匝数、引线及分接引线的连接、分接开关位置及各出线端子标志的正确性。对于安装后的变压器，主要检查分接开关位置及各出线端子标志与变压器铭牌相比是否正确；当变压器发生故障后，检查变压器是否存在匝间短路等。

二、试验仪器、设备的选择

根据对变压器变比、极性、接线组别试验的要求，测试仪器、仪表应能满足测量接线方式、测试电压、测试准确度等，因此需对测试仪器的主要参数进行选择。

（1）仪表的准确度不应低于 0.5 级。

（2）电压表的引线截面≤1.5mm²。

（3）对自动测试仪要求有高精度和高输入阻抗。这样仪器在错误工作状态下能显示错误信息，数据的稳定性和抗干扰性能良好，一次、二次信号同步采样。

三、危险点分析及控制措施

1. 防止高处坠落

使用变压器专用爬梯上下，在变压器上作业应系好安全带。对 220kV 及以上变压器，需解开高压套管引线时，宜使用高处作业车，严禁徒手攀爬变压器高压套管。

2. 防止高处落物伤人

高处作业应使用工具袋，上下传递物件应用绳索拴牢传递，严禁抛掷。

3. 防止工作人员触电

（1）应严格执行 Q/GDW 1799.1—2013《国家电网公司电力安全工作规程　变电部分》的相关要求。

（2）高压试验工作不得少于两人。试验负责人应由有经验的人员担任，开始试验前，试验负责人应向全体试验人员详细交待试验中的安全注意事项，交待邻近间隔的带电部位，以及其他安全注意事项。

（3）试验现场应装设遮栏或围栏，遮栏或围栏与试验设备高压部分应有足够的安全距离，向外悬挂"止步，高压危险！"的标示牌，并派人看守。

（4）应确保操作人员及试验仪器与电力设备的高压部分保持足够的安全距离，且操作人员应使用绝缘垫。

（5）试验装置的金属外壳应可靠接地，高压引线应尽量缩短，并采用专用的高压试验线，必要时用绝缘物支撑牢固。

（6）加压前必须认真检查试验接线，使用规范的短路线，表计倍率、量程、调压器零位及仪表的开始状态，均应正确无误。

（7）因试验需要断开设备接头时，拆前应做好标记，接后应进行检查，并确认无误。

（8）试验所用的电源应具有单独的工作接地和保护接地，试验装置的电源开关，应使用明显断开的双极隔离开关。为了防止误合隔离开关，可在刀刃上加绝缘罩。试验装置的低压回路中应有两个串联电源开关，并加装过载自动跳闸装置。

（9）试验前，应通知有关人员离开被试设备，并取得试验负责人许可，方可加压；加压过程中应有人监护并呼唱。

（10）变更接线或试验结束时，应首先断开试验电源，放电，并将升压设备的高压部分放电、短路接地。

（11）试验现场出现明显异常情况时（如异声、电压波动、系统接地等），应立即停止试验工作，放电，查明异常原因，原因未查明、严禁再进行试验。

（12）高压试验作业人员在全部加压过程中，应精力集中，随时警戒异常现象发生。

（13）未装接地线的大电容被试设备，应先行放电再做试验。

（14）试验结束时，试验人员应拆除自装的接地短路线，并对被试设备进行检查，恢复试验前的状态，经试验负责人复查后，进行现场清理。

四、试验前的准备工作

1. 了解被试设备现场情况及试验条件

查勘现场，查阅相关技术资料，包括该设备出厂试验数据、出厂资料、出厂试验报告及相关规程等，掌握该设备运行及缺陷情况。

2. 试验仪器、设备准备

选择合适的被试变压器测试仪、测试线（夹）、温（湿）度计、接地线、放电棒、万用表、电源线（带剩余电流动作保护器）、电压表、极性表、电池、隔离开关、二次连接线、安全带、安全帽、电工常用工具、试验临时安全遮栏、标示牌等，并查阅试验仪器、设备及绝缘工器具的检定合格证书有效期、相关技术资料、相关规程等。

3. 办理工作票并做好试验现场安全和技术措施

按相关安全生产管理规定办理工作许可手续；向试验人员交代工作内容、带电部位、现场安全措施、现场作业危险点，明确人员分工及试验程序。

五、现场试验步骤及要求

断开变压器有载分接开关、风冷电源，退出变压器本体保护等，将变压器各绕组接地放电，对大容量变压器应充分放电（5min 以上），放电时应用绝缘工具进行，不得用手碰触放电导线。拆除或断开变压器对外的一切连线。

（一）使用 QJ-35 电桥测量变压器变比及误差

1. 试验接线

用 QJ-35 电桥测量变压器变比及误差的接线，如图 Z13G1001Ⅰ-1 所示。

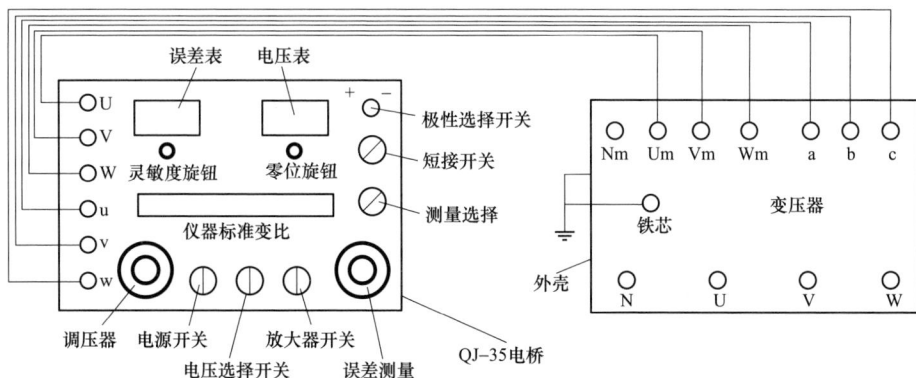

图 Z13G1001Ⅰ-1　使用 QJ-35 电桥测量变压器变比及误差的接线图

2. 试验步骤

（1）将变压器铭牌变比值按 QJ-35 电桥《使用说明书》换算为电桥标准变比 K（取有效值 4 位），正确输入电桥。

（2）检查测试线与被试变压器接触良好且正确，变压器中性点与地断开。

（3）QJ-35 电桥测量操作参照其《使用说明书》进行。

（二）使用自动变比测量仪测量变压器变比及误差

1. 试验接线

将被试变压器按图 Z13G1001Ⅰ-1 进行接线。所不同的是 QJ-35 电桥只有 6 个接线柱（U、V、W、u、v、w），而自动变比测量仪有 8 个接线柱（U、V、W、N、u、v、w、n），根据被试变压器是否有中性点引出进行测量。

2. 试验步骤

（1）将变压器接线组别及各绕组、各挡位铭牌电压值，按自动变比测量仪《使用说明书》正确输入。

（2）自动变比测量仪测量操作参照其使用说明书进行。

（三）用双电压表法测量三相变压器变比及误差

1. 三相法

（1）试验接线。三相法是指将 380V 的交流电压加在变压器的高压侧，用电压表直接测量高、低压侧所对应的线电压（或相电压），进而求出三相变压器变比的方法，其接线如图 Z13G1001Ⅰ-2 所示。

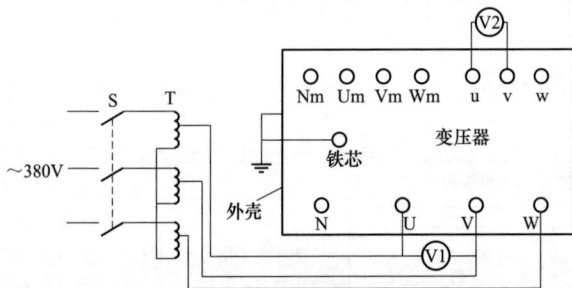

图 Z13G1001Ⅰ-2　三相法测量三相变压器变比及误差的接线图

S—电源开关；T—三相调压器；V1、V2—电压表

（2）试验步骤。将三相调压器调至输出为零，检查接线无误后合上电源开关 S，将三相调压器 T 调到一定电压，依次分别测出 UV-uv、VW-vw、WU-wu 线间电压值，并做好记录，降压并断开电源开关 S，对变压器进行放电。

2. 单相法

（1）试验接线。

单相法是指将 220V 的交流电压加在变压器的高压侧，用电压表直接测量高、低压侧所对应的线电压（或相电压），进而求出三相变压器变比的方法，其接线如图 Z13G1001Ⅰ-3 所示。

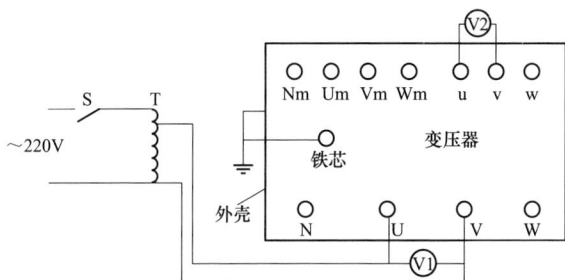

图 Z13G1001Ⅰ-3 单相法测量三相变压器变比及误差的接线图
S—电源开关；T—单相调压器；V1、V2—电压表

（2）试验步骤。将单相调压器调至输出为零，检查接线无误后合上电源开关 D，将单相调压器 T 调到一定电压，依次分别测出 UV-uv、VW-vw、WU-wu 线间电压值，并做好记录，降压并断开电源开关 S，对变压器进行放电。

（四）用直流法判断变压器极性

（1）试验接线。用直流法判断变压器极性的试验接线如图 Z13G1001Ⅰ-4 所示，将 1.5～3V 的干电池经开关接在变压器的高压端子 U、X 上，在变压器低压端子 u、x 上连接一个极性表（直流毫伏表或微安表）。

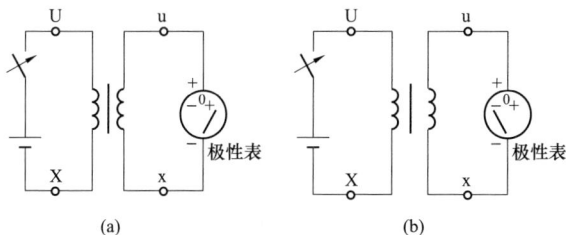

图 Z13G1001Ⅰ-4 用直流法判断变压器极性的试验接线图

（2）试验步骤。检查接线无误后合上电源开关，合上开关瞬间若指针向"＋"偏，而拉开开关瞬间指针向"－"偏时，则变压器是减极性［见图 Z13G1001Ⅰ-4（a）］；若偏转方向与上述方向相反，则变压器是加极性［见图 Z13G1001Ⅰ-4（b）］。

（五）变压器接线组别的判断

单相变压器常见的接线组别有 Ii12，Ii6。其中，Ii12 表示高压绕组和低压绕组是减极性；Ii6 表示高压绕组和低压绕组是加极性。

三相双绕组变压器常见的接线组别有 Yyn0、Yd11、YNd11。其中，第一个字母表示高压绕组的接线，第二个字母表示低压绕组的接线，其后的数字乘以 30，则为低压绕组的电动势落后于高压绕组电动势的相位差。

三相三绕组变压器常见的接线组别有 YNyn0d11。接线组别中，第一个字母为高压绕组接线，第二个字母为中压绕组接线，第三个为低压绕组接线，第一个数字表示高、中压绕组间的相位差（数字乘以 30，则为中压绕组电动势落后于高压绕组电动势的相位差），第二个数字表示高、低压绕组间的相位差（数字乘以 30，则为低压绕组电动势落后于高压绕组电动势的相位差）。

1. 直流法

（1）试验接线。用直流法判断变压器接线组别的试验接线如图 Z13G1001Ⅰ–5 所示，将 1.5～3V 的干电池经开关接在变压器的高压侧 UV（或 VW、UW）端子上，在变压器低压侧 uv（或 vw、uw）端子上接入直流毫伏电压表或微安电流表。

（2）试验步骤。

按图 Z13G1001Ⅰ–5 进行接线，检查接线无误后合上电源开关，电源开关合上瞬间记录接在低压侧端子 uv（或 vw、uw）上毫伏电压表指针的指示方向及最大数值。依次对高压侧 VW、UW 端子施加直流电压，分别记录 uv、vw、uw 上指针的指示方向及最大数值，共计进行 9 次测量。

2. 相位表法

（1）试验接线。相位表是测量电流、电压相位的仪表。用相位表判断三相变压器接线组别的试验接线如图 Z13G1001Ⅰ–6 所示。相位表的电压线圈按所标示的极性接于被试品的高压，电流线圈通过一个可变电阻接入被试品低压的对应端子上。

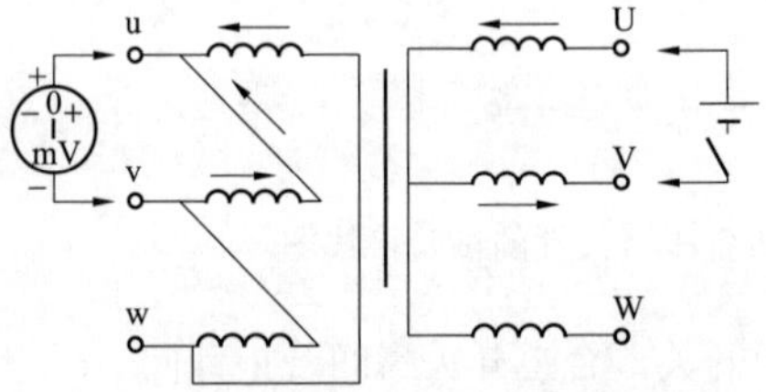

图 Z13G1001Ⅰ–5 用直流法判断变压器接线组别的试验接线图

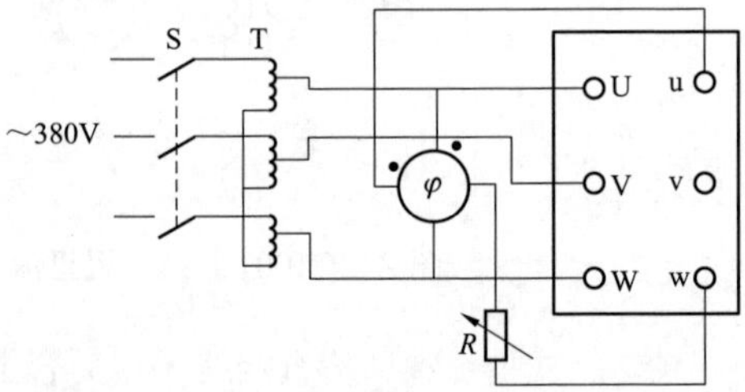

图 Z13G1001Ⅰ–6 用相位表法判断变压器接线组别的试验接线图

（2）试验步骤。试验时，将三相调压器调至输出为零，检查接线无误后合上电源开关 S，将三相调压器 T 调到一定电压，依次分别测出 UV—uv、VW—vw、UW—uw 之间相位值，并做好记录，降压并断开电源开关 S，对变压器进行放电。

六、试验注意事项

1. 使用 QJ-35 电桥、自动变比测量仪、双电压表法测量三相变压器变比及误差的注意事项

（1）接测试线前必须对变压器进行充分放电。

（2）使用 QJ-35 电桥、自动变比测量仪时，试验电源应与使用仪器的工作电源相同。

（3）使用 QJ-35 电桥、自动变比测量仪时，接测试线时必须知晓变压器的极性或接线组别。

（4）使用 QJ-35 电桥、自动变比测量仪时，测量操作顺序必须按仪器使用说明书进行。

（5）调压器必须由零开始升压，可以减小由于励磁电流所引起的误差。

（6）双电压表法测量时，尽可能使电源电压保持稳定，读数时高、低压侧应同时进行。

（7）使用电压表的准确度不应低于 0.5 级，并应使仪表的指示量程不小于 2/3。

（8）采用三相电源测量时，要求三相电源平衡、稳定（不平衡度不应超过 2%），二次侧电压表的连接，要注意引线不能太长，接触应良好，否则将产生测量误差。

（9）调压器应采用接触式调压器，以免波形畸变产生测量误差。

（10）试验电源一般应施加在变压器高压侧，在低压侧进行测量。当变压器变比较大或容量较小时，可将试验电源加在变压器的低压侧，高压侧电压经互感器测量。互感器准确度不应低于 0.5 级。

（11）变压器需换挡测量时，必须停止测量，再进行切换。

2. 直流法判断变压器极性、接线组别的注意事项

（1）接线时应注意电池、表计、绕组的极性。例如，电池正极接绕组高压端子"U"，则表计正端要相应地接到低压端子"u"上（见图 Z13G1001Ⅰ-4）。测量时，要细心观察表计指针偏转方向。

（2）使用的表计最好是零位在中间的。若选用普通直流电表，如果向负的方向（即无刻度的一方）摆动的位移很小不易观察时，可将表计正、负两端倒换一下，然后重做一次测量，此时表计指针便向正方向摆动，但应记录为负值。

（3）操作时要先接通测量回路，然后再接通电源回路。读完数后，要先断开电源回路，然后再断开测量回路表计。

（4）测量变比较大的变压器时，应加较高的电压（6~9V），并用小量程表计，以便仪表有明显的指示。

（5）拉、合开关时都应有一个时间间隔，以便观察清楚开关拉、合时表针摆动的真实方向。

（6）在测量接线组别时，仪表读数有的为零，这是由于二次绕组感应电动势平衡所造成的。但在实际测量时，由于磁路、电路不能完全相等，因而该值不会为零，常有较小的数值。因此工作时应仔细地分析对比，避免差错。

（7）拉、合开关的瞬间，不要用手触及绕组的端头，以防触电。

（8）试验时应反复操作几次，以免误判试验结果。

3. 用相位表法判断变压器接线组别的注意事项

（1）对单相变压器要供给单相电源，对三相变压器要供给三相电源。

（2）在被试变压器的高压侧供给相位表规定的电压。一般确定接线组别相位表有几档电压量程，电压比大的变压器用高电压量程，电压比小的用低电压量程。可变电阻的数值要调节适当，即使电流线圈中的电流值小于额定值，也不得低于额定值的20%。

（3）接线时要注意相位表两线圈的极性，正确接法如图 Z13G1001Ⅰ–6 所示。

（4）必要时，可在试验前，用已知接线组的变压器核对相位表的正确性。

（5）对于三相变压器，最好在两对应线端子进行测量，即测 UV、uv，VW、vw，UW、uw 间的相位差。

七、试验结果分析及试验报告编写

（一）试验标准与结果分析

1. 试验标准及要求

根据 Q/GDW 1168—2013《输变电设备状态检修试验规程》、Q/GDW 11447—2015《10kV～500kV 输变电设备交接试验规程》及《国家电网公司变电检测通用管理规定》〔国网（运检/3）829—2017〕的规定：

（1）各相应分接头的变比与铭牌值相比，不应有显著差别，且应符合规律。

（2）电压 35kV 以下，变比小于 3 的变压器，其变比允许偏差为±1%；其他所有变压器额定分接头变比允许偏差为±0.5%，其他分接头的变比应在变压器阻抗电压百分值的 1/10 以内，但不得超过±1%。

（3）检查变压器的三相接线组别和单相变压器引出线的极性，必须与设计要求及铭牌上的标记和外壳上的符号相符。

2. 试验结果分析

（1）用双电压表法测量三相变压器变比及误差的分析。

1）用双电压表三相法测量三相变压器变比及误差的分析计算按下式进行

$$K_{UV} = \frac{U_{UV}}{U_{uv}}$$
$$\left. K_{VW} = \frac{U_{VW}}{U_{vw}} \right\} \quad (\text{Z13G1001 I } -1)$$
$$K_{UW} = \frac{U_{UW}}{U_{uw}}$$

$$\Delta K_{UV} = \frac{K_{UV} - K_n}{K_n} \times 100\%$$
$$\left. \Delta K_{VW} = \frac{K_{VW} - K_n}{K_n} \times 100\% \right\} \quad (\text{Z13G1001 I } -2)$$
$$\Delta K_{UW} = \frac{K_{UW} - K_n}{K_n} \times 100\%$$

式中　U_{UV}、U_{VW}、U_{UW}——实测变压器高压侧线电压；

U_{uv}、U_{vw}、U_{uw}——实测变压器低压侧线电压；

K_{UV}、K_{VW}、K_{UW}——实测变压器变比；

ΔK_{UV}、ΔK_{VW}、ΔK_{UW}——实测变压器变比误差；

K_n——变压器额定变比。

将计算结果与变压器各相应分接头的变比与铭牌值相比，不应有显著差别。若现场无平衡、稳定的三相电源时，也可用单相电源测量三相变压器的变比。另外，当采用三相法测量出的变比超出规程规定时，也需采用单相法进一步检查出故障的相别。

2）用双电压表单相法测量三相变压器的变比及分析计算，见表 Z13G1001 I –1。

根据三相变压器的不同连接组别，依次将单相电源通过单相调压器接到变压器的高压侧，用电压表直接测量高、低压侧所对应的相（或线）电压，其接线如图 Z13G1001 I –3 所示。

表 Z13G1001 I –1　　单相法测量三相变压器的变比及分析计算

变压器接线组别	加压端	短路端	电压测量		变比计算
			高压	低压	
Yy Dd	UV	—	U_{UV}	U_{uv}	$K_{UV} = U_{UV}/U_{uv}$
	VW	—	U_{VW}	U_{vw}	$K_{VW} = U_{VW}/U_{vw}$
	UW	—	U_{UW}	U_{uw}	$K_{UW} = U_{UW}/U_{uw}$

续表

变压器接线组别	加压端	短路端	电压测量		变比计算
			高压	低压	
Yd	UV	vw	U_{UV}	U_{uv}	$K_{UV}=(\sqrt{3}\,U_{UV})/(2U_{uv})$
	VW	wu	U_{VW}	U_{vw}	$K_{VW}=(\sqrt{3}\,U_{VW})/(2U_{vw})$
	UW	uv	U_{UW}	U_{uw}	$K_{UW}=(\sqrt{3}\,U_{UW})/(2U_{uw})$
YNd	UN	—	U_{UN}	U_{uv}	$K_{UN}=(\sqrt{3}\,U_{UN})/U_{uv}$
	VN	—	U_{VN}	U_{vw}	$K_{VN}=(\sqrt{3}\,U_{VN})/U_{vw}$
	WN	—	U_{WN}	U_{uw}	$K_{WN}=(\sqrt{3}\,U_{WN})/U_{uw}$
Dyn	UV	—	U_{UV}	U_{un}	$K_{UV}=U_{UV}/(\sqrt{3}\,U_{un})$
	VW	—	U_{VW}	U_{vn}	$K_{VW}=U_{VW}/(\sqrt{3}\,U_{vn})$
	WU	—	U_{UW}	U_{wn}	$K_{UW}=U_{UW}/(\sqrt{3}\,U_{wn})$
Dy	UV	WU	U_{UV}	U_{uv}	$K_{UV}=(2U_{UV})/(\sqrt{3}\,U_{uv})$
	VW	UV	U_{VW}	U_{vw}	$K_{VW}=(2U_{VW})/(\sqrt{3}\,U_{vw})$
	UW	VW	U_{UW}	U_{uw}	$K_{UW}=(2U_{UW})/(\sqrt{3}\,U_{uw})$

其误差用式（Z13G1001Ⅰ-2）计算。将计算结果与变压器各相应分接头的变比与铭牌值相比，不应有显著差别。

当现场三相试验电源对称性较差，可以改用单相法测定变比。另外，当采用三相法测量出的变比超出规程规定时，也须采用单相法进一步检查出故障的相别。应用双电压表法测量变比虽然原理简单，测量容易。但存在诸如需要精度较高的仪器（0.2 级、0.1 级的电压表，电压互感器）、误差较大、试验电压较高、测量不安全等因素，所以目前较广泛采用变比电桥法（QJ–35）或自动变比测试仪进行变比试验。

（2）判断三相变压器接线组别分析判断。

1）用直流法判断三相变压器接线组别的标准，参见表 Z13G1001Ⅰ-2。

表 Z13G1001Ⅰ-2　　直流法判断三相变压器的接线组别标准

组别	通电相		低压侧表针指示			组别	通电相		低压侧表针指示		
	+	−	u+v−	v+w−	u+w−		+	−	u+v−	v+w−	u+w−
1	U	V	+	−	0	2	U	V	+	−	−
	V	W	0	+	+		V	W	+	+	+
	U	W	+	0	+		U	W	+	−	+

续表

组别	通电相 + －	低压侧表针指示			组别	通电相 + －	低压侧表针指示		
		u+v－	v+w－	u+w－			u+v－	v+w－	u+w－
3	U　V	0	－	－	8	U　V	－	+	+
	V　W	+	0	+		V　W	－	－	－
	U　W	+	－	0		U　W	－	+	－
4	U　V	－	－	－	9	U　V	0	+	+
	V　W	+	－	+		V　W	－	0	－
	U　W	+	－	－		U　W	+	+	0
5	U　V	－	0	－	10	U　V	+	+	+
	V　W	+	－	0		V　W	－	+	+
	U　W	0	－	－		U　W	－	+	+
6	U　V	－	+	－	11	U　V	+	0	+
	V　W	+	－	－		V　W	－	+	0
	U　W	－	－	+		U　W	0	+	+
7	U　V	+	+	0	12	U　V	+	－	+
	V　W	0	－	－		V　W	+	+	+
	U　W	－	0	－		U　W	+	+	+

2）用相位表法判断变压器接线组别时分析判断。

如图 Z13G1001Ⅰ–6 所示，相位表所测得的相位差除以 30 即可知高、低压间的时钟序号，即接线组别标号。

直流法适用于单相变压器和时钟时序为 12 和 6 的三相变压器，对其他时序的变压器测量结果不够准确。而相位表法测量在现场对试验电源稳定性要求较高。因此在现场进行校对变压器接线组别时，一般采用变比电桥（QJ–35）或自动变比测试仪进行试验。

测量变压器变比、极性、接线组别。在现场使用 QJ–35 电桥、自动变比测量仪都能满足电力系统目前常用的变压器变比、极性、接线组别的测量要求。对接线特殊的变压器变比及误差的测量，使用"双电压表三相法"进行测量并通过计算得到误差，或通过特殊的测量仪进行测量，得到变比、极性、接线组别（相位）、误差等参数。

（二）试验报告编写

试验记录应填写信息，包括基本信息（变电站、委托单位、试验单位、运行编号、试验性质、试验日期、试验人员、试验地点、报告日期、编写人员、审核人员、批准人员、试验天气、环境温度、环境相对湿度）；设备铭牌（生产厂家、出厂日期、出厂编号、设备型号、额定电压、额定容量等）；试验数据（实测变比、接线组别、试验仪器、项目结论等）。

八、案例

某变电站对一台额定电压为 110/10.5kV，接线组别为 YNd11 的无载调压变压器进行大修后试验，发现在测量变比分接位置 "2" "3" 时，误差超过标准，高压直流电阻在分接位置 "2" "3" 时误差超过标准，其测试数据如表 Z13G1001 I -3 所示。

表 Z13G1001 I -3   某变压器的测试数据

分接位置	变比误差（%）			高压绕组直流电阻（Ω）			
	UV/uv	VW/vw	UW/uw	UN	VN	WN	ΔR%
1	−0.05	−0.04	−0.04	0.380 4	0.382 0	0.382 4	0.52
2	+0.07	+2.54	+2.69	0.371 1	0.372 5	0.363 9	2.33
3	−0.03	−2.88	−2.90	0.362 0	0.363 1	0.373 3	3.09
4	−0.04	+0.03	−0.05	0.353 5	0.354 3	0.354 9	0.39
5	−0.03	−0.06	−0.05	0.344 3	0.345 2	0.345 8	0.45

经对变比、直流电阻数据进行分析，可能将分接开关 W 相绕组的分接 "2"、分接 "3" 接反，造成误差超标。重新吊检，发现其缺陷，消除后重新测量，其变比误差、直流电阻误差均合格。

【思考与练习】

1. 如何用双电压表三相法测量三相变压器的变比及误差？

2. 在用直流法测量三相变压器的接线组别时，为什么仪表读数有的为零？

◢ 模块 2　互感器的变比、极性试验（Z13G1002 I ）

【模块描述】本模块介绍电流互感器、串级式电压互感器、电容式电压互感器的变比、极性试验的方法和技术要求。通过对试验工作流程的介绍，掌握电流互感器、串级式电压互感器、电容式电压互感器的变比、极性试验前的准备工作和相关安全、技术措施、试验方法、技术要求及测试数据分析判断。

【模块内容】

一、试验目的

测试互感器的极性很重要，因为极性判断错误会导致接线错误，进而使计量仪表指示错误，更为严重的是使带有方向性的继电保护误动作。测量变比可以检查互感器一次、二次关系的正确性，给继电保护正确动作、保护定值计算提供依据。

二、试验仪器、设备的选择

（1）仪表的准确度不应低于 0.5 级。

（2）标准互感器的准确度应高于被试互感器一个等级。

（3）对自动变比测试仪要求有高精度和高输入阻抗，其准确度应不低于 0.5 级。仪器在错误工作状态下能显示错误信息，数据的稳定性和抗干扰性能很好，一次、二次信号是同步采样。

三、危险点分析及控制措施

1. 防止高处坠落

人员在拆、接互感器一次引线时，必须系好安全带。使用梯子时，必须有人扶持或绑牢。在解开 220kV 及以上互感器一次引线时，宜使用高处作业车，严禁徒手攀爬互感器。

2. 防止高处落物伤人

高处作业应使用工具袋，上下传递物件应用绳索拴牢传递，严禁抛掷。

3. 防止工作人员触电

拆、接试验接线前，应将被试互感器对地充分放电，以防止剩余电荷、感应电压伤人及影响测量结果。在运行变电站测量电压互感器变比、极性时，必须将电压互感器二次熔丝（或自动开关）断开，以免反送电伤及试验人员。严格执行操作顺序，在测量时先接通测量回路，然后接通电源回路。读完数后，先断开电源回路，然后断开测量回路，以避免反向感应电动势伤及试验人员，损坏测试仪器。拉、合开关的瞬间，不要用手触及绕组的端头，以防触电。

（1）应严格执行 Q/GDW 1799.1—2013《国家电网公司电力安全工作规程 变电部分》的相关要求。

（2）高压试验工作不得少于两人。试验负责人应由有经验的人员担任，开始试验前，试验负责人应向全体试验人员详细布置试验中的安全注意事项，交待邻近间隔的带电部位，以及其他安全注意事项。

（3）试验现场应装设遮栏或围栏，遮栏或围栏与试验设备高压部分应有足够的安全距离，向外悬挂"止步，高压危险！"的标示牌，并派人看守。

（4）应确保操作人员及试验仪器与电力设备的高压部分保持足够的安全距离，且操作人员应使用绝缘垫。

（5）试验装置的金属外壳应可靠接地，高压引线应尽量缩短，并采用专用的高压试验线，必要时用绝缘物支挂牢固。

（6）加压前必须认真检查试验接线，使用规范的短路线，检查仪表的开始状态和试验电压挡位，均应正确无误。

（7）因试验需要断开设备接头时，拆前应做好标记，接后应进行检查。

（8）试验前，应通知有关人员离开被试设备，并取得试验负责人许可，方可加压；

加压过程中应有人监护并呼唱。

（9）变更接线或试验结束时，应首先断开至被试品高压端的连线后断开试验电源，充分放电，并将升压设备的高压部分放电、短路接地。

（10）试验现场出现明显异常情况时（如异声、电压波动、系统接地等），应立即停止试验工作，查明异常原因。

（11）高压试验作业人员在全部加压过程中，应精力集中，随时警戒异常现象发生。在运行变电站测量电压互感器变比、极性时，必须将电压互感器二次熔丝（或自动开关）断开，以免反送电伤及试验人员。严格执行操作顺序，在测量时先接通测量回路，然后接通电源回路。读完数后，先断开电源回路，然后断开测量回路，以避免反向感应电动势伤及试验人员，损坏测试仪器。

（12）未装接地线的大电容被试设备，应先行放电再做试验。

（13）试验结束时，试验人员应拆除自装的接地短路线，并对被试设备进行检查，恢复试验前的状态，经试验负责人复查后，进行现场清理。

四、试验前的准备工作

1. 了解被试设备现场情况及试验条件

查勘现场，查阅相关技术资料，包括该设备出厂试验数据、出厂资料、出厂试验报告及相关规程等，掌握该设备运行及缺陷情况。

2. 试验仪器、设备准备

选择合适的自动变比测试仪、测试线（夹）、温（湿）度计、接地线、放电棒、万用表、电源线（带剩余电流动作保护器）、升流器、标准电流互感器、标准电压互感器、调压器、电流表、电压表、极性表、电池、隔离开关、二次连接线、安全带、安全帽、电工常用工具、试验临时安全遮栏、标示牌等，并查阅测试仪器、设备及绝缘工器具的检定合格证书有效期。

3. 办理工作票并做好试验现场安全和技术措施

按相关安全生产管理规定办理工作许可手续；向试验人员交代工作内容、带电部位、现场安全措施、现场作业危险点，明确人员分工及试验程序。

五、现场试验步骤及要求

（一）测量电流互感器的极性、变比

1. 用直流法测量电流互感器极性

（1）试验接线。

直流法测量电流互感器极性的接线如图 Z13G1002Ⅰ-1 所示，将 1.5～3V 的干电池经隔离开关接在电流互感器的一次绕组端子 P1、P2 上，在电流互感器二次绕组端子 S1、S3 上连接一个极性表。

（2）试验步骤。

将被试电流互感器对地放电，使电流互感器一次绕组端子 P1、P2 空开。按图 Z13G1002Ⅰ-1 进行接线，检查接线无误后合上隔离开关，合闸瞬间若指针向"+"偏，而拉开开关瞬间指针向"-"偏时，则电流互感器是减极性。若偏转方向与上述方向相反，则电流互感器是加极性。依次对其他二次绕组进行测量。

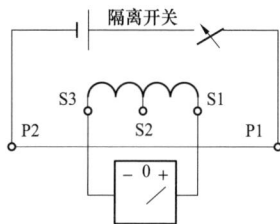

图 Z13G1002Ⅰ-1　直流法测量电流互感器极性的接线图

2. 用比较法测量电流互感器变比

（1）试验接线。比较法测量电流互感器变比的接线如图 Z13G1002Ⅰ-2 所示。将被试电流互感器与标准电流互感器一次侧串联，二次侧各接一只 0.5 级的电流表，并且将被试电流互感器其他二次绕组短路。

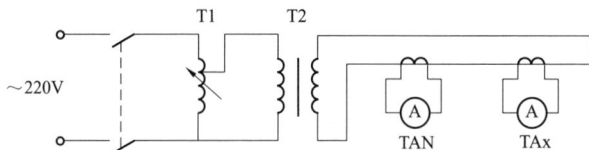

图 Z13G1002Ⅰ-2　比较法测量电流互感器变比的接线图

T1—单相调压器；T2—升流器；TAN—标准电流互感器；TAx—被试电流互感器

（2）试验步骤。将被试电流互感器对地放电，使电流互感器一次绕组端子 P1、P2 空开。按图 Z13G1002Ⅰ-2 进行接线，检查接线无误、调压器在零位后合上隔离开关，将调压器 T1 调到输出一定电压，当电流升至互感器额定电流的 30%~70%范围时，同时记录两电流表的读数，做好记录，降压为零并断开隔离开关，对电流互感器进行放电。若二次绕组有中间抽头（S2），同样要进行测量。依次，对其他二次绕组进行测量。

3. 用自动变比测试仪测量电流互感器变比、极性

（1）试验接线。

用自动变比测试仪测量电流互感器变比、极性的接线如图 Z13G1002Ⅰ-3 所示，将测试仪的高压端子（U、V）与电流互感器二次端子（S1、S3）连接，测试仪低压端子（u、v）与电流互感器一次端子（P1、P2）连

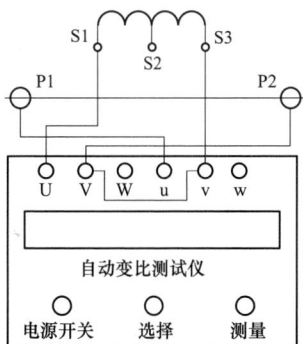

图 Z13G1002Ⅰ-3　用自动变比测试仪测量电流互感器变比、极性的接线图

接，将测试仪 V、v 端子短接（某些测试仪不需要），并且将被试电流互感器其他二次绕组短路。

（2）试验步骤。将被试电流互感器对地放电，使电流互感器一次绕组端子 P1、P2 空开。按图 Z13G1002Ⅰ-3 进行接线，检查接线无误后，按测试仪使用说明书进行操作，并做好记录。若二次绕组有中间抽头（S2）同样要进行测量，依次对其他二次绕组进行测量。

（二）测量电压互感器极性、变比

1. 用直流法测量串级式、电容式电压互感器极性

（1）试验接线。直流法测量电压互感器极性的接线如图 Z13G1002Ⅰ-4 所示，将 1.5～3V 的干电池经隔离开关接在电压互感器二次绕组端子 u、x 上，其余二次绕组端子开路，在电压互感器一次绕组端子 U、X（δ）上连接一个极性表。

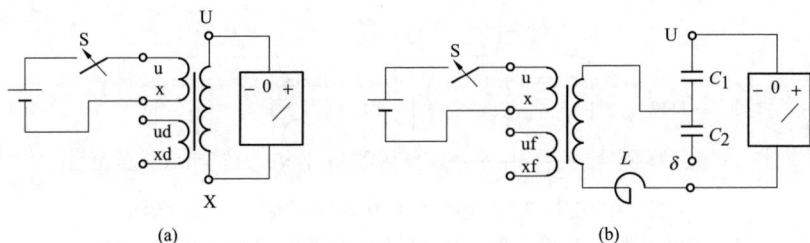

图 Z13G1002Ⅰ-4 直流法测量电压互感器极性的接线图

（a）串级式电压互感器；（b）电容式电压互感器

（2）试验步骤。将被试电压互感器对地放电，使电压互感器一次绕组端子 U 空开，将电压互感器一次绕组末端 X（δ）与地解开。按图 Z13G1002Ⅰ-4 进行接线，检查接线无误后合上隔离开关（S）。合上隔离开关（S）瞬间若指针向"+"偏，而拉开开关瞬间指针向"-"偏时，则电压互感器是减极性。若偏转方向与上述方向相反，则电压互感器是加极性。依次对其他二次绕组进行测量。

2. 用比较法测量串级式、电容式电压互感器变比

（1）试验接线。比较法测量电压互感器变比的接线，如图 Z13G1002Ⅰ-5 所示。

（2）试验步骤。将被试电压互感器对地放电，按图 Z13G1002Ⅰ-5 进行接线，检查接线无误，并调压器在零位后合上隔离开关，将调压器调到输出一定电压，当电压升至互感器额定电压的 20%～70% 范围时，同时记录 PV1、PV2 电压表的读数，做好记录，降压为零并断开隔离开关，对电压互感器进行放电。依次对其他二次绕组进行测量。

(a)

(b)

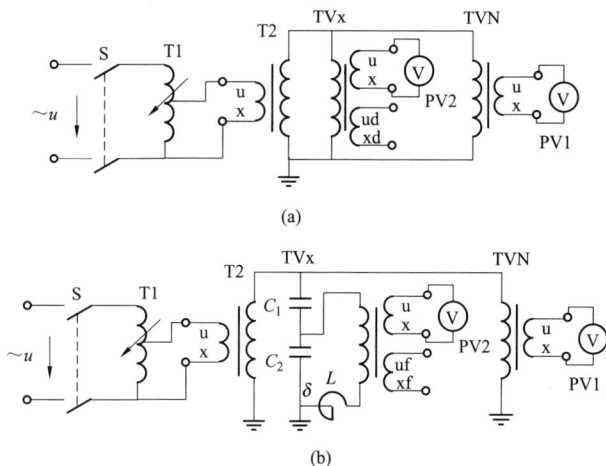

图 Z13G1002Ⅰ-5　比较法测量电压互感器变比的接线图

（a）串级式电压互感器；（b）电容式电压互感器

S—电源隔离开关；T1—单相调压器；T2—试验变压器；TVN—标准电压互感器；

TVx—被试电压互感器；PV1、PV2—电压表

3. 用自动变比测试仪测量电压互感器变比、极性

（1）试验接线。

以电容式电压互感器为例，用自动变比测试仪测量电压互感器变比、极性的接线，如图 Z13G1002Ⅰ-6 所示。

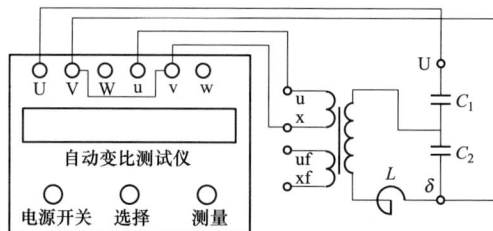

图 Z13G1002Ⅰ-6　用自动变比测试仪测量电压互感器变比、极性的接线图

（2）试验步骤。将被试电压互感器对地放电，将电压互感器一次绕组末端 X（或 δ）与地解开，测试仪的高压端子（U、V）与电压互感器一次绕组端子[U、X（或 δ）]连接，测试仪低压端子（u、v）与电压互感器二次绕组端子（u、x）连接，测试仪 V、v 端子短接（某些测试仪不需要），被试电压互感器其他二次绕组开路。

检查接线无误后，按测试仪使用说明书进行操作，并做好记录。依次对其他二次绕组进行测量。

六、试验注意事项

1. 用直流法判断互感器极性的注意事项

（1）应将干电池和表计的同极性端接绕组的同名端。例如，干电池正极接互感器绕组端子"P1"或"u"，则表计正端要相应地接到互感器端子"S1"或"U"上。测量时要细心观察表计指针偏转方向。

（2）使用的表计最好是零位在中央的。若选用普通直流电表，如果向负的方向（即无刻度的一方）摆动的位移很小，不易观察时，可将表计正、负两端倒换一下，然后重做一次测量，此时表计指针便向正方向摆动，但应记录为负的。

（3）测量变压比较大的电压互感器时，应加较高的电压（6～9V），并用小量程表计，以便仪表有明显的指示。

（4）拉、合开关时都应有一个时间间隔，以便观察清楚开关拉、合时表针摆动的真实方向。

（5）试验时应反复操作几次，以免误判试验结果。

2. 用比较法测量互感器变比的注意事项

（1）调压器必须从零开始升压，以减小由于励磁电流所引起的误差，且调压器应采用接触式调压器，以免波形畸变产生测量误差。

（2）测量电压互感器时施加的电压不应低于被试电压互感器额定电压的20%，测量电流互感器时施加的电流不应低于被试电流互感器额定电流的30%，并尽可能使电源电压保持稳定，读数时高、低压侧应同时进行。

（3）使用电压表、电流表时，应使仪表的指示刻度不小于量程的2/3。

（4）二次侧电压表、电流表的连接，要注意引线不能太长，接触应良好，否则将产生测量误差。

（5）为避免测量误差，应在互感器额定电压、电流范围内多选几点进行测量。

（6）在运行变电站测量电流互感器变比、极性时，必须退出该电流互感器的保护装置，以免引起保护误动。

3. 用自动变比测试仪的注意事项

（1）试验电源应与使用仪器的工作电源相同。

（2）为防止剩余电荷影响测量结果，测试前必须对互感器进行充分放电。

（3）测量操作顺序必须按仪器的使用说明书进行。

（4）测量时最好在"端子箱"连同二次引线一起进行测量，以检查二次引线连接是否正确。

七、试验结果分析及试验报告编写

（一）试验标准及结果分析

1. 试验标准及要求

根据 Q/GDW 1168—2013《输变电设备状态检修试验规程》、Q/GDW 11447—2015《10kV～500kV 输变电设备交接试验规程》及《国家电网公司变电检测通用管理规定》〔国网（运检/3）829—2017〕的规定：

（1）极性测量。

电流互感器：所有标有 P1、S1 和 C1 的接线端子，在同一瞬间具有同一极性。

电压互感器：标有同一字母的大写和小写的端子，在同一瞬间具有同一极性。

（2）变比测量。

其标准为测量结果与铭牌标志相符。

2. 试验结果分析

（1）用比较法测量电流互感器变比。

被试电流互感器的实际变比为

$$K_x = \frac{K_n I_n}{I_x} \qquad (Z13G1002 \text{I} -1)$$

变比误差为

$$\Delta K = \left(\frac{K_x - K_x'}{K_x'} \right) \times 100\% \qquad (Z13G1002 \text{I} -2)$$

式中　K_n、I_n——标准电流互感器的变比和二次电流值；

　　　K_x、I_x——被试电流互感器的变比和二次电流值；

　　　　　K_x'——被试电流互感器的额定变比。

（2）用比较法测量电压互感器变比。

被试电压互感器的实际变比为

$$K_x = \frac{K_n U_n}{U_x} \qquad (Z13G1002 \text{I} -3)$$

变比差值为

$$\Delta K = \left(\frac{K_x - K_x'}{K_x'} \right) \times 100\% \qquad (Z13G1002 \text{I} -4)$$

式中　K_n、U_n——标准电压互感器的变比和二次电压值；

　　　K_x、U_x——被试电压互感器的变比和二次电压值；

　　　　　K_x'——被试电压互感器的额定变比。

（二）试验报告编写

试验记录应填写信息，包括基本信息（变电站、委托单位、试验单位、运行编号、试验性质、试验日期、试验人员、试验地点、报告日期、编写人员、审核人员、批准人员、试验天气、环境温度、环境相对湿度）；设备铭牌（生产厂家、出厂日期、出厂编号、设备型号、额定电压等）；试验数据（变比、极性、试验仪器、项目结论等）。

八、案例

一台型号为 LCWB–110 的电流互感器，其铭牌数据如下：

一次额定电流为 2×300/5A，额定电压为 110kV。

二次标记：S1—S2，300/5；S1—S3，600/5。

在交接试验中，连同二次引线在"端子箱"处测量变比、极性，当测试到 4S1—4S2，变比 120；4S1—4S3，变比 60。其极性为"加"与铭牌值比较，不相符，而其余二次绕组都与铭牌值相符。经检查发现，电流互感器的二次端子与"端子箱"所连接的二次引线，连接错误，将二次引线重新连接在"端子箱"处，再次进行测量 4S1—4S2、4S1—4S3 变比、极性均与铭牌值相符。

【思考与练习】

1. 画出用直流法测量电流互感器极性的接线。

2. 用比较法测量串级式电压互感器的变比时，其误差如何计算？

第十七章

线圈类设备直流电阻测试

▲ 模块 1　变压器直流电阻测试（Z13G2001Ⅰ）

【**模块描述**】本模块介绍变压器直流电阻测试的方法和技术要求。通过对测试工作流程的介绍，掌握变压器直流电阻测试前的准备工作和相关安全、技术措施、测试方法、技术要求及测试数据分析判断。

【**模块内容**】

一、测试目的

变压器绕组直流电阻的测试是变压器试验中既简便又重要的一个试验项目。测试变压器绕组连同套管的直流电阻，可以检查出绕组内部导线接头的焊接质量、引线与绕组接头的焊接质量、电压分接开关各个分接位置及引线与套管的接触是否良好、并联支路连接是否正确、变压器载流部分有无断路、接触不良以及绕组有无短路现象。

二、测试仪器、设备的选择

根据产品技术数据中绕组计算值，合理选择直流电阻测试仪或专用电桥，仪器精度应不低于 0.2 级。三相测试所用测试线应等长。

（1）用电流电压表法测量时，电流表、电压表准确度应不低于 0.2 级，其量程满足测量要求。电流表内阻应选择低内阻，电压表内阻应选择高内阻。滑线电阻阻值应选择 10～100Ω，功率不小于 200W。

（2）用电桥法测量时，根据被测绕组电阻（R_x）的大小进行选择，当 $R_x \geqslant 1\Omega$，用单臂电桥；当 $R_x < 1\Omega$，用双臂电桥。双臂电桥测量时测试接线方式采用"四端接线方法"接线，即输出的电流、电压分为 C1、C2、P1、P2。

（3）用直流电阻测试仪测量时，其准确度应不低于 0.2 级。直流纹波系数在电阻负荷下小于 0.1%。在稳态时读取测量数据应在 5min 内，其值变化不大于 5‰。对 1600kVA 及以上变压器，测试电流不小于 3A，且可以选择测试电流。仪器内部应装设断开测量电流的保护电路，以限制反向感应电动势的幅值。并且在测试仪器面板设置放电完毕后的显示。

三、危险点分析及控制措施

1. 防止高处坠落

应使用变压器专用爬梯上下,在变压器上作业系好安全带。对 220kV 及以上变压器,需解开高压套管引线时,宜使用高处作业车,严禁徒手攀爬变压器高压套管。

2. 防止高处落物伤人

高处作业应使用工具袋,上下传递物件应用绳索拴牢传递,严禁抛掷。

3. 防止工作人员触电

(1) 严格执行 Q/GDW 1799.1—2013《国家电网公司电力安全工作规程 变电部分》相关要求。

(2) 高压试验工作不得少于两人。试验负责人应由有经验的人员担任,开始试验前,试验负责人应向全体试验人员详细布置试验中的安全注意事项,交待邻近间隔的带电部位,以及其他安全注意事项。

(3) 试验现场应装设遮栏或围栏,遮栏或围栏与试验设备高压部分应有足够的安全距离,向外悬挂"止步,高压危险!"的标示牌,并派人看守。对于被试设备两端不在同一工作地点时,如电力电缆另一端应派专人看守。

(4) 应确保操作人员及试验仪器与电力设备的高压部分保持足够的安全距离,且操作人员应使用绝缘垫。

(5) 试验装置的金属外壳应可靠接地,高压引线应尽量缩短,并采用专用的高压试验线,必要时用绝缘物支挂牢固。

(6) 试验前必须认真检查试验接线,电流线夹与设备的连接需牢固,防止试验过程中掉落;使用规范的短路线,表计、量程及仪表的开始状态和试验电流档位,均应正确无误。

(7) 因试验需要断开设备接头时,拆前应做好标记,接后应进行检查。

(8) 试验前,应通知所有人员离开被试设备,并取得试验负责人许可,方可加压;加压过程中应有人监护并呼唱。

(9) 变更接线或试验结束时,应首先断开试验电源,放电,并将升压设备的高压部分充分放电、短路接地。

(10) 应有专人监护,监护人在试验期间应始终行使监护职责,不得擅离岗位或兼职其他工作。

(11) 登高作业必须佩戴安全带,安全带的挂钩或绳子应挂在结实牢固的构件上,或专为挂安全带用的钢丝绳上,并应采用高挂低用的方式。

(12) 使用梯子前检查梯子是否完好,是否在试验有限期内。必须有人扶梯,扶梯人注意力应集中,对登梯人工作应起监护作用。

（13）试验中断、更改接线或结束后，必须切断电源，挂上接地线，防止感应电伤人、高压触电。

（14）试验现场出现明显异常情况时（如异声、电压波动、系统接地等），应立即中断加压，停止试验工作，查明异常原因。

（15）高压试验作业人员在全部加压过程中，应精力集中，随时警戒异常现象发生。

（16）未装接地线的大电容被试设备，应先行放电再做试验。

（17）试验结束时，试验人员应充分放电后对被试设备进行检查，拆除自装的接地短路线，恢复试验前的状态，消除直流电阻试验带来的剩磁影响，经试验负责人复查后，进行现场清理。

四、测试前的准备工作

1. 了解被试设备现场情况及试验条件

查勘现场，查阅相关技术资料，包括该设备出厂试验数据、历年试验数据及相关规程等，掌握该设备运行及缺陷情况。

2. 测试仪器、设备的准备

选择合适的被试变压器直流电阻测试仪、电流表、电压表、测试线（夹）、温（湿）度计、接地线、放电棒、万用表、电源线（带剩余电流动作保护器）、安全带、安全帽、电工常用工具、试验临时安全遮栏、标示牌等，并查阅测试仪器、设备及绝缘工器具的检定合格证书有效期。

3. 办理工作票并做好试验现场安全和技术措施

按相关安全生产管理规定办理工作许可手续；向试验人员交代工作内容、带电部位、现场安全措施、现场作业危险点，明确人员分工及试验程序。

五、现场测试步骤及要求

断开变压器有载分接开关、风冷电源，退出变压器本体保护等，将变压器各绕组接地放电，对大容量变压器应充分放电（5min 以上）。放电时应用绝缘棒等工具进行，不得用手碰触放电导线。拆除或断开变压器对外的一切连线。

（一）电流电压表法

1. 测试接线

电流电压表法又称电压降法。电压降法的测量原理是，在被测绕组中通以直流电流，因而在绕组的电阻上产生电压降，测量出通过绕组的电流及电阻上的电压降，根据欧姆定律，即可算出绕组的直流电阻，其测试接线如图 Z13G2001 I –1 所示。

2. 测试步骤

根据被测电阻 R_x 的大小选择试验接线［$R_x \geqslant 1\Omega$，选择图 Z13G2001 I –1（a）。$R_x < 1\Omega$，选择图 Z13G2001 I –1（b）］。检查接线正确无误后，应先合上隔离开关 K1

接通电流回路，待测量回路的电流稳定后，再合隔离开关 K2 接入电压表，记录数据。测量结束后，先断开 K2，后断开 K1，以免感应电动势损坏电压表。然后进行放电，变更试验接线，分别测量其他绕组直流电阻。

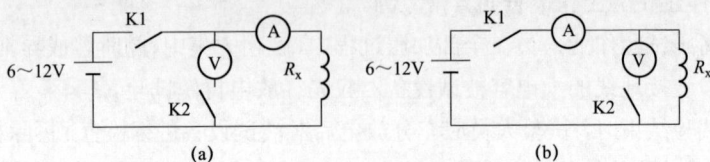

图 Z13G2001Ⅰ–1　电流电压表法测量直流电阻的测试接线图
（a）测量大电阻；（b）测量小电阻
K1、K2—隔离开关；R_x—被测电阻

3. 测试数据整理及计算

在一定的测量电压下，由于电流表内阻产生的电压降以及电压表分流的影响，对于不同的试验接线，其 R_x 计算如下：

对图 Z13G2001Ⅰ–1（a）有

$$R_x = \frac{U - R_A}{I} \qquad (Z13G2001Ⅰ-1)$$

对图 ZY1800509001–1（b）有

$$R_x = \frac{U}{I - U/R_V} \qquad (Z13G2001Ⅰ-2)$$

式中　R_x——被测绕组的电阻，Ω；

U——电压表测量的电压，V；

I——电流表测量的电流，A；

R_A、R_V——电流表和电压表的内阻，Ω。

（二）电桥法

应用电桥平衡的原理测量绕组直流电阻的方法，称为电桥法。常用的有单臂电桥及双臂电桥两种。

1. 单臂电桥法

（1）测试接线。

单臂电桥测量变压器绕组直流电阻的接线，如图 Z13G2001Ⅰ–2 所示。

（2）测试步骤。

用测量线将电桥 X1、X2 端子与变压器被测绕组相连，非被测绕组开路。按电桥操作说明书进行测量，记录数据。测量完毕进行放电。变更试验接线，分别测量其他绕组的直流电阻。

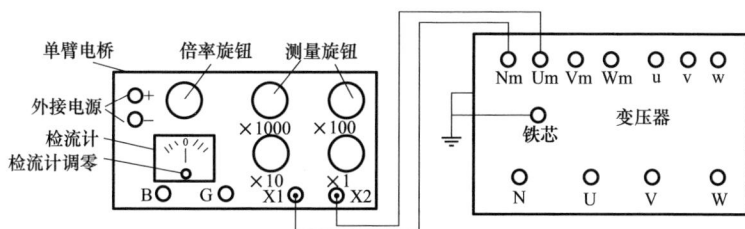

图 Z13G2001Ⅰ-2　单臂电桥测量变压器绕组直流电阻的接线图

2. 双臂电桥法

（1）测试接线。

双臂电桥测量变压器绕组直流电阻的接线，如图 Z13G2001Ⅰ-3 所示。

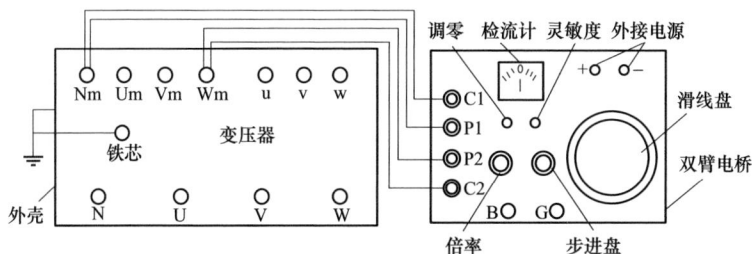

图 Z13G2001Ⅰ-3　双臂电桥测量变压器绕组直流电阻的接线

（2）测试步骤。

用测量线将电桥 P1、C1、P2、C2 端子与变压器被测绕组相连，非被测绕组开路。按电桥操作说明书进行测量，记录数据。测量完毕进行放电。变更试验接线，分别测量其他绕组的直流电阻。

（三）直流电阻测试仪法

1. 测试接线

用直流电阻测试仪法测量变压器绕组直流电阻的接线如图 Z13G2001Ⅰ-4 所示。

2. 测试步骤

按图 Z13G2001Ⅰ-4 进行接线。检查接线无误后，进行测试（测试仪操作严格按使用说明书进行）。待稳定后记录数据，断开测试电源进行放电。变更试验接线，分别测量其他绕组的直流电阻。

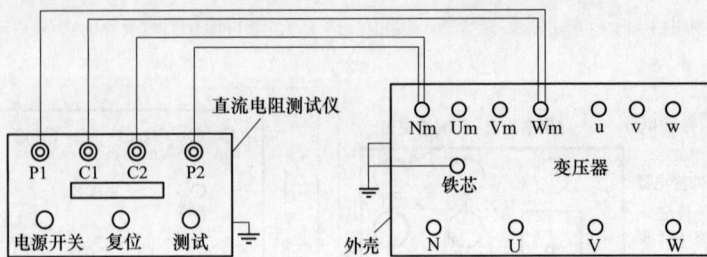

图 Z13G2001Ⅰ-4　用直流电阻测试仪测量变压器绕组直流电阻的接线

（四）电阻突变法

测量大型变压器直流电阻时，由于绕组的直流电阻很小，电感很大，有的绕组电感可达数千亨而电阻仅有 0.1～0.01Ω，因此在测量直流电阻时，绕组在直流电压作用下，从充电至稳定所需的时间很长，尤其是容量大、电压高的变压器，测量一次电阻数值往往需要十几分钟到几十分钟。因此，为缩短每次测量的充电时间，提高试验效率，必须采取措施加快试验速度。加快测量速度的关键，就是缩短充电到稳定的时间，即减小电路的充电时间常数 τ。因为 $\tau=L/R$，所以要减小时间常数 τ 可以通过减小试验回路的电感或增大试验回路电阻来达到，而加大电阻是比较简单可行的办法。因此用"电流电压表法"及"双臂电桥法"测量大型变压器直流电阻时，在试验回路中串入附加电阻 R，采用"电阻突变法"缩短测量绕组直流电阻的时间。而附加电阻 R 是根据被测变压器绕组的电阻 R_x 和电源电压的大小来进行选择的。当电源电压 $U=(6\sim12)$ V 时，其附加电阻 R 的大小是被测变压器绕组电阻 R_x 的 4～6 倍。其预定电流为

$I=\dfrac{U}{R+R_x}$。而附加电阻 R 可选 10～100Ω的滑线电阻。

1. 用电流电压表测量变压器绕组直流电阻

（1）测试接线。

电流电压表用"电阻突变法"测量变压器绕组直流电阻的接线，如图 Z13G2001Ⅰ-5 所示。

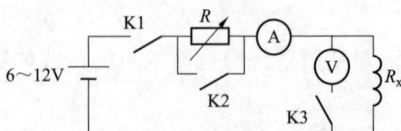

图 Z13G2001Ⅰ-5　电流电压表用"电阻突变法"测量变压器绕组直流电阻的接线图
K1、K2、K3—隔离开关；R_x—被测电阻；R—附加电阻

（2）测试步骤。

按图 Z13G2001Ⅰ-5 进行接线，检查接线无误后进行测量。先合上 K2，将 R 短接，

再合上 K1，待电流增加到预定值后，立即断开 K2，附加电阻（R）串入测量回路，电流很快稳定下来，然后合上 K3 接入电压表，测量绕组上的电压降，记录数据。测量结束，先断开 K3，后断开 K1，以免感应电动势损坏电压表。然后进行放电，变更试验接线，分别测量其他绕组的直流电阻。采用式（Z13G2001Ⅰ–2）计算被测绕组的电阻（R_x）。

2. 用双臂电桥测量变压器绕组直流电阻

（1）测试接线。双臂电桥用"电阻突变法"测量变压器绕组直流电阻的接线，如图 Z13G2001Ⅰ–6 所示。

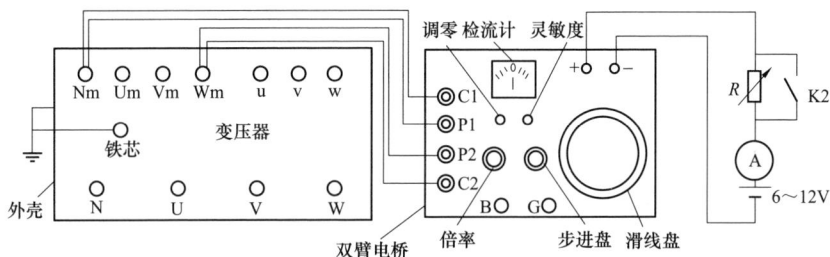

图 Z13G2001Ⅰ–6　双臂电桥用"电阻突变法"测量变压器绕组直流电阻的接线图

（2）测试步骤。按图 Z13G2001Ⅰ–6 进行接线，检查接线无误后进行测量。按下电桥 B 按钮及合上隔离开关 K2，待电流增加到预定值后，立即断开 K2，电流表中电流明显减小，待电流稳定后，按电桥操作说明书进行测量，测量完毕进行放电。变更试验接线，分别测量其他绕组的直流电阻。

六、测试注意事项

（1）采用电阻突变法测量绕组直流电阻时，测量前首先估计被测电阻值（R_x），并按估计值选择附加电阻（R）值，然后根据电源电压（U）计算出预定电流 I 的值。

（2）采用电流电压法测量时，由于变压器绕组电感较大，必须在电流稳定后，再接入电压表进行读数。

（3）采用双臂电桥测量绕组直流电阻时，其连接导线一般应为同长度、同型号、同截面的导线。其电流线 C1、C2 截面不小于 2.5mm²，电压线 P1、P2 截面不小于 1.5mm²，且被测电阻与电桥连接导线电阻不大于 0.01Ω。在测量中不能长时间将 G 按钮按住进行测量。

（4）采用电桥法测量绕组直流电阻需外接电源时，电桥内附电池必须取出。

（5）三相变压器有中点引出线时，应测量各相绕组的电阻；无中点引出线时，可以测量线间电阻。

（6）采用双臂电桥测量绕组直流电阻，测量时双臂电桥的四根线（P1、C1、P2、C2）应分别连接，测试线 P1、P2 接在被测绕组内侧，C1、C2 接在被测绕组外侧，以避免将C1、C2与绕组连接处的接触电阻测量在内，如图Z13G2001Ⅰ-7所示。

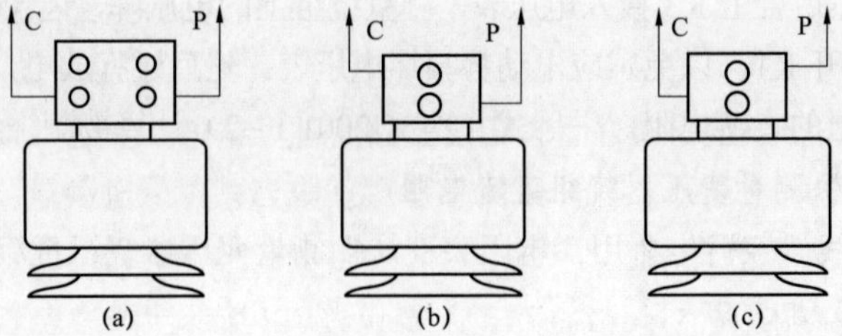

图Z13G2001Ⅰ-7 测试线P1、P2、C1、C2与变压器套管的接线图

（a）、（b）正确接线；（c）错误接线

（7）变压器在注油时不宜测量绕组直流电阻，待油稳定后再进行测量，一般需静置3～5h。

（8）残余电荷的影响。若变压器在上一次试验后，放电时间不充分，变压器内积聚的电荷没有放净，仍积滞有一定的残余电荷，特别对大型变压器的充电时间会有直接影响。

（9）温度对直流电阻影响很大，应准确记录被试绕组的温度。测量必须在绕组温度稳定的情况下进行。要求绕组与环境温度相差不超过3℃。在温度稳定的情况下，一般可用变压器的上层油温作为绕组温度，测量时应做好记录。

（10）在对有载调压变压器进行测量时，在测量前应将有载开关从1→n、n→1来回转动数次，以消除分接开关触头不清洁等因素的影响。

（11）大型变压器直流电阻测试结束后，绕组应充分放电和去磁。

七、测试结果分析及测试报告编写

（一）测试标准及结果分析

1. 测试标准及要求

根据Q/GDW 1168—2013《输变电设备状态检修试验规程》、Q/GDW 11447—2015《10kV～500kV输变电设备交接试验规程》及《国家电网公司变电检测通用管理规定》〔国网（运检/3）829—2017〕的规定：

（1）油浸式电力变压器和电抗器、SF_6气体变压器。

1）1.6MVA以上变压器，各相绕组电阻相间的差别，不大于三相平均值的2%（警示值）；无中性点引出的绕组，线间差别不应大于三相平均值的1%（注意值）。

2）1.6MVA及以下变压器，相间差别一般不大于三相平均值的4%（警示值）；线间差别一般不大于三相平均值的2%（注意值）。

3）在扣除原始差异之后，同一温度下各绕组电阻的相间差别或线间差别不大于

2%（警示值）。

4）同相初值差不超过±2%（警示值）。

（2）消弧线圈、干式电抗器、干式变压器

1）1.6MVA 以上变压器，各相绕组电阻相互间的差别，不大于三相平均值的 2%（警示值）；无中性点引出的绕组，线间差别不大于三相平均值的 1%（注意值）。

2）1.6MVA 及以下变压器，相间差别一般不大于三相平均值的 4%；线间差别一般不大于三相平均值的 2%。

3）各相绕组电阻与以前相同部位、相同温度下的历次结果相比，无明显差别，其差别不大于 2%。

4）并联电容器组用串联电抗器三相绕组间之差别不应大于三相平均值 4%；与上次测试结果相差不大于 2%。

2. 测试结果分析

在现场进行直流电阻测试时，影响测试结果的因素很多，如分接开关接触不良、测试时的温度、充电时间、测量接线、感应电压、套管中引线和导电杆接触不良等，都会造成三相直流电阻不平衡。

（1）直流电阻线间差或相间差百分数的计算，可按式（Z13G2001Ⅰ-3）进行

$$R_x = (R_{max} - R_{min})/R_p \qquad (Z13G2001Ⅰ-3)$$

式中　R_x——直流电阻线间差或相间差的百分数，%；

R_{max}——三线或三相直流电阻实测值的最大值；

R_{min}——三线或三相直流电阻实测值的最小值；

R_p——三线或三相直流电阻实测值的平均值，对线电阻 $R_p = 1/3(R_{UV}+R_{VW}+R_{WU})$；对相电阻 $R_p = 1/3(R_{UN}+R_{VN}+R_{WN})$。

（2）每次所测电阻值都必须换算到同一温度下，与以前（出厂或交接时）相同部位测得值进行比较。绕组直流电阻温度换算可按式（Z13G2001Ⅰ-4）进行计算

$$R_{t2} = (T+t_2)/(T+t_1) \times R_{t1} \qquad (Z13G2001Ⅰ-4)$$

式中　R_{t2}——换算至温度为 t_2 时的绕组直流电阻，Ω；

R_{t1}——温度为 t_1 时的绕组直流电阻，Ω；

T——温度换算系数，铜线 235，铝线 225。

（3）对于变压器三相绕组 Y 连接无中性点引出线或变压器三相绕组△连接，当三相线电阻不平衡值超过标准时，则需将线电阻换算成相电阻，以便找出缺陷相。

对图 Z13G2001Ⅰ-8 所示的 Y 连接的变压器，线电阻换算成相电阻可按式（Z13G2001Ⅰ-5）计算

$$R_u=(R_{uv}+R_{wu}-R_{vw})/2$$
$$R_v=(R_{uv}+R_{vw}-R_{wu})/2 \qquad (Z13G2001 \, I \,-5)$$
$$R_w=(R_{vw}+R_{wu}-R_{uv})/2$$

对图 Z13G2001 I -9 所示的△连接的变压器，线电阻换算成相电阻可按式（Z13G2001 I -6）计算

$$R_u=(R_{wu}-R_g)-R_{uv}\times R_{vw}/(R_{wu}-R_g)$$
$$R_v=(R_{uv}-R_g)-R_{wu}\times R_{vw}/(R_{uv}-R_g) \qquad (Z13G2001 \, I \,-6)$$
$$R_w=(R_{vw}-R_g)-R_{wu}\times R_{uv}/(R_{vw}-R_g)$$
$$R_g=(R_{uv}+R_{vw}+R_{wu})/2$$

式中 R_{uv}、R_{vw}、R_{wu}——三相绕组的线间电阻；

R_u、R_v、R_w——三相绕组的相电阻；

R_g——线间电阻值之和的一半。

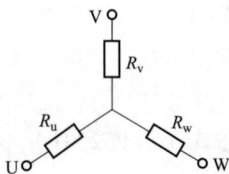

图 Z13G2001 I -8　Y 连接的变压器　　　图 Z13G2001 I -9　△连接的变压器

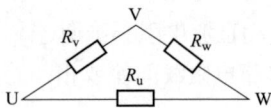

（4）在现场若遇感应电压影响，造成读数不准，可以将测试仪 P1 或 P2 端一点接地，以消除感应电压影响。

（5）用单臂电桥测量绕组直流电阻时，应减去测量线电阻值。

（6）在对有载调压变压器进行测量时，若遇测量结果不正确，要分别测量 1→n、n→1 所有分接位置的直流电阻，找出规律，判断是否由有载开关内部的切换开关、选择开关、极性开关接触不良引起的，或是某一挡的引线松动造成的。

（7）变压器套管中导电杆和内部引线如果接触不良，造成接头发热现象，可以结合红外成像来分析其发热的部位。

（8）三角形连接的变压器绕组，若其中一相断线，没有断线的两相线端电阻值为正常的 1.5 倍，而断线相线端电阻值为正常值的 3 倍。

在对变压器绕组直流电阻进行分析时，要进行"纵横"比较，即与该设备的历史数据比较，与同型号、同容量、同一厂家、同一批次变压器的相同测量部位比较，并结合油中色谱分析等来进行综合分析比较，找出故障原因。

（二）测试报告编写

试验记录应填写信息，包括基本信息（变电站、委托单位、试验单位、运行编

号、试验性质、试验日期、试验人员、试验地点、报告日期、编写人员、审核人员、批准人员、试验天气、环境温度、环境相对湿度），设备铭牌（生产厂家、出厂日期、出厂编号、设备型号、额定电压等），试验数据（直流电阻、试验仪器、项目结论等）。

八、案例

某变电站对一台额定电压为 110kV、额定容量为 31 500kVA 的无载调压变压器进行交接试验（运行Ⅱ档），其测试数据如表 Z13G2001Ⅰ-1 所示。

表 Z13G2001Ⅰ-1 交接试验测试数据表

试验日期	高压绕组（Ω）								
	2006 年 5 月预防性试验　变温（30℃）					2004 年 4 月　预防性试验 变温（28℃）			
分接位置	UN	VN	WN	ΔR%	绝缘油色谱（μL/L）	UN	VN	WN	ΔR%
1	0.398 9	0.394 3	0.392 5	1.61	CH_4: 180　C_2H_4: 380 CO: 450　CO_2: 1100 H_2: 200　C_2H_6: 270 C_2H_2: 0	0.387 8	0.392 9	0.391 7	1.31
2	0.386 0	0.381 3	0.380 5	1.44		0.375 4	0.380 0	0.378 5	1.22
3	0.373 3	0.368 8	0.367 3	1.60		0.362 7	0.367 4	0.365 9	1.29
4	0.361 1	0.356 7	0.355 2	1.65		0.350 5	0.354 9	0.352 8	1.24
5	0.348 7	0.344 6	0.343 1	1.62		0.337 8	0.342 2	0.340 1	1.29

由表 Z13G2001Ⅰ-1 可见，误差未超过 2%，但其 U 相数值偏大，与历史数据比较超过 2%，且油中色谱超过规定值（判断为发热），加测（Ⅰ～Ⅴ挡）其现象同上。经分析比较判断，U 相可能存在电流回路接触不良，吊罩检查，发现 U 相与套管连接的三根并绕导线有一根虚焊。由表中数据可见在各分接位置ΔR%均小于 2%，合格。但油色谱试验得知有异常。可见如果仅看ΔR%不能发现问题，但从 U 相的直流电阻值看，在每一个分接开关位置（Ⅰ～Ⅴ挡）上都比 V、W 相大，并且 V、W 相与历史数据比较差别很小，如果不是仔细研究是发现不了的，那么两次试验应结合起来综合分析。

【思考与练习】

1. 写出变压器直流电阻的温度换算公式。

2. 表 Z13G2001Ⅰ-2 是一台额定电压为 110kV、额定容量为 40 000kVA 的有载调压变压器高压绕组直流电阻的测试数据。请分析测试数据，并写出该变压器缺陷情况和处理意见。

表 Z13G2001Ⅰ-2 有载调压变压器高压绕组直流电阻的测试数据表

分接位置	高 压 绕 组			
	UN	VN	WN	相间不平衡度（%）
1	0.422 5	0.423 4	0.420 7	0.64
2	0.416 7	0.416 0	0.423 1	1.70
3	0.408 3	0.409 0	0.407 6	0.34
4	0.401 9	0.402 6	0.410 7	2.17
5	0.394 8	0.395 7	0.394 1	0.41
6	0.389 3	0.389 9	0.397 8	2.17
7	0.381 5	0.382 5	0.381 0	0.39
8	0.377 8	0.378 6	0.386 5	2.28
9a	0.366 0	0.367 8	0.365 3	0.68
9b	0.366 7	0.367 4	0.374 4	2.08
9c	0.367 4	0.377 4	0.366 2	3.04
10	0.378 1	0.388 5	0.387 6	2.70
11	0.383 7	0.393 0	0.381 7	2.93
12	0.390 8	0.402 8	0.401 2	3.01
13	0.396 0	0.405 9	0.394 7	2.81
14	0.403 0	0.413 3	0.411 4	2.52
15	0.410 3	0.419 7	0.408 2	2.18
16	0.417 7	0.430 7	0.429 7	3.05
17	0.423 9	0.435 0	0.421 6	3.14

▲ 模块 2 互感器直流电阻测试（Z13G2002Ⅰ）

【模块描述】本模块介绍互感器直流电阻的测试方法和技术要求。通过测试工作流程的介绍，掌握互感器直流电阻测试前的准备工作和相关安全、技术措施、测试方法、技术要求及测试数据分析判断。

【模块内容】

一、测试目的

测量互感器一次、二次绕组的直流电阻是为了检查电气设备回路的完整性，以便及时发现因制造、运输、安装或运行中由于振动和机械应力等原因所造成的导线断裂、接头开焊、接触不良、匝间短路等缺陷。

二、测试仪器、设备的选择

（1）测量电流互感器一次绕组直流电阻在大修或交接时，采用回路电阻测试仪其测试电流不小于 100A。

（2）测量串级式电压互感器一次绕组直流电阻，在大修或交接及预试时，宜采用单臂电桥。

（3）测量电流、电压互感器二次绕组直流电阻在大修或交接时，采用双臂电桥。

三、危险点分析及控制措施

1. 防止高处坠落

试验人员在拆、接互感器一次引线时，必须系好安全带。使用梯子时，必须有人扶持或绑牢。在解开 220kV 及以上互感器一次引线时，宜使用高处作业车，严禁徒手攀爬互感器。

2. 防止高处落物伤人

高处作业应使用工具袋，上下传递物件应用绳索拴牢传递，严禁抛掷。

3. 防止人员触电

（1）严格执行 Q/GDW 1799.1—2013《国家电网公司电力安全工作规程 变电部分》相关要求。

（2）高压试验工作不得少于两人。试验负责人应由有经验的人员担任，开始试验前，试验负责人应向全体试验人员详细布置试验中的安全注意事项，交待邻近间隔的带电部位，以及其他安全注意事项。

（3）试验现场应装设遮栏或围栏，遮栏或围栏与试验设备高压部分应有足够的安全距离，向外悬挂"止步，高压危险！"的标示牌，并派人看守。对于被试设备两端不在同一工作地点时，如电力电缆另一端应派专人看守。

（4）应确保操作人员及试验仪器与电力设备的高压部分保持足够的安全距离，且操作人员应使用绝缘垫。

（5）试验装置的金属外壳应可靠接地，高压引线应尽量缩短，并采用专用的高压试验线，必要时用绝缘物支挂牢固。

（6）试验前必须认真检查试验接线，电流线夹与设备的连接需牢固，防止试验过程中掉落；使用规范的短路线，表计、量程及仪表的开始状态和试验电流档位，均应正确无误。

（7）因试验需要断开设备接头时，拆前应做好标记，接后应进行检查。

（8）试验前，应通知所有人员离开被试设备，并取得试验负责人许可，方可加压；加压过程中应有人监护并呼唱。

（9）变更接线或试验结束时，应首先断开试验电源，放电，并将升压设备的高压部分充分放电、短路接地。

（10）应有专人监护，监护人在试验期间应始终行使监护职责，不得擅离岗位或兼职其他工作。

（11）登高作业必须佩戴安全带，安全带的挂钩或绳子应挂在结实牢固的构件上，或专为挂安全带用的钢丝绳上，并应采用高挂低用的方式。

（12）使用梯子前检查梯子是否完好，是否在试验有限期内。必须有人扶梯，扶梯人注意力应集中，对登梯人工作应起监护作用。

（13）试验中断、更改接线或结束后，必须切断电源，挂上接地线，防止感应电伤人、高压触电。

（14）试验现场出现明显异常情况时（如异声、电压波动、系统接地等），应立即中断加压，停止试验工作，查明异常原因。

（15）高压试验作业人员在全部加压过程中，应精力集中，随时警戒异常现象发生。

（16）未装接地线的大电容被试设备，应先行放电再做试验。

（17）试验结束时，试验人员应充分放电后对被试设备进行检查，拆除自装的接地短路线，恢复试验前的状态，消除直流电阻试验带来的剩磁影响，经试验负责人复查后，进行现场清理。

四、测试前的准备工作

1. 了解被试设备现场情况及试验条件

查勘现场，查阅相关技术资料，包括该设备出厂试验数据、历年试验数据及相关规程等，掌握该设备运行及缺陷情况。

2. 测试仪器、设备准备

选择合适的单、双臂电桥及回路电阻测试仪、温（湿）度计、电流表、电压表、测试线、放电棒、接地线、安全带、安全帽、电工常用工具、试验临时安全遮栏、标示牌等，并查阅测试仪器、设备及绝缘工器具的检定合格证书有效期。

3. 办理工作票并做好试验现场安全和技术措施

按相关安全生产管理规定办理工作许可手续；向试验人员交代工作内容、带电部位、现场安全措施、现场作业危险点，明确人员分工及试验程序。

五、现场测试步骤及要求

将被试品各绕组接地放电，放电时应用绝缘工具进行，不得用手碰触放电导线，并检查测试仪器是否正常，然后根据被试品的测试项目分别进行接线和测试。

（一）测量电流互感器一次绕组直流电阻

1. 电流电压表法

电流电压表法是在被测电流互感器一次绕组上通以直流电流，测量两端电压和通过的电流，然后利用欧姆定律计算出被测直流电阻值的一种间接测量方法。

（1）测试接线。电流电压表法测量电流互感器一次绕组直流电阻的接线，如图 Z13G2002Ⅰ-1 所示。

图 Z13G2002Ⅰ-1　电流电压表法测量电流互感器一次绕组直流电阻的接线图

（2）测试步骤。

测量时，应先合电源开关 S1、电压表开关 S2，调整电阻 R 使被测电阻 R_x 上的电压 U_x 最大，待测量电流 I_x 稳定后，同时读取电压、电流值。测量完毕后，先断开电压表开关 S2，再断开电源开关 S1，并记录被试品的温度。

（3）测试数据整理及计算。

用式（Z13G2002Ⅰ-1）计算出被测电阻 R_x 的值，即

$$R_x = \frac{U_x}{I_x} \qquad (Z13G2002Ⅰ-1)$$

式中　R_x——被测绕组电阻，Ω；

　　　I_x——电流表测量的电流，A；

　　　U_x——电压表测量的电压，V。

2. 回路电阻测试仪法

（1）测试接线。以 110kV 电流互感器为例，用回路电阻测试仪测量电流互感器一次绕组直流电阻的接线如图 Z13G2002Ⅰ-2 所示。

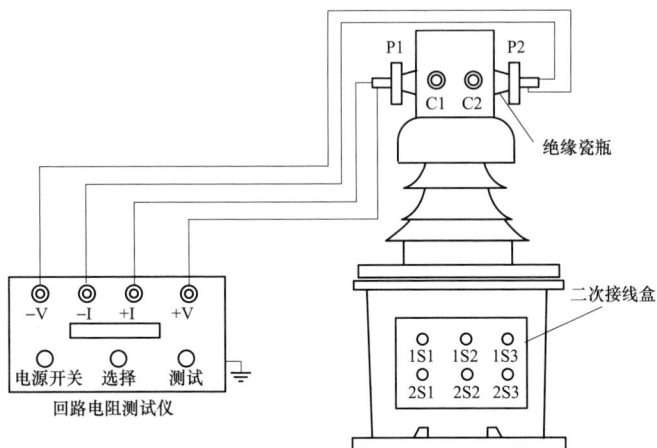

图 Z13G2002Ⅰ-2　用回路电阻测试仪测量电流互感器一次绕组直流电阻的接线图

（2）测试步骤。将电流互感器一次绕组 P2、P1 分别接至回路电阻测试仪的-V、

–I、+I、+V，二次绕组短路。选择"测试电流"不得小于 100A，按仪器使用说明书进行测量，记录数据，并记录被试品的温度。

（二）测量串级式电压互感器一次绕组直流电阻

（1）测试接线。用单臂电桥测量串级式电压互感器一次绕组直流电阻的接线，如图 Z13G2002 I –3 所示。

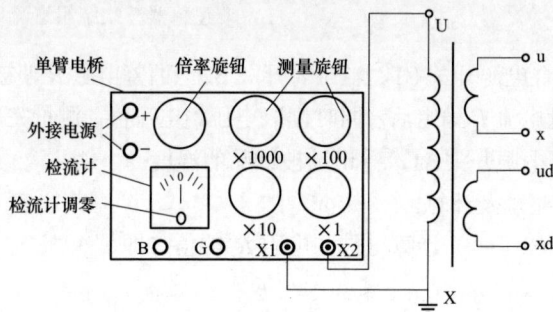

图 Z13G2002 I –3   单臂电桥测量串级式电压互感器一次绕组直流电阻的接线图

（2）测试步骤。按图 Z13G2002 I –3 进行接线，用测量线将电桥 X1、X2 端子分别与电压互感器一次绕组 U、X 端子相连，二次绕组开路。按电桥操作说明书进行测量，记录数据，并记录被试品的温度。

（三）测量电流、电压互感器二次绕组直流电阻

1. 测试接线

用双臂电桥测量电流、电压互感器二次绕组直流电阻的接线，如图 Z13G2002 I –4 所示。

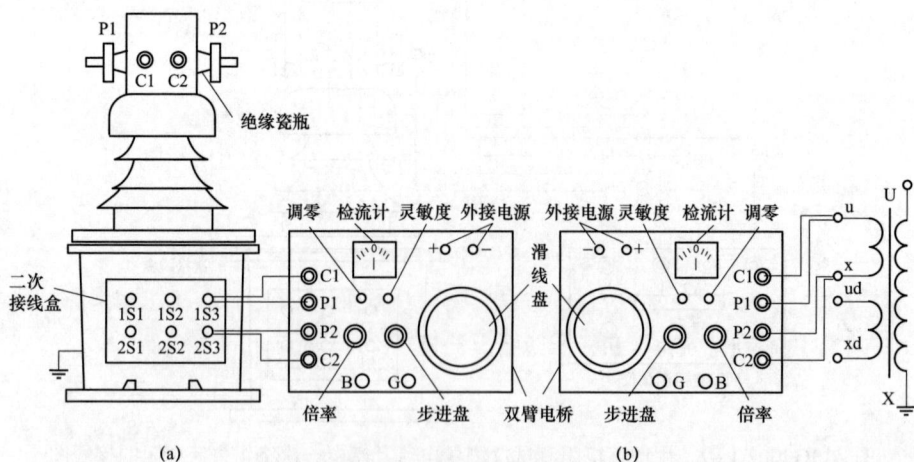

图 Z13G2002 I –4   双臂电桥测量电流、电压互感器二次绕组直流电阻的接线图

（a）电流互感器；（b）电压互感器

2. 测试步骤

用测量线将双臂电桥 P1、C1、P2、C2 端子与被测互感器的二次绕组相连，非被测绕组开路。按双臂电桥操作说明书进行测量，记录数据。变更试验接线，分别测量其他二次绕组的直流电阻。并记录被试品的温度。

六、测试注意事项

1. 采用电流电压表法测量时的注意事项

（1）一般选用 0.5 级以上的仪表，且量程选择应尽量满足指针指示在满刻度的 2/3 以上位置。在接线时，应注意仪表的接线柱正、负极。

（2）使用的直流电源应电压稳定、容量充足，以防止由于电流波动产生自感电动势而影响测量的准确性。

（3）如被测绕组电感很大，则在改变测量电流时，须将电压表的测量回路断开，以免电压表因受自感电动势的冲击而被损坏。

（4）试验电流不得大于被测电阻额定电流的 20%，且通电时间不宜过长，以减小被测电阻因发热而产生较大误差。

2. 采用单、双臂电桥测量绕组直流电阻时的注意事项

（1）连接导线一般应为同长度、同型号、同截面的导线。电流线 C1、C2 截面不小于 2.5mm²，电压线 P1、P2 截面不小于 1.5mm²，且被测电阻与电桥连接导线电阻不大于 0.01Ω。在测量中，不能长时间将电桥的"G"按钮按住进行测量。

（2）采用单、双臂电桥测量绕组直流电阻需外接电源时，电桥内附电池必须取出。

（3）采用双臂电桥测量绕组直流电阻，测量时，双臂电桥的 4 根线（P1、C1、P2、C2）应分别连接，测试线 P1、P2 接在被测绕组内侧，C1、C2 接在被测绕组外侧，以避免将 C1、C2 与绕组连接处的接触电阻测量在内。

（4）在测量过程中，不能随意切断电源及断开接在试品两端的测量连接线。

（5）温度对直流电阻影响很大，应准确记录被试绕组的温度。测量必须在绕组温度稳定的情况下进行，测量时应做好记录。

七、测试结果分析及测试报告编写

（一）测试标准及结果分析

1. 测试标准及要求

根据 Q/GDW 1168—2013《输变电设备状态检修试验规程》、Q/GDW 11447—2015《10kV～500kV 输变电设备交接试验规程》及《国家电网公司变电检测通用管理规定》〔国网（运检/3）829—2017〕的规定：

（1）电流互感器。同型号、同规格、同批次电流互感器一、二次绕组的直流电阻和平均值的差异不宜大于 10%。当有怀疑时，应提高施加的测量电流，但不大于额定

电流（方均根值）的 50%。

（2）电压互感器。一次绕组直流电阻测量值，与换算到同一温度下的出厂值比较，相差不宜大于 10%。二次绕组直流电阻测量值，与换算到同一温度下的初值比较，相差不宜大于 15%。

2. 测试结果分析

（1）将所测电阻值都换算到同一温度下，与以前（出厂或交接时）相同部位测得值进行比较。绕组直流电阻温度换算按式（Z13G2002 I –2）进行计算，即

$$R_{t2}=(T+t_2)/(T+t_1)\times R_{t1} \qquad (Z13G2002\ I\ –2)$$

式中　R_{t2}——换算至温度为 t_2 时的绕组直流电阻，Ω；

　　　R_{t1}——温度为 t_1 时的绕组直流电阻，Ω；

　　　T——温度换算系数。铜线 235，铝线 225。

（2）10kV 及以上的电流互感器一次绕组的直流电阻非常小，若导电杆和内部引线接触不良，其一次直流电阻增长很快，且在运行时，造成接头发热，可以结合红外成像来分析其发热的部位。

（3）使用双臂电桥测量时，在现场若遇感应电压影响，造成读数不准，可以将测试仪 P1 或 P2 端一点接地，以消除感应电压影响。

（4）对 110kV 及以上的电流互感器一次绕组直流电阻一般不大于 500μΩ。

（5）在对互感器绕组直流电阻进行分析时，要进行"纵横"比较。就是与该设备的历史数据比较，与同型号、相同测量部位比较，并结合油中色谱分析等来进行综合分析比较，找出故障原因。

（二）测试报告编写

试验记录应填写信息，包括基本信息（变电站、委托单位、试验单位、运行编号、试验性质、试验日期、试验人员、试验地点、报告日期、编写人员、审核人员、批准人员、试验天气、环境温度、环境相对湿度），设备铭牌（生产厂家、出厂日期、出厂编号、设备型号、额定电压等），试验数据（直流电阻、试验仪器、项目结论等）。

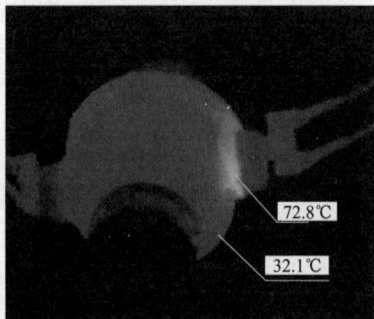

图 Z13G2002 I –5　某电流互感器 W 相红外成像图

八、案例

某变电站在进行红外巡视时，发现一间隔 220kV 电流互感器 W 相发热，其红外成像图如图 Z13G2002 I –5 所示。其中，最高温度 72.8℃，最低温度32.1℃，其发热点是在电流互感器内部。将电流互感器停电，进行一次直流电阻测量，电

阻值为5560μΩ，经检查发现内部导电杆接触不良而引起发热，处理后再次进行一次直流电阻测量，电阻值为256μΩ。投入运行后进行红外测量，其最高温度27.3℃。

【思考与练习】

1. 简述互感器直流电阻测试的目的及判断标准。

2. 如图Z13G2002Ⅰ–6所示，用电流电压表法测量110kV以上的电流互感器一次绕组直流电阻时，应选用下列哪组试验接线图？为什么？

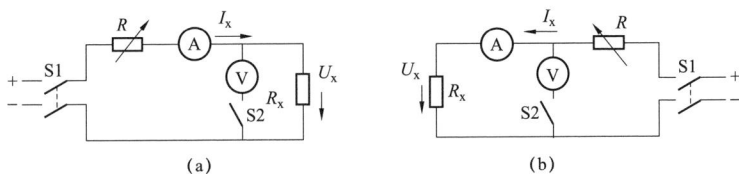

图 Z13G2002Ⅰ–6　电流互感器一次绕组直流电阻测量接线图

第十八章

变压器空载、短路特性试验

▶ 模块1　变压器空载试验（Z13G3001Ⅱ）

【模块描述】本模块介绍变压器空载试验的方法和技术要求。通过对试验工作流程的介绍，掌握变压器空载试验前的准备工作和相关安全、技术措施、试验方法及技术要求。

【模块内容】

一、试验目的

变压器空载损耗主要是铁芯损耗，即由于铁芯的磁化所引起的磁滞损耗。其中还包括空载电流通过绕组时产生的电阻损耗和变压器引线损耗、测量线路及表计损耗等。由于变压器引线损耗、测量线路及表计损耗所占比重较小，可以忽略。空载损耗和空载电流的大小取决于变压器的容量、铁芯构造、硅钢片的质量和铁芯制造工艺等。引起空载电流过大的主要原因有铁芯的磁阻过大、铁芯叠片不整齐、硅钢片间短路等。

因此变压器空载试验的主要目的是通过测量空载电流和空载损耗，分析其变化规律，发现磁路中的铁芯硅钢片的局部绝缘不良和绕组匝间短路等缺陷。

二、试验仪器、设备的选择

根据变压器铭牌值及出厂数据对空载试验的要求，测量仪器、仪表应能满足测量接线方式、测试电压、测试准确度等要求。因此对试验设备的主要参数选择如下。

（1）使用的电压互感器、电流互感器应不低于0.2级，电压、电流表应不低于0.5级。

（2）使用的功率表应选用 $\cos\varphi$ 不大于0.2、准确度不低于0.5级的低功率因数功率表。

（3）调压器应选用波形畸变小和阻抗电压低的自耦接触式调压器。

三、危险点分析及控制措施

1. 防止高空坠落

使用变压器专用爬梯上下，在变压器上作业系好安全带。对220kV及以上变压器，需解开高压套管引线时，应使用高空作业车，严禁徒手攀爬变压器高压套管。

2. 防止高处落物伤人

高处作业应使用工具袋，上下传递物件应用绳索拴牢传递，严禁抛掷。

3. 防止工作人员触电

（1）应严格执行 Q/GDW 1799.1—2013《国家电网公司电力安全工作规程　变电部分》的相关要求。

（2）高压试验工作不得少于两人。试验负责人应由有经验的人员担任，开始试验前，试验负责人应向全体试验人员详细布置试验中的安全注意事项，交待邻近间隔的带电部位，以及其他安全注意事项。

（3）试验现场应装设遮栏或围栏，遮栏或围栏与试验设备高压部分应有足够的安全距离，向外悬挂"止步，高压危险！"的标示牌，并派人看守。

（4）应确保操作人员及试验仪器与电力设备的高压部分保持足够的安全距离，且操作人员应使用绝缘垫。

（5）试验装置的金属外壳应可靠接地，高压引线应尽量缩短，并采用专用的高压试验线，必要时用绝缘物支挂牢固。

（6）加压前必须认真检查试验接线，使用规范的短路线，电流、电压互感器等所用表计倍率、量程、调压器零位及仪表的开始状态，均应正确无误。

（7）因试验需要断开设备接头时，拆前应做好标记，接后应进行检查。

（8）试验装置的电源开关，应使用明显断开的双极隔离开关。为了防止误合隔离开关，可在刀刃或刀座上上加绝缘罩。

（9）试验前，应通知所有人员离开被试设备，并取得试验负责人许可，方可加压。加压过程中应有人监护并呼唱。

（10）变更接线或试验结束时，应首先断开试验电源，放电，并将升压设备的高压部分放电、短路接地。

（11）试验现场出现明显异常情况时（如异声、电压波动、系统接地等），应立即停止试验工作，查明异常原因。

（12）高压试验作业人员在全部加压过程中，应精力集中，随时警戒异常现象发生。

（13）未装接地线的大电容被试设备，应先行放电再做试验。

（14）试验结束时，试验人员应拆除自装的接地短路线，并对被试设备进行检查，恢复试验前的状态，经试验负责人复查后，进行现场清理。

四、试验前的准备工作

1. 了解被试设备现场情况及试验条件

查勘现场，查阅相关技术资料，包括该设备出厂试验数据、历年试验数据及相关规程等，掌握该设备运行及缺陷情况。

2. 试验仪器、设备准备

选择合适的被试变压器的测试线（夹）、温湿度计、接地线、短路线、放电棒、万用表、电源线（带漏电保护开关）、电压表、电流表、低功率因数功率表、频率表、电压互感器、电流互感器、隔离开关、二次连接线、安全带、安全帽、电工常用工具、试验临时安全遮栏、标示牌等，并查阅测试仪器、设备及绝缘工器具的检定证书有效期、相关技术资料、相关规程等。

3. 办理工作票并做好试验现场安全和技术措施

进入试验现场后，办理工作票并做好试验现场安全措施。向其余试验人员交代工作内容、带电部位、现场安全措施、现场作业危险点，明确人员分工及试验程序。

五、现场试验步骤及要求

断开变压器有载分接开关、风冷电源，退出变压器本体保护等，将变压器各绕组短路接地放电，对大容量变压器应充分放电（5min 以上），放电时应用放电棒进行放电。拆除或断开各侧套管上的一切连线。搭接试验电源，需先用万用表测量，确定其试验电源电压为 220V 或 380V，并用频率表测量试验电源是否为 50Hz。根据变压器铭牌上的空载电流百分比估算出试验电流，选用适当的测量表计。用专用围栏将试验场地隔离，并向外悬挂"止步、高压危险"标示牌。

（一）单相变压器空载试验

1. 试验接线

（1）当试验电压和电流不超出仪表的额定值时，可直接将测量仪表接入测量回路，试验接线如图 Z13G3001Ⅱ–1 所示，非被试绕组均开路，不能短接。

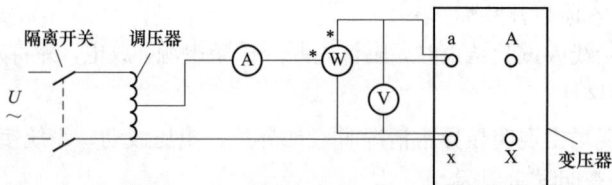

图 Z13G3001Ⅱ–1　单相变压器空载直接测量接线

（2）当电压、电流超过仪表额定值时，可通过电压互感器及电流互感器接入测量回路，试验接线如图 Z13G3001Ⅱ–2 所示，非被试绕组均开路，不能短接。

2. 试验步骤

按选用的试验接线图接线。将电源加到被试变压器的低压侧（a–x 端）：检查调压器是否在零位，合上电源刀闸，调整调压器，缓慢升压，观察仪表指示是否正常，若

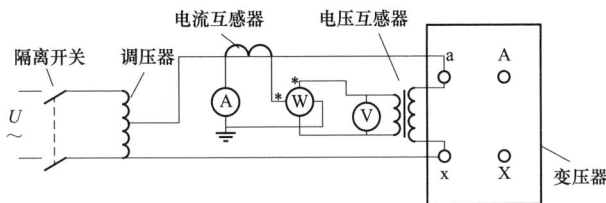

图 Z13G3001Ⅱ-2　单相变压器空载间接测量接线

无异常，继续升压至额定电压值，同时读取并记录仪表指示值。记录数据后，将调压器调回零，断开隔离开关，对被试变压器进行放电。

3. 试验数据整理及计算

（1）变压器空载电流常用额定电流的百分数表示，即

$$I_0\% = \frac{I_0}{I_N} \times 100\% \qquad （Z13G3001Ⅱ-1）$$

式中　$I_0\%$——变压器额定空载电流百分数；

　　　　I_0——变压器额定空载电流，A；

　　　　I_N——变压器加压侧的额定电流，A。

（2）变压器空载损耗用 P_0 表示，如果采用直接测量（按图 Z13G3001Ⅱ-1 接线），可直接读出空载电流 I_0 和空载损耗 P_0；如果采用间接测量（按图 Z13G3001Ⅱ-2 接线），空载电流 I_0、空载损耗 P_0 可按式（Z13G3001Ⅱ-2）、式（Z13G3001Ⅱ-3）计算。

$$I_0 = I_0' \times K_A \qquad （Z13G3001Ⅱ-2）$$

$$P_0 = P_0' \times K_A K_V \qquad （Z13G3001Ⅱ-3）$$

式中　I_0'——电流表读数，A；

　　　　P_0'——功率表读数，W；

　　　　K_A——电流互感器变比；

　　　　K_V——电压互感器变比。

（二）三相变压器空载试验

在电力系统 10～220kV 的范围内，绝大多数使用三相共体变压器，在 500kV 等级中有部分的分体式变压器，因此，三相变压器空载试验在我们的工作中占有很大的比例。

1. 双瓦特表法

（1）试验接线。

1）当试验电压和电流不超出仪表的额定值时，可直接将测量仪表接入测量回路，试验接线如图 Z13G3001Ⅱ-3 所示，非被试绕组均开路，不能短接。

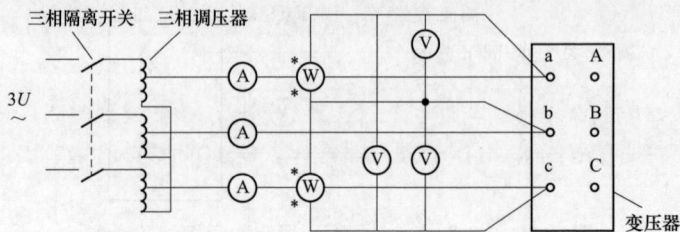

图 Z13G3001Ⅱ–3 三相变压器空载直接测量接线

2）当电压、电流超过仪表额定值时，可通过电压互感器及电流互感器接入测量回路，试验接线如图 Z13G3001Ⅱ–4 所示，非被试绕组均开路，不能短接。

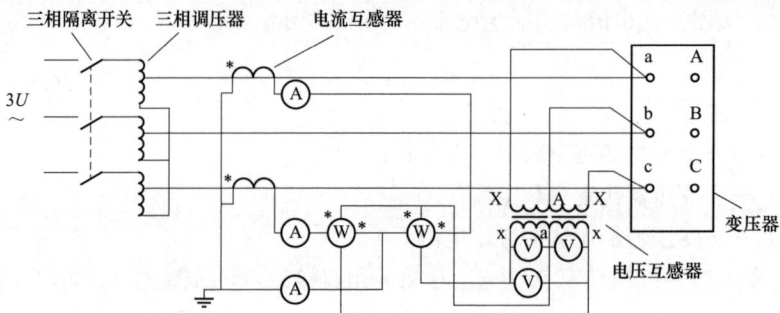

图 Z13G3001Ⅱ–4 三相变压器空载间接测量接线

（2）试验步骤。根据现场具体情况，选用上述试验接线图接线，需要特别要注意：电流互感器、低功率因数功率表的"极性"，由于变压器的损耗等于两功率表的代数和，因此对两台单相电压互感器接成 V 形时，也要考虑"极性"。将三相电源加到被试变压器的低压侧（a、b、c 端）：检查调压器是否在零位，合上电源刀闸，调整调压器，缓慢升压，观察仪表指示是否正常，若无异常，继续升电至额定电压值，同时读取并记录仪表指示值。记录数据后，将调压器调回零，断开隔离开关，对被试变压器进行放电。

（3）试验数据整理及计算。空载电流取三相电流的平均值，并换算为额定电流的百分数，即

$$I_0\% = \frac{I_{0a} + I_{0b} + I_{0c}}{3I_n} \times 100\% \qquad (\text{Z13G3001Ⅱ–4})$$

式中 I_{0a}、I_{0b}、I_{0c}——变压器三相实测电流，A；

I_n——变压器加压侧的额定电流，A。

空载损耗

$$P_0 = P_{0ab} + P_{0cb} \qquad\qquad （Z13G3001Ⅱ-5）$$

式中　P_{0ab}、P_{0cb}——两功率表实测的功率，W。

若采用间接测量时，空载电流的计算，先将三相实测电流用式（Z13G3001Ⅱ-2）分别换算后，再用式（Z13G3001Ⅱ-4）进行计算。空载损耗的计算，先将两功率表实测的功率用式（Z13G3001Ⅱ-3）分别换算后，再用式（Z13G3001Ⅱ-5）进行计算。

2. 三功率表法

三相变压器的损耗可以用三功率表法进行测量，其变压器的损耗等于三个三功率表之和。

（1）试验接线。

1）当试验电压和电流不超出仪表的额定值时，可直接将测量仪表接入测量回路，试验接线如图 Z13G3001Ⅱ-5 所示，非被试绕组均开路，不能短接。

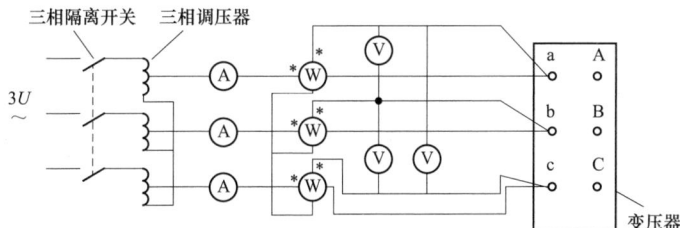

图 Z13G3001Ⅱ-5　三相变压器空载直接测量试验

2）当电压、电流超过仪表额定值时，可通过电压互感器及电流互感器接入测量回路，试验接线如图 Z13G3001Ⅱ-6 所示，非被试绕组均开路，不能短接。

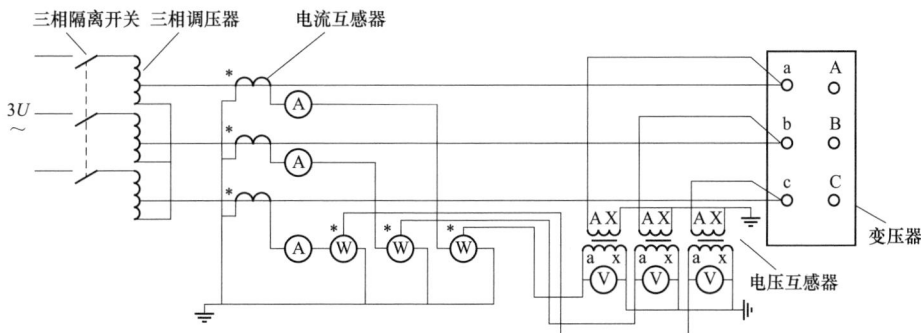

图 Z13G3001Ⅱ-6　三相变压器空载间接测量试验

（2）试验步骤。根据现场具体情况，选用上述试验接线图接线，这里特别要注意，电流互感器、功率表的"极性"，由于变压器的损耗等于三功率表的和，而三台单相电压互感器独立供三只功率表时，也要考虑"极性"，否则会出现"负"功率。将三相电源加到被试变压器的低压侧（a、b、c 端）：检查调压器是否在零位，合上电源刀闸，调整调压器，缓慢升压，观察仪表指示是否正常，若无异常，继续升电至额定电压值，同时读取并记录仪表指示值。记录数据后，将调压器调回零，断开隔离开关，对被试变压器进行放电。

（3）试验数据整理及计算。空载电流取三相电流的平均值，并换算为额定电流的百分数，即

$$I_0\% = \frac{I_{0a} + I_{0b} + I_{0c}}{I_N} \times 100\% \qquad (Z13G3001 \text{II}-6)$$

式中　I_{0a}、I_{0b}、I_{0c}——变压器三相实测电流，A；

　　　　I_N——变压器加压侧的额定电流，A。

空载损耗

$$P_0 = P_{0a} + P_{0b} + P_{0c} \qquad (Z13G3001 \text{II}-7)$$

式中　P_{a0}、P_{b0}、P_{c0}——三只功率表实测的功率，W。

若采用间接测量时，空载电流的计算，先将三相实测电流用式（Z13G3001Ⅱ-2）分别换算后，再用式（Z13G3001Ⅱ-6）进行计算。空载损耗的计算，先将三只瓦特表实测的功率用式（Z13G3001Ⅱ-3）分别换算后，再用式（Z13G3001Ⅱ-7）进行计算。

（三）三相变压器分相空载试验

将三相变压器当作三个单相变压器，轮流加压，依次将变压器加压侧的一相绕组短路，其他两相绕组施加电压，测量空载损耗及空载电流。试验接线如图 Z13G3001Ⅱ-7 所示。

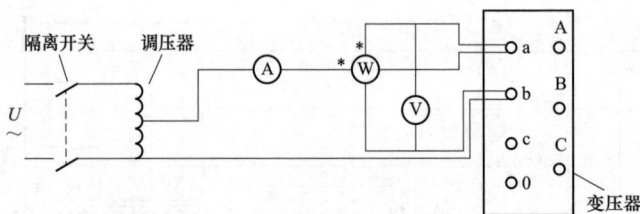

图 Z13G3001Ⅱ-7 三相变压器分相空载试验

1. 当加压绕组为 YN 接线时

（1）试验接线。按图 Z13G3001Ⅱ-7 进行接线，对三相变压器做单相空载时。加压、短路方式见表 Z13G3001Ⅱ-1。

表 Z13G3001Ⅱ-1　　　　　　　　　　　　YN 绕组单相空载试验

加压相	短路相	测量值	
a、b	c、o	I_{0ab}	P_{0ab}
b、c	a、o	I_{0bc}	P_{0bc}
a、c	b、o	I_{0ac}	P_{0ac}

（2）试验步骤。按选用的试验接线图 Z13G3001Ⅱ-1 接线，将单相电源加到被试变压器：检查调压器是否在零位，合上电源刀闸，调整调压器，缓慢升压，观察仪表指示是否正常，若无异常，继续升压至额定电压值，同时读取并记录仪表指示值。记录数据后，将调压器调回零，断开隔离开关，对被试变压器进行放电。变更试验接线，依次按表（Z13G3001Ⅱ-1）方法，分三次完成测量。

（3）试验数据整理及计算。三相空载损耗 P_0 和空载电流百分数 $I_0\%$ 计算式为

$$P_0 = \frac{P_{0ab} + P_{0bc} + P_{0ac}}{2} \times K_V K_A \qquad (Z13G3001Ⅱ-8)$$

$$I_0 = \frac{I_{0ab} + I_{0bc} + I_{0ac}}{3I_N} \times K_V \times 100\% \qquad (Z13G3001Ⅱ-9)$$

式中　　P_{0ab}、P_{0bc}、P_{0ac}、I_{0ab}、I_{0bc}、I_{0ac}——空载损耗及空载电流的实测值；

$\qquad\qquad K_V$、K_A——测量电压互感器和电流互感器的变比，仪表直接接入时 $K_{TV} = K_{TA} = 1$。

2. 当加压绕组为△接线时

（1）试验接线。按图 Z13G3001Ⅱ-7 进行接线，对三相变压器做单相空载时，加压、短路方式见表 Z13G3001Ⅱ-2。

表 Z13G3001Ⅱ-2　　　　　　　　　　△绕组单相空载试验

加压相	△绕组连接方式					
	ay、bz、cx			az、bx、cy		
	短路相	测量值		短路相	测量值	
a、b	b、c	I_{0ab}	P_{0ab}	b、c	I_{0ac}	P_{0ac}
b、c	a、c	I_{0bc}	P_{0bc}	a、c	I_{0bc}	P_{0bc}
a、c	c、b	I_{0ac}	P_{0ac}	c、b	I_{0ab}	P_{0ab}

（2）试验步骤。按选用的试验接线图 Z13G3001Ⅱ-1 接线，将单相电源加到被试变压器：检查调压器是否在零位，合上电源隔离开关，调整调压器，缓慢升压，观察仪表指示是否正常，若无异常，继续升压至额定电压值，同时读取并记录仪表指示值。记录数据后，将调压器调回零，断开隔离开关，对被试变压器进行放电。变更试验接线，依次按表 Z13G3001Ⅱ-2 方法，分三次完成测量。

（3）试验数据整理及计算。三相空载损耗 P_0 和空载电流百分数 $I_0\%$ 计算式为

$$P_0 = \frac{P_{0ab} + P_{0bc} + P_{0ac}}{2} \times K_V K_A \qquad (Z13G3001Ⅱ-10)$$

$$I_0 = 0.289 \frac{I_{0ab} + I_{0bc} + I_{0ac}}{3I_N} \times K_V \times 100\% \qquad (Z13G3001Ⅱ-11)$$

式中 P_{0ab}、P_{0bc}、P_{0ac}、I_{0ab}、I_{0bc}、I_{0ac}——空载损耗与空载电流的实测值；

K_V、K_A——测量电压互感器和电流互感器的变比，仪表直接接入时 $K_{TV}=K_{TA}=1$。

3. 当加压绕组为 y 接线，另一侧为△接线时

（1）试验接线。按图 Z13G3001Ⅱ-7 进行接线，对三相变压器做单相空载时，加压、短路方式见表 Z13G3001Ⅱ-3。

表 Z13G3001Ⅱ-3　　　　　　y 绕组单相空载试验

加压相	短路相	测量值	
a、b	B、C	I_{0ab}	P_{0ab}
b、c	C、A	I_{0bc}	P_{0bc}
a、c	A、B	I_{0ac}	P_{0ac}

（2）试验步骤。按选用的试验接线图 Z13G3001Ⅱ-1 接线，将单相电源加到被试变压器：检查调压器是否在零位，合上电源隔离开关，调整调压器，缓慢升压，观察仪表指示是否正常，若无异常，继续升压至额定电压值，同时读取并记录仪表指示值。记录数据后，将调压器调回零，断开隔离开关，对被试变压器进行放电。变更试验接线，依次按表 Z13G3001Ⅱ-3 方法，分三次完成测量。

（3）试验数据整理及计算。三相空载损耗 P_0 和空载电流百分数 $I_0\%$ 计算式为

$$P_0 = \frac{P_{0ab} + P_{0bc} + P_{0ac}}{2} \times K_V K_A \qquad (Z13G3001Ⅱ-12)$$

$$I_0 = \frac{I_{0ab} + I_{0bc} + I_{0ac}}{3I_N} \times K_V \times 100\% \qquad (Z13G3001Ⅱ-13)$$

式中　P_{0ab}、P_{obc}、P_{0ac}、I_{0ab}、I_{0bc}、I_{0ac}——表计的实测值；

$\qquad\qquad$ K_V、K_A——测量电压互感器和电流互感器的变比，仪表

$\qquad\qquad\qquad\qquad$ 直接接入时 $K_{TV}=K_{TA}=1$。

　　目前随着技术的发展，变压器空载试验除了上述基本方法以外，也可采用专用的变压器参数测试仪进行测量。

六、试验中注意事项

（1）对变压器施加的电压应为额定　频率的额定电压（分接电压），波形为正弦波。

（2）在作三相变压器额定空载试验时，试验电源应有足够的容量，应满足下列要求，即：

$$S > S_N \frac{I_0\%}{100} \qquad I \leqslant \frac{S}{\sqrt{3}U} \qquad\qquad (Z13G3001\,\text{Ⅱ}-14)$$

式中　S——所需试验电源容量（kVA），实际取值 $S=$（5～6）$S_N \dfrac{I_0\%}{100}$；

$\qquad$ S_N——被试变压器的额定容量，kVA；

$\qquad$ $I_0\%$——被试变压器空载电流的百分数；

$\qquad$ U——试验时所施加的电压，kV；

$\qquad$ I——试验时所允许的电流，A。

（3）试验电压应保持稳定，采用三相电源法试验时，要求三相电压对称，即负序分量不超过正序分量的 5%，三相线电压相差不超过 2%，若三相电源不符合要求，可采用单相电源法试验。

（4）接线时必须注意功率表电流线圈和电压线圈的极性，功率表的指示可能是正值也可能是负值。

（5）空载试验时互感器的极性必须连接正确，一、二次连接相对应，二次端子与表计极性的连接相对应。还须注意，互感器的二次回路中有一个安全接地点，对三相互感器或三只单相互感器，应是同名端、同一接地点接地。

（6）为了使测量结果准确，连接导线应有足够的截面，电流线不小于 2.5mm²、电压线不小于 1.5mm²，且接触良好。当被试变压器本身损耗较小时，应将测量的损耗值减去试验仪表本身的损耗。

（7）三相变压器分相空载试验时，使用的短路线不小于 2.5mm²，短路时不能与变压器外壳短接，并保持足够的安全距离。

（8）在试验过程中，若发现表计指示异常，被试变压器有放电声、异响、冒烟、喷油等异常情况时，应立即断开电源停止试验，查明原因，加以处理，否则不能继续试验。

（9）空载试验应在直流电阻测试之前或直流电阻测试后充分去磁后开展，防止铁芯剩磁对测试造成影响。额定电压下的空载试验，应在常规电气试验合格后开展，铁芯应可靠接地，分级绝缘变压器中性点应可靠接地；大型变压器试验前后应开展绝缘油色谱分析比对，试验完毕后的绝缘油取样应在变压器充分静置后（24h）开展。

【思考与练习】

1. 为什么变压器在进行低电压空载试验时，要去除变压器铁芯中的剩磁？

2. 对绕组为△形连接的变压器用单相电源测量空载电流时，加压、短路方式如何？

▲ 模块 2 变压器空载试验的分析判断（Z13G3003Ⅲ）

【模块描述】本模块介绍变压器空载试验结果分析及报告编写。通过案例介绍，掌握变压器空载试验结果分析、判断及报告编写。

【模块内容】

一、试验结果分析及试验报告编写

（一）试验标准及结果分析

1. 试验标准及要求

根据 Q/GDW 1168—2013《输变电设备状态检修试验规程》、Q/GDW 11447—2015《10kV～500kV 输变电设备交接试验规程》及《国家电网公司变电检测通用管理规定》〔国网（运检/3）829—2017〕的规定：

（1）试验电源可用三相或单相，试验电压可用额定电压或较低电压值（如制造厂提供的较低电压值，可在相同电压下进行比较），与前次试验值相比，无明显变化。

（2）变压器在额定条件下的空载试验结果，与铭牌值或出厂试验记录比较，测量结果与上次相比，无明显差异；对单相变压器相间或三相变压器两个边相，空载电流差异不超过 10%

（3）在非额定条件下进行的空载试验，必须进行校正和换算到额定条件下。

2. 试验结果分析

（1）当施加的试验电压小于变压器额定电压时，可以用式（Z13G3003Ⅲ-1）换算到额定条件下，但误差较大。试验施加的电压，一般选择在 5%～10% 额定电压以内，则有

$$P_0 = P_0' \left(\frac{U_N}{U'} \right)^n \qquad (\text{Z13G3003Ⅲ-1})$$

式中 P_0 ——换算到额定电压下的空载损耗；

P_0' ——电压为 U' 时测得空载损耗；

U_{N}——变压器额定电压；

U'——施加的试验电压；

n——指数，取决于变压器铁芯硅钢片种类，热轧取 1.8，冷轧取 1.9～2.0。

（2）试验电压频率的影响。

变压器空载试验可以在与额定频率相差±5%的情况下进行，此时施加于变压器上的试验电压可用式（Z13G3003Ⅲ-2）计算

$$U' = U_{\mathrm{N}}\frac{f'}{50} \tag{Z13G3003Ⅲ-2}$$

式中　U'——频率为 f' 时应施加的试验电压；

U_{N}——频率为 50Hz 时的试验电压；

f'——试验电源频率。

由于在 f' 下测得的空载电流 I'_0 接近额定频率（50Hz）下的 I_0，即 $I_0 \approx I'_0$，因此空载电流无需校正，此时空载损耗 P_0 可按式（Z13G3003Ⅲ-3）计算

$$P_0 = P'_0\left(\frac{60}{f'} - 0.2\right) \tag{Z13G3003Ⅲ-3}$$

式中　P'_0——在频率 f'、电压 U' 下测得的空载损耗；

P_0、f' 意义同上。

（3）测量回路、仪表等损耗对测量结果的影响。对小容量变压器进行空载试验和对大容量变压器在低电压下进行空载试验时，应考虑排除测量回路、仪表等损耗的影响。测量回路、仪表等损耗的测量方法如下。

1）根据现场具体情况，选定试验方法及接线。

2）将接至被试变压器的试验引线"悬空"，即不接试品。

3）检查调压器在零位，合上开关，调整调压器，缓慢升压至所需的试验电压。

4）读取并记录仪表指示值。

5）将调压器调回零，断开隔离开关，对被试变压器进行放电。

按选定的试验方法，将试验引线接至被试变压器加压侧，准备进行试验。

实际测量的损耗中包含功率表电压线圈、电压表本身和试验引线的损耗，因此必须进行校正，其校正公式为

$$P_0 = P'_0 - P' \tag{Z13G3003Ⅲ-4}$$

式中　P'_0——包括仪表及测量回路的损耗在内的空载损耗实测值；

P'——仪表及测量回路的损耗。

而 P' 可以在被试变压器断开的情况下，施加试验电压直接从瓦特表上读出来，也

可按式（Z13G3003Ⅲ-5）估算，即

$$P' = U^2\left(\frac{1}{R_\text{W}} + \frac{1}{R_\text{H}} + \frac{1}{R_\text{V}}\right) \quad\text{（Z13G3003Ⅲ-5）}$$

式中　　　U——施加试验电压，V；

R_W、R_H、R_V——功率表电压线圈电阻、测量回路电阻和电压表线圈电阻，Ω。

（4）对变压器空载电流、空载损耗结果判断。

1）三相变压器空载电流：由于变压器的三个铁芯柱长度不等，中间短，两边长且对称，因此造成中间相的电流比两边相的电流小 20%～35%。

当绕组为 Y 接法时，由于线电流等于相电流，所以线电流的关系为 $I_\text{u}=I_\text{w}>I_\text{v}$。

当绕组为△接法时，如果三相绕组端子为 uy、vz、wx 相连，在变压器正常情况下，有 $I_\text{u}=I_\text{v}<I_\text{w}$；如果三相绕组端子为 uz、vx、wy 相连，在变压器正常情况下，有 $I_\text{w}=I_\text{v}<I_\text{u}$。

如果变压器的空载试验结果与上述规律不符或与原始值相差超过了标准规定，则可视为变压器存在缺陷。

2）当中、小型电力变压器高压绕组有轻微的匝间短路时，三相空载电流一般无显著变化，空载损耗却可增大 15%～25%，这时应进行分相空载试验，以便确定缺陷相别。

3）对大型的三相变压器做空载试验时，由于试验条件的限制，可用单相电源进行空载试验。正常情况下，由于磁路不对称，铁芯柱两边相对中间相的功率、电流应相等，即 $P_\text{0uv}=P_\text{0vw}$、$I_\text{0uv}=I_\text{0vw}$ 或相差不超过 3%，而两边相的功率 P_0uw、电流 I_0uw 较大，一般后者比前者约大 20%～40%。如果空载试验结果与此规律不符，则该变压器存在局部缺陷。

（5）变压器空载数据增大的原因。

1）硅钢片间绝缘不良，存在局部短路。

2）穿心螺杆或压板的绝缘损坏，造成铁芯局部短路。

3）硅钢片有松动，出现空气隙，磁阻增大，使空载电流增加。

4）绕组匝间或层间短路。

5）绕组并联支路短路或并联支路匝数不相等。

6）变压器在制造时铁芯接缝不严密。

（二）试验报告编写

试验记录应填写信息，包括基本信息（变电站、委托单位、试验单位、运行编号、试验性质、试验日期、试验人员、试验地点、报告日期、编写人员、审核人员、批准人员、试验天气、环境温度、环境相对湿度），设备铭牌（生产厂家、出厂日期、出厂

编号、设备型号、额定电压、额定容量等），试验数据（实测数据、试验仪器、项目结论等）。

二、案例

有一台额定电压 10/0.4kV、额定容量 400kVA、接线组别 Yyn0 的变压器，在运行时低压侧发生故障，使高压侧熔丝熔断，对其进行绝缘电阻、直流电阻、交流耐压试验均合格，采用单相法进行空载电流测量，其试验数据如表 Z13G3003Ⅲ–1 所示。

表 Z13G3003Ⅲ–1　　　　　　变压器空载试验数据表

加压相	短路相	试验电压（V）	空载电流（mA）
uv	wn	200	825
vw	un	200	820
uw	vn	200	736

从表 Z13G3003Ⅲ–1 可以看出，I_{0uv}、I_{0vw} 基本相等且大于 I_{0uw}，而正常的是 I_{0uw} 大于 I_{0uv}、I_{0vw} 约 1.3 倍，仔细观察试验数据发现，电压加在有 v 相时，试验数据异常，判断该变压器 v 相铁芯或绕组上有缺陷，经吊芯检查高压侧 V 相线圈有匝间短路。

【思考与练习】

1. 变压器空载数据增大的原因有哪些？

2. 用单相电源进行变压器空载试验时，空载电流如何判断？

3. 简述变压器空载试验标准及要求。

◢ 模块 3　变压器短路试验（Z13G3002Ⅱ）

【模块描述】 本模块介绍变压器短路试验的方法和技术要求。通过对试验工作流程的介绍，掌握变压器短路试验前的准备工作和相关安全、技术措施、试验方法及技术要求。

【模块内容】

一、试验目的

测量短路损耗和阻抗电压，以便确定变压器的并列运行条件、计算变压器的效率、热稳定和动稳定、计算变压器二次侧的电压变动率以及确定变压器的温升。通过变压器短路试验，可以发现以下缺陷：变压器的各结构件（屏蔽、压环和电容环、轭铁梁板等）或油箱壁中由于漏磁通所引起的附加损耗过大和局部过热、油箱箱盖或套管法兰等附加损耗过大和局部过热、带负载调压的电抗绕组匝间短路、大型电力变压器低压绕组中并联导线间短路或换位错误。这些缺陷均可能使附加损耗显著增大。阻抗电

压 U_K（%）、短路阻抗 Z_K（Ω）、短路电抗 X_K（Ω）、漏电感 L_K（mH）等绕组参数不可忽视的相对变化和三相不对称程度是判断绕组有无变形，位移的重要依据。

二、试验仪器、设备的选择

根据变压器铭牌值及出厂数据对短路试验的要求，测量仪器、仪表应能满足测量接线方式、测试电压、测试准确度等，因此，对试验设备的主要参数进行选择。

（1）使用的电压、电流互感器应不低于 0.2 级，电压、电流表应不低于 0.5 级。

（2）使用的功率表应选用 $\cos\varphi$ 不大于 0.2、准确度不低于 0.5 级的低功率因数功率表。

（3）调压器应选用波形畸变小和阻抗电压低的自耦接触调压器。其容量在被试变压器额定电流下，按式（Z13G3002Ⅱ-13）进行选取；在被试变压器非额定电流下，按变压器额定电流的 1%～10%进行选取。

三、危险点分析及控制措施

1. 防止高空坠落

使用变压器专用爬梯上下，在变压器上作业系好安全带。对 220kV 及以上变压器，需解开高压套管引线时，应使用高空作业车，严禁徒手攀爬变压器高压套管。

2. 防止高处落物伤人

高处作业应使用工具袋，上下传递物件应用绳索拴牢传递，严禁抛掷。

3. 防止工作人员触电

（1）应严格执行 Q/GDW 1799.1—2013《国家电网公司电力安全工作规程 变电部分》的相关要求。

（2）高压试验工作不得少于两人。试验负责人应由有经验的人员担任，开始试验前，试验负责人应向全体试验人员详细布置试验中的安全注意事项，交待邻近间隔的带电部位，以及其他安全注意事项。

（3）试验现场应装设遮栏或围栏，遮栏或围栏与试验设备高压部分应有足够的安全距离，向外悬挂"止步，高压危险！"的标示牌，并派人看守。

（4）应确保操作人员及试验仪器与电力设备的高压部分保持足够的安全距离，且操作人员应使用绝缘垫。

（5）应有专人监护，监护人在测试期间应始终行使监护职责，不得擅离岗位或兼职其他工作。

（6）试验装置的金属外壳应可靠接地，高压引线应尽量缩短，并采用专用的高压试验线，必要时用绝缘物支挂牢固。

（7）加压前必须认真检查试验接线，使用规范的短路线，确保短路线与被试设备充分紧固并有足够的接触面，表计倍率、量程、调压器零位及仪表的开始状态，均应正确无误。

（8）因试验需要断开设备接头时，拆前应做好标记，接后应进行检查。

（9）试验装置的电源开关，应使用明显断开的双极隔离开关。为了防止误合隔离开关，可在刀刃上或刀座上加绝缘罩。

（10）试验前，应通知有关人员离开被试设备，并取得试验负责人许可，方可加压。加压过程中应有人监护并呼唱，并尽量缩短加压时间。

（11）变更接线或试验结束时，应首先断开试验电源，放电，并将升压设备的高压部分放电、短路接地。

（12）试验现场出现明显异常情况时（如异声、电压波动、系统接地等），应立即停止试验工作，查明异常原因。

（13）高压试验作业人员在全部加压过程中，应精力集中，随时警戒异常现象发生。

（14）未装接地线的大电容被试设备，应先行放电再做试验。

（15）试验结束时，试验人员应拆除自装的接地短路线，并对被试设备进行检查，恢复试验前的状态，经试验负责人复查后，进行现场清理。

四、试验前的准备工作

1. 了解被试设备现场情况及试验条件

查勘现场，查阅相关技术资料，包括该设备出厂试验数据、历年试验数据及相关规程等，掌握该设备运行及缺陷情况。

2. 试验仪器、设备准备

选择合适的被试变压器的测试线（夹）、温湿度计、接地线、短路线、放电棒、万用表、电源线（带漏电保护开关）、电压表、电流表、功率表、频率表、电压互感器、电流互感器、隔离开关、二次连接线、安全带、安全帽、电工常用工具、试验临时安全遮栏、标示牌等，并查阅测试仪器、设备及绝缘工器具的检定证书有效期、相关技术资料、相关规程等。

3. 办理工作票并做好试验现场安全和技术措施

进入试验现场后，办理工作票并做好试验现场安全措施。向其余试验人员交代工作内容、带电部位、现场安全措施、现场作业危险点，明确人员分工及试验程序。

五、现场试验步骤及要求

断开变压器有载分接开关、风冷电源，退出变压器本体保护等，将变压器各绕组短路接地放电，对大容量变压器应充分放电（5min 以上），放电时应用放电棒进行放电，并不得用手碰触放电导线。拆除或断开各侧套管上的一切连线。

用专用围栏将试验场地隔离，并向外悬挂"止步、高压危险"标示牌。搭接试验电源，需先用万用表测量，确定其试验电源电压为 220V 或 380V。根据变压器铭牌上的阻抗电压百分数估算出试验电流,选用适当的测量表计。

(一)单相变压器短路试验

1. 试验接线

(1)当试验电压和电流不超出仪表的额定值时,可直接将测量仪表接入测量回路,试验接线如图 Z13G3002Ⅱ–1 所示,非被试绕组应开路,不能短路。

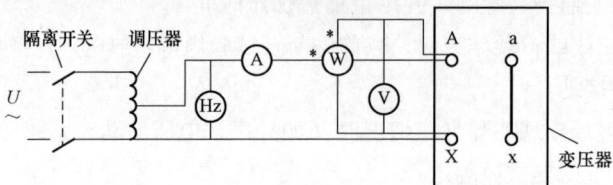

图 Z13G3002Ⅱ–1 单相变压器短路试验直接测量接线

(2)当电压、电流超过仪表额定值时,可通过电压互感器及电流互感器接入测量回路,试验接线如图 Z13G3002Ⅱ–2 所示,非被试绕组应开路,不能短路。

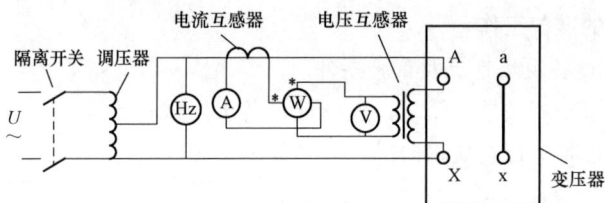

图 Z13G3002Ⅱ–2 单相变压器短路试验间接测量接线

2. 试验步骤

按选用的试验接线图接线,将电源加到被试变压器的高压侧(A—X 端);检查调压器是否在零位,合上电源刀闸,调整调压器。缓慢升压,观察仪表指示是否正常,若无异常,将电流升所需的试验电流值,同时读取并记录仪表指示值。记录数据后,将调压器调回零,断开隔离开关,对被试变压器进行放电。

3. 试验数据整理及计算

短路损耗计算

$$P'_K = P_W K_V K_A \qquad (Z13G3002Ⅱ–1)$$

短路电压的百分数 $U_K\%$ 计算

$$U_K\% = \frac{U'_K}{U_N} \times \frac{I_n}{I'_K} \times 100\% \qquad (Z13G3002Ⅱ–2)$$

式中 P'_K ——测得的短路损耗,W;

P_W——瓦特表读数，W；

K_V——电压互感器变比；

K_A——电流互感器变比；

U_N——被试变压器的额定电压，kV；

U'_K——电压表测量值，V；经电压互感器测量时，U'_K 等于电压表读数乘以 K_V。

I_N——被试变压器的额定电流，A；

I'_K——电流表测量值，A；经电流互感器测量时，I'_K 等于电流表读数乘以 K_A。

当施加的试验电流 $I'_K \neq I_N$ 时，换算到额定电流 I_N 下的短路损耗为

$$P_K = P'_K \left(\frac{I_N}{I'_K} \right)^2 \qquad (Z13G3002 \text{II}-3)$$

式中　P_K——换算到额定电流下的短路损耗，W。

（二）三相变压器短路试验

在电力系统 10kV～220kV 的范围内，绝大多数使用三相变压器，在 500kV 等级中有部分的单相变压器，因此三相变压器短路试验在我们的工作中占有很大的比例。表 Z13G3002 II-1 对双绕组、三绕组变压器采用双瓦特表法进行短路试验的加压侧、短路侧、开路侧进行了说明。

表 Z13G3002 II-1　　　　电力变压器短路试验接线

试验方法	双绕组		三绕组		
	加压部位	短路部位	加压部位	短路部位	开路部位
双瓦特表	A、B、C	a、b、c	A、B、C	a、b、c	Am、Bm、Cm
			Am、Bm、Cm		A、B、C

1. 试验接线（双瓦特表法）

（1）当试验电压和电流不超出仪表的额定值时，可直接将测量仪表接入测量回路，试验接线如图 Z13G3002 II-3 所示。

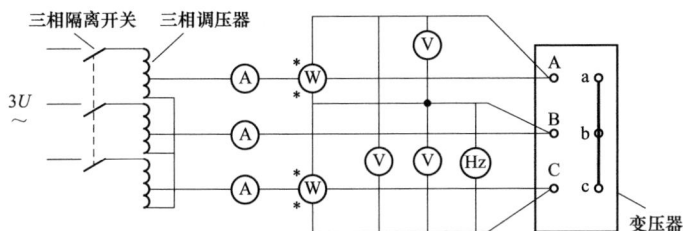

图 Z13G3002 II-3　三相变压器短路试验直接测量接线

（2）当电压、电流超过仪表额定值时，可通过电压互感器及电流互感器接入测量回路，试验接线如图 Z13G3002Ⅱ-4 所示。

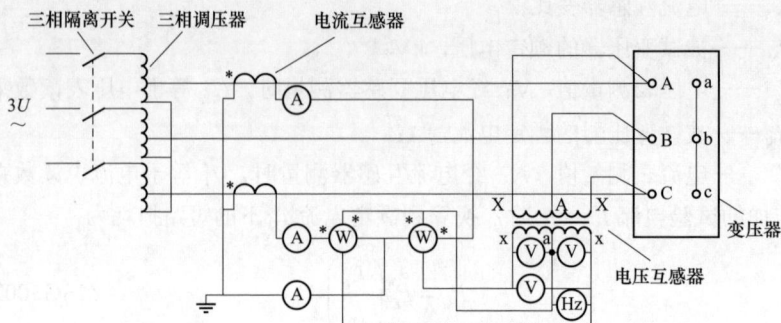

图 Z13G3002Ⅱ-4 三相变压器短路试验间接测量接线

2. 试验步骤

根据现场具体情况，选用上述试验接线图接线，特别要注意电流互感器、功率表的"极性"，由于变压器的损耗等于两功率表的代数和，因此对两台单相电压互感器接成 V 形时，也要考虑"极性"。将三相电源加到被试变压器的高压侧（A、B、C 端）：检查调压器是否在零位，合上电源隔离开关，调整调压器，缓慢升压，观察仪表指示是否正常，若无异常，继续升压将电流升至所需的试验电流值，同时读取并记录仪表指示值。记录数据后，将调压器调回零，断开隔离开关，对被试变压器进行放电。

3. 试验数据整理及计算

试验时的三相短路损耗，应为两功率表测量值的代数和，即

$$P_K = P_1 + P_2 \qquad (Z13G3002 Ⅱ-4)$$

短路电压是三个线电压的平均值，即

$$U_K = \frac{1}{3}(U_{AB} + U_{BC} + U_{CA}) \qquad (Z13G3002 Ⅱ-5)$$

短路电压的百分数 $U_K\%$ 计算式为：

$$U_K\% = \frac{U_K}{U_N} \times 100\% \qquad (Z13G3002 Ⅱ-6)$$

式中 P_1、P_2——分别为功率表测量值，W；

U_{AB}、U_{BC}、U_{CA}——分别为电压表测量值，V；

U_N——被试变压器的额定电压，V。

读数时应注意仪表的倍率，若使用互感器，将上述测量值用式（Z13G3002Ⅱ-1）、式（Z13G3002Ⅱ-2）、式（Z13G3002Ⅱ-3）分别计算，再代入式（Z13G3002Ⅱ-4）、

式（Z13G3002Ⅱ-5）、式（Z13G3002Ⅱ-6）进行计算。

（三）三相变压器的分相短路试验

由于受到现场电源容量的限制或现场没有三相电源，以及在运行中变压器发生突发性故障时，可以用单相电源进行短路试验，以确定其故障相。试验时，将低压侧的三相绕组的三个引出端短接，分别在高压侧 AB、BC、CA 或 AO、BO、CO 间加单相电源进行测量，最后由三次测量的结果计算出三相数据。根据变压器高压侧三相绕组连接方式的不同，采用不同的试验接线方式。

1. 加压绕组为 Y 连接

（1）试验接线。试验电压加在高压侧三相绕组为 Y 连接的试验接线如图 Z13G3002Ⅱ-5 所示。

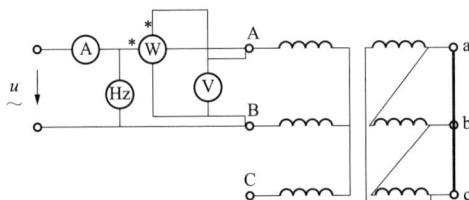

图 Z13G3002Ⅱ-5　加压绕组为 Y 连接的三相变压器单相短路试验接线

（2）试验步骤。按图进行接线，轮流对每一对线间 AB、BC、CA 施加试验电压，将另一侧绕组全部短路，升压至试验电流时，记录仪表指示值，共进行三次，然后用三次测得的损耗 P_{AB}、P_{BC}、P_{CA} 和电压 U_{AB}、U_{BC}、U_{CA} 计算出结果。

（3）试验数据整理及计算。

短路损耗为
$$P_K = \frac{P_{AB} + P_{BC} + P_{CA}}{2} \qquad (Z13G3002Ⅱ-7)$$

短路电压百分数
$$U_K\% = \sqrt{3} \times \frac{U_{AB} + U_{BC} + U_{CA}}{6U_N} \times 100\% \qquad (Z13G3002Ⅱ-8)$$

式中 P_{AB}、P_{BC}、P_{CA}——分别测得加压相 AB、BC、CA 的损耗，W；

$\quad\quad U_{AB}$、U_{BC}、U_{CA}——分别测得加压相 AB、BC、CA 的电压，V；

$\quad\quad U_N$——被试变压器的额定电压，V。

2. 加压绕组为 YN 连接

（1）试验接线。试验电压加在高压侧三相绕组为 YN 连接的试验接线如图 Z13G3002Ⅱ-6 所示。

（2）试验步骤。按图 Z13G3002Ⅱ-6 进行接线，轮流对每一对相间 AO、BO、CO 施加试验电压，升压至试验电流时，记录仪表指示值，共进行三次，然后用三次测得

的损耗 P_{A0}、P_{B0}、P_{C0} 和电压 U_{A0}、U_{B0}、U_{C0} 计算出结果。

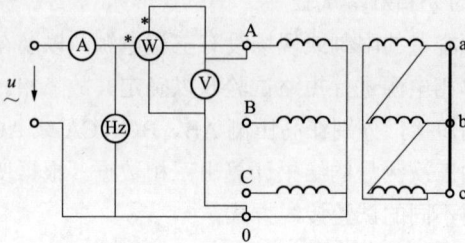

图 Z13G3002Ⅱ-6　加压绕组为 YN 连接的三相变压器单相短路试验接线

（3）试验数据整理及计算。

短路损耗为

$$P_K = P_{A0} + P_{B0} + P_{C0} \qquad (Z13G3002Ⅱ-9)$$

短路电压百分数

$$U_K\% = \sqrt{3} \times \frac{U_{A0} + U_{B0} + U_{C0}}{3U_N} \times 100\% \qquad (Z13G3002Ⅱ-10)$$

式中　　P_{A0}、P_{B0}、P_{C0}——分别测得加压相 AO、BO、CO 的损耗，W；

　　　　U_{A0}、U_{B0}、U_{C0}——分别测得加压相 AO、BO、CO 的电压，V；

　　　　U_N——被试变压器的额定电压，V。

3. 加压绕组为 △ 连接

（1）试验接线。试验电压加在高压侧三相绕组为 △ 连接的试验接线如图 Z13G3002Ⅱ-7 所示。

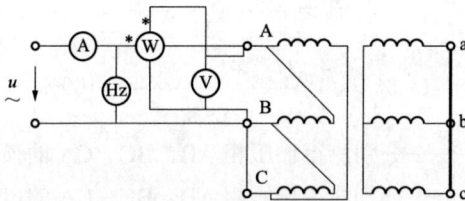

图 Z13G3002Ⅱ-7　加压绕组为△连接的三相变压器单相短路试验接线

（2）试验步骤。按图 Z13G3002Ⅱ-7 进行接线。轮流将一相短接，对另外两相施加电压，见表 Z13G3002Ⅱ-2。

按表 Z13G3002Ⅱ-2 中项目依次对变压器进行试验，将电流升至额定电流的 $2/\sqrt{3}$ 倍，即 $1.15I_N$ 时，记录仪表指示值，共进行三次，然后用三次测得的损耗 P_{AB}、P_{BC}、P_{CA} 和电压 U_{AB}、U_{BC}、U_{CA} 计算出结果。

表 Z13G3002Ⅱ-2　　　　△连接变压器短路试验接线

序号	高压侧		低压侧短路
	加压	短路	
1	AB	BC	abc
2	BC	CA	abc
3	CA	AB	abc

（3）试验数据整理及计算。

三相短路损耗
$$P_K = \frac{P_{AB} + P_{BC} + P_{CA}}{2} \quad (Z13G3002Ⅱ-11)$$

短路电压百分数　$U_K\% = \dfrac{1}{3U_N}(U_{AB} + U_{BC} + U_{CA}) \times 100\% \quad (Z13G3002Ⅱ-12)$

式中　P_{AB}、P_{BC}、P_{CA}——分别测得加压相 AB、BC、CA 的损耗，W；

　　　U_{AB}、U_{BC}、U_{CA}——分别测得加压相 AB、BC、CA 的电压，V；

　　　U_N——被试变压器的额定电压，V。

随着技术的发展，变压器短路试验除采用上述基本方法以外，也可采用专用的变压器参数测试仪进行测量。

六、试验注意事项

（1）试验时，被试绕组一般在最高电压分接头。

（2）试验用电源应具有足够的容量，一般应满足下列要求

电源容量
$$S \geqslant S_N \frac{U_k}{100}\left(\frac{I_k}{I_N}\right)^2 \quad (Z13G3002Ⅱ-13)$$

电源电压
$$U \geqslant U_N \frac{U_k\%}{100} \times \frac{I_k}{I_N} \quad (Z13G3002Ⅱ-14)$$

式中　S、U——分别为短路试验所需电源的容量和电压值，kVA、kV；

　　　S_N、U_N——分别为被试变压器额定容量和额定电压，kVA、kV；

　　　I_N、I_k——分别为被试变压器额定电流和短路试验时的电流，A；

　　　$U_K\%$——被试变压器铭牌的短路电压百分数。

（3）在低压侧用的短路线，与变压器连接处必须接触良好，且短路线截面积与电流密度（一般取 2.5A/mm²）的乘积不得小于试验时施加的电流。

（4）在试验时为避免试验电流线电压降的影响，功率表、电压表的电压应从变压器套管端部处获取。

（5）试验用的导线必须有足够的截面，而且应尽可能短，连接处必须接触良好。

（6）在大于25%额定电流下试验时，读表要迅速，以免绕组发热影响测量准确度。

（7）试验一般在冷状态下进行。对刚退出运行的变压器，必须待绕组温度降至油温时，才能进行试验。试验后应将结果换算到历次试验时相同温度，以便于比较分析。

（8）要求短路试验在额定频率（50Hz±5%）、额定电流下进行，若不能满足要求，则试验后应将结果换算至额定值。

（9）在短路试验前，应将变压器本体的电流互感器二次短路。

【思考与练习】

1. 变压器短路试验目的是什么？

2. 画出用双瓦特表进行三相变压器短路试验的间接测量接线图？

▲ 模块4　变压器短路试验的分析判断（Z13G3004Ⅲ）

【模块描述】本模块介绍变压器短路试验结果分析及报告编写。通过案例介绍，掌握变压器短路试验结果分析、测试数据判断、报告编写。

【模块内容】

一、试验结果分析及试验报告编写

（一）试验标准及结果分析

1. 试验标准及要求

根据 Q/GDW 1168—2013《输变电设备状态检修试验规程》、Q/GDW 11447—2015《10kV～500kV 输变电设备交接试验规程》及《国家电网公司变电检测通用管理规定》〔国网（运检/3）829—2017〕的规定：

（1）容量100MVA及以下且电压等级220kV以下的变压器，初值差不超过±2%。

（2）容量100MVA以上或电压等级220kV以上的变压器，初值差不超过±1.6%。

（3）容量100MVA及以下且电压等级220kV以下的变压器三相之间的最大相对互差不应大于2.5%。

（4）容量100MVA以上或电压等级220kV以上的变压器三相之间的最大相对互差不应大于2%。

2. 试验结果分析

（1）电流和电压的影响。对于三相变压器，各相的电流和电压一般是相同的，当电流和电压的不平衡度超过2%时，短路电流应采用3个（指每相的读数）测量值的算术平均值。如果电流不平衡度未超过2%，允许用任一相的电流表测量电流；如电压的不平衡度未超过2%，阻抗电压可采用3个测量值中最接近于算术平均值的电压。

（2）温度的影响。变压器的参考温度应按有关标准或技术条件规定。若无相应规定时，采用 A、B、E 级绝缘取 75℃，采用 C、F、H 级绝缘取 115℃。对容量为 6300kVA 及以下的中、小型变压器，附加损耗占短路损耗的比重较小（一般不超过电阻损耗的 10%），短路损耗可按式（Z13G3004Ⅲ–1）换算

$$P_{k\theta} = P_{kt} \times k_\theta = P_{kt} \times \frac{T + \theta}{T + t} \qquad (Z13G3004Ⅲ–1)$$

式中　$P_{k\theta}$——换算到 θ℃的短路损耗；

　　　P_{kt}——试验温度 t℃下的短路损耗；

　　　k_θ——θ℃时温度系数；

　　　T——电阻温度换算系数，铜为 235，铝为 225。

短路电压可按式（Z13G3004Ⅲ–2）换算

$$U_{k\theta} = \sqrt{U_{kt}^2 + \left(\frac{P_{kt}}{10S_N}\right)^2 (k_\theta^2 - 1)} \qquad (Z13G3004Ⅲ–2)$$

式中　$U_{k\theta}$——换算到 θ℃时的短路电压，%；

　　　U_{kt}——试验温度为 t℃时测得的短路电压，%；

　　　S_N——被试变压器的额定容量，kVA。

（3）变压器附加损耗的影响。

1）容量为 6300kVA 及以下的变压器，其附加损耗占整个短路损耗比重较小，通常不超过电阻损耗的 10%，一般不予考虑，其计算按式（Z13G3004Ⅲ–1）、式（Z13G3004 Ⅲ–2）进行。

2）容量为 8000kVA 及以上的变压器，其附加损耗占整个短路损耗比重较大，当温度升高时绕组导线的电阻损耗 I^2R 与电阻温度系数 k_θ 成正比，附加损耗 P_a 与电阻温度系数 k_θ 成反比，而短路损耗为绕组导线电阻损耗与附加损耗之和，因此就必须考虑附加损耗的影响。其计算如下：

测量变压器高、低压侧的直流电阻 R_1、R_2，并将其换算到 θ℃下，对单、三相变压器绕组损耗可按式（Z13G3004Ⅲ–3）、式（Z13G3004Ⅲ–4）计算。

单相变压器绕组损耗为

$$\sum I^2 R_\theta = I_1^2 R_{1\theta} + I_2^2 R_{2\theta} \qquad (Z13G3004Ⅲ–3)$$

三相变压器绕组损耗为

$$\sum I^2 R_\theta = (I_1^2 R_{1\theta} + I_2^2 R_{2\theta}) \times 1.5 \qquad (Z13G3004Ⅲ–4)$$

式中　I_1、I_2——高、低压绕组的额定电流，A；

　$R_{1\theta}$、$R_{2\theta}$——高、低压绕组的线间直流电阻，取三相平均值，并换算到 θ℃下，Ω。

根据短路损耗（P_{kt}）等于绕组导线电阻损耗（$\sum I^2 R_\theta$）+附加损耗（P_a）得出

$$P_a = P_{kt} - \sum I^2 R_\theta \qquad (Z13G3004\text{III}-5)$$

在温度为 θ℃时短路损耗为

$$P_{k\theta} = K_\theta \sum I^2 R_\theta + \frac{P_a}{k_\theta} \qquad (Z13G3004\text{III}-6)$$

考虑附加损耗影响，在温度为 θ℃时短路损耗为

$$P_{k\theta} = \frac{P_{kt} + \sum I^2 R_\theta (k_\theta - 1)}{k_\theta} \qquad (Z13G3004\text{III}-7)$$

短路电压按式（Z13G3004III-2）进行计算。

（二）试验报告编写

试验记录应填写信息，包括基本信息（变电站、委托单位、试验单位、运行编号、试验性质、试验日期、试验人员、试验地点、报告日期、编写人员、审核人员、批准人员、试验天气、环境温度、环境相对湿度），设备铭牌（生产厂家、出厂日期、出厂编号、设备型号、额定电压、额定容量等），试验数据（实测数据、试验仪器、项目结论等）。

二、案例

有一台额定电压为 110/10.5kV、额定容量为 40 000kVA、高压侧电流 210A、阻抗电压 19.76%、接线组别为 YNd11 的变压器，在运行时低压出口侧发生短路故障，短路电流达 12 000A 左右，该变压器后备保护动作，对其进行绝缘电阻、直流电阻、泄漏试验均合格，采用单相法进行短路电压测量，油温 45℃，其试验数据如表 Z13G3004III-1 所示。

表 Z13G3004III-1　　　　变压器短路试验数据表

加压相	短路相	试验电压（V）	电流（A）
UN	uvw	420	6.9
VN	uvw	415	7.2
WN	uvw	423	7.3

根据表 Z13G3004III-1 中的试验数据进行计算：

（1）先将每相的试验电压换算到额定条件下的阻抗电压

$$U_{kUN} = U_{UN} \times \frac{I_N}{I_{UN}} = 420 \times \frac{210}{6.9} = 12.783 \times 10^3 \ (V)$$

$$U_{kVN} = U_{VN} \times \frac{I_N}{I_{VN}} = 415 \times \frac{210}{7.2} = 12.104 \times 10^3 \text{（V）}$$

$$U_{kWN} = U_{WN} \times \frac{I_N}{I_{WN}} = 423 \times \frac{210}{7.3} = 12.169 \times 10^3 \text{（V）}$$

（2）将 U_{kUN}、U_{kVN}、U_{kWN} 分别代入式 $U_k\% = \sqrt{3} \times \dfrac{U_{UN} + U_{VN} + U_{WN}}{3U_N} \times 100\%$，得短路阻抗电压 $U_k\% = \sqrt{3} \times$（12.783+12.104+12.169）$\times 10^3/$（$3 \times 110 \times 10^3$）＝19.45%

通过计算测得的阻抗电压 19.45%，与铭牌阻抗电压相比小于±3%。因此，该变压器虽然通过短路电流将达 12 000A 左右，但变压器内部各结构件、几何尺寸等将未发生改变。

【思考与练习】

1. 短路损耗包含哪些损耗？它们与温度的关系如何？

2. 一台 40 000/110 变压器，接线组别 YNd11，阻抗电压 7.0%，额定电流 210/2199A，额定电压 110/10.5kV，进行短路试验，在高压侧加压，若把试验电流 I_s 限制在 10A，试计算试验电压 U_s 是多少？

3. 简述变压器短路试验标准及要求。

第十九章

变压器零序阻抗测试

▶ 模块1　变压器零序阻抗测试（Z13G4001Ⅱ）

【模块描述】本模块介绍变压器零序阻抗测试的基本原理、测试方法和技术要求。通过测试工作流程的介绍，掌握变压器零序阻抗测试前的准备工作和相关安全、技术措施、测试方法、技术要求及测试数据分析判断。

【模块内容】

一、测试目的及原理

电力系统不对称运行时将产生零序电压和零序电流，此时变压器产生的序阻抗称为零序阻抗。变压器零序阻抗决定于磁路形式、绕组的联结法、绕组相对位置、漏磁的通道。正序阻抗相同的不同的变压器可有不同的零序阻抗，有些情况甚至可有非线性的零序阻抗。变压器的零序阻抗是电力系统进行短路电流计算和继电保护整定的重要参数，如果零序阻抗是按照经验数据选取或是根据变压器的额定数据进行计算，这样有时会产生很大的误差，有可能造成继电保护的误动而酿成重大事故。零序阻抗测试的目的就是为了得到变压器实际的零序阻抗值。

（一）变压器等值电路及参数

因零序磁通仍是工频交变分量，所以它在变压器原、副线圈中的电磁感应关系与正序、负序磁通基本相同，因而正序 T 型等值电路可适用于零序。变压器的等值电路

图 Z13G4001Ⅱ-1　变压器"T"等值电路
X_{I}—变压器一次侧漏抗；X_{II}—变压器二次侧漏抗；
X_{m0}—变压器励磁电抗

表示原、副方绕组间的电磁关系，不随流经电流的相序而变。因此不计绕组电阻和铁芯损耗时，变压器的正序、负序等值电路如图 Z13G4001Ⅱ-1 所示。

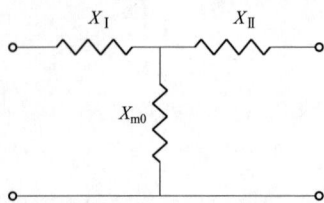

变压器的漏抗反映原、副边绕组间磁耦合的紧密情况，漏磁通路径与所通电流序别无关，变压器零序漏抗与正序漏抗相同。变压器的励磁电抗与变压器的铁芯结构密切

相关，励磁电抗 X_{m0} 与主磁通路径有关，主磁通在铁芯中形成回路的磁阻很小，励磁电抗很大，一般视 X_{m0} 约等于∞。由于零序磁通是三相同相位的，所以零序时的励磁电抗 X_{m0} 与磁路系统有着密切关系。

（二）不同铁芯结构的零序励磁阻抗

1. 三相三柱式

对于采用三相三柱式铁芯的变压器，零序磁通不能在铁芯内形成闭合磁路，只能穿过充油空间（非导磁体），经过油箱壁，再经充油空间返回铁芯以形成闭合回路。由于铁芯与油箱壁之间空间距离较大，所以这个回路磁阻很大，此时的零序励磁阻抗较正序励磁阻抗小很多。由于箱壁都是铁磁材料制作，当零序磁通穿过油箱壁时，会在箱壁内感应涡流并引起损耗，这种损耗属于变压器附加损耗，涡流在箱壁内循环等效于一个三角形绕组内有零序电流循环的情况，这一现象称为箱壁的"△"作用，这种作用的存在影响到变压器零序励磁阻抗、零序短路阻抗以及整个零序阻抗的值。当变压器铁芯为三相三柱式结构时，会使得各绕组零序阻抗的值均较正序阻抗小，且变压器容量愈大，这种差别也愈大，一般约为60%左右。

2. 三相五柱式、三相壳式、单相铁芯组成的三相组铁芯

零序磁通可在铁芯中形成回路，所以磁阻小，并联零序励磁阻抗很大，如零序磁通饱和，还会引起电流畸变。零序磁通感应的零序电压分量会使变压器正常运行时的中性点电压发生偏移。因此，对 Y Yn 接法而言，不宜采用三相五柱式铁芯、三相壳式铁芯。单相铁芯组成的三相组铁芯也不能采用 Y Yn 的联结组。

对 YNd 联结组而言，如在不对称运行时，高压与低压绕组内都可含有零序电流分量，两者可达到安匝平衡，所以零序磁通很小，零序阻抗为串联阻抗，其值约等于90%～100%的阻抗电压。铁芯结构不影响此零序阻抗值。

（三）不同联结组零序阻抗值

变压器线圈的联结组对零序电流的流通情况有很大的影响，从而将影响到零序阻抗值的大小。在中性点接地运行方式下的"YN"或"YN"联结的绕组中，零序电流经中性点而构成回路。在"Y"或"y"联结的绕组中，方向相同的零序电流无法流通，在等值电路中相当于开路。在"D"或"d"联结的绕组中，零序电流在绕组中是可以流通的，因为三相绕组形成一个短接的闭合回路，没有零序电流输出。用等值电路表示时，变压器内部三角形绕组相当于短路，而从外部看进去则是开路的（即零序阻抗为无限大）。

二、测试仪器、设备的选择

（1）三相调压器应选择额定容量不小于20kVA、输入电压为380V、输出电压为0～450V。

（2）电压表、电流表应选择不低于 0.5 级、多量程的表记。

（3）功率表应选择准确度不低于 0.5 级的低功率因数功率表。

（4）测量用电流互感器应选择不低于 0.2 级、多量程的表记。

三、危险点分析及控制措施

1. 防止高空坠落

应使用变压器专用爬梯上下，在变压器上作业应系好安全带。对 220kV 及以上变压器，需解开高压套管引线时，宜使用高空作业车，严禁徒手攀爬变压器高压套管。

2. 防止高处落物伤人

高处作业应使用工具袋，上下传递物件应用绳索拴牢传递，严禁抛掷。

3. 防止工作人员触电

（1）应严格执行 Q/GDW 1799.1—2013《国家电网公司电力安全工作规程　变电部分》的相关要求。

（2）高压试验工作不得少于两人。试验负责人应由有经验的人员担任，开始试验前，试验负责人应向全体试验人员详细布置试验中的安全注意事项，交待邻近间隔的带电部位，以及其他安全注意事项。

（3）试验现场应装设遮栏或围栏，遮栏或围栏与试验设备高压部分应有足够的安全距离，向外悬挂"止步，高压危险！"的标示牌，并派人看守。

（4）应确保操作人员及试验仪器与电力设备的高压部分保持足够的安全距离，且操作人员应使用绝缘垫。

（5）应有专人监护，监护人在测试期间应始终行使监护职责，不得擅离岗位或兼职其他工作。

（6）试验装置的金属外壳应可靠接地，高压引线应尽量缩短，并采用专用的高压试验线，必要时用绝缘物支挂牢固。

（7）加压前必须认真检查试验接线，使用规范的短路线，确保短路线与被试设备充分紧固并有足够的接触面，表计倍率、量程、调压器零位及仪表的开始状态，均应正确无误。

（8）因试验需要断开设备接头时，拆前应做好标记，接后应进行检查。

（9）试验装置的电源开关，应使用明显断开的双极隔离开关。为了防止误合隔离开关，可在刀刃上或刀座上加绝缘罩。

（10）试验前，应通知有关人员离开被试设备，并取得试验负责人许可，方可加压。加压过程中应有人监护并呼唱，并尽量缩短加压时间。

（11）变更接线或试验结束时，应首先断开试验电源，放电，并将升压设备的高压部分放电、短路接地。

（12）试验现场出现明显异常情况时（如异声、电压波动、系统接地等），应立即停止试验工作，查明异常原因。

（13）高压试验作业人员在全部加压过程中，应精力集中，随时警戒异常现象发生。

（14）未装接地线的大电容被试设备，应先行放电再做试验。

（15）试验结束时，试验人员应拆除自装的接地短路线，并对被试设备进行检查，恢复试验前的状态，经试验负责人复查后，进行现场清理。

四、试验前的准备工作

1. 了解被试设备现场情况及试验条件

查勘现场，查阅相关技术资料，包括该设备历年试验数据及相关规程等，掌握该设备运行及缺陷情况。

2. 测试仪器、设备准备

选择合适的三相调压器、电压表、电流表、低功率因数功率表、频率表、测量用电流互感器、带漏电保护器的电源接线板、测试线、放电棒、接地线、万用表、温湿度计、三相电源线轴、安全带、安全帽、电工常用工具、试验临时安全遮栏、标示牌等，并查阅测试仪器、设备及绝缘工器具的检定证书有效期、相关技术资料、相关规程等。

3. 办理工作票并做好试验现场安全和技术措施

进入试验现场后，办理工作票并做好试验现场安全措施。向其余试验人员交代工作内容、带电部位、现场安全措施、现场作业危险点，明确人员分工及试验程序。

五、现场测试步骤及要求

（一）测试接线

零序阻抗的测试应在额定频率、额定分接下，在短接的三个线路端子（星形或曲折形联结绕组的线路端子）与中性点端子间进行测量。以每相欧姆数表示，零序阻抗计算见式（Z13G4001Ⅱ-1）。

$$Z_0 = \frac{3U_0}{I_0}$$

$$r_0 = \frac{P_0}{3\left(\dfrac{I_0}{3}\right)^2} = \frac{3P_0}{I_0^2} \qquad (\text{Z13G4001}\,\text{Ⅱ}-1)$$

$$X_0 = \sqrt{Z_0^{\,2} - r_0^{\,2}}$$

式中　Z_0、r_0、X_0——分别为变压器每相零序阻抗、零序电阻和零序电抗，Ω；

　　　　U_0——测试电压，V；

I_0——测试电流，A；

P_0——零序损耗，W。

变压器中带中性点端子的星形联结绕组不止一个时，零序阻抗与连接方法有关，应按制造厂与用户协商的要求进行测试。

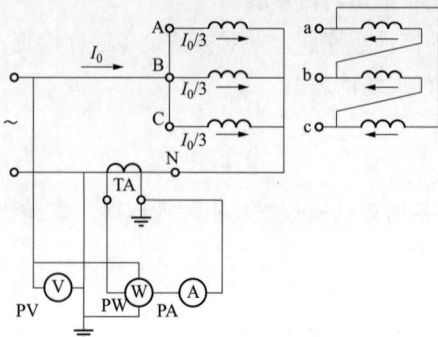

图 Z13G4001Ⅱ-2 YNd 接法变压器零序阻抗测试接线

1. YNd 和 DYn 接法的三相变压器

其零序阻抗测试接线如图 Z13G4001Ⅱ-2 所示。测试时变压器三相短接后，与中性点施加单相电源，使三相铁芯获得零序磁通，从而得到零序阻抗。

YNd 和 D Yn 联结组的变压器，在 YN 或 YN 侧有零序电流流过，因原副边有磁耦合，在"d"或"D"侧各相中感应出零序电势，而在"d"或"D"绕组中形成闭合的零序电流，二次绕组中的零序电势被零序电流在其漏阻抗上的压降所平衡。这种联结组变压器测出的零序阻抗属于短路零序阻抗，是线性值，与试验电流大小无关。

2. YYn 和 YNy 接法的三相变压器

其零序阻抗测试接线如图 Z13G4001Ⅱ-3 所示。测试时变压器一侧开路，另一侧三相短接后，与中性点施加单相电源，从而得到零序阻抗。

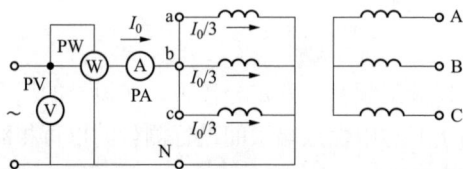

图 Z13G4001Ⅱ-3 YNy 接法变压器零序阻抗测试接线

对 YYn 联结组变压器，只有低压绕组中有零序电流，其零序等值电路中，一次侧开路，二次侧通过中性点构成回路。它的零序阻抗是空载零序阻抗，零序阻抗呈非线性，随施加电流的增大而减小。因此，需要测量一组的阻抗值，一般不少于 5 点，如 20%、40%、60%、80%、100%额定电流的零序阻抗值。

对 YN Yn 联结组变压器，从高压侧加压。加压侧流过零序电流，另一侧绕组中将感应出零序电势，此时所接负载也有接地中性点，则将有零序电流的通路，否则将没有零序电流的通路，相当于 YNy 连接。此类变压器有两种零序阻抗，即短路零序阻抗和空载零序阻抗。其中短路零序阻抗是线性的，与试验电流大小无关；空载零序阻抗是非线性的，与试验电流大小有关，至少需测量 5 点。试验应进行两次，一次低压开路，一次低压短路。空载零序阻抗测试接线如图 Z13G4001Ⅱ–4（a）所示，短路零序阻抗测试接线如图 Z13G4001Ⅱ–4（b）所示。

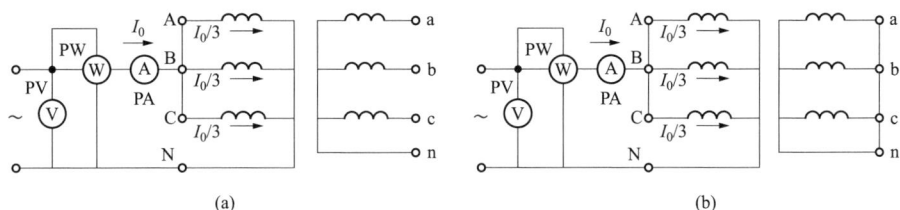

图 Z13G4001Ⅱ–4　YN Yn 联结组变压器零序阻抗测试接线
（a）空载零序阻抗测试接线；（b）短路零序阻抗测试接线

3. YNYn 联结的三绕组三相变压器和自耦型联结组的变压器

对 YNYn d 型或 YNa0dl1 自耦型联结组的变压器，则需按表 Z13G4001Ⅱ–1 的顺序做 4 次零序阻抗测量，先从高压侧加压测试 2 次，再从中压侧加压测试 2 次。

表 Z13G4001Ⅱ–1　　YNYNd 型和自耦型联结组变压器零序阻抗测试顺序

顺序	接线方式	测试端	开路端	短路端
1		ABC–0	AmBmCm0m	—
2	YNa0d11	ABC–0	—	AmBmCm–0m
3	自耦型	AmBmCm–0m	ABC0	—
4		AmBmCm–0m	—	ABC–0
1		ABC–0	AmBmCm0m	—
2	YN Yn d	ABC–0	—	AmBmCm0m
3	联结	AmBmCm0m	ABC0	—
4		AmBmCm0m	—	ABC–0

（二）测试步骤

（1）对变压器进行放电并接地，拆除变压器各侧套管引线，拉开中性点隔离开关，变压器各侧分接开关应放在额定分接位置，抄录变压器铭牌技术参数。

（2）根据变压器相应联结组别进行正确接线。

（3）检查接线、调压器零位和外壳接地情况，同时检查表计挡位和测量用电流互感器倍率，拆除接地线。

（4）合上电源隔离开关，调节调压器，读取电压、电流和功率损耗值，测试电流一般不超过额定电流。零序阻抗太大时，控制测试电流，使测试电压不超过相电压。

对 YYn、YNy 连接组的变压器应测试 20%、40%、60%、80%、100%额定电流下的电压和功率损耗。读取测试数据后，降压，切断电源，对被试品使用放电棒放电并接地。

六、测试注意事项

（1）被试变压器外壳、铁芯均应接地。测试线及短接线截面要足够大并连接牢靠。

（2）当变压器带有辅助的三角形联结绕组时，试验电流应不使三角形联结绕组内的电流过大，并注意施加电流的时间。

（3）在零序阻抗测试中，在无三角形联结绕组的星形—星形联结的变压器中，施加的电压应不超过正常运行时的相电压，施加电流的时间及流经中性点的电流应予以限制，以避免金属结构件的温度过高。

（4）带有一个直接接地的中性点端子的自耦变压器，应看成是具有两个星形联结绕组的常规变压器。因而串联绕组与公共绕组一起构成一个测量电路，并且公共绕组又单独地构成另一个测量电路，试验电流应不超过低压侧与高压侧额定电流之差。

（5）测试时，变压器本体电流互感器二次侧不应开路，且应有接地点。

（6）零序阻抗应在变压器额定分接位置测试。

七、测试结果分析及测试报告编写

（一）测试标准及结果分析

1. 测试标准及要求

（1）零序阻抗应在额定频率下，在短接的三个线路端子（星形或曲折形联结绕组的线路端子）与中性点端子间进行测量。

（2）在零序阻抗测量中，变压器失去安匝平衡时，电压和电流之间的关系不是线性的。此时，应用几个不同的电流值进行测量，以得到有用的数据。

（3）零序阻抗也可用与（正序）短路阻抗同样的方法表示为相对值。

2. 测试结果分析

（1）零序阻抗值取决于各绕组和导磁结构件的相对位置，不同绕组上的测量值可能有差异。零序阻抗还取决于变压器的联结组别和负载，因而零序阻抗可有几个值。即使联结组别相同，铁芯结构不同，零序阻抗相差也比较大。

（2）在测试中应注意零序阻抗可随电流和温度变化，特别是在没有任何三角形联结绕组的变压器中。

（3）变压器的磁路，无论其结构如何，只要一侧为三角形联结，其他具有零序电路的端口所等效的零序阻抗，在允许的试验电流下，其值均为常数，与试验电流的大小无关。进一步分析，零序阻抗 Z_0 的大小与变压器磁路的关系是：3 个单相变压器组成的三相变压器组和三相五柱式铁芯变压器，由于漏磁很小，零序阻抗约等于变压器短路阻抗 $Z_0 \approx Z_{K}$，对普通芯式铁芯变压器，$Z_0 < Z_{K}$。此时测得的零序阻抗称之为"短

路零序阻抗"。

（4）无三角形接线的变压器的零序阻抗由于非加压侧为开路，此时测得的零序阻抗称之为"开路零序阻抗"。测得的零序阻抗为加压侧一相的漏抗与零序励磁电抗之和，零序阻抗一般呈非线性。对不同磁路结构的变压器，试验所施加的电压有所不同，对组式和带旁轭的变压器，因零序电抗数值较大，测试电流较小，需逐渐加压。开始电压低，铁芯不饱和，所测零序阻抗较大。当铁芯开始饱和，并随测试电压的增加，饱和度加大时，零序阻抗逐渐减小。对芯式变压器，由于零序电抗较小，故在一定电压下测试电流较大，测试时可视电流值逐渐增加电压，直到额定电流为止，如此时电压距额定值较远，磁路也不饱和，则零序阻抗为一常数。

（二）测试报告编写

试验记录应填写信息，包括基本信息（变电站、委托单位、试验单位、运行编号、试验性质、试验日期、试验人员、试验地点、报告日期、编写人员、审核人员、批准人员、试验天气、环境温度、环境相对湿度），设备铭牌（生产厂家、出厂日期、出厂编号、设备型号、额定电压、额定容量等），试验数据（实测数据、试验仪器、项目结论等）。

八、案例

一台型号为 SFSZ$_9$–31 500/110/10.5kV、联结组别为 YNyn0d11 的变压器测试零序阻抗。测试数据：$U_0=240V$；$I_0=17.45A$；$P_0=195W$。画出测试接线，并求零序阻抗、零序电阻、零序电抗的值。

解：（1）测试接线如图 Z13G4001Ⅱ–5 所示。

（2）计算结果。

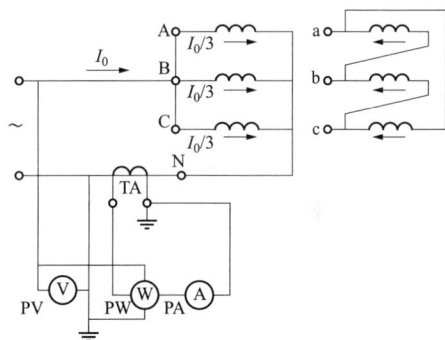

图 Z13G4001Ⅱ–5　变压器零序阻抗测试接线

零序阻抗：$Z_0=3U_0/I_0=3\times240/17.45=41.26$（Ω）

零序电阻：$r_0=3P_0/I_0^2=3\times195/17.45^2=1.92$（Ω）

零序电抗：$X_0=\sqrt{Z_0^2-r_0^2}=\sqrt{41.26^2-1.92^2}=41.22$（Ω）

【思考与练习】

1. 为什么变压器要进行零序阻抗测试？影响零序阻抗的因素有哪些？

2. 零序电抗是如何计算的？零序阻抗约等于短路阻抗的变压器是什么结构？

3. 测试变压器零序阻抗时，测试电压应如何施加？应测量哪些量？

第二十章

变压器分接开关试验

▲ 模块 1 变压器分接开关试验（Z13G5001Ⅲ）

【模块描述】本模块介绍变压器分接开关试验的方法和技术要求。通过试验工作流程的介绍，掌握变压器分接开关试验前的准备工作和相关安全、技术措施、试验方法、技术要求及测试数据分析判断。

【模块内容】

一、试验目的

检查变压器有载分接开关的切换开关，切换程序、过渡时间、过渡波形、过渡电阻等是否正常，并和原始数据进行比较，可以发现变压器经过运输、安装后，开关内部有无变形、卡涩、螺栓松动现象，同时也可确定开关各部件所处位置是否正确等。而变压器在运行中检查有载分接开关，可以发现触点的烧损情况、触点动作是否灵活、切换时间有无变化、主弹簧是否疲劳变形、过渡电阻值是否发生变化等缺陷。

二、试验仪器、设备的选择

（1）测量有载分接开关接触电阻、过渡电阻应选用单、双臂电桥。

（2）测量有载分接开关过渡时间、过渡波形一般应选用"有载分接开关测试仪"。

三、危险点分析及控制措施

1. 防止高处坠落

应使用变压器专用爬梯上下，在变压器上作业应系好安全带。对 220kV 及以上变压器，需解开高压套管引线时，宜使用高处作业车，严禁徒手攀爬变压器高压套管。

2. 防止高处落物伤人

高处作业应使用工具袋，上下传递物件应用绳索拴牢传递，严禁抛掷。

3. 防止工作人员触电

（1）应严格执行 Q/GDW 1799.1—2013《国家电网公司电力安全工作规程 变电部分》的相关要求。

（2）高压试验工作不得少于两人。试验负责人应由有经验的人员担任，开始试验前，试验负责人应向全体试验人员详细布置试验中的安全注意事项，交待邻近间隔的带电部位，以及其他安全注意事项。

（3）试验现场应装设遮栏或围栏，遮栏或围栏与试验设备高压部分应有足够的安全距离，向外悬挂"止步，高压危险！"的标示牌，并派人看守。被试设备两端不在同一地点时，另一端还应派人看守。

（4）应确保操作人员及试验仪器与电力设备的高压部分保持足够的安全距离。

（5）试验装置的金属外壳应可靠接地，高压引线应尽量缩短，并采用专用的高压试验线，必要时用绝缘物支挂牢固。

（6）试验前必须认真检查试验接线，使用规范的短路线，表计倍率、量程、调压器零位及仪表的开始状态均正确无误仪表的开始状态应正确无误。

（7）因试验需要断开设备接头时，拆前应做好标记，接后应进行检查。

（8）试验前，应通知有关人员离开被试设备，并取得试验负责人许可，方可试验；加压过程中应有人监护并呼唱。

（9）试验过程中应有专人监护，监护人在测试期间应始终行使监护职责，不得擅离岗位或兼职其他工作。

（10）变更接线或试验结束时，应首先断开试验电源，放电，并将升压设备的高压部分放电、短路接地。

（11）试验现场出现明显异常情况时（如异声、电压波动、系统接地等），应立即停止试验工作，查明异常原因。

（12）高压试验作业人员在全部试验过程中，应精力集中，随时警戒异常现象发生。

（13）试验结束时，试验人员应拆除自装的接地短路线，并对被试设备进行检查，恢复试验前的状态，经试验负责人复查后，进行现场清理。

4. 防止工作人员受到机械损伤

有载分接开关在连同变压器绕组一起测量，在传动有载分接开关前，通知相关人员离开有载分接开关传动部位。在对 M 型有载分接开关切换部分进行测量接触电阻以及单独对切换机构进行过渡时间、过渡波形测量时，用手动切换单、双数档，要采取防滑措施，以避免枪机机构损伤试验人员。

四、试验前的准备工作

1. 了解被试设备现场情况及试验条件

查勘现场，查阅相关技术资料，包括该设备出厂试验数据、历年试验数据及相关规程等，掌握该设备运行及缺陷情况。

2. 试验仪器、设备的准备

选择合适的测量变压器有载分接开关的测试仪，单、双臂电桥，温湿度计，接地线，放电棒，万用表，电源线（带剩余电流动作保护器），电池，二次连接线，电工常用工具，试验临时安全遮栏，标示牌等，并查阅测试仪器、设备及绝缘工器具的检定合格证书有效期、相关技术资料、相关规程等。

3. 办理工作票并做好试验现场安全和技术措施

进入试验现场后，办理工作票并做好试验现场安全措施。向其余试验人员交代工作内容、带电部位、现场安全措施、现场作业危险点，明确人员分工及试验程序。

五、现场试验步骤及要求

（一）过渡电阻测量

变压器有载分接开关过渡电阻是安装在有载分接开关切换部分的辅助触头与工作触头之间，而接触电阻是在开关中性点与工作触头之间，有载分接开关切换部分如图 Z13G5001Ⅲ-1 所示。

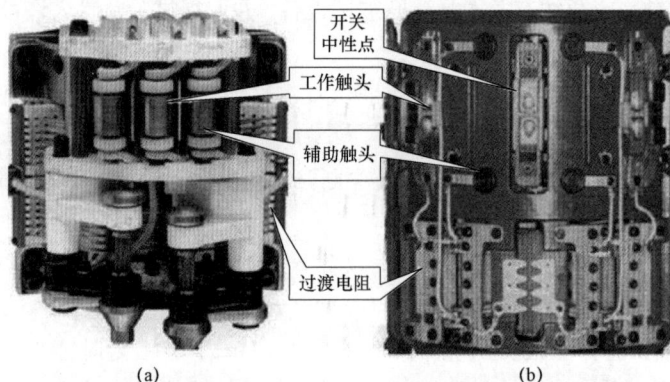

图 Z13G5001Ⅲ-1　变压器有载分接开关切换部分示意图

（a）V 型开关切换部分；（b）M 型开关切换部分

1. 试验接线

用单臂电桥测量过渡电阻的试验接线，如图 Z13G5001Ⅲ-2 所示。

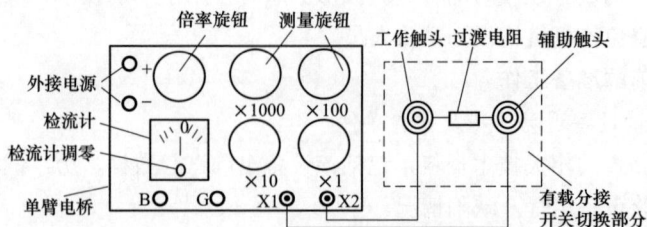

图 Z13G5001Ⅲ-2　单臂电桥测量过渡电阻的试验接线图

2. 试验步骤

用测试线将电桥 X1、X2 端子与有载分接开关的辅助触头、工作触头相连。测量时按电桥《操作说明书》进行测量。而分接开关切换部分有 U、V、W 三相，且每相有单、双之分，因此测量过渡电阻应测量 6 次（U$_单$、U$_双$、V$_单$、V$_双$、W$_单$、W$_双$）才算完成。

（二）接触电阻测量

1. 试验接线

有载分接开关接触电阻只对 M 型开关切换部分进行测量（V 型不测）。测量部位是在开关中性点与工作触头之间，用双臂电桥测量接触电阻的试验接线如图 Z13G5001Ⅲ-3 所示。

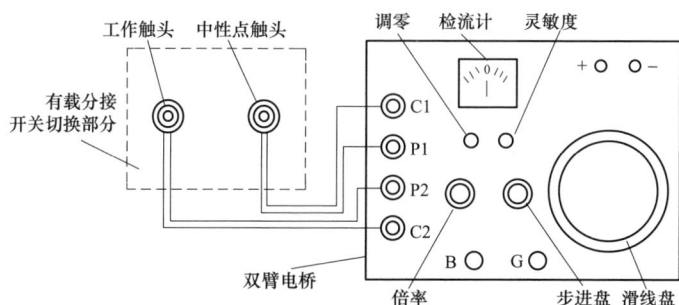

图 Z13G5001Ⅲ-3　双臂电桥测量有载分接开关接触电阻的试验接线图

2. 试验步骤

用测试线将电桥 P1、C1、P2、C2 端子分别接于开关切换部分的开关中性点、工作触头上。按电桥操作说明书进行测量（U$_单$、V$_单$、W$_单$或 U$_双$、V$_双$、W$_双$），测量完毕后，用专用工具（厂家配置）将分接开关切换到双数挡或单数挡，再次测量（U$_双$、V$_双$、W$_双$或 U$_单$、V$_单$、W$_单$），共进行 6 次测量。

（三）过渡时间、过渡波形测量

对于 M 型分接开关测量过渡时间、过渡波形，可以在开关切换部分进行，也可以连同变压器绕组一起测量。而 V 型分接开关只能连同变压器绕组一起测量。

1. 在分接开关切换部分进行测量

（1）试验接线。使用有载开关测试仪，将测试仪配置的测试线（夹）按颜色不同，分别接在 U、V、W 三相的单、双数挡触头，共用线接在中性点触头，按图 Z13G5001Ⅲ-4 进行接线，且接触良好、牢固。在分接开关切换动作时，线夹不应松动、脱落。

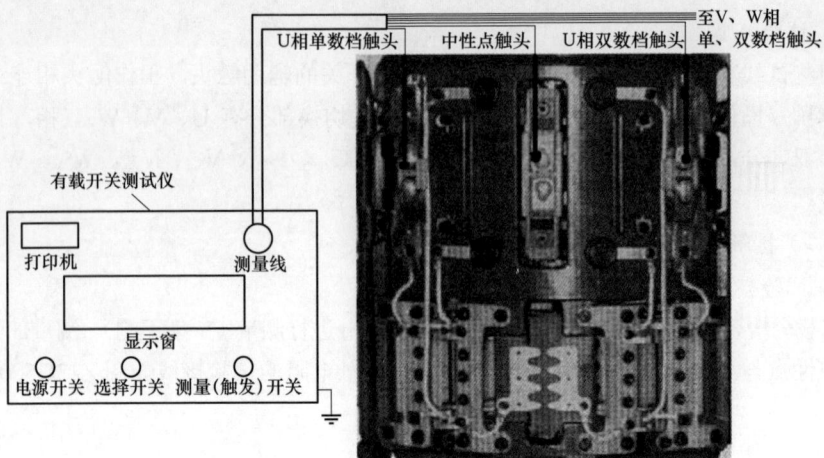

图 Z13G5001Ⅲ-4 测量切换部分过渡时间、过渡波形的接线图

（2）试验步骤。先打开测试仪电源开关，严格按测试仪《使用说明书》进行操作，待测试仪进入测量（待触发）状态下，用厂家配置的专用工具将分接开关切换到双数挡或单数挡，并记录下过渡波形。然后再次将测试仪进入测量（待触发）状态下，用专用工具将分接开关切换到单数挡或双数挡，并记录下过渡波形。通过 2 次切换动作分别测量出分接开关单→双、双→单的过渡波形及过渡时间。

2. 连同变压器绕组一起进行测量

（1）试验接线。使用有载开关测试仪，将测试仪配置的测试线（夹）按不同颜色两两一起，分别接于变压器高压侧 U、V、W 三相的套管上，共用线接在变压器中性点套管上，变压器中压侧、低压侧短路接地，按图 Z13G5001Ⅲ-5 进行接线，且接触良好、牢固。在有载开关动作时，线夹不应松动、脱落。

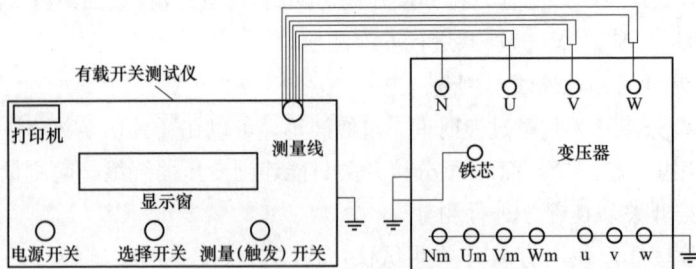

图 Z13G5001Ⅲ-5 连同变压器绕组一起测量过渡时间、过渡波形的接线图

（2）试验步骤。先打开测试仪电源开关，严格按测试仪使用说明书进行操作，待测试仪进入测量（待触发）状态下，电动或手动操作有载分接开关机构箱进行挡位变

换，并记录下过渡波形。然后将测试仪进入测量（待触发）状态下，操作有载分接开关机构箱进行档位变换，并记录下过渡波形。通过 2 次操作分别测量出有载分接开关的单→双、双→单的过渡波形及过渡时间。

（四）有载分接开关动作顺序测量

将有载分接开关机构箱的操作电源退出，将"摇手柄"插入机构箱中的手动插孔。慢慢地转动"摇手柄"，进行挡位变换，在此过程中试验人员应集中精力，静听有载分接开关选择器动作时发出的声音（选择器分开），同时记录此时"摇手柄"转动的圈数。继续转动"摇手柄"，静听有载分接开关选择器动作时发出的声音（选择器合上），同时记录此时"摇手柄"转动的圈数。继续转动"摇手柄"，会听到一声清脆的声音（切换开关动作），同时记录此时"摇手柄"转动的圈数。继续转动"摇手柄"，观察机构箱中计数盘上窗口显示，直到"绿色"（最好是"红线"）出现，则完成挡位变换（到位），并记录"摇手柄"转动的圈数。

为了准确地测量有载分接开关动作顺序，应从 $1 \rightarrow N$ 测量 4 个挡位变换，以及 $N \rightarrow 1$ 测量 4 个挡位变换，并在每档变换中记录圈数，便于分析。

六、试验注意事项

（1）感应电压的影响。运行中的变电站由于母线及其他设备带电，如果不将变压器高压侧引线解开，感应电压会使测量的过渡波形失真，影响测量结果。

（2）静电及剩余电荷的影响。变压器在注油时由于绝缘油在变压器内部流动，会在绕组上产生静电感应，它会使测量的过渡波形失真，影响测量结果，因此变压器在注油过程中，不宜进行过渡时间、过渡波形的测量。而变压器在停电后或其他试验结束后，都会在绕组中有电荷存在，无论怎样放电，其电荷不能完全放干净，而此时测量过渡波形，由于剩余电荷的影响，它会使测量的过渡波形失真，影响测量结果。因此，变压器非测量侧应短路接地，且接地良好。

（3）触头表面油膜及杂质对接触电阻的影响。未经使用的变压器分接开关，在触头表面有一层油膜，或变压器长期处于某一挡位下运行，在触头表面有一层油膜及杂质，在运行时由于电压、电流的作用会击穿，因而在正常时不影响分接开关的使用。但是，在试验时所施加的电压、电流很低，不足以将其击穿，因此在测量前，应将分接开关进行切换，不低于一个循环，以保证每对触头的接触电阻不大于 $500\mu\Omega$ 及在变压器直流电阻测量中，不发生单数挡侧或双数挡侧直流电阻增大。

（4）过渡电阻测量应包含整个回路，这样可以检查电阻与连线及触头之间有无螺栓松动、脱落等现象。

（5）采用双臂电桥测量有载分接开关接触电阻时，其连接导线一般应为同长度、同型号、同截面的导线。其电流线 C1、C2 截面不小于 2.5mm²，电压线 P1、P2 截面不小于 1.5mm², 且被测电阻与电桥连接导线电阻不大于 0.01Ω。在测量中, 不能长时间将"G"按钮按住进行测量。

（6）在测量有载分接开关动作顺序时, 必须将电操机构的控制电源退出。在记录圈数时不考虑电机"空转"的圈数。

七、试验结果分析及试验报告编写

（一）试验标准及结果分析

1. 试验标准及要求

根据 Q/GDW 1168—2013《输变电设备状态检修试验规程》、Q/GDW 11447—2015《10kV～500kV 输变电设备交接试验规程》、DL/T 574—1995《有载分接开关运行维修导则》及《国家电网公司变电检测通用管理规定》〔国网（运检/3）829—2017〕的规定:

（1）过渡电阻值应符合制造厂的规定, 与铭牌值比较偏差不大于±10%。

（2）每对触头的接触电阻不大于 500μΩ。

（3）分接开关过渡时间均应符合制造厂的要求, 其主弧触头分开与另一侧过渡弧触头闭合的时间不得小于 10ms, 三相同步的偏差、切换时间的值及正反向切换时间的偏差均与制造厂的技术要求相符。在过渡波形上, 其曲线应平滑、无开路现象。

（4）测量有载开关动作顺序、转换选择器（极性开关）、切换开关或选择器（开关）触头的全部动作顺序, 应符合产品技术要求。

2. 试验结果分析

（1）对过渡波形、过渡时间可用图 Z13G5001Ⅲ-6 进行分析。

从图 Z13G5001Ⅲ-6 中不难看出, 切换开关在切换的一瞬间, 共有①～⑤个步骤、三段时间, 分别为 t_1、t_2、t_3, 其判断标准 t_1 不小于 10ms, t_2、t_3 与制造厂的技术标准要求相符, 而切换时间 (t) 是 t_1、t_2、t_3 之和, 其三相同步的偏差, 与制造厂的技术标准要求相符。过渡波形要求曲线平滑, 无开路现象。如有开路, 表明切换开关在切换的过程中, 触头之间接触不良, 有"弹跳"现象, 过渡电阻断裂, 过渡电阻与触头之

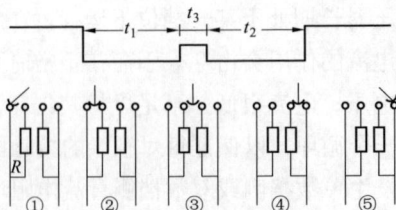

图 Z13G5001Ⅲ-6 切换过程中过渡波形、过渡时间示意图

R—过渡电阻; t_1—切换开关从主触头移动到过渡触头所需的时间。

此时过渡电阻投入 R; t_3—切换开关从过渡触头移动到下一个过渡触头所需的时间。此时过渡电阻投入 $\frac{1}{2}R$;

t_2—切换开关从下一个过渡触头移动到下一个主触头所需的时间。此时过渡电阻投入 R

间连接有断裂或开关内部有变形、卡涩、螺栓松动等现象。

（2）以 M 型开关为例，按测量动作顺序记录的圈数，对分接开关动作顺序进行分析，如表 Z13G5001Ⅲ-1 所示。

表 Z13G5001Ⅲ-1　　　　　　　　动作顺序记录的圈数

方向 ＼ 圈数	挡位	选择器分开	选择器合上	切换开关动作	完成挡位变换
1→N	2→3	11.5	23	28	33
	3→4	11	23.5	27.5	33
	4→5	11.5	23	28	33
	5→6	11	23.5	27.5	33
N→1	6→5	11.5	23	28	33
	5→4	11	23.5	27.5	33
	4→3	11.5	23	28	33
	3→2	11	23.5	27.5	33

从表 Z13G5001Ⅲ-1 中可以看出，当 1→N 时，双数挡→单数挡、单数挡→双数挡分接开关动作的圈数基本相同。N→1 同样，且符合产品技术要求。而在同一挡位正、反方向下进行动作，圈数应基本相等（见表 Z13G5001Ⅲ-1 中的 3→4、4→3）。若不相等，则要进行调整。

举例说明：3→4 挡变换时，切换开关动作圈数为 31 圈，4→3 挡变换时，切换开关动作圈数为 25.5 圈，其校正圈数 =（31-25.5）/2=2.75≈3 圈。校正操作如下：

（1）松开机构箱与有载开关之间的传动轴。

（2）将"摇手柄"向 1→N 方向转动 3 圈。

（3）连接机构箱与有载开关之间的传动轴。

（4）转动"摇手柄"测量 3→4 挡变换时，切换开关动作圈数应为 28 圈，4→3 挡变换时，切换开关动作圈数为 27.5 圈。

（二）试验报告编写

试验记录应填写信息，包括基本信息（变电站、委托单位、试验单位、运行编号、试验性质、试验日期、试验人员、试验地点、报告日期、编写人员、审核人员、批准人员、试验天气、环境温度、环境相对湿度），设备铭牌（生产厂家、出厂日期、出厂编号、设备型号、额定电压、额定容量等），试验数据（实测数据、试验仪器、项目结论等）。

试验报告填写应包括试验时间、天气情况、环境温度、变压器的运行编号、有载开关型号参数及试验状态（带线圈、不带线圈）、试验人员、试验数据、试验结论，并注明试验用仪器的型号等。

在试验报告中要写明接触电阻（注明单、双数）、过渡电阻（注明单、双数）、过渡时间（注明 t_1、t_2、t_3 及 t）、计算出三相同步的偏差，并将过渡波形附在报告中。

八、案例

有一台额定电压为 110kV、额定容量为 40 000kVA 的有载调压变压器（CMⅢ-500Y），在预防性试验中测得高压直流电阻值见表 Z13G5001Ⅲ-2。

表 Z13G5001Ⅲ-2　　　　　　预试中测得高压直流电阻值

高压绕组（Ω）			
分接位置	UN	VN	WN	相间不平衡度（%）
1	0.422 5	0.423 4	0.420 7	0.64
2	0.416 7	0.416 0	0.423 1	1.70
3	0.408 3	0.409 0	0.407 6	0.34
4	0.401 9	0.402 6	0.410 7	2.17
5	0.394 8	0.395 7	0.394 1	0.41
6	0.389 3	0.389 9	0.397 8	2.17
7	0.381 5	0.382 5	0.381 0	0.39
8	0.377 8	0.378 6	0.386 5	2.28
9a	0.366 0	0.367 8	0.365 3	
9b	0.366 7	0.367 4	0.374 4	2.08
9c	0.367 4	0.368 1	0.366 2	
10	0.378 1	0.379 1	0.387 6	2.49
11	0.383 7	0.383 8	0.381 7	0.55
12	0.390 8	0.393 6	0.401 2	2.63
13	0.396 0	0.396 4	0.394 7	0.43
14	0.403 0	0.404 0	0.411 4	2.07
15	0.410 3	0.410 3	0.408 2	0.51
16	0.417 7	0.421 0	0.429 7	1.36
17	0.423 9	0.424 4	0.421 6	0.66

从表 Z13G5001Ⅲ-2 可以看出，高压侧 W 相直流电阻有异常，其直流电阻 2 挡大于 1 挡，4 挡大于 3 挡，6 挡大于 5 挡，而 W 相不正常档位的直流电阻与 U、V 相比

较，都相差 0.01Ω左右，其值为一个固定值，并且 W 相不正常档位都出现在双数挡，有载调压开关是 M 型，因此根据分析得出，缺陷在有载分接开关的切换部分，且在双数挡主触头接触电阻增大。

把切换部分进行吊检，测量其 W 相双数挡，主触头接触电阻为 9880μΩ，远远大于 500μΩ的标准，将主触头打磨、清洗、重新测量，其主触头接触电阻为 217μΩ，合格。再连同变压器绕组一起测量直流电阻合格。

【思考与练习】

1. 如何分析测出的有载分接开关过渡波形图？
2. M 型有载分接开关的测试项目有哪些？其标准是什么？
3. 简述有载分接开关触头表面油膜及杂质对接触电阻的影响。

第二十一章

变压器绕组变形测试

▲ 模块 1　变压器绕组变形测试（Z13G6001 Ⅱ）

【模块描述】本模块介绍变压器绕组变形测试方法及技术要求。通过测试工作流程的介绍，熟悉变压器绕组变形测试原理，掌握变压器绕组变形测试前的准备工作和相关安全、技术措施、测试方法、技术要求。

【模块内容】

一、测试目的

电力变压器绕组变形是指在电动力和机械力的作用下，绕组的尺寸或形状发生不可逆的变化。它包括轴向和径向尺寸的变化、器身位移、绕组扭曲、鼓包和匝间短路等。绕组变形是电力系统安全运行的一大隐患。随着电力系统容量的增长，短路容量也在增大，出口短路后造成绕组损坏事故的数量也有上升趋势。

频响法由绕组一端对地注入扫描信号源，测量绕组两端口特性参数的频域函数。通过分析端口参数的频域图谱特性，判断绕组的结构特征，从而实现诊断绕组变形情况的目的。

二、测试仪器、设备的选择

绕组变形测试仪：其设计参数（匹配阻抗，频率范围）必须完全符合 DL/T 911—2004《电力变压器绕组变形的频率响应分析法》规定要求，采样点数应在 600 点以上，有一定抗感应电压能力，配套软件应有曲线相关系数计算分析功能。

三、危险点分析及控制措施

1. 防止高处坠落

使用变压器专用爬梯上下，在变压器上作业应系好安全带。对 220kV 及以上变压器，解开高压套管引线时，应使用高处作业车，严禁徒手攀爬变压器高压套管。

2. 防止高处落物伤人

高处作业应使用工具袋，上下传递物件应用绳索拴牢传递，严禁抛掷。

3. 防止工作人员触电

（1）应严格执行 Q/GDW 1799.1—2013《国家电网公司电力安全工作规程　变电部分》的相关要求。

（2）高压试验工作不得少于两人。试验负责人应由有经验的人员担任，开始试验前，试验负责人应向全体试验人员详细布置试验中的安全注意事项，交待邻近间隔的带电部位，以及其他安全注意事项。

（3）应有专人监护，监护人在测试期间应始终行使监护职责，不得擅离岗位或兼职其他工作。

（4）试验现场应装设遮栏或围栏，遮栏或围栏与试验设备高压部分应有足够的安全距离，向外悬挂"止步，高压危险！"的标示牌，并派人看守。

（5）应确保操作人员及试验仪器与电力设备的高压部分保持足够的安全距离，且操作人员应使用绝缘垫。

（6）试验装置的金属外壳应可靠接地，高压引线应尽量缩短，并采用专用的高压试验线。

（7）试验前必须认真检查试验接线，使用规范的短路线，仪表的开始状态应正确无误。

（8）断开设备接头时，拆前应做好标记，并保证引线与被试设备有充分的距离。

（9）试验前，应通知有关人员离开被试设备，并取得试验负责人许可，方可试验；试验过程中应有人监护并呼唱。

（10）变更接线或试验结束时，应首先断开试验电源，放电，并将升压设备的高压部分放电、短路接地。

（11）试验现场出现明显异常情况时（如异声、电压波动、系统接地等），应立即停止试验工作，查明异常原因。

（12）高压试验作业人员在全部加压过程中，应精力集中，随时警戒异常现象发生。

（13）试验结束时，试验人员应拆除自装的接地短路线，并对被试设备进行检查，恢复试验前的状态，经试验负责人复查后，进行现场清理。

四、测试前的准备工作

1. 了解被试设备现场情况及试验条件

查勘现场，查阅相关技术资料，包括该设备出厂试验数据、历年试验数据及相关规程等，掌握该设备运行及缺陷情况。

2. 测试仪器、设备准备

选择绕组变形测试仪及配套试验接线、笔记本电脑（安装有绕组变形测试仪配套软件、曲线相关系数计算软件并拷贝有被试变压器绕组变形历史数据存档）、温湿度计、接地线、电源线（带剩余电流动作保护器）、安全带、安全帽、电工常用工具、试验临时安全遮拦、标示牌等，并查阅测试仪器、设备及绝缘工器具的检定合格证书有效期、相关技术资料、相关规程等。

3. 办理工作票并做好试验现场安全和技术措施

进入试验现场后，办理工作票并做好试验现场安全措施。向其余试验人员交代工作内容、带电部位、现场安全措施、现场作业危险点，明确人员分工及试验程序。

五、现场测试步骤及要求

1. 测试接线

测量变压器绕组变形试验接线如图 Z13G6001Ⅱ-1 所示。在不同的频率下，输入一定的电压时，可以取得其响应电流值。在图 Z13G6001Ⅱ-1 中频响分析仪输出电压为 30mV～3V，其频率可在选定范围内变化（1kHz～1MHz），此电压加到绕组中性点或线端上，在其他线端连接测量线，把信号（即响应）送回频响分析仪，并在记录仪上以频率为横坐标，以响应为纵坐标绘出频响曲线。当变压器制造完成后，其绕组内部结构便已确定，其分布参数 L、C 也已确定，频响曲线也已确定。当变压器绕组发生变形或位移时，则 L、C 将发生变化，其频响特性也变化。比较正常的和变形后的曲线的重合程度，就可知道其变形情况。

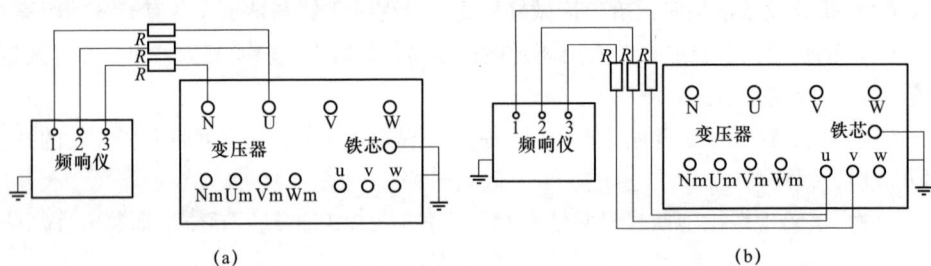

图 Z13G6001Ⅱ-1　测量变压器绕组变形试验接线图
（a）绕组为 YN 试验接线；（b）绕组为 Y 或 D 试验接线
1—扫频输出；2、3—响应输入；R—匹配电阻

2. 测试步骤

（1）断开变压器有载分接开关、风冷电源，退出变压器本体保护等，将变压器各绕组接地充分放电，拆除或断开对外的一切连线。

（2）在笔记本电脑中建立本次测试数据存档路径并录入各种测量信息。

建立测量数据的存放路径应能够清晰反映被试变压器的安装位置、运行编号、测试日期等信息，以便于查找，防止数据丢失。建立测试数据库，录入试验性质，变压器挡位，铭牌信息，环境温、湿度，试验日期，试验人员等基本信息。

（3）对变压器的不同绕组，按表 Z13G6001Ⅱ-1 进行测量，按测试仪器要求搭接试验接线，对变压器每一相绕组进行测量。

表 Z13G6001Ⅱ-1　　　　变压器绕组变形测试接线方式

变压器绕组接线方式	频响分析仪		变压器其他绕组
	输入端	输出端	
Y 或 D	U V W	V W U	开路
YN	U V W	N N N	开路
单相变压器	U V W	X Y Z	开路

（4）测试完毕后将所测得的数据全部进行保存，以便对该变压器进行分析。

六、测试注意事项

（1）应保证测量阻抗的接线钳与套管线夹紧密接触。如果套管线夹上有导电膏或锈迹，必须使用砂布或干燥的棉布擦拭干净。各相的搭接位置应相同。在测试时，必须具有一套相对固定的测试方法。

（2）测试时应确认周边无大型用电设备干扰试验电源，测试地点周边若有电视、手机、广播发射基站也可能会严重影响测量结果。

（3）变压器铁芯必须与外壳可靠接地。测试仪外壳、测量阻抗外壳必须与变压器外壳可靠接地。

（4）测试时要注意信号源位置的影响，规程中推荐采用统一的接线方法，即从中性点或尾端接激励，绕组首端接响应，现场试验中调换激励响应位置时曲线基本一致。

（5）对于有"平衡绕组"的变压器在测量时，应将"平衡绕组"接地断开。

（6）测试时必须正确记录分接开关的位置。应尽可能将被试变压器的分接开关放置在最大分接位置，或保证每次检测时分接开关均处于相同位置。特别对有载调压变压器，以获取较全面的绕组信息。对于无载调压变压器，应保证每次测量在同一分接位置，便于比较。

（7）绕组变形测试应在解开变压器所有引线（包括架空线、封闭母线和电缆）的前提下进行，并使这些引线尽可能远离变压器套管（周围接地体和金属悬浮物需离开变压器套管 20cm 以上），尤其是与封闭母线连接的变压器。

（8）测试仪的"接地"没有连接正确前，不要开始绕组变形测试。

（9）绕组变形测试应放在"直流类"试验之前或"交流类"试验之后进行。

（10）试验中如变压器三相频响特性不一致，应检查设备后重测，直至同一相 2 次试验结果一致。

【思考与练习】

1. 对无中性点三相变压器采用频响法测量时，如何接线？

2. 采用频响法测量时的注意事项有哪些？

▲ 模块 2 变压器绕组变形测试的分析判断（Z13G6002Ⅲ）

【模块描述】本模块介绍变压器绕组变形测试结果分析、判断及报告编写。通过案例介绍，掌握变压器绕组变形测试结果分析、判断及报告编写。

【模块内容】

一、测试结果分析及测试报告编写

（一）测试标准及结果分析

根据《电力变压器绕组变形的频率响应分析法》（DL/T 911—2004）、Q/GDW 1168—2013《输变电设备状态检修试验规程》、Q/GDW 11447—2015《10kV～500kV 输变电设备交接试验规程》及《国家电网公司变电检测通用管理规定》〔国网（运检/3）829—2017〕的规定，可以用以下方式进行分析判断变压器绕组变形。利用待试设备的历史测试数据，或者同型号、同批次的另一台待试设备的测试数据，来进行横向、纵向比较分析，然后作出较为可靠的诊断结论。

（1）用频率响应法分析判断待试设备绕组变形，主要是对绕组幅频响应特性进行纵向或横向比较，并综合考虑待试设备遭受短路冲击的情况、待试设备结构、电气试验及油中溶解气体分析等因素。根据相关系数的大小，可较直观地反映出待试设备绕组幅频响应特性的变化，通常可作为待试设备绕组变形的辅助手段。

（2）待试设备绕组幅频响应特性曲线中波峰或波谷分布位置及数量的变化，是分析待试设备绕组变形的重要依据。

（3）当频响特性曲线低频段（1kHz～100kHz）的波峰或波谷发生明显变化，绕组电感可能改变，可能存在匝间或饼间短路的情况。对绝大多数待试设备来说，其三相绕组低频段的响应特性曲线应非常相似，如果存在差异应及时查明原因。

（4）当频响特性曲线中频段（100kHz～600kHz）的波峰或波谷发生明显变化，绕组可能发生扭曲和鼓包等局部变形现象。

（5）当频响特性曲线高频段（＞600kHz）的波峰或波谷发生明显变化，绕组的对地电容可能改变。可能存在线圈整体移位或引线位移等情况。

典型正常的变压器绕组幅频响应特性曲线如图 Z13G6002Ⅲ-1 所示，通常包含多个明显的波峰和波谷，幅频响应特性曲线中的波峰或波谷分布位置及分布数量的变化，是分析变压器绕组变形的重要依据。

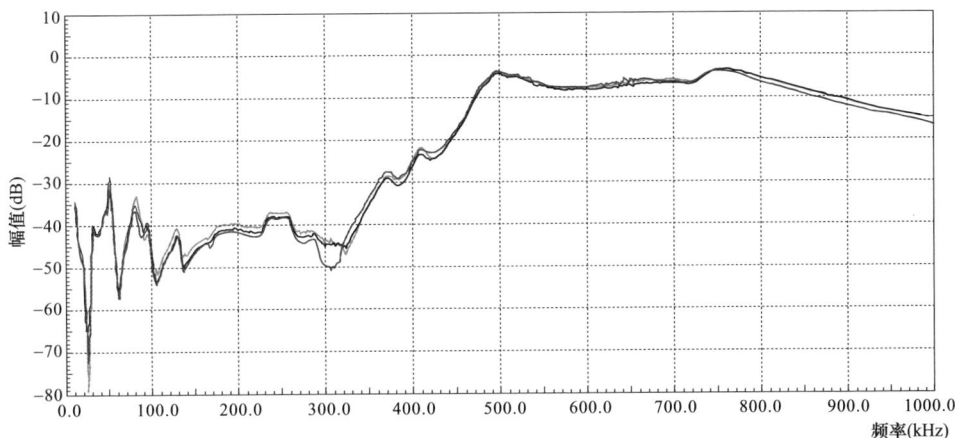

图 Z13G6002Ⅲ-1　正常的变压器绕组幅频响应特性曲线图

根据图 Z13G6002Ⅲ-1 中的幅频响应特性曲线可分为低频段（1～100kHz）、中频段（100～600kHz）、高频段（600～1000kHz）三段幅频响应特性曲线。其中：

（1）幅频响应特性曲线低频段（1～100kHz）的波峰或波谷位置发生明显变化，通常预示着绕组的电感改变，可能存在匝间或饼间短路的情况。频率较低时，绕组的对地电容及饼间电容所形成的容抗较大，而感抗较小，如果绕组的电感发生变化，会导致其频响特性曲线低频部分的波峰或波谷位置发生明显移动。对于绝大多数变压器，其三相绕组低频段的响应特性曲线应非常相似，如果存在差异则应及时查明原因。

（2）幅频响应特性曲线中频段（100～600kHz）的波峰或波谷位置发生明显变化，通常预示着绕组发生扭曲和鼓包等局部变形现象。在该频率范围内的幅频响应特性曲线具有较多的波峰和波谷，能够灵敏地反映出绕组分布电感、电容的变化。

（3）幅频响应特性曲线高频段（>600kHz）的波峰或波谷位置发生明显变化，通常预示着绕组的对地电容改变，可能存在线圈整体移位或引线位移等情况。频率较高时，绕组的感抗较大，容抗较小，由于绕组的饼间电容远大于对地电容，波峰和波谷分布位置主要以对地电容的影响为主。

根据测得的幅频响应特性曲线，可以采用以下方式进行分析判断。

（1）用频率响应分析法：主要是对绕组的幅频响应特性进行纵向或横向比较，并综合考虑变压器遭受短路冲击的情况、变压器结构、电气试验及油中溶解气体分析等因素。根据相关系数的大小，较直观地反映出变压器绕组幅频响应特性的变化，通常可作为判断变压器绕组变形的辅助手段。用相关系数 R 辅助判断变压器绕组变形的方法见表 Z13G6002Ⅲ-1。

表 **Z13G6002Ⅲ-1** 相关系数 R 与变压器绕组变形程度的关系

绕组变形程度	相关系数 R	绕组变形程度	相关系数 R
严重变形	$R_{LF} < 0.6$	轻度变形	$2.0 > R_{LF} \geq 1.0$ 或 $0.6 \leq R_{MF} < 1.0$
明显变形	$1.0 > R_{LF} \geq 0.6$ 或 $R_{MF} < 0.6$	正常绕组	$R_{LF} \geq 2.0$ 和 $R_{MF} \geq 1.0$ 和 $R_{HF} \geq 0.6$

注 R_{LF} 为曲线在低频段（1kHz～100kHz）内的相关系数；R_{MF} 为曲线在中频段（100kHz～600kHz）内的相关系数；R_{HF} 为曲线在高频段（600kHz～1000kHz）内的相关系数。

（2）纵向比较法：是指对同一台变压器、同一绕组、同一分接开关位置、不同时期的幅频响应特性进行比较，根据幅频响应特性的变化判断变压器的绕组变形。该方法具有较高的检测灵敏度和判断准确性，但需要预先获得变压器原始的幅频响应特性，并应排除因检测条件及检测方式变化所造成的影响。

（3）横向比较法：是指对变压器同一电压等级的三相绕组幅频响应特性进行比较，必要时借鉴同一制造厂在同一时期制造的同型号变压器的幅频响应特性，来判断变压器绕组是否变形。该方法不需要变压器原始的幅频响应特性，现场应用较为方便，但应排除变压器的三相绕组发生相似程度的变形或者正常变压器三相绕组的幅频响应特性本身存在差异的可能性。

绕组变形测试最终数据为同相绕组两次测试曲线的相关系数值，按 DL/T 911—2004《电力变压器绕组变形的频率响应分析法》之规定可得出是否变形和变形严重程度的判断。但在实际工作中，还应结合短路阻抗、直流电阻、变比等试验项目的结果进行综合分析，也可以通过介质损耗试验，测量变压器各侧绕组对地的电容量来判断分析，其测量部位见表 Z13G6002Ⅲ-2。

表 **Z13G6002Ⅲ-2** 电力变压器介质损耗试验测量部位

序号	双绕组		三绕组	
	被测绕组	接地部位	被测绕组	接地部位
1	低压	高压、铁芯、外壳	低压	高压、中压、铁芯、外壳
2	—	—	中压	高压、低压、铁芯、外壳
3	高压	低压、铁芯、外壳	高压	中压、低压、铁芯、外壳
4	—	—	高压、中压	低压、铁芯、外壳

续表

序号	双绕组		三绕组	
	被测绕组	接地部位	被测绕组	接地部位
5	高压、低压	铁芯、外壳	高压、低压	中压、铁芯、外壳
6	—	—	中压、低压	高压、铁芯、外壳
7	—	—	高压、中压、低压	铁芯、外壳

通过以上测量变压器各部位的电容量，建立方程求出变压器各侧绕组对地的电容量，与初始值比较，有无明显变化，并根据绕组变形测试结果，结合其他试验来判断变压器内部有无变形。

绕组变形测试结果不能作为判断变压器是否受损唯一依据。变压器绕组变形测试结果判断的关键是拥有绕组结构正常时的频响曲线或相同结构变压器的频响曲线，三相频响曲线间相互比较是一种权宜之计，它具有一定的局限性。因此，在变压器新投前必须测量绕组变形，为以后该变压器故障分析时提高可靠的依据。

（二）测试报告编写

检测工作中，应保存绕组频率响应检测原始数据，存放方式如下：

（1）建立一级文件夹，文件夹名称：变电站名+检测日期（如：花庄变电站20150101）；

（2）建立二级文件夹，文件夹名称：调度号（如1号主变压器、2号主变压器）。

（3）文件名：按照被试设备类型，分别保存所测试的图谱，如220kV花庄站1号主变压器高压侧 OA/OB/OC 相，中压侧 OmAm/OmBm/OmCm 相等。

（4）当检测到异常时，应尽量在减少外界干扰的情况下，重复该相测试至少2次，且曲线无变化。存储不少于2组图谱，便于信号诊断分析。

绕组变形测试报告应填写信息，包括基本信息（变电站、委托单位、试验单位、运行编号、试验性质、试验日期、试验人员、试验地点、报告日期、编写人员、审核人员、批准人员、试验天气、环境温度、环境相对湿度），设备铭牌（生产厂家、出厂日期、出厂编号、设备型号、额定电压、额定容量等），试验数据（绕组测试图谱及相关系数、试验仪器、项目结论等）。

二、案例

某 110kV 变电站一台变压器型号为 SFSZ9–40000/110，额定电压为 110±8×1.25%/35±2×2.5%/10.5kV，阻抗电压为 U_{k12}=10.03%、U_{k23}=6.51%、U_{k13}=17.72%。变压器在运行时（高压在 5 挡，中压在 4 挡），由于该地区普降雷暴雨，使变压器 35kV 侧保护动作，变压器轻、重瓦斯保护动作。对该变压器 35kV 侧 3 挡、4 挡进行绕组变形测试。测试结果如下：

35kV 侧 3 挡幅频响应特性曲线如图 Z13G6002Ⅲ-2 所示。35kV 侧 4 挡幅频响应特性曲线如图 Z13G6002Ⅲ-3 所示。

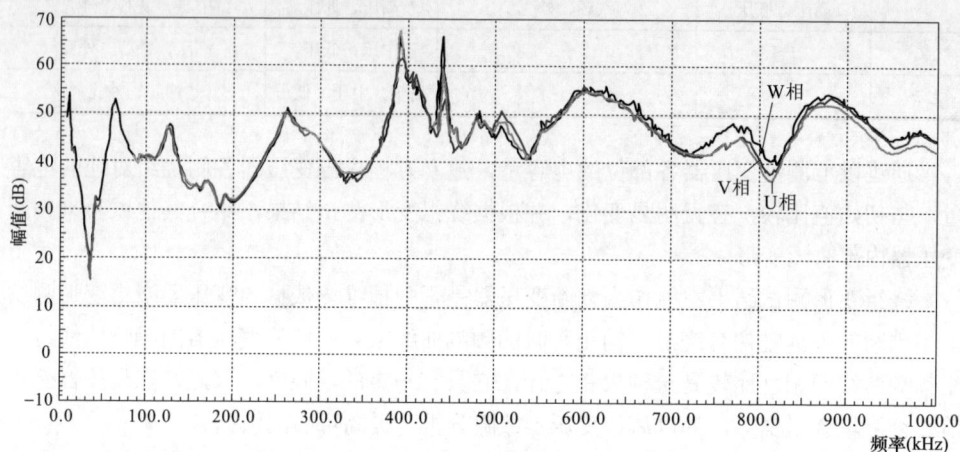

图 Z13G6002Ⅲ-2　35kV 侧 3 挡幅频响应特性曲线图

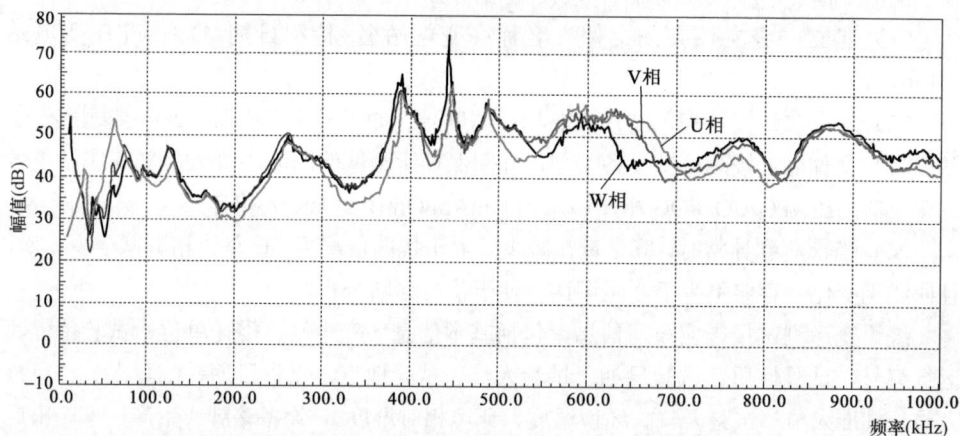

图 Z13G6002Ⅲ-3　35kV 侧 4 挡幅频响应特性曲线图

由于新安装测得幅频响应特性曲线使用的仪器与本次测量使用仪器的匹配阻抗不同，因此两次的图谱不能比较判断，以本次的图谱用频率响应分析法，通过对图 Z13G6002Ⅲ-2 和图 Z13G6002Ⅲ-3 进行分析。

在图 Z13G6002Ⅲ-2 中，其相关系数 R 均符合表 Z13G6002Ⅲ-1 中所列规定。

在图 Z13G6002Ⅲ-3 中，其低频段（1k～100kHz）的 U 相与 V、W 相波峰或波谷

位置发生明显变化，相关系数 R_{LF}<0.6。中频段（100kHz～600kHz）的波峰或波谷位置发生较为明显变化，相关系数 2.0>R_{LF}≈1.0。

因此该变压器在 35kV 侧 U 相发生严重变形，为了进一步诊断确定故障，对其进行下列试验。

1. 单相空载试验（见表 Z13G6002Ⅲ-3）

表 Z13G6002Ⅲ-3　　　　　　　单相空载试验数据表

加压	短路	电压（kV）	电流（mA）	损耗（W）
UmVm	UmNm	10	160	1380
VmWm	WmNm	10	165	1390
WmUm	VmNm	10	235	2000

空载损耗 PU_{mVm} 与 P_{VmWm} 比较相差<3%；空载电流 IU_{mVm}≈I_{VmWm}>$1.3I_{Wm}U_m$。

2. 单相短路试验（见表 Z13G6002Ⅲ-4）

表 Z13G6002Ⅲ-4　　　　　　　单相短路试验数据表

加压	短路 U_mVmWmNm			
	分接开关位置			
	3 挡		4 挡	
	电压（V）	电流（A）	电压（V）	电流（A）
UN	240	8.0	240	2.8
VN	240	8.0	240	7.5
WN	240	8.0	240	7.5

经计算在 35kV 侧 3 挡（额定挡）短路时，阻抗电压 U_{k12}=9.92%，与铭牌值（10.03%）相比<±10%。而在 35kV 侧 4 挡短路时，阻抗电压 U_{k12}=16.5%，与铭牌值（10.03%）相比>±10%。

3. 测量 35kV 侧直流电阻

在三挡（额定挡）测量 UmNm、VmNm、WmNm 直流电阻，其误差<2%。在四挡测量 UmNm、VmNm、WmNm 直流电阻，其误差>2%，其中 UmNm 直流电阻高达数百欧。

4. 测量 35kV 侧绕组绝缘电阻

使用 2500V/5000MΩ绝缘电阻表分别测量 35kV 分接开关，在 3 挡（额定挡）、4 挡的绝缘电阻，R_{60}/R_{15}=5300/4000。

通过以上试验空载损耗 PU_{mVm} 与 P_{VmWm} 比较相差<3%，空载电流 $IU_{mVm} \approx I_{VmWm}$ > $1.3I_{Wm}U_m$。在 35kV 侧 4 挡短路时，阻抗电压 U_{k12}=16.5%，与铭牌值（10.03%）相比> ±10%。在 4 挡测量 UmNm、VmNm、WmNm 直流电阻，其误差>2%。结合所测得的幅频响应特性曲线，判断该变压器在 35kV 侧 U 相的调压绕组及分接开关发生故障。绕组未发生匝间短路。经吊罩检查 35kV 侧 U 相的分接开关（4 挡）与调压绕组之间连线基本脱落。

【思考与练习】

1. 写出绕组变形曲线相关系数的判别标准。

2. 幅频响应特性曲线在 1kHz～100kHz 发生变化时，一般变压器绕组有哪些缺陷？为什么？

3. 简述绕组变形曲线纵向比较法及其特点。

第二十二章

互感器的励磁特性试验

▲ 模块1 互感器的励磁特性试验（Z13G7001Ⅱ）

【模块描述】本模块介绍电压互感器和电流互感器励磁曲线试验方法和技术要求。通过试验工作流程的介绍，掌握电压互感器和电流互感器励磁曲线试验前的准备工作和相关安全、技术措施、试验方法、技术要求及测试数据分析判断。

【模块内容】

一、试验目的

互感器励磁特性试验的目的主要是检查互感器铁芯质量，通过磁化曲线的饱和程度判断互感器有无匝间短路，通过电压互感器励磁特性曲线试验，根据铁芯励磁特性合理选择配置互感器，避免电压互感器产生铁磁谐振过电压。电流互感器励磁特性试验同时还是误差试验的补充和辅助试验，通过试验，可以检验电流互感器的仪表保安系数、准确限值系数及复合误差。

二、试验仪器、设备的选择

（1）单相调压器应选择容量不小于 2kVA。

（2）试验变压器应选择容量不小于 2kVA、输出电压不大于 2kV。

（3）电压表应选择准确级不大于 1.0 级、多量程的 0～300V 的平均值电压表。

（4）电流表应选择准确级不大于 0.5 级、多量程的 0～10A 的电磁式电流表。

三、危险点分析及控制措施

1. 防止高处坠落

在互感器上作业应系好安全带，对 220kV 及以上互感器，需解开引线时，宜使用高处作业车，严禁徒手攀爬互感器套管。

2. 防止高处落物伤人

高处作业应使用工具袋，上下传递物件应用绳索拴牢传递，严禁抛掷。

3. 防止工作人员触电

（1）应严格执行 Q/GDW 1799.1—2013《国家电网公司电力安全工作规程　变电

部分》的相关要求。

（2）高压试验工作不得少于两人。试验负责人应由有经验的人员担任，开始试验前，试验负责人应向全体试验人员详细交待试验中的安全注意事项，交待邻近间隔的带电部位，以及其他安全注意事项。

（3）试验现场应装设遮栏或围栏，遮栏或围栏与试验设备高压部分应有足够的安全距离，向外悬挂"止步，高压危险！"的标示牌，并派人看守。

（4）应确保操作人员及试验仪器与电力设备的高压部分保持足够的安全距离，且操作人员应使用绝缘垫。

（5）试验装置的金属外壳应可靠接地，若试验电压超过1000V，应使高压引线尽量缩短，并采用专用的高压试验线，必要时用绝缘物支挂牢固。

（6）加压前必须认真检查试验接线，使用规范的短路线，表计倍率、量程、调压器零位及仪表的开始状态，均应正确无误。

（7）因试验需要断开设备接头时，拆前应做好标记，接后应进行检查。

（8）试验所用的电源应具有单独的工作接地和保护接地，试验装置的电源开关，应使用明显断开的双极隔离开关。为了防止误合隔离开关，可在刀刃上加绝缘罩。试验装置的低压回路中应有两个串联电源开关，并加装过载自动跳闸装置。

（9）试验前，应通知有关人员离开被试设备，并取得试验负责人许可，方可加压；加压过程中应有人监护并呼唱。

（10）变更接线或试验结束时，应首先断开试验电源，放电，并将升压设备的高压部分放电、短路接地。

（11）试验现场出现明显异常情况时（如异声、电压波动、系统接地等），应立即停止试验工作，查明异常原因。

（12）高压试验作业人员在全部加压过程中，应精力集中，随时警戒异常现象发生。

（13）未装接地线的大电容被试设备，应先行放电再做试验。

（14）试验结束时，试验人员应拆除自装的接地短路线，并对被试设备进行检查，恢复试验前的状态，经试验负责人复查后，进行现场清理。

4. 防止试验过程中互感器损伤

电压互感器非试验绕组末端应接地，电流互感器二次非试验绕组应短路接地。

5. 防止电流互感器二次开路、电压互感器二次短路

拆除二次引线时做好标记，试验后应恢复二次接线并认真检查。

四、试验前的准备工作

1. 了解被试设备现场情况及试验条件

查勘现场，查阅相关技术资料，包括该设备出厂资料、出厂试验报告及相关规程

等，掌握该设备运行及缺陷情况。

2. 试验仪器、设备准备

选择合适的单相调压器、电压表、电流表、试验变压器、带剩余电流动作保护器的电源接线板、温（湿）度计、测试线、放电棒、接地线、安全带、安全帽、电工常用工具、试验临时安全遮栏、标示牌等，并查阅试验仪器、设备及绝缘工器具的检定合格证书有效期、相关技术资料、相关规程等。

3. 办理工作票并做好试验现场安全和技术措施

进入试验现场后，办理工作票并做好试验现场安全措施。向其余试验人员交代工作内容、带电部位、现场安全措施、现场作业危险点，明确人员分工及试验程序。

五、现场试验步骤及要求

（一）电流互感器励磁曲线试验

1. 试验接线

电流互感器励磁特性试验原理接线如图
Z13G7001Ⅱ-1 所示。在试验时，一次绕组应开路，铁芯及外壳接地，从保护绕组施加试验电压，非试验绕组应在开路状态。

2. 试验步骤

对电流互感器进行放电，拆除电流互感器

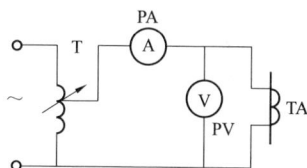

图 Z13G7001Ⅱ-1　电流互感器励磁
特性试验原理接线图
T—调压器；PV—电压表；PA—电流表；
TA—电流互感器

二次引线，一次绕组处于开路状态，铁芯及外壳接地，按图 Z13G7001Ⅱ-1 进行接线。选择合适的电压表、电流表挡位，检查接线无误后提醒监护人注意监护。合上电源开关，调节调压器缓慢升压，当电流升至互感器二次额定电流的 50% 时，将调压器均匀地降为零。

参考出厂试验数据或选取几个电流点，将调压器缓慢升压，以电流的倍数为准，读取相应的各点电压值，观察电压与电流的变化趋势，当电流按规律增长而电压变化不大时，可认为铁芯饱和，在拐点附近读取并记录至少 5~6 组数据。读取数据后，缓慢降下电压，切不可突然拉闸造成铁芯剩磁过大，影响互感器保护性能。电压降至零位后，再切断电源。

当有多个保护绕组时，每个绕组均应进行励磁曲线试验，试验步骤同上。

（二）电压互感器励磁特性和励磁曲线试验

1. 试验接线

电压互感器进行励磁特性和励磁曲线试验时，一次绕组、二次绕组及辅助绕组均开路，非加压绕组尾端接地，特别是分级绝缘电压互感器一次绕组尾端更应注意接地，铁芯及外壳接地，二次绕组加压。其试验原理接线如图 Z13G7001Ⅱ-2 所示。

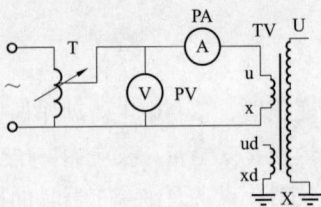

图 Z13G7001Ⅱ-2 电压互感器励磁
特性试验原理接线图

T—调压器；PV—电压表；PA—电流表；
TV—电压互感器

2. 试验步骤

对电压互感器进行放电，并将高压侧尾端接地，拆除电压互感器一次、二次所有接线。加压的二次绕组开路，非加压绕组尾端、铁芯及外壳接地，按图 Z13G7001Ⅱ-2 接线。试验前应根据电压互感器最大容量计算出最大允许电流。

电压互感器进行励磁特性试验时，检查加压的二次绕组尾端应不接地，检查接线无误后提醒监护人注意监护。

检查调压器是否在零位，合上电源隔离开关，调节调压器缓慢升压，可按相关标准的要求施加试验电压，并读取各点试验电压的电流。读取电流后立即降压，电压降至零位后切断电源，将被试品放电接地。注意在任何试验电压下电流均不能超过最大允许电流。

六、试验注意事项

（1）如表计的选择挡位不合适需要换挡位时，应缓慢降下电压，切断电源再换挡，以免剩磁影响试验结果。

（2）电流互感器励磁曲线试验电压不能超过 2kV，电流一般不大于 10A，或以制造厂技术条件为准。

（3）互感器励磁特性试验测试仪表应采用方均根值表。

（4）电压互感器感应耐压试验前后的励磁特性如有较大变化，应查明原因。

（5）铁芯带间隙的零序电流互感器应在安装完毕后进行励磁曲线试验。

七、试验结果分析及试验报告编写

（一）试验标准及结果分析

1. 试验标准及要求

根据 Q/GDW 1168—2013《输变电设备状态检修试验规程》、Q/GDW 11447—2015《10kV～500kV 输变电设备交接试验规程》及《国家电网公司变电检测通用管理规定》〔国网（运检/3）829—2017〕的规定：

（1）电气设备交接试验标准规定：当继电保护对电流互感器的励磁特性有要求时应进行励磁特性曲线试验，一般对测量绕组的励磁特性不作要求。因此在新设备交接试验中一般不对测量绕组的励磁特性进行试验，当检查测量绕组保安系数时，有时也进行励磁特性曲线试验。当电流互感器为多抽头时，可在使用抽头或最大抽头测量。测量后核对是否符合产品要求。

（2）现场检测具有暂态特性要求的 T 级电流互感器，因对检测人员和设备要求较高的缘故暂不宜推广。PR 级和 PX 级的用量相对较少，有要求时应按规定进行试验。

（3）电磁式电压互感器的励磁曲线测量，应符合下列要求：

1）用于励磁曲线测量的仪表为方均根值表，若发生测量结果与出厂试验报告和型式试验报告有较大出入（＞30%）时，应核对使用的仪表种类是否正确。

2）一般情况下，励磁曲线测量点为额定电压的 20%、50%、80%、100% 和 120%。对于中性点直接接地的电压互感器（X 端接地），电压等级 35kV 及以下电压等级的电压互感器最高测量点为 190%，电压等级 66kV 及以上的电压互感器最高测量点为 150%。

3）对于额定电压测量点（100%），励磁电流不宜大于其出厂试验报告和型式试验报告的测量值的 30%，同批次、同型号、同规格电压互感器此点的励磁电流不宜相差 30%。

（4）在状态检修试验时，参照 Q/GDW 1168—2013《输变电设备状态检修试验规程》。

2. 试验结果分析

（1）电流互感器励磁曲线试验结果分析。电流互感器励磁曲线试验结果不应与出厂试验值有明显变化。互感器励磁特性曲线试验的目的主要是检查互感器铁芯质量，通过磁化曲线的饱和程度判断互感器有无匝间短路，励磁特性曲线能灵敏地反映互感器铁芯、绕组等状况，如图 Z13G7001Ⅱ-3 所示。

如试验数据与原始数据相比变化较明显，首先检查测试仪表是否为方均根值表、准确等级是否满足要求，另外应考虑铁芯剩磁的影响。在大电流下切断电源、运行中二次开路、通过短路故障电流以及使用直流电源的各种试验，均可导致铁芯产生剩磁，因此在有必要的情况下应对互感器铁芯进行退磁，以减少试验和运行中的误差。

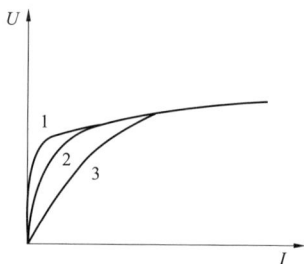

图 Z13G7001Ⅱ-3　电流互感器励磁曲线图
1—正常曲线；2—短路 1 匝；3—短路 2 匝

电流互感器励磁曲线试验的另外一个重要作用可以检验 10% 误差曲线，通过励磁曲线及二次电阻可以初步判断电流互感器本身的特征参数是否符合铭牌标志给出值。规程规定电流互感器励磁曲线测量后应核对是否符合产品要求，励磁曲线法如下：

P 级绕组的 $U\text{-}I$（励磁）曲线应根据电流互感器铭牌参数确定施加电压，二次电阻可用二次直流电阻 r_2 替代，漏抗 x_2 可估算，电压与电流的测量用方均根值仪表。

x_2 估算值见表 Z13G7001Ⅱ-1。

表 Z13G7001Ⅱ-1　　　　　　　　　**x_2 估 算 值**

电流互感器额定电压	独　立　结　构			GIS 及套管结构
	≤35kV	66～110kV	220～500kV	
x_2 估算值	0.1	0.15	0.2	

首先计算二次负荷阻抗，即

$$Z_L = \frac{S_{2N}}{I_{2N}} \div I_{2n} \times \cos\varphi \qquad (\text{Z13G7001Ⅱ-1})$$

式中　Z_L——二次负荷阻抗，Ω；

$\quad\quad S_{2N}$——二次额定负荷，VA；

$\quad\quad I_{2N}$——二次额定电流，A；

$\quad\cos\varphi$——功率因数。

根据二次直流电阻测试值 r_2 和估算的二次漏抗值 x_2 计算二次阻抗 Z_2，即

$$Z_2 = r_2 + jx_2 \qquad (\text{Z13G7001Ⅱ-2})$$

根据互感器铭牌标称准确限值系数 ALF、二次额定电流、二次负荷阻抗及二次阻抗，计算二次绕组感应电动势，即

$$E|_{ALFI} = ALF \times I_{2N} |Z_2 + Z_L| \qquad (\text{Z13G7001Ⅱ-3})$$

式中　$E|_{ALFI}$——电流互感器二次绕组感应电动势，V；

$\quad\quad ALF$——标称准确限值系数；

I_{2n}、Z_2、Z_L 含义同上。

对准确级为 10P 级的电流互感器，以计算的二次感应电动势为励磁电压测量的励磁电流 I_0 应满足式（Z13G7001Ⅱ-4）的要求，即

$$I_0 \leq 0.1 \times ALF \times I_{2e} \qquad (\text{Z13G7001Ⅱ-4})$$

如励磁电流 I_0 满足式（Z13G7001Ⅱ-4）的要求，则可以判断该绕组准确限值系数合格，说明在额定一次准确限值电流下的复合误差满足该互感器标称准确级。

（2）电压互感器励磁特性和励磁曲线试验结果分析。电压互感器与电流互感器不同，同一电压等级、同型号、同规格的电压互感器没有那么多的变比、级次组合及负荷的配置，其励磁曲线（包括绕组直流电阻）与出厂检测结果不应有较大分散性，否则就说明所使用的材料、工艺甚至设计和制造发生了较大变动以及互感器在运输、安装、运行中发生故障。如果励磁电流偏差太大，特别是成倍偏大，就要考虑有无匝间

绝缘损坏、铁芯片间短路或者是铁芯松动的可能。

在最高测量点时的电流不应超过最大允许电流。实际生产中发现一些产品，特别是早期的一些产品，在最高测量点时的电流超过最大允许电流，在故障时互感器铁芯过饱和，易产生铁磁谐振过电压，发生互感器过热烧毁的事故。因此，应保证互感器在最高测量点时的电流不超过最大允许电流，最大允许电流计算式为

$$I_{\max} = \frac{S_{\max}}{U_{2N}} \qquad （Z13G7001 \text{II} -5）$$

式中　$I_{\max}$——最大允许电流，A；

　　　　$S_{\max}$——互感器最大容量，VA；

　　　　U_{2N}——互感器二次额定电压，V。

如互感器铭牌或技术资料无最大容量，一般可按额定容量的 5 倍计算。

（二）试验报告编写

试验记录应填写信息，包括基本信息（变电站、委托单位、试验单位、运行编号、试验性质、试验日期、试验人员、试验地点、报告日期、编写人员、审核人员、批准人员、试验天气、环境温度、环境相对湿度）；设备铭牌（生产厂家、出厂日期、出厂编号、设备型号等）；试验数据（检测数据、试验仪器、项目结论等）。

八、案例

一台电流互感器额定电压 220kV，被检绕组变比 1000/5A，二次额定负荷 50VA，$\cos\varphi=0.8$，保护绕组准确级为 10P，准确限值系数 ALF 为 20，即 10P20，保护绕组直流电阻 0.1Ω，估算漏抗 0.2Ω，如何用励磁曲线法检查该电流互感器是否满足准确限值系数要求？

额定二次负荷阻抗为

$$Z_L = \frac{S_{2N}}{I_{2N}} \div I_{2N} \times \cos\varphi = \frac{50}{5} \div 5 \times (0.8 + j0.6) = 1.6 + j1.2 \ （\Omega）$$

二次阻抗为

$$Z_2 = r_2 + jx_2 = 0.1 + j0.2 \ （\Omega）$$

20 倍额定电流情况下绕组感应电动势为

$$E|_{ALFI} = ALF \times I_{2N}|Z_2 + Z_L| = 20 \times 5|Z_2 + Z_L| = 100|1.7 + j1.4| = 100\sqrt{1.7^2 + 1.4^2} = 220 \ （V）$$

此互感器的标称准确级 10P，在额定准确限值一次电流下的复合误差为 10%，标称准确限值系数为 20，二次额定电流 5A，励磁电流 I_0 应小于

$$I_0 < 0.1 \times ALF \times I_{2N} = 0.1 \times 20 \times 5 = 10 \ （A）$$

该互感器 20 倍额定电流情况下绕组感应电动势为 220V，在此感应电动势下，励

磁电流 I_0 小于 10A 时能满足准确限值系数要求。

【思考与练习】

1. 为什么互感器要进行励磁特性试验？电流互感器励磁特性试验时应在互感器哪个绕组进行测试？

2. 电流互感器励磁曲线测量后核对是否符合产品要求的目的是什么？

3. 电压互感器最大允许电流是如何计算的？

第二十三章

断路器、GIS 回路电阻测试

模块 1 断路器导电回路电阻测试（Z13G8001 Ⅰ）

【模块描述】本模块介绍断路器导电回路电阻测试的方法和技术要求。通过测试工作流程的介绍，掌握断路器导电回路电阻测试前的准备工作和相关安全、技术措施、测试方法、技术要求及测试数据分析判断。

【模块内容】

一、测试目的

断路器导电回路接触良好是保证断路器安全运行的一个重要条件，导电回路电阻增大，将使触头发热严重、造成弹簧退火、触头周围绝缘零件烧损，因此在预防性试验中需要测量导电回路直流电阻。

二、测试仪器、设备的选择

（1）若采用直流电压降法测回路电阻，则直流电源可选用电流大于 100A 的蓄电池组；分流器应选用 100A 的；直流毫伏电压表应选用 0.5 级、多量程的 2 只；测试导线应选用截面为 16mm² 的铜线。

（2）若采用回路电阻测试仪法，则回路电阻测试仪（微欧电阻仪）应选择测试电流大于 100A 的。

三、危险点分析及控制措施

1. 防止高处坠落

使用梯子应有人扶持或绑牢，在断路器上作业应系好安全带。

2. 防止高处落物伤人

高处作业应使用工具袋，上下传递物件应用绳索拴牢传递，严禁抛掷。

3. 防止工作人员触电

（1）应严格执行 Q/GDW 1799.1—2013《国家电网公司电力安全工作规程 变电部分》的相关要求。

（2）试验工作不得少于 2 人，试验负责人应由有经验的人员担任，试验负责人在检测期间应始终行使监护职责，不得擅离岗位或兼职其他工作，开始试验前，试验负责人应向全体试验人员详细交待试验中的安全注意事项，交待邻近间隔的带电部位，以及其他安全注意事项。

（3）登高作业必须佩戴安全带，安全带的挂钩或绳子应挂在结实牢固的构件上，或专为挂安全带用的钢丝绳上，并应采用高挂低用的方式。禁止挂在移动或不牢固的物件上。

（4）试验需要拆接设备引线时，不得失去地线保护，防止感应电伤人。

（5）应确保操作人员及检测仪器与电力设备的高压部分保持足够的安全距离。

（6）检测装置的金属外壳应可靠接地。

（7）因试验需要断开设备接头时，拆前应做好标记，接后应进行检查，并确认无误。

（8）试验装置的电源开关，应使用明显断开的双极隔离开关。为了防止误合隔离开关，可在刀刃上加绝缘罩。试验装置的低压回路中应有 2 个串联电源开关，并加装过载自动跳闸装置。

（9）检测前，应通知有关人员离开被试设备，接线人员不准接触检测线夹。取得检测负责人许可，方可通流，通流过程中应有人监护并呼唱。

（10）变更接线或检测结束时，应首先断开检测电源并放电。

（11）检测现场出现明显异常情况时（如异声、电压波动、系统接地等），应立即停止检测工作并撤离现场。

（12）试验结束时，试验人员应拆除自装的测试线，并对被试设备进行检查，恢复试验前的状态，经试验负责人复查后，进行现场清理。

四、测试前的准备工作

1. 了解被试设备现场情况及试验条件

查勘现场，查阅相关技术资料，包括该设备出厂资料、出厂试验报告及相关规程等，掌握该设备运行及缺陷情况。

2. 测试仪器、设备准备

选择合适的回路电阻测试仪（或直流电源）、分流器、直流毫伏表、测试导线、测试线、温（湿）度计、放电棒、接地线、梯子、安全带、安全帽、电工常用工具、试验临时安全遮栏、标示牌等，并查阅测试仪器、设备及绝缘工器具的检定合格证书有效期。

3. 办理工作票并做好试验现场安全和技术措施

按相关安全生产管理规定办理工作许可手续；向试验人员交代工作内容、带电部位、现场安全措施、现场作业危险点，明确人员分工及试验程序。

五、现场测试步骤及要求

（一）测试接线

1. 直流电压降法

直流电压降法的原理是：当在被测回路中通以直流电流时，则在回路接触电阻上将产生电压降，测量出通过回路的电流及被测回路上的电压降，即可根据欧姆定律计算出导电回路的直流电阻值。

用直流电压降法测试断路器导电回路电阻的接线如图 Z13G8001Ⅰ-1 所示。在测量时，回路通以 100A 或以上的直流电流，电流用分流器及毫伏电压表 1 进行测量，导电回路电阻的电压降用毫伏电压表 2 进行测量，毫伏电压表 2 应接在电流接线端内侧，以防止电流端头的电压降引起测量误差。

2. 回路电阻测试仪（微欧电阻仪）法

采用回路电阻测试仪测量断路器回路电阻比较方便、准确，其测试接线如图 Z13G8001Ⅰ-2 所示。测量仪器采用开关电路，由交流电源整流后作为直流电源通过开关转换为高频电流，再经变压器降压和隔离最后整流为低压直流作为测试电源。在测量回路中串接一个标准分流器，使其自动调整高频电源的脉冲宽度，达到自动恒定测试电流的目的。试验接线时，电压线同样应接在电流接线端内侧。

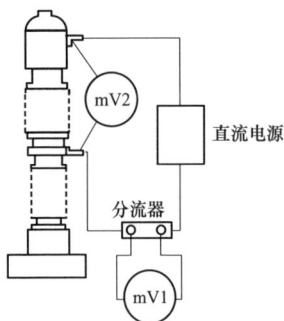

图 Z13G8001Ⅰ-1　用直流电压降法测试
断路器导电回路电阻的接线图
mV1、mV2—直流毫伏电压表

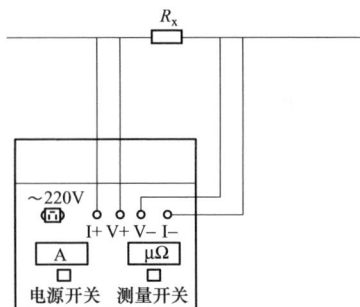

图 Z13G8001Ⅰ-2　回路电阻测试仪测试
断路器导电回路电阻的测试接线图

（二）测试步骤

（1）断开断路器任意一端的接地开关或接地线。

（2）将断路器进行电动合闸。

（3）清除被试断路器接线端子接触表面的油漆及金属氧化层，按图 Z13G8001Ⅰ-1 或图 Z13G8001Ⅰ-2 进行接线，检查测试接线是否正确。测试接线应接触紧密良好。

（4）接通仪器电源，调整测试电流应不小于100A，待电流稳定后读出被测回路电阻值（或根据欧姆定律计算出导电回路的直流电阻值），并做好记录。

（5）拆除试验测试线，将断路器分闸（断路器恢复测试前状态）。

六、测试注意事项

（1）测量时应注意避免引线和接触方式的影响。应注意电压线要接在断口的触头端，电流线应接在电压线的外侧。测试电流应不小于100A。

（2）如发现断路器回路电阻增大或超过标准值，可将断路器进行数次电动合闸后再进行测试。如电阻值变化不大，可分段查找以确定接触不良的部位（如断路器有几个断口或多个接触面时），并进行处理。如有主副触头或多个并联支路，应对并联的每一对触头分别进行测量。测量时，非被测量触头间应垫以薄绝缘物。

（3）在测量回路中若有 TA 串入，应将 TA 二次进行短路，防止保护误动。

（4）测试时，为防止被测断路器突然分闸，应断开被测断路器操作回路的熔丝。

七、测试结果分析及测试报告编写

（一）测试标准及结果分析

1. 测试标准及要求

根据 Q/GDW 1168—2013《输变电设备状态检修试验规程》、Q/GDW 11447—2015《10kV～500kV 输变电设备交接试验规程》及《国家电网公司变电检测通用管理规定》〔国网（运检/3）829—2017〕的规定：

（1）对于 SF_6 断路器、油断路器其主回路电阻应不大于制造商规定值，真空断路器主回路电阻的初值差应小于 30%，高压开关柜内断路器导电回路电阻初值差不大于 20%，交接验收与出厂值进行对比，不得超过 120%出厂值。

（2）将测试结果与规程要求进行比较，当测试结果出现异常时，应与同类设备、同设备的不同相间进行比较，作出诊断结论。

（3）如发现测试结果超标，可将被试设备进行分、合操作若干次，重新测量，若仍偏大，可分段查找以确定接触不良的部位，进行处理。

（4）经验表明，仅凭主回路电阻增大不能认为是触头或联结不好的可靠证据。此时，应该使用更大的电流（尽可能接近额定电流）重复进行检测。

（5）当明确回路电阻较大的部位后，应对接触部位解体进行检查。对于断路器灭弧室内部回路电阻超标的，应按照厂家工艺解体检查，必要时更换动静触头。

2. 测试结果分析

测试结果除应与制造厂规定值比较外，还应与历次值相比较，观察其发展趋势。根据设备的具体情况，测试前应将断路器进行几次电动分、合闸，以清除触头表面金属氧化膜的影响。发现回路电阻增大时，可采取分段测试，以确定回路电阻增大的部位，进行处理。

（二）测试报告编写

试验记录应填写信息，包括基本信息（变电站、委托单位、试验单位、运行编号、试验性质、试验日期、试验人员、试验地点、报告日期、编写人员、审核人员、批准人员、试验天气、环境温度、环境相对湿度），设备铭牌（生产厂家、出厂日期、出厂编号、设备型号、额定电压等），试验数据（回路电阻、仪器型号、结论等）。

八、案例

案例 1：某变电所预防性试验时，对一台 DW2–35 多油断路器测试导电回路电阻，测试结果见表 Z13G8001Ⅰ–1。

表 Z13G8001Ⅰ–1　　DW2–35 多油断路器导电回路电阻测试结果

相　　别	U	V	W
测试结果（μΩ）	280	255	200
标准要求（μΩ）	≤250		

由表 Z13G8001Ⅰ–1 可见，U、V 两相导电回路电阻超过标准要求值。对该断路器进行几次电动合闸后又测试回路电阻，测试结果见表 Z13G8001Ⅰ–2。由表 Z13G8001Ⅰ–2 可见，断路器经过几次电动合闸后回路电阻明显变小，其原因是由于设备长期运行后，在断路器触头接触表面形成一层金属氧化膜影响接触电阻，使接触电阻增大，经过几次电动合闸后，破坏了金属氧化膜，使接触电阻明显减小，符合标准要求。

表 Z13G8001Ⅰ–2　　DW2–35 多油断路器导电回路电阻第二次测试结果

相　　别	U	V	W
测试结果（μΩ）	220	215	190
标准要求（μΩ）	≤250		

案例 2：对一台 ZN28 型真空断路器测试导电回路电阻，发现 U 相回路电阻大，超过标准要求，分段检查后，发现断路器的软连接与导电夹之间的螺栓松动，经紧固螺栓后。重新检测回路电阻合格。

【思考与练习】

1. 测试断路器导电回路电阻的目的是什么？

2. 为什么通常在测试断路器导电回路电阻时，要将断路器进行几次电动分、合闸？

3. 回路电阻测试不合格时，怎样查找不合格部位？

▲ 模块 2　GIS 主回路电阻测试（Z13G8002Ⅰ）

【模块描述】本模块介绍 GIS 主回路电阻测试的方法和技术要求。通过测试工作流程的介绍，掌握 GIS 主回路电阻测试前的准备工作和相关安全、技术措施、测试方法、技术要求及测试数据分析判断。

【模块内容】

一、测试目的

GIS 主回路电阻测试的目的是为了检查 GIS 主回路中的导电回路连接和触头接触情况，以保证设备安全运行。

二、测试仪器、设备的选择

（1）若采用直流电压降法测回路电阻，则直流电源可选用电流大于 100A 的蓄电池组；分流器应选用 100A；直流毫伏表应选用 0.5 级、多量程的 2 只；测试导线应选用截面为 16mm^2 的铜线。

（2）若采用回路电阻测试仪法，则回路电阻测试仪（微欧仪）应选择测试电流大于 100A 的。

三、危险点分析及控制措施

1. 防止高处坠落

使用梯子应有人扶持或绑牢，在断路器上作业应系好安全带。

2. 防止高处落物伤人

高处作业应使用工具袋，上下传递物件应用绳索拴牢传递，严禁抛掷。

3. 防止工作人员触电

（1）应严格执行 Q/GDW 1799.1—2013《国家电网公司电力安全工作规程　变电部分》的相关要求。

（2）试验工作不得少于 2 人，试验负责人应由有经验的人员担任，试验负责人在检测期间应始终行使监护职责，不得擅离岗位或兼职其他工作。开始试验前，试验负责人应向全体试验人员详细交待试验中的安全注意事项，交待邻近间隔的带电部位，以及其他安全注意事项。

（3）登高作业必须佩戴安全带，安全带的挂钩或绳子应挂在结实牢固的构件上，或专为挂安全带用的钢丝绳上，并应采用高挂低用的方式。禁止挂在移动或不牢固的物件上。

（4）试验需要拆接设备引线时，不得失去地线保护，防止感应电伤人。

（5）应确保操作人员及检测仪器与电力设备的高压部分保持足够的安全距离。

（6）检测装置的金属外壳应可靠接地。

（7）因试验需要断开设备接头时，拆前应做好标记，接后应进行检查，并确认无误。

（8）试验装置的电源开关，应使用明显断开的双极隔离开关。为了防止误合隔离开关，可在刀刃上加绝缘罩。试验装置的低压回路中应有 2 个串联电源开关，并加装过载自动跳闸装置。

（9）检测前，应通知有关人员离开被试设备，接线人员不准接触检测线夹。取得检测负责人许可，方可通流，通流过程中应有人监护并呼唱。

（10）变更接线或检测结束时，应首先断开检测电源并放电。

（11）检测现场出现明显异常情况时（如异声、电压波动、系统接地等），应立即停止检测工作并撤离现场。

（12）试验结束时，试验人员应拆除自装的测试线，并对被试设备进行检查，恢复试验前的状态，经试验负责人复查后，进行现场清理。

四、测试前的准备工作

1. 了解被试设备现场情况及试验条件

查勘现场，查阅相关技术资料，包括该设备出厂资料、出厂试验报告及相关规程等，掌握该设备运行及缺陷情况。

2. 测试仪器、设备准备

选择合适的回路电阻测试仪（或直流电源、分流器、直流毫伏电压表及测试导线）、温（湿）度计、放电棒、接地线、梯子、安全带、安全帽、电工常用工具、试验临时安全遮栏、标示牌等，并查阅测试仪器、设备及绝缘工器具的检定合格证书有效期。

3. 办理工作票并做好试验现场安全和技术措施

按相关安全生产管理规定办理工作许可手续；向试验人员交代工作内容、带电部位、现场安全措施、现场作业危险点，明确人员分工及试验程序。

五、现场测试步骤及要求

（一）测试接线

1. 直流电压降法

直流电压降法的原理是：当在被测回路中通以直流电流时，则在回路接触电阻上将产生电压降，测量出通过回路的电流及被测回路上的电压降，即可根据欧姆定律计算出导电回路的直流电阻值。

用直流电压降法测试 GIS 导电回路电阻的接线如图 Z13G8002Ⅰ-1 所示。在测量时，回路通以不小于 100A 的直流电流，电流用分流器及毫伏电压表 1 进行测量，导电回路电阻的电压降用毫伏电压表 2 进行测量，毫伏电压表 2 应接在电流接线端内侧，以防止电流端头的电压降引起测量误差。

2. 回路电阻测试仪（微欧电阻仪）法

采用回路电阻测试仪测量 GIS 主回路电阻比较方便、准确，其测试接线如图 Z13G8002Ⅰ-2 所示。测量仪器采用开关电路，由交流电源整流后作为直流电源通过开关转换为高频电流，再经变压器降压和隔离最后整流为低压直流作为测试电源。电流不小于 100A，在测量回路中串接一个标准分流器，使其自动调整高频电源的脉冲宽度，达到自动恒定测试电流的目的。在试验接线时，电压线同样应接在电流接线端内侧。

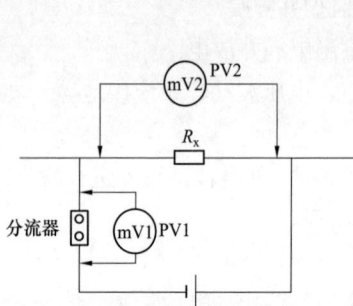

图 Z13G8002Ⅰ-1　用直流电压降法测试
GIS 导电回路电阻的接线图
PV1、PV2—直流毫伏电压表

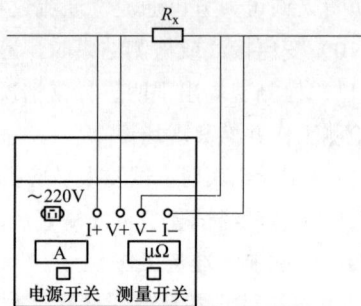

图 Z13G8002Ⅰ-2　回路电阻测试仪（微欧
电阻仪）测量 GIS 主回路电阻的接线图

（二）测试步骤

（1）用 GIS 内部隔离开关将被测部位进行隔离，用接地开关将 GIS 被测部位接地放电。

（2）将所要进行测试的 GIS 断路器及隔离开关电动合闸。可利用进出线套管注入电流进行测量，根据被测 GIS 的结构，在母线较长并且有多路出线的情况下，应尽可能分段测量，这样能有效地找到缺陷的部位。

目前生产的 GIS 在结构上可以按用户的需要实现上述测试要求，如接地开关的接地侧与外壳一般是绝缘的，通过活动接地片或软连接将 GIS 金属外壳接地。测试时可将活动接地片或软连接打开，利用回路上的两组接地开关合到待测量回路上进行测量，若少数 GIS 接地开关的接地侧与外壳不能绝缘分隔时，可先测量导体与外壳的并联电阻 R0 和外壳的直流电阻 R1，并做好记录。

（3）按图 Z13G8002Ⅰ-1 或图 Z13G8002Ⅰ-2 进行接线，并检查测试接线是否正确。测试接线接触应紧密良好。

（4）接通仪器电源，调整测试电流应不小于 100A（回路电阻测试仪有的可自动稳定在 100A 不需要调节），电流稳定后读出回路电阻值（或根据欧姆定律计算出导电回路的直流电阻值）。如发现 GIS 主回路电阻增大或超过标准值，可进行分段查找，进行处理。

（5）测试结束后，将 GIS 断路器、隔离开关、接地开关、接地连接片或软连接恢复。

六、测试注意事项

（1）测量时应注意避免引线和接触方式的影响，应注意电压线要接在被测回路电阻两端，电流线应接在电压线的外侧，接触应紧密良好。测试电流应不小于 100A（用于 1000kV 电压等级设备的应不小于 300A）。

（2）如测试结果 GIS 主回路电阻增大或超过标准值，可将 GIS 中的断路器及隔离开关进行数次电动分、合闸后再进行测试。若测试值仍很大，则应分段测试（根据情况可利用 GIS 的活动接地片、隔离开关、断路器等的分合状态进行分段测试），以确定接触不良的部位，并通知安装或检修人员进行处理。

（3）在测量回路中若有 TA 串入，应将 TA 二次进行短路，防止保护误动。

（4）测试时，电流测量回路绝对不能开路，开关不能分闸。

七、测试结果分析及测试报告编写

（一）测试标准及结果分析

1. 测试标准及要求

根据 Q/GDW 1168—2013《输变电设备状态检修试验规程》、Q/GDW 11447—2015《10kV～500kV 输变电设备交接试验规程》及《国家电网公司变电检测通用管理规定》〔国网（运检/3）829—2017〕的规定：用电流不小于 100A 的直流压降法测量，电阻值应符合产品技术条件的规定。规程对 GIS 主回路电阻未作规定，大修或交接试验时导电回路电阻测试数值参照制造厂规定。GIS 中断路器回路电阻测试值一般为不大于制造厂规定值 120%。

2. 测试结果分析

（1）对少数 GIS 接地开关的接地侧与外壳不能绝缘分隔时，测量导体与外壳的并联电阻 R_0 和外壳的直流电阻 R_1，按式（Z13G8002 I -1）换算回路电阻。

$$R = \frac{R_0 R_1}{R_1 - R_0} \qquad\qquad (\text{Z13G8002 I -1})$$

（2）测试结果除应与制造厂规定值比较外，还应与出厂值及历年值相比较，观察其发展趋势。根据设备的具体情况，若三相母线长度相同则测试结果应该相同或接近，测试前应将断路器及隔离开关进行几次电动合闸，以清除触头表面金属氧化膜的影响。发现回路电阻增大时，可采取分段测试，以确定回路电阻增大的部位，进行处理。

（二）测试报告编写

试验记录应填写信息，包括基本信息（变电站、委托单位、试验单位、运行编号、试验性质、试验日期、试验人员、试验地点、报告日期、编写人员、审核人员、批准人员、试验天气、环境温度、环境相对湿度），设备铭牌（生产厂家、出厂日期、出厂编号、设备型号、额定电压等），试验数据（回路电阻、仪器型号、结论等）。

八、案例

案例 1：某变电站 GIS 主接线如图 Z13G8002Ⅰ-3 所示。在预防性试验时，测试 GIS 主回路电阻情况为：如测试 A、F 之间的电阻，其数值包括了两个断路器、四个隔离开关的接触电阻及整个母线的电阻值，很难判断断路器接触上的问题。故测试时打开接地开关 C、B 两点的连接片，从 C、B 两点通电可以很方便地判断 1 号断路器的接触情况。同样，由 E、D 两点通电也可以很方便地判断 2 号断路器的接触情况。

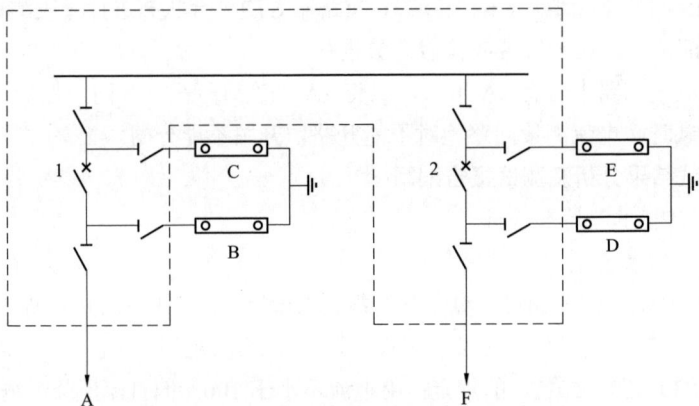

图 Z13G8002Ⅰ-3 某变电站 GIS 主接线图

案例 2：对 GIS 某一段回路，作导电回路电阻测试（使用电压降法），测试接线如图 Z13G8002Ⅰ-1 所示。对某一极通 100A 直流后，测得直流电压降为 9mV，则回路电阻为

$$R = U / I = 9 \times 10^{-3} \text{V} / 100\text{A} = 0.000\,09\Omega = 90\,(\mu\Omega)$$

【思考与练习】

1. 测试 GIS 主回路电阻的目的是什么？

2. 测试 GIS 主回路电阻时，测试接线应注意什么？

第二十四章

断路器的机械特性试验

◢ 模块 1 断路器机械特性试验（Z13G9001Ⅱ）

【模块描述】本模块介绍断路器机械特性试验的方法和技术要求。通过试验工作流程的介绍，掌握断路器机械特性试验前的准备工作和相关安全、技术措施、测试方法、技术要求及测试数据分析判断。

【模块内容】

一、测试目的

断路器机械特性试验主要包括断路器的低电压动作特性测试、断路器动作时间测试和断路器动作速度测试，其目的是检查其机械系统是否正常，要求其分合闸动作正确，不发生拒合拒分等异常现象。

1. 断路器低电压动作特性

标准规定，断路器低电压动作电压不得低于额定操作电压的 30%，不得高于额定操作电压的 65%。如果断路器动作电压过高或过低，就会引起断路器误分闸和误合闸，或使断路器在发生故障时拒绝分闸，造成事故，甚至影响整个电网的稳定。

在断路器检修时，也要对断路器低电压动作特性进行测试。

2. 断路器动作时间、速度的测试

断路器动作时间、速度是保证断路器正常工作和系统安全运行的主要参数，断路器动作过快，易造成断路器部件的损坏，缩短断路器的使用寿命，甚至造成事故；断路器动作过慢，则会加长灭弧时间、烧坏触头（增高内压，引起爆炸）、造成越级跳闸（扩大停电范围），加重设备的损坏和影响电力系统的稳定。

断路器动作时间、速度的测试在下列情况下要进行：

（1）断路器大修后。

（2）机构主要部件更换后。

（3）真空断路器的真空灭弧室调换后。

（4）断路器传动部分部件更换后。

（5）断路器安装后。

（6）必要时。

3. 其他机械参数测量

对于不同结构的断路器要求测量相应的机械参数，如对液压机构要测量预充氮压力、打压时间、保压性能和各有关的液压参数等。对弹簧机构应测量储能时间，必要时应检查弹簧在储能或释放状态的长度。

二、测试仪器、设备的选择

断路器机械特性测试仪。

三、危险点分析及控制措施

1. 防止高处坠落

使用梯子应有人扶持或绑牢，在断路器上作业应系好安全带。

2. 防止高处落物伤人

高处作业应使用工具袋，上下传递物件应用绳索拴牢传递，严禁抛掷。

3. 防止工作人员触电

（1）应严格执行 Q/GDW 1799.1—2013《国家电网公司电力安全工作规程 变电部分》的相关要求。

（2）测试工作不得少于 2 人。测试负责人应由有经验的人员担任，测试负责人在测试期间应始终行使监护职责，不得擅离岗位或兼职其他工作。开始测试前，测试负责人应向全体测试人员详细布置测试中的安全注意事项，交待邻近间隔的带电部位，以及其他安全注意事项。

（3）应确保操作人员及测试仪器与电力设备的高压部分保持足够的安全距离。

（4）测试前，应将设备外壳可靠接地后，方可进行其他接线。

（5）因测试需要断开设备接头时，拆前应做好标记，接后应进行检查。

（6）测试装置的电源开关，应使用明显断开的双极隔离开关。为了防止误合隔离开关，可在刀刃上加绝缘罩。测试装置的低压回路中应有 2 个串联电源开关，并加装过载自动跳闸装置。

（7）对于周围存在较高电压等级的运行设备的测试场地，测试引线会产生较高的感应电压，接线过程中应使用绝缘手套。

（8）测试用引线应尽量缩短，必要时用绝缘物支挂牢固，防止风偏造成对其他带电设备放电。

（9）测试前必须认真检查测试接线，尤其是接入断路器的分、合闸控制电源，应正确无误。

（10）测试前，应通知有关人员离开被试设备，并取得测试负责人许可，方可开机测试；测试过程中应有人监护并呼唱，断路器处禁止其他工作。

（11）安装、拆除传感器前应确认断路器分、合闸能量完全释放，控制电源及电机电源完全断开。

（12）传感器安装时应选择合适的位置，防止由于传感器安装不当，造成断路器动作时损坏仪器及断路器。

（13）当使用仪器内触发储能方式时，应检查断路器储能电源已可靠断开。

（14）变更接线或测试结束时，应首先断开测试电源。

（15）测试现场出现明显异常情况时（如异声、电压波动、系统接地等），应立即停止测试工作并撤离现场。

（16）测试结束时，测试人员应拆除自装的接地短路线，并对被试设备进行检查，恢复测试前的状态，经测试负责人复查后，进行现场清理。

四、测试前的准备工作

1. 了解被试设备现场情况及试验条件

查勘现场，查阅相关技术资料，包括该设备出厂资料、出厂试验报告及相关规程等，掌握该设备运行及缺陷情况。

2. 测试仪器、设备准备

选择合适的断路器机械特性测试仪、测试导线、测试线、温（湿）度计、放电棒、接地线、梯子、安全带、安全帽、电工常用工具、试验临时安全遮栏、标示牌等，并查阅测试仪器、设备及绝缘工器具的检定合格证书有效期、相关技术资料、相关规程等。

3. 办理工作票并做好试验现场安全和技术措施

进入试验现场后，办理工作票并做好试验现场安全措施。向其余试验人员交代工作内容、带电部位、现场安全措施、现场作业危险点，明确人员分工及试验程序。

五、现场测试步骤及要求

不同测试仪的测试步骤及要求是不同的，应参照使用说明书进行。

1. 断路器低电压动作特性

将直流电源的输出，经隔离开关分别接入断路器二次控制线的合闸或分闸回路中，在一个较低电压下迅速合上并拉开直流电源出线隔离开关，若断路器不动作，则逐步提高电压值，重复以上步骤，当断路器正确动作时，记录此前的电压值。则分别为合、分闸电磁铁的最低动作电压值。

2. 断路器动作时间的测试

（1）测试接线。测试接线如图 Z13G9001Ⅱ-1 所示，将断路器机械特性测试仪的合、分闸控制线分别接入断路器二次控制线中，用试验接线将断路器一次各断口的引线接入断路器机械特性测试仪的时间通道。

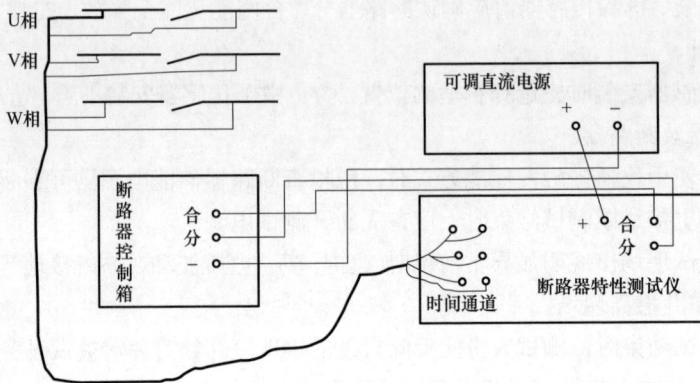

图 Z13G9001 Ⅱ-1　断路器机械特性测试的试验接线

（2）测试步骤。

1）将可调直流电源调至断路器额定操作电压，通过控制断路器机械特性测试仪，在额定操作电压及额定机构压力下对 SF_6 断路器进行分、合操作，测得各相合、分闸动作时间。

2）三相合闸时间中的最大值与最小值之差即为合闸不同期；三相分闸时间中的最大值与最小值之差即为分闸不同期。

3）如果 SF_6 断路器每相存在多个断口，则应同时测量各个断口的合、分时间，并得出同相各断口合、分闸的不同期。

4）如果断路器带有合闸电阻，则应同时测量合闸电阻的预先投入时间。

3. 断路器动作速度的测试

可结合断路器动作时间测试同时进行，将测速传感器固定可靠，并将传感器运动部分牢固连接至断路器机构的速度测量运动部件上。利用断路器机械特性测试仪进行断路器合、分操作，即得测试结果，或根据所得的时间—行程特性计算断路器动作速度。

六、测试注意事项

（1）机械特性测试仪的输出电源严禁短路。

（2）机械特性测试仪尽可能使用外接电源作为测试电源，防止因为内部电源的电力不足而影响测试结果。采用外接直流电源时，应防止串入站内运行直流系统。

（3）试验时也可采用站内直流电源作为操作电源；对于电磁操动机构，应将合合控制线接至合闸接触器线圈回路。

（4）如果断路器存在第二分闸回路，则应测量第二分闸的低电压动作特性、分闸动作时间和动作速度。

（5）进行断路器低电压特性测试时，加在分、合闸线圈上的操作电压时间不宜过长，防止烧损线圈。

七、测试结果分析及测试报告编写

（一）测试标准及结果分析

1. 测试标准及要求

根据 Q/GDW 1168—2013《输变电设备状态检修试验规程》、Q/GDW 11447—2015《10kV～500kV 输变电设备交接试验规程》及《国家电网公司变电检测通用管理规定》〔国网（运检/3）829—2017〕的规定：应符合标准及要求。

2. 测试结果分析

（1）测试结果应与断路器说明书给定值进行比较（常用断路器数据见附录 B），应满足厂家规定要求。

（2）若上述测试项目中存在不符合厂家要求的测试数据时，应首先检查接线情况、参数设置、仪器状况等是否符合测试要求。

（3）当合闸时间、合闸速度不满足规范要求时，可能造成的原因有：一是合闸电磁铁顶杆与合闸掣子位置不合适，二是合闸弹簧疲劳，三是分闸弹簧拉紧力过大，四是开距或超程不满足要求。应综合分析上述原因，按照厂家技术要求，对合闸电磁铁、分合闸弹簧、机构连杆进行调整。

（4）当分闸时间、分闸速度不满足规范要求时，可能造成的原因有：一是分闸电磁铁顶杆与分闸掣子位置不合适，二是分闸弹簧疲劳，三是开距或超程不满足要求。应综合分析上述原因，按照厂家技术要求，对分闸电磁铁、分合闸弹簧、机构连杆进行调整。

（5）当合分时间不满足规范要求时，可能造成的原因有：一是单分、单合时间不满足规范要求，二是断路器操动机构的脱扣器性能存在问题，应综合分析上述原因，按照厂家技术要求，对单分、单合时间进行调整或者对脱扣器进行调节。

（6）当不同期值不满足规范要求时，可能造成的原因有：一是三相开距不一致，二是分相机构的电磁铁动作时间不一致，应综合分析上述原因，按照厂家技术要求，对分闸电磁铁、分合闸弹簧、机构连杆进行调整。

（7）当行程特性曲线不满足规范要求时，可能造成的原因有：一是断路器对中调整的不好，二是断路器触头存在卡涩。应综合分析上述原因，按照厂家技术要求对断路器分合闸弹簧、拐臂、连杆、缓冲器进行调整。

（8）分合闸电磁铁动作电压不满足规范要求，宜检查动静铁芯之间的距离，检查电磁铁芯是否灵活，有无卡涩情况，或者通过调整分合闸电磁铁与动铁芯间隙的大小来调整动作电压，缩短间隙，动作电压升高，反之降低；当调整了间隙后，应进行断路器分合闸时间测试，防止间隙调整影响机械特性。

（二）测试报告编写

试验记录应填写信息，包括基本信息（变电站、委托单位、试验单位、运行编号、试验性质、试验日期、试验人员、试验地点、报告日期、编写人员、审核人员、批准人员、试验天气、环境温度、环境相对湿度、投运日期），设备铭牌（生产厂家、出厂日期、出厂编号、设备型号、额定电压、额定电流、额定开断电流等），试验数据（合闸时间、分闸时间、分合闸行程-时间特性曲线、仪器型号、结论等）。

八、案例

某型号智能开关测试仪对型号为 3AQ1EG 的断路器机械特性测试数据如表 Z13G9001Ⅱ-1 所示。

表 Z13G9001Ⅱ-1　　　3AQ1EG 断路器机械特性测试数据

项目＼时间	标准	合闸	分闸 1	分闸 2
A 相	合闸：110±5ms 分闸：24±3ms	110.7	24.3	24.2
B 相		110.2	24.6	24.4
C 相		109.6	23.7	23.6
三相不同期	合闸≤5ms 分闸≤3ms	1.1	0.9	0.8
合闸速度 m/s		2.4	/	/
分闸速度 m/s		/	7.5	7.5

【思考与练习】

1. 开关机械特性测试仪的测试项目有哪些？每项测试的目的是什么？

2. 开关机械特性测试仪测试前的准备工作有哪些？

3. 开关机械特性测试仪使用注意事项是什么？

第四部分

其他类设备的特性试验

第二十五章

架空线路、电缆线路工频参数测试

▲ 模块 1 架空线路工频参数测试（Z13H1001Ⅱ）

【模块描述】 本模块介绍架空线路工频参数测试方法及技术要求。通过测试工作流程的介绍，掌握架空线路工频参数测试前的准备工作和相关安全、技术措施、测试方法、技术要求及测试数据分析判断。

【模块内容】

一、测试目的

架空线路工频参数测试主要包括对正序阻抗、零序阻抗、正序电容、零序电容及平行线路间互感的测试。测试的目的是为计算系统短路电流、继电保护整定、推算潮流分布和选择合理运行方式等工作提供实际依据。

二、测试仪器、设备的选择

根据架空线路设计的要求，在参数的测试中测量仪器、仪表应能满足测量的接线方式、测试电压、测试准确度等。

1. 用电流、电压、功率表进行测量

（1）使用的静电电压表准确度不低于 0.5 级，测量范围 0～30kV。

（2）使用的电压、电流互感器应不低于 0.2 级，电压、电流表应不低于 0.5 级。测量范围满足测量要求。

（3）使用的功率表应选用 $\cos\varphi$ 不大于 0.2、准确度不低于 1 级的低功率因数功率表。

（4）三相调压器应选用波形畸变小和阻抗电压低的自耦调压器。容量不小于 20kVA，输出电压 0～450V。

（5）双（单）臂电桥，根据架空线长度进行选择。

（6）试验变压器的额定电压 10/0.4kV，高压额定电流不小于 2A。

（7）隔离变压器（单/三相）额定电压 380V，容量不小于 20kVA。

（8）试验用的电流线截面不小于 $12mm^2$，电压线截面不小于 $2.5mm^2$。

（9）选择合适的隔离开关，温、湿度计、接地线、短路线、放电棒、裸铜丝、万用表、三相电源引线、单相电源线（带漏电保护开关）、二次连接线、绝缘杆等及试验方案、测试仪器设备及绝缘工器具检定证书的有效期、相关技术资料、相关规程等。

2. 用综合参数测试仪进行测量

综合参数测试仪的准确度不低于 0.5 级。

三、危险点分析及控制措施

1. 防止测量时伤及工作人员

在开工前必须确认线路无人作业，方能进行试验工作。

2. 防止线路感应电压伤人

在测量感应电压后，将测得数据报线路对侧（短路侧）配合人员，以做好相应防护措施。在变更试验接线前应将架空线路接地充分放电，以防止剩余电荷、感应电压伤人及影响测量结果。

3. 防止测量时伤及试验人员

（1）应严格执行 Q/GDW 1799.1—2013《国家电网公司电力安全工作规程　变电部分》、Q/GDW 1799.2—2013《国家电网公司电力安全工作规程　线路部分》的相关要求。

（2）高压试验工作不得少于两人。试验负责人应由有经验的人员担任，开始试验前，试验负责人应向全体试验人员详细交待试验中的安全注意事项，交待邻近间隔的带电部位，以及其他安全注意事项。

（3）试验现场应装设遮栏或围栏，遮栏或围栏与试验设备高压部分应有足够的安全距离，向外悬挂"止步，高压危险！"的标示牌，并派人看守。

（4）应确保操作人员及试验仪器与电力设备的高压部分保持足够的安全距离，且操作人员应使用绝缘垫。

（5）试验装置的金属外壳应可靠接地，高压引线应尽量缩短，并采用专用的高压试验线，必要时用绝缘物支挂牢固。

（6）加压前必须认真检查试验接线，使用规范的短路线，表计倍率、量程、调压器零位及仪表的开始状态，均应正确无误。

（7）因试验需要断开设备接头时，拆前应做好标记，接后应进行检查，并确认无误。

（8）试验所用的电源应具有单独的工作接地和保护接地，试验装置的电源开关，应使用明显断开的双极隔离开关。为了防止误合隔离开关，可在刀刃上加绝缘罩。试验装置的低压回路中应有两个串联电源开关，并加装过载自动跳闸装置。

（9）试验前，应通知有关人员离开被试设备，并取得试验负责人许可，方可加压；加压过程中应有人监护并呼唱。

（10）变更接线或试验结束时，应首先断开试验电源，放电，并将升压设备的高压部分放电、短路接地。

（11）试验现场出现明显异常情况时（如异声、电压波动、系统接地等），应立即停止试验工作，放电，查明异常原因，原因未查明、严禁再进行试验。

（12）高压试验作业人员在全部加压过程中，应精力集中，随时警戒异常现象发生。

（13）未装接地线的大电容被试设备，应先行放电再做试验。

（14）在测量过程中，应由工作负责人统一指挥，试验点和线路对侧（短路侧）配合人员应保持通讯畅通，对侧（短路侧）配合人员的工作，应得到工作负责人许可后方可进行。严禁在雷雨天气进行线路参数测量，若在测量过程中沿线路有雷阵雨发生，则应立即停止测量。

（15）试验结束时，试验人员应拆除自装的接地短路线，并对被试设备进行检查，恢复试验前的状态，经试验负责人复查后，进行现场清理。

4. 防止高空坠落

试验人员登高接线时系好安全带。

5. 防止高处落物伤人

高处作业应使用工具袋，上下传递物件应用绳索拴牢传递，严禁抛掷。

四、测试前的准备工作

1. 了解被试设备现场情况及试验条件

在测量前进行现场查勘，根据查勘内容编写试验方案，按表 Z13H1001Ⅱ-1 及表 Z13H1001Ⅱ-2 架空线路参数，估算被测线路的参数，估算出被测线路的直流电阻及阻抗值。并查阅相关技术资料及相关规程。

表 Z13H1001Ⅱ-1　　　　　钢芯铝线直流电阻技术数据

型号	标称截面（mm²）	20℃时直流电阻（Ω/km）	型号	标称截面（mm²）	20℃时直流电阻（Ω/km）
LGJ-35	35	0.85	LGJ-150	150	0.21
LGJ-50	50	0.65	LGJ-185	185	0.17
LGJ-70	70	0.46	LGJ-240	240	0.132
LGJ-95	95	0.33	LGJ-300	300	0.107
LGJ-120	120	0.27	LGJ-400	400	0.080

表 Z13H1001Ⅱ-2　　　用钢芯铝线敷设的架空线路的感抗（Ω/km）

几何均距（mm）＼型号	LGJ—35	LGJ—50	LGJ—70	LGJ—95	LGJ—120	LGJ—150	LGJ—185	LGJ—240	LGJ—300	LGJ—400
2000	0.403	0.392	0.382	0.371	0.365	0.358				
2500	0.417	0.406	0.396	0.385	0.379	0.372				
3000	0.429	0.418	0.408	0.397	0.391	0.384	0.377	0.369		
3500	0.438	0.472	0.417	0.406	0.400	0.398	0.386	0.378		
4000	0.446	0.435	0.425	0.414	0.408	0.401	0.394	0.386		
4500			0.433	0.422	0.416	0.409	0.402	0.394		
5000			0.440	0.429	0.423	0.416	0.409	0.401		
5500					0.429	0.422	0.415	0.407		
6000					0.435	0.425	0.420	0.413	0.404	0.396
6500						0.432	0.425	0.420	0.409	0.400
7000						0.438	0.430	0.424	0.414	0.406
7500							0.435	0.428	0.418	0.409
8000								0.432	0.422	0.414
8500									0.425	0.418

2. 测试仪器、设备准备

选择合适的仪器、仪表、隔离开关、温湿度计、接地线、短路线、放电棒、裸铜丝、万用表、三相电源引线、单相电源线（带漏电保护开关）、二次连接线、梯子、安全带、安全帽、电工常用工具、试验临时安全遮拦、标示牌、绝缘杆等，并查阅测试仪器、设备及绝缘工器具的检定证书有效期、试验方案、相关技术资料、相关规程等。

3. 办理工作票并做好试验现场安全和技术措施

按相关安全生产管理规定办理工作许可手续；进入试验现场后，办理工作票并做好试验现场安全措施。并向其余试验人员交代工作内容、带电部位、现场安全措施、现场作业危险点，以及明确人员分工及试验程序。

4. 测量前须确认

测量前在现场会同施工方，再次对线路进行确认。

五、现场测试步骤及要求

（一）测量线路感应电压

1. 测试接线

线路感应电压测试接线如图 Z13H1001Ⅱ-1 所示。

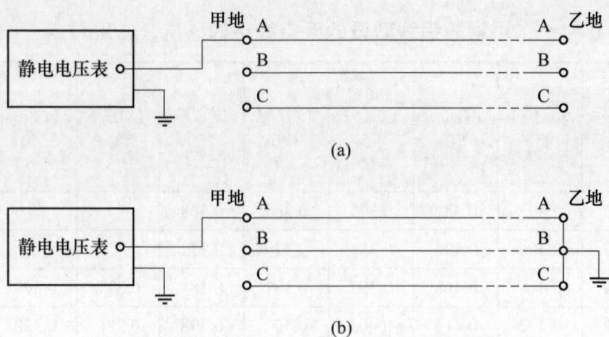

图 Z13H1001Ⅱ-1 线路感应电压测量接线

(a) 线路末端开路；(b) 线路末端接地

2. 测试步骤

工作负责人通知甲、乙两地试验人员按图 Z13H1001Ⅱ-1（a）接线。对线路 A 相测量感应电压，并记录。依次对 B、C 相进行测量。

工作负责人通知甲、乙两地试验人员按图 Z13H1001Ⅱ-1（b）接线。通知乙地试验人员将被测线路接地，再依次对 A、B、C 相进行感应电压测量，并记录。

完毕后，通知甲、乙两地试验人员将被测线路接地。

（二）测量线路直流电阻

1. 测试接线

线路直流电阻测试接线如图 Z13H1001Ⅱ-2 所示。

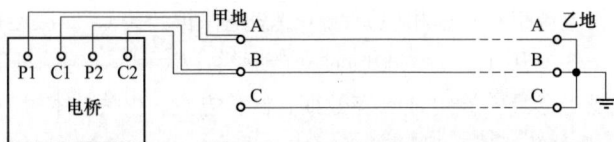

图 Z13H1001Ⅱ-2 线路直流电阻测量接线

2. 测试步骤

工作负责人通知乙地试验人员将被测线路三相短路接地。甲地试验人员按图 Z13H1001Ⅱ-2 进行接线。对线路 AB 相测量直流电阻，并记录。依次对 BC、AC 相进行测量，完毕后，将甲地被测线路接地刀闸合上。

3. 测试数据整理及计算

将测得的 AB、BC、AC 直流电阻值，用式（Z13H1001Ⅱ-1）换算为每相直流电阻。

$$R_A = \frac{R_{AB} + R_{AC} - R_{BC}}{2}$$

$$R_B = \frac{R_{AB} + R_{BC} - R_{AC}}{2} \qquad (Z13H1001\,II-1)$$

$$R_C = \frac{R_{AC} + R_{BC} - R_{AB}}{2}$$

式中　R_{AB}、R_{BC}、R_{AC}——测得的线电阻，Ω；

　　　　R_A、R_B、R_C——换算为每相直流电阻，Ω。

将每相直流电阻 R_A、R_B、R_C 用式（Z13H1001 II-2）换算为每相 20℃时的直流电阻，再与试验方案中被测线路的直流电阻估算值进行比较。

$$R_{20} = \frac{T+20}{T+t} \times R_t \qquad (Z13H1001\,II-2)$$

式中　R_{20}——换算至温度 20℃时的电阻，Ω；

　　　　R_t——在温度 t 时测量的电阻，Ω；

　　　　T——温度换算系数。铜线 235，铝线 225。

（三）测量线路正序阻抗

1. 测试接线

线路正序阻抗测试接线如图 Z13H1001 II-3 所示。

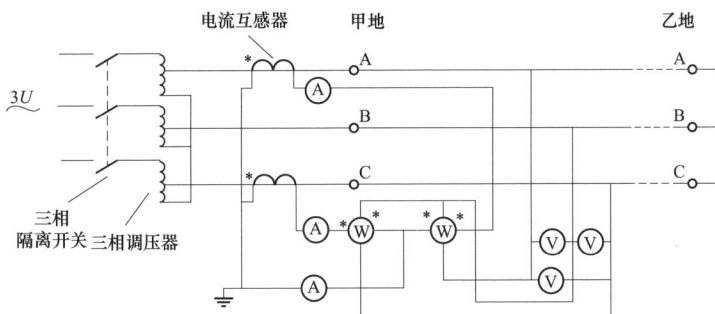

图 Z13H1001 II-3　线路正序阻抗测量接线

2. 测试步骤

工作负责人通知乙地试验人员将被测线路三相短路。甲地试验人员按图 Z13H1001 II-3 进行接线，检查试验接线正确后，将三相电源加到被试线路甲地侧（A、B、C 端），检查调压器在零位，然后调整调压器，缓慢升压，观察仪表指示是否正常。若无异常，将电流升至所需的试验电流值，同时读取并记录仪表指示值（电压：U_{AB}、U_{BC}、U_{AC}；电流：I_A、I_B、I_C；功率：P_1、P_2）。记录数据后，将调压器调回零，断开隔离开关。完毕后，通知甲、乙两地试验人员将被测线路接地隔离开关合上。这里特别要注意电流互感器和瓦特表的"极性"。

3. 测试数据整理及计算

电压平均值

$$U_{av} = \frac{U_{AB} + U_{BC} + U_{AC}}{3} (V) \qquad (Z13H1001 \text{II} -3)$$

电流平均值

$$I_{av} = \frac{I_A + I_B + I_C}{3} \times K_A (A) \qquad (Z13H1001 \text{II} -4)$$

功率平均值

$$P_{av} = P_1 + P_2 (W) \qquad (Z13H1001 \text{II} -5)$$

正序电阻

$$R_1 = \frac{P_{av}}{I_{av}^2 l} [\Omega / (km \cdot 相)] \qquad (Z13H1001 \text{II} -6)$$

正序阻抗

$$Z_1 = \frac{U_{av}}{\sqrt{3} I_{av} l} [\Omega / (km \cdot 相)] \qquad (Z13H1001 \text{II} -7)$$

正序电抗

$$X_1 = \sqrt{(Z_1^2 - R_1^2)} [\Omega / (km \cdot 相)] \qquad (Z13H1001 \text{II} -8)$$

正序电感

$$L_1 = \frac{X_1}{\omega} [H / (km \cdot 相)] \qquad (Z13H1001 \text{II} -9)$$

正序阻抗的阻抗角

$$\varphi = \arctan \frac{X_1}{R_1} \qquad (Z13H1001 \text{II} -10)$$

式中　U_{AB}、U_{BC}、U_{AC}——测得线路试验电压，V；

　　　I_A、I_B、I_C——测得线路试验电流，A；

　　　P_1、P_2——测得线路功率，W；

　　　K_A——电流互感器变比；

　　　l——被测线路长度，km；

　　　ω——角频率，在工频下为314rad/s。

（四）测量线路零序阻抗

1. 测试接线

线路零序阻抗测试接线如图 Z13H1001Ⅱ–4 所示。

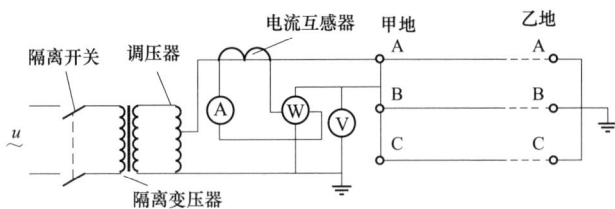

图 Z13H1001Ⅱ–4 线路零序阻抗测量接线

2. 测试步骤

工作负责人通知乙地试验人员将被测线路三相短路接地，甲地三相短路，试验人员按图 Z13H1001Ⅱ–4 进行接线。检查试验接线正确后，将单相电源加到被试线路甲地侧三相短路，乙地侧三相短路接地，检查调压器在零位，然后调整调压器，缓慢升压，观察仪表指示是否正常。若无异常，将电流升至所需的试验电流值，同时读取并记录仪表指示值（电压：U；电流：I；功率：P）。记录数据后，将调压器调回零，断开隔离开关。完毕后，通知甲、乙两地试验人员将被测线路接地隔离开关合上。

3. 测试数据整理及计算

零序电阻

$$R_0 = \frac{3P}{(IK_A)^2 l} \text{（Ω / km • 相）} \qquad (\text{Z13H1001Ⅱ–11})$$

零序阻抗

$$Z_0 = \frac{3U}{IK_A l} \text{（Ω / km • 相）} \qquad (\text{Z13H1001Ⅱ–12})$$

零序电抗

$$X_0 = \sqrt{(Z_0^2 - R_0^2)} \text{（Ω / km • 相）} \qquad (\text{Z13H1001Ⅱ–13})$$

零序电感

$$L_0 = \frac{X_0}{\omega} \text{（H / km • 相）} \qquad (\text{Z13H1001Ⅱ–14})$$

零序阻抗的阻抗角

$$\varphi = \arctan\frac{X_0}{R_0} \qquad (\text{Z13H1001Ⅱ–15})$$

式中　　U ——测得线路试验电压，V；

　　　　I ——测得线路试验电流，A；

　　　　P ——测得线路功率，W；

K_A、l、ω ——意义同上。

（五）测量线路正序电容

1. 测试接线

线路正序电容测试接线如图 Z13H1001Ⅱ–5 所示。

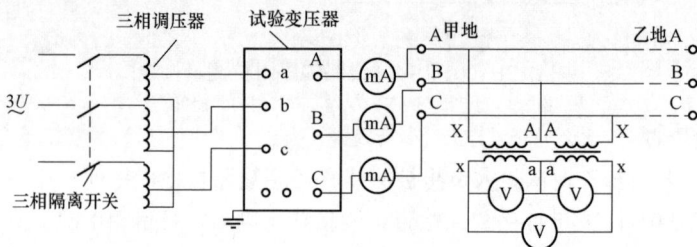

图 Z13H1001Ⅱ–5　线路正序电容测量接线

2. 测试步骤

工作负责人通知甲、乙两地试验人员将被测线路三相开路，试验人员按图 Z13H1001Ⅱ–5 进行接线。检查试验接线正确后，将三相电源加到被试线路甲地侧，检查调压器在零位，调整调压器缓慢升压，观察仪表指示是否正常，若无异常，将电压升至所需的试验电压值（一般为 10kV 左右），同时读取并记录仪表指示值（电压 U_{AB}、U_{BC}、U_{AC}，电流 I_A、I_B、I_C）。记录数据后，将调压器调回零，断开隔离开关。完毕后，通知甲、乙两地试验人员将被测线路接地隔离开关合上。

3. 测试数据整理及计算

电压平均值

$$U_{av} = \frac{U_{AB} + U_{BC} + U_{AC}}{3} \times K_V \, (\text{V}) \qquad (\text{Z13H1001Ⅱ–16})$$

电流平均值

$$I_{av} = \frac{I_A + I_B + I_C}{3} \, (\text{A}) \qquad (\text{Z13H1001Ⅱ–17})$$

不计线路电导的影响，则线路的正序电容为

$$C_1 = \sqrt{3} \times \frac{I_{av}}{\omega U_{av} l} \times 10^{-3} \, (\mu\text{F/km·相}) \qquad (\text{Z13H1001Ⅱ–18})$$

式中 U_{AB}、U_{BC}、U_{AC}——测得线路试验电压，V；

        I_A、I_B、I_C——测得线路试验电流，A；

        K_V——电压互感器变比；

        l、ω——意义同上。

（六）测量线路零序电容

1. 测试接线

线路零序电容测试接线如图 Z13H1001Ⅱ-6 所示。

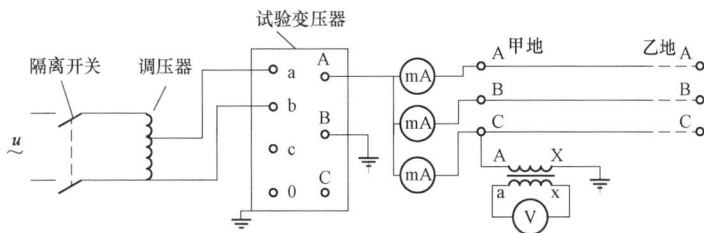

图 Z13H1001Ⅱ-6 线路零序电容测量接线

2. 测试步骤

工作负责人通知甲、乙两地试验人员将被测线路三相开路，试验人员按图 Z13H1001Ⅱ-6 进行接线。检查试验接线正确后，将单相电源加到被试线路甲地侧，检查调压器在零位，调整调压器缓慢升压，观察仪表指示是否正常。若无异常，将电压升至所需的试验电压值（一般为数千伏左右），同时读取并记录仪表指示值（电压 U，电流 I_A、I_B、I_C）。记录数据后，将调压器调回零，断开隔离开关。完毕后，通知甲、乙两地试验人员将被测线路接地隔离开关合上。

3. 测试数据整理及计算

试验电压

$$U_{av} = U \times K_V \text{（V）} \qquad \text{（Z13H1001Ⅱ-19）}$$

试验电流

$$I_{av} = I_A + I_B + I_C \text{（A）} \qquad \text{（Z13H1001Ⅱ-20）}$$

不计线路电导的影响，则线路的零序电容为：

$$C_0 = \frac{1}{3} \times \frac{I_{av}}{\omega U_{av} l} \times 10^{-3} \text{（μF / km · 相）} \qquad \text{（Z13H1001Ⅱ-21）}$$

式中 U——测得线路试验电压，V；

I_A、I_B、I_C——测得线路试验电流，A；

K_V、l、ω——意义同上。

（七）测量线路耦合电容

由于目前同杆且平行的架空线路很普遍，当一条线路发生故障时，通过电容传递的过电压可能危及另一条线路的安全，在分析电容传递的过电压时，需测量两条架空线路之间的耦合电容。

1. 测试接线

线路耦合电容测试接线如图 Z13H1001Ⅱ-7 所示。

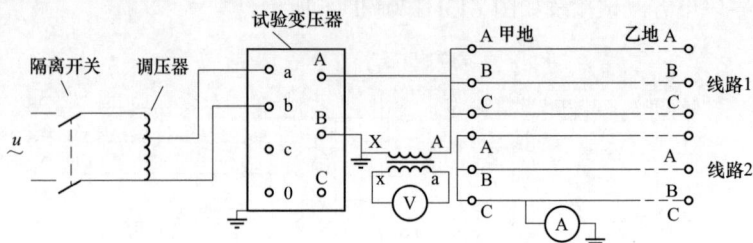

图 Z13H1001Ⅱ-7　线路耦合电容测量接线

2. 测试步骤

工作负责人通知甲地试验人员将两条被测线路短路，乙地试验人员将两条被测线路开路，试验人员按图 Z13H1001Ⅱ-7 进行接线。检查试验接线正确后，在甲地侧将单相电源加到被试线路 1，在被测线路 2 首端经电流表接地，检查调压器在零位，调整调压器缓慢升压，观察仪表指示是否正常。若无异常，将电压升至所需的试验电压值（试验电压一般为数千伏左右），同时读取并记录仪表指示值（电压：U，电流：I）。记录数据后，将调压器调回零，断开隔离开关。完毕后，通知甲、乙两地试验人员将被测线路接地。

3. 测试数据整理及计算

耦合电容
$$C_m = \frac{I}{\omega U K_V} \times 10^6 \ (\mu F) \qquad (Z13H1001Ⅱ-22)$$

式中　U——测量电压，V；

　　　I——测量电流，A；

K_V、ω——意义同上。

（八）测量线路互感

由于目前同杆且平行的架空线路很普遍，当一条线路中通过不对称短路电流，通过互感的作用，在另一条线路将会产生感应电压或电流，可能会使继电保护误动。在分析互感时，需测量两条架空线路之间的互感。

1. 测试接线

线路互感测试接线如图 Z13H1001Ⅱ-8 所示。

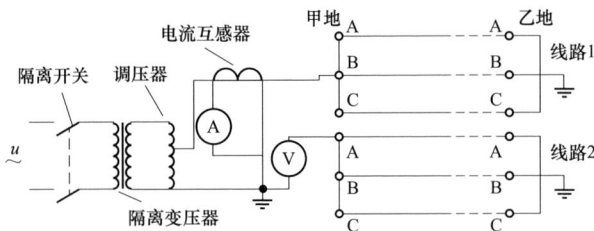

图 Z13H1001Ⅱ-8　线路互感测量接线

2. 测试步骤

工作负责人通知，甲地试验人员将两条被测线路短路，乙地试验人员将两条被测线路短路接地，试验人员按图 Z13H1001Ⅱ-8 进行接线。检查试验接线正确后，在甲地侧将单相电源加到被试线路 1，在被测线路 2 首端经电压表（高内阻）接地，乙地侧两条线路三相短路接地。检查调压器在零位，然后调整调压器，缓慢升压，观察仪表指示是否正常。若无异常，将电压升至所需的试验电流值，同时读取并记录仪表指示值（电压：U；电流：I）。记录数据后，将调压器调回零，断开刀闸。完毕后，通知甲、乙两地试验人员将被测线路接地刀闸合上。

3. 测试数据整理及计算

互感

$$M = \frac{\sqrt{U^2 - U_0^2}}{\omega I}(\text{H})$$

（Z13H1001Ⅱ-23）

式中　U_0——线路 2 在末端短路接地时，首端短路的感应电压；

U、I、ω——意义同上。

六、测试注意事项

（1）在测量工频参数前必须进行线路绝缘电阻测量及核相。

（2）在测量阻抗时，短路线截面积尽可能大。

（3）在试验时为避免电流线压降的影响，功率表、电压表的电压最好从线路端子处取。

（4）零序阻抗测试中，接地线截面积应足够大，与接地端连接应可靠，接地电阻尽可能小，以防止接地不良影响测量结果。

（5）电容测量时，试验电压高低直接影响测量结果，当线路有感应电压时，试验电压应大于感应电压值。

（6）在测量零序电容时，若线路过长，应在线路首、末端同时测量电压，计算电容时试验电压为首、末两端电压的平均值。

（7）感应电压过高时（＞3000V）应向上级部门回报，取消线路参数测量工作或将相邻、相交线路配合停电以降低感应电压。

七、测试结果分析及测试报告编写

（一）测试标准及结果分析

1. 测试标准及要求

根据架空线路型号、长度并依据厂家提供的参数，可得到被试架空线路20℃时的工频参数理论值，测量值应与理论值无明显差异。

2. 测试结果分析

（1）测量直流电阻值与试验方案计算值比较，若有明显差异，表明设计长度与施工长度不一致或架空线路连接处接触电阻过大。

（2）测量的正序电阻与直流电阻在相同温度下比较，一般正序电阻与直流电阻值的比值一般在1.05～1.20。

（3）在线路的感应电压过高时，采用电桥测量直流电阻，电桥的"检流计"指针晃动较大，难以平衡，可以在电桥上的P1或P2端接地，进行测量。也可以将线路末端三相短路接地进行测量。或采用直流电源加电压表、电流表进行测量，其接线如图Z13H1001Ⅱ-9所示。

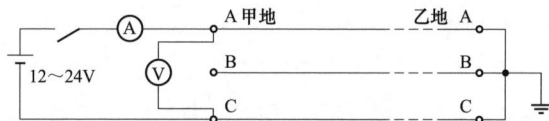

图 Z13H1001Ⅱ-9 用直流电源测量线路直流电阻的接线

直流电阻可按式（Z13H1001Ⅱ-24）计算。

$$R_{AC} = \frac{U}{I}$$ （Z13H1001Ⅱ-24）

式中 U——测量时的电压，V；

I——测量时的电流，A。

（4）当线路的感应电压过高（＞1000V）时，采用"双瓦特表"测量正序阻抗（接线如图Z13H1001Ⅱ-3所示），可能使功率表读数偏低或偏高，导致正序电阻值不准确，影响线路的阻抗角。可以采用"三瓦特表将线路末端短路接地""双瓦特表换相""单瓦特表分相"等方法进行测量，以降低感应电压的影响。

（5）测量零序阻抗时，在电源侧可以采用线电压输入隔离变压器，以避免电源零序分量影响。若现场无三相电源，可用单相电源进行测量，试验人员按图 Z13H1001

Ⅱ-4 进行接线。先测量一次（U_{01}、I_{01}、P_{01}），再将隔离变压器输出"倒相"测量一次（U_{02}、I_{02}、P_{02}），其电压平均值为 $\sqrt{\dfrac{U_{01}^2+U_{02}^2}{2}}$、电流平均值、功率平均值计算用公式，其零序电阻、零序阻抗、零序电抗、零序电感计算用式（Z13H1001Ⅱ-11）~式（Z13H1001Ⅱ-14）。

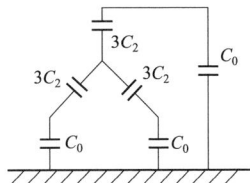

图 Z13H1001Ⅱ-10　线路在三相对称电压作用下的等值电容

（6）相间电容（C_2）的计算。线路在三相对称电压作用下，正序电容（C_1）为各相对地等值电容，零序电容（C_0）为导线的对地电容，其等值电路如图 Z13H1001Ⅱ-10 所示。

则正序电容

$$C_1 = 3C_2 + C_0$$

故相间电容

$$C_2 = \frac{1}{3}(C_1 - C_0) \qquad (Z13H1001Ⅱ-25)$$

（7）由于感应电压的影响，在测量两条线路互感时，必须排除干扰因素，才能获得准确的实验数据。在现场按图 Z13H1001Ⅱ-8 进行接线测量。在线路 1 不加压时测量线路 2 上的干扰电压（U_0），然后对线路 1 加压，读取电流（I_1）、电压（U_1）。切断电源，再将隔离变压器输出"倒相"测量，读取电流（I_1）、电压（U_2）。则互感为

$$M = \frac{1}{\omega I_1} \times \sqrt{\frac{U_1^2 + U_2^2}{2} - U_0^2} \qquad (Z13H1001Ⅱ-26)$$

（8）若遇同塔双回线路，在测量线路零序阻抗、零序电容时，非被测线路首、末二端开路，以免互感、耦合电容影响测量值。

（二）测试报告编写

试验记录应填写信息，包括基本信息（变电站、委托单位、试验单位、运行编号、试验性质、试验日期、试验人员、试验地点、报告日期、编写人员、审核人员、批准人员、试验天气、环境温度、环境相对湿度），设备铭牌（生产厂家、出厂日期、出厂编号、设备型号、额定电压、额定容量等），试验数据（实测数据、试验仪器、项目结论等）。

八、案例

某 110kV 架空线路，导线型号为 LGJ-240/30，长度 53.7km，其线路参数测试数据见表 Z13H1001Ⅱ-3、表 Z13H1001Ⅱ-4。

经计算正序电阻 R_1=0.1233（Ω/km·相）、正序阻抗 Z_1=0.2320（Ω/km·相）、正序感抗值 X_1=0.1965（Ω/km·相）、正序阻抗角 φ = 57.89°。分析以上测量数据发现，正

序电阻值基本正常，但正序阻抗、正序感抗值、正序阻抗角偏小。

表 Z13H1001Ⅱ-3　　　　　　　　**线路参数测试数据 1**

项目　　　　　　相别	A	B	C
感应电压（V）	3200	3700	2000

表 Z13H1001Ⅱ-4　　　　**测量正序阻抗数据（双瓦特表）**

电压（V）			电流（A）			功率（W）	
U_{AB}	U_{BC}	U_{AC}	I_A	I_B	I_C	P_{AB}	P_{CB}
198	192	188	11.8	5	10	1104	−576

在现场将电源进行换相，对线路加压，分别测得以下数据，见表 Z13H1001Ⅱ-5 所示。

表 Z13H1001Ⅱ-5　　**电源进行换相测量正序阻抗数据（双瓦特表）**

电压（V）			电流（A）			功率（W）	
U_{AB}	U_{BC}	U_{AC}	I_A	I_B	I_C	P_{AB}	P_{CB}
280	280	278	6.5	7.6	11.8	−464	1016
294	283	290	7.2	8.4	2	200	−72

将表 Z13H1001Ⅱ-4、表 Z13H1001Ⅱ-5 中的试验数据进行综合计算：$U_{av}=$ 253.67（V），$I_{av}=7.81$（A），$P_{av}=402.67$（W）。经计算：正序电阻 $R_1=0.1230$（Ω/km·相）、正序阻抗 $Z_1=0.3492$（Ω/km·相）、正序感抗 $X_1=0.3268$（Ω/km·相）、正序阻抗角 $\varphi=69.37°$。分析以上测量数据发现，正序电阻值、正序阻抗值、正序感抗值、正序阻抗角基本正常。

对比两组试验数据，其原因是受感应电压的影响，感应电压过高对测量及计算结果会造成很大的干扰。

【思考与练习】

1. 画出用"双瓦特表"测量正序阻抗接线图。

2. 说明测量耦合电容、互感的意义。

3. 画出测量零序电容接线图，写出计算公式并说明注意事项。

4. 对一条 110kV 的架空线路进行参数测试，在试验前进行查勘得到下列数据：线路型号 LGJ-240，线路长度 17.890km，线路几何均距 4.5m。试在试验方案中估算出被测线路总的直流电阻、正序阻抗、零序阻抗。

▲ 模块 2　电力电缆工频参数测试（Z13H1002 Ⅲ）

【模块描述】本模块介绍电力电缆工频参数测试方法及技术要求。通过测试工作流程的介绍，掌握电力电缆工频参数测试前的准备工作和相关安全、技术措施、测试方法、技术要求及测试数据分析判断。

【模块内容】

一、测试目的

随着城市规模的扩大，架空输电线路逐渐减少，因此测试电缆工频参数为计算系统短路电流、继电保护整定值、推算潮流分布和选择合理运行方式等提供实际依据，并可以检查电缆在安装、敷设时的质量是否满足设计的要求。

二、测试仪器、设备的选择

根据电缆线路设计的要求，在参数的测试中对测量仪器、仪表应能满足测量的接线方式、测试电压、测试准确度等，因此，对测试设备的主要参数进行选择。

1. 用电流、电压、功率表进行测量

（1）使用的高内阻电压表准确度不低于 0.5 级，测量范围 0～2kV，钳形电流表准确度不低于 1 级。

（2）使用的电压、电流互感器应不低于 0.2 级，电压、电流表应不低于 0.5 级，测量范围满足测量要求。

（3）使用的功率表应选用 $\cos\varphi$ 不大于 0.2、准确度不低于 0.5 级的低功率因数功率表。

（4）三相调压器应选用波形畸变小和阻抗电压低的自耦调压器，容量不小于 20kVA，输出电压 0～450V。

（5）双（单）臂电桥或直流电阻测试仪，根据电缆长度进行选择。

（6）隔离变压器（单/三相）额定电压 380V，容量不小于 20kVA。

（7）试验用的电流线其截面不小于 $12mm^2$，电压线其截面不小于 $2.5mm^2$。

（8）隔离开关、温（湿）度计、接地线、短路线、放电棒、裸铜丝、万用表、三相电源引线、单相电源线（带剩余电流动作保护器）、二次连接线、绝缘杆等及试验方案、测试仪器设备及绝缘工器具检定合格且在证书有效期内、相关技术资料、相关规程等。

2. 用综合参数测试仪进行测量

其准确度不低于 0.5 级。

三、危险点分析及控制措施

1. 防止试验时伤及工作人员

在开工前必须取得电缆线路施工方确认线路工作已完成，电缆线路及两侧均无工作人员后方能进行试验工作。

2. 防止电缆线路感应电压、电流伤人

多条电缆线路同沟敷设时，其运行的电缆会在被测电缆产生感应电压、电流，在测量感应电压、电流后，并将测得数据报配合短路侧人员，以做好相应防护措施。且在变更试验接线前应将电缆对地充分放电，以防止剩余电荷、感应电压、电流伤人及影响测量结果。

3. 防止测量时误加压伤及试验人员

（1）应严格执行 Q/GDW 1799.1—2013《国家电网公司电力安全工作规程　变电部分》、Q/GDW 1799.2—2013《国家电网公司电力安全工作规程　线路部分》的相关要求。

（2）高压试验工作不得少于两人。试验负责人应由有经验的人员担任，开始试验前，试验负责人应向全体试验人员详细交待试验中的安全注意事项，交待邻近间隔的带电部位，以及其他安全注意事项。

（3）试验现场应装设遮栏或围栏，遮栏或围栏与试验设备高压部分应有足够的安全距离，向外悬挂"止步，高压危险！"的标示牌，并派人看守。

（4）应确保操作人员及试验仪器与电力设备的高压部分保持足够的安全距离，且操作人员应使用绝缘垫。

（5）试验装置的金属外壳应可靠接地，高压引线应尽量缩短，并采用专用的高压试验线，必要时用绝缘物支挂牢固。

（6）加压前必须认真检查试验接线，使用规范的短路线，表计倍率、量程、调压器零位及仪表的开始状态，均应正确无误。

（7）因试验需要断开设备接头时，拆前应做好标记，接后应进行检查，并确认无误。

（8）试验所用的电源应具有单独的工作接地和保护接地，试验装置的电源开关，应使用明显断开的双极隔离开关。为了防止误合隔离开关，可在刀刃上加绝缘罩。试验装置的低压回路中应有两个串联电源开关，并加装过载自动跳闸装置。

（9）试验前，应通知有关人员离开被试设备，并取得试验负责人许可，方可加压；加压过程中应有人监护并呼唱。

（10）变更接线或试验结束时，应首先断开试验电源，放电，并将升压设备的高压部分放电、短路接地。

（11）试验现场出现明显异常情况时（如异声、电压波动、系统接地等），应立即停止试验工作，放电，查明异常原因，原因未查明、严禁再进行试验。

（12）高压试验作业人员在全部加压过程中，应精力集中，随时警戒异常现象发生。

（13）未装接地线的大电容被试设备，应先行放电再做试验。

（14）在测量过程中，应由工作负责人统一指挥，试验点和线路对侧（短路侧）配合人员应保持通信畅通，对侧（短路侧）配合人员的工作，应得到工作负责人许可后方可进行。对线路接地隔离开关的拉合应有工作负责人统一指挥，以保证拉合操作与测量步骤同步一致。

（15）试验结束时，试验人员应拆除自装的接地短路线，并对被试设备进行检查，恢复试验前的状态，经试验负责人复查后，进行现场清理。

4. 防止高处坠落

试验人员登高接线时应系好安全带。

5. 防止高处落物伤人

高处作业应使用工具袋，上下传递物件应用绳索拴牢传递，严禁抛掷。

6. 防止试验引起保护误动

若电缆两端与 GIS 相连，而试验电流要通过 GIS 内部的电流互感器，必须将继电保护退出，否则将引起保护动作，造成停电事故。

四、测试前的准备工作

1. 了解被试设备现场情况及试验条件

在测量前进行现场查勘，根据查勘内容编写试验方案，并根据电缆生产厂家提供的 20℃ 芯线直流电阻、护层直流电阻及正序阻抗，估算出被测电缆线路的直流电阻及正序阻抗，再根据电缆的"金属护层"接地方式，估算出被测电缆线路的零序阻抗。

2. 测试仪器、设备准备

选择合适的仪器、仪表、隔离开关、温（湿）度计、接地线、短路线、放电棒、裸铜丝、万用表、三相电源引线、单相电源线（带剩余电流动作保护器）、二次连接线、梯子、安全带、安全帽、电工常用工具、试验临时安全遮栏、标示牌、绝缘杆等，并查阅测试仪器、设备及绝缘工器具的检定合格证书有效期、试验方案、相关技术资料、相关规程等。

3. 办理工作票并做好试验现场安全和技术措施

进入试验现场后，办理工作票并做好试验现场安全措施，并向其余试验人员交代工作内容、带电部位、现场安全措施、现场作业危险点，以及明确人员分工及试验程序。

4. 会同施工确认

测量前在现场会同施工方，再次对线路进行确认。

五、现场测试步骤及要求

（一）测量电缆线路感应电压

应分别在每一相上进行。对一相进行试验或测量时，其金属屏蔽或金属套和铠装层一起接地。

1. 测试接线

电缆线路感应电压测试接线，如图 Z13H1002Ⅲ-1 所示。

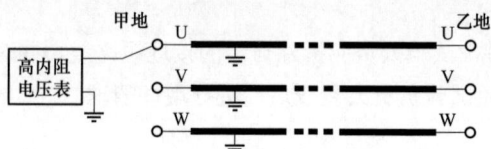

图 Z13H1002Ⅲ-1 电缆线路感应电压测试接线图

2. 测试步骤

工作负责人通知甲、乙两地试验人员将被测线路接地开关拉开，电缆线路两侧悬空。先对电缆线路 U 相测量感应电压，并记录；再依次对 V、W 相进行测量；最后通知甲、乙两地试验人员将被测线路接地。

（二）测量电缆感应电流

应分别在每一相上进行，对一相进行试验或测量时，其金属屏蔽或金属套和铠装层一起接地。

1. 测试接线

电缆线路感应电流测试接线，如图 Z13H1002Ⅲ-2 所示。

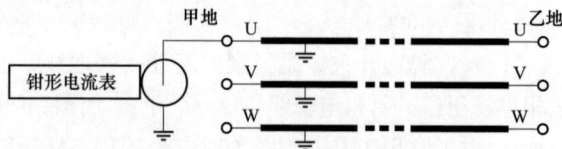

图 Z13H1002Ⅲ-2 电缆线路感应电流测试接线图

2. 测试步骤

工作负责人通知甲、乙两地试验人员将被测线路接地开关拉开，电缆线路两侧悬空。对电缆线路 U 相测量感应电流，并记录。再依次对 V、W 相进行测量，完毕后，通知甲、乙两地试验人员将被测线路接地。

（三）测量电缆线路直流电阻

1. 测试接线

电缆线路直流电阻测试接线，如图 Z13H1002Ⅲ-3 所示。

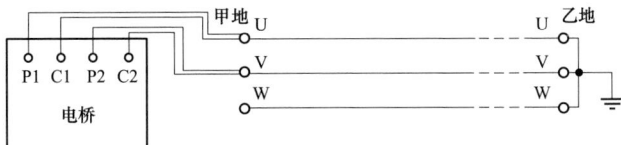

图 Z13H1002Ⅲ-3　电缆线路直流电阻测试接线图

2. 测试步骤

工作负责人通知乙地试验人员将被测电缆线路三相短路接地，甲地试验人员按图 Z13H1002Ⅲ-3 进行接线，对电缆线路 UV 相测量直流电阻，并记录。再依次对 VW、UW 相进行测量，完毕后，将甲地被测线路接地。

3. 测试数据整理及计算

将测得的 UV、VW、UW 相直流电阻值，用下式换算为每相直流电阻，即

$$\left.\begin{array}{l} R_U = \dfrac{R_{UV} + R_{UW} - R_{VW}}{2} \\[2mm] R_V = \dfrac{R_{UV} + R_{VW} - R_{UW}}{2} \\[2mm] R_W = \dfrac{R_{UW} + R_{VW} - R_{UV}}{2} \end{array}\right\} \qquad (Z13H1002Ⅲ-1)$$

式中　R_{UV}、R_{VW}、R_{UW}——测得的线电阻，Ω；

　　　R_U、R_V、R_W——换算为每相直流电阻，Ω。

将每相直流电阻 R_U、R_V、R_W 用式（Z13H1002Ⅲ-2）换算为每相 20℃直流电阻值，再与试验方案中被测电缆线路的直流电阻估算值进行比较，即

$$R_{20} = \frac{T+20}{T+t} \times R_t \qquad (Z13H1002Ⅲ-2)$$

式中　R_{20}——换算至温度 20℃时的电阻，Ω；

　　　R_t——在温度 t 时测量的电阻，Ω；

　　　T——温度换算系数，铜线 235，铝线 225。

（四）测量线路正序阻抗

1. 测试接线

电缆线路正序阻抗测试接线，如图 Z13H1002Ⅲ-4 所示。

2. 测试步骤

工作负责人通知乙地试验人员将被测电缆线路三相短路，甲地试验人员按图 Z13H1002Ⅲ-4 进行接线。检查试验接线正确后，将三相电源加到被试电缆线路甲地侧（U、V、W 端），乙地侧三相短路，然后调整调压器，慢慢升起电压，观察仪表指示是否正常，若无异常，将电流升至所需的试验电流值，同时读取并记录仪表指示值（电压：U_{UV}、U_{VW}、U_{UW}；电流：I_U、I_V、I_W；功率：P_1、P_2）。记录数据后，将调压器调回零，断开隔离开关。完毕后，通知甲、乙两地试验人员将被测线路接地开关合上。这里特别要注意，电流互感器、功率表的"极性"。

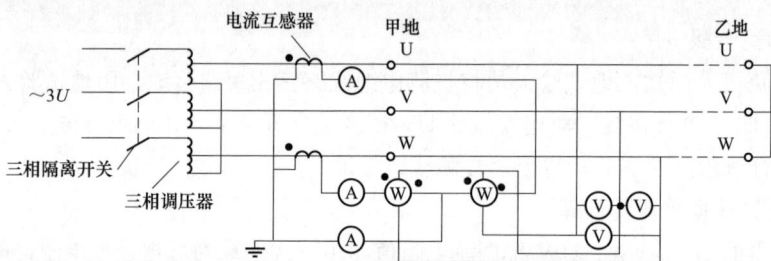

图 Z13H1002Ⅲ-4　电缆线路正序阻抗测试接线图

3. 测试数据整理及计算

电压平均值

$$U_{av} = \frac{U_{UV} + U_{VW} + U_{UW}}{3} \text{（V）} \qquad (\text{Z13H1002Ⅲ-3})$$

电流平均值

$$I_{av} = \frac{I_U + I_V + I_W}{3} \times K_{TA} \text{（A）} \qquad (\text{Z13H1002Ⅲ-4})$$

功率平均值

$$P_{av} = P_1 + P_2 \text{（W）} \qquad (\text{Z13H1002Ⅲ-5})$$

正序电阻

$$R_1 = \frac{P_{av}}{I_{av}^2 l} [\Omega/(\text{km} \cdot \text{相})] \qquad (\text{Z13H1002Ⅲ-6})$$

正序阻抗

$$Z_1 = \frac{U_{av}}{\sqrt{3} I_{av} l} [\Omega/(\text{km} \cdot \text{相})] \qquad (\text{Z13H1002Ⅲ-7})$$

正序电抗

$$X_1 = \sqrt{Z_1^2 - R_1^2} [\Omega/(\text{km} \cdot \text{相})] \qquad (\text{Z13H1002Ⅲ-8})$$

正序电感

$$L_1 = \frac{X_1}{\omega}[H/(km \cdot 相)] \qquad (Z13H1002\,III-9)$$

式中　U_{UV}、U_{VW}、U_{UW}——测得线路试验电压，V；

$\qquad I_U$、I_V、I_W——测得线路试验电流，A；

$\qquad P_1$、P_2——测得线路功率，W；

$\qquad K_{TA}$——电流互感器变比；

$\qquad l$——被测线路长度，km；

$\qquad \omega$——角频率，在工频下为 314，rad/s。

（五）测量线路零序阻抗

1. 测试接线

电缆线路零序阻抗测试接线，如图 Z13H1002III-5 所示。

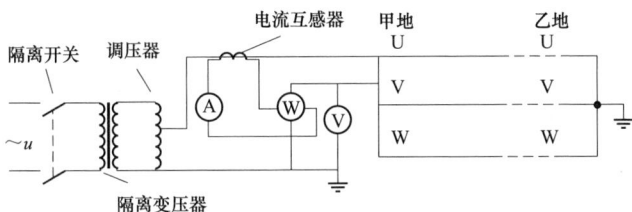

图 Z13H1002III-5　电缆线路零序阻抗测试接线图

2. 测试步骤

工作负责人通知乙地试验人员将被测电缆线路三相短路接地，甲地三相短路，试验人员按图 Z13H1002III-5 进行接线。检查试验接线正确后，将单相电源加到被试电缆线路甲地侧三相短路，乙地侧三相短路接地，然后调整调压器，慢慢升起电压，观察仪表指示是否正常，若无异常，将电流升至所需的试验电流值，同时读取并记录仪表指示值（电压：U；电流：I；功率：P）。记录数据后，将调压器调回零，断开隔离开关。完毕后，通知甲、乙两地试验人员将被测电缆线路接地。

3. 测试数据整理及计算

零序电阻

$$R_0 = \frac{3P}{(IK_{TA})^2 l}[\Omega/(km \cdot 相)] \qquad (Z13H1002III-10)$$

零序阻抗

$$Z_0 = \frac{3U}{IK_{TA}l}[\Omega/(km \cdot 相)] \qquad (Z13H1002III-11)$$

零序电抗

$$X_0 = \sqrt{Z_0^2 - R_0^2}\ [\Omega/(km \cdot 相)] \qquad (Z13H1002\text{III}-12)$$

零序电感

$$L_0 = \frac{X_0}{\omega}[H/(km \cdot 相)] \qquad (Z13H1002\text{III}-13)$$

式中　U——测得线路试验电压，V；

　　　I——测得线路试验电流，A；

　　　P——测得线路功率，W；

K_{TA}、l、ω 意义同上。

六、测试注意事项

（1）在测量阻抗时，短路线截面积应尽可能大。

（2）在试验时为避免电流线压降的影响，功率表、电压表的电压最好从线路端子处取。

（3）零序阻抗测试中，接地线截面积应足够大，与接地端连接应可靠，以防止接地不良干扰零序电阻测量。

（4）测量感应电流时，电缆线路末端应不接地，以避免分流造成测量不准确。

（5）零序阻抗测试中，电缆"金属护层"的接地方式与运行时的实际方式保持一致。

（6）施工方提供的电缆线路长度要准确，若提供的理论线路长度和实际长度相差过大会严重干扰对测量值的判断。

（7）严禁在雷雨天气进行线路参数测量，若在测量过程中沿线路有雷阵雨发生，则应立即停止测量。

（8）当被测电缆线路感应电压过高（＞1000V）、感应电流过大（＞30A）时，应向上级部门汇报，取消线路参数测量工作或将同沟敷设运行的电缆线路配合停电以降低感应电压、电流。

（9）在测量正序阻抗时，采用双瓦特表法，要注意"极性"。

（10）在测量零序阻抗时，应采用隔离变压器，以避免系统零序分量的干扰。

七、测试结果分析及测试报告编写

（一）测试标准及结果分析

1. 测试标准及要求

根据电缆线路型号、长度并依据厂家提供的参数，可得到被试电缆线路20℃的直流电阻及正序阻抗理论值，测量值应与理论值无明显差异。

2. 测试结果分析

（1）测量直流电阻值与试验方案计算值比较，有明显差异，表明设计长度与施工长度不一致。若考虑电缆两端与 GIS 相连，直流电阻值包含 GIS 内隔离开关、断路器的接触电阻，以及到 GIS 内接地开关接触电阻的影响。直流电阻值作为参考值，一般都超过厂家的计算值。

（2）测量的正序电阻与直流电阻在相同温度下比较，正序电阻与直流电阻的比值一般在 1.05～1.15。

（3）在正常情况下，电缆线路的正序阻抗的阻抗角一般在 75°左右，其计算为

$$\varphi = \arctan \frac{X_1}{R_1} \qquad (Z13H1002 Ⅲ-14)$$

式中　X_1、R_1——电缆线路的正序电抗、电阻。

（4）在电缆线路的感应电压过高、感应电流过大时，采用电桥测直流电阻，电桥的"检流计"指针晃动较大，难以平衡，可以在电桥的 P1 或 P2 端接地，进行测量。也可以将线路末端三相短路接地进行测量。或采用直流电源加电压表、电流表进行测量，其接线如图 Z13H1002Ⅲ-6 所示。

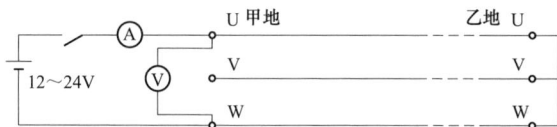

图 Z13H1002Ⅲ-6　用直流电源测量电缆线路直流电阻的接线图

直流电阻计算为

$$R_{UW} = \frac{U}{I} \qquad (Z13H1002 Ⅲ-15)$$

式中　U、I——测量时的电压、电流。

（5）在电缆线路的感应电压过高、感应电流过大时，采用"双功率表"测量正序阻抗，如图 Z13H1002Ⅲ-4 所示，可能使功率表读数偏低或偏高，导致正序电阻值不准确，影响线路的阻抗角。可以采用"三功率表将线路末端短路接地""双功率表换相""单功率表分相"等方法进行测量，以降低感应电压、感应电流的影响。

（6）电缆线路"金属护层"接地方式对阻抗的影响。

1）对正序阻抗的影响。

一是，"金属护层"一端直接接地时，其正序阻抗一般用式（Z13H1002Ⅲ-16）来计算

$$Z_1 = R_C + j2\omega \times 10^{-4} \ln \frac{2^{1/3} s}{D_A} \quad \text{(Z13H1002Ⅲ-16)}$$

式中　R_C——电缆芯线的交流电阻，Ω；

s——电缆敷设时每相之间的距离，mm；

D_A——电缆芯线的几何平均半径，mm。

二是，"金属护层"两端直接接地时，其正序阻抗一般用式（Z13H1002Ⅲ-17）来计算

$$Z_1 = R_C + \frac{X_m^2 \cdot R_s}{X_s^2 + R_s^2} \cdot j2\omega \times 10^{-4} \ln \frac{2^{1/3} s}{D_A} - j \frac{X_m^3}{X_m^2 + R_s^2} \quad \text{(Z13H1002Ⅲ-17)}$$

式中　X_m——金属护套与芯线之间的互阻抗，H；

X_s——金属护套的自感抗，H；

R_s——金属护套的直流电阻，Ω；

R_C、s、D_A 意义同上。

而
$$X_m \approx X_s \approx j2\omega \times 10^{-4} \ln \frac{2^{1/3} s}{GMR_s}$$

式中　GMR_s——金属护层的几何平均半径，mm。

从式（Z13H1002Ⅲ-16）和式（Z13H1002Ⅲ-17）可以看出，电缆金属护层的接地方式不同，其正序阻抗的计算就不同。电缆的正序感抗与电缆的敷设排列方式、金属护套与芯线之间的阻抗及金属护套的自感抗等有关，而正序电阻基本相同。

2）对零序阻抗的影响。

一是，"金属护层"一端直接接地时，其零序阻抗一般用式（Z13H1002Ⅲ-18）来计算

$$Z_0 = R_C + 3R_g + j\omega \times 10^{-4} \ln \frac{D_e^3}{2^{2/3} GMR_A s^2} \quad \text{(Z13H1002Ⅲ-18)}$$

式中　R_g——大地漏电电阻，Ω；

D_e——大地故障电流回流时的等值深度，mm；

GMR_A——电缆芯线几何平均半径，mm；

R_C、s 意义同上。

二是，"金属护层"两端直接接地时，其零序阻抗一般用式（Z13H1002Ⅲ-19）来计算

$$Z_0 = R_C + R_g + j2\omega \times 10^{-4} \ln \frac{GMR_s}{KD} \quad \text{(Z13H1002Ⅲ-19)}$$

式中　D——电缆芯线直径，mm；

　　　K——填充系数；

　　　R_s、R_C、GMR_s 意义同上。

从式（Z13H1002Ⅲ-18）和式（Z13H1002Ⅲ-19）可以看出，电缆的金属护层接地方式不同，其零序阻抗计算方式就不同。金属护层一端接地，其零序电流是经大地流回，零序阻抗值与土壤漏电电阻有关；金属护层两端接地，其零序电流是经金属护层流回，其值与金属护层的材料和几何尺寸有关。比较式（Z13H1002Ⅲ-18）和式（Z13H1002Ⅲ-19）可见，金属护层一端直接接地时，由于 $3R_g$ 较大，故电缆的零序电阻远大于正序电阻。

（二）测试报告编写

试验记录应填写信息，包括基本信息（变电站、委托单位、试验单位、运行编号、试验性质、试验日期、试验人员、试验地点、报告日期、编写人员、审核人员、批准人员、试验天气、环境温度、环境相对湿度）、设备铭牌（生产厂家、出厂日期、出厂编号、设备型号、额定电压、额定容量等）、试验数据（实测数据、试验仪器、项目结论等）。

八、案例

某 220kV 线路电缆线型号为 YJQ02-127/220×800mm²，长度 1.01km，电缆厂家提供的电缆理论参数是按护层两点接地，平行敷设，计算值 Z_1=0.041 2+j0.182（Ω/km）；Z_0=0.136+j0.135（Ω/km），直流电阻 R=0.036 6（Ω/km，20℃时）；现场测试结果如表 Z13H1002Ⅲ-1 和表 Z13H1002Ⅲ-2 所示。

表 Z13H1002Ⅲ-1　　　　线路参数测试结果 1

相别\项目	U	V	W
感应电压（V）	1	4	2
感应电流（A）	3	7	4
20℃直流电阻（Ω）	0.040 1	0.040 4	0.039 7

表 Z13H1002Ⅲ-2　　　　线路参数测试结果 2

项目	R	X	Z
正序（Ω）	0.042 2	0.185 7	0.190 4
零序（Ω）	0.331 5	0.581 2	0.669 1

在确认测量接线、测量仪器、接地状况都正常，两侧变电站主地网接地电阻均合

格后，由于电缆两端与 GIS 相连，而线路接地开关的接地端在 GIS 内部，试验回路是通过 GIS 内部的隔离开关、断路器，因此所测直流电阻值＞厂家提供的理论值（0.036 6Ω/km）是正常的。而电缆实际敷设是"金属护层"一端接地，测得的正序阻抗值与厂家提供的理论值基本相等。测得的零序阻抗值按 R_0/R_1、X_0/X_1 比值基本符合电缆"金属护层"一端接地的规律，故所测量的参数是正确的。

【思考与练习】

1. 温度为 32℃时测得的电缆线路正序阻抗 Z_1 为 0.044 6+j0.192 7Ω，换算到温度为 90℃时的正序阻抗值是多少？

2. 画出电缆线路零序阻抗测量接线图，并写出零序电阻、零序电感、阻抗角的计算式。

第二十六章

电容电流测试、电导电流测试及电容量测试

▲ 模块1 电容器极间电容量测试（Z13H2001Ⅰ）

【模块描述】本模块介绍电容器极间电容量的测试方法和技术要求及电容量的计算方法。通过测试工作流程的介绍，掌握电容器极间电容量测试前的准备工作和相关安全、技术措施、测试方法、技术要求及测试数据分析判断。

【模块内容】

一、测试目的

耦合电容器电容量的改变直接影响耦合电容器的通信质量，断路器电容器电容量的改变影响断口电容器的均压效果，而高压并联电容器电容量的改变影响补偿效果。电容量的变化不仅影响电容器的功能，更重要的是改变了电容器内部电容芯子的电压分布和工作场强，加速了电容器的老化，造成绝缘事故。因此，电容器的电容量是电容器的一个重要指标。

通过电容器极间电容量的测试可灵敏地反映电容器内部浸渍剂的绝缘状况以及内部元件的连接状况。若电容值升高，说明内部元件击穿或受潮；若电容值减小，说明内部元件开路或缺油等。通过计算、分析电容值，可指导电容器的更换或检修工作。

二、测试仪器、设备的选择

现场测量大多采用电压电流表法和电桥法。

（一）电压表、电流表的选取

测量表计为0.5级以上。

1. 根据测试电压选择电压表

应根据电容器电压等级的不同选取测试电压，测试电压可按式（Z13H2001Ⅰ–1）选取

$$U_s = （0.15–1.1）U_N \qquad （Z13H2001Ⅰ–1）$$

式中 U_s——测试电压（试验电压），V；

U_N——电容器额定电压，V。

测试电流为

$$I=\omega C U_s \times 10^{-6} \qquad (Z13H2001\,I-2)$$

式中 I——测试电流，A；

ω——角频率；

C——被试品的电容量，μF；

U_s——测试电压（试验电压），V。

取 $\omega U_s=1\times 10^k$ 为一常数，则式（Z13H2001 I -2）可按式（Z13H2001 I -3）表示。

$$I=C\times 1\times 10^k \times 10^{-6} \qquad (Z13H2001\,I-3)$$

从式（Z13H2001 I -3）可看出，测试电流可直接反映被试品的电容量，这在工程应用中十分方便。因为 $\omega U_s=1\times 10^k$，所以 $U_s=(1/\omega)\times 10^k$。令 $k=5$，则 $U_s=(1/\omega)\times 10^5=318.4$（V）。此时测试电流与被试品的电容量的关系为

$$I=314\times 318.4\times C\times 10^{-6}=105\times 10^{-3}C=0.1C \qquad (Z13H2001\,I-4)$$

实际测试中常施加 318.4V 或其一半电压 159.2V，所测电流乘以一个系数即为所测被试品的电容量。在工程中，可选择 300V 或 600V 电压表。

2. 电流表的选择

根据式（Z13H2001 I -4）选择电流表，如施加 318.4V 测试电压，则测试电流是铭牌电容量的 0.1 倍。

例如，电容器铭牌电容值为 0.73μF，施加 318.4V 电压，则 $I=0.1\times 0.73=0.073$（A），电流表可以选择 100mA 电流表。若施加 159.2V 电压，则 $I=0.05C$（A）。

3. 调压器的选择

调压器的输出电压和输出电流应满足试验要求。

（二）电桥的选择

耦合电容器、断口电容器等若采用交流电桥测量电容量，一般可采用 QS1 电桥或数字式自动介质损耗测试仪。

三、危险点分析及控制措施

1. 防止高处坠落

在电容器上作业应系好安全带。对 220kV 及以上的电容器，需解开引线时，宜使用高处作业车，严禁徒手攀爬电容器套管。

2. 防止高处落物伤人

高处作业应使用工具袋，上下传递物件应用绳索拴牢传递，严禁抛掷。

3. 防止工作人员触电

（1）应严格执行 Q/GDW 1799.1—2013《国家电网公司电力安全工作规程　变电

部分》的相关要求。

（2）试验前，电容器应先行逐个多次放电并接地，装在绝缘支架上的电容器外壳也应接地。

（3）高压试验工作不得少于两人。试验负责人应由有经验的人员担任，开始试验前，试验负责人应向全体试验人员详细布置试验中的安全注意事项，交待邻近间隔的带电部位，以及其他安全注意事项。

（4）试验现场应装设遮栏或围栏，遮栏或围栏与试验设备高压部分应有足够的安全距离，向外悬挂"止步，高压危险！"的标示牌，并派人看守。

（5）应确保操作人员及试验仪器与电力设备的高压部分保持足够的安全距离。

（6）试验装置的金属外壳应可靠接地，高压引线应尽量缩短，并采用专用的高压试验线，必要时用绝缘物支持牢固。

（7）加压前必须认真检查试验接线，使用规范的短路线、表计倍率、量程、调压器零位及仪表的开始状态，均应正确无误。

（8）因试验需要断开设备接头时，拆前应做好标记，接后应进行检查。

（9）试验装置的电源开关，应使用明显断开的双极隔离开关。为了防止误合隔离开关，可在刀刃上加绝缘罩。试验装置的低压回路中应有两个串联电源开关，并加装过载自动跳闸装置。

（10）试验前，应通知有关人员离开被试设备，并取得试验负责人许可，方可加压；加压过程中应有人监护并呼唱。

（11）变更接线或试验结束时，应首先断开试验电源，放电，并将升压设备的高压部分放电、短路接地。

（12）试验现场出现明显异常情况时（如异声、电压波动、系统接地等），应立即停止试验工作，查明异常原因。

（13）高压试验作业人员在全部加压过程中，应精力集中，随时警戒异常现象发生。

（14）试验结束时，试验人员应拆除自装的接地短路线，并对被试设备进行检查，恢复试验前的状态，经试验负责人复查后，进行现场清理。

四、测试前的准备工作

1. 了解被试设备现场情况及试验条件

查勘现场，查阅相关技术资料，包括该设备出厂资料、出厂试验报告及相关规程等，掌握该设备运行及缺陷情况。

2. 测试仪器、设备准备

选择合适的 QS1 型高压西林电桥、标准电容、操作箱、10kV 升压器或数字式自动介质损耗测试仪、调压器、电压表、电流表、测试线、温（湿）度计、放电棒、接地线、梯子、安全带、安全帽、电工常用工具、试验临时安全遮栏、标示牌等，并查阅测试仪器、设备及绝缘工器具的检定合格证书有效期。

3. 办理工作票并做好试验现场安全和技术措施

按相关安全生产管理规定办理工作许可手续；向试验人员交代工作内容、带电部位、现场安全措施、现场作业危险点，明确人员分工及试验程序。

五、现场测试步骤及要求

（一）耦合电容器及断路器电容器极间电容量测试

1. 测试接线

耦合电容器及断路器电容器极间电容量测试采用正接线，正接线桥体处于低压，屏蔽接地，对地寄生电容影响小，测量准确，操作安全方便。测量时耦合电容器或断路器电容器高压电极接高压，低压电极或小套管接电桥 Cx 端，带小套管的耦合电容器法兰接地，其测试接线如图 Z13H2001Ⅰ-1 所示。

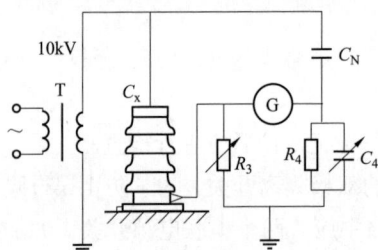

图 Z13H2001Ⅰ-1 耦合电容器及断路器
电容器极间电容量测试接线图
T—试验变压器；G—检流计；C_x—被试品；
R_3、R_4—标准电阻；C_N、C_4—标准电容

选择电桥合适的分流器挡位。

2. 测试步骤

测试前应对被试电容器充分放电并接地，拆除所有接线，做好安全措施。使用 QS1 型高压西林电桥测量时，应根据电容器的电容量，按式（Z13H2001Ⅰ-2）计算测试电流，

合理布置试验设备，按图 Z13H2001Ⅰ-1 进行接线，并检查测试接线和调压器零位，检查 C_x 芯线和屏蔽是否相碰，注意高压引线对地距离，桥体是否可靠接地。取下接地线，通知其他人员远离被试电容器，从零均匀升压至测试电压进行测试，测试电压为 10kV。测试结束后应先将高压降到零后再读取测试数据，然后切断电源，对被试电容器放电接地。恢复电容器接线，特别注意耦合电容器小套管接地引线的恢复。

注意严格按照所使用测试仪器的操作说明书进行设置和操作。

3. 使用 QS1 型高压西林电桥测量时电容量的计算

根据电桥标准电阻 R_3 和微调电阻 ρ 计算被试电容器的电容量 C_x，计算式为

$$C_x = C_N \frac{R_4(100 + R_3)}{N(R_3 + \rho)} \qquad (Z13H2001Ⅰ-5)$$

式中 C_x——被试电容器的电容量，pF；

C_N——标准电容，pF；

R_4——电桥 Z4 臂标准电阻，Ω；

R_3——电桥 Z3 臂标准电阻，Ω；

N——分流器电阻，Ω；

ρ——标准电阻 R_3 的微调电阻。

（二）并联电容器极间电容量测试

并联电容器电容量较大，现场测量常采用电压电流表法，其原理接线如图 Z13H2001Ⅰ-2 所示。

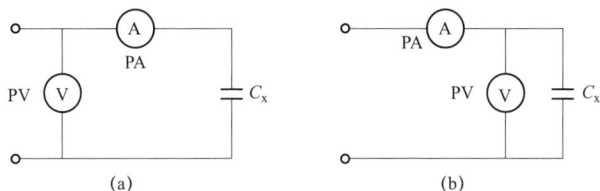

图 Z13H2001Ⅰ-2　并联电容器采用电压电流表法测试极间电容量的原理接线图

(a) $C<10\mu F$ 时；(b) $C>10\mu F$ 时

PV—电压表；PA—电流表；C_x—被试电容

在测试时，应该考虑电压表和电流表内阻的影响，因为电压表的内阻抗不可能很大，电流表的内阻抗又不可能很小。图 Z13H2001Ⅰ-2（a）接线主要是克服电压表的影响；图 Z13H2001Ⅰ-2（b）接线主要是克服电流表的影响。

在测试时，从电容器两电极之间施加测试电压，读取测试电流，根据式（Z13H2001 Ⅰ-2）计算出电容量为

因为
$$I = \omega C U_s \times 10^{-6}$$

所以
$$C = \frac{I}{\omega U_s} \times 10^6 \qquad\qquad （\text{Z13H2001}Ⅰ-6）$$

若使 $\omega U_s = 1 \times 10^k$，则

$$C = \frac{10^6}{10^k} I = 10^{6-k} \times I$$

若 $k=5$ 时，$C = 10^{6-5} \times I = 10I$，则试品的电容量等于 10 倍的测试电流，此时 $U_s = 10\ 000/\omega = 318.4V$，测试电压为 318.4V。如施加 159.2V 电压时，试品电容量等于 20 倍的测试电流。

1. 高压并联电容器电容量测试

（1）测试接线。高压并联电容器一般为单相，由于电容量较小，可采用图 Z13H2001Ⅰ-2（a）接线方式测试，测试时外壳接地。

（2）测试步骤。测试前，应对被试电容器充分放电并接地，拆除其所有接线和外部保险丝，根据被试电容器的电容量和测试电压计算测试电流，选择电流表和电压表的挡位。按图 Z13H2001Ⅰ-2（a）进行接线，并检查接线和调压器零位，拆除接地线。合上电源隔离开关，升压至试验电压，读取电流后立即将调压器降到零位，切断电源，对被试电容器放电并接地，试验结束后恢复电容器接线。

（3）电容量计算。被试电容器的电容量，可按式（Z13H2001Ⅰ-6）计算。

2. 星形接线并联电容器极间电容量测试

（1）测试接线。星形接线并联电容器极间电容量较大，应采用图 Z13H2001Ⅰ-2（b）接线方法进行测量，其测试原理接线如图 Z13H2001Ⅰ-3 所示，电容器外壳接地。

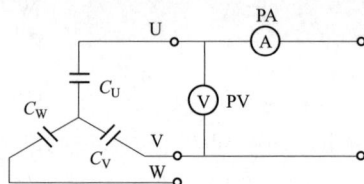

图 Z13H2001Ⅰ-3　星形接线并联电容器极间电容量测试原理接线图

PV—电压表；PA—电流表；C_U、C_V、C_W—被试相电容

（2）测试步骤。测试步骤同高压并联电容器测试步骤，按图 Z13H2001Ⅰ-3 接线，分别测量 UV、WU、VW 之间电流，然后根据相关公式计算出每相电容量和总电容量。

（3）电容量计算。根据测试电压和电流，由式（Z13H2001Ⅰ-6）计算出各相间电容量，再计算出每相电容量。星形接线并联电容器极间电容量计算见表 Z13H2001Ⅰ-1。

表 Z13H2001Ⅰ-1　　　　星形接线并联电容器极间电容量计算

测量次序	测量位置	测量电容量	计算电容量
1	C_{UV}	$C_{UV} = \dfrac{C_U C_V}{C_U + C_V}$	$C_U = \dfrac{2C_{UV}C_{WU}C_{VW}}{C_{WU}C_{VW} + C_{UV}C_{VW} - C_{UV}C_{WU}}$
2	C_{WU}	$C_{WU} = \dfrac{C_W C_U}{C_W + C_U}$	$C_V = \dfrac{2C_{UV}C_{WU}C_{VW}}{C_{WU}C_{VW} + C_{UV}C_{WU} - C_{UV}C_{VW}}$
3	C_{VW}	$C_{VW} = \dfrac{C_V C_W}{C_V + C_W}$	$C_W = \dfrac{2C_{UV}C_{WU}C_{VW}}{C_{UV}C_{VW} + C_{UV}C_{WU} - C_{WU}C_{VW}}$

3. 三角形接线并联电容器极间电容量测试

（1）测试接线。三角形接线并联电容器极间电容量测试接线如图 Z13H2001Ⅰ-4 所示，电容器外壳接地。测试 UV 端子时 VW 短接；测试 WU 端子时 UV 短接；测试 VW 端子时 WU 短接。

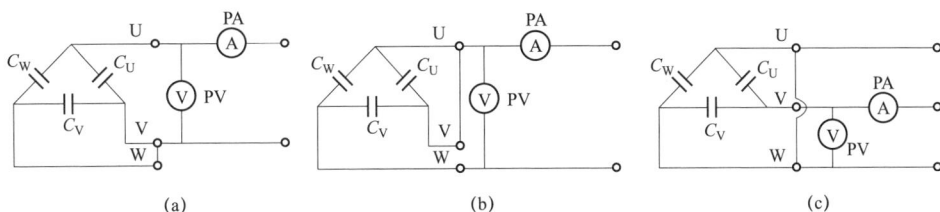

图 Z13H2001 Ⅰ-4　三角形接线并联电容器极间电容量测试接线图

（a）测试 UV 端子间电流；（b）测试 WU 端子间电流；（c）测试 UW 端子间电流

IEC 标准推荐，三角形接线电容器在测电容值时可用不短接方式。具体方法为：分别测量 UV、VW 及 WU 两端电容，3 次测量之和乘以 2/3 即为总电容量。若计算每相电容量时，每次测量值除以 1.5 即为相电容值。

（2）测试步骤。测试步骤同高压并联电容器测试步骤，按图 Z13H2001 Ⅰ-4 接线，分别测试 UV、VW 及 WU 两端电流，如测试电流较大，可选用大截面的导线连接。

如使用三相调压器，测试电压可升至 318.4V；如使用单相调压器，测试电压可升至 159.2V。

（3）电容量计算。根据测试电压和电流，由式（Z13H2001 Ⅰ-6）先计算出各相间电容量，再计算出每相电容量。三角形接线并联电容器电容量计算见表 Z13H2001 Ⅰ-2。

表 Z13H2001 Ⅰ-2　　　　三角形接线并联电容器电容量计算

测量次序	测量位置	短接位置	测量电容量	计算电容量
1	U 与 VW	VW	$C_{U+W}=C_U+C_W$	$C_U=\frac{1}{2}(C_{U+W}+C_{U+V}-C_{V+W})$
2	W 与 UV	UV	$C_{V+W}=C_V+C_W$	$C_V=\frac{1}{2}(C_{V+W}+C_{U+V}-C_{U+W})$
3	V 与 WU	WU	$C_{U+V}=C_U+C_V$	$C_W=\frac{1}{2}(C_{U+W}+C_{V+W}-C_{U+V})$

4. 集合式高压并联电容器极间电容量测试

（1）测试接线。在测试时，电容器外壳接地。由于集合式高压并联电容器电容量较大，应采用图 Z13H2001 Ⅰ-2（b）接线方式测量，其测试原理接线如图 Z13H2001 Ⅰ-5 所示。

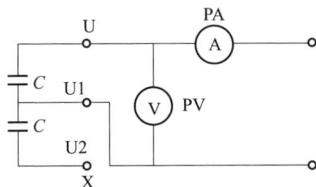

图 Z13H2001 Ⅰ-5　集合式高压并联电容器极间电容量测试原理接线图

（2）测试步骤。测试时，按图 Z13H2001Ⅰ-5 接线，测试步骤同高压并联电容器测试步骤。集合式高压并联电容器每相有 3 只引出套管时，每相应分别测试两套管之间的电容量，如测试 U 相极间电容时，先测试 CU1，再测试 CU2。测试前后对电容器充分放电并接地。集合式高压并联电容器极间电容量很大，注意电流的计算，测试设备的容量应满足要求。

（3）电容量计算。电容量计算同高压并联电容器电容量计算。

六、测试注意事项

（1）运行中的设备停电后应先放电，再将高压引线拆除后测量，否则将引起测量误差。

（2）应根据被试电容器电容量的大小选择接线方式，注意克服电压表或电流表的影响。

（3）进行电容器电容量测试时，尽量避免通过熔丝测量。如有内置熔丝，应注意测试电流的大小。

（4）采用正接线测试耦合电容器及断路器电容器极间电容量时，注意低压电极对地应有绝缘。

七、测试结果分析及测试报告编写

（一）测试标准及结果分析

1. 测试标准及要求

根据 Q/GDW 1168—2013《输变电设备状态检修试验规程》、Q/GDW 11447—2015《10kV～500kV 输变电设备交接试验规程》及《国家电网公司变电检测通用管理规定》〔国网（运检/3）829—2017〕的规定：

（1）电容器组应测量各相、各臂及总的电容量。对于框架式电容器，应采用不拆连接线的测量方法逐台测量单台电容器的电容量。电容器组的电容量与额定值的相对偏差应符合下列要求：

——容量 3Mvar 以下的电容器组：-5%～10%；

——容量从 3Mvar 到 30Mvar 的电容器组：0%～10%；

——容量 30Mvar 以上的电容器组：0%～5%；

（2）且任意两线端的最大电容量与最小电容量之比值，应不超过 1.05。

（3）单台电容器电容量与额定值的相对偏差应在-5%～10%之间，且初值差不超过±5%。对于带内熔丝电容器，电容量减少不超过铭牌标注电容量的 3%。

2. 测试结果分析

绝缘良好的电容器，电容值的变化是很小的。电容值的突然增高，一般认为是部分电容元件击穿短路，因为电容器是由多段元件串联组成的，串联段数减少，电容才会增高。如果部分元件发生断线，电容值将会减少。电容量的测试也可灵敏地反映电容器浸渍剂的绝缘状况，如箱体密封不良浸渍剂泄漏会使电容值减少，进水后又会使电容量增大。

电容值偏差计算式为

$$\Delta C = \frac{C_Z - C_N}{C_N} \times 100\% \qquad (\text{Z13H2001 I} -7)$$

式中　ΔC ——电容偏差率，%；

　　　C_Z ——实测电容量，μF；

　　　C_N ——标称电容量，μF。

（二）测试报告编写

试验记录应填写信息，包括基本信息（变电站、委托单位、试验单位、运行编号、试验性质、试验日期、试验人员、试验地点、报告日期、编写人员、审核人员、批准人员、试验天气、环境温度、环境相对湿度），设备铭牌（生产厂家、出厂日期、出厂编号、设备型号、额定电压等），试验数据（试验数据、仪器型号、结论等）。

八、案例

一台型号为 BW10.5-10-1 的高压并联电容器，内部接线方式为 2 并 14 串，设每个电容元件 C=1，根据公式 $C_N = \frac{C_0}{m}$，则有

$$C_N = \frac{C_0}{m} = \frac{2}{14} = 0.143$$

式中　C_N ——电容器的总容量；

　　　C_0 ——每组并联后的电容值；

　　　m ——串联组数。

如电容器内部发生一个元件短路，则有

$$C_D = \frac{C_0}{m} = \frac{2}{13} = 0.154$$

式中　CD ——一个元件短路后电容器总容量。

一个元件短路时电容变化率为

$$\Delta C = \frac{C_D - C_N}{C_N} \times 100\% = \frac{0.154 - 0.143}{0.143} \times 100\% = 7.7\%$$

如电容器内部发生一个元件开路，设开路组的电容为 C_1，此时 $C_1 = 1$；完好组总电容为 C_2，$C_2 = C_D = 0.154$，则开路电容为

$$C_K = \frac{C_1 \times C_2}{C_1 + C_2} = 0.133$$

一个元件开路时电容变化率为

$$\Delta C = \frac{C_K - C_N}{C_N} \times 100\% = \frac{0.133 - 0.143}{0.143} \times 100\% = -6.7\%$$

从以上案例可以看到，当电容器内部一个元件短路或开路时，电容值变化是比较显著的。

【思考与练习】

1. 耦合电容器和断路器电容器一般用什么方法测量电容量？

2. 并联电容器三相端子之间电容值有什么要求？

3. 为什么测量电容器电容量时，应根据电容量的大小选择不同的接线？

4. 集合式高压并联电容器每相中任意两段实测电容值有什么要求？

◢ 模块 2 阀型避雷器电导电流测试（Z13H2002Ⅰ）

【模块描述】本模块介绍阀型避雷器电导电流的测试方法和技术要求。通过测试工作流程的介绍，掌握阀型避雷器电导电流测试前的准备工作和相关安全、技术措施、测试方法、技术要求及测试数据分析判断。

【模块内容】

一、测试目的

1. 电导电流的测试目的

将直流电压加于带并联电阻避雷器（一般指普通阀型避雷器和磁吹阀型避雷器）两端所测得的电流称为电导电流。测量电导电流是带并联电阻避雷器的一个十分重要的项目，测量的目的是检查避雷器的并联电阻是否受潮、老化、断裂、接触不良以及非线性系数 α 是否相配。测得的电导电流若显著降低，则表示并联电阻断裂或接触不良，反之表示并联电阻受潮或瓷腔内进潮；若逐年降低，则表示并联电阻劣化。

2. 非线性系数的测试目的

当避雷器由多个带有分路电阻的元件组装而成时，必须校核它们的非线性系数 α 是否相近。因为当电导电流较大，若各间隙组并联的非线性电阻值相近时，均压效果就比较好，反之就比较差。如果均压效果较差，各元件的工频电压分布不均匀就较严重，从而影响避雷器的灭弧性能。

FZ 型避雷器非线性系数 α 的值可按下式计算

$$\alpha = \frac{\lg(U_2/U_1)}{\lg(I_2/I_1)} \qquad (Z13H2002 \text{I} -1)$$

式中 U_1、U_2——表 Z13H2002 I -1 中规定的试验电压;

I_1、I_2——对应于 U_1、U_2 电压下的电导电流。

非线性系数差值是指串联元件中两个元件的非线性系数之差,即

$$\Delta\alpha = \alpha_1 - \alpha_2$$

电导电流相差值(%)系指最大电导电流和最小电导电流之差与最大电导电流比值的百分数。

表 Z13H2002 I -1　　　　测量电导电流时施加的直流电压　　　　　　　　kV

元件额定电压		3	6	10	15	20	30
试验电压	U_1	—	—	—	8	10	12
	U_2	4	6	10	16	20	24

二、测试仪器、设备的选择

测量避雷器电导电流的仪器一般可选择成套的直流高压发生器。

(1)根据不同试品的要求,选择不同电压等级的直流高压发生器。试验电压应能满足试验的极性和电压值,还必须具有足够的电源容量。直流高压发生器的直流输出脉动系数小于±1.5%。

(2)试验电压应在高压侧测量,一般用电阻分压器进行测量。

(3)测量电导电流的微安电流表,其准确度宜不大于 1.0 级。

三、危险点分析及控制措施

1. 防止高处坠落

工作人员在拆、接避雷器一次引线时,必须系好安全带。在使用梯子时,必须有人扶持或绑牢。

2. 防止高处落物伤人

高处作业应使用工具袋,上下传递物件应用绳索拴牢传递,严禁抛掷。

3. 防止人员触电

(1)应严格执行 Q/GDW 1799.1—2013《国家电网公司电力安全工作规程　变电部分》的相关要求。

(2)试验前,电容器应先行逐个多次放电并接地,装在绝缘支架上的电容器外壳也应接地。

(3)高压试验工作不得少于两人。试验负责人应由有经验的人员担任,开始试验

前，试验负责人应向全体试验人员详细布置试验中的安全注意事项，交待邻近间隔的带电部位，以及其他安全注意事项。

（4）试验现场应装设遮栏或围栏，遮栏或围栏与试验设备高压部分应有足够的安全距离，向外悬挂"止步，高压危险！"的标示牌，并派人看守。

（5）应确保操作人员及试验仪器与电力设备的高压部分保持足够的安全距离。

（6）试验装置的金属外壳应可靠接地，高压引线应尽量缩短，并采用专用的高压试验线，必要时用绝缘物支持牢固。

（7）加压前必须认真检查试验接线，使用规范的短路线，表计倍率、量程、调压器零位及仪表的开始状态，均应正确无误。

（8）因试验需要断开设备接头时，拆前应做好标记，接后应进行检查。

（9）试验装置的电源开关，应使用明显断开的双极隔离开关。为了防止误合隔离开关，可在刀刃上加绝缘罩。试验装置的低压回路中应有两个串联电源开关，并加装过载自动跳闸装置。

（10）试验前，应通知有关人员离开被试设备，并取得试验负责人许可，方可加压；加压过程中应有人监护并呼唱。

（11）变更接线或试验结束时，应首先断开试验电源，放电，并将升压设备的高压部分放电、短路接地。

（12）试验现场出现明显异常情况时（如异声、电压波动、系统接地等），应立即停止试验工作，查明异常原因。

（13）高压试验作业人员在全部加压过程中，应精力集中，随时警戒异常现象发生。

（14）试验结束时，试验人员应拆除自装的接地短路线，并对被试设备进行检查，恢复试验前的状态，经试验负责人复查后，进行现场清理。

四、测试前的准备工作

1. 了解被试设备现场情况及试验条件

查勘现场，查阅相关技术资料，包括该设备出厂资料、出厂试验报告及相关规程等，掌握该设备运行及缺陷情况。

2. 测试仪器、设备准备

选择合适的直流高压发生器、万用表、温（湿）度计、测试线、屏蔽线、放电棒、接地线、安全带、安全帽、电工常用工具、试验临时安全遮栏、标示牌等，并查阅测试仪器、设备及绝缘工器具的检定合格证书有效期。

3. 办理工作票并做好试验现场安全和技术措施

按相关安全生产管理规定办理工作许可手续；向试验人员交代工作内容、带电部位、现场安全措施、现场作业危险点，明确人员分工及试验程序。

五、现场测试步骤及要求

（一）测试接线

测试避雷器电导电流的原理接线如图 Z13H2002Ⅰ–1 所示，被试避雷器元件末端接地，试验电压施加在高压端。

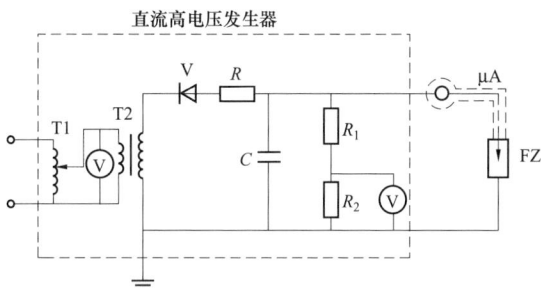

图 Z13H2002Ⅰ–1　测量避雷器电导电流的原理接线图

T1—调压器；T2—试验变压器；V—高压硅堆；R—限流电阻；C—滤波电容；

R_1、R_2—电阻分压器高低压臂；FZ—被试避雷器

（二）测试步骤

（1）将避雷器接地放电，拆除或断开避雷器对外的一切连线。

（2）将避雷器表面擦拭干净，进行接线。检查测试接线正确后，合上电源开关，合上高压开关，开始升压。对试品施加电压时，应从足够低的数值开始，然后缓慢地升高电压到规定的试验电压值 U_1，待电流稳定后，读出微安电流表读数 I_1。继续升压至 U_2，待电流稳定后，读出 U_2 电压下微安电流表读数 I_2。

（3）将电压输出降低到零，关闭高压开关，关闭电源开关，断开电源。

（4）将被试品经放电棒充分放电。

（5）对于串联组合元件的避雷器，需计算非线性系数。对上一节避雷器测试完电导电流，做好试验记录后，再进行下一节避雷器电导电流的测试。

六、测试注意事项

（1）直流泄漏电流测试前，应先测试绝缘电阻，其值应正常。

（2）为了防止外绝缘的闪络和易于发现绝缘受潮等缺陷，避雷器电导电流测试通常采用负极性直流电压。

（3）测量电导电流时，应尽量避免电晕电流、杂散电容和潮湿污秽的影响。从微安电流表到避雷器的引线需加屏蔽。

（4）对可疑数据应复试，并排除仪器故障、避雷器表面脏污或潮湿时泄漏电流

增大引起的影响。

（5）试验电压应在高压侧测量，测量系统应经过校验。测量误差不应大于 2%。

（6）由 2 个及以上元件组成的避雷器应对每个元件进行试验。在某一节的顶部施加直流电压时，该节避雷器元件的末端必须接地。

七、测试结果分析及测试报告编写

（一）测试标准及结果分析

1. 测试标准及要求

根据 GB 50150—2006《电气装置安装工程 电气设备交接试验标准》的规定：

（1）FZ、FS、FCZ、FCD 型避雷器的电导电流参考值见表 Z13H2002Ⅰ–2 或制造厂规定值，还应与历年数据比较，不应有显著变化。FS、FCZ、FCD 的试验标准参照DL/T 596—1996《电力设备预防性试验规程》。

表 Z13H2002Ⅰ–2　　　　FZ 型避雷器的电导电流参考值

型号	FZ–10 (FZ2–10)	FZ–35	FZ–40	FZ–60	FZ–110J	FZ–110	FZ–220J
额定电压 (kV)	10	35	40	60	110	110	220
试验电压 (kV)	10	16 (15kV 元件)	20 (20kV 元件)	20 (20kV 元件)	24 (30kV 元件)	24 (30kV 元件)	24 (30kV 元件)
电导电流 (μA)	400～600 (<10)	400～600	400～600	400～600	400～600	400～600	400～600

注　括号内的电导电流值对应于括号内的型号。

（2）同一相内串联组合元件的非线性系数差值，在交接时不应大于 0.04，在运行中不应大于 0.05；电导电流相差值不应大于 30%。

2. 测试结果分析

（1）将测试数据与标准要求值相比，与被试品前一次或同类型设备的测量数据相比，结合温、湿度情况，进行综合分析判断。如 FZ 型避雷器的非线性系数差值大于0.05，但电导电流合格，则允许做换节处理，换节后的非线性系数差值不应大于 0.05。

（2）对不同温度下测量的普通阀型或磁吹阀型避雷器电导电流进行比较时，需要将它们换算到同一温度。经验指出，温度每升高 10℃，电导电流增大 3%～5%，可参照换算。

（二）测试报告编写

试验记录应填写信息，包括基本信息（变电站、委托单位、试验单位、运行编号、试验性质、试验日期、试验人员、试验地点、报告日期、编写人员、审核人员、批准人员、试验天气、环境温度、环境相对湿度），设备铭牌（生产厂家、出厂日期、出厂编号、设备型号、额定电压等），试验数据（变比、极性、试验仪器、项目结论等）。

八、案例

某只 FZ-60 型避雷器，上节 FZ-20 避雷器元件试验中发现其绝缘电阻为 1500MΩ，泄漏电流为 300μA，而上年泄漏电流为 430μA，根据泄漏电流低于标准要求且有逐年降低的趋势，分析认为该节避雷器的非线性电阻在运行电压下的电导电流作用下发生劣化，当即更换。

【思考与练习】

1. FZ 型避雷器进行预防性试验时，为什么要测量并联电阻的非线性系数？组合元件的非线性系数差值的允许值是多少？

2. FZ 型避雷器的电导电流在一定的直流电压下规定为 400～600μA，为什么说低于 400μA 或高于 600μA 都有问题？

3. 有 4 节 FZ-30J 阀型避雷器，如果要串联组合使用，则必须满足的条件是什么？

◤ 模块 3　系统电容电流测试（Z13H2003Ⅲ）

【模块描述】本模块介绍系统电容电流测试方法和技术要求。通过测试工作流程的介绍，掌握系统电容电流测试前的准备工作和相关安全、技术措施、测试方法、技术要求及测试数据分析判断。

【模块内容】

一、测试目的

系统电容电流是指正在运行中的中性点不接地系统在没有补偿的情况下，发生单相接地时，流过接地点的无功电流。由于电容电流的存在，在单相接地瞬间可能形成接地电弧，而接地电弧不易熄灭，在风力、电动力、热气流等的作用下会拉长，导致相间短路引起线路跳闸事故发生；接地电弧还可能产生间歇性弧光过电压，使电磁式电压互感器铁芯饱和引起谐振过电压等，造成熔丝熔断、避雷器、电压互感器损坏。由于系统电容电流对电网安全运行有着重要影响，因此有必要测量系统电容电流的大小，以便采取相应措施，如加装消弧线圈补偿电容电流。消弧线圈另一作用是减缓电弧熄灭瞬间故障点恢复电压的上升速度，阻止电弧重燃。

系统电容电流是选择消弧线圈参数的主要依据，故测量系统电容电流对于消弧线圈的合理配置、合理调谐、提高动作成功率、防止过电压事故等有着重要意义。通过系统电容电流的测量，可以了解配电网运行的重要参数，如电容电流、不对称电压、阻尼率以及谐振接地系统的位移电压、脱谐度、残流等。

二、测试方法

系统电容电流的测量方法，可分为直接法与间接法两大类，其中直接法指单相金属性接地法；间接法指中性点外加电容法、外加电压法、调谐法、变频注入法、相对地外加电容法、电容增量法等。因为人工接地有可能引起绝缘弱点击穿，故多用间接法。以下着重介绍几种常用的系统电容电流测试的方法。

（一）单相金属性接地法

1. 测试原理

单相金属性接地法是最有效、最直接测量系统对地电容电流的一种方法，所测得数值最接近真实值，同时还可以计算出系统阻尼率，但是这种方法也是试验过程最具故障隐患的一种方法。单相金属接地法有投入消弧线圈和不投入消弧线圈两种情况。

（1）不投入消弧线圈时。在系统中性点不接地情况下运行时，进行人工单相金属性接地，可直接测得系统电容电流 I_C、有功泄漏电流 I_r 和全电流 I_{C0}。不投入消弧线圈时，单相金属性接地法测试系统电容电流的原理接线如图 Z13H2003Ⅲ-1 所示。

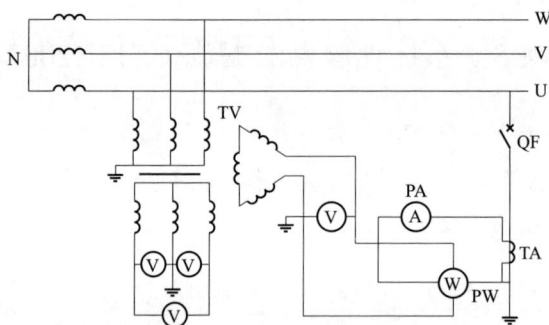

图 Z13H2003Ⅲ-1　不投入消弧线圈时单相金属性接地法测试系统电容电流的原理接线图

QF—接地断路器；TV—电压互感器；TA—测量用电流互感器；PW—功率因数表；PA—电流表

系统阻尼率的计算公式为

$$I_{CP}=P/U_0 \qquad\qquad (Z13H2003Ⅲ-1)$$

$$I_{CQ}=\sqrt{I_C^2 - I_{CP}^2} \qquad\qquad (Z13H2003Ⅲ-2)$$

$$d\%=I_{CP}/I_{CQ}\times100\% \qquad\qquad (Z13H2003Ⅲ-3)$$

式中　I_{CP}——接地电容电流有功分量，A；

I_{CQ}——接地电容电流无功分量，A；

I_C——接地电容电流有效值，A；

P——接地回路的有功损耗，W；

U_0——中性点不对称电压，V；

$d\%$ ——阻尼率。

（2）投入消弧线圈时。当系统中性点投入消弧线圈接地补偿时，利用单相金属性接地以测量系统的电容电流，这种测量方法与不投消弧线圈时相比，较为安全、准确，但仍存在非接地两相电压升高危及设备绝缘，产生较大谐波分量的缺点。图 Z13H2003Ⅲ-2 为投入消弧线圈时单相金属性接地法测试系统电容电流的原理接线。

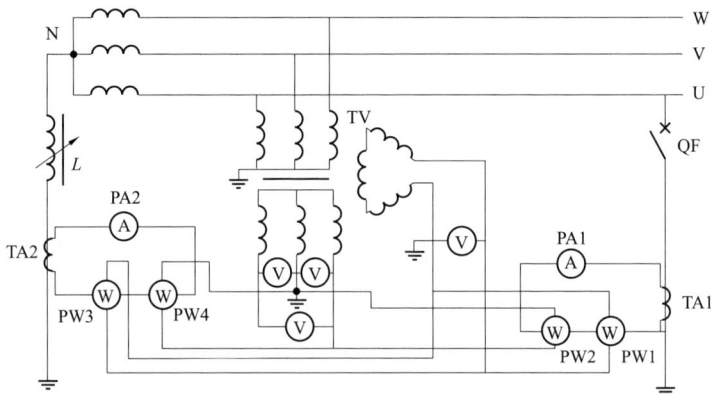

图 Z13H2003Ⅲ-2　投入消弧线圈时单相金属性接地法测试系统电容电流的原理接线

L—消弧线圈；TV—电压互感器；QF—接地断路器；TA1、TA2—测量用电流互感器；
PW1、PW3—低功率因数表；PW2、PW4—普通功率表

补偿电流、残余电流的有功分量和无功分量的计算公式为

$$I_{GP}=P_1/U_0 \qquad\qquad (Z13H2003Ⅲ-4)$$

$$I_{GQ}=Q_2/U_{WV} \qquad\qquad (Z13H2003Ⅲ-5)$$

$$I_{LP}=P_3/U_0 \qquad\qquad (Z13H2003Ⅲ-6)$$

$$I_{LQ}=Q_4/U_{WV} \qquad\qquad (Z13H2003Ⅲ-7)$$

系统电容电流和阻尼率的计算公式为

$$I_{CP}=I_{GP}-I_{LP} \qquad\qquad (Z13H2003Ⅲ-8)$$

$$I_{CQ}=I_{LQ}-I_{GQ} \qquad\qquad (Z13H2003Ⅲ-9)$$

$$I_C=\sqrt{I_{CP}^2-I_{CQ}^2} \qquad\qquad (Z13H2003Ⅲ-10)$$

$$d\%=I_{GP}/I_{CQ}\times100\% \qquad\qquad (Z13H2003Ⅲ-11)$$

式中　I_{GP} ——残余电流有功分量，A；

I_{GQ} ——残余电流无功分量，A；

I_{LP} ——电感电流有功分量，A；

I_{LQ} ——电感电流无功分量，A；

P_1、P_3——功率表 PW1、PW3 所测残余电流和电感电流回路的有功功率，W；

Q_2、Q_4——功率表 PW2、PW4 所测残余电流和电感电流回路的无功功率，var；

U_0——中性点位移电压，V；

U_{wv}——V、W 相间电压，V。

2. 测试仪器、设备的选择

（1）断路器选用带速断保护装置的断路器，可直接选用接于母线上的旁路或停电的馈线断路器。

（2）电流互感器的一次侧额定电压不低于系统额定电压，一次侧额定电流不低于系统电容电流的估算值并有裕度，准确度等级为 0.5 级。

（3）功率表、电流表的准确度等级为 0.5 级。

3. 危险点分析及控制措施

（1）应严格执行 Q/GDW 1799.1—2013《国家电网公司电力安全工作规程 变电部分》的相关要求。

（2）检测工作不得少于两人，电压互感器二次回路的接线工作应由继电保护人员配合。试验负责人应由有经验的人员担任，开始试验前，试验负责人应向全体试验人员详细布置试验中的安全注意事项，交待邻近间隔的带电部位，以及其他安全注意事项。

（3）应在良好的天气下进行，如遇雷、雨、雪、雾不得进行该项工作，风力大于 5 级时，不宜进行该项工作。

（4）检测时应与设备带电部位保持相应的安全距离。

（5）在进行检测时，要防止误碰误动设备。

（6）测试前必须认真检查表计倍率、量程、零位，均应正确无误。

（7）指派专人随时监测系统电压变化情况，发现异常应立即停止试验。

4. 测试前的准备工作

（1）了解被试设备现场情况及试验条件。查勘现场，查阅相关技术资料，包括系统电容电流测试历年试验数据及相关规程等，估算被测系统的电容电流值。

（2）测试仪器、设备准备。选择合适的断路器、电流互感器、电流表、测试线、绝缘杆、验电器、绝缘垫、绝缘鞋、绝缘手套、接地线、安全帽、电工常用工具、试验临时安全遮栏、标示牌等，并查阅测试仪器、设备及绝缘工器具检定合格证书及有效期、试验方案、相关技术资料、相关规程等。

（3）办理工作票并做好试验现场安全和技术措施。进入试验现场后，办理工作票并做好试验现场安全措施。向其他试验人员交代工作内容、带电部位、现场安全措施、现场作业危险点，明确人员分工及试验程序。

5. 现场测试步骤及要求

（1）测试接线。单相金属性接地法测试系统电容电流的接线，如图 Z13H1002Ⅲ-1 或图 Z13H1002Ⅲ-2 所示。

（2）测试步骤。

1）将接地试验的断路器停电，拉开其两侧隔离开关。

2）验明确无电压后，在接地试验断路器负荷侧挂接地线。

3）进行接线，接地试验断路器重合闸停用，改过流速断保护定值，将电流互感器一次侧接入接地试验断路器 U 相负荷侧，复查无误。

4）拆除接地试验断路器负荷侧接地线，检查接地试验断路器在"分"位，合上其两侧隔离开关，再合接地试验用断路器，待表计指示稳定后迅速读数并记录。

5）拉开接地试验断路器及其两侧隔离开关。

6）进行 V 相、W 相接地试验，步骤同 2）～5）。

7）试验结束后，验电、挂接地线，整理现场，办理工作票结束，通知调度恢复系统。

6. 测试注意事项

（1）试验应在天气良好、系统无接地的情况下进行，试验时被测系统应无操作。

（2）被测系统应无绝缘缺陷。

（3）确定被试系统范围。

（4）在系统单相接地时应读数迅速、口号联系清楚，尽量缩短接地测量时间。

（5）短路连接导线应有足够的截面，并且应连接牢固、接触良好。

（6）接地试验断路器保护定值按系统电容电流估算值的 5 倍 0s 整定，要求重合闸停用，保证系统发生故障短路时，能迅速断开接地试验断路器，要避免带接地线合隔离开关。若接地试验断路器跳闸，在未查明原因之前不准合闸。

（7）如果测量时系统的电压不是额定值，则电容电流值应折算到额定电压。

（8）试验中如需改变电流互感器变比，应断开接地试验断路器及其两侧隔离开关，验电，挂接地线后再改变变比。

（二）中性点外加电容法

1. 测试原理

中性点外加电容法测量系统的电容电流，是在系统无补偿的情况下，在系统中性点对地接入一个适当容量的电容器，测量电容器接入前后中性点的不对称电压和位移电压，通过计算公式间接得到系统单相接地的电容电流值。系统一般应为星形接法，中性点取自变压器中性点，对于无中性点的系统，可在电容器组的中性点进行试验。

图 Z13H2003Ⅲ-3 为中性点外加电容法测试系统电容电流的原理电路图。根据系统电容电流的形成原因，采用在系统中性点处外加电容 C_0，视中性点电压 U_0 为一个恒压源，则所加电容 C_0 和系统总电容 C 串联，测量 C_0 两端电压 U_{01} 及中性点不加电容时的电压 U_0，不难得出以下计算公式

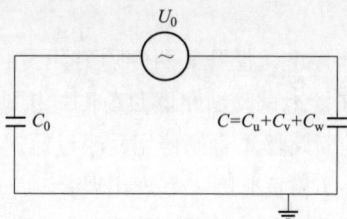

图 Z13H2003Ⅲ-3　中性点外加电容法测试系统电容电流的原理电路图

$$U_{01}/(U_0-U_{01})=C/C_0 \qquad (\text{Z13H2003Ⅲ-12})$$

$$C=C_0U_{01}/(U_0-U_{01}) \qquad (\text{Z13H2003Ⅲ-13})$$

$$I_C=U_{ph}\omega C \qquad (\text{Z13H2003Ⅲ-14})$$

式中　U_{01} ——中性点外加电容时的电压，V；

　　　U_0 ——中性点不加电容时的电压，V；

　　　C ——系统总电容量，μF；

　　　C_0 ——中性点外加电容，μF；

　　　U_{ph} ——系统运行相电压，V；

　　　I_C ——系统电容电流，V。

有时还会遇到系统三相很对称，这时中性点不对称电压和位移电压很低，无法准确测量和计算，需考虑在某一相上添加偏置电容，人为地加大中性点电压，便于测试。在计算时，电容值再减去偏置电容量 C_f，即

$$C = \frac{C_0 \times U_{01}}{U_0-U_{01}} = C_f \qquad (\text{Z13H2003Ⅲ-15})$$

由上述可知，系统总电容量 C 与系统频率无关，中性点高次谐波电压不会影响测量过程及结果，故中性点外加电容法是现场常用的、较简捷的一种方法。

中性点外加电容法的主要缺点是不够安全。现场测量中一般采用低压电容器，一旦此时电网发生一点接地使外加电容器击穿，便会造成停电事故，而且还可能危及人员的安全。为此必须采取防范措施，如用高压电容器、选择晴好天气、尽量缩短测量时间、读表人员注意保持安全距离等。

2. 测试仪器、设备的选择

（1）外接电容器容量取系统估算电容的 0.5 倍、1 倍、2 倍，10kV 系统可用 1kV 电压等级的电容器；35kV 系统可用 10kV 电压等级的电容器。偏置电容器容量取估算

值的 1/4 倍，绝缘水平同外接电容器。保护电容器容量在 1μF 以下，绝缘水平同外接电容器。

（2）电压表应为 0.5 级；并联放电间隙或真空放电管，定值为 1kV，用于保护电压表不受损坏。

3. 危险点分析及控制措施

参考上述（一）单相金属性接地法的"危险点分析及控制措施"。

4. 测试前的准备工作

（1）参考上述（一）单相金属性接地法第 4 条"测试前的准备工作"中（1）的内容。

（2）测试仪器、设备准备。

选择合适的电容器、放电管、电压表、测试线、绝缘杆、验电器、绝缘垫、绝缘鞋、绝缘手套、接地线、安全帽、电工常用工具、试验临时安全遮栏、标示牌等，并查阅测试仪器、设备及绝缘工器具检定合格且在证书有效期内。

（3）参考上述（一）单相金属性接地法第 4 条"测试前的准备工作"中（3）的内容。

5. 现场测试步骤及要求

（1）测试接线。

中性点外加电容法测试系统电容电流的原理接线，如图 Z13H2003Ⅲ-4 所示。

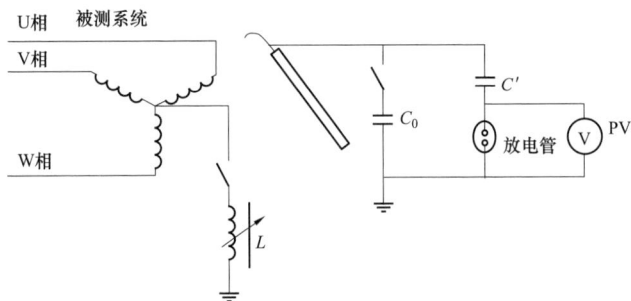

图 Z13H2003Ⅲ-4　中性点外加电容法测试系统电容电流的原理接线

L—系统中消弧线圈；C_0—外加电容器；C'—保护电容器；PV—电压表

（2）测试步骤。

1）按图 Z13H2003Ⅲ-4 进行接线，并检查接线正确无误，如被测系统变压器中性点有消弧线圈，应将其退出运行。

2）C_0 暂不接入，将已绑扎测量导线的绝缘杆触及变压器中性点，读取中性点不对称电压值 U_0。

3）重复测量 U_0 3 次，取平均值。

4）分析判断 U_0 的大小，若 U_0 与系统相电压的比值在正常值范围（0.5%～1.5%），则不需加偏置电容器，否则需加偏置电容器。

5）移开绝缘杆，接入外加电容 C_0。

6）将已绑扎测量导线的绝缘杆触及变压器中性点，读取中性点位移电压值 U_{01}，根据式（Z13H2003Ⅲ-13）计算出系统的相对地电容值。

7）移开绝缘杆，更换预先准备好的另外两只外加电容器 C_0，重复上述步骤 5）～6）。

8）测试完成后，移开绝缘杆，根据三次计算出的系统对地电容，求出平均值。用电容平均值计算系统的电容电流 I_C。

6. 测试注意事项

（1）试验应在天气良好、系统无接地的情况下进行，试验时被测系统应无操作。

（2）中性点电压不应太低，一般电网中性点不对称度约为 0.5%～1.5%，即相电压的 0.5%～1.5%。

（3）高压导线、连接线应有足够截面。测量导线长度要适宜，应牢固绑扎在绝缘杆上，与设备及操作人员保持足够的安全距离。

（4）对试验用电容器应做绝缘耐压试验，保护气隙做放电试验。电容器额定电压比被测系统低时，应做好防爆隔离。

（5）现场放置 2 块绝缘垫，一块站人，一块放仪器。

（6）当试验中突发单相接地故障时，中性点电位会升至相电压，故应视为高压带电操作，应遵守高压带电操作规则。

（三）调谐法（中性点位移电压法）

1. 测试原理

当消弧线圈投入电网后，中性点会出现位移，此时它与大地之间的电位差称为中性点位移电压。中性点位移电压一般不应超过系统额定相电压的 15%。为了选定消弧线圈的合理运行分接位置，应当进行不同补偿状态下的位移电压测量，即消弧线圈调谐试验。

通过改变消弧线圈的分接头来改变中性点位移电压，并测得各挡位的位移电压 U_{0L1}、U_{0L2} 等，根据已知各挡位对应的消弧线圈电流 I_{L1}、I_{L2}，由式（Z13H2003Ⅲ-16）可计算出系统电容电流值

$$I_C = \frac{I_{L2} - \dfrac{U_{0L1}}{U_{0L2}} I_{L1}}{1 - \dfrac{U_{0L1}}{U_{0L2}}} \qquad (Z13H2003Ⅲ-16)$$

式中 U_{0L1}、U_{0L2}——消弧线圈在分接位置 1 和 2 时的中性点位移电压，V；

$\quad\quad I_{L1}$、I_{L2}——消弧线圈在分接位置 1 和 2 时的铭牌电流，A；

$\quad\quad I_C$——系统电容电流，A。

为了减少测量误差，应在过补偿、欠补偿两种方式下测量，在两种状态下分别估算系统的电容电流。测量时脱谐度 ξ 应选择适当，太高不便测量电压，太低则使中性点位移电压升高较多，危及系统绝缘。一般系统阻尼率 d 约为 5%，当 ξ 大于 20% 时，可以认为 $\sqrt{\xi^2+d^2}$ 近似等于 ξ。

2. 测试仪器、设备的选择

（1）电压互感器选用 10/0.1kV、准确度等级为 0.5 级。

（2）电压表应选用高内阻的电压表。

3. 危险点分析及控制措施

参考上述（一）单相金属接地法第 3 条"危险点分析及控制措施"中的内容。

4. 测试前的准备工作

（1）参考上述（一）单相金属性接地法第 4 条"测试前的准备工作"中（1）的内容。

（2）测试仪器、设备准备。

选择合适的电压互感器、电压表、测试线、绝缘杆、绝缘垫、绝缘靴、绝缘手套、接地线、安全帽、电工常用工具、试验临时安全遮栏、标示牌等，并查阅测试仪器、设备及绝缘工器具检定合格且在证书有效期内。

（3）参考上述（一）单相金属性接地法第 4 条"测试前的准备工作"中（3）的内容。

5. 现场测试步骤及要求

（1）测试接线。

调谐法测试系统电容电流的原理接线，如图 Z13H2003Ⅲ-5 所示。

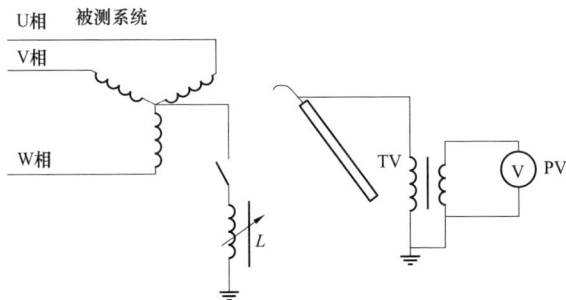

图 Z13H2003Ⅲ-5 调谐法测试系统电容电流的原理接线图

（2）测试步骤。

1）按图 Z13H1002Ⅲ-5 进行接线，电压互感器的一次侧末端及二次侧应进行良好的接地，一次侧的高压测试线牢固地绑在绝缘杆上。

2）退出消弧线圈，用绝缘杆将测试线触及主变压器中性点，测量中性点不对称电压，记录不对称电压及系统电压值，移开绝缘杆，使测试线脱离变压器中性点。

3）投入消弧线圈，用绝缘杆将测试线触及主变压器中性点，测量中性点位移电压，记录中性点位移电压及系统电压值，移开绝缘杆，使测试线脱离变压器中性点。

4）改变消弧线圈分接位置，重复测试，尽量应在欠补偿及过补偿状态各测试两点（每次改变消弧线圈分接位置需通报调度，在调度允许下进行各项操作及试验）。

5）根据测试值进行计算，分析系统中性点不对称电压、位移电压是否在正常范围内，根据式（Z13H2003Ⅲ-16）计算系统电容电流 I_C 值。取系统电容电流平均值作为系统电容电流值。

6）测试完成后，整理现场，通知调度恢复系统。

6. 测试注意事项

（1）试验应在天气良好、系统无接地的情况下进行，试验时被测系统应无操作。

（2）试验系统有且只留有一台消弧线圈。

（3）高压测量引线应长度适当，测试时间应尽可能短。

（4）为减少测量误差，应在过补偿、欠补偿两种方式下测量，并在这两种方式下分别计算系统的电容电流。在测量过程中，应注意避免发生谐振。

（5）无励磁分接开关的消弧线圈改变分接头时，必须先把消弧线圈从系统中切除。

（四）变频注入法

1. 测量原理

变频注入法是利用专用仪器通过消弧线圈的电压测量绕组或其他方法注入到被测的补偿系统中，可以测得系统的三相对地电容，由此可计算出电容电流，确定消弧线圈不同的调谐状态、脱谐度等，并打印出有关参数。从电压互感器的开口三角绕组注入信号比较简单，但测量误差比较大，一般约为10%，这是因为电压互感器的漏抗较大所致。

2. 测试仪器、设备的选择

根据所测系统的电压等级、有无消弧线圈、电压互感器接线方式等情况，选用合适的电容电流测试仪。

3. 危险点分析及控制措施

做好防止人员触电措施：试验人员必须熟悉试验方案，由熟悉电压互感器二次接线端子排情况的继电保护人员接线，接线应牢固，防止误接线、误触碰。操作人员须带好安全防护用具，并与带电体的距离不小于 500mm，应有专人监护。

4. 测试前的准备工作

（1）参考上述（一）单相金属接地法第 4 条"测试前的准备工作"中（1）的内容。

（2）测试仪器、设备准备。

选择合适的电容电流测试仪、测试线、专用接头、接地线、电工常用工具、试验临时安全遮拦、标示牌等，并查阅测试仪器、设备及绝缘工器具检定合格且在证书有效期内。

（3）参考上述（一）单相金属接地法第 4 条"测试前的准备工作"中（3）的内容。

5. 现场测试步骤及要求

（1）测试接线。

以从电压互感器开口三角绕组注入信号为例，变频注入法测试系统电容电流的原理接线如图 Z13H2003Ⅲ-6 所示。将仪器面板上输出端连接到电压互感器开口三角绕组 2 个接线端子上。

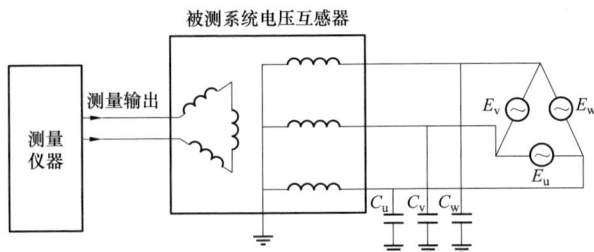

图 Z13H2003Ⅲ-6　变频注入法测试系统电容电流的原理接线图

（2）测试步骤。

1）打开电容电流测试仪电源，检查测试仪工作是否正常，确认仪器正常后，关闭测试仪电源。

2）根据电容电流测试仪使用说明书接线要求进行接线，检查接线无误后，打开测试仪电源，按电容电流测试仪使用说明书进行参数设定并完成测试，记录测试值。共测 3 次，取平均值。

3）与估算值进行比较，认为测试无误后，关闭测试仪电源，拆除接线。

6. 测试注意事项

（1）试验应在天气良好、系统无接地的情况下进行，试验时被测系统应无操作。

（2）如果被测系统在电压互感器开口三角绕组接有线性电阻式消谐器（晶闸管式、压敏电阻式消谐器除外），测量过程中应将其断开。

（3）被测系统在电压互感器一次中性点接有消谐电阻器，则测量结果与实际值偏差很大，测试时应将消谐电阻器短路，即电压互感器一次中性点直接接地。

（4）现场放置 2 块绝缘垫，一块站人，一块放仪器。

（五）相对地外加电容法

1. 测量原理

相对地外加电容法是在系统无补偿的情况下，在系统的某一相线上对地接入一个适当容量的电容器，使三相对地导纳不对称，每相对地电压将不相等，根据相电压的变化值，通过公式计算间接得到系统电容电流值，其原理电路图如图 Z13H2003Ⅲ-7 所示。

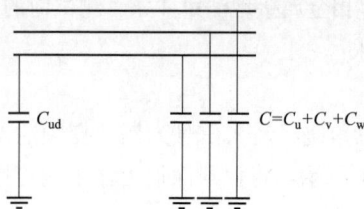

图 Z13H2003Ⅲ-7 相对地外加电容法测试系统电容电流的原理电路图

系统电容电流 I_C 的计算为

$$C=C_{ud}U_u/(U-U_u) \qquad （Z13H2003Ⅲ-17）$$

$$I_C=\omega CU_{ph} \qquad （Z13H2003Ⅲ-18）$$

式中 　C——系统总电容，μF；

　　C_{ud}——某相外加电容，μF；

　　U_u——某相接入电容后的该相相电压，V；

　　U——某相接入电容前的该相相电压，V；

　　U_{ph}——系统运行相电压，V。

2. 测试仪器、设备的选择

（1）某相外接电容器可选电力电容器，其容量 C_{ud} 按照系统估算电容值 C 选取。对 10kV 系统，当母线电压互感器开口三角电压≤1V 时，C_{ud} 取（2.6%～5%）C 值；当母线电压互感器开口三角电压＞1V 时，C_{ud} 取（5%～8%）C 值。

（2）电压表可选用 0.5 级、量程为 500V；电流表可选用 0.5 级、量程为 10A。

（3）选用的高压测试线应能耐压 20kV。

（4）断路器选用接于母线上的旁路或停电的馈线断路器。

3. 危险点分析及控制措施

参考上述（一）单相金属接地法第 3 条"危险点分析及控制措施"中的内容。

4. 测试前的准备工作

（1）参考上述（一）单相金属接地法第 4 条"测试前的准备工作"中（1）的内容。

（2）测试仪器、设备准备。

选择合适的试验用的电容器、放电管、电压表、测试线、绝缘杆、验电器、绝缘垫、绝缘鞋、绝缘手套、接地线、安全帽、电工常用工具、试验临时安全遮栏、标示牌等，并查阅测试仪器、设备及绝缘工器具检定合格且在证书有效期内。

（3）参考上述（一）单相金属接地法第4条"测试前的准备工作"中（3）的内容。

5. 现场测试步骤及要求

（1）测试接线。相对地外加电容法测试系统电容电流的原理接线，如图Z13H2003Ⅲ-8所示。

（2）测试步骤。

1）将试验用断路器断开。

2）进行接线，复查接线正确无误。

3）在某相外加电容未接入前，测量母线电压互感器处三相相电压、线电压及开口三角电压。

4）合上试验用断路器，将某相外加电容 C_{ud} 接入。

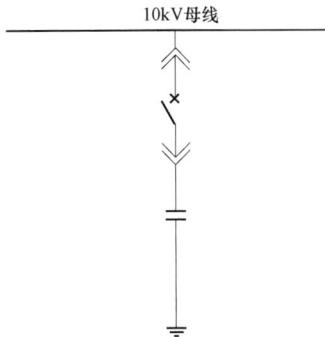

图 Z13H2003Ⅲ-8　相对地外加电容法测试系统电容电流的原理接线图

5）测量某相接入外加电容 C_{ud} 后母线电压互感器处三相相电压及开口三角电压，测量完毕及时断开试验用断路器，将某相外加电容 C_{ud} 退出电网。

6）改变某相外加电容 C_{ud} 容量，重复步骤上述4）～5），测3次。

7）根据式（Z13H2003Ⅲ-17）和式（Z13H2003Ⅲ-18）计算系统电容电流。

8）试验完成后整理现场，通知调度恢复系统。

6. 测试注意事项

（1）试验应在天气良好、系统无接地的情况下进行，试验时被测系统应无操作。

（2）对电容器应做耐压绝缘试验。

（3）电容器外壳应可靠接地，接线时应先接入电容器接地点，并保证接地良好。

（4）高压测试线长度应适宜，与地安全距离应不小于 0.5m。

（5）本次试验为带电试验，应遵守带电试验操作规程。

三、测试结果分析及测试报告编写

（一）测试标准及结果分析

根据 Q/GDW 1168—2013《输变电设备状态检修试验规程》、Q/GDW 11447—2015《10kV～500kV 输变电设备交接试验规程》及《国家电网公司变电检测通用管理规定》〔国网（运检/3）829—2017〕的规定。母线电容电流检测结果应符合以下要求：

（1）3～10kV 系统电容电流不大于 30A，20kV 及以上不大于 10A。

（2）与历史数值比较无较大变化。

综合分析：

（1）电容电流超过规定值时，建议采用中性点经消弧线圈接地的运行方式。

（2）一般采用过补偿运行方式，只有当消弧设备容量不足或采用过补偿不能满足对接地点残流的要求时，才能采用欠补偿运行方式。

（3）脱谐度一般不超过 10%。

（4）使接地时通过故障点的残流尽可能小，同时应保证电网正常运行和事故情况下中性点位移电压不应高于额定电压的 15%。

当电容电流大于 100A 后（建议参考值）消弧设备容量不足以补偿母线电容电流时，建议将中性点接地方式改为小电阻接地系统。

（二）测试报告编写

试验记录应填写信息，包括基本信息（变电站、委托单位、试验单位、运行编号、试验性质、试验日期、试验人员、试验地点、报告日期、编写人员、审核人员、批准人员、试验天气、环境温度、环境相对湿度）、设备铭牌（生产厂家、出厂日期、出厂编号、设备型号、额定电压等）、试验数据（母线总电容量、电容电流、仪器型号、项目结论等）。

四、案例

某 35kV 系统采用中性点外加电容法进行测试，试验时原中性点所接消弧线圈退出运行，保持中性点不接地。现场试验记录如表 Z13H2003Ⅲ-1 所示。

表 Z13H2003Ⅲ-1　　　　　现场试验记录表

次数	C_0（μF）	U_0（V）	U_{01}（V）	$C=C_0U_{01}/(U_0-U_{01})$（μF）	$I_C=U_{ph}\omega C$（A）
1	0.173	295	270	1.868	11.85
2	0.293	295	250	1.628	10.33
3	0.821	295	200	1.728	10.96
平均				1.741	11.05

根据系统电容电流估计值范围（10～13A）分析，本次试验结果是较准确的。

【思考与练习】

1. 系统电容电流的测试目的是什么？

2. 调谐法（中性点位移电压法）测量系统电容电流的原理是什么？

3. 相对地外加电容法测量系统电容电流的原理是什么？

第二十七章

避雷器工频放电电压测试

▲ 模块 1 不带并联电阻的阀型避雷器放电 电压测试（Z13H3001Ⅱ）

【模块描述】 本模块介绍不带并联电阻的阀型避雷器放电电压的测试方法和技术要求。通过测试工作流程的介绍，掌握不带并联电阻的阀型避雷器放电电压测试前的准备工作和相关安全、技术措施、测试方法、技术要求及测试数据分析判断。

【模块内容】

一、测试目的

FS 型避雷器须进行工频放电电压测试，以检查 FS 型避雷器的放电性能，检查火花间隙的结构及特性是否正常，检验它在内部过电压下有无动作的可能性。带有非线性并联电阻的阀型避雷器只在解体大修后及必要时进行。

二、测试仪器、设备的选择

测量 FS 型避雷器工频放电电压的仪器一般可选择由试验变压器、调压器、保护电阻、电压表、电流表等组成的试验回路进行试验。

（1）根据被试避雷器工频放电电压的正常范围内的上限值选用具有合适电压的试验变压器，并检查试验变压器所需低压侧电压是否与现场电源电压、调压器相配。

（2）试验前可用分压器进行变压器高低压侧电压的校正，可以近似地根据变压器的变比和低压侧电压表的指示值求出避雷器的放电电压，使用的电压表的准确度不得低于 0.5 级。对有并联电阻的阀型避雷器，应使用交流峰值电压表测量工频放电电压，其准确度不得低于 1.0 级。

（3）对不带并联电阻的 FS 型避雷器，保护电阻 R 一般取 0.1～0.5Ω/V。对有并联电阻的普通阀式避雷器，可以选用阻值较低的电阻器或不用保护电阻，应使通过被试品的工频电流限制在 0.2～0.7A 范围内。

三、危险点分析及控制措施

1. 防止高处坠落

人员在拆、接避雷器一次引线时，必须系好安全带。使用梯子时，必须有人扶持或绑牢。

2. 防止高处落物伤人

高处作业应使用工具袋，上下传递物件应用绳索拴牢传递，严禁抛掷。

3. 防止人员触电

（1）应严格执行 Q/GDW 1799.1—2013《国家电网公司电力安全工作规程　变电部分》的相关要求。

（2）高压试验工作不得少于两人。试验负责人应由有经验的人员担任，开始试验前，试验负责人应向全体试验人员详细布置试验中的安全注意事项，交待邻近间隔的带电部位，以及其他安全注意事项。

（3）试验现场应装设遮栏或围栏，遮栏或围栏与试验设备高压部分应有足够的安全距离，向外悬挂"止步，高压危险！"的标示牌，并派人看守。

（4）应确保操作人员及试验仪器与电力设备的高压部分保持足够的安全距离，且操作人员应使用绝缘垫。

（5）试验应有专人监护，监护人在试验期间应始终行使监护职责，不得擅离岗位或兼职其他工作。

（6）试验装置的金属外壳应可靠接地，高压引线应尽量缩短，必要时用绝缘物支挂牢固。

（7）加压前必须认真检查试验接线，表计倍率、量程、调压器零位及仪表的开始状态，均应正确无误。

（8）试验前，应通知有关人员离开被试设备，并取得试验负责人许可，方可试验；加压过程中应有人监护并呼喊。

（9）变更接线或试验结束时，应断开试验电源并充分放电，同时将升压设备的高压部分短路接地。

（10）试验现场出现明显异常情况时（如异声、电压波动、系统接地等），应立即停止试验工作并撤离现场。

（11）高压试验作业人员在全部加压过程中，应精力集中，随时警戒异常现象发生。

（12）试验结束时，试验人员应拆除自装的接地短路线，并对被试设备进行检查，恢复试验前的状态，经试验负责人复查后，进行现场清理。

四、测试前的准备工作

1. 了解被试设备现场情况及试验条件

查勘现场，查阅相关技术资料，包括该设备出厂资料、出厂试验报告及相关规程等，掌握该设备运行及缺陷情况。

2. 测试仪器、设备准备

选择合适的试验变压器、调压器、保护电阻、电压表、电流表、分压器、温（湿）度计、测试线、绝缘杆、剩余电流动作保护器、接地线、放电棒、安全带、安全帽、电工常用工具、试验临时安全遮栏、标示牌等，并查阅测试仪器、设备及绝缘工器具的检定合格证书有效期、试验方案、相关技术资料、相关规程等。

3. 办理工作票并做好试验现场安全和技术措施

进入试验现场后，办理工作票并做好试验现场安全措施。向其余试验人员交代工作内容、带电部位、现场安全措施、现场作业危险点，明确人员分工及试验程序。

五、现场测试步骤及要求

（一）测试接线

FS 型避雷器工频放电电压测试的原理接线如图 Z13H3001Ⅱ-1 所示，将试验变压器的高压输出端临时接地，将高压测试线连接到被试避雷器的高压端，被试避雷器末端可靠接地，保持测试线对地有足够的安全距离。

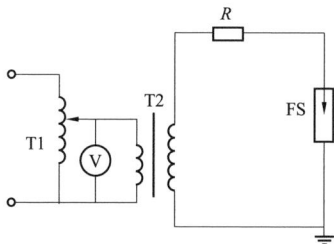

图 Z13H3001Ⅱ-1　FS 型避雷器工频放电电压测试的原理接线图

T1—调压器；T2—试验变压器；R—限流电阻；FS—被试避雷器

（二）测试步骤

（1）将避雷器接地放电，拆除或断开避雷器对外的一切连线。

（2）将避雷器表面擦拭干净，进行接线。检查接线正确无误后，拆除试验变压器的高压端临时接地线，并保持与测试线有足够的安全距离后，开始试验。

（3）检查调压器在零位，接通电源，缓慢升压，记录避雷器间隙击穿时的电压读数。测试 3 次，取平均值作为测试数据。

（4）将调压器降到零，断开电源，并对避雷器进行充分放电。

（5）拆除试验所接的引线，整理现场。

六、测试注意事项

（1）升压必须从零开始，不可冲击合闸。对无并联电阻的 FS 型避雷器，升压速度不宜太快，以免由于表计机械惯性引起读数误差，以每秒 3～5kV 为宜。对有并联电阻的避雷器做工频放电电压试验时，必须严格控制升压速度，因为并联电阻的热容量小，在接近放电时，如果升压时间较长，会使并联电阻发热烧坏。因此规定：超过灭弧电压以后到避雷器放电的升压时间，不得超过 0.2s。

（2）选择好试验回路保护电阻 R 的值，要求把放电电流限制在 0.7A 以下，在间隙放电后 0.5s 内切断电源。

（3）2 次放电要保持一定的时间间隔，以免由于 2 次放电的时间间隔太短，间隙内部没有充分去游离，而造成放电电压偏低或分散性较大。一般时间间隔不少于 1min。

七、测试结果分析及测试报告编写

（一）测试标准及结果分析

1. 测试标准及要求

根据 GB 50150—2006《电气装置安装工程 电气设备交接试验标准》的规定：FS 型避雷器的工频放电电压应在表 Z13H3001Ⅱ–1 所列范围内。

表 Z13H3001Ⅱ–1　　　　　　FS 型避雷器的工频放电电压

额定电压（kV）		3	6	10
放电电压（kV）	交接、大修后	9～11	16～19	26～31
	运行中	8～12	15～21	23～33

2. 测试结果分析

将测试数据与标准要求值相比，与被试品前一次或同类型设备的测量数据相比，结合温（湿）度情况，进行综合分析后作出测试结论合格与否的判断。对于可疑数据应予以复测。

（二）测试报告编写

试验记录应填写信息，包括基本信息（变电站、委托单位、试验单位、运行编号、试验性质、试验日期、试验人员、试验地点、报告日期、编写人员、审核人员、批准人员、试验天气、环境温度、环境相对湿度），设备铭牌（生产厂家、出厂日期、出厂编号、设备型号、额定电压等），试验数据（工频放电电压、试验仪器、结论等）。

八、案例

一只 FS–10 型阀型避雷器，停电试验时进行工频放电电压测试，3 次工频放电电压平均值为 21kV，低于标准值 23～33kV 的下限，判断为不合格，进行了更换。

【思考与练习】

1. 避雷器工频放电电压的测试目的是什么？

2. FS 型避雷器工频放电电压试验中应注意哪些问题？

◢ 模块 2　带间隙的氧化锌避雷器工频放电
电压测试（Z13H3002Ⅱ）

【模块描述】本模块介绍带间隙氧化锌避雷器工频放电电压的测试方法和技术要求。通过测试工作流程的介绍，掌握带间隙氧化锌避雷器工频放电电压测试前的准备工作和相关安全、技术措施、测试方法、技术要求及测试数据分析判断。

【模块内容】

一、测试目的

带间隙的氧化锌避雷器工频放电电压测试主要是检查避雷器的放电性能，检验它在内部过电压下有无动作的可能性。该项目只对有间隙避雷器要求，其工频放电电压应不低于普通阀式或磁吹避雷器的工频放电电压。

二、测试仪器、设备的选择

测量氧化锌避雷器工频放电电压的仪器一般可选择由试验变压器、调压器、保护电阻、电压表、电流表等组成的回路进行试验。

（1）根据被试避雷器工频放电电压的正常范围内的上限值选用具有合适电压的试验变压器，并检查试验变压器所需低压侧电压是否与现场电源电压、调压器相配。

（2）35kV 及以下避雷器的工频放电电压，可近似地根据变压器的变比和低压侧电压表的指示值求出避雷器的放电电压。66kV 及以上避雷器应考虑容升的影响，工频放电电压测量通常采用电容式分压器进行。电压表、电流表的准确度不应低于 0.5 级。

（3）有串联间隙的金属氧化物避雷器，由于阀片的电阻值较大，放电电流较小，过流跳闸继电器应调整得灵敏些。调整保护电阻器，放电电流控制在 0.05～0.2A 之间，放电后在 0.2s 内切断电源。

三、危险点分析及控制措施

1. 防止高处坠落

工作人员在拆、接避雷器一次引线时，必须系好安全带。使用梯子时，必须有人扶持或绑牢。

2. 防止高处落物伤人

高处作业应使用工具袋，上下传递物件应用绳索拴牢传递，严禁抛掷。

3. 防止人员触电

（1）应严格执行 Q/GDW 1799.1—2013《国家电网公司电力安全工作规程　变电部分》的相关要求。

（2）高压试验工作不得少于两人。试验负责人应由有经验的人员担任，开始试验前，试验负责人应向全体试验人员详细布置试验中的安全注意事项，交待邻近间隔的带电部位，以及其他安全注意事项。

（3）试验现场应装设遮栏或围栏，遮栏或围栏与试验设备高压部分应有足够的安全距离，向外悬挂"止步，高压危险！"的标示牌，并派人看守。

（4）应确保操作人员及试验仪器与电力设备的高压部分保持足够的安全距离，且操作人员应使用绝缘垫。

（5）试验应有专人监护，监护人在试验期间应始终行使监护职责，不得擅离岗位或兼职其他工作。

（6）试验装置的金属外壳应可靠接地，高压引线应尽量缩短，必要时用绝缘物支挂牢固。

（7）加压前必须认真检查试验接线、表计倍率、量程、调压器零位及仪表的开始状态，均应正确无误。

（8）试验前，应通知有关人员离开被试设备，并取得试验负责人许可，方可试验；加压过程中应有人监护并呼喊。

（9）变更接线或试验结束时，应断开试验电源并充分放电，同时将升压设备的高压部分短路接地。

（10）试验现场出现明显异常情况时（如异声、电压波动、系统接地等），应立即停止试验工作并撤离现场。

（11）高压试验作业人员在全部加压过程中，应精力集中，随时警戒异常现象发生。

（12）试验结束时，试验人员应拆除自装的接地短路线，并对被试设备进行检查，恢复试验前的状态，经试验负责人复查后，进行现场清理。

四、测试前的准备工作

1. 了解被试设备现场情况及试验条件

查勘现场，查阅相关技术资料，包括该设备出厂资料、出厂试验报告及相关规程等，掌握该设备运行及缺陷情况。

2. 测试仪器、设备准备

选择合适的试验变压器、调压器、保护电阻、电压表、电流表、温（湿）度计、测试线、绝缘杆、剩余电流动作保护器、接地线、放电棒、安全带、安全帽、电工常用工具、试验临时安全遮栏、标示牌，并查阅测试仪器、设备及绝缘工器具的检定合格证书有效期、试验方案、相关技术资料、相关规程等。

3. 办理工作票并做好试验现场安全和技术措施

进入试验现场后，办理工作票并做好试验现场安全措施。向其余试验人员交代工作内容、带电部位、现场安全措施、现场作业危险点，明确人员分工及试验程序。

五、现场测试步骤及要求

（一）测试接线

氧化锌避雷器工频放电电压测试的原理接线如图 Z13H3002Ⅱ–1 所示。将试验变压器的高压输出端临时接地，将高压测试线连接到被试避雷器的高压端，被试避雷器末端可靠接地，保持测试线对地有足够的安全距离。

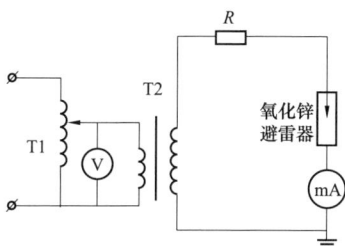

图 Z13H3002Ⅱ–1　氧化锌避雷器工频放电电压测试的原理接线图

T1—调压器；T2—试验变压器；R—限流电阻

（二）测试步骤

（1）将避雷器接地放电，拆除或断开避雷器对外的一切连线。

（2）将避雷器表面擦拭干净，进行接线。检查接线正确无误后，拆除试验变压器的高压端临时接地线，开始试验。

（3）检查调压器在零位，接通电源，缓慢升压，记录避雷器间隙击穿时的电压读数。测试 3 次，取平均值作为测试数据。

（4）将调压器降到零，断开电源。

（5）对避雷器进行充分放电。

（6）拆除试验所接的引线，整理现场。

六、测试注意事项

（1）试验应在完整避雷器上进行，升压必须从零开始，不可冲击合闸。试验前应用电容分压器进行变压器输出电压的校正。

（2）试验电压的波形应为正弦波，为消除高次谐波的影响，必要时调压器的电源取线电压或在试验变压器低压侧加滤波回路。

（3）应在被试避雷器下端串接电流表，用来判别间隙是否放电动作。

（4）两次放电要保持一定的时间间隔，以免由于两次放电的时间间隔太短，间隙内部没有充分去游离，而造成放电电压偏低或分散性较大。一般时间间隔不少于1min。

七、测试结果分析及测试报告编写

（一）测试标准及结果分析

1. 测试标准及要求

根据 GB 50150—2006《电气装置安装工程 电气设备交接试验标准》、DL/T 804—2002《交流电力系统金属氧化物避雷器使用导则》及 Q/GDW 1168—2013《输变电设备状态检修试验规程》的规定：带间隙的氧化锌避雷器工频放电电压应工频放电电压应符合制造厂的规定，且不低于普通阀式或磁吹避雷器的工频放电电压，其典型推荐值见表 Z13H3002Ⅱ-1。

表 Z13H3002Ⅱ-1　　　　　有串联间隙避雷器典型推荐值

系统标称电压 （有效值，kV）	避雷器额定电压 （有效值，kV）	电站用	配电用
		工频放电电压 （有效值，kV）	工频放电电压 （有效值，kV）
3	3.8	9	9
6	7.6	16	16
10	12.7	26	26
35	42	80	—

2. 测试结果分析

将测试数据与标准要求值相比，与前一次或同类型的测量数据相比，结合温湿度情况，进行综合分析后作出测试结论合格与否的判断。对于可疑数据应予以复测。

（二）测试报告编写

试验记录应填写信息，包括基本信息（变电站、委托单位、试验单位、运行编号、试验性质、试验日期、试验人员、试验地点、报告日期、编写人员、审核人员、批准人员、试验天气、环境温度、环境相对湿度），设备铭牌（生产厂家、出厂日期、出厂编号、设备型号、额定电压等），试验数据（工频放电电压、试验仪器、结论等）。

【思考与练习】

1. 测量带间隙氧化锌避雷器工频放电电压的目的是什么？

2. 测量带间隙氧化锌避雷器工频放电电压的注意事项是什么？

第二十八章

避雷器放电计数器试验

▲ 模块 1　避雷器放电计数器试验（Z13H4001 Ⅰ）

【模块描述】　本模块介绍避雷器放电计数器结构原理、计数器动作的试验方法及技术要求。通过试验工作流程的介绍，掌握避雷器放电计数器试验前的准备工作和相关安全、技术措施、试验方法、技术要求及测试数据分析判断。

【模块内容】

一、避雷器放电计数器的结构原理及试验目的

（一）结构原理

国内目前主要使用 JS 型电磁式放电计数器，其原理接线如图 Z13H4001Ⅰ-1 所示。电气回路包括非线性电阻片 R_1、R_2，电容器 C 和计数器 L。当避雷器动作时，放电电流流过阀片电阻 R_1，在 R_1 上的压降经阀片 R_2 给电容器 C 充电，微秒级的冲击电流过去后，电容器 C 上的电荷将对计数器的电磁线圈 L 放电，使得刻度盘上的指针转动一个刻数，记下了避雷器的一次动作。

图 Z13H4001Ⅰ-2 所示为目前应用较多的 JS-8 型动作计数器的原理接线，系整流式结构。避雷器动作时，阀片 R_1 上的压降经全波整流给电容器 C 充电，然后 C 再对电磁式计数器 L 放电，使其记数。

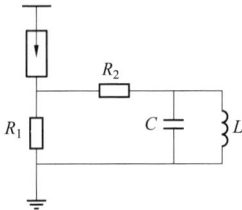

图 Z13H4001Ⅰ-1　JS 型动作
记数器的原理接线图

R_1、R_2—非线性电阻；C—电容器；L—计数器线圈

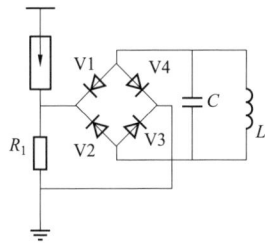

图 Z13H4001Ⅰ-2　JS-8 型动作
记数器的原理接线图

R_1—非线性电阻；V1～V4—二极管；
C—电容器；L—计数器线圈

（二）试验目的

由于密封不良，放电计数器在运行中可能进入潮气或水分，使内部元件锈蚀，导致计数器不能正确动作，因此需定期试验以判断计数器是否状态良好、能否正常动作，以便总结运行经验并有助于事故分析。带有泄漏电流表的计数器，其电流表用来测量避雷器在运行状况下的泄漏电流，是判断运行状况的重要依据，但现场运行经常会出现电流指示不正常的情况，所以泄漏电流表宜进行检验或比对试验，保证电流指示的准确性。

二、试验仪器、设备的选择

放电计数器试验的仪器目前多采用专用的能产生模拟标准雷电流、电压的避雷器放电计数器检验仪。有些专用的避雷器放电计数器动作测试仪，能够产生 8/20μs、100A 的标准冲击电流，可对计数器进行试验。也可用 2500V 绝缘电阻表对 4～6μF 的电容器充电后对放电计数器进行放电检查。

检验放电计数器的泄漏电流表的仪器可选专用的成套装置，装置的电流测量误差应小于 1%；也可采用调压器（0～250V）、毫安电流表（0.5 级）等组成测试回路进行试验。

三、危险点分析及控制措施

1. 防止高处坠落

人员在拆、接放电计数器一次引线时，如需登高，必须系好安全带。使用梯子时，必须有人扶持或绑牢。

2. 防止高处落物伤人

高处作业应使用工具袋，上下传递物件应用绳索拴牢传递，严禁抛掷。

3. 防止人员触电

（1）应严格执行 Q/GDW 1799.1—2013《国家电网公司电力安全工作规程 变电部分》的相关要求。

（2）高压试验工作不得少于两人。试验负责人应由有经验的人员担任，开始试验前，试验负责人应向全体试验人员详细布置试验中的安全注意事项，交待邻近间隔的带电部位，以及其他安全注意事项。

（3）试验现场应装设遮栏或围栏，遮栏或围栏与试验设备高压部分应有足够的安全距离，向外悬挂"止步，高压危险！"的标示牌，并派人看守。

（4）应确保操作人员及试验仪器与电力设备的高压部分保持足够的安全距离，且操作人员应使用绝缘垫。

（5）试验应有专人监护，监护人在试验期间应始终行使监护职责，不得擅离岗位或兼职其他工作。

（6）试验装置的金属外壳应可靠接地，高压引线应尽量缩短，必要时用绝缘物支挂牢固。

（7）加压前必须认真检查试验接线、表计倍率、量程、调压器零位及仪表的开始状态，均应正确无误。

（8）试验前，应通知有关人员离开被试设备，并取得试验负责人许可，方可试验；加压过程中应有人监护并呼喊。

（9）变更接线或试验结束时，应断开试验电源并充分放电，同时将升压设备的高压部分短路接地。

（10）试验现场出现明显异常情况时（如异声、电压波动、系统接地等），应立即停止试验工作并撤离现场。

（11）高压试验作业人员在全部加压过程中，应精力集中，随时警戒异常现象发生。

（12）试验结束时，试验人员应拆除自装的接地短路线，并对被试设备进行检查，恢复试验前的状态，经试验负责人复查后，进行现场清理。

四、试验前的准备工作

1. 了解被试设备现场情况及试验条件

查勘现场，查阅相关技术资料，包括该设备出厂资料、出厂试验报告及相关规程等，掌握该设备运行及缺陷情况。

2. 试验仪器、设备准备

选择合适的试验仪器、试验线、温（湿）度计、绝缘杆、放电棒、接地线、安全带、安全帽、电工常用工具、试验临时安全遮栏、标示牌等，并查阅测试仪器、设备及绝缘工器具的检定合格证书有效期。

3. 办理工作票并做好试验现场安全和技术措施

向试验人员交代工作内容、带电部位、现场安全措施、现场作业危险点，明确人员分工及试验程序。

五、现场试验步骤及要求

（一）放电计数器的试验

1. 直流法

（1）试验接线。用直流法进行放电计数器试验的接线，如图 Z13H4001Ⅰ-3 所示。

（2）试验步骤。按图 Z13H4001Ⅰ-3 进行接线。用 2500V 绝缘电阻表对一只 4～6μF 的电容器充电，即由一人绝缘电阻表，另一人通过绝缘杆将 L 端引线接到电容器上对其充电，待充电结束后，将绝缘电阻表与电容器的引线拆开，通过绝缘杆将电容器的放电引线对计数器触及放电，观察计数器是否动作，重复 3～5 次。在运行条件下也可用此方法进行试验。

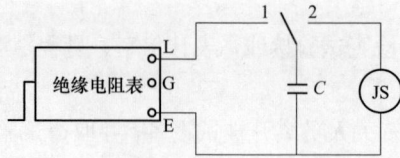

图 Z13H4001Ⅰ–3 用直流法进行放电计数器试验的接线图

2. 标准冲击电流法

（1）试验接线。标准冲击电流法进行放电计数器试验的接线，如图 Z13H4001Ⅰ–4所示。

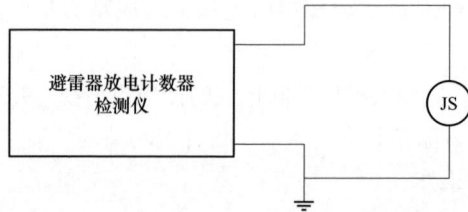

图 Z13H4001Ⅰ–4 标准冲击电流法进行放电计数器试验的接线图

（2）试验步骤。

1）按照放电计数器测试仪使用说明书的接线要求进行接线。

2）接线完成后打开仪器电源开关，达到检测仪要求的状态后，按检测仪面板上的动作计数按钮，使冲击电流发生器发出的冲击电流作用于放电计数器，记录动作情况。

3）测试 3～5 次，每次时间间隔不少于 30s。

4）原则上放电计数器指示位数应通过多次动作试验将计数器指示调到零。

（二）带泄漏电流表的放电计数器电流测量回路的检验

1. 检验方法一

（1）按选用的放电计数器测试仪的电流测量回路的试验要求进行接线。

（2）接线完成后，调节仪器的电流输出旋钮到最小位置，打开电源开关，增大电流输出到相应值，将仪器上的电流表显示与计数器的电流值进行比对。记录数据，并关闭电源开关。

2. 检验方法二

（1）试验接线。

带泄漏电流表的放电计数器电流测量回路检测试验接线，如图 Z13H4001Ⅰ–5所示。

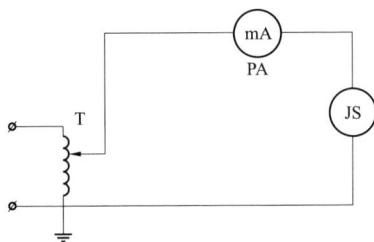

图 Z13H4001Ⅰ-5　带泄漏电流表的放电计数器电流回路检测试验接线图

T—调压器；PA—毫安电流表

（2）试验步骤。

按图 Z13H4001Ⅰ-5 进行接线。接线完成后合上电源开关，调节调压器缓慢升压，对泄漏电流表施加一适当的工频电压，使回路电流达到适当的值。将串接入试验回路的 0.5 级交流毫安表与计数器的电流表指示进行比对并记录。如果计数器的电流表指示为峰值，则应折算为有效值后，再进行比对。将调压器输出调节到零位，拉开电源开关。

六、试验注意事项

（1）应记录放电计数器试验前后的放电指示数值。

（2）检查放电计数器不存在破损或内部积水现象。

（3）放电计数器放电时，应防止电容器对绝缘电阻表反充电损坏绝缘电阻表。

（4）带有泄漏电流表的计数器，在试验时应检验泄漏电流表的准确性。

七、试验结果分析及试验报告编写

（一）试验标准及结果分析

1. 试验标准及要求

根据 GB 50150—2006《电气装置安装工程　电气设备交接试验标准》、DL/T 804—2002《交流电力系统金属氧化物避雷器使用导则》及 Q/GDW 1168—2013《输变电设备状态检修试验规程》的规定：

（1）测试 3～5 次，均应正常动作。

（2）计数器的泄漏电流表应符合所标识的准确等级的要求，三相间不应有明显差别。

2. 试验结果分析

如果计数器动作异常，应查明试验方法是否存在问题，与同类型装置的试验情况相比，并结合规程标准及其他试验结果进行综合判断。

如果泄漏电流表试验数据异常，应仔细检查装置外观是否良好，并检查底座绝缘是否良好。

（二）试验报告编写

试验记录应填写信息，包括基本信息（变电站、委托单位、试验单位、运行编号、试验性质、试验日期、试验人员、试验地点、报告日期、编写人员、审核人员、批准人员、试验天气、环境温度、环境相对湿度），设备铭牌（生产厂家、出厂日期、出厂编号、设备型号、额定电压等），试验数据（试验仪器、结论等）。

【思考与练习】

如何测试放电计数器的动作情况？

第二十九章

避雷器直流 1mA 电压（U_{1mA}）及 0.75U_{1mA} 下的泄漏电流测试

▲ 模块 1　避雷器直流 1mA 电压（U_{1mA}）及 0.75U_{1mA} 下
的泄漏电流测试（Z13H5001 Ⅱ）

【模块描述】　本模块介绍氧化锌避雷器（MOA）直流 1mA 电压（U_{1mA}）及 0.75U_{1mA} 下的泄漏电流的测试方法和技术要求。通过测试工作流程的介绍，掌握氧化锌避雷器直流 1mA 电压（U_{1mA}）及 0.75U_{1mA} 下的泄漏电流测试前的准备工作和相关安全、技术措施、测试方法、技术要求及测试数据分析判断。

【模块内容】

一、测试目的

1. 直流 1mA 电压（U_{1mA}）的测试目的

U_{1mA} 为无间隙金属氧化物避雷器通过 1mA 直流电流时，被试品两端的电压值。测量氧化锌避雷器的 U_{1mA}，主要是检查其阀片是否受潮、老化，确定其动作性能是否符合要求。直流 1mA 参考电压值一般等于或大于避雷器额定电压的峰值。

2. 0.75U_{1mA} 下的泄漏电流测试目的

0.75U_{1mA} 下的泄漏电流为试品两端施加电压 0.75U_{1mA} 时，测得的流过避雷器的泄漏电流。0.75U_{1mA} 直流电压一般比最大工作相电压（峰值）要高一些，在此电压下主要检测长期允许工作电流是否符合规定。因为这一电流与氧化锌避雷器的寿命有直接关系，一般在同一温度下泄漏电流与寿命成反比。

二、测试仪器、设备的选择

测试仪器一般可选择成套的直流高压发生器。

（1）根据不同试品电压的要求，选择不同电压等级的直流高压发生器。试验电压应能满足试验的极性和电压值，还必须具有足够的电源容量。直流高压发生器的直流输出脉动系数小于±1.5%。

（2）试验电压应在高压侧测量，一般用电阻分压器进行测量。

（3）测量用的微安电流表，其准确度不低于 1.0 级。

三、危险点分析及控制措施

1. 防止高处坠落

工作人员在拆、接避雷器一次引线时，必须系好安全带。使用梯子时，必须有人扶持或绑牢。

2. 防止高处落物伤人

高处作业应使用工具袋，上下传递物件应用绳索拴牢传递，严禁抛掷。

3. 防止人员触电

（1）应严格执行 Q/GDW 1799.1—2013《国家电网公司电力安全工作规程 变电部分》的相关要求。

（2）高压试验工作不得少于两人。试验负责人应由有经验的人员担任，开始试验前，试验负责人应向全体试验人员详细交待试验中的安全注意事项，交待邻近间隔的带电部位，以及其他安全注意事项。

（3）试验现场应装设遮栏或围栏，遮栏或围栏与试验设备高压部分应有足够的安全距离，向外悬挂"止步，高压危险！"的标示牌，并派人看守。

（4）应确保操作人员及试验仪器与电力设备的高压部分保持足够的安全距离，且操作人员应使用绝缘垫。

（5）试验装置的金属外壳应可靠接地，高压引线应尽量缩短，并采用专用的高压试验线，必要时用绝缘物支持牢固。

（6）对于被试设备两端不在同一工作地点时，如电力电缆另一端应派专人看守。

（7）加压前必须认真检查试验接线，使用规范的短路线，表计倍率、量程、调压器零位及仪表的开始状态，均应正确无误。

（8）因试验需要断开设备接头时，拆前应做好标记，接后应进行检查。

（9）试验装置的电源开关，应使用明显断开的双极隔离开关。为了防止误合隔离开关，可在刀刃上加绝缘罩。试验装置的低压回路中应有两个串联电源开关，并加装过载自动跳闸装置。

（10）试验前，应通知所有人员离开被试设备，并取得试验负责人许可，方可加压。加压过程中应有人监护并呼唱。

（11）变更接线或试验结束时，应首先断开试验电源，并对升压设备的高压部分、试品放电、短路接地。

（12）试验现场出现明显异常情况时（如异声、电压波动、系统接地等），应立即停止试验工作，查明异常原因。

（13）高压试验作业人员在全部加压过程中，应精力集中，随时警戒异常现象发生。

（14）未装接地线的大电容被试设备，应先行充分放电再做试验。高压直流试验时，每告一段落或试验结束时，应将设备对地放电数次并短路接地。

（15）试验结束时，试验人员应拆除自装的接地短路线，并对被试设备进行检查，恢复试验前的状态，经试验负责人复查后，进行现场清理。

四、测试前的准备工作

1. 了解被试设备现场情况及试验条件

查勘现场，查阅相关技术资料，包括该设备出厂资料、出厂试验报告及相关规程等，掌握该设备运行及缺陷情况。

2. 测试仪器、设备准备

选择合适的直流高压发生器、万用表、温（湿）度计、测试线、屏蔽线、放电棒、接地线、安全带、安全帽、电工常用工具、试验临时安全遮栏、标示牌等，并查阅测试仪器、设备及绝缘工器具的检定合格证书有效期、试验方案、相关技术资料、相关规程等。

3. 办理工作票并做好试验现场安全和技术措施

进入试验现场后，办理工作票并做好试验现场安全措施。向其他试验人员交代工作内容、带电部位、现场安全措施、现场作业危险点，明确人员分工及试验程序。

五、现场测试步骤及要求

（一）测试接线

氧化锌避雷器直流 1mA 电压（U_{1mA}）测试的原理接线如图 Z13H5001Ⅱ-1 所示。被试避雷器元件末端接地，试验电压施加在高压端。保持测试线对地足够的安全距离。

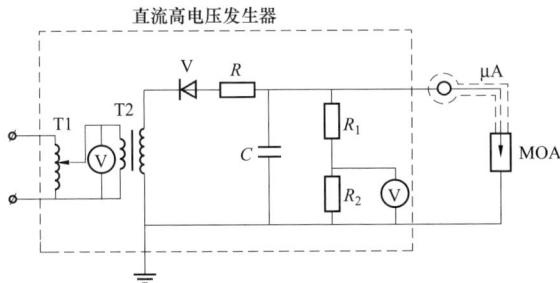

图 Z13H5001Ⅱ-1　氧化锌避雷器直流 1mA 电压（U_{1mA}）测试的原理接线图

T1—调压器；T2—试验变压器；V—高压硅堆；R—限流电阻；C—滤波电容；

R_1、R_2—电阻分压器高、低压臂电阻；MOA—被试氧化锌避雷器

（二）测试步骤

（1）拆除或断开避雷器对外的一切连线，将避雷器接地放电。

（2）将避雷器表面擦拭干净，进行接线。检查测试接线正确后，拆除接地线，开始试验。

（3）确认电压输出在零位，接通电源，然后缓慢地升高电压到规定的试验电压值。当电流达到 1mA 时，读取并记录电压值 U_{1mA} 后，降压至零。

（4）计算 $0.75U_{1mA}$ 的值。

（5）测量 $0.75U_{1mA}$ 下的泄漏电流值。重新接通电源，将直流电压升至 $0.75U_{1mA}$，读取并记录泄漏电流值，降压至零。

（6）待电压表指示基本为零时，断开试验电源，用带限流电阻的放电棒对避雷器充分放电，挂接地线。

（7）拆除试验所接的引线，整理现场。

六、测试注意事项

（1）直流 U_{1mA} 测试前，应先测试绝缘电阻，其值应正常。

（2）为了防止外绝缘的闪络和易于发现绝缘受潮等缺陷，避雷器直流 U_{1mA} 测试采用负极性直流电压。

（3）因泄漏电流大于 200μA 以后，随电压的升高，电流将急剧增大，故应放慢升压速度，当电流达到 1mA 时，准确地读取相应的电压 U_{1mA}。

（4）由于无间隙金属氧化物避雷器表面的泄漏原因，在试验时应尽可能地将避雷器瓷套表面擦拭干净。如果由于受潮或脏污等原因使 U_{1mA} 电压数据异常，应在靠近避雷器加压端的瓷套表面装一个屏蔽环。测量泄漏电流的导线应使用屏蔽线，测试线与避雷器的夹角应尽量大。

（5）直流高压的测量应在高压侧进行，测量系统应经过校验，测量误差不应大于 2%。

（6）试验回路的接地应在被试品处接地。

七、测试结果分析及测试报告编写

（一）测试结果分析

1. 测试标准及要求

根据 Q/GDW 1168—2013《输变电设备状态检修试验规程》、GB 50150—2006《电气装置安装工程 电气设备交接试验标准》及《国家电网公司变电检测通用管理规定》〔国网（运检/3）829—2017〕的规定：氧化锌避雷器直流电压的数值不应低于 GB 11032 中规定数值，且 U_{1mA} 实测值与初始值或制造厂规定值比较，变化不应超过±5%；$0.75U_{1mA}$ 下的泄漏电流一般应不大于 50μA，且与初始值相比较不应有明显变化。

2. 测试结果分析

将所测得的试验数据结合温湿度情况，与被试品历史数据或同类型设备的测量数据相比，并结合规程标准及其他试验结果进行综合判断。

测量时应记录环境温度，阀片的温度系数一般为 0.05%～0.17%，即温度每升高 10℃，直流 1mA 电压 U_{1mA} 约降低 1%，所以必要的时候应进行温度换算，以免出现误判断。

（二）测试报告编写

试验记录应填写信息，包括基本信息（变电站、委托单位、试验单位、运行编号、试验性质、试验日期、试验人员、试验地点、报告日期、编写人员、审核人员、批准人员、试验天气、环境温度、环境相对湿度），设备铭牌（生产厂家、出厂日期、出厂编号、设备型号、额定电压等），试验数据（泄漏电流、试验仪器、结论等）。

八、案例

一台 220kV 型号为 HY$_{10}$Z–200/520 的氧化锌避雷器，停电试验中数据出现异常，U_{1mA} 的值为 210kV，0.75U_{1mA} 下的泄漏电流为 60μA。由于该避雷器临近正在运行的带电设备，电场干扰较大，试验人员首先核查试验方法是否正确并设法排除电场干扰的影响。检查发现，高压试验线采用的不是屏蔽线。将测试线改为屏蔽线，将屏蔽线的屏蔽层接入高压微安电压表的输入端。再次试验，U_{1mA} 电压为 292kV，0.75U_{1mA} 下的电流为 32μA，与交接试验数据基本相同。可见，本次试验出现异常是由于电场干扰引起试验回路出现干扰电流造成的。

【思考与练习】

1. 为什么要测量金属氧化物避雷器的直流 1mA 电压（U_{1mA}）及 0.75U_{1mA} 下的泄漏电流？

2. 避雷器直流 1mA 电压（U_{1mA}）及 0.75U_{1mA} 下的泄漏电流测试值的判断标准是什么？

第三十章

避雷器运行电压下的交流泄漏电流测试

▲ 模块1　避雷器运行电压下的交流泄漏电流测试
（Z13H6001Ⅲ）

【模块描述】本模块介绍无间隙金属氧化物避雷器运行电压下的交流泄漏电流的测试方法和技术要求。通过测试工作流程的介绍，掌握避雷器运行电压下的交流泄漏电流测试前的准备工作和相关安全、技术措施、测试方法、技术要求及测试数据分析判断。

【模块内容】

一、测试目的

无间隙金属氧化物避雷器的等值电路可以近似地用由非线性电阻 R 和电容 C 构成的并联电路来表示，如图 Z13H6001Ⅲ-1（a）所示，避雷器的交流泄漏电流 I_X 由阻性电流分量 I_R 和容性电流分量 I_C 组成。其电压、电流相量图如图 Z13H6001Ⅲ-1（b）所示。

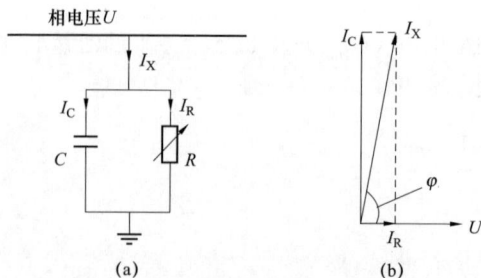

图 Z13H6001Ⅲ-1　氧化锌避雷器的等值电路及相量图

（a）等值电路图；（b）相量图

在运行电压下测量 MOA 交流泄漏电流可以在一定程度上反映 MOA 运行的状态。在正常运行情况下，流过避雷器的电流主要为容性电流，阻性电流只占很小一部分，约为 10%~20%。当阀片老化、避雷器受潮、内部绝缘部件受损以及表面严重污秽时，容性电流变化不多，而阻性电流大大增加，所以测量避雷器运行电压下的交流泄漏电流及其阻性电流和容性电流是现场监测避雷器运行状态的主要方法，特别是阻性电流对发现氧化锌避雷器受潮有重要意义。测试分为停电测试及带电测试。

二、测试仪器、设备的选择

1. 停电测试的仪器、设备

测试金属氧化物避雷器运行电压下的交流泄漏电流的仪器一般可选择试验变压器、调压器、阻性电流测试仪、电容分压器或试验变压器、调压器、双踪示波器、可调电阻箱、标准电阻箱、电容器等仪器设备。

使用双踪电子示波器的测量原理为通过适当的分压器和分流器，将避雷器的电压和电流信号接入示波器，可以测得电压 U、全电流 I_X、容性电流分量 I_C 和阻性电流分量 I_R 各波形。

（1）试验变压器应选择额定电压与被试避雷器工频参考电压相适宜的，并检查试验变压器所需低压侧电压是否与现场电源电压、调压器相配。

（2）电容分压器的额定电压应与试验电压相匹配，其电容量宜选择 1000pF。

2. 带电测试避雷器泄漏电流的原理及仪器、设备

目前国内外带电测量 MOA 交流泄漏电流及阻性电流的方法较多，由于阻性电流占总泄漏电流比例很小，带电测量时易受现场的干扰及系统电压的谐波影响，准确地测量阻性电流是比较困难的。本模块主要介绍目前应用较广泛的一种测试方法——投影法。

正常运行时，作用于避雷器上的相电压 U 和流过其中的电流 I_X 之间将产生相位差 φ，如图 Z13H6001Ⅲ-1（b）所示，只要测出 φ 角和 I_X 就可以简便地计算出有功分量 I_R 和无功分量 I_C。图 Z13H6001Ⅲ-2 是用投影法测量避雷器泄漏电流及阻性电流原理接线。I_X 可以用串接在避雷器下端的电流表测得。而 φ 角可以用相位差的原理进行测量，U 和 R_a 上的压降 U_R 之间的相位差即为 φ 角。典型的仪器为 RCD 型。

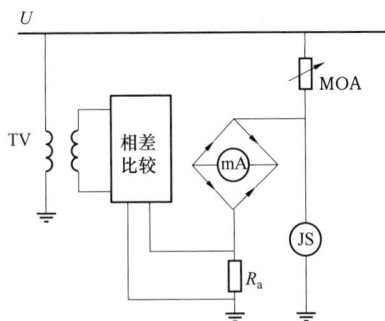

图 Z13H6001Ⅲ-2 投影法带电测量
避雷器泄漏电流及阻性电流原理接线图

现场也有使用不需运行相电压，采用三次谐波电流原理制成的仪器。其工作原理是在避雷器总电流中检出三次谐波分量 i_3 的峰值，根据 i_3 与阻性电流 i_r 的经验关系得到阻性电流峰值，它的基础是电压不含谐波分量或很小。由于使用三次谐波法测试仪受系统电压中谐波分量的影响很大，故当谐波分量较大时，测量误差较大。

三、危险点分析及控制措施

1. 防止高处坠落

试验人员在拆、接避雷器一次引线时，必须系好安全带。使用梯子时，必须有人扶持或绑牢。

2. 防止高处落物伤人

高处作业应使用工具袋，上下传递物件应用绳索拴牢传递，严禁抛掷。

3. 防止人员触电

（1）应严格执行 Q/GDW 1799.1—2013《国家电网公司电力安全工作规程 变电部分》的相关要求。

（2）应在良好的天气下进行，如遇雷、雨、雪、雾不得进行该项工作，风力大于5级时，不宜进行该项工作。

（3）检测时应确保操作人员及试验仪器与电力设备的高压部分保持足够的安全距离。

（4）在进行检测时，要防止误碰误动其他设备。

（5）在使用传感器进行检测时，应戴绝缘手套，避免手部直接接触传感器金属部件。

（6）从电压互感器获取电压信号时，应有专人做监护并做好防止二次回路短路的措施。

四、测试前的准备工作

1. 了解被试设备现场情况及试验条件

查勘现场，查阅相关技术资料，包括该设备出厂资料、出厂试验报告及相关规程等，掌握该设备运行及缺陷情况。

2. 测试仪器、设备准备

根据不同的试验情况选择合适的试验仪器、试验线、绝缘杆、剩余电流动作保护器、温（湿）度计、接地线、放电棒、安全带、安全帽、电工常用工具、试验临时安全遮栏、标示牌等，并查阅测试仪器、设备及绝缘工器具的检定合格证书及有效期、试验方案、相关技术资料、相关规程等。

3. 办理工作票并做好试验现场安全和技术措施

进入试验现场后，办理工作票并做好试验现场安全措施。向其余试验人员交代工作内容、现场安全措施、现场作业危险点，明确人员分工及试验程序。

五、现场测试步骤及要求

（一）停电测试

1. 电容补偿法

（1）测试接线。电容补偿法避雷器运行电压下的交流泄漏电流测试原理接线如图

Z13H6001Ⅲ-3 所示，被试避雷器元件末端接地，试验电压施加在高压端。

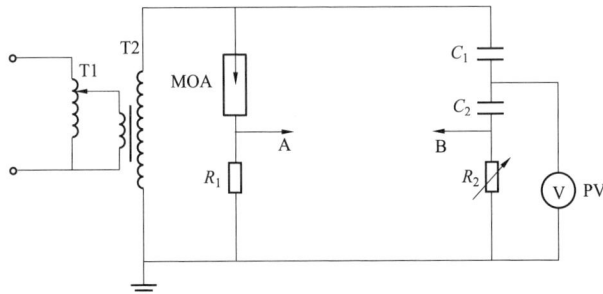

图 Z13H6001Ⅲ-3　电容补偿法避雷器运行电压下的交流泄漏电流测试原理接线图

T1—调压器；T2—试验变压器；MOA—氧化锌避雷器；C_1、C_2—电容分压器高、低压臂；
R_1—采样电阻（1000Ω）；R_2—标准电阻箱；A、B—至双踪示波器输入端

（2）测试步骤。

1）拆除或断开避雷器对外的一切连线，将避雷器接地放电。

2）按图 Z13H6001Ⅲ-3 进行接线，并检查测试接线正确无误。

3）调节示波器输入端 A、B 通道的灵敏度，使 A、B 通道的电压挡位相同。

4）将双踪示波器的 A 通道（接避雷器测量信号）进行校准，使电压选择微调旋钮处于校准位置，以使荧光屏上读到的数据准确。

5）合上试验电源对避雷器施加工频电压，分别调节 A、B 通道电压选择旋钮，使之处于适当的挡位。

6）缓慢升高外加电压，分别加至该避雷器的持续运行电压及系统运行电压。

7）由两个通道分别测出电阻 R_1 上的电压 U_{R1}、电阻 R_2 上的电压 U_{R2} 的波形，A 通道显示的波形即为避雷器总泄漏电流。

8）读取并记录总泄漏电流后，通过调节 R_2 的电阻值（通常 R_2 为粗调，细调可用示波器 B 通道电压选择旋钮上的微调），尽量使 U_{R1} 和 U_{R2} 的幅值大小相等，相位相同。

9）运用示波器的加减功能，调节 B 通道的旋钮，使示波器上的波形完全对称，此时就认为避雷器中的容性电流已完全得到补偿。

10）示波器上显示的对称的尖顶波即为阻性电流在电阻 R_1 上的压降，将读出的电压数值除以电阻 R_1 的数值即为该电压下的阻性电流峰值。分别记录持续运行电压及系统运行电压下的阻性电流峰值。

11）降压为零，断开电源，对避雷器进行充分放电，挂接地线，拆除或变更试验接线。

2. 阻性电流测试仪法

（1）测试接线。

用阻性电流测试仪测试避雷器运行电压下的交流泄漏电流原理接线如图 Z13H6001Ⅲ-4 所示。电流信号取自避雷器的放电计数器，电压信号取自分压器，经电压隔离器送入阻性电流测试仪主机。

（2）测试步骤。

1）将避雷器接地放电，拆除或断开避雷器对外的一切连线。

2）按图 Z13H6001Ⅲ-4 进行接线，检查准确无误后，按阻性电流测试仪使用说明书进行操作。

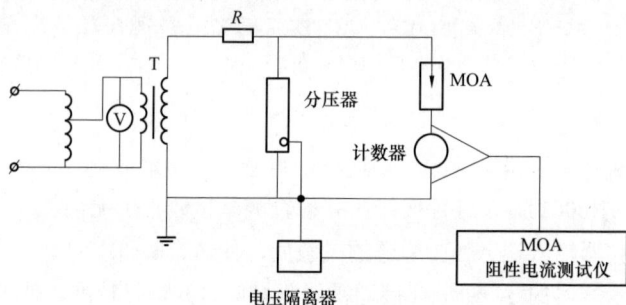

图 Z13H6001Ⅲ-4 用阻性电流测试仪测试避雷器运行电压下的
交流泄漏电流原理接线图

3）合上电源，将电压分别升至该避雷器的持续运行电压及系统运行电压，分别读取总泄漏电流峰值、有效值及阻性电流峰值，有功损耗值，记录并降压为零。

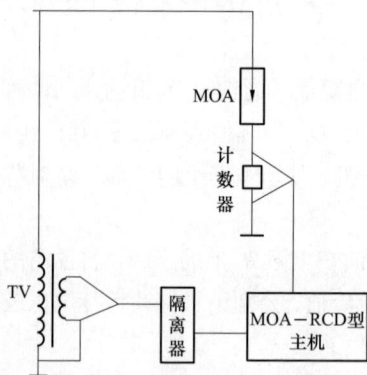

图 Z13H6001Ⅲ-5 避雷器运行电压下的
交流泄漏电流带电测试原理接线图

4）断开电源，对避雷器进行充分放电，挂接地线，拆除或变更试验接线。

（二）带电测试

1. 测试接线

避雷器运行电压下的交流泄漏电流带电测试原理接线，如图 Z13H6001Ⅲ-5 所示。

2. 测试步骤

（1）按仪器接线要求将测试线接到相应部位，仪器可靠接地。

（2）检查接线无误后，打开测试仪电源，按测试仪使用说明书要求的步骤进行测试。出现测试结果后，将数据打印出来。

（3）测试完成后，关闭测试仪电源，进行现场数据分析，拆除测试接线，恢复现场。

六、测试注意事项

（1）带电测试应在良好天气下进行。

（2）接取电压互感器二次电压应由专人接线，应防止造成电压互感器二次短路或接地短路。

（3）带电测试时严禁将电流测试线举过避雷器底座法兰，不得将手、工具材料举过避雷器底座法兰。应尽量使用绝缘杆进行搭接。

（4）测试完毕后应先将电流测试线及电压互感器二次电压接线脱开。

七、测试结果分析及测试报告编写

（一）测试标准及结果分析

1. 测试标准及要求

根据 Q/GDW 1168—2013《输变电设备状态检修试验规程》、Q/GDW 11447—2015《10kV～500kV 输变电设备交接试验规程》及《国家电网公司变电检测通用管理规定》〔国网（运检/3）829—2017〕的规定：

测量避雷器在持续运行电压下的持续电流，其阻性电流或总电流值应符合产品技术条件的规定。

2. 测试结果分析

对实际测得的数据进行分析，主要有三类：

（1）纵向比较：同一产品，在相同的环境条件下，阻性电流与上次或初始值比较应≤30%，全电流与上次或初始值比较应≤20%。当阻性电流增加 0.3 倍时应缩短试验周期并加强监测，增加 1 倍时应停电检查。

（2）横向比较：同一厂家、同一批次的产品，避雷器各参数应大致相同，彼此应无显著差异。如果全电流或阻性电流差别超过 70%，即使参数不超标，避雷器也有可能异常。

（3）综合分析法：当怀疑避雷器泄漏电流存在异常时，应排除各种因素的干扰，并结合红外精确测温、高频局部放电测试结果进行综合分析判断，必要时应开展停电诊断试验。

影响现场测试结果的因素较多，如计数器内阻、测试仪器性能等。对系统标称电压 110kV 及以上避雷器还应考虑邻相电场的影响。对一字形排列的三相 110～500kV 金属氧化物避雷器，由于相间杂散电容耦合的影响，会对这种测量方法产生误差，为此应将避雷器各自的前后测试数据单独进行比较。当避雷器的泄漏电流 I_X 有明显变化时，还应注意底座绝缘或外套表面状况的影响。

当测试时的环境温度高于或低于测试初始值的环境温度时，应将所测的阻性电流值进行温度换算后，才能与初始值比较。温度换算系数，按温度每升高 10°，电流增大 3%～5% 进行换算。

带电测试时与初始值比较主要指：与投运时的测量数据（220kV 以上设备应考虑均压环的影响）比较；与前一次测量数据比较；同组相邻避雷器试验数据进行比较；与同时期、同制造厂、同型号设备的测量数据进行比较。必要时可停电进行直流参考电压等有关项目的测量。

（二）测试报告编写

试验记录应填写信息，包括基本信息（变电站、委托单位、试验单位、运行编号、试验性质、试验日期、试验人员、试验地点、报告日期、编写人员、审核人员、批准人员、试验天气、环境温度、环境相对湿度），设备铭牌（生产厂家、出厂日期、出厂编号、设备型号、额定电压等），试验数据（泄漏电流、试验仪器、项目结论等）。

八、案例

某组 Y10W-102/250（2 节）型避雷器交接试验时发现异常，其数据如表 Z13H6001 Ⅲ-1 所示。

表 Z13H6001 Ⅲ-1 避雷器交接试验数据表

编号	工频参考电压	最高持续运行电压			
	U (kV)	U (kV)	I_X (mA)	I_{R1p} (mA)	φ
U 相上节	53.7	41.2	0.931	0.130	84.3
U 相下节	54.7	40.5	0.524	0.064	84.9
V 相上节	53.2	40.0	0.917	0.120	84.7
V 相下节	51.4	41.2	0.957	0.159	83.2

注 U——施加避雷器两端的工频电压；

I_X——流过避雷器的总电流；

I_{R1p}——流过避雷器总电流中的阻性电流基波峰值；

φ——避雷器两端的电压与流过避雷器的总电流之间的夹角。

表 Z13H6001 Ⅲ-1 中，U 相下节最高持续运行电压下的总电流 I_X 较小（与其他避雷器单元比较）为 0.524mA，阻性电流基波值 I_{R1p} 很小为 0.064mA。由此分析 U 相下节氧化锌避雷器内的电阻片与 U 相上节和 V 相上、下节的电阻片的电容不同、电阻片的直径不同，即 U 相下节电阻片的电容小、电阻片的直径小。如果 U 相下节与上节组成一相投入运行的话，就会出现电压分布不均匀，上节承受电压低，下节承受电压很高；从所测量的数据看，下节电阻片的电容比上节的要小约 2 倍，这样上节只承受相电压的 1/3，而下节要承受相电压的 2/3，若长期运行，下节的电阻片会迅速老化，易发生爆炸事故，因此建议 U 相下节要用与上节同样的电阻片组成的氧化锌避雷器，确保以后安全运行。

【思考与练习】

1. 为什么要测量金属氧化物避雷器的阻性电流？

2. 金属氧化物避雷器运行电压下的交流泄漏电流的判断标准是什么？

3. 金属氧化物避雷器带电测试注意事项有哪些？

第三十一章

避雷器工频参考电流下的工频参考电压测试

▲ 模块1　避雷器工频参考电流下的工频参考电压测试 （Z13H7001Ⅱ）

【模块描述】本模块介绍避雷器工频参考电流下的工频参考电压测试方法和技术要求。通过测试工作流程的介绍，掌握避雷器工频参考电流下的工频参考电压测试前的准备工作和相关安全、技术措施、测试方法、技术要求及测试数据分析判断。

【模块内容】

一、测试目的

工频参考电压是无间隙金属氧化物避雷器的一个重要参数，它表明阀片的伏安特性曲线饱和点的位置。对避雷器（或避雷器元件）施加工频电压，当通过试品的阻性电流等于工频参考电流（由制造厂确定，以阻性电流分量的峰值表示，通常约为 1～20mA）时，测出试品上的工频电压峰值，工频参考电压等于该工频电压最大峰值除以 $\sqrt{2}$，这一数值应不低于避雷器的额定电压值。

金属氧化物避雷器对应于工频参考电流下的工频参考电压的测试目的是检验它的动作特性和保护特性。避雷器运行一定时期后，工频参考电压的变化能直接反映避雷器的老化、变质程度。该项目只对无间隙避雷器要求。

由于在带电运行条件下受相邻相间电容耦合的影响，金属氧化物避雷器的阻性电流分量不易测准，当发现阻性电流有可疑迹象时，需测量工频参考电压，它能进一步判断该避雷器是否适于继续使用。

二、测试仪器、设备的选择

测试避雷器工频参考电压的仪器一般可选择试验变压器、调压器、阻性电流测试仪、电容分压器或试验变压器、调压器、双踪示波器、可调电阻箱、电容分压器等仪器设备。

（1）试验变压器应选择额定电压与被试避雷器工频参考电压相适宜的，并检查试验变压器所需低压侧电压是否与现场电源电压、调压器相配。

（2）电容分压器的额定电压应与试验电压相匹配，电容量宜选择 1000pF。

三、危险点分析及控制措施

1. 防止高处坠落

人员在拆、接避雷器一次引线时，必须系好安全带。使用梯子时，必须有人扶持或绑牢。

2. 防止高处落物伤人

高处作业应使用工具袋，上下传递物件应用绳索拴牢传递，严禁抛掷。

3. 防止人员触电

（1）应严格执行 Q/GDW 1799.1—2013《国家电网公司电力安全工作规程　变电部分》的相关要求。

（2）高压试验工作不得少于两人。试验负责人应由有经验的人员担任，开始试验前，试验负责人应向全体试验人员详细布置试验中的安全注意事项，交待邻近间隔的带电部位，以及其他安全注意事项。

（3）试验现场应装设遮栏或围栏，遮栏或围栏与试验设备高压部分应有足够的安全距离，向外悬挂"止步，高压危险！"的标示牌，并派人看守。

（4）应确保操作人员及试验仪器与电力设备的高压部分保持足够的安全距离，且操作人员应使用绝缘垫。

（5）试验应有专人监护，监护人在试验期间应始终行使监护职责，不得擅离岗位或兼职其他工作。

（6）试验装置的金属外壳应可靠接地，高压引线应尽量缩短，必要时用绝缘物支挂牢固。

（7）加压前必须认真检查试验接线，表计倍率、量程、调压器零位及仪表的开始状态，均应正确无误。

（8）试验前，应通知有关人员离开被试设备，并取得试验负责人许可，方可试验；加压过程中应有人监护并呼喊。

（9）变更接线或试验结束时，应断开试验电源并充分放电，同时将升压设备的高压部分短路接地。

（10）试验现场出现明显异常情况时（如异声、电压波动、系统接地等），应立即停止试验工作并撤离现场。

（11）高压试验作业人员在全部加压过程中，应精力集中，随时警戒异常现象发生。

（12）试验结束时，试验人员应拆除自装的接地短路线，并对被试设备进行检查，恢复试验前的状态，经试验负责人复查后，进行现场清理。

四、测试前的准备工作

1. 了解被试设备现场情况及试验条件

查勘现场，查阅相关技术资料，包括该设备出厂资料、出厂试验报告及相关规程等，掌握该设备运行及缺陷情况。

2. 测试仪器、设备准备

选择合适的试验变压器、调压器、保护电阻、电压表、电流表、分压器、温（湿）度计、测试线、绝缘杆、剩余电流动作保护器、接地线、放电棒、安全带、安全帽、电工常用工具、试验临时安全遮栏、标示牌等，并查阅测试仪器、设备及绝缘工器具的检定合格证书有效期、试验方案、相关技术资料、相关规程等。

3. 办理工作票并做好试验现场安全和技术措施

进入试验现场后，办理工作票并做好试验现场安全措施。向其余试验人员交代工作内容、带电部位、现场安全措施、现场作业危险点，明确人员分工及试验程序。

五、现场测试步骤及要求

（一）示波器法

1. 测试接线

示波器法进行氧化锌避雷器工频参考电压测试的原理接线如图 Z13H7001Ⅱ-1 所示。被试避雷器元件末端接地，试验电压施加在高压端。

2. 测试步骤

（1）将避雷器接地放电，并拆除或断开避雷器对外的一切连线。

（2）按图 Z13H7001Ⅱ-1 进行接线，并检查测试接线正确无误。

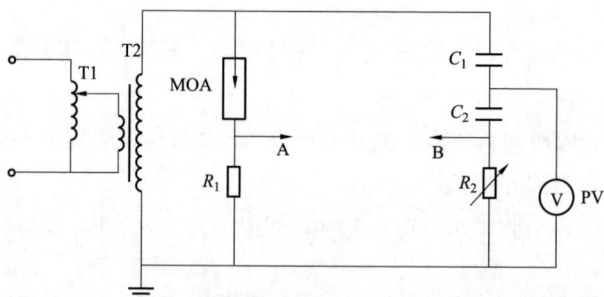

图 Z13H7001Ⅱ-1　示波器法避雷器工频参考电压测试原理接线图

T1—调压器；T2—试验变压器；MOA—氧化锌避雷器；C_1、C_2—电容分压器高、低压臂；
R_1—采样电阻（1000Ω）；R_2—标准电阻箱；A、B—至双踪示波器输入端

（3）调节示波器输入端 A、B 通道的灵敏度，使 A、B 通道的电压挡位相同。

（4）将双踪示波器的 A 通道（接避雷器测量信号）进行校准，使电压选择微调旋

钮处于校准位置，以使荧光屏上读到的数据准确。

（5）合上试验电源对避雷器施加工频电压，分别调节 A、B 通道电压选择旋钮，使之处于适当的挡位。

（6）由 2 个通道分别测出电阻 R_1 上的电压 U_{R1}、电阻 R_2 上的电压 U_{R2} 的波形，A 通道显示的波形即为避雷器总泄漏电流（将示波器 A 通道上读出的电压数值除以 R_1 的阻值即为避雷器总泄漏电流峰值）。

（7）总泄漏电流读出后，通过调节 R_2 的电阻值（通常 R_2 为粗调，细调可用示波器 B 通道电压选择旋钮上的微调），尽量使 U_{R1} 和 U_{R2} 的幅值大小相等，相位相同。

（8）运用示波器的加减功能，调节 B 通道的旋钮，使示波器上的波形完全对称，此时就认为避雷器中的容性电流已完全得到补偿，如图 Z13H7001Ⅱ–2 所示。

（9）示波器上显示的对称的尖顶波即为阻性电流在电阻 R_1 上的压降，将读出的电压数值除以电阻 R_1 的数值即为阻性电流峰值。

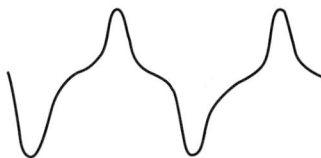

图 Z13H7001Ⅱ–2　阻性电流波形图

（10）缓慢升高外加电压，使阻性电流的峰值等于工频参考电流，测得的电压值再根据分压比的大小进行换算，即可测得避雷器的工频参考电压峰值。

（11）降压为零，断开电源，对避雷器进行充分放电，挂接地线，拆除或变更试验接线。

（二）阻性电流测试仪法

1. 测试接线

用阻性电流测试仪进行氧化锌避雷器工频参考电压测试的原理接线如图 Z13H7001Ⅱ–3 所示。电流信号取自避雷器的放电计数器，电压信号取自分压器，经电压隔离器送入阻性电流测试仪主机。

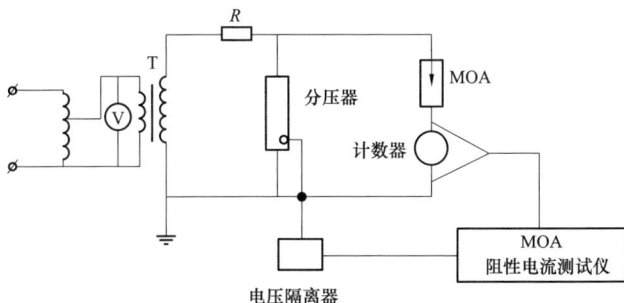

图 Z13H7001Ⅱ–3　阻性电流测试仪法避雷器工频参考电压测试原理接线图

2. 测试步骤

按图 Z13H7001Ⅱ-3 进行接线，检查准确无误后，升压至工频参考电流，迅速读取电压值，记录并降压为零，断开电源，对避雷器进行充分放电，挂接地线，拆除或变更试验接线。

六、测试注意事项

（1）由于试验电压对避雷器而言相对较高（超过额定电压），故在达到工频参考电流时应缩短加压时间，施加工频电压的时间应严格控制在 10s 以内。

（2）测量工频参考电压时，应以工频参考电流为基础，即当避雷器电流达到生产厂家规定的参考电流时，读取试验电压值作为避雷器的参考电压，而不应将试验电压升到参考电压后看避雷器是否超过规定的参考电流值。

七、测试结果分析及测试报告编写

（一）测试标准与结果分析

1. 测试标准及要求

根据 Q/GDW 1168—2013《输变电设备状态检修试验规程》、Q/GDW 11447—2015《10kV～500kV 输变电设备交接试验规程》及《国家电网公司变电检测通用管理规定》〔国网（运检/3）829—2017〕的规定：

（1）试验过程中应无放电或击穿现象。

（2）将测试数据与初始值或出厂试验值进行比较，当有明显降低时就应对避雷器加强监视。66kV 及以上的避雷器，工频参考电压比初值降低超过 10%时，应查明原因，若确系老化或受潮造成的，宜退出运行。

（3）一般情况下，工频参考电压峰值与避雷器直流参考电压（U_{nmA}）相等。工频参考电压应大于避雷器额定电压。参考电压等于该工频电压峰值除以 $\sqrt{2}$，如参考电压与极性有关时，取低值。

2. 测试结果分析

将测试数据与初始值、标准要求值相比，和历次测量值或同类型设备的测量数据比较，结合温（湿）度情况，进行综合分析后作出测试结论合格与否的判断，当有明显降低时就应对避雷器加强监视。一般情况下，工频参考电压峰值与避雷器 1mA 下的直流参考电压相等。110kV 及以上的避雷器，参考电压降低超过 10%时，应查明原因，若确系老化造成的，宜退出运行。

（二）测试报告编写

试验记录应填写信息，包括基本信息（变电站、委托单位、试验单位、运行编号、试验性质、试验日期、试验人员、试验地点、报告日期、编写人员、审核人员、批准人员、试验天气、环境温度、环境相对湿度），设备铭牌（生产厂家、出厂日期、出厂

编号、设备型号、额定电压等），试验数据（工频参考电压、试验仪器、结论等）。

八、案例

一只 YH5WR–17/45 型的 10kV 电容器组用的氧化锌避雷器，铭牌值 $U_{1mA} \geqslant 24kV$。试验时发现其 U_{1mA} 电压为 22.8kV，75%U_{1mA} 下的泄漏电流为 10μA。对其进行工频参考电压测试，阻性电流峰值为 1mA 时工频参考电压的为 10.5kV，其峰值为 14.847kV，远低于避雷器的额定电压 17kV，判断为不合格。解体后发现该避雷器阀片的侧面少了一层绝缘涂层，这种情况易导致避雷器动作时发生闪络。

【思考与练习】

1. 什么是氧化锌避雷器的工频参考电压？其测试目的是什么？

2. 如何判断测得的工频参考电压是否合格？

第三十二章

接地阻抗及土壤电阻率测试

▲ 模块 1　架空线路杆塔接地电阻测试（Z13H8001 Ⅰ）

【模块描述】本模块介绍架空线路杆塔接地电阻测试的方法和技术要求。通过测试工作流程的介绍，掌握架空线路杆塔接地电阻测试前的准备工作和相关安全、技术措施、测试方法、技术要求及测试数据分析判断。

【模块内容】

一、测试目的

架空线路杆塔接地是保护线路绝缘，降低雷击杆塔的电压幅值，确保雷电流泄入大地的有效措施。测量架空线路杆塔的接地电阻可以评价杆塔接地的状态，决定是否采取措施，以保证线路的安全运行。

二、测试仪器、设备的选择

根据测试方法的不同，架空线路杆塔接地电阻的测试仪器可选择接地电阻测试仪或钳形接地电阻测试仪。

三、危险点分析及控制措施

（1）应严格执行 Q/GDW 1799.1—2013《国家电网公司电力安全工作规程　变电部分》的相关要求。

（2）高压试验工作不得少于两人。试验负责人应由有经验的人员担任，开始试验前，试验负责人应向全体试验人员详细布置试验中的安全注意事项，交待邻近间隔带电部位，以及其他安全注意事项。

（3）应确保操作人员及试验仪器与电力设备的高压部分保持足够的安全距离。

（4）应在良好的天气下进行，如遇雷、雨、雪、雾不得进行该项工作。

（5）系统存在接地故障时，严禁进行接地阻抗测试。

（6）试验前必须认真检查试验接线，应确保正确无误。要确保所放电压线和电流线的连接完好，不应有裸露部分，试验过程中确保线路对地其他处无短接，搭接牢固合适。

（7）在进行试验时，要防止误碰误动设备。

（8）试验期间电流线严禁断开，电流线全程和电流极处要有专人看护。

（9）试验现场出现明显异常情况时，应立即停止试验工作，查明异常原因。

（10）高压试验作业人员在全部试验过程中，应精力集中，随时警戒异常现象发生。

（11）试验结束时，试验人员应拆除试验接线，并进行现场清理。

四、试验前的准备工作

1. 了解被试设备现场情况及试验条件

查勘现场，查阅相关技术资料、待测杆塔接地极型式、放射形接地极长度、土壤状况、历年试验数据及相关规程等，掌握杆塔接地运行情况，编写作业指导书及试验方案。

2. 测试仪器、设备准备

选择合适的测量方法，并根据测试方法选择仪器和设备，查阅测试仪器、设备及绝缘工器具的检定合格证书有效期。

3. 办理工作票并做好试验现场安全和技术措施

向试验人员交代工作内容、带电部位、现场安全措施、现场作业危险点，明确人员分工及试验程序。

五、测试过程及步骤

（一）测试方法

1. 三极法

三极法指由接地装置、电流极和电压极组成的 3 个电极测量接地装置接地电阻的方法。测试宜采用三极法，对新建的杆塔接地装置的交接验收应采用三极法测试。

三极法测量杆塔接地电阻时，电压线、电流线的布置方式主要有直线法和 30°夹角法两种。

（1）直线法。电流线、电压线同方向（同路径）布置称为三极法的直线法。直线法测量杆塔接地装置工频接地电阻的电极布置如图 Z13H8001Ⅰ-1 所示，其中 d_{GC} 取 4L，d_{GP} 取 2.5L。d_{GC} 取 4L 有困难时，若接地装置周围土壤较为均匀，d_{GC} 可以取 3L，d_{GP} 取 1.8L（或 1.85L）。如被测试杆塔接地装置无放射形接地极，则 L 可以按照不小于独立避雷针接地装置最大几何等效半径选取。

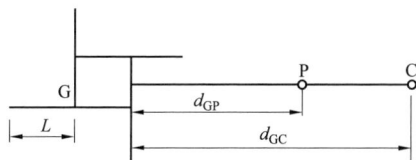

图 Z13H8001Ⅰ-1　直线法测量杆塔接地装置工频接地电阻的电极布置图

G—接地装置；P—电压极；C—电流极；L—杆塔接地装置放射形接地极的最大长度；d_{GP}—电压极 P 距杆塔接地装置基础边缘的直线距离；d_{GC}—电流极 C 距杆塔接地装置基础边缘的直线距离

（2）30°夹角法。电流线、电压线夹角布置称为三极法的夹角法。如果接地装置周围的土壤电阻率较均匀，电流线、电压线可采用等腰三角形布线方式，两者夹角约为30°，此时 d_{GC}、d_{GP} 均取 2L。

2. 钳表法

使用钳表法测量杆塔接地电阻有一定的条件，具体如下：

（1）测试极必须有多基杆塔并联回路，即杆塔所在的输电线路具有与杆塔连接良好的避雷线，且多基杆塔的避雷线直接接地。测试杆塔所在线路区段中直接接地的避雷线上并联的杆塔数量见表 Z13H8001Ⅰ-1，其中 R_j 为被测杆塔的接地阻抗。

表 Z13H8001Ⅰ-1　　　测试杆塔所在线路区段中直接接地的
避雷线上并联的杆塔数量

杆塔接地电阻（Ω）	0<R_j ≤1	1<R_j ≤2	2<R_j ≤4	4<R_j ≤5	5<R_j ≤7	7<R_j ≤10	10<R_j ≤15	15<R_j ≤17	17<R_j ≤24	24<R_j ≤30	30<R_j ≤40	40<R_j ≤50
并联杆塔数量（基）	≥4	≥5	≥6	≥7	≥8	≥9	≥10	≥11	≥12	≥13	≥15	≥16

（2）测试时被测杆塔的接地装置应只保留一根接地引下线与杆塔塔身相连，其余接地引下线均应与杆塔塔身断开，并用导线将断开的其他接地线与被保留的接地线并联，将杆塔接地装置作为整体进行测试。

（3）测试回路中不应再有自然接地极等其他支路。

以上条件必须严格遵循，否则测试数据无效。

（二）测试接线

1. 三极法

三极法测量杆塔接地电阻采用接地电阻测试仪，电极布置方式采用直线法或 30°夹角法，其接线如图 Z13H8001Ⅰ-2 所示。

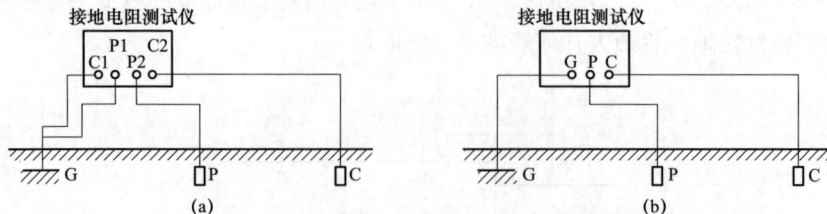

图 Z13H8001Ⅰ-2　三极法测量杆塔接地电阻的接线图
（a）四端子接地电阻测试仪接线图；（b）三端子接地电阻测试仪接线图
C1、C2—接地电阻测试仪的电流极接线端子；P1、P2—接地电阻测试仪的电压极接线端子；
G、P、C—接地电阻测试仪的接地极接线端子、电压极接线端子、电流极接线端子

2. 钳表法

采用钳形接地电阻测试仪钳表法测量杆塔接地电阻，其接线如图 Z13H8001Ⅰ–3 所示。钳表法实际上是测试杆塔接地电阻、杆塔架空地线、临近杆塔的接地阻抗形成的回路的电抗，在一定条件下可近似为所测杆塔接地装置的接地电阻。

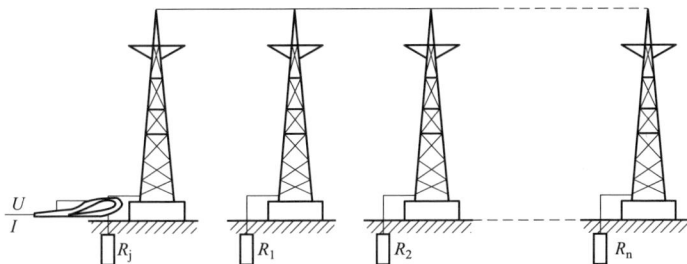

图 Z13H8001Ⅰ–3　钳表法测量杆塔接地电阻的示意图

R_j—被测杆塔的接地电阻；R_1、$R_2 \cdots R_n$—通过避雷线连接的各基杆塔有的接地电阻；
U—钳形接地电阻测试仪输出的激励电压；I—钳形接地电阻测试仪感应的回路电流

相对于三极法测试结果，对于有避雷线且多杆塔避雷线直接接地的架空输电线路杆塔的接地装置，钳表法增量来自于杆塔塔身和本档避雷线电阻、后续（或两侧）各档链形回路等效阻抗中的电阻分量等。

（三）测试步骤

1. 三极法

（1）记录杆塔编号、接地极编号、接地极型式、土壤状况和当地气温。

（2）选择测试方法（直线法或 30° 夹角法），根据接地极型式、电压线、电流线布置方式计算出电压线、电流线长度。

（3）按照图 Z13H8001Ⅰ–3 所示接线布置电流线、电压线。

（4）将接地电阻测试仪放于水平位置，按照仪器说明书进行操作，测试接地电阻值。

（5）测试完成后拆除所有的测试引线，恢复原有状态。

2. 钳表法

（1）首先检查被测线路杆塔是否符合使用钳表法的规定，记录杆塔编号、接地极型式、土壤状况和当地气温。

（2）按照图 Z13H8001Ⅰ–3 所示打开接地引下线与杆塔塔身的连接，保留一根接地引下线与杆塔塔身相连。

（3）测量时打开测试仪钳口，使用钳形接地电阻测试仪钳住被保留的那根接地线，使接地线居中，尽可能垂直于测试仪钳口所在平面，并保持钳口接触良好。

（4）打开仪器电源，开始测试，读取并记录稳定的读数。

（5）测试完成后恢复杆塔原有接地连接线，恢复到杆塔初始状态。

六、测试注意事项

1. 三极法测试注意事项

（1）测量应选择在晴天、干燥天气下进行。

（2）拆除被测杆塔所有接地引下线，把杆塔塔身与接地装置的电气连接全部断开。

（3）应避免把电压极和电流极布置在接地装置的射线上面，且不宜与接地装置的放射延长线平行或同方向布线。电位极应紧密而不松动地插入土壤 20cm 以上。

（4）电流极和电压极的辅助接地电阻不应超过测量仪表规定范围，否则会使测量误差增大。可以通过将测量电极更深地插入土壤并与土壤接触良好、增加电流极导体的根数、给电流极泼水等方式降低电流极的辅助接地电阻。

（5）在工业区或居民区，地下可能具有部分或完整埋地的金属物体，如铁轨、水管或其他工业金属管道，如果测量电极布置不当，地下金属物体可能会影响测量结果。电极应布置在与金属物体垂直的方向上，并且要求最近的测量电极与地线管道之间的距离不小于电极之间的距离。

（6）当发现接地电阻的实测值与以往的测试结果相比有明显的增大或减小时，应改变电极的布置方向，或增大电极的距离，重新进行测试。

（7）测量时应注意保持接地电阻测试仪各接线端子、电极和接地装置等电气连接接触良好。尽量缩短接地极端子 C1、P1（四端子接地电阻测试仪）、G（三端子接地电阻测试仪）与接地装置之间的引线。

2. 钳表法测试注意事项

（1）测试应选择在晴天、干燥天气下进行。

（2）如果与历次钳表法测量结果比较变化不明显，则认为此次钳表法测量结果有效。如果钳表法测量结果远大于历次钳表法测量结果，或者超过了相应的标准或规程中对接地电阻值的规定，则应采用三极法进行对比测量，以判断其原因。

（3）当线路状况改变（如更换避雷线型号及接地方式、线路走向改变等）并影响到被测杆塔邻近的避雷线与杆塔接地回路时，应重新使用钳表法和三极法对受影响杆塔的接地电阻进行对比测量。

（4）测量前，测量人员应使用精密环路电阻对钳形接地电阻测试仪进行自检。测量时应注意保持钳口清洁，防止夹入野草、泥土等影响测量精度，测试仪工作时不允许人直接接触接地装置或杆塔的金属裸露部分。

七、测试结果分析及测试报告编写

（一）测试标准及结果分析

1. 测试标准及要求

根据 Q/GDW 1168—2013《输变电设备状态检修试验规程》、Q/GDW 11447—2015《10kV～500kV 输变电设备交接试验规程》及《国家电网公司变电检测通用管理规定》〔国网（运检/3）829—2017〕等相关标准和文件的规定：

（1）对有架空地线的线路杆塔的接地电阻，当杆塔高度在 40m 以下时，按表 Z13H8001Ⅰ–2 所示的要求；如杆塔高度达到或超过 40m 时，取表 Z13H8001Ⅰ–2 中数值的 50%，但当土壤电阻率大于 2000Ω·m、接地电阻难以达到 15Ω 时，可增加至 20Ω。

表 Z13H8001Ⅰ–2　　　　杆 塔 接 地 电 阻 限 值

土壤电阻率（Ω·m）	100 及以下	100～500	500～1000	1000～2000	2000 以上
接地电阻（Ω）	10	15	20	25	30

（2）无架空地线的线路杆塔接地电阻。非有效接地系统的钢筋混凝土杆、金属杆，接地电阻不宜超过 30Ω；中性点不接地的低压电力网的线路钢筋混凝土杆、金属杆，接地电阻不宜超过 50Ω；低压进户线绝缘子铁脚，接地电阻不宜超过 30Ω。

（3）发电厂或变电所进出线 1～2km 内的杆塔接地电阻试验周期 1～2 年，其他线路杆塔不超过 5 年。

2. 测试结果分析

（1）测试结果应与历史测试数据进行对比，如果变化较大，应重新多次测量，确保测量准确。

（2）若测试结果超出标准要求，则应判定杆塔接地电阻不合格，采取措施进行改善。

（3）钳表法可用于对杆塔的日常维护和接地电阻的预防性检查，对杆塔第一次采用钳表法测量时，应同时使用三极法进行对比测量，确定两者之间的测量增量，用于以后比较。

（二）测试报告编写

试验记录应填写信息，包括基本信息（变电站、委托单位、试验单位、运行编号、试验性质、试验日期、试验人员、试验地点、报告日期、编写人员、审核人员、批准人员、试验天气、环境温度、环境相对湿度），设备铭牌（线路名称、杆塔编号、接地极编号、接地极型式、额定电压等），试验数据（接地电阻、试验仪器、项目结论等）。

八、案例

对某 110kV 变电站出线的第一基杆塔进行接地电阻的测试，分别使用钳表法和三极法对杆塔的接地电阻进行测量，测试结果见表 Z13H8001 Ⅰ–3。

表 Z13H8001 Ⅰ–3   使用钳表法和三极法测试杆塔接地电阻的结果

测试地点	钳形表（Ω）	ZC–8 型接地电阻测试仪（Ω）	误差（%）
地下变进线第一基杆塔	3.6	3.5	2.8

根据测试结果，并与以前测试数据相比相差不大于 30%，均小于规程规定值，测试结果合格。

【**思考与练习**】

1. 测量架空线路杆塔接地电阻有哪几种方法？各使用什么类型的仪器？
2. 用钳表法测试杆塔接地电阻时，应满足什么条件？

▲ 模块 2 独立避雷针接地电阻测试（Z13H8002 Ⅰ）

【**模块描述**】本模块介绍独立避雷针接地电阻测试的测试方法和技术要求。通过测试工作流程的介绍，掌握独立避雷针接地电阻测试前的准备工作和相关安全、技术措施、测试方法、技术要求及测试数据分析判断。

【**模块内容**】

一、测试目的

独立避雷针必须可靠接地，以确保雷电流泄入大地，防止直击雷作用于变电站设备，对变电站的防雷保护具有重要意义。测量独立避雷针的接地电阻可以评价其接地状态，决定是否采取措施，以保证变电站的安全运行。

二、测试仪器、设备的选择

测量独立避雷针接地电阻时采用的仪器是接地电阻测试仪。

（1）采用比率计法的接地电阻测试仪可选用原苏联产的 MC–07、MC–08 型，日本产 L–8 型接地电阻测试仪。

（2）采用电桥原理的接地电阻测试仪可选用国产 ZC–8 型、ZC29 型接地绝缘电阻表、数字式接地电阻测试仪。

三、危险点分析及控制措施

（1）应严格执行 Q/GDW 1799.1—2013《国家电网公司电力安全工作规程　变电部分》的相关要求。

（2）高压试验工作不得少于两人。试验负责人应由有经验的人员担任，开始试验前，试验负责人应向全体试验人员详细布置试验中的安全注意事项，交待邻近间隔带电部位，以及其他安全注意事项。

（3）应确保操作人员及试验仪器与电力设备的高压部分保持足够的安全距离。

（4）应在良好的天气下进行，如遇雷、雨、雪、雾不得进行该项工作。

（5）系统存在接地故障时，严禁进行接地阻抗测试。

（6）试验前必须认真检查试验接线，应确保正确无误。要确保所放电压线和电流线的连接完好，不应有裸露部分，试验过程中确保线路对地其他处无短接，搭接牢固合适。

（7）在进行试验时，要防止误碰误动设备。

（8）试验期间电流线严禁断开，电流线全程和电流极处要有专人看护。

（9）试验现场出现明显异常情况时，应立即停止试验工作，查明异常原因。

（10）高压试验作业人员在全部试验过程中，应精力集中，随时警戒异常现象发生。

（11）试验结束时，试验人员应拆除试验接线，并进行现场清理。

四、测试前的准备工作

1. 了解被试设备现场情况及试验条件

查勘现场，查阅相关技术资料、独立避雷针接地极型式、放射形接地极长度、土壤状况、历年试验数据及相关规程等，掌握独立避雷针接地运行情况，编写作业指导书及试验方案。

2. 测试仪器、设备准备

选择合适的测量方法，并根据测试方法选择仪器和设备。同时，查阅测试仪器、设备及绝缘工器具的检定合格证书有效期。

3. 办理工作票并做好试验现场安全和技术措施

向试验人员交代工作内容、带电部位、现场安全措施、现场作业危险点，明确人员分工及试验程序。

五、测试过程及步骤

（一）测试方法

应用接地电阻测试仪测试独立避雷针接地电阻的方法一般是三极法。三极法指由接地装置、电流极和电压极组成的 3 个电极测量接地装置接地电阻的方法。三极法测量独立避雷针接地电阻时，电压线、电流线的布置方式主要有直线法和 30°夹角法两种。

1. 直线法

电流线、电压线同方向（同路径）布置称为三极法的直线法。采用直线法时，d_{GC}

取 4L，d_{GP} 取 2.5L。d_{GC} 取 4L 有困难时，若接地装置周围土壤较为均匀，d_{GC} 可以取 3L，d_{GP} 取 1.8L（或 1.85L），如图 Z13H8002 I−1 所示。其中，d_{GP} 为电压极 P 距独立避雷针基础边缘的直线距离；d_{GC} 为电流极 C 基础边缘的直线距离；L 为独立避雷针接地装置放射形接地极的最大长度，如被测试独立避雷针无放射形接地极，则 L 可以按照不小于独立避雷针接地装置最大几何等效半径选取。

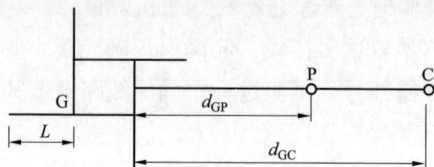

图 Z13H8002 I−1 直线法测量独立避雷针工频接地电阻的电极布置图
G—接地装置；P—电压极；C—电流极

2. 30°夹角法

电流线、电压线夹角布置称为三极法的夹角法。如果接地装置周围的土壤电阻率较均匀，电流线、电压线可采用等腰三角形布线方式，两者夹角约为 30°，此时 d_{GC}、d_{GP} 均取 2L。

（二）测试接线

三极法测试独立避雷针接地电阻的接线，如图 Z13H8002 I−2 所示。

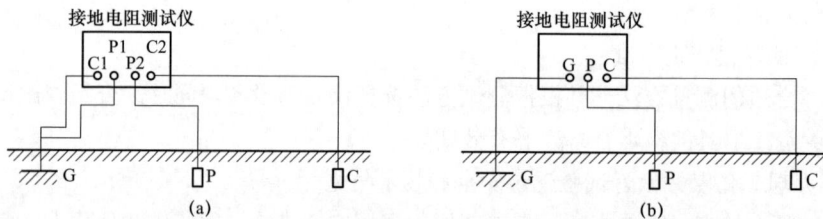

图 Z13H8002 I−2 三极法测量独立避雷针接地电阻的接线图
（a）四端子接地电阻测试仪接线图；（b）三端子接地电阻测试仪接线图
C1、C2—接地电阻测试仪的电流极接线端子；P1、P2—接地电阻测试仪的电压极接线端子；
G、P、C—接地电阻测试仪的接地极接线端子、电压极接线端子、电流极接线端子

（三）测试步骤

采用三极法进行接地电阻测试时的步骤如下：

（1）记录独立避雷针编号、接地极型式、土壤状况和当地气温。

（2）选择测试方法（直线法或 30°夹角法），根据接地极型式、电压线、电流线布置方式计算出电压线、电流线长度。

（3）按照图 Z13H8002Ⅰ–3 所示接线布置电流线、电压线。

（4）将接地电阻测试仪放于水平位置，按照仪器说明书进行操作，测试接地电阻值。

（5）测试完成后拆除所有的测量引线，恢复原有状态。

六、测试注意事项

（1）测试独立避雷针的接地电阻前，应拆除被测独立避雷针所有接地引下线，把独立避雷针塔身与接地装置的电气连接全部断开。

（2）测量应选择在晴天、干燥天气下进行。

（3）避免把电压极和电流极布置在接地装置的射线上面，且不宜与接地装置的放射延长线平行或同方向布线。电位极应紧密而不松动地插入土壤 20cm 以上。

（4）电流极和电压极的辅助接地电阻不应超过测量仪表规定范围，否则会使测量误差增大。可以通过将测量电极更深地插入土壤并与土壤接触良好、增加电流极导体的根数、给电流极泼水等方式降低电流极的辅助接地电阻。

（5）在工业区或居民区，地下可能具有部分或完整埋地的金属物体，如铁轨、水管或其他工业金属管道，如果测量电极布置不当，地下金属物体可能会影响测量结果。电极应布置在与金属物体垂直的方向上，并且要求最近的测量电极与地线管道之间的距离不小于电极之间的距离。

（6）当发现接地电阻的实测值与以往的测试结果相比有明显的增大或减小时，应改变电极的布置方向，或增大电极的距离，重新进行测试。

（7）测量时应注意保持接地电阻测试仪各接线端子、电极和接地装置等电气连接位置地接触良好。应尽量缩短接地测试仪极端子 C1 和 P1（四端子接地电阻测试仪）、G（三端子接地电阻测试仪）与接地装置之间的引线长度。

七、测试结果分析及测试报告编写

（一）测试标准及结果分析

1. 测试标准及要求

根据 Q/GDW 1168—2013《输变电设备状态检修试验规程》、Q/GDW 11447—2015《10kV～500kV 输变电设备交接试验规程》及《国家电网公司变电检测通用管理规定》〔国网（运检/3）829—2017〕的规定：独立避雷针接地电阻试验周期不超过 6 年，接地电阻不宜大于 10Ω。在高土壤电阻率地区难以将接地电阻降到 10Ω 时，允许有较大的数值，但应符合防止避雷针（线）对罐体及管、阀等反击的要求。

2. 测试结果分析

（1）测试结果应与历史测试数据进行对比，如果变化较大，应重新多次测量，确保测量准确。

（2）若测试结果超出标准要求，则应判定独立避雷针接地电阻不合格，采取措施进行改善。

（二）测试报告编写

试验记录应填写信息，包括基本信息（变电站、委托单位、试验单位、运行编号、试验性质、试验日期、试验人员、试验地点、报告日期、编写人员、审核人员、批准人员、试验天气、环境温度、环境相对湿度），设备铭牌（独立避雷针编号、接地极型式等），试验数据（接地电阻、试验仪器、项目结论等）。

八、案例

测量某电厂的独立避雷针接地电阻采用三极法，用接地电阻测试仪进行测量，其测量接线如图 Z13H8002Ⅰ-3 所示。

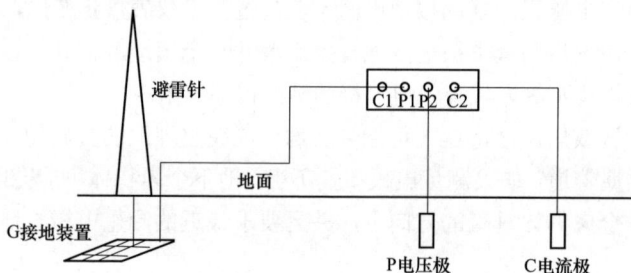

图 Z13H8002Ⅰ-3　三极法独立避雷针测量接线图

根据相关标准规定，独立避雷针接地电阻不得大于 10Ω。全厂独立避雷针的测试结果见表 Z13H8002Ⅰ-1。

表 Z13H8002Ⅰ-1　　　　　　　独立避雷针测试结果

独立避雷针地点	接地电阻值（Ω）	独立避雷针地点	接地电阻值（Ω）
油库Ⅰ号油罐	1.6	23 号避雷针（升压变电站东北角）	1.9
油库Ⅱ号油罐	2.1	制氢站	2.3
卸油平台	0.6	水源变	0.5
24 号避雷针（升压站西南角）	2.2		

根据测试结果，并与以前测试数据相比相差不大于 30%，均小于相关规程中规定值，测试结果合格。

【思考与练习】

1. 测量独立避雷针接地电阻时，电流线、电压线应该如何布置？

2. 采用四端子接地电阻测试仪进行测试时，如何接线？

▲ 模块 3　接地网接地阻抗测试（Z13H8003Ⅱ）

【模块描述】本模块介绍接地网接地阻抗测试的测试方法和技术要求。通过测试工作流程的介绍，掌握接地网接地阻抗测试前的准备工作和相关安全、技术措施、测试方法、技术要求及测试数据分析判断。

【模块内容】

一、测试目的

发电厂、变电站的主接地网在保证电力设备的安全工作和人身安全方面起着决定性的作用。接地电阻值是接地网的重要技术指标。由于接地电阻的设计值与实际值有时相差甚远，为了对接地网的接地电阻有一个真实、准确的把握，必须对接地网的接地电阻进行测量。这对于正确估计变电站的安全性，确保电力系统的安全运行具有十分重要的意义。

二、测试仪器、设备的选择

目前测试接地电阻的仪器根据测试方法和现场测试情况的不同大致分为接地电阻表法、工频大电流法、异频法三种。根据测试对象和方法的不同，应采用不同的仪器、设备。

（1）小型变电站接地网接地电阻的测试可选用 ZC-8 型接地绝缘电阻表。

（2）对于大中型变电站和电厂采用工频大电流法或异频法。采用工频大电流法需要的仪器、设备包括三相 380V、10A 隔离变压器、电源侧和出线侧 400V、200A 真空断路器 2 个、穿心电流互感器、0.2 级、5A 电流表和输入阻抗≥10MΩ 的电压表。采用异频法需要的仪器、设备包括由直流电源、放大器、耦合变压器组成的变频升压系统和变频表，频率在 40~60Hz 之间，当测量回路电阻在 5Ω 以下时，能产生 20A 以上的电流；当测量回路电阻在 10Ω 以下时，能产生 10A 以上的电流。

三、危险点分析和控制措施

（1）应严格执行 Q/GDW 1799.1—2013《国家电网公司电力安全工作规程　变电部分》的相关要求。

（2）高压试验工作不得少于两人。试验负责人应由有经验的人员担任，开始试验前，试验负责人应向全体试验人员详细布置试验中的安全注意事项，交待邻近间隔带电部位，以及其他安全注意事项。

（3）应确保操作人员及试验仪器与电力设备的高压部分保持足够的安全距离。

（4）应在良好的天气下进行，如遇雷、雨、雪、雾不得进行该项工作。

（5）系统存在接地故障时，严禁进行接地阻抗测试。

（6）试验前必须认真检查试验接线，应确保正确无误。要确保所放电压线和电流线的连接完好，不应有裸露部分，试验过程中确保线路对地其他处无短接，搭接牢固合适。

（7）在进行试验时，要防止误碰误动设备。

（8）试验期间电流线严禁断开，电流线全程和电流极处要有专人看护。

（9）试验现场出现明显异常情况时，应立即停止试验工作，查明异常原因。

（10）高压试验作业人员在全部试验过程中，应精力集中，随时警戒异常现象发生。

（11）试验结束时，试验人员应拆除试验接线，并进行现场清理。

四、试验前的准备工作

1. 了解被试设备现场情况及试验条件

查勘现场，查阅相关技术资料、历年地网试验数据及相关规程、被试接地网设计图、改造图及其他资料，记录变电站或电厂的系统参数用于计算最大短路入地电流。掌握地网接地运行情况，编写作业指导书及试验方案。

2. 测试仪器、设备准备

选择合适的测量方法，并根据测试方法选择仪器和设备，并查阅测试仪器、设备及绝缘工器具的检定合格证书有效期、试验方案、相关技术资料、相关规程等。

3. 办理工作票并做好试验现场安全和技术措施

进入试验现场后，办理工作票并做好试验现场安全措施。向其余试验人员交代工作内容、带电部位、现场安全措施、现场作业危险点，明确人员分工及试验程序。

五、测试过程及步骤

（一）测试方法

1. 测试方法获取的原理

由于地电位的零点是在无穷远处，工程上常将接地网等效为一个半球形。取半球

接地网半径为 a，电流 I 自 G 流入，C 流出，如图 Z13H8003Ⅱ-1 所示。

此时接地极 G 的电流使 GP 两点间出现的电位差为

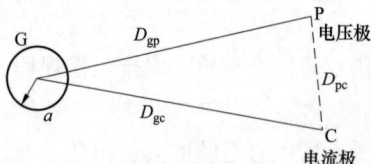

图 Z13H8003Ⅱ-1　夹角补偿法测试原理接线图
G—电流注入点；P—电压极；C—电流极

$$v' = \frac{I\rho}{2\pi a} = \frac{I\rho}{2\pi D_{gp}} \qquad (Z13H8003Ⅱ-1)$$

式中　v'——G 点注入地中的电流引起的 GP 两点间电位差，V；

I——注入地中的电流，A；

　　a ——接地网等效半径，m；

　　D_{gp} ——电流注入点与电压极距离，m；

　　ρ ——土壤电阻率，$\Omega \cdot m$。

而电流极 C 的电流与 G 点电流方向相反，使 GP 两点间出现的电位差为

$$v'' = \frac{-I\rho}{2\pi D_{gc}} - \frac{-I\rho}{2\pi D_{pc}} \qquad (Z13H8003\,Ⅱ-2)$$

式中　v'' ——C 点回流电流引起的 GP 两点间电位差，V；

　　　D_{pc} ——电流极与电压极距离，m；

　　　D_{gc} ——电流极与接地网距离，m；

I、ρ 意义同式（Z13H8003Ⅱ-1）。

因此，用电压表量出的 GP 间的电压为

$$V = V' + V'' = \frac{I\rho}{2\pi}\left(\frac{1}{a} - \frac{1}{D_{gp}} - \frac{1}{D_{gc}} + \frac{1}{D_{pc}}\right) \qquad (Z13H8003\,Ⅱ-3)$$

测量电阻为

$$R = \frac{\rho}{2\pi}\left(\frac{1}{a} - \frac{1}{D_{gp}} - \frac{1}{D_{gc}} + \frac{1}{D_{pc}}\right) \qquad (Z13H8003\,Ⅱ3-4)$$

其中

$$D_{pc} = \sqrt{D_{gp}^2 + D_{gc}^2 - 2D_{gp}D_{gc}\cos\theta}$$

而实际接地电阻为

$$R_0 = \frac{\rho}{2\pi a} \qquad (Z13H8003\,Ⅱ-5)$$

欲使 $R=R_0$，则需

$$\frac{1}{D_{gp}} + \frac{1}{D_{gc}} - \frac{1}{D_{pc}} = 0 \qquad (Z13H8003\,Ⅱ-6)$$

　　为了保证测量结果的准确性，必须使式（Z13H8003Ⅱ-6）为零。因此，产生了实际的测试方法。

　　2. 测试方法

　　在实际测量中有远离法和补偿法两种常用的方法可以满足测量要求。

　　（1）远离法。通过增大接地网与电流极、电压极的距离来达到满足式（Z13H8003Ⅱ-6）的目的。当 $D_{gc}=10a$、$D_{gp}=5a$ 时，测量结果比实际值小 10%；当 $D_{gc}=20a$、$D_{gp}=10a$ 时，测量结果比实际值小 5%。这在工程上是可以接受的，即将电流极布置在离开接地装置 $20a$ 的位置，电压极布置在地网和电流极之间的零位面上。

对于大型接地网，满足远离法的要求的电流极到变电站之间的距离将很大，所要求的间距很难在实际测量中达到。通过人工敷设电流和电压线的方法不可能实现，只有借助于已有的架空线路才可以满足要求，但是目前可借用的线路牵扯到停电，因而实施较为困难。

（2）补偿法。如果将电流极和电压极放置在合适的位置，满足式（Z13H8003Ⅱ3-6），这时测得的接地电阻即为接地网的真实接地电阻。通过分析知道，确定电流极后，存在一个可得出待测接地极真实接地阻抗的电压极位置，这里将对应真实接地电阻的电压极位置称为补偿点。为了能将地网等效为半球形，通过大量试验验证，电流线的长度选取为被测试地网最长对角线的 3 倍以上，可以满足工程测量的要求。

现场通常采用的测量方法为 0.618 法和夹角 30°法，现将这两种方法简要介绍如下：

1）夹角补偿法。夹角补偿法测试原理接线如图 Z13H8003Ⅱ-1 所示。

如果取 $D_{gp}=D_{gc}$，即电压线和电流线距离相等，两线夹角 $\theta=30°$ 时，可满足式（Z13H8003Ⅱ-6）的要求，电压极达到零位面。

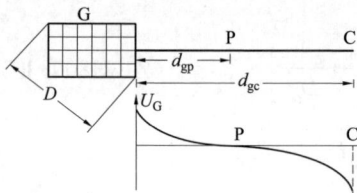

图 Z13H8003Ⅱ-2　0.618 法测试原理接线图

此种方法要避开地中管道、输电线路和河流，采用 GPS 定位距离和角度。

2）0.618 法（直线法）。0.618 法测试原理接线如图 Z13H8003Ⅱ-2 所示。

令 $D_{gp}=\alpha D_{gc}$，$D_{pc}=(1-\alpha)D_{gc}$，代入式（Z13H8003Ⅱ-6）得

$$1+\frac{1}{\alpha}-\frac{1}{1-\alpha}=0 \qquad (Z13H8003Ⅱ-7)$$

解得 $\alpha=0.618$

由式（Z13H8003Ⅱ-7）表明，若电流极不置于无穷远处，则电压极必须放在电流极与接地体两者中间，距接地网 $0.618D_{gc}$ 处，即可测得接地网的真实接地电阻值，此方法即为 0.618 法。但是电压线和电流线是沿一个方向放线，电流线与电压线之间存在互感，会影响电压的测量值，因此在条件许可的情况下尽量采用夹角补偿法，如果要使用 0.618 法，应使电流线与电压线之间的最小距离在 3m 以上。

（二）测试接线

接地网接地电阻的测试可在不停电的情况下进行，对于不带电的变电站或电厂，来自外界的干扰就较小；对于带电的变电站或电厂，干扰就很大，在测量时通过增大工频电流和变频的方法可以减小干扰的影响。

1. 接地电阻表法

接地电阻表具有携带方便，使用简单等特点。但由于其电源容量小，不能提供较大的测量电流，当干扰电压较高而被测接地电阻又较小时，如小于 1Ω，则测量结果可能存在较大的误差，因此主要用于测量面积较小的地网或接地极。测量一般采用直线的敷设放线方式，根据地网大小确定电流线的长度，一般在 20m 以上，通过三极法进行测量，其测量接线如图 Z13H8003Ⅱ–3 所示。

图 Z13H8003Ⅱ–3 是 ZC–8 型接地电阻表的测量接线，该表的使用方法和原理类似于双臂电桥，使用时接地电阻表 C 端子接电流极 C 引线，P 端子接电压极 P 引线，E

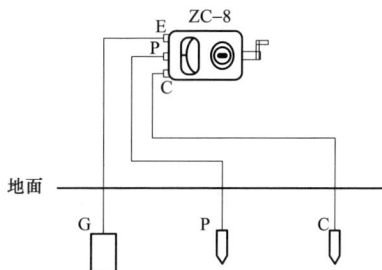

图 Z13H8003Ⅱ–3　接地电阻表的测量接线图

端子接被测接地体 G。当接地电阻表离被测接地体较远时，为排除引线电阻的影响，同双臂电桥测量一样，将 E 端子短接片打开，用两根线 C2、P2 分别接被测接地体。

2. 工频大电流法

工频大电流法就是通过提高试验时注入地中的电流来减小现场的电磁干扰，增大信噪比，注入地中的电流一般在 50A 以上。根据现场实际测量经验，采用 380V 的隔离变输出电流一般可在 50A 左右，如图 Z13H8003Ⅱ–4 所示。如果要提高注入地中的电流，可从两方面解决，一是降低电流线回路的电阻，即降低所敷设的电流极接地电阻和截面较大的电流回路导线，利用架空线路和已有的可利用接地极是较好的办法；二是提高电流回路两端的电压，可通过特制的输出不同电压等级的隔离变来实现，如隔离变输入 220V 或 380V，输出电压抽头为 380、700V 和 1000V，也可按照需求增加其他电压抽头；也可通过使用两台同型号的 6kV 或 10kV 配电变压器来实现，即将高压侧并联供电，低压侧串联来提高输出电压，如图 Z13H8003Ⅱ–5 所示，输出电压可达到 600V。

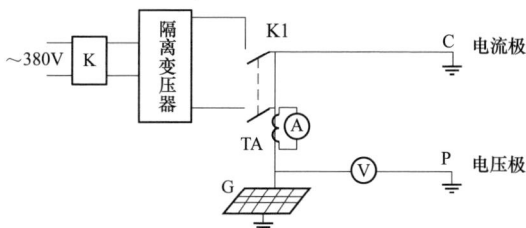

图 Z13H8003Ⅱ–4　工频大电流法测接地电阻的原理接线

K—自动开关；K1—隔离开关；TA—电流互感器；A—电流表；V—电压表

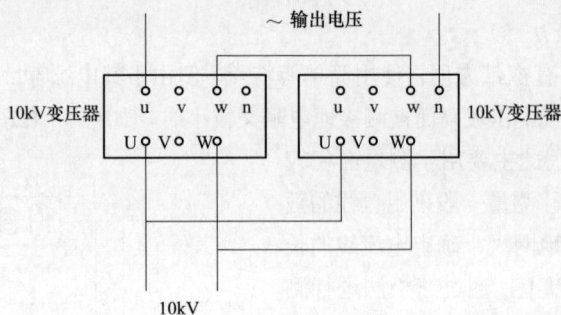

图 Z13H8003 Ⅱ-5 两台同型号 10kV 配电变压器实现高压输出

工频大电流法测接地网接地电阻时，电压极和电流极的布置即可以采用夹角补偿法，也可以采用 0.618 法。为了消除工频干扰，先使用 UV 相进行测量，然后使用 VU 相进行测量，这种方法称为倒相法。

先在不接通电源的情况下读出电压表的读数 U_0，在 UV 相位时，合上开关，读出电压表的读数 U_1，再在 VU 相位时，合上开关，读出电压表的读数 U_2，实际地网电压为 U，可写出

$$U_1 = U + U_0 - 2UU_0\cos(180° - \theta) \qquad (Z13H8003 Ⅱ-8)$$

$$U_2 = U + U_0 - 2UU_0\cos\theta \qquad (Z13H8003 Ⅱ-9)$$

通过上两式可得

$$U = \sqrt{\frac{U_1^2 + U_2^2 - 2U_0^2}{2}} \qquad (Z13H8003 Ⅱ-10)$$

3. 异频法

异频法和"工频大电流法"测量原理和测试接线基本相同，均基于"电流—电压法"，不同之处在于提供异于工频的电流（40～60Hz），这样可以很好地避免工频干扰。测试接线是将图 Z13H8003 Ⅱ-4 中的隔离变压器变为变频电源。

但是异频电源的容量较小，提供的异频电流一般只能达到 10～20A，这样地表载流深度较浅，如果在垂直方向土壤较为均匀时，测得的接地电阻与大电流法接近；如果在垂直方向土壤不均匀时，测得的接地电阻与大电流法存在较大差异，因为大电流法电流在地中流过地表载流深度较深，更接近于实际的系统短路电流流入大地的情况，应该以大电流法测试数据为准。

（三）测试步骤

1. 接地电阻表法

（1）根据接地网的形式和大小确定电流线的敷设长度，并在接地网四周确定一个

放线方向。

（2）用皮尺测量定位电流极和电压极的位置，插入接地钎子，深度不小于 30cm。

（3）按图 Z13H8003Ⅱ-3 进行接线，用专用导线（电压线、电流线、接地极引线）的两端与接地电阻表的相应端子和作为电流极、电压极的接地钎子分别良好连接，将接地电阻表放于水平位置。

（4）测量开始应先将倍率开关置于最大倍数位置，慢慢转动发电机手柄，同时调节倍率及"指示刻度盘"，当检流计的指针位于中心线附近时，然后逐渐加快手柄的转速，使其达到 120r/min 以上，调节"指示刻度盘"使检流计指针指于中心线。用"指示刻度盘"的读数乘以倍率开关的倍数，即为所测的接地电阻值。

2. 工频大电流法

（1）根据接地网的形式、大小，输电线路的走向，地下埋设管道、河流的位置等综合因素确定电流线、电压线的敷设长度和敷设方向。

（2）用手持式 GPS 定位仪确定电流极和电压极的位置，根据实际情况在电流极处敷设一个小型地网，地网的接地电阻越小越好。

（3）选择接地网内的注入电流点，一般选在地网的中心位置附近，通常选择变压器处入地。

（4）根据输出电流的大小选择电流线的截面和穿心式电流互感器的匝数，截面一般要在 12mm² 左右，穿心式电流互感器的匝数要满足二次电流不超过 5A 的量程。

（5）按图 Z13H8003Ⅱ-4 进行接线，将电流线的两端分别与接地网内的注入电流点接地端子（G）、所敷设的电流极接地端子（C）良好连接，将电压表两端分别和接地网内的注入电流点接地端子（G）、所敷设的电压极接地端子（P）良好连接。

（6）未合电源时，用电压表测量干扰电压；合上电源，使用 UV 相位，给线路加上大电流，读电压表、电流表读数；断开电源，使 U、V 相颠倒位置；合上电源，使用 VU 相位，给线路加上大电流，读电压表读数；断开电源。

（7）将电压极前、后移动电压线长度的 5%，重复上述步骤（6），当电压表读数变化不大时，即为电压的零位点，按照此时的数据计算接地电阻值。

3. 异频法

（1）前 5 个步骤与工频大电流法测试步骤相同。

（2）调节变频设备的测试频率，使其与电流表、电压表频率一致。

（3）操作变频设备（按照变频设备操作说明书进行），进行测量。

（4）测量完成后，切断电源，将电压极前、后移动电压线长度的 5%，重复上述步骤（3）。当电压表读数变化不大时，即为电压的零位点。

（5）将变频设备的测试频率分别调为 40、45、55、60Hz，在以上频率的情况下，测量电压为零电位的接地电阻。

（6）取其平均值作为接地电阻的测量结果。

六、测试注意事项

（1）测量应选择在晴天、干燥天气下进行。

（2）采用电极直线布置测量时，电流线与电压线应尽可能分开，不应缠绕交错。

（3）在变电站进行现场测试时，由于引线较长，应多人进行，转移地点时，不得摔扔引线。

（4）测量时如发现检流计灵敏度过高，可将测量电极（电压极、电流极）插入地中的深度浅一些；当检流计灵敏度过低时，可用水湿润测量电极周围的土壤或选择湿润土壤处安装测量电极。

（5）测量时接地电阻表若无指示，可能是电流线断；若指示很大，可能是电压线断或接地体与接地线未连接；若接地电阻表指示摆动严重，可能是电流线、电压线与电极或接地电阻表端子接触不良，也可能是电极与土壤接触不良造成的。

七、测试结果分析及测试报告编写

（一）测试标准与结果分析

1. 测试标准及要求

根据 Q/GDW 1168—2013《输变电设备状态检修试验规程》、Q/GDW 11447—2015《10kV～500kV 输变电设备交接试验规程》及《国家电网公司变电检测通用管理规定》〔国网（运检/3）829—2017〕的规定：

接地电阻与土壤的潮湿程度密切相关，因此应尽量在干燥季节测量，不应在雷、雨、雪中进行。

（1）接地阻抗的测量值应小于设计值；

（2）一般情况下，有效接地系统和低电阻接地系统接地装置的接地电阻应符合式（Z13H8003Ⅱ-11）要求：

$$R \leqslant \frac{2000}{I} \qquad\qquad (Z13H8003Ⅱ-11)$$

式中　R——考虑到季节变化的最大接地电阻，Ω；

I——计算用的流经接地装置的入地短路电流，A。

公式中计算用流经接地装置的入地短路电流，采用在接地装置内、外短路时，经接地装置流入地中的最大短路电流对称分量最大值，该电流应按 5～10 年发展后的系统最大运行方式确定，并应考虑系统中各接地中性点间的短路电流分配，以及避雷线中分走的接地短路电流。

（3）当有效接地系统和低电阻接地系统中接地装置的接地电阻不符合公式要求

时，可通过技术经济比较增大接地电阻，符合 GB 50065 4.3.3 条的规定时，接地网电位升高可提高至 5kV。必要时，经专门计算，且采取的措施可确保人身和设备安全可靠时，接地网地电位升高还可进一步提高。

（4）不接地、谐振接地、谐振–低电阻接地和高电阻接地系统，接地网的接地电阻不应大于 4Ω，接地装置的接地电阻应符合式（Z13H8003Ⅱ–12）要求

$$R \leqslant \frac{120}{I_g} \qquad （Z13H8003Ⅱ–12）$$

式中　R——考虑到季节变化的最大接地电阻，Ω；

I——计算用的接地故障电流，A。

2. 影响测试结果的因素

在进行接地网接地电阻的测量过程中，有可能对测试设备或测试结果造成影响的因素如下：

（1）工频干扰的影响。工频干扰主要是由于电力系统的不平衡电流 I_0（零序电流分量）在被测接地网上的工频压降造成的，有时干扰电压可高达 5~10V，可见干扰电压 U_0 的影响是不容忽视的。可采用上面介绍过的倒相法和变频法来消除工频干扰电压引起的测量误差。

（2）互感的影响。采用直线法布置电流线和电压线会导致互感的影响，电压线和电流线如果在很长范围内平行，其互感电势造成的误差较大，因此要尽可能增大两平行线间的距离。

（3）电压极、电流极定位不准。由于电压极、电流极定位不准，会造成零电位面定位困难，给接地网的准确测量和计算带来较大误差。现在普遍采用 GPS 全球定位系统及现场地下施工管线和输电线路走向来确定电压极、电流极的位置，提高了测量的准确度。

3. 测试结果分析

通过不同的测试方法（变频法、工频大电流法）和不同的布极方式（0.618 法、夹角 30°法）对同一个接地网进行测试，如果所得的测试结果较接近时，说明所测的接地电阻较为准确。

接地电阻是接地网的一个重要参数，它概要性地反映了接地网的状况，而且与接地网的面积和所在地质情况有密切关系。因此，判断接地电阻是否合格首先要参照相关规程中的有关规定，同时也要根据实际情况，包括地形、地质等进行综合判断。

（二）测试报告编写

试验记录应填写信息，包括基本信息（变电站、委托单位、试验单位、运行编号、

试验性质、试验日期、试验人员、试验地点、报告日期、编写人员、审核人员、批准人员、试验天气、环境温度、环境相对湿度）；试验数据（接地装置对角线长度、接地电阻、试验仪器、项目结论等）。

八、案例

某变电站的接地网做接地电阻测试，地网的对角线距离约为 550m，结合周围的环境，采用夹角补偿法进行放线，放线距离取地网对角线的 3 倍即 1650m。其电压线和电流线布置如图 Z13H8003Ⅱ-6 所示。

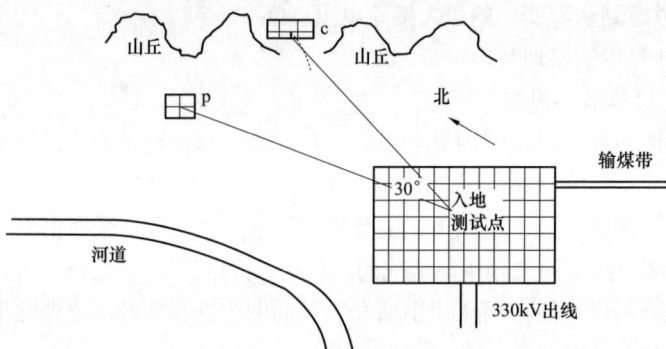

图 Z13H8003Ⅱ-6　某变电站接地电阻测量的电压线、电流线布置图

采用工频大电流法和变频法两套设备进行测量，测试结果分别见表 Z13H8003Ⅱ-1和表 Z13H8003Ⅱ-2。

表 **Z13H8003Ⅱ-1**　　　　　采用工频电流法的测试结果

次序	第 1 次加压	第 2 次加压	V_0（干扰电压）	平均值	注入地网电流	接地电阻
UV 相位	4.30V	4.32V	0.01V	4.31V	28.8A	0.148 9Ω
VU 相位	4.31V	4.28V	0.01V	4.30V	29.0A	

表 **Z13H8003Ⅱ-2**　　　　　采用变频法的测试结果

入地电流的频率（Hz）	入地电流（A）	电压值（V）	接地电阻（Ω）
45	8.6	1.154	0.134 2
49	8.54	1.225	0.143 4
51	8.50	1.249	0.146 9
55	8.06	1.242	0.154 1
接地电阻平均值		0.144 6Ω	

这两个结果很接近，说明该变电站接地网接地电阻测试方法和结果比较准确。

【思考与练习】

1. 测量接地网接地电阻的方法按仪器分为哪几种？各使用在什么情况下？
2. 说明接地电阻的测量原理。远离法和补偿法的区别是什么？
3. 现场通常采用的测量方法是什么？简要介绍其原理。
4. 在工频大电流法中，如何提高注入地中的电流值？
5. 工频大电流法和异频法的区别是什么？各有什么优缺点？

模块 4　土壤电阻率测试（Z13H8004Ⅱ）

【模块描述】 本模块介绍土壤电阻率测试方法和技术要求。通过测试工作流程的介绍，掌握土壤电阻率测试前的准备工作和相关安全、技术措施、测试方法、技术要求及测试数据分析判断。

【模块内容】

一、测试目的

土壤电阻率是决定接地装置接地电阻的重要因素。不同性质的土壤，有不同的土壤电阻率。同一种土壤，由于温度、湿度、含盐量和土壤的紧密程度等不同，土壤电阻率也会随之发生显著的变化。因此，为使设计的接地装置更符合实际要求，必须进行土壤电阻率的测量。

接地极或邻近接地极的地面电位梯度主要是上层土壤电阻率的函数；接地极的接地电阻却主要是深层土壤电阻率的函数，在接地极非常大时更是如此。因此，要进行土壤电阻率分层的测量。

二、测试仪器、设备的选择

（1）测量浅层土壤电阻率使用 ZC–8 型接地电阻表。

（2）测量多层、深层土壤电阻率使用功率较大的电源，采用电压表、电流表组成的测试回路，表计准确度等级应不低于 1.0 级。

三、危险点分析和控制措施

（1）应严格执行 Q/GDW 1799.1—2013《国家电网公司电力安全工作规程　变电部分》的相关要求。

（2）高压试验工作不得少于两人。试验负责人应由有经验的人员担任，开始试验前，试验负责人应向全体试验人员详细布置试验中的安全注意事项，交待邻近间隔的带电部位，以及其他安全注意事项。

（3）应确保操作人员及试验仪器与电力设备的高压部分保持足够的安全距离。

（4）应在良好的天气下进行，如遇雷、雨、雪、雾不得进行该项工作。

（5）试验前必须认真检查试验接线，应确保正确无误。

（6）在进行试验时，要防止误碰误动设备。

（7）试验现场出现明显异常情况时，应立即停止试验工作，查明异常原因。

（8）高压试验作业人员在全部试验过程中，应精力集中，随时警戒异常现象发生。

（9）试验结束时，试验人员应拆除试验接线，并进行现场清理。

四、试验前的准备工作

1. 了解被试设备现场情况及试验条件

查勘现场，查阅待测土壤状况的相关资料、历史测试数据及相关规程等，掌握土壤土质情况，编写作业指导书及试验方案。

2. 测试仪器、设备准备

选择合适的测试方法，根据测试方法选择测试仪器和设备，并查阅测试仪器、设备及绝缘工器具的检定合格证书有效期、试验方案、相关技术资料、相关规程等。

3. 办理工作票并做好试验现场安全和技术措施

进入试验现场后，办理工作票并做好试验现场安全措施。向其余试验人员交代工作内容、带电部位、现场安全措施、现场作业危险点，明确人员分工及试验程序。

五、测试过程及步骤

（一）测试方法

1. 三极法测量土壤电阻率

三极法测量土壤电阻率的原理接线如图 Z13H8004Ⅱ-1 所示。三极法的原理是测量埋入地中的标准接地极 a 的接地电阻，然后利用接地电阻的计算公式反推出土壤电阻率。三极法得到的土壤电阻率与接地极形状、尺寸、埋设情况有关。通常标准接地极为直径 50mm 的钢管或直径 25mm 的圆钢，埋入深度为 0.7～1.0m。测量得到的接地电阻 R 为电压测量值 U 与电流测量值 I 的比值，因此根据垂直接地极接地电阻的计算公式可以得到被测区域的土壤电阻率为

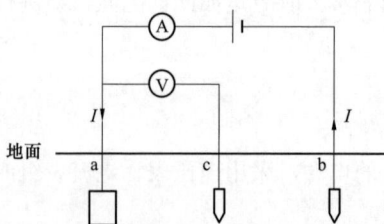

图 Z13H8004Ⅱ-1 三极法测量土壤电阻率的原理接线图

$$\rho = \frac{2\pi l R}{\ln\frac{8l}{d}-1} \qquad (Z13H8004Ⅱ-1)$$

式中 l——垂直接地极打入地中的深度，m；

d——垂直接地极的直径，m；

　　R——接地体的实测电阻（$R=U/I$），Ω；

　　ρ——土壤电阻率，$\Omega \cdot m$。

　　三极法能测量到相当于测试用的垂直接地极埋入地中长度的 5～10 倍的临近地区的土壤特性。若要测量大体积的土壤，则应用四极法测量，因为将更长的被试电极打入土壤中是不现实的。

　　2. 四极法测量土壤电阻率

　　四极法测量土壤电阻率的原理接线如图 Z13H8004Ⅱ-2 所示。测量时在地面上插入四个电极 a、b、c、d，埋入深度均为 h。向外侧电极 a 和 b 施加电流 I，电流由电极 a 流入，由电极 b 返回。这时外电极产生的电流场将在内电极上产生电势，可以用电位差计或高阻电压表测量内电极 c 和 d 间的电位差，U/I 即为电阻 R。根据数学推导四极法测土壤电阻率的公式为

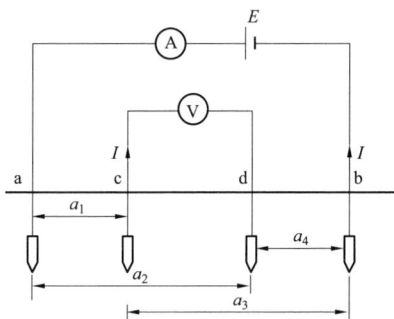

图 Z13H8004Ⅱ-2　四电极法测量土壤电阻率的原理接线图

$$\rho = \frac{2\pi R}{\dfrac{1}{a_1} - \dfrac{1}{a_2} - \dfrac{1}{a_3} + \dfrac{1}{a_4}} \qquad （Z13H8004Ⅱ-2）$$

式中　a_1、a_2、a_3、a_4——分别为各电极之间的距离，m；

　　　　R、ρ 意义同式（Z13H8004Ⅱ-1）。

　　采用四极法测量土壤电阻率时有多种形式的电极布置方案，无论哪种布置方案都必须遵守保持四个电极在一条直线上排列这条原则。电极间距有很多种选择方式，通常实际应用最多的电极布置方式是沿直线保持 4 个电极间的距离相同，则公式简化后为

$$\rho = 2\pi a R \qquad （Z13H8004Ⅱ-3）$$

式中　a——电极的间距，m；

　　　　R——实测到的电阻值，Ω。

　　3. 电极间距的选择

　　两电极之间的距离 a 应等于或大于电极埋设深度 h 的 20 倍，即 $a \geqslant 20h$。测量电极建议用直径不小于 1.5cm 的圆钢或 <25×25×4 的角钢，其长度均不小于 40cm。

　　被测场地土壤中的电流场的深度，即被测土壤的深度，与极间距离 a 有密切关系。当被测场地的面积较大时，极间距离 a 应相应地增大。

　　为了得到较合理的土壤电阻率的数据，最好改变极间距离 a，求得视在土壤电阻

率 ρ 与极间距离 a 之间的关系曲线 $\rho=f(a)$，极间距离的取值可为 5、10、15、20、30、40m…最大的极间距离 a_{max} 可取拟建接地装置最大对角线的 2/3。

4. 土壤分层的土壤电阻率测量

实际中不会有均匀的土壤，通常土壤有若干层，层与层之间的土壤电阻率是不同的。为了更加准确地了解不同土层、土质的土壤电阻率的变化情况，人们需要对土壤分层测量土壤电阻率。土壤电阻率的横向变化也存在，但通常是渐变的，在测量地段附近可不考虑土壤电阻率的横向变化。

可利用四电极等间距法测量土壤电阻率的原理对土壤进行分层测量。选定电极间距后，先进行测量，然后逐渐增大或缩小电极间距再进行测量，根据不同的间距对应的不同土壤电阻率绘出它们的变化关系图。这样就可以知道土壤分层对土壤电阻率变化大小的影响。

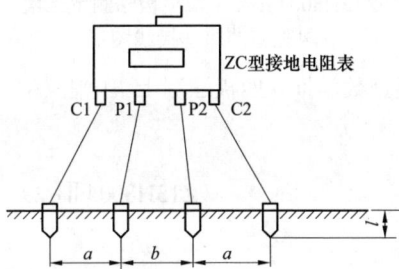

图 Z13H8004Ⅱ-3　ZC 型接地电阻表
测量土壤电阻率的原理接线图

（二）测试接线

用 ZC 型接地电阻表测量土壤电阻率的原理接线，如图 Z13H8004Ⅱ-3 所示。

（三）测试步骤

（1）按图 Z13H8004Ⅱ-3 布置电流线、电压线，将 4 个电极沿一条直线等间距的排列，将 4 个电极分别与 ZC 型接地电阻表 C1、P1、P2、C2 的 4 个端子相连。

（2）测量开始应先将倍率开关置于最大倍数位置，慢慢转动发电机手柄，同时调节倍率及"指示刻度盘"，当检流计的指针位于中心线附近时，然后逐渐加快手柄的转速，使其达到 120r/min 以上，调节"指示刻度盘"使检流计指针指于中心线。用"指示刻度盘"的读数乘以倍率开关的倍数，即为所测的接地电阻值。

（3）测试完毕后依据公式算出土壤电阻率的值。

（4）若测量土壤电阻率的分层，需要改变极间距离，重复上述步骤（1）～（3），测量 7 种不同间距。

（5）用专用软件计算得到各层土壤电阻率及深度的值。

六、测试注意事项

（1）测量应选择在晴天、干燥天气下进行。遇有雷雨情况时应停止测量，撤离测量现场。

（2）在冻土区，测试电极须打入冰冻线以下。

（3）在地下有管道的地方，应把电极布置在与管道垂直的方向上，并且要求最近的测量电极与地下管道之间的距离不小于极间距离。

（4）由于不同地域不同土质的土壤电阻率不同，对变电站或电厂周围测量土壤电阻率时，要根据不同特点多选几个测试点，最好选一个有代表性的点进行土壤分层测量。

七、测试结果分析及测试报告编写

（一）测试结果分析

1. 测试标准及要求

根据 DL/T 475—2017《接地装置特性参数测量导则》及 GB/T 17949.1—2000《接地系统的土壤电阻率、接地阻抗和地面电位测试导则》的规定。

2. 测试结果分析

对应于各种电极间距时得出的一组数据即为各种视在土壤电阻率，以土壤电阻率与电极间距的关系绘成曲线，即可判断该地区是否存在多种土壤层或是否有岩石层，还可判断其各自的电阻率和深度。为了得到较合理的土壤电阻率的数据，宜改变极间距离 a，求得视在土壤电阻率 ρ 与极间距离的函数关系 $\rho=f(a)$。

（二）测试报告编写

试验记录应填写信息，包括基本信息（变电站、委托单位、试验单位、运行编号、试验性质、试验日期、试验人员、试验地点、报告日期、编写人员、审核人员、批准人员、试验天气、环境温度、环境相对湿度）；试验数据（土壤电阻率、试验仪器、项目结论等）。

八、案例

对某输变电工程变电站址周围的土壤电阻率进行测量。测量包括在变电站站址上测量土壤电阻率水平和垂直方向上的均匀性，采用四极法测量变电站周围的土壤电阻率，测量原理和计算公式见前面所述。为获得土壤垂直分层电阻率，在变电站站址上测量了不同电极间距离 a 时的电阻率参数，采用专用程序对测试数据进行处理，得出变电站土壤电阻率的分层情况。变电站站址土壤电阻率测量结果见表 Z13H8004Ⅱ–1 和表 Z13H8004Ⅱ–2。

表 Z13H8004Ⅱ–1　　　　实测所得的土壤垂直方向视在电阻率

极间距离 a（m）	5	10	15	20	25	30	35	40	50
土壤电阻率（Ω·m）	449.0	370.5	286.4	290.1	392.5	378.5	365.3	354.1	329.7

通过软件计算得到土壤电阻率的垂直分层情况，如图 Z13H8004Ⅱ–4 所示。

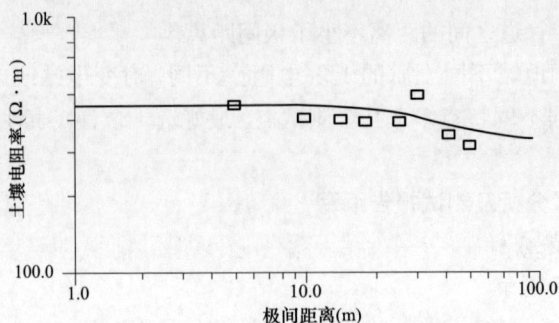

图 Z13H8004 Ⅱ-4 土壤电阻率垂直分层情况

计算得到的土壤分层如下：

第一层 460.61Ω·m，深度为 22.641m；

第二层 314.15Ω·m。

表 Z13H8004 Ⅱ-2 实测所得的土壤水平方向视在电阻率

位置（a=15m）	东北	东南	西中
土壤电阻率（Ω·m）	329.7	348.7	286.4

由表 Z13H8004 Ⅱ-2 可见，水平土壤电阻率较为均匀，无分层。

因此，变电站站址土壤电阻率在水平方向基本一致，在垂直方向第一层为 460.61Ω·m，深度为 22.641m；第二层为 314.15Ω·m。

【思考与练习】

1. 画出三极法测量土壤电阻率的测试接线，并简述其测试原理。

2. 画出四极法测量土壤电阻率的测试接线，并简述其测试原理。

3. 测量土壤电阻率时要注意哪些事项？

第三十三章

接地引下线与接地网的导通试验

▲ 模块 1　接地导通试验（Z13H9001 Ⅰ）

【**模块描述**】　本模块介绍接地引下线与接地网的导通试验方法和技术要求。通过试验工作流程的介绍，掌握接地导通试验前的准备工作和相关安全、技术措施、测试方法、技术要求及测试数据分析判断。

【**模块内容**】

一、试验目的

接地装置的电气完整性是接地装置特性参数的一个重要方面。接地导通试验的目的是检查接地装置的电气完整性，即检查接地装置中应该接地的各种电气设备之间、接地装置的各部分及各设备之间的电气连接性，一般用直流电阻值表示。保持接地装置的电气完整性可以防止设备失地运行，提供事故电流泄流通道，保证设备安全运行。

二、试验仪器、设备的选择

（1）选用专门仪器接地导通电阻测试仪，仪器的分辨率为 1mΩ，准确度不低于 1.0 级，仪器输出电流范围为 10～50A。

（2）选用伏安法，在被试电气设备的接地部分及参考点之间加恒定直流电流，再用高内阻电压表测试由该电流在参考点通过接地装置到被试设备的接地部分这段金属导体上产生的电压降，并换算到电阻值。高阻抗电压表和低阻抗电流表准确度等级不应低于 1.0 级，电压表分辨率不低于 1mV，电流表量程根据电流大小选择。

三、危险点分析及控制措施

（1）应严格执行 Q/GDW 1799.1—2013《国家电网公司电力安全工作规程　变电部分》的相关要求。

（2）高压试验工作不得少于两人。试验负责人应由有经验的人员担任，开始试验前，试验负责人应向全体试验人员详细布置试验中的安全注意事项，交待邻近间隔的带电部位，以及其他安全注意事项。

（3）应确保操作人员及试验仪器与电力设备的高压部分保持足够的安全距离。

（4）应在良好的天气下进行，如遇雷、雨、雪、雾不得进行该项工作。

（5）试验前必须认真检查试验接线，应确保正确无误。

（6）在进行试验时，要防止误碰误动设备。

（7）试验现场出现明显异常情况时，应立即停止试验工作，查明异常原因。

（8）高压试验作业人员在全部试验过程中，应精力集中，随时警戒异常现象发生。

（9）试验结束时，试验人员应拆除试验接线，并进行现场清理。

四、试验前的准备

（1）了解被试设备现场情况及试验条件。查勘现场，查阅相关技术资料、出厂资料、出厂试验报告及相关规程等，查看变电站现场设备，根据变电站大小、设备布置情况对测试设备分区以减少测试时工作量。宜按照变电站设备的电压等级将变电站划分为不同的区域。

（2）测试仪器、设备准备。准备试验所需的接地导通电阻测试仪、电源接线板、带线夹的电流引线、万用表、锉刀等工具，记录参考点位置和数据记录纸，熟悉接地导通电阻测试仪的使用说明及操作要求，并查阅测试仪器、设备及绝缘工器具的检定合格证书有效期。

（3）办理工作票并做好试验现场安全和技术措施。进入试验现场后，办理工作票并做好试验现场安全措施。向试验人员交代工作内容、带电部位、现场安全措施、现场作业危险点，明确人员分工及试验程序。

五、试验过程及步骤

（一）试验接线

接地导通试验接线，如图 Z13H9001Ⅰ-1 所示。

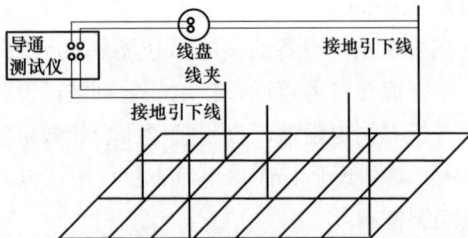

图 Z13H9001Ⅰ-1 接地导通试验接线图

（二）试验步骤

（1）选取参考点和测试点，并做标示。先找出与接地网连接良好的接地引下线作为参考点，考虑到变电所场地可能比较大，测试线不能太长，宜选择多点接地设备引下线作为基准，在各电气设备的接地引下线上选择一点作为该设备导通测试点，如图

Z13H9001Ⅰ-2 所示。

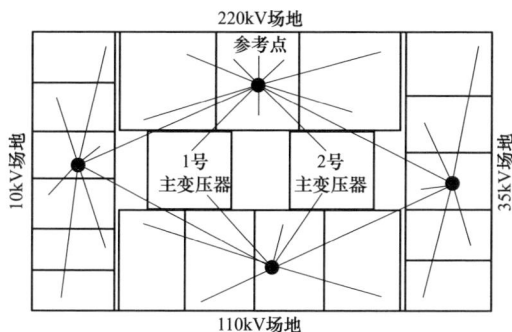

图 Z13H9001Ⅰ-2　参考点的选择方法

（2）准备好仪器设备，将接地导通电阻测试仪输出连接分别连接到参考点、测试点。

（3）打开仪器电源，调节仪器使输出某一电流值，记录相应的直流电阻值。

（4）调节仪器使输出为零，断开电源，将测试点移到下一位置，依次测试并记录。

六、试验注意事项

（1）试验应在天气良好情况下进行，遇有雷雨情况时应停止测量，撤离测量现场。

（2）试验中应对测试点擦拭、除锈、除漆，保持仪器线夹与参考点、测试点的接触良好，减小接触电阻的影响。

（3）为确保历年测试点的一致，便于对比，可对测试中各参考点、设备的测试引下线等做好记录，可能时并做标记以便识别。

（4）试验中应测量不同场区之间地网的导通性。

（5）当发现测试值在 50mΩ 以上时，应反复测试验证。

（6）试验时一人操作仪器、记录数据，两人负责移动线夹以对不同点进行测试。

（7）电压线夹应放置在电流线夹下方，以除去接触电阻的影响。

七、试验结果分析及试验报告编写

（一）试验结果分析

根据 Q/GDW 1168—2013《输变电设备状态检修试验规程》、Q/GDW 11447—2015《10kV～500kV 输变电设备交接试验规程》及《国家电网公司变电检测通用管理规定》〔国网（运检/3）829—2017〕的规定：

根据 DL/T 475—2017《接地装置特性参数测量导则》及 Q/GDW 1168—2013《输变电设备状态检修试验规程》的规定。

1. 试验范围

（1）变电站的接地装置：各个电压等级的场区之间；各高压和低压设备，包括构架、分线箱、汇控箱、电源箱；主控及内部各接地干线，场区内和附近的通信及内部各接地干线；独立避雷针及微波塔与主地网之间；其他必要的部分与主地网之间。

（2）电厂的接地装置：除变电站部分按上述（1）进行外，还应测试其他局部地网与主地网之间；厂房与主地网之间；各发电机单元与主地网之间；每个单元内部各重要设备及部分；避雷针，油库，水电厂大坝；其他必要的部分与主地网之间。

2. 试验标准及要求

（1）状况良好的设备测试值应在 50mΩ 以下。

（2）50～200mΩ 的设备（连接）状况尚可，宜在以后理性测试中重点关注其变化，重要的设备宜在适当时候检查处理。

（3）200mΩ～1Ω 的设备（连接）状况不佳，对重要的设备应尽快检查处理，其他设备宜在适当时候检查处理。

（4）1Ω 以上的设备与主网未连接，应尽快检查处理。

（5）独立避雷针的测试值应在 500mΩ 以上。

（6）测试中相对值明显高于其他设备，而绝对值又不大的，按状况尚可对待。

3. 试验结果分析

试验测得的两根接地引下线之间的电阻值应按照试验标准及要求中的相应阻值范围得出接地引下线状况。

（二）试验报告编写

试验记录应填写信息，包括基本信息（变电站、委托单位、试验单位、运行编号、试验性质、试验日期、试验人员、试验地点、报告日期、编写人员、审核人员、批准人员、试验天气、环境温度、环境相对湿度）；试验数据（被测试的设备名称、参考点位置、测试点位置、试验仪器、项目结论等）。

八、案例

某地区对不同运行年限的接地网进行测试的结果统计，如表 Z13H9001Ⅰ–1 所示。

表 Z13H9001Ⅰ–1　　　　　　接地引下线导通测试结果

变电站	接地网年限	测试点总数	导通值（mΩ）				
			0～10	10～20	20～30	30～40	＞40
A	30	170	15	93	46	14	2
B	30	398	66	215	68	31	18
C	10	314	156	155	3	0	0

变电站	接地网年限	测试点总数	导通值（mΩ）				
			0～10	10～20	20～30	30～40	>40
D	6	404	276	123	5	0	0
E	2	149	141	8	0	0	0
F	2	205	201	4	0	0	0

对表 Z13H9001Ⅰ–1 中不同接地网数据进行对比可以看出，随着接地网运行年限的增加，接地导通电阻变大。

测试结果 A 变电站和 B 变电站相对其他变电站接地导通电阻较大，但基本都在 50mΩ 以下，仅需对 A 变电站的两处和 B 变电站的 18 处进行开挖检查和改造。

【思考与练习】

1. 接地导通试验的范围包括哪些内容？

2. 接地导通试验时，应如何选取参考点？

3. 接地导通试验的结果如何判定？

第三十四章

接触电压、跨步电压及电位分布测试

▲ 模块 1　接触电压、跨步电压及电位分布测试（Z13H10001 Ⅲ）

【模块描述】本模块介绍接触电压、跨步电压及电位分布的测试方法和技术要求。通过测试工作流程的介绍，掌握接触电压、跨步电压及电位分布测试前的准备工作和相关安全、技术措施、测试方法、技术要求及测试数据分析判断。

【模块内容】

一、测试目的

发电厂和变电站的接触电压、跨步电压及电位分布的数值是评价地网安全性能的重要指标。当发生接地短路故障时，若出现过高的接触电压、跨步电压和较大的电位差，可能会发生危及人身和设备安全的事故。因此，必须经过实测得到这几项指标的数值，对地网的安全性进行综合评价。

二、测试仪器、设备的选择

接触电压、跨步电压和电位分布的测量与接地电阻测试同时进行，测量仪器主要是高阻抗电压表和低阻抗电流表，准确度等级不应低于 1.0 级，电压表分辨率不低于 1mV。

如果采用异频法进行接地电阻测试时，测量仪器应选用异频电压表和电流表，频率与注入大地的电流频率保持一致。应采用多量程电压表与电流表，最大电流表幅值要根据注入大地的最大电流相对应。

三、危险点分析和控制措施

（1）应严格执行 Q/GDW 1799.1—2013《国家电网公司电力安全工作规程　变电部分》的相关要求。

（2）试验仪器引线与接地网连接应牢固可靠并接触良好。

（3）试验装置的电源开关，应使用明显断开的双极隔离开关。为了防止误合隔离开关，可在刀刃或刀座上加绝缘罩。试验装置的低压回路中应有两个串联电源开关，并加装过载自动跳闸装置。

（4）开始试验前，工作负责人应对全体试验人员详细说明在试验区应注意的安全注意事项。

（5）试验过程应有人监护并呼唱，试验人员在试验过程中注意力应高度集中，防止异常情况的发生。试验应在天气良好的情况下进行，遇有雷雨大风等天气应停止试验。

（6）布置电极人员应精力集中，不得分散注意力。应有专人监护，监护人在试验期间应始终行使监护职责，不得擅离岗位或兼职其他工作。

（7）在测量过程中，防止接触敷设的电流极、电压极入地点以及各处带电部位。测试前，要确保所放电压线和电流线连接完好，不应有裸露部分。在试验过程中，要确保线路对其他处无短接，搭接牢固合适，电压极及电流极应可靠接地，并派人专守。

四、测试前的准备

1. 了解被试设备现场情况及试验条件

查勘现场，查阅相关技术资料、被试接地网设计图、改造图、历年试验数据及相关规程等，记录变电站或电厂的系统参数用于计算最大短路入地电流。编写作业指导书及试验方案。

2. 测试仪器、设备准备

选择合适的测试方法，并根据测试方法选择仪器和设备。并查阅测试仪器、设备及绝缘工器具的检定合格证书及有效期、试验方案、相关技术资料、相关规程等。

3. 办理工作票并做好试验现场安全和技术措施

进入试验现场后，办理工作票并做好试验现场安全措施。向其他试验人员交代工作内容、带电部位、现场安全措施、现场作业危险点，明确人员分工及试验程序。

五、测试过程及步骤

（一）测试方法

接触电压是指故障时人体接触与接地装置相连的设备外壳或金属构件时人体所承受的手和脚之间的电位差。具体定义为接地短路电流或故障电流流过接地装置时，大地表面形成电位分布，在地面上离设备水平距离为 0.8m 处与设备外壳、构架或墙壁离地面的垂直距离为 1.8m 处两点间的电压。

跨步电压是指故障时人体两脚之间所承受的电位差，具体定义为接地短路电流或故障电流流过接地装置时，地面上水平距离为 0.8m 的两点间的电压。

电位分布是指地表各点的电位，通过测量点地表电位可以作出电位分布图，测量点的密度可根据具体要求确定。大型接地装置的状况评估应测试所在场区的电位分布曲线，中小型接地装置应视具体情况尽量测试。

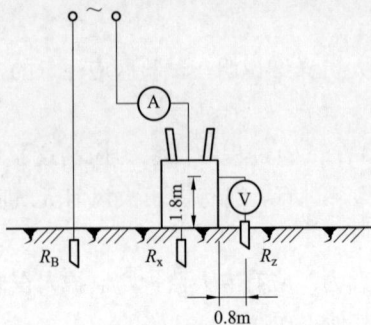

图 Z13H10001Ⅲ-1 接触电压测试原理接线图

测量用的接地极，可用直径 8～10mm、长约 300mm 的圆钢，埋入地深 50～80mm。若在混凝土或砖块地面测量，也可用 26cm×26cm 的金属板作接地极。

1. 接触电压的测量

按图 Z13H10001Ⅲ-1 所示连接测试线路，加上电压后读取电流和电压表的指示值，电压表表示当接地体流过电流 I 时的接触电压，然后按式（Z13H10001Ⅲ-1）推算出当流过最大短路电流 I_{max} 时的实际接触电压为

$$U_C = U I_{max}/I = KU \qquad (Z13H10001Ⅲ-1)$$

式中 U_C——接地体流过最大短路电流 I_{max} 时的接触电压，V；

　　 U——测量入地电流时的接触电压，V；

　　　I——接地体流过的电流（即测量时的入地电流），A；

　　 K——系数（其值为 I_{max}/I）。

2. 电位分布和跨步电压测量

电位分布测试接线如图 Z13H10001Ⅲ-2（a）所示，R_z 为测量接地电阻时的电压极（零电位处），测出电压极与站内电位测量接地体 R_x 间的电位 U 后，沿着需要测量的地带，将接地棒移到点 1、2、3、…、n，依次测出各点与接地体间的电压，如 U_1'、U_2'、U_3'…U_n'。由此，不难求出各点的电位 $U_N = (U - U_N')K$，其中 K 的意义同式（Z13H10001Ⅲ-1）。若以纵坐标表示电位，横坐标表示各点距接地体的距离，则可绘出地面的电位分布曲线，如图 Z13H10001Ⅲ-2（b）所示。从电位分布曲线，可求出任何相距 0.8m 的两点间的跨步电压 $U_b = (U_N' - U_{N-1}')K$，其中 $U_N' - U_{N-1}'$ 为当测量电流为 I 时，任何相距 0.8m 两点间的电位差。

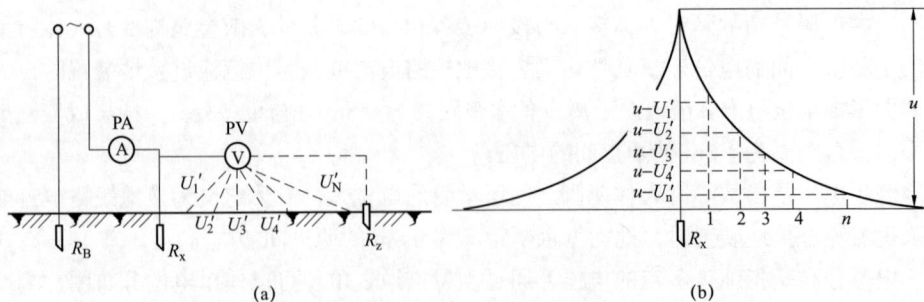

(a)　　　　　　　　　　　　　　　(b)

图 Z13H10001Ⅲ-2　电位分布测试接线和电位分布曲线

（a）测试接线图；（b）电位分布曲线

3. 接触电压和跨步电压测量地点选择的原则

（1）接触电压测点的选择原则。

1）地网边角网孔内用手操作或接触的电气设备、构架攀梯。

2）地网中大网孔内的电气设备、构架攀梯。

3）试验时电流的注入点处。

（2）跨步电压和电位分布测点的选择原则。

1）尽量覆盖全站，在接地网扁铁连接边角处。

2）距接地体最近处，测量间距为0.8m，测量点可选 5～7 点，以后的间距可增大到 5～10m。

（二）测试接线

1. 接触电压和跨步电压测试接线

接触电压和跨步电压测试接线，如图 Z13H10001Ⅲ-3 所示。

取下并接在电压表两端子的电阻 R_m，高输入阻抗的电压表 V1 和 V2 将分别测出与通过接地装置对应的接触电压和跨步电压。

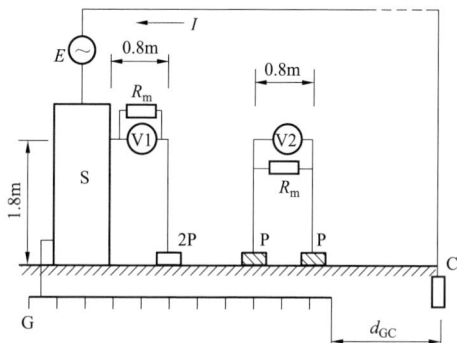

图 Z13H10001Ⅲ-3　接触电压和跨步电压测试接线图

S—电力设备构架；V1 和 V2—高输入阻抗电压表；
P—模拟人脚的金属板；R_m—模拟人体电阻；
C—接地装置；G—测量用电流极

2. 电位分布测试接线

电位分布测试接线，如图 Z13H10001Ⅲ-4 所示。

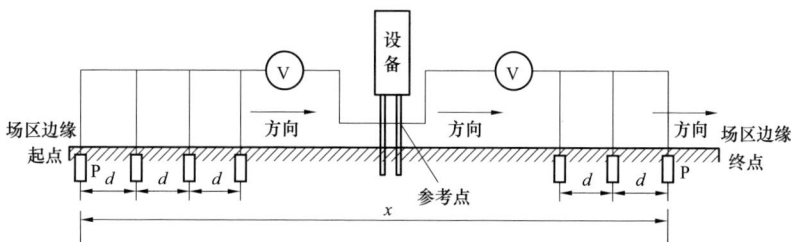

图 Z13H10001Ⅲ-4　电位分布测试接线图

P—电位极；d—测试间距

场区电位分布用若干条曲线表示，一般情况下曲线的间距不大于 30m，在曲线路径上的中部选择一条与主网连接良好的设备接地引下线为参考点，从曲线的起点等间距测试地表和参考点之间的电位梯度，直至终点，绘制各条 $U-X$ 曲线（电位梯度随水平距离分布曲线）。

（三）测试步骤

接触电压、跨步电压和电位分布的测试是在测量接地电阻时同时测量，在具备接地电阻测量条件的基础上进行。

1. 接触电压的测试

（1）根据接触电压测量地点的选择原则选取站内电流注入位置。

（2）将电压表接在地面上离设备水平距离为 0.8m 处与设备外壳、构架的垂直距离为 1.8m 处两点之间。电压极 P 可采用铁钎，如果是水泥路面，可采用金属板为接地体，为了使金属板和地面有良好的接触，金属板上可以压重物，金属板下的地面可浇上盐水。

（3）施加试验电流，记录电流表和电压表数据。

（4）断开电源，将电流注入点、测试仪器、用具移到下一个测试点进行测量，重复上述步骤（2）～（3）。

（5）测试完成后拆除所有外接测量线，恢复设备原有状态。

2. 电位分布和跨步电压的测试

（1）将被试场区合理划分，并按划分好的线分别测量。

（2）施加试验电流，记录电流表和电压表数据。

（3）按图 Z13H10001Ⅲ-2（a）所示，测量电压极（零电位处）与接地体间的电位 U 后，沿着需要测量的地带，将接地体移到点 1、2、3、…、n，直到接地网边缘，依次测出各点与电压极（零电位处）的电压，如 U_1'、U_2'、U_3'、…、U_N'。

（4）求出各点的电位，绘出地面的电位分布曲线。

（5）从电位分布曲线求出任何相距 0.8m 的两点间的跨步电压。

（6）沿制定好的另外一条线进行测量，重复上述步骤（2）～（3），直到测完所有制定的曲线。

（7）测试完成后拆除所有外接测试线，恢复设备原有状态。

六、测试注意事项

（1）接触电压、跨步电压与土壤的潮湿程度密切相关，因此应尽量在干燥季节测量，不应在雷、雨、雪中进行测量。

（2）在测量接触电压时，测试电流应从构架或电气设备外壳注入接地装置；在测量跨步电压时，测试电流应在地网中心处注入。

（3）在测量时，注入地网中的电流越大，测量值就越大，准确性越高，一般采用工频电流、电压法电流宜在 50A 以上。

（4）在试验前，电源侧开关要处于分闸状态，仪器、设备要处于零位，防止冲击带电损坏设备。尽量缩短测量时间，防止意外情况发生。

七、测试结果分析及测试报告编写

（一）测试标准及结果分析

1. 测试标准及要求

根据 Q/GDW 1168—2013《输变电设备状态检修试验规程》、Q/GDW 11447—2015《10kV～500kV 输变电设备交接试验规程》及《国家电网公司变电检测通用管理规定》〔国网（运检/3）829—2017〕的规定：

根据《交流电气装置接地》（DL/T 621—1997）的规定。

允许的接触电压为

$$E_{j允} = (174+0.17\rho_0) / \sqrt{t} \qquad （Z13H10001 Ⅲ-2）$$

允许的跨步电压为

$$E_{k允} = (174+0.7\rho_0) / \sqrt{t} \qquad （Z13H10001 Ⅲ-3）$$

式中　ρ_0——人脚站立地表面的土壤电阻率；

　　　t——短路电流持续时间，s。

2. 测试结果分析

对电压表上所指示的读数 U 和流经电流 I，利用公式（Z13H10001Ⅲ-1），可以算出当接地装置发生接地短路时的接触电压，并结合规程允许的接触电压 $E_{j允}$ 来判断当发生接地短路时，接触电压是否合乎规程要求。同样电压表测得的跨步电压 U 和流经电流 I，利用公式（Z13H10001Ⅲ-1）可以算出当接地装置发生接地短路时的跨步电压，并结合规程允许的跨步电压 $E_{k允}$ 来判断当发生接地短路时，跨步电压是否合乎规程要求。

状况良好的接地装置的电位梯度分布曲线表现比较平坦，通常曲线两端有些抬高；有剧烈起伏或突变通常说明接地装置状况不良。当接地装置所在的变电站有效接地系统最大单相接地短路电流不超过 35kA 时，折算后得到的单位场区地表电位梯度通常在 20V 以下，一般不宜超过 60V，如果接近或超过 80V 则应尽快查明原因。当接地装置所在的变电站有效接地系统最大单相接地短路电流超过 35kA 时，参照以上原则判断测试结果。

（二）测试报告编写

试验记录应填写信息，包括基本信息（变电站、委托单位、试验单位、运行编号、试验性质、试验日期、试验人员、试验地点、报告日期、编写人员、审核人员、批准人员、试验天气、环境温度、环境相对湿度）；接地网参数（等效对角线长等）；试验数据（跨步电压、接触电压、试验仪器、结论等）。

八、案例

案例1：接触电压、跨步电压的测量。

在某电厂的接地网上进行测量，测量采用异频电流法，异频电流为9A，根据地网敷设情况选择了跨步电压及接触电压较大的点进行测量（数据见表Z13H10001Ⅲ-1）。理论上，地网接地各导体的散流电流在地网的边角处急剧增加，而中部较平缓。测量跨步电压应在地网边角处，否则意义不大。

表 Z13H10001Ⅲ-1　　　　接触电压、跨步电压测试结果

入地电流值为9A	接触电压（V）			跨步电压（V）		
	U_{j1} 1号主变压器侧	U_{j2} 110kV 侧 避雷器支架	U_{j3} 110kV 变电区 开关操作处	U_{k1} 220kV 升压 变电站西南角	U_{k2} 化学水处理 东门	U_{k3} 220kV 升压 变电站东南角
	0.12	0.038	0.08	0.042	0.019	0.032
折合到最大短路 电流 10 750A	143.3	45.4	95.5	50.2	22.7	38.2

根据有关参数计算所得的最大入地短路电流为 10 750A，测得数据折算，最大接触电压 143.3V，最大跨步电压 50.2V。

选择混凝土地面的 ρ_0（混）为 500Ω·m（参考值），用四极法测量电厂周围土壤电阻率 ρ_0（土）=180Ω·m，t 取 1s，按照规程允许的接触电压和跨步电压计算公式（Z13H10001Ⅲ-2）和式（Z13H10001Ⅲ-3）可得

$$E_{j（混允）}=259（V）；\ E_{j（土允）}=204.6（V）$$

$$E_{k（混允）}=524（V）；\ E_{k（土允）}=300（V）$$

结论：测得的最大接触电压和最大跨步电压均小于规程要求值，测试结果合格。

案例2：地表电位分布测量。

在某220kV变电站上进行测量，接地网和电位分布测试划分如图Z13H10001Ⅲ-5所示，其电位分布曲线如图Z13H10001Ⅲ-6所示。

曲线 1 电位分布较均匀，表明地下接地装置状况较好；曲线 2 的尾部明显快速抬高，曲线 3 起伏很大，均表明接地装置状况可能不良；曲线 4 有两处异常剧烈凸起，尾部急速抬高，地下接地装置很有可能有较严重缺陷。

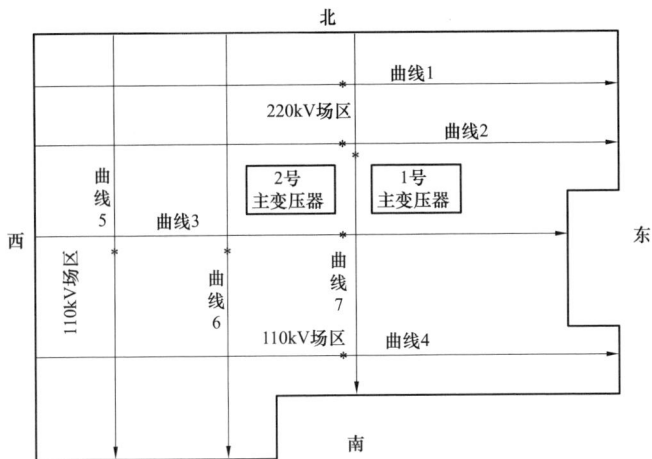

图 Z13H10001Ⅲ-5 地表电位梯度分布测试划分示意图

* 曲线参考点。

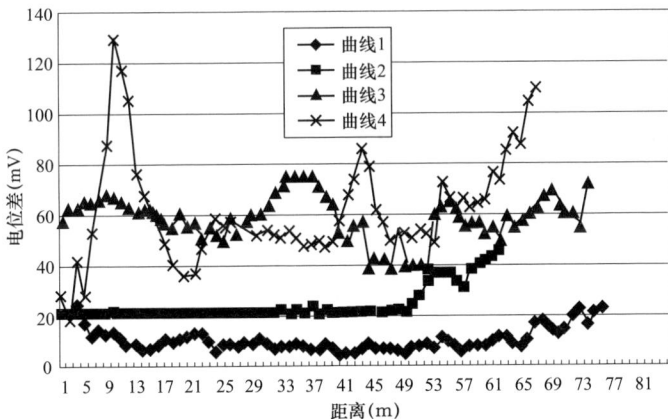

图 Z13H10001Ⅲ-6 地表电位梯度分布曲线图

【思考与练习】

1. 接触电压测量的原理和测量接线是什么？

2. 电位分布和跨步电压测量的原理和接线是什么？

3. 接触电压的测试步骤是什么？

4. 跨步电压和电位分布的测试步骤是什么？

第三十五章

电 缆 故 障 探 测

▲ 模块 1 电缆故障探测（Z13H11001Ⅱ）

【模块描述】本模块包含电缆线路常见故障测距和精确定点。通过方法介绍，掌握利用电桥法和脉冲法进行电缆线路常见故障测距的原理、方法和步骤，掌握电缆故障点精确定点方法。

【模块内容】

电缆线路的故障寻测一般包括初测和精确定点两部分，电缆故障的初测是指故障点的测距，而精确定点是指确定故障点的准确位置。

一、电缆故障初测

根据仪器和设备的测试原理，电缆故障初测可分为电桥法和脉冲法两大类。

（一）电桥法

用直流单桥测量电缆故障是测试方法中最早的一种，目前仍广泛应用。尤其在较短电缆的故障测试中，其准确度仍是最高的。测试准确度除与仪器精度等级有关外，还与测量的接线方法和被测电缆的原始数据正确与否有很大的关系。电桥法适用于低阻单相接地和两相短路故障的测量。

（1）单相接地故障的测量。测试单相接地故障原理接线，如图 Z13H11001Ⅱ-1 所示。当电桥平衡时（同种规格电缆导体的直流电阻与长度成正比），则有

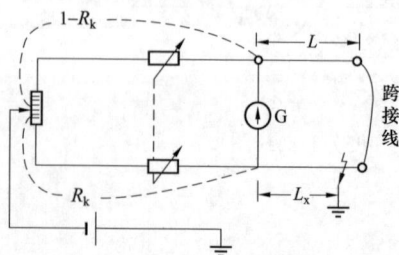

图 Z13H11001Ⅱ-1 测试单相接地
故障原理接线图

$$\frac{1-R_k}{R_k} = \frac{2L-L_x}{L_x} \qquad (Z13H11001Ⅱ-1)$$

简化后得

$$L_x = R_k \times 2L \qquad\qquad (Z13H11001 \text{II} -2)$$

式中　L_x——测量端至故障点的距离，m；

　　　L——电缆全长，m；

　　　R_k——电桥读数。

（2）两相短路故障的测量。在三芯电缆中测量两相短路故障，基本上和测量单相接地故障一样，其接线如图 Z13H11001 II −2 所示。

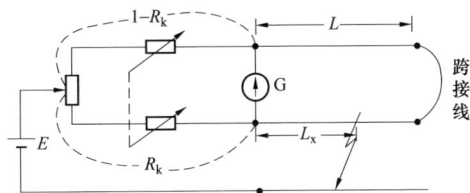

图 Z13H11001 II −2　测量两相短路故障原理接线图

与测量接地故障不同之处，就是利用两短路相中的一相作为单相接地故障测量中的地线，以接通电桥的电源回路。如为单纯的短路故障，电桥可不接地，当故障为短路且接地故障时，则应将电桥接地。其测量方法和计算方法与单相接地故障完全相同。

（二）脉冲法

脉冲法是应用行波信号进行电缆故障测距的测试方法，它分为低压脉冲法、闪络法（直闪法、冲闪法）、二次脉冲法。

1. 测试原理

在测试时，从测试端向电缆中输入一个脉冲行波信号，该信号沿着电缆传播，当遇到电缆中的阻抗不匹配点（如开路点、短路点、低阻故障点和接头点等）时，会产生波反射，反射波将传回测试端，被仪器记录下来。假设从仪器发射出脉冲信号到仪器接收到反射脉冲信号的时间差为Δt，也就是脉冲信号从测试端到阻抗不匹配点往返一次的时间为Δt，如果已知脉冲行波在电缆中传播的速度是v，那么根据公式$L = v\Delta t/2$即可计算出阻抗不匹配点距测试端的距离L的数值。

行波在电缆中传播的速度v，简称为波速度。理论分析表明波速度只与电缆的绝缘介质材质有关，而与电缆的线径、线芯材料以及绝缘厚度等几乎无关。油浸纸绝缘电缆的波速度一般为 160m/μs，而对于交联电缆，其波速度一般在 170～172m/μs 之间。

2. 低压脉冲法

（1）适用范围。低压脉冲法主要用于测量电缆断线、短路和低阻接地故障的距离，同时还可用于测量电缆的长度、波速度和识别定位电缆的中间头、T 形接头与终端头等。

（2）开路、短路和低阻接地故障波形。

1）开路故障波形。

a. 开路故障的反射脉冲与发射脉冲极性相同，如图 Z13H11001 II −3 所示。

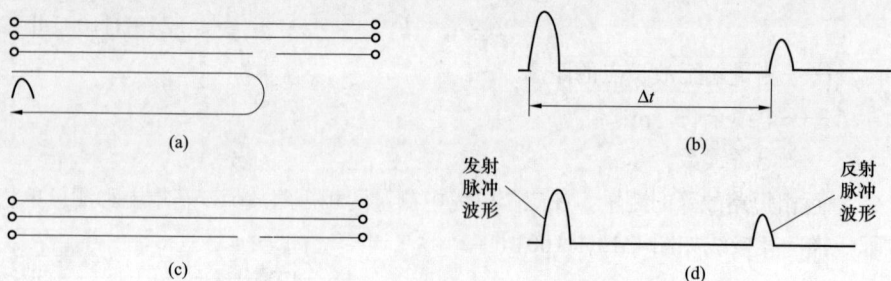

图 Z13H11001Ⅱ-3　低压脉冲反射原理图
(a)、(c) 电缆；(b)、(d) 波形

b. 当电缆近距离开路，若仪器选择的测量范围为几倍的开路故障距离时，示波器就会显示多次反射波形，每个反射脉冲波形的极性都和发射脉冲相同，如图 Z13H11001Ⅱ-4 所示。

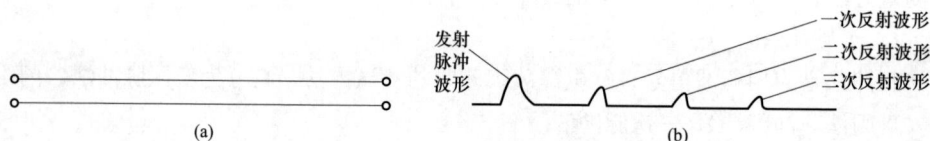

图 Z13H11001Ⅱ-4　开路波形的多次反射
(a) 电缆；(b) 波形

2）短路或低阻接地故障波形。

a. 短路或低阻接地故障的反射脉冲与发射脉冲极性相反，如图 Z13H11001Ⅱ-5 所示。

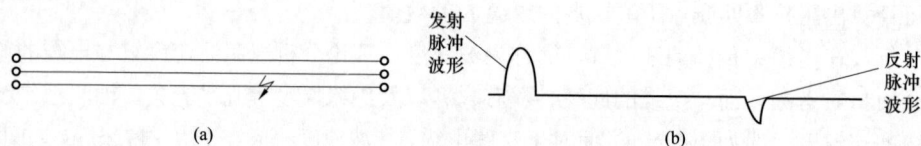

图 Z13H11001Ⅱ-5　短路或低阻接地故障波形图
(a) 电缆；(b) 波形

b. 当电缆发生近距离短路或低阻接地故障时，若仪器选择的测量范围为几倍的低阻短路故障距离，示波器就会显示多次反射波形。其中第一、三等奇数次反射脉冲的极性与发射脉冲相反，而二、四等偶数次反射脉冲的极性则与发射脉冲相同，如图 Z13H11001Ⅱ-6 所示。

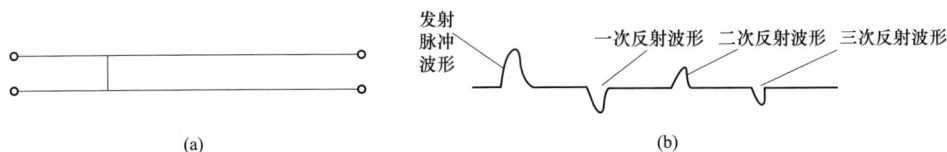

图 Z13H11001Ⅱ-6 近距离低阻短路故障的多次反射波形图
(a) 电缆；(b) 波形

（3）低压脉冲法测试示例。

1）图 Z13H11001Ⅱ-7 所示的是低压脉冲法侧得的典型故障波形。这里需要注意的是当电缆发生低阻故障时，如果选择的范围大于全长，一般存在全长开路波形；如果电缆发生了开路故障，全长开路波形就不存在了。

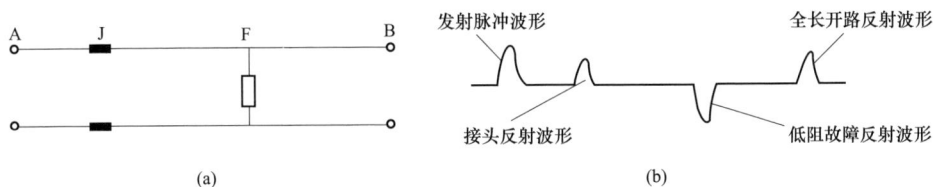

图 Z13H11001Ⅱ-7 典型的低压脉冲反射波形图
(a) 电缆结构；(b) 波形

2）图 Z13H11001Ⅱ-8 所示的是采用低压脉冲法的一个实测波形。从这个波形上可以看到，在实际测试中发射脉冲是比较乱的，其主要原因是仪器的导引线和电缆连接处是一阻抗不匹配点，看到的发射脉冲是原始发射脉冲和该不匹配点反射脉冲的叠加。

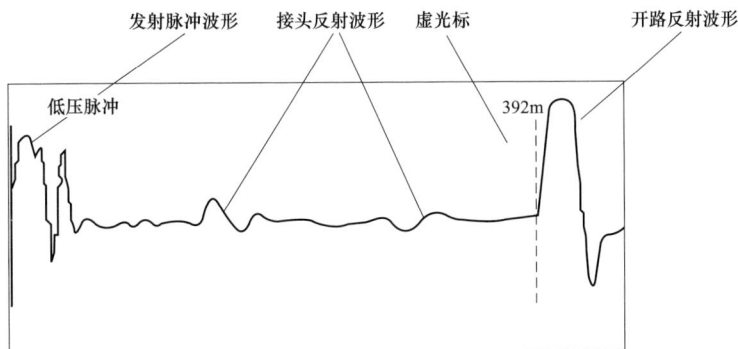

图 Z13H11001Ⅱ-8 低压脉冲法实测波形图

3）标定反射脉冲的起始点。如图 Z13H11001Ⅱ-8 所示，在测试仪器的屏幕上有两个光标，一个是实光标，一般把它放在屏幕的最左边（测试端），设定为零点；二是虚光标，把它放在阻抗不匹配点反射脉冲的起始点处，在屏幕的右上角，就会自动显示出该阻抗不匹配点距测试端的距离。

一般的低压脉冲反射仪器依靠操作人员移动标尺或电子光标，来测量故障距离。由于每个故障点反射脉冲波形的陡度不同，有的波形比较平滑，实际测试时人们往往因不能准确地标定反射脉冲的起始点，而增加故障测距的误差，所以准确地标定反射脉冲的起始点非常重要。

在测试时，应选波形上反射脉冲造成的拐点作为反射脉冲的起始点，如图 Z13H11001Ⅱ-9（a）虚线所标定处；亦可从反射脉冲前沿作一切线，与波形水平线相交点，可作为反射脉冲起始点，如图 Z13H11001Ⅱ-9（b）所示。

（4）低压脉冲比较测量法。在实际测量时，电缆线路结构可能比较复杂，存在着接头点、分支点或低阻故障点等，特别是低阻故障点的电阻相对较大时，反射波形相对比较平滑，其大小可能还不如接头反射，更使得脉冲反射波形不太容易理解，波形起始点不好标定，对于这种情况可以用低压脉冲比较测量法测试。如图 Z13H11001Ⅱ-10（a）所示，这是一条带中间接头的电缆，发生了单相低阻接地故障。首先通过故障线芯对地（金属护层）测量得一低压脉冲反射波形。

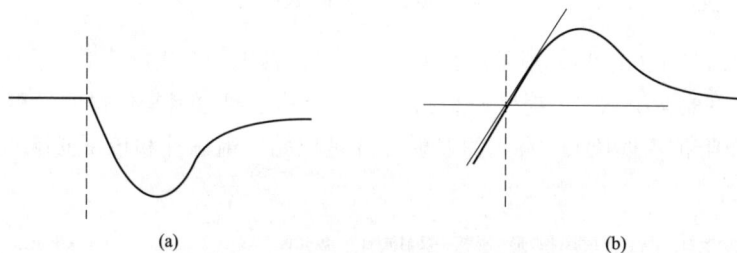

(a)　　　　　　　　(b)

图 Z13H11001Ⅱ-9　反射脉冲起始点的标定

如图 Z13H11001Ⅱ-10（b）所示；然后在测量范围与波形增益都不变的情况下，再用良好的线芯对地测得一个低压脉冲反射波形，如图 Z13H11001Ⅱ-10（c）所示；最后把两个波形进行重叠比较，会出现了一个明显的差异点，这是由于故障点反射脉冲所造成的，如图 Z13H11001Ⅱ-10（d）所示，该点所代表的距离即是故障点位置。

现代微机化低压脉冲反射仪具有波形记忆功能，即以数字的形式把波形保存起来，同时可以把最新测量波形与记忆波形同时显示。利用这一特点，操作人员可以通过比较电缆良好线芯与故障线芯脉冲反射波形的差异，来寻找故障点，避免了理解复杂脉冲反射波形的困难，故障点容易识别，灵敏度高。在实际中，电力电缆三相均有故障的可能性很小，绝大部分情况下有良好的线芯存在，可方便地利用波形比较法来测量故障点的距离。

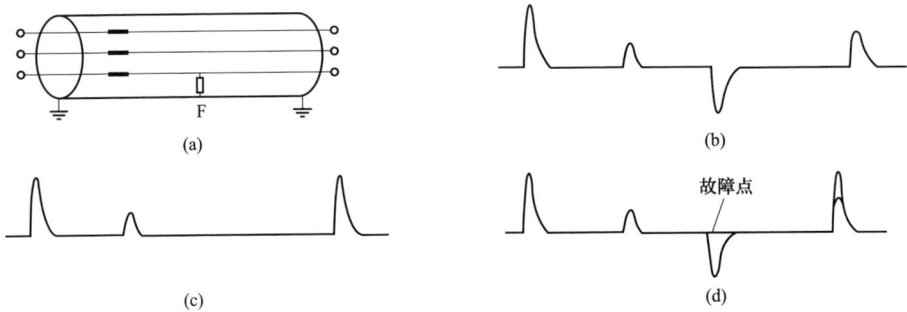

图 Z13H11001Ⅱ-10　波形比较法测量单相对地故障

(a) 故障电缆；(b) 故障导体的测量波形；(c) 良好导体的测量波形；
(d) 良好与故障导体测量波形相比较的波形

如图 Z13H11001Ⅱ-11 所示，是用低压脉冲比较法实际测量的低阻故障波形，虚光标所在的两个波形分叉的位置，就是低阻故障点位置，距离为 94m。

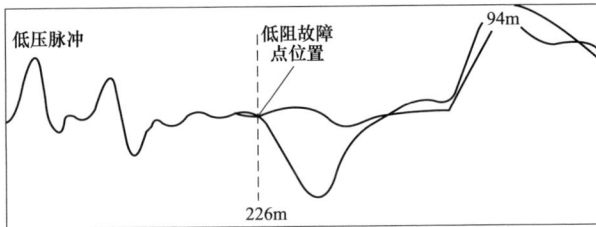

图 Z13H11001Ⅱ-11　低压脉冲比较法实际测量的低阻故障波形图

利用波形比较法，可精确地测定电缆长度或校正波速度。由于脉冲在传播过程中存在损耗，电缆终端的反射脉冲传回到测试点后，波形上升沿比较圆滑，不好精确地标定出反射脉冲到达时间，特别当电缆距离较长时，这一现象更突出。而把终端头开路与短路的波形同时显示时，二者的分叉点比较明显，容易识别，如图 Z13H11001Ⅱ-12 所示。

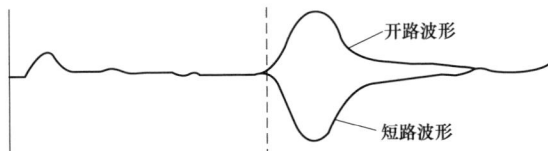

图 Z13H11001Ⅱ-12　电缆终端开路与短路脉冲反射波形比较

3. 闪络法

对于闪络性故障和高阻故障，采用闪络法测量电缆故障，可以不必经过烧穿过程，而直接用电缆故障闪络测试仪（简称闪测仪）进行测量，从而缩短了电缆故障的测量时间。

其基本原理和低压脉冲法相似，也是利用电波在电缆内传播时在故障点产生反射的原理，记录下电波在故障电缆测试端和故障之间往返一次的时间，再根据波速来计算电缆故障点位置。由于电缆的故障电阻很高，低压脉冲不可能在故障点产生反射，因此在电缆上加上一直流高压（或冲击高压），使故障点放电而形成一突跳电压波，此突跳电压波在电缆测试端和故障点之间来回反射。用闪测仪记录下两次反射波之间的时间，用 $L=v\Delta t/2$ 这一公式来计算故障点位置。

电缆故障闪络测试仪具有三种测试功能。其一是用低压脉冲测试断线故障和低阻接地、短路故障，其二是测闪络性故障，其三是能测高阻接地故障。下面对其后两种功能作一简单介绍。

（1）直流高压闪络法。简称直闪法，这种方法能测量闪络性故障及一切在直流电压下能产生突然放电（闪络）的故障。采用如图 Z13H11001Ⅱ–13 所示的接线进行测试。在电缆的一端加上直流高压，当电压达到某一值时，电缆被击穿而形成短路电弧，使故障点电压瞬间突变到零，产生一个与所加直流负高压极性相反的正突跳电压波。此突跳电压波在测试端至故障点间来回传播反射。在测试端可测得如图 Z13H11001Ⅱ–14 所示的波形，反映了此突跳电压波在电缆中传播、反射的全貌。图 Z13H11001Ⅱ–15 为闪测仪开始工作后的第一个反射波形，其中 t_0-t_1 为电波沿电缆从测量端到故障点来回传播一次的时间，根据这一时间间隔可算出故障点位置，即

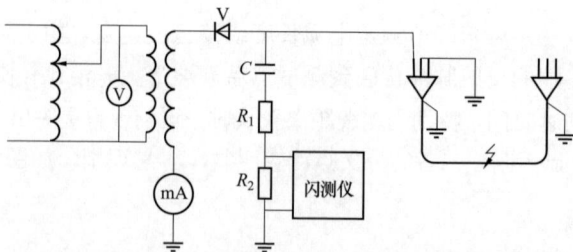

图 Z13H11001Ⅱ–13　直流高压闪络法测量接线图

C—隔直电容≥1μF，可用 6～10kV 移相电容器；R_1—分压电阻 15～40kΩ 电阻；R_2—分压电阻 200～560Ω

$$L_x=v\Delta t/2=160\times10/2=800\text{（m）}$$

式中：v 为波速，160m/μs；$t=t_0-t_1=10$μs。

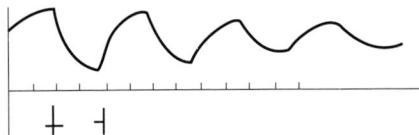

图 Z13H11001Ⅱ-14 直闪法波形全貌　　图 Z13H11001Ⅱ-15 直闪法波形

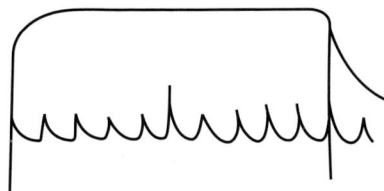

本接线仅适于测量闪络性故障,且比冲击高压闪络法准确。当出现闪络性故障时,应尽量利用此法进行测量,一旦故障性质由闪络变为高阻时,测量将比较困难。

(2)冲击高压闪络法。简称冲闪法,这种方法能用于测量高阻接地或短路故障,其测量时的接线如图 Z13H11001Ⅱ-16 所示。

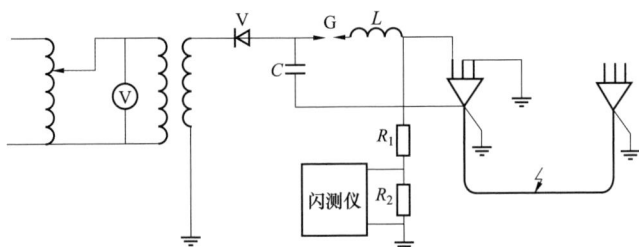

图 Z13H11001Ⅱ-16 冲击高压闪络法测量接线图
C—储能电容 2~4μF,6~10kV 移相电容器;L—阻波电感 5~20μH;
R₁—分压电阻 20~40kΩ;R₂—分压电阻 200~560Ω;G—放电间隙

由于电缆是高阻接地或短路故障,因此采用图 Z13H11001Ⅱ-16 的接线,用高压直流设备向储能电容器充电,当电容器充电到一定电压(此电压由放电间隙的距离决定)后,间隙击穿放电,向故障电缆加一冲击高压脉冲,使故障点放电,电弧短路把所加高压脉冲电压波反射回来。此电波在测量端和故障点之间来回反射,其波形如图 Z13H11001Ⅱ-17 所示,测量两次反射波之间的时间间隔(图 Z13H11001Ⅱ-17 中 a、b 两点间的时间差),即可算出测试端到故障点的距离为

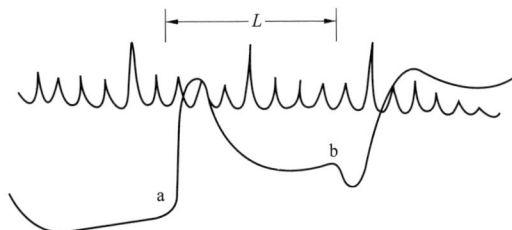

图 Z13H11001Ⅱ-17 冲闪法波形图

$$L_x = \frac{1}{2}vt = \frac{1}{2} \times 160 \times 7 = 560 \text{（m）}$$

在图 Z13H11001Ⅱ–16 中的阻波电感是用来防止反射脉冲讯号被储能电容短路，以便闪测仪从中取出反射回来的突跳电压波形。

4. 二次脉冲法

二次脉冲法是近几年来出现的比较先进的一种测试方法，是基于低压脉冲波形容易分析、测试精度高的情况下开发出的一种新的测距方法。其基本原理是：通过高压发生器给存在高阻或闪络性故障的电缆施加高压脉冲，使故障点出现弧光放电，如图 Z13H11001Ⅱ–18、图 Z13H11001Ⅱ–19 所示。由于弧光电阻很小，在燃弧期间原本高阻或闪络性的故障就变成了低阻短路故障。此时，通过耦合装置向故障电缆中注入一个低压脉冲信号，记录下此时的低压脉冲反射波形（称为带电弧波形），则可明显地观察到故障点的低阻反射脉冲；在故障电弧熄灭后，再向故障电缆中注入一个低压脉冲信号，记录下此时的低压脉冲反射波形（称为无电弧波形），如图 Z13H11001Ⅱ–20 所示。此时因故障电阻恢复为高阻，低压脉冲信号在故障点没有反射或反射很小。把带电弧波形和无电弧波形进行比较，两个波形在相应的故障点位上将明显不同，波形的明显分歧点离测试端的距离就是故障距离。

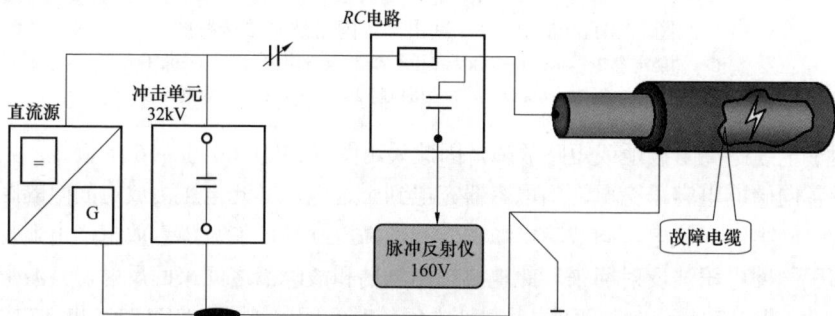

图 Z13H11001Ⅱ–18　二次脉冲原理图

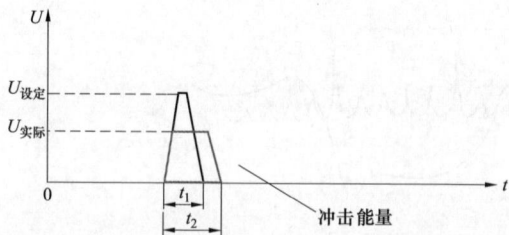

优点：二次脉冲法是通过RC电路对电缆进行加压放电，延长燃弧至20ms，得到波形。

缺点：牺牲冲击电压峰值。由于能量守恒，实际冲击电压达不到设定的冲击电压，较难击穿高阻故障。

多次脉冲法：是通过二次脉冲法依次测量5次，界面上出现5组波形，人为进行对比，并从中选出最好的一组波形。

图 Z13H11001Ⅱ–19　二次脉冲效果图

$U_{设定}$—设定电压；$U_{实际}$—实际冲击电压；t_1—燃弧时间；t_2—延长后燃弧时间

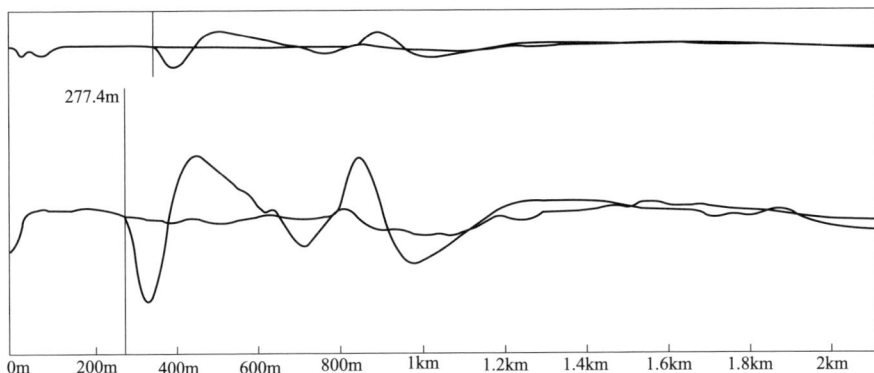

图 Z13H11001Ⅱ–20　二次脉冲测试实例波形图

注：故障电缆运行电压 20kV；电缆长度约 740m。

使用这种方法测试电缆故障距离需要满足的条件有：一是故障点处能在高电压的作用下发生弧光放电；二是测量装置能够对故障点加入延长弧光放电的能量；三是测距仪器能在弧光放电的时间内发出并能接收到低压脉冲反射信号。在实际工作中，一般是通过在放电的瞬间投入一个低电压大电容量的电容器来延长故障点的弧光放电时间，或者精确检测到起弧时刻，再注入低压脉冲信号，来保证能得到故障点弧光放电时的低压脉冲反射波形。

这种方法主要用来测试高阻及闪络性故障的故障距离，这类故障一般能产生弧光放电，而低阻故障本身就可以用低压脉冲法测试，不需再考虑用二次脉冲法测试。

二、电缆故障精确定点

电缆故障的精确定点是故障探测的重要环节，目前比较常用的方法是冲击放电声测法、声磁信号同步接收定点法、跨步电压法及主要用于低阻故障定点的音频感应法。在实际应用中，往往因电缆故障点环境因素复杂，如振动噪声过大、电缆埋设深度过深等，造成定点困难，成为快速找到故障点的主要矛盾。

1. 冲击放电声测法

冲击放电声测法（简称声测法）是利用直流高压试验设备向电容器充电、储能，当电压达到某一数值时，球间隙击穿，高压试验设备和电容器上的能量经球间隙向电缆故障点放电，产生机械振动声波，用人耳的听觉予以区别。声波的强弱，决定于击穿放电时的能量。能量较大的放电，可以在地坪表面辨别，能量小的就需要用灵敏度较高的拾音器沿初测确定的范围加以辨认。

声测试验的接线图，按故障类型不同而有所差别。图 Z13H11001Ⅱ–21 是短路（接地）、断线不接地和闪络三种类型故障的声测试验接线图。

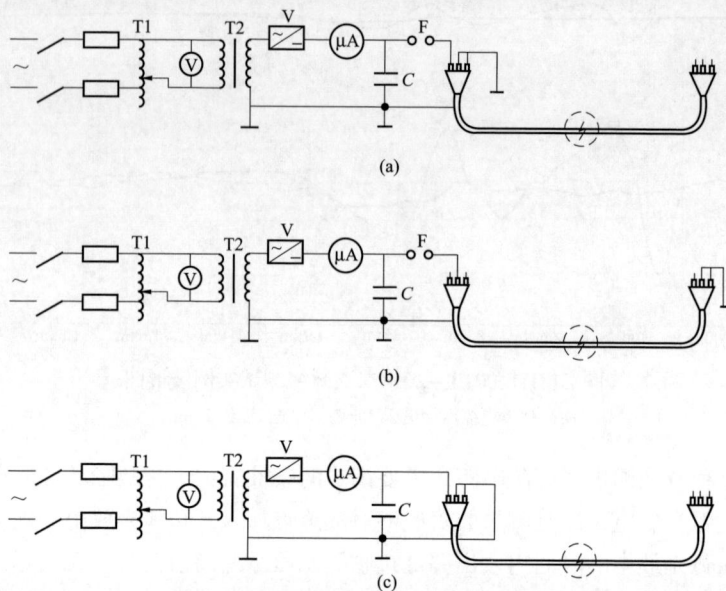

图 Z13H11001Ⅱ-21 声测试验接线图

（a）短路（接地）故障；（b）断线不接地故障；（c）闪络故障

T1—调压器；T2—试验变压器；V—硅整流器；F—球间隙；C—电容器

声测试验主要设备及其容量为：调压器和试验变容量 1.5kVA，高压硅整流器额定反峰电压 100kV，额定整流电流 200mA，球间隙直径 10～20mm，电力电容器容量 2～10μF。

2. 声磁信号同步接收定点法

声磁信号同步接收定点法（简称声磁同步法）的基本原理是：向电缆施加冲击直流高压使故障点放电，在放电瞬间电缆金属护套与大地构成的回路中形成感应环流，从而在电缆周围产生脉冲磁场。应用感应接收仪器接收脉冲磁场信号和从故障点发出的放电声信号。仪器根据探头检测到的声、磁两种信号时间间隔为最小的点即为故障点。

声磁同步检测法，提高了抗振动噪声干扰的能力，通过检测接收到的磁声信号的时间差，可以估计故障点距离探头的位置。比较在电缆两侧接收到脉冲磁场的初始极性，亦可以在进行故障定点的同时寻找电缆路径。用这种方法定点的最大优点是，在故障点放电时，仪器有一个明确直观的指示，从而易于排除环境干扰，同时这种方法定点的精度较高，信号易于理解、辨别。

声磁同步法与声测法相比较，前者的抗干扰性较好。图 Z13H11001Ⅱ-22 为电缆故障点放电产生的典型磁场波形图。

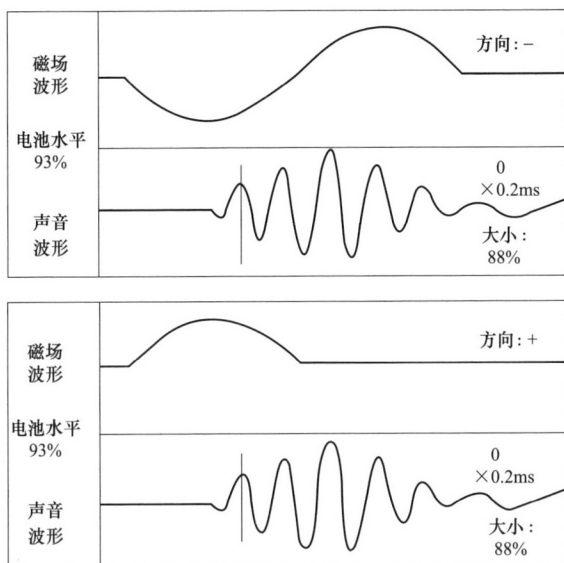

图 Z13H11001 II−22　电缆故障点放电产生的典型磁场波形图

3. 音频信号法

此方法主要是用来探测电缆的路径走向。在电缆两相间或者相和金属护层之间（在对端短路的情况下）加入一个音频电流信号，用音频信号接收器接收这个音频电流产生的音频磁场信号，就能找出电缆的敷设路径；在电缆中间有金属性短路故障时，对端就不需短路，在发生金属性短路的两者之间加入音频电流信号后，音频信号接收器在故障点正上方接收到的信号会突然增强，过了故障点后音频信号会明显减弱或者消失，用这种方法可以找到故障点。

这种方法主要用于查找金属性短路故障或距离比较近的开路故障的故障点，对于故障电阻大于几十欧姆以上的短路故障或距离比较远的开路故障，这种方法不再适用。

4. 跨步电压法

通过向故障相和大地之间加入一个直流高压脉冲信号，在故障点附近用电压表检测放电时两点间跨步电压突变的大小和方向，来找到故障点的方法。

这种方法的优点是可以指示故障点的方向，对测试人员的指导性较强；但此方法只能查找直埋电缆外皮破损的开放性故障，不适用于查找封闭性的故障或非直埋电缆的故障；同时，对于直埋电缆的开放性故障，如果在非故障点的地方有金属护层外的绝缘护层被破坏，使金属护层对大地之间形成多点放电通道时，用跨步电压法可能会找到很多跨步电压突变的点，这种情况在 10kV 及以下等级的电缆中比较常见。

【思考与练习】

1. 为什么断线故障用低压脉冲法进行初测最简单？
2. 什么情况适用跨步电压法？

国家电网有限公司
技能人员专业培训教材

电气试验／化验

下册

国家电网有限公司　组编

中国电力出版社
CHINA ELECTRIC POWER PRESS

图书在版编目（CIP）数据

电气试验/化验：全 2 册/国家电网有限公司组编. —北京：中国电力出版社，2020.8
（2023.10 重印）
　国家电网有限公司技能人员专业培训教材
　ISBN 978-7-5198-4465-3

Ⅰ．①电… Ⅱ．①国… Ⅲ．①电气设备–试验–技术培训–教材 Ⅳ．①TM64-33

中国版本图书馆 CIP 数据核字（2020）第 042425 号

出版发行：中国电力出版社
地　　址：北京市东城区北京站西街 19 号（邮政编码 100005）
网　　址：http://www.cepp.sgcc.com.cn
责任编辑：闫姣姣（010-63412433）
责任校对：黄　蓓　常燕昆　朱丽芳　闫秀英
装帧设计：郝晓燕　赵姗姗
责任印制：石　雷

印　　刷：三河市百盛印装有限公司
版　　次：2020 年 8 月第一版
印　　次：2023 年 10 月北京第三次印刷
开　　本：710 毫米×980 毫米　16 开本
印　　张：82.25
字　　数：1581 千字
印　　数：3001—4500 册
定　　价：247.00 元（上、下册）

本书编委会

主　　任　吕春泉

委　　员　董双武　张　龙　杨　勇　张凡华

　　　　　王晓希　孙晓雯　李振凯

编写人员　王　继　朱洪斌　余　翔　杨景刚

　　　　　蔚　超　朱孟周　李永宁　曹爱民

　　　　　战　杰　任志强　王　勇

前　言

　　为贯彻落实国家终身职业技能培训要求，全面加强国家电网有限公司新时代高技能人才队伍建设工作，有效提升技能人员岗位能力培训工作的针对性、有效性和规范性，加快建设一支纪律严明、素质优良、技艺精湛的高技能人才队伍，为建设具有中国特色国际领先的能源互联网企业提供强有力人才支撑，国家电网有限公司人力资源部组织公司系统技术技能专家，在《国家电网公司生产技能人员职业能力培训专用教材》（2010年版）基础上，结合新理论、新技术、新方法、新设备，采用模块化结构，修编完成覆盖输电、变电、配电、营销、调度等50余个专业的培训教材。

　　本套专业培训教材是以各岗位小类的岗位能力培训规范为指导，以国家、行业及公司发布的法律法规、规章制度、规程规范、技术标准等为依据，以岗位能力提升、贴近工作实际为目的，以模块化教材为特点，语言简练、通俗易懂，专业术语完整准确，适用于培训教学、员工自学、资源开发等，也可作为相关大专院校教学参考书。

　　本书为《电气试验/化验》分册，共分上下两册，由王继、朱洪斌、余翔、杨景刚、蔚超、朱孟周、李永宁、曹爱民、战杰、任志强、王勇编写。在出版过程中，参与编写和审定的专家们以高度的责任感和严谨的作风，几易其稿，多次修订才最终定稿。在本套培训教材即将出版之际，谨向所有参与和支持本书籍出版的专家表示衷心的感谢！

　　由于编写人员水平有限，书中难免有错误和不足之处，敬请广大读者批评指正。

目 录

第二部分　其他类设备的绝缘试验

下　　册

第五部分　油（气）试验室试验项目分析

第八部分　电气试验/化验规程

第五部分

油（气）试验室试验项目分析

第三十六章

油（气）电气性能试验

▲ 模块1　绝缘油击穿电压的测定（Z13I1001Ⅰ）

【模块描述】本模块介绍绝缘油击穿电压试验。通过步骤讲解和要点归纳，掌握绝缘油击穿电压试验的目的、方法原理、危险点分析及控制措施、准备工作、测试步骤、注意事项，以及对测试结果的分析和测试报告编写要求。

【模块内容】

击穿电压作为衡量绝缘油电气性能的一个重要指标，可以判断油中是否存在有水分、杂质和导电微粒，是检验变压器油性能好坏的主要手段之一。

一、方法原理

将绝缘油装入有一对电极的油杯中，将施加于绝缘油的电压逐渐升高，当电压达到一定数值时，油的电阻几乎突然下降至零，即电流瞬间突增，并伴随有火花或电弧的形式通过介质（油），此时称为油被"击穿"，油被击穿的临界电压，称为击穿电压，以千伏（kV）表示。

二、仪器和试剂

表 Z13I1001Ⅰ-1　　　　仪器和试剂

序号	名称	型号与规格	单位	数量	备注
1	绝缘油击穿电压测试仪		台	1	检定合格、在有效期内
2	标准规	2.5±0.05mm	个	1	
3	油杯	350～600mL	个	1	由绝缘材料制成，透明，应带盖子
4	搅拌子		个	1	
5	吸油纸		张	若干	
6	磨口具塞玻璃瓶	500mL	个	若干	
7	丙酮	分析纯	瓶	1	
8	石油醚	分析纯	瓶	1	

三、油杯准备

1. 电极的准备及检查

新电极、有凹痕的电极或未按正确方式存放较长一段时间的电极，使用前按下述方法清洗：

（1）用适当挥发性溶剂清洗电极各表面且晾干。

（2）用细磨粒、砂纸或细纱布磨光。

（3）磨光后，先用丙酮，再用石油醚清洗。

（4）将电极安装在试样杯中，装满清洁未用过的待测试样，升高电极电压至试样被击穿 24 次。

（5）调整电极间距离，应为 2.5mm。

2. 油杯清洗

油杯不用时应保存在干燥的地方并加盖，杯内装满经常用的干燥绝缘油。在试验时若需改变样品，用一种适当的溶剂将以前的试样残液除去然后用干燥待测试样清洗装置，排出待测试样后再将试样杯注满。

四、试验步骤

1. 试样准备

试样在倒入试样杯前，轻轻摇动翻转盛有试样的容器数次，以使试样中的杂质尽可能分布均匀而又不形成气泡，避免试样与空气不必要的接触。

2. 装样

试验前应倒掉试样杯中原来的绝缘油，立即用待测试样清洗杯壁、电极及其他各部分 2~3 次，将试油缓慢注入油杯浸没过电极，并避免生成气泡。将试样杯放入测量仪上，并盖好高压罩，静置 5min，如使用搅拌，应打开搅拌器。测量并记录试样温度。

3. 加压操作

（1）在电极间按 2.0kV/s±0.2kV/s 的速率缓慢加压至试样被击穿，击穿电压为电路自动断开时的最大电压值。

（2）记录击穿电压值。达到击穿电压后至少暂停 2min，重复序号 3（1）的加压操作过程，重复 6 次。注意电极间不要有气泡，若使用搅拌，在整个试验过程中应一直保持。

（3）测试完毕：关闭电源，整理工作台，将合格的油样充满油杯放干燥处保存。

五、危险点分析及安全注意事项

（1）测试仪器的周围应避开电磁场和机械振动。环境应清洁、无干扰、不潮湿的地方、以防止灰尘、杂质进入油杯。

（2）检查仪器接地是否良好，在更换油样时应切断电源，试验人员应站在绝缘垫上进行测试。

（3）在装样操作时不许用手触及电极、油杯内部和试油。

（4）在更换油样时应切断电源，测试过程中禁止误动高压罩，以防高电压伤人。

（5）试样杯不用时应保存在干燥的地方并加盖，杯内装满常用的干燥合格的绝缘油，保持油杯不受潮。

（6）试验完毕应检查水、电、门窗，确保安全。

六、原始记录及试验报告

1. 原始记录

原始记录必须有以下数据：

（1）试验环境条件、试验仪器型号。

（2）被测试样名称及每次的示值。

（3）试验最终报告值。

（4）试验人员姓名。

2. 试验报告

计算 6 次击穿电压的平均值。报告击穿电压的平均值作为试验结果，以千伏（kV）表示，报告还应包括：样品名称、电极类型、分析意见、试验人员等。

3. 绝缘油击穿电压质量指标

绝缘油击穿电压质量指标见表 Z13I1001Ⅰ–2。

表 Z13I1001Ⅰ–2　　　　　　　　绝缘油击穿电压质量指标

试验项目	要求		
	新油	交接时、大修后	运行中
击穿电压（kV）	≥35kV	≥35（35kV 及以下） ≥40（110~220kV） ≥60（500kV）	≥30（35kV 及以下） ≥35（110kV） ≥40（220kV） ≥45（330kV） ≥50（500kV） ≥60（750–1000kV）

七、不同形式电极之间的数据结果

电极的结构型式有：

（1）球形电极。

（2）半球形电极或称为球盖形或称为蘑菇形。

（3）平板电极或称为圆盘形。

根据试验方法规定来选用何种电极。三种电极测定的结果是不同的。球形电极测定结果为最高；半球形电极为其次；平板电极为最低，目前使用平板电极的试验方法已被废止。

【思考与练习】

1. 简述检测绝缘油击穿电压的目的。
2. 简述绝缘油的击穿电压测量要点有哪些？
3. 不同结构类型电极对击穿电压测定结果有何影响？

模块 2 绝缘油体积电阻率测试（Z13I1002Ⅱ）

【模块描述】 本模块介绍绝缘油体积电阻率测试。通过步骤讲解和要点归纳，掌握绝缘油体积电阻率测试的目的、方法原理、危险点分析及控制措施、准备工作、测试步骤、注意事项，以及对测试结果的分析和测试报告编写要求。

【模块内容】

变压器油的体积电阻率，对判断变压器绝缘特性的好坏，有着重要的意义。油品的体积电阻率在某种程度上能反映出油的老化和受污染的程度，是鉴定油质的绝缘性能的重要指标之一。

一、方法概要

根据欧姆定律两电极间液体的体积电阻等于施加于试液接触的两电极间直流电压与流过电极的电流之比，其大小应与电极间距成正比、电极面积成反比，比例常数 ρ 即为液体介质的体积电阻率，其物理意义是单位正方体液体的体积电阻。即：

$$R = \frac{U}{I} = \rho \times \frac{L}{S} \qquad (Z13I1002Ⅱ-1)$$

变换上式得

$$\rho = R \times \frac{S}{L} = R \times K = \frac{U}{I} \times (0.113 \times C_0) \qquad (Z13I1002Ⅱ-2)$$

式中 R——被试液体的体积电阻，Ω；

U——两电极间所加直流电压，V；

I——两电极间流过直流电流，A；

ρ——被试液体的体积电阻率，$\Omega \cdot m$；

S——电极面积，m^2；

L——电极间距，m；

K——电极常数（S/L），m；

C_0——空电极电容，pF。

由于液体的体积电阻率测定值与测试电场强度、充电时间、液体温度等测试条件因数有关，因此，除特别指定外，电力用油体积电阻率规定为"规定温度下，测试电场强度为 250±50V/mm，充电时间 60s"的测定值。

二、仪器和材料

1. 体积电阻率测试仪，性能应满足如下要求：

（1）电阻率测试电压为直流 500V，充电时间 20～60s 可调，测量范围 10^6～$10^{13}\Omega\cdot m$，测试误差不大于 ±10%。附带高阻测量功能以便空杯电极的清洁干燥检验。

（2）测试油杯采用三电极、内外电极双控温结构（见图 Z13I1002Ⅱ-1），电极间距 2mm，同心度不受温度影响，结构紧凑易拆洗，空杯电容值 30±1pF，重复装配误差不超过 ±2%，可实现自动进排油。

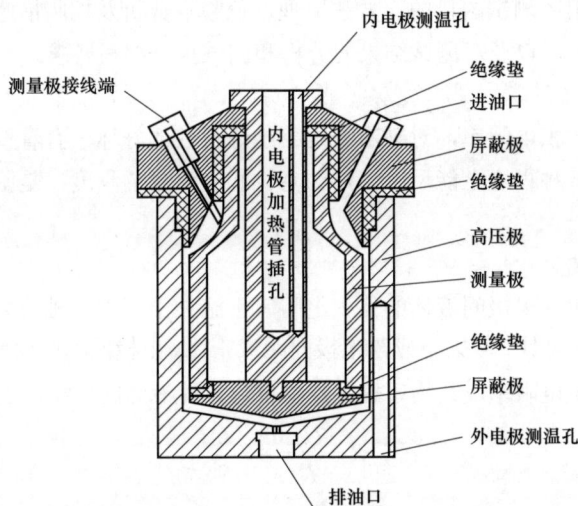

图 Z13I1002Ⅱ-1　测试电极杯结构示意图

（3）电极材料采用优质不锈钢，表面经抛光精加工，有效测量面粗糙度不低于 Ra0.16μm，使之容易清洗和避免表面积聚气泡。

（4）支撑电极的绝缘材料应具有较好机械强度、高体积电阻率和低介质损耗因数，并具有耐热、不吸油、不吸水和良好的化学稳定性性能（如聚四氟乙烯、石英或高频陶瓷），洁净电极杯空杯绝缘电阻大于 $3\times10^{12}\Omega$。

（5）电极杯控温能实现加热、制冷双功能，加热时内外电极可单独控温，加热均匀功率足够，到达设置温度时间不大于 15min，控温范围 15～95℃，控温精度 ±0.5℃，控温电路具有良好的绝缘和屏蔽装置。

（6）电极杯和高阻测量单元的连接插座、插头及连接线必须使用屏蔽接插件和连接线，高压部分必须严格绝缘。

（7）为了提高测试精度和效率，可采用测试油杯自动进排油功能，确保油杯电极常数的恒定和缩短加热或制冷时间，但必须保证电极的清洗避免试样的交叉污染。

（8）仪器具有开机自检、自校功能，能实现自动控温、自动测量，试验结果直接显示。整机校验周期为一年。

2. 试剂和材料

试剂和材料包括：溶剂汽油、石油醚或正庚烷，磷酸三钠，洗涤剂，蒸馏水或除盐水，绸布或定性滤纸，洁净合格新绝缘油，玻璃干燥器，0～100℃水银温度计，干燥箱，电容表。

三、试验步骤

（1）清洗电极杯：新使用、长期不用或污染的电极油杯应进行解体彻底清洗：拆洗电极油杯：拔出内电极，拧下内电极穿芯紧固螺丝，依次卸下下屏蔽极、下绝缘支撑件、测量极、上绝缘支撑件、上屏蔽极、内外电极绝缘支撑件，各部件和外电极先用溶剂汽油（石油醚或正庚烷）清洗，再用洗涤剂洗涤（或在5%～10%的磷酸三钠溶液中煮沸5min），然后用自来水冲洗至中性，最后用蒸馏水（除盐水）洗涤2～3次。

（2）干燥电极杯：将清洗好的电极杯各部件，置于105～110℃的干燥箱中干燥2～4h，取出放入玻璃干燥器中冷却至室温（操作时不可直接与手接触，应戴洁净布手套）。

（3）装配电极杯：按拆卸时相反次序装配好内电极，再将内电极置于外电极中。

（4）开启仪器，并确认仪器正常。根据测试样品种类、要求设置测试温度，除特别要求一般绝缘油为90℃。设置充电时间为60s。

（5）取试验样品轻摇混合均匀（不可使样品产生气泡），注入约30mL样品到清洗过的电极油杯。

（6）把电极杯装入仪器，接上连线和部件，装好紧固件。

（7）启动测试程序，电极油杯进行加热，待内、外电极和设置温度均小于±0.5℃时立即进行测量，记录试验结果。

（8）排空油杯，注入相同样品进行平行试验，记录平行试验结果。

如遇油样不够等特别情况，同杯样品的重复测试结果可作为平行试验结果参考值，测量时应先经过5min放电，然后测量，但重复测量次数不得多于3次。

（9）二次试验结果误差应满足方法重复性要求，否则应重新试验，直至二个相邻试验结果满足方法重复性要求为止。

四、试验报告

取二次满足精密度要求试验结果的较高值作为样品的体积电阻率报告值，保留二位有效数字，并注明测定温度。

（1）重复性。

电阻率：$\rho > 10^{10} \Omega \cdot m$ 时，不大于 25%。

$\qquad \rho \leqslant 10^{10} \Omega \cdot m$ 时，不大于 15%。

（2）再现性。

电阻率：$\rho > 10^{10} \Omega \cdot m$ 时，不大于 35%。

$\qquad \rho \leqslant 10^{10} \Omega \cdot m$ 时，不大于 25%。

（3）绝缘油体积电阻率应满足表 Z13I1002Ⅱ-1 的要求。

表 Z13I1002Ⅱ-1 　　　　　　　绝缘油体积电阻率质量指标

试验项目	要求		
	新油	交接时、大修后	运行中
体积电阻率 （90℃，$\Omega \cdot m$）		$\geqslant 6 \times 10^{10}$	$\geqslant 1 \times 10^{10}$（500kV） $\geqslant 5 \times 10^9$（330kV 及以下）

五、影响测量值的因素及其注意事项

1. 影响油品体积电阻率的因素

（1）温度的影响。一般绝缘油的体积电阻率是随温度的改变而变化，即温度升高，体积电阻率下降，反之，则增大。因此在测定时必须将温度恒定在规定值，以免影响测定结果。

（2）与电场强度有关，如同一试油，因电场强度不同，则所测得的体积电阻率也不同。因此，为了使测得的结果具有可比性，应在规定的电场强度下进行测定。

（3）与施加电压的时间有关，即施加电压的时间不同，则测得的结果亦异。一般在室温下进行测量时，施加电压的时间要长一些（如不少于 5min），而在高温下测量时，加压时间可缩短一些（如 1min）。总之，应按规定的时间进行加压。

2. 安全注意事项

（1）防止有毒药液伤害身体健康，在使用有机溶剂时应小心，工作后应仔细清洗双手。

（2）避免高温烫伤，加热和烘干过程中不要用手触碰物品。

（3）防止人身触电，测试仪器在工作过程中，内部有高压，禁止在通电过程中插拔电缆，试验人员在全部试验过程中应有监护人监护，应精力集中，不得与他人闲谈，在更换油样时应切断电源，试验人员应站在绝缘垫上进行测试。

（4）结尾检查，试验完毕应检查水、电、烘箱、门窗，确保安全。

【思考与练习】

1. 简述绝缘油体积电阻率测试的方法原理。
2. 简述绝缘油体积电阻率测试的影响因素。

▲ 模块3 绝缘油介质损耗因数测试（Z13I1003Ⅱ）

【模块描述】 本模块介绍绝缘油介质损耗因数测试试验。通过步骤讲解和要点归纳，掌握绝缘油介质损耗因数测试试验的目的、方法原理、危险点分析及控制措施、准备工作、测试步骤、注意事项，以及对测试结果的分析和测试报告编写要求。

【模块内容】

绝缘油的介质损耗因数对判断新油的精制、净化程度，运行中油的老化深度，以及判断变压器绝缘特性的好坏，都有着重要的意义，它是作为监测绝缘油的重要电气性能指标之一。

一、试验步骤

1. 清洗电极杯

清洗测量电极：每次试验之前应彻底清洗测量电极

（1）将测量电极全部拆开后，进行清洗。先用溶剂汽油（石油醚或正庚烷）清洗所有部件。

（2）用中性洗涤剂清洗（或在5%的磷酸三钠蒸馏水溶液中煮沸5min），然后用自来水冲洗至中性，最后用去离子水洗涤2～3次。

（3）放入烘箱内烘干所有部件都放入烘箱内，温度控制在105～110℃，时间不少于1～2h。

（4）待冷却后，组装测量电极注意应用干净的绸布包住各部件，切勿用手直接接触。

（5）测量电极损耗因数（空杯值）在工频2kV下，应不大于5×10^{-5}，否则重新清洗，合格后备用。

2. 油样注入

（1）将适量的试油注入清洗干净的油杯中（油杯中有刻度线），注意避免出现气泡及倒入的油样太多。

（2）将测量极安装体上的定位标记孔和屏蔽极上的定位标记孔对准后推入，轻轻地顺时针转动锁紧电极，注意不应拧得过紧。提起油杯将高压极上的定位标记孔与加热器上的定位孔对齐，将整个测量电极（油杯体）对准导向柱轻轻地放入加热器中。

（3）用专用电缆线将油杯与底座相连。

3. 测量

（1）打开电源开关，进入主菜单。以下设置一般不需更改。

试验电压：选择 2.0kV；测量方式：自动测量；介质损耗测量：选择 ON；加热启动：选择 ON；温度设定：常规试验选择 90℃。

（2）按住"启动键"仪器启动，加热指示灯亮，开始加热。

（3）实测温度值达到设置温度值后，仪器可自动测量，此时显示器显示试品的介质损耗值、电压值和电容值，并自动打印数据结果。

（4）测试完毕关闭电源，收拾清理好仪器。

二、试验报告

（1）测量重复性：两次测量之间的差别不应大于 0.0001 加上两个值中较大一个的 25%。

（2）取两次有效测量中的平均值作为该样品的介质损耗值。

三、影响测量值的因素及其注意事项

因为油品的介质损耗因数与外界的干扰及测量仪器的状况等均有关系，因素较多。在测定时必须注意以下几点。

（1）通电前仪器必须可靠接地。在试验地点周围，应无电磁场和机械震动的干扰。

（2）不许随便变动仪器设备的位置。

（3）电极工作面的光洁度应达到△9，如发现表面呈暗色时，必须重新抛光。

（4）各电极应保持同心，各间隙的距离要均匀。

（5）测量电极与保护电极间的绝缘电阻，应为测量设备绝缘电阻的 100 倍以上，各芯线与屏蔽间的绝缘电阻，一般应大于 50～100MΩ。

（6）测量仪器必须按规定和说明书进行清洁和调正。

（7）注入油杯内的试油，应无气泡及其他杂质。

（8）线路各连接处接触应良好，无断路或漏电现象。

（9）对试油施加电压至一定值时，在升压过程中不应有放电现象。

（10）防止高温烫伤：油杯温度较高，注油及排油注意不要触碰油杯，防止烫伤。

【思考与练习】

1. 简述绝缘油介质损耗测试过程的危险点及控制措施。

2. 简述绝缘油介质损耗测试的影响因素。

第三十七章

油（气）物理性能试验

▲ 模块 1　油中水分库仑法或气相色谱分析（Z13I2001 Ⅰ）

【模块描述】本模块介绍库仑法和气相色谱分析法测定变压器油中水分的方法。通过步骤讲解和要点归纳，掌握库仑法和气相色谱分析法测定变压器油中水分的原理、危险点分析及控制措施、准备工作、测试步骤、注意事项，以及对测试结果的分析和测试报告编写要求。

【模块内容】

绝缘油中的微水含量是绝缘油质量的主要控制指标之一。绝缘油中微量水分的存在，对绝缘介质的电气性能与理化性能都有极大的危害，水分可导致绝缘油的击穿电压降低，介质损耗因数增大，水分是油氧化作用的主要催化剂，促进绝缘油老化，使绝缘性能劣化、受潮，损坏设备，导致电力设备的运行可靠性和寿命降低，甚至危及人身安全。目前常用的油中水分含量测定法有库仑法和气相色谱分析法两种。

一、库仑法

（一）方法原理

库仑法是一种电化学方法，它是将库仑计与卡尔—费休滴定法结合起来的分析方法。当被测试油中的水分进入电解液（即卡尔—费休试剂，简称卡氏试剂）后，水参与碘、二氧化硫的氧化还原化学反应，在吡啶和甲醇存在下，生成氢碘酸吡啶和甲基硫酸吡啶，消耗了的碘在阳极电解产生，从而使氧化还原反应不断进行，直至水分全部耗尽为止。依据法拉第定律，电解产生的碘是同电解时耗用的电量成正比例关系。其反应式为

$$H_2O+I_2+SO_2+3C_5H_5N \longrightarrow 2C_5H_5N \cdot HI+C_5H_5N \cdot SO_3 \qquad （Z13I2001 Ⅰ -1）$$

$$C_5H_5N \cdot SO_3+CH_3OH \longrightarrow C_5H_5N \cdot HSO_4CH_3 \qquad （Z13I2001 Ⅰ -2）$$

在电解过程中，电极反应为

阳极

$$2I^- - 2e \longrightarrow I_2 \qquad\qquad (Z13I2001\ I -3)$$

阴极

$$I_2 + 2e \longrightarrow 2I^- \qquad\qquad (Z13I2001\ I -4)$$

$$2H^+ + 2e \longrightarrow H_2 \uparrow \qquad\qquad (Z13I2001\ I -5)$$

从以上反应式中可以看出，即一个克分子的碘，氧化一个克分子的二氧化硫，需要一个克分子水。所以是一个克分子碘与一个克分子水的当量反应，即电解碘的电量相当于电解水所需的电量，即 1 毫克水相当于 10.72 电子库仑。根据这一原理可直接从电解消耗的电量数，计算出水的含量。

（二）危险点分析及控制措施

（1）防触电。仪器应有良好接地。

（2）防中毒。防止有毒药品损害试验人员身体健康，电解液使用时应小心谨慎，切勿触及伤口或误入口中，更换电解液和试验均应在通风橱中进行。

（3）防止玻璃仪器破碎被扎伤。

（4）化验室应备有自来水、消防器材、急救箱等物品。

（三）测试前准备工作

（1）查阅相关技术资料、试验规程，明确试验安全注意事项，编写作业指导书。

（2）仪器和材料准备。准备好表 Z13I2001 I -1 中所列的仪器和材料。

表 Z13I2001 I -1　　　　　　　库仑法所需的仪器和材料

序号	名称	型号与规格	单位	数量	备注
1	电解液	250mL（或分阳极液和阴极液）	瓶	1	保质期内，无受潮
2	标水	蒸馏水			或已知含水量的甲醇标样
3	微水仪		台	1	以实际仪器为准
4	微量注射器	0.5μL、1mL	支	1	保存在干燥器内
5	针头	9 号	支	1	保存在干燥器内
6	硅橡胶垫	$\phi 5$	个	1	保存在干燥器内
7	卷纸或滤纸			若干	
8	凡士林				

（3）电解液的准备和添加。在通风橱内将预先清洗干燥的电解池阳极室内放入搅拌子，往阴极室和阳极室分别加入电解液至刻度线，阴极室液面与阳极室液面在同一水平面或稍微高些。

（4）电解池的安装。在干燥管内装入变色硅胶，在所有玻璃磨口处涂上高真空硅脂或凡士林，塞好所有的塞子。安装测量电极时，要注意电极方向与电解液的搅拌方向成切线，在电解池上部的进样口处更换进样硅胶垫，旋紧进样口旋钮。

（四）测试步骤及要求

1. 开机

正确连接电解电极和测量电极。开仪器电源。选择搅拌、滴定功能开始电解所存在的残余水分。若电解液过碘，注入适量的含水甲醇或蒸馏水来消除过碘。若电解液过水，则耐心等待至数值稳定。

2. 标定

待仪器到达终点时，连续 3 次用 0.5μL 注射器取 0.5μL 蒸馏水进样，仪器示值皆应为（500±25）μg。

3. 进样检测

用注射器取试油冲洗 2 次后准确量取 1mL 试油进样（注射器中不应有气泡），按启动钮，试油通过电解池上部的进样口注入电解池中，仪器自动电解至终点，记下测定结果。同一试验至少重复操作两次以上，最后两次平行试验的结果之差不得超过允许值。

4. 关机

关搅拌、滴定功能，关仪器电源。电解液静置至分层，仔细抽取上层油液，分别取下电解电极和测量电极接头，将电解池放入干燥器内存放。

5. 试验结束

清理操作台恢复清洁、整齐，用具归位。

（五）测试结果分析及测试报告编写

1. 精密度

两次平行测试结果的差值不得超过表 Z13I2001Ⅰ-2 所列的数值。

表 Z13I2001Ⅰ-2　　　　　测 试 结 果 的 允 许 差

范围（mg/L）	允许差（mg/L）	范围（mg/L）	允许差（mg/L）
<10	2	21~40	4
10~20	3	>41	10%

2. 试验报告

取 2 次平行试验的结果的平均值为试样水分最终报告值，根据规程要求给出正确的分析意见。试验报告还应包括试验环境条件、试验仪器型号、被测试样名称、试验人员等。

3. 绝缘油微水质量指标

绝缘油微水质量指标见表 Z13I2001Ⅰ–3。

表 Z13I2001Ⅰ–3 绝缘油微水质量指标

试验项目	要求		
	新油	交接时、大修后	运行中
水分（mg/L）	按厂家报告	≤20（110kV 及以下） ≤15（220kV） ≤10（500kV）	≤35（110kV 及以下） ≤25（220kV） ≤15（330kV）

（六）测试注意事项

（1）采用库仑法测定水分，其关键是卡氏试剂的配制和电解液的组成比例，各种成分的比例不能轻易改动，否则会影响检测灵敏度或使终点不稳定。实际工作中可以直接使用厂家提供的和微水仪配套的电解液，电解液应放在干燥的暗处保存，温度不宜高于 20℃。

（2）搅拌速度对测试结果是有影响的，太快、太慢都会影响数据的稳定性，通常最好是能够使电解液呈一旋涡状为宜。

（3）当注入的油样达到一定数量后，电解液会呈现浑浊状态，但不会影响测试结果。如还要继续进样，应用标样标定，符合规定后，可以继续进样测定，否则应更换电解液。

（4）测定油中水分时，应注意电解液和试样的密封性，在测试过程中不要让大气中的潮气侵入试样中。因此从设备中采取油样时，应按色谱分析法的同样要求，用注射器进行取样，并应避光保存。

（5）在测定过程中，有时会出现过终点现象，这多数是由于空气中的氧，氧化了电解液中的碘离子生成碘所造成，它相当于电解时产生的碘，致使测定结果偏低。当阴极室出现黑色沉淀后，可将电极取出，用酸清洗后使用。

（6）测试仪器最好配有稳压电源，放置在噪声小，并尽量避免有磁场干扰的环境中，以免影响仪器的稳定。

（7）对于运行中变压器，测量油微水时应注意变压器温度的影响，尽量在顶层油温高于 50℃时采样。

二、气相色谱分析方法

（一）方法原理

使变压器油中的水分在色谱仪的进样口汽化室被汽化，通过高分子多孔微球为固定相的色谱柱进行分离，用热导检测器检测，采用工作曲线法求出油中水分含量。

（二）危险点分析及控制措施

（1）色谱工作台应能承受整套仪器重量，不发生振动，还应便于操作；在安装色谱仪工作台时，应预留 30～40cm 的通道和至少 30cm 的空间，以便于检修和仪器散热。

（2）电源插座必须有接地，色谱仪电源应与其他大功率设备分开。

（3）储气室最好与实验室分开，单独设置；室内温度变化不应过大，避免阳光直射；氧气与氢气应分开储放，以免发生爆炸危险。

（4）气路管线安装后要进行检漏，确认没有漏气后才能使用。

（三）测试前准备工作

1. 资料准备

查阅相关技术资料、试验规程，明确试验安全注意事项，编写作业指导书。

2. 仪器和材料准备

准备好表 Z13I2001Ⅰ-4 中所列的仪器和材料。

表 Z13I2001Ⅰ-4　　　　　气相色谱法所需的仪器和材料

序号	检测仪器	要求	备注
1	气相色谱测定仪	具备热导检测器，其进样器应能排放残油或采用反吹气路。最小检测浓度小于 0.5μL/L，桥流为 90～180mA	检定合格
2	色谱柱	不锈钢柱：内径 3mm，长 1m；填充高分子多孔微球 GDX-103（60～80 目）。 分离度：变压器油中水峰与其前相邻峰的分离度 R≥1	
3	微量注射器	10μL	刻度准确
4	载气氮气（或氩气）	纯度不低于 99.99%	合格
5	正庚烷	分析纯	

3. 试剂准备

将分析纯正庚烷用不低于 15℃的等体积去离子水（或二次蒸馏水）在分液漏斗内至少洗涤 3 次。每次洗涤，其振荡时间不少于 1min，静置时间 5min。洗毕，将其移入 25mL 具塞比色管或小口试剂瓶内，并加入 1/4 正庚烷体积的去离子水（或二次蒸馏水），在室温下（最好有保温措施）至少恒定 2h，作为标样备用。

4. 试验条件选择

（1）层析室温度：130～140℃。

（2）气化室温度：160～180℃。

（3）载气流速：氮气（或氩气），30～40mL/min。

（4）进样量：10μL。

5. 色谱仪开机稳定工作

（1）打开高压气瓶（或气体发生器）的气源阀，观察并调节流量控制器压力表的压力。

（2）观察并调节各气体流量，通入载气15min左右，打开气相色谱仪电源。

（3）输入或检查各路温度的设定值，包括进样器、检测器、柱箱温度设定。

1）在通载气的情况下，逐一检查各加热室的控温性能。

2）启动仪器总开关后，合上温度控制器开关，过20min左右，各加热室应达到设定的温度。

（4）设定TCD检测器的桥流。

（5）打开色谱分析工作站，进入实时采样界面，点击采样开始按钮，观察基线是否稳定，待仪器基本稳定后即可调整基线。

（四）测试步骤及要求

1. 绘制工作曲线

（1）用10μL微量注射器注入不同体积（V_i）正庚烷标样，记录相应的水峰高度（h_i）。

（2）测量微量注射器针头死体积内正庚烷标样中的水峰高度（h_0）。

（3）不同进样体积正庚烷标样的真实水峰高度（h）按式（Z13I2001 I –6）计算，即

$$h = h_i - h_0 \qquad\qquad (Z13I2001 \text{ I} –6)$$

（4）根据试验时的室温，由表Z13I2001 I –5查出正庚烷标样的饱和含水值（W）。

表 Z13I2001 I –5 　　　　　　正庚烷中饱和含水值

温度（℃）	10	11	12	13	14	15	16	17	18
含水值（μL/L）	31.5	34.0	36.1	38.9	41.1	43.9	46.4	49.2	52.0
温度（℃）	19	20	21	22	23	24	25	26	27
含水值（μL/L）	55.1	58.3	61.7	65.0	68.4	72.1	76.0	80.3	85.0
温度（℃）	28	29	30	31	31	33	34	35	
含水值（μL/L）	89.3	94.1	99.2	104.8	110.5	116.5	116.5	128.9	

（5）正庚烷标样不同进样体积的含水值按式（Z13I2001 I –7）计算，即

$$W_i = WV_i \times 10^{-6} \qquad\qquad (Z13I2001 \text{ I} –7)$$

式中　W_i——正庚烷标样不同进样体积的含水值（体积），μL；

W——室温正庚烷饱和含水值，μL/L；

V_i——标准正庚烷进样体积，μL。

（6）变压器油含水值（W_y）按式（Z13I2001 I –8）计算折合，即

$$W_y = \frac{W_i}{V_y} \times 10^6 \qquad\qquad (Z13I2001\,I\,{-8})$$

式中　W_y——折合变压器油含水值，μg/L；

W_i——正庚烷标样不同进样体积含水值，μL；

V_y——试油进样体积，μL。

（7）绘制峰高 h 与含水值 W_y 关系曲线。

2. 样品分析

（1）在与绘制工作曲线相同的操作条件下注入 10μL 变压器油样品，测定其水峰高度（hy）。

（2）由工作曲线查出与 hy 相对应的水值。

（五）测试结果分析及测试报告编写

1. 试验结果精密度

（1）两次平行试验结果的差值要求不超过 4.2μg/L。

（2）取两次平行试验结果的算术平均值为测定值。

2. 测试报告编写应包括以下项目：样品名称和编号、测试时间、测试人员、环境温度、湿度、大气压力、测试结果等，备注栏写明其他需要注意的内容。

（六）测试注意事项

（1）进样操作前，应观察仪器稳定状态，只有仪器稳定后，才能进行进样操作，进样操作也是影响分析结果的一个因素。

（2）微量注射器必须洁净、干燥；进样前必须用样品冲洗。

（3）样品分析应与仪器标定使用同一支进样注射器，取相同进样体积。

（4）绘制工作曲线时，应至少取五种不同体积的正庚烷标样分别进行平行试验，平行试验测定结果的峰高相对偏差不得超过 3%。

（5）每次开机试验时，应先对工作曲线进行校核。若误差超过 5%，应重新绘制工作曲线。

【思考与练习】

1. 绝缘油中水分对绝缘油特性有哪些影响？

2. 简述库仑法测定油中微量水分的测试原理。

3. 简述色谱法测试油中水分含量的注意事项。

▲ 模块2 油品密度测定（Z13I2002 I）

【**模块描述**】 本模块介绍油品密度的测定方法。通过步骤讲解和要点归纳，掌握油品密度测定的目的、方法原理、危险点分析及控制措施、准备工作、测试步骤、注意事项，以及对测试结果的分析和测试报告编写要求。

【**模块内容**】

一、测试目的

为了避免在含水量较多时而又处于寒冷气候条件下可能出现的浮冰现象，变压器油的密度一般不宜太大，通常情况下，变压器油的密度为 $0.8 \sim 0.9 \text{g/cm}^3$ 之间。

二、方法概要

油品的密度是单位体积内所含油品的质量，以符号 ρ 表示。我国规定，油品在 20℃ 时的密度为标准密度，以 ρ_{20} 表示。

方法概要。将试样处理至合适的温度并转移到和试样温度大致一样的密度计量筒中，再把合适的石油密度计垂直地放入试样中并让其稳定，等其温度达到平衡状态后，读取石油密度计刻度的读数并记下试样的温度。在实验温度下测得的石油密度计读数，用 GB/T 1885《石油计量表》换算到 20℃ 下的密度。

视密度。用石油密度计测定密度时，在某一温度下所观察到的石油密度计读数，用 ρt 表示，单位为 kg/m^3，常用单位为 g/cm^3。

三、危险点分析及控制措施

（1）在试验地点周围，应避免机械振动的干扰。

（2）密度计等玻璃仪器易破、易折断，密度计切勿横着拿取细管一端，以防折断。

（3）将密度计浸入试油时，不许用手把密度计向下推，应轻轻缓放，以防密度计突沉量筒底部，碰破密度计。

（4）防止玻璃仪器破碎扎伤。

（5）化验室应备有自来水、消防器材、急救箱等物品。

四、测试前准备工作

（1）查阅相关技术资料、试验规程，明确试验安全注意事项，编写作业指导书。

（2）仪器和材料准备。准备好表 Z13I2002 I -1 中所列的仪器和材料。

表 Z13I2002 I -1   仪 器 和 材 料

序号	仪器	型号	备注
1	石油密度计	SY-1型石油密度计（一整套）	也可使用精度相当或更高的石油密度计

序号	仪器	型号	备注
2	密度计量筒	量筒内径应至少比所用的石油密度计的外径大 25mm，量筒高度应能使石油密度计漂浮在试样中，石油密度计底部距量筒底部至少 25mm	可用清晰透明玻璃或塑料制成
3	温度计	分值为0.2℃的全浸水银温度计	经检定合格的
4	恒温浴	恒温精度为±0.5℃	

（3）测定温度。用石油密度计测量密度时，在标准温度或接近这个温度下测定最为准确。为石油计量而测定密度时，测定温度要尽量接近储存油的实际温度，应在实际温度的±3℃范围内测定。在测定温度下，石油密度计应能在试样中自由地漂浮。

五、测试步骤及要求

（1）按 GB/T 4756 采取试样，将用于测定的密度计、量筒和温度计的温度处于和被测试样大致相同的温度。

（2）将均匀的试样小心地沿量筒壁倾入清洁的密度计量筒中，防止溅泼和产生气泡，当试样表面有气泡聚集时，可用一片清洁的滤纸除去。

（3）将盛有试样的密度计量筒垂直地放在没有较大空气流动的地方，要确保试样温度在测定所需的时间内没有显著变动，在这期间，环境温度的变化应不大于 2℃，否则应使用恒温浴，避免温度变化过大。

（4）将温度计插入试样中，小心地搅拌试样，注意温度计的水银线要保持全浸，再将选好的清洁、干燥的石油密度计轻轻地放在试样中。

（5）待石油密度计静止后，将石油密度计轻轻压入试样约两个刻度，再放开。应有充分的时间让石油密度计静止下来，达到平衡，并离开密度计量筒壁可自由地漂浮。

（6）读取试样的弯月面上沿与石油密度计刻度相切的点即为石油密度计数值。读数时，视线要与试样的弯月面上沿成一水平面。当选用 SY-I 型石油密度计时，其数值应读至 0.000 1g/cm³。

（7）将石油密度计稍稍提起，擦去最上部黏附的试样，再放入试样中，待石油密度计静止后，立即用温度计小心搅拌试样，注意温度计水银线要保持全浸。按（5）、（6）条再测定一次。若这次试样温度与前次试样温度之差超过 0.5℃，则重新读取温度计和石油密度计数值，直至温度变化稳定在 0.5℃以内。记录连续两次测定的温度和视密度的数值。

六、测试结果分析及测试报告编写

（1）根据连续两次测定的温度和视密度，由 GB/T 1885 石油计量换算表查得 20℃的密度。取两个 20℃的密度的算术平均作为测定结果。对 SY-I 型石油密度计报告到 0.000 1g/cm³。

（2）精密度。同一操作者测定同一试样时，连续测定两个结果之差不应大于下列表 Z13I2002 I –2 所列的数值。

表 Z13I2002 I –2　　　　测 定 结 果 允 差

石油密度计型号	允许差数（g/cm³）
透明、低黏度	0.000 5
不透明	0.000 6

（3）试验报告应包括：样品名称、国家标准号、密度计读数及相应的试验温度、试验仪器型号、试验日期、分析意见、试验人员等。

（4）对于新绝缘油，要求 20℃时密度不大于 895kg/m³。

七、测试注意事项

（1）在整个试验期间，环境温度变化应不大于 2℃。当环境温度变化大于±2℃时，应使用恒温浴，以免温度变化太大。

（2）密度计在使用前必须全部擦拭干净，擦拭后不要再握最高分度线以下各部分，以免影响读数。

（3）测定密度用的量筒，其直径应较密度计扩大部分躯体的直径大一倍，以免密度计与量筒内壁碰撞，影响准确度，其高度也要适当。

（4）无论测定透明或深色油品时，其读数的位置，均按液面上边缘读数，在读数时眼睛与液面上边缘必须在同一水平面。

（5）如果发现密度计的分度标尺位移，玻璃有裂纹等现象，应停止使用。

（6）试样内或其表面有气泡时，会影响读数，在测定前应消除气泡。

（7）测定混合油的密度时，必须搅拌均匀。

（8）在读数的同时，应记录试样的温度。

（9）油品的密度受温度的影响较大，如温度升高，油的体积增大，密度减小。反之温度降低，体积缩小，密度增大。因此在测定油品密度时，必须标明测定时的温度。

【思考与练习】

1. 什么是油品的密度？
2. 影响油品密度的主要因素有哪些？
3. 简述测试油品密度时应注意哪些事项？

▲ 模块 3　油品透明度测定（Z13I2003 I）

【模块描述】 本模块介绍油品透明度的测定方法。通过步骤讲解和要点归纳，掌握油品透明度测定的目的、方法原理、危险点分析及控制措施、准备工作、测试步骤、注意事项，以及对测试结果的分析和测试报告编写要求。

【模块内容】

一、测试目的

油品的透明度是对油品外状的直观鉴定。测定油品透明度可以初步判断溶解在油中石蜡等固态烃的含量多少，以及油在运输、储存和运行条件下，受到水分、机械杂质、游离碳等物质的污染程度。

二、测试原理

将试油注入试管内，在规定温度下恒温并观察试油的透明程度。

三、危险点分析及控制

（1）低温恒温水浴在通电前应先检查水位高度是否符合要求，水位偏低时要及时补水，以避免通电后缺水造成仪器损坏。

（2）使用的玻璃仪器应轻拿轻放，避免玻璃破裂造成伤害。

四、测试前准备工作

（1）查阅相关技术资料、试验规程，明确试验安全注意事项，编写作业指导书。

（2）仪器与材料准备。准备好表 Z13I2003 I–1 中所列的仪器和试剂。

表 Z13I2003 I–1　　　　　仪 器、试 剂

序号	设备及材料	要求	备注
1	试管	内径（15±1）mm	
2	低温恒温水浴	带制冷功能的恒温水浴，可在 0~50℃范围内控制恒温，温控精度±0.1℃	
3	温度计	−20~50℃	

五、试验步骤及要求

打开低温恒温水浴，设定水浴温度为 5℃，将试油（绝缘油）注入干燥的试管中，把试管浸入已恒温的水浴中，浸入深度以试管中油面低于水浴面 1cm 为宜，待 10min 后取出试管，擦净试管外壁水分，将试管背面分别衬以白纸、黑纸，在光线充足的地方分别观察，如果均匀无浑浊现象，则认为试油透明。

注：试油为汽轮机油时，要冷却至 0℃测试。

六、测试结果分析及测试报告编写

（1）当对油品的透明度测定结果有争议时，可将油品注入 100mL 量筒中，在温度为（20±5）℃下测定，油品应均匀透明，如还有争议，应按 GB 511 测定油中机械杂

质的含量结果应为无才合格。即在（20±5）℃的温度下，油品中不应有游离的石蜡和渣滓分离出来，油质应清澈透明。若在（20±5）℃的温度下，油质仍不透明，同时测得油的机械杂质含量不为无时，则说明油中石蜡和渣滓的含量不合格。

（2）测试报告编写应包括以下项目：样品名称和编号、测试时间、测试人员、审核和批准人员、测试依据、环境温度、测试结果、测试结论等，备注栏写明其他需要注意的内容。

七、试验注意事项

（1）测定油品透明度时，应在规定的温度下进行。

（2）测定用的试管应干净和干燥。

（3）观察时光线要充足，速度要快并及时擦干试管外壁结露的水分。

【思考与练习】

1. 测定油品透明度的目的是什么？

2. 测定油品透明度应注意哪些事项？

▲ 模块 4 油品颜色测定（Z13I2004Ⅰ）

【模块描述】本模块介绍油品颜色的测定方法。通过步骤讲解和要点归纳，掌握油品颜色测定的目的、方法原理、危险点分析及控制措施、准备工作、测试步骤、注意事项，以及对测试结果的分析和测试报告编写要求。

【模块内容】

一、测试目的

测定油品的颜色对于新油可判断油品的精制程度，即油中除去沥青、树脂质及其他染色物质的程度，以及油品在运输和储存过程中是否受到污染。对于运行中绝缘油如颜色发生剧烈变化，一般是油内发生电弧放电时产生碳质造成的。油在运行中颜色迅速变化，是油质变坏或设备存在故障的表现。

二、测试原理

将试油注入比色管中，与规定的标准比色液相比较，以相等的色号及名称表示。如果找不到与试油颜色最相近的颜色，而其介于两个标准颜色之间，则报告两个颜色中较深的一个颜色。

三、危险点分析及控制

（1）称量碘时不得把碘直接放入天平室内称量，应采用减量法称量，以避免碘蒸气对天平产生腐蚀。

（2）使用的玻璃仪器应轻拿轻放，避免玻璃破裂造成伤害。

（3）实验完毕应及时、仔细清洗双手。

四、测试前准备工作

（1）查阅相关技术资料、试验规程，明确试验安全注意事项，编写作业指导书。

（2）仪器与材料准备。准备好表 Z13I2004Ⅰ-1 中所列的仪器和试剂。

表 Z13I2004Ⅰ-1　　　　　　　仪　器、试　剂

序号	设备及材料	要求	备注
1	比色管	容量 10mL，内径（15±0.5）mm，长 150mm	一组共 15 支
2	比色盒		
3	分析天平	分度值 0.000 1g	
4	容量瓶	100mL	
5	移液管	1.0、2.0、5.0、10.0、25mL	
6	烧杯	100mL	
7	碘化钾	分析纯	
8	碘	经过升华和干燥	
9	蒸馏水		

（3）母液配制。称取升华、干燥的纯碘 1g（称准至 0.000 2g），溶于 100mL 含 10%（m/V）碘化钾的溶液中。

（4）标准比色液配制。按表 Z13I2004Ⅰ-2 的规定，配制比色液，将此比色液分别注入比色管中，磨口处用石蜡密封，放在避光处，注明色号及颜色。此标准比色液的使用期限，不得超过 3 个月。

表 Z13I2004Ⅰ-2　　　　　标 准 比 色 液 配 制 表

色号	颜色	母液（mL）	蒸馏水（mL）	色号	颜色	母液（mL）	蒸馏水（mL）
1	淡黄色	0.2	100	9	深橙	1.20	25
2	淡黄	0.4	100	10	橙红	1.80	25
3	浅黄	0.14	25	11	浅棕	2.80	25
4	黄色	0.22	25	12	棕红	4.50	25
5	深黄	0.32	25	13	棕色	7.00	25
6	枯黄	0.46	25	14	棕褐	12.00	25
7	淡橙	0.64	25	15	褐色	30.00	25
8	橙色	0.90	25				

五、试验步骤及要求

（1）将试油注入比色管中，选择与试油颜色相接近的标准比色管，同时放入比色盒内，在光亮处进行比较，记录最相近的标准色号及颜色。

（2）将与试油颜色相同的标准比色管色号作为试油颜色的色号。

六、测试结果分析及测试报告编写

（1）如果试油的颜色居于两个标准比色管的颜色之间，则报告较深的色号，并在色号前面加"小于"，若颜色比 15 号深，可报告为大于 15 号。

（2）测试报告编写应包括以下项目：样品名称和编号、测试时间、测试人员、审核和批准人员、测试依据、环境温度、测试结果、测试结论等，备注栏写明其他需要注意的内容。

（3）新绝缘油一般为淡黄色，油品的颜色越浅，说明其精制程度及稳定性越好。如油品精制得不好，使油中存在某些树脂质沥青等不稳定化合物，它们会使油品的颜色加深。

（4）如检测发现运行中绝缘油颜色发生剧烈变化，一般是设备存在严重故障，油内发生电弧放电产生游离碳造成的，应立即通知有关部门采取措施。

七、试验注意事项

（1）配制的比色液应注意避光保存，使用期限不要超过 3 个月。

（2）测定用的比色管应干净和干燥。

（3）比色观察时应在光亮处进行。

【思考与练习】

1. 测定油品颜色的目的是什么？
2. 比色液有哪几种颜色？

模块 5　油品闪点（闭口）测定（Z13I2005Ⅰ）

【模块描述】本模块介绍油品闪点（闭口）的测定方法。通过步骤讲解和要点归纳，掌握油品闪点（闭口）的测定的目的、方法原理、危险点分析及控制措施、准备工作、测试步骤、注意事项，以及对测试结果的分析和测试报告编写要求。

【模块内容】

一、测试目的

闪点可鉴定油品发生火灾的危险性，闪点越低，油品越易燃烧，火灾危险性越大，所以油品的闪点是一个安全指标。按闪点的高低可确定其运送、储存和使用的各种防火安全措施。

二、方法概要

在规定的条件下，将油品加热，随油温的升高，油蒸气在空气中（油液面上）的浓度也随之增加，当升到某一温度时，油蒸气和空气组成的混合物中，油蒸气含量达到可燃浓度，如将火焰靠近这种混合物，它就会闪火，把产生这种现象的最低温度称为石油产品的闪点。闭口闪点仪器一般采用自动升降杯盖、自动升温、自动点火、自动捕捉闪点的全自动模式，点火方式有电点火和气点火两种形式可以选择，闪点的捕捉方式有火焰导电感应式和压力感应等检测方式，温度的测量一般都使用铂电阻。对于全自动闪点测试仪，只要按仪器使用说明书设置即可。本节测试步骤重点介绍手动仪器操作。

三、危险点分析及控制措施

（1）仪器应有良好接地。

（2）避免高温烫伤，不准触碰加热过的试油及油杯，禁止在仪器通电加热过程中接触油杯。

（3）防止有毒气体损害身体健康，试验应在通风橱中进行。

（4）防止火灾，煤气瓶应放在避光处，并经常检查是否有漏气现象，试验室内应备有消防器材。

四、测试前准备工作

1. 资料准备

查阅相关技术资料、试验规程，明确试验安全注意事项，编写作业指导书。

2. 仪器和材料准备

准备好表 Z13I2005Ⅰ–1 中所列的仪器和材料。

表 Z13I2005Ⅰ–1　　　　仪 器 和 材 料

序号	工具名称	型号	单位	数量	备注
1	闭口闪点仪		台	1	符合要求
2	火柴		盒	1	
3	石油气	500mL	瓶	1	用电子点火
4	气压计		个	1	检定合格

3. 试验前检查

（1）检查工作现场的工作条件、安全措施是否完备。了解仪器的工作原理、结构及性能。闪点测定仪要放在避风和较暗的地方才便于观察闪火。为了更有效地避免气流和光线的影响，闪点测定仪应围着防护屏。

（2）闪点仪在使用前先检查煤气口是否堵塞，气路是否漏气，是否还有可供此次试验的煤气。

（3）试验前应详细记录试验条件及被试样品的情况。

（4）如果试油中含有未溶解的水时，在测定闪点之前必须脱水。

（5）点火器火焰调整到接近球形，其直径为3～4mm。

（6）测出试验时的实际大气压力 p。

五、测试步骤及要求

（1）将被试油样倒入样品杯中，加入量准确（以刻度线为准），把样品杯放到加热器的杯穴中，由定位柱把样品杯杯好位。

（2）开始加热，加热速度要均匀上升，并定期搅拌。

（3）整个试验期间，试样以 5～6℃/min 的速度升温，且搅拌速率为 90～120r/min。

（4）试样温度到达预期闪点前 23±5℃时，每经 2℃进行点火试验。点火时，停止搅拌，使火焰在 0.5s 内降到杯上含蒸气的空间，留在这一位置 1s 立即迅速回到原位。

（5）记录火源引起试验杯内产生明显着火的温度，作为试样的观察闪点。

（6）如果所记录的观察闪点与最初点火温度的差值少于 18℃或高于 28℃，则认为此结果无效。应更换试样重新试验，调节最初点火温度，直到获得有效的测定结果，即观察闪点与最初点火温度的差值在 18～28℃范围之内。

六、测试结果分析及测试报告编写

1. 大气压力对闪点影响的修正

观察和记录实验时的实际大气压力 p，按式（Z13I2005Ⅰ–1）计算在标准大气压力时的闪点修正数，即

$$t=0.25（101.3-p） \hspace{2cm} （Z13I2005Ⅰ-1）$$

2. 精密度

（1）重复性。同一操作者重复测定两个结果之差不应超过表 Z13I2005Ⅰ–2 所列的数值。

表 Z13I2005Ⅰ–2　　　　　　测 定 结 果 允 许 差 数

闪点范围（℃）	允许差数（℃）
40～250	0.029X

注 X 为两个连续试验结果的平均值。

（2）再现性。

由两个实验室提出的两个结果之差，不应超过表 Z13I2005Ⅰ–3 所列的数值。

表 Z13I2005 I -3 　　　　　　两个实验室测量结果允许差数

闪点范围（℃）	允许差数（℃）
40～250	0.071X

注　X 为两个连续试验结果的平均值。

3. 试验结果

试验报告取两次平行试验结果的平均值为试样的闪点测定值，以整数报结果。试验报告还应包括：样品名称、试验方法、试验日期、分析意见、试验人员等。

4. 变压器油闪点质量指标

变压器油闪点质量指标见表 Z13I2005 I -4。

表 Z13I2005 I -4 　　　　　　变压器油闪点质量指标

试验项目	要求		
	新油	交接时、大修后	运行中
闪点（闭口，℃）	≥135	≥135	≥135

七、测试注意事项

（1）测试准确性与加入试油的量有关。在测定油杯中所加的试油量，要正好到刻线处，否则油量多测得结果偏低，油量少结果偏高。

（2）测试准确性与点火用的火焰大小离液面高低及停留时间有关。对点火用的火焰大小，火焰距液面的高低及在液面上的停留时间等均应注意，一般火焰较规定的大，火焰离液面越近，在液面上移动的时间越长，则测得结果偏低，反之则测得结果比正常值高。

（3）加温速度要严格按规定控制，不能过快或过慢。如加热太快，油蒸发速度快，使空气中油蒸气浓度提前达到爆炸下限，使测定结果偏低。如加热速度过慢，测定时间较长，点火次数多，损耗了部分油蒸气，推迟了油蒸气和空气混合物达到闪点浓度的时间，而使测定结果偏高。

（4）如果试油中含有水分时，在测定闪点之前必须脱水。因为加热试油时，分散在油中的水会气化形成水蒸气，或有时形成气泡覆盖于液面上，影响油的正常气化，推迟了闪火时间，使测定结果偏高。

（5）在点火过程中，要先看温度后点火，不应点火后再看温度。因为点火后油温会升高，不是原闪火时的温度，而使测得结果偏高。

（6）与测定压力有关，一般压力高闪点高，否则反之。所以在测定闪点时，应根据当地气压情况予以修正。

【思考与练习】

1. 何谓油品的闪点？
2. 闪点和哪些测定条件有关？
3. 测试闪点有何意义？

▶ 模块 6　油中机械杂质（重量法）测定（Z13I2006Ⅱ）

【模块描述】　本模块介绍油品中机械杂质的测定方法。通过步骤讲解和要点归纳，掌握油品中机械杂质测定的目的、方法原理、危险点分析及控制措施、准备工作、测试步骤、注意事项，以及对测试结果的分析和测试报告编写要求。

【模块内容】

油中的机械杂质，是指存在于油品中所有不溶于溶剂（汽油、苯）的沉淀状态或悬浮状态的物质。绝缘油中如含有机械杂质，会引起油质的绝缘强度、介质损耗因数及体积电阻率等电气性能变坏，威胁电气设备的安全运行。汽轮机油中如含有机械杂质，特别是坚硬的固体颗粒，易引起调速系统卡涩、机组的转动部位磨损等潜在故障，威胁机组的安全运行。检测油中机械杂质是运行中油品的质量控制指标之一。

一、测试原理

称取一定量的油样，溶于所用的溶剂中，用已恒重的滤器过滤，使油中所含的固体悬浮粒子分离出来，再用溶剂把油全部冲洗净，对被留在滤器上的杂质进行烘干和称重即可得到油中机械杂质含量。

二、仪器、试剂

表 Z13I2006Ⅱ-1　　　　　　仪器、试剂

序号	设备及材料	要求	备注
1	烧杯		
2	称量瓶		
3	玻璃漏斗		
4	保温漏斗		
5	吸滤瓶		
6	水流泵或真空泵		
7	干燥器		
8	水浴或电热板		

续表

序号	设备及材料	要求	备注
9	红外线灯泡		
10	微孔玻璃滤器	漏斗式，孔径 4～10μm	
11	定量滤纸	中速（滤速 31～60s），直径 11cm	
12	溶剂油	符合 SH 0004 规格（或航空汽油：符合 GB 1787 规格）。使用前均应过滤，然后作溶剂用	
13	95%乙醇	化学纯，使用前均应过滤，然后作溶剂用	
14	乙醚	化学纯，使用前均应过滤，然后作溶剂用	
15	甲苯	化学纯，使用前均应过滤，然后作溶剂用	

三、准备工作

（1）配制乙醇—甲苯和乙醇—乙醚混合液：取 95%乙醇和甲苯按体积比 1:4 配成乙醇—苯混合液，取 95%乙醇和乙醚按体积比 4:1 配成乙醇—乙醚混合液。

（2）将装在玻璃瓶中的试样（不超过瓶容积的 3/4），摇动 5min，使混合均匀。石蜡和黏稠的石油产品应预先加热到 40～80℃。

（3）将定量滤纸放在敞盖的称量瓶中，在 105±2℃的烘箱中干燥不少于 45min，然后盖上盖子放在干燥器中冷却 30min，进行称重，称准至 0.000 2g。干燥（第二次干燥时间只需 30min）及称重操作重复至连续两次称量间的差数不超过 0.000 4g。

四、操作步骤

（1）从混合好的石油产品中称取试样：100℃黏度不大于 20mm²/s 的石油产品称取 100g，称准至 0.05g；100℃黏度大于 20mm²/s 的石油产品称取 50g，称准至 0.01g。

（2）往盛有石油产品试样的烧杯中加入温热的溶剂油。100℃黏度不大于 20mm²/s 的石油产品加入溶剂油量为试样的 2～4 倍；100℃黏度大于 20mm²/s 的石油产品加入溶剂油量为试样的 4～6 倍。

（3）趁热将试样的溶液用恒重好的滤纸过滤，该滤纸是安置在固定于漏斗架上的玻璃漏斗中，溶液沿着玻瑞棒倒在滤纸上，过滤时倒入漏斗中溶液高度不得超过滤纸的 3/4。用热的溶剂油（或甲苯）将残留在烧杯中的沉淀物洗到滤纸上。

（4）如试样含水较难过滤时，将试样溶液静置 10～20min，然后向滤纸中倾倒澄清的溶剂油（或甲苯）溶液。此后向烧杯的沉淀物中加入 5～15 倍的乙醇—乙醚混合液，再进行过滤，烧杯中的沉淀要用乙醇—乙醚混合液和温热的溶剂油（或甲苯）冲洗到滤纸上。

（5）在测定难于过滤的试样时，试样溶液的过滤和冲洗滤纸，允许用减压吸滤和保温漏斗，或红外线灯泡保温等措施。减压过滤时，可用滤纸或微孔玻璃滤器安装在吸滤瓶上，然后将吸滤瓶与抽气的泵连接。定量滤纸用溶剂润湿，放在漏斗中，使它完全与漏斗紧贴。抽滤速度应控制在使滤液成滴状，而不允许成线状。

微孔玻璃滤器的干燥和恒重与定量滤纸处理过程相同，热过滤时不要使所过滤的溶液沸腾。

注：① 新的微孔玻璃滤器在使用前需以铬酸洗液处理，然后以蒸馏水冲洗干净，置于干燥箱内干燥后备用。在做过试验后，应放在铬酸洗液中浸泡 4～5h 后再以蒸馏水洗净，干燥后放入干燥器内备用。② 当试验中采用微孔玻璃滤器与滤纸所测结果发生争议时，以用滤纸过滤的测定结果为准。

（6）在过滤结束时，对带有沉淀的滤纸，以带橡皮球洗瓶装的热溶剂油冲洗至过滤器中没有残留试样的痕迹，而且使滤出的溶剂完全透明和无色为止。在测定深色未精制的石油产品、酸碱洗的润滑油、含添加剂的润滑油或添加剂的机械杂质时，可用甲苯冲洗残渣。

在测定添加剂或含添加剂润滑油的机械杂质时，常有不溶于溶剂油和苯的残渣，可用热的乙醇-乙醚混合液或乙醇-甲苯混合液冲洗残渣。

（7）在测定添加剂或含添加剂润滑油的机械杂质时，若需要使用热水冲洗残渣，则在带沉淀的滤纸用溶剂冲洗后，要在空气中干燥 10～15min，然后用 200～300mL 温度为 80℃的蒸馏水冲洗。

（8）在带有沉淀的滤纸和过滤器冲洗完毕后，将带有沉淀的滤纸放入已恒重的称量瓶中，敞开盖子，放在 105±2℃烘箱中干燥不少于 45min，然后盖上盖子放在干燥器中冷却 30min，进行称量，称准至 0.000 2g。重复干燥（第二次干燥只需 30min）及称量的操作，直至两次连续称量间的差数不超过 0.000 4g 为止。

（9）如果机械杂质的含量不超过石油产品或添加剂的技术标准的要求范围，第二次干燥及称量处理可以省略。

（10）使用滤纸时，必须进行溶剂的空白试验补正。

五、结果计算

试样的机械杂质含量 X [%（m/m）] 按（Z13I2006Ⅱ-1）式计算：

$$x = \frac{m_2 - m_1}{m} \times 100 \qquad \text{（Z13I2006Ⅱ-1）}$$

式中　m_2——带有机械杂质的滤纸和称量瓶的质量（或带有机械杂质的微孔玻璃滤器的质量），g；

　　　m_1——滤纸和称量瓶的质量（或微孔玻璃滤器的质量），g；

　　　m——试样的质量，g。

取重复测定两个结果的算术平均值作为试验结果（机械杂质的含量在 0.005%
以下时，认为无）。同一操作者重复测定两个结果之差，不应大于表 Z13I2006Ⅱ-2
中的数值。

表 Z13I2006Ⅱ-2　　　　　　　　试验结果之差的要求

机械杂质含量（%）	重复性（%）	机械杂质含量（%）	重复性（%）
≤0.01	0.002 5	>0.1~1.0	0.01
>0.01~0.1	0.005	>1.0	0.10

六、试验注意事项

（1）称取试样前必须充分摇匀。

（2）所有溶剂在使用前应经过滤处理。

（3）所选用滤纸的疏密、厚薄以及溶剂的种类、数量最好是相同的。

（4）空滤纸不能和带沉淀物的滤纸在一同烘箱里一起干燥，以免空滤纸吸附溶剂
及油类的蒸汽，影响滤纸的恒重。

（5）到规定的冷却时间时，应立即迅速称量，以免时间拖长后，由于滤纸的吸湿
作用，而影响恒重。

（6）过滤的操作应严格遵照重量分析的有关规定。

（7）所用的溶剂应根据试油的具体情况及技术标准有关规定去选用，不得乱用。
否则，所测得结果无法比较。

【思考与练习】

1. 简述测定油中机械杂质的目的。

2. 重量法测定油中机械杂质应注意哪些事项？

◢ 模块 7　油品倾点测定（Z13I2007Ⅱ）

【模块描述】本模块介绍油品倾点的测定方法。通过步骤讲解和要点归纳，掌握
油品倾点测定的目的、方法原理、危险点分析及控制措施、准备工作、测试步骤、注
意事项，以及对测试结果的分析和测试报告编写要求。

【模块内容】

油品的倾点和凝点一样，都是反映油品的低温性能，对其使用、储存和运输都有

重要的意义，特别是使用于寒冷地区的绝缘油，对其倾点有较严格的要求，因为低倾点的变压器油将能保证油在这种气候条件下仍可进行流动和循环，从而起到绝缘和冷却作用。

一、方法概要

试样经预热后，在规定速度下冷却，每间隔 3℃检查一次试样的流动性，记录观察到试样能流动的最低温度作为倾点。

二、准备工作

1. 仪器

选用倾点测定仪，如图（Z13I2007Ⅱ–1）所示（也可采用自动倾点测定仪）。

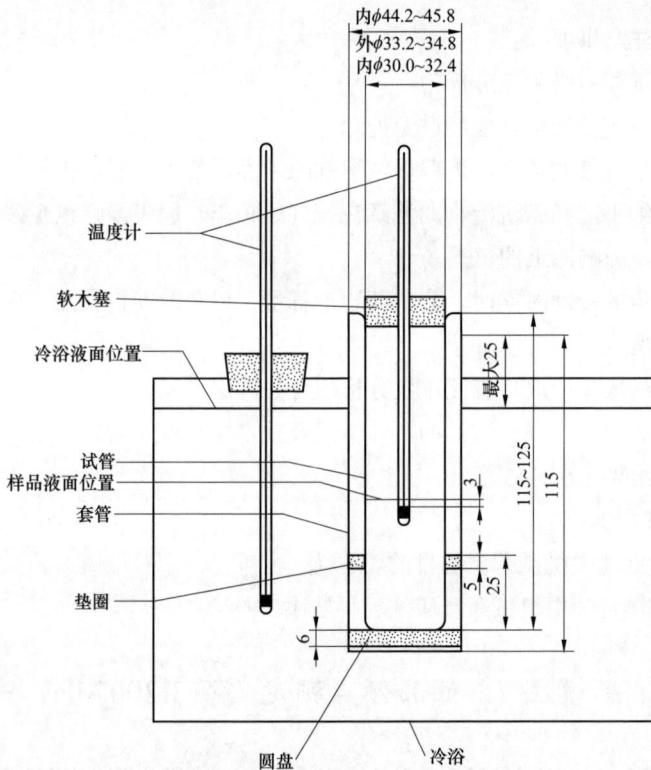

图 Z13I2007Ⅱ–1　倾点测定仪（单位：mm）

（1）试管：由平底、圆筒状的透明玻璃制成，距试管底部约 54mm 处标有一条长刻线，表示内容物液面的高度。

（2）套管：由平底、圆筒状的金属制成，不漏水，能清洗。套管在冷浴中应能维持直立位置。

（3）温度计：局浸式，符合测试要求。

（4）计时器：测量 30s 的误差最大不能超过 0.2s

（5）冷浴：需要用两个或更多的冷浴。浴温用冷却装置或冷却剂来维持，要求维持在规定温度的 ±1.5℃ 范围之内。

（6）其他配套如软木塞、圆盘、垫圈等。

2. 试剂和材料

选用氯化钠、氯化钙、固体二氧化碳、冷却液、擦拭液等。

用于制备一般的冷却剂有：冰和水用于制备 0℃ 的浴；碎冰和氯化钠用于制备 −18℃ 的浴；碎冰和氯化钙用于制备 −33℃ 的浴；冰和盐的冷却液中加入固体二氧化碳制备 −51℃ 和 −69℃ 的浴。

三、试验步骤

（1）将清洁试样倒入试管中至刻线处。

（2）用插有合适温度计的软木塞塞住试管，让试样浸没温度计水银球，使温度计的毛细管起点浸在试样液面下 3mm 的位置。

（3）试样预处理。

1）将试样在不搅拌的情况下，放入已保持在高于预期倾点 12℃，但至少是 48℃ 的浴中，将试样加热到 45℃。

2）若预计倾点高于 −33℃，将试管转移到已保持在 24±1.5℃ 的浴中冷却到 27℃；若预计倾点低于 −33℃，将试管转移到已保持在 6±1.5℃ 的浴中冷却到 15℃。

3）当试样达到高于预期倾点 9℃ 时，按第 4 条步骤开始检查试样的流动性。

4）如果温度达到 9℃ 时试样仍在流动，则将试管转移到 −18℃ 的浴中，同理，当试样温度达到 −6℃，则将试管转移到 −33℃ 的浴中；当试样温度达到 −24℃，则将试管转移到 −51℃ 的浴中；当试样温度达到 −42℃，则将试管转移到 −69℃ 的浴中。

（4）观察试样的流动性：

1）从第一次观察温度开始，每降低 3℃ 都应将试管从浴或套管中取出，将试管充分地倾斜以确定试样是否流动。取出试管、观察试样流动性和试管返回到浴中的全部操作要求不超过 3s。

2）当试管倾斜而试样不流动时，应立即将试管置于水平位置 5s，并仔细观察试样表面，如果试样显示出有任何移动，应立即将试管放回浴或套管中，待再降低 3℃ 时，重新观察试样的流动性。

3）按此方式继续操作，直至将试管水平位置 5s，试管中试样不移动，记录此时观察到的温度计的读数。

四、试验结果及报告

（1）在三（4）3）中记录得到的结果加 3℃，作为试样的倾点，取重复测定的两个结果的平均值作为试验的结果。

（2）重复性：同一操作者，使用同一仪器，用相同的方法对同一试样测得的两个连续试验结果之差不应大于 3℃。

（3）再现性：不同操作者，使用不同仪器，用相同的方法对同一试样测得的两个连续试验结果之差不应大于 6℃。

（4）试验报告：应包括以下内容：被测产品的完整资料、注明参照的标准、试验结果、试验日期、注明是否使用了自动测试仪器。

五、注意事项

（1）如果使用自动倾点测定仪，要求严格遵循生产厂家仪器的校准、调整和操作说明书的规定，在发生争议时应按手动方法作为仲裁试验的方法。

（2）在观察试样的流动性时，应迅速，从取出试管、观察试样流动性到试管返回到浴中的全部操作要求不超过 3s。

（3）温度计在试管内的位置必须固定牢靠，要特别注意不能搅动试样中的块状物。

【思考与练习】

1. 何谓油品的倾点？
2. 简述测试油品倾点的注意事项。

▲ 模块 8 油品凝点测定（Z13I2008Ⅱ）

【模块描述】本模块介绍油品凝点的测定方法。通过步骤讲解和要点归纳，掌握油品凝点测定的目的、方法原理、危险点分析及控制措施、准备工作、测试步骤、注意事项，以及对测试结果的分析和测试报告编写要求。

【模块内容】

油品的凝点对其使用、储存和运输都有重要的意义，特别是使用于寒冷地区的绝缘油，对其凝点有较严格的要求，因为低凝固点的变压器油将能保证油在这种气候条件下仍可进行循环，从而起到它的绝缘和冷却作用。

一、方法概要

石油产品的凝点是在此温度时，被试的油品在一定的标准条件下，失去了其流动性的最高温度，以℃表示。

测定方法是将试样装在规定的试管中，并冷却到预期的温度时，将试管倾斜 45°经过 1min，观察液面是否移动。

二、准备工作

1. 仪器和材料

表 Z13I2008 Ⅱ-1   **仪 器 和 材 料**

序号	仪器和材料	型号规格
1	圆底试管	高度 160±10mm，内径 20±1mm，在距管底 30mm 的外壁处有一环形标线
2	圆底玻璃套管	高度 130±10mm，内径 20±2mm
3	装冷却剂用的广口容器	高度不少于 160mm，内径不少于 120mm，带绝缘层
4	温度计	符合 GB/T 514 规定
5	支架	能固定套管、冷却剂容器和温度计的装置
6	水浴	
7	制备冷却剂	盐、冰、乙醇、干冰

2. 制备冷却剂，在一个装冷却剂用的容器中注入工业乙醇，注满到容器的 2/3 处，然后将细块的干冰放进搅拌的工业乙醇中，根据温度要求下降的程度，逐渐增加干冰的用量。

3. 在干燥、清洁的试管中注入试样，使液面满到环形标线处，用软木塞将温度计固定在试管中央，使水银球距管底 8～10mm。

4. 装有试样和温度计的试管，垂直地浸在 50±1℃的水浴中，直至试样的温度达到 50±1℃为止。

三、试验步骤

（1）从水浴中取出装有试样和温度计的试管，擦干外壁，用软木塞将试管牢固地装在套管中，试管外壁与套管内壁要处处距离相等。

（2）装好的仪器要垂直地固定在支架的夹子上，并放在室温中静置，直至试管中的试样冷却到 35±5℃为止。

（3）将仪器浸在装好冷却剂的容器中。冷却剂的温度要比试样的预期凝点低 7～8℃。试管（外套管）浸入冷却剂的深度应不少于 70mm。

（4）当试样温度冷却到预期的凝点时，将浸在冷却剂中的仪器倾斜 45°，并将这样的倾斜状态保持 1min，但仪器的试样部分仍要浸没在冷却剂内。

（5）从冷却剂中小心取出仪器，迅速地用工业乙醇擦拭套管外壁，垂直放置仪器并透过套管观察试管里面的液面是否有过移动的迹象。

（6）当液面有移动时，从套管中取出试管，并将试管重新预热至试样达 50±1℃，然后用比上次试验温度低 4℃或其他更低的温度重新进行测定，直至某试验温度能使液面位置停止移动为止。

（7）当液面的位置没有移动时，从套管中取出试管，并将试管重新预热至试样达 50±1℃，然后用比上次试验温度高 4°或其他更高的温度重新进行测定，直至某试验温度能使液面位置有了移动为止。

（8）找出凝点的温度范围之后，就采用比移动的温度低 2℃，或采用比不移动的温度高 2℃，重新进行试验，如此重复试验，直至确定某试验温度能使试样的液面停留不动而提高 2℃又能使液面移动时，就取液面不动的温度，作为试样的凝点。

（9）试样的凝点必须进行重复测定。第二次测定的开始试验温度，要比第一次所测出的凝点高 2℃。

四、试验结果及报告

（1）重复性：同一操作者重复测定两个结果之差不超过 2.0℃。

（2）再现性：由两个实验室提出的两个结果之差不应超过 4.0℃。

（3）报告：取重复测定两个结果的算术平均值作为试样的凝点。

五、测定油品凝点时应注意的事项

测定油品凝点时除应按标准方法所规定的试验步骤进行测定外，还应注意下列事项。

（1）要严格控制冷却速度的问题，所以在盛油的试管外再套以玻璃套管，其作用就是控制冷却速度，因为隔一层玻璃套管，传热就慢一些，保证试管中的试油较缓和均匀的冷却，能更好地保证测定结果的准确性。

（2）试油作一次试验后，要重新预热至 50±1℃，目的是将油品中石蜡晶体溶解，破坏其"结晶网络"，使油品重新冷却和结晶，而不至于在低温下停留时间过长。

（3）控制冷却剂的温度，比试油预期凝点低 7～8℃，是因为只有保持这一温差，才能使试油在规定冷却速度下冷却到预期的凝点。如冷却剂温度比预期凝点低不到 7～8℃时，往往会拖长测定时间，使结果偏高。如温差太悬殊，低得太多，使冷却速度过快，而且在倾斜（45°角）1min 之内，温度还会继续下降，这样会使测定结果偏低。

（4）测凝点的温度计在试管内的位置必须固定牢靠。因为如固定的不稳，温度计在试管内活动，会搅动试油，从而阻碍了石蜡"结晶网络"的形成，使测得结果偏低。

【思考与练习】

1. 何谓油品的凝点？

2. 简述油品测试凝点的目的。

▲ 模块 9 油中含气量测定（Z13I2009Ⅱ）

【模块描述】本模块介绍油中含气量的测定方法。通过步骤讲解和要点归纳，掌握气相色谱法和真空压差法测定油中含气量的方法原理、危险点分析及控制措施、准备工作、测试步骤、注意事项，以及对测试结果的分析和测试报告编写要求。

【模块内容】

绝缘油中溶解的气体，在高场强的作用下，气体会发生电离，当温度和压力骤然下降时会形成气泡并把气泡拉成长体，极易发生气体碰撞游离，造成击穿，危及设备安全运行。因此必须严格控制超高压设备油中气体含量。

一、气相色谱法测定油中含气量

1. 方法原理

本方法首先按 GB/T 7597《电力用油（变压器油、汽轮机油）取样方法》要求采集充油电气设备中的油样，其次脱出油样中的溶解气体，然后用气相色谱仪分离、检测各气体组分浓度，把油中各气体组分浓度相加得到油中含气量。

2. 仪器设备、材料

表 Z13I2009Ⅱ-1　　　　　　　仪 器 设 备、材 料

序号	检测仪器	要求	备注
1	气相色谱测定仪	具备热导和氢火焰离子化检测器及镍触媒转化炉。 对油中气体的最小检测浓度要求：O_2、N_2 ≤50μL/L CO、CO_2≤25μL/L H_2≤5μL/L 烃类≤1μL/L	检定合格
2	恒温定时振荡仪	往复振荡频率 275 次/min±5 次/min，振幅 35mm±3mm，控温精度±0.3℃，定时精度±2min	检定合格
3	色谱柱	适用于分离 H_2、O_2、N_2、CO、CO_2 和烃类气体的固定相	13X 分子筛、炭分子筛（TDX01）分离 H_2、O_2、N_2、CO、CO_2 高分子多孔小球（GDX502）分离烃类气体
4	色谱工作站	有油中含气量测定软件	
5	玻璃注射器（1、5、10、100mL）	气密性好、周漏氢量≤2.5%，刻度准确	检定合格

续表

序号	检测仪器	要求	备注
6	混合标准气体	以氩气为底气含有以下组分：H_2、O_2、N_2、CO、CO_2、CH_4、C_2H_4、C_2H_6、C_2H_2，二级标准物质，具有组分浓度含量、检验合格证及有效使用期	合格
7	氩气	纯度不低于 99.99%	合格
8	氢气	纯度不低于 99.99%	合格
9	空气	纯净无油	合格
10	注射器用橡胶封帽	弹性好，不透气	合格
11	不锈钢注射针头	牙科 5 号针头	合格
12	双头针头	没有破损，不漏气	合格

3. 常用气路流程

表 Z13I2009Ⅱ-2 常 用 气 路 流 程

序号	流程	说明
1	H_2、Ar、Air 经 TCD — 进样1/进样2 — 柱1/柱2 — TCD — Ni — FID	二次进样 进样Ⅰ： （1）TCD 测：H_2、O_2、N_2。 （2）FID 测：CO、CO_2。 进样Ⅱ： FID 测：CH_4、C_2H_4、C_2H_6、C_2H_2
2	$N_2(Ar)$ — 柱Ⅰ — 针阀 — 柱Ⅱ — 切换阀 — TCD — Ni — FID；$N_2(Ar)$、H_2、Air	一次进样，自动阀切换，阀在左图位置时双柱串联。 TCD 测：H_2、O_2、N_2。 FID 测：CH_4、CO。 阀切换脱开柱Ⅱ，连通针阀。 FID 测：C_2H_4、C_2H_6、C_2H_2、CO_2

4. 检测前的准备工作

（1）将恒温定时振荡仪升温至 50℃ 恒温备用。

（2）更换进样口的硅胶垫或旋紧进样口的金属旋钮，确认气相色谱仪进样口不漏气。

（3）观察氢气、氩气、空气钢瓶的气体压力是否过低，当钢瓶压力小于 2MPa 应及时更换气瓶，以防试验过程中气量不足，造成的试验误差。

（4）对氢气、氩气、空气的气路进行泄漏检查，确认无泄漏。

（5）检查装试油的针筒有无卡涩、破裂。橡胶帽有无漏气等现象，若有此类现象应及时更换针管和橡胶帽。

（6）气相色谱仪开机。

1）打开氩气瓶，调节减压阀二次出口压力为 0.5MPa 左右，先通载气约 10min 后，让载气吹扫系统内部可能残留的空气后再开机。

2）打开色谱仪主机电源，分别检查柱温、FID 检测器温度、TCD 检测器温度、转化炉温度是否在规定的设置值，如没有，应调整到规定的温度值。

3）检查 TCD 检测器是否处于关闭状态、桥流是否为零；检查 FID 检测器是否处于关闭状态。

4）启动加热按钮对色谱仪系统进行加热。

5）打开色谱仪工作站，进入软件界面。

6）在色谱仪系统达到设定温度后，开氢气瓶，调节减压阀二次出口压力 0.20MPa，开空气瓶，调节减压阀二次出口压力为 0.40MPa。

7）对 FID 检测器进行点火（可适当减少空气流量/氢气比例以利于点火），并确认火已点着；开 TCD 检测器，设置桥流到规定值。

8）进入"基线显示"状态。观察工作站 FID、TCD 输出基线情况。当基线平稳后（一般需 1 小时时间，可利用这段时间进行油样振荡脱气操作），转入"分析状态"。

5. 试验步骤

（1）样品采集：用 100mL 玻璃注射器（经检验、密封性合格），按照 GB/T 7597 要求采集 50～100mL 油样，样品应尽快进行试验测定。

（2）振荡脱气操作。

1）储气玻璃注射器的准备：取 5mL 玻璃注射器 A，抽取少量试油冲洗器筒内壁 1～2 次后，吸入约 0.5mL 试油，套上橡胶封帽，插入双头针头，针头垂直向上。将注射器内的空气和试油慢慢排出，使试油充满注射器内壁缝隙而不残存空气。

2）试油体积调节：将 100mL 玻璃注射器 B 中的油样推出部分，准确调节注射器芯至 40.0mL 刻度（V_1），立即用橡胶封帽将注射器出口密封。为了排除封帽凹部内空气，可用试油填充其凹部或在密封时先用手指压扁封帽挤出凹部空气后进行密封。操作过程中应注意防止空气气泡进入油样注射器 B 内。如遇注射器油样在放置与运输过程中析出气泡，在试验时，不能排出气泡，仍留于油样中。

3）加平衡载气：取 5mL 或 10mL 玻璃注射器 C，用氩气清洗 1～2 次，再准确抽

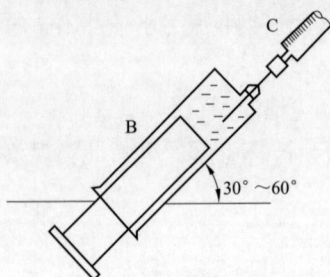

图 Z13I2009 Ⅱ-1 加载气操作

取 8.0mL 氩气，然后将注射器 C 内气体缓慢注入有试油的注射器 B 内，操作示意如图 Z13I2009 Ⅱ-1。含气量低的试油，可适当增加注入平衡载气体积，以平衡后气相体积不超过 5mL 为宜。

4）振荡平衡：将要脱气的注射器 B 放入恒温定时振荡器内的振荡盘上。注射器放置后，注射器头部要高于尾部约 5°，且注射器出口在下部。启动振荡器操作钮，在 50℃下连续振荡 20min，然后静止 10min。室温在 10℃以下时，振荡前，注射器 B 应适当预热后，再进行振荡。

5）转移平衡气：将注射器 B 从振荡盘中取出，并立即将其中的平衡气体通过双头针头转移到注射器 A 内。室温下放置 2min 后，准确读其体积 V_g（准确至 0.1mL），以备色谱分析用。为了使平衡气完全转移，应采用微正压法转移，即微压注射器 B 的芯塞，使气体通过双头针进入注射器 A。不允许使用抽拉注射器 A 芯塞的方法转移平衡气。注射器芯塞应洁净，以保证其活动灵活。转移气体时，如发现注射器 A 芯塞卡涩时，可轻轻旋动注射器 A 的芯塞。气体转移动作应迅速，避免注射器从振荡器内取出在外放置过久油温下降，破坏平衡状态，带来试验误差。如果振荡完成后的油样平衡气来不及分析，应延迟气体转移操作，仍将油样注射器保存在恒温的振荡器内，待分析操作准备好时再行转移气体操作。

（3）色谱仪标定。

1）在工作站分析界面的"标样分析条件"中正确输入标准气各组分浓度值，标定次数选择 2 次。

2）用氩气冲洗 1mL 注射器 3 遍，然后准确取标气 1mL 或 0.5mL，快速注入色谱仪的进样口进行分析。

3）检查分析谱图中 H_2、O_2、N_2、CO、CO_2、CH_4、C_2H_4、C_2H_6、C_2H_2 九种组分的分离情况。如果分离不理想，应查明原因，调整系统温度、流量等参数或进行柱老化处理。如果发现峰鉴定号和组分名之间关系有错误，则应进行调整，以保证每种组分的保留时间正确无误。

4）待第一次标样分析完后，再进行第二次标样分析，完成"确认"后，系统自动计算出校正因子。标定仪器应在仪器运行工况稳定且相同的条件下进行，两次标定的重复性应在其平均值的±2%以内。每天试验前均应标定仪器。至少重复操作两次，取其平均值或取其中之一。

（4）样品分析。

1）在色谱工作站中，正确和完整输入相关样品信息。

2）用氩气冲洗 1mL 注射器 3 遍，然后准确取样品气 1mL 或 0.5mL，快速注入色谱仪的进样口进行分析。

3）分析结束后，点击"确认"键，工作站软件系统将自动计算试油的溶解气体组分含量。

（5）关机。

1）关工作站，依次退出，再关闭计算机。

2）关闭空气助燃气后关 TCD、FID 检测器。

3）关闭加热电源，待转化炉温度降低至 200℃左右时，关闭氢气。

4）关色谱仪主机电源并关闭稳压电源。

5）主机温度降至室内温度后，再关闭载气（氩气）。

6. 结果计算

（1）样品气体积的校正。

按式（Z13I2009Ⅱ–1）将在室温、试验压力下平衡的气样体积 V_g 校正为 50℃、试验压力下的体积 V_g'：

$$V_g' = V_g \times \frac{323}{273+t} \qquad (Z13I2009\,Ⅱ\text{–}1)$$

（2）油样体积的校正。

按式（Z13I2009Ⅱ–2）将在室温、试验压力下的试油体积 V_l 校正为 50℃、试验压力下的体积 V_l'：

$$V_l' = V_1 \left[1+0.000\,8\,(50-t) \right] \qquad (Z13I2009\,Ⅱ\text{–}2)$$

式中　V_g'——50℃、试验压力下平衡气体体积，mL；

　　　V_g——室温 t、试验压力下平衡气体体积，mL；

　　　V_l'——50℃时油样体积，mL；

　　　V_l——室温 t 时所取油样体积，mL；

　　　t——试验时的室温，℃；

0.000 8——油的热膨胀系数，1/℃。

（3）油中溶解气体各组分浓度的计算。

按式（Z13I2009Ⅱ–3）计算油中溶解气体各组分的浓度（0℃）：

$$\varphi_i = 0.879 \times \frac{P}{101.3} \times c_{is} \times \frac{\overline{A_i}}{\overline{A_{is}}} \left(K_i + \frac{V_g'}{V_l'} \right) \qquad (Z13I2009\,Ⅱ\text{–}3)$$

式中　φ_i——油中溶解气体 i 组分浓度，μL/L；

　　　c_{is}——标准气中 i 组分浓度，μL/L；

$\overline{A_i}$ ——样品气中 i 组分的平均峰面积，mm^2；

$\overline{A_{is}}$ ——标准气中 i 组分的平均峰面积，mm^2；

V'_g ——50℃、试验压力下平衡气体体积，mL；

V'_l ——50℃时油样体积，mL；

P ——试验时的大气压力，kPa；

0.879 ——油样中溶解气体浓度从 50℃校正到 0℃时的温度校正系数。

油中溶解气体分配系数 k_i 如表 Z13I2009Ⅱ-3 所示。

表 Z13I2009Ⅱ-3 各种气体在矿物绝缘油中奥斯特瓦尔德系数表

		各种气体在矿物绝缘油中的奥斯特瓦尔德系数 k_i								
标准	温度，℃	H_2	N_2	O_2	CO	CO_2	CH_4	C_2H_6	C_2H_4	C_2H_2
GB/T 17623—1998	50	0.06	0.09	0.17	0.12	0.92	0.39	2.3	1.46	1.02
IEC 567—1992	20	0.04	0.07	0.13	0.1	0.93	0.34	2.18	1.47	1
IEC 60599—1999	20	0.05	0.09	0.17	0.12	1.08	0.43	2.4	1.7	1.2
IEC 60599—1999	50	0.05	0.09	0.17	0.12	1	0.4	1.8	1.4	0.9
IEC 60567—2005	（环烷）70	0.074	0.11	0.17	0.12	1.02	0.44	2.09	1.47	0.93
	（石蜡）70	0.036	0.12	0.18	0.073	0.64	0.37	1.73	1.27	0.89
ASTM D3612–02	（环烷）70	0.074	0.11	0.17	0.12	1.02	0.44	2.09	1.47	0.93

（4）油中含气量的计算。

按式（Z13I2009Ⅱ-4）计算油中含气量：

$$\varphi = \sum_{i=1}^{n} \varphi_i \times 10^{-4} \qquad (Z13I2009Ⅱ-4)$$

式中 φ ——油中含气量，%；

n ——油中溶解气体组分个数，一般指 H_2、O_2、N_2、CO、CO_2、CH_4、C_2H_4、C_2H_6、C_2H_2 九种组分。

7. 检测数据的处理

（1）检测结束后尽快检查原始记录数据，计算检测结果数据；

（2）精密度。按下述规定判断测定结果的可靠性（95%的置信水平），取两次测定结果的算术平均值作为测定值。

重复性 r：两次测定值的允许差见精密度图（$m-r$）。

再现性 R：两个实验室测定值的允许差见精密度图（$m-R$）。

（3）准确度。采用对标准油样的回收率试验来验证其准确度，一般要求回收率应不低于90%，否则应查明原因。

8. 试验注意事项

由于振荡脱气法人工环节较多，因此为确保绝缘油中的溶解气体组分含量测试的准确性，需注意做好以下工作：

（1）气相色谱仪应每年应进行计量检定；

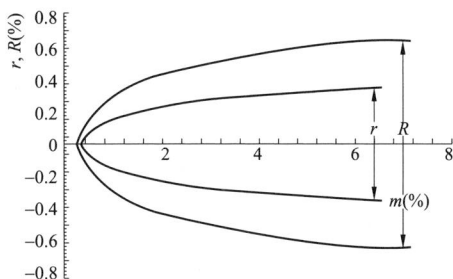

图 Z13I2009 Ⅱ-2　测试精密度图

m—平均值；*r*—重复性；*R*—再现性

（2）每天试验都要使用有证标准浓度气体进行校核，校核的峰强度不应与前几次测试值有明显偏离，否则要查明原因；

（3）由于绝缘油中的溶解气体组分含量测试的准确性与玻璃注射器的气密性关系很大，因此，要确保所用的玻璃注射器气密性良好，刻度准确。刻度可用重量法进行校正。（机械震荡法用 100mL 注射器，应校正 40.0mL 的刻度）。气密性检查可用玻璃注射器取可检测出氢气含量的油样，储存至少两周，在储存开始和结束时，分析样品中的氢气含量，以检验注射器的气密性。合格的注射器，每周允许损失的氢气含量应小于 2.5%。

（4）进样操作和标定时进样操作一样，做到"三快""三防"。进样气的重复性与标定一样，即重复二次或二次以上的平均偏差应在 2% 以内。

1）"三快"：进针要快、要准；推针要快（针头一插到底即快速推针进样）；取针要快（进完样后稍停顿一下立刻快速抽针）。

2）"三防"：

a. 防漏出样气（注射器要进行严密性检查；进样口硅橡胶垫勤更换；防止柱前压过大冲出注射器芯；防止注射器针头堵死等）。

b. 防样气失真（不要在负压下抽取气样，以免带入空气；减少注射器"死体积"的影响，如用注射器定量卡子，用样气冲洗注射器，使用同一注射器进样等）。

c. 防操作条件变化（温度、流量等运行条件稳定；标定与分析样品使用同一注射器、同一进样量、同一仪器信号衰减挡等）。

二、真空压差法测定油中含气量

1. 方法原理

被测油样通过适当的方式进入高真空的脱气室，使试油中的溶解气体迅速彻底释放出来，根据试油进入脱气室前、后释放气体产生的压力差值，结合试油量、脱气室容积、温度、室温等相关参数计算出油中气体的含量，以标准状况下（101.13kPa、0℃）

气体对试油的体积百分比表示被测油样中的含气量。

2. 样品采集

用 100mL 玻璃注射器（经检验、密封性合格），按照 GB/T 7597 要求采集 60mL 油样，样品应尽快进行试验测定。

3. B 法（U 形油柱压差计法）

仪器：玻璃含气量测定装置。图 Z13I2009Ⅱ-3 是采用玻璃容器结构和 U 形油柱压差计计量测定油中含气量装置的结构示意图，其系统性能应满足以下要求：

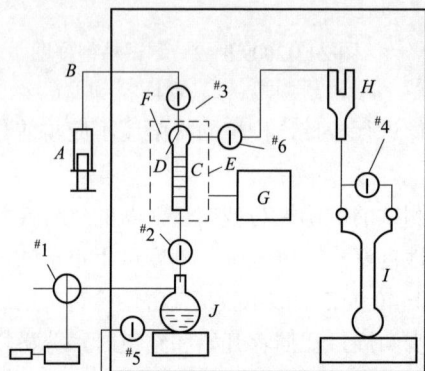

图 Z13I2009Ⅱ-3　玻璃含气量测定装置结构示意

#1—双路旋塞；#2、#3、#4、#4、#6—直通旋塞；
A—100mL 注射器；B—进油管路；C—脱气室；
D—小孔喷嘴；E—恒温箱；F—感温探头；G—控温仪；
H—冷阱；I—U 形硅油油柱压差计；J—储油瓶；K—真空泵

（1）装置的玻璃容器、旋塞、管路结构系统高密封性，在绝对压力小于 10Pa 真空下，系统真空保持 10min，真空度无明显变化。

（2）脱气室 C 应由耐热玻璃制成，标有标定刻度，分度值为 1mL，并具有恒温加热装置，控温范围为室温～100℃，精度 ±2℃。

（3）玻璃旋塞应具有高真空密封性，在旋塞与塞芯需涂上密封真空脂。

（4）脱气室进油喷嘴 D 能使试油呈分散状滴落在脱气室内壁上。

（5）U 形油柱压差计 I 由耐热玻璃制成，内装 275 号硅油，标定分度值为 1mm。

（6）冷阱 H；具有用来消除较高含水试油中水分所产生水蒸汽压对测定结果影响。

仪器出厂前应由制造厂精确标定，标定后将标定端口封死。仪器损坏修复使用前应重新标定，标定可采用纯水称重法或委托仪器制造厂进行。

（7）器材。

1）真空泵，其真空绝对残压不大于 1.333Pa。

2）取样用 100mL 注射器，或专用采样装置，密封性满足密封采样要求。

3）高频电火花真空检测器。

4）秒表或计时器，精度 0.1s。

5）盛装干冰的冷藏容器。

6）真空密封脂。

7）275 号硅油，密度为 1.09g/cm³。

8）干冰。

9）电热吹风机，功率 500W。

10）读数放大镜。

（8）试验步骤。

1）接通恒温箱加热电源，将其升温至设定的测试温度（一般为 20～40℃）并保持 10～20min，使温度稳定。

注：当测定低含气量油样，油中水分含量大于 25mg/L 时，应在冷阱内装入干冰制冷消除水分干扰。

2）开启真空泵，关闭旋塞#3、#5，开启旋塞#1（真空泵与测试仪接通）、#2、#4、#6 对脱气系统抽真空，同时用高频电火花真空检测器对系统进行真空度检测，当电火花呈现蓝紫色时，关闭旋塞#2、#4，保持 10min，观察 U 形油柱压差计有否变化。在确认真空无明显变化时，即可对油样进行测试。

注：测试时真空泵应连续对仪器抽真空，以保证系统的密封性。

3）连接上样品油，关闭旋塞#6，开启旋塞#3，使被测油样充满旋塞#3 及进油管的空间，以除去此段管路中的空气或残油。随后用样品油 5～10mL 冲洗脱气室内管壁后，关闭旋塞#3，并通过开启旋塞#2 排除冲洗液至储油瓶。待油排尽后，开启旋塞#4、#6，对脱气系统真空进行检查，直至合格（火花呈蓝紫色），则关闭旋塞#2、#4，然后通过控制旋塞#3 的开度，使被测油样以 1～3 滴/s 的速度滴入，勿成线状流入。一般 25mL 油样以 5min 滴完为宜。待进入脱气室被测试的油样量达 25±5mL 后，关闭活塞#3。当脱气室内的进油口不再有油滴下时，立即用读数放大镜读取 U 形管所示压差值，并同时记录脱气室的温度及室温。

开启旋塞#2、#4 排除已试油，并对系统抽真空。

注：测试时应注意储油瓶 J 油量，及时通过切换旋塞#1、#5 排除其中过多已试油。

4）重复 3.3.3 进行平行试验，试验结果满足精密度要求，即可进行下一个样品的测试，否则应重复测试直至连续二次试验结果满足精密度要求为止。

（9）计算。

按式（Z13I2009Ⅱ-5）计算油在 101.3kPa、0℃时的含气量：

$$G = \frac{2.878\Delta p}{V_L \times (1 - 0.000\,8 \times t_2)} \times \left(\frac{V - V_d}{273 + t_1} + \frac{V_d - V_L}{273 + t_2} \right) \quad (Z13I2009Ⅱ-5)$$

式中 G——油中含气量对油样体积的百分数，%；

V——脱气装置的总容积，mL；

V_L——脱气室内油样的体积，mL；

V_d——脱气室的容积，mL；

Δp——油中脱出气体产生的压差（用 mm 硅油柱表示）；

t_1——室温，℃；

t_2——脱气室温度，℃。

当使用干冰制冷时，注意冷阱中气体实际温度与室温偏差对上式计算结果的影响。

（10）精密度。取连续测试二次测试结果的算术平均值作为试样含气量。重复测定两次结果的相对误差应满足下表要求：

表 Z13I2009Ⅱ-4　　　U 形油柱压差计法两次结果的相对误差

油中含气量（体积百分数，%）	相对误差（%）
<1.0	10
1.0~3.0	5
>3.0	3

4. A 法（电子压力真空计法）

（1）仪器：自动含气量测定仪。图 Z13I2009Ⅱ-4 是采用金属容器结构和高精度电子压力真空器件计量测定油中含气量的仪器结构组成框图，其整机性能应满足以下要求：

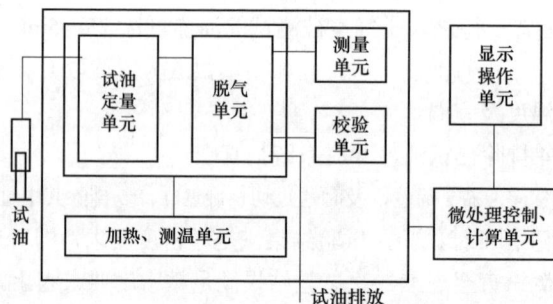

图 Z13I2009Ⅱ-4　自动含气量测定仪组成框图

1）仪器金属容器、阀体、管道气路结构系统高密封性，测试过程因泄漏造成结果的绝对误差不大于 0.1%。

2）测量单元的高精度电子压力真空器件采用绝压式，量程为 0~5kPa，计量精度 0.5 级以上，测量分辨率不大于 0.1%。

3）脱气单元气液空间比大于 5 倍以上，试油定量、脱气单元应有加热恒温装置（60℃左右），脱气室进油口具有节流雾化功能，能使试油迅速彻底释放溶解气体。

4）脱气室容积占脱气总容积（包括脱气室、管道、阀体和测量元件体积）比例应大于 95%。

5）具有开机整机密封性和准确性自检功能、油中含水量修正功能。

6）自动定量试油（50mL 左右），自动测试、自动计算直接给出试验结果。

7）整机出厂前由制造厂对仪器结构参数精确标定，使用中可以利用仪器的校验功能进行校验，常规校验周期为 1 年。

（2）器材。

1）真空泵，其真空绝对残压不大于 10Pa。

2）取样用 100mL 注射器，或专用采样装置，密封性满足密封采样要求。

3）10mL 注射器，用于高含水量试油脱气后的样品采取，进行微水分析及修正。

4）100uL 微量注射器，用于仪器校验时使用。

5）水银真空规，用于仪器校验时使用。

（3）试验步骤。

1）将仪器与真空泵接上，开启真空泵和仪器电源。

2）按仪器使用手册，确认、设置仪器定量和工作参数，进入仪器自检程序，确认仪器正常，即可进入仪器预备状态，对试油定量、脱气单元进行加热恒温。

3）达到设置预定温度，接上试油，按"测试"键进入自动测试程序。

4）仪器首先用试油清洗系统，再进入一定量试油进行加热恒温，同时对脱气单元进行抽真空，到达设置恒温时间和真空度，喷入试油进行脱气。

5）脱气结束，仪器进行自动排油，并根据脱气前后的压差和相关计算参数，自动计算测定结果。

6）记录试验结果后，按"返回"键返回测试准备状态，即可进行下一次的测定。

7）如果被测试油中水分含量大于 20mg/L，应考虑水分对含气量试验结果的影响，可用干燥洁净 10mL 注射器从排油口采取部分已试样品进行微水分析，输入试油脱气前后油中水分含量值，仪器对试验结果进行修正计算，并显示修正结果。

8）重复 3）～7）步骤进行平行试验，试验结果满足精密度要求，即可进行下一个样品的测试，否则应重复测试直至连续二次试验结果满足精密度要求为止。

（4）计算。仪器按内置计算公式（Z13I2009Ⅱ-6）计算试油在 101.3kPa、0℃时的含气量为

$$G = \frac{273 \times (P_1 - P_2) \times (V - V_L)}{(273 + t) \times V \times F \times V_L \times (1 - 0.000\,8 \times t)} \qquad （Z13I2009Ⅱ-6）$$

式中　G——油中含气量，%；

P_1、P_2——脱气前后微压传感器的模数转换值；

V——脱气总容积，mL；

V_L——试油定量容积，mL；

F——标准状况下，1mL 气体填充脱气总容积前后微压传感器的模数转换值差值，/mL；

t——定量和脱气单元的恒温温度，℃。

被测试油中水分对测试结果影响的修正公式见式（Z13I2009Ⅱ-7）

$$G' = G - 0.124 \times (C_1 - C_2) \qquad (Z13I2009Ⅱ-7)$$

式中　G'——修正后油中含气量，%；

G——修正前油中含气量，%；

C_1、C_2——脱气前后试油的水分含量，mg/L。

由于超高压电气设备油中水分的交接和运行控制指标分别为 10mg/L、15mg/L，因此通常可忽略水分的影响。

（5）精密度。取连续测试二次测试结果的算术平均值作为试样含气量。重复测定两次结果的相对误差应满足下表要求。

表 Z13I2009Ⅱ-5　　　电子压力真空计法两次结果的相对误差

油中含气量（体积百分数，%）	相对误差（%）
<1.0	10
1.0~3.0	5
>3.0	3

5. 试验注意事项

（1）真空法测定油中含气量应注意仪器的各个连接部的密封防止漏气。

（2）经常检查真空泵的性能是否正常，密封油不够时应及时补加。

（3）设备应定期进行校验。

（4）所用的玻璃注射器密封性应符合要求。

三、安全注意事项

1. 防止人身触电

试验人员在全部试验过程中应精力集中，不得与他人闲谈，并保证精神状态良好。检查仪器接地线是否良好。

2. 防止设备故障

色谱仪应配有稳压电源。化验室必须有专用电源线，以防突然停电造成仪器故障。

3. 防止有毒气体损害身体健康

在试验过程中应始终开启通风装置。

4. 对易燃易爆物品的管理

化验室内应有消防器材。氢气、氩气瓶应放在专用气室内避免潮湿、阳光照射，并有严格的气瓶管理制度。

5. 防止火灾

化验室、气瓶室内应严禁烟火，并配备有合格的消防器材。化验人员应具备防火灭火知识，并会使用消防器材。经常检查危险品储藏情况，及时消除隐患。

6. 防止尖锐物品扎伤

使用玻璃注射器及针头时应轻拿轻放，避免玻璃注射器破裂造成伤害。

【思考与练习】

1. 测定变压器油含气量有何意义？

2. 测定变压器油含气量有哪几种方法？

3. 请画出用色谱法测定油中含气量的色谱仪气路流程图。

4. 油中水分对真空法测定油中含气量有何影响？

5. 色谱法测定油中含气量应注意哪些事项？

▲ 模块 10　绝缘油界面张力测定（Z13I2010Ⅲ）

【模块描述】 本模块介绍绝缘油界面张力的测定方法。通过步骤讲解和要点归纳，掌握绝缘油界面张力测定的目的、方法原理、危险点分析及控制措施、准备工作、测试步骤、注意事项，以及对测试结果的分析和测试报告编写要求。

【模块内容】

一、测试目的

测定绝缘油界面张力可用来鉴别新油质量。一般地，新的、纯净的绝缘油具有较高的界面张力，通常可以高达 40～50mN/m，甚至 55mN/m 以上。绝缘油界面张力还可以用来判断运行油质老化程度。油质老化后生成各种有机酸及醇等极性物质，使油的界面张力也将逐渐下降。测定运行中绝缘油的界面张力，就可判断油质的老化深度。运行油的界面张力要求大于 19mN/m，如果低于此指标，则变压器油中可能有油泥析出或酸值不合格。另外，利用界面张力还可监督变压器热虹吸器的运行情况。如果热虹吸器失效，油的界面张力则会逐渐下降。

二、方法原理

用一个水平的铂丝测量环从水油界面将铂丝圆环向上拉，通过测量拉脱铂丝圆环所需力的方式来实现绝缘油界面张力测量。把所测得的力乘上一个与所用的力、油和水的密度以及圆环和铂丝直径有关的校正系数，计算出绝缘油界面张力。

三、危险点分析及控制

（1）试验时要用到石油醚、丁酮等易燃有机溶剂以及使用酒精灯进行操作，存在火灾隐患，应做好防火灾措施，试验场地应配备有足够的消防器材，化验人员应具备防火灭火知识，并会正确使用消防器材。

（2）在使用铬酸洗液时，手上应戴耐酸手套进行操作，铬酸洗液切勿触及皮肤和其他物品，以免引起腐蚀。操作结束后必须仔细洗手。

四、测试前准备工作

（1）查阅相关技术资料、试验规程，明确试验安全注意事项，编写作业指导书。

（2）仪器与材料准备。准备好表 Z13I2010Ⅲ–1 中所列的仪器和材料。

表 Z13I2010Ⅲ–1 试 验 器 材

序号	设备及材料	要求	备注
1	界面张力仪	对应两端有两只真空活塞，容积约 100mL	
2	分析天平	感量 0.000 1g	
3	铂丝圆环	周长为 40mm 或 60mm，圆度较好的圆环，并用同样细铂丝焊于圆环上作为吊环。必须知道圆环的周长、圆环的直径与所用铂丝的直径	
4	试样杯	直径不小于 45mm 的玻璃烧杯或圆柱形器皿	
5	酒精灯		
6	中速滤纸	直径为 150mm	
7	漏斗		
8	石油醚	分析纯	
9	铬酸洗液		
10	丁酮	分析纯	
11	蒸馏水		

（3）用石油醚清洗全部玻璃器皿，接着分别用丁酮和水清洗，再用热的铬酸洗液浸洗，以除去油污，最后用水及蒸馏水冲洗干净。如果试样杯不立即使用，应将试样杯倒放于一块清洁布上沥干。

（4）检查、矫正铂丝圆环，使圆环每一部分都在同一平面上。

（5）在石油醚中清洗铂丝圆环，接着用丁酮漂洗，然后在酒精灯的氧化焰中加热，使铂丝圆环发红。

（6）调节张力仪的零点，按照界面张力仪制造厂规定方法，用砝码校正界面张力仪。

（7）试样用直径为 150mm 的中速滤纸过滤，每过滤约 25mL 试样后应更换一次滤纸。

注：试样不宜储放在塑料容器内，以免影响测定结果。

五、试验步骤及要求

（1）测定试样在 25℃的密度，准确至 0.001g/mL。

（2）把 50～75mL（25±1）℃的蒸馏水倒入清洗过的试样杯中，将试样杯放到界面张力仪的试样座上，把清洗过的圆环悬挂在界面张力仪上。升高可调节的试样座，使圆环浸入试样杯中心处的水中，目测至水下深度不超过 6mm 为止。

（3）慢慢降低试样座，增加圆环系统的扭矩，以保持扭力臂在零点位置，当附着在环上的水膜接近破裂点时，应慢慢地进行调节，以保证水膜破裂时扭力臂仍在零点位置，当圆环拉脱时读出刻度数值，使用水和空气密度差（$\rho_0 - \rho_1$）=0.997g/mL 这个值计算水的表面张力，计算结果应为 71～72mN/m。如果低于这个计算值，可能是由于界面张力仪调节不当或容器不净所致，应重新调节界面张力仪、清洗圆环和用热的铬酸洗液浸洗试样杯，然后重新测定。若测得仍较低，就要进一步提纯蒸馏水（例如用碱性高锰酸钾溶液将蒸馏水重新蒸馏）。

（4）测量蒸馏水表面张力符合要求后，将界面张力仪的刻度盘指针调回零点，升高可调节的试样座，使圆环浸入蒸馏水中约 5mm 深度，在蒸馏水上慢慢倒入已调至（25±1）℃过滤后试样至 10mm 高度左右，注意不要使圆环触及油—水界面。

（5）让油—水界面保持（30±1）s，然后慢慢降低试样座；增加圆环系统的扭矩，以保持扭力臂在零点。当附着在圆环上水膜接近破裂点时，扭力臂仍在零点上。上述这些操作，即圆环从界面提出来的时间应尽可能地接近 30s。当接近破裂点时，应很缓慢地调节界面张力仪，因为液膜破裂通常是缓慢的，如果调节太快，则可能产生滞后现象，使结果偏高。从试样倒入试样杯，至油膜破裂全部操作时间大约 60s。记下圆环从界面拉脱时的刻度盘读数。

（6）结果计算。

试样的界面张力 σ（mN/m）按式（Z13I2010Ⅲ-1）计算，即

$$\sigma = MF \qquad\qquad （Z13I2010Ⅲ-1）$$

$$F = 0.725\,0 + \sqrt{\frac{0.036\,78M}{r_r^2(\rho_0 - \rho_1)} + P} \qquad\qquad （Z13I2010Ⅲ-2）$$

$$P = 0.045\,34 - \frac{1.679r_{\mathrm{w}}}{r_{\mathrm{r}}} \qquad\qquad (\text{Z13I2010 III} - 3)$$

式中　　M——膜破裂时刻度盘读数，mN/m；

　　　　F——系数；

　　　　ρ_0——水在 25℃时的密度，g/mL；

　　　　ρ_1——试样在 25℃时的密度，g/mL；

　　　　P——常数；

　　　　r_{w}——铂丝的半径，mm；

　　　　r_{r}——铂丝环的半径，mm。

六、测试结果分析及测试报告编写

（1）取重复测定两个结果的算术平均值，作为试样的界面张力值。同一操作者重复测定的两个结果之差，不应该超过平均值的 2%。两个实验室对同一样品的测定结果之差，不应超过平均值的 5%。

（2）一般地，对于新的绝缘油，界面张力要求大于 40mN/m，运行中油界面张力要求大于 19mN/m。

（3）测试报告编写应包括以下项目：样品名称和编号、测试时间、测试人员、审核和批准人员、测试依据、环境温度、湿度、测试结果、测试结论等，备注栏写明油样是否进行过滤处理等其他需要注意的内容。

七、试验注意事项

（1）界面张力仪应安放在无振动、不受日光直接照射、无大的空气流动、无腐蚀性气体、平稳坚固的实验台上。

（2）为保证铂环能完全为液体润湿，试验前应将环和试验杯按要求清洗干净。如果仪器清洗不干净或有外界污染物的存在，会导致界面张力数值下降。

（3）由于计算时使用了校正系数 F，因此对铂环和试杯的尺寸规格均有严格要求。环应保持圆形，并与其相连的镫保持垂直。在测量水的表面张力时，应保证铂环浸入水中不少于 5mm 深；在进行油—水界面张力测量时，加在水面上的油样应保持约 10mm 的厚度。如果过薄，就会使铂环从油水交界面拉出时，触及油面上的另一相（空气），会给试验带来误差。

（4）为防止试样中存有杂质对试验造成影响，试样应按规定预先进行过滤。试验用水采用中性纯净蒸馏水。

（5）应控制从试样倒入试样杯至油膜破裂的全部操作时间，大约在 1min 完成，因为对质量不同的油，由于所含极性物质的类型和浓度不同，它们向油水界面的迁移速度和要达到平衡或稳定状态所需时间也不同，往往需要较长的时间。此时所得的数据可能大大低于最初几分钟内测得的数据。因此必须固定一个恰当的测试周期。一般都规定在形成界面 1min 时，所测的数据较真实。

（6）表面张力是随温度的升高而逐渐减小的，对许多物质来说，温度与表面张力的关系都是直线关系。试验得知，绝缘油界面张力随温度升高而降低的曲线斜率，变化虽然较缓慢。但当温度变化大时，同一油样在不同温度下测出的结果，往往会超出试验精确度要求的范围。为此应取国际通用的在 25℃时测出的结果为准。但据文献介绍和实测结果，温度每改变 10℃，张力相应变化约 1mN/m。为此，一般监督试验如无恒温条件，可在（25±5）℃范围内进行试验。但是仲裁试验仍应以 25℃为准。

【思考与练习】

1. 绝缘油界面张力的测定原理是什么？
2. 测定绝缘油界面张力应注意哪些事项？
3. 测定绝缘油界面张力的目的是什么？

◢ 模块 11　绝缘油运动黏度测试（Z13I2011Ⅲ）

【模块描述】 本模块介绍绝缘油运动黏度的测定方法。通过步骤讲解和要点归纳，掌握绝缘油运动黏度测定的目的、方法原理、危险点分析及控制措施、准备工作、测试步骤、注意事项，以及对测试结果的分析和测试报告编写要求。

【模块内容】

一、测试目的

变压器油除了起绝缘作用外，还起着散热冷却作用。因此，要求油的黏度适当，黏度过小，工作安全性降低；黏度过大，影响传热。尤其在寒冷地区较低温度下，油的黏度不能过大，需具有循环对流和传热能力，设备才能正常运行，或停止运行后的设备在启用时能顺利安全启动。

二、方法原理

在某一恒定的温度下（对变压器油，一般采用 40℃），测定一定体积的液体在重力下流过一个标定好的玻璃毛细黏度计的时间，黏度计的毛细管常数与流动时间的乘积，即为该温度下被测定液体的运动黏度。在温度 t 时运动黏度用符号 v_t 表示，单位是 mm^2/s。

三、危险点分析及控制

（1）黏度计洗涤时要用到石油醚、乙醇、溶剂油等易燃有机溶剂，应做好防火灾措施。

（2）黏度计洗涤时如用到铬酸洗液，应避免铬酸洗液飞溅，导致皮肤灼伤。

（3）恒温浴温度可能低于−30℃或接近 100℃，皮肤要避免接触仪器高温或低温部分，要防止恒温浴液体飞溅，避免皮肤烫伤、冻伤或灼伤。

（4）温度监测所用温度计一般为水银温度计，要避免温度计破损导致水银散落，一旦散落，应在有汞迹的地方撒上硫磺粉，及时处理掉，避免汞蒸气挥发，导致人体汞中毒。

四、测试前准备工作

（1）查阅相关技术资料、试验规程，明确试验安全注意事项，编写作业指导书。

（2）仪器与材料准备。准备好表Z13I2011Ⅲ-1中所列的仪器和材料。

表 Z13I2011Ⅲ-1　　　　　　　　仪 器 和 材 料

序号	设备及材料	要求	备注
1	黏度计	 图 Z13I2011Ⅲ-1　毛细管黏度计示意 a、b—标线； 1、6—管身；2、3、5—扩张部分； 4—毛细管；7—支管	检定并确定常数。也允许采用具有同样精度的自动黏度计
2	毛细管黏度计内径	务必使试样的流动时间不少于200s，内径小于0.4mm的黏度计流动时间应不少于350s	合格
3	恒温浴槽	带有透明壁或装有观察孔的恒温浴槽，其高度不小于180mm，容积不小于2L，并且附设有自动搅拌装置和一种能够准确地调节温度的电热装置	在0℃和低于0℃，测定运动黏度时，使用筒形开有看窗的透明保温瓶，其尺寸与前述的透明恒温浴相同，并设有搅拌装置
4	恒温浴液体	50～100℃：透明矿物油、丙三醇（甘油）或25%硝酸铵水溶液（该溶液的表面会浮着一层透明的矿物油）； 20～50℃：水； 0～20℃：水与冰的混合物，或乙醇与干冰（固体二氧化碳）的混合物； 0～-50℃：乙醇与干冰的混合物；在无乙醇的情况下，可用无铅汽油代替	恒温浴中的矿物油最好加有抗氧化添加剂，延缓氧化，延长使用时间

续表

序号	设备及材料	要求	备注
5	玻璃温度计	玻璃水银温度计、玻璃合金温度计或其他玻璃液体温度计，分格为0.1℃	检定合格
6	秒表	分格为0.1s	检定合格
7	溶剂油	符合 SH 0004 橡胶工业用溶剂油要求，以及可溶的适当溶剂	
8	石油醚	沸程为60～90℃，分析纯	
9	95%乙醇	化学纯	
10	铬酸洗液		

（3）将黏度计用溶剂油或石油醚洗涤。如果黏度计沾有污垢，可用铬酸洗液、水、蒸馏水或95%乙醇依次洗涤，然后用通过棉花滤过的热空气吹干。

（4）含有水或机械杂质的试样，在试验前必须经过脱水处理，用滤纸过滤除去机械杂质。

五、试验步骤及要求

（1）按图 Z13I2011Ⅲ-1 所示，将橡皮管套在支管7上，并用手指堵住管身6的管口，同时倒置黏度计，然后将管身1插入装着试样的容器中；利用橡皮球将液体吸到标线b，同时注意不要使管身1、扩张部分2和3中的液体发生气泡和裂隙。当液面达到标线b时，从容器里提起黏度计，并迅速恢复其正常状态，同时将管身1的管端外壁所黏着的多余试样擦去，并从支管7取下橡皮管套在管身1上。

（2）将装有试样的黏度计浸入恒温浴中，并用夹子将黏度计固定在支架上，毛细管黏度计的扩张部分2应浸入恒温浴液体一半。利用另一只夹子来固定温度计，务使水银球的位置接近毛细管中央点的水平面，并使温度计上要测温的刻度位于恒温浴的液面上10mm处。

（3）利用铅垂线从两个相互垂直的方向去调整毛细管的垂直状态。

（4）将恒温浴调整到规定温度，把装好试样的黏度计浸在恒温浴内，按表 Z13I2011Ⅲ-2 所规定的时间恒温。试验的温度必须保持恒定到±0.1℃。

表 Z13I2011Ⅲ-2 黏度计在恒温浴中的恒温时间

试验温度（℃）	恒温时间（min）	试验温度（℃）	恒温时间（min）
80，100	20	20	10
40，50	15	0～-50	15

（5）利用毛细管黏度计管身 1 口所套着的橡皮管将试样吸入扩张部分 3，使试样液面稍高于标线 a 时，并且注意不要让毛细管和扩张部分 3 的液体产生气泡和裂隙。

（6）观察试样在管身中的流动情况，液面正好到达标线 a 时，开动秒表；液面正好流到表线 b 时，停止秒表，记录流动时间。

（7）重复测定至少四次，其中各次流动时间与其算术平均值的差数应该符合如下要求：在温度 15～100℃测定黏度时，这个差数不应超过算术平均值的±0.5%；在−30～15℃测定黏度时，这个差数不应该超过算术平均值的±1.5%；在低于−30℃测定黏度时，这个差数不应该超过算术平均值的±2.5%。

（8）结果计算。

取不少于三次的流动时间所得的算术平均值，作为试样的平均流动时间。在温度 t 时，试样的运动黏度 v_t（mm²/s）按式（Z13I2011Ⅲ-1）计算，即

$$v_t = c\tau_t \tag{Z13I2011Ⅲ-1}$$

式中 c——黏度计常数，mm²/s²；

τ_t——试样的平均流动时间，s。

例如黏度计常数为 0.042 5mm²/s²，试样在 40℃时的流动时间为 317.9，322.3，322.8 和 321.8s，因此，流动时间的算术平均值为

$$\tau_{40} = \frac{317.9 + 322.3 + 322.8 + 321.8}{4} = 321.2s$$

各次流动时间与平均流动时间的允许差数为

$$\frac{321.2 \times 0.5}{100} = 1.6s$$

因为 317.9s 与平均流动时间之差达 3.3s，已超过 1.6s 的允许差，所以这个读数应弃去。计算平均流动时间时，只采用 322.3、322.8 和 321.8s 的观测读数，它们与算术平均值之差，都没有超过 1.6s。

于是平均流动时间为

$$\tau_{40} = \frac{322.3 + 322.8 + 321.8}{3} = 322.3s$$

试样运动黏度测定结果为

$$v_{40} = c\tau_{40} = 0.042 5 \times 322.3 = 13.70mm^2/s$$

六、测试结果分析及测试报告编写

（1）取重复测定两个结果的算术平均值，作为试样的运动黏度。黏度测定结果的数值，取四位有效数字。同一操作者，用同一试样重复测定的两个结果之差，不应超

过表 Z13I2011Ⅲ-3 所列的数值。

表 Z13I2011Ⅲ-3　　　　运动黏度测试结果的重复性要求

测定黏度的温度（℃）	重复性（%）	测定黏度的温度（℃）	重复性（%）
15～100	算术平均值的 1.0	−60～−30	算术平均值的 5.0
−30～15	算术平均值的 3.0		

不同操作者在两个实验室提出的两个结果之差，不应超过表 Z13I2011Ⅲ-4 所列的数值。

表 Z13I2011Ⅲ-4　　　　运动黏度测试结果的再现性要求

测定黏度的温度（℃）	再现性（%）
15～100	算术平均值的 2.2

（2）根据 GB 2536 的规定，对于新的绝缘油，10 号和 25 号油 40℃时的运动黏度不大于 13mm²/s，45 号油 40℃时的运动黏度不大于 11mm²/s，例子中试样的运动黏度测定结果为 13.70mm²/s，已大于标准的质量指标要求，应具体检查测试方面是否存在不规范的地方（如毛细管黏度计未检定、恒温浴控制温度不准等）或油样是否受到污染等。

（3）测试报告编写应包括以下项目：样品名称和编号、测试时间、测试人员、审核和批准人员、测试依据、测试仪器、测试结果、测试结论等，备注栏写明油样是否进行脱水或过滤处理等其他需要注意的内容。

七、试验注意事项

（1）为确保测试结果的准确性，用于测定黏度的秒表、毛细管黏度计和温度计都必须定期检定。

（2）试样中不许有气泡。测黏度时，如试验中存有气泡会影响装油的体积，而且进入毛细管后可能形成气塞，增大了液体流动的阻力，使流动时间拖长，测定结果偏高。

（3）试样含有水或机械杂质时，必须进行脱水和除去机械杂质。如有杂质存在，会影响油品在黏度计内的正常流动，杂质黏附于毛细管内壁会使流动时间增大，测定结果偏高。有水分时，在较高温度下它会汽化，低温时凝，均影响油品在黏度计内正常流动，使测定的结果准确性差。

（4）测定黏度时，要将黏度计调整成垂直状态。若黏度计的毛细管倾斜时，会改变液柱高度，从而改变了静压的大小，使测定结果产生误差。

（5）测定黏度时严格按规定恒温，是测定油品黏度的重要条件之一。因为液体油品的黏度是随温度的升高而降低，随温度的下降而增大，故在测定中必须严格恒温。否则有极微小的温度波动（超过±0.10℃），就会使测定结果产生较大误差。

使用全浸式温度计时，如果它的测温刻度露出恒温浴的液面，要依照式（Z13I2011Ⅲ-2）计算温度计液柱露出部分的补正数Δt，才能准确地量出液体的温度，即

$$\Delta t = kh(t_1 - t_2) \qquad (Z13I2011Ⅲ-2)$$

式中　k——常数，水银温度计采用 k=0.000 16，酒精温度计采用 k=0.001；

　　　h——露出在浴面上的水银柱或酒精柱高度，用温度计的度数表示；

　　　t_1——恒温浴温度，℃；

　　　t_2——接近温度计液柱露出部分的空气温度，用另一支温度计测出，℃。

试验时，取 t_1 减 Δt 作为温度计上的温度读数。

【思考与练习】

1. 绝缘油运动黏度的测试方法原理是什么？

2. 测定绝缘油运动黏度应注意哪些事项？

3. 测定绝缘油运动黏度的危险点有哪些？如何分析及控制？

▲ 模块 12　绝缘油苯胺点测试（Z13I2012Ⅲ）

【模块描述】本模块介绍绝缘油苯胺点的测定方法。通过步骤讲解和要点归纳，掌握绝缘油苯胺点测定的目的、方法原理、危险点分析及控制措施、准备工作、测试步骤、注意事项，以及对测试结果的分析和测试报告编写要求。

【模块内容】

一、测试目的

油品苯胺点的高低，可大致判断油品中含哪种烃类多少，通常油品中芳香烃含量越低，苯胺点就越高。超高压绝缘油把苯胺点作为质量控制指标之一，目的是控制绝缘油中芳香烃的含量，从而得到析气性能较好的绝缘油。

二、方法原理

绝缘油的苯胺点是指绝缘油与等体积的苯胺在互相溶解成为单一液相所需的最低温度。本测试方法的原理是：将规定体积的苯胺和试样置于试管（或 U 形管）中，并用机械搅拌使其混合，混合物以控制的速度加热直至两相完全混合，然后将混合物在控制速度下冷却，观察两相分离时的温度即为试样苯胺点。

三、危险点分析及控制

（1）由于苯胺有剧毒，操作时应戴口罩在通风柜中进行，切勿触及伤口或误入口

中。试验工作结束后必须仔细洗手。

（2）试验时应在通风良好的环境中进行，油浴加热时注意做好防火灾和烫伤的措施。

（3）不准触碰油浴及加热过的试管，以避免高温烫伤。

四、测试前准备工作

（1）查阅相关技术资料、试验规程，明确试验安全注意事项，编写作业指导书。

（2）仪器与材料准备：准备好表 Z13I2012Ⅲ-1 中所列的仪器和材料。

表 Z13I2012Ⅲ-1　　　　　　试　验　器　材

序号	设备及材料	要求	备注
1	试管	直径为（25±1）mm，长度为（150±3）mm	
2	金属搅拌丝	下端绕成环形，供搅拌试管中的混合物使用	
3	玻璃套管	直径为（40±2）mm，长宽为（150±3）mm	
4	油浴	可以用 600mL 的高型烧杯装储无色的油或甘油，浴中储油量要足够，使试管或 U 形管装着混合物的部分完全浸在油中。杯口需要装设一块薄的隔热板，板上设有安放试管和油浴搅拌器的孔口	
5	油浴搅拌器	用金属丝制造，下端绕成环形，其直径略小于油浴烧杯的内径	
6	温度计	符合 GB/T 514《石油产品试验用玻璃液体温度计技术条件》中熔点用温度计要求	
7	移液管	5mL	
8	支架	带支持夹	
9	苯胺	分析纯，与正庚烷的苯胺点应为（69.3±0.2）℃	苯胺有剧毒，注意防护
10	工业用硫酸钠	分析纯、要经过煅烧，并放入干燥器中冷却	
11	氢氧化钾	化学纯	或氢氧化钠
12	正庚烷	分析纯	

（3）苯胺提纯。苯胺不符合试验要求时，要进行精制。

先在苯胺中加入适量的固体氢氧化钾或氢氧化钠脱水。过滤后，用滤出的苯胺进行蒸馏，只收集馏出 10%～90%的馏分。这段馏分要装储在暗色的瓶子里，并加入固体氢氧化钾或氢氧化钠，以防苯胺受潮。使用时，利用倾法取出澄清的苯胺。

（4）被测油样中有水时，试验前应先进行脱水过滤。

五、试验步骤及要求

（1）用两支移液管分别吸取苯胺 5mL 和试油 5mL，注入清洁、干燥的试管中。然后用软木塞将温度计和搅拌丝安装在这支试管内。温度计的水银球中部要放在苯胺层与油样层的分界线处。搅拌丝的上端要穿出软木塞的特备小孔，其下端的环要浸到苯胺层。

（2）用软木塞将试管固定在玻璃套管中央。把玻璃套管浸入油浴 60～70mm，套管的上部用支持夹固定在支架上。加热油浴时，经常搅拌试管中的混合物。

（3）当混合物的温度达到预期苯胺点前 3～4℃时，控制温度慢慢地上升，每分钟不超过 2℃，并不断搅拌混合物。到了混合物呈现透明，就将试管从油浴中提起，搅拌、冷却，控制混合物的冷却速度每分钟不超过 1℃。

（4）当苯胺与油样的透明溶液开始呈现浑浊时，也就是试管中的水银球刚刚模糊不清的一瞬间，立即记录混合物的温度，作为油样的苯胺点测定结果，要准确到 0.1℃。

六、测试结果分析及测试报告编写

取重复测定两个结果的算术平均值，作为试样的苯胺点。要求同一操作者，对同一绝缘油重复测定的两个结果之差不应大于 0.2℃。

测试报告编写应包括以下项目：样品名称和编号、测试时间、测试人员、审核和批准人员、测试依据、环境温度、湿度、测试结果、测试结论等，备注栏写明油样是否进行脱水处理等其他需要注意的内容。

七、试验注意事项

（1）苯胺使用完毕应密封、闭光保存在干燥地方，使用前应检查纯度是否符合试验要求。

（2）温度计应符合 GB/T 514《石油产品试验用玻璃液体温度计技术条件》中熔点用温度计的要求，温度计应定期进行计量检定。试验时温度计水银泡的位置应严格位于苯胺层与试油层的分界线处，否则会影响测定结果。

（3）加热升温与冷却速度应控制好，特别是不要过快。因水银温度计有一定惯性，会产生误差。

（4）含水试油应预先脱水过滤，含蜡油在过滤前应微热，使之熔化后再过滤，免得损失油中的蜡分，使测得结果不准确。

（5）所量取的试油与苯胺量应等体积，体积不等，溶解温度也不同。

【思考与练习】

1. 何谓油品的苯胺点？测定油品苯胺点有何意义？

2. 测定油品苯胺点应注意哪些事项？

3. 测定油品苯胺点的步骤及要求有哪些？

▲ 模块 13 绝缘油比色散测试（Z13I2013Ⅲ）

【模块描述】 本模块介绍绝缘油的折射率和比色散的测定方法。通过步骤讲解和要点归纳，掌握绝缘油的折射率和比色散测定的目的、方法原理、危险点分析及控制措施、准备工作、测试步骤、注意事项，以及对测试结果的分析和测试报告编写要求。

【模块内容】

一、测试目的

油品的比色散值主要受油中芳香族化合物含量和结构的影响。对于同一种基础油，随着芳香烃含量增加，比色散值会升高，油的析气性由放气性变为吸气性。当比色散值大于 97 时，其与芳烃化合物含量近似直线关系，而与石蜡和环烷基化合物的含量和结构几乎无关。测定绝缘油的比色散值，能够估算绝缘油中芳香烃的含量，快速评定油品气稳定性能。

二、测试原理

折射率是一定波长的光从空气中射向被测物，用入射角的正弦除以折射角的正弦所得比率。阿贝折光仪是利用测定折射角为 90° 时的入射角（这时称临界角）来测定折射率的。

比色散是在规定温度下，样品对两种不同波长光的折射率的差（此差称为折射色散）除以该温度下样品的相对密度。为表示方便将比值乘以 104 表示。本方法中折射色散是根据阿贝折光仪测得的折射率（n_D）和补偿器刻度盘上的 Z 值查表计算求得的。

三、危险点分析及控制

（1）试验时要用到石油醚等易燃有机溶剂，存在火灾隐患，应做好防火灾措施，试验场地应配备有合格足够的消防器材，化验人员应具备防火灭火知识，并会正确使用消防器材。

（2）实验完毕应及时、仔细清洗双手。

四、测试前准备工作

（1）查阅相关技术资料、试验规程，明确试验安全注意事项，编写作业指导书。

（2）仪器与材料准备：准备好表 Z13I2013Ⅲ-1 中所列的仪器和试剂。

表 Z13I2013Ⅲ-1　　　　　　　　　仪　器、试　剂

序号	设备及材料	要求	备注
1	阿贝（Abbe）折光仪	测量范围 1.3～1.7，最小分度 0.001。带恒温水浴可在 10～50℃内恒温测定	
2	恒温水浴	应带有循环泵，能将恒定温度的水连续供给折光仪的棱镜保温套，使棱镜保持在所需温度，温控精度为 ±0.1℃	
3	光源	明亮的漫射自然光或日光灯	
4	密度计	液体密度计最小分度为 0.000 5	
5	蒸馏水（或除盐水）	导电率小于 5μS/cm（25℃）	

续表

序号	设备及材料	要求	备注
6	石油醚	分析纯，沸点范围为 60～90℃	
7	镜头纸		
8	定性滤纸		
9	脱脂棉		
10	乳胶管		

（3）试油中若含有水分或其他机械杂质，要用干燥的滤纸除去水分和杂质。

（4）用乳胶管将恒温水浴的出入口与折光仪接通，使棱镜温度恒定在（25±0.1）℃。

（5）调校折光仪应定期按以下步骤进行校验：

1）按"五、操作步骤"中第 1 条清洗仪器。

2）用干净的圆头玻璃棒蘸取蒸馏水（或除盐水）1～2 滴，滴到进光棱镜磨砂面中央，闭合两棱镜，用棱镜锁紧杆将两镜锁严，等待 1min 使蒸馏水温度恒定。

注：也可用仪器提供的标准玻璃块或标准试剂进行校验。

（6）调整反光镜使镜筒内视野明亮。

（7）旋转棱镜转动旋钮，使读数镜内读数与相应温度下水的折射率值相同。不同温度下水的折射率数据见表 Z13I2013Ⅲ–2。观察望远镜内明暗分界线是否通过十字线交点，若有偏差则按使用说明书调整示值调节螺丝，使其与十字线交点相交（在以后的测定中此螺丝不允许再动）。如望远镜内有彩色条纹出现，应调节补偿器旋钮，使颜色消失。

表 Z13I2013Ⅲ–2　　　　不同温度下水的折射率（n_D）

温度（℃）	折射率 n_D	温度（℃）	折射率 n_D
10	1.333 7	22	1.332 8
14	1.333 5	23	1.332 7
15	1.333 4	24	1.332 6
16	1.333 3	25	1.332 5
17	1.333 2	26	1.332 4
18	1.333 2	27	1.332 3
19	1.333 1	28	1.332 2
20	1.333 0	29	1.332 1
21	1.332 9	30	1.332 0

五、操作步骤

（1）按折光仪使用说明书擦净两棱镜表面。如没有特殊说明，可用蘸有石油醚的脱脂棉轻轻擦拭两棱镜表面及周围的金属框，除去其上的油渍及尘埃等。为缩短溶剂蒸发时间，可用镜头纸擦去抛光镜面上的多余溶剂，使镜面上不留有痕迹。每次测量前都要如此清洗。

（2）待溶剂彻底蒸发后，用圆头玻璃棒蘸取 1～2 滴试油滴到进光棱镜磨砂面中央，注意不要在液膜中产生气泡，闭合两棱镜。等待 1min，使试油温度恒定到试验温度。

（3）旋转棱镜转动旋钮，使望远镜内明暗分界线与十字线交点相交，同时转动补偿器旋钮使明暗分界线清晰，无彩色条纹。在读数镜内读出折射率 n_D，精确到小数点后第四位。

（4）按某一方向转动补偿器旋钮，直到望远镜内彩色条纹完全消失。准确读出补偿器刻度盘上的读数 Z 值。精确到小数点后第一位，如此重复读出三次 Z 值。按相反方向转动旋钮，再读出三次 Z 值。取六个 Z 值的平均值作为 Z 值的测定结果。

（5）按 GB 1884 和 GB 1885 测出试油 25℃时的密度 ρ_{25}，精确到小数点后第四位。试油的相对密度 d_4^{25} 是试油 25℃时的密度 ρ_{25} 除以 4℃水的密度（1.000 0g/cm³），其数值等于试油 25℃时的密度值，没有单位量纲。

（6）计算。

1）用测得的折射率 n_D 和 Z 值，根据阿贝折光仪器所提供的色散表和公式计算出折射色散（n_F-n_C）。

注：不同光学参数的折光仪，其色散表不同。

2）按式（Z13I2013Ⅲ-1）计算出比色散 S，即

$$S = \frac{n_F - n_C}{d_4^{25}} \times 10^4 \qquad\qquad (Z13I2013Ⅲ-1)$$

式中　S——比色散，修约成整数表示；

　n_F-n_C——折射色散；

　d_4^{25}——25℃时试油的相对密度。

六、测试结果分析及测试报告编写

（1）取两次试验结果的算术平均值作为试油的比色散（修约成整数表示）。要求同一试验室两次平行测定结果的绝对差值应不大于 4，不同试验室间测定结果的绝对差值应不大于 13。

（2）测试报告编写应包括以下项目：样品名称和编号、测试时间、测试人员、审核和批准人员、测试依据、环境温度、湿度、测试结果、测试结论等，备注栏写明油

样是否进行脱水处理等其他需要注意的内容。

七、试验注意事项

（1）折光仪应经常用水或标准试剂进行校验。

（2）每次测量前折光仪的两棱镜表面应用石油醚擦拭干净。

（3）注意试样应保持在25℃下进行测试。

【思考与练习】

1. 何谓油品的比色散？测定油品比色散的原理是什么？

2. 测定油品比色散应注意哪些事项？

3. 测定油品比色散的步骤有哪些？

▲ 模块 14   SF₆密度测试（Z13I2014Ⅲ）

【模块描述】 本模块介绍 SF_6 气体密度的测定方法。通过步骤讲解和要点归纳，掌握 SF_6 气体密度测定的目的、方法原理、危险点分析及控制措施、准备工作、测试步骤、注意事项，以及对测试结果的分析和测试报告编写要求。

【模块内容】

一、测试目的

测试 SF_6 气体密度是一种鉴别 SF_6 气体的主要方法,它能够有效判断出 SF_6 气体是否纯净、有否混入其他气体。

二、方法原理

在一定温度和压力下,对一定体积和压力的 SF_6 气体质量进行精确称量,经过温度和压力换算,计算出 20℃、101 325Pa 状态下 SF_6 气体密度,以 g/L 为单位。

三、危险点分析及控制

（1）由于使用的容气瓶为玻璃材质,又是在高真空下操作的,因此必须特别注意安全。对容气瓶进行抽真空或充气时,容气瓶应处在防护罩内,以防容气瓶炸裂伤人。

（2）SF_6 气体钢瓶倒置和立起时应两人一起操作,要防止被钢瓶砸伤。

（3）检测时试验人员应穿好专用工作服,在通风良好的环境中进行,做好防气体中毒和窒息措施。

四、测试前准备工作

（1）查阅相关技术资料、试验规程,明确试验安全注意事项,编写作业指导书。

（2）准备好表 Z13I2014Ⅲ-1 中所列的仪器与材料。

（3）落实试验各项安全措施符合试验要求。

表 Z13I2014Ⅲ-1　　　　　　　　**仪 器 和 材 料**

序号	设备及材料	要求	备注
1	球形玻璃容气瓶	对应两端有两只真空活塞，容积约 100mL	
2	分析天平	感量 0.000 1g	
3	湿式气体流量计	0.5m³/h，精确度±1%	
4	空盒气压计	分度为 0.1kPa	
5	秒表	分度为 0.1s	
6	真空泵		
7	U 形水银压差计		
8	氧气减压表		
9	乳胶管	3m	

五、测试步骤及要求

（1）将容气瓶洗净、烘干，真空活塞涂上真空脂。

（2）将容气瓶与真空泵、U 形水银压差计相连接，抽真空，待压差计示值稳定后关闭真空活塞，停掉真空泵，观察压差计示值，半小时之内应稳定不变，否则应当重涂真空脂。

（3）用注水称重法标定球形玻璃容气瓶的容积 V_0。

称量容气瓶质量（m_1），准确至±0.1g，将称过质量的容气瓶充满水，擦净外部多余的水，称其质量（m_2），准确至±0.1g。记录水的温度（t）。查出温度 t 时水的密度（ρ_w）。

按式（Z13I2014Ⅲ-1）求出容气瓶容积（V_0），即

$$V_0 = \frac{m_2 - m_1}{\rho_w} \qquad (Z13I2014Ⅲ-1)$$

式中　V_0——容气瓶容积，mL；

　　　m_1——空容气瓶质量，g；

　　　m_2——充满水后容气瓶质量，g；

　　　ρ_w——t℃水的密度，g/mL。

注：尽量在室温 20℃时操作，以减少温度对球形玻璃容气瓶体积影响。

（4）按图 Z13I2014Ⅲ-1 连接好抽真空系统，并进行如下操作：关闭图中真空活塞 A，开启真空活塞 B，启动真空泵。至 U 形水银压差计示值稳定后，缓缓开启真空活塞 A，少顷关闭 A，再抽真空至 U 形水银压差计示值稳定。如此重复操作三次。观察 U 形水银压差计示值稳定后，再继续抽真空 2min。关闭真空活塞 B，停真空泵，拆下

球形玻璃容气瓶放在分析天平上称量玻璃容气瓶质量 m_1，精确至±0.2mg。

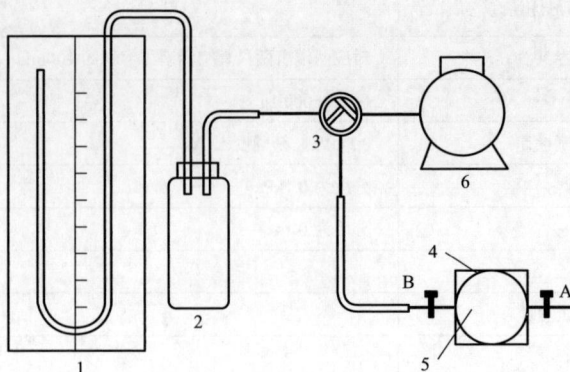

图 Z13I2014Ⅲ-1　抽真空系统装置示意图

1—U 形水银压差计；2—缓冲瓶；3—三通活塞；4—防护罩；5—球形玻璃容气瓶；6—真空泵

（5）按图 Z13I2014Ⅲ-2 安装 SF_6 充气装置，并进行如下操作：

1）将 SF_6 气瓶倒置，把球形玻璃容气瓶的真空活塞 A 与 SF_6 气瓶的减压阀出口相连，真空活塞 B 与湿式气体流量计相连。

2）开启 SF_6 气瓶减压阀，顺序打开真空活塞 A 和真空活塞 B，调节气体流速约为 1L/min。

3）通气 0.5min，依次关闭真空活塞 B、A 和 SF_6 气瓶减压阀。

4）取下球形玻璃容气瓶，使活塞 B 开口向上并迅速开闭一次。

5）观察空盒气压计，读取试验室大气压力 p_1，记录实验室气温 t。

6）称量球形玻璃容气瓶的质量 m_2，精确至±0.2mg。

7）重复上述操作，进行平行试验。

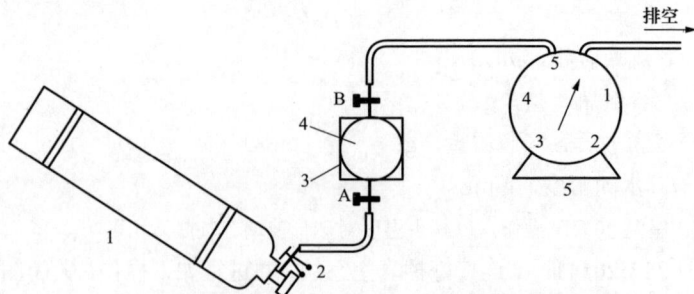

图 Z13I2014Ⅲ-2　抽真空系统装置示意图

1—SF_6 气瓶；2—氧气减压表；3—防护罩；4—球形玻璃容气瓶；5—湿式气体流量计

（6）结果计算。

1）SF_6 气体体积的校正。

按式（Z13I2014Ⅲ-2）将充入容气瓶内的 SF_6 气体体积（V_0）校正为标准状况（20℃、101 325Pa）下的体积，即

$$V = V_0 \times \frac{293p}{101\,325 \times (273 + t)} \qquad (\text{Z13I2014Ⅲ-2})$$

式中　V——SF_6 校正体积，mL；

$\quad\quad V_0$——充入之 SF_6 体积，mL；

$\quad\quad p$——充入之 SF_6 气体压力，Pa；

$\quad\quad t$——室温，℃。

2）计算 SF_6 气体密度，即

$$\rho = \frac{101.325(m_2 - m_1)}{p_1 V} \times 1000 \qquad (\text{Z13I2014Ⅲ-3})$$

式中　ρ——SF_6 气体密度（20℃、101 325Pa），g/L；

$\quad\quad m_2$——充满 SF_6 气体的球形容气瓶质量，g；

$\quad\quad m_1$——抽真空的球形容气瓶质量，g；

$\quad\quad V$——球形容气瓶校正到 20℃、101 325Pa 状态下的容积，mL；

$\quad\quad p_1$——试验室大气压力，kPa。

六、测试结果分析及测试报告编写

（1）取两次平行试验结果的算术平均值为测定值，两次试验结果相对误差应小于 0.5%。

（2）在 20℃、101 325Pa 情况下，纯净的 SF_6 气体的密度应为 6.16g/L，如检测结果与该值偏差太大，说明被测 SF_6 气体不纯或者检测过程存在失误。

（3）测试报告编写应包括以下项目：样品名称和编号、测试时间、测试人员、审核和批准人员、测试依据、天气情况、环境温度、湿度、大气压力、SF_6 气体的制造厂家、生产批号、出厂日期、测试结果、测试结论等，备注栏写明其他需要注意的内容。

七、测试注意事项

（1）标定球形玻璃容气瓶容积应尽量在室温 20℃时操作，以减少温度对球形玻璃容气瓶体积影响。标定时应保证容器内完全充满水，又要防止容器外部沾有多余的水。采用先将容气瓶抽空，然后由一端使水通入的办法比较理想。

（2）容气瓶抽空过程应该注意：容气瓶应先洗净、烘干；抽空前必须用真空脂涂敷真空活塞，并经检查证实其密封性能确实良好；容气瓶充过 SF_6 气体后重新抽空时，

必须用空气冲洗三次，以确保瓶内不残留 SF_6 气体。

（3）容气瓶内灌充 SF_6 气体，应注意保证装入的气体为纯净样品气，要求瓶内不能有残留气体，同时管道系统不能漏气。每次充完 SF_6 气体之后，务必要与外界平衡压力，否则测定结果就会偏高，由于 SF_6 的密度比空气大，因此在进行压力平衡时必须将真空活塞竖直向上放置，然后将活塞开启少顷即迅速关闭。

（4）称量玻璃容气瓶质量前，应先用绸布擦干净容气瓶。

（5）容气瓶在天平上称量时，读数应稳定。若读数无法稳定，可把容气瓶放入玻璃干燥器中干燥 20min 后再称量，直到天平读数稳定。

（6）接触容气瓶时应戴手套操作。

【思考与练习】

1. 简述 SF_6 气体密度的测试方法的原理。

2. 测量 SF_6 气体密度时应注意哪些问题？

3. 画出利用真空泵抽真空的装置示意图。

第三十八章

油（气）化学性能试验

◢ 模块1　油品水溶性酸或碱测定（Z13I3001Ⅰ）

【模块描述】本模块介绍油品水溶性酸或碱的测定方法。通过步骤讲解和要点归纳，掌握比色法和酸度计法测定油品水溶性酸或碱的方法原理、危险点分析及控制措施、准备工作、测试步骤、注意事项，以及对测试结果的分析和测试报告编写要求。

【模块内容】

石油产品的水溶性酸或碱，在生产、使用或储存时，能腐蚀与其接触的金属部件，会促使油品老化，降低油的绝缘性能。油中水溶性酸对变压器的固体绝缘材料老化影响很大，会直接影响着变压器的使用寿命，绝缘油的水溶性酸或碱是新油和运行油的监控指标之一。

一、比色法

（一）方法概要

比色法测定油品水溶性酸法是以等体积的蒸馏水和试油在 70～80℃ 下混合摇动，取其水抽出液并加入指示剂（如测新油以溴甲酚紫作指示剂，如测运行中油用溴甲酚绿作指示剂），在比色管内与标准色级进行比色，来确定试油的 pH 值。

（二）危险点分析及控制措施

（1）防止有毒药品损害试验人员身体健康，所有药品须有专人严格管理，使用时应小心谨慎，切勿触及伤口或误入口中，试验工作结束后必须仔细洗手。

（2）避免高温烫伤，在加热试验过程中，应戴手套操作，禁止随意触摸加热设备。

（3）防止玻璃仪器破碎扎伤。

（4）化验室应备有自来水、消防器材、急救箱等物品。

（三）测试前准备工作

（1）查阅相关技术资料、试验规程，明确试验安全注意事项，编写作业指导书。

（2）仪器和试剂准备。准备好表 Z13I3001Ⅰ-1 中所列的仪器和试剂。

表 Z13I3001Ⅰ-1　　　　　仪 器 和 试 剂

序号	仪器	型号规格	备注
1	pH 比色计	pH 为 3.8～7.0，间隔为 0.2，比色管直径为 15mm，容量 10mL	
2	比色盒	毛玻璃　　　毛玻璃	
3	海立奇比色计和比色盘		pH 为 3.8～5.4（溴甲酚绿），pH 为 6.0～7.6（溴百里香酚蓝），间隔为 0.2
4	锥形瓶	250mL	
5	分液漏斗	250mL	
6	温度计	0～100℃	
7	水浴锅		
8	pH 指示剂	指示剂应盛在严密的棕色试剂瓶内，保存于阴暗处	配制方法见表 ZY1300209001-2
9	试验用水	除盐水或二次蒸馏水，煮沸后 pH 为 6.0～7.0，导电率小于 3μS/cm（25℃）	
10	苯二甲酸氢钾	保证试剂或基准试剂	应干燥后使用，干燥温度为 100～110℃
11	磷酸二氢钾	保证试剂或基准试剂	应干燥后使用，干燥温度为 100～110℃
12	氢氧化钠	分析纯	
13	盐酸	分析纯，比重为 1.19	

（3）按表 Z13I3001Ⅰ-2 中的方法配制好指示剂。

表 Z13I3001Ⅰ-2　　　　指 示 剂 的 配 制

指示剂名称	pH 变色范围	配制方法
溴甲酚绿	3.8～5.4 黄～蓝	将 0.1g 溴甲酚绿与 7.5mL、0.02mol/L 氢氧化钠一起研匀，用除盐水稀释至 250mL，再调 pH 值为 4.5～5.4
溴甲酚紫	5.2～6.8 黄～紫	将 0.1g 溴甲酚紫溶于 9.25mL、0.02mol/L 氢氧化钠中，用除盐水稀释至 250mL，再调整 pH 值为 6.0
溴百里香酚蓝（溴麝香草酚蓝）	6.0～7.6 黄～蓝	将 0.1 溴百里香酚蓝溶于 8.0mL、0.02mol/L 氢氧化钠中，用除盐水稀释至 250mL，再调整 pH 值为 6.0

（4）pH 标准缓冲溶液的配制。

1）0.2mol/L 苯二甲酸氢钾溶液。称取 40.846g 苯二甲酸氢钾，溶于适量除盐水（或二次蒸馏水），移入 1000mL 容量瓶，再用除盐水（或二次蒸馏水）稀释至刻度。

2）0.2mol/L 磷酸二氢钾溶液。称取 27.218g 磷酸二氢钾，溶于适量除盐水（或二次蒸馏水），移入 1000mL 容量瓶，再用除盐水（或二次蒸馏水）稀释至刻度。

3）0.1mol/L 盐酸溶液。用量筒量取 16.8mL 浓盐酸注入 1000mL 容量瓶，用除盐水（或二次蒸馏水）稀释至刻度（此溶液浓度约为 0.2mol/L），再用硼砂、无水碳酸钠、无水碳酸钾或已知的相近浓度的标准碱溶液进行标定，然后稀释成 0.1mol/L。

4）0.1mol/L 氢氧化钠溶液。迅速称取 8g 氢氧化钠放入小烧杯中，加入 50～60mL 蒸馏水使其溶解，移入 1000mL 容量瓶，再加 2～3mL10% 的氯化钡溶液以沉淀碳酸盐，然后用蒸馏水稀释至刻度，静置澄清。取上层清液（此溶液浓度约为 0.2mol/L），用苯二甲酸氢钾或已知的浓度相近的标准酸液进行标定，然后稀释成 0.1mol/L。

5）pH 标准缓冲溶液。按表 Z13I3001Ⅰ-3 所列的比例值用上述溶液配制各种 pH 值的标准缓冲溶液。

表 Z13I3001Ⅰ-3　　　　标准缓冲溶液表（20℃）

pH 值	0.1mol/L 盐酸（mL）	0.2mol/L 苯二甲酸氢钾（mL）	0.1mol/L 氢氧化钠（mL）	0.2mol/L 磷酸二氢钾（mL）	稀释至体积（mL）
3.6	6.3	25			100
3.8	2.9	25			100
4.0	0.1	25			100
4.2		25	3.0		100
4.4		25	6.6		100
4.6		25	11.1		100
4.8		25	16.5		100

续表

pH 值	0.1mol/L 盐酸（mL）	0.2mol/L 苯二甲酸氢钾（mL）	0.1mol/L 氢氧化钠（mL）	0.2mol/L 磷酸二氢钾（mL）	稀释至体积（mL）
5.0		25	22.6		100
5.2		25	28.8		100
5.4		25	34.1		100
5.6		25	38.8		100
5.8		25	42.3		100
6.0			5.6	25	100
6.2			8.1	25	100
6.4			11.6	25	100
6.6			16.4	25	100
6.8			22.4	25	100
7.0			29.1	25	100

（四）测试步骤及要求

（1）量取 50mL 试油于 250mL 锥形瓶内，加入等体积预先煮沸过的蒸馏水，塞上瓶塞加热（禁用明火）至 70～80℃，并在此温度下摇动 5min。

（2）将锥形瓶中的液体倒入分液漏斗内，待分层并冷至室温后，取 10mL 水抽出液加入比色管，同时加入 0.25mL 溴甲酚绿指示剂摇匀后放入比色盒进行比色，记录其 pH 值。

注：当油的 pH 值大于 5.4 时，按表 ZY1300209001-2 酌情采用溴甲酚紫或溴百里香酚蓝作指示剂。也可用海立奇比色计进行比色。

（五）测试结果分析及测试报告编写

（1）两次平行试验结果的 pH 差值不超过 0.1。

（2）试验报告取两次平行试验结果的平均值为测定值。试验报告还应包括样品名称、试验方法、试验日期、分析意见、试验人员等。

（3）新变压器油水溶性酸（pH 值）要求大于 5.4，运行中油 pH 值要求大于 4.2。

（六）测试注意事项

（1）试验用水。试验用水本身的 pH 值高低对测定结果有明显的影响，要求试验用水要煮沸驱除 CO_2，25℃时水的 pH 值为 6.0～7.0，导电率小于 3μS/cm。

（2）萃取温度。用蒸馏水萃取油中的低分子酸时，萃取温度直接影响平衡时水中酸的浓度，因此在不同温度下萃取，往往会取得不同的结果。应严格按照方法中规定在 70～80℃下进行萃取。

（3）摇动时间。摇动时间与萃取量也有关，应严格按照方法中规定摇动 5min 进行萃取。

（4）指示剂本身的 pH 值。指示剂溶液本身 pH 值的高低对试验结果也有明显影响，配制指示剂时应严格按照方法中规定，把指示剂 pH 值调节到规定值并准确控制加入指示剂的体积。

（5）所用仪器都必须保持清洁、无水溶性酸碱等物质的残存或污染。

二、酸度计法

（一）方法概要

酸度计法测定水溶性酸是以等体积的蒸馏水和试油在 70～80℃下混合摇动，取其水抽出液用酸度计测定其 pH 值。

（二）测试前准备工作

（1）查阅相关技术资料、试验规程，明确试验安全注意事项，编写作业指导书。

（2）仪器和试剂准备。准备好表 Z13I3001Ⅰ–4 中所列的仪器和试剂。

表 Z13I3001Ⅰ–4　　　　　　仪　器　和　试　剂

序号	仪器	型号规格	备注
1	酸度计		
2	锥形瓶	250mL	
3	分液漏斗	250mL	
4	温度计	0～100℃	
5	水浴锅		
6	试验用水	除盐水或二次蒸馏水，煮沸后，pH 为 6.0～7.0，导电率小于 3μS/cm（25℃）	
7	邻苯二甲酸氢钾	保证试剂或基准试剂	应干燥后使用，干燥温度为 100～110℃
8	氯化钾	分析纯	

（3）配制邻苯二甲酸氢钾缓冲溶液。称取预先在 110～120℃下烘干的邻苯二甲酸氢钾 10.210 8g（准确至 0.000 2g），置于烧杯中，溶于适量除盐水（或二次蒸馏水），移入 1000mL 容量瓶，再用除盐水（或二次蒸馏水）稀释至刻度。此溶液的 pH 值为

3.97，供酸度计的定位用。

（4）把玻璃电极浸泡于蒸馏水中，首次使用前必须浸泡 24h 以上方能使用。

（5）用缓冲溶液按仪器说明书对酸度计进行零点调整和数字定位。

（三）試驗步骤

（1）量取 50mL 试油于 250mL 锥形瓶内，加入等体积预先煮沸过的蒸馏水，塞上瓶塞于水浴锅中加热至 70～80℃，并在此温度下摇动 5min。

（2）将锥形瓶中的液体倒入分液漏斗内，待分层并冷至室温后，往 50mL 烧杯中注入 30～40mL 水抽出液，用酸度计测定其 pH 值。

（四）测试结果分析及测试报告编写

（1）两次平行试验结果的 pH 差值不超过 0.05。

（2）取两次平行试验结果的平均值为测定值，以 pH 值表示。

（五）测试注意事项

比色法测定与酸度计测定的误差问题。使用酸度计测定 pH 值比目视比色测定的结果约高 0.2。

【思考与练习】

1. 简述变压器油中水溶性酸的测试目的。

2. 比色法测定与酸度计法测定油品中的水溶性酸有何不同？

3. 简述比色法测试油中水溶性酸的注意事项。

▶ 模块 2　油品酸值测定（Z13I3002Ⅱ）

【模块描述】 本模块介绍油品酸值的测定方法。通过步骤讲解和要点归纳，掌握油品酸值测定的目的、方法原理、危险点分析及控制措施、准备工作、测试步骤、注意事项，以及对测试结果的分析和测试报告编写要求。

【模块内容】

油品中的酸性物质会提高油品的导电性，降低油品的绝缘性能，还会促使固体绝缘材料产生老化，缩短设备的运行寿命。油品中的酸性物质对设备构件所用的铜、铁、铝等金属材料也有腐蚀作用，所生成的金属盐类是氧化反应的催化剂，会加速油的老化进程。测定油品酸值是生产厂家新油出厂检验和用户检查验收油质好坏的重要指标之一，也是运行中油老化程度的主要控制指标之一。

一、方法概要

该法采用沸腾乙醇抽出试油中的酸性组分，再用氢氧化钾乙醇溶液进行滴定，中和 1g 试油酸性组分所需的氢氧化钾毫克数称为酸值。以 mgKOH/g 为单位。

二、试验步骤

1. 仪器和试剂

表 Z13I3002 Ⅱ-1　　　　　仪 器 和 试 剂

序号	仪器	型号规格
1	托盘天平	准确到 0.0001g
2	锥形烧瓶	250 或 300mL
3	球形回流冷凝器	长约 300mm
4	微量滴定管	2mL，分度 0.02mL
5	水浴锅	室温至 100℃，温度可调，误差±1℃
6	氢氧化钾溶液	配成 0.05mol/L 氢氧化钾乙醇溶液
7	碱蓝 6B 指示剂	称取碱性蓝 1g，称准至 0.01g，然后将它加在 50mL 煮沸的 95%乙醇中，并在水浴中回流 1h，冷却后过滤。必要时，煮热的澄清滤液要用 0.05N 氢氧化钾乙醇溶液或 0.05N 盐酸溶液中和。直至加入 1～2 滴碱溶液能使指示剂溶液从蓝色变成浅红色而在冷却后又能恢复成为蓝色为止
8	甲酚红指示剂	称取甲酚红 0.1g（称准至 0.001g）。研细，溶于 100 毫升 95%乙醇中，并在水浴中煮沸回流 5min，趁热用 0.05N 氢氧化钾乙醇溶液滴定至甲酚红溶液由橘红色变为深红色，而在冷却后又能恢复成橘红色为止
9	95%乙醇	分析纯

2. 试验步骤

（1）用清洁、干燥的锥形烧瓶称取采集的试油 8～10g，称准至 0.2g。

（2）在另一只清洁无水的锥形烧瓶中加入 95%乙醇 50mL，装上回流冷凝管。在不断摇动下，将 95%乙醇煮沸 5min，除去溶解于 95%乙醇内的二氧化碳。在煮沸过的 95%乙醇中加入 0.5 毫升碱蓝 6B（或甲酚红）溶液，趁热用 0.05N 氢氧化钾乙醇溶液中和，直至溶液由蓝色变成浅红色（或由黄色变成紫红色）为止。对未中和就已呈现浅红色（或紫红色）的乙醇，若要用它测定酸值较小的试油时，可事先用 0.05N 稀盐酸若干滴，中和乙醇恰好至微酸性，然后再按上述步骤中和至溶液由蓝色变成浅红色（或由黄色变成紫红色）为止。

（3）将中和过的 95%乙醇注入装有已称好试样的锥形烧瓶，并装上回流冷凝管。在不断摇动下，将溶液煮沸 5min。在煮沸过的混合液中，加入 0.5 毫升的碱蓝 6B（或甲酚红）溶液并趁热用 0.05N 氢氧化钾乙醇溶液滴定，直至 95%乙醇层由蓝色变成浅红色（或由黄色变成紫红色）为止。

（4）对于滴定终点不能呈现浅红色（或紫红色）的试样，允许滴定达到混合液的原有颜色开始明显改变时作为终点。

（5）计算。试油的酸值按式（Z13I3002Ⅱ-1）计算

$$X = \frac{(v_1 - v_0) \times 56.1 \times C}{G} \qquad （Z13I3002Ⅱ-1）$$

式中　X——试样的酸值，mgKOH/g；

　　　v_1——滴定试油所消耗的氢氧化钾乙醇溶液的体积，mL；

　　　v_0——滴定空白所消耗的氢氧化钾乙醇溶液的体积，mL；

　　　C——氢氧化钾乙醇溶液的浓度，mol/L；

　　　56.1——氢氧化钾的摩尔质量，g/mol；

　　　G——试油的质量，g。

3. 精确度

重复性：

同一操作者重复测定两个结果之差不应超过表 Z13I3002Ⅱ-2 所示数值。

表 Z13I3002Ⅱ-2　　　　　　结 果 误 差 要 求

范围 mgKOH/g	重复性，mgKOH/g	范围 mgKOH/g	重复性，mgKOH/g
0.00～0.1	0.02	大于 0.5～1.0	0.07
大于 0.1～0.5	0.05	大于 1.0～2.0	0.10

三、安全措施及注意事项

1. 安全措施

（1）防止有毒药品损害试验人员身体健康，化学药品须有专人严格管理，使用时应小心谨慎，操作时应戴口罩，切勿触及伤口或误入口中，试验结束后必须仔细洗手。

（2）防止玻璃仪器破碎扎伤。

2. 测定油品酸值注意事项

（1）所用乙醇应不含醛，因醛在稀碱溶液影响下会发生缩合反应，随着时间的延长，就会使氢氧化钾乙醇溶液变黄、变坏，因此，含醛乙醇必须先除醛。

（2）必须趁热滴定，从停止回流至滴定完毕所用的时间不得超过 3min。以避免空气中二氧化碳对测定产生干扰。

（3）酸值测定时，应缓慢加入碱液，在就要达到终点时，改为半滴滴加，以减少滴定误差。

（4）氢氧化钾乙醇溶液保存不宜过长，一般不超过 3 个月。当氢氧化钾乙醇溶液

变黄或产生沉淀时，应对其清液重新进行标定后方可使用。

【思考与练习】

1. 测定酸值为什么须先排除二氧化碳的干扰？
2. 配制氢氧化钾乙醇溶液用的乙醇为什么要除醛处理？
3. 简述油品酸值测试注意事项。

▲ 模块 3 SF₆酸度测定（Z13I3003Ⅱ）

【模块描述】 本模块介绍 SF_6 气体酸度的测定方法。通过步骤讲解和要点归纳，掌握 SF_6 气体酸度测定的目的、方法原理、危险点分析及控制措施、准备工作、测试步骤、注意事项，以及对测试结果的分析和测试报告编写要求。

【模块内容】

SF_6 气体中酸和酸性物质的存在对电气设备的金属部件和绝缘材料造成腐蚀，从而直接影响电气设备的机械、导电、绝缘性能，严重时会危及电气设备的安全运行。SF_6 气体酸度的大小在一定程度上还表征着 SF_6 气体的毒性大小和设备的健康状态，为了保证人身和电气设备的安全，需要对 SF_6 气体的酸度进行测定。

一、测试原理

利用稀碱标准溶液吸收一定体积 SF_6 气体中的酸和酸性物质，再用硫酸标准滴定溶液滴定过量的碱，从而测定出 SF_6 气体酸度。

二、仪器、试剂

表 Z13I3003Ⅱ-1 　　　　　 仪 器、试 剂

序号	设备及材料	要求	备注
1	三角洗气瓶	（1）250mL 砂芯式三角洗气瓶。	

续表

序号	设备及材料	要求	备注
1	三角洗气瓶	（2）250mL 直管式三角洗气瓶。 	
2	微量滴定管	2mL，分度 0.01mL	
3	胖肚微量移液管	2mL	
4	三角烧瓶	1000mL	
5	微量气体流量计	100～1000mL/min（SF_6）	
6	湿式气体流量计	0.5m³/h，精度±1%	
7	电磁搅拌器		
8	空盒气压表	分度 0.1kPa	
9	氧气减压表		
10	不锈钢管采样管	直径$\phi 3$，长 1～2m	
11	真空三通		
12	乳胶管		
13	硫酸	优级纯	
14	氢氧化钠	优级纯	
15	95%乙醇	分析纯	
16	指示剂	甲基红、溴甲酚绿	

三、准备工作

（1）配制 0.010 0mol/L 的氢氧化钠标准溶液：在 1L 水中溶解 0.4±0.01g 氢氧化钠，用邻苯二甲酸氢钾进行标定。此标准每周需配制一次。

（2）配制 0.005 00mol/L 的硫酸标准溶液：将 0.25mL（浓硫酸密度 1.84g/mL）加到水中稀释至 1L，用氢氧化钠标准溶液进行标定。此标准每月需配制一次。

（3）配制混合指示剂：3 份 0.1%溴甲酚绿乙醇溶液与 1 份 0.2%甲基红乙醇溶液混匀（室温下使用时间不超过 1 个月）。

（4）吸收液用水：将约 600mL 去离子水注入 1L 三角烧瓶中，加热煮沸 5min，然后加盖并迅速冷却至室温。加入 3 滴混合指示剂，用酸标准溶液调至呈微红色。

四、操作步骤

（1）SF_6 气体钢瓶的放置：采集 SF_6 气体钢瓶中气样时，需将钢瓶倾斜倒置，使钢瓶出口处于最低点，以采集到具有代表性的液相 SF_6 样品。

（2）采样设备连接：将氧气减压表直接与 SF_6 气瓶连接，再将不锈钢取样管的一端通过接头与氧气减压表接通，另一端接在微量气体流量计的进口上；微量气体流量计的出口处串一真空三通，与吸收系统连接。检查确保各接口密封严密（见图 Z13I3003Ⅱ-1）。

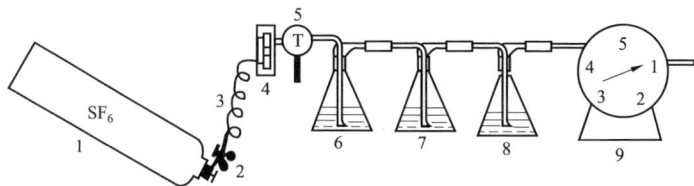

图 Z13I3003Ⅱ-1 采样系统示意

1—SF_6 气瓶；2—氧气减压表；3—不锈钢管；4—微量气体流量计；5—真空三通；
6—砂芯式三角洗气瓶；7、8—直管式三角洗气瓶；9—湿式气体流量计

（3）向吸收瓶 6、7、8 内各加入 150mL 吸收液用水，再用微量移液管分别加入 2.00mL 浓度为 0.0100mol/L 氢氧化钠标准溶液，摇匀，并尽快按图 Z13I3003Ⅱ-1 连接好。

（4）记录湿式气体流量计 9 的数值 V_1、大气压力 P_1 及室温 t_1。

（5）依次打开 SF_6 气瓶阀门及氧气减压表阀 2，将真空三通 5 切换至旁路，调节微量气体流量计 4 使 SF_6 气体的示值为 0.5L/min，冲洗管路 3min，然后迅速切换真空三通使钢瓶与吸收系统相通，通气约 20min。采样结束时，先关闭钢瓶阀门，至湿式气体流量计读数不变时，再依次关闭氧气减压表阀、微量流量计阀，并记录湿式气体流量计 9 读数 V_2、大气压力 P_2 及室温 t_2，将真空三通置于不通位置。

注：在采样时如果发现吸收液的颜色由浅绿色褪变为淡粉红色时，应立即结束采样操作。

（6）吸收液分析：拆下吸收瓶 6、7、8，分别加入 8 滴混合指示剂，立即置于磁力搅拌器上，用硫酸标准溶液滴定至终点（酒红色）。

（7）记录各吸收液所消耗的硫酸标准溶液体积 X、Y、B。

（8）若第二只吸收瓶的耗酸量小于第一支吸收瓶的耗酸量则认为吸收不完全，需重新对吸收液进行分析。

五、结果计算

（1）耗用 SF_6 气体体积按公式（Z13I3003Ⅱ-1）计算

$$V_C = \frac{(V_2 - V_1) \times \frac{1}{2}(P_1 + P_2) \times 293}{101.32\left[273 + \frac{1}{2}(t_2 + t_1)\right]} \qquad (Z13I3003Ⅱ-1)$$

式中 V_c——20℃、101 325Pa 时 SF_6 的校正体积，L；

P_1、P_2——试验起、止时的大气压力，kPa；

t_1、t_2——试验起、止时的室温，℃；

V_1、V_2——试验起、止时湿式气体流量计读数，L。

（2）酸度计算（以氢氟酸计）的质量百分数 ω，数值以%表示，按公式（Z13I3003 Ⅱ-1）计算

$$\omega = \frac{20 \times 2C[(B-X)+(B-Y)] \times 10^3}{6.16 V_C} \times 100 \qquad (Z13I3003Ⅱ-2)$$

式中 C——硫酸标准溶液的浓度，mol/L；

X——第一级吸收液耗用硫酸标准溶液的体积，mL；

Y——第二级吸收液耗用硫酸标准溶液的体积，mL；

B——第三级吸收液耗用硫酸标准溶液的体积，mL；

20——氢氟酸的相对分子质量，g/mol；

6.16——20℃，101.3kPa 时 SF_6 的密度，g/L。

取平行测定结果的算术平均值为测定结果。两次平行测定结果的绝对差值应不大于 0.000 005%。

六、试验注意事项

（1）各接口气密性要好。

（2）尾气必须排放到室外，排放前需经碱洗处理。

（3）连接管路的乳胶管要尽量短。

（4）连接钢瓶的采样系统必须能耐压 0.1MPa。

（5）取样完毕首先将钢瓶阀门关闭，然后关闭氧气减压表阀门。

（6）SF_6 气体钢瓶倒置和立起时应两人一起操作，要防止被钢瓶砸伤。

（7）向三个吸收瓶加碱液时，应规范操作，确保三个吸收瓶加入碱液的体积是一样的，否则结果可能出现负值。

（8）吸收瓶与气路连接时应注意区分进气口与出气口，避免接错造成吸收液倒灌。

（9）在滴定吸收液时应小心操作，注意观察滴定终点，防止滴定过点，三瓶吸收液滴定终点的颜色深浅应控制一致，否则结果可能出现负值。

【思考与练习】

1. 简述 SF_6 气体酸度测定方法的原理。

2. SF_6 气体酸度测定时应注意哪些事项？

模块 4　SF_6 生物毒性试验测定（Z13I3004 Ⅱ）

【模块描述】 本模块介绍 SF_6 气体生物毒性试验的方法。通过步骤讲解和要点归纳，掌握 SF_6 气体生物毒性试验的目的、方法原理、危险点分析及控制措施、准备工作、测试步骤、注意事项，以及对测试结果的分析和测试报告编写要求。

【模块内容】

SF_6 气体生物毒性试验用于鉴定 SF_6 气体的毒性，保护 SF_6 电气设备的运行、监督以及保护分析检测人员的人身安全。

一、方法原理

在模拟大气中氧气含量的 SF_6 气体环境条件下，通过观察小白鼠的健康状态，评判 SF_6 气体的毒性，即以 79% 体积的 SF_6 气体代替空气中的氮气和 21% 体积的氧气混合，使该混合气体按照一定流量通入饲养有小白鼠的密封容器连续染毒 24h，然后将已染毒的小白鼠在大气中再观察 72h，通过观察比较小白鼠在染毒前后的健康状况来判断 SF_6 气体是否具有毒性。

二、试验器材

表 Z13I3004 Ⅱ-1　　　　　试　验　器　材

序号	设备及材料	要求	备注
1	染毒缸	4L	真空干燥器代替
2	气体混合器	4.5L	
3	浮子流量计	600mL/min、1000mL/min	
4	皂膜流量计		
5	秒表	分度 0.1s	
6	氧气减压表		
7	氧气	医用	
8	不锈钢管采样管	直径 ϕ3，长 1~3m	
9	乳胶管	3m	
10	小白鼠	健康雌性、体重约20g，5只	
11	鼠食	约250g	

三、操作步骤

（1）用注水法测量染毒缸和气体混合器的容积。

（2）按 79%SF_6 气体和 21%氧气的比例，以每分钟通入混合器的气体总量不得少于容器总容积 1/8 的要求，计算 SF_6 气体和氧气流速。

（3）用皂膜流量计标定浮子流量计在试验要求的 SF_6 气体和氧气流速的刻度。

（4）按图 Z13I3004Ⅱ-1 连接好仪器设备（SF_6 气体钢瓶须倒置），打开氧气和 SF_6 气瓶阀门及减压表阀，分别调节 SF_6 气体和氧气浮子流量计使气体流速达到试验要求的流值，然后将 SF_6 气体和氧气通入混合器中。

（5）流量稳定 8~16min 后，打开染毒缸盖，将 5 只经过观察后，确认健康的雌性小白鼠进行编号，放在染毒缸中并放入充足的鼠食和水，盖上缸盖，继续通入混合气体。

（6）每隔 1~2h 观察并记录一次小白鼠活动情况。

（7）24h 后染毒试验结束，把小白鼠放回原来的饲养容器中饲养，继续观察 72h。

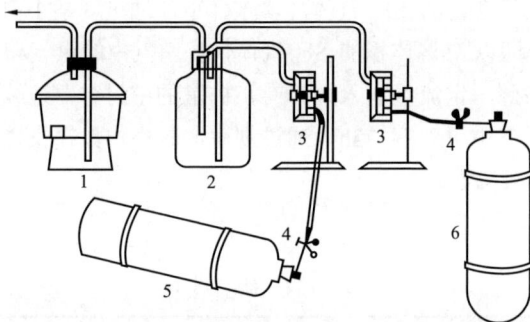

图 Z13I3004Ⅱ-1 SF_6 气体生物毒性实验装置示意

1—染毒缸；2—气体混合器；3—浮子流量计；4—氧气减压表；5—SF_6 气体钢瓶；6—氧气钢瓶

四、试验结果判断

（1）如小白鼠在 24h 染毒试验和 72h 观察中都活动正常，则判断气体无毒。

（2）如果偶尔有一只或几只小白鼠出现异常现象，或者有死亡，则可能是由于气体毒性造成的，应重新用 10 只小白鼠进行重复平行试验，以判定前次试验结果的正确性。

（3）在有条件的地方，应对任何一只在试验中死亡或有明显中毒症状的小白鼠进行解剖，以查明死亡或中毒原因。

（五）试验注意事项

（1）整个试验装置气密性要好。

（2）尾气必须排放到室外，排放前需经碱洗处理。

（3）连接钢瓶减压阀到浮子流量计的管路应用不锈钢管连接，保证系统能耐压0.3MPa。

（4）SF_6气体钢瓶倒置和立起时应两人一起操作，防止被钢瓶砸伤。

（5）气体混合器有三个进出气口，气路连接时不要接错。

（6）试验中应控制好气体的比例，否则不能真实反映出试验结果。

（7）试验室的温度不可太低，以25℃左右为宜。

【思考与练习】

1. 简述SF_6气体生物毒性试验测定方法的原理。

2. SF_6气体生物毒性试验时应注意哪些问题？

3. 若染毒缸的体积为3.8L，试计算试验时通入染毒缸中SF_6气体和氧气的流量分别是多少？

▲ 模块5 绝缘油氧化安定性试验（Z13I3005Ⅲ）

【模块描述】本模块介绍绝缘油氧化安定性试验的方法。通过步骤讲解和要点归纳，掌握绝缘油氧化安定性试验的目的、方法原理、危险点分析及控制措施、准备工作、测试步骤、注意事项，以及对测试结果的分析和测试报告编写要求。

【模块内容】

一、测试目的

通过测定绝缘油的氧化安定性判断油品在使用过程中的氧化倾向，评估油品可能的使用年限。

以该测试数据为依据，选用和管理油品，可避免设备使用抗氧化安定性差的油，运行使用中产生较多的有机酸、胶质、沥青质和油泥等氧化产物，腐蚀设备中的导体和绝缘材料，堵塞线圈冷却通道，造成设备过热，威胁设备安全运行。

二、测试原理

在铜线圈做催化剂油样保持在120℃，并同时通以恒定流量的氧气条件下，测定油样氧化产生的挥发性酸增加到相当于中和值为0.28mgKOH/g所需要的时间，以诱导期（h）表示试样的氧化安定性。

三、危险点分析及控制

（1）试验中用到的有机溶剂对人体有毒害作用，操作时必须戴口罩在通风柜中进行。

（2）试验中用到氧气和大量的易挥发、易燃的有机试剂，存在发生火灾隐患。因此，在化验室应严禁烟火，并配备有足够合格的消防器材，化验人员应具备防火灭火知识，并会正确使用消防器材。

（3）在加热试验过程中，禁止随意触摸加热装置的高温部分，取加热好的氧化管时应戴手套操作，氧化管架应放置在稳固且不易碰撞的地方。

（4）加热装置应加装超温自动断电和报警装置，在油样氧化期间要安排专人监护加热装置和氧气流量。

四、测试前准备工作

（1）查阅相关技术资料、试验规程，明确试验安全注意事项，编写作业指导书。

（2）仪器与材料准备。准备好表 Z13I3005Ⅲ-1 中所列的仪器和试剂。

表 Z13I3005Ⅲ-1　　　　　　器 材、试 剂

序号	设备及材料	要求	备注
1	氧化管、吸收管	由耐热硬质玻璃制成，尺寸与形状见下图： 	1—氧化管 2—吸收管
2	加热装置	加热装置能自动控制温度，使氧化管中的试样温度保持在（120±0.5）℃。温度的测量是试验前通过插在装有试样的氧化管内的温度计读出，温度计离氧化管底部约 5mm。氧化管内的油面应装到温度计的浸没线处，并将此管放入加热装置中。加热装置主要有铝合金块和油浴两种形式。 （1）铝合金块加热器。其上表面温度必须保持在（60±5）℃，该温度由插入一钻孔测温铝块里的温度计来测量，此铝块表面应有适宜的绝热层如石棉板保护，测温铝块应尽量放在靠近试管孔的地方，并位于加热器顶盖上部区域。氧化管插入试管孔内的总深度为 150mm，在铝块加热部分内的孔深度至少有 125mm，而穿过绝热盖并环绕每根氧化管的金属短套圈可保证氧化管有 150mm 以上的长度全部受热，如下图所示	

续表

序号	设备及材料	要求	备注
2	加热装置	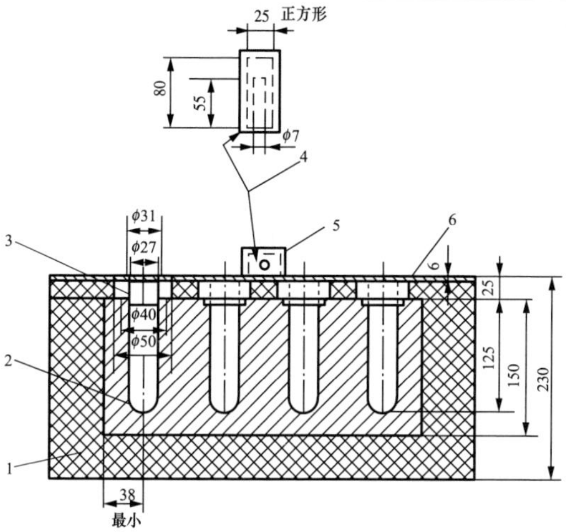 （2）油浴。氧化管在油中的浸入深度为 137mm，在油浴中总深度为 150mm，见下图。 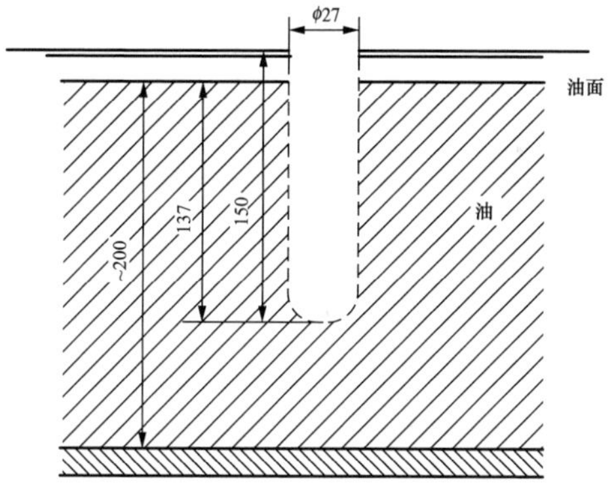 对于这两种类型的加热装置，氧化管露出加热面上部的高度均为 60mm，试管孔直径的大小应刚好能插入氧化管。如果松弛，可用直径为 25mm 的 O 形垫圈套在管上，并与加热装置表面压紧。 加热装置外部装有支架和金属套管，用以固定吸收管和避开阳光照射。氧化管和吸收管用尽可能短的硅橡胶管连接，两管的中心轴距离应保持（150±50）mm	
3	氧气及氧气减压表	工业用，纯度不小于 99.4%	
4	干燥塔	采用容量为 250mL 的气体干燥塔，塔内填装高度为 15～20cm 氯化钙或变色硅胶固体干燥剂	
5	皂膜流量计	0～20mL	用来检查载气流速
6	氧气流量计	（1.0±0.1）L/h	

续表

序号	设备及材料	要求	备注
7	移液管	25、50mL	
8	容量瓶	500、1000mL	
9	玻璃滤器	容积 30mL，孔径 5～15μm	
10	温度计	范围：98～152℃。 分度：0.2℃。 浸入深度：100mm。 膨胀室：允许加热至 180℃。 总长：395±5mm。 棒径：6.0～7.0mm。 球：15～20mm。 球径：不大于棒径，球底到 98℃刻度的距离 125～145mm、收缩室到顶的距离不超过 35mm	
11	滴定管	10mL，分度 0.01mL	
12	矿物油	闪点不低于 200℃	供油浴用
13	催化剂	软电解铜线，直径约为 1～2mm，长度由表面积确定，为 28.6cm²±0.3cm²	
14	砂纸	粒度为 W20	
15	硅橡胶管	直径为 6mm	
16	恒温水浴锅	控温范围：室温～100℃，精度 0.2℃	
17	具塞锥形烧瓶	500mL	
18	洗瓶	250mL 或 500mL	
19	锥形烧瓶	100、250mL	
20	量筒	100mL	
21	氢氧化钾	分析纯，配成 0.1mol/L 氢氧化钾乙醇标准滴定溶液	
22	酚酞指示剂	配成 1%的酚酞乙醇溶液	
23	乙醚	化学纯	
24	正庚烷	分析纯	
25	丙酮	化学纯	
26	硫酸	分析纯	
27	95%乙醇	分析纯	
28	苯	分析纯	
29	正庚烷	分析纯	
30	三氯甲烷	分析纯	
31	碱性蓝 6B 指示剂	配成 2%碱性蓝 6B 乙醇溶液	

续表

序号	设备及材料	要求	备注
32	盐酸	分析纯，配成 0.1mol/L 水溶液	
33	硝酸钴	分析纯，配成 10%水溶液	
34	苯—乙醇混合液	将苯和 95%乙醇按体积比 6:4 配成	
35	蒸馏水		

（3）仪器的清洗。氧化管和吸收管先用丙酮清洗，然后用蒸馏水冲洗，沥干后用硫酸浸泡清洗，再用自来水冲至无酸，然后用蒸馏水冲净。最后在 105～110℃烘箱中至少干燥 3h，在干燥器中冷却至室温备用。

（4）供气系统的准备。氧气从钢瓶经减压阀、干燥塔、缓冲瓶至氧气流量计，每个氧气流量计应用皂膜流量计进行校正。在氧气流量计上标上流量为（1.0±0.1）L/h 的标记。供气系统应保证进入氧化管的氧气流量平稳准确。

（5）试样的准备。油样用最大孔径为 5～15μm 的清洁、干燥的玻璃滤器过滤，将最初的 25mL 滤出油弃去，用以后的滤出油作为试样。

（6）铜催化线圈的制备。将（900±1）mm 长的铜丝用粒度为 W20 的砂纸擦到露出金属本色为止。然后用清洁、干燥无绒的滤纸和棉纱布擦净。戴上干净的细纱手套，把铜丝绕成外径约 20mm 的线圈。用镊子把绕好的线圈浸入乙醚中充分清洗。

注意：绕好的铜丝只能用镊子接触，已用过的铜丝不能再用。

（7）氧化管和吸收管的准备。

1）在清洁、干燥的氧化管内称取过滤好的试样（25.0±0.1）g。用镊子夹持刚处理好并在空气中将乙醚晾干的铜催化线圈放入氧化管中，在氧化管玻璃磨口接头处要用 1 滴试样密封。

2）用移液管将 50mL 0.1mol/L 氢氧化钾乙醇标准溶液移入 1L 的容量瓶中，用蒸馏水稀释至刻线，混合均匀后，再用移液管将此碱液 25mL 移入吸收管中，加入 5～6 滴酚酞指示剂。

五、操作步骤及要求

1. 油样氧化

（1）将盛有试样的氧化管放入已恒温至（120±0.5）℃的加热装置中，装有碱液的吸收管放入加热装置外部套管中，迅速用硅橡胶管将氧气流量计与氧化管进气口、氧化管出气口与吸收管进气口连接起来。调节氧气流量至（1.0±0.1）L/h，记下开始氧化时间。

（2）每日要检查和调节温度及氧气流量，保证试样在（120±0.5）℃、氧气流量为（1.0±0.1）L/h 的情况下氧化。

（3）每日至少两次（工作日的开始和结束时）检查吸收管内溶液是否褪色。

注意：当直接暴露在强光下时，酚酞较易褪色，如果看到颜色减弱时，可加入几滴酚酞指示剂。

2. 诱导期的测定

样品的诱导期是指试样产生的挥发性酸相当于中和值为 0.28mgKOH/g 所需的时间。以吸收管内碱液颜色消失前后的两次观察时间的平均值作为诱导期，用小时（h）表示。最后两次观察的时间间隔不应超过 20h。

注意：根据上述规定，相继两次观察的间隔，在白天是 8h，在夜晚是 16h。为了减少这一间隔，同一试样两支氧化管装入加热装置开始氧化的时间应该错开，例如第一支氧化管试验在上午 9 时整开始，第二支氧化管应在下午 17 时整开始。

若试样氧化 236h 后，吸收管内碱液还未褪色，则试验不再继续下去，结果记诱导期为 236h。

若有需要，也可在一规定的时间之后，按以下"3. 其他项目的测定"的要求测定试样氧化后的其他性能（沉淀物含量、可溶性酸值、挥发性酸值、总酸值、氧化速率）。

3. 其他项目的测定

（1）沉淀物含量（S）的测定。

1）试验到规定时间后，将氧化管从加热浴中取出，放在暗处冷却 1h，然后把氧化油全部倒入一个 500mL 具塞锥形烧瓶中，并将氧化管、氧气导管及铜催化线圈用 300mL 正庚烷洗涤至无油迹，正庚烷洗涤液合并到同一具塞锥形烧瓶中，在（20±2）℃的暗处静置 24h。

2）静置 24h 后的氧化油和正庚烷混合液用已恒重的孔径为 5～15μm 的玻璃滤器滤入抽滤瓶，在抽滤过程中，利用压差控制过滤速度，以防止沉淀物穿过滤器。若滤液浑浊，则应再次过滤。然后用 150mL 正庚烷洗涤具塞锥形烧瓶和玻璃滤器，直至滤液无油迹为止。将带有沉淀物的玻璃滤器于 105～110℃烘箱中干燥至恒重。

3）将黏附在具塞锥形烧瓶、氧化管、氧气导管、铜催化剂线圈上的所有沉淀物用 30mL 三氯甲烷溶解，并转移至已恒重的 100mL 锥形烧瓶中。在通风柜中，将锥形烧瓶中的三氯甲烷在水浴上蒸发干净，然后于 105～110℃烘箱中干燥至恒重。

4）计算。氧化油中沉淀物含量 S（%）按式（Z13I3005Ⅲ-1）计算，即

$$S=（m_1+m_2）×4 \qquad\qquad （Z13I3005Ⅲ-1）$$

式中 m_1——不溶于正庚烷的沉淀物质量，g；

m_2——三氯甲烷回收的沉淀物质量，g。

（2）可溶性酸值（X_2）的测定。

1）滴定溶剂调配。在 250mL 锥形烧瓶中注入 100mL 苯—乙醇混合液及 2mL 碱性蓝 6B 指示剂，为了提高指示剂灵敏度，可加入 1 滴 0.1mol/L 盐酸水溶液。用 0.1mol/L 氢氧化钾乙醇溶液滴定中和上述混合液，使产生的红色与 10%硝酸钴溶液相似且该颜色至少在 15s 内不消失为止（即蓝色消失，红色刚出现）。

2）将测定沉淀物含量时滤入抽滤瓶中的氧化油与正庚烷混合物倒入 500mL 容量瓶中，用正庚烷冲洗抽滤瓶，冲洗的正庚烷合并到容量瓶中，并加入正庚烷到容量瓶标记线处，混合均匀。

3）取 100mL 氧化油的正庚烷混合液倒入一个 250mL 锥形烧瓶中，在不断摇动下加入 100mL 上述已中和过的苯—乙醇混合液作为滴定溶剂，然后在不高于 25℃温度下用 0.1mol/L 氢氧化钾乙醇标准溶液滴定，共测三次，取平均值作为可溶性酸值的结果。

4）空白滴定。取 100mL 正庚烷于 250mL 锥形烧瓶中，在不断摇动下加入 100mL 中和过的滴定溶剂，在不高于 25℃温度下用 0.1mol/L 的氢氧化钾乙醇标准溶液滴定。

5）计算。氧化油的可溶性酸值 X_2（mgKOH/g）按式（Z13I3005Ⅲ-2）计算，即

$$X_2 = \frac{56.1(V_2 - V_1)c'}{5} \qquad （Z13I3005Ⅲ-2）$$

式中　V_2——中和 100mL 氧化油的正庚烷混合液所消耗的氢氧化钾乙醇标准溶液的体积，mL；

$\quad\quad$ V_1——中和 100mL 正庚烷（加有 100mL 已中和过的滴定溶剂）所消耗的氢氧化钾标准溶液的体积，mL；

$\quad\quad$ c'——氢氧化钾乙醇标准溶液浓度，mol/L；

$\quad$ 56.1——氢氧化钾摩尔质量。

（3）挥发性酸值（X_1）的测定。用 0.1mol/L 氢氧化钾乙醇标准溶液滴定吸收管里的吸收液，然后按式（Z13I3005Ⅲ-3）计算，将计算值加上 0.28mgKOH/g，即得到整个试验期间所形成的挥发性酸值，其计算式为

$$X_1 = \frac{56.1Vc'}{25} \qquad （Z13I3005Ⅲ-3）$$

式中　V——滴定所消耗氢氧化钾乙醇标准滴定溶液的体积，mL；

$\quad\quad$ c'——氢氧化钾乙醇标准溶液浓度，mol/L；

$\quad$ 56.1——氢氧化钾摩尔质量。

（4）总酸值（X）。挥发性酸值 X_1 加上可溶性酸值 X_2 就得到总酸值 X，即 $X=X_1+X_2$。

（5）氧化速率的测定。

1）用 25mL 蒸馏水代替碱溶液作吸收液，每天都测定挥发性酸值，将酸值对时间

作图，就可得到表示氧化速率的曲线图。在这种情况下，试样的诱导期就是挥发性酸值累计到等于 0.28mgKOH/g 时的时间。

2）对于每天的滴定，其操作如下：打开吸收管加几滴酚酞指示剂，用 0.1mol/L 氢氧化钾乙醇标准溶液滴定挥发性酸。不用换吸收液，重新接上吸收管。

3）每日挥发性酸值 X_1'（mgKOH/g）按式（Z13I3005Ⅲ-3）计算。

4）整个试验周期的挥发性酸值为每日挥发性酸值之和。

六、测试结果分析及测试报告编写

（1）取重复测定两个结果的算术平均值作为试验结果，如果测定结果诱导期大于 100h，要求同一操作者重复测定的两个结果之差不应大于平均值的 10%，不同实验室之间同一样品的两个结果之差不应大于平均值的 40%。

（2）对于沉淀物含量的测定结果，要求同一操作者重复测定的两个结果之差不应大于其算术平均值的 20%，取算术平均值作为测定结果。

（3）对于可溶性酸值的测定结果，要求同一操作者重复测定的两个结果之差不应大于其算术平均值的 40%，取算术平均值作为测定结果。

（4）对挥发性酸值的测定结果是吸收液的滴定结果再加上 0.28mgKOH/g。

（5）测试报告编写应包括以下项目：样品名称和编号、测试时间、测试人员、审核和批准人员、测试依据、天气情况、环境温度、测试结果、测试结论等，备注栏写明试验时油氧化后的颜色和沉淀物形态等其他需要注意的内容。

七、试验注意事项

（1）试验温度应严格控制在规定的范围之内，温度对油氧化过程的速度影响很大，如高于规定温度则会加快油的氧化速度；反之，油的氧化速度减慢。

（2）试验中应精确控制氧气流速，定时检查氧气流量是否符合要求。

（3）所加入的铜丝催化剂的尺寸大小，材质纯度以及处理方法应符合要求，否则会影响油的氧化反应速度，使试验结果不准确。

（4）用于测定沉淀物含量的溶剂正庚烷，不允许含有芳香烃。因芳香烃能溶解沉淀物，会造成沉淀物含量偏低。

（5）测定酸值时要正确判断终点，对氧化后颜色很深的油，采用碱蓝 6B 作指示剂，变色终点不易判断时，可采用 BTB 作指示剂，或采用电位差法滴定终点。

（6）测定沉淀物时，一定要把过滤用的漏斗和滤纸上的油痕全都清洗干净，否则会误将残油当成沉淀物，使沉淀物测定结果偏高。

【思考与练习】

1. 简述绝缘油氧化安定性试验方法的目的和原理。

2. 测定绝缘油氧化安定性试验应注意哪些事项？

3. 挥发性酸值是如何测定的？

▲ 模块 6 油中抗氧化剂（T501）含量测定（Z13I3006Ⅲ）

【模块描述】 本模块介绍油中抗氧化剂（T501）含量的测定方法。通过步骤讲解和要点归纳，掌握液相色谱法、分光光度法和红外光谱法测定油中抗氧化剂（T501）含量的方法原理、危险点分析及控制措施、准备工作、测试步骤、注意事项，以及对测试结果的分析和测试报告编写要求。

【模块内容】

油品中添加抗氧化剂，能够减缓油品在运行中的老化速度。T501 是我国成品油中广泛采用的一种抗氧化剂，在新油中其添加量在 0.15%～0.4%，能起到很好的抗氧化作用。由于油中 T501 抗氧化剂在运行和检修过程会逐渐消耗掉，当油中 T501 含量降到 0.15%以下时，其抗氧化能力明显降低，应及时补加到正常浓度才可起到减缓油品老化速度作用。因此，定期检测 T501 含量是一项重要的油品防劣化措施。目前，常用的油中 T501 含量检测方法有液相色谱法、分光光度法和红外光谱法三种。

一、液相色谱法

1. 测试原理

用甲醇为萃取剂萃取油中的 T501，用高效液相色谱仪分析溶解在萃取液中的 T501 含量，通过换算得到油中 T501 含量。

2. 危险点分析及控制措施

（1）试验中要用到大量有毒的甲醇试剂，使用时应小心谨慎，最好戴口罩和护目镜，切勿使甲醇溅入眼睛或误入口中，试验时室内保持有良好的通风状态，试验工作结束后必须仔细洗手。

（2）使用强腐蚀性的浓硫酸时，应戴好防酸手套，操作时要非常小心，严格遵守实验室关于浓硫酸安全使用规定。

（3）使用高速离心机时，应注意要把离心管放在离心机中的对称位置，保证离心机运行时的平衡。离心时，离心机的保护罩应盖好，严禁离心机超负荷、超速运行。

3. 测试前的准备工作

（1）查阅相关技术资料、试验规程，明确试验安全注意事项，编写作业指导书。

（2）仪器与材料准备。准备好表 Z13I3006Ⅲ-1 中所列的器材和试剂。

表 Z13I3006Ⅲ-1　　　　　　　　　液相色谱法的器材和试剂

序号	设备及材料	要求	备注
1	高效液相色谱仪	（1）双泵或单泵系统； （2）C_{18} 液相色谱柱，柱长 150mm； （3）紫外线检测器； （4）超声波发生器或在线脱气装置； （5）数据采集系统，宜使用色谱数据工作站或色谱数据处理机	
2	机械振荡器	往复振荡频率 270～280 次/min，振幅 35mm；可采用 GB/T 17623—2017《绝缘油中溶解气体组分含量的气相色谱测定法》方法中脱气用的振荡仪	
3	高速离心机	试样腔容积 15mL；转速 0～4000r/min	
4	分析天平	精度为 0.000 1g	
5	玻璃注射器	5mL	
6	微量注射器	25μL	
7	具塞比色管	10mL	
8	移液管	1.00mL	
9	T501 抗氧化剂	（2，6-二叔丁基对甲酚），化学纯	
10	甲醇	分析纯	
11	硫酸	98%，化学纯	
12	干燥白土	粒度小于 200 目，在 120℃下烘干 1h 后，保存在干燥器内备用	
13	纯水		

（3）基础油的制备。

1）取变压器油或汽轮机油 1kg，加 100g 浓硫酸，边加边搅拌 20min，然后加入 10～20g 干燥白土，继续搅拌 10min，沉淀后倾出澄清油。上述处理应重复进行两次。将第二次处理后的澄清油加热至 70～80℃，再加入 100～150g 的干燥白土，搅拌 20min，沉淀后倾出澄清油。如此再重复处理一次，沉淀后过滤。如果两次加热加白土处理所得澄清油按"2)"中的"b"方法检查，不含 T501，即认为已制得基础油。否则，重新进行上述处理步骤，直至将 T501 脱除干净为止。

2）基础油中 T501 含量的检查。

a. 配制 T501 含量为 0.20%的甲醇溶液，按"4"中"（3）1)"进行分析，得到 T501 峰的保留时间。

b. 取待检查的基础油按"4"中"（2）"和"4"中"（3）"的步骤进行萃取和分析，检查得到的色谱图，若在 T501 峰的保留时间处没有出峰，则认为该油样不含 T501。

（4）0.300%T501 标准油的配制。准确称取 T501 抗氧化剂 0.300 0g（准确至 0.1mg），

在不高于 70℃ 条件下，溶于 99.70g 基础油中，避光保存于棕色瓶中，该标准油有效期为 3 个月。

注意：应选用与被测油样同品种的基础油来配制标准油样。

（5）仪器的准备。

1）按照液相色谱仪的使用说明，调节液相色谱仪，建立下列工作状况：

a. 流动相：甲醇:水=82:18～87:13（体积比）。

b. 流量：0.5～1.0mL/min；

c. 柱温：40℃；

d. 进样量：25μL。

2）UV 检测器波长：275nm。

4. 检测步骤及要求

（1）液相色谱仪标定。当液相色谱仪和检测器进入工作状况后（基线平直），称取 9.000g（准确至 0.000 1g）0.300%T501 标准油（W_s），按步骤"（2）"进行萃取，用 25μL 微量注射器准确吸取甲醇萃取液 25μL 进样分析，得到 T501 峰在检测器的响应值 R_s（峰面积或峰高）。至少重复操作两次，取平均值 $\overline{R_s}$。

（2）油样的萃取。油样按 GB/T 7597—2007《电力用油（变压器油、汽轮机油）取样方法》规定的方法采集。称取 9.000g（准确至 0.000 1g）的被测油样于 10mL 具塞比色管中，用移液管移取 1.00mL 甲醇加到比色管中。塞紧管塞，用力摇动使之混匀，然后用橡皮筋固定好紧塞的比色管和管塞，水平放在振荡器上，常温振荡 15min。将比色管置于高速离心机内旋转（宜选用转速 2000r/min）10min，使油与甲醇分层，取上层的甲醇萃取液作为分析用样。

（3）萃取液的分析。

1）待液相色谱仪和检测器符合工作状况后（基线平直），用 25μL 微量注射器准确吸取萃取液 25μL 进样分析，得到样品中 T501 在检测器的响应值 R_t（峰面积或峰高），此操作至少重复 2 次，取平均值 $\overline{R_t}$。典型的色谱图见图 Z13I3006Ⅲ-1。

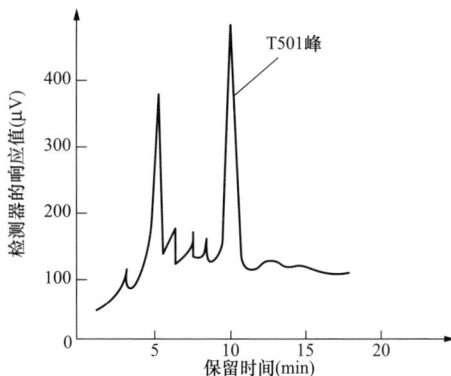

图 Z13I3006Ⅲ-1　典型色谱图

2）当一个油样分析完成后，将流动相改为纯甲醇，并加大流速冲洗（大约 15min），直至色谱图上基线平直为止，然后将流动相按分析条件要求的比例改为甲醇和水混合液，待基线平直后，再进行下一个油样萃取液的分析。

（4）结果计算。

按式（Z13I3006Ⅲ-1）计算油中 T501 的含量，即

$$W_t = \frac{W_s m_s}{R_s m_t} \overline{R_t} \qquad (Z13I3006Ⅲ-1)$$

式中　W_t ——被测油样中 T501 的含量，%；

　　　W_s ——标准油样中 T501 的含量，%；

　　　$\overline{R_s}$ ——检测器对标准油样中 T501 色谱峰的响应值；

　　　$\overline{R_t}$ ——检测器对被测油样中 T501 色谱峰的响应值；

　　　m_s ——标准油样质量，g；

　　　m_t ——被测油样质量，g。

5. 测试结果分析及测试报告编写

（1）取平行测定结果的算术平均值为测定结果。同一试验室对同一试样 2 次平行测定结果的绝对差值应不大于 0.030%，不同试验室间对同一试样的测定结果的绝对差值应不大于 0.056%。

（2）测试报告编写应包括以下项目：样品名称和编号、测试时间、测试人员、审核和批准人员、测试依据、环境温度、测试结果、测试结论等，备注栏写明其他需要注意的内容。

6. 试验注意事项

（1）当遇到 T501 峰分离情况不好时，可通过调整流动相中甲醇和水的比例得到改善。流动相比例改变后，应重新用标油标定仪器。

（2）试验时，液相色谱仪的流动相应经微孔过滤和脱气处理后使用。

（3）试验时，应经常检查液相色谱仪的泵、进样口和管路是否存在泄漏，发现泄漏应进行处理后，再重新检测。

（4）萃取时比色管塞要塞紧，振荡萃取结束后，应检查比色管口是否存在泄漏，若发现泄漏该萃取样作废，重新取油样进行萃取。

（5）配制标准油样用的基础油品种，要与被测试油样尽可能相同。

二、分光光度法

1. 测试原理

利用 T501 在碱性溶液中可生成溶于水中的蓝色钼蓝络合物的性质，向油中加入石油醚和乙醇作溶剂、氢氧化钾乙醇溶液、磷钼酸乙醇溶液，使 T501 生成钼蓝络合物，用水萃取钼蓝络合物，采用分光光度计测定其浓度，通过计算得到油中 T501 含量。

2. 危险点分析及控制措施

（1）试验中用到的有机溶剂对人体有毒害作用，操作时必须戴口罩在通风柜中进行。

（2）试验中用到的有机溶剂是易挥发、易燃的液体，在化验室应严禁烟火，并配备有足够合格的消防器材，化验人员应具备防火灭火知识，并会正确使用消防器材。

（3）在进行加热操作时，应戴手套操作，防止被烫伤。

3. 测试前的准备工作

（1）查阅相关技术资料、试验规程，明确试验安全注意事项，编写作业指导书。

（2）仪器与材料准备。准备好表 Z13I3006Ⅲ-2 中所列的器材和试剂。

表 Z13I3006Ⅲ-2　　　　　　　分光光度法的器材和试剂

序号	设备及材料	要求	备注
1	分光光度计	72 型、721 型或其他型号	
2	电子分析天平	精度 0.1mg	
3	移液管	2、10mL	
4	锥形烧瓶	150mL	
5	分液漏斗	125、200mL	
6	容量瓶	100mL	
7	量筒	10、50mL	
8	烧杯	150mL	
9	酸式滴定管	50mL	
10	水浴	室温～100℃，精度 0.5℃	
11	无水乙醇	分析纯	
12	甲醇	分析纯	
13	氢氧化钾	分析纯，配成 0.1mol/L 的无水乙醇溶液和 35%氢氧化钾甲醇溶液	
14	磷钼酸	分析纯，配成 5%无水乙醇溶液，过滤于棕色瓶中，放到暗处保存	
15	脱色吸附剂	LWX-801 吸附剂或具有脱色效果的其他吸附剂	
16	石油醚	分析纯，沸点范围 30～60℃或 60～90℃	
17	脱脂棉		
18	T501 抗氧化剂	（2，6-二叔丁基对甲酚），化学纯	
19	硫酸	98%，化学纯	
20	干燥白土	粒度小于 200 目，在 120℃下烘干 1h 后，保存在干燥器内备用	
21	纯水		

（3）基础油的制备。取变压器油或汽轮机油 1kg，加 100g 浓硫酸，边加边搅拌 20min，然后加入 10～20g 干燥白土，继续搅拌 10min，沉淀后倾出澄清油。上述处理应重复进行两次。将第二次处理后的澄清油加热至 70～80℃，再加入 100～150g 的干燥白土，搅拌 20min，沉淀后倾出澄清油。如此再重复处理一次，沉淀后过滤。如果两次加热加白土处理所得澄清油按试验步骤 4 所测得吸光度值相接近，则认为 T501 已脱干净。否则，重新进行上述处理步骤，直至将 T501 脱除干净为止。

（4）标准油的配制。称取 T501 抗氧化剂 1.000 0g（称准至 0.000 1g），溶于 199g 基础油中，此油 T501 含量为 0.50%。再分别称取此油 4.0、8.0、12.0、16.0g，溶于 16.0、12.0、8.0、4.0g 基础油中，按顺序 T501 含量分别为 0.1%、0.2%、0.3%、0.4%。

注意：溶解 T501 抗氧化剂的温度应不高于 70℃，并避光保存于棕色瓶中。

（5）试油（运行汽轮机油）脱色处理。取 10mL 运行汽轮机油样，注入 125mL 分液漏斗中，加入 50mL 石油醚，摇匀后加入 10mL 35%氢氧化钾甲醇溶液，剧烈摇动 5min 后放出处理液，重复处理直至放出液为无色。然后以 20mL 1:49 硫酸中和被处理试油，用蒸馏水洗至中性后，将油滤入 50mL 烧杯中，于通风橱内在水浴上加热蒸发掉石油醚，即得被测试油。

（6）试油（运行变压器油）脱色处理。称取 0.20g（称准至 0.01g）干燥的脱色吸附剂装于 50mL 酸式滴定管中（装前用少量脱脂棉塞于滴定管的锥形部位，以防吸附剂流失），厚度要均匀。然后用 50mL 量筒量取 10mL 运行变压器油样，以石油醚稀释到 50mL，一次倒入装有吸附剂的滴定管中过滤（流速适当）。滤液盛于 50mL 烧杯中，于通风橱内在水浴上加热，将石油醚全部蒸掉，即得被测试油。

4. 试验步骤及要求

（1）标准曲线的绘制。

1）分别称取含 T501 0.10%、0.20%、0.30%、0.40%、0.50%的标准油各 0.4g（准确至 0.000 1g），其油中 T501 抗氧化剂含量的毫克数分别为 0.4、0.8、1.2、1.6、2.0mg，分别置于 150mL 锥形烧瓶中，依次加石油醚 10mL、无水乙醇 10mL、0.1mol/L 氢氧化钾乙醇溶液 6.5mL、5%磷钼酸乙醇溶液 2mL。每加一种试剂后均需充分摇匀。5min 后在各锥形烧瓶中加入约 50mL 沸腾蒸馏水，充分摇荡，使钼蓝络合物完全溶解于水，并移入分液漏斗内（如有不溶物，应再加适量沸腾蒸馏水使其全部溶解），静置分层，收取下层水溶液。将水溶液仍注入原锥形烧瓶中，加热微沸至完全透明。冷却至室温后，移入 100mL 容量瓶中，用蒸馏水稀释至刻度，然后注入 2cm 比色皿中，用分光光度计在 700nm 波长进行测定，以纯水作参比，读取吸光度值 A。

2）将测得的标准油样的吸光度值 A 和 T501 抗氧化剂含量（毫克数）绘成标准曲线。

（2）试油的测定。

1）称取试油 0.400 0g（准确至 0.000 1g），注入 150mL 锥形烧瓶中，以下操作步骤同第（1）条中 1）步骤。

2）测得试油的吸光度值 A，在标准曲线图上查得 T501 抗氧化剂含量的毫克数。

（3）结果计算。

T501 抗氧化剂含量按式（Z13I3006Ⅲ-2）计算，即

$$X = \frac{A}{M \times 1000} \times 100 \qquad (Z13I3006Ⅲ-2)$$

式中　X——油中 T501 抗氧化剂含量，%；

　　　A——标准曲线图上查得的油中 T501 抗氧化剂含量，mg；

　　　M——油样的质量，g。

5. 测试结果分析及测试报告编写

（1）取平行测定结果的算术平均值为测定结果。要求同一试验室 2 次平行测定结果的绝对差值应不大于 0.030%，不同试验室间的测定结果的相对误差应不大于 20%。

（2）测试报告编写应包括以下项目：样品名称和编号、测试时间、测试人员、审核和批准人员、测试依据、环境温度、测试结果、测试结论等，备注栏写明油样是否进行脱色处理等其他需要注意的内容。

6. 试验注意事项

（1）测定时，若试样需要脱色处理，则在绘制标准曲线时用的标准油样也要先进行脱色处理后使用。

（2）试样脱色处理在蒸掉石油醚时速度不可过快，以免试油与石油醚一起被蒸发掉。

（3）按顺序向试样加入一种反应试剂后，应充分摇匀后再加下一种试剂。

三、红外光谱法

1. 测试原理

添加 T501 抗氧化剂的变压器油和汽轮机油，在红外吸收光谱中 $3650cm^{-1}$（2.74μm）处，出现酚羟基伸缩振动吸收峰，该吸收峰的吸光度与其浓度成正比关系，利用这一特点，即可测定油样中 T501 的含量。

2. 危险点分析及控制措施

（1）试验中用到的 CCl_4 有机溶剂对人体有毒害作用，操作时必须戴口罩保持在通风状态良好。

（2）红外吸收光谱仪容易受潮而损坏，应注意试验室环境保持干燥，防止设备受潮。

（3）试验结束后，应用干燥的氮气或空气吹扫仪器，以免残留的四氯化碳蒸气腐蚀设备。

（4）红外吸收光谱仪不用时，应在样品室放入干燥剂，使仪器保持在干燥状态，并定期检查和更换失效的干燥剂。

3. 测试前的准备工作

（1）查阅相关技术资料、试验规程，明确试验安全注意事项，编写作业指导书。

（2）仪器与材料准备。准备好表 Z13I3006Ⅲ-3 中所列的器材和试剂。

表 Z13I3006Ⅲ-3 红外光谱法的器材和试剂

序号	设备及材料	要求	备注
1	红外分光光度计	波长涵盖 3800～3500cm^{-1}，分辨率不低于 4cm^{-1}	
2	电子分析天平	精度 0.1mg	
3	液体吸收池	在 3800～3500cm^{-1} 范围内透明、无选择性吸收的池窗，程长 0.3～1.0mm	
4	吸耳球		
5	玻璃注射器	1～2mL	
6	四氯化碳	分析纯	
7	T501 抗氧化剂	（2，6-二叔丁基对甲酚），化学纯	

（3）基础油的制备。对已知来源的油样，如果能够取到该油样的基础油。直接用该基础油制备标准样；对未知来源的油样，可按照以下要求制备基础油。取变压器油 1kg，加 100g 浓硫酸，边加边搅拌 20min，然后加入 10～20g 干燥白土，继续搅拌 10min，沉淀后倾出澄清油。上述处理应进行两次。将第二次处理后的澄清油加热至 70～80℃，再加入 100～150g 的干燥白土，搅拌 20min，沉淀后倾出澄清油。如此再重复处理一次，沉淀后过滤。如果两次加热加白土处理所得澄清油按以下"4. 试验步骤及要求"中（1）的 2）点方法测试红外吸收谱图，检查在 3650cm^{-1} 处没有 T501 吸收峰，即认为已制得基础油。否则，重新进行上述处理步骤，直至将 T501 脱除干净为止。

（4）标准油的配制。称取 T501 抗氧化剂 1.000g（称准至 0.000 1g），溶于 199g 基础油中，此油 T501 含量为 0.50%。再分别称取此油 4.0、8.0、12.0、16.0g，溶于 16.0、12.0、8.0、4.0g 基础油中，按顺序 T501 含量分别为 0.1%、0.2%、0.3%、0.4%。

注意：溶解 T501 抗氧化剂的温度不高于 70℃，并避光保存于棕色瓶中。其有效期为 1 个月。

4. 试验步骤及要求

（1）标准曲线的绘制。

1）用 1～2mL 的干净注射器，抽取基础油，缓慢地注满液体吸收池。此时，吸收池中不得有大、小气泡，否则要用吸耳球把油吹出，重新注入油样。

2）把注满基础油的液体吸收池放在仪器的吸收池架上，记录 3800～3500cm^{-1} 的红外光谱图（见图 Z13I3006Ⅲ-2），重复扫描 3 次。

3）把画完谱图的液体吸收池从池架上取下，用吸耳球将吸收池中的油样吹出，并用干净的注射器将四氯化碳溶剂注满液体吸收池（注意，针头不要碰到液体吸收池注油口上的油污），再用吸耳球将四氯化碳吹出。如此反复操作，直到吸收池内外的油污均洗干净并将四氯化碳溶剂吹干为止。

4）重复一次 1）～3）的操作。

5）对含有 0.1%、0.2%、0.3%、0.4%、0.5%T501 的标准油，操作同 1）～4）。

6）绘制绝缘油中 T501 红外透射率光谱图和吸光度光谱图

a. 透射率光谱图。从每个 3650cm^{-1} 吸收峰两侧透射率最大点引一切线，作为该吸收峰的基线，以它来测量其入射光强度 I_0 及透射光强度 I（见图 Z13I3006Ⅲ-2），并按公式 $A=\lg(I_0/I)$ 求出吸光度 A。当每次试验的三次扫描得到的吸光度 A 的最高和最低值之差大于 0.010 时，则需重新测定，然后取其算术平均值为该次的吸光度试验结果。

b. 吸光度光谱图。读取（见图 Z13I3006Ⅲ-3）在 3650cm^{-1} 吸收峰处的最大吸光度值 A_1（精确到 0.001），并在该谱图上过最小吸光度点引一切线作为该吸收峰的基线，过 A_1 点且垂直于吸收线作一直线，与基线相交的点即为 A_0。T501 吸光度 $A=A_1-A_0$（A_0 为基础油的吸光度、A_1 为含有 T501 油样的吸光度）。

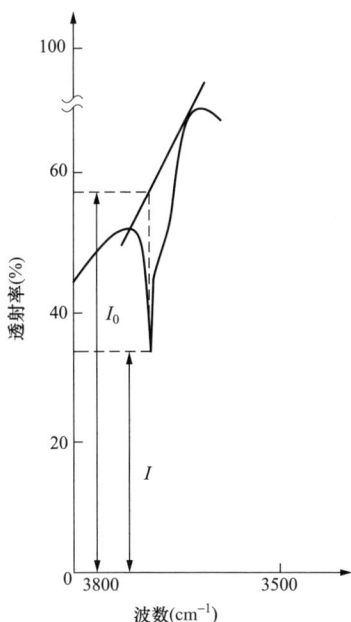

图 Z13I3006Ⅲ-2　测定绝缘油中 T501
含量的红外透射率光谱图

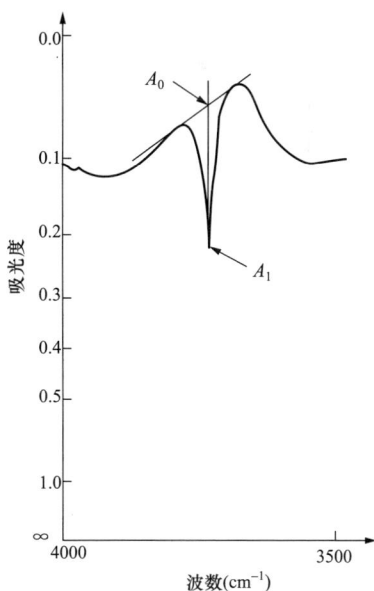

图 Z13I3006Ⅲ-3　测定绝缘油中 T501
含量的红外吸光度光谱图

7）取两次试验结果吸光度 A 的算术平均值为标准油样的吸光度值 A。

8）用吸光度值 A 对 T501 重量百分含量绘制标准曲线（见图 Z13I3006Ⅲ–4）。

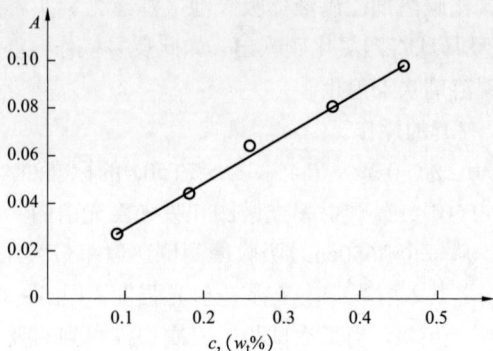

图 Z13I3006Ⅲ–4　绝缘油中 T501 含量的吸光度标准工作曲线

（2）试油的测定。

1）用 1～2mL 干净的注射器，抽取试油，缓慢地注入与绘制标准曲线的同一个液体吸收池中。吸收池中不得有大、小气泡，否则要用吸耳球把油吹出，重新注入油样。

2）在与绘制标准曲线完全相同的仪器条件下，重复第（1）条的2）～3）和6）、7）点的操作，得到试油的 T501 吸光度值 A。

3）用测得的 A 值在标准曲线上查得试油中 T501 的重量百分含量。

5. 测试结果分析及测试报告编写

（1）取两次平行试验结果的算术平均值为测定结果。要求同一试验室，两次平行试验结果的差值不应大于 0.03%。不同试验室，两次平行试验结果的差值不应大于 0.04%。

（2）测试报告编写应包括以下项目：样品名称和编号、测试时间、测试人员、审核和批准人员、测试依据、环境温度、测试结果、测试结论等，备注栏写明其他需要注意的内容。

6. 试验注意事项

（1）油样注入液体吸收池中不得有气泡。

（2）液体吸收池在注入油样前应用四氯化碳冲洗干净并吹干。

【思考与练习】

1. 测定油中抗氧化剂（T501）含量有何意义？其测定方法有哪几种？

2. 分光光度法测定油中抗氧化剂 T501 含量的原理是什么？

3. 简述油中抗氧化剂（T501）含量测试前标准油的配制方法。

▲ 模块 7　绝缘油族组成测定（Z13I3007Ⅲ）

【模块描述】本模块介绍绝缘油族组成的测定方法。通过步骤讲解和要点归纳，掌握绝缘油族组成测定的目的、方法原理、危险点分析及控制措施、准备工作、测试步骤、注意事项，以及对测试结果的分析和测试报告编写要求。

【模块内容】

一、测试目的

绝缘油族组成的测试目的主要用于鉴别绝缘油的碳型结构组成。绝缘油按不同烃类（碳型结构）含量可分为石蜡基、环烷基和中间基（混合基）的绝缘油三种形式。由于环烷基油在低温流动性、抗氧化能力、溶解油泥能力方面优于石蜡基油，所以大型变压器，要求采用环烷基变压器油。

二、方法原理

在绝缘油的红外吸收光谱图谱上芳香烃和直链烃分别在 $1610cm^{-1}$ 和 $720cm^{-1}$ 波处有特征吸收峰，测量特征吸收峰的吸光度，按照经验公式可计算出所测绝缘油族组成中芳香碳（c_A%）、烷链碳（c_p%）和环烷碳（c_N%）的含量。

三、危险点分析及控制

（1）四氯化碳蒸气会腐蚀红外分光光度计内部的精密金属元件。因此，仪器在使用四氯化碳后，应用干燥氮气吹扫仪器。

（2）样品池清洗时，要用到易燃的石油醚和对身体有害的四氯化碳等有机溶剂，试验应注意做好通风和防火措施。

（3）因红外分光光度计和样品池易受潮损坏，所以试验环境应保持清洁和干燥，含水量高的油样不允许直接注入样品池中进行分析。

四、测试前准备工作

（1）查阅相关技术资料、试验规程，明确试验安全注意事项，编写作业指导书。

（2）仪器与材料准备。准备好表 Z13I3007Ⅲ-1 中所列的仪器和材料。

表 Z13I3007Ⅲ-1　　　　　仪器和材料

序号	设备及材料	要求	备注
1	红外分光光度计	在 $720cm^{-1}$ 和 $1610cm^{-1}$ 谱带的分辨率高于 $2cm^{-1}$	检定合格
2	液体池	定程长或可变程长的带有氯化钠池窗的液体池，一般程长为 0.1mm	程长可采用干涉条纹法测定
3	玻璃注射器	1mL 或 2mL	

续表

序号	设备及材料	要求	备注
4	吸耳球	小型吸耳球	
5	四氯化碳	分析纯	
6	变色硅胶	化学纯	

（3）检查环境湿度和环境温度，环境湿度应小于 60%，环境温度以 10~25℃为宜。

（4）检查仪器的电源线与电源插座、信号线与计算机连接是否可靠。

（5）取出仪器样品仓中的外置干燥剂，检查仪器内置的干燥剂是否失效，确认样品架上和样品穿梭器导轨上没有异物。

（6）盖好仪器的样品仓罩。

（7）依次打开打印机、显示器、计算机电源，启动计算机。

（8）打开仪器电源，仪器状态灯闪烁，样品穿梭器上的样品架自动复位。

（9）启动仪器工作站软件，对光谱采集条件（扫描次数、分辨率、光谱格式等）进行设置。

（10）采用干涉条纹法测定液体池程长。将可调或固定程长的空液体池放在仪器的测定光路中扫描，扫描范围为 1900~600cm^{-1}，得到如图 Z13I3007Ⅲ-1 所示的含有极大和极小值规则的干涉条纹（若液体池窗板安装不平行，则得不到规则的干涉条纹，应拆开重新安装）。根据所得的干涉条纹的个数和对应的波数，代入式（Z13I3007Ⅲ-1）求出液体池的程长

$$l = \frac{n}{2} \times \left(\frac{1}{\gamma_1 - \gamma_2} \right) \times 10 \qquad (Z13I3007Ⅲ-1)$$

式中　l——液体池程长，mm；

　　　n——干涉条纹的个数；

　　　γ_1——干涉条纹对应的高波数，cm^{-1}；

　　　γ_2——干涉条纹对应的低波数，cm^{-1}。

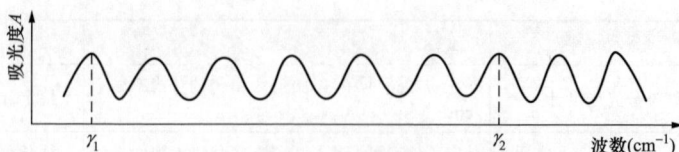

图 Z13I3007Ⅲ-1　空液体池干涉条纹图

五、试验步骤及要求

（1）将被测油样用 1mL 或 2mL 玻璃注射器小心注入液体池，注意液体池中不得有气泡，否则要把油用吸耳球吹出重新注油。

（2）将注好被测油样的液体池放在液体池架上，应使之处于测量光路位置。

（3）扫描并记录 1900～600cm^{-1} 的红外光谱图，并选取图 Z13I3007Ⅲ-2 所示波数区间的谱图。

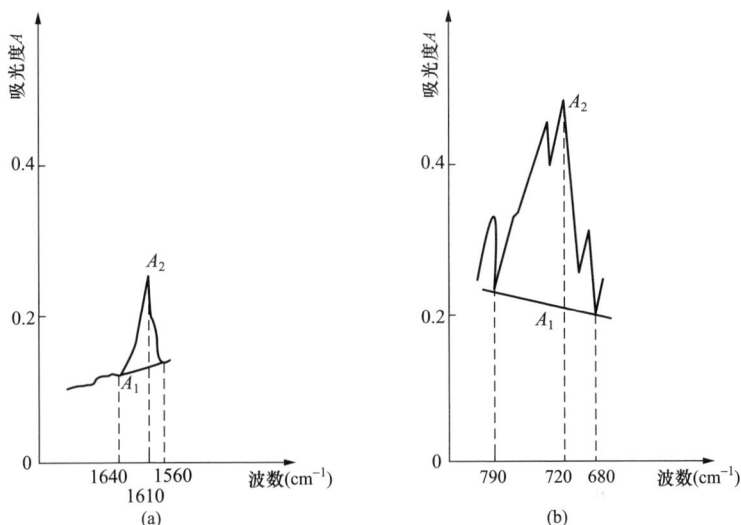

图 Z13I3007Ⅲ-2　结构族组成的红外光谱图示例

（a）芳香碳吸收峰；（b）烷链碳吸收峰

（4）将扫描完成的液体池取下，用吸耳球将液体池中的油样吹出，并用干净的注射器将四氯化碳溶剂注满液体池，再用吸耳球将四氯化碳溶剂吹出。如此反复操作，直到液体池内的油污全部清洗干净（注意池外的油污也应清洗干净），并将四氯化碳溶剂吹干。

（5）按照（1）～（4）操作步骤再重复测试一次。

（6）结果计算。

1）从吸收谱带两翼吸光度最小之点引一连线，作为吸收谱带的基线，以它来计算 1610cm^{-1} 和 720cm^{-1} 处的吸光度。如图 Z13I3007Ⅲ-2 所示，求 1610cm^{-1} 的吸光度时，以 1640cm^{-1} 和 1560cm^{-1} 的连线为基线；求 720cm^{-1} 的吸光度时，以 790cm^{-1} 和 680cm^{-1} 的连线为基线。

2）按式（Z13I3007Ⅲ-2）计算 A_{1610} 和 A_{720} 吸光度，即

$$A_i = A_{i2} - A_{i1} \qquad (\text{Z13I3007 Ⅲ} -2)$$

式中 A_i——波数为 i 时的吸光度；

    A_{i2}——波数为 i 时的最大吸光度；

    A_{i1}——波数为 i 时的最小吸光度。

3）按式（Z13I3007Ⅲ–3）～式（Z13I3007Ⅲ–5）分别计算 $c_A\%$，$c_p\%$，$c_N\%$，即

$$c_A\% = 10.32 \times \frac{A_{1610}}{l} + 0.23 \qquad (\text{Z13I3007 Ⅲ} -3)$$

$$c_p\% = 6.9 \times \frac{A_{720}}{l} + 28.38 \qquad (\text{Z13I3007 Ⅲ} -4)$$

$$c_N\% = 100 - (c_A\% + c_p\%) \qquad (\text{Z13I3007 Ⅲ} -5)$$

式中 $c_A\%$——油样中芳香碳的含量，%；

    $c_p\%$——油样中烷链碳的含量，%；

    $c_N\%$——油样中环烷碳的含量，%；

    A_{1610}——在波数 1610cm^{-1} 的吸光度；

    A_{720}——在波数 720cm^{-1} 的吸光度；

    l——液体池长度，mm。

（7）打开样品仓罩，取出样品，在样品盒中放入干燥剂，并盖好样品仓罩。

（8）退出工作站软件，依次关闭计算机、仪器、打印机电源，并拔下电源线插头。

六、测试结果分析及测试报告编写

（1）取重复测定 2 个结果的算术平均值，作为试样的 $c_A\%$，$c_p\%$，$c_N\%$。

（2）同一操作者，2 次测定结果与其算术平均值的差应不大于下述数据：$c_A\% \leqslant$ 0.54、$c_p\% \leqslant 1.08$、$c_N\% \leqslant 1.49$。两个实验室测定结果的算术平均值之差应不大于下述数据：$c_A\% \leqslant 1.67$、$c_p\% \leqslant 6.63$、$c_N\% \leqslant 6.89$。

（3）通常情况下，若油中烷链碳含量 $c_p < 50\%$ 为环烷基油；烷链碳含量 $c_p > 56\%$ 为石蜡基油；烷链碳含量 $c_p = 50\% \sim 56\%$ 为中间基（混合基）油。

（4）测试报告编写应包括：样品名称和编号、测试时间、测试人员、审核和批准人员、环境温度、湿度、测试依据、测试仪器、测试结果、测试结论等项目。

七、试验注意事项

（1）一般仪器开机后应预热 30min 后，才可以进行样品测试。

（2）保证液体池内外全部清洁干净，避免引起测试误差。

（3）用四氯化碳溶剂清洗液体池时，注意针头不要碰到液体池注样口上的油污。

（4）一般绝缘油油中烷链碳 $c_p\%$ 范围为 40%～70%，芳香碳 $c_A\%$ 范围为小于 25%，当 $c_A\%$ 大于 25% 时，需用石蜡油稀释后再测定。

（5）应特别注意更换变色硅胶，防止仪器受潮损坏。

（6）为确保测试结果的准确性，仪器每年应进行校准或检定。

【思考与练习】

1. 绝缘油族组成测试方法原理是什么？

2. 测定绝缘油族组成应注意哪些事项？

3. 按碳型结构分类，绝缘油一般分为哪三种？如何区分？

◢ 模块 8　SF₆ 可水解氟化物测定（Z13I3008Ⅲ）

【模块描述】 本模块介绍 SF_6 可水解氟化物的测定方法。通过步骤讲解和要点归纳，掌握 SF_6 可水解氟化物测定的目的、方法原理、危险点分析及控制措施、准备工作、测试步骤、注意事项，以及对测试结果的分析和测试报告编写要求。

【模块内容】

一、测试目的

SF_6 气体中的含硫低氟化物来源于新气中的副产物和电弧分解产物。其中，有的极易水解和碱解，如 SF_2、S_2F_2、SF_4、SOF_2、SOF_4 等。这些可水解氟化物不仅对设备和固体绝缘材料有一定的腐蚀性，而且对绝缘强度也会产生不利影响，在一定程度上可水解氟化物含量的大小代表 SF_6 气体毒性的大小，它是 SF_6 气体质量控制重要指标之一。

二、方法原理

利用稀碱与 SF_6 气体在密封的玻璃吸收瓶中经振荡进行水解，所产生的氟化物离子用茜素—镧络合试剂比色法或氟离子选择电极法测定，结果以氢氟酸的质量与 SF_6 气体质量比（μg/g）表示。

三、危险点分析及控制

（1）SF_6 气体中可能存在一定量的毒性物质，为防止试验人员中毒，分析人员应配备个人安全防护用品，实验室应具有良好的底部通风设施（对通风量的要求是 15min 内使室内换气一次）；吸收操作应在通风柜内进行；试样尾气应从排气口直接引出试验室；采用球胆取气分析时，要保证球胆不漏气，用完后要放在室外排空。

（2）SF_6 气体钢瓶倒置和立起时应两人一起操作，要防止被钢瓶砸伤。

（3）试验时要用到强酸、强碱和有机溶剂，应遵守实验室关于强酸、强碱和有机溶剂的安全使用规定。

（4）避免 U 形水银压差计破损导致水银散落，一旦散落，应在有汞迹的地方撒上硫磺粉，及时处理掉，避免汞蒸气挥发或接触皮肤，导致人体汞中毒。

四、测试前准备工作

（1）查阅相关技术资料、试验规程，明确试验安全注意事项，编写作业指导书。

（2）仪器与材料准备。准备好表 Z13I3008Ⅲ-1 中所列的仪器和材料。

表 Z13I3008Ⅲ-1　　　　　仪 器 和 材 料

序号	设备及材料	要求	备注
1	分光光度计	配备有 2cm 或 4cm 玻璃比色皿	检定合格
2	玻璃吸收瓶	1000mL，能承受真空 13.3Pa	
3	球胆	大于 1000mL	
4	盒式气压计	分度 100Pa	
5	医用注射器	10mL 并配有一个 6 号注射针头	
6	U 形水银压差计		
7	真空泵		
8	pH 玻璃电极		
9	酸度计		
10	饱和甘汞电极		
11	氟离子选择电极		
12	电磁搅拌器		
13	茜素氟镧	3—氨基甲基茜素—N、N—双醋酸	
14	氢氧化铵溶液	分析纯，密度 0.880kg/m³	
15	醋酸铵溶液	浓度 200g/L	
16	无水醋酸钠	分析纯	
17	冰醋酸	分析纯	
18	丙酮	分析纯	
19	氧化镧	含量 99.99%	
20	盐酸	0.1、2mol/L	
21	氟化钠	优级纯	
22	氢氧化钠溶液	浓度 0.1、5mol/L	
23	氯化钠	分析纯	
24	柠檬酸三钠（含两个结晶水）	分析纯	

（3）茜素—镧络合试剂的配制。

1）在 50mL 烧杯中，称量 0.048g（精确到±0.001g）茜素氟镧，加入 0.1mL 氢氧化铵溶液、1mL 醋酸铵溶液及 10mL 去离子水进行溶解，配制成茜素氟镧溶液。

2）在 250mL 容量瓶中，加入 8.2g 无水醋酸钠和冰醋酸溶液（6.0mL 冰醋酸和 25mL 去离子水），溶解后，将所配制的茜素氟镧溶液移入容量瓶中，然后边摇荡边缓慢地加入 100mL 丙酮。

3）在 50mL 烧杯中称量 0.041g（精确到 ±0.001g）氧化镧，并加入 2.5mL、2mol/L 的盐酸，温和地加热以助溶解，再将该溶液移入上述的 250mL 容量瓶中，将容量瓶中的溶液充分混合均匀，静置，待气泡完全消失后，用去离子水稀释至刻度。

（4）氟化钠储备液（1mg/mL）的配制。称 2.210g（精确到 ±0.001g）干燥的优级纯氟化钠，用 50mL 去离子水及 1mL、0.1mol/L 氢氧化钠溶液进行溶解，然后转移至 1000mL 的容量瓶中，用去离子水稀释至刻度，将此溶液储存于聚乙烯瓶中。

（5）氟化钠工作液 A（1μg/mL）的配制。当天使用时，取氟化钠储备液按体积稀释 1000 倍。

（6）氟化钠工作液 B（0.1mol/L）的配制。称 4.198g（精确到 0.001g）干燥的优级纯氟化钠，用 50mL 去离子水及 1mL、0.1mol/L 氢氧化钠溶液进行溶解，然后转移到 1000mL 容量瓶中，用去离子水稀释至刻度。

（7）总离子调节液（缓冲溶液）的配制。量取 57mL 分析纯冰醋酸，溶解于 500mL 去离子水中，然后加入 58g 氯化钠和 0.3g 柠檬酸三钠，用 5mol/L 氢氧化钠溶液将其 pH 调至 5.0～5.5，然后转移到 1000mL 容量瓶中并用去离子水稀释至刻度。

五、试验步骤及要求

1. 气体吸收

（1）将球胆中的空气挤压干净，充满 SF_6 气体，再将 SF_6 气体挤压干净，然后充满 SF_6 气体。如此重复操作 3 次，使球胆内完全无空气，全部充满 SF_6 气体，旋紧螺旋夹（如图 Z13I3008Ⅲ-1 中 8 所示）。

（2）按图 Z13I3008Ⅲ-1，将预先准确测量过体积的玻璃吸收瓶、充满 SF_6 气体的球胆、U 形水银压差计和真空泵安装好。将真空三通活塞（如图 Z13I3008Ⅲ-1 中 2、3 所示）分别旋到 a 和 b 的位置，开始抽真空至残压 13.3Pa。当 U 形水银压差计液面稳定后，再继续抽 2min，然后将真空活塞 2 旋到 b 的位置，将吸收瓶 1 与真空系统连接处断开，停止抽真空。

（3）缓慢旋松螺旋夹，将球胆中的 SF_6 气体缓慢地充满玻璃吸收瓶。将活塞 2 旋至 c 瞬间后再迅速旋至 b，使吸收瓶中的压力与大气压平衡。

（4）用医用注射器将 10mL、0.1mol/L 氢氧化钠溶液从胶管处缓慢注入玻璃吸收瓶中，注入过程中要用手轻轻挤压充有 SF_6 气体的球胆，以使碱液全部注入。随后将活塞 2 旋到 d 的位置，旋紧螺旋夹 8，取下球胆，紧握玻璃吸收瓶，在 1h 内每隔 5min

用力摇荡 1min，使 SF$_6$ 气体尽量与稀碱充分接触。

（5）取下玻璃吸收瓶上的塞子，将瓶中的吸收液及冲洗液一起并入一个 100mL 小烧杯中，在酸度计上，用 0.1mol/L 盐酸溶液和 0.1mol/L 氢氧化钠溶液调节 pH 值为 5.0～5.5，然后转入 100mL 容量瓶中待用。

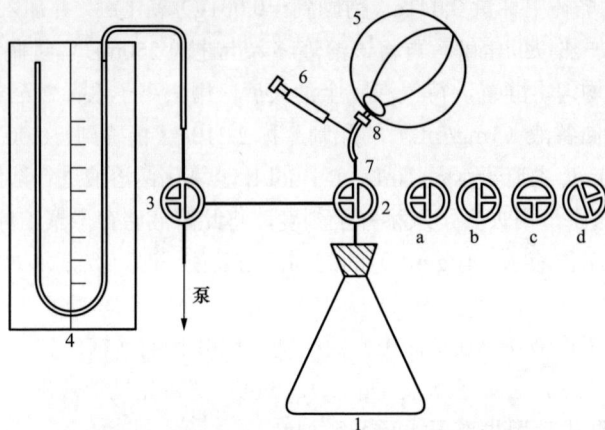

图 Z13I3008Ⅲ-1　振荡吸收法取样系统示意

1—玻璃吸收瓶；2、3—真空三通活塞；4—U 形水银压差计；5—球胆；

6—医用注射器；7—上支管；8—螺旋夹

2. 氟离子测定方法

（1）比色法。

1）绘制工作曲线。向 5 个 100mL 的容量瓶中，分别加入 0、5.0、10.0、15.0、20.0mL 的氟化钠工作液 A（1μg/mL）、10.0mL 茜素—镧络合试剂及少量去离子水，用去离子水稀释至刻度混匀后避光静置 30min。

2）用 2cm 或 4cm 的比色皿，在波长 600nm 处，以加入了所有试剂的"空白"试样为参比测量其吸光度，用所测得的吸光度绘制氟离子含量（μg）—吸光度（A）的工作曲线（见图 Z13I3008Ⅲ-2）。

3）向装有 SF$_6$ 气体吸收液的 100mL 的容量瓶中，加入 10.0mL 茜素—镧络合试剂及少量去离子水，用去离子水稀释至刻度混匀后避光静置 30min，然后在波长 600nm 处，以加入了所有试剂的"空白"试样为

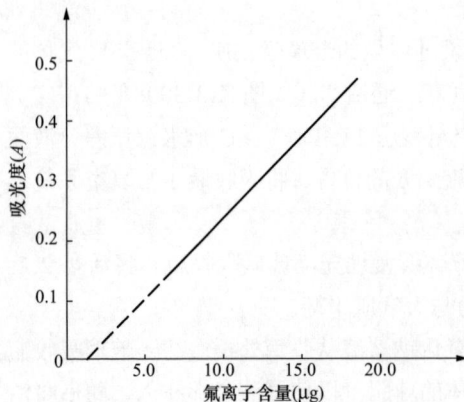

图 Z13I3008Ⅲ-2　比色法工作曲线示例

参比测量其吸光度，从工作曲线上读取氟含量（n_1）。

4）结果计算。以式（Z13I3008Ⅲ-1）计算 SF_6 气体中可水解氟化物含量，即

$$HF = \frac{20n_1}{19 \times 6.16 V \dfrac{p}{101\,325} \times \dfrac{293}{273+t}} \qquad (Z13I3008Ⅲ-1)$$

式中　HF——SF_6 气体中以氢氟酸（HF）质量比表示的可水解氟化物含量，μg/g；

n_1——吸收瓶溶液中氟离子含量，μg；

V——吸收瓶体积，L；

p——大气压力，Pa；

t——环境温度，℃；

19——氟离子的摩尔质量，g/mol；

20——氢氟酸摩尔质量，g/mol；

6.16——SF_6 气体密度，g/L。

（2）氟离子选择电极法。

1）使用氟离子选择电极前，先将其在 10^{-3}mol/L 的氟化钠溶液中浸泡 1～2h，再用去离子水清洗，使其在去离子水中的-mV 值为 300～400。

2）将氟离子选择电极、甘汞电极及酸度计或高阻抗的毫伏表计连接好，并用标准氟化钠溶液校验氟电极的响应是否符合能斯特公式（参考制造厂家说明书），若不符合应查明原因。

3）绘制工作曲线。用移液管分别向两个 100mL 的容量瓶中加入 10mL 氟化钠工作液 B（0.1mol/L），在其中一个容量瓶中加入 20mL 总离子调节液，然后用去离子水稀释至刻度，该溶液中氟离子浓度为 10^{-2}mol/L。在另一个容量瓶中则直接用去离子水稀释到刻度，该溶液中氟离子浓度亦为 10^{-2}mol/L。

再用移液管分别向两个 100mL 的容量瓶中加入 10mL 未加总离子调节液的 0.01mol/L 的氟化钠标准液。在其中一个容量瓶中加入 20mL 总离子调节液，然后用去离子水稀释至刻度，该溶液中氟离子浓度为 10^{-3}mol/L；而在另一个容量瓶中则直接用去离子水稀释至刻度，该溶液中氟离子浓度亦为 10^{-3}mol/L。

以相同方法依次配制加有总离子调节液的 10^{-4}、10^{-5}、10^{-6}、$10^{-6.5}$mol/L 的氟化钠标准溶液。把不同浓度的氟化钠标准溶液分别转移到 100mL 烧杯中，将甘汞电极及事先活化好的氟离子选择电极浸到烧杯的溶液中，打开酸度计，开动搅拌器，待数值稳定后读取-mV 值。用所测得的-mV 值与氟离子浓度负对数（$-\lg F^-$）绘制工作曲线，如图 Z13I3008Ⅲ-3 所示。

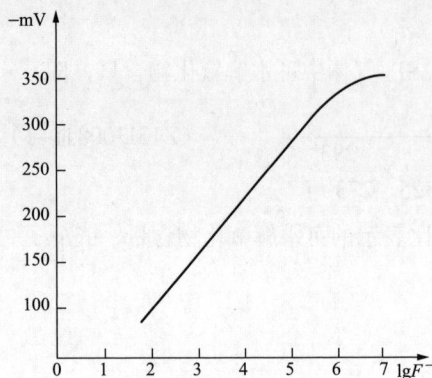

图 Z13I3008Ⅲ-3 氟离子选择
电极法工作曲线图例

4）向装有 SF_6 气体吸收液的 100mL 的容量瓶中加入 20mL 总离子调节液，用去离子水稀释至刻度。把容量瓶中的溶液转移到 100mL 烧杯中，将甘汞电极及事先活化好的氟离子选择电极浸到烧杯的溶液中，打开酸度计，开动搅拌器。待数值稳定后读取-mV 值，从工作曲线上读出样品溶液中的氟离子浓度的-lgF^-值，然后算出氟离子浓度（n_2）。

5）结果计算。以式（Z13I3008Ⅲ-2）计算 SF_6 气体中可水解氟化物含量，即

$$HF = \frac{20 \times 10^6 n_2 V_a}{6.16 V \dfrac{p}{101\,325} \times \dfrac{293}{273+t}} \qquad (Z13I3008Ⅲ-2)$$

式中 HF——SF_6 气体中以氢氟酸（HF）质量比表示的可水解氟化物含量，μg/g；

n_2——吸收液中的氟离子浓度，mol/L；

V_a——吸收液体积，L；

p——大气压力，Pa；

V——吸收瓶的体积，L；

t——环境温度，℃；

20——氢氟酸摩尔质量，g/mol；

6.16——SF_6 气体密度，g/L。

六、测试结果分析及测试报告编写

（1）取两次平行试验结果的算术平均值为测定值，两次平行试验结果的相对偏差不能大于 40%。

（2）对于 SF_6 新气，要求气体中可水解氟化物含量（以 HF 计）不大于 1.0μg/g。

（3）测试报告编写应包括以下项目：样品名称和编号、测试时间、测试人员、审核和批准人员、测试依据、环境温度、湿度、大气压力以及 SF_6 气体的制造厂家、生产批号、出厂日期、测试结果、测试结论等，备注栏写明其他需要注意的内容。

七、试验注意事项

（1）用氟离子选择电极进行测定氟离子含量时，溶液的 pH 值一定严格控制在 5.0～5.5 之间；

（2）用茜素—氟镧络合比色法测定氟离子含量时，要注意络合剂的保存期，该试

剂在 15～20℃下可保存一周，在冰箱冷藏室中可保存 1 个月。

（3）在配制茜素—氟镧络合试剂时，如果茜素氟镧溶液中有沉淀物，需用滤纸将它过滤到 250mL 容量瓶中，再用少量去离子水冲洗滤纸，滤液一并加到容量瓶中；冲洗烧杯及滤纸的水量都应尽量少，否则最后液体体积会超过 250mL；加丙酮摇匀的过程中有气体产生，因此要防止溶液逸出，最后要把容量瓶塞子打开一下，以防崩开。

（4）氟离子含量的两种测定方法的工作曲线在每次测定样品时都需要重新绘制。

【思考与练习】

1. SF$_6$可水解氟化物含量的测定测试目的是什么？
2. 测定 SF$_6$可水解氟化物含量应注意哪些事项？
3. SF$_6$可水解氟化物含量的测定测试方法原理是什么？

▲ 模块 9　SF$_6$矿物油含量测定（Z13I3009Ⅲ）

【模块描述】本模块介绍 SF$_6$中矿物油含量的测定方法。通过步骤讲解和要点归纳，掌握 SF$_6$中矿物油含量测定的目的、方法原理、危险点分析及控制措施、准备工作、测试步骤、注意事项，以及对测试结果的分析和测试报告编写要求。

【模块内容】

一、测试目的

测试 SF$_6$气体中矿物油含量可有效判断合成的 SF$_6$气体是否纯净，以及气体在输送和充装过程中是否受到油污染。

二、方法原理

将定量的 SF$_6$气体按一定的流速通过两个装有一定体积四氯化碳的洗气管，使分散在 SF$_6$气体中的矿物油被完全吸收，然后测定四氯化碳吸收液在 2930cm^{-1}吸收峰的吸光度（相当于链烷烃亚甲基非对称伸缩振动），从工作曲线上查出吸收液中矿物油浓度，再计算出 SF$_6$气体中矿物油含量。

三、危险点分析及控制

（1）SF$_6$气体中可能存在一定量的毒性物质，为防止试验人员中毒，分析人员应配备个人安全防护用品，实验室应具有良好的底部通风设施（对通风量的要求是 15min 内使室内换气 1 次）；吸收操作应在通风柜内进行；试样尾气应从排气口直接引出试验室。

（2）SF$_6$气体钢瓶倒置和立起时应两人一起操作，要防止被钢瓶砸伤。

（3）四氯化碳蒸气会腐蚀红外分光光度计内部的精密金属元件，因此仪器在使用四氯化碳后，应用干燥氮气吹扫仪器。

（4）红外分光光度计易受潮损坏，因此试验环境应保持清洁和干燥。

四、测试前准备工作

（1）查阅相关技术资料、试验规程，明确试验安全注意事项，编写作业指导书。

（2）仪器与材料准备。准备好表 Z13I3009Ⅲ-1 中所列的仪器和材料。

表 Z13I3009Ⅲ-1 仪 器 和 材 料

序号	设备及材料	要求	备注
1	红外分光光度计	适用且检定合格	
2	液体吸收池	程长为 20mm 的固定石英或氯化钠吸收池，在 3250～2750cm^{-1} 范围内，透光、无选择性吸收	
3	玻璃洗气瓶	100mL 封固式、导管末端装有一个 1 号多孔熔融玻璃圆盘（微孔平均直径为 90～150μm），尺寸见图 Z13I3009Ⅲ-1	
4	连接套管	硅橡胶或氟橡胶管	
5	湿式气体流量计	0.5m^3/h，准确度为±1%	
6	盒式气压计	分度为 1MPa	
7	容量瓶	容量分别为 100、500mL	
8	四氯化碳	分析纯，新蒸馏的（沸点 76～77℃）	
9	直链饱和烃矿物油	30 号压缩机油	

（3）接通电源，调整好红外分光光度计。

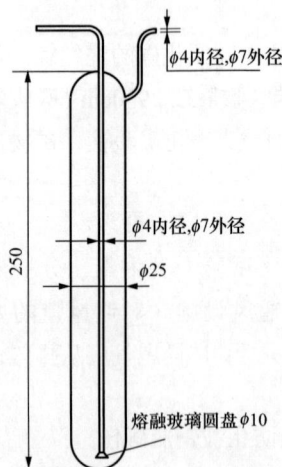

图 Z13I3009Ⅲ-1 封固式玻璃洗气瓶

（4）液体吸收池的选择。在 2 只液体吸收池中装入新蒸馏的四氯化碳，将它们分别放在仪器的样品及参比池架上，记录 3250～2750cm^{-1} 范围的光谱图。如果在 2930cm^{-1} 出现反方向吸收峰，则把池架上 2 只吸收池的位置对调一下，做好样品及参比池的标记，计算出 2930cm^{-1} 吸收峰的吸光度，在以后计算标准溶液及样品溶液的吸光度时应减去该数值。

五、试验步骤及要求

1. SF_6 气体中矿物油的吸收

（1）用烧杯或注射针筒，分别于 2 只洁净干燥的洗气瓶中加入 35mL 四氯化碳，将洗气瓶置于 0℃冰水浴中并按图 Z13I3009Ⅲ-2 组装好。

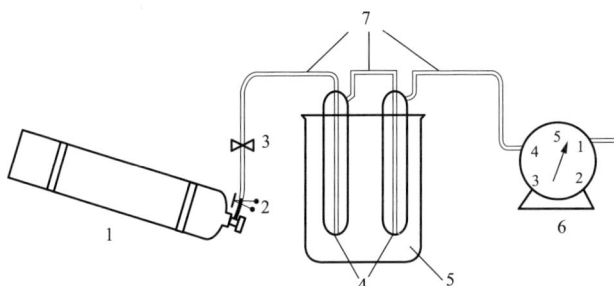

图 Z13I3009Ⅲ-2　吸收系统

1—SF₆气瓶；2—氧气减压表；3—针形阀；4—封固式玻璃洗气瓶；5—冰水浴；
6—湿式气体流量计；7—硅（或氟）胶管节

（2）记录在湿式气体流量计处的起始环境温度、大气压力和体积读数（读准至 0.025L）。

（3）在针形阀 3 关闭的条件下，打开钢瓶总阀，然后小心地打开并调节针形阀 3（或浮子流量计），使气体以最大不超过 10L/h 的流速稳定地流过洗气瓶。约流过 29L 气体时，关闭钢瓶总阀，让余气继续排出，直至流完为止。

（4）关闭针形阀，同时记录湿式气体流量计处的终结环境温度、大气压力和体积读数（读准至 0.025L）。

（5）从洗气瓶的进气端至出气端，依次拆除硅胶管节，撤掉冰水浴。在拆除硅胶管节过程中，一定要防止四氯化碳吸收液的倒吸。如果由于倒吸，吸收液流经了连接的硅胶管节，此次试验结果无效。

（6）将洗气瓶外壁的水擦干，用少量空白四氯化碳将洗气瓶的硅胶管节连接处外壁冲洗干净，然后把两只洗气瓶中的吸收液连同冲洗液定量地转移到同一个 100mL 容量瓶中，用空白四氯化碳稀释至刻度。

2. 工作曲线的绘制

（1）矿物油工作液（0.2mg/mL）的配制。在 100mL 烧杯中，称取直链饱和烃矿物油 100mg（精确到±0.2mg），用四氯化碳将油定量地转移到 500mL 容量瓶中并稀释至刻度。

（2）矿物油标准液的配制。用移液管向 7 个 100mL 容量瓶中分别加入 0.5（5.0）、1.0（10.0）、2.0（20.0）、3.0（30.0）、4.0（40.0）、5.0（50.0）、6.0（60.0）mL 矿物油工作液，并用四氯化碳稀释至刻度，其溶液浓度分别为 1.0（10.0）、2.0（20.0）、4.0（40.0）、6.0（60.0）、8.0（80.0）、10.0（100.0）、12.0（120.0）mg/L。

注意：① 根据需要，可按括号内的取液量，配制大浓度标准液。② 如果由于环境温度变化，使已经稀释至刻度的标准液液面升高或降低，不得再用四氯化碳调整液面。

（3）将矿物油标准液与空白四氯化碳分别移入样品池及参比池，放在仪器的样品池架及参比池处，记录 3250～2750cm⁻¹ 的光谱图，以过 3250cm⁻¹ 且平行于横坐标的切线为基线。计算 2930cm⁻¹ 吸收峰的吸光度（见图 Z13I3009Ⅲ-3），然后用溶液浓度相对于吸光度绘图，即得工作曲线（见图 Z13I3009Ⅲ-4）。

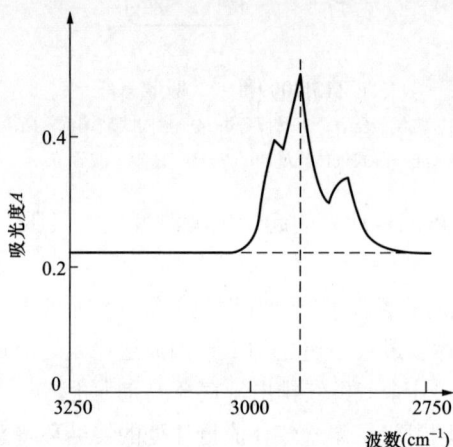

图 Z13I3009Ⅲ-3　基线法求 2930cm⁻¹ 吸收峰的吸光度图例

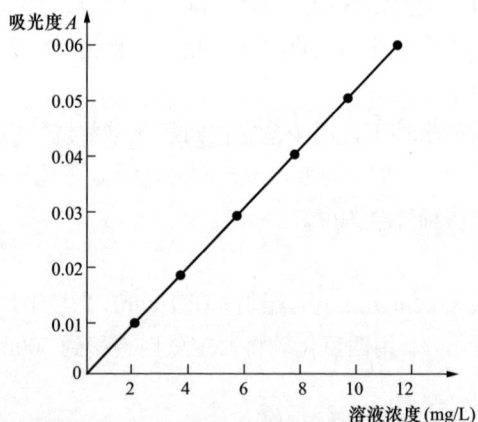

图 Z13I3009Ⅲ-4　测定矿物油含量的工作曲线图例

3. SF₆ 气体中矿物油含量的测定

将 SF₆ 气体的吸收液与空白四氯化碳分别移入样品池及参比池，放在仪器的样品池架及参比池处，记录 3250～2750cm⁻¹ 的光谱图，以过 3250cm⁻¹ 且平行于横坐标的切线为基线，计算 2930cm⁻¹ 吸收峰的吸光度，再从图 Z13I3009Ⅲ-4 的工作曲线上查出吸收液中矿物油浓度。

4. 结果计算

（1）按式（Z13I3009Ⅲ-1）计算在 20℃、101 325Pa 时的 SF₆ 气体校正体积 V_c（L），即

$$V_c = \frac{\dfrac{1}{2} \times (p_1 + p_2) \times 293}{101\,325 \times \left[273 + \dfrac{1}{2} \times (t_1 + t_2) \right]} \times (V_2 - V_1) \qquad （Z13I3009Ⅲ-1）$$

式中　p_1、p_2——吸收起始和终结时的大气压力，Pa；

t_1、t_2——吸收起始和终结时的环境温度，℃；

V_1、V_2——湿式气体流量计上起始和终结时的体积读数，L。

（2）按式（Z13I3009Ⅲ-2）计算矿物油在 SF₆ 气体试样中的含量（以 μg/g 表示），即

$$O_c = \frac{100a}{6.16V_c} \qquad （Z13I3009Ⅲ-2）$$

式中　O_c——SF₆ 气体中矿物油的含量，μg/g；

a——吸收液中矿物油的浓度，mg/L；

6.16——SF₆ 气体密度，g/L；

100——盛装吸收液容量瓶的容积，mL。

六、测试结果分析及测试报告编写

（1）取 2 次平行试验结果的算术平均值为测定值，2 次平行试验结果的相对误差不应超过表 Z13I3009Ⅲ-2 所列数值。

表 Z13I3009Ⅲ-2　　矿物油含量测试允许的相对误差

含油量（μg/g）	相对误差（%）	含油量（μg/g）	相对误差（%）
0.1	±25	1.0	±10
0.5	±15		

（2）对于 SF₆ 新气要求气体中矿物油含量不大于 4.0μg/g。

（3）测试报告编写应包括样品名称和编号、测试时间、测试人员、审核和批准人员、测试依据、环境温度、湿度、大气压力和 SF₆ 气体的制造厂家、生产批号、出厂日期、测试结果、测试结论等项目，备注栏写明其他需要注意的内容。

七、试验注意事项

（1）在试验操作过程中，向封固式洗气瓶中注入 CCl_4 时，绝不能用乳胶管作导管，否则结果偏高。两支洗气瓶之间的联结管用尽量短的硅胶管（最好用前用 CCl_4 浸泡），使两玻璃接口对接。当吸收结束转移吸收液时，用少量空白四氯化碳将洗气瓶的硅胶管连接处外壁冲洗干净，再进行转移。

（2）吸收液所用的 CCl_4 必须是新蒸馏的，且空白测定和吸收液需用同一瓶试剂。

（3）吸收过程中流速不宜太快，必须在冰水浴中进行。

（4）基线取法应以过 $3250cm^{-1}$ 且平行于横坐标的切线为基线，因为作 $3000cm^{-1}$ 及 $2880cm^{-1}$ 处的切线为基线，$3000cm^{-1}$ 及 $2880cm^{-1}$ 处的吸光度不仅会随样品中矿物油浓度的增加而增大。同时，$2930cm^{-1}$ 处的吸收峰形也随四氯化碳的纯度不同（不同瓶）而不同，在吸光度计算时应扣除四氯化碳影响。

【思考与练习】

1. SF_6 气体中矿物油含量的测定测试目的是什么？

2. SF_6 气体中矿物油含量的测定方法原理是什么？

3. 测定 SF_6 气体中矿物油含量应注意哪些事项？

第三十九章

油（气）色谱分析试验

▲ 模块1　油中溶解气体的气相色谱分析法样品前处理 （Z13I4001 I ）

【模块描述】本模块介绍气相色谱法分析油中溶解气体样品前处理的常用方法。通过步骤讲解和要点归纳，掌握顶空取气法、变径活塞泵全脱气法的原理、危险点分析及控制措施、准备工作、步骤及要求和注意事项，了解水银真空脱气法的原理、仪器设备、操作步骤和注意事项。

【模块内容】

一、测试目的

利用气相色谱法分析油中溶解气体的组分含量必须将溶解的气体从油中定量地脱出来，再注入色谱仪中，进行组分和含量的分析。目前，常用的脱气方法有顶空取气法和真空法两类。真空法由于取得真空的方式不同，又分为水银托普勒泵法和真空全脱气法两种。电力系统常用的脱气方法，主要是顶空取气法中的振荡平衡法和机械真空法。

二、装置介绍

（一）顶空取气法原理和设备

1. 原理

顶空取气法又称溶解平衡法。本方法是基于亨利分配定律，即在一恒温恒压条件下，油样与洗脱气体构成的密闭体系内，使油中溶解气体在气、液两相达到分配平衡。通过测定气相气体中各组分浓度，并根据分配定律和物料平衡原理所导出的公式，求出油样中的溶解气体各组分浓度，见式（Z13I4001 I -1）和式（Z13I4001 I -2）。

$$K_i = \frac{c_{il}}{c_{ig}} \ (\text{或} \ c_{il} = K_i c_{ig}) \qquad (\text{Z13I4001 I -1})$$

$$X_i = c_{ig}\left(K_i + \frac{V_g}{V_l}\right) \qquad (\text{Z13I4001 I -2})$$

式中 K_i——试验温度下，气、液平衡后溶解气体 i 组分的分配系数（或称气体溶解
系数）；

c_{il}——平衡条件下，溶解气体 i 组分在液相中的浓度，$\mu L/L$；

c_{ig}——平衡条件下，溶解气体 i 组分在气相中的浓度，$\mu L/L$；

X_i——油样中溶解气体 i 组分的浓度，$\mu L/L$；

V_g——平衡条件下气相气体体积，mL；

V_l——平衡条件下液相液体体积，mL。

2. 危险点分析及控制措施

（1）检查仪器接地是否良好。

（2）使用玻璃注射器及针头时应轻拿轻放，避免玻璃注射器破裂造成伤害。

（3）氮气瓶应放在专用气室内避免潮湿、阳光照射。

3. 测试前准备工作

（1）查阅相关技术资料、试验规程，明确试验安全注意事项，编写作业指导书。

（2）仪器与材料准备：准备好表 Z13I4001 I–1 中所列出的仪器和材料。

表 Z13I4001 I–1　　　　　　　仪 器 和 材 料

序号	设备及材料	要求	备注
1	恒温定时振荡器	往复振荡频率（275±5）次/min，振幅（35±3）mm，控温精确度±0.3℃，定时精确度±2min	合格
2	玻璃注射器	100、5mL 医用或专用玻璃注射器，气密性好、周漏氢量不大于 2.5%，刻度准确，芯塞应灵活无卡涩	合格
3	不锈钢注射针头体	牙科 5 号针头或合适的医用针头	合格
4	双头针头	锡焊	用牙科 5 号针头加工而成
5	注射器用橡胶封帽	弹性好，不透气	合格
6	氮气（或氩气）	纯度不低于 99.99%	合格

（3）检查设置恒温定时，振荡器的控制温度与时间，然后升温至 50℃恒温备用。

（4）检查 100、5mL 玻璃注射器，应气密性良好，芯塞灵活无卡涩。

（5）检查氮气瓶的压力、减压阀，确保氮气充裕，减压阀正常。

4. 测试步骤及要求

（1）贮气玻璃注射器的准备。取 5mL 玻璃注射器 A，抽取少量待测试油冲洗器筒内壁 1～2 次后，吸入约 0.5mL 试油，套上橡胶封帽，插入双头针头，针头垂直向上。

将注射器内的空气和试油慢慢排出，使试油充满注射器内壁缝隙而不致残存空气。

（2）试油体积调节。将 100mL 玻璃注射器 B 中待测油样推出部分，准确调节注射器芯至 40.0mL 刻度（V_1），立即用橡胶封帽将注射器出口密封。为了排除封帽凹部内空气，可用试油填充其凹部或在密封时先用手指压扁封帽挤出凹部空气后进行密封。

（3）加平衡载气。取 5mL 玻璃注射器 C，用氮气（或氩气）清洗 1～2 次，再准确抽取 5.0mL 氮气（或氩气），然后将注射器 C 内气体缓慢注入有待测试油的注射器 B 内，操作见示意图 Z13I4001 I –1。含气量低的试油，可适当增加注入平衡载气体积，以平衡后气相体积不超过 5mL 为宜。一般分析时，采用氮气作平衡载气，如需测定氮组分，则要改用氩气作平衡载气。

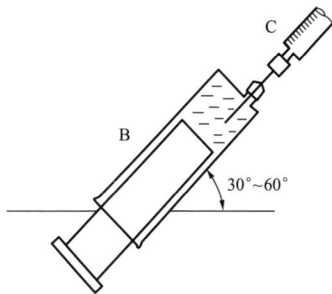

图 Z13I4001 I –1　加平衡载气操作示意

（4）振荡平衡。将注射器 B 放入恒温定时振荡器内的振荡盘上。注射器放置后，注射器头部要高于尾部约 5°，且注射器出口在下部（振荡盘按此要求设计制造）。启动振荡器启动按钮，试油恒温 10min 后开始连续振荡 20min，然后再静止 10min 完成油中溶解气体在气液两相溶解平衡。

（5）转移平衡气。将注射器 B 从振荡盘中取出，并立即将其中的平衡气体通过双头针头转移到注射器 A 内。把注射器 A 在室温下放置 2min 后，准确读其体积 V_g（准确至 0.1mL），以备色谱分析用。

5. 测试注意事项

（1）机械振荡法用 100mL 玻璃注射器，应校正 40.0mL 处的刻度。

（2）采用 100mL 玻璃注射器抽取油样操作过程中,应注意防止空气气泡进入油样注射器内。

（3）加平衡载气时，应缓慢将氮气（或氩气）注入有试油的注射器内，加气时间控制在 45s 左右，否则会对测试结果造成影响。

（4）为了使平衡气完全转移,不吸入空气,应采用微正压法转移,即微压注射器 B 的芯塞，使气体通过双头针头进入注射器 A。不允许使用抽拉注射器 A 芯塞的方法转移平衡气。

（5）气体自油中脱出后应尽快转移到玻璃注射器中，以免发生回溶而改变其组成。

（6）脱出的气体应尽快进行分析，避免长时间储存，而造成气体逸散。

（7）对于测试过故障气体含量较高的玻璃注射器，应采用清洁干燥的棉布或柔韧的纸巾对其擦拭，而后注入新油清洁的方式及时进行处理，以免污染下一个油样。

（二）真空全脱气法原理和设备

1. 变径活塞泵全脱气法

（1）原理。变径活塞泵脱气装置由变径活塞泵、脱气容器、磁力搅拌器和真空泵等构成。利用大气与负压交替对变径活塞施力的特点，使活塞反复上下移动多次扩容脱气、压缩集气。

为了达到完全脱气的目的，该装置通过连续补入少量氮气（或氩气）的方式，对油中溶解气体进行洗脱，实际上变径活塞泵脱气是顶空脱气法和真空脱气法联合应用的一种脱气装置。变径活塞泵原理结构简图见图 Z13I4001 I −2。

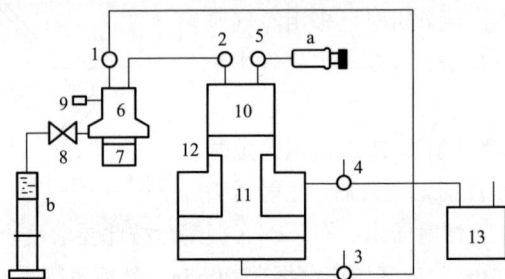

图 Z13I4001 I −2 变径活塞泵脱气原理结构简图

1、2、3、4、5—电磁阀；6—油杯（脱气室）；7—搅拌马达；8—进排油手阀；9—限量洗气管；
10—集气室；11—变径活塞；12—缸体；13—真空泵；a—取气注射器；b—油样注射器

（2）危险点分析及控制措施。

1）检查仪器接地是否良好。

2）检查管路间的连接应紧密不漏气。

3）使用玻璃注射器时，应轻拿轻放，避免玻璃注射器破裂造成伤害。

（3）测试前准备工作。

1）查阅相关技术资料、试验规程，明确试验安全注意事项，编写作业指导书。

2）仪器与材料准备。准备好表 Z13I4001 I −2 中所列出的仪器和材料。

表 Z13I4001 I −2　　　　　　　　**仪 器 和 材 料**

序号	设备及材料	要求	备注
1	变径活塞泵自动全脱气装置	对于溶解度最大的乙烷气的脱出率大于 95%，对其余气体的脱出率接近 100%；系统真空度残压不高于 13.3Pa，所配用旋片式真空泵的极限真空度 0.067Pa	合格
2	玻璃注射器	5mL 医用或专用玻璃注射器，刻度准确，芯塞应灵活无卡涩	合格
3	氮气（或氩气）	纯度不低于 99.99%	合格

3）检查变径活塞泵脱气装置的工作状态。启动真空泵与变径活塞泵自动全脱气装置，在不进油样的情况下，取气口收集到的洗气量不少于 2.5mL 且不大于 3.5mL，则装置工作正常待用（装置自动连续洗气，补入氮或氩气）。

4）检查 5mL 医用或专用玻璃注射器，气密性良好，芯塞灵活无卡涩。

（4）操作步骤。

1）试油、取气注射器连接。装有待测油样注射器 b 与进排油手阀 8 前的进油管连接，在取气口插入 5mL 取气注射器 a。

2）进油管排气。慢慢旋开进排油手阀，使油样注射器 b 中的油样缓缓沿进油管上升，排除管内空气至略有油沫进入脱气室 6，即关上进排油手阀。记下注射器上刻度值 V_1（mL）。

3）进油脱气。抽真空结束后，再揿一下操作钮。接着慢慢旋开进排油手阀，让油样喷入脱气室约 20mL 即关上。再次记下油样注射器 b 上刻度值 V_2（mL）。注意，应掌握进油阀开度，不要进油太快，以免产生的油沫从脱气室进入集气室和注射器 a 内。

4）样气收集。装置自动进行多次脱气、集气，把油样中脱出的气体逐次合并收集在 5mL 取气注射器 a 内。

5）油样、气样的计量。记录脱出的气体体积（V_g）（准确至 0.1mL），并由 V_1 与 V_2 的差得到进油体积（V_1）（准确至 0.5mL）。仲裁测定时，也可根据重量法，由进样质量与油的密度得到进油体积。

6）残油排放。接通排油 N_2 气或按捏压气球，排除脱气后的油样。

（5）测试注意事项。

1）气体自油中脱出后应尽快转移到玻璃注射器中，以免发生回溶而改变其组成。

2）脱出的气体应尽快进行分析，避免长时间储存，而造成气体逸散。

3）脱气装置应保持良好的密封性，真空泵抽气装置应接入真空计以监视脱气前真空系统的真空度（一般残压不应高于 40Pa），真空系统在泵停止抽气的情况下，在两倍脱气所需的时间内残压应无显著上升。

4）机械真空法属于不完全的脱气方法，在油中溶解度越大的气体脱出率越低，而在恢复常压的过程中气体都有不同程度的回溶。不同的脱气装置或同一装置采用不同的真空度，将造成分析结果的差异。使用机械真空法脱气，必须对脱气装置的脱气率进行校核。

各组分脱气率 η_i 的定义见式（Z13I4001 I –3），即

$$\eta_i = \frac{U_{gi}}{U_{oi}} \qquad\qquad (Z13I4001\,I\,–3)$$

式中　U_{gi}——脱出气体中某组分的含量，μL/L；

U_{oi}——油样中原有某组分的含量，μL/L。

可用已知各组分的浓度的油样来校核脱气装置的脱气率。因受油的黏度、温度、大气压力等因素的影响，脱气率一般不容易测准。即使是同一台脱气装置，其脱气率也不会是一个常数，因此，一般采用多次校核的平均值。

5）脱气装置应与取样容器连接可靠，防止进油时带入空气。

6）要注意排净前一个油样在脱气装置中的残油和残气，以免故障气体含量较高的油样污染下一个油样。

2. 水银泵（托普勒泵）真空脱气法介绍

（1）适用范围。水银真空脱气法适于作仲裁法，对溶解度较大的气体通常可脱出97%左右，对溶解度较小的气体脱气率接近100%。

将油样置于预先抽真空的容器内脱出溶解的气体，然后由托普勒泵多次收集脱出的气体并将其压缩至大气压，再由气量管测其总体积。

（2）仪器设备。托普勒装置如图 Z13I4001Ⅰ-3 所示。

（3）托普勒泵脱气法操作步骤。

1）装有油样的注射器称重后，接到脱气瓶 3 上。

2）打开阀 V1、V2、V4、V6、V7 和 V9，关闭 V3、V5 和 V8。V13 是电磁三通阀，不通电状态时，为真空泵 V_{p2} 与系统相通。

3）开启真空泵 V_{p1} 和 V_{p2} 及磁力搅拌器 8。

4）当真空度降至 10Pa 时，关闭阀 V9、V6 和 V2。

5）打开 V8 通过隔膜 9 往脱气瓶注入油样。托普勒泵开始多次脱气。

6）规定的脱气时间（即 1~3min）后，启动阀 V13 继续第一次循环，使水银面上的低压压缩空气将收集瓶中的气体压入气量管。此时水银升到电接触面 a。反转阀 V13 连通真空泵 V_{p1} 和水银容器 1，使水银回落（聚集在气量管的气体由单向浮阀 V10 封存）。接着从油中再进行抽气。用电子计数器累计脱气次数，到规定的脱气次数后，自动停止脱气操作。

7）关闭自动循环控制器，将阀 V13 切换到低压空气与水银容器 1 相通，使空气将水银压入气量管至阀 V5 的水平面上。关闭阀 V4。

8）打开阀 V5，调节水银液位容器 7 的高低，使两个水银面处于同一水平面。读出收集在气量管内气体的总体积。记下环境温度和气压。

9）拆下油样注射器再称重，得出脱气油样的质量。在环境温度下测定油的密度。

10）关闭阀 V1，打开阀 V2，让脱出的气体进入色谱仪的定量管。再调节水银液位容器，使两个水银面在新的一个水平面上，关闭阀 V2（也可在气量管顶端装封闭隔膜代替阀 V2，用精密气密性注射器取气样，定量注射进样分析）。

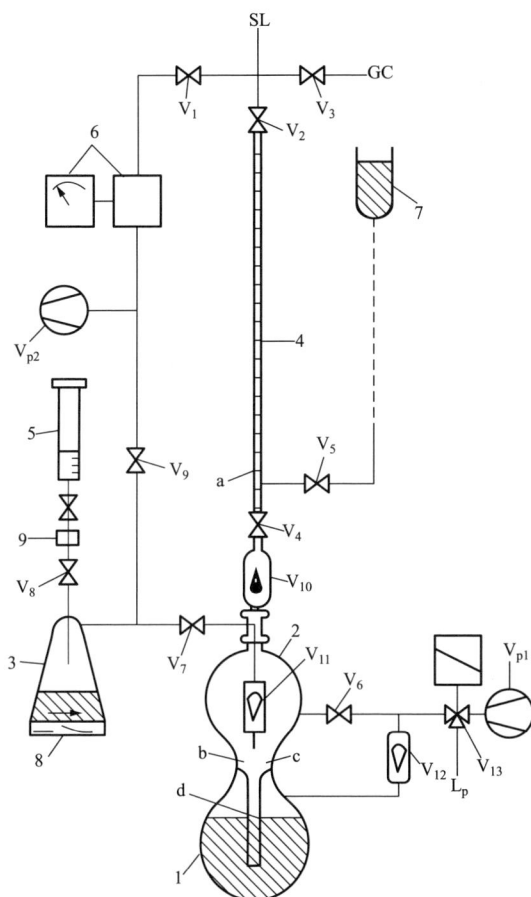

图 Z13I4001 I –3 托普勒脱气装置

1—2L 水银容器；2—1L 气体收集瓶；3—250mL 或 500mL 脱气瓶；4—25mL（0.05mL 分度）气体收集量管；
5—油样注射器；6—真空计；7—水银液位调节容器；8—磁力搅拌器；9—隔膜；V_1～V_9—手动旋塞；
V_{10}～V_{12}—单向阀；V_{13}—电磁三通阀；V_{p1}—粗真空泵；V_{p2}—主真空泵；L_p—连接到低压空气（+/-110kPa）；
SL—连接到 GC 样品导管；GC—连接到校正气体钢瓶；a、b、c—电接点；d—管上的水银面记号

11）按式（Z13I4001 I –4）计算在 20℃、101.3kPa 下，从油样中脱出的气体总含量 C_T，以 μL/L 表示，即

$$C_T = \frac{p}{101.3} \times \frac{293}{273+t} \times \frac{Vd}{m} \times 10^6 \qquad （Z13I4001 I –4）$$

式中 p——环境大气压力，kPa；

t——环境温度，℃；

V——环境温度和环境大气压力下，脱出气体的总体积，mL；

d——换算到 20℃ 下油的密度，g/mL；

m——脱气油样的质量，g。

（4）脱气操作的注意事项。

1）系统真空度残压应低于 10Pa；不进油样，进行脱气操作后，收集到的残气量应小于 0.1mL。

2）脱气瓶容积为 250mL 或 500mL；气体收集瓶容积为 1L；水银容器容积为 2L；气体收集量筒为 25mL（分度为小于等于 0.05mL）。

3）进油样量。取自运行中变压器的油样用 250mL 脱气瓶脱气时，建议取 80mL 油样；对出厂试验的油样，如果油样中脱出的气体量不够，应拆下脱气瓶倒空，再换一个油样再次脱气，把两次脱出的气体集中在一起。如遇到油中溶解气体浓度较低，也可采用 2L 的脱气瓶，油样增加为 500mL，用超声波搅拌油样。

4）脱气瓶与收集瓶的连接管内径应大于等于 5mm，并且尽可能短。

5）真空计可采用皮拉尼真空计、麦氏真空计。

6）一次循环的脱气时间通常是 1～3min 或更短。

7）多次循环脱气的次数和每一次脱气时间应通过试验确定。以标准油样的脱气效率能大于 95% 的脱气次数和每次脱气时间来确定。

8）应对脱气装置和色谱仪整套设备，用标准油样作定期（每隔 6 个月）全面校验。

【思考与练习】

1. 气相色谱法样品前处理常用的方法和设备有哪些？

2. 机械振荡法操作步骤有哪些？

3. 变径活塞泵全脱气法操作步骤有哪些？

4. 水银泵脱气法操作步骤有哪些？

5. 脱气操作注意事项有哪些？

▲ 模块 2　气相色谱仪的使用及维护（Z13I4002Ⅰ）

【模块描述】本模块介绍色谱仪的使用及维护方法。通过要点归纳和步骤讲解，熟悉色谱仪及其测试的项目和目的，掌握色谱仪安装环境条件的要求、调试使用方法以及日常维护要求和常见故障的处理方法。

【模块内容】

一、装置介绍

气相色谱仪是实现油中溶解气体组分含量分析的主要仪器，其具体过程是经脱气装置从油中得到的溶解气体的气样及从气体继电器所取的气样，注入气相色谱仪，由载气把气体试样带入色谱柱中进行分离，并通过检测器进行检测，气体试样中各组分浓度用色谱数据处理装置进行结果计算。

二、测试项目及目的

绝缘油中溶解气体组分含量的测定，是充油电气设备出厂检验和运行监督过程中判断设备潜伏性故障的有效手段。

分析对象为氢气（H_2）、甲烷（CH_4）、乙烷（C_2H_6）、乙烯（C_2H_4）、乙炔（C_2H_2）、一氧化碳（CO）、二氧化碳（CO_2）。

三、色谱仪安装环境条件的要求

（一）仪器室的要求

（1）室内不得存放与实验无关的易燃、易爆和强腐蚀性的物质等，无强烈机械振动和电磁干扰。

（2）室内温度应控制在 5～35℃，相对湿度在 20%～80%，以保证仪器的正常工作和使用寿命，必要时，宜装设空调、干燥和排风等装置。

（3）要保持仪器和室内清洁。

（4）工作台应能承受整套仪器重量，不发生振动，还应便于操作；在安装色谱仪工作台时应预留 30～40cm 的通道和至少 30cm 的空间，以便于检修和仪器散热。

（5）仪器的上方不应有任何隔板或其他悬挂的物品，以确保色谱仪顶部的正常散热及使用。

（6）室内应配备电源，电源插座必须有接地，色谱仪电源应与其他大功率设备分开。

（7）室内严禁烟火，并有防火防爆的安全措施。

（二）贮气室和高压钢瓶的要求

1. 贮气室的要求

（1）贮气室及其周围不能有火源、电火花、热源或震源、易燃易爆和腐蚀性物质等存在，以免发生意外。

（2）贮气室最好与实验室分开，单独设置保持通风良好。空气与氢气应分开贮放，以免发生爆炸危险。

（3）室内严禁烟火，消防设施完备。室内温度变化不应过大，避免阳光直射或雨雪侵入。

2. 高压钢瓶的要求

（1）气相色谱仪常用的气体如 H_2、N_2、Ar、空气等都可以储存在高压气体钢瓶中运输、使用。常用的钢瓶贮气压力为 15MPa，容量 40L。

（2）高压钢瓶要有检验合格证，并应定期检验。

（3）钢瓶标记、漆色应符合规定；气瓶的漆色必须保持完好，且不得任意涂改。

常用的气体钢瓶颜色如表 Z13I4002Ⅰ–1 所示。

表 Z13I4002Ⅰ–1　　　　　　　　常用的气体钢瓶颜色

序号	气体名称	化学式	瓶色	字样	字色
1	氢	H_2	淡绿	氢	大红
2	氮	N_2	黑	氮	淡黄
3	空气	Air	黑	空气	白
4	氩	Ar	银灰	氩	深绿

（4）高压气瓶严禁混用，切忌将未经处理过的氧气瓶去灌装氢气。

（5）使用中的氢气瓶应加强检查，发现漏气应立即停用处理。

（6）气瓶严禁油迹，禁止使用带油的手套接触气瓶。

（7）所有气瓶应稳固立地放置。

（8）使用气瓶中的气体，必须通过减压阀，严禁直接取用。

（9）所有气瓶阀件完好无泄漏，正确操作开闭。

1）装减压阀时，应先开总气阀一、二次，以吹掉气瓶口上的潮气，注意每次放气的时间仅 1～2s 即可。

2）不用气时，先关高压，在放掉低压气体后，把低压阀杆旋开关闭，防止减压阀中的弹簧长时间压缩失灵。

3）每种减压阀只能用于一种气体，不得混用。

（10）瓶内气体不得用尽，必须至少留有大于 2MPa 的剩余压力，并拧好瓶帽后存放。

（11）气瓶不得靠近热源，可燃、助燃性气体，气瓶与明火的距离一般不得小于10m；与热源距离应大于 1m。

3. 气路管线

（1）管线应沿墙固定。

（2）管子材料最好用不锈钢管或紫铜管，管径宜小不宜大。如用聚四氟乙烯管，应注意检查与及时更换。

（3）在管线上应加装气体净化装置。

（4）管线安装后要进行检漏，没有漏气才能使用。

四、气相色谱仪调试使用

1. 仪器的安装

（1）仪器开箱后，检查仪器外包装的质量；并核对配套部件清单，若发现配套部件不符或仪器外观有破损现象，立即与厂家或销售商联系。

（2）将色谱仪平稳而牢固地安置在工作台上，确定气源和电源容易连接。

（3）打开仪器柱箱门，检查各机件内部的元器件安装是否紧固，查看电动机、风扇、叶轮是否运转灵活，插件或固定螺丝有无松动，如有松动应及时排除；检查绝缘是否良好，以免发生漏电或接触不良等故障；查看电源插头相中线间有无短路现象，若有短路现象仪器不可通电。

（4）把所有各部件之间的连接电缆、插头、插座按对应的编号或标记牢靠地连接起来；电缆线的接插件应紧密配合，接地良好。

（5）把仪器气路系统与外接气路连接起来。

2. 仪器使用前的准备工作

（1）气路检漏。气路安装完成后，需进行检漏。外气路检漏主要检查气源出口至净化器入口处气路部分（减压阀及接头）和检查仪器气路系统至净化器出口。检漏按如下步骤执行：

1）将钢瓶低压调节杆处于放松状态，开启钢瓶高压阀，再缓慢调节低压调节杆，使低压表指示为 0.3MPa。

2）关闭钢瓶高压阀。此时减压阀上的低压表指示不应下降。否则，外气路中存在漏气，应仔细检查并予以排除。

3）检查气路气密性。把空柱接入气路，并把气路系统出口处堵住。然后通气，调节气流压力至 0.4MPa（N_2），观察转子流量计转子（若有）是否上浮，并用检漏溶液检查各接头、焊缝等处有无漏气现象，如有漏点应即消除。

4）外气路安装完成后，需进行检漏，以免造成事故发生；仪器未装入色谱柱以前，不能通入仪器任何气体，特别是氢气，以免发生危险。

（2）安装色谱柱。安装色谱柱时，要应分清色谱柱的进口和出口，进口和出口在色谱柱上都做有标识，柱进口接进样口下端，出口接检测器。连接无误后，通气用试漏液试漏，如无漏气即可进行下一步操作。

填充柱在进样器和检测器两处的安装是类似的。填充柱的进样器一端应留出足够的一段空柱（至少50mm），以防插入的注射器针触到填在柱端的玻璃纤维或柱填充物；在检测器一端，也应留出足够的一段空柱（至少40mm），以防喷嘴底端触到填在柱端的玻璃纤维或柱填充物，如图 Z13I4002 Ⅰ–1 所示。

（3）连接工作站或数据处理机。将色谱数据处理机或色谱工作站的信号连接线接入色谱仪面板上的信号输出端口，FID 输出为 FID 放大模块输出的模拟信号，TCD 输出为 TCD 放大模块输出的模拟信号。输出端口一般采用三芯航空插头，其中 1、2 为信号输出，如图 Z13I4002 Ⅰ–2 所示。

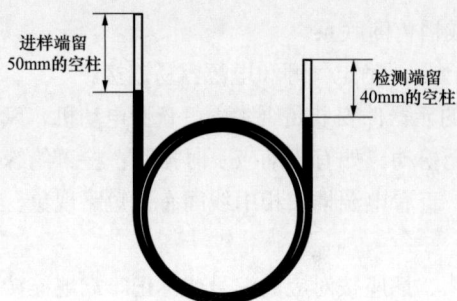

图 Z13I4002 I –1　安装色谱柱

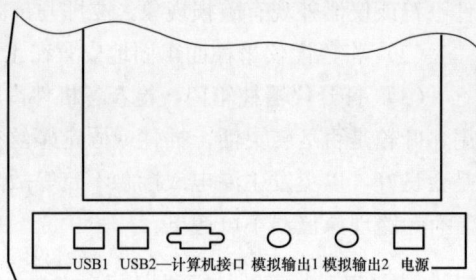

图 Z13I4002 I –2　连接工作站

（4）检查电路系统绝缘性能。

1）将仪器所有部件的开关置于断开位置，合上仪器的总开关，过一段时间，若仪器无发热或其他漏电现象时，一般认为仪器正常。

2）合上仪器总开关后，逐一合上各部件的开关，用试电笔检查机壳上应无漏电现象。

3）用绝缘电阻表检查仪器各部件的绝缘。

3. 仪器调试使用

（1）调节各气体流量，通入载气 15min 左右，打开气相色谱仪电源。

（2）输入各路温度的设定值，包括进样器、检测器、柱箱温度设定。

1）在通载气的情况下，逐一检查各加热室的控温性能。

2）启动仪器总开关后，合上温度控制器开关，过 20min 左右，各加热室应达到设定的温度。

（3）检测器参数的设定。需要设定 FID 的量程，极性和 TCD 的桥流等。

（4）等温度上升到设置温度以后，点火，设电流。

（5）打开色谱分析工作站，进入实时采样界面，点击采样开始按钮，观察基线是否稳定，待仪器基本稳定后即可调整基线。

（6）仪器准备就绪可以进行分析。

五、气相色谱仪维护

1. 热导检测器（TCD）的使用维护

热导池中的关键热导部件是用铼钨丝做的，铼钨丝直径一般只有 15～30μm，这种材料比较容易被氧化。当被氧化或受污染后，阻值发生变化或断损，破坏了热导池测量电桥的对称性，致使仪器无法正常工作。引起热导元件损坏的因素较多，使用注意事项归纳如下：

（1）热导池接并联双气路应用时，两路都要同时通载气，所用载气纯度必须在 99.99%以上。

（2）若色谱柱连接处漏气将会造成热导元件损坏，所以在仪器使用前或更换色谱柱时应严格检漏，确保整个系统不漏气。

（3）仪器开机前先通载气 10min 以后再通电；通电前检查电路连接和接地情况。

（4）系统及池体要洁净，以防出现怪峰并减小噪声。

（5）分析过程中更换硅橡胶垫时，必须将热导电源关闭后，再迅速换垫，换好后，必须通载气几分钟后才能再通热导池电源。

（6）在使用机械振荡法脱气，样品脱气取氮气时，不要在 TCD 气路中取气，以免影响载气流量而烧坏 TCD。

（7）色谱柱高温老化时，应将热导池电源、热导池温控、柱出口与热导池进口断开，以避免高温老化后含有杂质的载气（氮气）流入污染热导池。

（8）仪器先断电后再断载气。

2. 氢焰检测器（FID）使用维护

（1）离子头、收集极对地绝缘要好。

（2）离子头必须洁净，不得沾染有机物，必要时，可用苯、酒精和蒸馏水依次擦洗干净。

（3）使用的气体必须净化，管道也必须干净，否则会引起基流增大，灵敏度降低。

（4）样品水分太多或进样量太大时，会使火焰温度下降影响灵敏度，甚至会使火焰熄灭，所以应控制样品中的水分和进样量。

（5）FID 系统停机时，应先关空气熄火，然后再降温，最后关载气和氢气。如果在 FID 温度低于 100℃时就点火，或关机时不先熄火后降温，则容易造成 FID 收集极积水使绝缘下降，会造成基线不稳。

（6）FID 长期不使用，在重新操作之前，应在 150℃下烘烤 2h。

3. 色谱柱的更换及维护

（1）更换。先将原来的色谱柱拆下，再安装新柱，安装时应分清色谱柱的进口和出口，柱进口接进样口下端，出口接检测器。连接无误后，通气用试漏液试漏，如无漏气即可进行下一步操作。

（2）老化。常用的老化方法是将柱子接入色谱仪气路系统，但要与检测器断开，柱子尾部放空，修改各路温控设置，比操作温度略高（10~20℃）的温度条件下，通载气 4~16h 后，再接上检测器，继续处理，直至性能稳定（基线平直）为止，然后恢复正常设置。

（3）调整。按日常操作方法启动仪器、进针，观察出峰情况，对于一次进样的仪器，一般会出现三种情况：

1）烃类、CO、CO_2、H_2 出峰时间、灵敏度、分离度正常，此种情况最好，可以正常使用仪器。

2）烃类灵敏度高、分离度差、出峰时间快，而 CO、CO_2 灵敏度低、出峰时间长。

3）烃类灵敏度低、分离度好、出峰时间长，而 CO、CO_2 灵敏度高、出峰时间快。

如果出现第 2）、第 3）两种情况，可以调整分流阀。在气路中，分离烃类的柱较长（长度 3m，下称 1 号柱）分离 H_2、CO、CO_2 的柱较短（长度 1m 左右，下称 2 号柱）在 2 号柱的柱后面加了一个针形阀（分流阀），逆时针关闭此阀可以增加 2 号柱气路的阻力，使混合气在 2 号柱的流量减小而 1 号柱流量增加，使各峰达到要求。

（4）维护。

1）工作时加强仪器的维护，在测试油样脱出的气体时，针管内可多取些样品气，然后针头向下，将针管内的气体推至需要的值，这时针头下方包上几层吸水性强的纸以吸去针头内外的油，然后再进样。

2）及时清洗进样口，一般为一个月清洗一次，如测试工作量大，应一个星期清洗一次。清洗方法为：拧下进样口散热帽，用镊子取出衬管，用丙酮冲洗净内部的油污，然后用蒸馏水冲洗至中性、烘干，按原样装回进样口即可。

3）选择合适的柱长和适宜的担体，以加强色谱柱的抗污染能力。

4）为了确保气相色谱仪检测数据的有效，应每 2 年对设备检定一次。

六、常见故障及处理

1. 色谱仪温控异常的诊断和处理

色谱仪的柱箱、检测器及转化炉的温度控制系统，直接影响色谱仪的精度和稳定性，是色谱分析系统中最重要的控制部分之一。由于温控系统结构复杂，涉及的部件多，如果温度出现异常，应先了解温控系统的结构，并应熟悉各种故障排除的具体方法。常见故障的排查方法如下。

（1）不升温。按色谱仪的正常操作步骤，检查温度设定值后升温，加热指示灯亮，升温部件的温度也逐渐上升，直到实际温度达到设定值为止。如果按上述操作进行，部件温度一直不上升，则认为存在不升温故障。出现该故障时，首先应检查仪器面板上的温度显示值、设定值和保护值是否正常，如果参数设定未发现异常，可以根据下面两种情况分别进行排查。

1）所有温控部件均不升温，可按以下方法进行检查：

a. 主控继电器是否吸合（可测量控制电压和输出电压是否正常）；

b. 传输四路温度的导线是否接触良好；

c. 从控制板到固态继电器的导线是否接触良好，供电是否正常；

d. 连接在加热器件公共端的供电是否正常。

2）如果是一路温度出现问题，则可按照下面的检查方法进行：

a. 检查温度设定值和保护值，可以将温度设高一点观察效果；

b. 检查铂电阻和加热器对应的接线端子是否接触良好；

c. 测量加热器和铂电阻阻值是否正常；

d. 测试固态继电器是否正常（在有控制电压时输出端应导通）；

e. 测试这一路对应的控制电路电压输出是否正常。

（2）温度失控。在升温之后，如果部件的实际温度一直上升而不受温度设定值的控制，则为温度失控故障。出现该故障时可根据以下方法进行检查。

1）加热器件的引线对地短路；

2）继电器被击穿，失去控制作用，导致加热器件一直加热；

3）铂电阻短路；

4）温控电路故障，电路测量的温度值不正确或控制芯片损坏。

（3）升温慢或升不到设定值。当色谱仪的加热系统启动后，在低温区温度控制正常，但在高温区却升温迟缓，并且无论怎样调节温度设定值，温度始终不能上升到设定值，此时称温度不升高或升温缓慢故障。出现这种现象主要与以下方面有关：

1）加热器件功率不够或热循环不畅通；

2）继电器老化，频率控制能力降低；

3）控制程序智能化不够，需要改进；

4）被控对象散热太快，保温效果不好。

（4）控温精度差。如果温控部件的实际温度变化超过仪器规定的温度值，即认为是温控精度差故障。出现这种现象主要与以下方面有关：

1）温度测量电路精度下降，温度显示不准；

2）铂电阻或加热器未安装好，或接触不良；

3）被控对象热容量变化，散热速度变化（如柱箱门未关严）；

4）如果温度只是偶然变化，而且这种变化无明显周期性，则此种情况大部分原因是电源干扰或操作条件变化造成的。

2. 色谱仪基线不稳定（基线噪声大、漂移大）的排查和处理

所谓基线不稳定，也就是基线（包括 FID 和 TCD）的噪声、漂移以及该检测器的基流等超出了仪器所要求的最低指标。不同机型对这些指标的要求不一样，对于 TCD 基线噪声不大于 0.1mA，基线漂移不大于 0.2mA/30min；对于 FID 基线噪声不大于 $1×10^{12}A$，基线漂移不大于 $1×10^{-11}A/30min$。

引起基线不稳的因素很多，如外围条件、工作站、电路、气路都有可能，但进行排查时一定要遵循先外后内，先简后难，先整体后局部，分段查找的原则，逐步缩小范围，直到找到故障点。

（1）三路（二路）信号基线都不稳定。当三路（二路）信号基线同时不稳定时，应做以下检查：

1）先查载气纯度，如果是钢瓶，要注意总压力小于 0.2MPa 就可能引起基线不稳定；

2）电源电压是否稳定（220kV±5%）；

3）接地是否可靠良好（增加衰减看是否有好转，如果不变化可能接地不好）；

4）仪器各个参数（包括各路压力、流量、温度）是否正常；

5）工作站或记录仪是否正常，可使用将信号线短路的方法进行验证；

6）信号线接触是否可靠，是否和大功率设备并接（记录仪、工作站同接或两台色谱仪同接等），如有，应断开。

（2）FID 基线不稳定（热导稳定）。

1）参数检查。TCD 稳定，说明气源、温控等正常，应先检查仪器操作及与 FID 有关的参数是否正常，如果正常，进行下一步检查。

2）熄火检查。氢火焰熄火后，观察仪器基线记录情况，如果基线平稳，则判定为气路、检测器故障；若基线记录仍不合格，说明电路部分、工作站有故障。

a. 熄火后不稳定。电路或工作站问题，加衰减看是否变化（不变则与接地有关），然后可用工作站——色谱电路——放大器的先后顺序排查，另外还可用两个放大器信号线对调进行比较的方法。

b. 熄火后稳定。可能是三路气体或检测器引起，可以先关闭 N_2，观察基线是否稳定，如果稳定则证明 N_2 气路有污染，可用干净气路管分别短路进样口、色谱柱、转化炉等附件的方法进一步缩小范围。

注意，如果空气和氢气气路污染，同样也会影响氢火焰的基线稳定性，可用分段法逐步排除。

3）气路配比检查。气路中 N_2、H_2 和空气流量的相对大小对于稳定的火焰来说关系很大，而火焰不稳定时基流和噪声也就随之增大，一般 N_2：H_2 为 3：2，而空气的流量一般不低于 250mL/min。

4）基线漂移与波动检查。检查基线不稳定性的表现，如果是单纯性的基线漂移与波动，分别观察色谱柱室温度与检测器温度的变化，应特别注意观察柱室与检测器的温度变化趋势和基线漂移趋势，核对两者周期是否一致，如两者有同步现象，则是温控系统故障。

（3）TCD 基线不稳定（FID 稳定）。

1）关桥流后看是否稳定，如稳定说明热导池或气路部分有故障；如不稳定，说明电路或工作站有故障，可把两个信号通道调换一下。

2）如果判断是热导池或气路部分，同样可用干净气路管短路的方法缩小范围。

3）如果是电路部分，可测量热导池电阻是否平衡、热导池电压、桥流开关等。

3. 出峰不正常的排查和处理

在选定的操作条件下，给色谱仪注入规定的样品，在记录的谱图上没有出现相应色谱峰、峰高与原已知谱图相差甚大、峰形有畸变等现象均称为出峰不正常。

以上三种情况虽然属于不同的故障现象，但其发生的原因却有很多相同之处，所以出现上述任何一种情况时，均应进行以下检查。

（1）常规检查。

1）检查记录系统的信号传输是否正常。可将信号线的两个端子互相碰几下，然后观察与之对应的数据处理系统的信号电压是否有波动来判断传输是否正常。

2）检查各路压力和流量。实践证明有很多出峰不正常的现象都是由于气源引起，一般对于一台调试后的仪器来说均有与之对应的三路气体（N_2、H_2和空气）的压力和流量，通过将不正常时的压力和流量与调试时的记录相比即可排除故障。

3）检查四路的温度是否正常。检查的方法是看显示的实际温度与实际设定的温度是否相符。例如，转化炉不升温或温度太低将使 CO 和 CO_2 不出峰或灵敏度变低。

4）检查是否漏气或堵塞。气源、进样口、注射器的针管与管芯之间、针管与针头之间，都是常见的漏气部位。

如果是气源漏气，一般多发生在更换净化器之后，此时要重点用皂液重点检查净化管的连接处。如果是色谱仪漏气发生在进样口处，判断进样口漏气的方法是色谱测到的流量增大、出峰变低。当进样口里的进样胶垫进样次数较多时或换过的进样胶垫安装不好，可能产生漏气，所以应及时更换进样胶垫并确保安装到位。注射器也是漏气和堵塞的常见部件，常用的检漏方法是先用胶垫将针头密封，然后推拉注射器芯几次看是否能回到原位，有时也可将整个注射器放入水中推注射器看是否有漏气的部位的方法来检验。

5）检查标准气是否失真。一般标准气的有效期是一年，如果标准气瓶压力太低或进样时采集到的是减压阀里的残余标准气的话，都会使组分的灵敏度变低。正确方法是先将标准气瓶放几秒钟，然后用注射器直接取气，禁止使用将标准气先转移再取气的方法。

（2）氢焰检测器不出峰（包括 FID1 和 FID2）的诊断和处理。

1）检查两氢焰是否点着火。检查方法是用光亮的冷金属面放在氢焰出口处看是否有水蒸气生成或者通过改变氢气流量，观察与之对应的基线是否有波动等方法来验证。

如果通过验证证明没点着火，则要重新点火，如果点不着火，则要检查 N_2、H_2和空气压力表指示是否正常、助燃氢气是否打开以及点火源是否正常。

2）如果是 FID2 不出峰，还要检查信号切换是否正常。

（3）热导检测器（TCD）不出峰的诊断和处理。

1）检查桥流是否已经加上。

2）检查 TCD 信号切换是否正常。

（4）峰形畸变的检查。

1）流量或温度是否稳定。在三路流量波动太大或四路温度中有不稳定时，均会造成峰形畸变或基线不稳定现象。

2）进样方面。如果进样时注射器有回弹现象或重复进针，也会造成峰形畸变现象。

3）色谱柱污染。色谱柱污染包括受潮和进油污染。如果是受潮污染伴随的现象是漂移严重，此污染可通过增大载气流量和提高色谱柱温度进行老化处理。

对于进油污染常见的是分离 H_2、CO、CO_2 的色谱柱污染，由于该柱比较短，被污染时伴随的现象是 CO、CH_4 和 CO_2 分离不好，同时还会有拖尾现象。处理该污染非常麻烦，根本的解决办法是更换色谱柱。

4. 气路泄漏的检查与排除

按照其对气路密闭性的严格程度，检查气路是否泄漏的方法分为 A、B、C 三级：

（1）A 级试漏。对气路严重泄漏的最粗略观察。通常在气源打开并稳定之后，如听到明显的漏气声，说明系统严重泄漏。必须依据漏气声追查出泄漏处，并加以排除。引起系统严重泄漏的常见原因是：气路接头没上紧，气路中管路开裂及接头处没加合适的垫片等。查找气路的严重泄漏，也可在流路的流量开到最大时，用肥皂水在各接头逐步测试有无气泡出现而加以证实。

（2）B 级试漏。对气路中轻微漏气的检查。方法是堵住气路出口，观察气路中流量计内的转子。如果能缓缓下降为零，即可认为此气路 B 级试漏合格。如转子不能降到零，可用肥皂水在各接头处仔细观察，直到找到泄漏处为止。

（3）C 级试漏。对气路中极小漏气的检查。方法是堵住气路出口，观察系统压力表，不得在半小时之内有 5kPa 以上的下降。此时系统压力应在 0.25MPa 以上。必要时可在系统出口处外接一个 0.5 级标准压力表来读取压力变化数。

大量的气路泄漏检修结果表明，绝大部分的漏气点都发生于气路接头处，而气路阀件内部的泄漏也时有发生，至于管路中间的泄漏，除了急转弯处以外是很少见的。

在证实气路系统有泄漏时，可用分段堵住或关闭气路的方法来缩小漏气发生的范围。比如堵住热导池一路的出口时，若转子下降到零位，可认为柱出口管、检测器及检测器出口管没有泄漏。若堵住柱出口后，流量计中转子降不到零位，可拆下相应色谱柱出口连接头，用硅橡胶堵住柱出口的办法来进一步断定泄漏处。若转子仍不能下降为零，说明流量计、流量计引出管、进样汽化器、色谱柱及接头处有泄漏。上述方法还可继续进一步应用，以取得更确切的故障部位。

【思考与练习】

1. 色谱仪安装环境条件的要求有哪些？
2. 气相色谱仪使用前有哪些准备工作？
3. 热导检测器的使用维护应注意哪些方面？
4. 氢焰检测器的使用维护应注意哪些方面？
5. 色谱柱的使用维护应注意哪些方面？
6. 色谱仪常见故障有哪些？应如何处理？

◢ 模块 3　油中溶解气体色谱分析（Z13I4003Ⅱ）

【模块描述】 本模块介绍油中溶解气体色谱分析方法。通过步骤讲解和要点归纳，掌握气相色谱仪标定、油样分析、结果计算等技能，熟悉绝缘油气体分配系数、绝缘油溶解气体回收率测定的目的、方法原理以及准备工作、测试步骤及要求。

【模块内容】

绝缘油中溶解气体组分含量的测定，是充油电气设备出厂检验和运行监督过程中判断设备潜伏性故障的有效手段。油中溶解气体组分含量色谱分析法，是实现油中溶解气体组分含量测定的有效方法。

把经脱气装置从油中得到的溶解气体的气样及从变压器气体继电器所取的气样，注入气相色谱仪，由载气把气体试样带入色谱柱中，利用气体试样中各组分，在色谱柱中的气相和固定相间的分配及吸附系数不同进行分离，分离出的单质组分通过检测器进行检测，根据记录装置记录的各组分的保留时间和响应值进行定性、定量分析。

一、油中溶解气体色谱分析法分析对象

从油中得到的溶解气体的气样及从气体继电器所取的气样，均用气相色谱仪进行组分和含量的分析，分析对象为：

氢气（H_2）、甲烷（CH_4）、乙烷（C_2H_6）、乙烯（C_2H_4）、乙炔（C_2H_2）、一氧化碳（CO）、二氧化碳（CO_2），这些气体对判断充油电气设备内部故障有价值，称为特征气体。

一般对丙烷（C_3H_8）、丙烯（C_3H_6）、丙炔（C_3H_4）（以上三者统称为 C_3）不要求做分析。在计算总烃含量时，不计 C_3 的含量。如果已经分析出结果来，应做记录，积累数据。

氧（O_2）、氮（N_2）虽不做判断指标，但可为辅助判断，应尽可能分析。

二、油中溶解气体色谱分析法仪器设备和材料

（1）从油中脱出溶解气体的仪器可选用下列仪器中的一种：

1）恒温定时振荡器；

2）变径活塞泵自动全脱气装置。

（2）气相色谱仪。可使用专用或改装的气相色谱仪，应具备热导检测器（TCD）（测定氢气、氧气、氮气）、氢焰检测器（FID）（测定烃类、CO 和 CO_2 气体）、镍触媒转化器（将 CO 和 CO_2 转化为 CH_4）。应具备以下性能：

1）仪器基线稳定，有足够的灵敏度。检测灵敏度应能满足油中溶解气体最小检测浓度的要求，详见表 Z13I4003Ⅱ–1。

表 Z13I4003Ⅱ–1 运行设备中的油与设备出厂色谱

检验最小检测浓度的要求（20℃）

气体	最小检测浓度（μL/L）	气体	最小检测浓度（μL/L）
H_2	2	CO	5.0
烃类	0.1	CO_2	10

2）色谱柱：对所检测组分的分离应满足定量分析要求。

3）记录装置：色谱数据处理机、色谱工作站或具有满量程 1mV 的记录仪。

（3）玻璃注射器：100mL、5mL、1mL 医用或专用玻璃注射器。气密性良好，芯塞灵活无卡涩，刻度经重量法校正。

（4）不锈钢注射针头：牙科 5 号针头或合时的医用针头。

（5）双头针头（机械振荡法专用）。

（6）注射器用橡胶封帽：弹性好，不透气。

（7）标准混合气体：应由国家计量部门授权的单位配制，具有组分浓度含量、检验合格证及有效使用期。常用浓度以接近变压器故障判断注意值换算成的气体组分的浓度。

（8）其他气体（压缩气瓶或气体发生器）。

1）氮气（或氩气）：纯度不低于 99.99%。

2）氢气：纯度不低于 99.99%。

3）空气：纯净无油。

三、油中溶解气体的气相色谱法仪器的标定

1. 采用外标定量法进行仪器的标定

用 1mL 玻璃注射器 D 准确抽取已知各组分浓度 C_{is} 的标准混合气 1mL（或 0.5mL）进样标定。从得到的色谱图上量取各组分的峰面积 A_{is}（或峰高 h_{is}）。

标定仪器应在仪器运行工况稳定且相同的条件下进行，两次标定的重复性应在其平均值的±2%以内。每次试验均应标定仪器。

至少重复操作两次，取其平均值 $\overline{A_{is}}$（或 $\overline{h_{is}}$）。

2. 色谱仪标定应注意的问题

样品定性定量分析是以标气标定为基准，所以标定对分析结果影响很大，应慎重对待。色谱仪标定应注意以下几个问题：

（1）在进样操作前，要把色谱仪调整到最佳状态，保证仪器的稳定性，使仪器的基线噪声小，漂移小，灵敏度高。仪器的稳定性是保证分析结果的重要基础。

（2）要使用标准气对仪器进行标定，注意标气要用进样注射器直接从标气瓶中取气，而不能使用从标气瓶中转移出的标气标定，否则影响标定结果。

（3）确保标气的使用期在有效期内。

（4）标定出峰高度要与平时或以往的峰大致相同，为最佳状态；否则，应调整仪器。

（5）为了减少标定误差，最好采用多次（至少二次）标定取平均值。

（6）样品标定时进样注射器要使用定量卡，以保证进样的重复性。

四、试样的分析

1. 试样分析过程

用 1mL 玻璃注射器 D 从注射器 A（机械振荡法）或注射器 a（变径活塞泵全脱气法）或气体继电器气体样品中准确抽取样品气 1mL（或 0.5mL），进样分析。从所得色谱图上量取各组分的峰面积 A_i（或峰高 h_i）。

重复脱气操作两次，取其平均值 $\overline{A_i}$（或 $\overline{h_i}$）。

样品分析应与仪器标定使用同一支进样注射器，取相同进样体积。

2. 色谱仪进样操作应注意的问题

（1）进样操作前，应观察仪器稳定状态，只有仪器稳定后，才能进行进样操作，进样操作也是影响分析结果的一个因素。

（2）进油样前，要反复抽推注射器，用空气冲洗注射器，然后再用样品气冲洗，以保证进样的真实性，防止标气或其他样品气污染注射器，造成定量计算误差。

（3）要保证每次进样手法一致、准确。

（4）进样前检验密封性能，保证进样注射器和针头密封性，如密封不好应更换针头或注射器。

五、结果的计算

1. 采用机械振荡法的计算

（1）体积的校正。样品气和油样体积的校正按式（Z13I4003Ⅱ-1）和式（Z13I4003Ⅱ-2）将在室温、试验压力下平衡的气样体积 V_g 和试油体积 V_1 分别校正为 50℃、试验压力下的体积

$$V_g' = V_g \times \frac{323}{273+t} \qquad （Z13I4003Ⅱ-1）$$

$$V'_1 = V_t[1 + 0.000\,8 \times (50 - t)] \qquad (\text{Z13I4003 II} -2)$$

式中 V'_g ——50℃、试验压力下平衡气体体积，mL；

$\quad\quad V_g$ ——室温 t、试验压力下平衡气体体积，mL；

$\quad\quad V'_1$ ——50℃时油样体积，mL；

$\quad\quad V_1$ ——室温 t 时所取油样体积，mL；

$\quad\quad t$ ——试验时的室温，℃；

0.000 8 ——油的热膨胀系数，1/℃。

（2）油中溶解气体各组分浓度的计算。按式（Z13I4003 II-3）计算油中溶解气体各组分的浓度

$$X_i = 0.929 \times \frac{P}{101.3} \times c_{is} \times \frac{\overline{A_i}}{\overline{A_{is}}}\left(K_i + \frac{V'_g}{V'_1}\right) \qquad (\text{Z13I4003 II} -3)$$

式中 X_i ——油中溶解气体 i 组分浓度，μL/L；

$\quad\quad c_{is}$ ——标准气中 i 组分浓度，μL/L；

$\quad\quad \overline{A_i}$ ——样品气中 i 组分的平均峰面积，mm²；

$\quad\quad \overline{A_{is}}$ ——标准气中 i 组分的平均峰面积，mm²；

$\quad\quad V'_g$ ——50℃、试验压力下平衡气体体积，mL；

$\quad\quad V'_1$ ——50℃时的油样体积，mL；

$\quad\quad P$ ——试验时的大气压力，kPa；

0.929 ——油样中溶解气体浓度从 50℃校正到 20℃时温度校正系数；

$\quad\quad K_i$ ——组分 i 的奥斯瓦尔德系数（又称分配系数）。

式中的 $\overline{A_i}$、$\overline{A_{is}}$ 也可用平均峰高 $\overline{h_i}$、$\overline{h_{is}}$ 代替。

各种气体在矿物绝缘油中的奥斯瓦尔德系数见表 Z13I4003 II-2。

表 Z13I4003 II-2　　　　　　各种气体在矿物绝缘油中的
奥斯瓦尔德系数（K_i）

标准	温度（℃）	H_2	N_2	O_2	CO	CO_2	CH_4	C_2H_2	C_2H_4	C_2H_6
GB/T 17623—2017《绝缘油溶件气体组分含量的气相色谱测定法》	50	0.06	0.09	0.17	0.12	0.92	0.39	1.02	1.46	2.30
IEC 60599—2015《浸渍矿物油的电气设备溶解和游离气体分析结果解释》	20	0.05	0.09	0.17	0.12	1.08	0.43	1.20	1.70	2.40
	50	0.05	0.09	0.17	0.12	1.00	0.40	0.90	1.40	1.80

GB/T 17623—2017：国产油测试的平均值。

IEC 60599—2015：这是从国际上几种最常用的变压器油得到的一些数据的平均值。

对牌号或油种不明的油样，其溶解气体的分配系数不能确定时，可采用二次溶解平衡测定法。

2. 采用变径活塞泵全脱气法的计算

（1）体积的校正。按式（Z13I4003Ⅱ-4）和式（Z13I4003Ⅱ-5）将在室温、试验压力下的气体体积 V_g 和试油体积 V_1 分别校正为规定状况（20℃，101.3kPa）下的体积

$$V_g''= V_g \times \frac{P}{101.3} \times \frac{293}{273+t} \qquad (Z13I4003 Ⅱ-4)$$

$$V_1''= V_1[1+0.000\,8 \times (20-t)] \qquad (Z13I4003 Ⅱ-5)$$

式中　V_g''——20℃、101.3kPa 状态下气体体积，mL；

　　　V_g——室温 t、压力 P 时气体体积，mL；

　　　P——试验时的大气压力，kPa；

　　　V_1''——20℃时油样体积，mL；

　　　V_1——室温 t 时油样体积，mL；

　　　t——试验时的室温，℃。

（2）油中溶解气体各组分浓度的计算。按式（Z13I4003Ⅱ-6）计算油中溶解气体各组分的浓度：

$$X_i = C_{is} \times \frac{\overline{A_i}}{A_{is}} \times \frac{V_g''}{V_1''} \qquad (Z13I4003 Ⅱ-6)$$

式中　X_i——油中溶解气体 i 组分浓度，μL/L；

　　　C_{is}——标准气中 i 组分浓度，μL/L；

　　　$\overline{A_i}$——样品气中 i 组分的平均峰面积，mm²；

　　　$\overline{A_{is}}$——标准气中 i 组分的平均峰面积，mm²；

　　　V_g''——20℃、101.3kPa 时气体体积，mL；

　　　V_1''——20℃时的油样体积，mL。

式中的 $\overline{A_i}$、$\overline{A_{is}}$ 也可用平均峰高 $\overline{h_i}$、$\overline{h_{is}}$ 代替。

（3）自由气体各组分浓度的计算。按式（Z13I4003Ⅱ-7）计算自由气体各组分的浓度：

$$X_{ig} = C_{is} \times \frac{\overline{A_{ig}}}{A_{is}} \qquad (Z13I4003 Ⅱ-7)$$

式中　X_{ig}——自由气体 i 组分浓度，μL/L；

　　　C_{is}——标准气中 i 组分浓度，μL/L；

　　　$\overline{A_{ig}}$——自由气体中 i 组分的平均峰面积，mm²；

$\overline{A_{is}}$ ——标准气中 i 组分的平均峰面积，mm^2；

式中的 $\overline{A_{ig}}$、$\overline{A_{is}}$ 也可用平均峰高 $\overline{h_{ig}}$、$\overline{h_{is}}$ 代替。

3. 分析结果的表示方法

（1）油中溶解气体分析结果用在压力为 101.3kPa，温度为 20℃下，每升油中所含各气体组分的微升数，以 μL/L 表示。

气体继电器中的气体分析结果用在压力为 101.3kPa，温度为 20℃下，每升气体中所含各气体组分的微升数，以 μL/L 表示。

（2）分析结果的记录符号："0" 表示未测出数据（即低于最小检知浓度）；"—" 表示对该组分未作分析。

（3）实测数据记录两位有效数字。

4. 精密度和准确度

取两次平行试验结果的算术平均值为测定值。

（1）重复性 r。油中溶解气体浓度大于 10μL/L 时，两次测定值之差应小于平均值的 10%；油中溶解气体浓度小于等于 10μL/L 时，两次测定值之差应小于平均值的 15% 加两倍该组分气体最小检测浓度之和。

（2）再现性 R。两个试验室测定值之差的相对偏差：在油中溶解气体浓度大于 10μL/L 时，为小于 15%；小于等于 10μL/L 时，为小于 30%。

（3）准确度。本方法采用对标准油样的回收率试验来验证。一般要求回收率应不低于 90%，否则应查明原因。

六、绝缘油气体分配系数测定法

1. 原理

在一密闭容器内放入一定体积的空白油和一定体积的含某被测组分的气体（不必测定其准确的起始浓度值）。在恒温下经气液溶解平衡后，测定该组分在气体中的浓度。然后排出全部气体，再充入一定体积的空白气体（如色谱分析用载气），在同样的恒定温度下，进行第二次平衡，然后测定该组分在气体中的浓度。根据分配定律和物料平衡原理，按式（Z13I4003Ⅱ-8）求出该组分在测定温度下的分配系数 K_i

$$K_i = \frac{c'_{ig}}{c_{ig} - c'_{ig}} \times \frac{V_g}{V_1} \qquad (Z13I4003\,Ⅱ-8)$$

式中　K_i ——i 组分在温度 t 时的分配系数（或称气体溶解系数）；

c_{ig} ——第一次平衡后，溶解气体 i 组分在气体中的浓度，μL/L；

c'_{ig} ——第二次平衡后，溶解气体 i 组分在气体中的浓度，μL/L；

V_g ——第二次平衡后，温度 t 时的气体体积，mL；

V_1 ——第二次平衡后，温度 t 时的液体体积，mL。

2. 准备工作

（1）制备空白油样：取试油 200～250mL，放入特制的常温常压气体饱和器（见图 Z13I4003Ⅱ-1）内。在室温下通入高纯氮气（如果测定氮的分配系数，改用纯氩气）鼓泡吹洗 2～4h，直至油中其他气体组分被驱净为止（用色谱分析法检查），然后密封静置备用。

（2）混合气体的准备：根据所要测定的气体组分配制（或选用）混合气体。混合气体可以是单一组分或多组分的（氮或氩为底气），其浓度不需准确标定。

3. 操作与计算

（1）用 100mL 注射器吸取空白试油 20mL，密封并充入 20mL（体积不一定准确）

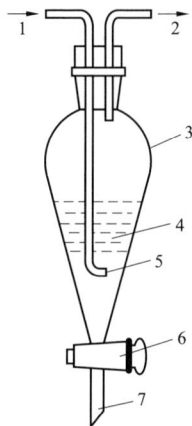

图 Z13I4003Ⅱ-1　常温常压气体饱和器
1—气体进口；2—气体出口；3—分液漏斗（500mL）；
4—试油；5—散气元件（具微孔烧结板）；
6—旋塞；7—油出口

混合气体，在 50℃恒温下经振荡平衡后，取出全部平衡气体（不需测量气体体积）并分析平衡气体中被测组分的浓度。

（2）向盛有第一次平衡后油样的注射器内加入 20mL 纯氮气（或氩气），在 50℃恒温下进行第二次振荡平衡，然后再取出全部平衡气体，在室温下准确读取气体体积并分析平衡气体中被测组分浓度。

（3）将室温和实验压力下第二次平衡后的气体与试油体积按规定状况（50℃、101.3kPa）进行校正计算。

（4）按式（Z13I4003Ⅱ-8）计算气体组分在规定状况下（50℃、101.3kPa）的分配系数 K_i 值（计算值精确至小数点后二位）。

4. 精密度

两次测定结果的相对偏差不应超过下列要求：重复性小于 5%；再现性小于 10%。

七、绝缘油溶解气体回收率

1. 原理

通过向空白油样加入标准混合气体，振荡溶解平衡后分析平衡气体各组分浓度，就可求出标准油中气体组分的浓度。以此标准油进行脱气和色谱分析，求出回收率。

2. 试验步骤

（1）制备空白油样。

（2）将 100mL 备用注射器用空白油样冲洗 2～3 次，然后抽取 40.0mL 空白油样。

（3）向抽取的空白油样内加入 20mL 标准混合气体（或经配制和校正的混合气体）。配制混合气体中各组分浓度可按式（Z13I4003Ⅱ-9）估算

$$c_{is} = x_{is} \times \left(\frac{1}{K_i} + \frac{1}{r} \right)$$ （Z13I4003Ⅱ-9）

式中 c_{is}——混合气体中 i 组分浓度，$\mu L/L$；

       X_{is}——要求配制的标准油中 i 组分气体浓度，$\mu L/L$；

       K_i——i 组分气体分配系数；

       r——气、油体积比（V_g/V_1）。

配制的混合气体需放置半小时以上方可使用。

（4）将此油样放入温度恒定为 50℃的振荡器内振荡 20min，静置 10min。

（5）将振荡后的注射器内的气体转移一部分到 5mL（或 10mL）备用注射器（预先用所取气体冲洗三次）内，然后将多余气体排净，此注射器内的油作为标油。

（6）对取出的气体进行色谱分析，并计算出各组分的浓度 x_{is}。

（7）按式（Z13I4003Ⅱ-10）计算标油中各气体组分的浓度

$$x_{is} = 0.929 \times (c_{is} - c_{ig}) \times \frac{V'_g}{V'_1}$$ （Z13I4003Ⅱ-10）

式中 x_{is}——所制的标准油中 i 组分气体浓度，$\mu L/L$；

       c_{is}——标准气（或配制的混合气）中 i 气体组分浓度，$\mu L/L$；

       c_{ig}——恒温振荡后，实测气相中 i 气体组分浓度，$\mu L/L$；

       V'_g——标准气（或配制的混合气）50℃时平衡后的气体体积，mL；

       V'_1——50℃标油的体积，mL。

注：若试验室大气压力不接近 101.3kPa，可进行 x_{is} 压力修正：$x_{is} \times \dfrac{P}{101.3}$。

（8）取标准油并按油中溶解气体色谱分析的试验步骤进行分析，求出油中溶解气体各组分的实测浓度 x'_{is}。

3. 回收率计算

按式（Z13I4003Ⅱ-11）计算回收率：

$$R = \frac{x'_{is}}{x_{is}} \times 100$$ （Z13I4003Ⅱ-11）

式中 R——回收率，%；

       x'_{is}——标油中 i 气体组分的实测浓度，$\mu L/L$；

       x_{is}——标油中 i 气体组分的理论浓度，$\mu L/L$。

【思考与练习】

1. 油中溶解气体色谱分析法分析对象有哪些？

2. 油中溶解气体色谱分析法仪器设备和材料有哪些？

3. 简述油中溶解气体最小检测浓度的要求。

4. 如何利用混合标准气体对仪器进行标定？

5. 气相色谱仪标定应注意哪些问题？

6. 气相色谱仪进样操作应注意哪些问题？

7. 采用振荡脱气如何进行油中溶解气体各组分浓度的计算？

8. 采用变径活塞泵全脱气法如何进行油中溶解气体各组分浓度的计算？

9. 绝缘油气体分配系数测定法的原理是什么？如何操作？

10. 绝缘油溶解气体回收率的原理是什么？如何操作？

◢ 模块 4　SF_6 气体中空气、CF_4 的气相色谱测定（Z13I4004Ⅲ）

【模块描述】 本模块介绍气相色谱法测定 SF_6 气体中空气、CF_4 含量。通过步骤讲解和要点归纳，掌握气相色谱法测定 SF_6 气体中空气、CF_4 含量的目的、方法原理以及准备工作、测试步骤、注意事项以及对测试结果的分析和测试报告编写要求。

【模块内容】

一、测试目的

SF_6 气体中常含有空气（O_2、N_2）、四氟化碳（CF_4）和二氧化碳（CO_2）等杂质气体。它们是在 SF_6 气体合成制备过程中残存的或者是在 SF_6 气体加压充装运输过程中混入的。当 SF_6 气体应用于电气设备中时，杂质气体受到大电流、高电压、高温等因素的影响，并在水分作用下将产生含氧、含氮的低分子分解物，这些低分子分解物，有的是有毒或剧毒物质，对人体危害极大，有的会腐蚀设备材质。此外，杂质气体的含量高时，会显著降低 SF_6 气体的击穿电压，影响电气设备的安全运行。因此，必须对 SF_6 气体中的 O_2、N_2、CF_4 等杂质气体含量进行严格的控制和监测。

二、方法原理

SF_6 试样通过色谱柱，使待测定的诸组分分离，通过热导检测器检测各组分大小，由色谱工作站记录色谱图。根据标准样品的保留值定性，用归一化法计算有关组分的含量。

三、危险点分析及控制

（1）SF_6 气体中可能存在一定量的毒性物质，为防止试验人员中毒，分析人员应配备个人安全防护用品，实验室应具有良好的底部通风设施（对通风量的要求是 15min

内使室内换气一次）；试样尾气应从排气口直接引出试验室；采用球胆取气分析时，要保证球胆不漏气，用完后要放在室外排空。

（2）SF$_6$气体钢瓶倒置和立起时应两人一起操作，要防止被钢瓶砸伤。

（3）色谱工作台应能承受整套仪器重量，不发生振动，还应便于操作。

（4）电源插座必须有接地，色谱仪电源应与其他大功率设备分开。

（5）贮气室最好与实验室分开，单独设置；贮气室内温度变化不应过大，避免阳光直射或雨雪侵入，以免发生爆炸危险。

（6）管线安装后要进行检漏，确认没有漏气才能使用。

四、测试前准备工作

（1）查阅相关技术资料、试验规程，明确试验安全注意事项，编写作业指导书。

（2）仪器与材料准备。准备好表 Z13I4004Ⅲ-1 中的仪器和材料。

表 Z13I4004Ⅲ-1　　　　　　　仪 器 和 材 料

序号	设备及材料	要求	备注
1	色谱仪	带有热导检测器和适当衰减装置	检定合格
2	记录装置	色谱数据处理机、色谱工作站、积分仪或具有量程为（0~1）mV，响应时间为 1s，记录纸宽度为 250mm 的记录仪	
3	载气	氦气（或氢气），纯度不低于 99.99%	
4	色谱柱	对所检测组分的分离度应满足定量分析的要求	常用的色谱柱长为 2m，内径为 3mm 的不锈钢管，内填 60~80 目的 GDX—104 担体或 Porapak-Q 等色谱固定相）
5	标准气体	应由国家计量部门授权的单位所配制的单一组分气体或多组分（O$_2$、N$_2$、CF$_4$）的 SF$_6$ 混合气体。各组分的质量百分数应大于相应未知组分浓度的 50%，或者小于未知组分浓度的 300%	具有组分含量检验合格证并在有效使用期
6	进样器	具有六通阀的定量管	

（3）选择合适的气相色谱仪分析流程。

1）单柱流程。柱长 2m、内径 3mm 的不锈钢柱，内填 60~80 目的 GDX-104 担体或 60~80 目的 Porapak-Q，此柱能使空气、CF$_4$、CO$_2$ 和 SF$_6$ 完全分离，见流程图 Z13I4004Ⅲ-1。

2）双柱串联流程。分别采用柱长 2m、内径 3mm 的 13X 分子筛柱和 Porapak-Q 柱。经 Porapak-Q 柱分离出空气、CF$_4$、CO$_2$ 和 SF$_6$。经 13X 分子筛柱分离出 O$_2$、N$_2$，见流程图 Z13I4004Ⅲ-2。

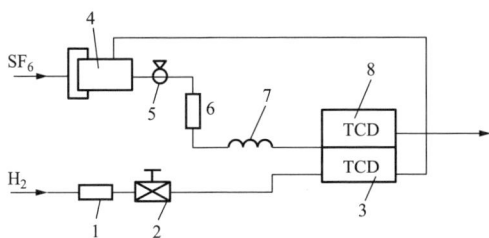

图 Z13I4004Ⅲ-1　单柱流程图

1—干燥管；2—稳压阀；3—热导池参考臂；4—六通定量阀；5—进样器；
6—流量计；7—色谱柱；8—热导池测量臂

此法能测定 SF_6 气体中的氧气含量。缺点是两根柱串联，柱长增加一倍，柱前压增高，分析时间增长。同时，用注射器进样，准确性差，而六通阀又起不到定量进样的作用。

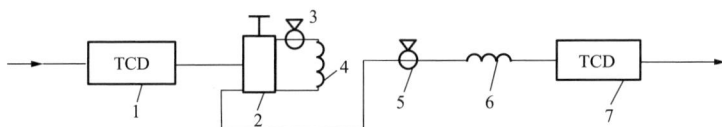

图 Z13I4004Ⅲ-2　双柱串联流程图

1—热导池参考臂；2—六通阀；3—进样器；4—13X 分子筛柱；5—进样器；6—色谱柱；7—热导池测量臂

3）双柱并联流程。载气由热导池参考臂流出三通Ⅰ（见图 Z13I4004Ⅲ-3）分流，各路分别经六通阀 2 定量管进入长 2m、内径 3mm 的色谱柱 4（其中一根装 13X 分子筛，一根装 Porapak-Q），再由三通Ⅱ汇合进入热导池测量臂 5 再放空，此流程，能使 SF_6 中的 O_2、N_2、CF_4、CO_2 和 SF_6 完全分离，且用六通阀定量管进样，准确性高，但流程较复杂。

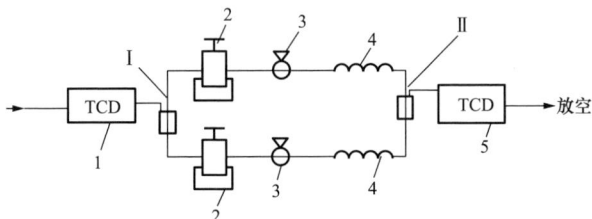

图 Z13I4004Ⅲ-3　双柱并联流程图

1—热导池参考臂；2—六通阀；3—进样器；4—色谱柱；5—热导池测量臂；Ⅰ、Ⅱ—三通

五、试验步骤及要求

（1）色谱仪开机稳定工作。

1）打开高压气瓶（或气体发生器）的气源阀，观察并调节流量控制器压力表的压力。

2）观察并调节载气流量，一般调整到 35～40mL/min，通入载气 15min 左右，打开气相色谱仪电源。

3）输入或检查各路温度的设定值，包括进样器、热导检测器、柱箱温度设定，一般柱箱温度设定为 40℃。

4）待各路温度上升到设置温度以后，设定热导检测器的量程、极性和桥电流，桥电流一般为 200mA。

5）打开色谱分析工作站、数据处理机或记录仪，观察基线是否稳定，待仪器基本稳定后即可调整基线。

（2）登记待测样品气。

（3）归一化法测量时质量校正系数的测定。将 0.5mL 的 SF_6 标准气样（空气标样、CF_4 标样）注入色谱柱中，组分 x 对于 SF_6 的校正系数 f_x 可由式（Z13I4004Ⅲ–1）得出，即

$$A_{SF_6} = f_x \frac{146}{M_x} A_x \qquad\qquad (Z13I4004Ⅲ-1)$$

式中　　A_{SF_6}——SF_6峰区面积，$\mu V \cdot s$；

A_x——组分 x 的峰区面积，$\mu V \cdot s$；

M_x——组分 x 的相对分子量（空气 28.8，四氟化碳 88）；

146——SF_6 的相对分子量；

f_x——组分 x 的校正系数（当无条件测定校正系数时，可采用 $f_{SF_6}=1$、$f_{CF_4}=0.7$、$f_{Air}=0.4$，用 H_2 做载气时，建议采用 $f_{SF_6}=1$、$f_{CF_4}=0.7$、$f_{Air}=0.3$）。

（4）外标法标定。采用外标法测量时，平行测定气体标准样品至少 2 次，直至各组分相邻两次测量（峰面积）结果之差不大于测量结果平均值的 20%，取其平均值。

（5）样品气体的定量采集。将 SF_6 样品钢瓶倒置（以取液态样品），并将钢瓶放气口通过减压表与色谱仪的气体采样阀的进口处相连接。依次打开样品钢瓶阀，调整减压表压力，旋转六通阀，使 SF_6 样品钢瓶气与定量管相连，用样品气冲洗 0.5mL 定量管及管路 3～5min，把进样回路中的空气、残气吹洗出去，等待进样。

（6）样品分析。待色谱仪工作条件稳定后，旋转进样六通阀至进样位置，使载气与定量管相连，把定量管中 SF_6 送入色谱柱中分离、检测器进行检测，得到如图 Z13I4004Ⅲ–4 所示谱图，各组分的保留时间如表 Z13I4004Ⅲ–2，记录各不同组分的峰区面积（或峰高），然后将六通阀转至采样位置。

平行测定气体样品至少 2 次，直至各组分相邻两次测量（峰面积）结果之差不大

于测量结果平均值的 20%，取其平均值。

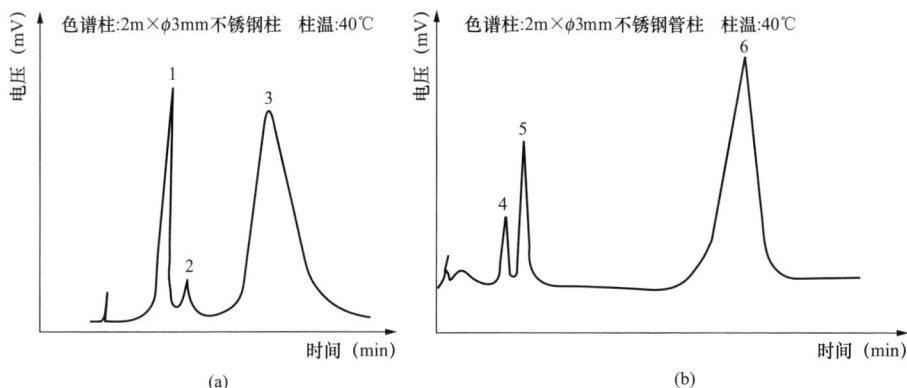

图 Z13I4004Ⅲ-4　各组分出峰谱图

（a）用 Porapak-Q 柱分离空气、CF_4、SF_6 色谱图；（b）用 13X 分子筛柱分离 O_2、N_2 色谱图

1—空气；2—CF_4；3、6—SF_6；4—O_2；5—N_2

表 Z13I4004Ⅲ-2　　　　　　　各 组 分 的 保 留 时 间　　　　　　　s

组分 色谱柱	O_2	N_2	空气	CF_4	SF_6
13X 分子筛柱	40	50	—	126	1096
Porapak-Q 柱	—	—	43	58	139

（7）结果计算。

1）归一化法。按式（Z13I4004Ⅲ-2）由实测峰区面积乘以校正系数计算校正面积，即

$$A'_x = A_x f_x \qquad (Z13I4004Ⅲ-2)$$

式中　A'_x——组分 x（空气或四氟化碳）校正后的峰区面积，$\mu V \cdot s$；

　　　A_x——组分 x 的峰区面积，$\mu V \cdot s$；

　　　f_x——组分 x 的校正系数。

任一组分的质量百分数按式（Z13I4004Ⅲ-3）计算，即

$$W_x = \frac{A'_x}{A'_t} \times 100 \qquad (Z13I4004Ⅲ-3)$$

式中　W_x——组分 x 的质量百分数，%；

　　　A'_x——组分 x（空气或 CF_4）校正后的峰区面积，$\mu V \cdot s$；

　　　A'_t——各峰区校正面积之和（空气、CF_4 和 SF_6），$\mu V \cdot s$。

2）外标法。空气、CF_4 的质量分数含量为：$\omega_i=(A_i/A_s)\times\omega_s$

式中　ω_i——样品气中被测组分的含量（质量百分数），10^{-6}；

　　　A_i——样品气中被测组分的峰面积；

　　　A_s——气体标准样品中相应已知组分的峰面积；

　　　ω_s——气体标准样品中相应已知组分的含量（质量百分数），10^{-6}。

六、测试结果分析及测试报告编写

（1）取两次平行试验结果的算术平均值为测定值，两次平行试验结果之差不大于测量结果平均值的 20%。

（2）对于 SF_6 新气要求气体中空气的质量分数不大于 300×10^{-6}，CF_4 的质量分数不大于 100×10^{-6}。

（3）测试报告编写应包括以下项目：样品名称和编号、测试时间、测试人员、审核和批准人员、测试依据、环境温度、湿度、大气压力及 SF_6 气体的制造厂家、生产批号、出厂日期、测试结果、测试结论等，备注栏写明其他需要注意的内容。

七、试验注意事项

（1）测定组分 x 对于 SF_6 质量校正系数的分析条件应与样品测试时一致。

（2）新的色谱分离柱在使用前，应在 120℃下通载气，老化至少 4h。载气及流速与分析样品时相同。

（3）固定相的活化。30～60 目的 13X 分子筛在使用前，应将其在马弗炉中 500℃下灼烧 3～4h。60～80 目的 Porapak–Q 或 GDX—104 担体在使用前，应将其在 100℃下通 N_2（流量 40～50mL/min）活化 6～8h。

（4）分析 SF_6 钢瓶气体应液相取样，取样时应将钢瓶倒置或倾斜，使气瓶出口处于最低点，否则测试结果可能偏高。

（5）样品分析前，定量管及管路需用样品气冲洗 3～5min，把取样回路中的空气、残气吹洗出去，否则测试结果可能偏高。

【思考与练习】

1. SF_6 气体中，空气和 CF_4 质量分数的测定目的是什么？

2. SF_6 气体中，空气和 CF_4 质量分数的测定原理是什么？

3. 测定 SF_6 气体中空气和 CF_4 质量分数应注意哪些事项？

第六部分

油（气）现场作业

第四十章

油（气）样品现场采集

▲ 模块 1　油试验分析样品的采集及保存（Z13J1001Ⅰ）

【模块描述】本模块介绍油试验分析样品的采集及保存。通过步骤讲解和要点归纳，掌握油试验分析样品采集的目的、方法、危险点分析及控制措施、取样前准备工作、现场取样步骤及要求，掌握油样的运输和保存的注意事项。

【模块内容】

一、采集油样目的

为加强新油验收和对充油电气设备油质的监督和维护，延缓油质的老化进程，保证设备的健康运行，必须定期取油进行化验分析。正确的取样方法是取得具有代表性试样的前提，是保证结果真实的先决条件。

二、方法概要

取油作业是指对所有充油电气设备（包括变压器、套管、电流互感器、电压互感器等）和油桶（罐）中的现场取样操作作业。包括为色谱分析、微水分析、油质常规试验、颗粒度测试等项目所需的取样作业。

三、危险点分析及控制措施

（1）防触电。工作负责人（监护人）应全面履行自己的安全监护职责，检查工作票上设备名称、编号应与检修设备一致。检查工作票所列安全措施是否正确、完备。工作前对被监护人员交待安全措施，告知危险点和安全注意事项。工作中，应加强监护，带电取样时应注意人身与带电设备保持足够的安全距离，并做好防止感应电伤人的措施。在变电站应由两人放倒搬运绝缘梯。不准超越遮栏进入运行设备区。

（2）防高处坠落。正确使用防滑绝缘梯；正确使用安全带；梯子须放置稳固，由专人扶持。

（3）防高空落物伤人。正确佩戴安全帽；严禁工作人员站在工作处的垂直下方。高处作业应使用工具袋，工具、器材上下传递应用绳索拴牢传递，严禁抛掷。

（4）取完油样后应关好取样阀，不得漏油、渗油，并做好工作地点的清洁。

四、取样前准备工作

（1）查阅相关技术资料、规程，明确取样安全注意事项，编写作业指导书。

（2）取样工具的准备。

1）准备好表 Z13J1001Ⅰ-1 中的工具和材料。

表 Z13J1001Ⅰ-1　　　　　　　油样取样工具及材料

序号	工具名称	型号	单位	数量	备注
1	活动扳手	各种型号	把	各 1	
2	管钳	15″	把	1	
3	螺丝刀	各种型号	套	1	
4	取样瓶	1000、500mL（附带标签）	只	每台 1 只	适用于油质分析
5	玻璃注射器	10、20、100mL（附带标签）	只	每台 1 只	适用于色谱、微水分析
6	色谱专用采样箱	用于放置注射器	个	1	
7	油样采样箱	用于放置取样瓶	个	1	
8	安全带	双控	条	1	
9	油桶		只	1	
10	绝缘梯	根据设备高低而定	把	1	
11	乙烯带		卷	1	
12	甲级棉纱			若干	

2）取样瓶的准备。500～1000mL 磨口具塞试剂瓶（适用于常规分析油样），取样瓶先用洗涤剂进行清洗，再用自来水冲洗，最后用蒸馏水洗净，烘干、冷却后，盖紧瓶塞，粘贴标签待用。

3）注射器。100mL 玻璃注射器［适用于油中水分含量测定和油中溶解气体（油中含气量）分析］。

a. 注射器的要求。注射器应气密性好（气密性检查采用 GB/T 17623—2017 规定的方法：用玻璃注射器取可检出氢气含量的油样，储存至少两周，在储存开始和结束时，分析样品中的氢气含量，以检验注射器的气密性。合格的注射器每周允许损失的氢气含量应小于 2.5%）。注射器芯塞应无卡涩，可自由滑动，应装在专用取样箱内，避光、防震、防潮等。

b. 注射器的准备。取样注射器使用前，应按顺序用有机溶剂、自来水、蒸馏水洗净，在 105℃下充分干燥，干燥后，立即用小胶帽盖住头部，粘贴标签待用（最好保存在干燥器中）。

4）其他取样器。

a. 桶内取样用的取样管。见图 Z13J1001Ⅰ-1，选取 2～3 根取样管洗净后，自然干燥后两端用塑料帽封住，待用。

b. 油罐或油槽车内取样用的取样勺。见图 Z13J1001Ⅰ-2，选好取样勺，洗净自然干燥后，待用。

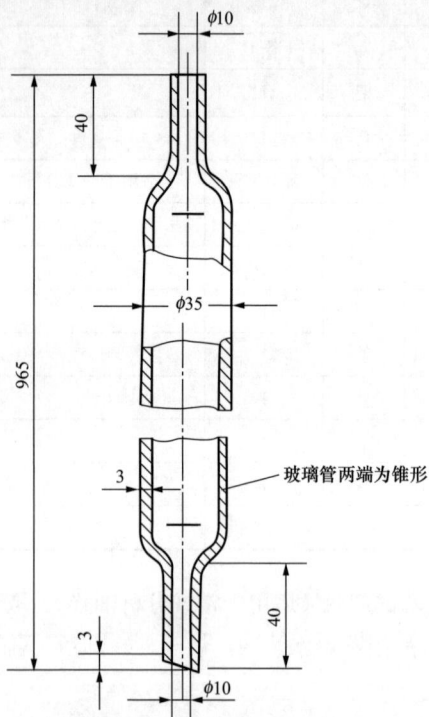

图 Z13J1001Ⅰ-1　取样管

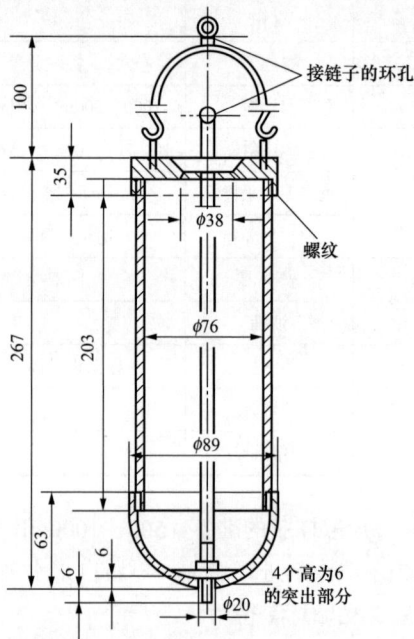

图 Z13J1001Ⅰ-2　取样勺

五、现场取样步骤及要求

（一）常规分析取样

1. 油桶中取样

（1）试油应从污染最严重的底部取样，必要时可抽查上部油样。

（2）开启桶盖前，需用干净甲级棉纱或布将桶盖外部擦净，开盖后用清洁、干燥的取样管取样。

（3）从整批油桶内取样时，取样的桶数应能足够代表该批油的质量，具体规定见表 Z13J1001Ⅰ-2。每次试验应按表 Z13J1001Ⅰ-1 规定取数个单一油样，均匀混合成一个混合油样。

注：① 单一油样就是从某一个容器底部取得油样；② 混合油样就是取有代表性的数个容器底部的油样再混合均匀的油样。

表 Z13J1001 I -2　　　　　　　　　　油桶总数与应取桶数

油桶总数	1	2～5	6～20	21～50	51～100	101～200	201～400	>400
取样桶数	1	2	3	4	7	10	15	20

2. 油罐或槽车中取样

（1）油样应从污染最严重的油罐底部取出，必要时可用取样勺抽查上部油样。

（2）从油罐或槽车中取样前，应排去取样工具内存油，然后用取样勺取样。

3. 电气设备中取样

（1）对于变压器、油开关或其他充油电气设备，应从下部阀门（含密封取样阀）处取样。取样前油阀门应先用干净甲级棉纱或纱布擦净，旋开螺帽，接上取样用耐油胶管，再缓慢打开阀门放出少量油将管路冲洗干净，将排出的冲洗油用废油桶收集，不得直接排至现场。然后用取样瓶取样，取样结束，旋紧阀门。

（2）对需要取样的套管，在停电检修时，从取样孔取样。

（3）没有放油管或取样阀门的充油电气设备，可在停电或检修时设法取样。进口全密封无取样阀的设备，按制造厂规定取样。

（二）变压器油中水分和溶解气体分析油样取样

1. 取样方法

取样应遵守下列原则：

（1）油样应能代表设备本体油，应避免在油循环不够充分的死角处取样。一般应从设备底部的取样阀取样，在特殊情况下可在不同取样部位取样。

（2）取样过程要求全密封，即取样连接方式可靠，既不能让油中溶解水分及气体逸散，也不能混入空气（必须排净取样接头内残存的空气），操作时油中不得产生气泡。

（3）取样应在晴天进行，取样后要求注射器芯子能自由活动，以避免形成负压空腔。

2. 取样操作

（1）应先排净取样接头及放油管内残存的空气。

（2）利用油本身压力使油注入注射器。

（3）用油湿润和冲洗注射器 2～3 次。

（4）当油样达到所需毫升数时，取下注射器，立即用小胶头封住注射器头部。将注射器置于专用油样盒内，填好样品标签。

3. 取样量

取样量应符合下列要求：

（1）进行油中水分含量测定用的油样，可同时用于油中溶解气体分析，不必单独取样。

（2）常规分析根据设备油量情况采取样品，以够试验用为限。

（3）做溶解气体分析时，取样量为 50～100mL。

（4）专用于测定油中水分含量的油样，可取 10～20mL。

（三）油中清洁度测试油样取样

1. 清洁液的制备

依次用孔径为 0.8、0.45 和 0.3μm 的滤膜过滤石油醚制得清洁液。

2. 清洁液的要求

（1）用于清洗仪器和玻璃器皿用的清洁液，每 100mL 中粒径大于 5μm 的颗粒不应多于 100 粒。

（2）用于稀释样品及检验取样瓶用的清洁液，每 100mL 中粒径大于 5μm 的颗粒不应多于 50 粒。

（3）矿物油宜选择石油醚、抗燃油宜选择甲苯为清洁液。

3. 取样瓶的准备

（1）先将取样瓶、瓶盖、塑料薄膜衬垫按 GB/T 7597—2007《电力用油（变压器油、汽轮机油）取样方法》规定的方法清洗干净，再用清洁液冲洗至颗粒度指标达到 2 点的要求。

（2）取样瓶的检验。向清洗后的取样瓶中注入占总容积 45%～55% 的清洁液，垫上薄膜，盖上瓶盖后充分摇动，用自动颗粒计数仪测定每 100mL 液体中粒径大于 5μm 的颗粒数，不应超过 100 粒。超过时，应按（1）重新冲洗取样瓶，直至颗粒数不超过 100 粒为止，或取样瓶的清洁度比被取油样至少低两级。将颗粒数乘以注入瓶内清洁液体积与瓶总容积之比值，并将结果记录在取样瓶的标签上，作为该取样瓶的清洁级（即每 100mL 容积中所含粒径大于 5μm 颗粒的数量）。

（3）在经检验合格的取样瓶底部留有约 10mL 清洁液，在瓶盖与瓶口之间垫上薄膜，密封备用。

注意：现在可以购到处理合格的清洁度取样瓶，取样时也可根据测试要求直接购买相应清洁级的取样瓶直接使用。

4. 取样

（1）取样的基本原则应遵循 GB/T 7597—2007 的规定。

（2）取样时，应先倒掉取样瓶中保留的少量清洁液，再取样。

（3）从设备的取样阀取样时，应先用干净绸布沾取石油醚擦净阀口，再打开、关闭取样阀 3～5 次以冲洗取样阀，并放出取样管路内存留的油（约 7500mL）。在不改变通过取样阀液体流量的情况下，移走污油桶，接入取样瓶取样 200mL 后，移走取样瓶，再关闭取样阀，盖好取样瓶。

（4）从油桶中取样，取样装置应用 0.45μm 滤膜滤过的清洁液冲洗干净。取样前，将油桶顶部、上盖用绸布沾石油醚擦洗干净。用取样装置从油桶中抽取约 5 倍于取样管路容积的油样冲洗取样管路，冲洗油收集在废油瓶里。从油桶的上、中、下三个部位取样共约 200mL。

（5）油样应密封保存，测量时再启封。

六、油样的运输和保存

（1）油样的标签应含有以下内容：单位、设备名称、运行编号、型号、取样人、取样日期、取样部位、取样天气、运行负荷、油牌号及油量备注等。

（2）油样的运输和保存。取完油样应尽快进行分析，做油中溶解气体分析的油样保存不得超过 4 天；做油中水分含量的油样不得超过 7 天。油样应放置在专用的油样箱中，油样在运输中应尽量避免剧烈震动，防止容器破碎，尽可能避免空运。油样运输和保存期间，必须避光、防潮、防尘，并保证注射器芯能自由滑动，不卡涩。

【思考与练习】

1. 简述在充油电气设备上取油样可能存在的危险点及其控制措施。

2. 简述油样的运输和保存的注意事项。

▲ 模块 2　现场 SF_6 电气设备气体分析样品的采集（Z13J1003Ⅲ）

【模块描述】 本模块介绍现场 SF_6 电气设备气体分析样品的采集。通过步骤讲解和要点归纳，掌握 SF_6 电气设备气体分析样品采集的目的、方法原理、危险点分析及控制措施、准备工作、现场取样步骤及要求、注意事项。

【模块内容】

一、样品采集的目的和内容

为加强新气验收和对充气电气设备 SF_6 气体的质量监督和维护，必须定期对 SF_6 气体取气分析。正确的取样方法是取得具有代表性试样的前提。SF_6 气体分析样品的采集包括从气体钢瓶、储气罐和 SF_6 气体的电气设备（断路器、变压器、互感器、组合电器等）中采取 SF_6 气体样品。

二、方法原理

用不锈钢管或聚四氟乙烯管把采样容器和被采样设备上的取样口连接起来，打开取样口上的阀门，用被采样设备中的 SF_6 气体冲洗采样容器或冲洗后再将采样容器抽真空，然后切换三通阀门，让 SF_6 气体进入采样容器充满至所需压力。

三、危险点分析及控制

（1）在进行 SF_6 气体采集前，应注意识别设备取气阀门和密度继电器阀门，防止错开阀门引起设备密度继电器报警及设备发生闭锁。

（2）气体采集管路应带有气体流量控制阀门，应先接好采集气路管路后再开启设备取气阀门，阀门的开启速应缓慢，防止气体压力剧降引发密度继电器报警；SF_6 气体采集后，应关好取气阀门后再取下测试管路。

（3）带自封顶针式阀门的 SF_6 设备，在带电运行下采气时，在拔、连接阀门时要注意做好防顶针无法复位情况下的应急处理。

（4）对带电的运行设备采气时，注意与高压带电部位保持足够安全距离。

（5）采样时，人员应注意站在上风向，防止人体吸入有毒尾气。在进入室内 GIS 采气时，应开启通风系统 15min 后再进入工作现场。采集故障设备内部气体，应戴 SF_6 防毒面具，穿防护服。

（6）爬高作业要系牢合格的安全带，安全带挂钩应挂在牢靠的固定物上。使用的梯子必须与地面斜角约 60°。梯子下端要有防滑措施。如绑扎在固定物上、垫橡胶套等。应设专人在下端监护。

四、作业前准备工作

（1）查阅相关技术资料、操作规程，明确操作安全注意事项，编写作业指导书。对带电设备采样，必须办理第二种工作票。

（2）设备与材料准备。准备好表 Z13J1003Ⅲ–1 中的设备和材料。

表 Z13J1003Ⅲ–1 　　　　　设 备 和 材 料

序号	设备及材料	要求	备注
1	采样装置	由采样容器、真空泵、隔膜泵和连接系统组成，见图 Z13J1003Ⅲ–1	
2	采样容器	具有减压和三通装置的 0.5～4.0L 不锈钢钢瓶或具有自封接头，容量为 0.2～5L，塑料厚度不小于 0.3mm，密封性能良好的塑料袋	SF_6 气体压力高于 0.2MPa 时，使用不锈钢钢瓶采样；SF_6 气体压力低于 0.2MPa 时，既可使用不锈钢钢瓶采样，也可使用塑料采样袋采样
3	连接管	不锈钢管或聚四氟乙烯管	

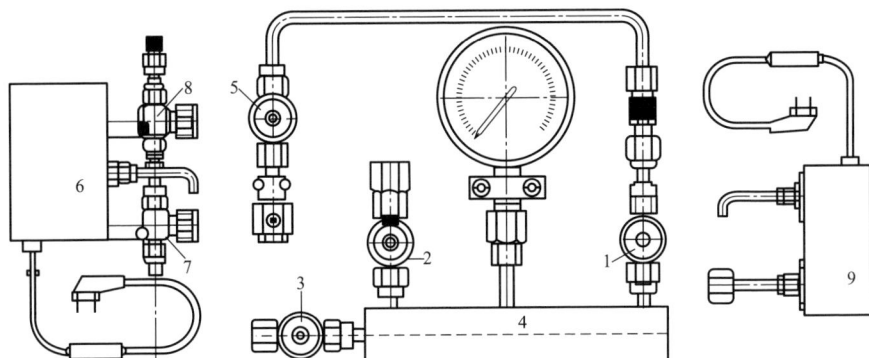

图 Z13J1003Ⅲ-1　采样装置示意

1—取气阀；2—充气阀；3—真空泵连接阀；4—采样容器；5—设备连接阀；

6—隔膜泵；7—排放阀；8—进气阀；9—真空泵

（3）详细记录采样设备的资料、环境温度和湿度。

（4）检查采样装置，确保其清洁、干燥、不漏气，连接管道密封良好、不漏气。在电气设备上采样应有配套接头，以便与采样管道连接。

（5）检查真空泵和隔膜泵的性能和状态，确保其工作正常、密封良好。

五、操作步骤及要求

（1）填写样品标签。标签内容包括单位、设备名称、设备型号、采样日期、环境温度、湿度、采样人员。

（2）采样部位。

1）电气设备中采样。对断路器、变压器、互感器、组合电器等电气设备，用配套接头将采样装置和设备的充放气阀门连接通过设备的充放气阀门采样。

2）SF_6 气体钢瓶或气罐的采样。钢瓶或储气罐上应装有减压装置，减压后与采样装置连接。

（3）利用冲洗法在 SF_6 气体压力高于 0.2MPa 的电气设备上采样。

1）按图 Z13J1003Ⅲ-1 将采样装置阀 5 用接头、管道和设备连接，阀 2 与采样容器连接。

2）关闭阀 3，依次打开设备充放气阀，打开阀 5、阀 1、阀 2，使表压大于 0.1MPa，关闭阀 1，打开阀 3，排出采样装置中的气体使表压为 0.01MPa。

3）重复 2）的操作 2 次，以冲洗采样系统中的残留气体。

4）关闭阀 3，打开阀 1，使设备内的气体充入采样容器中。根据用气量的多少决定表压的高低，但最高不应超过 0.4MPa。依次关闭阀 5、设备充放气阀、阀 1、阀 2，取下采样容器，贴上标签。

5）若要继续对同一设备采样，更换采样容器后重复2）～4）步骤。

6）取下连接管道，恢复设备充放气阀门到原状。

（4）利用冲洗法在 SF_6 气体压力低于 0.2MPa 的电气设备上采样。

1）按图 Z13J1003Ⅲ-1 把隔膜泵 6 用管道和采样装置、设备充放气阀连接起来，阀 7 与阀 5 连接，阀 8 与设备充放气阀连接，阀 2 与采样容器连接。

2）依次打开设备充放气阀、阀 8、阀 7、阀 5、阀 1 和阀 2。开启隔膜泵 6 直至采样系统内压力为 0.1MPa，再关闭阀 1，停隔膜泵，打开阀 3 排气至 0.01MPa。

3）重复2）的操作 2 次，以冲洗采样系统中的残留气体。

4）关闭阀 3，打开阀 1，开启隔膜泵，使设备内的气体充入采样容器中。根据用气量的多少决定表压的高低，但最高不得超过 0.4MPa。依次关闭阀 5、设备充放气阀、隔膜泵 6、阀 1、阀 2，取下采样容器，贴上标签。

5）若要继续对同一设备采样，更换采样容器后重复2）～4）步骤。

6）取下连接管道和隔膜泵 6，恢复设备充放气阀门到原状。

（5）利用抽真空法在 SF_6 气体压力高于 0.2MPa 的电气设备上采样。

1）按图 Z13J1003Ⅲ-1 将采样装置阀 5 用接头、管道和设备连接，将真空泵 9 与阀 3 连接，采样容器与阀 2 连接。

2）打开阀 5、设备充放气阀，使其间充满设备内气体。然后迅速关闭阀 5 和设备充放气阀。

3）打开阀 1、阀 2、阀 3，启动真空泵，对采样系统抽真空 2～5min，至系统压力为负值。

4）关闭阀 3，停真空泵 9，观察真空压力表指示，确定采样系统密封性能良好。

5）打开阀 5，开启设备充气阀使设备内的气体充入采样容器中。根据用气量的多少决定表压的高低，但最高不得超过 0.4MPa。依次关闭阀 5 和设备充放气阀、阀 1、阀 2，取下采样容器，贴上标签。

6）若要继续对同一设备采样，更换采样容器后重复2）～5）步骤。

7）取下连接管道，恢复设备充放气阀门到原状。

（6）利用抽真空法在 SF_6 气体压力低于 0.2MPa 的电气设备上采样。

1）按图 Z13J1003Ⅲ-1 把隔膜泵 6 用管道和采样装置、设备充放气阀连接起来，阀 7 与阀 5 连接，阀 8 与设备充放气阀连接。将真空泵 9 与阀 3 连接，采样容器与阀 2 连接。

2）打开设备充放气阀、阀 5、阀 1。开启隔膜泵 6 直至采样系统内压力为 0.1MPa。关闭阀 5，停隔膜泵 6。

3）打开阀 3、阀 2，启动真空泵 9，对采样系统抽真空 2～5min，至系统压力为负值。

4）关闭阀 3，停真空泵 9，观察真空压力表指示，确定采样系统密封性能良好。

5）打开阀 5，开启隔膜泵 6，使设备内的气体充入采样容器中。根据用气量的多少决定表压的高低，但最高不得超过 0.4MPa。关闭阀 5，停隔膜泵 6，再依次关闭设备充放气阀、阀 1、阀 2，取下采样容器，贴上标签。

6）若要继续对同一设备采样，更换采样容器后重复 2）～5）步骤。

7）取下连接管道和隔膜泵 6，恢复设备充放气阀门到原状。

（7）从钢瓶或储气罐中采样，当搬运钢瓶不方便，用气量又不多时，可用采样装置采钢瓶或储气罐中的气体。操作方法同在电气设备中采样。

六、采样注意事项

（1）气体采集管路应采用不锈钢管或聚四氟乙烯管，不得使用乳胶管或橡皮管。

（2）应尽量缩短采样和分析时间的间隔。采样钢瓶取的气样保存不超过 3 天。采样袋取的气样保存不超过两天。一般情况下取回样品应尽快完成试验。

（3）采样容器应不漏气，样品要避光避热，在暗处保存。

（4）整个采样系统如压力表和采样容器等都必须进行检漏。

【思考与练习】

1. 现场 SF_6 电气设备气体样品采集的目的和内容是什么？

2. 现场 SF_6 电气设备气体的采集原理是什么？

3. 现场 SF_6 电气设备气体的采集应注意哪些事项？

第四十一章

变压器现场工作

◢ 模块 1　变压器油净化与补油（Z13J2001 I）

【模块描述】本模块介绍运行中变压器油净化与补油操作。通过结构介绍和步骤讲解，熟悉现场油质净化装置，掌握运行中变压器油净化与补油操作的内容、相关安全和技术措施及操作步骤。

【模块内容】

一、作业内容

现场油质净化及补油工作包含：

（1）现场新设备的安装。

一种情况是电气设备厂家现场提供符合注油前质量指标的合格油，在完成油质的取样验收试验后，就可直接注入设备。现场应配备符合注油流量的真空净油机或压力式滤油机，以及符合电气设备抽真空需要的真空泵。

另一种情况是油质需要在现场净化处理后达到注油前质量指标的油，油品净化的工作量比较大，且受外界的影响比较大（例如天气、工作时间等因素的影响）。现场除了配置净油设备外，还要有足够油量的储油罐以及过滤后油质试验的简单仪器。

（2）现场运行设备的检修。

充油电气设备运行到一定年限后，需要现场对设备进行检修，由于设备内的变压器油受到不同程度的氧化和污染，应做好检修前现场油质分析工作，根据油质的污染程度制定净化处理方案。

1）对于只需去除油中水分、溶解气体及微量杂质的油品，现场配置真空净油机和足够的储油设施，就可达到净化目的。

2）对于油质劣化程度较深的油，现场应增加脱色除酸的吸附净化处理装置，并使用机械式滤油机和真空净油机来达到净化目的。

通常情况下，根据现场净化工作的需求，由真空净油机、机械式净油机、吸附净化装置、储油设施及简单的试验仪器组成油质净化系统。

二、现场油净化处理系统

大型变压器为了便于运输，大多采用排空变压器油，在变压器内充装高纯度氮气或干燥空气以减轻重量和免于受潮，这就要求充油电气设备现场安装和检修时，必须首先对油进行净化处理，以保障油品的质量指标达到规定的指标要求。现场常用油质净化装置系统图如图 Z13J2001Ⅰ–1 所示。

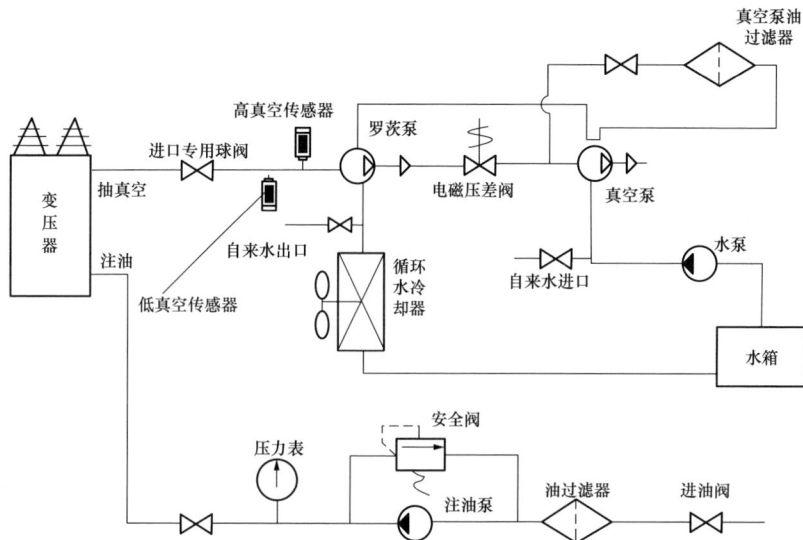

图 Z13J2001Ⅰ–1　现场油质净化装置系统图

根据现场情况，选择合适的设备构成有效的现场净化处理系统。

（1）真空净油机。根据净化油品的数量、净化后应达到的质量指标、净化时的加热油温来选择合适流量和加热功率的真空净油机。

（2）机械式净油机。根据净化油品的流量和净化后质量指标来选用的机械式净油机和过滤介质。

（3）吸附式净化装置。根据油质污染程度选用吸附剂种类，如选择吸附除酸功能较强的硅胶吸附剂等；吸附剂的充填量按油品净化总量的 2%～3% 确定。

（4）储油设施。足够容纳现场待净化油品的总量，储油设施的进油口应在储油设施的顶端，出油口应在其底部，进油口与出油口应设置在对角位置，底部应装有取样阀，顶部应装有除湿呼吸器，应有明显的设施编号。

三、现场净化和补油措施

1. 工作票

现场进行油净化和补油工作，应开具检修工作票，明确工作范围和工作时间以及安装工作区域。工作负责人及工作人员应明确安全责任。

2. 安全及技术措施

（1）要了解现场施工条件，检查施工用电、用水、工作场地和道路是否满足工作要求，否则要及时提出解决方案。

（2）详细制定现场油品的验收、设备主体绝缘的干燥、油质净化流程、设备注油方式、温度和湿度的控制的安全技术措施。

3. 危险点分析及控制

针对现场油净化处理工作，应做好危险点分析及控制，做好以下几方面的工作：

（1）油净化处理系统的电气设备都应接地良好。

（2）做好防雨防湿措施。

（3）配有必要的消防器材。

四、油净化与补油的操作步骤

1. 现场油净化、补油操作步骤

220kV 及以上的设备安装，现场油质净化技术比较复杂，而且要求也比较高，从目前主设备新安装和检修相关规程来看，其他工种都没有强制性规定，而油质净化处理工作却提出了明确的质量指标。因为主设备最终能否安全投运，与现场油质净化处理的好坏密切相关。

（1）油品（设备本体残油，添加油）的验收。在新油交货时，应对接收的全部油品（本体残油，添加油）进行监督检测。其方法是：按采样方法规定的程序采样，并进行外观检验，国产新变压器油按 GB 2536—2011《变压器油》标准验收，进口变压器应按国际标准（如 IEC 60296—2012《电工用液体变压器和开关设备用的未使用过的矿物绝缘油》标准）验收或按合同规定的指标验收。验收进口油时应注意，采用标准提供的试验方法进行，而不能指标按国外的标准，而试验方法按国内的。当然，国标方法大部分是等效或参照国际方法制定的（如 IEC 方法），但有些方法是有差异的。

新油经验收合格后，在注入设备前，必须用真空脱气滤油设备过滤净化处理，以脱除油中的水分、气体和其他杂质。在处理过程中应按表 Z13J2001Ⅰ–1 的规定，随时进行油品的检验，只有在各项指标全部合格后，才能停止真空净油处理。

表 Z13J2001Ⅰ–1　　　　　　　　新油净化后检验指标

试验项目	设备电压等级（kV）		
	500	220～330	66～110
击穿电压（kV）	≥60	≥55	≥45
含水量（mg/kg）	≤10	≤15	≤15

续表

试验项目	设备电压等级（kV）		
	500	220～330	66～110
含气量［%（V/V）］	≤1	≤1	—
介质损耗因数，90℃（%）	≤0.2	≤0.5	≤0.5

（2）现场净油。对于 220kV 及以上的设备，现场油质净化时，应选用高性能的真空净油机。真空净油机每小时流量应能达到 6000L，以缩短滤油注油时间。在净化油品前，应放净真空净油机真空罐、精滤器油箱内的残油，用现场的合格油品对真空净油机和进、出油管进行冲洗，并将真空净油机系统调整至机内循环，使合格油品在机内循环冲洗数次后，将真空净油机出油管连接到变压器注油阀门，进油管连接到储油设施。

（3）变压器注油。变压器开始注油前，首先应关闭变压器的防爆阀，然后启动真空净油机的真空泵，待净油机真空罐及管道内气体完全排出后，再开启变压器注油阀注油。当变压器油注入接近变压器主油箱顶部时，有载调压的变压器应及时关闭有载开关箱体与变压器主油箱的连接阀门；待油位注入到变压器储油柜时，应及时关闭储油柜箱体与隔膜胶囊的平衡阀，防止油在储油柜注入到一定油位后通过平衡阀溢入隔膜胶囊内；待油位注入到规定油位时停止注油，通过储油柜胶囊进气口泄除变压器真空负压，变压器恢复至常压状态后，油位将有明显的变化，最后用真空净油机再次对变压器注油至额定油位。

（4）热油循环。新油注入设备后，应进行热油循环，热油经过二级真空净油设备由油箱上部进入，再从油箱下部返回真空处理装置，一般控制净油箱出口温度 60℃（制造厂另行规定除外），连续循环不少于三个循环周期。在热油循环过程中，每隔2～4h 采集一次样品，做击穿电压、水分、含气量和介质损耗四个分析项目，直到四个项目的技术指标达到表 Z13J2001Ⅰ-2 规定的要求，方可停止循环。

表 Z13J2001Ⅰ-2　　　　　　热油循环后油质检验指标

试验项目	设备电压等级（kV）		
	500	220～330	66～110
击穿电压（kV）	≥60	≥50	≥40
水分含量（mg/kg）	≤10	≤15	≤20
含气量［%（V/V）］	≤1	≤1	—
介质损耗因数，90℃（%）	≤0.5	≤0.5	≤0.5

（5）变压器注油工作结束后，静置 72h 采取本体油样分析，作为交接试验数据。

2. 临时补油

运行电气设备，由于多种原因导致油位下降，需要补充加入另外的油时，这就涉及混油的技术条件。在正常情况下，混油要遵守以下原则：

（1）补充的油最好与原设备内同一牌号，以保证运行油的质量和油的技术特性。

（2）要求被混合油双方都添加了同一种抗氧化剂或都不含抗氧化剂。

（3）被混合油的双方，质量都应良好，性能指标都达到运行油质量标准。如果补充油是新油，则应符合相应的新油质量指标。

（4）如果运行油有一项或多项指标接近运行油质量控制标准的极限值，尤其是酸值、水溶性酸（pH 值）、界面张力等能反映油品老化的性能指标已接近运行油标准的极限值时，如果要补充新油，应慎重对待，应通过试验室混油试验，以确定混合油的性能是否满足要求。

（5）如果运行油的质量有一项或多项指标已不符合运行油质量控制标准，则应进行净化或再生处理后，才能考虑混油的问题，在混油前必须进行油泥析出试验，以决定是否能够相混。

（6）进口油或来源不明的油与运行油混合使用时，应预先进行混合前的单个油样及混合油样的老化试验，如混合油样的质量不低于原运行油，方可混油。

【思考与练习】

1. 补加油前要进行哪些油务工作？

2. 变压器注油的注意事项有哪些？

3. 现场油净化和补油的危险点及预防措施有哪些？

▲ 模块 2 变压器真空干燥（Z13J2002Ⅱ）

【模块描述】本模块介绍电力变压器现场真空干燥操作。通过原理分析和流程介绍，熟悉现场变压器绝缘干燥用真空装置原理，掌握电力变压器现场真空干燥相关安全和技术措施、作业前准备工作、操作步骤及其注意事项。

【模块内容】

一、作业内容

采用抽真空的方法，对变压器绝缘系统进行干燥。

二、方法原理

水的沸点随着气压而变化，气压越低水的沸点也就越低。当对变压器抽真空时，变压器绝缘系统中吸附的部分水分由于气压的降低而汽化，汽化的水蒸气被真空泵抽离变压器体外，从而达到对变压器绝缘系统干燥的目的。

三、安全和技术措施

1. 工作票

在运行的变电站现场进行变压器干燥工作，应开具检修工作票，明确工作范围和工作时间以及安全工作区域，工作负责人及工作人员应明确安全责任。

2. 安全及技术措施

（1）要了解现场施工条件，检查施工用电、用水、工作场地、道路是否满足工作要求，否则要及时提出解决方案。

（2）要对设备主体绝缘的干燥、设备真空压力、保持时间控制等制订详细的安全技术措施。

3. 危险点分析及控制

针对现场真空干燥工作做好危险点分析及控制，应做好以下几方面的工作。

（1）真空干燥系统的电气设备都应具备良好的接地。

（2）做好防雨防湿措施。

四、装置介绍

现场变压器绝缘系统干燥的真空装置普遍使用真空性能较高的真空机组，如由旋片式真空泵和罗茨真空泵组成的双级真空泵机组。机组应具有供机械转动部分散热的循环冷却系统，真空机组的抽气速率（单位时间内的排气量）应达到变压器本体容积的 4 倍以上。现场变压器绝缘干燥用真空装置原理如图 Z13J2002Ⅱ-1 所示。

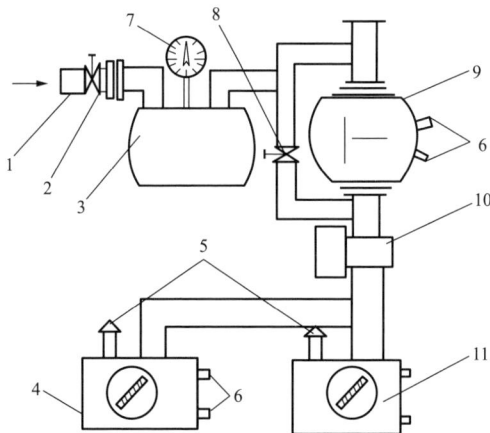

图 Z13J2002Ⅱ-1　现场变压器绝缘干燥用真空装置原理图

1—进气口；2—进气阀；3—集油集水罐；4—前级泵（二）；5—出气口；6—进出水管；

7—真空表；8—换向碟阀；9—真空逆止充气阀；10—前级泵（一）；11—罗茨真空泵

旋片式真空泵是真空机组的前级泵，其功能是在初始的干燥时，抽出变压器本体内大量的空气，将变压器内的大气压力降低到罗茨真空泵所要求的启动压力。

罗茨真空泵是真空机组的二级泵，其功能是在前级真空泵达到的真空度基础上将变压器内的真空度推升至最高真空状态。

循环水冷却系统是真空机组机械转动部位连续长时间运行的保障。

五、作业前准备工作

（1）查阅相关技术资料、操作规程，明确操作安全注意事项，编写作业指导书。

（2）选择正确的系统连接方式。在现场应用真空干燥技术对变压器绕组等纤维绝缘材料进行干燥的方式，通常情况有以下两种：

1）是变压器真空干燥分为两次进行，第一次是针对变压器本体，将真空干燥抽气口与变压器本体顶部的出气口连接，变压器本体顶部的出气口应装有控制阀门，可及时控制变压器本体与真空机组的联通和关闭；第二次干燥是针对变压器冷却系统等附件，当变压器本体干燥结束后，对变压器本体注油，当油面注到距离变压器本体顶部200mm处时，将真空干燥抽气口重新连接到储油柜排气口，对变压器冷却系统等附件进行二次干燥。

2）是变压器本体、冷却系统一次干燥。真空干燥的抽气口应连接在主变压器储油柜的排气口，储油柜的排气口应装有控制阀，可及时控制变压器与真空机组的连通和关闭。

六、变压器真空干燥操作步骤

（1）变压器预热，按变压器容量大小以 10～15℃/h 的速度升温到指定温度。

（2）启动真空机组冷却水系统，冷却水系统正常后，启动真空机组的旋片真空泵，开启变压器连接口控制阀，旋片真空泵先抽出变压器内部的气体；以 6.7kPa/h 的速度继续抽真空，待真空度压力指示达到罗茨真空泵启动压力时，启动罗茨真空泵（罗茨真空泵启动真空压力机组制造厂家都有规定）。

（3）利用真空度检查变压器本体的密封性能，密封要求达到的真空度可根据变压器制造厂的规定值或表 Z13J2002Ⅱ−1 中的真空度的一般规定值。

表 Z13J2002Ⅱ−1　　　　变压器真空度的一般规定值

电压等级（kV）	容量（kVA）	真空度（残压，Pa）
35	4000～31 500	$5.1×10^4$
66	20 000 及以上	$3.5×10^4$
	5000～16 000	$5.1×10^4$
	4000 及以下	$5.1×10^4$

续表

电压等级（kV）	容量（kVA）	真空度（残压，Pa）
110	20 000 及以上	3.5×10^4
	16 000 及以下	5.1×10^4
220	不限容量	133.3

（4）在抽真空过程中，定期用干燥的热空气破真空，可使已汽化的水分快速排出变压器体外。

（5）干燥过程中的检查与记录。干燥过程中应每 2h 检查与记录下列内容：

1）测量绕组的绝缘电阻。

2）测量绕组、铁芯与油箱等各部分温度。

3）测量变压器现场干燥真空残压值。

现场真空干燥时，对变压器内部测量其真空残压值的变化，可以判断对绝缘材料真空干燥的效果。当真空干燥时间达到规定时间后，变压器干燥真空度和真空时间规定见表 Z13J2002Ⅱ-2，采用麦氏水银真空计测量变压器内的真空残压值的变化。测量的方法是关闭变压器连接管的控制阀，将水银麦氏真空计的测量口接入变压器内部，测量变压器内部的真空，记下真空残压值（Pa），间隔 15min 后，再测量变压器内部真空，记下真空残压值（Pa），两次读数之间的真空泄压值小于 0.1Torr（13.3Pa），理论上可判定变压器内部纤维绝缘材料的吸湿量小于 1%。

4）定期排放凝结水，用量杯测量体积并记录（1 次/4h）。

5）定期进行热扩散，并记录通热风时间。

6）记录加热电源的电压与电流。

7）检查电源线路、加热器具、真空管路及其他设备的运行情况。

表 Z13J2002Ⅱ-2　　　　变压器干燥真空度和真空时间

电压等级	真空残压值（Pa 或 Torr）	真空时间
<40kV		12h
60～126kV	<1Torr 或<133Pa	18h
>126kV		24h

注　如果变压器制造厂家对现场真空干燥时间及变压器干燥真空残压值另有规定，应按照制造厂家的规定执行。

（6）干燥结束。变压器本体在干燥过程中，由于温度上升、水分蒸发，绝缘电阻快速下降到最低点；继续干燥，水分不断蒸发，绝缘电阻逐渐上升。当满足以下两个条件时，即可认为变压器已干燥合格，可以停止干燥：

1）在温度不变的情况下，110kV 及以下的变压器绕组绝缘电阻持续 6h 稳定，220kV 及以下的变压器绕组绝缘电阻持续 12h 以上稳定，并且绝缘电阻较高。

2）在上述时间内无凝结水析出或凝结水很少。

当真空干燥结束时，在保持真空不变的情况下，变压器以 10～15℃/h 的速度降温。将预先准备的合格变压器油加温，在真空状态下将油注入变压器本体内，直到器身完全浸没于油中为止，并继续抽真空 4h 以上。然后依次关闭连接控制阀、罗茨真空泵、旋片式真空泵、冷却水系统。

七、操作注意事项

（1）对于带有载调压开关装置的变压器，应事先将有载调压开关油箱内的存油放净，有载调压开关的油箱与变压器内部连通。这样，当变压器进行真空干燥时，调压开关油箱内部与变压器内部的大气压力就会保持一致，避免调压开关油箱的损坏。

（2）变压器储油柜内的隔膜胶囊与储油柜内部之间大多数都装有连接管与平衡阀，真空干燥时应打开平衡阀，使两者间的大气压力保持一致，防止隔膜胶囊的损坏。

（3）麦氏水银真空计应通过一个缓冲罐与变压器连接，以防止由于操作失误造成水银被倒吸到变压器中。

【思考与练习】

1. 简述变压器本体、冷却系统等一次干燥的连接方式。

2. 如何判断变压器干燥的效果？

第四十二章

SF₆气体现场工作

▲ 模块1　SF₆电气设备现场湿度测试（Z13J3001Ⅱ）

【模块描述】本模块介绍 SF₆ 电气设备现场湿度的测试。通过步骤讲解和要点归纳，掌握电解法、露点法和阻容法测试 SF₆ 气体湿度的方法原理、危险点分析及控制措施、准备工作、测试步骤、注意事项，以及对测试结果的分析和测试报告编写要求。

【模块内容】

SF₆ 气体中湿度对设备及其安全运行有很大的危害，当 SF₆ 气体中含水超过一定限度时，气体的稳定性会受到破坏，表现在气体中沿绝缘材料表面的耐压下降，影响设备的安全运行。另外，SF₆ 气体中含水会促进 SF₆ 气体分解产物生成，产生腐蚀性极强的 HF 和 SO_2 等酸性气体有毒有害气体，从而加速设备腐蚀，威胁设备检修、运行人员健康。所以对 SF₆ 新气和运行气的含水量都要严格控制，以确保设备的安全运行和工作人员的健康。

一、电解法

（一）方法原理

被测气样流经一个具有特殊结构的电解池时，其中的水蒸气被池内作为吸湿剂的 P_2O_5 膜层吸收、电解。当吸收和电解过程达到平衡时，电解电流正比于气样中的水蒸气含量，通过测量电解电流可得到气样的含水量。根据法拉第电解定律和气体状态方程式，可导出电解电流 I 与气样湿度 U 之间的关系式为

$$I = \frac{QpT_0FU \times 10^4}{3p_0TV_0} \qquad (Z13J3001Ⅱ-1)$$

式中　Q ——气样流量，mL/min；

　　　p ——环境压力，Pa；

　　　T_0 ——临界绝对温度，273K；

　　　F ——法拉第常数，96 485C；

　　　U ——气样湿度，μL/L；

p_0——标准大气压，101.325kPa；

T ——环境温度，K；

V_0 ——摩尔体积，22.4L/mol。

（二）危险点分析及控制措施

（1）防 SF_6 气体中毒。严格采取通风措施，装有 SF_6 设备的配电装置室内必须装设强力通风装置，且风口应设置在室内底部，工作人员进入 SF_6 配电装置室，必须先通风 15min；不准一人进行检修工作。测试时，仪器的排气管路应引至仪器 10m 以外的低洼处，人应处在上风位置。

（2）防人身触电。工作负责人（监护人）应全面履行自己的安全监护职责，检查工作票上设备名称、编号应与检修设备一致；检查工作票所列安全措施是否正确、完备。工作前对被监护人员交待安全措施，告知危险点和安全注意事项。工作中，应加强监护，保持足够的安全距离。在变电站应由两人放倒搬运楼梯。不准超越遮栏进入运行设备区。

（3）防高空坠落。正确使用防滑绝缘梯；正确使用安全带；梯子须放置稳固，由专人扶持。

（4）防高空落物伤人。正确佩戴安全帽；严禁工作人员站在工作处的垂直下方。高处工作应使用工具袋，工具、器材上下传递应用绳索拴牢传递，严禁抛掷。

（5）防止漏气。采用专用接口连接气路，保证气路系统的密封性。操作时应轻、缓，避免阀门（如止回阀）出现故障。

（6）连接气路内部应干净，不得有接头磨损产生的金属粉末，以免造成电解池短路。

（三）测试前准备工作

（1）查阅相关技术资料、试验规程，明确试验安全注意事项，编写作业指导书。

（2）准备好表 Z13J3001Ⅱ-1 中仪器和材料。

表 Z13J3001Ⅱ-1　　　　　　电解法的仪器和材料

序号	仪器	规格要求	备注
1	电解式微量水分仪	测量范围 1～1000μL/L 测量精度 1～30μL/L 不超过±10%，30～1000μL/L 不超过±5%.	校验合格，在有效期内
2	开关接头	设备充放气专用接头	各厂家接头不同
3	皂膜流量计	体积 100mL，精度±5%	
4	排气乳胶管	10m	
5	电源盘	1个	
6	温、湿度仪	1个	

（四）测试步骤及要求

（1）气密性检查。检查测试系统所有接头处应无泄漏，否则，会由于空气中水分的渗入而使测量结果偏高。

（2）SF₆气体流量的标定。用于测量流量的浮子流量计用皂膜流量计标定，要求标定 100mL/min 和 50mL/min 两点，标定过程中浮子应保持稳定。

（3）电解池及测量仪器的干燥。利用高纯氮气进行干燥，将控制阀置于干燥挡，缓慢打开测试流量阀，以 20～50mL/min 的流量干燥电解池。为节约用气，旁通流量可减小或关闭，当表头示值下降至 $5×10^{-6}μL/L$ 以下时，可以认为仪器完成干燥。

（4）电解池灵敏度检查。将被测气体流量从 100mL/min 降为 50mL/min 时，所读到的含水量数值应该是初始值的一半（分别扣除相应流速的标底后），最大相对偏差为 10%。若读到的数值明显偏离初始值，表明电解池灵敏度低，需要对电解池进行处理后再进行测试。

（5）测量。将控制阀置于"测量位置"，准确调节测试流量为 100mL/min，直到仪器示值稳定后读数，该读数减去标底值为被测气中水分含量。

（6）重复测量。将控制阀切换到"干燥位置"约 20～30s（可根据仪器电解池的电解效果的快慢而定），然后切换至"测量位置"直到示值稳定后读数。

（五）测试结果分析及测试报告编写

（1）测量结果的温度换算。

1）由于环境温度对设备中气体湿度有明显的影响，测量结果应换算到 20℃时的数值。

2）如设备生产厂提供有换算曲线、图表，可采用厂家提供的曲线、图表进行温度换算。

3）在设备生产厂没有提供可用的换算曲线、图表时，测量结果推荐使用本模块附录中附表 Z13J3001Ⅱ-1 将检测结果换算到20℃时的数值。

（2）测量结果报告应包括以下内容：被测设备名称、型号、出厂编号，湿度测量仪器名称、型号，校验日期，测量日期，环境温度，相对湿度，大气压力，天气状况，测量结果和分析意见，试验人员、审核、负责人等。

（3）对于断路器等有电弧气室，SF₆湿度（20℃）要求投运前不大于150μL/L、运行中不大于300μL/L。对于没有电弧的其他气室，SF₆湿度（20℃）要求投运前不大于250μL/L、运行中不大于500μL/L。

（六）测试注意事项

（1）测量管路和测量接头的要求

1）测量管路用不锈钢管或聚四氟乙烯管，长度一般在 2m 左右，内径 2～3mm。不得使用乳胶管或橡皮管。

2）测量管路应无扭曲、弯折、漏气现象。

3）测量管路使用前洗净，再吹干或烘干，平时应放置在干燥器中保存。

4）测量接头要求用金属材料，内垫用金属垫片或用聚四氟乙烯垫片，平时应放置在干燥器中保存。

（2）被测量设备与微量水分测量仪器应该使用专用接头和管路连接，仪器要按说明书操作。缓慢开启设备阀门，仔细调节气体的压力和流速。测量过程中要保持测定流量的稳定。

（3）测量完毕后，仪器应该用干燥 N_2 气体吹 10～20min 后将仪器关闭，把仪器接头封好备用。

（4）取样测量管路和接头使用前，要用 500W 以上的吹风机用热风吹 10～15min，然后与仪器连接。

（5）测量仪器的气体出口应该配有 5m 以上的排气管，防止大气中的水分从排气口渗入仪器，而影响测量结果；排气口远离测试人员，以免受到 SF_6 气体中的有毒成分危害。

（6）测量时要求环境温度为 5～35℃（尽可能在 10～30℃下测量），相对湿度不大于 85%。

（7）当测量结果接近水分允许含量标准的临界值时，至少应该复测一次。

二、露点法

（一）方法原理

露点法是检测气体中的微量水分的经典方法。其原理为：使被测气体在恒定压力下，以一定流量经露点仪测试室中的抛光金属镜面，当气体中的水蒸气分压随着镜面温度的逐渐降低而达到镜面温度时的饱和蒸汽压时，镜面上开始凝结出露（或霜），此时所测量到的镜面温度即为露点，通过露点温度可以求得到气体湿度值。露点测量仪器按制冷方式，分为制冷剂制冷和半导体制冷两类，按测量温度的方式分为目视测量和光电测量两种。

（二）测试前准备工作

（1）查阅相关技术资料、试验规程，明确试验安全注意事项，编写作业指导书。

（2）准备好表 Z13J3001Ⅱ-2 中仪器和材料。

表 Z13J3001Ⅱ-2　　　　　　测　试　器　材

序号	仪器	规格要求	备注
1	冷凝式露点水分测量仪	测量露点范围应满足-60~10℃	校验合格，在有效期内
2	开关接头	设备充放气专用接头	各厂家接头不同
3	排气乳胶管	10m	
4	电源盘	1个	
5	温、湿度仪	1个	

（三）测量步骤

用光电测量方式的露点仪器，按仪器的说明书操作，可直接得到露点值。一般在大气压力下的测试，气体流量控制 30~40L/h。

（四）测试结果分析

（1）试验结果根据本模块附录中附表 Z13J3001Ⅱ-2 露点和体积分数（μL/L）换算对照表，将露点值换算为体积分数。

（2）测量结果应换算到 20℃时的数值。如设备生产厂提供有换算曲线、图表，可采用厂家提供的曲线、图表进行温度换算。否则，推荐使用附表 Z13001Ⅱ-2 进行换算。

（五）测试注意事项

（1）测量管路和测量接头的要求同电解法。

（2）测量压力要求与大气压力相同，仪器测量室出气口直接与大气相通。在仪器允许的条件下也可以在设备压力下测量，但要按照说明书要求进行操作和换算。

（3）当测量结果接近设备中水分允许含量标准的临界值时，至少应该复测一次。

三、阻容法

（一）方法原理

通过电化学方法在金属铝表面形成一层氧化膜，进而在膜上镀一薄层金属，这样铝基体和金属膜便构成了一个电容器。当 SF₆ 气体通过时，多孔氧化铝层因吸附了水蒸气，使两极间电容发生改变，其改变量与水蒸气浓度密切相关，所以测出探头在气体中的电容值，就可得到气体中水蒸气的浓度。

（二）测量步骤

（1）仪器的干燥。仪器在开机后示值若高于-50℃，则应通高纯氮气干燥，使示值低于-50℃再进行测量。

（2）传感器的保护。为防止传感器的老化，保证检测精确度，仪器在闲置时，传感器应带上保护罩，放在装有分子筛干燥剂的密封干燥筒中保存。拆卸保护罩时，应绝对避免直接用手指或其他东西触摸传感器，使用传感器时，应避免剧烈振动和冲击。

（3）用阻容法测量微量水分的仪器种类很多，要按照说明书操作。

（三）测试结果分析

（1）试验结果根据附表 Z13J3001Ⅱ-1 露点和体积分数（μL/L）换算对照表将露点值换算为体积分数。

（2）测量结果应换算到 20℃时的数值。如设备生产厂提供有换算曲线、图表，可采用厂家提供的曲线、图表进行温度换算。否则，推荐使用附表 Z13J3001Ⅱ-2 进行换算。

【思考与练习】

1. 简述 SF_6 电气设备气体湿度测试的必要性。

2. 简述电解法测试气体湿度的原理。

3. 简述露点法测试气体湿度的原理。

4. 简述阻容法测试气体湿度的原理。

5. 气体湿度测试对测量管路和接头有何要求？

附录

附表 Z13J3001Ⅱ-1 SF_6 气体湿度测量结果的温度换算表（节选）

实测湿度值 R（μL/L）	环境温度 t（℃）																				
	15	16	17	18	19	20	21	22	23	24	25	26	27	28	29	30	31	32	33	34	35
50	59	57	55	53	51	50	47	45	42	40	38	36	35	33	31	30	28	27	25	24	23
60	71	68	66	64	62	60	57	54	51	48	46	44	42	39	38	36	34	32	31	29	28
70	82	80	77	74	72	70	66	63	60	57	54	51	49	46	44	42	40	38	36	34	33
80	94	91	88	85	82	80	76	72	68	65	62	58	56	53	50	48	45	43	41	39	37
90	106	102	99	96	92	90	85	81	77	73	69	66	63	60	57	54	51	49	47	44	42
100	118	114	110	106	103	100	95	90	85	81	77	73	70	66	63	60	57	54	52	49	47
110	129	125	121	117	113	110	104	99	94	89	85	81	77	73	70	66	63	60	57	54	52
120	141	136	132	127	123	120	113	108	102	97	93	88	84	80	76	72	69	66	62	60	57
130	153	148	143	138	134	130	123	117	111	106	100	96	91	87	82	78	75	71	68	65	62
140	165	159	154	149	144	140	132	126	120	114	108	103	98	93	89	85	81	77	73	70	66
150	176	170	165	159	154	150	142	135	128	122	116	110	105	100	95	91	86	82	79	75	71
160	188	182	176	170	164	160	151	144	137	130	124	118	112	107	102	97	92	88	84	80	76
170	205	197	189	182	176	170	161	153	145	138	132	125	119	114	108	103	98	94	89	85	81
180	217	209	201	193	186	180	170	162	154	147	140	133	126	120	115	109	104	99	95	90	86

实测湿度值 R （μL/L）	环境温度 t（℃）																				
	15	16	17	18	19	20	21	22	23	24	25	26	27	28	29	30	31	32	33	34	35
190	229	220	212	204	196	190	180	171	163	155	147	140	134	127	121	116	110	105	100	95	91
200	241	232	223	214	207	200	189	180	171	163	155	148	141	134	128	122	116	111	105	101	96
210	253	243	234	225	217	210	199	189	180	171	163	155	148	141	134	128	122	116	111	106	101
220	265	255	245	236	227	220	208	198	189	179	171	163	155	148	141	134	128	122	116	111	106
230	277	266	256	247	238	230	218	207	197	188	179	170	162	154	147	140	134	128	122	116	111
240	289	278	267	257	248	240	227	216	206	196	187	178	169	161	154	147	140	133	127	121	116
250	301	289	278	268	258	250	237	225	214	204	194	185	176	168	160	153	146	139	133	126	121
260	313	301	290	279	268	260	246	234	223	212	202	193	184	175	167	159	152	145	138	132	126
270	325	312	301	289	279	270	256	243	232	221	210	200	191	182	173	165	158	150	143	137	131
280	337	324	312	300	289	280	265	252	240	229	218	208	198	289	180	172	164	156	149	142	136
290	349	336	323	311	299	290	275	261	249	237	226	215	205	195	186	178	170	162	154	147	141
300	361	347	334	322	310	300	284	271	258	245	234	223	212	202	193	184	176	167	160	152	146
310	373	359	345	332	320	310	294	280	266	254	242	230	219	209	199	190	181	173	165	158	151
320	385	370	356	343	330	320	303	289	275	262	249	238	227	216	206	197	187	179	171	163	156
330	397	382	367	354	341	330	313	298	283	270	257	245	234	223	213	203	193	185	176	168	161
340	409	393	378	364	351	340	322	307	292	278	265	253	241	230	219	209	199	190	182	173	166
350	421	405	389	375	361	350	332	316	301	287	273	260	248	237	226	215	205	196	187	179	171
360	433	416	401	386	372	360	341	325	309	295	281	268	255	243	232	222	211	202	193	184	176
370	445	428	412	396	382	370	351	334	318	303	289	275	263	250	239	228	217	208	198	189	181
380	457	439	423	407	392	380	360	343	327	311	297	283	270	257	245	234	223	213	204	194	186
390	469	451	434	418	403	390	370	352	335	320	305	290	277	264	252	240	229	219	209	200	191
400	481	462	445	428	413	400	379	361	344	328	312	298	284	271	259	247	235	225	215	205	196
410	505	483	463	444	425	410	389	370	353	336	320	305	291	278	265	253	241	230	220	210	201
420	517	495	474	454	436	420	398	379	361	344	328	313	298	285	272	259	247	236	226	215	206
430	529	507	485	465	446	430	408	388	370	353	336	321	306	292	278	266	253	242	231	221	211
440	541	518	497	476	456	440	417	397	379	361	344	328	313	298	285	272	259	248	237	226	216
450	554	530	508	487	467	450	427	406	387	369	352	336	320	305	291	278	266	254	242	231	221
460	566	542	519	498	477	460	436	415	396	377	360	343	327	312	298	284	272	259	248	236	226
470	578	554	530	508	488	470	446	424	405	386	368	351	335	319	305	291	278	265	253	242	231
480	590	565	542	519	498	480	455	434	413	394	376	358	342	326	311	297	284	271	259	247	236
490	603	577	553	530	508	490	465	443	422	402	383	366	349	333	318	303	290	277	264	252	241

续表

实测湿度值 R (μL/L)	环境温度 t（℃）																				
	15	16	17	18	19	20	21	22	23	24	25	26	27	28	29	30	31	32	33	34	35
500	615	589	564	541	519	500	474	452	431	410	391	373	356	340	324	310	296	282	270	258	246
510	627	600	575	552	529	510	484	461	439	419	399	381	363	347	331	316	302	288	275	263	251
520	639	612	587	562	539	520	493	470	448	427	407	388	371	354	338	322	308	294	281	268	256
530	652	624	598	573	550	530	503	479	456	435	415	396	378	361	344	329	314	300	286	274	261
540	664	636	609	584	560	540	512	488	465	444	423	404	385	367	351	335	320	305	292	279	266
550	676	647	620	595	570	550	522	497	474	452	431	411	392	374	357	341	326	311	297	284	272
560	688	659	632	605	581	560	531	506	482	460	439	419	399	381	364	348	332	317	303	289	277
570	700	671	643	616	591	570	541	515	491	468	447	426	407	388	371	354	338	323	308	295	282
580	713	682	654	627	601	580	550	524	500	477	455	434	414	395	377	360	344	329	314	300	287
590	725	694	665	638	612	590	560	533	508	485	463	441	421	402	384	367	350	334	320	305	292
600	737	706	676	649	622	600	569	542	517	493	470	449	428	409	390	373	356	340	325	311	297
610	749	718	688	659	633	610	579	551	526	501	478	456	436	416	397	379	362	346	331	316	302
620	761	729	699	670	643	620	588	561	534	510	486	464	443	423	404	386	368	352	336	321	307
630	774	741	710	681	653	630	598	570	543	518	494	472	450	430	410	392	374	358	342	327	312
640	786	753	721	692	664	640	607	579	552	526	502	479	457	437	417	398	380	363	347	332	317
650	798	764	733	703	674	650	617	588	560	535	510	487	465	444	424	405	386	369	353	337	322
660	810	776	744	713	684	660	626	597	569	543	518	494	472	450	430	411	393	375	358	343	328
670	823	788	755	724	695	670	636	606	578	551	526	502	479	457	437	417	399	381	364	348	333
680	835	800	766	735	705	680	645	615	587	559	534	509	486	464	443	424	405	387	370	353	338
690	847	811	778	746	715	690	655	624	595	568	542	517	494	471	450	430	411	392	375	359	343
700	859	823	789	756	726	700	664	633	604	576	550	525	501	478	457	436	417	398	381	364	348
710	871	835	800	767	736	710	674	642	613	584	558	532	508	485	463	443	423	404	386	369	353
720	884	863	811	778	746	720	683	651	621	593	566	540	515	492	470	449	429	410	392	375	358
730	917	874	834	796	761	730	693	660	630	601	573	547	523	499	477	455	435	416	397	380	363
740	929	886	846	807	771	740	702	669	639	609	581	555	530	506	483	462	441	422	403	385	368
750	942	898	857	818	781	750	712	679	647	618	589	563	537	513	490	468	447	427	409	391	374
760	954	910	868	829	792	760	721	688	656	626	597	570	544	520	497	474	453	433	414	396	379
770	967	922	880	840	802	770	731	697	665	634	605	578	552	527	503	481	459	439	420	401	384

续表

实测湿度值 R (μL/L)	环境温度 t（℃）																				
	15	16	17	18	19	20	21	22	23	24	25	26	27	28	29	30	31	32	33	34	35
780	979	934	891	851	813	780	740	706	673	642	613	585	559	534	510	487	466	445	425	407	389
790	992	946	903	862	823	790	750	715	682	651	621	593	566	541	516	493	472	451	431	412	394
800	1004	958	914	873	833	800	759	724	691	659	629	600	573	548	523	500	478	457	437	417	399

注　1. 符号和意义。t—环境温度，℃；

　　　　　R—环境温度 t 的湿度测量值，μL/L。

2. 换算表的使用。

（1）如果换算值可以由实测值直接从上表中查出，即为换算值。

（2）如果换算值不能由实测值直接从上表中查出，可采用以下公式计算换算值。

$$V_{Y(t)} = V_{Y(0)} + (V_{Y(1)} - V_{Y(0)})/10 \times (V_{X(t)} - V_{X(0)})　或　V_{Y(t)} = V_{Y(1)} - (V_{Y(1)} - V_{Y(0)})/10 \times (V_{X(1)} - V_{X(t)})$$

式中　$V_{Y(t)}$——测试温度下的实测值换算到20℃下的湿度值；

　　　$V_{X(t)}$——测试温度下的实测湿度值；

$V_{X(1)}$、$V_{X(0)}$——同一环境温度下与实测值最接近的整数值；

$V_{Y(1)}$、$V_{Y(0)}$——为 $V_{X(1)}$、$V_{X(0)}$ 换算到20℃以下的湿度值。

附表 Z13J3001 II-2　露点和体积分数（μL/L）换算对照表（节选）

露点 ＼ 体积分数	0.0	0.1	0.2	0.3	0.4	0.5	0.6	0.7	0.8	0.9
−20	1019	1009	1000	990.1	981.0	971.6	962.3	953.0	943.9	934.8
−21	925.9	916.9	908.1	899.3	890.6	882.0	873.4	865.1	856.7	848.4
−22	840.2	832.0	823.9	815.9	807.9	800.1	792.3	784.6	776.9	769.3
−23	761.8	754.3	747.0	739.6	732.4	725.2	718.1	711.0	703.9	697.0
−24	690.2	683.4	676.6	670.0	663.4	656.8	650.2	643.8	637.4	631.1
−25	624.9	618.7	612.4	606.4	600.3	594.4	588.5	582.5	576.7	570.9
−26	565.3	559.5	553.9	548.4	542.8	537.4	532.0	526.7	521.3	516.1
−27	510.9	505.7	500.6	495.5	490.5	485.5	480.6	475.7	470.9	466.0
−28	461.3	456.7	452.0	447.4	442.8	438.3	433.8	429.3	425.0	420.6
−29	416.3	412.0	407.8	403.6	399.4	395.3	391.2	387.2	383.2	379.3
−30	375.3	371.5	367.6	363.8	360.0	356.3	352.5	348.9	345.2	341.7
−31	338.1	334.6	331.1	327.5	324.2	320.7	317.4	314.1	310.8	307.5
−32	304.2	301.1	297.9	294.8	291.6	288.5	285.5	282.5	279.5	276.5

续表

露点＼体积分数＼露点	0.0	0.1	0.2	0.3	0.4	0.5	0.6	0.7	0.8	0.9
−33	273.6	270.7	267.8	265.0	262.2	259.3	256.6	253.9	251.1	248.5
−34	245.8	243.1	240.6	238.0	235.4	232.9	230.4	227.9	225.5	223.0
−35	220.6	218.3	215.9	213.5	211.3	209.0	206.7	204.4	202.3	200.0
−36	197.8	195.8	193.6	191.5	189.3	187.4	185.3	183.2	181.2	179.3
−37	177.3	175.3	173.4	171.5	169.6	167.7	165.9	164.1	162.3	160.5
−38	158.7	157.0	155.2	153.5	151.7	150.0	148.4	146.8	145.1	143.5
−39	142.0	140.4	138.8	137.2	135.6	134.2	132.7	131.2	129.7	128.2
−40	126.8	125.4	124.0	122.5	121.1	119.8	118.5	117.1	115.8	114.5
−41	113.1	111.8	110.6	109.4	108.1	106.9	105.6	104.4	103.3	102.1
−42	100.9	99.70	98.65	97.52	96.40	95.29	94.20	93.11	92.08	90.98
−43	89.93	88.88	87.86	86.84	85.83	84.85	83.86	82.88	81.92	80.97
−44	80.03	79.09	78.17	77.27	76.36	75.47	74.58	73.71	72.84	71.99
−45	71.15	70.31	69.49	68.67	67.86	67.06	66.27	65.48	64.71	63.94
−46	63.19	62.44	61.70	60.97	60.24	59.53	58.82	58.11	57.42	56.73
−47	56.05	55.39	54.72	54.07	53.42	52.77	52.14	51.52	50.90	50.29
−48	49.67	49.08	48.49	47.90	47.32	46.75	46.18	45.62	45.06	44.52
−49	43.98	43.45	42.91	42.39	41.88	41.36	40.86	40.36	39.86	39.38
−50	38.89	38.41	37.94	37.47	37.01	36.55	36.11	35.66	35.22	34.79
−51	34.35	33.93	33.50	33.09	32.69	32.27	31.88	31.48	31.09	30.69
−52	30.32	29.93	29.56	29.19	28.83	28.46	28.10	27.75	27.40	27.06
−53	26.71	26.38	26.05	25.72	25.39	25.07	24.75	24.44	24.13	23.82
−54	23.51	23.22	22.93	22.64	22.34	22.05	21.78	21.50	21.22	20.95
−55	20.68	20.41	20.16	19.89	19.63	19.39	19.13	18.88	18.64	18.40
−56	18.16	17.93	17.70	17.46	17.24	17.02	16.79	16.57	16.36	16.14
−57	15.93	15.73	15.51	15.31	15.11	14.92	14.72	14.53	14.33	14.15
−58	13.96	13.77	13.59	13.42	13.24	13.06	12.89	12.71	12.55	12.38
−59	12.21	12.05	11.89	11.74	11.58	11.42	11.27	11.12	10.97	10.82
−60	10.68	10.53	10.38	10.25	10.11	9.980	9.846	9.713	9.581	9.452

▲ 模块2　SF₆现场气体回收及充装（Z13J3002Ⅱ）

【模块描述】本模块介绍 SF₆ 现场气体回收及充装操作。通过对 SF₆ 回收装置的结构介绍和步骤讲解，熟悉 SF₆ 回收装置，掌握 SF₆ 现场气体回收及充装操作的相关安全和技术措施、危险点分析及控制、准备工作和操作步骤。

【模块内容】

一、作业内容

使用 SF₆ 气体回收装置现场进行电气设备检修前的 SF₆ 气体回收以及检修后的 SF₆ 气体回充。

二、SF₆气体回收及充装装置概述

1. 装置概述

SF₆ 气体回收装置主要用于对 SF₆ 电气设备检修前的气体抽空和检修后的气体回充。主要功能模块有压缩机前管路抽真空、压缩机后管路抽真空、钢瓶抽真空、电气设备抽真空、气体回收、气体回充。

2. 装置原理图

SF₆ 回收装置原理图见图 Z13J3002Ⅱ-1，SF₆ 回收装置的进气口通过转接头与 SF₆ 电气设备的充放气口连接，进气口与 SF₆ 钢瓶或储气罐连接。在回收前利用装置中的

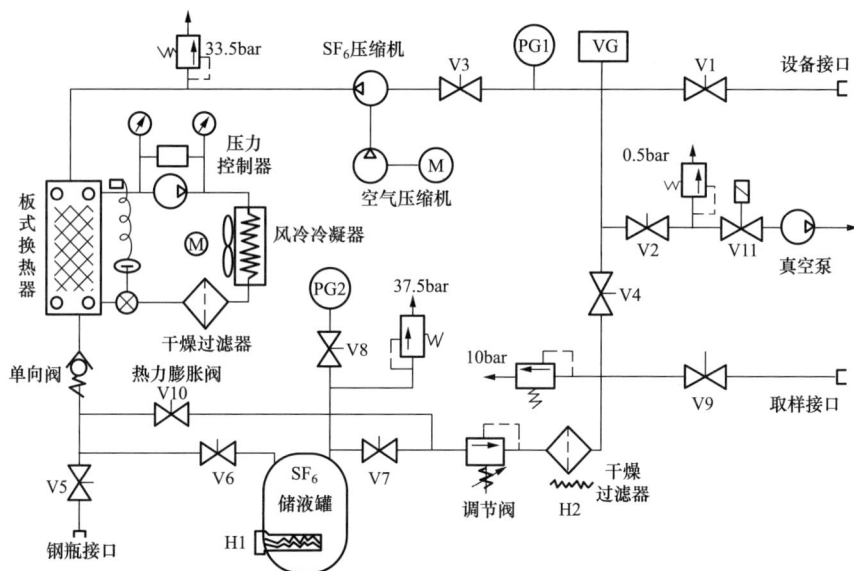

图 Z13J3002Ⅱ-1　回收装置原理

真空泵，对 SF_6 回收装置的管路系统和空钢瓶进行抽真空以排除空气，关闭真空泵后，打开设备充放气阀门，启动回收装置的压缩机，设备内排出的 SF_6 气体被压缩机压缩至临界压力，转化成液态 SF_6 压入储气罐中保存，完成回收过程。回充时，真空泵先抽空钢瓶出口与电气设备间管道中空气，打开钢瓶和电气设备阀门，调节钢瓶气输出气压使 SF_6 气体缓慢充入电气设备中，达到设备规定压力后关闭设备侧阀门，启动压缩机把充气管路剩余的 SF_6 气体全部回收回钢瓶中，完成回充过程。

三、现场补气的安全和技术措施

1. 工作票

在运行的变电站进行现场气体补气工作，应开具检修工作票，明确工作范围和工作时间以及安装工作区域。工作负责人及工作人员应明确安全责任。

2. 安全和技术措施

（1）对设备运行、试验及检修人员要进行专业安全防护教育及安全防护用品使用培训。

（2）设备运行、试验及检修人员使用的安全防护用品，应有专用防护服、防毒面具、氧气呼吸器、手套、防护眼睛及防护脂等。安全防护用品必须符合 GB 11651《个体防护装备选用规范》规定并经国家相应的质检部门检测，具有生产许可证及编号标志、产品合格证者，方可使用。工作人员佩戴防毒面具或氧气呼吸器进行工作时，要有专门监护人员在现场进行监护。

（3）安全防护用品应存放在清洁、干燥、阴凉的专用柜中，设专人保管并定期检查，保证其随时处于备用状态。

（4）工作结束后，使用过的防护用具应清洗干净。

（5）户外设备回收、回充 SF_6 气体时，工作人员应在上风方向操作；室内设备回收、回充气体时，要开启通风设备，并尽量避免和减少 SF_6 气体泄漏到工作区。

（6）在进入现场工作之前，要先明确工作目的和职责范围，进入现场以后要戴好安全帽，在现场负责人的安排下进行工作，不能在工作区域以外的地方随意走动，更不能随便触摸现场的电气开关。

3. 危险点分析及控制

（1）回收装置电气部分都应具备良好的接地。

（2）应做好防雨防湿措施。

（3）应配有必要的防毒设施。

四、作业前准备工作

（1）查阅相关技术资料、操作规程，明确操作安全注意事项，编写作业指导书。

（2）设备与材料准备。准备好 SF_6 回收装置、SF_6 气体钢瓶和配套管道、设备连接接头。

（3）对被补气设备的资料、环境温度、湿度做详细记录。

（4）检查回收装置，使其保持清洁、干燥、不漏气，连接管道应密封良好、不漏气。

五、现场气体回收及充装的操作步骤

1. 现场气体回收操作步骤

（1）装置电源检验。装置接通电源后，必须首先检查电源指示灯是否正常；如果信号指示灯无显示，可通过改变接线的相位使信号指示灯显示。

（2）真空泵的检验。装置接通电源后，必须首先检查真空泵电压及各项功能是否正常。操作前应检查油位是否正常。

（3）换热风扇的检验。对装置进行检漏。试车前：检查电源要符合电气的要求（电气参数见铭牌），确定电气连接牢固，换热风扇的进出口焊接没有缝隙。检查风扇转向（气流朝向设备外侧）。

（4）管路连接。连接好设备与回收回充装置之间的管路，检查各接头处是否漏气。连接好装置与钢瓶之间的管路并检查各接头处是否漏气。

（5）系统抽真空。开启真空泵，对连接管道和空 SF₆ 钢瓶进行抽真空。观察装置的真空计，达到133Pa时停止抽真空。

（6）回收。装置设置为回收方式，打开设备侧阀门，打开钢瓶阀门，开启压缩机，同时观察装置的压力表和真空计，当真空计达到1000Pa时停止回收。或设备中压力无法继续下降时，说明钢瓶已回收充满，暂停回收，关闭压缩机和钢瓶阀门。

（7）更换钢瓶。隔离压缩机和钢瓶，卸去 SF₆ 钢瓶。连接空钢瓶，开启真空泵对空钢瓶和钢瓶连接管道抽真空，达到133Pa时停止抽真空，切换到压缩机连接，开启压缩机，继续回收工作。

（8）结束回收。关闭设备充放气阀门，在设备侧管道压力达到1000Pa时关闭钢瓶阀门，关闭压缩机，回收回充装置系统复位，关闭装置电源，卸去所有的连接管道，完成回收工作。

2. 现场气体充装操作步骤

（1）装置电源检验。装置接通电源后，必须首先检查电源指示灯是否正常；如果信号指示灯无显示，可通过改变接线的相位使信号指示灯显示。

（2）真空泵的检验。装置接通电源后，必须首先检查真空泵电压及各项功能是否正常。操作前应检查油位是否正常。

（3）换热风扇的检验。对装置进行检漏。试车前，检查电源要符合电气的要求（电气参数见铭牌），确定电气连接牢固，换热风扇的进出口焊接没有缝隙。检查风扇转向（气流朝向设备外侧）。

（4）管路连接。连接好设备与回收回充装置之间的管路，检查各接头处是否漏气。连接好装置与钢瓶之间的管路并检查各接头处是否漏气，并使钢瓶倒置。

（5）系统抽真空。开启真空泵，对连接管道和充气设备进行抽真空。观察装置的真空计，达到 133Pa 时停止抽真空。关闭设备侧阀门。

（6）充气。装置设置为充气方式，打开钢瓶阀门调整钢瓶输出压力，使得输出压力高于设备的工作压力 0.1MPa，缓慢打开设备侧阀门，同时观察装置的压力表和设备的压力表及密度继电器，当达到设备工作压力和密度时停止充气。关闭设备侧阀门，装置设置转换为回收方式，启动压缩机把管路中的 SF_6 气体回收回钢瓶。当钢瓶的总压低于设备的工作压力时，说明钢瓶已空，需更换钢瓶。

（7）更换钢瓶。关闭设备侧阀门，装置设置转换为回收方式，启动压缩机把管路中的 SF_6 余气回收回钢瓶。关闭钢瓶阀门，卸除空钢瓶。取一新钢瓶倒置，连接好装置与钢瓶之间的管路并检查各接头处是否漏气。开启真空泵，对连接管道进行抽真空。观察装置的真空计，达到 133Pa 时停止抽真空。重复（6）的操作。

（8）结束充气。关闭设备充放气阀门，关闭钢瓶阀门，回收回充装置系统复位，关闭装置电源，卸去所有的连接管道，完成充气工作。

【思考与练习】

1. 请画出回收回充装置原理图。

2. 请叙述设备抽真空的全过程。

▲ 模块 3 SF_6 电气设备现场气体杂质测试（Z13J3003Ⅱ）

【模块描述】 本模块介绍 SF_6 电气设备现场气体杂质测试方法。SF_6 气体中气体杂质成分的现场检测方法主要有气体检测管法、电化学传感器法、气相色谱法。通过对 SF_6 气体中气体杂质成分的现场检测的讲解，掌握 SF_6 电气设备现场气体杂质测试的相关安全和技术措施、危险点分析及控制、准备工作和操作步骤。

【模块内容】

一、SF_6 电气设备所含杂质来源

运行中的 SF_6 电气设备，在 SF_6 气体中存在空气、CF_4、HF、SO_2、H_2S、SOF_2、SO_2F_2 等多种气体杂质。它们来自于几个方面。

1. SF_6 新气中所含杂质

SF_6 新气在制备过程中虽然经过水洗、碱洗、热解、吸附等处理，仍会残余一定的杂质；在气瓶的充装过程中也会带入杂质。符合新气质量标准的 SF_6 气体，新气中的杂质含量应当是微量的。

2. 电气设备充气时带入杂质

在给气体绝缘设备充气时也会带入一定量的杂质。充气时，设备抽真空按要求应达到 133Pa，但不可能达到真正的真空，所以在充 SF₆ 气体至额定压力时，仍会混有少量的空气。

3. SF₆气体在电弧作用下分解产生杂质

在 SF₆ 电气设备内，促使 SF₆ 气体分解的放电形式以放电过程中消耗能量的大小分为三种类型：电弧放电、火花放电和电晕放电或局部放电。

SF₆ 气体在电弧作用下会产生 SOF_2、SO_2F_2 和 SO_2、HF 等气体杂质。

通过对 SF₆ 气体中气体杂质成分的现场检测，可以判断设备发生故障的位置，也可以根据气体杂质含量的变化，对设备内部状态进行初步评估。

二、SF₆气体中气体杂质的现场检测方法

目前，SF₆气体中气体杂质成分的现场检测方法主要有气体检测管法、电化学传感器法、气相色谱法。

1. 气体检测管法

（1）方法原理。气体检测管法是指在一定内径的细长玻璃管里紧密地填充混合的检测试剂和指示剂，并在表面印刷有浓度刻度，一种气体检测管只对应一种特定的目标气体。当待测样品气流过气体检测管时，样品气中混有的特定目标气体可与检测试剂发生反应，生成特定的化合物，这些化合物与检测管内的指示剂作用发生颜色变化，由颜色变化的深浅、长短得出样品中特定目标气体的含量。

为避免气体检测管内的试剂失效，检测管在生产时将两端熔封，使用时用切割器打开。气体检测管的结构见图 Z13J3003Ⅱ-1。

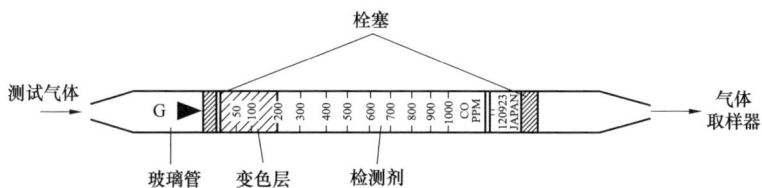

图 Z13J3003Ⅱ-1　气体检测管

气体检测管一般和气体取样器配合使用，以保证定量检测精度。气体取样器是用活塞使一定容量的圆筒减压，具有吸气机能，如图 Z13J3003Ⅱ-2 所示。

适用于 SF₆ 气体分解物检测的气体检测管有硫化氢（H_2S）、二氧化硫（SO_2）、氟化氢（HF）、一氧化碳（CO）、二氧化碳（CO_2）等种类，每种检测管又有不同的测量范围。检测管方法简单易行，尤其适用于现场检测。但检测管有一定的使用期限，过期存放易失效。加之检测组分过于单一，不能满足多组分检测的需要。

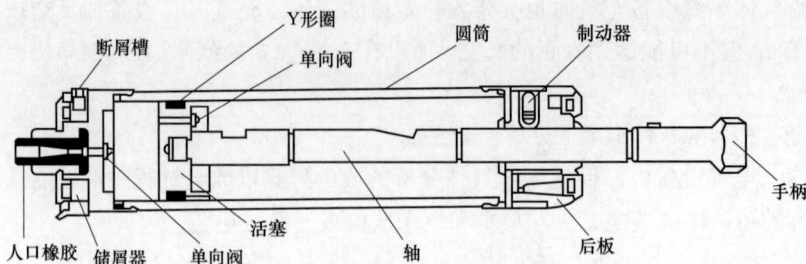

图 Z13J3003Ⅱ-2　气体取样器

（2）危险点分析及控制措施。

1）防 SF_6 气体窒息伤害和气体分解物中毒。严格采取通风措施，装有 SF_6 设备的配电装置室内必须装设强力通风装置，且风口应设置在室内底部，工作人员进入 SF_6 配电装置室，必须先通风 15min；不准一人进行检修工作。测试时，仪器的排气管路应引至仪器 10m 以外的低洼处，人应处在上风位置。

2）防人身触电。工作负责人（监护人）应全面履行自己的安全监护职责，检查工作票上设备名称、编号应与检修设备一致；检查工作票所列安全措施是否正确、完备。工作前对被监护人员交待安全措施，告知危险点和安全注意事项。工作中应加强监护，保持足够的安全距离。在变电站应由两人放倒搬运楼梯。不准超越遮栏进入运行设备区。

3）防高空坠落。正确使用防滑绝缘梯；正确使用安全带；梯子须放置稳固，由专人扶持。

4）防高空落物伤人。正确佩戴安全帽；严禁工作人员站在工作处的垂直下方。高处工作应使用工具袋，工具、器材上下传递应用绳索拴牢传递，严禁抛掷。

5）防止漏气。采用专用接口连接气路，保证气路系统的密封性。操作时应轻、缓，避免阀门（如止回阀）出现故障。

（3）测试前准备工作。

1）查阅相关技术资料、试验规程，明确试验安全注意事项，编写作业指导书。

2）准备好表 Z13J3003Ⅱ-1 中的器具和材料。

表 Z13J3003Ⅱ-1　　　　　　　气体检测管法的器具和材料

序号	仪器	规格要求	备注
1	气体检测管	硫化氢（H_2S）、二氧化硫（SO_2）、氟化氢（HF）、一氧化碳（CO）、二氧化碳（CO_2）	在有效期内
2	气体取样器	1个	

续表

序号	仪器	规格要求	备注
3	设备充放气专用接头	1组	各厂家接头不同
4	切割器	1个	可使用尖嘴钳等代替

（4）测量步骤。

1）使用专用接头连接被测量设备取样阀。

2）使用切割器打开气体检测管两端熔封,将检测管按气流方向标示正确装入气体取样器。

3）连接气体取样器和专用接头,缓慢打开设备取样阀,让规定体积的SF_6气体流过检测管。

4）关闭设备取样阀,取下气体取样器和专用接头,卸下检测管。

（5）测试结果分析。观察检测管内指示剂的颜色变化区域,由颜色变化的深浅、长短得出样品中特定目标气体的含量。

（6）测试注意事项。

1）气体检测管管径较细,设备取样阀不能开启过快过大。

2）气体检测管不能随意丢弃,以免造成人身伤害。

2. 电化学传感器法

（1）方法原理。

电化学传感器由传感电极（或工作电极）和反电极组成,并由一个薄电解层隔开。气体首先通过微小的毛管型开孔与传感器发生反应,然后是憎水屏障,最终到达电极表面。通过电极间连接的电阻器,与目标气体浓度成正比的电流会在正极与负极间流动,测量该电流即可确定气体浓度。

（2）测试前准备工作。

1）查阅相关技术资料、试验规程,明确试验安全注意事项,编写作业指导书。

2）准备好下表中的仪器和材料。

表 Z13J3003 Ⅱ-2　　　　　电化学传感器法仪器和材料

序号	仪器	规格要求	备注
1	SF_6气体分解物检测仪	1台	
2	开关接头	设备充放气专用接头	各厂家接头不同
3	排气管	10m	
4	电源盘	1个	
5	进气管	聚四氟乙烯管	

（3）测量步骤。

1）使用专用接头连接被测量设备取样阀，用专用进气管连接专用接头和分解物检测仪，接好排气管。

2）缓慢打开设备取样阀，按仪器的说明书操作，一般在大气压力下的测试，控制气体流量在仪器的允许范围内，待读数稳定后记录气体杂质含量。

（4）测试注意事项。

1）测量压力要求与大气压力相同，仪器测量室出气口直接与大气相通。

2）设备充气量允许时，至少应该复测一次。

3. 气相色谱法

（1）方法原理。

以惰性气体（载气）为流动相，以固体吸附剂或涂渍有固定液的固体载体为固定相的柱色谱分离技术，配合热导检测器（TCD），检测出被测气体中的空气、CF_4、CO_2等气体杂质含量。

（2）测试前准备工作。

1）查阅相关技术资料、试验规程，明确试验安全注意事项，编写作业指导书。

2）准备好下表中的仪器和材料。

表 Z13J3003Ⅱ–3　　　　　　气相色谱法仪器和材料

序号	仪器	规格要求	备注
1	气相色谱仪	SF_6气体专用	
2	开关接头	设备充放气专用接头	各厂家接头不同
3	排气管	10m	
4	进气管	聚四氟乙烯管	
5	数据工作站	与色谱仪配合使用	

（3）测量步骤。

1）使用专用接头连接被测量设备取样阀，用专用进气管连接专用接头和色谱仪，接好排气管。

2）色谱仪预热稳定后，缓慢打开设备取样阀，按色谱仪和数据工作站的说明书操作，一般在大气压力下的测试，控制气体流量在仪器的允许范围内，待读数稳定后记录气体杂质含量。

（4）测试注意事项。

1）测量压力要求与大气压力相同，仪器测量室出气口直接与大气相通。

2）设备充气量允许时，至少应该复测一次。

为减少 SF$_6$ 气体排放量和工作量，近年来出现了将露点法、电化学传感器法、热导检测器法结合起来的多功能综合分析仪，可一次性检测 SF$_6$ 气体中的水分和空气、SO$_2$、H$_2$S 等杂质成分。

【思考与练习】

1. SF$_6$气体杂质现场检测方法有哪几种？

2. SF$_6$气体杂质现场检测方法主要检测哪些杂质成分？

3. 简述 SF$_6$ 气相色谱法测量步骤。

▲ 模块 4　SF$_6$电气设备现场补气（Z13J3004Ⅲ）

【模块描述】 本模块介绍 SF$_6$ 电气设备现场补气操作。通过要点归纳和步骤讲解，掌握 SF$_6$ 电气设备现场补气操作的内容、相关安全和技术措施、危险点分析及控制、作业前准备工作、操作步骤和注意事项。

【模块内容】

一、作业内容

对 SF$_6$ 电气设备现场补气。

二、方法原理

按图 Z13J3001Ⅲ-1 的连接方式，用不锈钢管或聚四氟乙烯管，把现场补气装置、SF$_6$ 钢瓶和待补气设备连接起来，开启钢瓶阀门和现场补气装置对设备进行补气。

三、现场补气的安全和技术措施

1. 工作票

在运行的变电站进行现场气体补气工作，应开具检修工作票，明确工作范围和工作时间以及安装工作区域。工作负责人及工作人员应明确安全责任。

2. 安全和技术措施

（1）对设备运行、试验及检修人员要进行专业安全防护教育及安全防护用品使用培训。

（2）设备运行、试验及检修人员使用的安全防护用品，应包括专用防护服、防毒面具、氧气呼吸器、手套、防护眼睛及防护脂等。安全防护用品必须符合 GB 11651—2008《个体防护装备选用规范》规定，并经国家相应的质检部门检测，具有生产许可证及编号标志、产品合格证。工作人员佩戴防毒面具或氧气呼吸器工作时，要有专门监护人员在现场监护。

（3）安全防护用品应存放在清洁、干燥、阴凉的专用柜中，设专人保管并定期检查，保证其随时处于备用状态。

（4）工作结束后，使用过的防护用具应清洗干净。

（5）户外设备充装 SF_6 气体时，工作人员应在上风方向操作；室内设备充装气体时，要开启通风设备，并尽量避免和减少 SF_6 气体泄漏到工作区。

（6）在进入现场工作之前，要先明确工作目的和职责范围，进入现场以后要戴好安全帽，在现场负责人的安排下进行工作，不能在工作区域以外的地方随意走动，更不能随便触摸现场的电气开关。

四、危险点分析及控制

现场补气工作应做好危险点分析及控制，主要做好以下几方面的工作。

（1）补气设备电气部分都应具备良好的接地。

（2）应做好防雨防湿措施。

（3）应配有必要的防毒设施。

（4）操作者应与带电设备保持足够的安全距离。

五、作业前准备

（1）查阅相关技术资料、设备操作规程，明确操作安全注意事项，编写作业指导书。

（2）设备与材料：SF_6 充气装置、SF_6 气体、配套管道和配套接头。

（3）查阅待补气设备的资料，记录现场环境温度、湿度，对待补气设备的气体压力等状况做详细记录。

（4）检查补气装置，使其保持清洁、干燥、不漏气，连接管道应密封良好、不漏气。

六、操作步骤

（1）按照图 Z13J3004Ⅲ-1 将补气装置与 SF_6 钢瓶连接，并使钢瓶倒置，利用配套接头将补气装置和设备的充放气阀门连接。

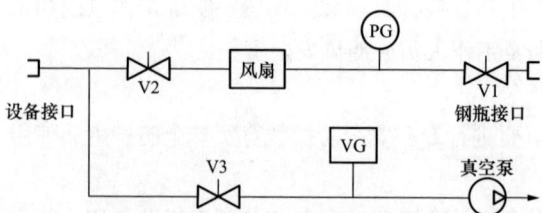

图 Z13J3004Ⅲ-1　SF_6 充气装置原理

（2）打开充放气阀门，利用现场补气装置内置的真空泵对连接管道抽真空，达到去除空气的目的。

（3）若设备内没有余气，则需用充气装置的真空泵对设备进行抽真空。

（4）待真空度达到要求时，关闭真空泵，打开 SF_6 钢瓶阀门，再将钢瓶内的 SF_6 以液态形式进入补气装置的换热风扇，将液态 SF_6 变为气态进入设备。

（5）观察设备的密度继电器和气压计，达到设备铭牌规定的气压立即停止补气。

（6）依次关闭设备充放气阀、SF_6 钢瓶阀门和现场补气装置。

（7）若一瓶 SF_6 气体不够，需更换 SF_6 钢瓶，重复 1~6 步骤。

七、操作注意事项

（1）气体管路应采用不锈钢管或聚四氟乙烯管。

（2）整个补气系统如压力表和真空计、管道等都必须进行检漏。

（3）冬天气温较低时，为保持合适的充气速度，可采用非明火方式对 SF_6 钢瓶进行加热，但温度不得高于 40℃。

【思考与练习】

1. 画出 SF_6 充气装置原理图，简述现场补气的过程。

2. 现场补气工作的安全及技术措施有哪些？

3. 现场补气工作的操作注意事项有哪些？

▲ 模块 5　SF₆回收净化装置的使用（Z13J3005Ⅲ）

【模块描述】本模块介绍 SF_6 回收净化装置的使用。通过要点归纳和步骤讲解，掌握 SF_6 电气设备现场补气操作的内容、相关安全和技术措施、危险点分析及控制、作业前准备工作、操作步骤和注意事项。

【模块内容】

一、SF₆回收装置的使用

SF_6 回收回充设备主要用于对 SF_6 电气设备检修前的气体抽空和检修后的气体回充。

设备包括气路部分和电气控制部分：气路部分包括高压电磁阀、高压手动阀、减压阀、安全阀、单向阀、数显真空计、压力表、真空泵、吸附装置、换热装置、压缩机等组成的回收回充及抽真空气路；电气控制部分包括交流接触器、功率继电器、可编程控制器等组成的梯形控制电路，通过控制交流接触器与功率继电器控制气路电磁阀、真空泵、压缩机、换热装置的工作状态，完成气体回收回充及抽真空过程。

主要功能模块有压缩机前管路抽真空、压缩机后管路抽真空、钢瓶抽真空、电气设备抽真空、气体回收、气体回充。其外观图如图 Z13J3005Ⅲ-1 所示。

图 Z13J3005Ⅲ-1　SF_6 回收回充装置外观图

1. SF$_6$回收装置的结构

（1）原理。回收回充设备原理图见图 Z13J3005Ⅲ-2，图中阀 3、4 为高压电磁球阀，在某一动作模块启动时由模块操作打开，模块结束时由模块操作关闭；手动截止阀 1、2、5 相当于紧急手动检修阀，常闭，当回收、回充、抽真空时分别连接钢瓶（或储罐）和电气设备后，再打开。

注意：抽真空时，由 PG3 引出压力信号到电接点，把信号反馈给 PLC。抽真空结束后必须将阀 4 关闭。管路中若有压力，必须卸压后再打开阀 4，以免因压力冲击损坏真空泵。

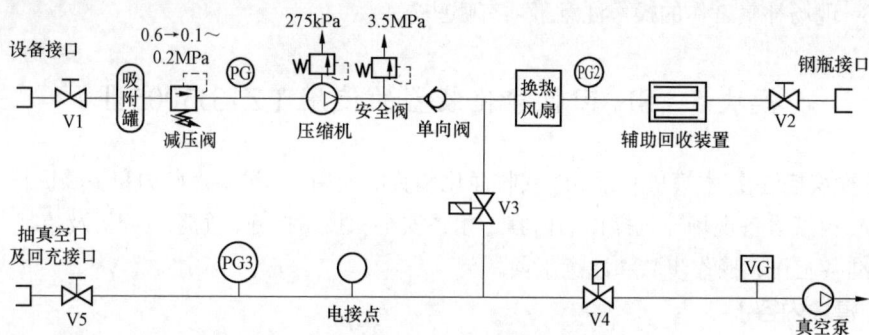

图 Z13J3005Ⅲ-2 回收回充设备原理

回收回充设备操作图见图 Z13J3005Ⅲ-3。

（2）部件说明。设备由屏柜壳体、智能监控器、工作管路、动力装置部分组成。屏柜壳体由 PLC 触摸屏、WIKA 真空压力表、真空计、启动与停机按钮、电源指示灯等组成。

（3）设备附件说明。设备标准配置为：3m 高压胶管 2 根、设备封头 3 只、钢瓶接头壹套、设备防护套壹套，高压液体阀门 2 只；如配套辅助回收设备，另加 2m 高压胶管 1 根。

2. SF$_6$回收装置的操作

（1）设备使用条件。

1）控制柜运行环境温度-20℃～+50℃。

2）运行地点无爆炸尘埃，没有腐蚀金属和破坏绝缘的气体和蒸汽。

3）无剧烈震动和冲击，垂直倾斜角度不超过 5%。

4）交流电压频率波动范围不超过 10%。

（2）操作面板介绍。

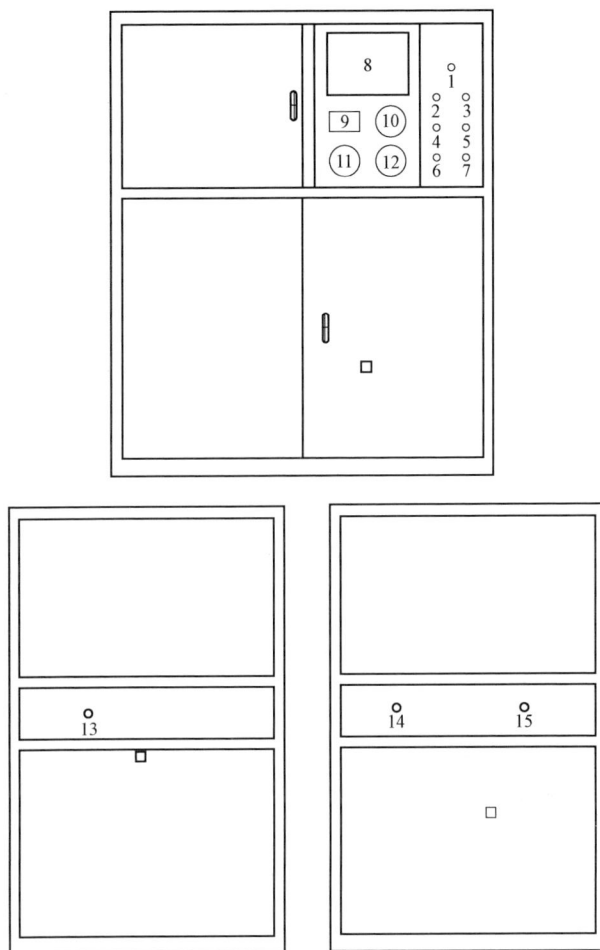

图 Z13J3005Ⅲ-3 SF₆回收装置面板图

1—总开关；2—紧急制动；3—电源报警；4—启动按钮；5—电源指示灯；6—停止按钮；7—运行指示灯；
8—触摸屏；9—真空计数字显示器；10—回充压力表；11—回收初压力表；12—回收终压力表；
13—设备接口；14—钢瓶接口；15—抽真空回充接口

3. SF₆回收装置的维护

（1）运输。设备是一个整体，没有移动的管路和阀门，随机的附件有连接管路。设备和附件是同时运输，仅在现场进行工作时需要连接。

（2）接收。设备到达现场后，用户应会同厂家代表对到达的设备进行检查，如发现设备损坏或缺件，应尽快提出书面报告。

（3）起吊。起吊搬运时应仔细操作，遵守安全操作规则，避免碰撞或损坏设备。

（4）安放。设备储存在库房内，应加以适当的防护，防止过量的灰尘、水气及有害气体，以免天气和环境的影响对设备造成损坏。

（5）维护。SF_6回收装置出现的故障现象、产生原因及解决方法见表 Z13J3005Ⅲ-1。

表 Z13J3005Ⅲ-1　　　　　 SF_6回收装置出现的故障现象、
产生原因及解决方法

故障	原因	解决方法
真空泵不能达到正常工作压力；驱动电机消耗电流过多（与刚启动时相比较）；系统抽真空时间过长	真空系统或进气管线泄漏	检查管道或管路是否泄漏
	真空释放阀/调节系统调节错误或损坏（若安装真空释放阀/调节系统）	调节、维修或更换新零件
	油被污染（最常见原因）	更换油
	油箱内无油或油不足	加油
	排气过滤器堵塞	更换排气过滤器
	油过滤器堵塞（油只通过旁通道流动，不在得到过滤）	更换油过滤器
	进气滤网堵塞	清洗滤网，如果需要经常清洗，请顺气流方向安装过滤器
	进气口过滤器堵塞（若进气口处安装了过滤器）	清洗或更换过滤器
	进气、排气或压力管道堵塞	排除堵塞物
	进气、排气或压力管道直径太小或管道长度过长	更换或符合要求的管道
	进气止回阀片完全密封或只有部分敞开	打开进气阀，清洗进气滤网和进气阀
	油管损坏或泄漏	拧紧接口，更换接口或管道
	浮子阀在开放处被粘住（若真空泵配有浮子阀及回油管）	浮动浮子阀，必要时请更换
	轴封泄漏	更换密封圈（只能由厂家专业人员操作）
	某个排气阀没有安装好或卡在半开的位子	拆开或重新安装排气阀（只能由 Busch 公司专业人员操作）
	一个旋片卡在转子内或损坏	使旋片自由滑动或更换新的旋片（只能 Busch 公司专业人员操作）
	转子与汽缸的径向间隙不适合	重新调节真空泵（只能由 Busch 公司专业人员操作）
真空泵不能启动	驱动电机电压不正确或过载	提供电机正确的电压
	电机启动器过载保护太小或设定值太低	将电机启动器过载保护的设定数据与电机铭牌的数据相对照，必要时应校正。如果环境温度过高：可将设定值根据正常电机电流提高 5%

续表

故障	原因	解决方法
真空泵不能启动	保险丝熔断	检查保险丝
	如果真空泵配置交流电机：电机的电容器损坏	修理电机（只能由生产厂家专业人员操作）
	电缆线口径太小或尺寸太长，导致电压下降	使用合适的电缆
	真空泵或电机卡死	确认电机已断电，断开风扇罩。用手盘动电机和真空泵，如果手盘不动，将电机从泵上拆下，分别检查真空泵和电机，如果真空泵卡死，应维修泵（只能由生产厂家专业人员操作）
	电机损坏	更换电机（只能由生产厂家专业人员操作）
有异常噪声	轴承损坏	修理真空泵（只能由生产厂家专业人员操作）
	联轴器损坏	更换联轴器
	旋片损坏	修理真空泵（只能由生产厂家专业人员操作）。只能使用生产厂家推荐的油并且需要经常更换
真空泵冒烟或排放气体时油溅出	某个排气过滤器没有安装好	检查排气过滤器是否安装在合适的位置
停止时压力损失	单向阀可能会泄漏	检查单向阀是否泄漏
	其他电枢可能泄漏	检查其他电枢是否泄漏
	阀门密封及管路可能存在泄漏	检查阀门密封及管路
压缩机没有压力或不能停止	检查阀门的连接及密封情况，清理垫圈及金属板间的污垢	检查阀门的连接及密封情况，清理垫圈及金属板间的污垢
	活塞环可能存在问题	检查活塞环，有必要则更换
	存在压缩空气管路及泄漏问题	检查压缩空气管路及泄漏量
	连接器会存在消耗	连接器消耗严重，检查
压缩机过热	单向阀可能存在问题	检查单向阀是否起效
	压力问题	检查压力：连续运行的最大停止压力为 1.6MPa；短时运行的最大停止压力为 2MPa
	运行/停止存在问题	检查运行/停止：停止压力超过 0.2MPa；运行与停止的比例必须为 1:1

二、SF₆净化装置的使用和维护

在现场由回收回充设备回收后的 SF₆ 气体质量无法达到新气标准，要使回收后的 SF₆ 气体质量达到新气标准，必须使用 SF₆ 净化装置进行处理。下面介绍一种新研制的 SF₆ 气体净化处理系统（SFCL–I 型），见图 Z13J3005Ⅲ–4。该系统共有钢瓶倒转单元、缓冲处理单元、动力单元、尾气深冷分离单元（含低温液体灌瓶设备）4 个单元。系统采用模块化设计，各单元间采用软管连接，便于设备适应于狭窄空间的摆放。

图 Z13J3005Ⅲ–4　SFCL–I 型 SF$_6$气体净化处理系统

系统组合使用变压吸附、空气分离及机械制冷式尾气深冷分离技术，处理回收率≥95%，回收后的气体经处理后达到 GB/T 12022—2014《工业六氟化硫》要求：气体纯度≥99.9%，空气含量≤300×10^{-6}（质量分数），湿度≤≤100×10^{-6}（质量分数）。

1. SF$_6$净化装置的结构

处理系统流程见图 Z13J3005Ⅲ–5。

图 Z13J3005Ⅲ–5　SF$_6$气体处理流程图

（1）工作流程。

1）一次处理流程。钢瓶被倒转单元夹紧后，倒转，达到设定高度后，通过带手动球阀的压力软管连接到缓冲处理单元，将钢瓶内的高压 SF$_6$ 液体经蒸发后变成 0.6MPa 的低压气体，流向处理单元吸附塔内，将旧气中的杂质及水分等吸附后，通过动力单元抽向尾气深冷分离单元，达到设定报警液位后停止进气，进行降温。

降温达到-35℃左右时，利用动力单元间歇抽出深冷单元中的尾气，并存储在动力单元储气罐内。

当深冷单元的尾气分离过程达到设定值后，利用低温液泵将深冷容器内的低温液体抽至钢瓶内。

2）二次处理流程。当动力单元储气罐的压力达到一定值后，再经处理单元储气罐重新进入深冷分离单元容器中，经深冷、固化后，放掉气态空气并抽真空，再将固态SF₆液化后在低温低压下灌钢瓶。

（2）各部件介绍。介绍缓冲处理单元、动力单元、尾气深冷分离单元。

1）缓冲处理单元。缓冲处理单元由外围壳体、吸附装置、缓冲装置、智能在线检测仪表、换热装置、电气控制和尾气处理部分组成，其外观及示意图见图 Z13J3005Ⅲ-6、图 Z13J3005Ⅲ-7。设备外形尺寸为长×宽×高=1400×1400×2300（单位为 mm）。

外围壳体由运行表头、湿度显示、温控显示、电气开关面板（包括电源总开关、风扇启/停开关、加热开关、报警指示、电源指示和加热指示灯指示等）等组成。

图 Z13J3005Ⅲ-6　缓冲处理单元外观

2）动力单元。设备由屏柜壳体、控制电器、工作管路、动力设备、进气吸附罐、抽真空设备、气体存储罐等组成。外形尺寸为 1600（高）×1400（长）×1200（宽）（单位为 mm），见图 Z13J3005Ⅲ-8。所配的定向轮及万向轮可方便设备在与其他单元联合处理气体时的固定，也方便作为单独的回收设备移动到现场收气。面板由屏柜壳体、真空计显示器、压力表头、总开关按钮、报警灯、设备运行灯等组成。

屏柜壳体由压力表、真空计显示器、启动与停机按钮、报警灯、设备运行指示灯、电源指示灯等组成；控制电路由集成线路、压力控制器、电器控制器以及控制设备组成；工作管路由高压球阀、低压球阀、DN15 和 DN20 的高压不锈钢管、安全阀、压力表引出铜管等组成；动力设备由进口压缩机、耐压软管等组成；进气吸附罐由罐体、过滤网和吸附剂等组成；抽真空设备由进口真空泵、真空计、控制部分等组成；气体存储罐体积 110L，配有安全阀。

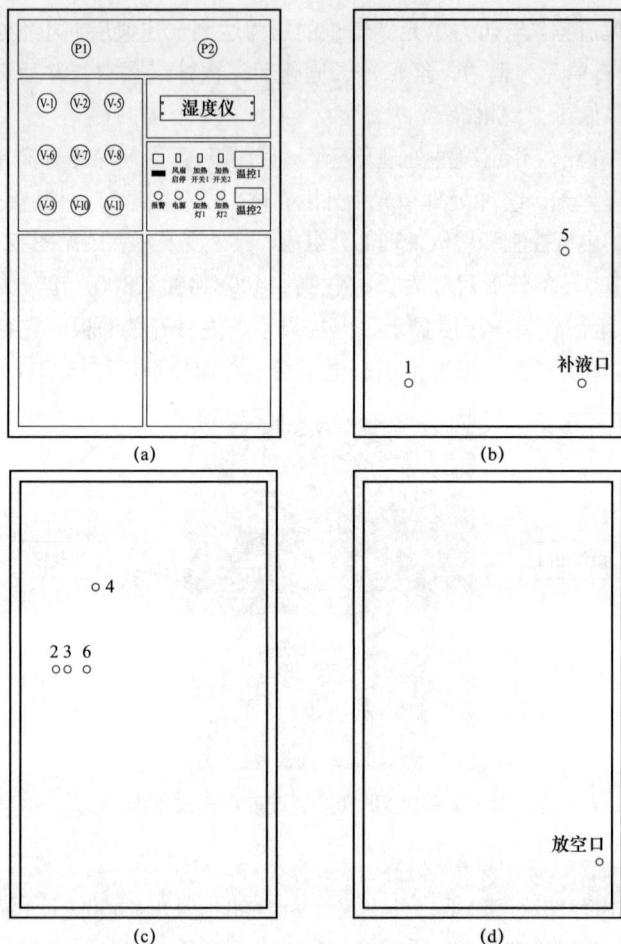

图 Z13J3005Ⅲ-7 缓冲单元面板示意图

（a）缓冲单元面板正视图；（b）缓冲单元面板左视图；（c）缓冲单元面板右视图；（d）缓冲单元面板背视图

P1—吸附管出口压力；P2—缓冲罐压力；V-1—钢瓶接口阀；V-2—动力单元储气罐接口阀；

V-5—湿度仪取样阀；V-6—动力单元抽处理单元真空接口阀；V-7—处理合格气体进冷阱出口阀；

V-8—二次尾气入口阀；V-9—氮气入口总阀；V-10—碱液箱排气阀；V-11—氮气入口阀；

1—钢瓶接口；2—动力单元储气罐接口；3—处理单元抽真空接口；4—合格气进深冷接口；

5—吸附剂再生高纯氮入口；6—二次尾气入口

注 1. 补液口是当碱液箱内液面下降到一定液位后补充碱液的进口。

2. 放空口为碱液箱二次尾气和再生吸附剂冲氮排放口。

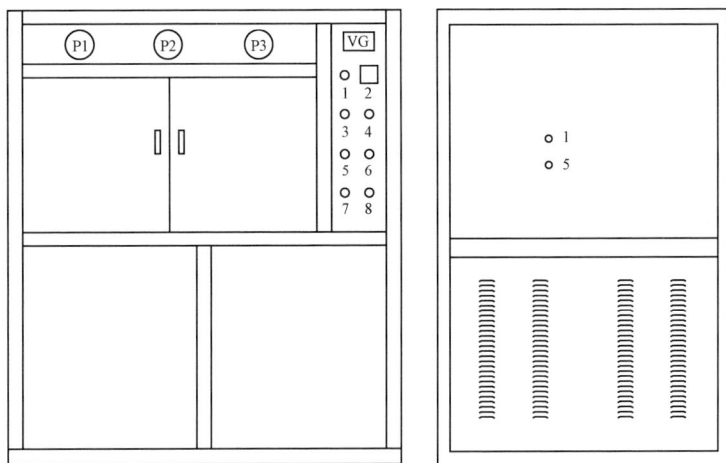

图 Z13J3005Ⅲ-8　动力单元柜体正视图

1—报警指示灯；2—总开关按钮；3—电源指示灯；4—风扇启停按钮；5—压缩机运行按钮；

6—压缩机停止按钮；7—真空泵运行按钮；8—真空泵停止按钮

VG——真空计数字显示；P1、P2、P3——各压力值

3）尾气深冷分离单元。尾气深冷分离单元如图 Z13J3005Ⅲ-9、图 Z13J3005Ⅲ-10 所示，其各个按钮及显示功能如下：

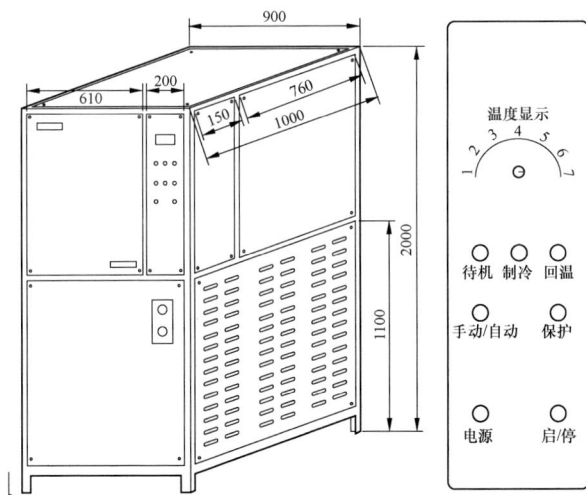

图 Z13J3005Ⅲ-9　深冷主机及其控制面板

1—压缩机排气温度；2—待机温度；3—制冷出口温度；4—深冷设备容器温度；

5—设备一级温度；6—设备二级温度；7—回口温度

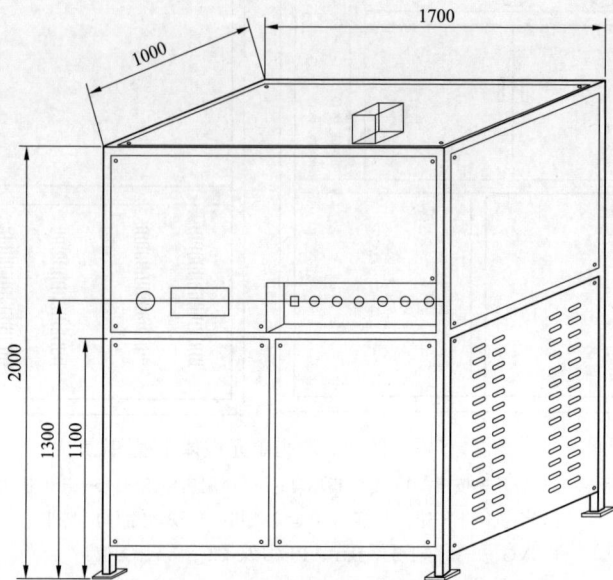

图 Z13J3005Ⅲ-10 深冷分离设备容器

温度显示：显示尾气深冷分离设备蒸发器盘管表面温度。

待机按钮及指示：按下此键，尾气深冷分离设备处于待机工作状态，指示灯亮。

制冷按钮及指示：按下此键，尾气深冷分离设备处于快速制冷工作状态，指示灯亮。

回温按钮及指示：按下此键，尾气深冷分离设备处于快速回温工作状态，指示灯亮。

保护指示及复位按钮：当系统有故障时，该指示灯亮，排除故障后，需按此键，指示灯灭，才能重新进入正常工作状态。

电源指示：打开电源开关后，此灯亮。

选择开关：手动/自动选择。

启/停按钮：尾气深冷分离设备工作开关，按下此键，压缩机启动，尾气深冷分离设备直接进入待机工作状态。

2. SF_6 净化装置的操作

（1）原理及配管图。

系统整体布局为：钢瓶倒转——处理单元——动力单元——深冷设备容器（含低温液泵）——灌瓶——深冷设备主机，其原理及配管图如图 Z13J3002Ⅲ-11 所示。

湿度仪监测口DN8

钢瓶接口 DN15 M22×1.5内

DN15 M22×1.5内
合格气进冷阱入口

高0.3 m

DN25 M30×1.5内

冲氮口

高1.0 m

储气罐接口
DN15 M22×1.5内

补液口
DN10

DN15 M30×1.5内
抽真空接口

碱液箱尾气排空口
DN10

高0.3 m

氮气冲洗尾气排空口

深冷二次尾气

高1.3 m

钢瓶倒转

处理单元

高1.7 m

高1.3 m

DN15 M22×1.5内
合格气进动力接口

抽钢瓶尾气入口 DN15 M22×1.5内

高1.2 m

抽钢瓶真空接口 DN25 M30×1.5内

高1.3 m

储气罐出口
DN15 M22×1.5内

高1.3 m

抽处理单元真空接口 DN25 M30×1.5内

高1.3 m

真空泵出口 DN25 M30×1.5内

高1.3 m

抽冷阱真空接口

DN15 M22×1.5内　DN15 M22×1.5内

动力单元接辅助
回收接口

DN15 M22×1.5内
抽冷阱尾气入口

高1.4 m

DN25 M30×1.5内
抽冷阱真空接口

高1.3 m

φ250

动力单元
因加轮，整体高度提高250 mm

外配碱液箱

高1.5 m

DN10
纯度仪监测口

排空口 M22×1.5内
DN15

DN15 M22×1.5内
处理单元合格气入口

高1.7 m

DN15 M22×1.5内
动力单元间歇抽气口

高1.4 m

抽真空DN25 M30×1.5内

高1.3 m

G1/2内

钢瓶

出液口
M39×2内

回气口
M39×2内

回气口
DN15 M39×2内

排液口
M39×2内

排液口 DN20 M39×2内

低温液体泵

深冷尾气分离

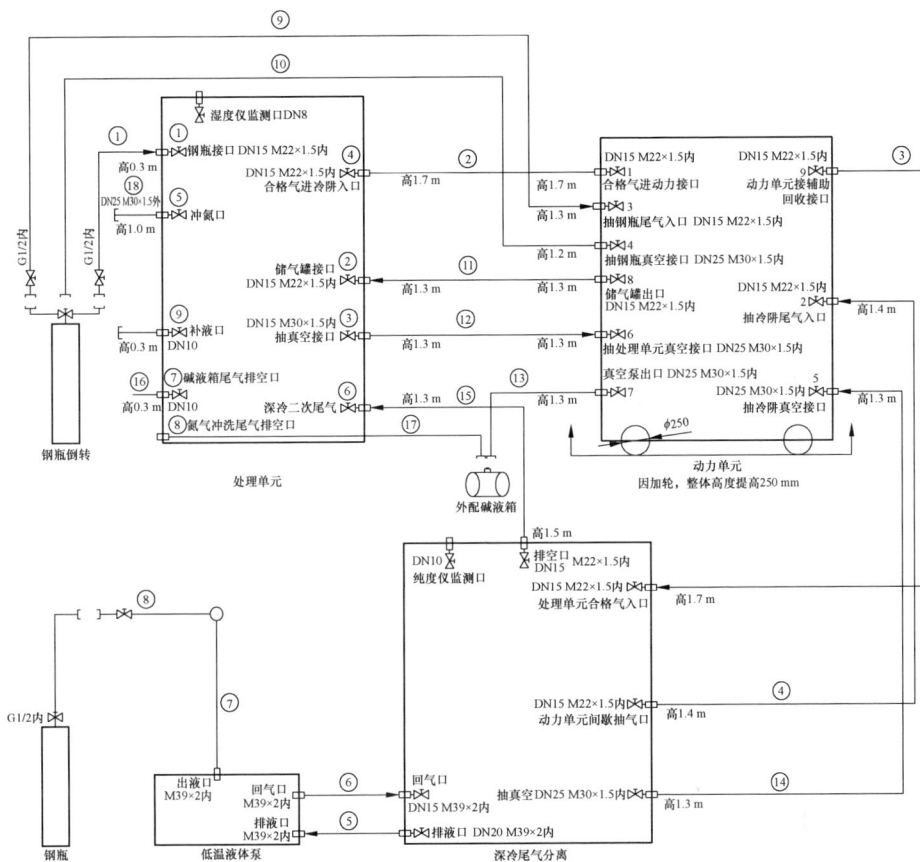

工作流程说明：

1 设备预抽真空 A 抽处理单元真空：⑫

　B 抽深冷设备真空：⑭

2 一次处理流程 A 合格气体产生：⑫ ──→ ② ──→ ③ ──→ ④ （纯度合格）──→ ⑤ （如液泵不能排液,则打开排空阀加速液体流出）──→ ⑦ ──→ ⑧
　（湿度合格）　　　　　　　　　　　间歇抽气　　　　　　　　　⑥ 液态灌瓶（约20min即满一瓶,10min左右即要人员到位）

　B 钢瓶尾气收集：⑨

　C 抽钢瓶尾气真空：⑩

3 二次处理流程 ⑪ ──→ ② ──→ ③ ──→ 固化 ⑮ ──→ ⑭ ──→ ⑤ （如液泵不能排液,则打开排空阀加速液体流出）──→ ⑦ ──→ ⑧
　　　　　　　　　　　　　　　完毕　完毕　　　　　　　　　　⑥ 液态灌瓶（约20min即满一瓶,10min左右即要人员到位）
　　　　　　　　　　　　　　　排气　抽真空

配管说明：

① 聚四氟	DN15 4.0MPa 1.5m	② 普通胶管	DN15 1.0MPa 0.7m	③ 普通胶管	DN15 4.0MPa 1.7m
④ 聚四氟	DN15 1.5MPa 0.5m	⑤ 金属波纹管	DN25 1.0MPa 0.8m	⑥ 金属波纹管	DN25 1.0MPa 0.5m
⑦ 不锈钢	DN15 壁厚2mm 2m	⑧ 聚四氟	DN15 6.0MPa 2.0m	⑨ 普通胶管	DN15 1.0MPa 1.5m
⑩ 普通胶管	DN25 1.0MPa 1.5m	⑪ 普通胶管	DN15 1.0MPa 0.5m	⑫ 普通胶管	DN25 1.0MPa 0.5 m
⑬ 普通胶管	DN25 1.0MPa 1.5m	⑭ 聚四氟	DN25 1.0MPa 0.5m	⑮ 普通胶管	DN15 1.0MPa 3.5m
⑯ 普通塑料管	DN10 0.4MPa 2.0m	⑰ 不锈钢	DN25 1.0MPa 3.0m	⑱ 普通胶管	DN15 4.0MPa 1.0m

图 Z13J3005Ⅲ-11　SF₆净化装置原理及配管图

（2）管路连接。

1）处理流程管路连接。

a. 钢瓶固定在倒转单元上；

b. 处理单元进气口（1 口）与钢瓶连接。选用图中管路①。

c. 处理单元合格气出口（4 口）与动力单元压缩机进气口连接。选用图中管路②。

d. 动力单元出口（9 口）与深冷设备合格气入口连接。选用图中管路③。

e. 深冷设备排气口与动力单元抽深冷尾气入口（2 口）连接。选用图中管路④。

f. 深冷设备排液口与低温液泵进气口连接（加保温层）。选用图中管路⑤。

g. 低温液泵回气口与深冷设备回气口连接（加保温层）。选用图中管路⑥。

h. 低温液泵出液口硬管连接至出口压力控制装置（加保温层）。选用图中管路⑦。

i. 从出液口压力控制装置连接不锈钢软管至钢瓶。选用图中管路⑦。

2）钢瓶尾气收集管路连接。

a. 抽钢瓶尾气：将处理后的钢瓶用软管同动力单元抽钢瓶尾气入口（3 口）连接。选用图中管路⑨。

b. 抽钢瓶真空：将处理后的钢瓶同动力单元钢瓶抽钢瓶真空接口（4 口）连接。选用图中管路⑩。

3）二次处理流程管路连接。

a. 动力单元的处理单元接口（8 口）同处理单元储气罐接口（2 口）连接。选用图中管路⑪。

b. 深冷设备抽真空接口同动力单元抽深冷设备真空接口（5 口）连接。选用图中管路⑭。

c. 动力单元真空泵尾气出口（7 口）同外配碱液箱连接。选用图中管路⑬。

d. 深冷设备排空口与处理单元二次尾气入口（6 口）连接。选用图中管路⑮。

e. 碱液箱尾气出口用软管通过处理单元排空口（7 口）连接至室外下风口。选用图中管路⑯。

4）吸附剂冲氮再生管路连接。

处理单元 5 口与高纯氮钢瓶连接。

处理单元 8 口用胶管连接至外配碱液箱。选用管路⑯。

5）注意事项。

a. 各管路连接除球面密封其他均用四氟垫密封，连接后检查气密性合格方可试验。

b. 处理单元碱液箱补液采用塑料软管。

（3）设备操作（整个操作过程中，处理单元碱液箱尾气排空口常开）。

1）设备处理前抽真空。

a. 抽处理单元真空：处理单元抽真空接口（3口）同动力单元抽真空接口（6口）连接。选用图中管路⑫。

b. 抽深冷设备真空：深冷设备抽真空接口同动力单元抽深冷设备真空接口（5口）连接。选用图中管路⑭。

2）处理单元抽真空。

a. 打开处理单元抽真空阀（V_6）、动力单元抽处理单元真空阀（V_8），启动动力单元抽真空按钮，抽到相应真空值。

b. 注意事项：在抽真空前保证处理单元中没有气体，以免冲坏真空泵。

3）深冷设备抽真空。

a. 打开深冷设备抽真空阀、动力单元抽深冷设备真空阀（V_7），启动动力单元抽真空按钮，抽到相应真空值。

b. 注意事项：抽真空前确认深冷设备容器内常温、无压力或接近负压，以免冲坏真空泵。

4）气体一次处理流程。

a. 不使用的接口用闷头密封（处理单元8、9口），保证两位三通高温阀流向吸附罐方向和过滤器方向通，其他所有阀门关闭。

b. 打开水源将冷水塔底部水池装满水。

c. 接通倒转单元、处理单元、深冷设备及其冷水塔电源。

d. 运行深冷设备冷水塔。

e. 打开深冷设备主机电源，启动制冷按钮。

f. 钢瓶夹紧、提升后，手动启动倒转开关，将钢瓶倒转至适当倾斜度。

g. 使深冷设备制冷保持在−45℃左右时，进行以下步骤h～q。

h. 将钢瓶阀门和钢瓶端手动球阀打开适当开度，不宜过大。

i. 打开处理单元总开关，电源指示灯亮，启动风扇。

j. 打开处理单元钢瓶进气阀（V_1），使气体以合适稳定的流量流入缓冲罐。

k. 当缓冲罐中有一定压力时，调节减压阀，控制流量计的流量在8～12m³/h（2.2～3.3L/s）范围内。

l. 打开处理单元湿度仪取样阀（V_5），测试处理后的 SF₆ 的湿度（温度−47.7℃以下、湿度40ppm以下）。

m. 测量处理气体合格后，打开处理单元合格气体出口阀（V_7）和动力单元压缩机进口阀（0.2MPa以下）、出口阀，深冷设备进气阀，向深冷设备进气。

n. 连续进气达到液位报警，关闭深冷设备进气阀和钢瓶阀门，暂停进气，继续制冷到−40℃左右，接通动力单元电源，打开深冷设备抽气阀和动力单元抽深冷尾气入口

阀 V_2（控制开度使压缩机前端压力在 0.2MPa 以下）和储气罐入口阀（V_4），抽深冷设备尾气 1～2min 后关闭 V_2。

  o. 在抽深冷尾气的同时，在线监测深冷容器内气体纯度，过高则不用抽。

  p. 处理气体同时观察深冷设备容器压力和动力单元储气罐压力，防止超压。

  q. 在线监测 SF_6 纯度，如没达到合格值（99.9%以上），重复 N、O 步骤，直到合格。

  r. 打开深冷设备主机的"回温"按钮，维持在 -35～-45℃，使容器内 SF_6 变为液态。

  s. 打开深冷设备排液阀，使液体流向低温液泵，稍停片刻打开深冷设备回气阀，启动低温液泵，将转速逐渐调大至 90rad/s，听液泵活塞有没有清脆的声音：有则表明有液体流过；无则表明此时还没有液体流过，打开深冷设备排空阀使液体加速流出使系统液体循环后再关闭。将放在磅秤上钢瓶的相关阀门打开，开始灌瓶（≤50kg），速度约 30min/瓶。

  5）二次处理流程。

  a. 重复上述气体一次处理流程 a、b、d、e、g。

  b. 将动力单元储气罐出口阀（V_4）、处理单元储气罐入口阀（V_2）打开适当开度。

  c. 重复上述气体一次处理流程 i、k、l、m。

  d. 待储气罐中气体处理完以后，制冷到 -50.8℃ 以下使深冷容器内 SF_6 固化。

  e. 将深冷设备排空阀、回气阀、处理单元深冷二次尾气入口阀（V_8）和碱液箱排气阀（V_{10}）打开，待排空到常压，关闭阀门。

  f. 打开深冷设备抽真空口、动力单元抽深冷设备真空口（V_7）和真空泵尾气出口阀（V_9）进行抽真空。

  g. 待抽真空到适当值，停止抽真空，关闭上部（f）中打开的阀门。再打开深冷设备主机的"回温"按钮，维持在 -35℃～-45℃，使容器内 SF_6 变为液态。

  h. 打开深冷设备监测阀，测试 SF_6 纯度，直至达到合格值（99.9%以上）。

  i. 重复上述气体一次处理流程 s。

  6）钢瓶尾气收集。

  a. 将处理后的钢瓶，连接到动力单元"抽钢瓶尾气入口"，启动动力单元压缩机，打开动力单元抽钢瓶尾气阀（V_3）和钢瓶，将钢瓶中的剩余尾气集中到动力单元储气罐中。

  b. 关闭相关阀门，拆卸钢瓶待抽真空。

  7）抽钢瓶真空。

  a. 将抽过尾气的钢瓶连接到动力单元抽真空接口，打开钢瓶阀门，启动抽真空按钮，达到相应真空值。抽完阀复位。

b. 注意事项：在抽真空前确认钢瓶中压力接近负压，以免冲坏真空泵。

3. SF₆净化装置的维护

（1）设备储运。

1）接收。设备到达现场，用户应会同厂家代表对到达的设备进行检查，如发现设备损坏或缺件，应尽快提出书面报告。

2）起吊。起吊搬运时应小心操作，避免碰撞或损坏设备。

3）储存。设备在不运行时，应适当地加以防护，不用的封口不准拆除。库房内应有防止过量的灰尘、水气及有害气体的措施，以免天气和环境的影响对设备造成损坏。

（2）设备维护。设备安装、调试好后应严格按照使用说明书操作，不得随意拆装，运行完后应关闭所有阀门，锁好设备柜门和电器箱，切断电源，裸露在外面的阀门要做适当的防护以防灰尘进入污染管路。

1）尾气深冷分离单元的维护及保养。

a. 运行时应随时检查压缩机冷冻油是否充足，从视油孔观察，以其液面不低于中线为准。若发现油量不足或油质变差，应及时与厂家联系。

b. 若设备中途停机，必须在停机 5min 以后方能再次启动，否则会影响压缩机的工作性能和使用寿命，甚至损坏设备。

c. 若设备超过三天停机时，按首次启动操作。先关闭平衡罐，开机后若高压超过 2.8MPa 应立即停机，过 5min 后再次启动，待高压低于 2.0MPa 后再打开平衡罐。

d. 随时检查冷却循环水是否正常，循环水应采用洁净工业软水，其水温不应高于 +30℃。

e. 运行时低压工作压力不应低于 0.05MP，若低压过低必须马上停机，待压力平衡后再开机，若"待机"工作状态超过 8h，应停机，在制冷前 1h 再开机。

f. "回温"工作状态为非正常工况，回温时间一般为 3～5min；禁止设备在"回温"状态下长期运行。

g. 在尾气深冷分离设备周围禁止有高温、明火或在管路附近进行焊接、切割等。当发生工质大量泄漏时，应立即采取通风、排气措施，并绝对禁止明火。

h. 在保修期内，如用户使用不当所引起的设备损坏，厂家负责维修，但维修及配件费用由用户支付。

i. 设备发生故障后，请保持设备原状，并通知厂家，由厂家维修人员指导或到现场分析，确定处理意见，未经厂家允许，他人不应拆装、检修，否则不予保修。

2）尾气深冷分离设备在长期运行后可能会遇到以下故障（见表 Z13J3005Ⅲ-2）。

表 Z13J3005Ⅲ-2　　　　尾气深冷分离设备出现的故障现象、
产生原因及解决方法

现象	原因分析	解决办法
阀芯漏气	固定球阀的螺丝松动、四氟垫损坏、阀芯损坏	紧固螺丝、更换四氟垫和阀芯
连接处漏气	没装四氟垫、损坏、焊点虚焊	更换四氟垫、补焊
气流不畅	过滤器被堵、油污过大	清洗或更换过滤器滤芯
湿度不合格	气密性不好、吸附剂吸附效果下降	检查气密性、再生吸附剂
湿度仪故障		参见湿度仪使用说明书
风扇不运行	相序错误	断开电源，调节相序

3）压缩机常见故障的排除（见表 Z13J3005Ⅲ-3）。

表 Z13J3005Ⅲ-3　　压缩机常见故障现象、产生原因及解决方法

故障	原因	解决方法
压缩机不能达到正常工作压力	压缩机系统或进气管线泄漏	检查管道或管路是否泄漏
	压缩机没有工作	检查电源、相序
	压缩机后端泄漏	检查压缩机出口螺纹紧固件
	压缩机出口压力表泄漏	紧固压力表接头
	压力表故障	更换压力表
	压缩机故障	厂家维修
压缩机安全阀起跳	前端进气压力大	调节阀门减小进气压力
	后端出气压力大	停止压缩机工作或处理储气罐气体减小压力
有异常噪声、振动大	安装螺栓松动	紧固安装螺栓
	压缩机内部故障	厂家维修
停止时压力损失	内部泄漏	厂家维修
	管路泄漏	检查进气和出气管路并紧固螺纹连接件
	螺纹连接件泄漏	更换四氟垫片或紧固
压缩机没有压力或不能停止	进气阀门没有开启	打开进气管路阀门
	后面管路连接空气	关闭储气罐后端管路阀门
	电气控制故障	排查电气线路
	压缩机停止按钮坏	更换按钮
	压力表故障	更换压力表
	运行/停止存在问题	检查运行/停止

4）换热风扇常见故障的排除（见表 Z13J3005Ⅲ-4）。

表 Z13J3005Ⅲ—4　换热风扇常见故障现象、产生原因及解决方法

故障	原因	解决方法
风扇不能正常工作	电源未接好	连接电源
	风扇反转	检查电源、相序
	启动按钮故障	检查按钮，若故障请更换
	风扇故障	厂家维修或更换
	电源缺相	更换电源
有异常噪声、震动大	安装螺栓松动	紧固安装螺栓
	转动轴承缺油	厂家维修
	转动轴承摩擦	更换轴承
有烧焦气味	风扇稳流器烧坏	厂家维修或更换
	风扇变压器烧坏	厂家维修或更换
	电源线过载	更换电源线
风扇不转或不能停止	长时间没有使用	断电手动转动润滑
	断电	接通电源
	电气控制故障	排查电气线路
	风扇停止按钮坏	更换按钮
	运行/停止存在问题	检查运行/停

4. 净化用吸附剂的再生和处理

设备运行较长时间后，吸附剂的吸附能力会大大减弱，影响处理效果，此时，可对吸附剂进行再生处理：

（1）将碱液箱内碱液放至进气口液面以下，吸附塔内 SF₆ 气体抽尽并抽真空。

（2）调整两个三通高温阀至冲氮方向，打开氮气出口闷头使吸附塔内保持常压后连接相关管路，打开外配碱液箱相关阀门。

（3）双塔互联阀（V3、V4）、氮气入口阀（V11）、氮气入口总阀（V9）打开适当开度。

（4）将高纯氮打开适当开度，以低压先冲一部分氮气进入吸附罐，防止加热丝干烧损坏。

（5）启动加热开关预热，加热到 120～160℃，在加热同时不断冲入高纯氮，冲氮的速度以保证带走塔内热量防止过热烧坏加热丝，如此反复多次，再生完毕阀复位。

如吸附剂多次再生后仍不能达到处理效果，证明已失效，此时应采取化学处理，

并深埋。处理方法详见相关吸附剂化学处理规定。

【思考与练习】

1. 简述 SF_6 净化装置的结构。

2. 简述净化用吸附剂的再生和处理。

3. 简述尾气深冷分离单元的维护及保养。

▲ 模块 6 SF_6 回收气的处理（Z13J3006Ⅲ）

【模块描述】 本模块介绍 SF_6 气体中杂质处理和 SF_6 气体回收方法。通过步骤讲解和要点归纳，掌握 SF_6 气体回收的目的、方法原理、危险点分析及控制措施、准备工作、测试步骤、注意事项，以及对测试结果的分析和测试报告编写要求。

【模块内容】

一、SF_6 回收气体中杂质来源

回收来的 SF_6 气体肯定含有一定的杂质，这些杂质主要包括空气、水分、低氟化物、矿物油等。它们来自于几个方面。

1. SF_6 新气中所含杂质

SF_6 新气在制备过程中虽然经过水洗、碱洗、热解、吸附等处理，仍会残余一定的杂质；在气瓶的充装过程中也会带入杂质。经过新气质量验收，新气中的杂质含量应当是微量的。

2. 电气设备充气时带入杂质

在给气体绝缘设备充气时也会带入一定量的杂质。充气时，设备抽真空按要求应达到133Pa，但不可能达到真正的真空，所以在充 SF_6 气体至额定压力时，仍会混有少量空气。

3. SF_6 气体在电弧作用下分解产生杂质

在 SF_6 电气设备内，促使 SF_6 气体分解的放电形式根据放电过程中消耗能量的大小分为三种类型：电弧放电、火花放电和电晕放电或局部放电。

（1）电弧放电。在正常操作条件下，断路器开断产生电弧放电；气室内发生短路故障也产生电弧放电。放电能量与电弧电流有关。

（2）火花放电。火花放电是一种气隙间极短时间的电容性放电，能量较低，产生的分解产物与电弧放电产生的分解产物有明显的差别。火花放电常发生在隔离开关开断操作中或高压试验中出现闪络时。

（3）电晕放电或局部放电。电晕放电或局部放电的产生，是由于在 SF_6 气体绝缘电气设备中，当某些部件处于悬浮电位时，会导致电场强度局部升高，此时设备中的

金属杂质和绝缘子中存在的气泡导致电晕放电或局部放电。长时间的局部放电或电晕放电逐渐使 SF_6 分解，导致气室内腐蚀性分解产物的积累。局部放电是一个连续的过程，在气室中形成的分解产物的量与放电时间成正比。

表 Z13J3006Ⅲ-1 　　　 SF_6 气体绝缘电气设备放电类型与特点

放电类型	放电产生原因	放电特点
电弧放电	断路器开断电流，气室内发生短路故障	电弧电流 3～100kA，电弧释放能量持续时间 5～150ms，10^5～10^7J
火花放电	低电流下的电容性放电，高压试验中出现闪络，隔离开关开断时产生	短时瞬变电流，火花放电能量持续时间 μs 级。在 10^{-1}～10^2J
电晕放电 局部放电	场强太高时，处于悬浮电位部件、导电杂质引发	局部放电脉冲重复频率为 10^2～10^4Hz，每个脉冲释放能量在 10^{-3}～10^{-2}J，放电量值 10～10^3pC

在电弧放电中，SOF_2 是 SF_6 主要的分解产物，通常它是由最初分解产物 SF_4 和水分作用后形成的。在火花放电中，SOF_2 也是 SF_6 的主要分解产物。但与电弧放电相比，火花放电中测得的 SO_2F_2/SOF_2 比值有所增加，在火花放电中还可检测到 S_2F_{10} 和 $S_2F_{10}O$ 分解物，这两种分解产物在电弧放电中是很难检测到的。在电晕放电中，SOF_2 仍然是 SF_6 气体分解产物的主要组分。但是 SO_2F_2/SOF_2 比值远远地比电弧放电情况下的比值高，在一定程度上也比火花放电中的比值高。SO_2F_2 的形成主要是 SF_6 的最初分解物 SF_4、SF_3 等与氧和水分作用形成的。SF_3 与氧作用形成 SO_2F_2，SF_4 与氧作用形成 SOF_4，SOF_4 进一步与水分作用形成 SO_2F_2。

SF_6 气体绝缘电气设备中，在没有放电存在时，SF_6 气体也可能发生热分解，热分解产物可检测到 SOF_2、SO_2F_2 和 SO_2 的存在。一般 SO_2 是由 SOF_2 与水分作用而生成的。在热分解实验中，可同时检测出 SO_2 和 SOF_2 的存在。

4. 气体回收处理时带入的杂质

当气体绝缘设备大修时，可以采用气体回收装置来回收设备中的 SF_6 气体，此时回收装置管道中的微量水分或机械油等杂质有可能混入 SF_6 气体中。一般回收装置均设置有净化装置，可以吸附滤除 SF_6 气体的杂质，回收净化后的 SF_6 气体应达到或接近 SF_6 新气的标准。但也不完全排除偶然混入杂质的可能性。

5. 运行中大气水分渗入设备

SF_6 电气设备在持续运行中，大气中的水分会逐步渗入气体绝缘设备中去。由于设备不可能绝对密封，大气中的水汽分压力又远超过 SF_6 气体中水汽分压力，设备在长期的运行中，水汽的浸入是不可避免的。

二、回收 SF_6 气体中杂质对环境及人身健康安全的影响

SF_6 气体在电弧作用下分解的主要成分是 SF_4 和电极或容器的金属氧化物。在有水分、氧存在时，就会有 SOF_2、SO_2F_2、HF 等化合物的生成。

SF_6 气体分解的主要反应如下。

SF_6 气体的自身分解反应为：

$$SF_6 = SF_4 + F_2$$

断路器因电弧产生的金属电极材料的蒸汽与 SF_6 进行的氧化还原反应，以铜电极为例反应如下：

$$2SF_6 + Cu = CuF_2 + S_2F_{10}$$

$$SF_6 + Cu = CuF_2 + SF_4$$

$$SF_6 + 2Cu = 2CuF_2 + SF_2$$

$$2SF_6 + 5Cu = 5CuF_2 + S_2F_2$$

$$SF_6 + 3Cu = 3CuF_2 + S$$

在金属铜被氧化生成 CuF_2 的同时，硫则被还原成多种价态离子。这些离子除以游离形式存在外，还会形成多种低氟化合物。对于其他金属电极来说也大体是这样。无论是何种氟化物，其形成均与金属的还原能力、相对于 SF_6 的金属蒸发量、氟化物的热稳定性等因素有关。电弧集中于电极的附近，相对于 SF_6 而言，金属蒸汽量一般是过剩的。此时，易生成硫原子数较少的低氟化物。

生成的低氟化物主要是 SF_4、S_2F_2、SF_2，很少有发现 S_2F_{10}。而且所生成的氟化物中 S_2F_{10}、SF_2、S_2F_2 在受热时均会发生如下的非均化反应：

$$S_2F_{10} = SF_4 + SF_6$$

$$2SF_2 = SF_4 + S$$

$$2S_2F_2 = SF_4 + 3S$$

在放电时因其温度升高过程不同，分解产物的组成比率按照上述反应可有很大的变化。

另外，在气体中如果有水分存在时，则很容易发生水解反应生成 H_2SO_3 和 HF。这是构成设备内部绝缘性能劣化和腐蚀的原因。因此，应严格控制断路器内的水分含量。

水分含量低时会引起下述的部分水解反应：

$$SF_4 + H_2O = SOF_2 + 2HF$$

$$SOF_2 + H_2O = SO_2 + 2HF$$

$$2SF_2 + H_2O = SOF_2 + 2HF + S$$

$$2S_2F_2 + H_2O = SOF_2 + 2HF + 3S$$

当水分含量高时则会发生完全的水解反应：

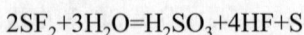

$$SF_4 + 3H_2I = H_2SO_3 + 4HF$$

$$2SF_2 + 3H_2O = H_2SO_3 + 4HF + S$$

$$2S_2F_2 + 3H_2O = H_2SO_3 + 4HF + 3S$$
$$SOF_2 + 2H_2O = H_2SO_3 + 2HF$$

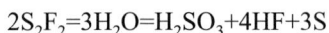

上述之分解产物都具有很强的反应能力，而且具有不同程度的毒性。从事有关 SF₆ 气体工作的人员，应认真执行《SF₆ 电气设备制造运行及试验检修人员安全防护细则》，以避免工作人员中毒事故的发生，确保人身安全。

分解产物的毒性及对人体和环境的影响：

（1）四氟化硫（SF₄），在常温下为无色气体，有类似 SO_2 的刺激臭味。在空气中能与水汽形成烟雾。SF₄ 与水猛烈反应生成 SOF_2 和 HF，与碱液反应生成氟化物和亚硫酸盐，遇浓硫酸会发生分解并放热。SF₄ 易溶于苯，可用碱液或活性氧化铝吸收。SF₄ 对肺有侵害作用，影响呼吸系统，其毒性与光气并列。西德和美国规定空气中允许浓度为 $0.1×10^{-6}$（V/V）。

（2）氟化硫（S_2F_2），在常温下为无色、有类似 SCl_2 嗅味之气体；遇水蒸气能在 30～40s 内完全水解形成 S、SO_2 和 HF；90℃开始分解，200～250℃反应加快；常温下不与 Fe、Al、Si、Zn 反应，与水和碱激烈反应，与氨作用生成 NH_4F。S_2F_2 易被活性氧化铝吸收。S_2F_2 为有毒的刺激性气体，对呼吸系统有类似光气的破坏作用。

（3）二氟化硫（SF₂），极不稳定，受热后更加活泼，易水解生成 S、SO_2、HF。可用碱液或活性氧化铝吸收。毒性与 HF 近似，美国毒性基准规定为 $5×10^{-6}$（V/V）。

（4）十氟化二硫（S_2F_{10}），为五氟化硫的二聚物，在常温常压下为易挥发性液体，无色、无嗅、无味，化学上极稳定；在水和浓碱液中分解极慢，且不溶于其中；在 200～300℃时即完全分解生成 SF₄ 和 SF₆。S_2F_{10} 是一种剧毒物质，其毒性超过光气，主要破坏呼吸系统，空气中含 $1×10^{-6}$ 能使白鼠 8h 内死亡。美国规定 S_2F_{10} 在空气中之允许浓度为 $0.025×10^{-6}$（V/V）。

（5）氟化亚硫酰（SOF_2），为无色气体，有窒息性嗅味。化学上很稳定，在红热温度下仍不活泼，例如在 125℃时不与 Fe、Ni、Co、Hg、Si、Ba、Mg、Al、Zn 以及氯、溴、一氧化氮等物质反应。SOF_2 可发生水解反应，并能在碱的酒精溶液中分解。它与水的反应在摄氏零度时进行缓慢，然而它与溶于 HF 中的水可瞬时反应。SOF_2 为剧毒气体，可造成严重肺水肿，刺激粘膜，当空气中含有 $1×10^{-6}$～$5×10^{-6}$（V/V）时即可觉察出刺激臭味，并会引起呕吐。

（6）氟化硫酰（SO_2F_2），无色无嗅气体，化学上极稳定，加热至 150℃亦不与水和金属反应。SO_2F_2 被 KOH、NH_4OH 缓慢吸收，但不易被活性氧化铝吸收。苏打石灰（CaO+NaOH）可吸收 SO_2F_2。SO_2F_2 是一种导致痉挛的有毒气体，可引起全身痉挛并麻痹呼吸器官、肌肉使其失去正常功能而造成窒息。它与 SOF_2 不同，它的危险性尤其在于无刺激嗅味，且不引起眼、鼻、粘膜的刺激作用，故初始不易察觉，往往发现中毒之后会迅速造成死亡。我国规定空气中最高允许浓度为 $5×10^{-6}$（V/V）。

（7）四氟化硫酰（SOF_4），与水反应生成 SO_2F_2 并放出大量热；能被碱液吸收；对肺部有侵害作用。

（8）氟化氢（HF），对皮肤、黏膜有强刺激作用并可引起肺水肿、肺炎等；对设备材质有腐蚀作用。

（9）二氧化硫（SO_2），强刺激性气体，损害粘膜及呼吸系统，还可引起胃肠障碍，疲劳等症状。

空气中 SF_6 气体及其毒性分解产物的容许含量见表 Z13J3006Ⅲ-2。

表 Z13J3006Ⅲ-2　空气中 SF_6 气体及其毒性分解产物的容许含量

名称	容许含量	名称	容许含量
SF_6	$1000×10^{-6}$	SiF_4	$2.5mg/m^3$
SF_4	$0.1×10^{-6}$	HF	$3×10^{-6}$
SOF_4	$2.5mg/m^3$	CF_4	$2.5×10^{-6}$
SO_2	$2×10^{-6}$	CS_2	$10×10^{-6}$
SO_2F_2	$5×10^{-6}$	AlF_3	$2.5mg/m^3$
S_2F_{10}	$0.025×10^{-6}$	CuF_2	$2.5mg/m^3$
SOF_{10}	$0.5×10^{-6}$	$Si(CH_3)_2F_2$	$1mg/m^3$

注　含量在 10^{-6} 级者为体积分数。

三、SF_6 气体的处理方法

1. 回收 SF_6 气体中空气的处理方法

回收的 SF_6 气体中空气的处理，一般采用变压分离、吸附和透膜渗透的方法。

变压吸附采用将回收的 SF_6 气体加压液化，由于组成空气的氮、氧的液化温度较 SF_6 的液化温度低得多，SF_6 液化时空气还是气态，采用气液分离技术即可达到除去空气的目的。

吸附法采用人工沸石对空气进行吸附处理。

透膜渗透法根据聚合物透膜对不同气体有不同的渗透率这一特性达到去除空气的目的。

2. 回收 SF_6 气体中水分及气态分解产物的处理方法

回收的 SF_6 电弧分解气中所含水分及气态分解产物的处理杂质的通常采用对吸附剂进行处理，目前国内外应用于 SF_6 电气设备中的吸附剂主要是分子筛和氧化铝。

SF_6 气体净化所用吸附剂的主要物理参数见表 Z13J3006Ⅲ-3。

表 Z13J3006Ⅲ–3　　　　SF₆气体净化所用吸附剂的主要物理参数

名称 ＼ 指标	粒度直径（mm）	堆密度（g/mL）	耐压（每粒）（kPa）	水吸附量（mg/g）	比表面积（m²/g）
日本某公司合成沸石	3～5	0.80	>176.5	178	405.7
美国某公司分子筛	1.5（条形）	0.60	>29.4（正压） >29.4（侧压）	159	404.1
国前 5A 分子筛	3～5	0.72	>107.9	115	—
国产 13X 分子筛	3～5	0.65	—	—	—
国产活性氧化铝	3～5	0.7～0.8	>235.4	363	235.1

活性氧化铝和 A 型分子筛的物理性能见表 Z13J3006Ⅲ–4。

表 Z13J3006Ⅲ–4　　　　活性氧化铝与 A 型分子筛的物理性能

吸附剂名称	活性氧化铝	A 型分子筛
粒度	球形ϕ4～ϕ6mm 条形ϕ（2～6）mm×（3～7）mm	球形ϕ2～ϕ4mm，ϕ4～ϕ6mm 条形ϕ（4～6）mm×（4～8）mm
颜色	白	白
堆密度（g⁻¹）	800～900	650～750
平均孔隙度（%）	30	55～60
比热（$Jkg^{-1} \cdot k^{-1}$）	1047	837～1047
导热率（$wm^{-1} \cdot k^{-1}$）	0.14	0.06
比表面积（m^2g^{-1}）	300～400	700～900
相对机械强度（%）	90～95	>70
吸附热（Jg^{-1}）	3017	3828

　　活性氧化铝是由天然氧化铝或铝土矿经特殊处理制成的多孔结构物质，它的比表面积大、机械强度高、物理化学稳定性好、耐高温、抗腐蚀性能好。分子筛是一种人工合成沸石—硅铝酸盐晶体。分子筛无毒、无味、无腐蚀性，不溶于水和有机溶剂，能溶于强酸和强碱。分子筛经加热失去结晶水后，晶体中即形成许多微孔，它可以根据分子的大小分离各种组分。

　　活性氧化铝对 SOF_2、SO_2F_2、SF_4、SOF_4、SO_2、$S_2F_{10}O$ 等六氟化硫分解产物都具有较好的吸附性能，且基本上不吸附 SF_6，是较理想的吸附剂。分子筛（合成沸石）对 SOF_2、SF_4 等气体分解产物的吸附能力优于活性氧化铝，5A 分子筛还对 SO_2 有较好的吸附作用。在气体含水量较低的情况下，分子筛对水分的吸附能力也超过了活性氧化铝。

活性氧化铝和分子筛吸附性能的比较见表 Z13J3006Ⅲ-5。

表 Z13J3006Ⅲ-5 活性氧化铝与分子筛吸附性能比较

吸附剂名称	耐压强度/每粒（N）	吸附杂质效果（×10⁻⁶，V/V）				
		SO_2F_2	SOF_2	SO_2	HF	$S_2F_{10}O$
日本铁兴社分子筛	17.65	未检出	3.00	<4.0	0.10	150
日本曹达工业株式会社分子筛	17.65	400	4.30	0.47	0.11	270
美国某公司分子筛	正 2.94 侧 2.94	未检出	3.30	<4.0	0.09	260
国产 5A 分子筛	10.8	370	5.20	0.803	0.11	320
国产 13X 分子筛	9.8	100	4.20	0.780	0.10	180
国产活性氧化铝	23.5	未检出	3.90	0.600	0.10	220
所用电弧分解气杂质含量	—	400	5.30	100	51	400

注 t=25℃；罐内表压力=40kPa。

对不同吸附剂的吸附特性的评价见表 Z13J3006Ⅲ-6。

表 Z13J3006Ⅲ-6 对不同吸附剂的吸附特性的评价

吸附剂	被吸附的杂质	评价	备注
活性炭	SOF_2、SO_2 对 SOF_4、SO_2F_2 也有一定吸附能力。能迅速定量吸附 $S_2F_{10}O$（基本除净）	3mg 活性炭能吸附 60mLSF₆ 及其杂质。吸附能力量最强，吸附选择性差，对 SO_2F_2 吸附效果差，易吸附 $S_2F_{10}O$	国外认为十氟化物不易被吸附
活性氧化铝 （Al_2O_3）	SOF_2、SO_2F_2、SO_2、$S_2F_{10}O$、SOF_4（估计）	对 SO_2、$S_2F_{10}O$ 不能定量吸附，有选择吸附能力（即基本上不吸附 SF_6），吸附 SO_2F_2 较烧碱差	国外认为是较理想吸附剂；国内认为尚不能得此结论，SOF_4（估计）较易被静态吸附
烧碱 （NaOH）	SOF_2、SO_2F_2、SO_2、$S_2F_{10}O$、SOF_4（估计）	吸附效果稍优于 Al_2O_3，其他性能同 Al_2O_3；吸附 SO_2F_2 不如 CaO	SOF_4（估计）较易被静态吸附
石灰 （CaO）	SO_2F_2、$S_2F_{10}O$	吸附 SO_2F_2 最好，吸附 $S_2F_{10}O$ 效果差	SOF_2 未试验
分子筛 5A、4A	SO_2	仅 5A 对 SO_2 吸附效果较好，是不太理想的吸附剂	

四、质量控制

1. 主要分解产物的分析方法

SF₆分解产物大多性质活泼、含量低、种类多，很难用一种方法进行现场定量检测。因此常将样品采集到中间取样瓶中，送试验室分析。采样容器可用不锈钢内衬聚四氟乙烯的钢瓶，容积 150mL～500mL。取样前先对气瓶抽真空净化处理，再采集样品。采集到的样品应尽快进行分析。

常用的分析方法可以有：电化学法、检测管法、气相色谱法、气相色谱—质谱（GC–MS）联用法、红外分光光度（IR）分析法、气相色谱—红外联用法及发射光谱法等。以下主要介绍气相色谱法检测 SF₆分解产物的方法，对其他分析方法仅作简介。

（1）电化学法。目前采用电化学方法测量分解产物所使用的电极如表 Z13J3006Ⅲ–7 所示。

表 Z13J3006Ⅲ–7　　　电极所依据的化学平衡及所用的指示电极

被测气体	化学平衡	指示电极
SO_2	$SO_2+H_2O=HSO_3^-+H^+$	H^+
H_2S	$H_2S=HS^-+H^+$（水中）	S^{2-}
HF	$HF=F^-+H^+$	F^-
	$FeFx^{2-x}=FeFy^{3-y}+（X-Y）F^-+e^-$	Pt 氧化还原指示电极
CO_2	$CO_2+H_2O=HCO_3^-+H^+$	H^+

表 Z13J3006Ⅲ–8　　　　　电 极 的 技 术 性 能

被测物	响应离子	内电解液	测定范围或下限（mol/L）	响应斜率（mV/pC）	样液 pH 值	干扰
CO_2	H^+	0.01mol/L $NaHCO_3$ 或 0.1mol/L $NaHCO_3$+ 0.1mol/L NaCl（Ag/AgCl 内参电极）	5×10^{-5}～1×10^{-2}	60	<4	挥发性弱酸
SO_2	H^+ H^+	0.01mol/L $NaHSO_3$	3×10^{-6}～1×10^{-2}	60	HSO_3^- 缓冲液（<0.7）	Cl_2、NO_2（用 N_2H_4 除去）HF
		0.1mol/L $NaHSO_3$	10^{-4}			
H_2S	S^{-2}	pH5 柠檬酸盐缓冲液	10^{-9}～10^{-8}	30	<5	O_2
			10^{-5}		<2	
HF	F^-	1mol/L H^+	10^{-8}～10^{-5}	60	<5	

（2）检测管法。检测管可以用来测定 SF₆气体中的多种杂质组分，如 O_2、CF_4、

SO_2、CO_2、HF、SOF_2、SO_2F 等。目前具有实用价值的是 HF 检测管和 SO_2 检测管。其检测下限分别为 $1.5×10^{-6}$（V/V）及 $0.1×10^{-6}$（V/V）。

检测管的原理是利用所要测定的样品气与检测管内填充的化学物质发生反应而使检测管内指示剂发生颜色改变来检出待测组分的。如某种 HF 气体检测管是在玻璃管内填充硅胶载体，载体上涂上 NaOH 和酸碱指示剂，当 HF 与 NaOH 发生中和反应后，酸碱指示剂发生颜色改变，由浅蓝色变为浅红色。而 SO_2 检测管可在玻璃管内填充氧化铝载体，载体上涂有氯化钡和 pH 指示剂，测定时 SO_2 与 $BaCl_2$ 发生反应，生成的 HCl 与 pH 指示剂发生作用使其颜色发生改变。可以根据变色层顶端的刻度读取待测组分的浓度。检测管外形如图 Z13J3006Ⅲ−1。

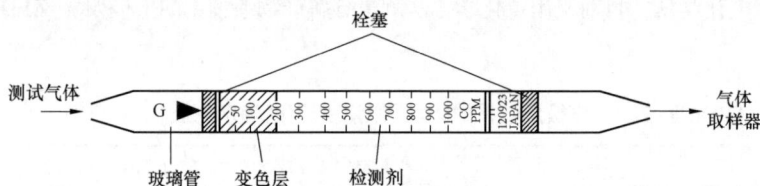

图 Z13J3006Ⅲ−1 检测管

检测管方法简单易行，尤其适用于现场检测。但检测管有一定的使用期限，过期存放易失效。加之检测组分过于单一，不能满足多组分检测的需要。

（3）红外分光光度（IR）分析法。SF_6 及其分解产物在 $2\mu m \sim 20\mu m$ 的红外光区有明显的吸收光谱，使用色散型红外分光光度计或傅立叶变换红外分光光度计，将记录到的图谱与参照图谱比较，可以直接检测 SF_6 中分解物的存在及含量。由于在实际使用中存在很多干扰测试的因素，如 SF_6 及其他组分（如水分、氧气等）对红外吸收峰的干扰，致使识谱发生困难。对此可利用气相色谱—红外联用来解决。先应用色谱的分离手段对分解产物进行分离，再用红外对其进行定性定量分析。图 Z13J3006Ⅲ−2 为 SF_6 气体放电前后的红外光谱图。

（4）气相色谱—质谱（GC−MS）联用法。气相色谱−质谱联用分析是将样品先经色谱进行分离，然后由质谱鉴定。质谱分析的工作原理是将被分析的物质用一定方式电离形成多种特定组分的离子，再将其聚成离子束，经加速后通过电（磁）场，根据各种离子的质荷比（M/e）不同而分别将其检出。通过标准谱图和离子组成特点进行谱图分析，达到定性、定量检测的目的。此方法具有精确可靠、灵敏度高、用途广等优点。但由于采用了电子轰击分子产生离子的方法，在谱图上将出现一些分子碎片离子，不易确定是放电分解产物还是电子轰击产物，给定性造成一定的困难，且此类仪器价格昂贵不便现场使用。

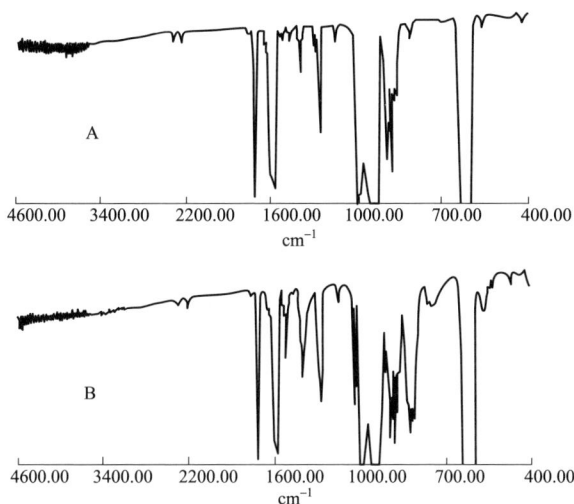

图 Z13J3006Ⅲ-2　SF₆气体放电前后红外光谱图

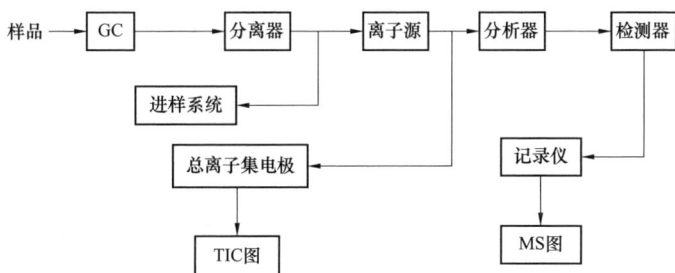

图 Z13J3006Ⅲ-3　GC-MS 联用分析系统图

（5）气相色谱（GC）分析法。气相色谱法是公认的分析 SF₆ 分解产物的有效方法。理论上，几乎可以分析所有 SF₆ 分解产物。但由于缺乏标准样品和受色谱分离能力的限制，目前只能检测 CF_4、SF_4、S_2F_{10}、SO_2F_2、SO_2、$S_2F_{10}O$、H_2O 及氟的碳化物等部分分解物。本节着重介绍具有实用价值的气相色谱分析技术。

1）热导检测琴（TCD）与火焰光度检测器（FPD）串联分析技术。SF₆ 气体中的某些杂质组分，如空气、CF_4，按照 IEC 和我国的标准，其容许含量为 0.05%，用热导检测器就能检出。SF₆ 分解产物由于含量低，热导检测器灵敏度不够，为此可以采用热导检测器和火焰光度检测器串联分析的方法。

右图 Z13J3006Ⅲ-4 表示 TCD 和 FPD 串联分析色谱流程图。用 TCD 和 FPD 串联法时，在 TCD 和 FPD 之间要串接四通阀。四通阀有 2 个位｛置（如图中实线和虚线所示）。进样分析时，四通阀置于位置 1，样气经进样六通阀进入 TCD 检测器，测定空气、CF_4 等组分，并将随后流出的 SF_6 基体气放空。待需要检测 SF_6 分解产物时，四通阀切换到位置 2，由色谱分离柱分离出的分解产物组分进入 FPD 检测器检测。如果大量的 SF_6 基体气进入火焰光度检测器会引起严重拖尾，甚至灭火，四通阀的主要用作切除样品气中大量的 SF_6 基体气。

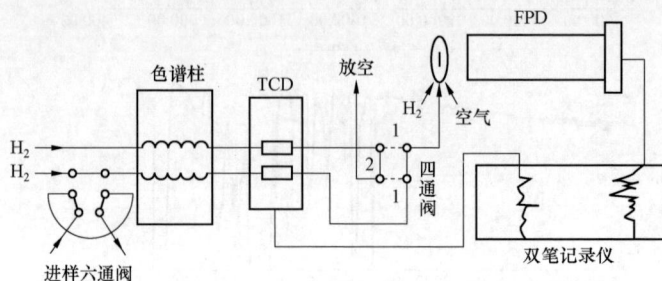

图 Z13J3006Ⅲ-4 TCD 和 FPD 串联色谱流程图

热导检测器和火焰光度检测器的输出信号同时记录在一张图上见图 Z13J3006Ⅲ-5。TCD 检测出空气、CF_4、CO_2，FPD 检测器检出 SO_2F_2，SOF_2，SF_4，SO_2，$S_2F_{10}O$。色谱分析条件如下：

色谱条件：色谱柱：2m×3mm；2%癸二酸二异辛醋/硅胶（60～80 目）；柱温 40℃；汽化室温度 50℃；载气（H_2）流速 50ml/min；TCD 温度 60℃；桥流 150mA；空气 50ml/min；补充 H_2 20ml/min；进样 2ml；气相色谱仪型号 GC-5A。

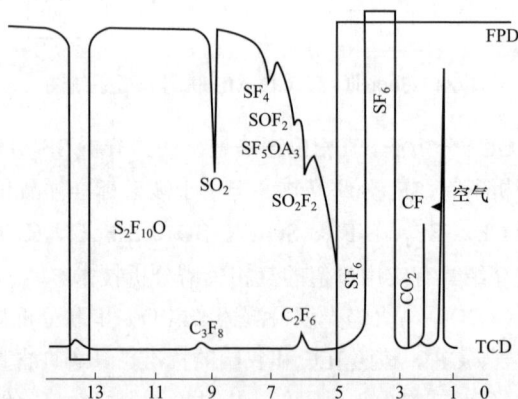

图 Z13J3006Ⅲ-5 SF_6 气体分析色谱谱图

2）分解产物的定性分析。对 SF_6 气体中各组分进行气相色谱定量分析之前，首先要进行各组分的定性工作。定性方法最简单的是参考文献报道的测定数据。利用参考文献给出的色谱分析条件、各杂质的色谱保留时间，对照分析可初步判定组分。

表 Z13J3006Ⅲ–9 出几种常见气体、分解产物的相对保留时间。

表 Z13J3006Ⅲ–9　　　各组分气相色谱的保留时间和检测极限

气体组分	空气	CF₄	CO₂	SF₆	SO₂F₂	SOF₄	SOF₂	SF₄	HF	SO₂	S₂F₁₀
保留时间/min	2.6	3.1	4.6	5.7	7.6	8.2	11.2	11.2	16.5	24.5	60
检出极限（体积分数）/10⁵	1	1	2	3	3	3	3	3	3	4	5
色谱分析条件	色谱柱：Porapak–Q　　　温度：100℃ 柱长：3m　　　载气：氦气 柱径：0.97cm　　　流量：60ml min⁻¹										

利用纯物质测定其保留值进行定性，也是常见的色谱定性方法。通常采用比较已知物和未知物的保留值来定性。保留值可以包括保留时间、保留体积、保留指数、相对保留值等。

色谱和其他仪器结合或联用进行定性分析是近年发展起来的先进的方法。色谱—质谱联用、色谱与红外分光光度计联用都是定性分析的有效工具。

3）定量分析方法。气相色谱分析的主要目的，就是对样品进行定量分析，即求出混合物中各组分的百分含量。定量分析的依据是分析组分的质量（m_i）或其在载气中的浓度是和检测器的响应信号（A_i）成正比的。$m_i=f_iA_i$。检测器的响应信号可以是峰高或峰面积，目前可以用积分仪或数据处理装置自动积分测定。要进行定量分析，显然必须准确地测定校正因子 f_i。

大量事实表明，同一种物质在不同种检测器上有不同的响应信号值；不同的物质在同一种检测器上的响应信号值也不同。为了使检测器产生的响应信号能真实地反映出物质的含量，就要对响应值进行校正。作定量分析时就要引入定量校正因子。前述的关为绝对校正因子。在实际定量分析中，都是采用相对校正因子。即某物质与一标准物质绝对校正因子之比值。常用的标准物质，热导检测器是用苯，氢焰离子化检测器是用正庚烷。对于特定的 SF₆ 气体杂质组分含量测定，采用 SF₆ 作为标准物质最为方便。随着被测组分使用的计量单位不同，又可分为相对质量校正因子，相对摩尔校正因子、相对体积校正因子。相对校正因子也可以用相对响应值来表示，在计量单位相同时，它们互为倒数关系。

热导相对质量校正因子的测定可以首先配制一系列浓度的 SF₆ 标准物和待测物，分别进样测出对应的峰面积，根据峰面积和浓度计算出相对质量校正因子。如本书第三章介绍的北京劳保所测定的空气热导相对质量校正因子为 0.32，CF₄ 热导相对质量校正因子为 0.71。国际电工委员会给出的空气相对质量校正因子为 0.4，CF₄ 相对质量校正因子为 0.7。

　　火焰光度检测器是一种非线性检测器，因此其响应值与进样量并不直接呈线性关系；经对数处理后其有效线性范围仅为两个数量级。各种化合物响应曲线的斜率也不同，检测器操作条件对测定影响很大。由于上述原因，在定量分析中不能直接应用计算校正因子的公式，而是通过实验求出相应的"经验校正因子"。

　　以 SO_2F_2、SOF_2、$S_2F_{10}O$ 为例，说明火焰光度检测器校正因子的测定。SO_2F_2、SOF_2 采用火焰光度经验体积校正因子。$S_2F_{10}O$ 采用相对体积响应值表示。首先配制一系列不同浓度的 SF_6 气体及 SO_2F_2、SOF_2、$S_2F_{10}O$ 气体（以高纯氮为底气），分别进样检测，得到一系列相应的峰面积值。以气体浓度–面积积分值在双对数坐标上作图，得到其响应曲线，如图 Z13J3006Ⅲ–6 所示。

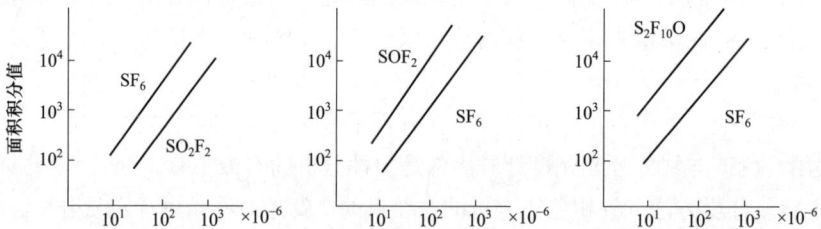

图 Z13J3006Ⅲ–6　SO_2F_2、SOF_2、$S_2F_{10}O$ 与 SF_6 的 FPD 响应曲线

　　依照相对体积校正因子的定义，按下式计算同一响应值时 SF_6 与 SO_2F_2 或 SOF_2 的浓度之比：

$$f_v = \frac{V_i}{V_s} \cdot \frac{A_s}{A_i}$$

式中　A_s——标准物（即 SF_6）的峰面积；

　　　　A_i——被测物（即 SO_2F_2 或 SOF_2）的峰面积；

　　　　V_s——标准物的体积浓度值；

　　　　V_i——被测物的体积浓度值。

　　测定时可取 A_s 等于 A_i，V_i 和 V_s 分别为在相应曲线横坐标上查得的浓度值。北京市劳动保护科学研究所测定 SO_2F_2 的火焰光度经验体积相对校正因子为 1.5～1.7。SOF_2 的经验体积校正因子为 0.08。

　　$S_2F_{10}O$ 采用求相对体积响应值的方法。仿照相对响应值的定义，按下式计算同一体积浓度下，SF_6 与 $S_2F_{10}O$ 响应值之比，即：

$$\frac{1}{f_v} = \frac{A_i}{A_s} \cdot \frac{V_s}{V_i}$$

（A_i、A_s、V_i、V_s 定义同前述。）

当 $V_s = V_i$ 时，A_i 和 A_s 是在同一体积浓度下，从纵坐标上查得的 SF₆ 和 S₂F₁₀O 的响应值。北京劳保所测定 S₂F₁₀O 的相对体积响应值为 7.0。

在进行实际样品定量分析时，首先配制一系列 SF₆ 标准气，进样测定 TCD 和 FPD 上的响应值，作出浓度—峰面积标准曲线。见图 Z13J3006Ⅲ-7。在相同的分析条件下，分析待测样品。空气和 SF₄ 的热导响应值分别与其对应的热导校正因子相乘，然后在 SF₆ 的 TCD 标准曲线上查得它们的相应浓度。SO₂F₂ 和 SOF₂，先查 FPD 响应值在标准曲线上对应的浓度，然后乘上它的校正因子即为浓度值。S₂F₁₀O 是将它在 FPD 上的响应值除以它的经验体积响应值，再在标准曲线上查得它的浓度。

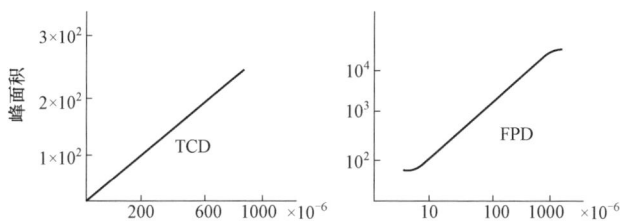

图 Z13J3006Ⅲ-7 SF₆ 的 TCD、FPD 标准曲线

4）SF₆ 气体样品富集浓缩预处理技术。由于 SF₆ 分解气体的含量很低，用常规的气相色谱法分析，检测器的灵敏度不够。采用冷冻浓缩技术可以提高样品气中杂质含量。SF₆ 气体和它所含的杂质气体的沸点不同，这是富集浓缩样品预处理技术的基本原理。具体方法是，采用适当的吸附剂和富集温度，将沸点高于 SF₆ 气体沸点的杂质浓缩吸附下来，低于 SF₆ 气体沸点的杂质气体排除掉。然后在一定温度下热解吸，分离出的气体进入气相色谱仪分析。表 5-8 给出了 SF₆ 气体及其所含杂质的沸点温度。可以看出若选择吸附捕集温度在 -63.8℃ 以上，就可以把其沸点高于 SF₆ 沸点的含硫低氟化物捕集到，而把 SF₆ 和低于 SF₆ 沸点的其他杂质去除。

表 Z13J3006Ⅲ-10　　　　　　SF₆ 气体及其杂质的沸点数据

化合物名称	N₂	O₂	CF₄	SF₆	SO₂F₂	SOF₂	SF₄	SO₂	S₂F₁₀	S₂F₁₀O
沸点/℃	-196	-183	-128	-63.8	-52	-43.8	-38	-10	29	31

国内外常采用的富集浓缩预处理方法是用 60～80 目的 Porasi LA 或 Porapak QS 多孔微球作为吸附剂，选用氯仿和液氮混合致冷（-63℃），在此温度下吸附捕集，在 80℃ 下解吸。富集浓缩预处理流程见图 Z13J3006Ⅲ-8。

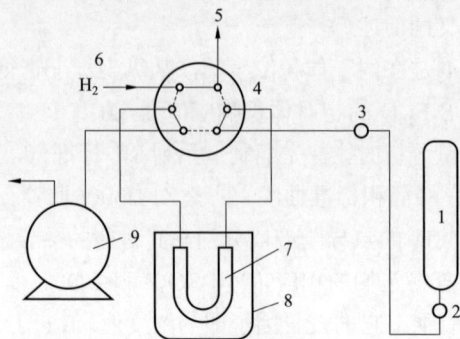

图 Z13J3006Ⅲ-8 SF₆样品气富集浓缩流程

1—SF₆钢瓶或 SF₆电气设备；2—截流阀；3—流量调节阀；4—六通阀；5—通向气相色谱仪出口；

6—载气（氢气）；7—捕集器；8—冷却或加热槽；9—湿式气体流量计

图中六通阀 4 有两个位置。实线所示是吸附状态位置，8 是冷却槽，将捕集器 7 冷却到-63℃，样品气 1 经截流阀 2 流量调节阀 3 进入捕集器 7 后经湿式气体流量计放空。当六通阀转到虚线所示解吸状态时，8 是加热槽，此时捕集器 7 中富集的杂质组分解吸，由 6 载气（H₂）携带（递向）经 5 进入气相色谱仪分析。

湖南电力试验研究所、安徽电力试验研究所等单位，按上述原理研制出冷冻富集装置，制冷温度-60℃，热解吸温度 50℃，在 SF₆气体的杂质检测中收到良好的效果。

2. 其他分析方法

对 SF₆分解产物的分析，还可采用核磁共振波谱（NMR），X 射线衍射（XRD）等方法。各种联用分析技术的采用，等离子发射光谱、电镜等技术的应用，使低含量，多组分、难分辨的 SF₆分解产物分析的灵敏度和准确度得以提高。尤其是近年来各种现场用便携式检测仪器的问世，使电气设备的现场测试和在线监测得以实现。

3. 主要质量指标的控制

回收净化后的 SF₆气体，其纯度、空气含量、湿度、酸度、可水解氟化物、矿物油含量等指标达到运行中设备的质量要求方可再使用。

【思考与练习】

1. SF₆分解产物的毒性及对人体和环境的影响。

2. 简述 SF₆分解产物红外分光光度（IR）分析法。

3. 富集浓缩样品预处理技术的具体方法。

第七部分

设备状态检修及故障分析

第四十三章

带　电　检　测

电力设备带电检测是发现设备潜伏性运行隐患的有效手段，是电力设备安全、稳定运行的重要保障。带电检测的实施，应以保证人员、设备安全、电网可靠性为前提，安排设备的带电检测工作。在具体实施时，应根据本地区实际情况（设备运行情况、电磁环境、检测仪器设备等）。

▲ 模块 1　变压器铁芯接地电流测量（Z13K1001Ⅰ）

【模块描述】本模块介绍变压器铁芯接地电流的检测方法和技术要求。通过检测工作流程的介绍，掌握变压器铁芯接地电流检测前的准备工作和相关安全技术措施、测试方法、技术要求及检测数据分析判断。

【模块内容】

一、测试目的

电力变压器正常运行时，铁芯必须有一点可靠接地。若没有接地，则铁芯对地的悬浮电位会造成对地断续性击穿放电，铁芯一点接地后就消除了形成铁芯悬浮电位的可能。但当铁芯出现两点及以上接地时，铁芯间的不均匀电位就会在接地点之间形成环流，于是反映在接地线上便出现了电流突然增大的现象。根据故障接地点与铁芯固定接地点之间阻抗大小的不同，接地线上的电流大小也不同。

测量变压器铁芯接地电流是指通过电流互感器或钳形电流表对设备接地回路的接地电流进行检测。

在运行条件下，测量流经接地线的电流，大于 100mA 时应予注意。

二、测试仪器、设备的选择

变压器铁芯接地电流检测装置一般为两种，为钳形电流表和变压器铁芯接地电流检测仪。钳形电流表具备电流测量、显示及锁定功能；变压器铁芯接地电流检测仪具备电流采集、处理、波形分析及超限告警等功能。

三、危险点分析及控制措施

（1）应严格执行 Q/GDW 1799.1—2013《国家电网公司电力安全工作规程　变电部分》的相关要求。

（2）检测工作不得少于两人。试验负责人应由有经验的人员担任，开始试验前，试验负责人应向全体试验人员详细布置试验中的安全注意事项，交待邻近间隔的带电部位，以及其他安全注意事项。

（3）应在良好的天气下进行，户外作业如遇雷、雨、雪、雾不得进行该项工作，风力大于 5 级时，不宜进行该项工作。

（4）检测时应与设备带电部位保持相应的安全距离。

（5）在进行检测时，要防止误碰误动设备。

（6）行走中注意脚下，防止踩踏设备管道。

（7）测试前必须认真检查表计倍率、量程、零位，均应正确无误。

四、测试前的准备工作

1. 了解被试设备现场情况及试验条件

查勘现场，查阅相关技术资料，包括该设备出厂资料、历年试验数据及相关规程等，掌握该设备运行及缺陷情况。

2. 测试仪器、设备准备

选择合适的钳形电流表或变压器铁芯接地电流检测仪、绝缘手套、温（湿）度计、测试线、接地线、安全带、安全帽、电工常用工具、试验临时安全遮栏、标示牌等，并查阅测试仪器、设备及绝缘工器具的检定合格证书有效期、相关技术资料、相关规程等。

3. 办理工作票并做好试验现场安全和技术措施

按相关安全生产管理规定办理工作许可手续；向试验人员交代工作内容、带电部位、现场安全措施、现场作业危险点，明确人员分工及试验程序。

五、现场测试步骤及要求

《国家电网公司电力安全工作规程》（变电部分）2.1.10 规定运行中的中性点应视作带电体，运行中的中性点如果其接地点未断开，那么其电位始终为零电位，应不会对人身造成伤害，但仍应注意人身安全。

1. 铁芯电流通过传感器测量

铁芯电流监测通过变压器铁芯接地电流检测仪。测量范围：1mA～10A。

为了保证整个监测范围的数据准确度，在铁芯接地线上，安装穿芯式电流互感器，测量变压器铁芯接地线上的电流值，原理图如下图 Z13K1001Ⅰ-1 所示：

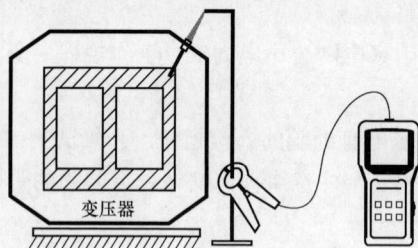

图 Z13K1001Ⅰ–1 铁芯接地电流检测原理图

2. 铁芯电流通过钳形电流表测量

钳形电流表按照用途分为专门测量交流电流的互感器式钳形电流表和可以交直流两用的电磁系钳形电流表两种。

互感器式钳形电流表由电流互感器和整流系电流表组成。当握紧扳手时，电流互感器的铁芯张开[如图 Z13K1001Ⅰ–2（b）中虚线所示]，被测电流的导线卡入钳口作为电流互感器的原边，放松扳手，使铁芯钳口闭合后，在副边会产生感应电流，钳形电流表指示出被测量的大小。

电磁系测量机构的钳形电流表结构如图 Z13K1001Ⅰ–2 所示，处在铁芯钳口中的导线相当于电磁系测量机构中的线圈。在铁芯中产生磁场，铁芯中的可动铁片受磁场作用而偏转，带动指针指示被测量的值。

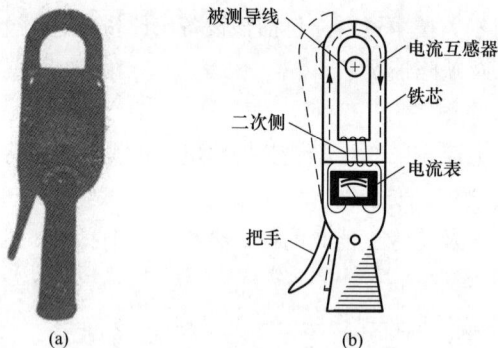

图 Z13K1001Ⅰ–2 钳形电流表的外形图和结构原理图
（a）外形图；（b）结构原理图

（1）钳形电流表的选取原则。指针式钳形表按用途可以分为专门测量交流电流的互感器式钳型电流表和可以交直流两用的电磁系钳形电流表两种。指针式钳形表其精度较低，一般为 2.5 级或 5.0 级；选择钳形电流表时，应根据所需精度、被测量范围及所需功能选择相应仪表。

（2）钳形电流表的使用方法。使用钳形电流表，先选择好相应量程，握紧扳手，使钳口张开，然后将钳口套入被测电流的导线，并使导线保持在钳口中部，放松扳手使钳口闭合，读出被测电流的值。

（3）钳形电流表的使用注意事项。

1）测量前先估计被测电流的大小，选择合适的量程。若无法估计被测电流的大小时，则应从最大量程开始，逐步换成合适的量程，转换量程应在退出导线后进行。

2）钳口要结合紧密且保持清洁干燥。若发现测量时有杂声出现，应检查钳口结合处是否闭合良好或有污垢存在。如有污垢则应擦干净后再进行测量。

3）测量时，应将被测载流导线置于钳口中央，以避免增大误差。

4）读数时，应双眼自上而下垂直对正指针读数，避免由于视角偏斜引起的读数误差。

5）因钳形电流表是直接用来测量正在运行中的电气设备，因此手持钳形电流表在带电线路上测量时，要十分小心，不要去测量无绝缘的导线。

6）当导线夹入钳口时，如发现有震动或撞碰声时，要将仪表的把手转动几下，重新开合一次，直到没有声音时才能读数。

7）测量完毕后，一定要将表的量程开关置于最大量程位置上，以防下次使用时操作者疏忽而造成仪表损坏。

六、测试注意事项

测量装置检测电流范围：AC1mA～10 000mA。在接地电流直接引下线段进行测试（历次测试位置应相对固定，将钳形电流表置于器身高度的下 1/3 处，沿接地引下线方向，上下移动仪表观察数值应变化不大，测试条件允许时还可以将仪表钳口以接地引下线为轴左右转动，观察数值也不应有明显变化）。使钳形电流表与接地引下线保持垂直。待电流表数据稳定后，读取数据并做好记录。

七、测试结果分析及测试报告编写

（一）测试标准及结果分析

1. 测试标准及要求

根据 Q/GDW 1168—2013《输变电设备状态检修试验规程》、Q/GDW 11447—2015《10kV～500kV 输变电设备交接试验规程》及《国家电网公司变电检测通用管理规定及细则》[国网（运检/3）829—2017] 的规定：铁芯接地电流检测结果应符合以下要求：

（1）1000kV 变压器：≤300mA（注意值）。

（2）其他变压器：≤100mA（注意值）。

（3）与历史数值比较无较大变化。

2. 测试结果分析

（1）当变压器铁芯接地电流检测结果受环境及检测方法的影响较大时，可通过历次试验结果进行综合比较，根据其变化趋势做出判断。数据分析还需综合考虑设备历史运行状况、同类型设备参考数据，同时结合其他带电检测试验结果，如油色谱试验、红外精确测温及高频局部放电检测等手段进行综合分析。

（2）接地电流大于 300mA 应考虑铁芯（夹件）存在多点接地故障，必要时串接限流电阻。

（3）当怀疑有铁芯多点间歇性接地时可辅以在线检测装置进行连续检测。

（二）测试报告编写

试验记录应填写信息，包括基本信息（变电站、委托单位、试验单位、运行编号、试验性质、试验日期、试验人员、试验地点、报告日期、编写人员、审核人员、批准人员、试验天气、环境温度、环境相对湿度）；设备铭牌（生产厂家、出厂日期、出厂编号、设备型号、额定电压、额定电流、额定容量、空载电流、空载损耗）；试验数据（铁芯接地电流、夹件接地电流、仪器型号、结论等）。

八、案例

下面以钳形表为例，对一交流电流为 80mA 进行测量。

选一块能够测量 0.25A 的钳型电流表，且测量时指针能指在刻度的 1/3 以上处，且误差不超过 5.0%，根据以上要求选择了一块等级为 5.0 级，有 0.125A、0.25A、0.5A、1A 等挡位的钳型电流表。

测量时先调节机械零位，使指针指在"0"位置上，然后将量程开关扳至 0.25A 挡，握紧扳手，使钳口张开，然后将钳口套入被测电流的导线，并使导线保持在钳口中部，放松扳手使钳口闭合，即可读出被测电流的值。

【思考与练习】

1. 为什么要进行变压器铁芯电流测量？
2. 说明用钳形电流表测量变压器铁芯电流的方法？
3. 说明钳形电流表的使用注意事项？

◢ 模块 2 变压器红外热像检测（Z13K1002Ⅱ）

【模块描述】 本模块介绍变压器红外热像检测方法和技术要求。通过检测工作流程的介绍，掌握变压器红外热像检测前的准备工作和相关安全技术措施、测试方法、技术要求及检测数据分析判断。

【模块内容】

一、检测目的

变压器红外热像检测是变压器带电条件下有效故障诊断手段之一，通过红外热像检测，可以及时发现变压器本体、储油柜、套管和冷却器等各组成部件是否存在过热缺陷。

二、检测仪器、设备的选择

变压器红外热像检测通常选用便携式红外热像仪。要求能够满足精确检测的要求，测量精度和测温范围满足现场测试要求，性能指标较高，具有较高的温度和空间分辨率，具有大气条件的修正模型，操作简便，图像清晰、稳定，有目镜取景器，分析软件功能丰富。具体可参考《国家电网公司变电检测管理规定　第 1 分册：红外热像检测细则》[国网（运检/3）829—2017] 中的附录 H～J。

三、危险点分析及控制措施

（1）应严格执行 Q/GDW 1799.1—2013《国家电网公司电力安全工作规程　变电部分》、《国家电网公司电力安全工作规程（配电部分）》的相关要求。

（2）应在良好的天气下进行，如遇雷、雨、雪、雾不得进行该项工作，风力大于 5m/s 时，不宜进行该项工作；夜间测量时应有充足的照明配合。

（3）检测时应与设备带电部位保持相应的安全距离。

（4）进行检测时，要防止误碰误动设备。

（5）行走中注意脚下，防止踩踏设备管道。

（6）应有专人监护，监护人在检测期间应始终行使监护职责，不得擅离岗位或兼任其他工作。

四、检测前的准备工作

1. 了解检测设备现场情况及试验条件

查勘现场，查阅相关技术资料，包括该设备历年试验数据及相关规程等，掌握该设备运行及缺陷情况。

2. 检测仪器、设备准备

选择合适的红外热像仪、镜头、三脚架、镜头纸、备用电池、温湿度计、照明设备、数码相机和笔记本电脑等，并查阅检测仪器、设备的检定证书有效期。

3. 办理工作票并做好试验现场安全和技术措施

按相关安全生产管理规定办理工作许可手续；向其余试验人员交代工作内容、带电部位、现场安全措施、现场作业危险点，明确人员分工及试验程序。

五、检测步骤及要求

（1）检测前做好准备工作，保证热像仪等仪器正常和所需材料备齐。

（2）检测人员就位，保证全体作业人员分工明确，任务落实到人，安全措施明确。

（3）在观测点安置好三脚架，将仪器安放在机座上，并进行整平，开启电源开关。预热设备 1min。

（4）设置好目标参数，如辐射率、目标距离、环境温度和相对湿度等。

（5）一般测量，先将热像仪对准被检测对象，对所有应测部位进行全面扫描，找出热态异常部位，如无异常部位只需将图像调节清晰并保存以备在计算机准确判断，同时填写检测记录表格。

（6）精测测量，在安全距离保证的条件下，红外仪器尽量靠近被检设备，使被检设备充满整个视场，同时填写检测记录表格。

（7）测量结束，检查现场有无遗留的工具、材料，清理现场并撤离检测场地。

六、检测注意事项

（一）一般检测

（1）检测仪器开机后需进行内部温度校准，待图像稳定后即可开始工作。

（2）一般先远距离对被测设备进行全面扫描，发现有异常后，再有针对性地近距离对异常部位和重点被测设备进行精确检测。

（3）仪器的色标温度量程宜设置在环境温度加 10～20K 左右的温升范围。

（4）有伪彩色显示功能的仪器，宜选择彩色显示方式，调节图像使其具有清晰的温度层次显示，并结合数值测温手段，如热点跟踪、区域温度跟踪等手段进行检测。

（5）应充分利用仪器的有关功能，如图像平均，自动跟踪等，以达到最佳检测效果。

（6）环境温度发生较大变化时，应对仪器重新进行内部温度校准。

（7）作为一般检测，被测设备的辐射率一般取 0.9 左右。

（二）精确检测

（1）检测温升所用的环境温度参照体应尽可能选择与被测设备类似的物体，最好能在同一方向或同一视场中选择。

（2）在安全距离允许的条件下，红外仪器宜尽量靠近被测设备，使被测设备（或目标）尽量充满整个仪器的视场，以提高仪器对被测设备表面细节的分辨能力及测温准确度，必要时，可使用中、长焦距镜头。

（3）为了准确测量温度或方便跟踪，应事先设定几个不同的方向和角度，确定最佳检测位置，并可做上标记，以供今后的复测用，提高互比性和工作效率。

（4）正确选择被测设备的辐射率，特别要考虑金属材料表面氧化对选取辐射率的影响。

（5）将大气温度、相对湿度、测量距离等补偿参数输入，进行必要修正，并选择适当的测温范围。

（6）记录被检测设备的实际负荷电流、额定电流、运行电压，被检物体温度及环境参照体的温度值。

七、检测结果分析及检测报告编写

（一）检测标准及结果分析

1. 检测标准及要求

根据《国家电网公司变电检测管理规定 第 1 分册：红外热像检测细则》的规定，电流致热型设备的判断依据《国家电网公司变电检测管理规定 第 1 分册：红外热像检测细则》附录 D；电压致热型设备的判断依据《国家电网公司变电检测管理规定第 1 分册：红外热像检测细则》附录 E；当缺陷是由两种或两种以上因素引起的，应综合判断缺陷性质；对于磁场和漏磁引起的过热可依据电流致热型设备的判据进行处理。

2. 检测结果分析

起动专用软件分析系统对检测结果进行分析并制作分析报告，调整分析报告内温度范围，使图像更加清晰以便于发现缺陷；点击较热点和对应点的温差结合设备诊断判据分析被检设备是否构成缺陷并保存。

（二）检测报告编写

检测报告填写应包括被测设备名称、设备编号、设备额定电流、运行负荷、检测时间、检测人员、天气情况、环境温度、湿度、辐射系数、测试距离、使用地点、检测结果、检测结论、检测仪器名称型号及出厂编号，备注栏写明其他需要注意的内容。

八、案例

1. 红外检测 110kV 主变压器油箱下部紧固螺栓发热

（1）案例经过。2012 年 2 月 20 日，在专业巡检工作中，利用红外成像测温，发现 110kV 某变电站 1 号主变压器下部油箱紧固螺丝发热，最高温度点 151.7℃，如图 Z13K1002Ⅱ–1 所示。

（2）检测分析。该变电站 1 号主变压器型号为 SSZ10–63000/110，接线组别 YNyn0d11，电压比 110±8*1.25%/21/10.5，2008 年 11 月份出厂。现场可见光图例见图 Z13K1002Ⅱ–2。

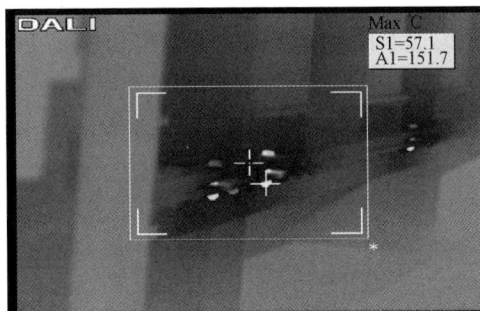

图 Z13K1002Ⅱ–1 主变压器下部油箱
紧固螺丝发热

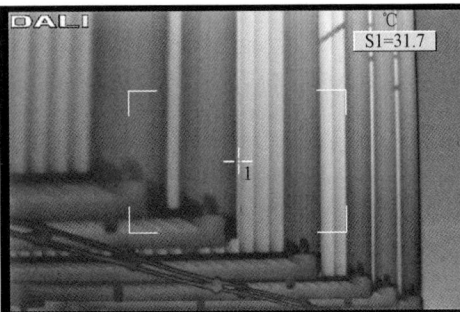

图 Z13K1002Ⅱ–2 变压器可见光图

该变电站 1 号主变压器 10kV 侧负荷达 1800A，初步判断引起变压器外壳连接螺栓发热的主要原因在于主变压器漏磁严重形成涡流，导致此处连接螺栓发热严重。

（3）处理措施。

1）对 1 号主变压器发热的螺丝复紧。处理后测温最热螺丝由 151°降至 90°。

2）进行变压器绝缘油油样试验，绝缘油试验结果合格。

2. 红外检测 110kV 主变压器 A、B 相高压套管接头过热

（1）案例经过。2012 年 3 月 30 日，在专业巡检工作中，利用红外成像测温，发现 110kV 某变电站 2 号主变压器高压侧套管 A、B 相发热明显，最高温度点 99.91℃（环境温度 4℃），如图 Z13K1002Ⅱ–3 所示。随后，对其进行了不间断的红外跟踪检查（每周不少于一次），发现温度一直稳定，B 相相对温升明显。

根据电流致热型设备缺陷诊断判据表，热点温度＞80℃且 $\delta \geqslant 95\%$，属于危急缺陷。

图 Z13K1002Ⅱ–3　变压器高压侧套管温升

（2）检测分析。发现变压器温度异常情况后，立即安装跟踪监测，并视缺陷发展情况采取相应的应对策略。红外热像检查结果分别如表 Z13K1002Ⅱ–1 和图 Z13K1002Ⅱ–4～图 Z13K1002Ⅱ–6 所示。

表 Z13K1002Ⅱ–1　　　　　　检 查 数 据

变电站	110kV 某变电站	设备类别	套管
设备名称	2 号主变压器 110kV 侧套管柱头	相别	AB 相
运行电压	111.5kV	负荷电流	165.76A
拍摄日期	2012.03.30	拍摄时间	01：18：34
测试距离	5m	环境温度	4℃
环境湿度	56%	辐射率	0.9

图 Z13K1002Ⅱ-4　红外热像检查结果（一）

图 Z13K1002Ⅱ-5　红外热像检查结果（二）

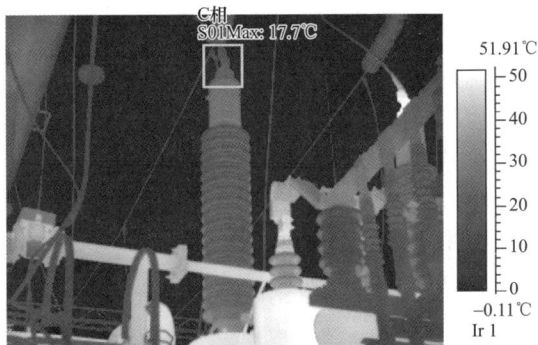

图 Z13K1002Ⅱ-6　处理措施

　　2012 年 4 月，结合停电机会对其进行了检查，在拆除线夹时发现 A、B 相线夹接头有明显氧化层，且 B 相接头松动，据此判断为 A、B 接头连接不牢，造成过热，进而促使接头产生氧化，进一步加剧了温度的提升，且该变压器投运年限较长，材质不甚理想，抗氧化能力弱。

　　检修人员更换了新的线夹，且用砂纸对表面进行了打磨处理，并涂抹了黄油润滑，用力矩扳手按照标准要求拧紧螺丝。

　　待设备送电后，又进行了红外测温比对，A、B 相接头温度回到了 13℃左右，数据恢复正常。

　　【思考与练习】

　　1. 为什么要进行变压器红外测温？

　　2. 说明变压器红外测温方法？

　　3. 变压器红外测温数据分析应注意哪些事项？

▲ 模块 3　电流互感器红外热像检测（Z13K1003Ⅱ）

　　【模块描述】 本模块介绍电流互感器红外热像检测方法和技术要求。通过检测工作流程的介绍，掌握电流互感器红外热像检测前的准备工作和相关安全技术措施、测试方法、技术要求及检测数据分析判断。

　　【模块内容】

　　一、检测目的

　　电流互感器红外热像检测是电流互感器带电条件下有效故障诊断手段之一，通过红外热像检测，可以及时发现电流互感器本体及各组成部件是否存在过热缺陷。

　　二、检测仪器、设备的选择

　　电流互感器红外热像检测通常选用便携式红外热像仪。要求能够满足精确检测的要求，测量精度和测温范围满足现场测试要求，性能指标较高，具有较高的温度和空间分辨率，具有大气条件的修正模型，操作简便，图像清晰、稳定，有目镜取景器，分析软件功能丰富。具体可参考《国家电网公司变电检测管理规定　第 1 分册：红外热像检测细则》附录 H～J。

　　三、危险点分析及控制措施

　　（1）应严格执行 Q/GDW 1799.1—2013《国家电网公司电力安全工作规程　变电部分》、《国家电网公司电力安全工作规程　配电部分》的相关要求。

　　（2）应在良好的天气下进行，如遇雷、雨、雪、雾不得进行该项工作，风力大于 5m/s 时，不宜进行该项工作；夜间测量时应有充足的照明配合。

　　（3）检测时应与设备带电部位保持相应的安全距离。

　　（4）进行检测时，要防止误碰误动设备。

　　（5）行走中注意脚下，防止踩踏设备管道。

（6）应有专人监护，监护人在检测期间应始终行使监护职责，不得擅离岗位或兼任其他工作。

四、检测前的准备工作

1. 了解检测设备现场情况及试验条件

查勘现场，查阅相关技术资料，包括该设备历年试验数据及相关规程等，掌握该设备运行及缺陷情况。

2. 检测仪器、设备准备

选择合适的红外热像仪、镜头、三脚架、镜头纸、备用电池、温湿度计、照明设备、数码相机和笔记本电脑等，并查阅检测仪器、设备的检定证书有效期。

3. 办理工作票并做好试验现场安全和技术措施

按相关安全生产管理规定办理工作许可手续；向其余试验人员交代工作内容、带电部位、现场安全措施、现场作业危险点，明确人员分工及试验程序。

五、检测步骤及要求

1. 检测前做好准备工作，保证热像仪等仪器正常和所需材料备齐。

2. 检测人员就位，保证全体作业人员分工明确，任务落实到人，安全措施明确。

3. 在观测点安置好三脚架，将仪器安放在机座上，并进行整平，开启电源开关。预热设备 1min。

4. 设置好目标参数，如辐射率、目标距离、环境温度和相对湿度等。

5. 一般测量，先将热像仪对准被检测对象，对所有应测部位进行全面扫描，找出热态异常部位，如无异常部位只需将图像调节清晰并保存以备在计算机准确判断，同时填写检测记录表格。

6. 精测测量，在安全距离保证的条件下，红外仪器尽量靠近被检设备，使被检设备充满整个视场，同时填写检测记录表格。

7. 测量结束，检查现场有无遗留的工具、材料，清理现场并撤离检测场地。

六、检测注意事项

（一）一般检测

（1）检测仪器开机后需进行内部温度校准，待图像稳定后即可开始工作。

（2）一般先远距离对被测设备进行全面扫描，发现有异常后，再有针对性地近距离对异常部位和重点被测设备进行精确检测。

（3）仪器的色标温度量程宜设置在环境温度加 10～20K 左右的温升范围。

（4）有伪彩色显示功能的仪器，宜选择彩色显示方式，调节图像使其具有清晰的温度层次显示，并结合数值测温手段，如热点跟踪、区域温度跟踪等手段进行检测。

（5）应充分利用仪器的有关功能，如图像平均，自动跟踪等，以达到最佳检测效果。

（6）环境温度发生较大变化时，应对仪器重新进行内部温度校准。

（7）作为一般检测，被测设备的辐射率一般取 0.9 左右。

（二）精确检测

（1）检测温升所用的环境温度参照体应尽可能选择与被测设备类似的物体，最好能在同一方向或同一视场中选择。

（2）在安全距离允许的条件下，红外仪器宜尽量靠近被测设备，使被测设备（或目标）尽量充满整个仪器的视场，以提高仪器对被测设备表面细节的分辨能力及测温准确度，必要时，可使用中、长焦距镜头。

（3）为了准确测量温度或方便跟踪，应事先设定几个不同的方向和角度，确定最佳检测位置，并可做上标记，以供今后的复测用，提高互比性和工作效率。

（4）正确选择被测设备的辐射率，特别要考虑金属材料表面氧化对选取辐射率的影响。

（5）将大气温度、相对湿度、测量距离等补偿参数输入，进行必要修正，并选择适当的测温范围。

（6）记录被检测设备的实际负荷电流、额定电流、运行电压，被检物体温度及环境参照体的温度值。

七、检测结果分析及检测报告编写

（一）检测标准及结果分析

1. 检测标准及要求

根据《国家电网公司变电检测管理规定　第 1 分册：红外热像检测细则》的规定，电流致热型设备的判断依据详见《国家电网公司变电检测管理规定　第 1 分册：红外热像检测细则》附录 D；电压致热型设备的判断依据详见《国家电网公司变电检测管理规定　第 1 分册：红外热像检测细则》附录 E；当缺陷是由两种或两种以上因素引起的，应综合判断缺陷性质；对于磁场和漏磁引起的过热可依据电流致热型设备的判据进行处理。

2. 检测结果分析

起动专用软件分析系统对检测结果进行分析并制作分析报告，调整分析报告内温度范围，使图像更加清晰以便于发现缺陷；点击较热点和对应点的温差结合设备诊断判据分析被检设备是否构成缺陷并保存。

（二）检测报告编写

检测报告填写应包括被测设备名称、设备编号、设备额定电流、运行负荷、检测时间、检测人员、天气情况、环境温度、湿度、辐射系数、测试距离、使用地点、检测结果、检测结论、检测仪器名称型号及出厂编号，备注栏写明其他需要注意的内容。

八、案例

1. 红外检测 110kV 电流互感器接头过热

（1）案例经过。2012 年 3 月 19 日，在 110kV 某变电设备例行红外检测中发现，110kV 1 号主变压器间隔 801 开关 A 相 TA 接头温度达 185.6℃，C 相 TA 接头温度达 70.63℃，B 相 TA 正常。3 月 20 日立即进行了停电处理。

（2）检测分析。利用红外热成像技术，对变电站主设备进行温升情况监测，尤其对主设备进行红外成像测试。准确判断设备具体发热部位。

缺陷分析过程。发现电流互感器温度异常情况，3 月 19 日红外热像检查结果分别如图 Z13K1003Ⅱ–1、图 Z13K1003Ⅱ–2 所示。

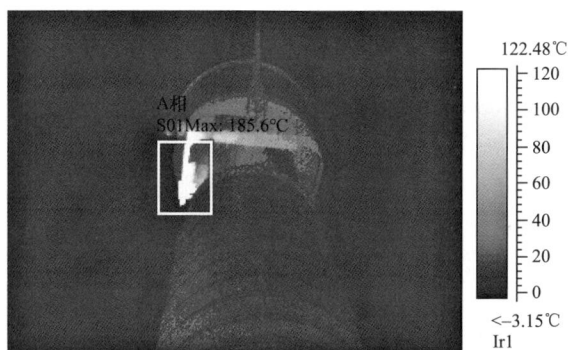

图 Z13K1003Ⅱ–1　110kV1 号主变压器间隔 801 开关 A 相 TA

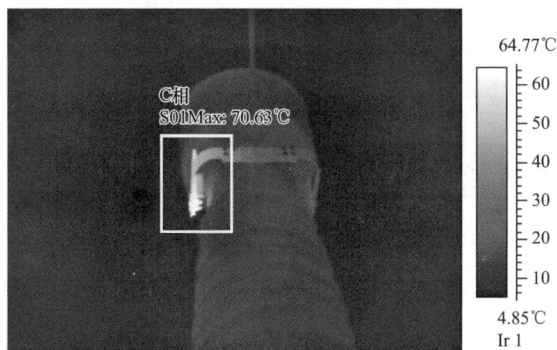

图 Z13K1003Ⅱ–2　110kV1 号主变压器间隔 801 开关 C 相 TA

检测结果如表 Z13K1003Ⅱ–1 所示。

表 Z13K1003Ⅱ-1　　　　　　检　测　结　果

分析	数值
SO1：最高数值	185.6
SO2：最高数值	18.69
SO3：最高数值	70.63

参照 DL/T 644《带电设备红外诊断应用规范》的附表 A.1，诊断为电流致热型。设备缺陷判据如下：

1）设备类别和部位：金属部件与金属部件的连接，接头和线夹；

2）热像特征：以线夹和接头为中心的热像，热点明显；故障特征：接触不良；热点温度高达 185.6℃，相对温差 167℃。大于 90%，属于危急缺陷。

（3）处理措施。2010 年 3 月 20 日停电安排专业人员对 2 台电流互感器接头进行了处理。随后进行了多次跟踪测温，都已正常。

2. 红外检测 110kV 流变过热

（1）案例经过。2012 年 6 月 5 日，在红外精确测温过程中，发现 110kV 盐城变电站 110kV 高东线 832 流变 A 相外部接头发热，最高温度点 35.42℃，如图 Z13K1003Ⅱ-3 所示。

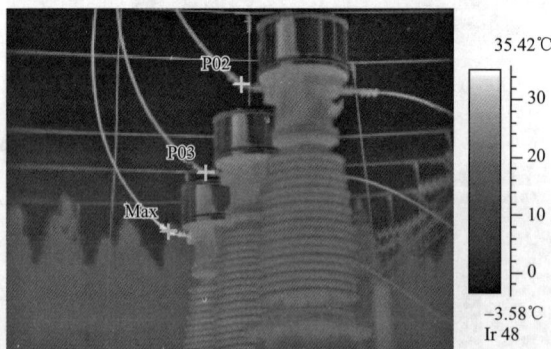

图 Z13K1003Ⅱ-3　110kV 高东线 832 电流互感器 A 相外部接头发热红外图谱

（2）检测分析。根据 DL/T 644《带电设备红外诊断应用规范》的附表 A.1，故障特征为设备线夹与导线连接处接触不良，相间温升在 15℃以上，相对温差为 86.7%，相对温差大于 80%，属于严重缺陷。

（3）处理措施。2012 年 6 月 6 日，立即组织检修人员对 110kV 盐城变电站 110kV 高东线 832 TA 进行停电处理。更换设备线夹，旋紧螺钉，使其接触处有足够的压力。

经处理后，测量其接触电阻，符合要求。经过复测一切恢复正常。如图 Z13K1003Ⅱ–4
所示。

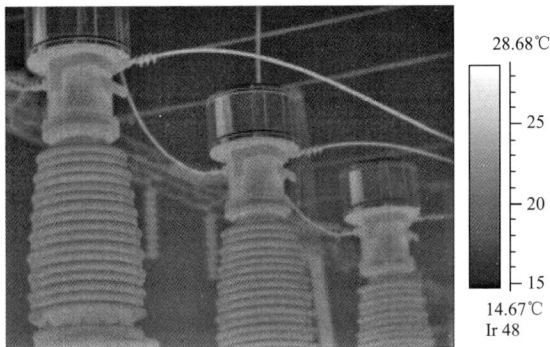

图 Z13K1003Ⅱ–4　110kV 高东线 832 TA 复测红外图谱

【思考与练习】

1. 为什么要进行电流互感器红外测温？

2. 说明电流互感器红外测温方法？

3. 电流互感器红外测温数据分析应注意哪些事项？

▲ 模块 4　电压互感器红外热像检测（Z13K1004Ⅱ）

【模块描述】本模块介绍电压互感器红外热像检测方法和技术要求。通过检测工作流程的介绍，掌握电压互感器红外热像检测前的准备工作和相关安全技术措施、测试方法、技术要求及检测数据分析判断。

【模块内容】

一、检测目的

电压互感器红外热像检测是电压互感器带电条件下有效故障诊断手段之一，通过红外热像检测，可以及时发现电压互感器本体及各组成部件是否存在过热缺陷。

二、检测仪器、设备的选择

电压互感器红外热像检测通常选用便携式红外热像仪。要求能够满足精确检测的要求，测量精度和测温范围满足现场测试要求，性能指标较高，具有较高的温度和空间分辨率，具有大气条件的修正模型，操作简便，图像清晰、稳定，有目镜取景器，分析软件功能丰富。具体可参考《国家电网公司变电检测管理规定　第 1 分册：红外热像检测细则》附录 H～J。

三、危险点分析及控制措施

（1）应严格执行 Q/GDW 1799.1—2013《国家电网公司电力安全工作规程 变电部分》、《国家电网公司电力安全工作规程 配电部分》的相关要求。

（2）应在良好的天气下进行，如遇雷、雨、雪、雾不得进行该项工作，风力大于5m/s 时，不宜进行该项工作；夜间测量时应有充足的照明配合。

（3）检测时应与设备带电部位保持相应的安全距离。

（4）进行检测时，要防止误碰误动设备。

（5）行走中注意脚下，防止踩踏设备管道。

（6）应有专人监护，监护人在检测期间应始终行使监护职责，不得擅离岗位或兼任其他工作。

四、检测前的准备工作

1. 了解检测设备现场情况及试验条件

查勘现场，查阅相关技术资料，包括该设备历年试验数据及相关规程等，掌握该设备运行及缺陷情况。

2. 检测仪器、设备准备

选择合适的红外热像仪、镜头、三脚架、镜头纸、备用电池、温湿度计、照明设备、数码相机和笔记本电脑等，并查阅检测仪器、设备的检定证书有效期。

3. 办理工作票并做好试验现场安全和技术措施

按相关安全生产管理规定办理工作许可手续；向其余试验人员交代工作内容、带电部位、现场安全措施、现场作业危险点，明确人员分工及试验程序。

五、检测步骤及要求

（1）检测前做好准备工作，保证热像仪等仪器正常和所需材料备齐。

（2）检测人员就位，保证全体作业人员分工明确，任务落实到人，安全措施明确。

（3）在观测点安置好三脚架，将仪器安放在机座上，并进行整平，开启电源开关。预热设备 1min。

（4）设置好目标参数，如辐射率、目标距离、环境温度和相对湿度等。

（5）一般测量，先将热像仪对准被检测对象，对所有应测部位进行全面扫描，找出热态异常部位，如无异常部位只需将图像调节清晰并保存以备在计算机准确判断，同时填写检测记录表格。

（6）精测测量，在安全距离保证的条件下，红外仪器尽量靠近被检设备，使被检设备充满整个视场，同时填写检测记录表格。

（7）测量结束，检查现场有无遗留的工具、材料，清理现场并撤离检测场地。

六、检测注意事项

（一）一般检测

（1）检测仪器开机后需进行内部温度校准，待图像稳定后即可开始工作。

（2）一般先远距离对被测设备进行全面扫描，发现有异常后，再有针对性地近距离对异常部位和重点被测设备进行精确检测。

（3）仪器的色标温度量程宜设置在环境温度加 10～20K 左右的温升范围。

（4）有伪彩色显示功能的仪器，宜选择彩色显示方式，调节图像使其具有清晰的温度层次显示，并结合数值测温手段，如热点跟踪、区域温度跟踪等手段进行检测。

（5）应充分利用仪器的有关功能，如图像平均，自动跟踪等，以达到最佳检测效果。

（6）环境温度发生较大变化时，应对仪器重新进行内部温度校准。

（7）作为一般检测，被测设备的辐射率一般取 0.9 左右。

（二）精确检测

（1）检测温升所用的环境温度参照体应尽可能选择与被测设备类似的物体，最好能在同一方向或同一视场中选择。

（2）在安全距离允许的条件下，红外仪器宜尽量靠近被测设备，使被测设备（或目标）尽量充满整个仪器的视场，以提高仪器对被测设备表面细节的分辨能力及测温准确度，必要时，可使用中、长焦距镜头。

（3）为了准确测量温度或方便跟踪，应事先设定几个不同的方向和角度，确定最佳检测位置，并可做上标记，以供今后的复测用，提高互比性和工作效率。

（4）正确选择被测设备的辐射率，特别要考虑金属材料表面氧化对选取辐射率的影响。

（5）将大气温度、相对湿度、测量距离等补偿参数输入，进行必要修正，并选择适当的测温范围。

（6）记录被检测设备的实际负荷电流、额定电流、运行电压，被检物体温度及环境参照体的温度值。

七、检测结果分析及检测报告编写

（一）检测标准及结果分析

1. 检测标准及要求

根据《国家电网公司变电检测管理规定　第 1 分册：红外热像检测细则》的规定，电流致热型设备的判断依据详见 DL/T 644《带电设备红外诊断应用规范》附录 D；电压致热型设备的判断依据详见 DL/T 644《带电设备红外诊断应用规范》附录 E；当缺陷是由两种或两种以上因素引起的，应综合判断缺陷性质；对于磁场和漏磁引起的过热可依据电流致热型设备的判据进行处理。

2. 检测结果分析

起动专用软件分析系统对检测结果进行分析并制作分析报告，调整分析报告内温度范围，使图像更加清晰以便于发现缺陷；点击较热点和对应点的温差结合设备诊断判据分析被检设备是否构成缺陷并保存。

（二）检测报告编写

检测报告填写应包括被测设备名称、设备编号、设备额定电流、运行负荷、检测时间、检测人员、天气情况、环境温度、湿度、辐射系数、测试距离、使用地点、检测结果、检测结论、检测仪器名称型号及出厂编号，备注栏写明其他需要注意的内容。

八、案例

案例例表及红外热像见表 Z13K1004Ⅱ-1、图 Z13K1004Ⅱ-1～图 Z13K1004Ⅱ-4。

表 Z13K1004Ⅱ-1　　　　　　　　电压互感器红外典型案例

电压等级	设备名称	缺陷部位	诊断方法	判断依据	缺陷性质	致热原因	图号
20kV	电压互感器	油箱	同类比较法	相间温差大于10℃	严重缺陷	电磁单元匝间短路	Z13K1004Ⅱ-1
500kV	电压互感器	油箱	同类比较法	相间温差大于10℃	严重缺陷	电磁单元匝间短路	Z13K1004Ⅱ-2
10kV	电压互感器	油箱	同类比较法	相间温差大于8K	严重缺陷	电磁单元匝间短路	Z13K1004Ⅱ-3
35kV	电压互感器	油箱	同类比较法	相间温差大于11K	严重缺陷	电磁单元匝间短路	Z13K1004Ⅱ-4

图 Z13K1004Ⅱ-1　20kV 电压互感器油箱电磁单元匝间短路红外热像

图 Z13K1004Ⅱ-2　500kV 电压互感器油箱电磁单元匝间短路红外热像

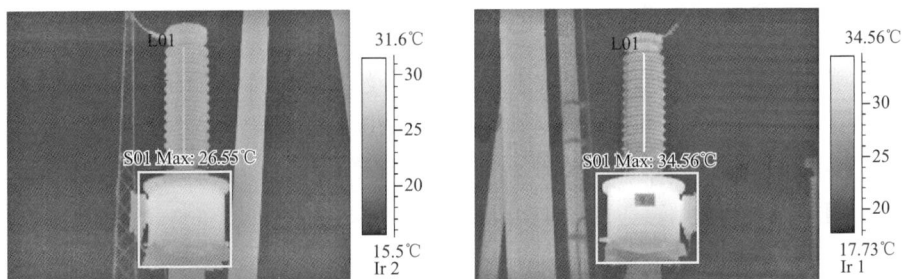

图 Z13K1004Ⅱ-3　10kV 电压互感器油箱电磁单元匝间短路红外热像

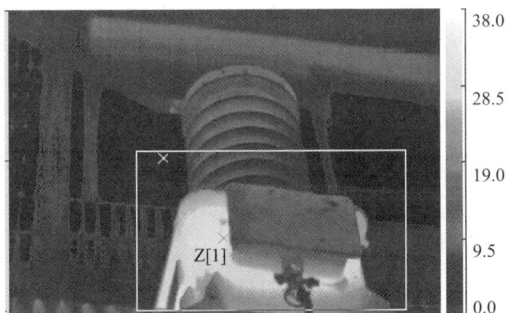

图 Z13K1004Ⅱ-4　35kV 电压互感器油箱电磁单元匝间短路红外热像

【思考与练习】

1. 为什么要进行电压互感器红外测温？

2. 说明电压互感器红外测温方法。

3. 电压互感器红外测温数据分析应注意哪些事项？

▲ 模块 5 GIS 红外热像检测（Z13K1005Ⅱ）

【模块描述】 本模块介绍 GIS 红外热像检测方法和技术要求。通过检测工作流程的介绍，掌握 GIS 红外热像检测前的准备工作和相关安全技术措施、测试方法、技术要求及检测数据分析判断。

【模块内容】

一、检测目的

GIS 红外热像检测是 GIS 带电条件下有效故障诊断手段之一，通过红外热像检测，可以及时发现 GIS 本体及各组成部件是否存在过热缺陷。

二、检测仪器、设备的选择

GIS 红外热像检测通常选用便携式红外热像仪。要求能够满足精确检测的要求，测量精度和测温范围满足现场测试要求，性能指标较高，具有较高的温度和空间分辨率，具有大气条件的修正模型，操作简便，图像清晰、稳定，有目镜取景器，分析软件功能丰富。具体可参考《国家电网公司变电检测管理规定 第 1 分册：红外热像检测细则》附录 H～J。

三、危险点分析及控制措施

（1）应严格执行 Q/GDW 1799.1—2013《国家电网公司电力安全工作规程 变电部分》的相关要求。

（2）应在良好的天气下进行，如遇雷、雨、雪、雾不得进行该项工作，风力大于 5m/s 时，不宜进行该项工作；夜间测量时应有充足的照明配合。

（3）检测时应与设备带电部位保持相应的安全距离。

（4）进行检测时，要防止误碰误动设备。

（5）行走中注意脚下，防止踩踏设备管道。

（6）应有专人监护，监护人在检测期间应始终行使监护职责，不得擅离岗位或兼任其他工作。

四、检测前的准备工作

1. 了解检测设备现场情况及试验条件

查勘现场，查阅相关技术资料，包括该设备历年试验数据及相关规程等，掌握该设备运行及缺陷情况。

2. 检测仪器、设备准备

选择合适的红外热像仪、镜头、三脚架、镜头纸、备用电池、温湿度计、照明设备、数码相机和笔记本电脑等，并查阅检测仪器、设备的检定证书有效期。

3. 办理工作票并做好试验现场安全和技术措施

按相关安全生产管理规定办理工作许可手续；向其余试验人员交代工作内容、带电部位、现场安全措施、现场作业危险点，明确人员分工及试验程序。

五、检测步骤及要求

（1）检测前做好准备工作，保证热像仪等仪器正常和所需材料备齐。

（2）检测人员就位，保证全体作业人员分工明确，任务落实到人，安全措施明确。

（3）在观测点安置好三脚架，将仪器安放在机座上，并进行整平，开启电源开关。预热设备 1min。

（4）设置好目标参数，如辐射率、目标距离、环境温度和相对湿度等。

（5）一般测量，先将热像仪对准被检测对象，对所有应测部位进行全面扫描，找出热态异常部位，如无异常部位只需将图像调节清晰并保存以备在计算机准确判断，同时填写检测记录表格。

（6）精测测量，在安全距离保证的条件下，红外仪器尽量靠近被检设备，使被检设备充满整个视场，同时填写检测记录表格。

（7）测量结束，检查现场有无遗留的工具、材料，清理现场并撤离检测场地。

六、检测注意事项

（一）一般检测

（1）检测仪器开机后需进行内部温度校准，待图像稳定后即可开始工作。

（2）一般先远距离对被测设备进行全面扫描，发现有异常后，再有针对性地近距离对异常部位和重点被测设备进行精确检测。

（3）仪器的色标温度量程宜设置在环境温度加 10～20K 左右的温升范围。

（4）有伪彩色显示功能的仪器，宜选择彩色显示方式，调节图像使其具有清晰的温度层次显示，并结合数值测温手段，如热点跟踪、区域温度跟踪等手段进行检测。

（5）应充分利用仪器的有关功能，如图像平均，自动跟踪等，以达到最佳检测效果。

（6）环境温度发生较大变化时，应对仪器重新进行内部温度校准。

（7）作为一般检测，被测设备的辐射率一般取 0.9 左右。

（二）精确检测

（1）检测温升所用的环境温度参照体应尽可能选择与被测设备类似的物体，最好能在同一方向或同一视场中选择。

（2）在安全距离允许的条件下，红外仪器宜尽量靠近被测设备，使被测设备（或目标）尽量充满整个仪器的视场，以提高仪器对被测设备表面细节的分辨能力及测温准确度，必要时，可使用中、长焦距镜头。

（3）为了准确测量温度或方便跟踪，应事先设定几个不同的方向和角度，确定最佳检测位置，并可做上标记，以供以后的复测用，提高互比性和工作效率。

（4）正确选择被测设备的辐射率，特别要考虑金属材料表面氧化对选取辐射率的影响。

（5）将大气温度、相对湿度、测量距离等补偿参数输入，进行必要修正，并选择适当的测温范围。

（6）记录被检测设备的实际负荷电流、额定电流、运行电压，被检物体温度及环境参照体的温度值。

七、检测结果分析及检测报告编写

（一）检测标准及结果分析

1. 检测标准及要求

根据《国家电网公司变电检测管理规定 第 1 分册：红外热像检测细则》的规定，电流致热型设备的判断依据详见 DL/T 644《带电设备红外诊断应用规范》附录 D；电压致热型设备的判断依据详见 DL/T 644《带电设备红外诊断应用规范》附录 E；当缺陷是由两种或两种以上因素引起的，应综合判断缺陷性质；对于磁场和漏磁引起的过热可依据电流致热型设备的判据进行处理。

2. 检测结果分析

起动专用软件分析系统对检测结果进行分析并制作分析报告，调整分析报告内温度范围，使图像更加清晰以便于发现缺陷；点击较热点和对应点的温差结合设备诊断判据分析被检设备是否构成缺陷并保存。

（二）检测报告编写

检测报告填写应包括被测设备名称、设备编号、设备额定电流、运行负荷、检测时间、检测人员、天气情况、环境温度、湿度、辐射系数、测试距离、使用地点、检测结果、检测结论、检测仪器名称型号及出厂编号，备注栏写明其他需要注意的内容。

八、案例

表 Z13K1005Ⅱ-1　　　　　GIS 出线套管案例

电压等级（kV）	设备名称	缺陷部位	诊断方法	判断依据	缺陷性质	致热原因	图号
110	断路器	套管接头	同类比较法	相间温升在15℃以上	严重缺陷	接头接触不良	Z13K1005Ⅱ-1
110	断路器	套管接头	同类比较法	相间温升在15℃以上	严重缺陷	接头接触不良	Z13K1005Ⅱ-2

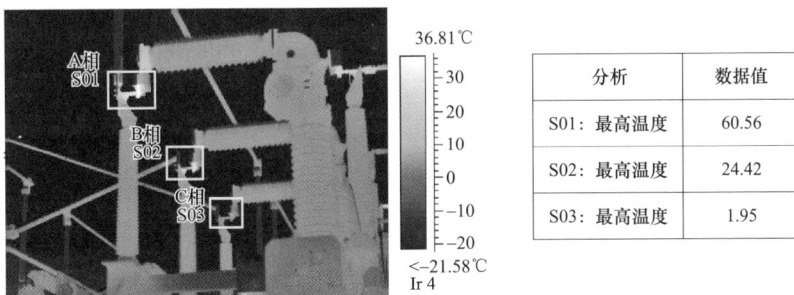

图 Z13K1005Ⅱ-1 套管接头接触不良（一）

分析	数据值
S01：最高温度	60.56
S02：最高温度	24.42
S03：最高温度	1.95

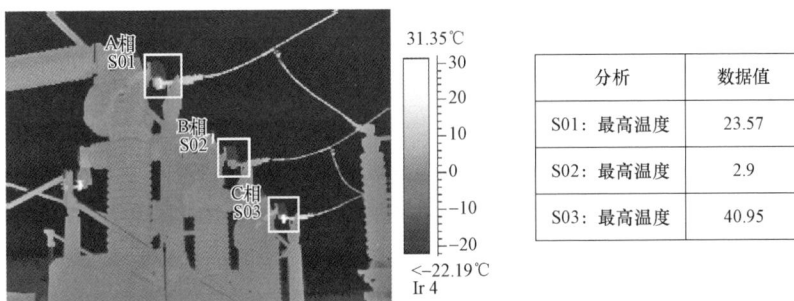

图 Z13K1005Ⅱ-2 套管接头接触不良（二）

分析	数据值
S01：最高温度	23.57
S02：最高温度	2.9
S03：最高温度	40.95

【思考与练习】

1. 为什么要进行 GIS 红外热像检测？
2. 说明 GIS 红外热像检测方法。
3. GIS 红外热像检测数据分析应注意哪些事项？

▲ 模块 6 开关柜红外热像检测（Z13K1006Ⅱ）

【模块描述】 本模块介绍开关柜红外热像检测检测方法和技术要求。通过检测工作流程的介绍，掌握开关柜红外热像检测检测前的准备工作和相关安全技术措施、测试方法、技术要求及检测数据分析判断。

【模块内容】

一、检测目的

开关柜红外热像检测检测是开关柜带电条件下有效故障诊断手段之一，通过红外热像检测，可以及时发现开关柜是否存在过热缺陷。

二、检测仪器、设备的选择

开关柜红外热像检测通常选用便携式红外热像仪。要求能够满足精确检测的要求，测量精度和测温范围满足现场测试要求，性能指标较高，具有较高的温度和空间分辨率，具有大气条件的修正模型，操作简便，图像清晰、稳定，有目镜取景器，分析软件功能丰富。具体可参考《国家电网公司变电检测管理规定 第 1 分册：红外热像检测细则》附录 H~J。

三、危险点分析及控制措施

（1）应严格执行 Q/GDW 1799.1—2013《国家电网公司电力安全工作规程 变电部分》、《国家电网公司电力安全工作规程 配电部分》的相关要求。

（2）应在良好的天气下进行，如遇雷、雨、雪、雾不得进行该项工作，风力大于5m/s 时，不宜进行该项工作；夜间测量时应有充足的照明配合。

（3）检测时应与设备带电部位保持相应的安全距离。

（4）进行检测时，要防止误碰误动设备。

（5）行走中注意脚下，防止踩踏设备管道。

（6）应有专人监护，监护人在检测期间应始终行使监护职责，不得擅离岗位或兼任其他工作。

四、检测前的准备工作

1. 了解检测设备现场情况及试验条件

查勘现场，查阅相关技术资料，包括该设备历年试验数据及相关规程等，掌握该设备运行及缺陷情况。

2. 检测仪器、设备准备

选择合适的红外热像仪、镜头、三脚架、镜头纸、备用电池、温湿度计、照明设备、数码相机和笔记本电脑等，并查阅检测仪器、设备的检定证书有效期。

3. 办理工作票并做好试验现场安全和技术措施

按相关安全生产管理规定办理工作许可手续；向其余试验人员交代工作内容、带电部位、现场安全措施、现场作业危险点，明确人员分工及试验程序。

五、检测步骤及要求

（1）检测前做好准备工作，保证热像仪等仪器正常和所需材料备齐。

（2）检测人员就位，保证全体作业人员分工明确，任务落实到人，安全措施明确。

（3）在观测点安置好三脚架，将仪器安放在机座上，并进行整平，开启电源开关。预热设备 1min。

（4）设置好目标参数，如辐射率、目标距离、环境温度和相对湿度等。

（5）一般测量，先将热像仪对准被检测对象，对所有应测部位进行全面扫描，找出热态异常部位，如无异常部位只需将图像调节清晰并保存以备在计算机准确判断，同时填写检测记录表格。

（6）精测测量，在安全距离保证的条件下，红外仪器尽量靠近被检设备，使被检设备充满整个视场，同时填写检测记录表格。

（7）测量结束，检查现场有无遗留的工具、材料，清理现场并撤离检测场地。

六、检测注意事项

（一）一般检测

（1）检测仪器开机后需进行内部温度校准，待图像稳定后即可开始工作。

（2）一般先远距离对被测设备进行全面扫描，发现有异常后，再有针对性地近距离对异常部位和重点被测设备进行精确检测。

（3）仪器的色标温度量程宜设置在环境温度加 10～20K 左右的温升范围。

（4）有伪彩色显示功能的仪器，宜选择彩色显示方式，调节图像使其具有清晰的温度层次显示，并结合数值测温手段，如热点跟踪、区域温度跟踪等手段进行检测。

（5）应充分利用仪器的有关功能，如图像平均，自动跟踪等，以达到最佳检测效果。

（6）环境温度发生较大变化时，应对仪器重新进行内部温度校准。

（7）作为一般检测，被测设备的辐射率一般取 0.9 左右。

（二）精确检测

（1）检测温升所用的环境温度参照体应尽可能选择与被测设备类似的物体，最好能在同一方向或同一视场中选择。

（2）在安全距离允许的条件下，红外仪器宜尽量靠近被测设备，使被测设备（或目标）尽量充满整个仪器的视场，以提高仪器对被测设备表面细节的分辨能力及测温准确度，必要时，可使用中、长焦距镜头。

（3）为了准确测量温度或方便跟踪，应事先设定几个不同的方向和角度，确定最佳检测位置，并可做上标记，以供今后的复测用，提高互比性和工作效率。

（4）正确选择被测设备的辐射率，特别要考虑金属材料表面氧化对选取辐射率的影响。

（5）将大气温度、相对湿度、测量距离等补偿参数输入，进行必要修正，并选择适当的测温范围。

（6）记录被检测设备的实际负荷电流、额定电流、运行电压，被检物体温度及环境参照体的温度值。

七、检测结果分析及检测报告编写

（一）检测标准及结果分析

1. 检测标准及要求

根据《国家电网公司变电检测管理规定 第 1 分册：红外热像检测细则》的规定，电流致热型设备的判断依据详见《国家电网公司变电检测管理规定 第 1 分册：红外热像检测细则》附录 D；电压致热型设备的判断依据详见《国家电网公司变电检测管理规定 第 1 分册：红外热像检测细则》附录 E；当缺陷是由两种或两种以上因素引起的，应综合判断缺陷性质；对于磁场和漏磁引起的过热可依据电流致热型设备的判据进行处理。

2. 检测结果分析

起动专用软件分析系统对检测结果进行分析并制作分析报告，调整分析报告内温度范围，使图像更加清晰以便于发现缺陷；点击较热点和对应点的温差结合设备诊断判据分析被检设备是否构成缺陷并保存。

（二）检测报告编写

检测报告填写应包括被测设备名称、设备编号、设备额定电流、运行负荷、检测时间、检测人员、天气情况、环境温度、湿度、辐射系数、测试距离、使用地点、检测结果、检测结论、检测仪器名称型号及出厂编号，备注栏写明其他需要注意的内容。

【思考与练习】

1. 为什么要进行开关柜红外热像检测？
2. 说明开关柜红外热像检测方法。
3. 开关柜红外热像检测数据分析应注意哪些事项？

▲ 模块 7 敞开式 SF_6 断路器红外热像检测（Z13K1007Ⅱ）

【模块描述】 本模块介绍敞开式 SF_6 断路器红外热像检测方法和技术要求。通过检测工作流程的介绍，掌握敞开式 SF_6 断路器红外热像检测前的准备工作和相关安全技术措施、测试方法、技术要求及检测数据分析判断。

【模块内容】

一、检测目的

敞开式 SF_6 断路器红外热像检测是敞开式 SF_6 断路器带电条件下有效故障诊断手段之一，通过红外热像检测，可以及时发现敞开式 SF_6 断路器是否存在过热缺陷。

二、检测仪器、设备的选择

敞开式 SF_6 断路器红外热像检测通常选用便携式红外热像仪。要求能够满足精确检测的要求，测量精度和测温范围满足现场测试要求，性能指标较高，具有较高的温度和空间分辨率，具有大气条件的修正模型，操作简便，图像清晰、稳定，有目镜取景器，分析软件功能丰富。具体可参考《国家电网公司变电检测管理规定　第 1 分册：红外热像检测细则》附录 H～J。

三、危险点分析及控制措施

（1）应严格执行 Q/GDW 1799.1—2013《国家电网公司电力安全工作规程　变电部分》的相关要求。

（2）应在良好的天气下进行，如遇雷、雨、雪、雾不得进行该项工作，风力大于 5m/s 时，不宜进行该项工作；夜间测量时应有充足的照明配合。

（3）检测时应与设备带电部位保持相应的安全距离。

（4）进行检测时，要防止误碰误动设备。

（5）行走中注意脚下，防止踩踏设备管道。

（6）应有专人监护，监护人在检测期间应始终行使监护职责，不得擅离岗位或兼任其他工作。

四、检测前的准备工作

1. 了解检测设备现场情况及试验条件

查勘现场，查阅相关技术资料，包括该设备历年试验数据及相关规程等，掌握该设备运行及缺陷情况。

2. 检测仪器、设备准备

选择合适的红外热像仪、镜头、三脚架、镜头纸、备用电池、温湿度计、照明设备、数码相机和笔记本电脑等，并查阅检测仪器、设备的检定证书有效期。

3. 办理工作票并做好试验现场安全和技术措施

按相关安全生产管理规定办理工作许可手续；向其余试验人员交代工作内容、带电部位、现场安全措施、现场作业危险点，明确人员分工及试验程序。

五、检测步骤及要求

（1）检测前做好准备工作，保证热像仪等仪器正常和所需材料备齐。

（2）检测人员就位，保证全体作业人员分工明确，任务落实到人，安全措施明确。

（3）在观测点安置好三脚架，将仪器安放在机座上，并进行整平，开启电源开关。预热设备 1min。

（4）设置好目标参数，如辐射率、目标距离、环境温度和相对湿度等。

（5）一般测量，先将热像仪对准被检测对象，对所有应测部位进行全面扫描，找出热态异常部位，如无异常部位只需将图像调节清晰并保存以备在计算机准确判断，同时填写检测记录表格。

（6）精测测量，在安全距离保证的条件下，红外仪器尽量靠近被检设备，使被检设备充满整个视场，同时填写检测记录表格。

（7）测量结束，检查现场有无遗留的工具、材料，清理现场并撤离检测场地。

六、检测注意事项

（一）一般检测

（1）检测仪器开机后需进行内部温度校准，待图像稳定后即可开始工作。

（2）一般先远距离对被测设备进行全面扫描，发现有异常后，再有针对性地近距离对异常部位和重点被测设备进行精确检测。

（3）仪器的色标温度量程宜设置在环境温度加 10～20K 左右的温升范围。

（4）有伪彩色显示功能的仪器，宜选择彩色显示方式，调节图像使其具有清晰的温度层次显示，并结合数值测温手段，如热点跟踪、区域温度跟踪等手段进行检测。

（5）应充分利用仪器的有关功能，如图像平均，自动跟踪等，以达到最佳检测效果。

（6）环境温度发生较大变化时，应对仪器重新进行内部温度校准。

（7）作为一般检测，被测设备的辐射率一般取 0.9 左右。

（二）精确检测

（1）检测温升所用的环境温度参照体应尽可能选择与被测设备类似的物体，最好能在同一方向或同一视场中选择。

（2）在安全距离允许的条件下，红外仪器宜尽量靠近被测设备，使被测设备（或目标）尽量充满整个仪器的视场，以提高仪器对被测设备表面细节的分辨能力及测温准确度，必要时，可使用中、长焦距镜头。

（3）为了准确测量温度或方便跟踪，应事先设定几个不同的方向和角度，确定最佳检测位置，并可做上标记，以供今后的复测用，提高互比性和工作效率。

（4）正确选择被测设备的辐射率，特别要考虑金属材料表面氧化对选取辐射率的影响。

（5）将大气温度、相对湿度、测量距离等补偿参数输入，进行必要修正，并选择适当的测温范围。

（6）记录被检测设备的实际负荷电流、额定电流、运行电压，被检物体温度及环境参照体的温度值。

七、检测结果分析及检测报告编写

（一）检测结果分析

1. 检测标准及要求

根据《国家电网公司变电检测管理规定　第 1 分册：红外热像检测细则》的规定，

电流致热型设备的判断依据详见《国家电网公司变电检测管理规定　第 1 分册：红外热像检测细则》附录 D；电压致热型设备的判断依据详见《国家电网公司变电检测管理规定　第 1 分册：红外热像检测细则》附录 E；当缺陷是由两种或两种以上因素引起的，应综合判断缺陷性质；对于磁场和漏磁引起的过热可依据电流致热型设备的判据进行处理。

2. 检测结果分析

起动专用软件分析系统对检测结果进行分析并制作分析报告，调整分析报告内温度范围，使图像更加清晰以便于发现缺陷；点击较热点和对应点的温差结合设备诊断判据分析被检设备是否构成缺陷并保存。

（二）检测报告编写

检测报告填写应包括被测设备名称、设备编号、设备额定电流、运行负荷、检测时间、检测人员、天气情况、环境温度、湿度、辐射系数、测试距离、使用地点、检测结果、检测结论、检测仪器名称型号及出厂编号，备注栏写明其他需要注意的内容。

八、敞开式 SF₆ 断路器红外典型案例

1. 断路器本体红外典型案例

电压等级	设备名称	缺陷部位	诊断方法	判断依据	致热原因	图号
220kV	断路器	支撑柱	图像特征法		支撑瓷柱污秽	Z13K1007Ⅱ-1
110kV	断路器	内连接	同类比较法	相间温差大于 10K	内连接接触不良	Z13K1007Ⅱ-2
220kV	断路器	动静触头	同类比较法	相间温差大于 10K	动静触头接触不良	Z13K1007Ⅱ-3
220kV	断路器	动静触头	同类比较法	相间温差大于 10K	动静触头接触不良	Z13K1007Ⅱ-4

图 Z13K1007Ⅱ-1　断路器支撑瓷柱污秽

图 Z13K1007Ⅱ-2　断路器内连接接触不良

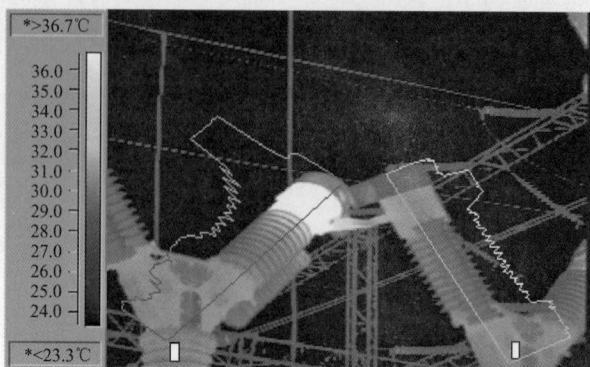

图 Z13K1007Ⅱ-3 断路器动静触头接触不良（一）

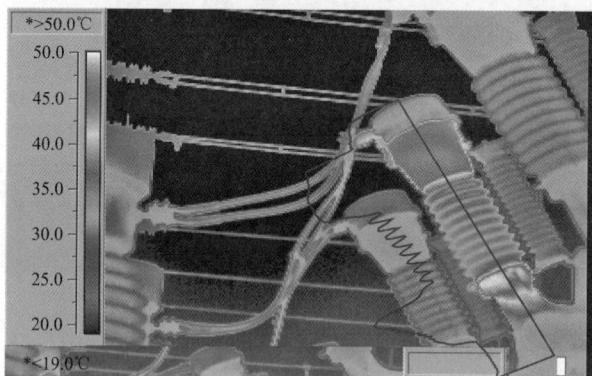

图 Z13K1007Ⅱ-4 断路器动静触头接触不良（二）

2. 断路器均压电容器红外典型案例

电压等级	设备名称	缺陷部位	诊断方法	判断依据	缺陷性质	致热原因	图号
110kV	断路器	并联电容	表面温度法	温升大于2K		介质损耗偏大	Z13K1007Ⅱ-5

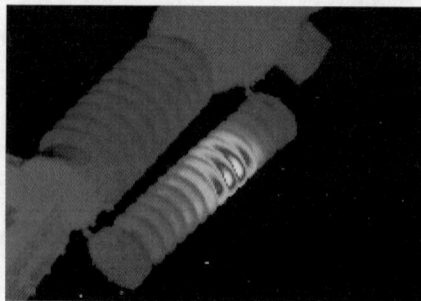

图 Z13K1007Ⅱ-5 断路器介质损耗偏大

【思考与练习】

1. 为什么要进行敞开式 SF_6 断路器红外热像检测？
2. 说明敞开式 SF_6 断路器红外热像检测方法。
3. 敞开式 SF_6 断路器红外热像检测数据分析应注意哪些事项？

▲ 模块 8　隔离开关红外热像检测（Z13K1008 Ⅱ）

【模块描述】 本模块介绍隔离开关红外热像检测方法和技术要求。通过检测工作流程的介绍，掌握隔离开关红外热像检测前的准备工作和相关安全技术措施、测试方法、技术要求及检测数据分析判断。

【模块内容】

一、检测目的

隔离开关红外热像检测是隔离开关带电条件下有效故障诊断手段之一，通过红外热像检测，可以及时发现隔离开关及各组成部件是否存在过热缺陷。

二、检测仪器、设备的选择

开关柜红外热像检测通常选用便携式红外热像仪。要求能够满足精确检测的要求，测量精度和测温范围满足现场测试要求，性能指标较高，具有较高的温度和空间分辨率，具有大气条件的修正模型，操作简便，图像清晰、稳定，有目镜取景器，分析软件功能丰富。具体可参考《国家电网公司变电检测管理规定　第 1 分册：红外热像检测细则》附录 H～J。

三、危险点分析及控制措施

（1）应严格执行 Q/GDW 1799.1—2013《国家电网公司电力安全工作规程　变电部分》的相关要求。

（2）应在良好的天气下进行，如遇雷、雨、雪、雾不得进行该项工作，风力大于 5m/s 时，不宜进行该项工作；夜间测量时应有充足的照明配合。

（3）检测时应与设备带电部位保持相应的安全距离。

（4）行检测时，要防止误碰误动设备。

（5）行走中注意脚下，防止踩踏设备管道。

（6）应有专人监护，监护人在检测期间应始终行使监护职责，不得擅离岗位或兼任其他工作。

四、检测前的准备工作

1. 了解检测设备现场情况及试验条件

查勘现场，查阅相关技术资料，包括该设备历年试验数据及相关规程等，掌握该设备运行及缺陷情况。

2. 检测仪器、设备准备

选择合适的红外热像仪、镜头、三脚架、镜头纸、备用电池、温湿度计、照明设备、数码相机和笔记本电脑等，并查阅检测仪器、设备的检定证书有效期。

3. 办理工作票并做好试验现场安全和技术措施

按相关安全生产管理规定办理工作许可手续；向其余试验人员交代工作内容、带电部位、现场安全措施、现场作业危险点，明确人员分工及试验程序。

五、检测步骤及要求

（1）检测前做好准备工作，保证热像仪等仪器正常和所需材料备齐。

（2）检测人员就位，保证全体作业人员分工明确，任务落实到人，安全措施明确。

（3）在观测点安置好三脚架，将仪器安放在机座上，并进行整平，开启电源开关。预热设备 1min。

（4）设置好目标参数，如辐射率、目标距离、环境温度和相对湿度等。

（5）一般测量，先将热像仪对准被检测对象，对所有应测部位进行全面扫描，找出热态异常部位，如无异常部位只需将图像调节清晰并保存以备在计算机准确判断，同时填写检测记录表格。

（6）精测测量，在安全距离保证的条件下，红外仪器尽量靠近被检设备，使被检设备充满整个视场，同时填写检测记录表格。

（7）测量结束，检查现场有无遗留的工具、材料，清理现场并撤离检测场地。

六、检测注意事项

（一）一般检测

（1）检测仪器开机后需进行内部温度校准，待图像稳定后即可开始工作。

（2）一般先远距离对被测设备进行全面扫描，发现有异常后，再有针对性地近距离对异常部位和重点被测设备进行精确检测。

（3）仪器的色标温度量程宜设置在环境温度加 10～20K 左右的温升范围。

（4）有伪彩色显示功能的仪器，宜选择彩色显示方式，调节图像使其具有清晰的温度层次显示，并结合数值测温手段，如热点跟踪、区域温度跟踪等手段进行检测。

（5）应充分利用仪器的有关功能，如图像平均，自动跟踪等，以达到最佳检测效果。

（6）环境温度发生较大变化时，应对仪器重新进行内部温度校准。

（7）作为一般检测，被测设备的辐射率一般取 0.9 左右。

（二）精确检测

（1）检测温升所用的环境温度参照体应尽可能选择与被测设备类似的物体，最好能在同一方向或同一视场中选择。

（2）在安全距离允许的条件下，红外仪器宜尽量靠近被测设备，使被测设备（或目标）尽量充满整个仪器的视场，以提高仪器对被测设备表面细节的分辨能力及测温准确度，必要时，可使用中、长焦距镜头。

（3）为了准确测量温度或方便跟踪，应事先设定几个不同的方向和角度，确定最佳检测位置，并可做上标记，以供今后的复测用，提高互比性和工作效率。

（4）正确选择被测设备的辐射率，特别要考虑金属材料表面氧化对选取辐射率的影响。

（5）将大气温度、相对湿度、测量距离等补偿参数输入，进行必要修正，并选择适当的测温范围。

（6）记录被检测设备的实际负荷电流、额定电流、运行电压，被检物体温度及环境参照体的温度值。

七、检测结果分析及检测报告编写

（一）检测标准及结果分析

1. 检测标准及要求

根据《国家电网公司变电检测管理规定 第1分册：红外热像检测细则》的规定，电流致热型设备的判断依据详见 DL/T 644《带电设备红外诊断应用规范》附录 D；电压致热型设备的判断依据详见 DL/T 644《带电设备红外诊断应用规范》附录 E；当缺陷是由两种或两种以上因素引起的，应综合判断缺陷性质；对于磁场和漏磁引起的过热可依据电流致热型设备的判据进行处理。

2. 检测结果分析

起动专用软件分析系统对检测结果进行分析并制作分析报告，调整分析报告内温度范围，使图像更加清晰以便于发现缺陷；点击较热点和对应点的温差结合设备诊断判据分析被检设备是否构成缺陷并保存。

（二）检测报告编写

检测报告填写应包括被测设备名称、设备编号、设备额定电流、运行负荷、检测时间、检测人员、天气情况、环境温度、湿度、辐射系数、测试距离、使用地点、检测结果、检测结论、检测仪器名称型号及出厂编号，备注栏写明其他需要注意的内容。

八、案例

1. 红外检测 110kV 隔离开关刀口过热

（1）案例经过。2011 年 4 月 11 日晚 21:46 左右，变电运行中心工作人员对 110kV 某变电站进行红外线测温检查时，通过测温发现该变电站 7483 隔离开关 A、C 相最高温度分别为 250、169℃，7481 隔离开关 A、C 相最高温度分别为 207、136℃，7011

隔离开关 B、C 相最高温度分别为 88、165℃。测温时，负荷由 748 供给，测温时 748 负荷为 63MW，701 负荷约为 30MW。

（2）检测分析。748 间隔、701 间隔内隔离开关均为 2002 年 1 月投运设备，7481、7483、7011 隔离开关厂家：××有限公司；型号为：GW4-110（W）；额定电流仅为 630A。经查阅近期负荷曲线，110kV 宿开 748 线最高负荷电流达 350A 左右。经咨询阳光电力设计院设计人员，隔离开关的额定电流明显偏小应该是产生过热缺陷的主要问题（793 间隔后设计为 1250A）。联系隔离开关厂家确认，一般此类型老式 630A 隔离开关由于考虑老化、锈涩等原因厂家建议最高负荷宜为 200A 左右，否则有可能会出现此类局部过热等现象。

7483 隔离开关 B 相在 2011 年 2 月份出现过热，3 月 1 日结合 748 间隔检修期间进行处理；处理方法为更换刀头等导电设备（更换成 1600A 刀头和导电部分），同时对 A、C 相和 7483 隔离开关各相进行了常规检修、检查、保养，无异常。由于更换了大容量的刀头和导电部分，所以 4 月份此次过热中，7483 隔离开关 B 相并没有过热。

图像分析：

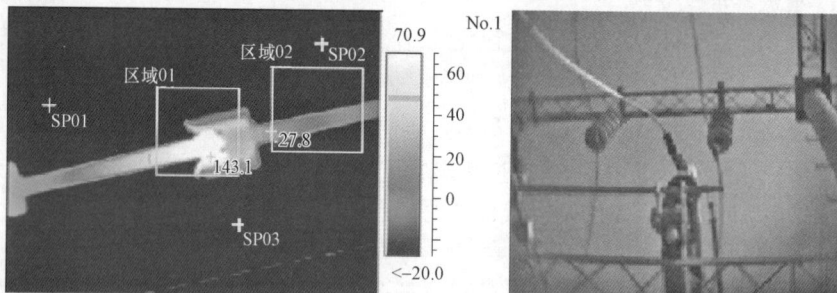

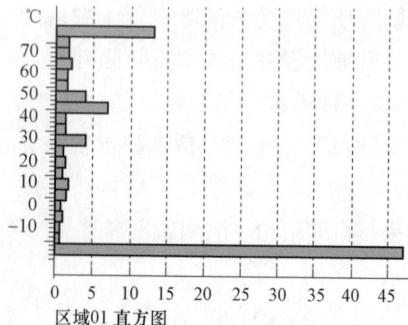

图像分析：

点分析	数值
SP01温度	<-20.0℃
SP02温度	<-20.0℃
SP03温度	<-20.0℃
区域分析	数值
区域01最高温度	143.1℃
区域02最高温度	27.8℃
等温分析	数值
等温线中心温度	48.8℃
等温线温度范围	47.9~49.7℃

区域01 直方图

图 Z13K1008Ⅱ-1 变电站 7483 隔离开关 A、C 相温度

（3）处理措施。将刀头和导电部分改造成额定电流为 1250A 的部件。

2. 红外检测郭猛变电站 2 号主变压器 35kV 侧 3021 闸刀过热

（1）案例经过。2012 年 6 月 20 日，在专业巡检工作中，利用红外成像测温，发现郭猛变电站 2 号主变压器 35kV 侧 3021 闸 B 相刀口处发热，最高温度点 56.16℃，如图 Z13K1008Ⅱ-2 所示。

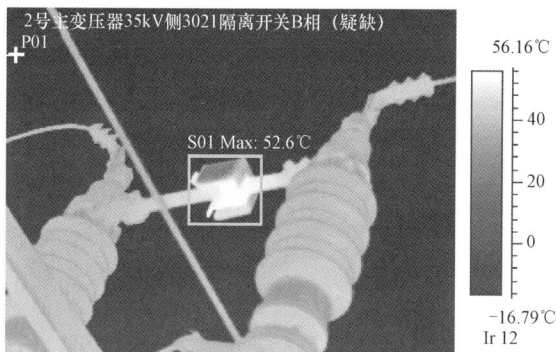

图 Z13K1008Ⅱ-2　主变压器 35kV 侧 3021 闸 B 相刀口处发热

（2）检测分析。为确保检测结果正确，安排进行了复测，检测结果证明该处有明显过热，如图 4.3.3B 所示。

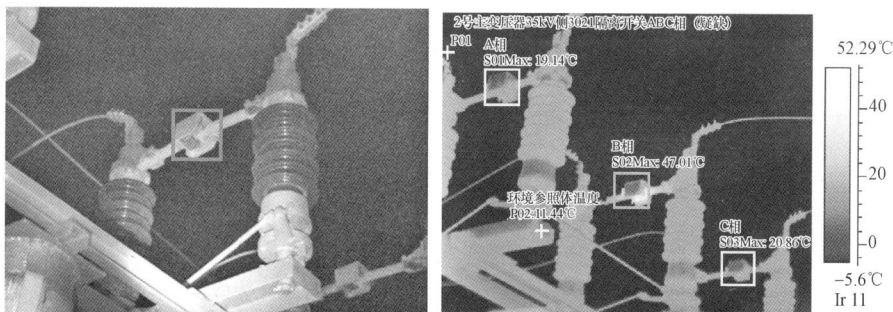

图 Z13K1008Ⅱ-3　主变压器 35kV 侧 3021 隔离开关 B 相刀口处发热复测

（3）处理措施。为确保迎峰度夏，于 2012 年 6 月 25 日进行了停电处理，对该隔离开关进行了检修处理，经检修处理后隔离开关运行正常。

【思考与练习】

1. 为什么要进行隔离开关红外热像检测？

2. 说明隔离开关红外热像检测方法？

3. 隔离开关红外热像检测数据分析应注意哪些事项？

▲ 模块 9 套管红外热像检测（Z13K1009Ⅱ）

【模块描述】本模块介绍套管红外热像检测方法和技术要求。通过检测工作流程的介绍，掌握套管红外热像检测前的准备工作和相关安全技术措施、测试方法、技术要求及检测数据分析判断。

【模块内容】

一、检测目的

套管红外热像检测是套管带电条件下有效故障诊断手段之一，通过红外热像检测，可以及时发现套管本体及各组成部件是否存在缺油或过热等缺陷。

二、检测仪器、设备的选择

套管红外热像检测通常选用便携式红外热像仪。要求能够满足精确检测的要求，测量精度和测温范围满足现场测试要求，性能指标较高，具有较高的温度和空间分辨率，具有大气条件的修正模型，操作简便，图像清晰、稳定，有目镜取景器，分析软件功能丰富。具体可参考《国家电网公司变电检测管理规定 第 1 分册：红外热像检测细则》附录 H～J。

三、危险点分析及控制措施

（1）应严格执行 Q/GDW 1799.1—2013《国家电网公司电力安全工作规程 变电部分》、《国家电网公司电力安全工作规程（配电部分）》的相关要求。

（2）应在良好的天气下进行，如遇雷、雨、雪、雾不得进行该项工作，风力大于 5m/s 时，不宜进行该项工作；夜间测量时应有充足的照明配合。

（3）检测时应与设备带电部位保持相应的安全距离。

（4）进行检测时，要防止误碰误动设备。

（5）行走中注意脚下，防止踩踏设备管道。

（6）应有专人监护，监护人在检测期间应始终行使监护职责，不得擅离岗位或兼任其他工作。

四、检测前的准备工作

1. 了解检测设备现场情况及试验条件

查勘现场，查阅相关技术资料，包括该设备历年试验数据及相关规程等，掌握该设备运行及缺陷情况。

2. 检测仪器、设备准备

选择合适的红外热像仪、镜头、三脚架、镜头纸、备用电池、温湿度计、照明设备、数码相机和笔记本电脑等，并查阅检测仪器、设备的检定证书有效期。

3. 办理工作票并做好试验现场安全和技术措施

按相关安全生产管理规定办理工作许可手续；向其余试验人员交代工作内容、带电部位、现场安全措施、现场作业危险点，明确人员分工及试验程序。

五、检测步骤及要求

（1）检测前做好准备工作，保证热像仪等仪器正常和所需材料备齐。

（2）检测人员就位，保证全体作业人员分工明确，任务落实到人，安全措施明确。

（3）在观测点安置好三脚架，将仪器安放在机座上，并进行整平，开启电源开关。预热设备 1min。

（4）设置好目标参数，如辐射率、目标距离、环境温度和相对湿度等。

（5）一般测量，先将热像仪对准被检测对象，对所有应测部位进行全面扫描，找出热态异常部位，如无异常部位只需将图像调节清晰并保存以备在计算机准确判断，同时填写检测记录表格。

（6）精测测量，在安全距离保证的条件下，红外仪器尽量靠近被检设备，使被检设备充满整个视场，同时填写检测记录表格。

（7）测量结束，检查现场有无遗留的工具、材料，清理现场并撤离检测场地。

六、检测注意事项

（一）一般检测

（1）检测仪器开机后需进行内部温度校准，待图像稳定后即可开始工作。

（2）一般先远距离对被测设备进行全面扫描，发现有异常后，再有针对性地近距离对异常部位和重点被测设备进行精确检测。

（3）仪器的色标温度量程宜设置在环境温度加 10～20K 左右的温升范围。

（4）有伪彩色显示功能的仪器，宜选择彩色显示方式，调节图像使其具有清晰的温度层次显示，并结合数值测温手段，如热点跟踪、区域温度跟踪等手段进行检测。

（5）应充分利用仪器的有关功能，如图像平均，自动跟踪等，以达到最佳检测效果。

（6）环境温度发生较大变化时，应对仪器重新进行内部温度校准。

（7）作为一般检测，被测设备的辐射率一般取 0.9 左右。

（二）精确检测

（1）检测温升所用的环境温度参照体应尽可能选择与被测设备类似的物体，最好能在同一方向或同一视场中选择。

（2）在安全距离允许的条件下，红外仪器宜尽量靠近被测设备，使被测设备（或目标）尽量充满整个仪器的视场，以提高仪器对被测设备表面细节的分辨能力及测温准确度，必要时，可使用中、长焦距镜头。

（3）为了准确测量温度或方便跟踪，应事先设定几个不同的方向和角度，确定最佳检测位置，并可做上标记，以供今后的复测用，提高互比性和工作效率。

（4）正确选择被测设备的辐射率，特别要考虑金属材料表面氧化对选取辐射率的影响。

（5）将大气温度、相对湿度、测量距离等补偿参数输入，进行必要修正，并选择适当的测温范围。

（6）记录被检测设备的实际负荷电流、额定电流、运行电压，被检物体温度及环境参照体的温度值。

七、检测结果分析及检测报告编写

（一）检测标准及结果分析

1. 检测标准及要求

根据《国家电网公司变电检测管理规定 第 1 分册：红外热像检测细则》的规定，电流致热型设备的判断依据详见《国家电网公司变电检测管理规定 第 1 分册：红外热像检测细则》附录 D；电压致热型设备的判断依据详见《国家电网公司变电检测管理规定 第 1 分册：红外热像检测细则》附录 E；当缺陷是由两种或两种以上因素引起的，应综合判断缺陷性质；对于磁场和漏磁引起的过热可依据电流致热型设备的判据进行处理。

2. 检测结果分析

启动专用软件分析系统对检测结果进行分析并制作分析报告，调整分析报告内温度范围，使图像更加清晰以便于发现缺陷；点击较热点和对应点的温差结合设备诊断判据分析被检设备是否构成缺陷并保存。

（二）检测报告编写

检测报告填写应包括被测设备名称、设备编号、设备额定电流、运行负荷、检测时间、检测人员、天气情况、环境温度、湿度、辐射系数、测试距离、使用地点、检测结果、检测结论、检测仪器名称型号及出厂编号，备注栏写明其他需要注意的内容。

八、案例

1. 红外检测 110kV 变压器 A、B 相高压套管接头过热

（1）案例经过。2012 年 3 月 30 日，在专业巡检工作中，利用红外成像测温，发现 110kV 墨河变电站 2 号主变压器高压侧套管 A、B 相发热明显，最高温度点 99.91℃（环境温度 4℃），如图 Z13K1009–1 所示。随后，对其进行了不间断的红外跟踪检查（每周不少于一次），发现温度一直稳定，B 相相对温升明显。

根据电流致热型设备缺陷诊断判据表，热点温度＞80℃且 $\delta \geqslant 95\%$，属于危急缺陷。

图 Z13K1009-1　变压器高压侧套管红外热像图（整体）

（2）检测分析。发现变压器温度异常情况后，立即安装跟踪监测，并视缺陷发展情况采取相应的应对策略。红外检测信息见表 Z13K1009-1，红外热像检查结果分别如图 Z13K1009-2～图 Z13K1009-4 所示。

表 Z13K1009-1　　　　　　　　红 外 检 测 信 息

变电站	110kV 墨河变电站	设备类别	套管
设备名称	2 号主变压器 110kV 侧套管柱头	相别	AB 相
运行电压	111.5kV	负荷电流	165.76A
拍摄日期	2012 年 3 月 30 日	拍摄时间	01：18：34
测试距离	5m	环境温度	4℃
环境湿度	56%	辐射率	0.9

图 Z13K1009-2　变压器高压侧套管红外热像图（A 相）

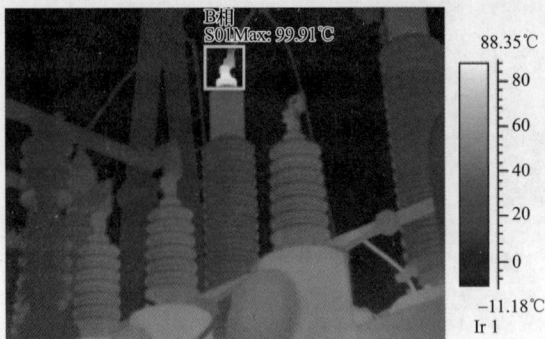

图 Z13K1009–3 变压器高压侧套管红外热像图（B 相）

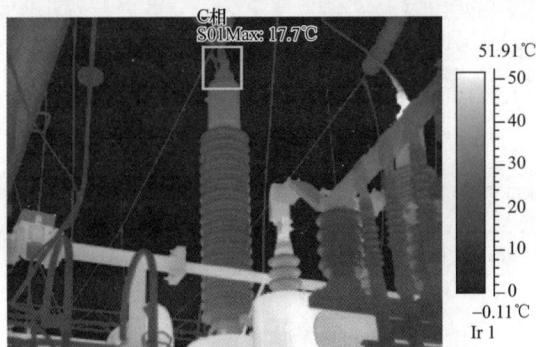

图 Z13K1009–4 变压器高压侧套管红外热像图（C 相）

（3）处理措施。2012 年 4 月，结合停电机会对其进行了检查，在拆除线夹时发现A、B 相线夹接头有明显氧化层，且 B 相接头松动，据此判断为 A、B 接头连接不牢，造成过热，进而促使接头产生氧化，进一步加剧了温度的提升，且该变压器投运年限较长，材质不甚理想，抗氧化能力弱。

检修人员更换了新的线夹，且用砂纸对表面进行了打磨处理，并涂抹了黄油润滑，用力矩扳手按照标准要求拧紧螺丝，待设备送电后，又进行了红外测温比对，A、B 相接头温度回到了 13℃左右，数据恢复正常。

2. 红外检测 110kV 主变压器 110kV 侧套管过热

（1）案例经过。2008 年 7 月 16 日，在红外精确测温过程中，发现 110kV 安丰变电站 2 号主变压器高压侧 A 相套管接头发热，最高温度点 54.8℃，如图 Z13K1009–5 所示。

（2）检测分析。根据 DL/T 644《带电设备红外诊断应用规范》的附表 A.1，其热像特征为以接头为中心的热像，故障特征为螺栓连接不良，相间温升在 15℃以上，相对温差为 81.97%，属于严重缺陷。

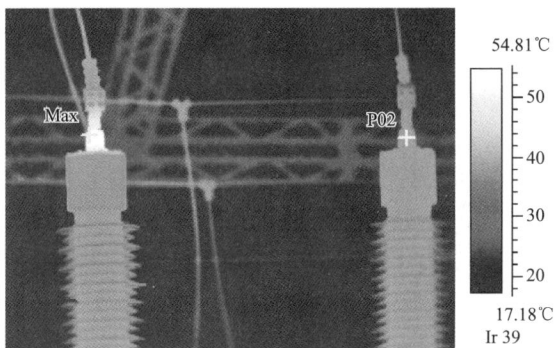

图 Z13K1009-5　2 号主变压器高压侧 A 相套管发热红外图谱

（3）处理措施。2008 年 7 月 17 日，立即组织检修人员对 110kV 安丰变 2 号主变压器进行停电处理。处理中发现产品结构不合理，导电杆定位销与导电杆接头配合不正确，经处理后复测一切恢复正常。如图 Z13K1009-6 所示。

图 Z13K1009-6　2 号主变压器复测红外图谱

【思考与练习】

1. 为什么要进行套管红外热像检测？

2. 说明套管红外热像检测方法。

3. 套管红外热像检测数据分析应注意哪些事项？

▲ 模块 10　耦合电容器红外热像检测（Z13K1010Ⅱ）

【模块描述】本模块介绍耦合电容器红外热像检测方法和技术要求。通过检测工作流程的介绍，掌握耦合电容器红外热像检测前的准备工作和相关安全技术措施、测试方法、技术要求及检测数据分析判断。

【模块内容】

一、检测目的

耦合电容器红外热像检测是耦合电容器红外热像检测带电条件下有效故障诊断手段之一，通过红外热像检测，可以及时发现耦合电容器本体及各组成部件是否存在过热缺陷。

二、检测仪器、设备的选择

耦合电容器红外热像检测通常选用便携式红外热像仪。要求能够满足精确检测的要求，测量精度和测温范围满足现场测试要求，性能指标较高，具有较高的温度和空间分辨率，具有大气条件的修正模型，操作简便，图像清晰、稳定，有目镜取景器，分析软件功能丰富。具体可参考《国家电网公司变电检测管理规定 第 1 分册：红外热像检测细则》附录 H～J。

三、危险点分析及控制措施

（1）应严格执行 Q/GDW 1799.1—2013《国家电网公司电力安全工作规程 变电部分》的相关要求。

（2）应在良好的天气下进行，如遇雷、雨、雪、雾不得进行该项工作，风力大于 5m/s 时，不宜进行该项工作；夜间测量时应有充足的照明配合。

（3）检测时应与设备带电部位保持相应的安全距离。

（4）进行检测时，要防止误碰误动设备。

（5）行走中注意脚下，防止踩踏设备管道。

（6）应有专人监护，监护人在检测期间应始终行使监护职责，不得擅离岗位或兼任其他工作。

四、检测前的准备工作

1. 了解检测设备现场情况及试验条件

查勘现场，查阅相关技术资料，包括该设备历年试验数据及相关规程等，掌握该设备运行及缺陷情况。

2. 检测仪器、设备准备

选择合适的红外热像仪、镜头、三脚架、镜头纸、备用电池、温湿度计、照明设备、数码相机和笔记本电脑等，并查阅检测仪器、设备的检定证书有效期。

3. 办理工作票并做好试验现场安全和技术措施

按相关安全生产管理规定办理工作许可手续；向其余试验人员交代工作内容、带电部位、现场安全措施、现场作业危险点，明确人员分工及试验程序。

五、检测步骤及要求

（1）检测前做好准备工作，保证热像仪等仪器正常和所需材料备齐。

（2）检测人员就位，保证全体作业人员分工明确，任务落实到人，安全措施明确。

（3）在观测点安置好三脚架，将仪器安放在机座上，并进行整平，开启电源开关。预热设备 1min。

（4）设置好目标参数，如辐射率、目标距离、环境温度和相对湿度等。

（5）一般测量，先将热像仪对准被检测对象，对所有应测部位进行全面扫描，找出热态异常部位，如无异常部位只需将图像调节清晰并保存以备在计算机准确判断，同时填写检测记录表格。

（6）精测测量，在安全距离保证的条件下，红外仪器尽量靠近被检设备，使被检设备充满整个视场，同时填写检测记录表格。

（7）测量结束，检查现场有无遗留的工具、材料，清理现场并撤离检测场地。

六、检测注意事项

（一）一般检测

（1）检测仪器开机后需进行内部温度校准，待图像稳定后即可开始工作。

（2）一般先远距离对被测设备进行全面扫描，发现有异常后，再有针对性地近距离对异常部位和重点被测设备进行精确检测。

（3）仪器的色标温度量程宜设置在环境温度加 10～20K 左右的温升范围。

（4）有伪彩色显示功能的仪器，宜选择彩色显示方式，调节图像使其具有清晰的温度层次显示，并结合数值测温手段，如热点跟踪、区域温度跟踪等手段进行检测。

（5）应充分利用仪器的有关功能，如图像平均，自动跟踪等，以达到最佳检测效果。

（6）环境温度发生较大变化时，应对仪器重新进行内部温度校准。

（7）作为一般检测，被测设备的辐射率一般取 0.9 左右。

（二）精确检测

（1）检测温升所用的环境温度参照体应尽可能选择与被测设备类似的物体，最好能在同一方向或同一视场中选择。

（2）在安全距离允许的条件下，红外仪器宜尽量靠近被测设备，使被测设备（或目标）尽量充满整个仪器的视场，以提高仪器对被测设备表面细节的分辨能力及测温准确度，必要时，可使用中、长焦距镜头。

（3）为了准确测量温度或方便跟踪，应事先设定几个不同的方向和角度，确定最佳检测位置，并可做上标记，以供今后的复测用，提高互比性和工作效率。

（4）正确选择被测设备的辐射率，特别要考虑金属材料表面氧化对选取辐射率的影响。

（5）将大气温度、相对湿度、测量距离等补偿参数输入，进行必要修正，并选择适当的测温范围。

（6）记录被检测设备的实际负荷电流、额定电流、运行电压，被检物体温度及环境参照体的温度值。

七、检测结果分析及检测报告编写

（一）检测标准及结果分析

1. 检测标准及要求

根据《国家电网公司变电检测管理规定　第 1 分册：红外热像检测细则》的规定，电流致热型设备的判断依据详见《国家电网公司变电检测管理规定　第 1 分册：红外热像检测细则》附录 D；电压致热型设备的判断依据详见《国家电网公司变电检测管理规定　第 1 分册：红外热像检测细则》附录 E；当缺陷是由两种或两种以上因素引起的，应综合判断缺陷性质；对于磁场和漏磁引起的过热可依据电流致热型设备的判据进行处理。

2. 检测结果分析

启动专用软件分析系统对检测结果进行分析并制作分析报告，调整分析报告内温度范围，使图像更加清晰以便于发现缺陷；点击较热点和对应点的温差结合设备诊断判据分析被检设备是否构成缺陷并保存。

（二）检测报告编写

检测报告填写应包括被测设备名称、设备编号、设备额定电流、运行负荷、检测时间、检测人员、天气情况、环境温度、湿度、辐射系数、测试距离、使用地点、检测结果、检测结论、检测仪器名称型号及出厂编号，备注栏写明其他需要注意的内容。

八、案例

耦合电容器检测案例见表 Z13K1010Ⅱ-1、图 Z13K1010Ⅱ-1～图 Z13K1010Ⅱ-4。

表 Z13K1010Ⅱ-1　　　　　　耦合电容器检测案例

电压等级	设备名称	缺陷部位	诊断方法	判断依据	缺陷性质	致热原因	图号
220kV	耦合电容器	本体	同类比较法	相间温差大于2K	严重缺陷	介质损耗超标	Z13K1010-1 Z13K1010-2
220kV	耦合电容器	尾端接地线接头	表面温度法	温升大于15K	严重缺陷	上节端部缺油或受潮	Z13K1010-3
110kV	耦合电容器	尾端接地线	表面温度法	温升大于15K	严重缺陷	二次接线接触不良	Z13K1010-4

图 Z13K1010Ⅱ-1　耦合电容器正常参考红外热像

图 Z13K1010Ⅱ-2　耦合电容器介质损耗超标红外热像

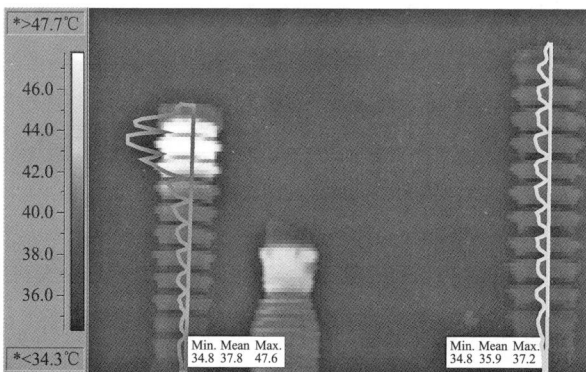

图 Z13K1010Ⅱ-3　耦合电容器上节端部缺油或受潮红外热像

图 Z13K1010Ⅱ-4 耦合电容器二次接线接触不良红外热像

【思考与练习】

1. 为什么要进行耦合电容器红外热像检测？
2. 说明耦合电容器红外热像检测方法。
3. 耦合电容器红外热像检测数据分析应注意哪些事项？

▲ 模块 11 避雷器红外热像检测（Z13K1011Ⅱ）

【模块描述】 本模块介绍避雷器红外热像检测方法和技术要求。通过检测工作流程的介绍，掌握避雷器红外热像检测前的准备工作和相关安全技术措施、测试方法、技术要求及检测数据分析判断。

【模块内容】

一、检测目的

避雷器红外热像检测是避雷器带电条件下有效故障诊断手段之一，通过红外热像检测，可以及时发现避雷器是否存在过热缺陷。

二、检测仪器、设备的选择

避雷器红外热像检测通常选用便携式红外热像仪。要求能够满足精确检测的要求，测量精度和测温范围满足现场测试要求，性能指标较高，具有较高的温度和空间分辨率，具有大气条件的修正模型，操作简便，图像清晰、稳定，有目镜取景器，分析软件功能丰富。具体可参考《国家电网公司变电检测管理规定 第 1 分册：红外热像检测细则》附录 H～J。

三、危险点分析及控制措施

（1）应严格执行 Q/GDW 1799.1—2013《国家电网公司电力安全工作规程 变电部分》的相关要求。

（2）应在良好的天气下进行，如遇雷、雨、雪、雾不得进行该项工作，风力大于5m/s时，不宜进行该项工作；夜间测量时应有充足的照明配合。

（3）检测时应与设备带电部位保持相应的安全距离。

（4）进行检测时，要防止误碰误动设备。

（5）行走中注意脚下，防止踩踏设备管道。

（6）应有专人监护，监护人在检测期间应始终行使监护职责，不得擅离岗位或兼任其他工作。

四、检测前的准备工作

1. 了解检测设备现场情况及试验条件

查勘现场，查阅相关技术资料，包括该设备历年试验数据及相关规程等，掌握该设备运行及缺陷情况。

2. 检测仪器、设备准备

选择合适的红外热像仪、镜头、三脚架、镜头纸、备用电池、温湿度计、照明设备、数码相机和笔记本电脑等，并查阅检测仪器、设备的检定证书有效期。

3. 办理工作票并做好试验现场安全和技术措施

按相关安全生产管理规定办理工作许可手续；向其余试验人员交代工作内容、带电部位、现场安全措施、现场作业危险点，明确人员分工及试验程序。

五、检测步骤及要求

（1）检测前做好准备工作，保证热像仪等仪器正常和所需材料齐备。

（2）检测人员就位，保证全体作业人员分工明确，任务落实到人，安全措施明确。

（3）在观测点安置好三脚架，将仪器安放在机座上，并进行整平，开启电源开关。预热设备1min。

（4）设置好目标参数，如辐射率、目标距离、环境温度和相对湿度等。

（5）一般测量，先将热像仪对准被检测对象，对所有应测部位进行全面扫描，找出热态异常部位，如无异常部位只需将图像调节清晰并保存以备在计算机准确判断，同时填写检测记录表格。

（6）精测测量，在安全距离保证的条件下，红外仪器尽量靠近被检设备，使被检设备充满整个视场，同时填写检测记录表格。

（7）测量结束，检查现场有无遗留的工具、材料，清理现场并撤离检测场地。

六、检测注意事项

（一）一般检测

（1）检测仪器开机后需进行内部温度校准，待图像稳定后即可开始工作。

（2）一般先远距离对被测设备进行全面扫描，发现有异常后，再有针对性地近距离对异常部位和重点被测设备进行精确检测。

（3）仪器的色标温度量程宜设置在环境温度加 10～20K 左右的温升范围。

（4）有伪彩色显示功能的仪器，宜选择彩色显示方式，调节图像使其具有清晰的温度层次显示，并结合数值测温手段，如热点跟踪、区域温度跟踪等手段进行检测。

（5）应充分利用仪器的有关功能，如图像平均，自动跟踪等，以达到最佳检测效果。

（6）环境温度发生较大变化时，应对仪器重新进行内部温度校准。

（7）作为一般检测，被测设备的辐射率一般取 0.9 左右。

（二）精确检测

（1）检测温升所用的环境温度参照体应尽可能选择与被测设备类似的物体，最好能在同一方向或同一视场中选择。

（2）在安全距离允许的条件下，红外仪器宜尽量靠近被测设备，使被测设备（或目标）尽量充满整个仪器的视场，以提高仪器对被测设备表面细节的分辨能力及测温准确度，必要时，可使用中、长焦距镜头。

（3）为了准确测量温度或方便跟踪，应事先设定几个不同的方向和角度，确定最佳检测位置，并可做上标记，以供今后的复测用，提高互比性和工作效率。

（4）正确选择被测设备的辐射率，特别要考虑金属材料表面氧化对选取辐射率的影响。

（5）将大气温度、相对湿度、测量距离等补偿参数输入，进行必要修正，并选择适当的测温范围。

（6）记录被检测设备的实际负荷电流、额定电流、运行电压，被检物体温度及环境参照体的温度值。

七、检测结果分析及检测报告编写

（一）检测标准及结果分析

1. 检测标准及要求

根据《国家电网公司变电检测管理规定　第 1 分册：红外热像检测细则》的规定，电流致热型设备的判断依据详见《国家电网公司变电检测管理规定　第 1 分册：红外热像检测细则》附录 D；电压致热型设备的判断依据详见《国家电网公司变电检测管理规定　第 1 分册：红外热像检测细则》附录 E；当缺陷是由两种或两种以上因素引起的，应综合判断缺陷性质；对于磁场和漏磁引起的过热可依据电流致热型设备的判据进行处理。

2. 检测结果分析

启动专用软件分析系统对检测结果进行分析并制作分析报告，调整分析报告内温度范围，使图像更加清晰以便于发现缺陷；点击较热点和对应点的温差结合设备诊断判据分析被检设备是否构成缺陷并保存。

（二）检测报告编写

检测报告填写应包括被测设备名称、设备编号、设备额定电流、运行负荷、检测时间、检测人员、天气情况、环境温度、湿度、辐射系数、测试距离、使用地点、检测结果、检测结论、检测仪器名称型号及出厂编号，备注栏写明其他需要注意的内容。

八、案例

案例：红外检测 110kV 常白线 30 号杆线路避雷器发热缺陷

（1）案例经过。2012 年 5 月 29 日，在专业巡检工作中，利用红外成像测温，发现 110kV 常白线＃30 杆线路避雷器 B 相温度为 30.81℃，A 相温度为 25.24℃，C 相温度为 24.12℃。

根据 DL/T 644《带电设备红外诊断应用规范》，温差 K 值位于 0.5～1 范围内，避雷器存在缺陷。

（2）检测分析。常白线 30 号杆线路避雷器型号为 YH10WZ–108/268H。运行中红外检测图像见图 Z13K1011Ⅱ–1、图 Z13K1011Ⅱ–2、图 Z13K1011Ⅱ–3 所示。

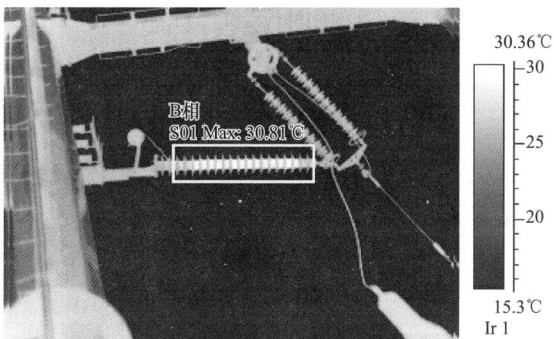

图 Z13K1011Ⅱ–1 存在缺陷 B 相红外检测

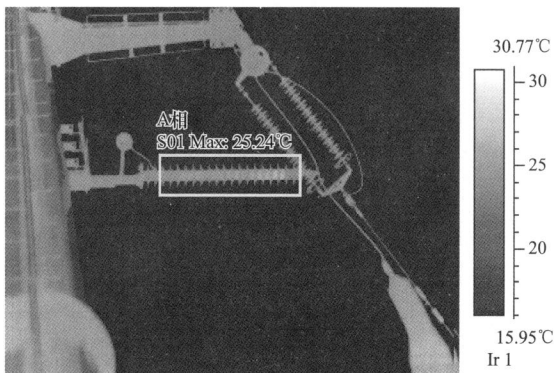

图 Z13K1011Ⅱ–2 正常 A 相红外检测

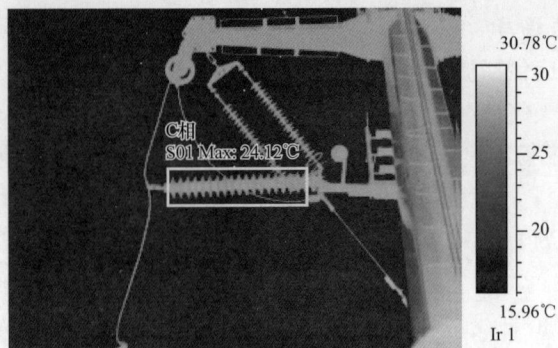

图 Z13K1011Ⅱ-3　正常 C 相红外检测

（3）处理措施。2012 年 6 月 12 日，对 110kV 常白线 30 号杆线路 B 相避雷器进行更换，同时对该台避雷器进行检查性试验，避雷器直流试验和交流试验均不合格。

【思考与练习】

1. 为什么要进行避雷器红外热像检测？

2. 说明避雷器红外热像检测方法。

3. 避雷器红外热像检测数据分析应注意哪些事项？

◢ 模块 12　电缆红外热像检测（Z13K1012Ⅱ）

【模块描述】本模块介绍电缆红外热像检测方法和技术要求。通过检测工作流程的介绍，掌握电缆红外热像检测前的准备工作和相关安全技术措施、测试方法、技术要求及检测数据分析判断。

【模块内容】

一、检测目的

电缆红外热像检测是电缆带电条件下有效故障诊断手段之一，通过红外热像检测，可以及时发现电缆本体及各组成部件是否存在过热缺陷。

二、检测仪器、设备的选择

电缆红外热像检测通常选用便携式红外热像仪。要求能够满足精确检测的要求，测量精度和测温范围满足现场测试要求，性能指标较高，具有较高的温度和空间分辨率，具有大气条件的修正模型，操作简便，图像清晰、稳定，有目镜取景器，分析软件功能丰富。具体可参考《国家电网公司变电检测管理规定 第 1 分册：红外热像检测细则》附录 H~J。

三、危险点分析及控制措施

（1）应严格执行 Q/GDW 1799.1—2013《国家电网公司电力安全工作规程　变电部分》、《国家电网公司电力安全工作规程　配电部分》及 Q/GDW 1799.2—2013《国家电网公司电力安全工作规程　线路部分》的相关要求。

（2）应在良好的天气下进行，如遇雷、雨、雪、雾不得进行该项工作，风力大于 5m/s 时，不宜进行该项工作；夜间测量时应有充足的照明配合。

（3）检测时应与设备带电部位保持相应的安全距离。

（4）进行检测时，要防止误碰误动设备。

（5）行走中注意脚下，防止踩踏设备管道。

（6）应有专人监护，监护人在检测期间应始终行使监护职责，不得擅离岗位或兼任其他工作。

四、检测前的准备工作

1. 了解检测设备现场情况及试验条件

查勘现场，查阅相关技术资料，包括该设备历年试验数据及相关规程等，掌握该设备运行及缺陷情况。

2. 检测仪器、设备准备

选择合适的红外热像仪、镜头、三脚架、镜头纸、备用电池、温湿度计、照明设备、数码相机和笔记本电脑等，并查阅检测仪器、设备的检定证书有效期。

3. 办理工作票并做好试验现场安全和技术措施

按相关安全生产管理规定办理工作许可手续；向其余试验人员交代工作内容、带电部位、现场安全措施、现场作业危险点，明确人员分工及试验程序。

五、检测步骤及要求

（1）检测前做好准备工作，保证热像仪等仪器正常和所需材料备齐。

（2）检测人员就位，保证全体作业人员分工明确，任务落实到人，安全措施明确。

（3）在观测点安置好三脚架，将仪器安放在机座上，并进行整平，开启电源开关。预热设备 1min。

（4）设置好目标参数，如辐射率、目标距离、环境温度和相对湿度等。

（5）一般测量，先将热像仪对准被检测对象，对所有应测部位进行全面扫描，找出热态异常部位，如无异常部位只需将图像调节清晰并保存以备在计算机准确判断，同时填写检测记录表格。

（6）精测测量，在安全距离保证的条件下，红外仪器尽量靠近被检设备，使被检设备充满整个视场，同时填写检测记录表格。

（7）测量结束，检查现场有无遗留的工具、材料，清理现场并撤离检测场地。

六、检测注意事项

（一）一般检测

（1）检测仪器开机后需进行内部温度校准，待图像稳定后即可开始工作。

（2）一般先远距离对被测设备进行全面扫描，发现有异常后，再有针对性地近距离对异常部位和重点被测设备进行精确检测。

（3）仪器的色标温度量程宜设置在环境温度加 10～20K 左右的温升范围。

（4）有伪彩色显示功能的仪器，宜选择彩色显示方式，调节图像使其具有清晰的温度层次显示，并结合数值测温手段，如热点跟踪、区域温度跟踪等手段进行检测。

（5）应充分利用仪器的有关功能，如图像平均，自动跟踪等，以达到最佳检测效果。

（6）环境温度发生较大变化时，应对仪器重新进行内部温度校准。

（7）作为一般检测，被测设备的辐射率一般取 0.9 左右。

（二）精确检测

（1）检测温升所用的环境温度参照体应尽可能选择与被测设备类似的物体，最好能在同一方向或同一视场中选择。

（2）在安全距离允许的条件下，红外仪器宜尽量靠近被测设备，使被测设备（或目标）尽量充满整个仪器的视场，以提高仪器对被测设备表面细节的分辨能力及测温准确度，必要时，可使用中、长焦距镜头。

（3）为了准确测量温度或方便跟踪，应事先设定几个不同的方向和角度，确定最佳检测位置，并可做上标记，以供今后的复测用，提高互比性和工作效率。

（4）正确选择被测设备的辐射率，特别要考虑金属材料表面氧化对选取辐射率的影响。

（5）将大气温度、相对湿度、测量距离等补偿参数输入，进行必要修正，并选择适当的测温范围。

（6）记录被检测设备的实际负荷电流、额定电流、运行电压，被检物体温度及环境参照体的温度值。

七、检测结果分析及检测报告编写

（一）检测标准及结果分析

1. 检测标准及要求

根据《国家电网公司变电检测管理规定 第 1 分册：红外热像检测细则》的规定，电流致热型设备的判断依据详见《国家电网公司变电检测管理规定 第 1 分册：红外热像检测细则》附录 D；电压致热型设备的判断依据详见《国家电网公司变电检测管理规定 第 1 分册：红外热像检测细则》附录 E；当缺陷是由两种或两种以上因素引起的，应综合判断缺陷性质；对于磁场和漏磁引起的过热可依据电流致热型设备的判据进行处理。

2. 检测结果分析

启动专用软件分析系统对检测结果进行分析并制作分析报告，调整分析报告内温度范围，使图像更加清晰以便于发现缺陷；点击较热点和对应点的温差结合设备诊断判据分析被检设备是否构成缺陷并保存。

（二）检测报告编写

检测报告填写应包括被测设备名称、设备编号、设备额定电流、运行负荷、检测时间、检测人员、天气情况、环境温度、湿度、辐射系数、测试距离、使用地点、检测结果、检测结论、检测仪器名称型号及出厂编号，备注栏写明其他需要注意的内容。

八、案例

1. 红外检测 110kV 电缆终端应力椎部位过热

（1）案例经过。2012 年 7 月 9 日，在专业红外检测工作中，利用红外成像测温，发现 110kV 江线 1 号杆 B 相应力椎部位过热，温差 1.14℃，如图 Z13K1012Ⅱ-1 所示。

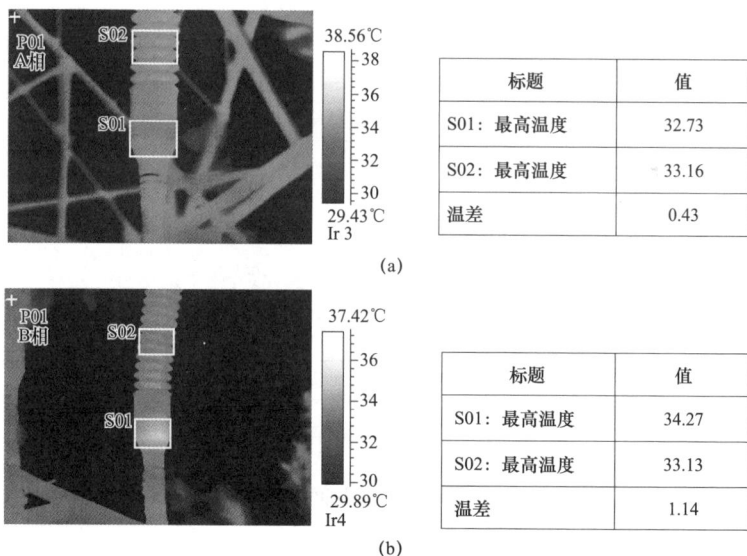

标题	值
S01：最高温度	32.73
S02：最高温度	33.16
温差	0.43

(a)

标题	值
S01：最高温度	34.27
S02：最高温度	33.13
温差	1.14

(b)

图 Z13K1012Ⅱ-1　应力椎部位过热

(a) A 相；(b) B 相

（2）检测分析。发热点与相邻相比较有 1.14℃温差，发热点在干式终端内部应力椎部位，原因可能是局部放电量超标所致。

（3）处理措施。电缆终端重新安装。

2. 红外检测 220kV 电缆终端尾管末端过热

（1）案例经过。2009 年 8 月 14 日，在专业红外检测工作中，利用红外成像测温，发现 220kV 溪新线 41 号杆 A 相尾管发热，最高温度点 59.8℃（见图 Z13K1012Ⅱ-2），红外跟踪测量得到的温度-时间趋势曲线图 Z13K1012Ⅱ-3 所示。

图 Z13K1012Ⅱ-2　220kV 溪新线 41 号杆 A 相尾管发热

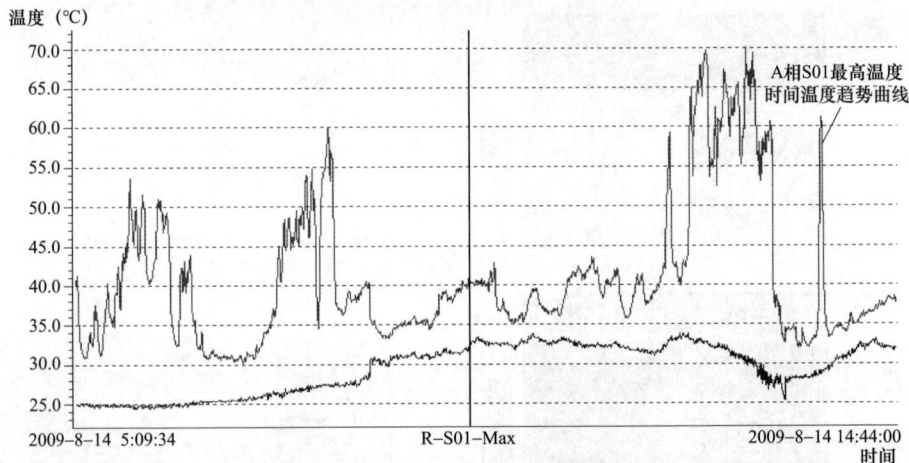

图 Z13K1012Ⅱ-3　温度时间温度趋势曲线图

（2）检测分析。发热点与相邻相比较有 30℃温差，发热部位是电缆终端尾管与电缆金属外套（皱纹铝套）焊接处（铅封连接），红外跟踪测量温差变化较大，原因是电缆直埋段地面浮土沉降造成铝套与尾管连接处出现较大的应力，铅封断裂，断裂处随风或地面震动接触电阻不断变化，出现温差时高时低现象。

（3）处理措施。尾管与铝套连接处重新封铅。夯实电缆直埋段泥土，适当收紧电缆固定抱箍，降低电缆垂直方向的应力。

【思考与练习】

1. 为什么要进行电缆红外热像检测？

2. 说明电缆红外热像检测方法。

3. 电缆红外热像检测数据分析应注意哪些事项？

▲ 模块 13　变压器油中溶解气体分析（Z13K1013Ⅱ）

【模块描述】　本模块介绍变压器油中溶解气体分析方法和技术要求。通过分析工作流程的介绍，掌握变压器油中溶解气体分析前的准备工作和相关安全技术措施、测试方法、技术要求及检测数据分析判断。

【模块内容】

一、检测目的

分析油中溶解气体的组分和含量是监视充油电气设备安全运行的最有效的措施之一。通过变压器油中溶解气体分析，可以评估变压器运行状态，判断可能存在的故障类型和严重程度。

二、检测仪器、设备的选择

1. 主设备

选用便携式气相色谱仪。

2. 辅助设备

氮气：纯度 99.999%；氢气：纯度 99.999%；空气：纯净无油。

恒温定时振荡器：振荡频率 275±3 次/min，控温精确度 50±0.3℃，实验温度 50℃，定时精确度±2min。

三、危险点分析及控制措施

1. 防止人员触电

测量前需将仪器外壳接地端子可靠接地，若现场无接地装置，必须埋设符合标准的地线。

2. 防止人员烫伤

仪器运行工作时，禁止触摸进样口、检测器和顶部盖板处于高温的部分，以免被烫伤。

3. 防止易燃易爆危险品泄漏

氢气属于易燃易爆危险品，使用时必须按照氢气发生器安全操作条例严格执行。为防止氢气在柱箱内积聚或其他可能的泄漏事故，须将仪器上未使用的柱连接头用盲栓堵死并在每次实验完毕后及时关闭氢气。

四、检测前的准备工作

1. 了解检测设备现场情况及试验条件

查勘现场，查阅相关技术资料，包括该设备历年试验数据及相关规程等，掌握该设备运行及缺陷情况。

2. 检测仪器、设备准备

选择合适的便携式气相色谱仪和辅助设备，并查阅检测仪器、设备的检定证书有效期。

3. 办理工作票并做好试验现场安全和技术措施

按相关安全生产管理规定办理工作许可手续；向其余试验人员交代工作内容、带电部位、现场安全措施、现场作业危险点，明确人员分工及试验程序。

五、检测步骤及要求（以中分 2000 便携式气相色谱仪为例）

（一）样品制作

1. 试油体积

（1）注射器油样在取样和运输过程中产生气泡，制样时，可不必排除气泡，仍留于油样中进行脱气。

（2）将 100ml 玻璃注射器中的油样缓慢推出，注射器芯推至 40mL 刻度时停止，立即用橡胶封帽将注射器密封。

（3）密封注射器时应尽量避免把空气带入试油中，密封时先用手指压扁封帽挤出凹部空气后进行密封。

2. 加平衡载气

取 5mL 玻璃注射器用氮气清洗 2 次，再准确抽取 5mL 氮气缓慢注入有试油的注射器内，加入时注意不让氮气从橡胶帽处漏掉。

3. 振荡平衡

（1）将要脱气的注射器放入振荡器内的振荡盘上，注射器放置后，注射器的头部应高于尾部（大约倾斜 5 度），且注射器出口应位于下部。

（2）合上振荡仪盖子，点击"时间"按钮，连续振荡 20min，静止 10min，使油气两相达到平衡。

4. 储气玻璃注射器的准备

（1）取 5mL 新玻璃注射器，抽取约 0.5mL 试油后再排除试油，带上胶帽，插上双头针头，针头垂直向上，将注射器内的空气和试油慢慢排除，使试油充满注射器内壁缝隙而不致残存空气。

（2）使用中的玻璃注射器，可以用空气清洗 5 次左右，带上胶帽备用。

（3）应准备足够的注射器，防止检测过程中不同样品相互干扰，产生误判断。

5. 转移平衡气

（1）将注射器从振荡仪中取出，并立即将其中的平衡气体通过双针头转移到储气用注射器内。转移好的气体在室温下放置 2min 后，准确读取体积（准确至 0.1mL），以备检测用。

（2）转移动作要迅速，以免脱好气的注射器从振荡器内取出在外放置过久油温下降，以致破坏平衡状态，带来试验误差。

（3）转移时应采用微正压法转移（大、小注射器及双向针头应在一条线上，并成 35°倾斜，小注射器位于上部），使气体通过双针头进入储气用注射器内。

（4）如发现脱好气的注射器芯塞被筒壁吸住而暂时卡涩，可轻轻旋动芯塞，然后进行转移。

（5）当平衡气体小于 1mL 无法开展检测时，应重新进行制样，适当增加平衡载气量（增加 2～3mL），以平衡气体不大于 5mL 为标准。

（二）色谱仪及工作站的启动

1. 色谱仪状态检查

（1）色谱仪色谱柱是否失效（判断方法：检测样品超过 1500 个，CO、CO_2 峰宽增加一倍，出现重叠峰，参加能力验证不合格，重复性不满足要求）。

（2）气相色谱仪是否检定或在合格的核查周期内。

（3）气相色谱仪维修或更换色谱柱后是否进行了核查。

2. 开启气源

（1）打开便携气源箱，取出小型氮气瓶，将连接在气瓶上的气管整理整齐，逆时针转动气瓶上气源开关后，迅速关闭，连续 2～3 次，吹扫管路，然后将管路插入主机背后氮气接入口。

（2）同以上方法连接氢气瓶。

（3）打开氮气瓶及氢气瓶。

3. 色谱仪的启动

（1）用专用数据线分别连接色谱仪主机及笔记本电脑。

（2）打开中分 2000 便携式色谱仪电源开关及电脑电源开关，双击中分 2000 色谱工作站图标，启动工作站，观察模拟空气压力表应为 0.014MPa 载气压力表应为 0.218MPa，氢气压力表应为 0.022MPa，检查仪器面板上温度设定值和载气流量是否正常。

柱箱：65；氢焰：150；转化：320；流量：30mL/min 左右（热态，温度全部到设定值后）。

（3）点击"运行"键，此时温度指示灯亮，说明四路温度开始升温，等温度实际值和设定值一样。

（4）若采用自动化控制，系统将自动点火和加桥流，否则，应在一起温度达到设定值后，用鼠标点击"TCD""FID1""FID2"进行加桥流和点火。

（5）点击基线调零开关，基线归零。

（三）色谱仪标定

（1）点击采集标样图标，弹出窗口点确定。

（2）打开标气瓶阀门，然后关上，从取样口把减压阀内的标气放掉，按以上方法重复2次。

（3）用标气清洗进样注射器2次，然后用此注射器取1mL标气，注入色谱仪进样口，仪器开始自动检测。

（4）检测结束后，再重复进标样1次。

（5）标样重复性判断。

1）选取氢气、CO、甲烷峰面积分别判断TCD、FID1、FID2检测器标定是否满足检测要求。

2）打开第一次标定色谱图，将鼠标移至氢气峰，点右键，记录峰面积S_1；然后打开第二次标定色谱图，按以上方法记录氢气峰面积S_2，计算两次记录峰面积平均值S。

$$重复性\ r = \frac{S_1 - S_2}{S} \times 100\% \leqslant \pm 2\%$$

即认为TCD检测合格，否则应检查仪器后重新标定。

3）按方法2）用CO、甲烷进行FID1、FID2检测器重复性计算，然后判定是否合格。

（四）样品的检测

1. 进样

（1）点击样品采集图标，弹出窗口，输入脱气量等参数，然后点确定。

（2）用空气清洗进样注射器3次，然后用此注射器取1mL样品，注入色谱仪进样口，仪器开始自动检测。

（3）取样时应采用微正压法转移。

2. 图谱出现平头峰

当检测数据超出色谱仪检测范围时（出现平头峰），本次检测数据应作废；然后用氮气将样品稀释一倍（如样品量为2mL，则稀释到4mL），用进样器再取稀释后的样品1mL注入，重新检测，最后检测数据乘2即为结果。

（五）结束工作

（1）关机。

（2）关闭工作站。

（3）关闭氢气瓶、氮气瓶开关。

（4）关闭主机及笔记本电脑。

（5）将实验所用的器具整理归位，清理工作台，盖上仪器防尘罩。

（6）废液处理，将检测过的废油倒入废油桶，统一处理。

（7）清洗，检测结束后，用合格的新油涮洗注射器 2 遍，以便下次使用。

六、检测注意事项

（1）如果载气流量无法保持在 30mL/min 左右，应更换进样口密封垫或检查气路系统是否存在泄漏。

（2）应确保室温在 10～25℃左右，室内不能有腐蚀性气体，必须安装在水平坚固的工作平台上，不应摆动。

七、检测结果分析及检测报告编写

（一）检测结果分析

根据 GB/T 17623—1998《绝缘油中溶解气体组分含量的气相色谱测定法》和 DL/T 722—2000《变压器油中溶解气体分析和判断导则》的规定，变压器油中溶解气体成分及含量分析完毕以后，根据特征气体法、三比值法或其他方法对故障类型进行判断。

（二）检测报告编写

检测报告填写应包括设备地点、设备名称、设备型号、出厂编号、出厂日期、投运日期、设备生产厂家、取样日期、检测日期、油号、油重等、检测结果、检测结论、检测标准、检测仪器名称型号及出厂编号，备注栏写明其他需要注意的内容。

【思考与练习】

1. 为什么要进行绝缘油中溶解气体组分含量的气相色谱测定？

2. 说明变压器进行绝缘油中溶解气体组分含量的气相色谱测定方法。

3. 对变压器进行绝缘油中溶解气体组分含量的气相色谱测定时，应注意哪些事项？

◢ 模块 14　套管相对介质介质损耗因数检测（Z13K1014Ⅱ）

【模块描述】 本模块介绍套管相对介质介质损耗因数检测方法和技术要求。通过检测工作流程的介绍，掌握套管相对介质介质损耗因数检测前的准备工作和相关安全技术措施、测试方法、技术要求及检测数据分析判断。

【模块内容】

一、检测目的

套管相对介质损耗因数检测是套管带电条件下有效故障诊断手段之一，通过相对介质损耗因数检测，可以有效发现套管内绝缘的老化、受潮、开裂、污染等不良状况。

二、检测仪器、设备的选择

电容型设备介质损耗因数和电容量带电测试系统，其性能指标需满足表Z13K1014Ⅱ-1要求。

表 Z13K1014Ⅱ-1　　　相对介质损耗因数和电容量
比值带电测试系统性能指标

检测参数	测量范围	测量误差要求
电流信号	1mA～1000mA	±（标准读数×0.5%+0.1mA）
电压信号	3V～300V	±（标准读数×0.5%+0.1V）
介质损耗因数	-1～1	±（标准读数绝对值×0.5%+0.001）
电容量	100pF～50 000pF	±（标准读数×0.5%+1pF）

三、危险点分析及控制措施

1. 防止人员触电

应严格执行 Q/GDW 1799.1—2013《国家电网公司电力安全工作规程　变电部分》的相关要求；带电检测过程中，按照 Q/GDW 1799.1—2013《国家电网公司电力安全工作规程　变电部分》要求应与带电设备保持足够的安全距离。

2. 防止设备末屏开路

取样单元引线连接牢固，符合通流能力要求；试验前应检查电流测试引线导通情况；测试结束保证末屏可靠接地。

3. 防止电压互感器二次侧短路

从电压互感器获取二次电压信号时应做好防范措施，防止二次侧短路。

四、检测前的准备工作

1. 了解检测设备现场情况及试验条件

查勘现场，查阅相关技术资料，包括该设备历年试验数据及相关规程等，掌握该设备运行及缺陷情况；检查被测设备表面应清洁、干燥；检查被试设备已安装取样单元，满足带电测试要求。

2. 检测仪器、设备准备

选择合适的电容型设备介质损耗因数和电容量带电测试系统、温湿度计等，并查阅检测仪器、设备的检定证书有效期。

3. 办理工作票并做好试验现场安全和技术措施

按相关安全生产管理规定办理工作许可手续；向其余试验人员交代工作内容、带电部位、现场安全措施、现场作业危险点，明确人员分工及试验程序。

五、检测步骤及要求

（一）测试前准备

（1）带电检测应在天气良好条件下进行，确认空气相对温度应不大于80%。环境温度不低于5℃，否则应停止工作。

（2）选择合适的参考设备，并备有参考设备、被测设备的停电例行试验记录和带电检测试验记录。

（3）核对被试设备、参考设备运行编号、相位，查看并记录设备铭牌。

（4）使用万用表检查测试引线，确认其导通良好，避免设备末屏或者低压端开路。

（5）开机检查仪器是否电量充足，必要时需要使用外接交流电源。

（二）接线与测试

（1）将带电检测仪器可靠接地，先接接地端再接仪器端，并在其两个信号输入端连接好测量电缆。

（2）打开取样单元，用测量电缆连接参考设备取样单元和仪器 In 端口，被试设备取样单元和仪器 Ix 端口。按照取样单元盒上标示的方法，正确连接取样单元、测试引线和主机，防止在试验过程中形成末屏开路。

（3）打开电源开关，设置好测试仪器的各项参数。

（4）正式测试开始之前应进行预测试，当测试数据较为稳定时，停止测量，并记录、存储测试数据；如需要，可重复多次测量，从中选取一个较稳定数据作为测试结果。

（5）测试数据异常时，首先应排除测试仪器及接线方式上的问题，确认被测信号是否来自同相、同电压的两个设备，并应选择其他参考设备进行比对测试。

（三）记录并拆除接线

（1）测试完毕后，参考设备侧人员和被试设备侧人员合上取样单元内的刀闸及连接压板。仪器操作人员记录并存储测试数据、温度、空气湿度等信息。

（2）关闭仪器，断开电源，完成测量。

（3）拆除测试电缆，应先拆设备端，后拆仪器端。

（4）恢复取样单元，并检查确保设备末屏或低压端已经可靠接地。

（5）拆除仪器接地线，应先拆仪器端，再拆接地端。

六、检测注意事项

（1）采用同相比较法时，应注意相邻间隔带电状况对测量的影响，并记录被试设备相邻间隔带电与否。

（2）采用相对值比较法，带电检测单根测试线长度应保证在15m以内。

（3）对于同一变电站电容型设备带电检测工作宜安排在每年的相同或环境条件相似的月份，以减少现场环境温度和空气相对湿度的较大差异带来数据误差。

七、检测结果分析及检测报告编写

（一）检测标准及结果分析

电容型设备介质损耗因数和电容量带电检测属于微小信号测量，受现场干扰等多种因素的制约，其准确性和分散性与停电例行试验相比都较大，因此不能简单通过阈值判断设备状态，容易造成误判，应充分考虑历史数据和停电试验数据进行纵向比较和横向比较，对设备状态做出综合判断。

1. 纵向比较

对于在同一参考设备下的带电测试结果，应符合《电力设备带电检测技术规范（试行）》（国家电网生变电〔2010〕11 号）的相关要求，如表 Z13K1014Ⅱ–2 所示。

表 Z13K1014Ⅱ–2　　《电力设备带电检测技术规范（试行）》中

关于电容型设备带电检测标准

被试设备	测试项目	要求
电容型套管 电容型电流互感器 电容式电压互感器 耦合电容器	相对介质损耗因数	（1）正常：变化量≤0.003 （2）异常：变化量>0.003 且≤0.005 （3）缺陷：变化量>0.005
	相对电容量比值	（1）正常：初值差≤5% （2）异常：初值差>5%且≤20% （3）缺陷：初值差>20%

2. 横向比较

处于同一单元的三相电容型设备，其带电测试结果的变化趋势不应有明显差异；必要时，可依照公式 1 和 2，根据参考设备停电例行试验结果，把相对测量法得到的相对介质损耗因数和相对电容量比值换算成绝对量，并参照 Q/GDW 1168《输变电设备状态检修试验规程》中关于电容型设备停电例行试验标准（如表 Z13K1014Ⅱ–2 所示），判断其绝缘状况；

$$\tan\delta_{X_0} = \tan(\delta_X - \delta_N) + \tan\delta_{N_0} \qquad (Z13K1014\text{Ⅱ}–1)$$

$$C_{X_0} = C_X / C_N \times C_{N_0} \qquad (Z13K1014\text{Ⅱ}–2)$$

式中　$\tan\delta_{X_0}$ ——换算后的被试设备介质损耗因数绝对量；

$\tan\delta_{N_0}$ ——参考设备最近一次停电例行试验测得的介质损耗因数；

$\tan(\delta_X - \delta_N)$ ——带电测试获得的相对介质损耗因数；

C_{X_0} ——换算后的被试设备电容量绝对量；

C_{N_0} ——参考设备最近一次停电例行试验测得的电容量；

C_X/C_N ——带电测试获得的相对电容量比值。

表 Z13K1014Ⅱ-3 **Q/GDW 1168《输变电设备状态检修试验**
规程》中关于电容型设备停电试验的标准

设备类型	要求
电流互感器（固体绝缘或油纸绝缘）	（1）电容量初值差不超过±5%（警示值）。 （2）介质损耗因数 tanδ 满足下表要求（注意值）： 表格见下 聚四氟乙烯缠绕绝缘：≤0.005
电容式电压互感器	（1）电容量初值差不超过±2%（警示值）。 （2）介质损耗因数： ≤0.005（油纸绝缘）（注意值）； ≤0.002 5（膜纸复合）（注意值）
变压器电容型套管	（1）电容量初值差不超过±5%（警示值）。 （2）介质损耗因数符合以下要求： 500kV 及以上≤0.006（注意值）； 其他（注意值）： 　油浸纸：≤0.007； 　聚四氟乙烯缠绕绝缘：≤0.005； 　树脂浸纸：≤0.007； 　树脂黏纸（胶纸绝缘）：≤0.015
耦合电容器	（1）电容量初值差不超过±5%（警示值）。 （2）介质损耗因数：膜纸复合≤0.002 5，油浸纸≤0.005（注意值）

电流互感器表内小表：

U_m（kV）	126/72.5	25/363	≥550
tanδ	≤0.008	≤0.007	≤0.006

　　对于电容式电压互感器，受其电磁单元结构及参数等因素影响，测得的介质损耗差值可能较大，可通过历次试验结果进行综合比较，根据其变化趋势做出判断；

　　数据分析还应综合考虑设备历史运行状况、同类型设备参考数据，同时参考其他带电测试试验结果，如油色谱试验、红外测温以及高频局部放电测试等技术手段进行综合分析。

　　根据《电力设备带电检测技术规范（试行）》和 Q/GDW 1168《输变电设备状态检修试验规程》的规定，对在同一参考设备下的带电测试结果进行纵向比较；把相对测量法得到的相对介质损耗因数换算成绝对量，并参照 Q/GDW 1168《输变电设备状态检修试验规程》中关于电容型设备停电例行试验标准，判断其绝缘状况。

（二）检测报告编写

　　检测报告填写应包括被测设备名称、设备型号、出厂编号、出厂日期、生产厂家、环境温度、湿度、检测依据、检测结果、检测结论、检测仪器名称型号及出厂编号，备注栏写明其他需要注意的内容。

【思考与练习】

1. 为什么要进行套管相对介质介质损耗因数检测？
2. 说明套管相对介质介质损耗因数检测方法。
3. 套管相对介质介质损耗因数检测时，应注意哪些事项？

▲ 模块 15　电流互感器相对介质介质损耗因数检测
（Z13K1015Ⅱ）

【模块描述】 本模块介绍电流互感器相对介质介质损耗因数检测方法和技术要求。通过检测工作流程的介绍，掌握电流互感器相对介质介质损耗因数检测前的准备工作和相关安全技术措施、测试方法、技术要求及检测数据分析判断。

【模块内容】

一、检测目的

电流互感器相对介质介质损耗因数检测是电流互感器带电条件下有效故障诊断手段之一，通过相对介质介质损耗因数检测，可以有效发现电流互感器内绝缘的老化、受潮、开裂、污染等不良状况。

二、检测仪器、设备的选择

电容型设备介质损耗因数和电容量带电测试系统，其性能指标需满足表 Z13K1015Ⅱ-1 要求。

表 Z13K1015Ⅱ-1　　　　相对介质损耗因数和电容量
比值带电测试系统性能指标

检测参数	测量范围	测量误差要求
电流信号	1～1000mA	±（标准读数×0.5%+0.1mA）
电压信号	3～300V	±（标准读数×0.5%+0.1V）
介质损耗因数	−1～1	±（标准读数绝对值×0.5%+0.001）
电容量	100～50 000pF	±（标准读数×0.5%+1pF）

三、危险点分析及控制措施

1. 防止人员触电

应严格执行 Q/GDW 1799.1—2013《国家电网公司电力安全工作规程　变电部分》的相关要求；带电检测过程中，按照安规要求应与带电设备保持足够的安全距离。

2. 防止设备末屏开路

取样单元引线连接牢固，符合通流能力要求；试验前应检查电流测试引线导通情况；测试结束保证末屏可靠接地。

3. 防止电压互感器二次侧短路

若从电压互感器获取二次电压信号时应做好防范措施，防止二次侧短路。

四、检测前的准备工作

1. 了解检测设备现场情况及试验条件

查勘现场，查阅相关技术资料，包括该设备历年试验数据及相关规程等，掌握该设备运行及缺陷情况；检查被测设备表面应清洁、干燥；检查被试设备已安装取样单元，满足带电测试要求。

2. 检测仪器、设备准备

选择合适的电容型设备介质损耗因数和电容量带电测试系统、温湿度计等，并查阅检测仪器、设备的检定证书有效期。

3. 办理工作票并做好试验现场安全和技术措施

按相关安全生产管理规定办理工作许可手续；向其余试验人员交代工作内容、带电部位、现场安全措施、现场作业危险点，明确人员分工及试验程序。

五、检测步骤及要求

（一）测试前准备

（1）带电检测应在天气良好条件下进行，确认空气相对温度应不大于80%。环境温度不低于5℃，否则应停止工作。

（2）选择合适的参考设备，并备有参考设备、被测设备的停电例行试验记录和带电检测试验记录。

（3）核对被试设备、参考设备运行编号、相位，查看并记录设备铭牌。

（4）使用万用表检查测试引线，确认其导通良好，避免设备末屏或者低压端开路。

（5）开机检查仪器是否电量充足，必要时需要使用外接交流电源。

（二）接线与测试

（1）将带电检测仪器可靠接地，先接接地端再接仪器端，并在其两个信号输入端连接好测量电缆。

（2）打开取样单元，用测量电缆连接参考设备取样单元和仪器 In 端口，被试设备取样单元和仪器 Ix 端口。按照取样单元盒上标示的方法，正确连接取样单元、测试引线和主机，防止在试验过程中形成末屏开路。

（3）打开电源开关，设置好测试仪器的各项参数。

（4）正式测试开始之前应进行预测试，当测试数据较为稳定时，停止测量，并记录、存储测试数据；如需要，可重复多次测量，从中选取一个较稳定数据作为测试结果。

（5）测试数据异常时，首先应排除测试仪器及接线方式上的问题，确认被测信号是否来自同相、同电压的两个设备，并应选择其他参考设备进行比对测试。

（三）记录并拆除接线

（1）测试完毕后，参考设备侧人员和被试设备侧人员合上取样单元内的刀闸及连接压板。仪器操作人员记录并存储测试数据、温度、空气湿度等信息。

（2）关闭仪器，断开电源，完成测量。

（3）拆除测试电缆，应先拆设备端，后拆仪器端。

（4）恢复取样单元，并检查确保设备末屏或低压端已经可靠接地。

（5）拆除仪器接地线，应先拆仪器端，再拆接地端。

六、检测注意事项

（1）采用同相比较法时，应注意相邻间隔带电状况对测量的影响，并记录被试设备相邻间隔带电与否。

（2）采用相对值比较法，带电检测单根测试线长度应保证在 15m 以内。

（3）对于同一变电站电容型设备带电检测工作宜安排在每年的相同或环境条件相似的月份，以减少现场环境温度和空气相对湿度的较大差异带来数据误差。

七、检测结果分析及检测报告编写

（一）检测标准及结果分析

电容型设备介质损耗因数和电容量带电检测属于微小信号测量，受现场干扰等多种因素的制约，其准确性和分散性与停电例行试验相比都较大，因此不能简单通过阈值判断设备状态容易造成误判，应充分考虑历史数据和停电试验数据进行纵向比较和横向比较，对设备状态做出综合判断。

1. 纵向比较

对于在同一参考设备下的带电测试结果，应符合《电力设备带电检测技术规范（试行）》的相关要求，如表 Z13K1015Ⅱ-2 所示。

表 Z13K1015Ⅱ-2　《电力设备带电检测技术规范（试行）》中

关于电容型设备带电检测的标准

被试设备	测试项目	要求
电容型套管 电容型电流互感器 电容式电压互感器 耦合电容器	相对介质损耗因数	（1）正常：变化量≤0.003 （2）异常：变化量>0.003 且≤0.005 （3）缺陷：变化量>0.005
	相对电容量比值	（1）正常：初值差≤5% （2）异常：初值差>5%且≤20% （3）缺陷：初值差>20%

2. 横向比较

处于同一单元的三相电容型设备，其带电测试结果的变化趋势不应有明显差异；必要时，可依照公式 1 和 2，根据参考设备停电例行试验结果，把相对测量法得到的相对介质损耗因数和相对电容量比值换算成绝对量，并参照 Q/GDW 1168《输变电设备状态检修试验规程》中关于电容型设备停电例行试验标准（如表 2 所示），判断其绝缘状况；

$$\tan\delta_{X_0} = \tan(\delta_X - \delta_N) + \tan\delta_{N_0} \qquad (Z13K1015\text{II}-1)$$

$$C_{X_0} = C_X / C_N \times C_{N_0} \qquad (Z13K1015\text{II}-2)$$

式中 $\tan\delta_{X_0}$——换算后的被试设备介质损耗因数绝对量；

     $\tan\delta_{N_0}$——参考设备最近一次停电例行试验测得的介质损耗因数；

$\tan(\delta_X - \delta_N)$——带电测试获得的相对介质损耗因数；

     C_{X_0}——换算后的被试设备电容量绝对量；

     C_{N_0}——参考设备最近一次停电例行试验测得的电容量；

     C_X/C_N——带电测试获得的相对电容量比值。

表 Z13K1015II-3   Q/GDW 1168《输变电设备状态检修试验规程》中关于电容型设备停电试验的标准

设备类型	要求
电流互感器（固体绝缘或油纸绝缘）	（1）电容量初值差不超过±5%（警示值）。 （2）介质损耗因数 $\tan\delta$ 满足下表要求（注意值）： U_m (kV): 126/72.5 → $\tan\delta \leq 0.008$；252/363 → ≤ 0.007；≥ 550 → ≤ 0.006 聚四氟乙烯缠绕绝缘：≤ 0.005
电容式电压互感器	（1）电容量初值差不超过±2%（警示值）。 （2）介质损耗因数： ≤ 0.005（油纸绝缘）（注意值）； ≤ 0.0025（膜纸复合）（注意值）
变压器电容型套管	（1）电容量初值差不超过±5%（警示值）。 （2）介质损耗因数符合以下要求： 500kV 及以上 ≤ 0.006（注意值）。 其他（注意值）： 油浸纸：≤ 0.007； 聚四氟乙烯缠绕绝缘：≤ 0.005； 树脂浸纸：≤ 0.007； 树脂黏纸（胶纸绝缘）：≤ 0.015
耦合电容器	（1）电容量初值差不超过±5%（警示值）。 （2）介质损耗因数：膜纸复合 ≤ 0.0025，油浸纸 ≤ 0.005（注意值）

对于电容式电压互感器，受其电磁单元结构及参数等因素影响，测得的介质损耗差值可能较大，可通过历次试验结果进行综合比较，根据其变化趋势做出判断。

数据分析还应综合考虑设备历史运行状况、同类型设备参考数据，同时参考其他带电测试试验结果，如油色谱试验、红外测温以及高频局部放电测试等技术手段进行综合分析。

根据《电力设备带电检测技术规范（试行）》和 Q/GDW 1168《输变电设备状态检修试验规程》的规定，对在同一参考设备下的带电测试结果进行纵向比较；把相对测量法得到的相对介质损耗因数换算成绝对量，并参照 Q/GDW 1168《输变电设备状态检修试验规程》中关于电容型设备停电例行试验标准，判断其绝缘状况。

（二）检测报告编写

检测报告填写应包括被测设备名称、设备型号、出厂编号、出厂日期、生产厂家、环境温度、湿度、检测依据、检测结果、检测结论、检测仪器名称型号及出厂编号，备注栏写明其他需要注意的内容。

【思考与练习】

1. 为什么要进行电流互感器相对介质介质损耗因数检测？
2. 说明电流互感器相对介质介质损耗因数检测方法。
3. 电流互感器相对介质介质损耗因数检测时，应注意哪些事项？

▲ 模块 16 电压互感器相对介质介质损耗因数检测（Z13K1016Ⅱ）

【模块描述】 本模块介绍电压互感器相对介质介质损耗因数检测方法和技术要求。通过检测工作流程的介绍，掌握电压互感器相对介质介质损耗因数检测前的准备工作和相关安全技术措施、测试方法、技术要求及检测数据分析判断。

【模块内容】

一、检测目的

电压互感器相对介质介质损耗因数检测是电压互感器带电条件下有效故障诊断手段之一，通过相对介质介质损耗因数检测，可以有效发现电压互感器绝缘的老化、受潮、开裂、污染等不良状况。

二、检测仪器、设备的选择

电压互感器介质损耗因数和电容量带电测试系统，其性能指标需满足表 Z13K1016Ⅱ–1 要求。

表 Z13K1016Ⅱ-1 相对介质损耗因数和电容量
比值带电测试系统性能指标

检测参数	测量范围	测量误差要求
电流信号	1～1000mA	±（标准读数×0.5%+0.1mA）
电压信号	3～300V	±（标准读数×0.5%+0.1V）
介质损耗因数	-1～1	±（标准读数绝对值×0.5%+0.001）
电容量	100～50 000pF	±（标准读数×0.5%+1pF）

三、危险点分析及控制措施

1. 防止人员触电

应严格执行 Q/GDW 1799.1—2013《国家电网公司电力安全工作规程 变电部分》的相关要求；带电检测过程中，按照安规要求应与带电设备保持足够的安全距离。

2. 防止设备末屏开路

取样单元引线连接牢固，符合通流能力要求；试验前应检查电流测试引线导通情况；测试结束保证末屏可靠接地。

3. 防止电压互感器二次侧短路

若从电压互感器获取二次电压信号时应做好防范措施，防止二次侧短路。

四、检测前的准备工作

1. 了解检测设备现场情况及试验条件

查勘现场，查阅相关技术资料，包括该设备历年试验数据及相关规程等，掌握该设备运行及缺陷情况；检查被测设备表面应清洁、干燥；检查被试设备已安装取样单元，满足带电测试要求。

2. 检测仪器、设备准备

选择合适的电容型设备介质损耗因数和电容量带电测试系统、温湿度计等，并查阅检测仪器、设备的检定证书有效期。

3. 办理工作票并做好试验现场安全和技术措施

按相关安全生产管理规定办理工作许可手续；向其余试验人员交代工作内容、带电部位、现场安全措施、现场作业危险点，明确人员分工及试验程序。

五、检测步骤及要求

（一）测试前准备

（1）带电检测应在天气良好条件下进行，确认空气相对温度应不大于80%。环境温度不低于5℃，否则应停止工作。

（2）选择合适的参考设备，并备有参考设备、被测设备的停电例行试验记录和带电检测试验记录。

（3）核对被试设备、参考设备运行编号、相位，查看并记录设备铭牌。

（4）使用万用表检查测试引线，确认其导通良好，避免设备末屏或者低压端开路。

（5）开机检查仪器是否电量充足，必要时需要使用外接交流电源。

（二）接线与测试

（1）将带电检测仪器可靠接地，先接接地端再接仪器端，并在其两个信号输入端连接好测量电缆。

（2）打开取样单元，用测量电缆连接参考设备取样单元和仪器 In 端口，被试设备取样单元和仪器 Ix 端口。按照取样单元盒上标示的方法，正确连接取样单元、测试引线和主机，防止在试验过程中形成末屏开路。

（3）打开电源开关，设置好测试仪器的各项参数。

（4）正式测试开始之前应进行预测试，当测试数据较为稳定时，停止测量，并记录、存储测试数据；如需要，可重复多次测量，从中选取一个较稳定数据作为测试结果。

（5）测试数据异常时，首先应排除测试仪器及接线方式上的问题，确认被测信号是否来自同相、同电压的两个设备，并应选择其他参考设备进行比对测试。

（三）记录并拆除接线

（1）测试完毕后，参考设备侧人员和被试设备侧人员合上取样单元内的隔离开关及连接压板。仪器操作人员记录并存储测试数据、温度、空气湿度等信息。

（2）关闭仪器，断开电源，完成测量。

（3）拆除测试电缆，应先拆设备端，后拆仪器端。

（4）恢复取样单元，并检查确保设备末屏或低压端已经可靠接地。

（5）拆除仪器接地线，应先拆仪器端，再拆接地端。

六、检测注意事项

（1）采用同相比较法时，应注意相邻间隔带电状况对测量的影响，并记录被试设备相邻间隔带电与否。

（2）采用相对值比较法，带电检测单根测试线长度应保证在 15m 以内。

（3）对于同一变电站电容型设备带电检测工作宜安排在每年的相同或环境条件相似的月份，以减少现场环境温度和空气相对湿度的较大差异带来数据误差。

七、检测结果分析及检测报告编写

（一）检测标准及结果分析

电容型设备介质损耗因数和电容量带电检测属于微小信号测量，受现场干扰等多

种因素的制约，其准确性和分散性与停电例行试验相比都较大，因此不能简单通过阈值判断设备状态，容易造成误判，应充分考虑历史数据和停电试验数据进行纵向比较和横向比较，对设备状态做出综合判断。

1. 纵向比较

对于在同一参考设备下的带电测试结果，应符合《电力设备带电检测技术规范（试行）》的相关要求，如表 Z13K1016Ⅱ–2 所示。

表 Z13K1016Ⅱ–2　　《电力设备带电检测技术规范（试行）》中

关于电容型设备带电检测的标准

被试设备	测试项目	要求
电容型套管 电容型电流互感器 电容式电压互感器 耦合电容器	相对介质损耗因数	（1）正常：变化量≤0.003； （2）异常：变化量＞0.003 且≤0.005； （3）缺陷：变化量＞0.005
	相对电容量比值	（1）正常：初值差≤5%； （2）异常：初值差＞5%且≤20%； （3）缺陷：初值差＞20%

2. 横向比较

处于同一单元的三相电容型设备，其带电测试结果的变化趋势不应有明显差异；必要时，可依照式（Z13K1016Ⅱ–1）和式（Z13K1016Ⅱ–2），根据参考设备停电例行试验结果，把相对测量法得到的相对介质损耗因数和相对电容量比值换算成绝对量，并参照 Q/GDW 1168《输变电设备状态检修试验规程》中关于电容型设备停电例行试验标准（如表 Z13K1016Ⅱ–2 所示），判断其绝缘状况。

$$\tan\delta_{X_0} = \tan(\delta_X - \delta_N) + \tan\delta_{N_0} \qquad (Z13K1016Ⅱ–1)$$

$$C_{X_0} = C_X / C_N \times C_{N_0} \qquad (Z13K1016Ⅱ–2)$$

式中　　$\tan\delta_{X_0}$ ——换算后的被试设备介质损耗因数绝对量；

　　　　$\tan\delta_{N_0}$ ——参考设备最近一次停电例行试验测得的介质损耗因数；

　　$\tan(\delta_X - \delta_N)$ ——带电测试获得的相对介质损耗因数；

　　　　C_{X_0} ——换算后的被试设备电容量绝对量；

　　　　C_{N_0} ——参考设备最近一次停电例行试验测得的电容量；

　　　　C_X/C_N ——带电测试获得的相对电容量比值。

表 Z13K1016Ⅱ-3　　Q/GDW 1168《输变电设备状态检修试验规程》中关于电容型设备停电试验的标准

设备类型	要求
电流互感器（固体绝缘或油纸绝缘）	（1）电容量初值差不超过±5%（警示值）。 （2）介质损耗因数 tanδ 满足下表要求（注意值）： 表： U_m（kV）：126/72.5　252/363　≥550 tanδ：≤0.008　≤0.007　≤0.006 聚四氟乙烯缠绕绝缘：≤0.005
电容式电压互感器	（1）电容量初值差不超过±2%（警示值）。 （2）介质损耗因数： ≤0.005（油纸绝缘）（注意值）； ≤0.002 5（膜纸复合）（注意值）
变压器电容型套管	（1）电容量初值差不超过±5%（警示值）。 （2）介质损耗因数符合以下要求： 500kV 及以上≤0.006（注意值）。 其他（注意值）： 　油浸纸：≤0.007； 　聚四氟乙烯缠绕绝缘：≤0.005； 　树脂浸纸：≤0.007； 　树脂黏纸（胶纸绝缘）：≤0.015
耦合电容器	（1）电容量初值差不超过±5%（警示值）。 （2）介质损耗因数：膜纸复合≤0.002 5，油浸纸≤0.005（注意值）

对于电容式电压互感器，受其电磁单元结构及参数等因素影响，测得的介质损耗差值可能较大，可通过历次试验结果进行综合比较，根据其变化趋势做出判断；

数据分析还应综合考虑设备历史运行状况、同类型设备参考数据，同时参考其他带电测试试验结果，如油色谱试验、红外测温以及高频局部放电测试等技术手段进行综合分析。

根据《电力设备带电检测技术规范（试行）》和 Q/GDW 1168《输变电设备状态检修试验规程》的规定，对在同一参考设备下的带电测试结果进行纵向比较；把相对测量法得到的相对介质损耗因数换算成绝对量，并参照 Q/GDW 1168《输变电设备状态检修试验规程》中关于电容型设备停电例行试验标准，判断其绝缘状况。

（二）检测报告编写

检测报告填写应包括被测设备名称、设备型号、出厂编号、出厂日期、生产厂家、环境温度、湿度、检测依据、检测结果、检测结论、检测仪器名称型号及出厂编号，备注栏写明其他需要注意的内容。

【思考与练习】

1. 为什么要进行电压互感器相对介质介质损耗因数检测？
2. 说明电压互感器相对介质介质损耗因数检测方法。
3. 电压互感器相对介质介质损耗因数检测时，应注意哪些事项？

▲ 模块 17　耦合电容器相对介质介质损耗因数检测 (Z13K1017Ⅱ)

【模块描述】 本模块介绍耦合电容器相对介质介质损耗因数检测方法和技术要求。通过检测工作流程的介绍，掌握耦合电容器相对介质介质损耗因数检测前的准备工作和相关安全技术措施、测试方法、技术要求及检测数据分析判断。

【模块内容】

一、检测目的

耦合电容器相对介质介质损耗因数检测是耦合电容器带电条件下有效故障诊断手段之一，通过耦合电容器相对介质介质损耗因数检测，可以有效发现耦合电容器老化、受潮、开裂、污染等不良状况。

二、检测仪器、设备的选择

电容型设备介质损耗因数和电容量带电测试系统，其性能指标需满足表 Z13K1017Ⅱ-1 要求。

表 Z13K1017Ⅱ-1　　　　相对介质损耗因数和电容量
比值带电测试系统性能指标

检测参数	测量范围	测量误差要求
电流信号	1～1000mA	±（标准读数×0.5%+0.1mA）
电压信号	3～300V	±（标准读数×0.5%+0.1V）
介质损耗因数	-1～1	±（标准读数绝对值×0.5%+0.001）
电容量	100～50 000pF	±（标准读数×0.5%+1pF）

三、危险点分析及控制措施

1. 防止人员触电

应严格执行 Q/GDW 1799.1—2013《国家电网公司电力安全工作规程　变电部分》的相关要求；带电检测过程中，按照 Q/GDW 1799.1—2013 的要求应与带电设备保持足够的安全距离。

2. 防止设备末屏开路

取样单元引线连接牢固，符合通流能力要求；试验前应检查电流测试引线导通情况；测试结束保证末屏可靠接地。

3. 防止电压互感器二次侧短路

若从电压互感器获取二次电压信号时应做好防范措施，防止二次侧短路。

四、检测前的准备工作

1. 了解检测设备现场情况及试验条件

查勘现场，查阅相关技术资料，包括该设备历年试验数据及相关规程等，掌握该设备运行及缺陷情况；检查被测设备表面应清洁、干燥；检查被试设备已安装取样单元，满足带电测试要求。

2. 检测仪器、设备准备

选择合适的电容型设备介质损耗因数和电容量带电测试系统、温湿度计等，并查阅检测仪器、设备的检定证书有效期。

3. 办理工作票并做好试验现场安全和技术措施

按相关安全生产管理规定办理工作许可手续；向其余试验人员交代工作内容、带电部位、现场安全措施、现场作业危险点，明确人员分工及试验程序。

五、检测步骤及要求

（一）测试前准备

（1）带电检测应在天气良好条件下进行，确认空气相对温度应不大于80%。环境温度不低于5℃，否则应停止工作。

（2）选择合适的参考设备，并备有参考设备、被测设备的停电例行试验记录和带电检测试验记录。

（3）核对被试设备、参考设备运行编号、相位，查看并记录设备铭牌。

（4）使用万用表检查测试引线，确认其导通良好，避免设备末屏或者低压端开路。

（5）开机检查仪器是否电量充足，必要时需要使用外接交流电源。

（二）接线与测试

（1）将带电检测仪器可靠接地，先接接地端再接仪器端，并在其两个信号输入端连接好测量电缆。

（2）打开取样单元，用测量电缆连接参考设备取样单元和仪器In端口，被试设备取样单元和仪器Ix端口。按照取样单元盒上标示的方法，正确连接取样单元、测试引线和主机，防止在试验过程中形成末屏开路。

（3）打开电源开关，设置好测试仪器的各项参数。

（4）正式测试开始之前应进行预测试，当测试数据较为稳定时，停止测量，并记录、存储测试数据；如需要，可重复多次测量，从中选取一个较稳定数据作为测试结果。

（5）测试数据异常时，首先应排除测试仪器及接线方式上的问题，确认被测信号是否来自同相、同电压的两个设备，并应选择其他参考设备进行比对测试。

（三）记录并拆除接线

（1）测试完毕后，参考设备侧人员和被试设备侧人员合上取样单元内的隔离开关及连接压板。仪器操作人员记录并存储测试数据、温度、空气湿度等信息。

（2）关闭仪器，断开电源，完成测量。

（3）拆除测试电缆，应先拆设备端，后拆仪器端。

（4）恢复取样单元，并检查确保设备末屏或低压端已经可靠接地。

（5）拆除仪器接地线，应先拆仪器端，再拆接地端。

六、检测注意事项

（1）采用同相比较法时，应注意相邻间隔带电状况对测量的影响，并记录被试设备相邻间隔带电与否。

（2）采用相对值比较法，带电检测单根测试线长度应保证在 15m 以内。

（3）对于同一变电站电容型设备带电检测工作宜安排在每年的相同或环境条件相似的月份，以减少现场环境温度和空气相对湿度的较大差异带来数据误差。

七、检测结果分析及检测报告编写

（一）检测标准及结果分析

电容型设备介质损耗因数和电容量带电检测属于微小信号测量，受现场干扰等多种因素的制约，其准确性和分散性与停电例行试验相比都较大，因此不能简单通过阈值判断设备状态容易造成误判，应充分考虑历史数据和停电试验数据进行纵向比较和横向比较，对设备状态做出综合判断。

1. 纵向比较

对于在同一参考设备下的带电测试结果，应符合《电力设备带电检测技术规范（试行）》的相关要求，如表 Z13K1017Ⅱ-2 所示。

表 Z13K1017Ⅱ-2　《电力设备带电检测技术规范（试行）》中

关于电容型设备带电检测的标准

被试设备	测试项目	要求
电容型套管 电容型电流互感器 电容式电压互感器 耦合电容器	相对介质损耗因数	（1）正常：变化量≤0.003； （2）异常：变化量>0.003 且≤0.005； （3）缺陷：变化量>0.005
	相对电容量比值	（1）正常：初值差≤5%； （2）异常：初值差>5%且≤20%； （3）缺陷：初值差>20%

2. 横向比较

处于同一单元的三相电容型设备，其带电测试结果的变化趋势不应有明显差异；必要时，可依照式（Z13K1017Ⅱ–1）和式（Z13K1017Ⅱ–2），根据参考设备停电例行试验结果，把相对测量法得到的相对介质损耗因数和相对电容量比值换算成绝对量，并参照 Q/GDW 1168《输变电设备状态检修试验规程》中关于电容型设备停电例行试验标准（如表 Z13K1017Ⅱ–2 所示），判断其绝缘状况。

$$\tan\delta_{X_0} = \tan(\delta_X - \delta_N) + \tan\delta_{N_0} \qquad (Z13K1017Ⅱ-1)$$

$$C_{X_0} = C_X / C_N \times C_{N_0} \qquad (Z13K1017Ⅱ-2)$$

式中　　$\tan\delta_{X_0}$——换算后的被试设备介质损耗因数绝对量；

　　　　$\tan\delta_{N_0}$——参考设备最近一次停电例行试验测得的介质损耗因数；

　　$\tan(\delta_X - \delta_N)$——带电测试获得的相对介质损耗因数；

　　　　C_{X_0}——换算后的被试设备电容量绝对量；

　　　　C_{N_0}——参考设备最近一次停电例行试验测得的电容量；

　　　　C_X/C_N——带电测试获得的相对电容量比值。

表 Z13K1017Ⅱ–3　　Q/GDW 1168《输变电设备状态检修试验规程》中关于电容型设备停电试验的标准

设备类型	要求
电流互感器（固体绝缘或油纸绝缘）	（1）电容量初值差不超过±5%（警示值）。 （2）介质损耗因数 $\tan\delta$ 满足下表要求（注意值）： {表} 聚四氟乙烯缠绕绝缘：≤0.005
电容式电压互感器	（1）电容量初值差不超过±2%（警示值）。 （2）介质损耗因数： ≤0.005（油纸绝缘）（注意值）； ≤0.002 5（膜纸复合）（注意值）
变压器电容型套管	（1）电容量初值差不超过±5%（警示值）。 （2）介质损耗因数符合以下要求： 500kV 及以上≤0.006（注意值） 其他（注意值）： 　油浸纸：≤0.007； 　聚四氟乙烯缠绕绝缘：≤0.005； 　树脂浸纸：≤0.007； 　树脂黏纸（胶纸绝缘）：≤0.015
耦合电容器	（1）电容量初值差不超过±5%（警示值）。 （2）介质损耗因数：膜纸复合≤0.002 5，油浸纸≤0.005（注意值）

嵌入表（电流互感器行）：

U_m（kV）	126/72.5	252/363	≥550
$\tan\delta$	≤0.008	≤0.007	≤0.006

对于电容式电压互感器，受其电磁单元结构及参数等因素影响，测得的介质损耗差值可能较大，可通过历次试验结果进行综合比较，根据其变化趋势做出判断；

数据分析还应综合考虑设备历史运行状况、同类型设备参考数据，同时参考其他带电测试试验结果，如油色谱试验、红外测温以及高频局部放电测试等技术手段进行综合分析。

根据《电力设备带电检测技术规范（试行）》和 Q/GDW 1168《输变电设备状态检修试验规程》的规定，对在同一参考设备下的带电测试结果进行纵向比较；把相对测量法得到的相对介质损耗因数换算成绝对量，并参照 Q/GDW 1168《输变电设备状态检修试验规程》中关于电容型设备停电例行试验标准，判断其绝缘状况。

（二）检测报告编写

检测报告填写应包括被测设备名称、设备型号、出厂编号、出厂日期、生产厂家、环境温度、湿度、检测依据、检测结果、检测结论、检测仪器名称型号及出厂编号，备注栏写明其他需要注意的内容。

【思考与练习】

1. 为什么要进行耦合电容器相对介质介质损耗因数检测？
2. 说明耦合电容器相对介质介质损耗因数检测方法。
3. 耦合电容器相对介质介质损耗因数检测时，应注意哪些事项？

▲ 模块 18 套管相对电容量比值检测（Z13K1018Ⅱ）

【模块描述】本模块介绍套管相对电容量比值检测方法和技术要求。通过检测工作流程的介绍，掌握套管相对电容量比值检测前的准备工作和相关安全技术措施、测试方法、技术要求及检测数据分析判断。

【模块内容】

一、检测目的

套管相对电容量比值检测是套管带电条件下有效故障诊断手段之一，通过相对电容量比值检测，可以有效发现套管内绝缘的老化、受潮、开裂、污染等不良状况。

二、检测仪器、设备的选择

电容型设备介质损耗因数和电容量带电测试系统，其性能指标需满足表 Z13K1018Ⅱ-1 要求。

表 Z13K1018Ⅱ-1 相对介质损耗因数和电容量
比值带电测试系统性能指标

检测参数	测量范围	测量误差要求
电流信号	1mA～1000mA	±（标准读数×0.5%+0.1mA）
电压信号	3V～300V	±（标准读数×0.5%+0.1V）
介质损耗因数	-1～1	±（标准读数绝对值×0.5%+0.001）
电容量	100pF～50 000pF	±（标准读数×0.5%+1pF）

三、危险点分析及控制措施

1. 防止人员触电

应严格执行 Q/GDW 1799.1—2013《国家电网公司电力安全工作规程 变电部分》的相关要求；带电检测过程中，按照 Q/GDW 1799.1—2013 的要求应与带电设备保持足够的安全距离。

2. 防止设备末屏开路

取样单元引线连接牢固，符合通流能力要求；试验前应检查电流测试引线导通情况；测试结束保证末屏可靠接地。

3. 防止电压互感器二次侧短路

若从电压互感器获取二次电压信号时应做好防范措施，防止二次侧短路。

四、检测前的准备工作

1. 了解检测设备现场情况及试验条件

查勘现场，查阅相关技术资料，包括该设备历年试验数据及相关规程等，掌握该设备运行及缺陷情况；检查被测设备表面应清洁、干燥；检查被试设备已安装取样单元，满足带电测试要求。

2. 检测仪器、设备准备

选择合适的电容型设备介质损耗因数和电容量带电测试系统、温湿度计等，并查阅检测仪器、设备的检定证书有效期。

3. 办理工作票并做好试验现场安全和技术措施

按相关安全生产管理规定办理工作许可手续；向其余试验人员交代工作内容、带电部位、现场安全措施、现场作业危险点，明确人员分工及试验程序。

五、检测步骤及要求

（一）测试前准备

（1）带电检测应在天气良好条件下进行，确认空气相对温度应不大于 80%。环境温度不低于 5℃，否则应停止工作。

（2）选择合适的参考设备，并备有参考设备、被测设备的停电例行试验记录和带电检测试验记录。

（3）核对被试设备、参考设备运行编号、相位，查看并记录设备铭牌。

（4）使用万用表检查测试引线，确认其导通良好，避免设备末屏或者低压端开路。

（5）开机检查仪器是否电量充足，必要时需要使用外接交流电源。

（二）接线与测试

（1）将带电检测仪器可靠接地，先接接地端再接仪器端，并在其两个信号输入端连接好测量电缆。

（2）打开取样单元，用测量电缆连接参考设备取样单元和仪器 In 端口，被试设备取样单元和仪器 Ix 端口。按照取样单元盒上标示的方法，正确连接取样单元、测试引线和主机，防止在试验过程中形成末屏开路。

（3）打开电源开关，设置好测试仪器的各项参数。

（4）正式测试开始之前应进行预测试，当测试数据较为稳定时，停止测量，并记录、存储测试数据；如需要，可重复多次测量，从中选取一个较稳定数据作为测试结果。

（5）测试数据异常时，首先应排除测试仪器及接线方式上的问题，确认被测信号是否来自同相、同电压的两个设备，并应选择其他参考设备进行比对测试。

（三）记录并拆除接线

（1）测试完毕后，参考设备侧人员和被试设备侧人员合上取样单元内的接地开关及连接压板。仪器操作人员记录并存储测试数据、温度、空气湿度等信息。

（2）关闭仪器，断开电源，完成测量。

（3）拆除测试电缆，应先拆设备端，后拆仪器端。

（4）恢复取样单元，并检查确保设备末屏或低压端已经可靠接地。

（5）拆除仪器接地线，应先拆仪器端，再拆接地端。

六、检测注意事项

（1）采用同相比较法时，应注意相邻间隔带电状况对测量的影响，并记录被试设备相邻间隔带电与否。

（2）采用相对值比较法，带电检测单根测试线长度应保证在 15m 以内。

（3）对于同一变电站电容型设备带电检测工作宜安排在每年的相同或环境条件相似的月份，以减少现场环境温度和空气相对湿度的较大差异带来数据误差。

七、检测结果分析及检测报告编写

（一）检测标准及结果分析

电容型设备介质损耗因数和电容量带电检测属于微小信号测量，受现场干扰等多

种因素的制约，其准确性和分散性与停电例行试验相比都较大，因此不能简单通过阈值判断设备状态容易造成误判，应充分考虑历史数据和停电试验数据进行纵向比较和横向比较，对设备状态做出综合判断。

1. 纵向比较

对于在同一参考设备下的带电测试结果，应符合《电力设备带电检测技术规范（试行）》的相关要求，如表 Z13K1018Ⅱ-2 所示。

表 Z13K1018Ⅱ-2 　《电力设备带电检测技术规范（试行）》中

关于电容型设备带电检测标准

被试设备	测试项目	要求
电容型套管 电容型电流互感器 电容式电压互感器 耦合电容器	相对介质损耗因数	（1）正常：变化量≤0.003； （2）异常：变化量>0.003 且≤0.005； （3）缺陷：变化量>0.005
	相对电容量比值	（1）正常：初值差≤5%； （2）异常：初值差>5%且≤20%； （3）缺陷：初值差>20%

2. 横向比较

处于同一单元的三相电容型设备，其带电测试结果的变化趋势不应有明显差异；必要时，可依照式（Z13K1018Ⅱ-1）和式（Z13K1018Ⅱ-2），根据参考设备停电例行试验结果，把相对测量法得到的相对介质损耗因数和相对电容量比值换算成绝对量，并参照 Q/GDW 1168《输变电设备状态检修试验规程》中关于电容型设备停电例行试验标准（如表 Z13K1018Ⅱ-2 所示），判断其绝缘状况。

$$\tan\delta_{X_0} = \tan(\delta_X - \delta_N) + \tan\delta_{N_0} \qquad (\text{Z13K1018Ⅱ-1})$$

$$C_{X_0} = C_X / C_N \times C_{N_0} \qquad (\text{Z13K1018Ⅱ-2})$$

式中　$\tan\delta_{X_0}$ ——换算后的被试设备介质损耗因数绝对量；

$\tan\delta_{N_0}$ ——参考设备最近一次停电例行试验测得的介质损耗因数；

$\tan(\delta_X - \delta_N)$ ——带电测试获得的相对介质损耗因数；

C_{X_0} ——换算后的被试设备电容量绝对量；

C_{N_0} ——参考设备最近一次停电例行试验测得的电容量；

C_X/C_N ——带电测试获得的相对电容量比值。

表 Z13K1018Ⅱ-3   Q/GDW 1168《输变电设备状态检修试验

规程》中关于电容型设备停电试验的标准

设备类型	要求
电流互感器（固体绝缘或油纸绝缘）	（1）电容量初值差不超过±5%（警示值）。 （2）介质损耗因数 tanδ 满足下表要求（注意值）： | U_m（kV） | 126/72.5 | 252/363 | ≥550 | | tanδ | ≤0.008 | ≤0.007 | ≤0.006 | 聚四氟乙烯缠绕绝缘：≤0.005
电容式电压互感器	（1）电容量初值差不超过±2%（警示值）。 （2）介质损耗因数： ≤0.005（油纸绝缘）（注意值）； ≤0.002 5（膜纸复合）（注意值）
变压器电容型套管	（1）电容量初值差不超过±5%（警示值）。 （2）介质损耗因数符合以下要求。 500kV 及以上≤0.006（注意值） 其他（注意值） 油浸纸：≤0.007； 聚四氟乙烯缠绕绝缘：≤0.005； 树脂浸纸：≤0.007； 树脂黏纸（胶纸绝缘）：≤0.015
耦合电容器	（1）电容量初值差不超过±5%（警示值）。 （2）介质损耗因数：膜纸复合≤0.002 5，油浸纸≤0.005（注意值）

对于电容式电压互感器，受其电磁单元结构及参数等因素影响，测得的介质损耗差值可能较大，可通过历次试验结果进行综合比较，根据其变化趋势做出判断。

数据分析还应综合考虑设备历史运行状况、同类型设备参考数据，同时参考其他带电测试试验结果，如油色谱试验、红外测温以及高频局部放电测试等技术手段进行综合分析。

根据《电力设备带电检测技术规范（试行）》和 Q/GDW 1168《输变电设备状态检修试验规程》的规定，对在同一参考设备下的带电测试结果进行纵向比较；把相对测量法得到的相对介质损耗因数换算成绝对量，并参照 Q/GDW 1168《输变电设备状态检修试验规程》中关于电容型设备停电例行试验标准，判断其绝缘状况。

（二）检测报告编写

检测报告填写应包括被测设备名称、设备型号、出厂编号、出厂日期、生产厂家、环境温度、湿度、检测依据、检测结果、检测结论、检测仪器名称型号及出厂编号，备注栏写明其他需要注意的内容。

【思考与练习】

1. 为什么要进行套管相对电容量比值检测？

2. 说明套管相对电容量比值检测方法。

3. 套管相对电容量比值检测时，应注意哪些事项？

▲ 模块19 电流互感器相对电容量比值检测（Z13K1019Ⅱ）

【模块描述】 本模块介绍电流互感器相对电容量比值检测方法和技术要求。通过检测工作流程的介绍，掌握电流互感器相对电容量比值检测前的准备工作和相关安全技术措施、测试方法、技术要求及检测数据分析判断。

【模块内容】

一、检测目的

电流互感器相对电容量比值检测是电流互感器带电条件下有效故障诊断手段之一，通过电流互感器相对电容量比值检测，可以有效发现电流互感器绝缘的老化、受潮、开裂、污染等不良状况。

二、检测仪器、设备的选择

电容型设备介质损耗因数和电容量带电测试系统，其性能指标需满足表 Z13K1019Ⅱ–1 要求。

表 Z13K1019Ⅱ–1 相对介质损耗因数和电容量

比值带电测试系统性能指标

检测参数	测量范围	测量误差要求
电流信号	1～1000mA	±（标准读数×0.5%+0.1mA）
电压信号	3～300V	±（标准读数×0.5%+0.1V）
介质损耗因数	–1～1	±（标准读数绝对值×0.5%+0.001）
电容量	100～50 000pF	±（标准读数×0.5%+1pF）

三、危险点分析及控制措施

1. 防止人员触电

应严格执行 Q/GDW 1799.1—2013《国家电网公司电力安全工作规程 变电部分》的相关要求；带电检测过程中，按照 Q/GDW 1799.1—2013 的要求应与带电设备保持足够的安全距离。

2. 防止设备末屏开路

取样单元引线连接牢固，符合通流能力要求；试验前应检查电流测试引线导通情况；测试结束保证末屏可靠接地。

3. 防止电压互感器二次侧短路

若从电压互感器获取二次电压信号时应做好防范措施，防止二次侧短路。

四、检测前的准备工作

1. 了解检测设备现场情况及试验条件

查勘现场，查阅相关技术资料，包括该设备历年试验数据及相关规程等，掌握该设备运行及缺陷情况；检查被测设备表面应清洁、干燥；检查被试设备已安装取样单元，满足带电测试要求。

2. 检测仪器、设备准备

选择合适的电容型设备介质损耗因数和电容量带电测试系统、温湿度计等，并查阅检测仪器、设备的检定证书有效期。

3. 办理工作票并做好试验现场安全和技术措施

按相关安全生产管理规定办理工作许可手续；向其余试验人员交代工作内容、带电部位、现场安全措施、现场作业危险点，明确人员分工及试验程序。

五、检测步骤及要求

（一）测试前准备

（1）带电检测应在天气良好条件下进行，确认空气相对温度应不大于80%。环境温度不低于5℃，否则应停止工作。

（2）选择合适的参考设备，并备有参考设备、被测设备的停电例行试验记录和带电检测试验记录。

（3）核对被试设备、参考设备运行编号、相位，查看并记录设备铭牌。

（4）使用万用表检查测试引线，确认其导通良好，避免设备末屏或者低压端开路。

（5）开机检查仪器是否电量充足，必要时需要使用外接交流电源。

（二）接线与测试

（1）将带电检测仪器可靠接地，先接接地端再接仪器端，并在其两个信号输入端连接好测量电缆。

（2）打开取样单元，用测量电缆连接参考设备取样单元和仪器 In 端口，被试设备取样单元和仪器 Ix 端口。按照取样单元盒上标示的方法，正确连接取样单元、测试引线和主机，防止在试验过程中形成末屏开路。

（3）打开电源开关，设置好测试仪器的各项参数。

（4）正式测试开始之前应进行预测试，当测试数据较为稳定时，停止测量，并记录、存储测试数据；如需要，可重复多次测量，从中选取一个较稳定数据作为测试结果。

（5）测试数据异常时，首先应排除测试仪器及接线方式上的问题，确认被测信号是否来自同相、同电压的两个设备，并应选择其他参考设备进行比对测试。

（三）记录并拆除接线

（1）测试完毕后，参考设备侧人员和被试设备侧人员合上取样单元内的隔离开关及连接压板。仪器操作人员记录并存储测试数据、温度、空气湿度等信息。

（2）关闭仪器，断开电源，完成测量。

（3）拆除测试电缆，应先拆设备端，后拆仪器端。

（4）恢复取样单元，并检查确保设备末屏或低压端已经可靠接地。

（5）拆除仪器接地线，应先拆仪器端，再拆接地端。

六、检测注意事项

（1）采用同相比较法时，应注意相邻间隔带电状况对测量的影响，并记录被试设备相邻间隔带电与否。

（2）采用相对值比较法，带电检测单根测试线长度应保证在 15m 以内。

（3）对于同一变电站电容型设备带电检测工作宜安排在每年的相同或环境条件相似的月份，以减少现场环境温度和空气相对湿度的较大差异带来数据误差。

七、检测结果分析及检测报告编写

（一）检测标准及结果分析

电容型设备介质损耗因数和电容量带电检测属于微小信号测量，受现场干扰等多种因素的制约，其准确性和分散性与停电例行试验相比都较大，因此不能简单通过阈值判断设备状态容易造成误判，应充分考虑历史数据和停电试验数据进行纵向比较和横向比较，对设备状态做出综合判断。

1. 纵向比较

对于在同一参考设备下的带电测试结果，应符合《电力设备带电检测技术规范（试行）》的相关要求，如表 Z13K1019Ⅱ-2 所示。

表 Z13K1019Ⅱ-2　《电力设备带电检测技术规范（试行）》中
关于电容型设备带电检测的标准

被试设备	测试项目	要求
电容型套管 电容型电流互感器 电容式电压互感器 耦合电容器	相对介质损耗因数	（1）正常：变化量≤0.003； （2）异常：变化量>0.003 且≤0.005； （3）缺陷：变化量>0.005
	相对电容量比值	（1）正常：初值差≤5%； （2）异常：初值差>5%且≤20%； （3）缺陷：初值差>20%

2. 横向比较

处于同一单元的三相电容型设备，其带电测试结果的变化趋势不应有明显差异；必要时，可依照式（Z13K1019Ⅱ–1）和式（Z13K1019Ⅱ–2），根据参考设备停电例行试验结果，把相对测量法得到的相对介质损耗因数和相对电容量比值换算成绝对量，并参照 Q/GDW 1168《输变电设备状态检修试验规程》中关于电容型设备停电例行试验标准（如表 Z13K1019Ⅱ–2 所示），判断其绝缘状况。

$$\tan\delta_{X_0} = \tan(\delta_X - \delta_N) + \tan\delta_{N_0} \qquad （Z13K1019Ⅱ–1）$$

$$C_{X_0} = C_X / C_N \times C_{N_0} \qquad （Z13K1019Ⅱ–2）$$

式中　$\tan\delta_{X_0}$——换算后的被试设备介质损耗因数绝对量；

　　　$\tan\delta_{N_0}$——参考设备最近一次停电例行试验测得的介质损耗因数；

　　$\tan(\delta_X - \delta_N)$——带电测试获得的相对介质损耗因数；

　　　C_{X_0}——换算后的被试设备电容量绝对量；

　　　C_{N_0}——参考设备最近一次停电例行试验测得的电容量；

　　C_X/C_N——带电测试获得的相对电容量比值。

表 Z13K1019Ⅱ–3　《输变电设备状态检修试验规程》中

关于电容型设备停电试验的标准

设备类型	要求
电流互感器（固体绝缘或油纸绝缘）	（1）电容量初值差不超过±5%（警示值）。 （2）介质损耗因数 tanδ 满足下表要求（注意值）： {表格} 聚四氟乙烯缠绕绝缘：≤0.005
电容式电压互感器	（1）电容量初值差不超过±2%（警示值）。 （2）介质损耗因数： ≤0.005（油纸绝缘）（注意值）； ≤0.002 5（膜纸复合）（注意值）
变压器电容型套管	（1）电容量初值差不超过±5%（警示值）。 （2）介质损耗因数符合以下要求： 500kV 及以上≤0.006（注意值）。 其他（注意值）： 　油浸纸：≤0.007； 　聚四氟乙烯缠绕绝缘：≤0.005； 　树脂浸纸：≤0.007； 　树脂黏纸（胶纸绝缘）：≤0.015
耦合电容器	（1）电容量初值差不超过±5%（警示值）。 （2）介质损耗因数：膜纸复合≤0.002 5，油浸纸≤0.005（注意值）

电流互感器行内嵌套表格：

U_m（kV）	126/72.5	252/363	≥550
tanδ	≤0.008	≤0.007	≤0.006

对于电容式电压互感器，受其电磁单元结构及参数等因素影响，测得的介质损耗差值可能较大，可通过历次试验结果进行综合比较，根据其变化趋势做出判断。

数据分析还应综合考虑设备历史运行状况、同类型设备参考数据，同时参考其他带电测试试验结果，如油色谱试验、红外测温以及高频局部放电测试等技术手段进行综合分析。

根据《电力设备带电检测技术规范（试行）》和 Q/GDW 1168《输变电设备状态检修试验规程》的规定，对在同一参考设备下的带电测试结果进行纵向比较；把相对测量法得到的相对介质损耗因数换算成绝对量，并参照 Q/GDW 1168《输变电设备状态检修试验规程》中关于电容型设备停电例行试验标准，判断其绝缘状况。

（二）检测报告编写

检测报告填写应包括被测设备名称、设备型号、出厂编号、出厂日期、生产厂家、环境温度、湿度、检测依据、检测结果、检测结论、检测仪器名称型号及出厂编号，备注栏写明其他需要注意的内容。

【思考与练习】

1. 为什么要进行电流互感器相对电容量比值检测？
2. 说明电流互感器相对电容量比值检测方法。
3. 电流互感器相对电容量比值检测时，应注意哪些事项？

▲ 模块 20 电压互感器相对电容量比值检测
（Z13K1020Ⅱ）

【模块描述】 本模块介绍电压互感器相对电容量比值检测方法和技术要求。通过检测工作流程的介绍，掌握电压互感器相对电容量比值检测前的准备工作和相关安全技术措施、测试方法、技术要求及检测数据分析判断。

【模块内容】

一、检测目的

电压互感器相对电容量比值检测是电压互感器带电条件下有效故障诊断手段之一，通过电压互感器相对电容量比值检测，可以有效发现电压互感器绝缘的老化、受潮、开裂、污染等不良状况。

二、检测仪器、设备的选择

电容型设备介质损耗因数和电容量带电测试系统，其性能指标需满足表 Z13K1020Ⅱ-1要求。

表 **Z13K1020Ⅱ-1**　　　　相对介质损耗因数和电容量

比值带电测试系统性能指标

检测参数	测量范围	测量误差要求
电流信号	1～1000mA	±（标准读数×0.5%+0.1mA）
电压信号	3～300V	±（标准读数×0.5%+0.1V）
介质损耗因数	-1～1	±（标准读数绝对值×0.5%+0.001）
电容量	100～50 000pF	±（标准读数×0.5%+1pF）

三、危险点分析及控制措施

1. 防止人员触电

应严格执行 Q/GDW 1799.1—2013《国家电网公司电力安全工作规程　变电部分》的相关要求；带电检测过程中，按照 Q/GDW 1799.1—2013 的要求应与带电设备保持足够的安全距离。

2. 防止设备末屏开路

取样单元引线连接牢固，符合通流能力要求；试验前应检查电流测试引线导通情况；测试结束保证末屏可靠接地。

3. 防止电压互感器二次侧短路

若从电压互感器获取二次电压信号时应做好防范措施，防止二次侧短路。

四、检测前的准备工作

1. 了解检测设备现场情况及试验条件

查勘现场，查阅相关技术资料，包括该设备历年试验数据及相关规程等，掌握该设备运行及缺陷情况；检查被测设备表面应清洁、干燥；检查被试设备已安装取样单元，满足带电测试要求。

2. 检测仪器、设备准备

选择合适的电容型设备介质损耗因数和电容量带电测试系统、温湿度计等，并查阅检测仪器、设备的检定证书有效期。

3. 办理工作票并做好试验现场安全和技术措施

按相关安全生产管理规定办理工作许可手续；向其余试验人员交代工作内容、带电部位、现场安全措施、现场作业危险点，明确人员分工及试验程序。

五、检测步骤及要求

（一）测试前准备

（1）带电检测应在天气良好条件下进行，确认空气相对温度应不大于80%。环境温度不低于5℃，否则应停止工作。

（2）选择合适的参考设备，并备有参考设备、被测设备的停电例行试验记录和带电检测试验记录。

（3）核对被试设备、参考设备运行编号、相位，查看并记录设备铭牌。

（4）使用万用表检查测试引线，确认其导通良好，避免设备末屏或者低压端开路。

（5）开机检查仪器是否电量充足，必要时需要使用外接交流电源。

（二）接线与测试

（1）将带电检测仪器可靠接地，先接接地端再接仪器端，并在其两个信号输入端连接好测量电缆。

（2）打开取样单元，用测量电缆连接参考设备取样单元和仪器 In 端口，被试设备取样单元和仪器 Ix 端口。按照取样单元盒上标示的方法，正确连接取样单元、测试引线和主机，防止在试验过程中形成末屏开路。

（3）打开电源开关，设置好测试仪器的各项参数。

（4）正式测试开始之前应进行预测试，当测试数据较为稳定时，停止测量，并记录、存储测试数据；如需要，可重复多次测量，从中选取一个较稳定数据作为测试结果。

（5）测试数据异常时，首先应排除测试仪器及接线方式上的问题，确认被测信号是否来自同相、同电压的两个设备，并应选择其他参考设备进行比对测试。

（三）记录并拆除接线

（1）测试完毕后，参考设备侧人员和被试设备侧人员合上取样单元内的刀闸及连接压板。仪器操作人员记录并存储测试数据、温度、空气湿度等信息。

（2）关闭仪器，断开电源，完成测量。

（3）拆除测试电缆，应先拆设备端，后拆仪器端。

（4）恢复取样单元，并检查确保设备末屏或低压端已经可靠接地。

（5）拆除仪器接地线，应先拆仪器端，再拆接地端。

六、检测注意事项

（1）采用同相比较法时，应注意相邻间隔带电状况对测量的影响，并记录被试设备相邻间隔带电与否。

（2）采用相对值比较法，带电检测单根测试线长度应保证在 15m 以内。

（3）对于同一变电站电容型设备带电检测工作宜安排在每年的相同或环境条件相似的月份，以减少现场环境温度和空气相对湿度的较大差异带来数据误差。

七、检测结果分析及检测报告编写

（一）检测标准及结果分析

电容型设备介质损耗因数和电容量带电检测属于微小信号测量，受现场干扰等多

种因素的制约，其准确性和分散性与停电例行试验相比都较大，因此不能简单通过阈值判断设备状态容易造成误判，应充分考虑历史数据和停电试验数据进行纵向比较和横向比较，对设备状态做出综合判断。

1. 纵向比较

对于在同一参考设备下的带电测试结果，应符合《电力设备带电检测技术规范（试行）》的相关要求，如表 Z13K1020Ⅱ–2 所示。

表 Z13K1020Ⅱ–2　《电力设备带电检测技术规范（试行）》中
关于电容型设备带电检测标准

被试设备	测试项目	要求
电容型套管 电容型电流互感器 电容式电压互感器 耦合电容器	相对介质损耗因数	（1）正常：变化量≤0.003； （2）异常：变化量>0.003 且≤0.005； （3）缺陷：变化量>0.005
	相对电容量比值	（1）正常：初值差≤5%； （2）异常：初值差>5%且≤20%； （3）缺陷：初值差>20%

2. 横向比较

处于同一单元的三相电容型设备，其带电测试结果的变化趋势不应有明显差异；必要时，可依照式（Z13K1020Ⅱ–1）和式（Z13K1020Ⅱ–2），根据参考设备停电例行试验结果，把相对测量法得到的相对介质损耗因数和相对电容量比值换算成绝对量，并参照 Q/GDW 1168《输变电设备状态检修试验规程》中关于电容型设备停电例行试验标准（如表 Z13K1020Ⅱ–2 所示），判断其绝缘状况；

$$\tan\delta_{X_0} = \tan(\delta_X - \delta_N) + \tan\delta_{N_0} \qquad （Z13K1020Ⅱ–1）$$

$$C_{X_0} = C_X / C_N \times C_{N_0} \qquad （Z13K1020Ⅱ–2）$$

式中　$\tan\delta_{X_0}$——换算后的被试设备介质损耗因数绝对量；

$\tan\delta_{N_0}$——参考设备最近一次停电例行试验测得的介质损耗因数；

$\tan(\delta_X - \delta_N)$——带电测试获得的相对介质损耗因数；

C_{X_0}——换算后的被试设备电容量绝对量；

C_{N_0}——参考设备最近一次停电例行试验测得的电容量；

C_X/C_N——带电测试获得的相对电容量比值。

表 Z13K1020Ⅱ-3 《输变电设备状态检修试验规程》中
关于电容型设备停电试验的标准

设备类型	要求
电流互感器（固体绝缘或油纸绝缘）	（1）电容量初值差不超过±5%（警示值）。 （2）介质损耗因数 $\tan\delta$ 满足下表要求（注意值）： （表见下） 聚四氟乙烯缠绕绝缘：≤0.005
电容式电压互感器	（1）电容量初值差不超过±2%（警示值）。 （2）介质损耗因数： ≤0.005（油纸绝缘）（注意值）； ≤0.002 5（膜纸复合）（注意值）
变压器电容型套管	（1）电容量初值差不超过±5%（警示值）。 （2）介质损耗因数符合以下要求： 500kV 及以上≤0.006（注意值）。 其他（注意值）： 　油浸纸：≤0.007； 　聚四氟乙烯缠绕绝缘：≤0.005； 　树脂浸纸：≤0.007； 　树脂黏纸（胶纸绝缘）：≤0.015
耦合电容器	（1）电容量初值差不超过±5%（警示值）； （2）介质损耗因数：膜纸复合≤0.002 5，油浸纸≤0.005（注意值）

电流互感器（固体绝缘或油纸绝缘）介质损耗因数 $\tan\delta$ 满足下表要求（注意值）：

U_m（kV）	126/72.5	252/363	≥550
$\tan\delta$	≤0.008	≤0.007	≤0.006

对于电容式电压互感器，受其电磁单元结构及参数等因素影响，测得的介质损耗差值可能较大，可通过历次试验结果进行综合比较，根据其变化趋势做出判断。

数据分析还应综合考虑设备历史运行状况、同类型设备参考数据，同时参考其他带电测试试验结果，如油色谱试验、红外测温以及高频局部放电测试等技术手段进行综合分析。

根据《电力设备带电检测技术规范（试行）》和 Q/GDW 1168《输变电设备状态检修试验规程》的规定，对在同一参考设备下的带电测试结果进行纵向比较；把相对测量法得到的相对介质损耗因数换算成绝对量，并参照 Q/GDW 1168《输变电设备状态检修试验规程》中关于电容型设备停电例行试验标准，判断其绝缘状况。

（二）检测报告编写

检测报告填写应包括被测设备名称、设备型号、出厂编号、出厂日期、生产厂家、环境温度、湿度、检测依据、检测结果、检测结论、检测仪器名称型号及出厂编号，备注栏写明其他需要注意的内容。

【思考与练习】

1. 为什么要进行电压互感器相对电容量比值检测？

2. 说明电压互感器相对电容量比值检测方法。

3. 电压互感器相对电容量比值检测时，应注意哪些事项？

▲ 模块 21　耦合电容器相对电容量比值检测（Z13K1021Ⅱ）

【模块描述】 本模块介绍耦合电容器相对电容量比值检测方法和技术要求。通过检测工作流程的介绍，掌握耦合电容器相对电容量比值检测前的准备工作和相关安全技术措施、测试方法、技术要求及检测数据分析判断。

【模块内容】

一、检测目的

耦合电容器相对电容量比值检测是套管带电条件下有效故障诊断手段之一，通过耦合电容器相对电容量比值检测，可以有效发现套管内绝缘的老化、受潮、开裂、污染等不良状况。

二、检测仪器、设备的选择

电容型设备介质损耗因数和电容量带电测试系统，其性能指标需满足表 Z13K1021Ⅱ-1 要求。

表 Z13K1021Ⅱ-1　　　　相对介质损耗因数和电容量
比值带电测试系统性能指标

检测参数	测量范围	测量误差要求
电流信号	1～1000mA	±（标准读数×0.5%+0.1mA）
电压信号	3～300V	±（标准读数×0.5%+0.1V）
介质损耗因数	−1～1	±（标准读数绝对值×0.5%+0.001）
电容量	100～50 000pF	±（标准读数×0.5%+1pF）

三、危险点分析及控制措施

1. 防止人员触电

应严格执行 Q/GDW 1799.1—2013《国家电网公司电力安全工作规程　变电部分》的相关要求；带电检测过程中，按照 Q/GDW 1799.1—2013 的要求应与带电设备保持足够的安全距离。

2. 防止设备末屏开路

取样单元引线连接牢固，符合通流能力要求；试验前应检查电流测试引线导通情况；测试结束保证末屏可靠接地。

3. 防止电压互感器二次侧短路

若从电压互感器获取二次电压信号时应做好防范措施，防止二次侧短路。

四、检测前的准备工作

1. 了解检测设备现场情况及试验条件

查勘现场，查阅相关技术资料，包括该设备历年试验数据及相关规程等，掌握该设备运行及缺陷情况；检查被测设备表面应清洁、干燥；检查被试设备已安装取样单元，满足带电测试要求。

2. 检测仪器、设备准备

选择合适的电容型设备介质损耗因数和电容量带电测试系统、温湿度计等，并查阅检测仪器、设备的检定证书有效期。

3. 办理工作票并做好试验现场安全和技术措施

按相关安全生产管理规定办理工作许可手续；向其余试验人员交代工作内容、带电部位、现场安全措施、现场作业危险点，明确人员分工及试验程序。

五、检测步骤及要求

（一）测试前准备

（1）带电检测应在天气良好条件下进行，确认空气相对温度应不大于 80%。环境温度不低于 5℃，否则应停止工作。

（2）选择合适的参考设备，并备有参考设备、被测设备的停电例行试验记录和带电检测试验记录。

（3）核对被试设备、参考设备运行编号、相位，查看并记录设备铭牌。

（4）使用万用表检查测试引线，确认其导通良好，避免设备末屏或者低压端开路。

（5）开机检查仪器是否电量充足，必要时需要使用外接交流电源。

（二）接线与测试

（1）将带电检测仪器可靠接地，先接接地端再接仪器端，并在其两个信号输入端连接好测量电缆。

（2）打开取样单元，用测量电缆连接参考设备取样单元和仪器 In 端口，被试设备取样单元和仪器 Ix 端口。按照取样单元盒上标示的方法，正确连接取样单元、测试引线和主机，防止在试验过程中形成末屏开路。

（3）打开电源开关，设置好测试仪器的各项参数。

（4）正式测试开始之前应进行预测试，当测试数据较为稳定时，停止测量，并记录、存储测试数据；如需要，可重复多次测量，从中选取一个较稳定数据作为测试结果。

（5）测试数据异常时，首先应排除测试仪器及接线方式上的问题，确认被测信号是否来自同相、同电压的两个设备，并应选择其他参考设备进行比对测试。

（三）记录并拆除接线

（1）测试完毕后，参考设备侧人员和被试设备侧人员合上取样单元内的接地开关及连接压板。仪器操作人员记录并存储测试数据、温度、空气湿度等信息。

（2）关闭仪器，断开电源，完成测量。

（3）拆除测试电缆，应先拆设备端，后拆仪器端。

（4）恢复取样单元，并检查确保设备末屏或低压端已经可靠接地。

（5）拆除仪器接地线，应先拆仪器端，再拆接地端。

六、检测注意事项

（1）采用同相比较法时，应注意相邻间隔带电状况对测量的影响，并记录被试设备相邻间隔带电与否。

（2）采用相对值比较法，带电检测单根测试线长度应保证在 15m 以内。

（3）对于同一变电站电容型设备带电检测工作宜安排在每年的相同或环境条件相似的月份，以减少现场环境温度和空气相对湿度的较大差异带来数据误差。

七、检测结果分析及检测报告编写

（一）检测结果分析

电容型设备介质损耗因数和电容量带电检测属于微小信号测量，受现场干扰等多种因素的制约，其准确性和分散性与停电例行试验相比都较大，因此不能简单通过阈值判断设备状态容易造成误判，应充分考虑历史数据和停电试验数据进行纵向比较和横向比较，对设备状态做出综合判断。

1. 纵向比较

对于在同一参考设备下的带电测试结果，应符合《电力设备带电检测技术规范（试行）》的相关要求，如表 Z13K1021Ⅱ-2 所示。

表 Z13K1021Ⅱ-2　　《电力设备带电检测技术规范（试行）》中

关于电容型设备带电检测标准

被试设备	测试项目	要求
电容型套管 电容型电流互感器 电容式电压互感器 耦合电容器	相对介质损耗因数	（1）正常：变化量≤0.003； （2）异常：变化量>0.003 且≤0.005； （3）缺陷：变化量>0.005
	相对电容量比值	（1）正常：初值差≤5%； （2）异常：初值差>5%且≤20%； （3）缺陷：初值差>20%

2. 横向比较

处于同一单元的三相电容型设备，其带电测试结果的变化趋势不应有明显差异；必要时，可依照式（Z13K1021Ⅱ-1）和式（Z13K1021Ⅱ-2），根据参考设备停电例行试验结果，把相对测量法得到的相对介质损耗因数和相对电容量比值换算成绝对量，并参照 Q/GDW 1168《输变电设备状态检修试验规程》中关于电容型设备停电例行试验标准（如表 Z13K1021Ⅱ-2 所示），判断其绝缘状况：

$$\tan\delta_{X_0} = \tan(\delta_X - \delta_N) + \tan\delta_{N_0} \qquad (Z13K1021Ⅱ-1)$$

$$C_{X_0} = C_X / C_N \times C_{N_0} \qquad (Z13K1021Ⅱ-2)$$

式中　$\tan\delta_{X_0}$——换算后的被试设备介质损耗因数绝对量；

　　　$\tan\delta_{N_0}$——参考设备最近一次停电例行试验测得的介质损耗因数；

　　$\tan(\delta_X - \delta_N)$——带电测试获得的相对介质损耗因数；

　　　C_{X_0}——换算后的被试设备电容量绝对量；

　　　C_{N_0}——参考设备最近一次停电例行试验测得的电容量；

　　　C_X/C_N——带电测试获得的相对电容量比值。

表 Z13K1021Ⅱ-3　　　《输变电设备状态检修试验规程》中

关于电容型设备停电试验的标准

设备类型	要求
电流互感器（固体绝缘或油纸绝缘）	（1）电容量初值差不超过±5%（警示值）。 （2）介质损耗因数 $\tan\delta$ 满足下表要求（注意值）： 表格： U_m（kV）: 126/72.5 → $\tan\delta \leq 0.008$；252/363 → $\tan\delta \leq 0.007$；≥550 → $\tan\delta \leq 0.006$ 聚四氟乙烯缠绕绝缘：≤0.005
电容式电压互感器	（1）电容量初值差不超过±2%（警示值）。 （2）介质损耗因数： ≤0.005（油纸绝缘）（注意值）； ≤0.002 5（膜纸复合）（注意值）
变压器电容型套管	（1）电容量初值差不超过±5%（警示值）。 （2）介质损耗因数符合以下要求： 500kV 及以上≤0.006（注意值）。 其他（注意值）： 　油浸纸：≤0.007； 　聚四氟乙烯缠绕绝缘：≤0.005； 　树脂浸纸：≤0.007； 　树脂黏纸（胶纸绝缘）：≤0.015
耦合电容器	（1）电容量初值差不超过±5%（警示值）。 （2）介质损耗因数：膜纸复合≤0.002 5，油浸纸≤0.005（注意值）

对于电容式电压互感器，受其电磁单元结构及参数等因素影响，测得的介质损耗差值可能较大，可通过历次试验结果进行综合比较，根据其变化趋势做出判断；

数据分析还应综合考虑设备历史运行状况、同类型设备参考数据，同时参考其他带电测试试验结果，如油色谱试验、红外测温以及高频局部放电测试等技术手段进行综合分析。

根据《电力设备带电检测技术规范（试行）》和 Q/GDW 1168《输变电设备状态检修试验规程》的规定，对在同一参考设备下的带电测试结果进行纵向比较；把相对测量法得到的相对介质损耗因数换算成绝对量，并参照 Q/GDW 1168《输变电设备状态检修试验规程》中关于电容型设备停电例行试验标准，判断其绝缘状况。

（二）检测报告编写

检测报告填写应包括被测设备名称、设备型号、出厂编号、出厂日期、生产厂家、环境温度、湿度、检测依据、检测结果、检测结论、检测仪器名称型号及出厂编号，备注栏写明其他需要注意的内容。

【思考与练习】

1. 为什么要进行耦合电容器相对电容量比值检测？
2. 说明耦合电容器相对电容量比值检测方法。
3. 耦合电容器相对电容量比值检测时，应注意哪些事项？

模块 22　GIS 超声波局部放电检测（Z13K1022Ⅱ）

【模块描述】本模块介绍 GIS（气体绝缘金属封闭补偿设备）超声波局部放电检测方法和技术要求。通过检测工作流程的介绍，掌握 GIS 超声波局部放电检测前的准备工作和相关安全技术措施、测试方法、技术要求及检测数据分析判断。

【模块内容】

一、检测目的

GIS 超声波局部放电检测是 GIS 带电条件下有效故障诊断手段之一，通过 GIS 超声波局部放电检测，可以预先发现潜伏于运行 GIS 设备内部的放电缺陷（如沿面放电、悬浮放电、尖刺放电等）。

二、检测仪器、设备的选择

使用超声波局部放电检测仪进行 GIS 超声波局部放电检测。

三、危险点分析及控制措施

1. 防止人员触电

测量前应充分了解设备安全距离，测量过程中有专人监护，测量时保证活动范围与带电设备保持足够的安全距离。

2. 防止误碰误动现场运行设备

测量过程中有专人监护，防止误碰误动现场运行设备。

3. 防止感应电伤人

强电场下工作时，应给仪器外壳加装接地线，防止检测人员应用传感器接触设备外壳时产生感应电。

四、检测前的准备工作

1. 了解检测设备现场情况及试验条件

查勘现场，查阅相关技术资料，包括该设备历年试验数据及相关规程等，掌握该设备运行及缺陷情况。

2. 检测仪器、设备准备

选择合适的超声波局部放电检测仪，并查阅检测仪器、设备的检定证书有效期。

3. 办理工作票并做好试验现场安全和技术措施

按相关安全生产管理规定办理工作许可手续；向其余试验人员交代工作内容、带电部位、现场安全措施、现场作业危险点，明确人员分工及试验程序。

五、检测步骤及要求

（一）以相位相关性为基础的检测流程

该检测方式下有"连续检测模式""相位检测模式""脉冲检测模式"及"时域波形检测模式"等四种不同的检测模式。

在开展以"相位相关性"为基础的局部放电超声波检测时，典型检测流程如下：

（1）涂抹耦合剂。为了保证传感器与壳体良好接触，避免在传感器和壳体表面之间产生气泡，首先要在传感器表面涂抹耦合剂。

（2）设置参数。将仪器设置为连续检测模式，设置仪器信号频率范围及放大倍数（常规检测时无需设置，可采用内置参数）。

（3）背景检测（即无缺陷时信号检测）。将传感器经耦合剂贴附在设备构架上，当信号保持稳定时按下"背景"（不同仪器具体按键存在一定差异）按钮。

（4）信号检测。将传感器经耦合剂贴附在设备外壳上，设置仪器为连续检测模式，观察信号有效值（RMS）、周期峰值、频率成分 1、频率成分 2 的大小，并与背景信号比较，看是否有明显变化。

（5）异常诊断。当连续模式检测到异常信号时，应开展局部放电诊断与分析，包括 A、通过应用相位检测模式、时域波形检测模式及脉冲检测模式判断放电类型；B、通过挪动传感器位置，寻找信号最大值，查明可能的放电位置。

（6）数据记录。通过仪器的谱图保存功能，保存检测谱图，包括连续模式谱图、相位模式谱图、时域波形谱图（如有）、脉冲模式谱图（如有）。

（二）以特征指数为基础的检测流程

该检测方式下有"特征指数检测模式"及"时域波形检测模式"等两种不同的检测模式。

在开展以"特征指数"为基础的局部放电超声波检测时，典型检测流程如下：

（1）涂抹耦合剂。为了保证传感器与壳体良好接触，避免在传感器和壳体表面之间产生气泡，首先要在传感器表面涂抹耦合剂。

（2）设置参数。将仪器设置为连续检测模式，设置仪器信号频率范围及放大倍数（也可加载内部预置的配置文件）。

（3）特征指数检测。将传感器经耦合剂贴附在设备外壳上，进入"特征指数检测模式"，观察脉冲是否聚集在整数特征值位置。

（4）时域波形检测。当完成"特征指数检测"过程之后，可进入"时域波形检测模式"查看信号的时域波形是否具有明显的高脉冲信号，并判断脉冲信号是否存在重复性。最终综合各检测模式下的谱图特征，判断被测设备内部是否存在放电现象，以及潜在的缺陷类型。

（5）数据记录。通过仪器的谱图保存功能，保存检测谱图，包括特征指数谱图及时域波形谱图。

六、检测注意事项

（1）检测之前，应加强背景检测，背景测量位置应尽量选择被测设备附近金属构架。

（2）检测过程中，应避免敲打被测设备，防止外界振动信号对检测结果造成影响。

（3）应使用合格的耦合剂，可采用工业凡士林等，耦合剂应保持洁净，不含固体杂质。

（4）检测过程中，耦合剂用量用适中，应保证涂抹耦合剂的传感器可不需要外力即可固定在设备外壳上。

（5）在条件具备时，可使用耳机监听被测设备内部放电现象。

（6）由于超声波衰减较快，因此在开展局部放电超声波检测时，两个检测点之间的距离不应大于1m。以对 GIS 检测为例，检测过程中应包含所有气室。

（7）进行局部放电超声波检测时，应重点检测设备安装部位两端，以便检测安装过程中产生的潜在缺陷。

七、检测结果分析及检测报告编写

（一）检测结果分析

根据连续图谱、时域图谱、相位图谱和特征指数图谱特征判断测量信号是否具备

50Hz/100Hz 相关性。若具备相关性，则说明可能存在局部放电，继续如下分析和处理。

（1）同一类设备局部放电信号的横向对比，相似设备在相似环境下检测得到的局部放电信号，其测试幅值和测试图谱应比较相似，例如对同一 GIS 间隔 A、B、C 三相断路器气室同一位置的局部放电图谱对比，可以帮助判断是否有放电。

（2）同一设备历史数据的纵向对比，通过在较长的时间内多次测量同一设备的局部放电信号，可以跟踪设备的绝缘状态劣化趋势，如果测量值有明显增大，或出现典型局部放电图谱，可判断此测试部位存在异常。

（3）若检测到异常信号，可借助其他检测仪器（如特高频局部放电检测仪、示波器、频谱分析仪以及 SF_6 分解物检测分析仪），对异常信号进行综合分析，并判断放电的类型，根据不同的判据对被测设备进行危险性评估。在条件具备时，利用声声定位/声电定位等方法，根据不同布置位置传感器检测信号的强度变化规律和时延规律来确定缺陷部位，以 GIS 检测为例，一般先确定缺陷位于的气室，再精确定位到高压导体/壳体等部位。同时进行缺陷类型识别，可以根据超声波检测信号的 50Hz/100Hz 频率相关性、信号幅值水平以及信号的相位关系，进行缺陷类型识别。

（二）检测报告编写

检测报告填写应包括被测设备名称、设备编号、出厂编号、检测时间、检测人员、天气情况、环境温度、湿度、检测结果、检测结论、检测仪器名称型号及出厂编号，备注栏写明其他需要注意的内容。

【思考与练习】

1. 为什么要进行 GIS 超声波局部放电检测？
2. 说明 GIS 超声波局部放电检测方法。
3. GIS 超声波局部放电检测时，应注意哪些事项？

◢ 模块 23 敞开式 SF_6 断路器超声波局部放电检测（Z13K1023 Ⅱ）

【**模块描述**】 本模块介绍敞开式 SF_6 断路器超声波局部放电检测方法和技术要求。通过检测工作流程的介绍，掌握敞开式 SF_6 断路器超声波局部放电检测前的准备工作和相关安全技术措施、测试方法、技术要求及检测数据分析判断。

【**模块内容**】

一、检测目的

敞开式 SF_6 断路器超声波局部放电检测是敞开式 SF_6 断路器带电条件下有效故障诊断手段之一，通过超声波局部放电检测，可以预先发现潜伏于运行设备内部的放电缺陷。

二、检测仪器、设备的选择

使用超声波局部放电检测仪对敞开式 SF_6 断路器进行超声波局部放电检测。

三、危险点分析及控制措施

1. 防止人员触电

测量前应充分了解设备安全距离，测量过程中有专人监护，测量时保证活动范围与带电设备保持足够的安全距离。

2. 防止误碰误动现场运行设备

测量过程中有专人监护，防止误碰误动现场运行设备。

3. 防止感应电伤人

强电场下工作时，应给仪器外壳加装接地线，防止检测人员应用传感器接触设备外壳时产生感应电。

四、检测前的准备工作

1. 了解检测设备现场情况及试验条件

查勘现场，查阅相关技术资料，包括该设备历年试验数据及相关规程等，掌握该设备运行及缺陷情况。

2. 检测仪器、设备准备

选择合适的超声波局部放电检测仪，并查阅检测仪器、设备的检定证书有效期。

3. 办理工作票并做好试验现场安全和技术措施

按相关安全生产管理规定办理工作许可手续；向其余试验人员交代工作内容、带电部位、现场安全措施、现场作业危险点，明确人员分工及试验程序。

五、检测步骤及要求

（一）以相位相关性为基础的检测流程

该检测方式下提供"连续检测模式""相位检测模式""脉冲检测模式"及"时域波形检测模式"等四种不同的检测模式。

在开展以"相位相关性"为基础的局部放电超声波检测时，典型检测流程如下：

（1）涂抹耦合剂。为了保证传感器与壳体良好接触，避免在传感器和壳体表面之间产生气泡，首先要在传感器表面涂抹耦合剂。

（2）设置参数。将仪器设置为连续检测模式，设置仪器信号频率范围及放大倍数（常规检测时无需设置，可采用内置参数）。

（3）背景检测（即无缺陷时信号检测）。将传感器经耦合剂贴附在设备构架上，当信号保持稳定时按下"背景"（不同仪器具体按键存在一定差异）按钮。

（4）信号检测。将传感器经耦合剂贴附在设备外壳上，设置仪器为连续检测模式，观察信号有效值（RMS）、周期峰值、频率成分1、频率成分2的大小，并与背景信号比较，看是否有明显变化。

（5）异常诊断。当连续模式检测到异常信号时，应开展局部放电诊断与分析，包括A、通过应用相位检测模式、时域波形检测模式及脉冲检测模式判断放电类型；B、通过挪动传感器位置，寻找信号最大值，查明可能的放电位置。

（6）数据记录。通过仪器的谱图保存功能，保存检测谱图，包括连续模式谱图、相位模式谱图、时域波形谱图（如有）、脉冲模式谱图（如有）。

（二）以特征指数为基础的检测流程

该检测方式下提供有"特征指数检测模式"及"时域波形检测模式"等两种不同的检测模式。

在开展以"特征指数"为基础的局部放电超声波检测时，典型检测流程如下：

（1）涂抹耦合剂。为了保证传感器与壳体良好接触，避免在传感器和壳体表面之间产生气泡，首先要在传感器表面涂抹耦合剂。

（2）设置参数。将仪器设置为连续检测模式，设置仪器信号频率范围及放大倍数（也可加载内部预置的配置文件）。

（3）特征指数检测。将传感器经耦合剂贴附在设备外壳上，进入"特征指数检测模式"，观察脉冲是否聚集在整数特征值位置。

（4）时域波形检测。当完成"特征指数检测"过程之后，可进入"时域波形检测模式"查看信号的时域波形是否具有明显的高脉冲信号，并判断脉冲信号是否存在重复性。最终综合各检测模式下的谱图特征，判断被测设备内部是否存在放电现象，以及潜在的缺陷类型。

（5）数据记录。通过仪器的谱图保存功能，保存检测谱图，包括特征指数谱图及时域波形谱图。

六、检测注意事项

（1）检测之前，应加强背景检测，背景测量位置应尽量选择被测设备附近金属构架。

（2）检测过程中，应避免敲打被测设备，防止外界振动信号对检测结果造成影响。

（3）应使用合格的耦合剂，可采用工业凡士林等，耦合剂应保持洁净，不含固体杂质。

（4）检测过程中，耦合剂用量用适中，应保证涂抹耦合剂的传感器可不需要外力即可固定在设备外壳上。

（5）在条件具备时，可使用耳机监听被测设备内部放电现象。

（6）由于超声波衰减较快，因此在开展局部放电超声波检测时，两个检测点之间的距离不应大于 1m。以对 GIS 检测为例，检测过程中应包含所有气室。

（7）进行局部放电超声波检测时，应重点检测设备安装部位两端，以便检测安装过程中产生的潜在缺陷。

七、检测结果分析及检测报告编写

（一）检测结果分析

根据连续图谱、时域图谱、相位图谱和特征指数图谱特征判断测量信号是否具备 50Hz/100Hz 相关性。若是，说明可能存在局部放电，继续如下分析和处理：

（1）同一类设备局部放电信号的横向对比，相似设备在相似环境下检测得到的局部放电信号，其测试幅值和测试图谱应比较相似，例如对同一 GIS 间隔 A、B、C 三相断路器气室同一位置的局部放电图谱对比，可以帮助判断是否有放电。

（2）同一设备历史数据的纵向对比，通过在较长的时间内多次测量同一设备的局部放电信号，可以跟踪设备的绝缘状态劣化趋势，如果测量值有明显增大，或出现典型局部放电图谱，可判断此测试部位存在异常。

（3）若检测到异常信号，可借助其他检测仪器（如特高频局部放电检测仪、示波器、频谱分析仪以及 SF_6 分解物检测分析仪），对异常信号进行综合分析，并判断放电的类型，根据不同的判据对被测设备进行危险性评估。在条件具备时，利用声声定位/声电定位等方法，根据不同布置位置传感器检测信号的强度变化规律和时延规律来确定缺陷部位，以 GIS 检测为例，一般先确定缺陷位于的气室，再精确定位到高压导体/壳体等部位。同时进行缺陷类型识别，可以根据超声波检测信号的 50Hz/100Hz 频率相关性、信号幅值水平以及信号的相位关系，进行缺陷类型识别。

（二）检测报告编写

检测报告填写应包括被测设备名称、设备型号、出厂编号、出厂日期、生产厂家、环境温度、湿度、检测依据、检测结果、检测结论、检测仪器名称型号及出厂编号，备注栏写明其他需要注意的内容。

【思考与练习】

1. 为什么要进行敞开式 SF_6 断路器超声波局部放电检测？
2. 说明敞开式 SF_6 断路器超声波局部放电检测方法。
3. 敞开式 SF_6 断路器超声波局部放电检测时，应注意哪些事项？

▲ 模块 24　GIS SF_6 气体湿度检测（Z13K1024Ⅱ）

【模块描述】 本模块介绍 GIS SF_6 气体湿度检测方法和技术要求。通过检测工作流程的介绍，掌握 GIS SF_6 气体湿度检测前的准备工作和相关安全技术措施、测试方法、技术要求及检测数据分析判断。

【模块内容】

一、检测目的

GIS SF_6 气体湿度检测是 GIS 带电条件下有效故障诊断手段之一，通过 SF_6 气体湿度检测，可以判断 SF_6 气体性能指标，进而判断 GIS 是否会存在安全隐患。

二、检测仪器、设备的选择

选择合适的水分仪（露点式水分仪、阻容式水分仪均可），温度计、湿度计和设备取气接口等。其中露点式仪器检测范围：0～-60℃，检测精度：±0.2℃；阻容式仪器检测范围：0～-80℃，检测精度：±3.0℃。

三、危险点分析及控制措施

1. 防止人员触电

测量前应充分了解设备安全距离，测量过程中有专人监护。

2. 防止 SF_6 气体泄漏

测量过程中，如发现 SF_6 气体压力异常，应立即关闭控制阀门。

四、检测前的准备工作

1. 了解检测设备现场情况及试验条件

查勘现场，查阅相关技术资料，包括该设备历年试验数据及相关规程等，掌握该设备运行及缺陷情况。

2. 检测仪器、设备准备

选择合适的水分仪（露点式水分仪、阻容式水分仪均可），温度计、湿度计和设备取气接口等，并查阅检测仪器、设备的检定证书有效期。

3. 办理工作票并做好试验现场安全和技术措施

按相关安全生产管理规定办理工作许可手续；向其余试验人员交代工作内容、带电部位、现场安全措施、现场作业危险点，明确人员分工及试验程序。

五、检测步骤及要求

（1）将仪器与待检设备经设备检测口、连接管路、接口相连接。

（2）接通气路，用 SF_6 气体短时间地吹扫和干燥连接管路与接口。

（3）开机检测，待仪器读数稳定后读取结果，同时记录检测时的环境温度和湿度。

（4）露点式、阻容式水分仪读取的露点值需查冰面的饱和水蒸气压 P_W（MPa）。按式（Z13K1024Ⅱ-1）计算：

$$体积比浓度 = (P_W / P_T) \times 10^{-6} (\times 10^{-6}) \qquad (Z13K1024Ⅱ-1)$$

式中　$P_T = 0.1MPa$。

（5）按要求将测试值换算到20℃时的数值。

六、检测注意事项

（1）新安装的设备，SF_6气体充气至额定压力，经12～24h后方可进行气体湿度检测。

（2）推荐在一个大气压下（常压）检测。推荐使用不锈钢、铜、聚四氟乙烯材质的连接管路与接口。

（3）由于受SF_6的液化温度的影响，对较干燥的气体，露点式水分仪不能得到确切的测试数值，即使在设备压力下测量也无法避免，此时建议不要使用露点式水分仪。

（4）对较干燥的气体，为取得较确定的测试数值，推荐采用阻容式水分仪测量。

（5）对于可在压力状态下检测的水分仪，检测时注意调节相应的阀门，以得到准确的压力和测试数据。可参考如图Z13K1024Ⅱ-1所示推荐方法及有关仪器说明。

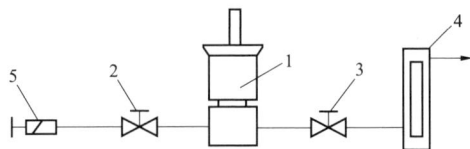

图 Z13K1024Ⅱ-1 测试示意图

1—测试仪器；2—仪器入口阀门；3—仪器出口阀门；4—流量计；5—接待检设备

注 常压下测量：阀门3全开，用阀门2调节流量；压力下测量：阀门2全开，用阀门3调节流量

（6）本项作业试验结果不符合标准时，应对试验进行复核。确认不合格时，应按规定要求SF_6电气设备用户进行气体处理。

七、检测结果分析及检测报告编写

（一）检测结果分析

（1）由于环境温度对设备中气体湿度有明显的影响，测量结果应折算到20℃时的数值。

（2）如设备生产厂提供有折算曲线、图表，可采用厂家提供的曲线、图表进行温度折算。

（3）SF_6气体可从密度监视器处取样，测量细则可参考DL/T 506《六氟化硫电气设备中绝缘气体湿度测量方式》、DL/T 914《六氟化硫气体湿度测定法（重量法）》和DL/T 915《六氟化硫气体湿度测定法（电解法）》。测量结果应满足表 Z13K1024Ⅱ-1之要求。

表 Z13K1024Ⅱ-1　　　　　SF$_6$气体湿度检测标准

试验项目	要求		
		新充气后	运行中
湿度（H$_2$O）	有电弧分解物的气室	≤150μL/L	≤300μL/L（注意值）
	无电弧分解物的气室	≤250μL/L	≤500μL/L（注意值）
	箱体及开关（SF$_6$绝缘变压器）	≤125μL/L	≤220μL/L（注意值）
	电缆箱及其他（SF$_6$绝缘变压器）	≤220μL/L	≤375μL/L（注意值）

（二）检测报告编写

检测报告填写应包括被测设备名称、设备型号、出厂编号、出厂日期、生产厂家、环境温度、湿度、检测依据、检测结果、检测结论、检测仪器名称型号及出厂编号，备注栏写明其他需要注意的内容。

【思考与练习】

1. 为什么要进行 GIS SF$_6$气体湿度检测？

2. 说明 GIS SF$_6$气体湿度检测方法。

3. GIS SF$_6$气体湿度检测时，应注意哪些事项？

模块 25　GIS SF$_6$气体纯度检测（Z13K1025Ⅱ）

【模块描述】本模块介绍 GIS SF$_6$气体纯度检测方法和技术要求。通过检测工作流程的介绍，掌握 GIS SF$_6$气体纯度检测前的准备工作和相关安全技术措施、测试方法、技术要求及检测数据分析判断。

【模块内容】

一、检测目的

GIS SF$_6$气体纯度检测是 GIS 带电条件下有效故障诊断手段之一，通过 SF$_6$气体纯度检测，可以判断 SF$_6$气体性能指标，进而判断 GIS 是否会存在安全隐患。

二、检测仪器、设备的选择

GIS SF$_6$气体纯度检测采用 SF$_6$气体纯度分析仪。

三、危险点分析及控制措施

1. 防止人员触电

测量前应充分了解设备安全距离，测量过程中有专人监护。

2. 防止 SF$_6$气体泄漏

测量过程中，如发现 SF$_6$气体压力异常，应立即关闭控制阀门。

四、检测前的准备工作

1. 了解检测设备现场情况及试验条件

查勘现场，查阅相关技术资料，包括该设备历年试验数据及相关规程等，掌握该设备运行及缺陷情况。

2. 检测仪器、设备准备

选择合适的 SF_6 气体纯度分析仪、温湿度计和设备取气接口等，并查阅检测仪器、设备的检定证书有效期。

3. 办理工作票并做好试验现场安全和技术措施

按相关安全生产管理规定办理工作许可手续；向其余试验人员交代工作内容、带电部位、现场安全措施、现场作业危险点，明确人员分工及试验程序。

五、检测步骤及要求

（1）试验开始前，将相应的取样接头及取样管道准备好。

（2）记录试验环境状况，记录设备铭牌信息及设备压力状况等信息。

（3）开启仪器电源，检查仪器电量，如果电量在 7.0V 以上时，仪器可以继续使用，低于 7.0V 则需要关机并进行充电，否则对实验结果准确性有较大影响。

（4）仪器电量正常则进入自检阶段，自检 30s 后可以开始实验。

（5）接好取样接头及取样管道后，检查是否存在泄漏。如压力表计显示数值下降过快，则迅速关闭充气阀，检查管路密封并进行相应处理。

（6）调节气体流量控制阀，使进入仪器的气体流量在 $600\pm50mL/min$ 的范围内，画面上的"开始"字幕闪烁，进行一定时间的管道及气路吹扫后，按下"确定"键，检测 1min 后，仪器自动进行终点判断并显示测量结果，记录测量结果后，按"＜"回到主菜单。

（7）当检测出气体含量异常时，要对取样管和仪器内部气路进行清洗，待仪器显示正常后进行重复检测。

（8）检测完毕后，将设备取样管及接头放回设备箱。

（9）关闭仪器电源。

（10）将仪器整理好后放入仪器箱中，试验结束。

六、检测注意事项

（1）试验过程中连接好测量管路，检查是否漏气并进行相应处理。

（2）试验过程中注意检测尾气的排放与吸收，以免发生人身中毒事件。

（3）试验过程中，发生 SF_6 大量泄漏，检测人员应立即离开现场，并向相关负责人汇报，现场周围设置警戒线，在距离现场 10～50m 外设置安全提示，引导行人绕道。如有人员受伤、中毒等，需进行求助，并在医护人员到来后，协助其做好伤员救护、转移等工作。及时开启全部通风系统，工作人员根据事故情况，佩戴防毒面具进入现场处理。

（4）测试中，注意观察开关上的压力表计的变动情况，如压力表计下降过快，则迅速关闭充气阀，检查管路密封并进行相应处理后，再进行测试。

（5）测试过程中，如果存在登高作业的，要注意安全带的使用。

（6）测试中，待仪器测试数据基本稳定后，才能读取数据。

七、检测报告编写

检测报告填写应包括被测设备名称、设备型号、出厂编号、出厂日期、生产厂家、环境温度、湿度、检测依据、检测结果、检测结论、检测仪器名称型号及出厂编号，备注栏写明其他需要注意的内容。

【思考与练习】

1. 为什么要进行 GIS SF_6 气体纯度检测？

2. 说明 GIS SF_6 气体纯度检测方法。

3. GIS SF_6 气体纯度检测时，应注意哪些事项？

▲ 模块 26　GIS SF_6 气体分解物检测（Z13K1026Ⅱ）

【模块描述】本模块介绍 GIS SF_6 气体分解物检测方法和技术要求。通过检测工作流程的介绍，掌握 GIS SF_6 气体分解物检测前的准备工作和相关安全技术措施、测试方法、技术要求及检测数据分析判断。

【模块内容】

一、检测目的

GIS SF_6 气体分解物检测是 GIS 带电条件下有效故障诊断手段之一，通过 SF_6 气体分解物检测，可以排查 GIS 运行安全隐患。

二、检测仪器、设备的选择

选择便携式色谱仪对 GIS 进行检测。

三、危险点分析及控制措施

1. 防止人员触电

测量前应充分了解设备安全距离，测量过程中有专人监护。

2. 防止 SF_6 气体泄漏

测量过程中，如发现 SF_6 气体压力异常，应立即关闭控制阀门。

四、检测前的准备工作

1. 了解检测设备现场情况及试验条件

查勘现场，查阅相关技术资料，包括该设备历年试验数据及相关规程等，掌握该设备运行及缺陷情况。

2. 检测仪器、设备准备

选择合适的便携式色谱分析仪、温湿度计和设备取气接口等,并查阅检测仪器、设备的检定证书有效期。

3. 办理工作票并做好试验现场安全和技术措施

按相关安全生产管理规定办理工作许可手续;向其余试验人员交代工作内容、带电部位、现场安全措施、现场作业危险点,明确人员分工及试验程序。

五、检测步骤及要求

(1) 仪器开机进行自检。

(2) 检测前,应检查测量仪器电量,若电量不足应及时充电,用高纯度 SF_6 气体冲洗检测仪器,直至仪器示值稳定在零点漂移值以下,对有软件置零功能的仪器进行清零。

(3) 用气体管路接口连接检测仪与设备,采用导入式取样方法测量 SF_6 气体分解产物的组分及其含量。检测用气体管路不宜超过 5m,保证接头匹配、密封性好。不得发生气体泄漏现象。

(4) 检测仪气体出口应接试验尾气回收装置或气体收集袋,对测量尾气进行回收。若仪器本身带有回收功能,则启用其自带功能回收。

(5) 根据检测仪操作说明书调节气体流量进行检测,根据取样气体管路的长度,先用设备中的气体充分吹扫取样管路的气体。检测过程中应保持检测流量的稳定,并随时注意观察设备气体压力,防止气体压力异常下降。

(6) 根据检测仪操作说明书的要求判定检测结束时间,记录检测结果,重复检测两次。

(7) 检测过程中,若检测到 SO_2 或 H_2S 气体含量大于 $10\mu L/L$ 时,应在本次检测结束后立即用 SF_6 新气对检测仪进行吹扫,至仪器示值为零。

(8) 检测完毕后,关闭设备的取气阀门,恢复设备至检测前状态。

六、检测注意事项

(1) 当设备排气口距离设备本体 1m 以上,用仪器的排气阀预排气 1 至 3min,先排出管道内不流动的气体。

(2) 当仪器已检测过含 SO_2 和 H_2S 浓度较高的 SF_6 后,为保证下一次检测的准确性,建议用高纯度氮气或 SF_6 新气(也可用前面测试过正常的气室内的 SF_6 气体)冲洗管道和仪器一段时间,待 SF_6 新气测试各项数据为 0 后再进行下一次测试。如仪器测试数据较长时间不能恢复到 0,建议更换测试管道后再进行检测。

(3) 当检出设备中的 SO_2 和 H_2S 浓度超过正常值时,建议重测一次。

(4) 检测人员必须佩带专用的安全防护用具,与带电部分保持规定的距离。

七、检测数据分析与处理

（一）检测结果分析

（1）检测结果用体积分数表示，单位为 μL/L。

（2）取两次重复检测结果的算术平均值作为最终检测结果，所得结果应保留小数点后 1 位有效数字。

（3）若设备中 SF_6 气体分解产物 SO_2 或 H_2S 含量出现异常，应结合 SF_6 气体分解产物的 CO、CF_4 含量及其他状态参量变化、设备电气特性、运行工况等，对设备状态进行综合诊断。

（4）SF_6 电气设备的分解物控制指标（20℃）见表 Z13K1026Ⅱ–1。

表 Z13K1026Ⅱ–1 　　　　　　　SF_6气体分解产物注意值

试验项目	要求	
分解产物 （20℃，0.101 3MPa）	SO_2（μL/L）	≤1
	H_2S（μL/L）	≤1

（二）检测报告编写

检测报告填写应包括被测设备名称、设备型号、出厂编号、出厂日期、生产厂家、环境温度、湿度、检测依据、检测结果、检测结论、检测仪器名称型号及出厂编号，备注栏写明其他需要注意的内容。

【思考与练习】

1. 为什么要进行 GIS SF_6 气体分解物检测？

2. 说明 GIS SF_6 气体分解物检测方法。

3. GIS SF_6 气体分解物检测时，应注意哪些事项？

▲ 模块 27　敞开式 SF_6 断路器 SF_6 气体湿度检测（Z13K1027Ⅱ）

【模块描述】本模块介绍敞开式 SF_6 断路器 SF_6 气体湿度检测方法和技术要求。通过检测工作流程的介绍，掌握敞开式 SF_6 断路器 SF_6 气体湿度检测前的准备工作和相关安全技术措施、测试方法、技术要求及检测数据分析判断。

【模块内容】

一、检测目的

敞开式 SF_6 断路器 SF_6 气体湿度检测是敞开式 SF_6 断路器带电条件下有效故障诊断

手段之一，通过 SF_6 气体湿度检测，可以判断 SF_6 气体性能指标，进而判断 GIS 是否会存在安全隐患。

二、检测仪器、设备的选择

水分仪（露点式水分仪、阻容式水分仪均可），温度计、湿度计和设备取气接口等。其中露点式仪器检测范围：$0 \sim -60℃$，检测精度：$\pm 0.2℃$；阻容式仪器检测范围：$0 \sim -80℃$，检测精度：$\pm 3.0℃$。

三、危险点分析及控制措施

1. 防止人员触电

测量前应充分了解设备安全距离，测量过程中有专人监护。

2. 防止 SF_6 气体泄漏

测量过程中，如发现 SF_6 气体压力异常，应立即关闭控制阀门。

四、检测前的准备工作

1. 了解检测设备现场情况及试验条件

查勘现场，查阅相关技术资料，包括该设备历年试验数据及相关规程等，掌握该设备运行及缺陷情况。

2. 检测仪器、设备准备

选择合适的水分仪（露点式水分仪、阻容式水分仪均可），温度计、湿度计和设备取气接口等，并查阅检测仪器、设备的检定证书有效期。

3. 办理工作票并做好试验现场安全和技术措施

按相关安全生产管理规定办理工作许可手续；向其余试验人员交代工作内容、带电部位、现场安全措施、现场作业危险点，明确人员分工及试验程序。

五、检测步骤及要求

1. 将仪器与待检设备经设备检测口、连接管路、接口相连接。

2. 接通气路，用 SF_6 气体短时间地吹扫和干燥连接管路与接口。

3. 开机检测，待仪器读数稳定后读取结果，同时记录检测时的环境温度和湿度。

4. 露点式、阻容式水分仪读取的露点值需查冰面的饱和水蒸气压 PW（MPa）。按式（Z13K1027Ⅱ-1）计算：

$$体积比浓度 = (P_W / P_T) \times 10^{-6} (\times 10^{-6}) \qquad (Z13K1027Ⅱ-1)$$

其中，$P_T = 0.1MPa$。

5. 按要求将测试值换算到 20℃时的数值。

六、检测注意事项

（1）新安装的设备，SF_6 气体充气至额定压力，经 $12 \sim 24h$ 后方可进行气体湿度检测。

（2）推荐在一个大气压下（常压）检测。推荐使用不锈钢、铜、聚四氟乙烯材质的连接管路与接口。

（3）由于受 SF_6 的液化温度的影响，对较干燥的气体，露点式水分仪不能得到确切的测试数值，即使在设备压力下测量也无法避免，此时建议不要使用露点式水分仪。

（4）对较干燥的气体，为取得较确定的测试数值，推荐采用阻容式水分仪测量。

（5）对于可在压力状态下检测的水分仪，检测时注意调节相应的阀门，以得到准确的压力和测试数据。可参考如图 Z13K1027Ⅱ-1 所示推荐方法及有关仪器说明。

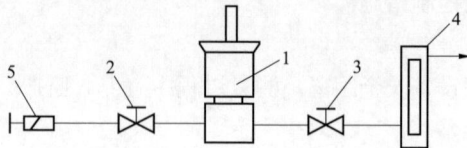

图 Z13K1027Ⅱ-1　测试示意图

1—测试仪器；2—仪器入口阀门；3—仪器出口阀门；4—流量计；5—接待检设备

注　常压下测量：阀门 3 全开，用阀门 2 调节流量；压力下测量：阀门 2 全开，用阀门 3 调节流量

（6）本项作业试验结果不符合标准时，应对试验进行复核。确认不合格时，应按要求要求 SF_6 电气设备用户进行气体处理。

七、检测数据分析与处理

（一）检测结果分析

（1）由于环境温度对设备中气体湿度有明显的影响，测量结果应折算到20℃时的数值。

（2）如设备生产厂提供有折算曲线、图表，可采用厂家提供的曲线、图表进行温度折算。

（3）SF_6 气体可从密度监视器处取样，测量细则可参考 DL/T 506《六氟化硫电气设备中绝缘气体湿度测量方法》、DL/T 914《六氟化硫气体湿度测定法（重量法）》和 DL/T 915《六氟化硫气体湿度测定法（电解法）》。测量结果应满足表 Z13K1027Ⅱ-1 之要求。

表 Z13K1027Ⅱ-1　　　　　　　　**SF_6 气体湿度检测标准**

试验项目	要求		
		新充气后	运行中
湿度（H_2O）	有电弧分解物的气室	≤150μL/L	≤300μL/L（注意值）
	无电弧分解物的气室	≤250μL/L	≤500μL/L（注意值）
	箱体及开关（SF_6绝缘变压器）	≤125μL/L	≤220μL/L（注意值）
	电缆箱及其他（SF_6绝缘变压器）	≤220μL/L	≤375μL/L（注意值）

（二）检测报告编写

检测报告填写应包括被测设备名称、设备型号、出厂编号、出厂日期、生产厂家、环境温度、湿度、检测依据、检测结果、检测结论、检测仪器名称型号及出厂编号，备注栏写明其他需要注意的内容。

【思考与练习】

1. 为什么要进行敞开式 SF_6 断路器 SF_6 气体湿度检测？

2. 说明敞开式 SF_6 断路器 SF_6 气体湿度检测方法。

3. 敞开式 SF_6 断路器 SF_6 气体湿度检测时，应注意哪些事项？

模块 28 敞开式 SF_6 断路器 SF_6 气体纯度检测（Z13K1028 II）

【模块描述】 本模块介绍敞开式 SF_6 断路器 SF_6 气体纯度检测方法和技术要求。通过检测工作流程的介绍，掌握敞开式 SF_6 断路器 SF_6 气体纯度检测前的准备工作和相关安全技术措施、测试方法、技术要求及检测数据分析判断。

【模块内容】

一、检测目的

敞开式 SF_6 断路器 SF_6 气体纯度检测是 GIS 带电条件下有效故障诊断手段之一，通过 SF_6 气体纯度检测，可以判断 SF_6 气体性能指标，进而判断 GIS 是否会存在安全隐患。

二、检测仪器、设备的选择

SF_6 气体纯度分析仪

三、危险点分析及控制措施

1. 防止人员触电

测量前应充分了解设备安全距离，测量过程中有专人监护。

2. 防止 SF_6 气体泄漏

测量过程中，如发现 SF_6 气体压力异常，应立即关闭控制阀门。

四、检测前的准备工作

1. 了解检测设备现场情况及试验条件

查勘现场，查阅相关技术资料，包括该设备历年试验数据及相关规程等，掌握该设备运行及缺陷情况。

2. 检测仪器、设备准备

选择合适的 SF_6 气体纯度分析仪、温湿度计和设备取气接口等，并查阅检测仪器、设备的检定证书有效期。

3. 办理工作票并做好试验现场安全和技术措施

按相关安全生产管理规定办理工作许可手续；向其余试验人员交代工作内容、带电部位、现场安全措施、现场作业危险点，明确人员分工及试验程序。

五、检测步骤及要求

（1）试验开始前，将相应的取样接头及取样管道准备好。

（2）记录试验环境状况，记录设备铭牌信息及设备压力状况等信息。

（3）开启仪器电源，检查仪器电量，如果电量在 7.0V 以上时，仪器可以继续使用，低于 7.0V 则需要关机并进行充电，否则对实验结果准确性有较大影响。

（4）仪器电量正常则进入自检阶段，自检 30s 后可以开始实验。

（5）接好取样接头及取样管道后，检查是否存在泄漏。如压力表计显示数值下降过快，则迅速关闭充气阀，检查管路密封并进行相应处理。

（6）调节气体流量控制阀，使进入仪器的气体流量在 600±50mL/min 的范围内，画面上的"开始"字幕闪烁，进行一定时间的管道及气路吹扫后，按下"确定"键，检测 1min 后，仪器自动进行终点判断并显示测量结果，记录测量结果后，按"＜"回到主菜单。

（7）当检测出气体含量异常时，要对取样管和仪器内部气路进行清洗，待仪器显示正常后进行重复检测。

（8）检测完毕后，将设备取样管及接头放回设备箱。

（9）关闭仪器电源。

（10）将仪器整理好后放入仪器箱中，试验结束。

六、检测注意事项

（1）试验过程中连接好测量管路，检查是否漏气并进行相应处理。

（2）试验过程中注意检测尾气的排放与吸收，以免发生人身中毒事件。

（3）试验过程中，发生 SF_6 大量泄漏，检测人员应立即离开现场，并向相关负责人汇报，现场周围设置警戒线，在距离现场 10~50m 外设置安全提示，引导行人绕道。如有人员受伤、中毒等，需进行求助，并在医护人员到来后，协助其做好伤员救护、转移等工作。及时开启全部通风系统，工作人员根据事故情况，佩戴防毒面具进入现场处理。

（4）测试中，注意观察开关上的压力表计的变动情况，如压力表计下降过快，则迅速关闭充气阀，检查管路密封并进行相应处理后，再进行测试。

（5）测试过程中，如果存在登高作业的，要注意安全带的使用。

（6）测试中，待仪器测试数据基本稳定后，才能读取数据。

七、检测报告编写

测报告填写应包括被测设备名称、设备型号、出厂编号、出厂日期、生产厂家、环境温度、湿度、检测依据、检测结果、检测结论、检测仪器名称型号及出厂编号，备注栏写明其他需要注意的内容。

【思考与练习】

1. 为什么要进行敞开式 SF_6 断路器 SF_6 气体纯度检测？

2. 说明敞开式 SF_6 断路器 SF_6 气体纯度检测方法。

3. 敞开式 SF_6 断路器 SF_6 气体纯度检测时，应注意哪些事项？

▲ 模块 29　敞开式 SF_6 断路器 SF_6 气体分解物检测 （Z13K1029 Ⅱ）

【模块描述】 本模块介绍敞开式 SF_6 断路器 SF_6 气体分解物检测方法和技术要求。通过检测工作流程的介绍，掌握敞开式 SF_6 断路器 SF_6 气体分解物检测前的准备工作和相关安全技术措施、测试方法、技术要求及检测数据分析判断。

【模块内容】

一、检测目的

GIS SF_6 气体分解物检测是 GIS 带电条件下有效故障诊断手段之一，通过 SF_6 气体分解物检测，可以排查 GIS 运行安全隐患。

二、检测仪器、设备的选择

选择便携式色谱仪进行 SF_6 气体分解物检测。

三、危险点分析及控制措施

1. 防止人员触电

测量前应充分了解设备安全距离，测量过程中有专人监护。

2. 防止 SF_6 气体泄漏

测量过程中，如发现 SF_6 气体压力异常，应立即关闭控制阀门。

四、检测前的准备工作

1. 了解检测设备现场情况及试验条件

查勘现场，查阅相关技术资料，包括该设备历年试验数据及相关规程等，掌握该设备运行及缺陷情况。

2. 检测仪器、设备准备

选择合适的便携式色谱分析仪、温湿度计和设备取气接口等等，并查阅检测仪器、设备的检定证书有效期。

3. 办理工作票并做好试验现场安全和技术措施

按相关安全生产管理规定办理工作许可手续；向其余试验人员交代工作内容、带电部位、现场安全措施、现场作业危险点，明确人员分工及试验程序。

五、检测步骤及要求

以某厂测试仪为例：

（1）打开仪器"电源"开关，进入主菜单，进行"检测序号设定"、"时间设定"、"查看电压"等；再进行调节流量。

（2）将被测设备排气口的堵板卸下，擦净。

（3）将导气管一端连接与被检测设备排气口相同的接头与设备排气口相连。

（4）将气体收集袋与仪器排气口相连。

（5）将仪器的流量调节阀旋至中间位置。

（6）将导气管的另一端插入仪器进气口。

（7）慢慢开启设备排气阀，调节使流量显示在规定范围内。

（8）流量调节到正常值后，即可进行检测。

（9）检测完毕，可以用专家系统进行诊断，数据自动存储。

（10）卸下排气阀接头，将设备排气口恢复密封好，关闭仪器电源，进行下一气室的检测。

六、检测注意事项

（1）当设备排气口距离设备本体 1m 以上，用仪器的排气阀预排气 1 至 3min，先排出管道内不流动的气体，

（2）当仪器已检测过含 SO_2 和 H_2S 浓度较高的 SF_6 后，为保证下一次检测的准确性，建议用高纯度氮气或 SF_6 新气（也可用前面测试过正常的气室内的 SF_6 气体）冲洗管道和仪器一段时间，待 SF_6 新气测试各项数据为 0 后再进行下一次测试。如仪器测试数据较长时间不能恢复到 0，建议更换测试管道后再进行检测。

（3）当检出设备中的 SO_2 和 H_2S 浓度超过正常值时，建议重测一次。

（4）检测人员必须佩带专用的安全防护用具，与带电部分保持规定的距离。

七、检测数据分析与处理

（一）检测结果分析

（1）检测结果用体积分数表示，单位为 μL/L。

（2）取两次重复检测结果的算术平均值作为最终检测结果，所得结果应保留小数点后 1 位有效数字。

（3）若设备中 SF_6 气体分解产物 SO_2 或 H_2S 含量出现异常，应结合 SF_6 气体分解产物的 CO、CF_4 含量及其他状态参量变化、设备电气特性、运行工况等，对设备状态

进行综合诊断。

（4）SF$_6$电气设备的分解物控制指标（20℃）见表 Z13K1029Ⅱ–1。

表 Z13K1029Ⅱ–1　　　　　　　　SF$_6$气体分解产物注意值

试验项目	要求	
分解产物 （20℃，0.101 3MPa）	SO$_2$（μL/L）	≤1
	H$_2$S（μL/L）	≤1

（二）检测报告编写

检测报告填写应包括被测设备名称、设备型号、出厂编号、出厂日期、生产厂家、环境温度、湿度、检测依据、检测结果、检测结论、检测仪器名称型号及出厂编号，备注栏写明其他需要注意的内容。

【思考与练习】

1. 为什么要进行敞开式 SF$_6$断路器 SF$_6$气体分解物检测？
2. 说明敞开式 SF$_6$断路器 SF$_6$气体分解物检测方法。
3. 敞开式 SF$_6$断路器 SF$_6$气体分解物检测时，应注意哪些事项？

◢ 模块 30　避雷器运行持续电流检测（Z13K1030Ⅱ）

【模块描述】　本模块包含避雷器运行持续电流带电检测的测试方法和技术要求。通过测试工作流程的介绍，掌握测试前的准备工作和相关安全、技术措施、测试方法、技术要求及测试数据分析判断。

【模块内容】

一、检测目的

避雷器运行持续电流带电检测是避雷器带电条件下有效故障诊断手段之一，通过避雷器运行持续电流检测，可以有效发现避雷器老化、受潮、污染等不良状况。

二、检测仪器、设备的选择

避雷器泄漏电流监控仪。

三、危险点分析及控制措施

1. 防止人员触电

应严格执行 Q/GDW 1799.1—2013《国家电网公司电力安全工作规程　变电部分》的相关要求；带电检测过程中，按照安规要求应与带电设备保持足够的安全距离。

2. 防止电压互感器二次侧短路

若从电压互感器获取二次电压信号，应做好防范措施，防止二次侧短路。

四、检测前的准备工作

1. 了解检测设备现场情况及试验条件

查勘现场，查阅相关技术资料，包括该设备历年试验数据及相关规程等，掌握该设备运行及缺陷情况；检查被测设备表面应清洁、干燥。

2. 检测仪器、设备准备

选择合适的避雷器泄漏电流监控仪、温湿度计等，并查阅检测仪器、设备的检定证书及有效期。

3. 办理工作票并做好试验现场安全和技术措施

按相关安全生产管理规定办理工作许可手续；向试验人员交代工作内容、带电部位、现场安全措施、现场作业危险点，明确人员分工及试验程序。

五、检测步骤及要求

（一）测试前准备

（1）带电检测应在天气良好条件下进行，确认空气相对温度应不大于80%。环境温度不低于5℃，否则应停止工作。

（2）选择合适的参考设备，并备有参考设备、被测设备的停电例行试验记录和带电检测试验记录。

（3）核对被试设备、参考设备运行编号、相位，查看并记录设备铭牌。

（4）使用万用表检查测试引线，确认其导通良好，避免设备末屏或者低压端开路。

（5）开机检查仪器是否电量充足，必要时需要使用外接交流电源。

（二）检测方法及注意事项

（1）方法一：不带电压互感器测试三支避雷器。此种方法是基于基波法原理测试的，比较适用于无法获取电压互感器二次电压信号或某些特殊情况，只能测出总泄漏电流、阻性电流和相位角 φ 都是未知的，无法直接检测的量。根据总的泄漏电流利用快速傅立叶变换分析谐波而得出阻性分量，此种方法准确性较低，对于避雷器初期劣化不是很敏感，但操作上方便省时。

（2）方法二：带B相电压互感器定量补偿测三只避雷器。此种方法是采用B相电压互感器作为参考电压信号，取三相的计数器的泄漏电流，由于取B相电压，所以B相避雷器可以直接得出测试结果，A、C相角度要在仪器内进行加或减120度得出结果。但在现场测量时，对于一字排列的避雷器，中间B相会通过杂散电容对A、C相泄漏电流产生影响，如图Z13K1030Ⅱ-1所示，影响大小取决于电压等级以及B相距A、

C 相的距离，B 相由于会同时受到 A、C 相的干扰，基本上干扰会抵消。一般 A 相 φ 角减小 2°～5°，阻性电流增大；C 相 φ 角增大 2°～5°左右，阻性电流减小甚至为负；B 相基本不变。测试结果因为干扰而不准确，因此在测量时就会出现抗干扰和不抗干扰的选择。抗干扰就是在测试过程中对 A、C 两相进行补偿，如测量 A 相时增加 2°～5°的补偿干扰角，测量 B 相时不补偿，测量 C 相时增加负的 2°～5°的补偿干扰角，都是定量补偿，数据并不准确，存在过补偿或欠补偿现象。而在 80°～90°间每变化 1°，余弦值变化都至少在 10%以上，所以测量时会有较大误差。安全性上比方法一要差些，省时上也不如方法一。

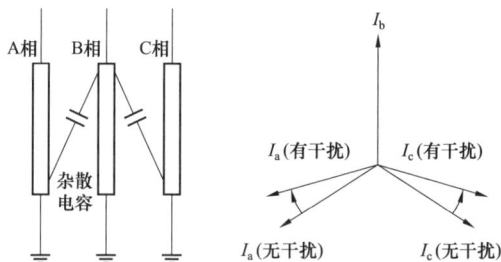

图 Z13K1030Ⅱ-1　中间相对边相干扰

（3）方法三：带 B 相电压互感器去干扰测三只避雷器。此种方法类似于方法二，接线时无论测试哪一项都要把 B 相的电流线接上，电压信号线可以接 B 相。补偿角处理方式上与方法二不同，此方法的处理方式是基于三相电流相位互差 120°的原理，通过 B 相的相位角来对 A、C 相的相位角进行强制补偿。例如测 A 相避雷器，首先测量 B 相实测电流和 A 相电压的相位角 α，再测出 A 相电压和 A 相实测电流的相位角 β，干扰角等于 120°-(α+β)。对于三相电流电压相位差不一致的避雷器来说，此种方法也带有很大误差。对出现劣化的避雷器可能会出现误判。

（4）方法四：带母线电压互感器测三只避雷器。此种方式基本上都是测试母线电压互感器避雷器的，不过线路避雷器也可以用此方式，由于母线电压与线路电压同大小同方向，所以可以利用母线电压互感器来代替线路电压互感器，测试 A 相避雷器时用 A 相母线电压互感器，测试 B 相避雷器时用 B 相母线电压互感器，测试 C 相时用 C 相母线电压互感器，但测试时 B 相对 A、C 相的干扰依然存在，测试结果与方法二相差无几。但操作上要比方法二存在更大的风险，如"三误"操作、损坏电压互感器保险等，且更加耗时。

（三）记录并拆除接线

（1）测试完毕后，仪器操作人员记录并存储测试数据、温度、空气湿度等信息。

（2）关闭仪器，断开电源，完成测量。

（3）拆除测试电缆，应先拆设备端，后拆仪器端。

（4）拆除仪器接地线，应先拆仪器端，再拆接地端。

六、检测注意事项

（1）仪器主机接地。

（2）取全电流：单相或三相接线，电流回路并联于避雷器泄漏电流监控仪两端。

（3）取参考电压：单相或三相接线，电压回路并联接到被测相母线 TV 二次电压端子上，可获得母线电压的相位。

（4）如用感应板放到 B 相 MOA 底座。

（5）为减少隔离器耗电，若采用有线传输方式，应关闭发射开关。

（6）隔离器不插信号插头无法通电，无线传输要先插天线后开发射开关，隔离器放到 PT 端子箱上比放到地面上能增加发射距离。

（7）连接 TV 电压的电线上都有 100mA 保险管，不要用其他规格保险管或导线代替。

（8）仪器只能用于低压小电流测试，所有引线必须远离高电压。

七、检测结果分析及检测报告编写

（一）检测结果分析

1. 分析方法

（1）参照标准法。由于每个厂家的阀片配方和装配工艺不同，所以 MOA 的泄漏电流标准也不一样，测试时可以根据厂家提供的标准来进行测试，若全电流或阻性电流基波值超标，则可初步判断 MOA 存在质量问题，然后需停电做直流试验，根据直流测试数据作出最终判断。

（2）横向比较法。同一厂家、同一批次的产品，MOA 的参数应大致相同，如果全电流或者阻性电流差别较大时，即使参数不超标，MOA 也可能异常。

（3）纵向比较法。对同一产品，在同样的环境条件下，不同时间测得的数据可以作纵向比较，发现全电流或阻性电流有明显增大趋势时，应缩短检测周期或停电做直流试验，以确保安全。

（4）综合分析法。在实际运行中，有的 MOA 存在劣化现象但不太明显时，从测得的数据不能直观地判断出 MOA 的质量情况，根据现有测试经验，总结出对 MOA 测试数据进行综合分析的方法。即一看全电流，二看阻性电流，三看谐波含量，再看夹角，对各项参数作系统分析后，判断出 MOA 的运行情况。

2. 影响因素

（1）电磁场干扰。一般在常规的变电站进行避雷器带电测试，周围电磁场较为复杂，电磁干扰对测试结果或多或少存在影响。利用角度补偿来消除运行中三相避雷器的相互电磁影响，一定程度上减小了电磁干扰给测试结果带来的误差（或者测试数据的偏差一般都在可接受范围内）；但在变电站复杂的电磁环境中，既有母线侧的干扰，又有相邻线路的干扰，采用角度补偿是无法将这些干扰完全消除的。

解决措施：遇到这种情况可通过其他方法如谐波法等来进行校验，也可通过历年带电检测数据以及停电试验数据进行综合分析判断，判定避雷器是否合格。

（2）温度影响。避雷器内部空间较小，散热条件较差，有功损耗产生的热量会使电阻片的温度高于环境温度，会使避雷器的阻性电流增大；实际运行中的避雷器电阻片温度变化范围很大，因此阻性电流的变化范围也很大。另外避雷器在湿度比较大的情况下，瓷套的表面泄漏电流增大，尤其是雨雪天气，瓷套电流会成倍增加。总之，在不同温湿度下，避雷器的泄漏电流、阻性电流以及角度将发生变化，从而影响带电检测的准确性。

解决措施：对同一台（组）避雷器进行跟踪检测，应尽可能选择在相近的季节测试；尽量选择天气晴朗、相对湿度小等均合适的条件下测试，这样历年得到的测试数据才有比较的意义。

（3）避雷器表面污秽。由于避雷器多数运行于户外，其瓷套极易受到环境灰尘的污染，这些表面污秽不仅影响电阻片柱的电压分布而使其内部泄漏电流增加，同时也使外表面泄漏电流明显增大。由于避雷器本体的阻性电流较小，因此即使较小的外表面泄漏电流也会给测试结果带来偏差。

解决措施：利用带电测试前的停电机会，试验人员用酒精擦拭避雷器的表面，使表面污秽得到处理，送电后再进行带电测试。此外，针对避雷器表面污秽给带电检测带来的误差，可以采用屏蔽法来消除避雷器表面泄漏电流加以解决。在带电检测时可以再避雷器靠底座附近瓷套上加装表面屏蔽环，保证屏蔽环紧密接触瓷套表面并可靠接地，让表面泄漏电流通过屏蔽环旁路流入地，而不经过测试仪，这样可大幅度地消除表面泄漏电流的影响，以排除避雷器表面污秽给测试结果带来的误差。

3. 检测结果分析

根据《电力设备带电检测技术规范（试行）》和 Q/GDW 1168《输变电设备状态检修试验规程》的规定，具备带电检测条件时，宜在每年雷雨季节前进行本项目。通过与历史数据及同组间其他金属氧化物避雷器的测量结果相比较做出判断，彼此应无显著差异。当阻性电流增加 0.5 倍时应缩短试验周期并加强监测，增加 1 倍时应停电检查。

（二）检测报告编写

检测报告填写应包括被测设备名称、设备型号、出厂编号、出厂日期、生产厂家、环境温度、湿度、检测依据、检测结果、检测结论、检测仪器名称型号及出厂编号，备注栏写明其他需要注意的内容。

八、典型案例分析

1. 某变电站 110kV 氧化锌避雷器带电检测案例分析

（1）案例概述。某变电站 110kV 氧化锌避雷器历年带电检测结果如表 Z13K1030Ⅱ–1 所示。

表 Z13K1030Ⅱ–1　　　110kV 氧化锌避雷器历年带电检测

时间	交流持续电压试验（110kV）下的泄漏电流（μA）	
	全电流	阻性泄漏电流（峰值）
2009 年 3 月 16 日	695	188
2009 年 10 月 22 日	700	168
2010 年 3 月 18 日	690	159
2010 年 10 月 25 日	685	150
2011 年 3 月 10 日	675	150

（2）测试结果分析。在正常状态下阻性电流分量要比电容电流分量小得多，避雷器的全电流为 680～700μA 左右，而阻性电流基波峰值只有 150～180μA 左右，此时容性电流的数值接近于全电流。以 2009 年 3 月 16 日的数据计算说明：

阻性电流有效值为

$$I_r=188/1.414=133\mu A（有效值）$$

容性电流分量计算

$$I_c=\sqrt{695^2-133^2}\approx 682\mu A$$

当阻性电流峰值增加到 300μA 的时候，全电流达到 714μA，仅比 695μA 大了 19μA，增加的比例是 3%，但是阻性电流峰值恰恰增加了近 112μA，增加的比例达到了 60%。所以阻性电流增大对全电流增大的幅度并不大，全电流不能快速、正确发现避雷器内部的质量变化，而阻性电流才能是有效的、可靠的反映氧化锌避雷器内部的质量变化。

2. 某 330kV 变电站氧化锌避雷器带电检测案例分析

（1）案例概述。某 330kV 变电站氧化锌避雷器历年带电检测结果如表 Z13K1030Ⅱ–2 所示。

表 Z13K1030Ⅱ–2　　　氧化锌避雷器历年带电检测

项目相别	检测时间	电压 U（kV，有效值）	总电流 I_0（mA，有效值）	阻性电流 I_R（mA，峰值）	功率损耗 P（W）
A	2000 年 10 月 23 日	181.5	0.88	0.150	1.78
	2001 年 4 月 1 日	198.0	1.02	0.280	36.90
	2001 年 5 月 6 日	198.0	1.00	0.290	42.40

续表

项目相别	检测时间	电压 U (kV, 有效值)	总电流 I_o (mA, 有效值)	阻性电流 I_R (mA, 峰值)	功率损耗 P (W)
B	2000 年 10 月 23 日	184.5	0.84	0.112	11.08
	2001 年 4 月 1 日	194.7	0.89	0.150	20.10
	2001 年 5 月 6 日	198.0	0.91	0.160	21.10
C	2000 年 10 月 23 日	188.0	0.96	0.070	7.30
	2001 年 4 月 1 日	196.4	0.98	0.340	44.90
	2001 年 5 月 6 日	198.0	1.25	1.400	201.00

（2）测试结果分析。对历年测试数据进行横向和纵向比较，发现 C 相避雷器的阻性电流 I_r 在 2001 年 4 月 1 日超过 0.3mA（峰值）后，在 2001 年 5 月 6 日达到 1.4mA，增长速度很快，为投运初期的 20 倍，说明避雷器可能存在故障，于是将该相避雷器退出运行，进行解体检查后发现，该相避雷器内部应装配条件不合格已受潮。

【思考与练习】

1. 为什么要进行避雷器运行持续电流检测（带电）？
2. 说明避雷器运行持续电流检测（带电）方法。
3. 避雷器运行持续电流检测（带电）时，应注意哪些事项？

▲ 模块 31　GIS 特高频局部放电检测（Z13K1031Ⅲ）

【模块描述】本模块介绍 GIS 特高频局部放电检测方法和技术要求。通过检测工作流程的介绍，掌握 GIS 特高频局部放电检测前的准备工作和相关安全技术措施、测试方法、技术要求及检测数据分析判断。

【模块内容】

一、检测目的

GIS 特高频局部放电检测是 GIS 带电条件下有效故障诊断手段之一，通过 GIS 特高频局部放电检测，可以及时发现电缆本体及各组成部件是否存在过热缺陷。

二、检测仪器、设备的选择

GIS 特高频局部放电检测通常选择超高频局部放电检测仪。要求能够满足精确检测的要求，测量精度和测量范围满足现场测试要求，性能指标较高，具有足够的带宽和采样率，能多通道同时测量，可以进行局部放电定位，具有 PRPS、PRPD 显示，操作简便，分析软件功能丰富。具体可参考《电力设备带电检测技术规范（试行）》（国家电网生变电〔2010〕11 号）。

三、危险点分析及控制措施

1. 防止人员触电

测量前应充分了解设备安全距离，按照事先拟定好的检测路线进行检测，并有专人监护。夜间测量时应有充足的照明配合。

2. 防止误动、误碰元器件

测量时注意 SF_6 气管、联动机构、SF_6 密度继电器，防止误碰；如需打开机构箱、端子箱、二次设备屏柜门，应在运行人员带领下进行。

四、检测前的准备工作

1. 了解检测设备现场情况及试验条件

查勘现场，查阅相关技术资料，包括该设备历年试验数据及相关规程等，掌握该设备运行及缺陷情况。

2. 检测仪器、设备准备

选择合适的超高频局部放电仪、传感器、连接电缆、放大器、滤波器、示波器、温湿度计、照明设备、数码相机和笔记本电脑等，选取距离合适的检修电源，并查阅检测仪器、设备的检定合格证书有效期。

3. 办理工作票并做好试验现场安全和技术措施

按相关安全生产管理规定办理工作许可手续；向试验人员交代工作内容、带电部位、现场安全措施、现场作业危险点，明确人员分工及试验程序。

五、检测步骤及要求

（1）按照设备接线图连接测试仪各部件，将传感器固定在盆式绝缘子非金属封闭处，传感器应与盆式绝缘子紧密接触并在测量过程保持相对静止，并避开紧固绝缘盆子螺栓，将检测仪相关部件正确接地，电脑、检测仪主机连接电源，开机。

（2）开机后，运行检测软件，检查仪器通信状况、同步状态、相位偏移等参数。

（3）进行系统自检，确认各检测通道工作正常。

（4）设置变电站名称、检测位置并做好标注。对于 GIS 设备，利用外露的盆式绝缘子处或内置式传感器，在断路器断口处、隔离开关、接地开关、电流互感器、电压互感器、避雷器、导体连接部件等处均应设置测试点。一般每个 GIS 间隔取 2～3 点，对于较长的母线气室，可 5～10m 左右取一点，应保持每次测试点的位置一致，以便于进行比较分析。

（5）将传感器放置在空气中，检测并记录为背景噪声，根据现场噪声水平设定各通道信号检测阈值。

（6）打开连接传感器的检测通道，观察检测到的信号，测试时间不少于 30s。如果发现信号无异常，保存数据，退出并改变检测位置继续下一点检测。如果发现信号异常，则延长检测时间并记录多组数据，进入异常诊断流程。必要的情况下，可以接入信号放大器。测量时应尽可能保持传感器与盆式绝缘子的相对静止，避免因为传感器移动引起的信号而干扰正确判断。

（7）记录三维检测图谱，在必要时进行二维图谱记录。每个位置检测时间要求30s，若存在异常，应出具检测报告。

（8）如果特高频信号较大，影响 GIS 本体的测试，则需采取干扰抑制措施，排除干扰信号，干扰信号的抑制可采用关闭干扰源、屏蔽外部干扰、软硬件滤波、避开干扰较大时间、抑制噪声、定位干扰源、比对典型干扰图谱等方法。

六、检测注意事项

（1）测试前确认 GIS 盆子没有金属铠装，如有金属屏蔽，则需拆除环氧浇筑口的金属连接片再进行检测。

（2）仪器要可靠接地，以防 GIS 表面静电干扰。

（3）测试时注意排除干扰信号，如马达信号、手机信号、灯具整流器等外界干扰。

（4）测试过程中，手抓传感器与盆子接触时不可抖动，以防干扰。

（5）测试结束，若发现异常信号，需到主控室记下当时的负荷。

七、检测结果分析及检测报告编写

（一）检测结果分析

1. 检测标准及要求

（1）首先根据相位图谱特征判断测量信号是否具备典型放电图谱特征或与背景或其他测试位置有明显不同，若具备，继续如下分析和处理：排除外界环境干扰，将传感器放置于绝缘盆子上检测信号与在空气中检测信号进行比较（对于无金属屏蔽的绝缘子应沿绝缘子外侧加装屏蔽带或采取屏蔽措施，防止设备内部信号从绝缘子传出被空气中传感器接收到造成误判），若一致并且信号较小，则基本可判断为外部干扰。若不一样或变大，则需进一步检测判断。对于分相布置的设备，也可采用同位置不同相之间的比较，如果三相之间存在较大差异，则基本可判断为内部信号，如三相之间无明显差异，则需结合超声波、高频局部放电等检测手段进一步判断信号源位置。

（2）检测相邻间隔的信号，根据各检测间隔的幅值大小（即信号衰减特性）初步定位局部放电部位。

（3）必要时可使用工具把传感器绑置于绝缘盆子处进行长时间检测，时间不少于15min，进一步分析峰值图形、放电速率图形和三维检测图形，综合判断放电类型。

（4）在条件具备时，综合应用超声波局部放电仪、示波器等仪器进行精确的定位。

2. 检测结果分析

结合检测图谱及 GIS 缺陷相关部位的结构，分析可能的缺陷原因。

（二）检测报告编写

检测报告填写应包括被测设备名称、设备编号、设备额定电流、运行负荷、检测时间、检测人员、天气情况、环境温度、湿度、使用地点、检测结果、检测结论、检测仪器名称型号及出厂编号，备注栏写明其他需要注意的内容。

【思考与练习】

1. 为什么要进行 GIS 特高频局部放电检测？

2. 说明 GIS 特高频局部放电检测方法。

3. GIS 特高频局部放电检测时，应注意哪些事项？

第四十四章

在 线 监 测

◢ 模块 1　变压器油在线监测（Z13K2001Ⅲ）

【模块描述】本模块介绍变压器油在线监测系统。通过概念介绍、结构分析和要点归纳，熟悉在线色谱的基本术语，掌握在线色谱监测装置的结构、测量原理、作用、类型、技术要求、运行技术管理要求，熟悉变压器油中溶解气体的在线监测和实验室测试优缺点。

【模块内容】

一、概述

自 20 世纪 70 年代，电力系统开始进行变压器油中的溶解气体分析研究工作，40 多年的实践表明，利用气相色谱法分析变压器油中的溶解气体组分含量，是分析判断运行中变压器是否存在故障的有效手段。定期的实验室色谱分析方法，由于受到检测周期的影响，很难及时发现变压器内部的突发性故障。在高电压等级变压器上，安装变压器油色谱在线监测系统，实现变压器油色谱的在线监测，可及时发现电力变压器运行过程中的潜在故障，实现电力变压器故障的监测和预警。

20 世纪 80 年代末，电力系统开始尝试油色谱在线监测设备的研究工作，利用变压器故障都产生氢气组分的特征，研制了单一氢报警设备。随着科学技术的不断发展进步，无论是单一氢报警设备，还是多组分多功能的在线色谱监测装置，其分析数据的准确性和整机的可靠性不断提高，其整机性能也越来越稳定，在线色谱监测装置在电力系统中已获得了用户的逐步认可，大型电力变压器上安装的在线色谱监测装置也越来越多。

二、在线色谱基本术语

1. 在线色谱监测系统

当变电设备带电运行时，可用于对变电设备的色谱状态参数进行连续监测，也可按要求以较短的周期进行定时在线检测。一般由色谱监测单元、通信控制单元和主站单元等组成。

2. 色谱监测单元

一般是通过传感器将变电设备的油中气体组分的浓度参数转换为可测的电压或电流量，然后进行信号采集、调理、模数转换和预处理等，形成色谱测量数据，并可将数据上传。该单元一般安装在变电设备的运行现场。

3. 通信控制单元

完成主站单元对色谱监测单元通信及控制，采用现场工业总线方式，将色谱监测单元采集和经处理的监测数据通过可靠的通信介质，正确无误地传送到计算机数据处理系统。通信和控制单元是专用的通信和控制程序，该程序可运行在专用通信和控制计算机中，也可运行在主站单元的主计算机中。

4. 主站单元

是计算机数据处理系统。主站单元可以是由一台或多台计算机组成。可实现对色谱监测数据的同步测量、通信和远传管理、存储管理、查询显示和分析。主站单元数据处理服务器一般安装在主控制室，可接入局域网。

5. 电磁环境

存在于给定场所的所有电磁现象的综合。

6. 电磁干扰

会引起设备、传输通道或系统性能下降的电磁骚扰。

7. 电磁兼容性

设备或系统在其电磁环境中能正常工作且不对该环境中任何事物构成不能承受的电磁骚扰。

8. 色谱数据重复性或精度

以反映多组分监测系统在短时间（如一天）内对同一油源多次采样所得数据的差异性。

9. 色谱数据再现性

对于多组分监测系统，指由同一油源取的多个油样进行试验时的差异性。如在多个系统中试验称为系统之间的再现性；如以同一系统在较长时间（如在连续的几个月中每周测试或每月测试）中数据的比较，称为该系统的再现性。

10. 色谱数据准确度

指实验室内根据标准程序所准备的油中气体样品与该系统的测量值间的差异。对于准确度，厂内检测检查时，应对比标准程序所准备的油中气体样品的差异来标定；而现场可暂以同一油样与实验室用精密色谱仪的测值间的差异作为现场校核，即以此暂作为现场准确度的校核及标定。

三、在线色谱监测装置的系统结构

1. 在线监测系统的监测单元

监测单元包括油气分离系统、气体组分的分离系统和检测信号处理系统等。

（1）油气分离。无论采取何种方式进行气体组分的检测分析，可以说油气分离系统是一个关键过程，油气分离效率的好坏，直接影响着测试结果的准确。在线装置油气分离系统一般采用真空法、膜渗透法等实现油中溶解气体的分离脱出过程。

（2）气体组分的分离。油中溶解的气体脱出后，一般经过色谱柱将各种组分按一定的样品保留时间分离开来，为后面的检测器测量提供条件。

（3）检测单元。依据气体组分特性，可以使用色谱检测器、阵列式传感器、红外光谱检测器和光声光谱检测器，将气体组分的浓度转换为电子信号。

（4）外围附件。一般外围部件包括载气钢瓶、排油桶、温控、进出油管路等。

检测单元如图 Z13K2001Ⅲ-1 所示。

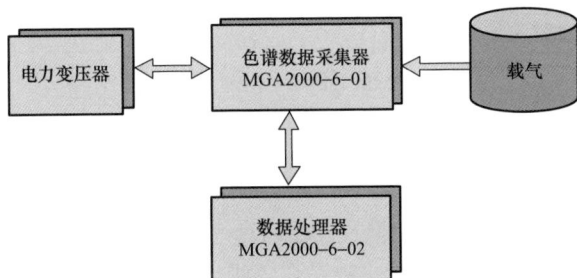

图 Z13K2001Ⅲ-1 检测单元

2. 在线监测系统的主站单元

是计算机数据处理系统。主站单元可以是由一台或多台计算机组成。可实现对监测数据的同步测量、通信和远传管理、存储管理、查询显示和分析。主站单元数据处理服务器一般安装在主控制室，可接入局域网。

主站单元一般位于变电站主控室，通过通信和控制单元及工业控制总线完成对现场监测数据的采集和传输，并具备本站的监测数据库。

主站单元硬件上一般包括一台或多台工业控制计算机及外围设备，与通信和控制单元的接口，以及与其他数据网络的接口。主站系统是全系统的核心，它的安全性和可靠性直接影响全系统稳定运行。因此，电源应采用 UPS 独立供电，通信模板应采用良好隔离措施，以防止由于异常干扰电压损坏主机。还应有防止主机死机的良好措施。

主站的核心部分在于其软件系统，它负责整个系统的运行控制，接收监测数据，并对数据进行处理、计算、分析、存储、打印和显示，以实现对监测到的设备状态数据的综合诊断分析和处理。还可通过电力公司的内部局域网进行与变电站主机的网络连接与数据上传。

主站还可实现对监测设备类型进行权重分类，对不同监测参量进行权重分类。由此进行综合的状态信息打分判断，最终发出状态信息提示（如正常、报警等）。

在线监测系统的一般结构形式如图 Z13K2001Ⅲ-2 所示。

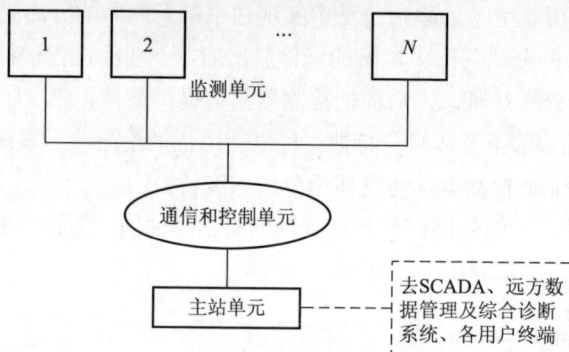

图 Z13K2001Ⅲ-2　检测系统组成

3. 分析功能

对于在线监测系统所获取的数据，应进行综合的比较和分析，并结合被监测设备的运行工况、交接和预防性试验数据及其他信息，进行全面的分析。

在线色谱监测所测得的特征量主要是以"纵比"，即与同一设备连续监测的数据相比，如果"纵比"时特征量发生了突变或持续增大，表明主设备可能有某种潜伏性故障。

4. 信号传输

监测单元应配置 RS-232 就地数据通信接口、USB 接口或其他专用接口，并安装相应驱动程序，能将历史数据、实时数据及录波文件传送给装置外部的存储介质。

（1）光纤数据线。

1）如选用 Ethernet 总线接口，监测装置应配置标准以太网接口卡，并安装 TCP/IP 标准网络通信程序实现信号数据的传输。

2）如选用 CAN 总线接口，监测装置应配置通用 CAN 网芯片，并编写安装应用层网络通信程序与 CAN 网芯片的驱动程序实现信号数据的传输。

3）如选用 RS-485 接口，监测装置应配置通用 RS-485 总线收发芯片，并编写安装自定义网络层协议和链路层协议并公布协议文本等实现信号数据的传输。

（2）无线（GPRS）传输。使用无线网络方式，安装相应的软件，实现数据的传输。

四、在线色谱仪器系统的测量过程原理

无论是实验室气相色谱分析,还是变压器的在线色谱监测,其监测气体组分的基本过程都是类似的。所不同的是,实验室测试是周期性从变压器本体采集油样进行分析,而油色谱在线监测是直接连续分析变压器中的油品。无论是采样分析(实验室法)还是在线直接分析,其测量原理(过程)基本相同。

(1)采集一定体积的油样。

1)实验室机械振荡法取气通常需要油样量为 40mL,一般采样量为 50~100mL。

2)在线设备一般为 50~100mL,由于分析时所需脱气体积的不同,所消耗的油品体积也存在很大差异。

(2)油品中的气体分离过程,即脱气。

1)实验室一般为顶空取气和真空脱气两种。

2)在线设备的脱气方式有分离膜渗透法、顶空式取气法、真空脱气法以及其他取气方法等。

(3)气体组分的分离。

1)实验室采用色谱分离柱,利用不同组分的保留时间不同,实现分析工作。

2)在线色谱设备,有的使用色谱分离柱,有的不用色谱柱分离,通过阵列传感器或者光电检测元件直接分析混合气体。

(4)检测器对各种气体组分进行分析,输出电信号。

1)实验室色谱仪的检测器是热导检测器和氢焰检测器两种。

2)在线色谱仪的检测器,有的与实验室一致,有的使用单热导检测器,有的使用气敏元件,有的使用光电检测器等。

(5)利用工作软件,对测量电信号与标准电信号进行计算,得出各种组分的结果。

1)实验室用工作站,能够对结果进行初步的分析判断工作。

2)在线色谱的主站单元(主机),除了能够对结果进行初步的分析判断外,还能根据用户的设置,利用互联网光缆或者 GPRS 无线发射装置等,对用户发布监测结果异常或者设备故障的告警信息等。

五、在线监测装置的作用

变压器油中溶解气体在线监测装置,主要包括油中气体组分含量的检测和故障的诊断两大部分。现有的大多数在线监测装置主要功能是在线监测油中气体组分含量及超限值报警。采用在线监测装置的目的是实时或定时监视变压器的运行状态,诊断变压器内部存在的故障性质、类型、严重程度,并预测缺陷的发展趋势,指导用户对变压器的管理和维修。

（一）变压器运行状态的动态监测

在线色谱监测的任务是检测油中溶解气体的组分含量随检测时间的变化趋势，以便了解和掌握变压器的运行状态，结合其他在线监测项目，如局部放电等，对变压器运行状态进行评估，判断其处于正常或非正常状态，对状态给予显示、存储，并对异常状态予以超限值报警，以便用户及时给予处理，并为变压器的故障诊断分析提供信息数据。

（二）变压器故障的初步诊断

故障诊断的任务是根据状态监测获得的在线信息，专家系统结合被监测变压器自身的结构特性、参数及运行环境、运行历史信息等，对变压器已发生或可能发生的故障进行判断，确定故障的性质、类别、程度、原因、故障发生和发展的趋势，提出控制故障继续发展和维修的对策。

（三）指导变压器状态维修

目前变压器等电气设备的定期预防性检修制度，虽然实践证明对预防事故的发生起到很大的作用，但也可能存在过度维修或维修不足的弊病，因此必须推动执行科学合理的状态检修制度，以确保电力设备安全经济运行。状态检修主要依赖于在线监测和带电预防性试验等手段，其中在线监测技术起到了电力设备安全运行保障第一道关口的作用，在线设备发现电力设备异常后，应及时进行相关的其他验证试验。

六、在线色谱监测装置的类型

近几年来，变压器油中溶解气体在线监测技术在国内外都是研究的热点，监测装置的开发也非常快，可从两个方面来分类：① 按油气分离方法来分类，分为分离膜渗透法、顶空式取气法、其他取气方法；② 按测试对象来分类，为单组分氢气、可燃气总量、各组分的单独含量。

（一）按油气分离方法分类

1. 高分子聚合物分离膜分离技术

自克兹 Kurz 研制成用高分子塑料分离膜，渗透出油中气体供气相色谱仪使用，并装于变压器上实现在线监测后，人们对渗透膜进行了大量研究，相继研制成功了聚酰亚胺、聚六氟乙烯、聚四氟乙烯等各种高分子聚合物分离膜，并研制出了各种在线监测装置。由于早先采用的聚酰亚胺等透气性能和耐老化差，而聚四氟乙烯的透气性能好，又有良好的机械性能和耐油等诸多优点，因此国内外普遍选用它作为油中溶解气体监测仪上的透气膜。

2. 波纹管顶空式分离技术

利用波纹管的不断往复运动，将变压器油中的气体快速的脱出，具有效率高、重复性好的优点，并且采用循环取油方式，油样具有代表性。

主要缺点是：由于顶空方式的油样与气样之间没有隔离，脱出的气样中会含有少量的油蒸汽，从而造成对色谱柱的污染，降低色谱柱的使用寿命；波纹管的寿命有限，同时由于波纹管的磨损，对油存在一定程度的污染。

3. 动态顶空式分离技术

主要原理是以载气在色谱柱之前往油中通气，将油中溶解气体置换出来，送入检测器检测，根据油中各组分气体的脱出率调整气体的响应系数来定量。这种方式脱气速度较快，但由于要不断通入载气，所以不能使用循环油样以免载气进入变压器本体油箱，在脱气完毕后，必须把油样放掉，这样每次检测必然消耗少量的变压器油。

（二）按检测对象分类

油中溶解气体在线监测装置，按检测对象又可以分为三大类。

1. 测总的可燃气体含量（TGG）

包括氢气、一氧化碳和各种气态烃类含量的总和。例如，日本三菱电力公司研制的 TGG 检测装置，能监测出可燃气体的总含量，但不能监测出油中溶解气体组分的单独含量，并且结构复杂，造价高。

2. 测单一氢气组分

实践证明，当变压器内部存在过热或局部放电时，所产生的分解气体都含有氢气，因此检测氢气含量就可判定设备是否存在异常。如加拿大 SYPROTEC 公司生产的 Hydran 系列在线监测装置等都属于这一类。

3. 测多种气体组分

多组分气体在线监测装置，有测氢气、甲烷和一氧化碳三个组分；测甲烷、乙烷乙烯、乙炔四个组分；测氢气、一氧化碳和四种烃类共六个组分；测氢气、甲烷、乙烷乙烯、乙炔、一氧化碳和二氧化碳共七个组分。这类装置智能化程度高，虽然结构复杂，造价也高，但从电气设备状态检修发展趋势来看，是在线监测技术发展的方向。

（三）常用在线监测技术

目前电力系统广泛采用多组分气体在线监测设备，从检测机理上讲，现有油中多组分气体检测产品大都采用以下四种方法。

1. 气相色谱法

气相色谱法检测原理是通过色谱柱中的固定相对不同气体组分的亲和力不同，在载气推动下，经过充分的交换，不同组分得到了分离，经分离后的气体通过检测器转换成电信号，经 A/D 采集后获得气体组分的色谱出峰图。根据组分峰高或面积进行浓度定量，这种方法具有以下的缺点：

（1）需要消耗载气；

（2）对环境温度很敏感；

（3）色谱柱进样分析周期较长。

2. 阵列式气敏传感器法

采用由多个气敏传感器组成的阵列，针对不同传感器对不同气体的敏感度不同，采用神经网络结构对传感器进行反复的离线训练，建立各气体组分浓度与传感器阵列响应的对应关系，消除交叉敏感的影响，从而不需要对混合气体分离，就能实现对各种气体浓度的在线监测。其主要缺点是：

（1）传感器漂移的累积误差对测量结果有很大的影响。

（2）训练过程（即标定过程）相当复杂，一般需要几十到 100 多个样本。

3. 红外光谱法

红外光谱检测原理是基于气体分子吸收红外光的吸光度定律（比耳定律，Beer's Law），吸光度与气体浓度以及光程具有线性关系。由光谱扫描获得吸光度通过比尔定律计算可得到气体的浓度。这种方法具有扫描速度快、测量精度高的特点。

（1）其主要缺点是：

1）由于采用精密光学器件，其维护量极大；

2）检测所需气样较多，至少要 100mL；

3）不能测量氢气；

4）对油蒸气、湿度很敏感。

（2）红外光谱检测的优点：

1）扫描速度极快，多次扫描结果累加可有效降低噪声；

2）具有很高的测量分辨率；

3）测量精度高，重复性可达 0.1%；

4）不需载气。

4. 光声光谱法

光声光谱检测技术是基于光声效应，光声效应是由于气体分子吸收电磁辐射（如红外线）而造成的。特定气体吸收特定波长的红外线后，温度升高，但随即以释放热能的方式退激，释放出的热能使气体产生成比例的压力波。压力波的频率与光源的斩波频率一致，并可通过高灵敏微音器检测其强度，压力波的强度与气体的浓度成比例关系。

光声光谱检测的特点：

1）检测精度主要取决于气体分子特征吸收光谱的选择、窄带滤光片的性能和电容型驻极微音器的灵敏度；

2）测量分辨率很高，可达亚 ppb 级；

3）信号处理简单，采用锁相放大技术实现信号调理；

4）分析所需样品量小，仅需 2~3mL；

5）不需载气；

6）标定简单；

7）缺点是对油蒸汽污染敏感；氢气无法响应，导致不能测量，要测量氢气只有另外加装氢气测量元件。

七、在线色谱监测装置的技术要求

（一）技术指标

可同时监测变压器油中溶解的氢气（H_2）、一氧化碳（CO）、甲烷（CH_4）、乙烯（C_2H_4）、乙炔（C_2H_2）、乙烷（C_2H_6）六种以上气体组分及总烃的含量、各组分的相对增长率以及绝对增长速度，并能根据需要增加油中微水监测功能；在线监测装置的基本技术指标见表 Z13K2001Ⅲ-1。

表 Z13K2001Ⅲ-1　　　　色谱在线监测装置技术参数

序号	气体组分	最低检测限值（μL/L）	检测范围（μL/L）	精度（%）
1	H_2	1	1～2000	±10
2	CO	5	5～5000	±10
3	CH_4	2	2～2000	±10
4	C_2H_6	2	2～2000	±10
5	C_2H_2	0.5	0.5～500	±10
6	C_2H_4	2	2～2000	±10
7	总烃	10	10～8000	±10

（二）监测装置的性能要求

（1）检测原理。采用气相色谱原理、红外光谱原理、激光光谱或红外光声光谱原理等。

（2）高精度定量分析，能长期连续监测。

（3）油气分离装置。油气分离装置应满足不消耗油、不污染油、循环取油以及免维护等前提条件，确保监测系统的取样方式不影响主设备的安全运行。

取样方式须采用循环取油方式，取样后的变压器油必须回到变压器本体内，不能直接排放，不能造成变压器油损耗。取样油必须能代表变压器中油的真实情况。

必须指出，油气分离装置如果采用波纹管、变径活塞等真空脱气原理时，油样在脱气过程中存在补气（氮气洗脱）环节，补入的气体改变了油中的总含气量。因此，对采用真空脱气原理的油气分离装置，分析后的油样不能循环回变压器本体，除非说明有特殊的处理方法。

（4）能监测变压器油中溶解的氢气、甲烷、乙烯、乙烷、乙炔、一氧化碳六种以上气体组分。

（5）应该具有原始谱图查询功能，可以输出谱图；具有谱图基线自动跟踪功能：在线色谱监测仪器是根据谱图进行定量分析的，有了谱图以后，必须能够自动准确地识别出组分的峰位置，自动跟踪出谱图的真实基线，然后扣除基线，再计算出峰高或峰面积进行定量。

（6）气密性。气密性直接影响测量结果，尤其对 500kV 变压器，仪器的气密性十分重要。如果气密不好，气体会通过仪器的气路进入变压器油中。因此，在线色谱仪器应具有自带的气路气密性检测功能。

（7）整套监测系统通过国家或省级权威机构的产品性能测试，并提供测试报告和测试方法。

（三）验收试验（评价）

为了确保在线监测装置的品质，应实行全面严格的质量检验程序，其主要入网检验项目如下：

（1）准确度试验。

（2）模拟运行试验。

（3）现场校准试验。

（4）其他试验项目应该在设备出厂前完成，并出具检测报告，包括外观质量检验、功能级质量检验、外机箱防撞击测试、密封性防水试验、管路打压试验、振动试验、交变高低温试验、老化试验、电气性能测试、安全性能测试。

1）准确度试验。在实验室条件下，模拟表 Z13K2001Ⅲ–2 规定的测量范围的状态参数（至少包括最大、最小以及介于其间的 3～5 个值），对在线监测系统（至少包括监测单元和主站单元）的测试结果与准确级更高的标准计量值进行比对，应满足表 Z13K2001Ⅲ–2 测量参数范围及测量误差要求。

表 Z13K2001Ⅲ–2　对现场监测单元测量参数及准确度的一般要求

设备名称	监测参数	推荐测量周期	测量范围（μL/L）	分辨率（μL/L）	测量误差
变压器	H_2	24h	5～2000	5	±15%或 5μL/L，取大者
	CO		5～2000	10	±15%或 25μL/L，取大者
	CH_4		5～2000	5	±15%或 1μL/L，取大者
	C_2H_6		5～2000	5	
	C_2H_2		0.5～500	1	
	C_2H_4		2～2000	2	

a. 重复性或精度。以反映多组分监测系统在短时间（如一天）内对同一油源多次采样所得数据的差异性。

b. 再现性。对于多组分监测系统，指由同一油源取的多个油样进行试验时的差异性。如在多个系统中试验称为系统之间的再现性；如以同一系统在较长时间（如在连续的几个月中每周测试或每月测试）中数据的比较，称为该系统的再现性；即同一试验条件下对同一油样的监测结果间的偏差不应超过 10%（对于中等浓度而言）。

c. 准确度。指实验室里根据标准程序所准备的油中气体样品与该系统的测量值间的差异。对于准确度，厂内检测检查时应对比于标准程序所准备的油中气体样品的差异来标定。而现场可暂以同一油样与实验室用精密色谱仪的测值间的差异作为现场校核；即以此暂作为现场准确度的校核及标定。该现场准确度的计算方法为

[（在线监测装置测量值–精密色谱仪测试值）/精密色谱仪测试值]×100%

2）模拟运行试验。自动运行 72h 以上，定期（或周期）采集 4 次以上，油泵、油路无渗漏，有谱图及数据上传，各组分保留时间与标定数据相同。

3）现场校准。色谱分析在线监测系统应定期在现场进行系统标定，以确保监测系统所测数据的准确性。

a. 校准时间的确定。监测系统连续运行 1 年以上，或连续停运 3 个月以上后再投入运行，或监测系统所测各组分数据多次与实验室离线色谱分析数据相对误差大于 50%时等，要求监测系统在现场进行系统校准。

b. 标准油样浓度的确定。现场标定时，标准油样浓度应随现场变压器油中气体浓度而定。建议采用 3 种以上不同浓度标准油样（最大、最小、接近值）。

八、在线色谱监测装置的运行管理

在生产管理过程中，包括两大部分内容，一是变压器色谱分析检测无故障情况的运行管理，二是变压器色谱分析诊断存在故障情况的运行管理。

（一）正常运行监督管理

（1）定时收集上端设备的色谱数据和色谱谱图并归档。

（2）定时收集油质检测分析数据。

（3）实验室检测色谱数据（比对数据）。

（4）定时收集色谱校核数据等。

（5）对收集的实验数据进行分析比较，当油质数据异常时，发出告警提示信息。

（6）当运行的在线色谱数据与实验室检测色谱数据（比对数据）差别太大时，发出异常告警提示音并启动进入设备色谱校核工作程序和色谱仲裁工作程序，经过校核后发现运行色谱设备异常时，应及时通知运行单位进行在线色谱检修维护处理。

（7）色谱校核数据与标样差别太大，不合格时，发出异常告警提示音，通知运行

单位进行检修维护处理。

（8）色谱数据与上次比较增长太大，并超过注意值时，发出异常告警提示音并启动进入超标处理程序，同时给运行单位发出告警信息，提示加强色谱监测工作和数据比对仲裁分析工作。

（9）定期对在线系统进行维护检查工作，比如检查载气瓶的压力、储油罐的液面、油路管道是否存在渗油等。

（二）异常情况处理程序

（1）当发现色谱超过注意值，并与上次采集结果相比较明显增长时，发出指示进行色谱比对和仲裁工作。

（2）缩短检测周期，分析测试频率适当的提高。

（3）按照 GB/T 7252《变压器油中溶解气体分析和判断导则》、DL/T 722《变压器油中溶解气体分析和判断导则》中的色谱气体含量注意值和气体增长率注意值进行分析判断。

（4）故障分析诊断方法用特征气体法、三比值法、CO_2/CO 比值法、导则法、改良电协法、专家诊断法和典型事例法等综合分析判断变压器故障种类和部位，指导检修工作。

（5）色谱数据增长太快时，发出停电检修告警提示信息。

（6）进行停电检修工作，检修后上传变压器检修报表。

（7）根据检修报表，形成变压器运行情况报表并归档。

九、在线监测和实验室测试比较

（一）实验室色谱试验法的优缺点

1. 缺点

（1）从取油样到实验室分析，作业程序复杂，花费的时间比较长。

（2）时效性较差，变压器发生保护动作后，要迅速恢复运行，首要的问题是要通过油色谱分析得知变压器是否存在故障。

（3）检测周期长，在国家标准中规定的检测周期通常为 3 个月。正常的周期检测，往往不能及时发现变压器存在的突发性故障。

（4）数据获取不方便，运行人员无法随时掌握和监视本站变压器的运行状况，从而在变压器安全运行可靠性的预防方面，存在不足。

（5）技术水平要求高，实验人员的理论水平和操作技能要求高，新员工的培训要求也比较高。

2. 优点

（1）在电力系统中的应用时间较长，使用范围较广，人员的技术力量水平比较高。

（2）实验室气相色谱实验方法，有国家标准支撑，对变压器油中的溶解气体分析做了详细的规定和要求，针对色谱实验数据的处理和分析，制定了专门的故障诊断和分析判断导则。因此，在实际工作过程中，实验室气相色谱实验方法可操作性强，设备的性能比较高，受环境的影响因素小，实验数据的准确性和可靠性都比较高。

（3）一机多用，一台实验室气相色谱实验系统，可以针对辖区内用户的所有变压器进行监督检测工作，性价比最好。

（4）对监督检测对象，不产生不利影响。

（二）在线色谱监测系统的优缺点

1. 缺点

（1）一台在线色谱监测系统一般只监测一台变压器。

（2）国家和电力行业，目前还没有专门的标准规范，只有用户自行制定了相关的技术管理规范要求。

（3）受环境因素的影响大，由于在线色谱监测系统的检测单元安装在变压器附近，因此不可避免地受到电磁环境的干扰，受到环境温度等的影响也比较大，导致了数据的准确性不理想。

（4）对变压器可能造成不利影响。由于在变压器本体上，安装油路循环系统，油路密封不好，一是造成漏油，二是可能致使空气渗入变压器，造成设备的含气量升高，危及变压器安全运行。

（5）需要对工作人员进行专门的培训工作，提高人员操作监测设备的准确性，防止误操作。

（6）设备需要专职人员进行定期的维护管理工作。

2. 优点

直接反映运行变压器油中溶解气体组分含量情况，便于及时掌握变压器的运行状况、发现和跟踪存在的潜伏性故障，并且可以及时根据专家系统对运行工况自动进行诊断，以便相关人员及时作出处理，是变压器状态检修工作中的重要在线监测设备。

每年所需的消耗性材料比较少，现场维护量也比较少，易于用户的正常运行管理。

【思考与练习】

1. 简述变压器油在线色谱设备的测量过程原理。

2. 简述变压器油在线色谱设备监测单元的结构组成。

3. 简述变压器油在线色谱监测设备的优缺点。

4. 简述变压器油在线色谱监测设备的作用。

5. 在线色谱设备的监测结果：氢气 10μL/L，甲烷 10μL/L，乙烷 5μL/L，乙烯 8μL/L，乙炔 1μL/L，一氧化碳 25μL/L，二氧化碳 150μL/L。实验室同一时间定期检测结果：

氢气 8μL/L，甲烷 9μL/L，乙烷 4μL/L，乙烯 7μL/L，乙炔 1.2μL/L，一氧化碳 30μL/L，二氧化碳 200μL/L。试计算在线色谱设备的再现性 R。

▲ 模块 2 绝缘油在线监测装置的使用（Z13K2002Ⅲ）

【**模块描述**】 本模块介绍绝缘油在线监测设备的使用及维护。通过要点归纳和方法介绍，熟悉绝缘油在线监测装置及其性能要求、选型和验收，掌握安装绝缘油在线监测装置的目的、注意事项以及安装调试和运行维护的方法，掌握绝缘油在线监测装置的测试控制条件设定与数据比对分析的方法。

【**模块内容**】

绝缘油在线监测设备是大型电力变压器使用的重要在线监测设备。对于变电站位于比较偏远的地方，常规取样分析所需要的时间比较长，不能满足变压器故障实时监测的要求时，在线监测设备则可以弥补这一不足。一旦变压器内部存在的异常情况，可及时发出告警信息，提示油务人员对该台设备进行色谱复测和故障的确认。因此，绝缘油在线监测设备实现了对变压器的有效监督和监测，确保了变压器的安全运行。

一、在线监测装置的介绍

油色谱在线监测装置按照测试组分的不同，分为单组分和多组分两类。其中多组分按照测试方法，分为阵列式气敏传感器法、气相色谱法、红外光谱法和光声光谱法等；按照油气分离方法，分为分离膜渗透法、顶空式取气法、真空脱气法以及其他取气方法等。在线监测装置无论采用何种检测方式，都要求在线装置能够准确、及时地发挥其应有的预警作用，便于对变压器突发故障进行监测。

二、安装在线监测装置的目的

在变压器上安装油色谱在线监测装置，可以方便地监测油中氢气、甲烷、乙烷、乙烯、乙炔、一氧化碳和二氧化碳等组分。绝缘油在线监测设备是在线测量变压器油中的溶解气体组分含量以及水分等的有效手段。它可以按照用户的要求，自动定期的进行检测，并将检测结果通过光缆数据线或者 GPRS 无线发射装置等传送给用户，从而简单、及时、有效地发挥了对变压器运行情况的监督监测作用。

三、在线监测装置的性能要求、选型和验收

（一）在线监测装置的性能要求

（1）装置应能在线、实时、连续地监测和显示油中单组分或全组分特征气体含量，并尽可能地提供油中微水的检测功能。

（2）要求取样方便、安全、可靠，安装简单、无渗漏。不对变压器油造成污染，不能将空气带入变压器油中，变压器油消耗少。

（3）油气平衡时间应尽量短，一般要求小于24h。油气分离装置使用寿命长。

（4）监测单元提供自检功能，并可将自检结果上传到上位机。

（5）上位机能够接收和执行来自主站的对监测单元和上位机的参数修改指令。

（6）对各组分的气体最低检测限一般要求在 1μL/L 左右，对 C_2H_2 要求能够达到 0.5μL/L 的最低检测限。

（7）测量单元的安装不影响一次设备的安全运行，并可在不停电的情况下对监测装置进行安装、检修和维护。

（8）要求监测系统具备远程监测、分析功能，可通过局域网和电话线实时获取监测数据，自动进行故障诊断和异常报警。

（9）在线监测装置应在现场电磁干扰环境下具有良好的稳定性、可靠性。

（10）在线监测装置测量数据与试验室试验数据相比对，应具有可比性。

（11）在运行 2 年内，数据检测精度应在技术指标规定范围内，即装置的标定周期应大于2年，以减轻维护压力。

（12）应在循环部位采取油样，以保证油样的代表性。

（二）油中溶解气体在线监测装置的选型要求

为了达到变压器油中溶解气体在线监测的目的，对各种商业化的变压器油中溶解气体在线监测装置的实用性要有一个综合评价体系。

1. 装置的可靠性要高

在线监测装置要能长期稳定运行，不允许出现误报警或漏报警，必须有足够长的定标周期和数年以上的使用寿命。

2. 监测数据的准确性可靠

在线监测装置测得的油中气体组分含量应与同时间所取油样在实验室常规气相色谱分析的数据绝对值可比，变化趋势一致，同时数据的重复性和再现性符合要求。

3. 诊断的可信度要高

在线监测装置的作用是对运行中变压器缺陷的初期诊断。当监测仪出现报警时，应取油样进行色谱分析，进行综合判断，以确认故障是否存在，并进一步判断故障的类型及其严重程度。

在线监测装置具有自动判断故障类型、性质、严重程度及发展趋势预测等功能，要求诊断的可信度至少要与离线色谱分析仪的分析准确度可比。

4. 在线监测装置要有较高的自动化程度

在线监测装置的信息处理技术不仅要智能化程度高，而且要预留与变电站的自动化管理装置的接口，运行部门需要时可将在线监测装置与计算机联网。同时，油中溶解气体在线监测装置的诊断装置能与多台在线监测项目的检测结果构成综合智能诊断系统，科学的判断变压器的运行工况。

5. 在线监测装置的造价要低

在线监测的最终目的是保障电气设备的安全运行，并提高经济效益，减少维修费用。为了保证变压器的安全可靠运行，安装油中溶解气体在线监测装置是非常必要的。但在线装置的价格应尽可能低，对于一个有多台主变压器的变电站，最经济的方案是集控式，即多台主变压器各安装一套前置采集单元，全站共用一台控制、诊断后台计算机中心处理装置，其费用可减少 1/3 左右。

（三）到货验收

1. 开箱检查

设备到货后，检查外包装有无破损，外观检查无异常后，与供货方一起打开外包装，按照订货合同的要求，查验设备明细等。

检查设备表面不应有机械损伤、划痕和变形等损伤现象；附件、备件齐全，规格应符合技术条件要求，包装完好；零部件紧固，键盘、按钮等控制部件应灵活，标志清楚；技术文件齐全。

2. 部件清点

设备开箱后，按照订货合同，逐一清点设备的部件数量、型号等是否符合订货的规定。

一套监测系统一般包括监控主机（油气分离系统、气体组分分离系统和检测器等）、数据处理系统和外围附件（载气钢瓶、排油桶、温控、进出油管路以及电缆线等）等。

3. 新入网设备的检验

对于新购置的在线监测装置，依据国家电网有限公司制定的在线监测设备技术规范相关文件，进行相关的检验工作，比如测试数据的准确性、重复性等。

四、在线设备安装注意事项

变压器油色谱在线监测装置现场安装，应由生产厂家提供相关的安装图纸，并由设备运行单位（用户）确认后方可实施。安装方式、位置应不影响变压器的安全运行和维护。

（一）安装部位的选取

在线色谱监测系统应尽可能地安装在靠近主变压器附近，以便尽量缩短采油管路的长度，同时要求取样方便、安全、可靠，安装简单、无渗漏。要求不对变压器油造成污染，不能将空气带入变压器油中，尽量采用油样循环采样方式，以便减少变压器油消耗。

变压器油色谱在线监测系统的油循环回路从变压器抽取油样、脱气后随即将油样重新返回变压器，因而取油、回油的位置对于准确分析油中气体含量至关重要。总的来说，变压器油样从一个阀门取出后，应从另一个阀门返回变压器。而变压器上选取的进样阀应能够保证获取变压器的典型油样，一般建议从变压器取样阀取油，以便保证实验室色谱分析和在线色谱分析的油样一致。变压器上可以利用的阀门有注油阀、排空阀、辅助阀门、冷却回路阀门、取样阀等。选择取样阀和剩余的另外一个，使油形成回路。在位置确认后，要对阀门的状态进行确定，必须保证阀门能可靠的关闭和开启。

厂家按照变压器所选取的安装阀门的尺寸种类加工合适的法兰盘，要求安装在取样阀上的法兰盘留有实验室采样阀门。

（二）安装注意事项

（1）施工前请确认主变压器上的油阀门处于关闭状态。

（2）油管必须加装保护套管。

（3）铺设的时候要密封好油管口，不可以有杂质进入油管中，否则必须先清洗油管，直到油管干净为止。

（4）打开变压器上的油阀门时要缓慢，不可用力过猛。

五、在线监测装置的安装调试

（一）油路安装

（1）将变压器上油阀的法兰打开，换上在线色谱厂家提供给的法兰。

（2）将进、出油管安装在变压器侧。

（3）将油管铺设在电缆沟中，铺设到变压器油色谱在线监测系统侧。

（4）准备好空油桶，将油管的空端放入空油桶中，安排专人开变压器上的油阀门，用油将油管中的空气顶空，同时检查有无漏油。

（5）将油管中空气排空后，关掉油阀门，将油管的另一端与变压器油色谱在线监测系统侧面的进、出油端接好，在端口处用喉箍紧固油管。

（6）打开油阀门，检查有无漏油。

（二）系统初步检查

电缆、气路及油路安装完后，进行一次全面检查，油管上所有的阀均处于打开的状态，并且没有漏油现象。在电源电缆送电以前，用万用表测量一下变压器油色谱在线监测系统内箱侧面"接线端子"的 L、N 的回路电阻，万用表应该显示为断路。确认无问题后方可进行调试工作。

（三）载气压力检查

查看载气的低压表指针是否指示在要求的压力上，若不是，请缓慢调节减压阀使低压表指针指示在要求压力处。

（四）气路系统漏气检查

采用泄漏检测剂或察看涂抹肥皂液的位置是否有气泡产生的方法确定气瓶与减压阀处的连接没有渗漏。不要使泄漏检测剂或肥皂水滴到变压器油色谱在线监测系统箱内的任何元件上，应用抹布或采用吸水材料接住水滴，将所有接头紧固而使系统无泄漏，擦干任何渗漏检测剂。

（五）电源检查

对监测系统送电，此时监测系统内部的指示灯亮，证明系统电源正常。

（六）调试过程

启动油循环泵等进行油循环调试。油循环调试的主要目的是检查系统油路有无漏油问题，系统是否能启动正常。

打开载气压力阀门，启动监测主机电源，仪器进行启机后的自检工作。

六、测试控制条件设定与数据比对分析

（一）测试控制条件设定

变压器油色谱在线监测系统的油路、电缆等安装完毕后，经过安装后的调试工作，未发现异常情况，可以接通电源进行监测工作。

根据变压器的实际情况，设定合适的采样周期，例如1次/天，1次/周等，遇到变压器色谱异常或变压器存在故障时，可以缩短周期为几个小时1次等。

设定色谱组分的报警值数据。一般厂家的数据软件在安装时已经进行了设定，监测系统安装后，可以查验各个组分的报警值设置是否有效。

色谱分析条件的设置，设定主机箱内温度、检测器室温度、循环油流量或者次数、载气流量、载气入口压力、色谱柱箱温度等。

色谱数据分析条件的设置，比如峰高或者峰面积识别方式等，一般出厂时工作软件内已经设置完毕。

异常数据的发送与告警信息的发布方式等。

（二）数据比对分析

1. 通过模拟变压器方式进行色谱数据比对法

通过向密闭的或者半密闭的容器中注油；真空脱气或者高纯氮洗脱气，制备空白油；通入一定量的标气并搅拌均匀，配制出未知浓度的"标准油样"；通过实验室色谱仪完成"标准油样"的定标工作；油样依靠自身重力注入在线色谱设备进行分析测试，得到的结果与实验室色谱仪结果进行比较分析，从而完成在线色谱设备的数据比对校准工作。

这种方法不能直接得到标准油样的数据结果，而是通过实验室色谱仪间接得到；缺点是在现场使用起来也不方便（现场使用时依靠便携式色谱进行结果定量工作）；目前国内只在实验室中的固定场所使用。

2. 运行中变压器油中的色谱数据比对法

利用实验室色谱仪、在线色谱设备同时对运行中的变压器进行色谱检测分析工作，考察不同的仪器测量结果是否一致，从而初步判断在线色谱设备的检测结果是否准确可靠。

由于在线色谱设备本身以及现场条件等因素的影响，比如在线色谱设备的采样油路是否合理、油路是否污堵等因素，都会造成在线色谱设备的采样存在不通畅问题，从而可能导致了测量结果的偏差，经常出现在线色谱设备检测数据不灵敏等问题。因此利用变压器油中的色谱进行数据比对法，不能确保在线色谱设备的数据准确可靠性。

3. 标气校准法

对运行中的在线色谱设备，使用一组或者多组浓度的标准气体，检测在线色谱设备的数据与标准气体的差异性，从而实现在线色谱设备校准工作，这种方法与计量部门检定实验室内的色谱仪所用方法雷同。

不同厂家的在线色谱设备，由于分析原理和分析过程的差异性，导致了检测结果的差别，数据偏差主要集中在油样脱气处理方式方面。因此，仅靠标准气体对在线色谱设备进行校准工作时，只是校准了设备的检测器，而没有兼顾到设备脱气方面的整个过程，从而导致校准工作失效。

4. 标准油样比对

要确保在线色谱设备校准工作的有效性，必须通过不同的标准油样来实现。即应用专用的标准油样制备装置，制备满足现场校准需要的至少三个标准油样（高、中、低），且油样所含组分均匀分布，浓度变化范围、设备密封性能等指标应该符合 GB/T 17623—2017《绝缘油中溶解气体组分含量的气相色谱测定法》中规定的要求。

标油装置的技术优势是：

（1）设备整体密封性能良好，各组分的损失率不大于 2.5%；

（2）油罐内部能够形成一定的正/负压力，同时不出现漏油、气现象，同时依靠压力完成进出油工作；

（3）仪器整个操作过程实现自动控制；

（4）制备的标准油样不用实验室色谱仪进行定标工作。

标准油样自动制备技术的使用，可以解决在线色谱设备由于缺少标准油样难以校准的难题。标准油样自动制备技术，可以在现场校准在线色谱设备测量数据的偏差，以及浓度变化时的在线色谱仪声光信号响应情况，确保了在线色谱设备的运行可信性、可靠性，保证了变压器色谱运行监督的有效性；标准油样自动制备技术，可以为入网设备进行质量把关工作，通过色谱数据的比对分析，保证了在线色谱设备的产品质量，避免了投资的损失；标准油样自动制备技术，可以在运行中的在线色谱设备出现异常后，进行有效的检测分析，从而判断在线色谱设备是否存在异常。

七、在线监测设备的运行维护

（一）日常维护

（1）设备在无断电的情况下是全自动运行的，维护量很少。

（2）带有载气的设备。应定期记录监测系统内部气瓶上高压表的压力数据，比较两次的压力数据，发现压力数据变化量大时，说明系统存在气体的泄漏问题，需要检查漏点。

当气瓶上高压表的压力指示下降到厂家规定的压力及以下时，及时更换气瓶。

注意，请勿在系统采样时更换气瓶。如在系统采样运行时更换气源，会对数据造成不确定的影响，并可能产生错误报警。

（3）带有废油桶的设备。应定期检查油桶的液面高度，达到厂家规定的高度时，及时处理掉废液。

（4）循环油流速。定期检查循环油路系统的油流速度，按照厂家提供的检查方法，测试油流速度是否满足要求。

（5）组分测量结果。定期进行色谱数据的比对分析工作，发现数据重复性、再现性等异常时，及时查找原因。

（6）分离柱。各组分的分离度不能满足试验要求时，应进行活化或者更换工作。

（二）停机维护

变压器或者变压器辅助部分检修、变压器油做滤油处理，或不需要系统运行时，必须关闭采样分析系统，在智能控制器上通过监控软件停止系统采样，同时关闭油路上的阀门。

注意，当现场的环境温度低于−10℃时，现场的变压器油色谱在线监测系统不能断电，以便保证主机内的温度满足要求。

（三）故障维护

1. 故障类型

（1）变压器油色谱在线监测装置与变压器连接有渗漏油。

（2）装置检测数据异常。

（3）数据传输故障。

（4）装置异常。

2. 故障处理程序

（1）首先应按照维护手册进行检查和恢复。

1）检查通信是否正常；

2）检查装置工作是否正常；

3）检查连接电缆是否松动、脱落。

（2）取油样进行数据比对分析。

（3）对在线设备进行标准油样的校准工作。

（4）变压器油色谱在线监测装置发生不能恢复的故障时，运行单位应及时组织相关单位和厂家查明原因，进行修理，并在变压器油色谱在线监测装置记录中进行记录。

【思考与练习】

1. 如何选择变压器油色谱在线监测设备的安装部位？

2. 如何做好变压器油色谱在线监测设备日常维护工作？

3. 简述变压器油色谱在线监测设备到货后的验收工作。

◢ 模块3　SF_6 气体在线监测（Z13K2003Ⅲ）

【模块描述】本模块介绍 SF_6 气体在线监测系统。通过原理分析和要点归纳，熟悉室内浓度报警仪的工作原理、特点及主要功能，掌握 SF_6 气体微水综合监测器的工作原理、结构组成及作用。熟悉 SF_6 气体在线监测系统运行管理规定。

【模块内容】

一、概述

SF_6 是由两位法国化学家 Moissan 和 Lebeau 在 1900 年合成的。从 20 世纪 60 年代起，SF_6 气体以其优异的绝缘和灭弧性能，在电力系统中得到广泛应用，SF_6 气体几乎成为高压、超高压断路器和 GIS 中唯一的绝缘和灭弧介质。

纯净的 SF_6 气体无色、无味、不燃，在常温下化学性能特别稳定，是空气密度的 5 倍多，是不易与空气混合的惰性气体，对人体没有毒性。但在电力系统中，由于 SF_6 气体主要充当绝缘和灭弧介质，在电弧及局部放电、高温等因素影响下，SF_6 气体会分解，而其分解产物遇到水分后会产生一些剧毒物质，如氟化亚硫酰（SOF_2）、四氟化硫（SF_4）、二氟化硫（SF_2）等，类似这些剧毒物质，即便是微量也能致人非命。当使用以 SF_6 气体为绝缘和灭弧介质的室内开关在使用过程中发生泄漏时，泄漏出来的 SF_6 气体及其分解物会往室内低层空间积聚，且不易散发，造成局部缺氧，对进入室内的检修及巡视人员的安全构成严重危险。

国家电网有限公司制订了一系列相应的行业安全法规，法规中明确规定了人员在进入 SF_6 配电装置室时必须先通风 15min，对空气中的 SF_6 浓度及氧气含量进行监测，在 SF_6 配电装置的低位区应安装能报警的氧量仪和 SF_6 气体泄漏报警仪。

为了保护环境，减少温室气体的排放量，使用在线 SF_6 气体综合测试仪时，应检

测 SF_6 电气设备内的湿度，保证设备安全运行并使用在线室内浓度报警仪，及时发现设备的气体泄漏，实现减少 SF_6 气体排放的目的。

按照在线设备的用途，分为室内浓度报警仪和 SF_6 气体微水综合监测仪。

二、室内 SF_6 浓度报警

（一）工作原理

SF_6 气体浓度监控报警系统，是按照行业安全法规的要求而开发设计的一种智能化环境在线监测系统。它主要检测环境空气中 SF_6 气体含量和氧气含量等，当环境中 SF_6 气体含量超标或缺氧，能及时进行报警，同时自动开启通风机进行通风，并具有温湿度检测、工作状态语音提示、远传报警、历史数据查询等诸多功能。

整个系统一般由一台主机、若干只气体浓度检测器（具体数量根据实际使用开关室的开关数量和空间大小而定）组成。气体检测传感器安装在 SF_6 开关的下方，可以在线实时检测 SF_6 开关下方的氧气浓度和 SF_6 气体浓度。主机具有人体探测、语音提示和语音报警等功能。主机通过 RS–485 总线，显示各气体传感器的气体浓度数据并在危险时给出语音报警信息和控制风机工作。主机还可以通过 RS–485 总线实现与上位计算机的数据传输和系统参数修改，组成 SF_6 气体浓度在线自动监测系统。

SF_6 气体所用的检测传感器主要有气敏传感器、红外检测器、声波检测器、高压电晕放电检测器、紫外电离检测器和电子捕获检测器等。氧气检测一般使用氧气传感器、热导检测器或者气敏传感器等。

1. SF_6 气体浓度测量

（1）红外线吸收技术。利用 SF_6 气体具有强烈红外线吸收作用的特性，制造出红外 SF_6 气体浓度传感器，用于环境 SF_6 气体的检测。

（2）声波吸收技术。利用声波在 SF_6 气体中传播的速度比在大气中慢的特点进行检测。如德国 DILO 公司的 3–026–R002 型 SF_6 气体报警仪。它能检测环境中 SF_6 气体含量大于 2% 体积百分比的浓度，可以通过扩展器连接最多达 6 个点的监控系统。但其主要缺点是检测下限太低，2% 的 SF_6 气体浓度已远远超过了理论上 SF_6 气体对人的安全上限 $1000\mu L/L$。另一方面，它的检测点数太少，不能满足较宽阔空间的需要。

（3）高压电晕放电技术。利用 SF_6 气体的高度绝缘特性，采用高压电晕放电技术制成的气体检漏仪。如德国 DILO 公司的 3–033–R00 型 SF_6 气体报警仪和美国 TIF 公司的 TIF5650A/TIF5750A SF_6 气体定性检漏仪，能定性地检测出环境中 SF_6 气体泄漏，但该仪器在使用前必须在无 SF_6 气体的清洁空气中标定，否则即使在高浓度的 SF_6 气体环境中也不会报警。这类仪器不适用于进行长时间连续的实时监测。

（4）紫外电离技术。利用紫外线将检测气体中的氧气和 SF_6 气体离子化，依据其离子迁移速度和对电子吸收能力的差异，迅速简便的检测出 SF_6 气体的浓度。

（5）电子捕获技术。采用放射性同位素 Ni^{63} 作为检测器的离子发射体，当载气通过放射源时，β 射线的高能电子使载气电离形成正离子与慢速电子，向极性相反的电极定向迁移形成基流。当电负性气体 SF_6 从探头进入检测器时，捕获了检测器中的慢速电子生成负离子，其负离子在电场中的运行速度比自由电子的低，待检气体负离子与载气正离子复合成为中性化合物，被载气带出检测室外，而使原有的基流减少，减少量与被测气体 SF_6 的浓度成一定数量比例关系，经数据处理得出 SF_6 气体浓度值。

2. 氧气浓度测量

（1）氧气传感器（电化学传感器）。

1）氧化物半导体型氧传感器。氧化物半导体型氧传感器是基于氧化物半导体（TiO_2、Nb_2O_5 和 CeO_2）根据周围气氛的分压自身进行氧化或还原反应，从而导致材料的电阻发生变化，有代表性的金属氧化物是 TiO_2 和 Nb_2O_5。

在常温下，氧化物半导体具有很高的电阻，一旦氧气不足，其晶格便出现缺陷变化，从而使电阻下降。氧化物半导体型氧传感器就是利用氧化物半导体材料的电阻值随环境中氧含量的变化而变化的特性制成的。

2）氧浓差电池型氧传感器。ZrO_2 浓差电池型氧传感器的工作原理是：ZrO_2 固体电解质材料的一侧暴露在大气环境中，大气中的氧分压为 P_{O_2}；另一端暴露在参考气氛中，其氧分压固定为 P_{ref}。这样它两侧的氧气浓度或压强会存在位差，氧会以氧离子的形态通过有大量氧空位的 ZrO_2 固体电解质，从高浓度侧向低浓度侧传导，从而形成氧离子导电，这样在固体电解质两侧电极上产生氧浓度差电势 E，便形成一种浓差电池结构。

3）极限电流型氧传感器。极限电流型氧传感器工作原理是：当有电压加在固体电解质 ZrO_2 上时，O_2 会在内电极（阴极 Cathode）上得到电子形成 O^{2-}，O^{2-} 通过 ZrO_2 的传递作用，在外电极（阳极 Anode）上放电，O^{2-} 又变成 O_2，这样氧就通过固体电解质被从电极的阴极泵到阳极，通常称此电池为泵氧电池，外加电压为泵电压，产生电流为泵电流。泵氧过程中，外加泵电压的增加所导致的泵电流的增加会逐渐减小，最后出现泵电流在一定的电压范围内不变或变化很小的现象，电流达到饱和，这个电流被称为极限电流。

为了得到与环境气氛中氧气浓度有关，且比较稳定的极限电流，一般在氧化锆氧传感器的阴极表面加一个多孔扩散障碍层，限制氧气向阴极的传输。则氧气通过障碍层的扩散将成为泵氧电流的控制环节。当电压增大超过某一数值时，电流将不再随之增大而达到极限，该极限电流的大小与继续增加的电压无关，而取决于氧向小室的扩散速率，并与被测环境中的氧分压呈正比。

（2）热导检测器/气敏传感器。利用不同气体对电桥中的电阻影响的不同，通过标准浓度的气体定标后，测量气体含量。

（二）特点及主要功能

（1）SF_6 气体浓度超标检测，并自动启动风机通风。当开关室内 SF_6 气体浓度超过 1000μL/L 时，显示浓度超标信息，系统控制风机启动通风，直至空气中 SF_6 气体浓度恢复正常为止。

（2）氧气浓度检测，并自动启动风机通风。当开关室内氧气浓度过低（≤19.6%）时，显示浓度信息，系统控制风机启动通风，直至空气中氧气浓度恢复正常为止。

（3）红外探测功能。系统一般可以探测到想要进入开关室的工作人员，当人体接近工作室门 1.5m 范围（可调节），并且在风机没有工作时进行语音提示通风，直到人员离开或者启动风机为止。

（4）语音报警和提示。当氧气浓度低于 18% 时，输出触点报警信号并进行现场语音报警；当 SF_6 气体浓度超过 1000μL/L 时，输出触点报警信号并进行现场语音报警。

系统可以语音提示通风，并在通风结束后，播报当前室内的氧气浓度和 SF_6 气体的含量状况，以提醒工作人员是否可以安全进入开关室。

（5）定时通风和手动通风并显示风机上次启动和停止的时间。系统可以设定风机每天定时启动和停止的时间，以保证开关室每天至少通风一次。风机在停止状态时，按下手动启动按钮，系统便进行通风，直至再次按下手动启动按钮停止通风。

液晶屏显示风机上次启动和停止的时间，工作人员可以根据该信息判断在进入开关室前是否需要进行强制通风。

三、SF_6 气体微水综合监测器

（一）概述

用于变电站各种电压等级设备中的 SF_6 气体的湿度、密度和温度的在线监测设备统称为 SF_6 气体微水综合监测器。监测装置所采集的数据除在现场直接显示外，还可通过数据总线接入变电站综合自动化系统和远方监控中心，实现在不排放任何 SF_6 气体的前提下，对 SF_6 断路器进行长期状态监测，以保障电力设备的安全稳定运行，并给出明确的实时状态信息，使状态检修得以实现。

SF_6 气体微水综合监测器主要用于 SF_6 断路器、GIS 的在线监测。一般采用传感器技术和计算机技术，实时监测。数据可远传，安装方便，适用于不同厂家生产的各种电压等级的 SF_6 断路器和 GIS，以满足电力配网自动化和设备状态检修的需要。从而为电力配网自动化电气设备在线监测及状态检修提供了技术手段。

在线监测断路器和 GIS 等高压电气设备的 SF_6 气体密度和微水及其变化趋势。在 SF_6 气体有关指标出现变化时，给出变化趋势曲线；指标达到报警状态时，自动报警或启动报警装置；指标超标达到危险状况时，自动报警或启动闭锁装置，禁止断路器动

作，以保障设备和变电站整套系统的安全。通过数据通信接口，可将监测数据实时上传至变电站、城市中心乃至更上级监控中心，真正实现变电站，尤其是无人值班站的设备在线监测。同时，监测到的各项指标的变化趋势为断路器和 GIS 的状态检修提供了有效依据。

SF_6 气体微水综合监测系统，所用的检测器主要有湿度传感器、压力变送器和温度变送器等。密度值是通过压力和温度的数据，利用气体状态方程计算得到的。

（二）工作原理

下面主要介绍湿度传感器的原理特性：

湿敏元件是最简单的湿度传感器。湿敏元件主要有电阻式、电容式两大类。除电阻式、电容式湿敏元件之外，还有电解质离子型湿敏元件、重量型湿敏元件（利用感湿膜重量的变化来改变振荡频率）、光强型湿敏元件、声表面波湿敏元件等。

湿敏元件的线性度及抗污染性差，在检测环境湿度时，湿敏元件要长期暴露在待测环境中，很容易被污染而影响其测量精度及长期稳定性。

当用湿度传感器测量湿度时，所加的测试电压，不能用直流电压。这是由于加直流电压引起感湿体内水分子的电解，致使导电率随时间的增加而下降，故测试电压采用交流电压。

1. 湿敏电阻

湿敏电阻的特点是在基片上覆盖一层用感湿材料制成的膜，当空气中的水蒸气吸附在感湿膜上时，元件的电阻率和电阻值都发生变化，利用这一特性即可测量湿度。

湿敏电阻的种类很多，例如金属氧化物湿敏电阻、硅湿敏电阻、陶瓷湿敏电阻等。湿敏电阻的优点是灵敏度高、操作简单、使用方便、抗干扰、响应快、测量范围宽等；主要缺点是线性度和产品的互换性差，探头易被污染、腐蚀，校正周期短等。

使用注意事项：

（1）避免探头湿敏元件被污染，降低性能。

（2）气体连接管路应安装过滤器。

（3）不能测量对探头具有腐蚀性的气体。

（4）传感器应经常校准。

（5）不要在相对湿度接近 100% 的气体中长时间使用。

2. 湿敏电容

湿敏电容一般是用高分子薄膜电容制成的，常用的高分子材料有聚苯乙烯、聚酰亚胺、醋酸醋酸纤维等。当环境湿度发生改变时，湿敏电容的介电常数发生变化，使其电容量也发生变化，其电容变化量与相对湿度成正比。湿敏电容的主要优点是灵敏度高、产品互换性好、响应速度快、湿度的滞后量小、便于制造、容易实现小型化和集成化,其精度一般比湿敏电阻要低一些。

3. 电解质型

以氯化锂为例,它在绝缘基板上制作一对电极,涂上氯化锂盐胶膜。氯化锂极易潮解,并产生离子导电,随湿度升高而电阻减小。

4. 陶瓷型

一般以金属氧化物为原料,通过陶瓷工艺,制成一种多孔陶瓷。利用多孔陶瓷的阻值对空气中水蒸气的敏感特性而制成。

5. 高分子型

先在玻璃等绝缘基板上蒸发梳状电极,通过浸渍或涂覆,使其在基板上附着一层有机高分子感湿膜。有机高分子的材料种类也很多,工作原理也各不相同。某些高分子电介质吸湿后,介电常数明显改变,制成了电容式湿度传感器;某些高分子电解质吸湿后,电阻明显变化,制成了电阻式湿度传感器;利用胀缩性高分子(如树脂)材料和导电粒子,在吸湿之后的开关特性,制成了结露传感器。

6. 单晶半导体型

所用材料主要是单晶硅,利用半导体工艺制成。如二极管湿敏器件和 MOSFET 湿度敏感器件等。其特点是易于和半导体电路集成在一起。

(三) 系统结构组成

现场测量及诊断单元将压力传感器、温度传感器、湿度传感器,测量到的信号经信号放大和处理后(包括修正和补偿),通过 A/D 转换器送到 CPU 进行运算处理。还可以通过和门限比较进行实时报警,由四路隔离开关开关量输出,并同时将有关数值通过 RS485 接口送到上位机,SF_6 气体的有关密度、温度、湿度、压力等通过液晶显示电路和上位机同时进行显示。并根据气态方程将压力和温度的关系折算成20℃状态,明确给出各数据的状态量。系统分成三个方面:气体测量采样器、安装于现场测量及诊断单元和安装于主控室内的工业控制计算机及远程部分。其结构如图 Z13K2003Ⅲ−1 和图 Z13K2003Ⅲ−2 所示。

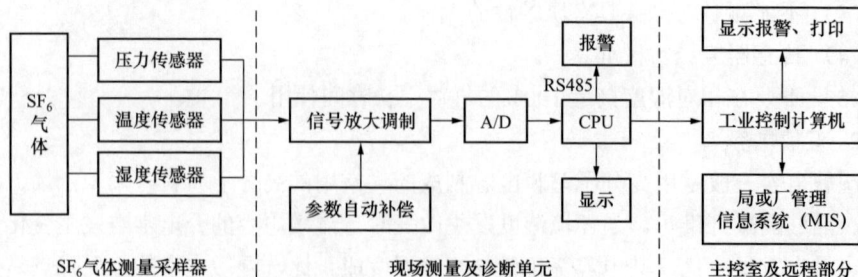

图 Z13K2003Ⅲ−1　系统组成结构框图

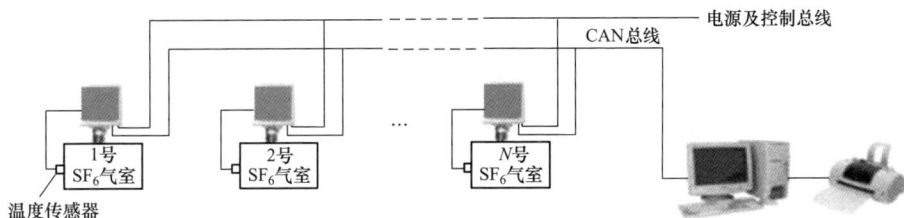

图 Z13K2003Ⅲ-2 系统组成示意

（四）意义及作用

SF$_6$气体作为一种氟化物，是产生温室效应的有害气体之一，而且SF$_6$断路器在经分合闸拉弧后，会分解出多种有毒物质，直接影响现场检测人员的身体健康。该监测器的使用改变了传统的 SF$_6$ 的检测方法，大大减少了 SF$_6$气体的排放量，这对保障工作人员的身体健康和减轻环境污染，有着非常重要的环境保护意义。

四、运行管理规定

（1）定期对在线设备进行检查工作，检查外观是否存在缺陷，仪器显示是否异常。

（2）定期对设备进行校准工作，确保在线设备检测数据的准确性。

（3）建立数据集中管理中心，对在线运行设备的检测数据定期进行统计分析，发现检测数据异常后，首先对在线设备进行校准工作，同时检测所属被监测设备或者场所的数据，确认在线设备的检测数据是否准确。发现在线设备误报数据，应及时通知在线厂家进行处理；发现被监测设备或者场所异常后，应由运行单位及时上报上级监督管理部门，以便采取进一步的处理措施。

【思考与练习】

1. SF$_6$浓度测量技术分为哪几类？

2. 电化学氧气传感器的类型有哪些？

3. 简述 SF$_6$气体湿度测量技术的原理。

▲ 模块4 SF$_6$气体在线监测装置的使用（Z13K2004Ⅲ）

【模块描述】本模块介绍 SF$_6$ 气体在线监测装置的使用及维护。通过要点归纳和方法介绍，熟悉 SF$_6$ 气体在线监测装置及其到货验收要求，掌握安装 SF$_6$ 在线监测装置的目的、注意事项以及安装调试和运行维护的方法，掌握 SF$_6$ 在线监测装置的测试控制条件设定与数据比对分析的方法。

【模块内容】

一、在线监测装置的介绍

SF_6 气体在线监测设备分为两类，一类是 GIS 等室内 SF_6 和 O_2 浓度报警装置；另一类是 SF_6 设备上安装的在线湿度综合测试装置。室内浓度报警类装置，可以很方便地测量 GIS 设备中泄漏到室内的 SF_6 气体浓度，同时监测室内的氧气浓度，对工作人员的健康和安全非常重要；SF_6 设备上安装的在线湿度综合测试装置，可以在线测量湿度、压力以及密度等，避免了人工湿度测量向大气环境的温室气体排放，对保护大气环境具有非常重要的意义。

二、安装在线监测装置的目的

在 Q/GDW 1799.1—2013《国家电网公司电力安全工作规程 变电部分》、《国家电网公司电力安全工作规程 配电部分》中，明确规定对于室内安装有 SF_6 设备的场所，必须安装 SF_6 和 O_2 浓度报警装置，这是因为 SF_6 气体的密度大于空气（大约为空气的5 倍），大量泄漏出来的 SF_6 气体沉积在房间下部，当 SF_6 气体的浓度达到 1000μL/L 以上时，可能会对工作人员造成人身的意外伤害事故，而在线气体浓度报警装置监测到室内气体浓度达到报警限时，会启动室内的排风装置，实现智能化降低室内危险气体浓度的目的，从而保障了进入室内工作人员的人身安全。

在线湿度综合测试装置，取代了人工定期检测 SF_6 设备中水分含量工作，其优点主要表现为：

（1）减轻了油务试验人员的工作量。运行 SF_6 设备的湿度检测周期为 1～3 年，由于 SF_6 设备的大量应用，每年的检测任务比较重，实现湿度在线监测后，可以大大减轻工作人员的测试任务。

（2）避免湿度测试工作的缺失。一般情况下，可以进行带电湿度测试工作，但是从安全方面考虑，有些 SF_6 设备只有在停电条件下，才能进行湿度检测工作，设备未能停电，就延误了湿度的正常周期检测，造成了设备湿度检测数据的缺失。在线湿度测量装置可以避免这种现象的发生。

（3）确保 SF_6 设备内压力监测的准确性。利用在线湿度综合测试装置所附带的压力测量功能，可以随时监测设备内的气体压力，实现了设备内气体压力监测的双保险作用，避免了由于设备本身的压力表不准确带来的意外事故的发生。这是因为设备本身安装的压力密度表，大部分与设备直接连接，没有安装气体截止阀，造成设备上的压力表不能定期进行压力校验工作。由于设备上的气体压力表存在不准确现象，从而造成设备气体压力监测的失真，严重的有可能造成压力低的误报警。而在线设备上的压力表，一般采用精密的压力传感器进行测量工作，测量结果相对比较准确，因此可以保证压力检测数据的准确性，避免压力误报现象。

（4）及时发现设备中气体的湿度和压力异常情况。随着 SF_6 设备运行年限的增长，由于设备密封部件的老化，往往突发设备压力降低或者湿度增大超标现象，尤其是无人值守变电站，对于设备的突发压力降低或者湿度增大超标，传统的压力表告警等不能被及时发现，造成了不必要的意外损失。而在线湿度综合测试装置可以及时发现设备的异常情况，并通过互联网光缆或者 GPRS 等方式及时向用户发送告警信息，从而避免了设备发生意外情况。

（5）降低设备气体人为消耗，利于大气环境的保护工作。SF_6 气体作为一种温室气体，其所起的温室作用远远高于大家熟悉的二氧化碳气体。用在线湿度综合测试装置代替人工进行湿度测量工作，可以大大减少 SF_6 气体的排放，同时也避免了人工进行湿度测试时所消耗的大量 SF_6 气体，对于电力系统的节能降耗工作，具有十分重要的意义。

三、在线监测装置的到货验收

1. 开箱检查

设备到货后，检查外包装有无破损，外观检查无异常后，与供货方一起打开外包装，按照订货合同的要求，查验设备明细等。

按照装箱单，逐一查验设备的外观有无异常。

2. 部件清点

设备开箱后，按照订货合同，逐一清点设备的部件数量、型号等是否符合订货的规定。

一套监测系统一般包括监控主机、监测传感器、管路以及电缆线等。

对于室内浓度报警型检测传感器包括 SF_6 浓度测量传感器和氧气浓度传感器等，有的还配套了环境温湿度测量传感器等。

对于在线 SF_6 综合检测型，检测传感器包括湿度传感器、压力传感器、温度传感器等。

3. 新入网设备的检验

为了确保在线设备的准确可靠性，利用标准器具（标准气体、标准湿度发生器、压力校验台和温度标准表计等）对其进行校验工作。

四、安装注意事项

（一）安装部位的选取

1. 在线 SF_6 综合检测设备

检测部件一般安装在 SF_6 电气设备的充气嘴部位，通过不锈钢管连接；监控主机安装在主控室内；检测单元通过信号传输电缆与监控主机相连；监控主机通过INTERNET 或者 GPRS 与生产 MIS 管理系统连接等。

2. 室内 SF_6 浓度报警仪

一般安装在开关室门的附近、SF_6 设备附近等,开关室门口装有显示室内 SF_6 气体、氧气等的监测结果的显示屏。

（二）安装注意事项

1. 在线 SF_6 综合检测设备

（1）采用黄铜材料加工的气体接头。

（2）接头加工的工艺和精度,一定要与设备上的接头一致,避免密封性能下降而漏气。

（3）要求厂家提供的接头具有自动密闭功能,即接头在与其他接头拧紧连接时,处于顶开状态,松开与其他接头的连接时,处于密闭状态。

（4）尽量缩短测量气室与 SF_6 设备的充气嘴部位距离,提高结果的可靠性。

（5）在线装置的气室上预留充气嘴接头,便于以后设备的气体排放和充装以及人工湿度测量等。

（6）对在线装置采用合理的固定方式,信号线和电源线要采用合理的布局设计,避免对设备本体的影响。

（7）在线设备安装后,进行密封性能检测,防止安装后的 SF_6 泄漏,危及设备安全。

（8）气室安装前,一定要用干燥的高纯氮气进行干燥处理工作,避免水分携带至设备内。

（9）气室干燥后,安装前用纯净的 SF_6 气体进行冲洗工作,除去气室内的空气等杂质,避免空气等杂质被携带至设备内。

2. 室内 SF_6 浓度报警仪

（1）选择探头或者传感器的合适安装部位,一般安装在室内墙壁底部、设备底部等部位。

（2）显示终端合理布局,一般在开关室门口装有显示屏幕、在主控室安装监测数据处理主机等。

（3）避免探头或者传感器被其他物品遮挡,防止数据失真等。

五、在线监测装置的安装调试

1. 在线 SF_6 综合检测设备

选取检测器气室的安装固定位置,用不锈钢管将检测器气室和 SF_6 电气设备的充气嘴连接起来,并排放掉所安装管路内的空气。

安装所用的气路管、传感器的气室,应事先用高纯氮气干燥处理。气路管长度不宜太长,应尽量地使检测器气室靠近 SF_6 电气设备的充气嘴,最好将检测器的气室直接安装在 SF_6 电气设备的充气嘴上,防止形成检测死区。

检测器的气室安装完毕后，用定量检漏仪检测安装部件的泄漏情况，应无明显泄漏点，建议定量检漏仪报警浓度设置为 $2×10^{-6}$ mL/s，或者更小一些，确保设备的整体密封性能可靠。

将每个测点的传感器信号输出电缆连接到主控室内的监控主机，为每个测点设置好数据存储地址，并确保信号畅通。

2. 室内 SF_6 浓度报警仪

选择合适的传感器安装部位，一般在开关室的入口、设备附近安装，安装的传感器数量应满足监测要求。

在开关室的入口门附近安装监测结果的显示屏，方便工作人员在进入开关室之前了解室内的空气质量情况。

将每个测点的传感器信号输出电缆连接到主控室内的监控主机，为每个测点设置好数据存储地址，并确保信号畅通。

六、测试控制条件设定与数据比对分析

（一）在线 SF_6 综合检测设备

1. 对于断路器（灭弧室）

湿度的上限设置为 300μL/L；压力设置按照设备的压力要求设置。

2. 对于非灭弧室

湿度的上限设置为 1000μL/L（电力设备预防性试验规程中的规定值为 500μL/L）；压力设置按照设备的压力要求设置。

（二）室内 SF_6 浓度报警仪

1. 氧气

氧气的浓度下限设置为 18%～21%，低于这个浓度后，报警发出声光信号，并启动室内风机。

2. SF_6

SF_6 的浓度上限设置为 1000μL/L，高于这个浓度后，报警发出声光信号，并启动室内风机。

（三）数据比对分析

为规范 SF_6 在线检测装置的入网质量，把关运行中的校准工作，保障其安全、稳定和可靠运行，依据国家、行业有关标准和规定以及制造技术标准，并结合设备运行经验而制定了 SF_6 浓度和氧气含量、湿度、温度、压力、密度在线检测装置的入网验收、校验等方面的内容。

1. 设备入网验收

（1）SF_6 浓度和氧气含量、湿度、温度、压力、密度在线检测装置应在入网时进行质量把关验收工作。

（2）检查设备表面不应有机械损伤和变形，其附件、备件齐全，规格应符合技术条件要求，包装完好。

（3）交接验收项目包括结构、功能和外观检查，精确度试验、标准气体检测试验等。

（4）对于浓度型装置，验收时要求精度控制为 SF_6 不大于 5%F·S（满量程）；氧气浓度不大于 1%F·S。

（5）对于综合测量型装置要求精度不大于±5%。

（6）验收时选用至少高、中、低三个等级的标准数值进行检测验收工作，验收的差值不大于±10%。

2. 运行中校准

（1）在线 SF_6 综合检测设备。

1）使用标准湿度仪，对 SF_6 设备进行湿度测量工作，测量结果作为标准湿度值，测得结果与在线结果进行比较分析工作，准确度不超过±10%。

2）使用标准的精密压力计，对 SF_6 设备进行实际压力测量工作，测量结果作为标准压力值，测得结果与在线结果进行比较分析工作，准确度不超过±10%。

3）使用标准的精密温度表计，对 SF_6 设备进行实际温度测量工作，测量结果作为标准温度值，测得结果与在线结果进行比较分析工作，准确度不超过±10%。

准确度的计算方法为

$$\frac{在线监测装置数据-精密仪表试验数据}{精密仪表试验数据}×100\% \quad （Z13K2004Ⅲ-1）$$

（2）室内 SF_6 浓度报警仪。使用至少高、中、低三个等级的标准气体，对 SF_6 浓度设备进行测量工作，测得结果与标准气体结果进行比较分析工作，准确度不超过±10%。

准确度的计算方法为

$$\frac{在线监测装置数据-标准气体数据}{标准气体数据}×100\% \quad （Z13K2004Ⅲ-2）$$

七、在线监测设备的运行维护

1. 在线 SF_6 综合检测设备

定期对其进行校准工作，校准周期一般 1 年一次，校准项目为湿度、压力、温度等。定期对其进行泄漏检查，发现泄漏情况及时处理，泄漏测试工作建议 1 年一次。

2. 室内 SF_6 浓度报警仪

定期对其进行校准工作，校准周期一般 1 年一次，校准项目为 SF_6、氧气等的浓度。

3. 误报处理

在线设备发出声光报警时，在确定开关设备正常的情况下，应对在线设备进行校准工作，确认在线设备出现误报警后，通知设备厂家进行检修处理工作。

【思考与练习】

1. 简述在线湿度综合测试装置作用与目的。

2. 简述在线湿度综合测试装置的安装注意事项。

3. 在线湿度综合测试装置的湿度显示结果为 245μL/L，现场用精密湿度仪测得结果为 278μL/L，试评价在线设备的准确度。

▲ 模块 5　在线监测系统维护（Z13K2005Ⅲ）

【模块描述】 本模块介绍在线监测系统的维护，通过要点归纳和方法介绍，掌握在线监测系统运行维护方法。

【模块内容】

输变电在线监测系统维护主要包括：输变电监测装置台账维护、数据库维护、服务器日常检查、输变电状态监测数据接入情况统计、监测告警规则维护、监测类型特性参数维护、输电关联关系维护。

一、在线监测系统

输变电设备状态监测系统的设计目标是面向公司坚强智能电网建设要求，结合"三集五大"发展战略，依托生产管理信息系统（PMS），在公司范围内建立"两级部署、三级应用"的统一输变电设备状态监测系统，规范各类输变电设备状态监测装置的数据接入，提供各种输变电设备状态信息的展示、预警、分析、诊断、评估和预测功能，并集中为其他相关系统提供状态监测数据，实现输变电设备状态的全面监测和状态运行管理。

二、安装在线监测系统的目的

输变电设备状态监测系统是实现输变电设备状态运行检修管理、提升输变电专业生产运行管理精益化水平的重要技术手段。系统通过各种传感器技术、广域通信技术和信息处理技术实现各类输变电设备运行状态的实时感知、监视预警、分析诊断和评估预测，其建设和推广工作对提升电网智能化水平、实现输变电设备状态运行管理具有积极而深远的意义。

三、在线监测系统的维护

定期巡视输变电状态监测系统应用服务器、输变电状态监测系统数据库服务器、输变电状态监测系统 GIS 应用服务器，以保证服务器安全稳定运行。

对省内的监控中心装置运行日志、监测装置运行管理，并且对用户在使用过程中发现的问题进行消缺。

及时响应对监测装置特性参数、输变电设备监测装置台账、数据接入的情况报表、验收指标统计分析等数据整理及服务的需求。

对开发组上报输变电状态监测系统各模块功能完善，配合国家电网公司总部数据上报等相应工作。

四、维护注意事项

定期巡视输变电状态监测系统应用服务器、数据库服务器（中国电力科学研究院有专人负责）、图形服务器检查服务器的内存及 CPU 的使用情况，检查服务器的磁盘使用情况，检查数据库的表空间使用情况。对输变电状态监测数据库每天进行备份，每天检查数据备份文件的增长情况，查看磁盘空间剩余情况；

五、在线监测系统维护管理规定

要求每天对系统进行检测，发现问题及时处理；必须制定检查计划，定期巡视输变电状态监测系统应用服务器、数据库服务器、图形服务器检查服务器的内存及 CPU 的使用情况；每周检查数据库的表空间使用情况；每天检查输变电监测装置数据上穿情况，确保输变电监测装置数据正常传输。每周必须向国家电网公司总部提交输变电状态监测数据接入情况统计。

【思考与练习】

1. 简述在线监测系统的目的。
2. 简述在线监测系统维护注意事项。
3. 简述输变电设备状态监测系统。

第四十五章

线圈类设备故障分析及诊断

▲ 模块1　绝缘油油品的劣化程度分析及判断
（Z13K3001Ⅲ）

【模块描述】本模块介绍绝缘油的劣化程度分析及判断的方法。通过要点归纳和方法介绍，掌握绝缘油油品劣化的原因及其分析方法和评价标准。

【模块内容】

一、油质变差或劣化的原因

（一）运行条件的影响

电力变压器如在正常条件下运行，一般油品都应具有一定的氧化安定性，但当设备超负荷运行或出现局部过热而油温增高时，油的老化则相应加速。当夏季环境温度比较高时，若不能及时调整通风和降温条件，变压器将加速其氧化进程，使油质变差。同时，运行中油的维护很重要，如目前变压器大部分不是全密封，如果呼吸器内的干燥剂失效不能及时处理，净油器（热虹吸器）内的吸附剂失效后未能及时更换等，都会促使油的氧化变质。因此，做好运行油的维护，不仅会延长油的使用寿命，也使设备使用期延长。

（二）设备条件的影响

变压器的严密性不好，漏水、漏气，加速了油的氧化和老化。选用固体绝缘材料不当，与油的相溶性不好，也会促进油的老化。变压器设计制造采用小间隔，运行中易出现热点，不仅促使固体绝缘材料老化，也加速油的老化。一般温度从60～70℃起，每增加10℃油的氧化速度约增加一倍。所以设备设计和选用绝缘材料都对油的使用寿命有影响。

（三）油污染的影响

油污染主要指混油不当的污染；金属微粒的污染，有机酸、醇等极性杂质的污染及水分子污染，且污染后常导致泥析出与沉淀物出现。

油质变差超标的原因及对策参见表 Z13K3001Ⅲ-1。

表 Z13K3001Ⅲ-1　　　　运行中变压器油质超标原因及对策

项目	超标		超标可能原因	采取对策
外观	(1) 不透明有可见杂质； (2) 油色太深		(1) 油中含有水分或纤维、炭黑及其他固体物质； (2) 可能劣化或污染	(1) 检查含水量，调查原因，与其他试验配合决定措施； (2) 检查酸值、闪点、油泥决定措施
酸值（mgKOH/g）与水溶性酸	(1) pH＞0.1； (2) pH＜4.2		(1) 超负荷运行； (2) 抗氧化剂消耗； (3) 补错油； (4) 油被污染； (5) 油质老化； (6) 油被污染	(1) 调查原因，增加试验次数，投入净油器或更换吸附剂，测定抗氧化剂含量并适当补加抗氧化剂； (2) 与酸值进行比较查明原因，投入净油器
闪点	(1) 比新油标准低 5℃； (2) 比前次试验低 5℃		(1) 设备存在局部过热或放电故障； (2) 补错油	查明原因消除故障，进行真空脱气处理或换油
水分（μg/g）	220～300kV 设备	≤30	(1) 密封不严，潮气侵入； (2) 超温运行，导致固体绝缘老化或油质劣化	(1) 更换呼吸器内干燥剂； (2) 降低运行温度； (3) 采用真空过滤处理
	66～110kV 设备	≤40		
击穿电压（kV）	66～220kV 设备	≤35	(1) 油中水分含量过大； (2) 油中有杂质颗粒污染	查明原因，进行真空滤油或更换新油
	20～35kV 设备	≤30		
界面张力（mN/m）	＜19		(1) 油质老化严重，油中有可溶性酸或沉淀性油泥析出； (2) 油质污染	结合酸值、油泥的测定采取对策，进行再生处理或更换新油
体积电阻率			(1) 油质老化程度较深； (2) 油被污染； (3) 油中含有极性杂质	应查明原因，对少数设备可换油
油中气体含量	—		—	—
油泥与沉淀物	有油泥和沉淀物存在（重量在 0.02%以下可忽略不计）		(1) 油质老化； (2) 杂质污染	(1) 进行油处理； (2) 如经济合理可换油

二、变压器油老化程度的鉴别

变压器油在运行中有热老化和电老化两种。

(一) 热老化

热老化是一般变压器中油老化的最主要的形式，是油在高温下因氧化而导致的老化。氧来源于油箱中残留或纤维中的热分解。变压器油由氧化而老化的过程大致分下面三个时期。

初期：氧和油不饱和碳氢化合物和有机化合物生成饱和碳氢化合物。

中期：油氧化生成稳定氧化物和有机酸（如醋酸、脂肪酸、沥青酸等），酸价增高，酸对固体绝缘和金属起腐蚀作用。

后期：油继续氧化使酸性产物达到一定浓度，并开始聚合和凝缩，析出水分和生成中性的高分子树脂及沥青质。这时油成混浊胶凝状态，产生油泥。

氧化后的酸价增加（有时氧与金属形成盐类而酸值并不增加），介质损耗因数增大，黏度增加。氧化严重时还析出油泥和水分。油泥沉淀在固体介质表面上，将影响散热，使油的击穿场强下降。

影响变压器油氧化老化的主要因素是温度，当油温低于 60～70℃时，油氧化微弱，油温再升高时，氧化开始显著，大约油温每增加 10K，氧化速度增大一倍。

变压器内部存在局部过热故障时，局部温升可能超过变压器正常运行温度的几倍。这种局部温度的升高，开始并不影响变压器的正常运行，但长期下去，会加速故障区附近变压器油的老化。

（二）电老化

（1）以特征气体判断。电老化可发生在高压变压器中。高压变压器中的油承受的场强比较高，因此必须注意电老化。变压器内部的局部放电（包括绕组裸露部分对铁芯和油箱等间隙的局部放电以及匝间绝缘破坏引起的局部放电）故障，其所产生的带电粒子撞击油分子，引起局部温度升高，使油裂解。如果局部放电为弱放电性故障时，所产生的气体主要是 H_2 和 CH_4；当为强放电性火花放电或电弧放电故障时，所产生的气体主要是 C_2H_2 和 H_2。

油中局部放电不仅会加速油的老化，而且所产生的气体（如 H_2、CH_4 等）会重新聚合形成比较重而且粘的蜡状物质（油泥），积聚于高场强区附近的绕组绝缘上，使油道堵塞，影响散热，并促进固体绝缘介质的热老化。

（2）由油的颜色判断老化。根据油的外观颜色，透明程度及气味，大致能判断出油质的好坏。新变压器油颜色淡黄、透明，从一定角度看油面有蓝色荧光。随着变压器运行时间的增长，油逐渐老化（氧化），油中氧化物及油泥增加，油色逐渐变深，颜色成了橙黄色、暗黄色以致深褐色，透明度也随之下降，油面蓝色荧光消失。当油中含有较多水分时，油就变得浑浊。新变压器油有轻微的煤油气味，而老化后的变压器油煤油味消失，代之以一股酸味。烧毁后的变压器油则是一股焦臭味。

变压器油的颜色测定是用纯碘按一定比例溶解于碘化钾溶解中制成母液，然后用蒸馏水稀释母液，母液用量以少到多分配在 15 只试管中，得到从淡黄白到褐色的逐次加深的标准比色液。以此标准液与被试油进行比较，以判断其老化程度。

（3）由 tanδ 值判断老化。老化的变压器油的 tanδ 比新油的 tanδ 可能大数倍或数百倍以上。所以测量油的 tanδ 是判断油质和老化程度的比较灵敏的指标。老化的油 tanδ 随温度变化比新油要快得多。例如 20℃时，如果老化油的 tanδ 只相当于新油的 2 倍，那么在 100℃时就可能相差 20 倍。因此可能出现这种情况，油在 20℃时 tanδ 合格，而 70℃时 tanδ 超标，这意味着油的老化已达到一定程度了。所以，一般应在 70℃下测量变压器油的 tanδ 由酸价判断老化。随着变压器油的老化，油中酸值也逐渐增大。因此可通过测定酸值判定油的老化程度。我国规定变压器酸价不大于 0.051mgKOH/g 油。当酸价<0.2mgKOH/g 油时，几乎不产生油泥；在达到 0.4mgKOH/g 油时，就可见到油泥；当超过 0.4mgKOH/g 油时就更多，则表明油已经相当程度的老化了，此时必须迅速进行油处理或更换新油。

（4）由油中糠醛判断。变压器的油中糠醛含量应随运行时间的增加而增加，但不同变压器除了制造上的固有差异外，还因运行中环境温度、负载率等不同，造成在相同运行时间内糠醛含量的分散性；另外变压器油纸比例不同，测试结果用单位体积油中糠醛的毫克量表示，使相同老化状况的不同设备的测试结果出现不同；变压器油处理也是影响糠醛含量的重要因素。从而变压器的运行时间同糠醛含量的对数之间表现为一个线性区域。根据千台以上变压器统计，大部分变压器的运行时间与油中糠醛含量在图 Z13K3001Ⅲ-1 的区域 B 范围内。图 Z13K3001Ⅲ-1 的区域 B 和 C 的数据占总数据的 90%以上，区域 A 不到 10%。因此将图 Z13K3001Ⅲ-1 中不同运行年限落入区域 A 的变压器油中糠醛含量的下限值 [$\log(f) = -1.65 + 0.08t$ 其中 f 为糠醛含量，mg/l；t 为运行年数]，作为可能存在纸绝缘非正常老化的注意值。

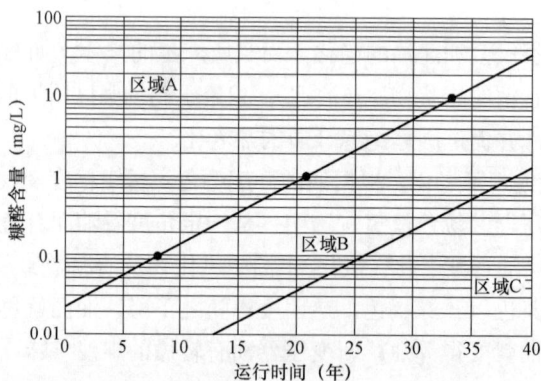

图 Z13K3001Ⅲ-1 变压器油中糠醛含量与运行时间的关系

当油中糠醛含量落入区域 A 时，应该了解变压器在运行中是否经受或多次经受急救性负载、运行温度是否经常过高、冷却系统和油路是否异常，以及含水量是否过高等情况；绝缘的局部过热老化，也能够引起油中糠醛含量高于注意值。为了诊断设备绝缘是否的确存在故障，应当根据具体情况缩短分析周期，监测油中糠醛和 CO、CO_2 含量及其增长速度，并应避免外界因素对测试结果的影响。对运行时间不很长（如小于 10 年）的变压器，当油中糠醛含量过高时尤其需要重视）。

【思考与练习】

（1）引起油质劣化的主要原因有哪些？

（2）油质劣化如何诊断分析？

（3）采取什么措施可以有效减轻油质劣化？

◢ 模块 2　绝缘油油中溶解故障气体的分析及判断（Z13K3002Ⅲ）

【模块描述】本模块介绍绝缘油的劣化程度分析及判断的方法。通过要点归纳和方法介绍，掌握绝缘油油品劣化的原因及其分析方法和评价标准。

【模块内容】

当运行中的充油电气设备承受异常的热和电场作用时，将产生某些可燃性气体并大部分溶解于油中。特征气体组分含量只反映了故障点引起变压器油、纸绝缘的热分解本质，但并没有反映出气体组分的相对浓度与温度间存在着相互的依赖关系，为此，本模块论述以油中特征气体组分比值诊断故障的原理及方法。但必须指出，只有根据气体组分含量的注意值或气体增长率的注意值有理由判断变压器可能存在故障时，比值诊断法才有实际意义。

一、三比值法的基本原理及方法

大量的实践证明，采用特征气体法结合可燃性气体含量法，可做出对故障性质的判断，但还必须找出故障产气组分含量的相对比值与故障点温度或电场力的依赖关系及其变化规律。为此，人们在用特征气体法等进行充油电气设备故障诊断的过程中，经不断的总结和改良，国际电工委员会（IEC）在热力动力学原理和实践的基础上，相继推荐出了三比值法及改良三比值法。我国现行的 DL/T 722—2014《变压器油中溶解气体分析和判断导则》推荐的也是改良的三比值法。

1. 三比值法的原理

通过大量的研究证明，充油电气设备的故障诊断也不能只依赖于油中溶解气体的组分含量，而应取决于气体的相对含量；通过绝缘油的热力学研究结果表明，随着故障点温度的升高，变压器油裂解产生烃类气体按 $CH_4 \to C_2H_6 \to C_2H_4 \to C_2H_2$ 的顺序推移，并且 H_2 是低温时由局部放电的离子碰撞游离所产生。基于上述观点,产生了以 CH_4/H_2、

C_2H_6/CH_4、C_2H_4/C_2H_6、C_2H_2/C_2H_4 的四比值法。由于在四比值法中 C_2H_6/CH_4 的比值只能有限地反映热分解的温度范围，于是 IEC 将其删去而推荐采用三比值法。随后，在人们大量应用三比值法的基础上，IEC 对与编码相应的比值范围、编码组合及故障类别进行了改良，得到了目前推荐的改良三比值法（简称三比值法）。

由此可见，三比值法的原理是：根据充油电气设备内油、低绝缘在故障下裂解产生气体组分含量的相对浓度与温度的相互依赖关系，从五种特征气体中选用两种溶解。

表 Z13K3002Ⅲ–1　　DL/T 722—2014 中三比值法编码规则

气体比值范围	比值范围的编码		
	C_2H_2/C_2H_4	CH_4/H_2	C_2H_4/C_2H_6
<0.1	0	1	0
≥0.1～<1	1	0	0
≥1～<3	1	2	1
≥3	2	2	2

温度和扩散系相近的气体组分组成三对比值，以不同的编码表示；根据表 Z13K3002Ⅲ–1 的编码规则和表 Z13K3002Ⅲ–2 的故障类型判断分法作为诊断故障性质的依据。这种方法消除了油的体积效应影响，是判断充油电气设备故障类型的主要方法，并可以得出对故障状态较可靠的诊断。表 Z13K3002Ⅲ–1 和表 Z13K3002Ⅲ–2 是 DL/T 722—2014 推荐的改良三比值法（也是 IEC 推荐的改良三比值法）的编码规则和故障类别判断方法。

表 Z13K3002Ⅲ–2　　DL/T 722—2014 中三比值法故障类型判断方法

编码组合			故障类型判断	故障实例（参考）
C_2H_2/C_2H_2	CH_4/H_2	C_2H_2/C_2H_6		
0	0	1	低温过热（低于150℃）	绝缘导线过热，注意 CO 和 CO_2 的含量以及 CO_2/CO 值
	2	0	低温过热（150～300）℃	分接开关接触不良，引线夹件螺丝松动或接头焊接不良，涡流引起铜过热，铁芯漏磁，局部短路，层间绝缘不良，铁芯多点接地等
	2	1	中温过热（300～700）℃	
	0, 1, 2	2	高温过热（高于700℃）	
	1	0	局部放电	高湿度，高含气量引起油中低能量密集的局部放电
2	0, 1	0, 1, 2	低能放电	引线对电位未固定的部件之间连续火花放电，分接抽头引线和油隙闪络，不同电位之间的油中火花放电或悬浮电位之间的电花放电
	2	0, 1, 2	低能放电兼过热	

续表

编码组合			故障类型判断	故障实例（参考）
C₂H₂/C₂H₂	CH₄/H₂	C₂H₂/C₂H₆		

C_2H_2/C_2H_2	CH_4/H_2	C_2H_2/C_2H_6	故障类型判断	故障实例（参考）
1	0，1	0，1，2	电弧放电	线圈匝间、层间短路，相间闪络、分接头引线间油隙闪络、引起对箱壳放电、线圈熔断、分接开关飞弧、因环路电流引起电弧、引线对其他接地体放电等
	2	0，1，2	电弧放电兼过热	

同时，DL/T 722—2014 还提示利用三对比值的另一种判断故障类型的方法，即溶解气体分析解释表（表 Z13K3002Ⅲ-3）和解释简表（表 Z13K3002Ⅲ-4）。

表 Z13K3002Ⅲ-3 是将所有故障类型分为六种情况，这六种情况适合于所有类型的充油电气设备，气体比值的极限依赖于设备的具体类型可稍有不同；表 Z13K3002Ⅲ-3 显示了 D1 和 D2 两种故障类型之间的某些重叠，而又有区别，这说明放电的能量有所不同，因而必须对设备采取不同的措施。表 Z13K3002Ⅲ-4 给出了粗略的解释，对于局部放电，低能量或高能量放电以及热故障可有一个简便粗略的区别。

表 Z13K3002Ⅲ-3　　　　　　　溶解气体分析解释表

情况	特征故障	C_2H_2/C_2H_4	CH_4/H_2	C_2H_4/C_2H_6
DP	局部放电（见注3）	NS[1]	<0.1	<0.2
D1	低能量局部放电	>1	0.1～0.5	>1
D2	高能量局部放电	0.6～2.5	0.1～1	>2
T1	热故障 $t<300℃$	NS[1]	>1 但 NS[1]>1	<1
T2	热故障 $300℃<t<700℃$	<0.1	>1	1～4
T3	热故障 $t>700℃$	<0.2[2]	>1	>4

注　1. 上述比值在不同地区可稍有不同。
　　2. 以上比值在至少上述气体之一超过正常值并超过正常增长速率时计算才有效。
　　3. 在互感器中 $CH_4/H_2<0.2$ 时为局部放电。在套管中 $CH_4/H_2<0.7$ 为局部放电。
　　4. 气体比值落在极限范围之外，而不对应于本表中的某个故障特征，可认为是混合故障或一种新的故障。这个新的故障包含了高含量的背景气体水平。在这种情况下，本表不能提供诊断。但可以使用图示法给出直观的、在本表中最接近的故障特征。
　　（1）NS 表示无论什么数值均无意义。
　　（2）C_2H_2 的总量增加，表明热点温度增加，高于 1000℃。

表 Z13K3002Ⅲ-4　　　　　　　溶解气体分析解释简表

情况	特征故障	C_2H_2/C_2H_4	CH_4/H_2	C_2H_4/C_2H_6
PD	局部放电		<0.2	

情况	特征故障	C_2H_2/C_2H_4	CH_4/H_2	C_2H_4/C_2H_6
D	低能量或高能量放电	>0.2		
T	热故障	<0.2		

2. 三比值法的应用原则

三比值法的应用原则是：

（1）只有根据气体各组分含量的注意值或气体增长率的注意值有理由判断设备可能存在故障时，气体比值才是有效的，并应予以计算。对气体含量正常，且无增长趋势的设备，比值没有意义。

（2）假如气体的比值与以前的不同，可能有新的故障重叠在老故障或正常老化上。为了得到仅仅相应于新故障的气体比值，要从最后一次的分析结果中减去上一次的分析数据，并重新计算比值（尤其是在 CO 和 CO_2 含量较大的情况下）。在进行比较时，要注意在相同的负荷和温度等情况下和在相同的位置取样。

（3）由于溶解气体分析本身存在的试验误差，导致气体比值也存在某些不确定性。利用 DL/T 722—2014 所述的方法分析油中溶解气体结果的重复性和再现性。对气体浓度大于 $10\mu L/L$ 的气体，两次的测试误差不应大于平均值的 10%，而在计算气体比值时，误差提高到 20%。当气体浓度低于 $10\mu L/L$ 时，误差会更大，使比值的精确度迅速降低。因此在使用比值法判断设备故障性质时，应注意各种可能降低精确度的因素。尤其是对正常值普遍较低的电压互感器、电流互感器和套管，更要注意这种情况。

3. 三比值法的不足

通过大量的实践，发现三比值法存在以下不足：

（1）由于充油电气设备内部故障非常复杂，由典型事故统计分析得到的三比值法推荐的编码组合，在实际应用中常常出现不包括表 Z13K3002Ⅲ-2 范围内编码组合对应的故障。如表中编码组合"2、0、2"的故障类型为低能放电，但实际在装有带负荷调压分接开关的变压器中，由于分接开关筒里的电弧分解物渗入变压器油箱内，一般是过热与放电同时存在；对编码组合"0、1、0"，通常是 H_2 组分含量较高，但引起 H_2 高的原因甚多，一般难以做出正确无误的判断。

（2）只有油中气体各组分含量足够高或超过注意值，并且经综合分析确定变压器内部存在故障后，才能进一步用三比值法判断其故障性质。如果不论变压器是否存在故障，一律使用三比值法，就有可能对正常的变压器造成误判断。

（3）在实际应用中，当有多种故障联合作用时，可能在表中找不到相对应的比值组合；同时，在三比值编码边界模糊的比值区间内的故障，往往易误判。

（4）在实际中可能出现的故障没有包括在表 Z13K3002Ⅲ-2 比值组合对应的故障类型中，例如，编码组合 202 或 201 在表中为低能放电故障，但对于有载调压变压器，应考虑切换开关油室的油可能向变压器的本体油箱渗漏的情况。此时要用比值 C_2H_2/H_2 配合诊断。

（5）三比值法不适用于气体继电器里收集到的气体分析诊断故障类型。

（6）当故障涉及固体绝缘的正常老化过程与故障情况下的劣化分解时，将引起 CO 和 CO_2 含量明显增长，表 Z13K3002Ⅲ-2 中无此编码组合。此时要用比值 CO_2/CO 配合诊断。

（7）由于故障分类存在模糊性，一种故障状态可能引起多种故障特征，而一种故障特征也可在不同程度上反映多种故障状态，因此三比值法不能全面反映故障状况。同时对油中各种气体组分含量正常的变压器，其比值没有意义。

总之，由于故障分类本身存在模糊性，每一组编码与故障类型之间也具有模糊性，三比值还未能包括和反映变压器内部故障的所有形态，所以它还在不断发展和积累经验，并继续进行改良，其发展方向之一是把比值法与故障稳定的关系变为模糊关系矩阵来联系，以便更全面地反映故障信息。

4. 与三比值法配合诊断故障的其他方法

由于三比值法存在上述不足，因此在对运行中的充油电力变压器进行故障诊断时，还需要一些配套的辅助方法。为此，DL/T 722—2014 推荐了几种其他的辅助方法。

（1）比值 CO_2/CO。当故障涉及固体绝缘时，会引起 CO 和 CO_2 含量的明显增长。根据现有的统计资料，固体绝缘的正常老化过程与故障情况下的劣化分解，表现在油中 CO 和 CO_2 的含量上，一般没有严格的界限，规律也不明显。这主要是由于从空气中吸收的 CO_2、固体绝缘老化及油的长期氧化形成 CO 和 CO_2 的基值过高造成的。开放式变压器溶解空气的饱和量为 10%，设备里可以含有来自空气中的 300μL/L 的 CO_2。在密封设备里，空气也可能经泄漏而进入设备油中，这样，油中的 CO_2 浓度将以空气的比率存在。经验证明，当怀疑设备固体绝缘材料老化时，一般 $CO_2/CO>7$。当怀疑故障涉及固体绝缘材料时（高于 200℃），可能 $CO_2/CO<3$，必要时，应从最后一次的测试结果中减去上一次的测试数据，重新计算比值，以确定故障是否涉及了固体绝缘。

当怀疑纸或纸板过度老化时，应适当地测试油中糠醛含量，或在可能的情况下测试纸样的聚合度。

（2）比值 O_2/N_2。一般在油中都溶解有 O_2 和 N_2，这是油在开放式设备的储油罐中与空气作用的结果，或密封设备泄漏的结果。在设备里，考虑到 O_2 和 N_2 的相对溶解度，油中的 O_2/N_2 的比值反映空气的组成，接近 0.5。运行中由于油的氧化或纸的老化，这个比值可能降低，因为 O_2 的消耗比扩散更迅速。负荷和保护系统也可影响这个比值。但当 $O_2/N_2<0.3$ 时，一般认为是出现氧被极度消耗和迹象。

（3）比值 C_2H_2/H_2。在充油电力变压器中，有载调压操作产生的气体与低能量放电的情况相符。假如某些油或气体在有载调压油箱与主油箱之间相通，或各自的储油罐之间相通，这些气体可能污染主油箱的油，并导致误判断。

主油箱中 $C_2H_2/H_2>2$，认为是有载调压污染的迹象，这种情况可利用比较主油箱和储油罐的油中溶解气体浓度来确定。气体比值和乙炔浓度值依赖于有载调压的操作次数和产生污染的方式（通过油或气）。

（4）气体比值的图示法。利用气体的三对比值，在立体坐标图上建立图 Z13K3002Ⅲ-1 所示的立体图示法，可方便地直观不同类型故障的发展趋势。利用 CH_4、C_2H_2 和 C_2H_4 的相对含量，在图 Z13K3002Ⅲ-2 所示的三角形坐标图上判断故障类型的方法也可辅助这种判断。

图示法对在三比值法或溶解气体解释表中给出不出诊断的情况下是很有用的，因为它们在气体比值的极限之外。使用图 Z13K3002Ⅲ-1 的最接近未诊断情况的区域，容易直观地注意这种情况的变化趋势。而且，在这种情况下，图 Z13K3002Ⅲ-2 总能提供一种诊断。为了显示清楚，图 Z13K3002Ⅲ-1 中，轴以 10 为极限，但实际上是无限的。这更适合利用计算机软件显示。

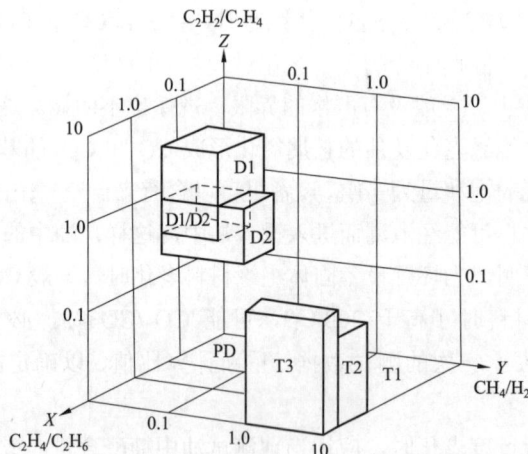

图 Z13K3002Ⅲ-1　立体图示法

PD—局部放电；D1—低能放电；D2—高能放电

T1—热故障，t<300℃；T2—热故障，300℃<t<700℃；T3—热故障，t>700℃

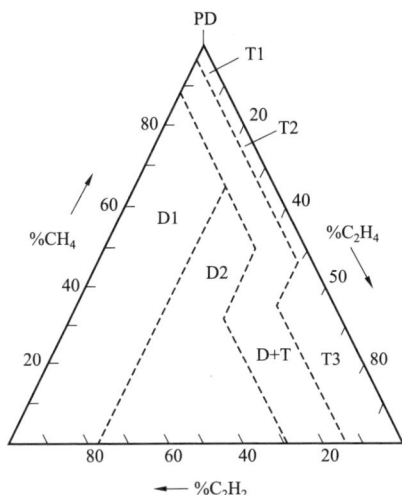

图 Z13K3002Ⅲ-2　大卫三角形法

PD—局部放电；D1—低能放电；D2—高能放电；T1—热故障，
$t<300℃$；T2—热故障，$300℃<t<700℃$；T3—热故障，$t>700℃$

注　$\%C_2H_2=\dfrac{100X}{X+Y+Z}$，$X=[C_2H_2]$，单位 μL/L；$\%C_2H_4=\dfrac{100Y}{X+Y+Z}$，$Y=[C_2H_4]$，单位 μL/L；

$\%CH_4=\dfrac{100Z}{X+Y+Z}$，$Y=[CH_4]$，单位 μL/L。

5. 以三比值法诊断故障的步骤

DL/T 722—2014 指出：对出厂的设备，按其规定的注意值进行比较，并注意积累数据；当根据试验结果怀疑有故障时，应结合其他检查性试验进行综合诊断。对运行中的变压器，按下述步骤进行故障诊断。

（1）将试验结果的几项主要指标（总烃、甲烷、乙炔、氢）与注意值作比较，同时注意产气速率。

（2）当认为设备内部存在故障时，可用特征气体法、三比值法和其他方法并参考溶解气体分析解释表和气体比值的图示法，对故障的类型进行诊断。

（3）按本节所述方法对 CO 和 CO_2 进行诊断。

（4）在气体继电器内出现气体的情况下，应将继电器内气样的分析结果按本节所述的方法进行诊断。

（5）根据上述结果以及其他检查性试验（如测量绕组直流电阻、空载特性试验、绝缘试验、局部放电试验和测量微量水分等）的结果，并结合该设备的结构、运行、检修等情况进行综合分析，诊断故障的性质及部位。根据具体情况对设备采取不同的处理措施（如缩短试验周期，加强监视，限制负荷，近期安排内部检查，立即停止运行等）。

二、其他比值法的基本原理及方法

由于运行中的充油变压器的故障多种多样，国内外在三比值法的基础上，结合对故障变压器油中溶解气体色谱分析数据的统计分布研究，提出或推荐了多种比值诊断方法，对判断变压器内部故障性质都有各自的特色。我们在对运行中的变压器用三比值法诊断时，如果对某些故障与三比值法诊断结果相矛盾或者有质疑时，可以用这些辅助方法进行诊断。

1. 四比值法

大量的统计资料表明，三比值法对充油电力变压器导电回路和磁回路的铁芯多点接地等过热性故障的诊断准确度不是很高，因此，在三比值法基础上提出了四比值法。

（1）四比值法的基本原理。英国中央电力局 1970 年提出并在 1972 年国际大电网会议上介绍了应用 4 个溶气浓度的比值来确定故障性质，即得能堡比值法（Doermenburg Ratios）（表 Z13K3002Ⅲ–5），也是第一个解释油中溶解分析结果的方法。英国中央电力局还提出与得能堡比值法相似的方法，即应用溶解气体浓度的四组比值来构成一组代码以确定故障的性质，即劳杰士比值法（Rogers）（表 Z13K3002Ⅲ–6），其故障判断表见表 Z13K3002Ⅲ–7。

表 Z13K3002Ⅲ–5　　　　　　　　得能堡四比值诊断法

故障类型	编码组合	特征气体比值	
		油	气
热分解	CH_4/H_2	>1	>0.1
	C_2H_2/C_2H_4	<0.75	<1
	C_2H_2/CH_4	<0.3	<0.1
	C_2H_6/C_2H_2	>0.4	<0.2
电晕	CH_4/H_2	<0.1	<0.01
	C_2H_2/C_2H_4	不用	不用
	C_2H_2/CH_4	<0.3	<0.1
	C_2H_6/C_2H_2	>0.4	>0.2

续表

故障类型	编码组合	特征气体比值	
		油	气
击穿	CH_2/H_2	0.1~1	0.01~1
	C_2H_2/C_2H_4	>0.75	>1
	C_2H_2/CH_4	>0.3	>0.1
	C_2H_6/C_2H_2	<0.4	<0.2

表 Z13K3002Ⅲ-6　　　　　　劳杰士比值法编码规则

气体比	比值范围	编码
$\dfrac{CH_4}{H_2}$	≤0.1	5
	>0.1，<1	0
	≥1，<3	1
	≥3	2
$\dfrac{C_2H_6}{CH_4}$	<1	0
	≥1	1
$\dfrac{C_2H_4}{C_2H_6}$	<1	0
	≥1，<3	1
	≥3	2
$\dfrac{C_2H_2}{C_2H_2}$	<0.5	0
	≥0.5，<3	1
	≥3	2

表 Z13K3002Ⅲ-7　　　　　　劳杰士比值法故障判断表

$\dfrac{CH_4}{H_2}$	$\dfrac{C_2H_6}{CH_2}$	$\dfrac{C_2H_4}{C_2H_6}$	$\dfrac{C_2H_2}{C_2H_4}$	判　　断
0	0	0	0	正常劣化
5	0	0	0	局部放电
1/2	0	0	0	轻度过热——低于150℃
1/2	1	0	0	轻度过热——150~200℃
0	1	0	0	轻度过热——200~300℃
0	0	1	0	一般导线过热
1	0	1	0	绕组环流

续表

$\dfrac{CH_4}{H_2}$	$\dfrac{C_2H_6}{CH_2}$	$\dfrac{C_2H_4}{C_2H_6}$	$\dfrac{C_2H_2}{C_2H_4}$	判 断
1	0	2	0	铁芯和箱壳环、接头过热
0	0	0	1	无工频续流的闪络
0	0	1/2	1/2	有工频续流的闪络
0	0	2	2	悬浮电位引起的连续火花
5	0	0	1/2	留有痕迹的局部放电（注意 CO）

西德对劳杰士法的四比值范围作了更细的划分，保留了劳杰士法可以消除油量影响的优点，使用者的选择可以简化，但反而较为繁琐，其诊断方法如表 Z13K3002Ⅲ-8。

我国经大量的故障数据分析统计，在使用中对上述四比值法进行了修正，使该方法对导电回路和磁回路的过热性故障诊断具有比三比值法更高的准确性。总结国内外对四比值法的研究和应用经验，四比值法的基本原理可归纳为：

四比值法是在三比值 C_2H_2/C_2H_4、CH_4/H_2、C_2H_4/C_2H_6 基础上增加一个比值 C_2H_6/CH_4，即利用 5 种气体组成四对比值；比值法的表示方法是：两组分浓度比值如大于 1，用 1 表示；如小于 1，则用 0 表示；在 1 左右，表示故障性质的中间变化过程，即故障性质暴露不太明显；比值越大，则故障性质的显示越明显；如同时有两种性质的故障存在，例如 1011，则可解释为连续电火花与过热。

表 Z13K3002Ⅲ-8　　　　西 德 四 比 值 法

故障类型	$\dfrac{CH_4}{H_2}$	$\dfrac{C_2H_6}{CH_4}$	$\dfrac{C_2H_4}{C_2H_6}$	$\dfrac{C_2H_2}{C_2H_4}$
一般损坏	0.1～1	<1	<1	<0.5
局部放电	≤0.1	<1	<1	<0.5
轻度过热 150～200℃	1～3 或≥3	<1	<1	<0.5
过热 150～200℃	1～3 或≥3	≥1	<1	<0.5
过热 150～200℃	0.1～1	≥1	<1	<0.5
导线过热	0.1～1	<1	1～3	<0.5
线圈中出现不平衡电流或接线过热	1～3	<1	1～3	<0.5

续表

故障类型	$\dfrac{CH_4}{H_2}$	$\dfrac{C_2H_6}{CH_4}$	$\dfrac{C_2H_4}{C_2H_6}$	$\dfrac{C_2H_2}{C_2H_4}$
铁件或油箱出现不平衡电流	1～3	<1	≥3	<0.5
小能量击穿	0.1～1	<1	<1	0.5～3
电弧短路	0.1～1	<1	1～3/≥3	0.5～3/≥3
长时间刷形放电	0.1～1	<1	≥3	≥3
局部闪络放电（注意 CO）	≤0.1	<1	<1	0.5～3/≥3

因此，诊断故障性质的四比值法可归纳为表 Z13K3002Ⅲ-9。

表 Z13K3002Ⅲ-9　　　　　　判断故障性质的四比值法

C_2H_4/H_2	C_2H_6/CH_4	C_2H_4/C_2H_6	C_2H_2/C_2H_4	判断结果
0	0	0	0	$CH_4/H_2<0.1$ 表示局部放电，其他表示正常老化
1	0	0	0	轻微过热，温度约小于 150℃
1	1	0	0	轻微过热，温度约为 150～200℃
0	1	0	0	轻微过热，温度约为 150～200℃
0	0	1	0	一般导体过热
1	0	1	0	循环电流及（或）连接点过热
0	0	0	1	低能火花放电
0	1	0	1	电弧性烧损
0	0	1	1	永久性火花放电或电弧放电

（2）四比值法诊断过热性故障的方法。

1）诊断磁回路过热故障。在四比值法中，当 $CH_4/H_2=1\sim3$，$C_2H_6/CH_4<1$，$C_2H_4/C_2H_6\geq3$，$C_2H_2/C_2H_4<0.5$ 时，变压器存在磁回路过热性故障。

例如，某变电站 180MVA 的主变压器投运以来，可燃性气体含量不断上升，几经脱气并吊钟罩检查也未彻底查清故障，其色谱分析结果如表 Z13K3002Ⅲ-10 所示。

表 Z13K3002Ⅲ-10　　　　　色 谱 分 析 结 果　　　　　单位：μL/L

H_2	CH_4	C_2H_6	C_2H_4	C_2H_2	C_1+C_2	CO	CO_2
39	103	67	233	0.49	403.49	271	206.7

由表 Z13K3002Ⅲ-10 中数据计算得：$CH_4/H_2=2.95$（1～3）；$C_2H_6/CH_4=0.65$（<1）；$C_2H_4/C_2H_6=3.47$（>3）；$C_2H_2/C_2H_4=0.002$（<0.5）。由表 Z13K3002Ⅲ-9 可判断为磁回路存在过热性故障。对该变压器返厂大修时，确认为铁芯过热性故障。

通过上例和大量实践表明，它对诊断充油电力变压器回路过热性故障具有相当高的准确性。

2）三比值法与四比值法结合诊断回路过热故障。由上述可知，四比值法的磁回路过热判据与三比值法比较，有三个比值项相同，并且在这三个比值项中，磁回路过热判据基本上与三比值法的比值组合 022 相同。因此，当基于三比值法判断为 022 热故障后，再将其中的 CH_4/H_2 的比值按 1～3 和 ≥3 划分为：$CH_4/H_2=1$～3，编码记为 2_C（C—磁）；$CH_4/H_2\geq3$，编码记为 2_D（D—电）。

于是，可得到诊断回路过热故障的判据：当比值组合为：02_C2 时为磁回路过热性故障；02_D2 时为导电回路过热性故障。

例如，某变电所一台 120MVA 主变压器的色谱分析结果如表 Z13K3002Ⅲ-11 所示。

表 Z13K3002Ⅲ-11 色 谱 分 析 结 果 单位：μL/L

H_2	CH_4	C_2H_6	C_2H_4	C_2H_2	C_1+C_2	CO	CO_2
73.6	238.9	58	476.7	6.75	730	242	2715

根据表 Z13K3002Ⅲ-11 中数据，三比值法编码为 022，其中 $CH_4/H_2=\dfrac{238.9}{73.6}=$ $3.2>3$，可将编码记为 02_D2，即为导电回路过热性故障。根据直流电阻测试结果，并对分接头开关直接检查，确认为分接头开关接触不良。

2. 以三比值法为基础的其他诊断方法

（1）方法的基本原理。

1）IEC 的三比值法。为了便于比较分析和读者对各种文献中的实例进行对比，有必要先介绍 IEC 的比值法。

在 2000 年前，我国有关变压器油中溶解气体分析和判断的导则或规程是引用 IEC 的三比值法，其编码和判断方法如表 Z13K3002Ⅲ-12、Z13K3002Ⅲ-13。现行的 IEC 改良三比值法的编码规则和故障类型判断方法与 DL/T 722—2014 相同，即表 Z13K3002Ⅲ-1 和 Z13K3002Ⅲ-2 相同。

表 Z13K3002Ⅲ–12　　　　　　　IEC 三比值法编码规则

特征气体的比值	按比值范围编码			说　明
	$\dfrac{C_2H_2}{C_2H_4}$	$\dfrac{CH_4}{H_2}$	$\dfrac{C_2H_4}{C_2H_6}$	
<0.1	0	1	0	如： $C_2H_2/C_2H_4=1\sim3$，编码为 1 $CH_4/H_2=1\sim3$，编码为 2 $C_2H_4/C_2H_6=1\sim3$，编码为 1
0.1～1	1	0	0	
1～3	1	2	1	
>3	2	2	2	

表 Z13K3002Ⅲ–13　　　　　　　IEC 三比值法故障性质的判断

序号	故障性质		比值范围编码			典型事例
			$\dfrac{C_2H_2}{C_2H_4}$	$\dfrac{CH_4}{H_2}$	$\dfrac{C_2H_4}{C_2H_6}$	
0	无故障		0	0	0	正常老化
1	局部放电	低能量密度	0	1	0	空隙中放电
2		高能量密度	1	1	0	空隙中放电，但已导致固体放电
3	放电	低能量	1→2	1	1→2	油隙中放电、火花放电
4		高能量	1	0	2	有续流的放电、电弧
5	过热故障	<150℃	0	0	1	绝缘导线过热
6		150～300℃	0	2	0	铁芯过热：从小热点、接触不良至环流，温度依次升高
7		300～700℃	0	2	1	
8		>700℃	0	2	2	

2）电协研法。日本电协研究会以 156 台故障变压器油中溶解气体分析数据与劳杰士方法和 IEC 法作检验后，提出电协研法。电协研法虽然把故障分类进行了简化和把与编码相应的比值范围上下限作了更明确的规定，但没有考虑到实际上有时会有故障类型叠加的编码组合，而且把 IEC 法的"010"和"001"编码组合删去也不符合实际情况。为此，对电协研法的编码的组合作进一步修改后，提出了改良电协研法，其编码规则及诊断方法如表 Z13K3002Ⅲ–14 所示。我国不少研究者的验证表明，虽然改电协研法对有些故障的诊断。

表 Z13K3002Ⅲ−14　　　　　改良电协研法编码规则

气体的比值范围	比值范围的编码		
	C_2H_2/C_2H_4	CH_4/H_2	C_2H_4/C_2H_6
<0.1	0	1	0
≥0.1～<1	1	0	0
≥1～<3	1	2	1
≥3	2	2	2

故障类型诊断

编码组合			故障类型诊断	故障实例（参考）
$\dfrac{C_2H_2}{C_2H_4}$	$\dfrac{CH_4}{H_2}$	$\dfrac{C_2H_4}{C_2H_6}$		
	1	0	局部放电	高温度，高含气量引取油中低能量密度的局部放电*
0	0	1	低温过热（<150℃）	绝缘导体过热，注意 CO、CO_2 含量及其 CO/CO_2 比值
	2	0	低温过热（150～300℃）	分接开关接触不良，引线夹件螺丝松动或接头焊接不良，涡流引起铜过热，铁芯漏磁，局部短路和层间绝缘不良，铁芯多点接地等
	2	1	中温过热（300～700℃）	
	0，1，2	2	高温过热（>700℃）	
2	0，1	0，1，2	火花放电	引线对电位未固定的部件之间的油中火花放电，或悬浮电位之间火花放电等
	2	0，1，2	火花放电兼过热	
1	0，1	0，1，2	电弧放电	线圈匝、层间短路、相间闪络、分接头引线油隙闪络、引线对箱壳放电、线圈断线、引线对其他接地体放电、分接开关飞弧、环电流引起电弧等
	2	0，1，2	电弧放电兼过热	

　*　"010"也可能是由进水对铁腐蚀而产生高含量的氢，这时有必要测定油中含水量。

　　仍显得不力，但其判断的准确率要高于其他方法。我国在 DL/T 722—2014 实施前，将改良电协研法与三比值法配合使用收到了明显的效果，为 DL/T 722—2014 的制定积累了大量有用的数据。我们将改良电协研法（表 Z13K3002Ⅲ−15）与我国 DL/T 722—2014（表 Z13K3002Ⅲ−1 和 Z13K3002Ⅲ−2），相比，两者趋于一致。

　　3）过热放电图法。国内外通过采用三比值法的实践和故障变压器色谱分析数据的统计分析，发现在变压器内部存在高温过热和放电性故障时，绝大部分 $C_2H_4/C_2H_6 > 3$，于是就选择三比值中的其余两项构成直角坐标，并以 CH_4/H_2 作纵坐标反映过热，C_2H_2/C_2H_4 作横坐标反映放电，形成过热放电分析判断图，即 DT 图法，如图 Z13K3002Ⅲ-3 所示。

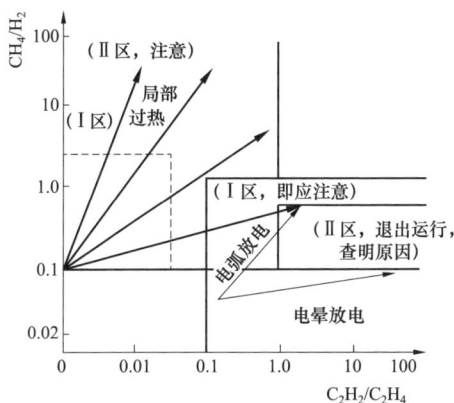

图 Z13K3002Ⅲ-3　TD 图法

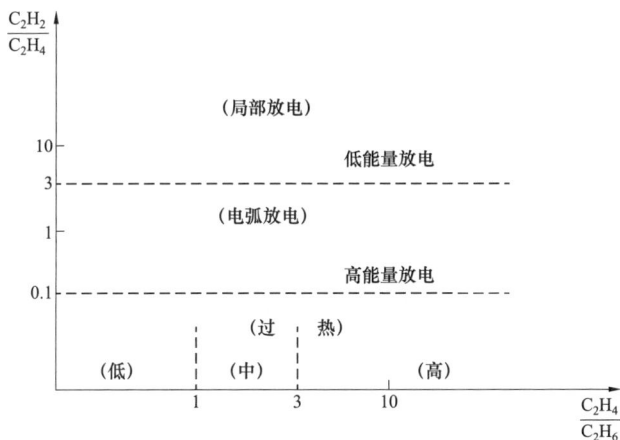

图 Z13K3002Ⅲ-4　电协研的图示法

TD 图法主要用来区分变压器内部的过热故障和放电故障，按其比值划分局部过热、电晕放电和电弧放电区域。这个方法兼有气体组分谱图法的优点和三比值法的特点，能较迅速及正确地判断故障性质，容易被现场试验人员掌握。如果将历年数据点在同一图上标出，还有利于观察其故障性质的动态变化。

通常，除悬浮电位的放电性故障外，变压器的内部故障大多以过热状态开始，向过热Ⅱ区或向放电Ⅱ区发展（图 Z13K3002Ⅲ-3 中的箭头所示），最后以产生过热故障或放电故障引起变压器直接损坏。放电Ⅱ区属于要严格监控并及早处理的重大隐患，因而 TD 图对该区注明"退出运行，查明原因"。当然，这并不是说在过热Ⅱ区运行就无问题，例如，当 CH_4/H_2 比值趋近于 3 时，就可能出现变压器轻瓦斯继电器动作而发出信号。

实践表明，TD 图与气体组分谱图法联合起来使用，可收到更好的效果。在日本的电协研法中，将 C_2H_2/C_2H_4 作纵坐标，C_2H_4/C_2H_2 作横坐标，也作出与 DT 法类似的图示法（如图 Z13K3002Ⅲ-4 所示），可以较直观地诊断故障的类型。

（2）诊断过程。这里以 SWDS-180/220 型变压器主绝缘故障的诊断过程为例来说明如何应用这几种以三比值法为基础的诊断方法。

1）以改良三比值法诊断。该变压器在运行中曾于 1983 年 5 月 7 日发生 8 次轻瓦斯动作，其前后的色谱追踪分析结果列于表 Z13K3002Ⅲ-15 中，并用三比值法判断故障性质，如表 Z13K3002Ⅲ-16 所示。

表 Z13K3002Ⅲ-15　　色谱分析结果

油中组分（μL/L）日期		CO_2	CO	H_2	CH_4	C_2H_2	C_2H_4	C_2H_6	C_1+C_2	TCG	$\frac{C_2H_2}{C_2H_4}$	$\frac{CH_4}{H_2}$	$\frac{C_2H_4}{C_2H_6}$
1983年	3月4日	3300	350.0	6.7	10	3.9	71	11	95.9	452.6	0.05	1.49	6.45
	5月9日	3000	250.0	200	48	131	117	14	310	760	1.12	0.24	8.35
	5月16日	3200	320.0	293	50	120	115	13	298	911	1.04	0.17	8.85
	5月23日	3200	300.0	335	67	170	143	18	398	1033	1.18	0.2	7.94

表 Z13K3002Ⅲ-16　　用国际电工委员会（IEC）标准三比值法及改良三比值法诊断的结果

试验日期		编码代号	故障性质判断	
			IEC 三比值法	改良三比值法
1983年	3月4日	022	高于 700℃高温范围的热故障	高温局部过热
	5月9日	102	高能量放电	高能量电弧放电
	5月16日	102	高能量放电	高能量电弧放电
	5月23日	102	高能量放电	高能量电弧放电

正如前面所示，DL/T 722—2014 采用的是改良三比值法，并且与改良电协研趋于一致，因此，表 Z13K3002Ⅲ-16 中改良三比值法的诊断结果实际上与其他改良比值法的诊断结果基本一致。同时，由于改良三比值法把比值范围的上下限做了更明确的规定，将过热故障分成低、中、高三个等级，把放电故障分在高能放电和低能放电两种类型，诊断的准确率更高。因此，以改良三比值法的结果为依据，再结合其他比值

法进一步诊断。

2）以气体组分谱图法诊断。根据表 Z13K3002Ⅲ-15，可得到各气体的组分，并列于表 Z13K3002Ⅲ-17 所示，其组分谱图如图 Z13K3002Ⅲ-5。

故障性质诊断：

a. 1983 年 3 月 4 日的谱图有 CH_4 和 C_2H_4 峰，并有 C_2H_2 和 CO，诊断为高温过热性故障，并涉及固体绝缘。

表 Z13K3002Ⅲ-17　　　　　气　体　组　分

试验日期		编号	CO	H_2	CH_4	C_2H_2	C_2H_4	C_2H_6
1983 年	3 月 4 日	1	77.3	1.5	2.2	0.86	15.6	2.4
	5 月 9 日	2	33	26	6.3	17.2	15.4	1.84
	5 月 16 日	3	35	32.16	5.5	13.2	12.6	1.4
	5 月 23 日	4	29	32.4	6.5	16.4	13.8	1.7

b. 1983 年 5 月 9 日和 5 月 16 日的谱图有 H_2 和 C_2H_2 峰，且 $\dfrac{C_2H_2}{C_2H_4} \to 1$，判为伴有工频续流的电弧放电性故障；同时，5 月 16 日 H_2 的百分值比 5 月 9 日的有所上升，所以不能错误地认为 C_2H_2 值从 131μL/L 下降到 120μL/L 就趋于稳定，而且 H_2 与 CO 的百分比已趋接近，更应引起警惕。

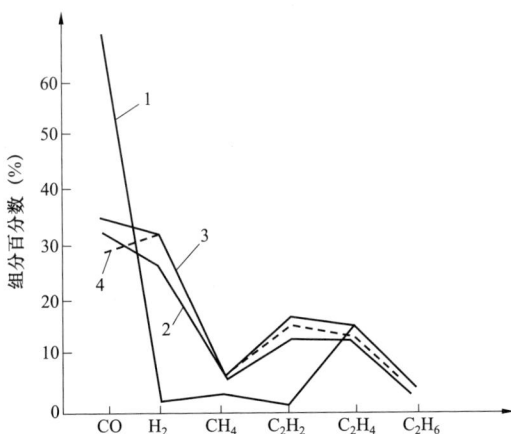

图 Z13K3002Ⅲ-5　气体组分谱图

（图中曲线编号 1、2、3、4 与表 Z13K3002Ⅲ-17 相同）

c. 1983 年 5 月 23 日 CO 和 H_2 百分值倒置，诊断为工频续流电弧放电性故障。

3）以 TD 图法诊断。根据表 Z13K3002Ⅲ-15 可作 TD 图，即图 Z13K3002Ⅲ-6 所示。由图 Z13K3002Ⅲ-6 的 TD 图可见，1983 年 5 月 9 日已进入电弧放电Ⅱ区，应退出运行，查明原因。

综合诊断：该变压器为高能量电弧放电，并且 C_2H_2 值有突变，TD 图已进入电弧放电Ⅱ区，应退出运行，检查原因并消除故障。事故后解体检查，为主绝缘围屏放电故障而导致变压器烧毁，并且围屏下沿的下轭铁夹件上有明显的电弧灼伤区。

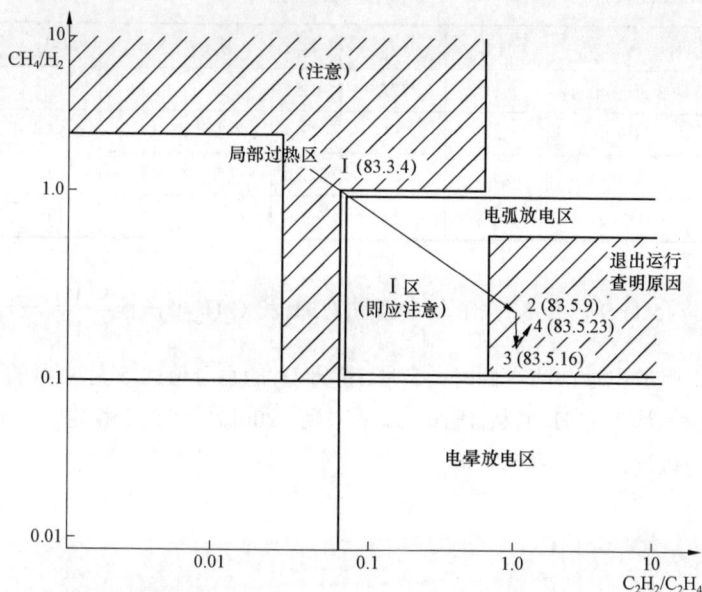

图 Z13K3002Ⅲ-6 SWDS-180/220 变压器色谱分析结果的 TD 图

三、无编码比值法的基本原理及方法

尽管 DL/T 722—2014 中采用了改良的三比值法，提高了诊断故障的可靠性，但三比值法故障编码不多，实际工作中有许多变压器故障因查不到故障编码而无法判断，而且判断方法也复杂。因此，寻求更简单、更精确的诊断技术已成为各国研究的主要课题。电力研究者通过 10 多年收集的全国部分省市变压器故障实例和对国外模拟故障色谱数据的分析研究，提出了用"无编码比值法"分析和诊断变压器故障性质的方法，可以从一个层面解决三比值法故障编码少，有的故障用三比值法难于诊断的问题。

1. 故障类型诊断原理

如前所述，变压器油和固体绝缘材料在不同的温度、不同的放电形式下产生的气体也不相同。日本等国通过大量的模拟试验，得到过热、放电分解的不同气体（见表

Z13K3002Ⅲ-18、Z13K3002Ⅲ-19、Z13K3002Ⅲ-20）。

从上述试验结果可以看出以下规律：

（1）在油中发生 600℃ 以下过热时，产生的主要气体是甲烷，其次是乙烯、乙烷和少量氢气。

（2）在电弧放电时，油产生的气体以氢气和乙炔为主，有少量甲烷、乙烯；在纸和油中电弧放电时产生的一氧化碳是纯油中的 10 多倍。

表 Z13K3002Ⅲ-18　　230～600℃局部加热时绝缘油产生的气体　　单位：mg/g

气体种类	230℃	300℃	400℃	500℃	600℃
氢	—	—	—	0.152	0.320
甲烷	—	—	0.042	4.258	5.848
乙烷	—	—	—	0.045	2.601
乙烯	—	—	—	0.017	3.247
二氧化碳	0.017	0.022	0.219	0.067	0.028

表 Z13K3002Ⅲ-19　　电弧放电时使油和固体绝缘产生的气体　　单位：L/10²L

气体种类	氢	乙炔	甲烷	乙烯	一氧化碳	二氧化碳
纯油	57～74	12～24	0～3	0～1	0～1	0～3
纸板和油	41～53	14～21	1～10	1～11	13～24	1～2
酚醛树脂和油	41～54	4～11	2～9	0～3	24～35	0～2

表 Z13K3002Ⅲ-20　　局部放电和火花放电产生的气体　　（%）

放电型式 \ 气体种类	氢	甲烷	乙炔	一氧化碳	二氧化碳
纯油中局部放电	50.0	45.0	—	—	5.0
油和纤维中局部放电	26.0	54.0	—	10.5	9.5
纯油中火花放电	77.0	4.0	18.0	—	—
纸和油中火花放电	41.0	8.7	41.2	2.0	7.1

（3）在局部放电时，无乙炔，而且甲烷较多。

（4）火花放电产生的气体近似于电弧放电。

利用上述实验得到的规律，我们可以用某些特征气体的组分含量和它们之间的相互比值来判别变压器中存在的不同类型故障。如用过热时甲烷多氢少、放电时氢多而甲烷少的特点，用甲烷与氢气比率就可区分放电与过热故障。为此，共计算出 9 种不同组合形式的气体比率值，并按变压器实际故障分类统计，从中找出故障性质相关的量。于是，我们就可用表 Z13K3002Ⅲ–21 与故障性质相关的气体比率来确定故障性质。

该方法不需要对比值编码，直接由两个比值确定一个故障性质，减少了传统"三比值法"先编码，然后由编码查找故障性质的过程，使分析判断方法简化而可操作性又较强。

表 Z13K3002Ⅲ–21　　　气体比值与实际故障性质分类统计表

序号	气体比值分类	实际故障与比值编码分类							
		高能量放电 102	高能量放电 112、110 101、100	低能量放电 202、212 200	低能量放电兼过热 220、222	高能量放电兼过热 120、121 122	高温过热 022、002	中温过热 021、001	低温过热 020、000
1	CH_4/H_2	0.1~0.97	0.03~0.75	0.01~0.96	1.6~3.5	1.05~2.48	0.37~8.4	0.75~24.2	0.62~3.2
2	C_2H_2/C_2H_4	0.1~2.91	0.11~2.63	3.02~20.0	3.13~18.46	0.10~2.81	0~0.10	0~0.10	0~0.10
3	C_2H_4/C_2H_6	3.4~50	0.24~11.6	3.2~65.2	0.08~11.5	0.2~18.0	3.07~17.1	1.25~3.0	0.12~0.95
4	$C_2H_2/$ (C_1+C_2) /%	4.4~67.4	3.5~56.5	17.2~89.4	43.3~74.0	1.7~60.7	0~5.99	0~4.2	0~3
5	$H_2/$ $(H_2+C_1+C_2)$ /%	3.3~87.6	5.9~81.4	6.3~95.7	11.1~37.3	0~31.3	0~60.5	0~40.8	0~40.3
6	$C_2H_4/$ (C_1+C_2) /%	21.3~66	21.5~45.2	0~20	2.4~18/.2	8.8~57.6	46.1~92.0	31.6~53.4	15.9~30.3
7	$CH_4/$ (C_1+C_2) /%	6.0~74.0	17.9~43.7	0~39.5	20~23.0	12.6~81.4	4.7~70.3	17.2~53.8	17.2~85.6
8	$C_2H_6/$ (C_1+C_2) /%	0~15.2	1.8~72.0	0~13.0	1.9~32.0	0~44.0	3.4~16.8	12.6~38.0	17~42.0
9	$(CH_4+C_2H_4)/$ (C_1+C_2) /%	37.6~86.7	41.7~72.0	22.6~82.8	22.7~41.7	34.0~91.0	79.7~98.2	35.0~87.0	34.5~74.0

2. 诊断故障性质的方法

（1）以计算比值诊断。根据计算的比值，按表 Z13K3002Ⅲ–22 进行诊断，步骤为：

1）以计算的乙炔比乙烯值诊断过热或放电性故障。当计算的比值小于 0.1 时为过热性故障，大于 0.1 时为放电性故障。

2）计算乙烯比乙烷的值并以过热温度诊断热故障程度。当乙烯比乙烷的计算比值小于 1 时为过低温过热（小于 300℃）；大于 1 小于 3 时为中温过热（300～700℃）；大于 3 时为高温过热（大于 700℃）。

3）以计算的甲烷比氢气值诊断是否放电与过热性故障并存。当甲烷比氢气的计算比值大于 1 时，为放电兼过热故障，反之为纯放电故障。

表 Z13K3002Ⅲ-22　　无编码比值故障性质分析诊断方法

故障性质	C_2H_2/C_2H_4	C_2H_4/C_2H_6	CH_4/H_2	典型例子
低温过热 <300℃	<0.1	<1	无关	引线外包绝缘脆化，绕组油道堵塞，铁芯局部短路
中温过热 300～700℃	<0.1	1<比值<3	无关	铁芯多点接地或局部短路，分接开关引线接头接触不良
高温过热 >700℃	<0.1	>3	无关	
高能量放电	0.1<比值<3	无关	<1	绕组匝间、饼间短路，引线对地放电，分接开关拔叉处围屏放电，有载分接开关选择开关切断电流
高能量放电兼过热	0.1<比值<3	无关	>1	
低能量放电	>3	无关	<1	围屏树枝状放电，分接开关错位，铁芯接地铜片与铁芯多点接触，选择开关调节不到位
低能量放电兼过热	>3	无关	>1	

（2）以故障分区图诊断。

根据计算的比值，按图 Z13K3002Ⅲ-7 的故障分区图进行诊断，其步骤为：

1）以计算的乙炔比乙烯值判断故障区域。当计算比值小于 0.1 时为过热性故障，大于 0.1 时为放电性故障。

2）以计算的乙烯比乙烷值判断过热故障区域。以左纵坐标为准，查出过热温度，诊断过热故障类型。

3）以计算的甲烷比氢气值判断故障程度。以图 Z13K3002Ⅲ-7 的右纵坐标为准，查出该值所对应的故障。

由于我们求出两对比值后，即可在故障分区图 Z13K3002Ⅲ-7 中查到故障性质，因此该图示法具有直观、明了、简单、准确等优点；对于过热故障，还可以看出它的温度变化情况，可于用运行中变压器的色谱跟踪分析。

3. 无编码比值法的特点

与三比值法相比，无编码法具有以下特点。

（1）可诊断放电兼过热故障。

对收集到的 102 台次变压器故障的色谱分析数据进行分析诊断比较如下：

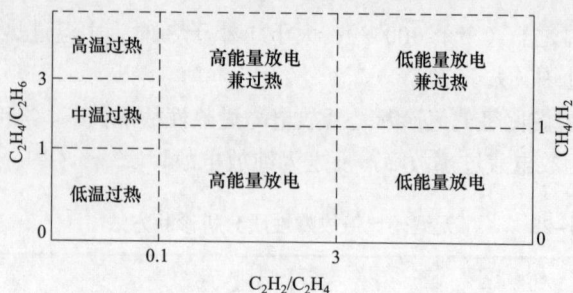

图 Z13K3002Ⅲ-7 变压器故障性质分区图

1）按三比值法编码规则编码的台次是："120"码 16 台次、"121"码 14 台次、"122"码 65 台次、"220"码 4 台次、"221"码 1 台次、"222"码 2 台次。

2）吊芯检查确认的实际故障是：放电和过热两种故障同时存在的变压器 24 台次，如引线焊接不良又有引线对压环放电，铁芯两点接地又有分接开关故障，围屏放电又有铁芯多点接地等；一种故障显示两种特征的变压器有 54 台次，如匝间过热后导致击穿放电、引线脱焊等，铁芯接地铜片或穿心螺丝与铁芯多点接触、分接开关接触不良等。属纯放电的变压器 13 台次，原因不明的 12 台次。

3）用无编码比值法进行诊断，并将诊断结果与②的实际故障进行比较，其准确判断率为 87.3%，而用三比值法诊断的结果与②的实际故障不符合。

上述实践证明，无编码比值法运行中确实存在将故障性质划分为放电兼过热故障的这类故障，这对分析变压器故障部位更为有利一些。

（2）提高过热故障诊断的准确率。按三比值法，"000"组合编码应诊断为设备绝缘正常老化而无故障，而实际上属"000"组合编码的往往仍有故障。为此，用无编码比值法对收集到的属"000"组合编码的变压器进行了诊断，其结果列于表 Z13K3002Ⅲ-23。从表中可知，无编码比值法诊断为过热故障，从而提高了热故障的诊断准确率。

表 Z13K3002Ⅲ-23   "000"组合编码故障实例统计

故障发生单位	发生时间	总烃 ($\mu L/L$)	无编码比值法判断结论	实际故障情况
郑铁临疑 1 号变压器	1973.7.28	722	低温过热	局部放电
黄石电厂 2 号变压器	1982.7.10	138	低温过热	铁芯两点接地
本溪局南分区变电站主变压器 B 相套管	1982	4100	低温过热	第一屏、第二屏放电
劲工二组变压器 TA	1994.4	410	低温过热	过热
鞍山红一变 2 号变压器	1994.9.1	188	低温过热	过热

续表

故障发生单位	发生时间	总烃 （μL/L）	无编码比值法 判断结论	实际故障情况
赵山 708 路 TA	1994.11.9	753.3	低温过热	过热
深圳横岗站 1 号变压器	1995.3.16	103.1	低温过热	未查找
深圳横岗站 2 号变压器	1995.3.16	138.1	低温过热	未查找
韶关局梅田 1 号变压器	1996.6.27	126.1	低温过热	可能是烧焊引起

此外，将收集到的全国 1300 多台次故障变压器分别用三比值法和无编码比值法进行分析诊断，其准确率分别为 74%和 94%，但无编码比值法不宜用于对纯氢超标的变压器进行诊断。

四、影响比值法诊断结果准确性的因素

电力变压器长时在复杂大气环境中运行，结构又复杂，事故又相对较多，制造、安装、检修及运行环境等都可能隐藏下不属于变压器在运行中发生的故障，所产生的气体使油中溶解的故障特征气体组分含量增长，影响比值法诊断的准确性，甚至造成误诊断。为此，本节分析一些主要的影响因素。

1. 变压器组件

（1）绕组及绝缘中残留吸收的气体。在变压器发生故障后，虽然油经过脱气处理，但绕组及绝缘中仍残留有吸收的气体。在变压器继续运行中，这些气体缓慢释放于油中而使油中的气体含量增加，而且一次脱气后色谱分析结果有明显好转，但运行几个月后仍有残留的气体释放出来。因此，对残留气体主要采用脱气法进行消除，脱气后再用色谱分析法进行校验，即是如此，若不掌握变压器油中气体含量的历史状态，也将容易导致误诊断。表 Z13K3002Ⅲ–24 是某台 110kV 电力变压器检修及脱气后的色谱分析结果和可能误诊断情况。

表 Z13K3002Ⅲ–24　　故障变压器油脱气前后的色谱分析结果

取样原因	气体组分（mg/L）						比值范围编码			可能 误诊断
	H_2	CH_4	C_2H_6	C_2H_4	C_2H_2	C_1+C_2	$\dfrac{C_2H_2}{C_2H_4}$	$\dfrac{CH_4}{H_2}$	$\dfrac{C_2H_4}{C_2H_6}$	
检修后未脱气 （1984 年 5 月 14 日）	未测	10.3	3.8	11.4	41.9	67.4				
脱一次气 （1986 年 5 月 14 日）	未测	1.8	1.2	3.5	8.9	15.4				

续表

取样原因	气体组分（mg/L）						比值范围编码			可能误诊断
	H_2	CH_4	C_2H_6	C_2H_4	C_2H_2	C_1+C_2	$\dfrac{C_2H_2}{C_2H_4}$	$\dfrac{CH_4}{H_2}$	$\dfrac{C_2H_4}{C_2H_6}$	
脱二次气 （1986年5月14日）	未测	0.9	0.1	1.0	1.0	3.0				
追踪 （1986年12月31日）	9.2	2.7	1.1	4.0	3.7	11.5	1	0	2	高能量放电
追踪 （1987年5月4日）	9.9	2.8	1.0	3.2	3.4	10.4	1	0	2	高能量放电

（2）强制冷却系统附属设备故障。变压器强制冷却系统附属设备，特别是潜油泵故障、磨损、窥视玻璃破裂、滤网堵塞等都引起油中气体含量增高。当潜油泵本身烧损，使本体油含有过热性特征气体，用三比值法判断均为过热性故障，如果误判断而吊罩进行内部检查，会造成人力及物力的浪费；当窥视玻璃破裂时，由于轴尖处油流迅速而造成负压，可以带入大量空气。

玻璃未破裂，若滤网堵塞形成负压空间而使油脱出气泡，其结果也会造成气体继电器动作，并因空气泡进入而造成气泡放电，导致氢气明显增加。

从表 Z13K3002Ⅲ-25 某变电站三台充油变压器的色谱分析结果可见：

1）序号 1 变压器油总烃突增至 620μL/L，达正常值的 6 倍，连续跟踪 1 个月，其结果基本不变。然后停机吊罩检查，发现潜油泵轴承严重损坏，经化验，变压器油箱底部存油含有大量碳分，滤油纸呈黑色。

2）序号 2 变压器油中气体含量出现异常。为查找异常原因，对设备本体和附件分别进行色谱分析，所有潜水泵与变压器本体的油色谱分析结果相近，而#4 散热器潜油泵的色谱分析极为异常，经解体检查发现油内有铝末，转子与定子严重磨损，深度为 7mm，叶轮侧轴承盖碎成三段，该变压器经更换潜油泵及脱气处理后运行正常。

3）序号 3 变压器油中气体含量出现异常，经检查为潜油泵漏气，将潜油泵处理后恢复正常。

对这类异常现象，应将本体和附件的油分别进行色谱分析，查明原因后排除附件中油的干扰，才不致误诊断。

表 Z13K3002Ⅲ-25 强制冷却系统附属设备故障时的色谱分析结果

序号	取样部位及日期		气体组分（μL/L）						比值范围编码			可能误诊断
			H_2	CH_4	C_2H_6	C_2H_4	C_2H_2	C_1+C_2	$\frac{C_2H_2}{C_2H_4}$	$\frac{CH_4}{H_2}$	$\frac{C_2H_4}{C_2H_6}$	
1	本体（1981年6月23日）		45	46	13	99	0.6	159				
	本体（1981年9月15日）		86	170	42	400	1.1	620	0	2	2	高于700℃高温范围的热故障
2	本体（1991年11月21日）		117	12.3	12.5	21.6	46	92.4				
	本体（1991年11月23日）		107	14.2	13.8	23.4	48.2	99.6				
	本体（1991年11月26日）		121	15.0	15.0	24.9	52.9	107.6	1	0	1	低能量的放电
	5号潜油泵（1991年11月26日）		80	9.5	8.7	15.3	29.4	62.9				
	4号潜油泵（1991年11月26日）		2186	418.6	83.5	1102.8	1964	3568.9				
3	本体	处理前	43.3	45.2	9.5	32.9	0	87.6	0	2	2	高于700℃的高温范围的热故障
		处理后	5.4	13.7	4.2	11.6	0	25.7				

（3）变压器铁芯漏磁。有一台主变压器在运行中均发生了轻瓦斯动作，C_2H_2、C_2H_4 异常。返回制造厂进行一系列试验、吊芯、检查，均无异常，分析可能是铁芯和外壳的漏磁、环流引起部分漏磁回路中的局部过热。

为进一步证实分析结果，又增加了工频和倍频空载试验，在1.14倍频定电压下持续运行并采取色谱分析追踪，空载运行32h就出现了色谱分析值，C_2H_2、C_2H_4 含量较高，C_1+C_2 超过注意值。由于倍频试验时色谱分析结果无异常，排除了主电气回路绕阻匝、层间短路、接头发热、接触不良等故障，诊断变压器故障来源于励磁系统，并认为是主变压器铁芯上、下夹件由变压器漏磁引起环流而造成局部过热。为此把8个夹紧螺栓换为不导磁的不锈钢螺栓，使夹件在漏磁情况下不能形成回路，结果才找到了气体增高的根源。

（4）压紧装置故障。压紧装置发生故障使压钉压紧力不足，导致压钉与压钉碗之间发生悬浮电位放电，长时间的放电是变压器油色谱分析结果中 C_2H_2 含量逐渐增长的主要原因。

例如，某发电厂主变压器大修后色谱一直不正常，每月 C_2H_2 值上升约 $3\sim5\mu L/L$，最大值达到 $36.6\mu L/L$，后经脱气处理，排油检查均未发现问题，最后吊罩检查也是由于压紧装置松动造成。

（5）变压器油故障。深度精制的变压器油将会引起油品抗析气性能恶化及高温介质损失不稳定，对密封不严的电力变压器易产生 H_2 和烷类气体偏高现象；相反，变压器油深度精制不好，混油又会引起油中溶解气体总烃增高。如果在运行中补加油的含气量高，也会使变压器油中溶解气体含量增高。在大型强迫油循冷却方式的电力变压器内部，变压器油的流动引起静电放电产生气体 H_2 和 C_2H_2，将导致油中溶解的 H_2、C_2H_2 组分含量增大。在变压器运行过程中，由于温度的变化或冷油器的渗漏，安全防爆管、套管、潜油泵、管路等密封不严处都可能让水分侵入变压器油中；以溶解状态或结合状态存在于油中的水分，随着油的流动参与强迫循环或自然循环的过程，其中有少量水分在强电场作用下发生离解而析出游离氢气，部分被变压器油溶解造成油中含氢量增加，若水分沉入底部还将加速金属的腐蚀而放出氢气。

上述原因都可能给运行中发生故障的变压器进行故障类型及性质的诊断带来影响，有时甚至导致误诊断。

（6）切换开关室的油渗漏。若有载变压器中切换开关室的油受开关切换动作时的电弧放电作用，分解产生大量 C_2H_2（可达总烃的 60% 以上）和氢（可达氢总量的 50% 以上），通过渗油有可能使本体油被污染而含有较高的 C_2H_2 和 H_2。

运行部门的经验表明，若发现 C_2H_2 含量超过注意值，但其他成分含量较低，而且增长速度较缓慢，就可能是切换开关室的油渗漏引起。如果 C_2H_2 超标而使变压器内部存在放电性故障，这时应根据三比值法进行故障诊断。

（7）变压器内部使用活性金属材料。有的大型电力变压器使用了不锈钢等起触媒作用的材料，它都能促进变压器油发生脱氧反应，在运行的初期可能使氢急增，同时气泡通过高电场区域时会发生电离，也可能附加产生氢，都会误造成故障征兆的现象。因此，当油中 H_2 增高时，除考虑受潮或局部放电外，还应考虑变压器本体结构中是否采用了触媒材料。

除上述原因外，变压器套管端部接线松动过热，传导到油箱本体内也会使油受热分解产气；冷却系统中风扇停转或反转、散热器堵塞等异常现象将使变压器的油温升高，引起变压器油热分解产气。上述变压器组件原因产生的气体溶解于油中，增加了油中故障特征气体的组分含量，容易导致对变压器内部故障的误诊断。

2. 外部影响因素

（1）假油位。某主变压器在施工单位安装时，由于油标出现假油位，使该主变压器少注油约 30t，因而运行时出现温升过高，其色谱分析结果如表 Z13K3002Ⅲ-26 所示。由表中数据可知，容易误判为高能量放电。

（2）变压器油箱补焊。变压器在运行中由于上下层油循环，在顶盖下面的上层油面有一定波动现象。由于变压器顶盖上密封焊接部位很多，在油层向上波动时会把变压器挤出来，形成渗油。

表 Z13K3002Ⅲ-26　　　　　色 谱 分 析 结 果

项目	气体组分（μL/L）								比值范围编码			可能误判
	H_2	CH_4	C_2H_6	C_2H_4	C_2H_2	CO	CO_2	C_1+C_2	$\dfrac{C_2H_2}{C_2H_4}$	$\dfrac{CH_4}{H_2}$	$\dfrac{C_2H_4}{C_2H_6}$	
处理前	21.9	2896.0	106.9	831.6	0	118.3	323.9	1262.4	0	2	2	高于700℃高温范围的热故障
处理后	0	3.1	2.1	13.6	0	8.9	236.2	18.3				

运行部门在对渗油部位带油补焊时，使油在高温下分解产生大量的氢、烃类气体，也易导致对变压器内部故障的误诊断。

（3）超负荷运行。某台主变压器在色谱分析中，突然发现 C_2H_2 的含量由前一个月的 0 增加到 5.9μL/L，由于是单一故障气体含量突增，怀疑是由于潜油泵的轴承损坏所致。对每台潜油泵的出口取样进行色谱分析无异常；测试发现，当该主变压器 220kV 侧分接开关在负荷电流 140A 以上时，有明显电弧，而在 120A 以下时，则完全消失。所以 C_2H_2 的增长是由于开关接触不良在超负荷下产生电弧引起。

除上述外，外部原因常有真空滤油机故障，抽真空导管污染，实验室对油样色谱分析时标准气样不合格等都使色谱分析数据中某些气体组分含量增高，导致对变压器实际故障的误诊断。

综上所述，变压器油中气体增长的原因是多种多样的，为正确诊断故障，应采取多种测试方法进行测试，由测试结果并结合历史数据进行综合分析诊断，避免盲目的吊罩检查。一般说来，若氢气单项增高，其主要原因可能是变压器油进水受潮，可以根据局部放电、耐压试验及微水分析结果等进行综合分析判断；若 C_2H_2 含量单项增高，其主要原因可能是切换开关室渗漏、油流放电、压紧装置故障等，通过分析与论证来

确定 C_2H_2 增高的原因，并采取相应的对策处理。对三比值法，只有在确定变压器内部发生故障后才能使用，否则可能导致误判。

五、以油中气体分析的多种判据对故障进行综合诊断

如前所述，充油电力变压器在长期运行中，由于变压器的容量、电压等级、结构、运行环境、油质状况、运行参量等的差异，以及每种诊断方法都涉及特定的参数或大量模拟及事故数据分析统计而得出的经验公式或判据。因此，在对运行中变压器故障进行诊断及故障发展趋势预测时，若仅采用一种判据往往很难得出正确的诊断结论，甚至会判断失误，造成更大的经济损失。同时，即是用前述的油中溶解特征气体组分含量和比值法已诊断出变压器的故障性质及类型，但为了进一步预测变压器的故障状况，往往还应考察故障源的温度、功率、绝缘材料的损伤程度、故障危害性，以及故障的发展导致油中溶解气体达到饱和并使瓦斯保护动作等诸多因素。

1. 综合诊断的辅助方法

（1）故障源温度的估算。变压器油裂解后的产物与温度有关，温度不同产生的特征气体也不同；反之，如已知故障情况下油中产生的有关各种气体的浓度，可以估算出故障源的温度。比如对于变压器油过热，且当热点温度高于 400℃时，可根据日本月冈淑郎等人推荐的经验公式来估算，即

$$T = 322 \lg \frac{C_2H_4}{C_2H_6} + 525 \qquad (Z13K3002 \text{III} - 1)$$

IEC 标准指出，若 CO_2/CO 的比值低于 3 或高于 11，则认为可能存在纤维分解故障，即固体绝缘的劣化。当涉及固体绝缘裂解时，绝缘低热点的温度经验公式为：

300℃以下时

$$T = -241 \lg \frac{CO_2}{CO} + 373 \qquad (Z13K3002 \text{III} - 2)$$

300℃以上时

$$T = -1196 \lg \frac{CO_2}{CO} + 660 \qquad (Z13K3002 \text{III} - 3)$$

（2）故障源功率的估算。变压器油热裂解需要的平均活化能约为 210kJ/mol，即油热解产生 1mol 体积（标准状态下为 22.4L）的气体需要吸收热能为 210kJ，则每升热裂解气所需能量的理论值为：

$$Q_i = 210 \text{kJ/mol} \times 1/22.4 = 9.38 \ (\text{kW/L}) \qquad (Z13K3002 \text{III} - 4)$$

但油裂解时实际消耗的热量要大于理论值。若热解时需要吸收的理论热量为 Q_i，实际需要吸收的热量为 Q_p，则热解效率系数为

$$\varepsilon = \frac{Q_i}{Q_p} \qquad\qquad (\text{Z13K3002 III} - 5)$$

如果已知单位故障时间内的产气量，即可导出故障源功率估算公式为

$$P = \frac{Q_i / V}{\varepsilon\, t} \qquad\qquad (\text{Z13K3002 III} - 6)$$

式中　P——故障源的功率，kW；

　　　Q_i——理论热值，9.38kW/L；

　　　V——故障时间内产气量，L；

　　　t——故障持续时间，s；

　　　ε——热解效率系数。

ε 可以查热解效率系数与温度关系的曲线（见图 Z13K3002 III-8），或采用根据该曲线测定出的近似公式表示，即

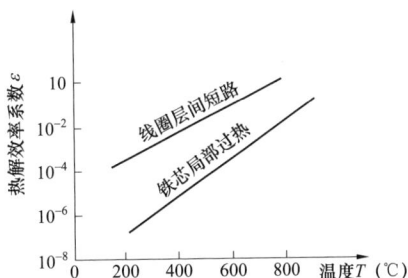

图 Z13K3002 III-8　热解效率系数与温度的关系

局部放电

$$\varepsilon = 1.27 \times 10^{-3} \qquad\qquad (\text{Z13K3002 III} - 7)$$

铁芯局部过热

$$\varepsilon = 10^{0.009\,88T - 9.7} \qquad\qquad (\text{Z13K3002 III} - 8)$$

线圈层间短路

$$\varepsilon = 10^{0.000\,686T - 5.33} \qquad\qquad (\text{Z13K3002 III} - 9)$$

式中　T——热源温度，℃。

（3）油中气体达到饱和状态所需时间的估算。在变压器发生故障时，油被裂解的气体逐渐溶解于油中。当油中全部溶解气体（包括 O_2、N_2）的分压总和与外部气体压力相当时，气体将达到饱和状态。据此可在理论上估计气体进入气体继电器所需的时间，即油中气体达到饱和状态所需时间。

当设外部气体压力为 1 个标准大气压时，则油中溶解气体的饱和值为：

$$S_{at}\% = 10^{-4}\sum \frac{C_i}{K_i} \qquad\qquad (\text{Z13K3002 III} - 10)$$

式中　C_i——气体成分（包括 O_2、N_2）浓度，μL/L；

　　　k_i——气体成分的溶解度系数，即奥斯特瓦尔德系数。

当 $S_{at}\%$ 接近 100% 时，即油中气体接近于饱和状态，则达到饱和时所需的时间为

$$t = \frac{1}{\sum \dfrac{C_{i2} - C_{i1}}{k_i \Delta t} \times 10^{-6}}$$ （Z13K3002Ⅲ-11）

式中　C_{i1}——i 成分第一次分析值，μL/L；

　　　C_{i2}——i 成分第二次分析值，μL/L；

　　　Δt——两次分析间隔的时间，月。

由于实际的故障往往是非等速发展，在故障加速发展的情况下估算出的时间可能比实际油中气体达到饱和的时间长，因此在追踪分析期间应随时根据最大产气速率重新进行估算，并修正所得的分析结果。

2. 以油中溶解气体分析为依据综合诊断故障的基本过程

如前所述，我们在利用油中溶解气体分析变压器内部故障时，不仅只注意油中气体组分含量和特征气体比值的判据，而且还要综合考虑其他一些辅助的诊断判据。为此，我们以一台 SFPS3-150000/220 主变压器的铁芯多点接地故障诊断为例，说明以油中溶解气体分析为依据综合诊断故障的大致全过程。

（1）以特征气体组分含量判断故障类型。从该台主变压器的色谱分析数据（表 Z13K3002Ⅲ-27）可知，主要气体为 CH_4、C_2H_2，次要气体为 C_2H_6、H_2，根据表 Z13K3002Ⅲ-2 初步诊断存在油过热故障，然后再进行以下诊断。

表 Z13K3002Ⅲ-27　　SFPS3-150000/220 主变压器油中
溶解气体含量　　　　　　　　单位：μL/L

试验日期	H_2	CH_4	C_2H_6	C_2H_4	C_2H_2	CO	CO_2	C_1+C_2
1996.10.13	0	24.8	5.3	15.0	0	787.1	4109.1	45.1
1996.12.18	22.2	50.7	24.1	56.9	0	970.5	4715.2	131.7

（2）以油中溶解气体的组分含量是否超标（参见表 Z13K3002Ⅲ-9、表 Z13K3002Ⅲ-10 和表 Z13K3002Ⅲ-13 等），诊断故障的存在与否。

（3）以油中溶解气体绝对产生率和相对产气率判断故障的严重程度（参见表 Z13K3002Ⅲ-11、Z13K3002Ⅲ-13 等）

（4）以三比值法诊断故障类型（参见表 Z13K3002Ⅲ-1、Z13K3002Ⅲ-2 等）。

（5）估算热点温度（参见式 Z13K3002Ⅲ-1～Z13K3002Ⅲ-3）。

（6）估算故障源功率（参见式 Z13K3002Ⅲ-6）。

（7）估计油中溶解气体达到饱和态所需的时间（参见式 Z13K3002Ⅲ-11）。

（8）根据故障在导电回路和磁回路时气体比值特征和 C_2H_2 的强弱，判断故障是否发生在磁路上。

（9）综合分析诊断。

根据上述基本步骤的诊断结果，结合铁芯接地电流，铁芯对地电阻值，诊断为铁芯存在多点接地故障，其诊断结果与停电检查符合。如果在上述诊断过程中出现三比值法的无组合编码故障时，还可用无比值编码法诊断。

【思考与练习】

（1）引起油质劣化的主要原因有哪些？

（2）油质劣化如何诊断分析？

（3）采取什么措施可以有效地减轻油质劣化？

◢ 模块 3 充油电气设备故障处理及跟踪（Z13K3003Ⅲ）

【模块描述】本模块介绍充油电气设备的故障分析及处理。通过故障分析和方法介绍，熟悉充油电气设备的典型故障，掌握判断设备故障的步骤和处理方法。

【模块内容】

一、充油电气设备的典型故障

充油电气设备的故障，主要有放电和过热两大类。

1. 电力变压器的典型故障

电力变压器的典型故障类型和举例详见表 Z13K3003Ⅲ-1。

表 Z13K3003Ⅲ-1　　　　电力变压器的典型故障

故障类型	举 例
局部放电	绝缘纸不完全浸渍，湿度大，油中溶解气体过饱和，存在充气空腔等引发局部放电，并导致形成 X—蜡
低能量放电	接触不良形成不同电位或悬浮电位，引发的火花放电或电弧，常发生在屏蔽环、绕组中相邻的线饼间或导体间，以及连线开焊处和铁芯的闭合回路中。 夹件间、套管与箱壁、线圈与接地端的放电。 木质绝缘块、绝缘构件胶合处，以及绕组垫块的沿面放电。油击穿、选择开关的切换
高能量放电	局部高能量或由短路造成的闪络、沿面放电或电弧。 低压对地、接头之间、线圈之间、套管和箱体之间、铜排和箱体之间、绕组和铁芯之间的短路。环绕主磁通的两个邻近导体之间的放电。铁芯的绝缘螺丝、固定铁芯的金属环之间的放电
过热 $t<300℃$	在救急状态下，变压器超铭牌运行。 绕组中油流被阻塞。 在铁轭夹件中的杂散磁通量

续表

故障类型	举 例
过热 300℃＜t＜700℃	螺栓连接处（特别是铝排）、滑动接触面、选择开关内的接触面（形成积碳），以及套管引线和电缆的连接接触不良。 铁轭处夹件与螺栓之间、夹件和铁芯叠片之间的环流，接地线中的环流，以及磁屏蔽上的不良焊点和夹件的环流。 绕组中，平行的相邻导体之间的绝缘磨损
过热 t＞700℃	油箱和铁芯上的大的环流。 油箱壁未补偿的磁场过高，形成一定的电流。 铁芯叠片之间的短路

2. 互感器的典型故障

互感器典型故障类型和举例详见表 Z13K3003Ⅲ-2。

表 Z13K3003Ⅲ-2 **互感器的典型故障**

故障类型	举 例
局部放电	绝缘纸不完全浸渍，造成充气空腔、纸中水分过高、油中溶解气体过饱和，以及纸的皱纹或重叠处造成局部放电，生成 X—蜡沉积，介质损耗增加。 对于电流互感器，附近变电站母线系统开关操作导致局部放电；对于电容型电压互感器，电容器元件边缘上的过电压引起的局部放电
低能量放电	连接松动或悬浮的金属带附近火花放电。 纸上有沿面放电。 静电屏蔽中的电弧
高能量放电	电容型均压箔片之间的局部短路，局部高密度电流，能导致金属箔局部熔化。 短路电流具有很大的破坏性，结果造成设备击穿或爆炸
过热	X—蜡的污染、受潮或错误地选择绝缘材料，都可引发纸的介质损耗过高，从而导致纸绝缘中产生环流，并造成绝缘过热和热崩溃。 连接点接触不良或焊接不良。 铁磁谐振造成电磁互感器过热。 在铁芯片边缘上的环流

3. 套管的典型故障

套管典型故障类型和举例详见 Z13K3003Ⅲ-3。

表 Z13K3003Ⅲ-3 **套管的典型故障**

故障类型	举 例
局部放电	绝缘纸受潮，不完全浸渍，油中溶解气体过饱和，纸被 X—蜡沉积物污染，充气空腔引发的局部放电。在运输期间把松散的绝缘纸弄皱、弄折，造成局部放电
低能量放电	电容末屏连接不良引起的火花放电。 静电屏蔽连接线中的电弧。 纸上有沿面放电

续表

故障类型	举　例
高能量放电	在电容均压金属箔片间的短路，局部高电流密度能熔化金属箔片，但不会导致套管爆炸
热故障 300℃$<t<$700℃	由于污染或绝缘材料选择不合理引起的高介质损耗，从而造成纸绝缘中的环流，并造成热崩溃。 套管屏蔽间或高压引线接触不良，温度由套管内的导体传出

二、判断设备故障的步骤

变压器等充油电气设备内部的绝缘油和绝缘材料，在正常运行时在热和电的作用下，会逐渐老化和分解，产生少量的各种低分子烃类气体及 CO、CO_2 等气体。在设备发生过热和放电故障的异常情况下也会产生这些气体，这两类气体来源在技术上难以区分，在数值上也没有严格的界限。而且，气体组分和环境温度与负荷、油温、油中的含气量、油的保护系统和循环系统，以及取样和测试方法等许多因素有关。因此在判断设备故障时，首先要对是否存在故障进行识别，而后对于故障性质、故障严重程度与发展趋势进一步判断，最后进行综合分析并提出处理措施。

（一）故障的识别

依据标准或规程规定，对运行设备进行周期性检测。对设备油中溶解气体进行多次分析得到的数据，通过比较注意值、考查产气速率和调查设备状况，判明设备有无故障。

（1）比较特征气体含量是否超过注意值。按出厂和投运前设备气体含量、运行中设备油中溶解气体的注意值两大类进行分析判断，对于总烃、CH_4、C_2H_2、H_2 含量超出注意值的设备，进行追踪分析，查明原因。

（2）考查特征气体的产气速率是否超过注意值。考查产气速率不仅可以进一步确定有无故障，还可对故障的性质做出初步的估计。对于特征气体的产气速率超过注意值的设备，应缩短检测周期，监视故障的发展趋势，必要时立即停止运行。

利用油中溶解气体组分含量数据进行故障诊断时，上述两种方法应结合使用，对于短期内特征气体含量迅速增高，但尚未超出注意值的设备，可判断为内部有异常状况；对于设备因某种原因，气体含量基值较高，超过特征气体含量的注意值，但增长速率低于产气速率注意值的，仍可认为是正常设备。

（二）故障性质、故障严重程度与发展趋势判断

（1）当确认设备内部存在故障时，应根据油中溶解气体组分含量大小，选择改良三比值法或溶解气体分析解释表、特征气体法以及 CO 和 CO_2 气体分析等适宜的方法进一步判断故障性质。

（2）对故障性质初步作出判断后，应对故障设备进行监视、跟踪，以了解故障的严重程度和发展趋势。在运用三比值法的基础上，还可运用平衡判据等方法进行分析判断。

1）在运行中，当故障变压器的气体继电器内有气体聚集或引起气体继电器动作时，标志着故障发展迅速，日益严重。通常用气体继电器中的气体颜色和气味来初步判断变压器内的故障性质，见表 Z13K3003Ⅲ-4。

表 Z13K3003Ⅲ-4   气体继电器中的气体颜色与故障性质的关系

气体继电器中气体的颜色和气味	故障性质	气体继电器中气体的颜色和气味	故障性质
无色无味不能燃烧	无故障，气体为油内排出的空气	灰白色有臭味	纸及纸板故障
黄色不易燃	木质部分故障	灰色或黑色易燃	油故障（放电造成分解）

2）在气体继电器中聚集有游离气体时，应使用平衡判据，判断故障的持续时间与发展速度。

当气体继电器发出信号时，除应立即取气体继电器中的游离气体进行色谱分析外，还应同时取油样进行溶解气体分析，并比较油中溶解气体与继电器中游离气体的折算浓度，以判断游离气体与溶解气体是否处于平衡状态。

如果气体继电器内的故障气体浓度折算到油中的浓度明显超过油中溶解气体浓度，说明释放气体较多，设备内部存在产生气体较快的故障，应进一步计算气体的产气速率。

（三）综合分析与处理措施

油中溶解气体分析对运行设备内部早期故障性质的诊断是灵敏有效的，但这种方法难以捕捉突发性故障，难以确定故障部位，因此，在判断故障时，应根据设备运行的历史状况、设备的结构特点和外部环境等，同时结合电气试验，油质分析以及设备运行、检修等情况进行综合分析，对故障的部位、原因，绝缘或部件的损坏程度等作出准确的判断，从而制定出适当的处理措施。

（1）设备典型故障常用的处理方法。

1）过热性故障检查与处理，见附录一。

2）放电性故障检查与处理，见附录二。

3）绕组变形故障检查与处理，见附录三。

4）绝缘受潮故障检查与处理，见附录四。

（2）处理措施。对故障进行综合分析，在判明故障的性质、部位、发展趋势等情况的基础上，研究制定对设备应采取的不同处理措施，以确保设备的安全运行，避免无计划停电，合理安排检修时间，防止设备损坏事故。

（3）故障处理程序见图 Z13K3003Ⅲ-1。

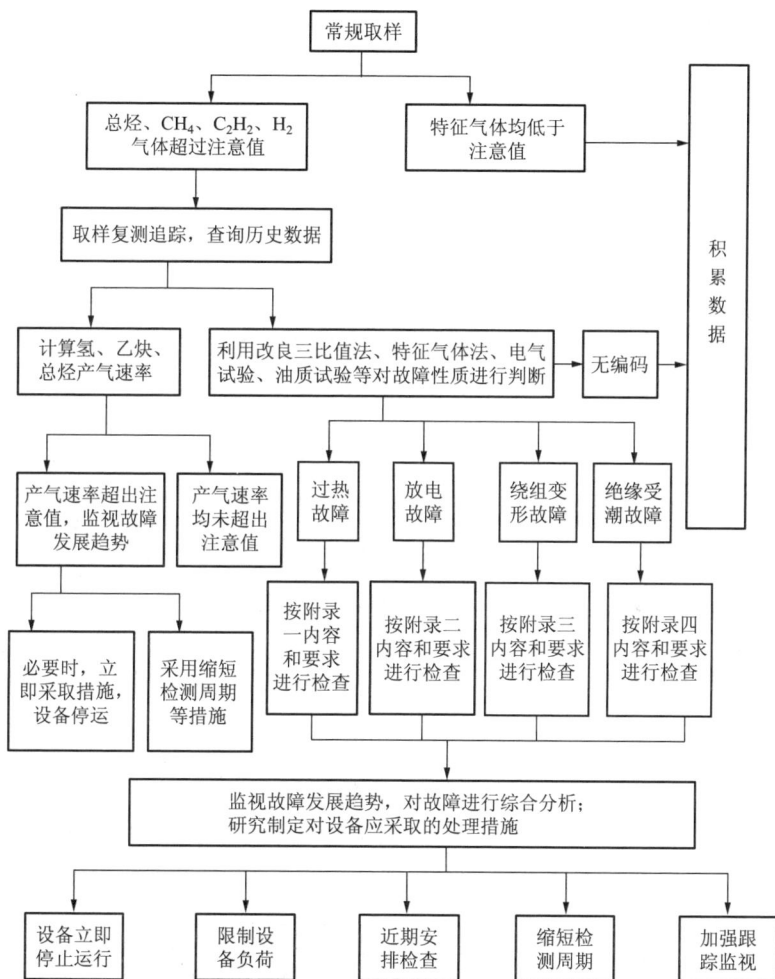

图 Z13K3003Ⅲ-1　故障处理程序

附录一：过热性故障检查与处理

当怀疑变压器存在过热故障情况时，按附表 Z13K3003Ⅲ-1 的内容和要求进行检查与处理。

附表 Z13K3003Ⅲ−1 过热性故障检查与处理

故障特性	故障原因	检查内容/方法	判断/措施
油色谱、温升异常	铁芯多点接地	(1) 油色谱分析	通常热点温度较高，C_2H_6、C_2H_4 增长较快
		(2) 运行中用钳形电流表测量接地电流	通常大于 100mA，就表明存在多点接地现象。运行中若大于 300mA，应采取加限流电阻办法进行限流至 100mA 以下，并适时安排停电处理
		(3) 绝缘电阻表及万用表测绝缘电阻	(1) 若具有非金属短接特征绝缘电阻较低（如几 kΩ），可在变压器带油状态下采用电容放电方法进行处理，放电电压应控制在 6~10kV 之间。 (2) 若具有金属直接短接特征绝缘电阻接近为零，必要时应吊芯检查处理，并注意区别铁芯对夹件或铁芯对油箱的绝缘低下问题
	铁芯短路	(1) 油色谱分析	通常热点温度较高，C_2H_6、C_2H_4 增长较快，严重时会产生 H_2 和 C_2H_2
		(2) 1.1 倍过励磁试验	可确定主磁通回路引起的过热。若铁芯存在多点接地或短路缺陷现象，1.1 倍的过励磁会加剧它的过热，油色谱会有明显的增长，应进一步吊芯或进油箱检查
		(3) 进油箱检测、绝缘电阻表及万用表测绝缘电阻	目测铁芯表面有无过热变色、片间短路现象，或用万用表逐级检查，重点检查级间和片间有无短路现象。 (1) 若有片间短路，可松开夹件，每隔 2~3 片间用干燥绝缘纸进行隔离。 (2) 如存在组间短路，应尽量将其断开，若短路点无法断开，可在短路级间四角均匀短接或串电阻
	导电回路接触不良	(1) 油色谱分析	(1) 观察 C_2H_6、C_2H_4 和 CH_4 增长速度快慢。 1）若 C_2H_4 增长较快，属 150℃ 左右低温过热，如焊头、连接处出现接触不良，或同股短路分流引起。 2）若 C_2H_6 和 C_2H_4 增长较快，则属 300℃ 以上的高温过热，接触不良已严重，应及时检修。 (2) 结合油色谱 CO_2 和 CO 的增量和比值区分是在油中还是在固体绝缘内部或附近过热。若在固体绝缘附近过热，则 CO、CO_2 增长较快
		(2) 红外测温	检查套管连接接头有否高温过热现象，如有应停电进行处理
		(3) 改变分接位置	在运行中，可改变分接位置，检测油色谱的变化，如有变化，则可能是分接开关接触不良引起的
		(4) 油中糠醛测试	可确定是否存在固体绝缘部位局部过热。若测定的值比上次测试的值有异常变化，则表明固体绝缘内部或附近存在局部过热，加速了绝缘老化
		(5) 直流电阻测量	若直流电阻比上次测试的值有明显的变化，则表明导电回路存在接触不良或缺陷引起过热
		(6) 吊芯或进油箱检查	重点检查： (1) 分接开关触头接触面有无过热性变色和烧损情况，如有，应处理。 (2) 连接和焊接部位的接触面有无过热性变色和烧损情况，如有，应处理。

续表

故障特性	故障原因	检查内容/方法	判断/措施
油色谱、温升异常	导电回路接触不良	(6) 吊芯或进油箱检查	(3) 检查引线是否存在断股和分流现象，尤其引线穿过套管芯部时应与套管铜管内壁绝缘，引线与套管汇流时也应彼此绝缘，防止分流产生过热
	多股导线间的短路	(1) 油色谱分析	该故障特征是低温过热，油中 C_2H_4、CO、CO_2 含量增长较快
		(2) 1.1 倍过电流试验	可确定电导回路引起的过热。1.1 倍过电流会加剧它的过热，油色谱会有明显的增长，应进一步吊芯或进油箱检查
		(3) 解体检查	解开围屏，检查绕组和引线表面有无变色、过热现象，发现应及时处理
		(4) 分相低电压下的短路试验	比较短路损耗，区别故障相
	油道堵塞	(1) 油色谱分析	该故障特征是低温过热逐渐向中温至高温过热演变，且油中 CO、CO_2 含量增长较快
		(2) 1.1 倍过电流试验	1.1 倍的过电流会加剧它的过热，油色谱会有明显的增长，应进一步进油箱或吊芯检查
	油道堵塞	(3) 净油器检查	检查净油器的滤网有无破损，硅胶有无进入器身。硅胶进入绕组内，会引起油道堵塞，导致过热，如发生应及时清理
		(4) 目测	解开围屏，检查绕组和引线表面有无变色、过热现象，发现应及时处理
	导电回路分流	(1) 油色谱分析	该故障特征是高温过热，油中 C_2H_6、C_2H_4 含量增长较快，有时会产生 H_2 和 C_2H_2
		(2) 吊芯或进油箱检查	重点检查穿缆套管引线和导杆式套管同股多根并联引线间是否存在分流现象，引线与套管和引线同股间汇流时，应彼此绝缘，防止分流产生过热
	悬浮电位接触不良	(1) 油色谱分析	该故障特征是伴有少量 H_2、C_2H_2 产生和总烃稳步增长趋势
		(2) 目测	逐一检查连接端子接触是否良好，并解开连接端子，检查有无变色、过热现象，重点检查无励磁分接开关的操作杆 U 形拨叉有无变色和过热现象，如有应紧固螺丝，确保短接良好
	结构件或电磁屏蔽在铁芯周围形成短路环	(1) 油色谱分析	该故障具有高温过热特征，总烃增长较快
		(2) 直流电阻测试	如直流电阻不稳定，并有较大的偏差，表明铁芯存在短路匝
		(3) 励磁试验	在较低的电压励磁下，也会持续产生总烃
		(4) 目测	解开连接端子逐一检查有无短路、变色、过热现象
	油泵滚动磨损	(1) 油泵运行检查	逐台停运循环油泵，观察油色谱的变化，若无变化，则该台油泵内存在局部过热，可能轴承损坏，或在转子和定子之间有金属物引起摩擦，产生过热，应解体检修
		(2) 绕组直流电阻测试	三相应平衡，若有较大误差，表明已烧坏
		(3) 绕组绝缘电阻测试	对地绝缘电阻应大于 $1M\Omega$，若较低，则表明已击穿

续表

故障特性	故障原因	检查内容/方法	判断/措施
油色谱、温升异常	漏磁回路的涡流	(1) 1.1倍过电流试验	若绕组内部或漏磁回路附近的金属结构件存在遗物或短路等现象, 1.1倍的过电流会加剧它的过热, 油色谱会有明显的增长, 应进一步吊芯或进箱检查
		(2) 目测	对磁、电屏蔽及金属结构件检查。一般结合吊芯或进油箱检查进行, 重点检查其表面有无过热性的变色, 以及绝缘状况是否良好。在较强漏磁区域(如绕组端部), 应使用无磁材料, 用有磁材料, 会引起过热。另外, 在主磁通或漏磁回路不应短路, 可进行绝缘电阻测量, 检查穿芯螺杆、拉螺杆、压钉、定位钉、电屏蔽和磁屏蔽等的绝缘状况, 不应存在多点接地现象
	有载开关绝缘筒渗漏	(1) 油色谱分析	属高温过热, 并具有高能量放电特征
		(2) 油位变化	有载分接开关储油柜中的油位异常升高或持续冒油, 或与主储油柜的油位趋于一致时, 表明有载分接开关绝缘筒存在渗漏现象
		(3) 压力试验	在主储油柜上施加0.03~0.05MPa的压力, 观察分接开关储油柜的油位变化情况, 如发生变化, 则表明已渗漏, 应予以处理

附录二: 放电性故障检查与处理

当怀疑变压器存在放电故障情况时, 按附表 Z13K3003Ⅲ-2 的内容和要求进行检查与处理。

附表 Z13K3003Ⅲ-2 　　　放电性故障检查与处理表

故障特性	故障原因	检查内容/方法	判断/措施
油中 H_2 或 C_2H_2 含量异常升高	油泵内部放电	(1) 油色谱分析	(1) 属高能量局部放电, 这时产生的主要气体是 H_2 和 C_2H_2。(2) 若伴有局部过热特征, 则是高温摩擦引起
		(2) 油泵运行检查	逐台停运循环油泵, 观察油色谱的变化。若无变化, 则该台油泵内部存在局部放电, 可能是定子绕组的绝缘不良引起放电, 应解体检修
		(3) 绕组绝缘电阻测试	对地绝缘电阻应大于 $1M\Omega$, 若较低, 则表明已击穿
	油泵内部放电	(4) 解体检查	重点检查: (1) 定子绝缘状态, 在铁芯、绕组表面上有无放电痕迹。(2) 轴承损坏, 或在转子和定子之间有金属物引起高温摩擦, 则将产生 C_2H_2
	悬浮电位放电	(1) 油色谱分析	具有低能量放电特征, 这时产生的主要气体是 H_2 和 C_2H_4, 少量 C_2H_2
		(2) 目测	解开连接端子逐一检查绝缘电阻, 并观测有无放电变色现象。重点检查无励磁分接开关的操作杆 U 形拨叉有无变色和放电现象, 如有, 应紧固螺丝, 确保短接良好
		(3) 局部放电量测试	可结合局部放电定位进行局部放电量测试, 以查明放电部位及可能产生的原因

续表

故障特性	故障原因	检查内容/方法	判断/措施
油中 H_2 或 C_2H_2 含量异常升高	油流带电	（1）油色谱分析	C_2H_2 单项增高
		（2）油中带电度测试	测量油中带电度，如超出规定值，内部可能存在油流放电带电现象，应引起高度重视
		（3）泄漏电流或静电感应电压测量	逐台开启油泵，测量中性点的静电感应电压或泄漏电流，如长时间不稳定或稳定值超出规定值，则表明可能发生了油流带电现象，应引起高度重视
		（4）局部放电量测试	测量局部放电量是检查内部有无放电现象的最有效手段之一。可结合局部放电定位进行，以查明放电部位及可能产生的原因。但该试验有可能会将故障点进一步扩大，应引起重视
	有载分接开关绝缘筒渗漏	（1）油色谱分析	属高能量放电，并有局部过热特征
		（2）油位变化	有载分接开关储油柜中的油位异常升高或持续冒油，或与主储油柜的油位趋于一致时，表明有载分接开关绝缘筒存在渗漏现象
		（3）压力试验	在主储油柜上施加 0.03～0.05MPa 的压力，观察分接开关的储油柜的油位变化情况。如发生变化，则表明已渗漏，应予以处理。或临时升高有载分接开关储油柜的油位，观察油位的下降情况
	导电回路及其分流接触不良	（1）油色谱分析	属低能量火花放电，并有局部过热特征，这时伴随少量 C_2H_2 产生
		（2）改变分接位置	在运行中，可改变分接位置，检测油色谱的变化。如有变化，则可能是分接开关接触不良引起的
		（3）油中微量金属测试	测试结果若金属铜含量较大，表明电导回路存在放电现象
		（4）吊芯或进油箱检查	重点检查分接开关触头间、引出线连接处有无放电和过热痕迹，以及穿缆套管引线和导杆式套管连接多根引线间是否存在分流现象
	不稳定的铁芯多点接地	（1）油色谱分析	属低能量火花放电，并有局部过热特征，这时伴随少量 H_2 和 C_2H_2 产生
		（2）运行中用钳形电流表测量接地电流	接地电流时大时小，可采取加限流电阻办法限制，并适时安排停电处理
		（3）绝缘电阻表及万用表测绝缘电阻	（1）若具有非金属短接特征绝缘电阻较低（如几 kΩ），可在变压器带油状态下采用电容放电方法进行处理。放电电压应控制在 6～10kV 之间。 （2）若具有金属直接短接特征绝缘电阻接近为零或必要时，应吊芯检查处理，并注意区别铁芯对夹件或铁芯对油箱的绝缘低下问题
	金属尖端放电	（1）油色谱分析	具有局部放电，这时产生的主要气体是 H_2 和 CH_4
		（2）油中微量金属测试	（1）若铁含量较高，表明铁芯或结构件放电。 （2）若铜含量较高，表明绕组或引线放电

续表

故障特性	故障原因	检查内容/方法	判断/措施
油中 H_2 或 C_2H_2 含量异常升高	金属尖端放电	(3) 局部放电测试	可结合局部放电定位进行局部放电测试,以查明放电部位及可能产生的原因
		(4) 目测	重点检查铁芯和金属尖角有无放电痕迹
	气泡放电	(1) 油色谱分析	具有低能量密度局部放电,产生的主要气体是 H_2 和 CH_4
		(2) 目测和气样分析	检查气体继电器内的气体,取气样分析,如主要是氧和氮,表明是气泡放电
		(3) 油中含气量测试	如油中含气量过大,并有增长的趋势,应重点检查胶囊、油箱和油泵等是否渗漏
	气泡放电	(4) 窝气检查	(1) 检查各放气塞有无剩余气体放出。 (2) 在储油柜上进行抽真空,检查气体继电器内有无气泡通过
	分接开关拉弧、绕组或引线绝缘击穿	(1) 油色谱分析	(1) 具有高能量电弧放电特征,主要的气体是 H_2 和 C_2H_2。 (2) 涉及固体绝缘材料,会产生 CO 和 CO_2 气体
		(2) 绝缘电阻测试	如内部存在对地树枝状的放电,绝缘电阻会有下降的可能,故检测绝缘电阻,可判断放电的程度
		(3) 局部放电量测试	可结合局部放电定位进行局部放电量测试,以查明放电部位及可能产生的原因
		(4) 油中金属铜微量测试	测试结果若铜含量较大,表明绕组或分接开关已有烧损现象
		(5) 目测	(1) 观测气体继电器内的气体,并取气样进行色谱分析,这时主要的气体是 H_2 和 C_2H_2。 (2) 结合吊芯或进油箱内部,重点检查绝缘件表面和分接开关触头间有无放电痕迹,如有应查明原因,并予以更换处理
	油箱磁屏蔽接触不良	(1) 油色谱分析	以 C_2H_2 为主,且通常 C_2H_2 含量比 CH_4 低
		(2) 局部放电超声波检测	与变压器负荷电流密切相关,负荷电流下降,超声波值减小
		(3) 目测	磁屏蔽松动或有放电形成的游离炭

附录三：绕组变形故障检查与处理

当怀疑变压器存在绕组变形故障情况时，按附表 Z13K3003Ⅲ−3 的内容和要求进行检查与处理。

附表 Z13K3003Ⅲ−3　　绕组变形故障检查与处理表

故障特性	故障原因	检查方法或部位	判断/措施
(1) 阻抗增大。 (2) 频响试验变异	(1) 运输中受到冲击。 (2) 短路电流冲击	(1) 压力释放阀	检查压力释放阀有无动作、喷油或渗漏现象,如有,则表明绕组可能有变形或松动的迹象
		(2) 听声音或测量振动信号	若在相同电压和负荷电流下,变压器的噪声或振动变大,表明该变压器的绕组可能存在变形或松动的迹象

续表

故障特性	故障原因	检查方法或部位	判断/措施
（1）阻抗增大。 （2）频响试验变异	（1）运输中受到冲击。 （2）短路电流冲击	（3）变比测试	若变比有变化，则表明绕组内部存在短路现象，应予以处理，甚至更换绕组
		（4）直流电组测试	若测试结果与其他相或历史数据比较有变化，则表明绕组内部存在短路、断股或开路现象，应予以处理，甚至更换绕组
		（5）绝缘电阻测试	测试结果如与历史数据比较，存在明显下降，表明绕组已变形或击穿，应予以处理，甚至更换绕组
		（6）低电压阻抗测试	测试结果与历史值、出厂值或铭牌值作比较，如有较大幅度的变化，表明绕组有变形的迹象
		（7）频响试验	测试结果与其他相或历史数据作比较，若有明显的变化，则说明绕组有变形的迹象
		（8）短路损耗测试	如杂散损耗比出厂值有明显增长，表明绕组有变形的迹象
		（9）油中微量金属测试	若铜含量较高，表明绕组已有烧损现象
		（10）内部检查	（1）外观检查。检查垫块是否整齐，有无移位、跌落现象；检查压板有无开裂、损坏现象；检查绝缘纸筒有无窜动、移位的痕迹，如有表明绕组有松动或变形的现象，应予以紧固处理。 （2）用榔头敲打压板检查相应位置的垫块，听其声音，判断垫块的紧实度。 （3）用内窥镜检查绕组内部有无变形痕迹，如变形较大，应更换绕组。 （4）检查绝缘油及各部位有无炭粒、炭化的绝缘材料碎片和金属粒子，若有，表明变压器已烧毁，应更换处理

附录四：绝缘受潮故障检查与处理

当怀疑变压器存在绝缘受潮情况时，按附表 Z13K3003Ⅲ-4 的内容和要求进行检查与处理。

附表 Z13K3003Ⅲ-4　　　　绝缘受潮故障检查与处理表

故障特性	故障原因	检查方法或部位	判断/措施
（1）油中含水量超标。 （2）绝缘电阻下降。 （3）泄漏电流增大。 （4）变压器本体介质损耗因数增大。 （5）油耐压下降	外部进水	（1）油色谱分析	单 H_2 增长较快
		（2）冷却器检查	（1）逐台停运冷却器，观察油微水含量的变化。若不变化，则该台冷却器存在渗漏现象。 （2）冷却器停运时观察渗漏油现象，若停运后存在渗油现象，则表明存在进水受潮的可能
		（3）气样色谱分析	若气体继电器内有气体，应取样分析，如含氧量和含氮量占主要成分，则表明变压器有渗漏现象
		（4）油中含气量分析	油中含气量有增长趋势，可表明存在渗漏现象，应查明原因

续表

故障特性	故障原因	检查方法或部位	判断/措施
（1）油中含水量超标。 （2）绝缘电阻下降。 （3）泄漏电流增大。 （4）变压器本体介质损耗因数增大。 （5）油耐压下降	外部进水	（5）各连接部位的渗漏检查	有渗漏时应处理
		（6）储油柜检查	检查吸湿器的硅胶和储油盒是否正常，以及胶囊和隔膜是否有水迹和破损现象，如有，应及时处理
		（7）套管检查	应对套管尤其是穿缆式高压套管的顶部连接帽（将军帽）密封进行检查。通常高压穿缆式套管导管顶部高于储油柜中的正常油位，因而在运行中无法通过渗油发现密封状况，应重点检查。除外观检查外，还可通过正压或负压法检查密封情况，如有渗漏现象，应及时更换密封胶
		（8）安全气道检查	检查安全气道的防爆膜有无破损、开裂或密封不良现象，如有，应及时处理
		（9）内部检查	（1）检查油箱底部水迹。若油箱底部有水迹，则说明密封有渗漏，应查明原因并予以处理。必要时，应对器身进行干燥处理。 （2）检查绝缘件表面有无起泡现象。如有，表明绝缘已进水受潮，可进一步取绝缘纸样进行含水量测试，或燃烧试验。若燃烧时有"噼噼叭"的声音，表明绝缘受潮，应干燥处理。 （3）检查放电痕迹。若绝缘件因进水受潮引起的放电，则放电痕迹将有明显水流迹象，且局部受损严重，油中会产生 H_2、CH_4 和 C_2H_2 主要气体。在器身干燥处理前，应对受损的绝缘部件予以更换

【思考与练习】

1. 简述电力变压器的典型故障。
2. 简述互感器和套管典型故障。
3. 判断设备故障的步骤有哪些？
4. 简述变压器过热故障的检查项目和处理步骤。
5. 简述变压器放电故障的检查项目和处理步骤。
6. 当怀疑变压器存在绝缘受潮情况时，应该如何处理？

▲ 模块 4 变压器故障综合分析判断（Z13K3004Ⅲ）

【模块简介】本模块介绍变压器故障的综合分析判断的主要方法，通过故障分析和方法介绍，熟悉变压器的典型故障，掌握判断设备故障的分析步骤和方法。

【模块内容】

根据变压器运行现场的实际状态，在发生以下情况变化时，需对变压器进行故障诊断。

（1）正常停电状态下进行的交接、检修验收或预防性试验中一项或几项指标超过标准。

（2）运行中出现异常而被迫停电进行检修和试验。

（3）运行中出现其他异常（如出口短路）或发生事故造成停电，但尚未解体（吊心或吊罩）。

当出现上述任何一种情况时，往往要迅速进行有关试验，以确定有无故障、故障的性质、可能位置、大概范围、严重程度、发展趋势及影响波及范围等。

对变压器故障的综合判断，还必须结合变压器的运行情况、历史数据、故障特征，通过采取针对性的色谱分析及电气检测手段等各种有效的方法和途径，科学而有序地对故障进行综合分析判断。

一、综合分析判断的针对性检测方法

对大中型变压器故障的判断采用如下检测方法。

（1）油色谱分析判断有异常：

1）检测变压器绕组的直流电阻；

2）检测变压器铁芯的绝缘电阻和铁芯接地电流；

3）检测变压器的空载损耗和空载电流；

4）在运行中进行油色谱和局部放电跟踪监测；

5）检查变压器潜油泵及相关附件运行中的状态。用红外测温仪器在运行中检测变压器油箱表面温度分布及套管端部接头温度；

6）进行变压器绝缘特性试验，如绝缘电阻、吸收比、极化指数、介质损耗、泄漏电流等试验；

7）绝缘油的击穿电压、油介质损耗、油中含水量、油中含气量（500kV 级时）等检测；

8）变压器运行或停电后的局部放电检测；

9）绝缘油中糠醛含量及绝缘纸材聚合度检测；

10）交流耐压试验检测。

（2）气体继电器动作报警后：应进行油色谱分析和气体继电器中的气体分析，必要时可按图 Z13K3004Ⅲ-1 所示的综合判断程序进行。

（3）变压器出口短路后，要进行的试验：

1）油色谱分析；

2）变压器绕组直流电阻检测；

3）短路阻抗试验；

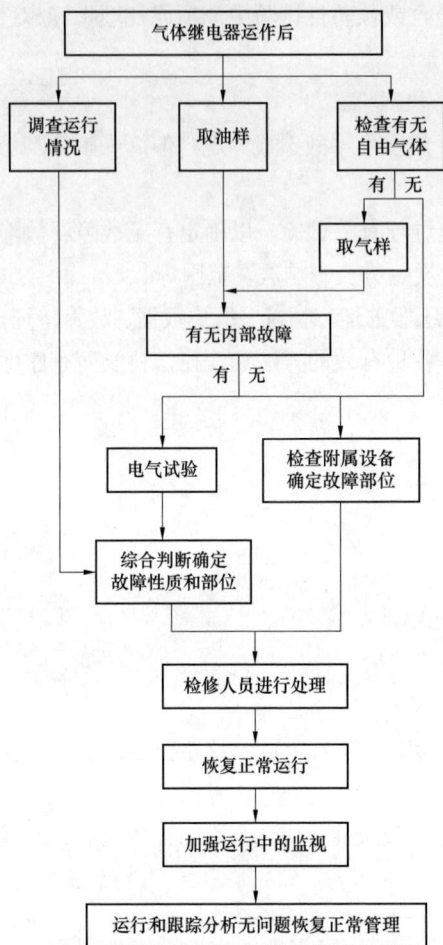

图 Z13K3004Ⅲ-1 综合分析判断程序

4）绕组的频率响应试验；

5）空载电流和空载损耗试验。

（4）判断变压器绝缘受潮要进行的试验：

1）绝缘特性试验。如绝缘电阻、吸收比、极化指数、介质损耗、泄漏电流等；

2）变压器油的击穿电压、油介质损耗、含水量、含气量（500kV级时）试验；

3）绝缘纸的含水量检测。

（5）判断绝缘老化进行的试验：

1）油色谱分析。特别是油中一氧化碳和二氧化碳的含量及其变化；

2）变压器油酸值检测；

3）变压器油中糠醛含量检测；

4）油中含水量检测；

5）绝缘纸或纸板的聚合度检测。

（6）变压器振动及噪声异常时的检测：

1）振动检测；

2）噪声检测；

3）油色谱分析；

4）变压器阻抗电压测量。

（7）对中小型变压器检测判断常采用的方法：

1）检测直流电阻。用电桥测量每相高、低压绕组的直流电阻，观察其相间阻值是否平衡是否与制造厂出厂数据相符；若不能测相电阻，可测线电阻，从绕组的直流电阻值即可判断绕组是否完整，有无短路和断路情况，以及分接开关的接触电阻是否正常。若切换分接开关后直流电阻变化较大，说明问题出在分接开关触点上，而不在绕组本身。上述测试还能检查套管导杆与引线、引线与绕组之间连接是否良好；

2）检测绝缘电阻。用绝缘电阻表测量各绕组间、绕组对地之间的绝缘电阻值和吸收比，根据测得的数值，可以判断各侧绕组的绝缘有无受潮，彼此之间以及对地有无击穿与闪络的可能；

3）检测介质损耗因数 $\tan\delta$ 测量绕组间和绕组对地的介质损耗因数 $\tan\delta$，根据测试结果，判断各侧绕组绝缘是否受潮、是否有整体劣化等；

4）取绝缘油样作简化试验。用闪点仪测量绝缘油的闪点是否降低，绝缘油有无炭粒、纸屑，并注意油样有无焦臭味，同时可测油中的气体含量，用上述方法判断故障的种类、性质等；

5）空载试验。对变压器进行空载试验，测量三相空载电流和空载损耗值，以此判断变压器的铁芯硅钢片间有无故障，磁路有无短路，以及绕组短路故障等现象。

二、综合分析判断的基本原则

（1）与设备结构联系。熟悉和掌握变压器的内部结构和状态是变压器故障诊断的关键，如变压器内部的绝缘配合、引线走向、绝缘状况、油质情况等。又如变压器的冷却方式是风冷还是强迫油循环冷却方式等，再如变压器运行的历史、检修记录等等，这些内容都是诊断故障时重要的参考依据。

（2）与外部条件相结合。诊断变压器故障的同时，一定要了解变压器外部条件是否构成影响，如是否发生过出口短路；电网中的谐波或过电压情况是否构成影响；负荷率如何；负荷变动幅度如何等。

（3）与规程标准相对照。与规程规定的标准进行对照，值如发生超标情况必须查明原因，找出超标的根源，并进行认真的处理和解决。

（4）与历次数据相比较。仅以是否超标准为依据进行故障判断，往往不够准确，需要考虑与本身历次数据进行比较才能了解潜伏性故障的起因和发展情况，例如，试验结果尽管数值偏大，但一直比较稳定，应该认为仍属正常；试验结果虽未超标而与上次相比却增加很多，就需要认真分析，查明原因。

（5）与同类设备相比较（横向比较）。一台变压器发现异常，而同一地点的另一台相同容量或相同运行状态的变压器是否有异常，这样结合分析有利于准确判断故障现象是外因的影响还是内在的变化。

（6）与自身不同部位相比较（纵向比较）。对变压器本身的不同部位进行检查比较。如变压器油箱箱体温度分布是否变化均匀，局部温度是否有突变，又如用红外成像仪检查变压器套管或储油柜温度，以确定是否存在缺油故障等。再如测绕组绝缘电阻时，分析高对中、低、地，中对高、低、地与低对高、中、地是否存在明显差异，测绕组电阻、测套管介质损耗时，三相间有无异常不同，这些也有利于对故障部位的准确判断。

三、故障分析判断的程序

（一）故障判断的步骤

（1）判断变压器是否存在故障，是隐性故障还是显性故障。

（2）判断属于什么性质的故障，是电性故障还是热性故障，是固体绝缘故障还是油性故障等。

（3）判断变压器故障的状况，如热点温度、故障功率、严重程度、发展趋势以及油中气体的饱和程度和达到饱和而导致继电器动作所需的时间等。

（4）提出相应的反事故措施，如能否继续运行，继续运行期间的安全技术措施和监视手段或是否需要内部检查修理等。

（二）有无异常的判断

从变压器故障诊断的一般步骤可见，根据色谱分析的数据着手诊断变压器故障时，首先是要判定设备是否存在异常情况，常用的方法有：

（1）将分析结果的几项主要指标（总烃、乙炔、氢气含量）与规程中的注意值作比较。如果有一项或几项主要指标超过注意值时，说明设备存在异常情况，要引起注意。但规程推荐的注意值是指导性的，它不是划分设备是否异常的唯一判据，不应当作强制性标准执行；而应进行跟踪分析，加强监视，注意观察其产生速率的变化。

有的设备即使待征气体低于注意值，但增长速度很高，也应追踪分析，查明原因；有的设备因某种原因使气体含量超过注意值，也不能立即判定有故障，而应查阅原始资料，若无资料，则应考虑在一定时间内进行追踪分析；当增长率低于产气速率注意值，仍可认为是正常的。

在判断设备是否存在故障时，不能只根据一次结果来判定，而应经过多次分析以后，将分析结果的绝对值与导则的注意值作比较，将产气速率与产气速率的参考值作比较，当两者都超过时，才判定为故障。

（2）了解设备的结构、安装、运行及检修等情况，彻底了解气体真实来源，以免造成误判断。一般遇到非故障性质的原因情况及误判的可能参见表 Z13K3004Ⅲ-1。另外，为了减少可能引起的误判断，必须按相关的规定：新设备及大修后在投运前，应作一次分析；在投运后的一段时间后，应作多次分析：因为故障设备检修后，绝缘材料残油中往往残存着故障气体，这些气体在设备重新投运的初期，还会逐步溶于油中，因此在追踪分析的初期，常发现油中气体有明显增长的趋势，只有通过多次检测，才能确定检修后投运的设备是否消除了故障。

表 Z13K3004Ⅲ-1　　　造成油色谱误判断的非故障原因

非故障原因	对油中气体组分变化的影响	误判的可能
属于设备结构上的原因： （1）有载调压灭弧室油向本体渗漏 （2）使用有不稳定的绝缘材料，造成早期热分解 （3）使用有活性的金属材料，促进油的分解	使本体油的乙炔增加，产生 CO 与 H_2 等，增加它们在油中的浓度，增加 H_2 的含量	放电故障 固体绝缘发热或受潮 油中有水分
属于安装、运行.维护上的原因： （1）设备安装前，充 CO_2 安装注油时，未排尽余气 （2）充氮保护对，使用不合格的氮气 （3）油与绝缘纸中有空气泡 （4）检修中带油补焊 （5）油处理时，油加热器不合格，使油过热分解 （6）充用含可燃烃类气体的油、或原有过故障，油未脱气或脱气不完全	增加油中 CO_2 含量。 由于气泡性放电产生 H_2 和 C_2H_2，可燃性气体含量升高	固体绝缘发热 发热受潮 放电故障 放电故障 发热、放电

（3）注意油中 CO、CO_2 含量及比值。变压器在运行中固体绝缘老化会产生 CO 和 CO_2 同时，油中 CO、CO_2 的含量既同变器运行年限有关，也与设备结构、运行负荷和油温等因素有关，因此目前导则还不能规定统一的注意值。只是粗略的认为，在开放式的变压器中，CO 含量小于 $30\mu L/L$，CO_2/CO 比值在 7 左右时，属于正常范围；而薄膜密封变压器中的 CO_2/CO 比值一般低于 7 时也属于正常值。

（三）故障严重性判断

当确定设备存在潜伏性故障时，就要对故障严重性作出正确的判断。判断设备故障的严重程度，除了根据分析结果的绝对值外，必须根据产气速率来考虑故障的发展趋势，因为计算故障的产气速率可确定设备内部有无故障，又可估计故障严重程度。

导则推荐变压器和电抗器总烃产气速率的注意值：开放式变压器为 0.25ml/h，密闭式变压器 0.5ml/h。如以相对产气速率来判断设备内部状况，则总烃的相对产气速率大于 10%/月就应引起注意，如大于 $40\mu L/L/$月可能存在严重故障。在实际工作中，常将气体浓度的绝对值与产气速率相结合来诊断故障的严重程度，例如当绝缘值超过导则规定注意值的 5 倍，且产气速率超过导则规定注意值的 2 倍时，可以判断为严重故障。

（四）故障类型判断

设备存在异常情况时，应就其故障类型作出判断，主要有特征气体法和 IEC 三比值法；但在用 IEC 三比值法应注意的有关问题如下。

（1）采用三比值法来判断故障的性质时必须符合的条件。

1）色谱分析的气体成分浓度应不少于分析方法灵敏度极限值的 10 倍。

2）应排除非故障原因引入的数值干扰。

3）在一定的时间间隔内（1～3 个月）产气速率超过 10%/月。

（2）注意三比值表以外的比值的应用，如 122、121、222 等组合形式在表中找不到相应的比值组合，对这类情况要进行对应分析和分解处理。如有的认为 122 组合可以分解为 102+020，即说明故障是高能放电兼过热。另外，在追踪监视中，要认真分析含气成分变化规律，找出故障类型的变化、发展过程，例如三比值组合方式由 102～122，则可判断故障是先过热，后发展为电弧放电兼过热。当然，分析比值的组合方式时，还要结合设备的历史状况、运行检修和电气试验等资料，最后作出正确的结论。

（3）注意对低温过热涉及固体绝缘老化的正确判断。因为绝缘纸在 151TC 以，F 热裂解时，除了主要产生 CO_2 外，还会产生一定量的 CO、乙烯和甲烷，此时，成分的三比值会出现 001、002 甚至 021、022 等的组合，这样就可能造成误判断。在这种情况下，必须首先考虑各气体成分的产气速率，如果 CO_2 始终占主要成分，并且产气速率一直比其他气体高，则对 001～002 及 021～022 等组合，应认为是固体绝缘老化或低温过热。

（4）注意设备的结构与运行情况。三比值法引用的色谱数据是针对典型的故障设备，而不涉及故障设备的各种具体情况，如设备的保护方式、运行情况等。如开放式的变压器，应考虑到气体的逸散损失，特别是中烷和氢气的损失率，因此引用三比值时，应对甲烷、112 比值作修正。另外，引用三比值是根据各成分气体超过注意值，特别是产气速率，有理由判断可能存在故障时才应用三比值进一步判断其故障件质，所以用三比值监视设备的故障性质应在故障不断产气过程中进行，如果设备停运，故障产气停止，油中各成分能会逐渐散失，成分的比值也会发生变化，因此，不宜应用三比值法。

（5）目前对尚没有列入三比值法的某些组合的判断正在研究之中。例如121 或 122 对应于某些过热与放电同时存在的情况，202 或 212 对于装有载调压开关的变压器应考虑开关油箱的油可能渗漏到本体油中的情况。

四、综合分析诊断的要求

（一）综合分析判断故障时应注意的问题

（1）将试验结果的几项主要指标（总烃、乙炔、氢）与规程列出的注意值作比较。

（2）对 CO 和 CO_2 变化要进行具体分析比较。

（3）油中溶解气体含量超过规程所列任一项数值时应引起注意，但注意值不是认定设备是否正常的唯一判据。必须同时注意产气速率，当产气速率也达到注意值时，应作综合分析并查明原因。有的新投入运行的或重新注油的设备，短期内各种气体含量迅速增加，但尚未超过给定的数值，也可判断为内部异常状况；有的设备因某种原因使气体含量基值较高，超过给定的注意值，但增长率低于前述产气速率的注意值，仍可认为是正常设备。

（4）当认为设备内部存在故障时，可用三比值法对故障类型作出分析。

（5）在气体继电器内出现气体情况下，应将继电器内气样的分析结果，按前述方法与油中取出气体的分析结果作比较。

（6）根据上述结果与其他检查性试验相结合，测量绕组直流电阻、空载特性试验、绝缘试验、局部放电试验和测量微量水分等，并结合该设备的结构、运行、检修等情况，综合分析判断故障的性质及部位，并根据故障特征，可相应采取红外检测、超声波检测和其他带电检测等技术手段加以综合诊断。并针对具体情况采取不同的措施，如缩短试验周期、加强监视、限制负荷、近期安排内部检查、立即停电检查等。

（二）综合分析诊断应注意的问题

（1）由于变压器内部故障的形式和发展是比较复杂的，往往与多种因素有关，这就特别需要进行全面分析。首先要根据历史情况和设备特点以及环境等因素，确定所分析的气体究竟是来自外部还是内部。所谓外部的原因，包括冷却系统潜油泵故障、油箱带油补焊、油流继电器接点火花、注入油本身未脱净气等。如果排除了外部的可能，在分析内部故障时也要进行综合分析。例如，绝缘预防性试验结果和检修的历史档案、设备当时的运行情况，包括温升、过负荷、过励磁、过电压等，设备的结构特点，制造厂同类产品有无故障先例、设计和工艺有无缺陷等。

（2）根据油中气体分析结果，对设备进行诊断时，还应从安全和经济两方面考虑，对于某些过热故障，一般不应盲目地吊罩、吊芯来进行内部检查修理，而应首先考虑这种故障是否可以采取其他措施，如改善冷却条件、限制负荷等来缓和或控制其发展，且有些过热性故障即使吊罩、吊心也难以找到故障源。对于这一类设备，应采用临时对策来限制故障的发展，只要油中溶解气体未达到饱和，即使不吊罩、吊心修理，仍有可能安全运行一段时间，以便观察其发展情况，再考虑进一步的处理方案。这样的处理方法，既能避免热性损坏，又能避免人力、物力的浪费。

（3）关于油的脱气处理的必要性，要分几种情况区别对待：当油中溶解气体接近饱和时，应进行油脱气处理，避免气体继电器动作或油中析出气泡发生局部放电；当油中含气量较高而不便于监视产气速率时，也可考虑脱气处理后，从起始值进行监测。但需要明确的是，油的脱气并不是处理故障的手段，少量的可燃性气体在油中并不危及安全运行，因此，在监视故障的过程中，过分频繁的脱气处理是不必要的。

（4）在分析故障的同时，应广泛采用新的测试技术，例如电气或超声波法的局部放电的测量和定位、红外成像技术检测、油及固体绝缘材料中的微量水分测定，以及油中金属微粒的测定等，以利于寻找故障的线索，分析故障原因，并进行准确诊断。

【思考与练习】

（1）在什么情况下需对变压器展开故障分析？

（2）分析变压器故障的主要方法有哪些？

（3）对变压器开展综合故障分析时应注意哪些问题？

▲ 模块 5 互感器故障综合分析判断（Z13K3005Ⅲ）

【**模块简介**】本模块介绍互感器故障的综合分析判断的主要方法，通过故障分析和方法介绍，熟悉互感器的典型故障，掌握判断设备故障的分析步骤和方法。

【**模块内容**】

一、互感器故障一般可分为回路故障、绕组故障和铁芯故障三类。

（一）互感器回路故障

（1）因雷击、系统短路、接地等产生的过电压、过电流侵入互感器，引起的接地事故。

（2）二次回路的短路，断路及因为一次回路的故障引起二次回路上的故障。

（3）因受潮、漏气、漏油等设备缺陷而引起的故障。

（二）互感器绕组故障（绕组绝缘击穿故障）

（1）主绝缘击穿和烧损。

（2）匝间绝缘击穿故障。

（3）一、二次绕组烧坏故障。

（4）油浸式互感器绝缘油老化变质。

（5）互感器局部放电故障。

（6）介质损耗角正切值 $\tan\delta$ 不合格及突变。

（三）互感器铁芯故障

（1）铁芯片间绝缘损坏。

（2）铁芯接地不良。

（3）铁芯松动。

二、互感器故障原因

（一）互感器管理方面引起的故障原因

1. 制造工艺不良

（1）绝缘工艺不良。电容型电流互感器绝缘包绕松紧不均、外紧内松、纸有皱褶，电容末屏错位、断裂"并腿"时损伤绝缘等缺陷，都能导致运行中发生绝缘击穿事故。

（2）绝缘干燥和脱气处理不彻底。由于对绝缘干燥和脱气处理不彻底，电流互感器在运行中发生绝缘击穿。

2. 密封不良、进水受潮

这类事故占的比例较大，从检查中常发现互感器油中有水，端盖内壁积有水锈，绝缘纸明显受潮等。漏水进潮的部位主要在顶部膨胀器和隔膜老化开裂的地方。有的电流互感器没有胶囊和呼吸器，为全密封型，但有的不能保证全密封性，进水后就积存在头部，水积多了就流进去。

3. 安装、检修和运行人员过失

常见的过失有引线接头松动、注油工艺不良、二次绕组开路、电容末屏接地不良等。这些失常导致局部过热或放电，使色谱分析结果异常。

（二）铁芯故障原因

（1）铁芯片间绝缘损坏原因。运行中温度升高，空载损耗增大、误差加大。

产生故障的可能原因为：铁芯片间绝缘不良，使用环境条件恶劣或长期在高温下运行，促使铁芯片间绝缘老化。

（2）接地片与铁芯接触不良原因。铁芯与油箱有放电声。

产生故障原因为：接地片没有插紧、安装螺栓没有拧紧。

（3）互感器铁芯松动原因。有不正常的振动或噪声。

产生故障原因为：铁芯夹件未夹紧，铁芯片间有铁片。

（三）绕组故障原因

（1）绕组匝间短路。温度升高，有放电声响，高压熔丝熔断，二次电压表指示不稳（忽高、忽低），三相直流电阻不平衡，耐压试验电流增大，不稳定。

产生故障原因为：制造工艺不良，系统过电压，长期过载，绝缘老化。

（2）绕组断线。断线处有可能产生电弧，有放电声响，断线相的电压表指示降低或为零；用万用表电阻挡测量线圈不通。

产生故障原因为：出厂时导线焊接工艺不良，或机械强度不够及引出线接线不合理，造成引线断线。

（3）绕组对地绝缘击穿。

1）高压熔丝连续熔断，可能有放电声响。

2）绝缘电阻不合格，交流耐压试验不合格。

产生故障原因为：绝缘老化或有裂纹缺陷，绝缘油受潮，绕组内有导电杂物，系统过电压击穿，严重缺油等。

（4）绕组相间短路。

1）高压熔丝熔断合不上闸，油温剧增，甚至有喷油冒烟现象。

2）三相直流电阻降低和不平衡。

产生故障原因为：绝缘老化，绝缘油受潮，严重缺油，绕组制造工艺有缺陷，又常常是对地弧光击穿转化为相间短路。

（5）主绝缘击穿故障原因。

1）解体检查，电压互感器顶部密封圈老化变形且硬脆，出现密封失灵和不严，潮气及水分进入互感器内部，绝缘严重受潮。

2）内部主绝缘薄弱，包扎不紧不密贴，致使主绝缘闪络击穿。

（6）匝间绝缘击穿故障原因：经检测 U 相线路上电流互感器直流电阻比 V、W 两相低，说明接在 U 相上的互感器匝间有短路毛病。解体检查和测量，发现装在 U 相电流互感器上的储油柜内的避雷器损坏，经查对该互感器随机资料，其绕组匝间耐压为 2kV 级，为保护这类互感器绕组匝间不受过电压作用而损坏，才装设避雷器。因避雷器损坏，不起保护作用，电流互感器受过电压作用后，匝间绝缘承受不了 2kV 以上过电压冲击，造成匝间绝缘击穿。

（7）二次绕组烧坏故障原因：单匝母线型电流互感器的二次绕组烧损较频繁，以其为例加以叙述。单匝母线型电流互感器为低安匝数电流互感器，其一次绕组匝数少，为 1 匝，导线截面大，流过的电流大；而二次绕组为保护绕组，它的内阻抗很小，在系统短路时，一次绕组流过较大的短路电流，使二次绕组内过电流倍数增加很大，因大电流使绕组过热而烧坏。

（四）套管间放电闪络

高压熔丝熔断，套管闪络。

产生故障原因为套管受外力机构损伤，套管间有异物或小动物进入，套管严重污染，绝缘不良。

（五）油浸式互感器绝缘油老化变化故障原因

（1）互感器过负载运行，油温升高使油老化。

（2）互感器经常发生短路过热使油变质。

（3）互感器内浸入含酸等元素的水及潮气。

（4）互感器内常发生树脂状的局部放电。

（六）互感器 tanδ 值增大或突变原因

（1）互感器受潮，箱内进入水分和潮气。

（2）互感器绝缘劣化和老化。

对于因受潮，电击等引起的绝缘事故除了直观的检查外，还可以通过一系列的绝缘试验进行检查。包括测绝缘电阻，测 TA 二次侧的励磁电流，测 TV 变压比，对绝缘油试验等方法。

对于二次回路中的故障可以通过对二次回路的各组成部分进行检查试验查得。包括测绝缘电阻，测绕组直流电阻，检查接线端子是否过热变色，测 TA 二次励磁电流，检查熔丝状态，测 TV 和电容分压器的负荷特性，测电压波形等方法。

对于漏气、漏油，可以通过检漏方法和直观法查得。

互感器的故障现象及诊断见表 Z13K3005Ⅲ–1 所示。

表 Z13K3005Ⅲ–1　　　　　　　互感器故障现象及诊断

故障	故障现象	故障征兆	诊断方法
局部放电	油中产生气体→绝缘性能下降	介质损耗值增大	介质损耗测定
热劣化 （过负荷，外部短路、 局部过热）	升温→热解→绝缘纸聚合度 下降→产生气体	局部放电增大及 初始电压降低	局部放电测定
受潮	水分加速油氧化→绝缘性能下降	油中可燃气体增大	油中气体分析
油劣化	氧化增加→油绝缘性能下降	绝缘油特性（水分、 氧化、耐压）变化	油特性检查

三、互感器的故障检测诊断项目

互感器是电力系统中变换电压或电流的重要元件，其工作可靠性对整个电力系统具有重要意义。

互感器分为电流互感器和电压互感器。

根据相关规程规定，电流互感器绝缘预防性试验项目包括：

（1）测量绕组及末屏的绝缘电阻。

（2）测量 $\tan\delta$ 及电容量。

（3）油中溶解气体色谱分析。

（4）交流耐压试验。

（5）局部放电测量。

电磁式电压互感器绝缘预防性试验项目包括：

（1）测量绝缘电阻。

（2）测量 20kV 及以上互感器的 $\tan\delta$。

（3）油中溶解气体的色谱分析。

（4）交流耐压试验。

（5）局部放电测量。

相关规程中对电容式电压互感器预防性试验项目未作明确规定。

（一）测置绕组及末屏的绝缘电阻

测量绕组绝缘电阻的主要目的是检查其绝缘是否有整体受潮或劣化的现象。测量电容型电流互感器末屏的绝缘电阻对发现绝缘受潮灵敏度较高。因为电容型电流互感器由一般十层以上电容串联。进水受潮后，水分一般不易渗入电容层间或使电容层普遍受潮。因此，进行主绝缘试验往往不能有效地监测出其进水受潮。但是，水分的比重大于变压器油，所以往往沉积于套管和电流互感器外层（末层），或底部（末屏与法兰间）而使末屏对地绝缘水平大大降低。因此，进行末屏对地绝缘电阻的测量能有效的监测电容型试品进水受潮缺陷。

测量时采用 2500V 绝缘电阻表。测量绕组的绝缘电阻与初始值及历次数据比较，不应有显著变化。根据有关资料介绍，我国生产电流互感器绕组绝缘电阻不应低于表 Z13K3005Ⅲ-2 所列的数据。

表 Z13K3005Ⅲ-2　20℃时备电压等级电流互感器绝缘电阻极限值

电压等级（kV）	绝缘电阻（MΩ）	电压等级（kV）	绝缘电阻（MΩ）
0.5	120	20～35	600
3～10	450	60～220	1200

电磁式电压互感器测量时一次绕组用 2500V 绝缘电阻表，二次绕组用 1000V 或 2500V 绝缘电阻表，而且非被测绕组应接地。测量时还应考虑空气湿度、套管表面脏污对绕组绝缘电阻的影响。必要时将套管表面屏蔽，以消除表面泄漏的影响。温度的变化对绝缘电阻影响很大，测量时应记下准确温度，以便比较。为减小温度的影响，最好在绕组温度稳定后进行测试。

规程中对绝缘电阻未作规定，试验结果可采用比较法进行综合分析判断。通常一次绕组的绝缘电阻不低于出厂值或以往测得值的 60%～70%，二次绕组的绝缘电阻不低于 10MΩ。

另外，当电压互感器吊芯时，应用 2500V 绝缘电阻表测量铁芯夹紧螺栓的绝缘电阻，其值规程中也未作规定，通常不应低于 10MΩ。

对电容式电流互感器要求末屏对地绝缘电阻不低于 1000MΩ。对电容式电压互感器的电容分压器的极间绝缘电阻一般不低于 5000MΩ。对铁芯夹紧螺栓绝缘电阻一般不低于 10MΩ。

（二）测量 tanδ

此试验目的是发现绝缘受潮，劣化及套管绝缘缺陷。对固体绝缘的电流互感器不进行介质损失角 tanδ 的测试。因为 tanδ 值受表面状态和半导体涂层影响很大，不能反映绝缘的真实情况。

对于 tanδ 值，要和历年数据比较，不应有显著变化，其允许值见 DL/T 595—2005 《电力设备预防性试验规程》中有关规定，介质损耗因数是评定绝缘是否受潮的重要参数，对其测量结果要认真分析。

（1）主绝缘的 $\tan\delta$。主绝缘的 $\tan\delta$ 不应大于表 Z13K3005Ⅲ-3 所列的数值，且与历年数据比较，不应有显著变化。

表 Z13K3005Ⅲ-3　20℃时电流互感器主绝缘 $\tan\delta$（%）应不大于的数值

电压等级（kV）		20～35	66～110	220
大修后	油纸电容型 充油型 胶纸电容型	3.0 2.5	1.0 2.0 2.0	0.7
运行中	油纸电容型 充油型 胶纸电容型	3.5 3.0	1.0 2.5 2.5	0.8

（2）电容型电流互感器主绝缘电容量与初始值或出厂值差别超出 ±5% 范围时，应查明原因。

（3）在 2kV 试验电压下末屏对地 $\tan\delta$ 值不大于 2%。

测量 20kV 及以上电压互感器一次绕组连同套管的介质损耗因数 $\tan\delta$ 能够灵敏地发现绝缘受潮、劣化及套管绝缘损坏等缺陷。由于电压互感器的绝缘方式分为全绝缘和分级绝缘两种，而绝缘方式不同测量方法和接线也不相同。

测量结果应不大于表 Z13K3005Ⅲ-4 所列的数值。

表 Z13K3005Ⅲ-4　电压互感器的 $\tan\delta$（%）应不大于的数值

温度（℃）		5	10	20	30	40
35kV 及以下	大修后	1.5	2.5	3.0	5.0	7.0
	运行中	2.0	2.5	3.5	5.5	8.0
35kV 及以上	大修后	1.0	1.5	2.0	3.5	5.0
	运行中	1.5	2.0	2.5	4.0	5.5

（三）油中溶解气体色谱分析

试验经验表明，油中溶解气体色谱分析对诊断电流互感器的异常或缺陷具有重要作用。

相关规程规定电流互感器要求进行油中溶解气体色谱分析、并给出注意值为：总烃 100ppm；氢 150ppm；乙炔 1ppm（220～500kV）和 2ppm（110kV 及以下）。对新投运的电流互感器，其油中不应含有乙炔。

电压互感器绝缘油中溶解气体色谱分析对诊断放电性缺陷具有重要作用。其注意值为：总烃 100ppm；氢 150ppm；乙炔 2ppm。对新投运的电压互感器，其油中不应含有乙炔，因此乙炔含量仍是重要指标。乙炔含量异常，一般有两种情况：一是穿心螺丝悬浮电位放电，二是绕组绝缘有放电性缺陷。现场实例表明，在三倍频感应耐压试验中，被击穿的电压互感器绝缘油中的乙炔含量一般可达数十 ppm。所以当乙炔含童超过注意值时应跟踪试验，对有增长趋势者，应进行其他检查性试验，如局部放电、感应耐压试验等，直至吊心检查，找出乙炔气体产生的原因。对氢气异常，除注意膨胀器是否经除氢处理外，还要检查铁芯是有锈，铁芯有锈往往会导致一氧化碳气体单一增大，有的超过 500ppm。这时，应根据 $\tan\delta$ 值判断是否是进水受潮引起铁锈。若运行中电压互感器并未进水受潮，但却出现一氧化碳气体，可能是铁芯在制造车间堆放时生锈所致。

（四）交流耐压试验

交流耐压试验是主要项目，应在绝缘电阻 $\tan\delta$ 和绝缘油试验后.认为绝缘正常时才可进行。其试验电压值在预规中已有规定。

对串级式或分级绝缘式的电压互感器用倍频感应耐压试验电压标准与工频耐压相同。做倍频感应耐压时，应在高压端测量电压，如在低压端测量应考虑容升电压（即电容电流经过漏抗引起试品端电压的升高）。其值按制造厂规定，无规定时可参考：① 35kV，3%；② 66kV，4%；③ 110kV，5%；④ 220kV，8%。

电流互感器试验电压为出厂值的 85%。出厂值不明的按表 Z13K3005Ⅲ-5 所列的电压进行试验。

表 Z13K3005Ⅲ-5　　　电流互感器的交流耐压试验电压

电压等级（kV）	3	6	10	15	20	35	66
试验电压（kV）	15	21	30	38	47	72	120

（五）局部放电测量

局部放电测量是指设备的部分绝缘被击穿的电气放电现象。为及时有效地发现互感器中存在的放电性缺陷，防止其扩大并导致整体绝缘击穿。相关规程将互感器局部放电测量正式列为定期试验项目，测量互感器在规定电压下的局部放电水平，进行诊断。

（六）测 TA 二次励磁电流

做此试验可以发现二次绕组有无匝间短路。

（七）测 TV 空载电流

在额定电压下测 TV 空载电流，与制造厂出厂值相比应无明显变化。如相差大则说明设备有问题。

电容分压器的判断标准见表 Z13K3005Ⅲ-6。电容式电压互感器按其安装位置的不同，可分为线路、母线和变压器出口几种，对不同的 TV，可分别采用 QS1 电桥正接线、反接线和利用感应电压法测量其介质损耗因数。

表 Z13K3005Ⅲ-6　　　　　电容分压器测量结果的判断标准

项目	测量类别	要　求　值
电容值偏差	交接时	不超过出厂值的±5%时，500kV 按制造厂规定
	运行中	不超过额定值的-5%～+10%，当大于出厂值的102%时应缩短试验周期
tanδ 值（20℃）	交接时	按制造厂规定
	运行中	10kV 下的 tanδ 值不大于下列数值： 油纸绝缘为 0.005，膜纸复合绝缘为 0.002 当 tanδ 不符合要求时，可在额定电压下复测，复测值如符合 10kV 下的要求，可继续投运

（八）电流互感器故障判断实例

1. 事故情况

某变电站 A 相电流互感器爆炸。瓷套碎片沿四周散射出逾 50m，由于爆炸起火，将其他两台互感器及本线路断路器同时烧损。

2. 事故原因分析

（1）该电流互感器系早年产品,从投运以来,介质损耗试验一直稳定在 0.6%左右。绝缘油色谱试验，氢值为 0.075%，最后两次色谱试验，氢值分别为 0.65%和 0.66%，较投运时年增加 9 倍，比标准值（0.1）增加 6 倍。化学分场油务班将色谱分析结果，填写试验结果通知单（写有"氢的含量大量"没有具体结论）共 8 份，分别送给总工程师，负责检修的副总工程师、检修科、运行科、电气分场及绝缘监督。因为试验结果没有进行综合分析判断，没提出明确结论，没有采取跟踪试验措施，生产技术管理工作上职责不清、分工不明，是发生事故的主要原因。

（2）事故后对互感器检查发现：呼吸器与端盖连接处内部严重锈蚀，胶垫有局部压偏现象。一次绕组端部连接螺丝上有锈迹。说明互感器绝缘烧损爆炸是由于内部受潮引起的。没有认真执行《反事故技术措施》是发生事故的重要原因。

3. 防止措施

（1）对设备绝缘色谱试验要指定专人进行综合分析。试验结果要与历年试验结果对比，与同类型设备的试验结果对比，切实做好综合分析判断，做出明确结论。发现异常应缩短试验周期，坚持跟踪试验，并及时组织研究提出处理意见，限期完成。

（2）对《反事故技术措施》要认真组织落实，务必逐台设备逐条逐项有针对性的——对照检查，暂时落实不了，应制定出相应的补充措施，以防事故重演。

【思考与练习】

（1）在什么情况下需对互感器展开故障分析？

（2）分析互感器故障的主要方法有哪些？

（3）对互感器开展综合故障分析时应注意哪些问题？

第四十六章

开关类设备的故障分析判断

▲ 模块 1　充气电气设备的故障处理及跟踪
（Z13K4001Ⅲ）

【**模块描述**】 本模块包含 SF_6 电气设备内部气体及设备故障诊断知识。通过对 SF_6 电气设备、内部材料及其在运行中发生的变化与故障之间的联系知识的讲解和 SF_6 电气设备故障类型、可能部位和内部故障诊断思路的介绍，掌握 SF_6 电气设备内部气体及设备故障的诊断技能。

【**模块内容**】

一、SF_6 气体中的含水量超标

GIS 设备中的 SF_6 气体水含量过高，不仅会使 SF_6 气体放电或产生热分离，而且有可能与 SF_6 气体中低氟化物反应产生氢氟酸，影响设备的绝缘和灭弧能力。同时在气温降到 0℃ 左右时，SF_6 气体中的水蒸气分压超过此温度的饱和蒸汽压，则会变成凝结水，附在绝缘物表面，使绝缘物表面绝缘能力下降，从而导致内部沿面闪络造成事故。

（一）故障（缺陷）产生的原因

（1）产品质量不良。由于产品质量不良导致含水量超标时有发生。

（2）产品结构设计不合理

1）SF_6 气体存放方法不当，出厂时带有水分，应妥善保管。

2）GIS 内壁和固体绝缘材料析出水分，应在工作缸上法兰盘处加装一套分子筛和更新三连箱内分子筛，新分子筛放在 450℃ 恒温箱干燥合格后回装，以随时吸收析出的水分。

3）工艺不当，充气时气瓶未倒立，管路、接口未干燥，装配时暴露时间过长，充气、补气时接口管路带入水分。应在使用前用 0.5MPa 的高纯氮气冲管路及接口 $1\sim2min$，并冲洗断路器内部 3 次。

（3）零部件吸附的水分向 SF_6 气体扩散。设备在装配时，由于各零部件的烘烤时间不足，装配后使其中的水分向 SF_6 气体中扩散，导致 SF_6 气体中的含水量增加，甚至超标。

（4）密封不严，引起渗漏。GIS 设备运行多年后，密封垫老化，瓷套与法兰的胶合部位可能会有渗漏，使大气中的水分通过这些微孔向 SF_6 气腔内扩散，导致 SF_6 气体中含水量超标。

（5）环境温度高，空气湿度大。

（6）人为因素。工艺掌握不熟练，责任心不强，对微水超标的危害性认识不清。应加强敬业爱岗教育和讲解微水超标对设备、人身的危害，以杜绝人为失误。

（二）处理方法

1. SF_6 气体微水含量检测

（1）检测方法。使用露点法、湿敏法微水测试仪，对 SF_6 气室进行检测。检测时，用连接管路将设备内的 SF_6 气体经减压阀接入微水测试仪中，一般应调节流量不大于 100mL/min。流量过大、过小均会影响检测结果准确性。连接管路、减压和调节阀均应进行充分干燥。

SF_6 气体含水量的限值如表 Z13K4001Ⅲ-1 所示。

表 Z13K4001Ⅲ-1　　　　　　状 态 量 的 评 价 表

气室名称		断路器气室	气体气室
含水量 （μL/L）	交接验收时	150	300
	运行时	300	500

（2）检测周期。一般情况下，新装设备 3 个月检测一次，微水含量稳定后应每年检测一次。

如发现设备发生 SF_6 气体泄漏时，则应在漏气处理前，检测设备微水含量。

2. 微水含量超标处理

（1）更换气室内分子筛，或加大分子筛用量。

（2）在使用前使用合格的高纯氮气冲洗管路及接口，确保充气回路中物超标水分。

注：在处理时一定要回收微水含量超标气体，不能随意排放到大气中污染环境。

二、SF_6 气体分解产物超标

GIS 内部放电性故障有多种，根据放电能量的差异大致可分为局部放电、电晕与火花放电，根据放电部位的不同还有空气中电弧放电分解（断路的开断电弧）、涉及材料的电弧放电分解等。GIS 内部放电性故障的原因很多，大部分是设备的制造缺陷，此外，设备震动造成固定件松动、GIS 内部过热性故障的发展最终也会造成放电性故障。因此，对 GIS 内部放电性故障的研究实际上包含了 GIS 内部故障的所有内容，GIS 内部放电性故障及诊断的研究，不仅是故障原因分析、故障部位定位等已发生故障的研究，更重要的是对发展中异常的分析判断，通过各种手段发现设备异常并在异常发展为故障前予以阻止，以减少设备损失。

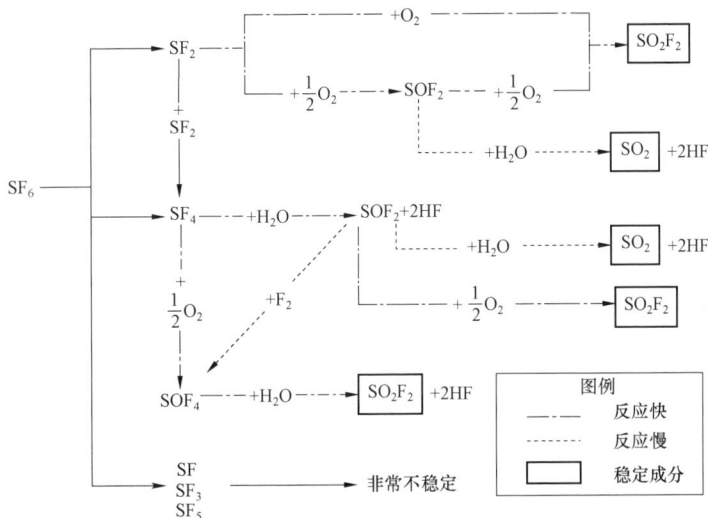

图 Z13K4001Ⅲ-1　SF_6 气体分解原理图

在正常情况下，SF_6 化学性质十分稳定，不易分解。但在放电或过热作用下，SF_6 会发生分解，生成 SF_5、SF_4、SF_2 和 S_2F_{10} 等多种低氟硫化物。对于纯净的 SF_6 气体，上述分解物将随着放电故障的消除或温度的降低很快复合还原为 SF_6 气体。而实际的 GIS 设备在制造、运输、安装、检修过程中可能接触到水分，SF_6 新气本身也会含有一定的水分、空气、CF_4 等杂质（目前我国生产的 SF_6 气体杂质含量均能达到我国技术条件要求和 IEC 标准）。因此当 GIS 设备发生绝缘故障时，上述分解生成的各种低氟硫化物，会与 GIS 气室内的微量氧气、水分和其他杂质发生反应，生成 CF_4、HF、SOF_2、SO_2F_2、SO_2、SO_2F_{10} 等多种稳定组分。SF_6 气体在放电能量作用下分解物的生成机理如图 Z13K4001Ⅲ-1 所示。

（1）正常：HF、SO_2（或 SO_2+SOF_2）、H_2S 含量 0.5～1μL/L。

（2）注意：HF、SO_2（或 SO_2+SOF_2）、H_2S 含量 1～5μL/L（有含碳固体材料的气室 CF_4、C_2F_6、C_3F_8、CO、CO_2 含量开始变化）。

（3）异常：HF、SO_2（或 SO_2+SOF_2）、H_2S 含量＞5μL/L（有含碳固体材料的气室 CF_4、C_2F_6、C_3F_8、CO、CO_2 含量显著增加）。

由于设备气室体积差异较大，同样数量的特征气体分解物在不同大小的气室中的浓度会相差很大，因此在实际分析中不仅要关注特征气体分解物的浓度，更要关注特征气体分解物的绝对量。

【思考与练习】

1. 判断充气电气设备故障的方法有哪些？

2. 试说明 SF_6 气体微水含量检测方法。

3. 试说明 GIS 内部放电性故障的种类？

▲ 模块 2　断路器故障综合分析判断（Z13K4002Ⅲ）

【模块描述】本模块通过断路器结构和故障特征的介绍，对断路器各种试验项目、试验方法及测试数据的分析判断，掌握断路器故障分析判断的方法。

【模块内容】

一、SF_6 气体泄漏

（一）故障（缺陷）现象

某气室的 SF_6 气体密度继电器显示压力值降低、低气压保护动作、GIS 室内 SF_6 气体浓度高报警等。

（二）GIS 室发生 SF_6 泄漏的危害

GIS 室内空间较封闭，一旦发生 SF_6 气体泄漏，流通极其缓慢，毒性分解物在室内沉积，不易排出，从而对进入 GIS 室的工作人员产生极大的危险。而且 SF_6 气体的比重较氧气大，当发生 SF_6 气体泄漏时 SF_6 气体将在低层空间积聚，造成局部缺氧，使人窒息。另一方面，SF_6 气体本身无色无味，发生泄漏后不易让人察觉，增加了对进入泄漏现场工作人员的潜在危险性。

（三）故障（缺陷）原因

1. 部件加工工艺控制不严

GIS 在生产环节，由于对部件加工工艺控制不严，导致部件材料性能、部件尺寸等不能满足设计要求，如 GIS 腔体制造过程中产生砂眼未及时发现导致设备运行后发生漏气，盆式绝缘子尺寸偏差导致在运行中由于应力产生裂纹而产生漏气，连通管焊接工艺控制不严产生裂纹导致漏气，密封圈质量差导致密封失效而产生漏气等。

2. 设备安装工艺控制不严

GIS 设备在安装时，工艺控制不严，导致 SF_6 气体泄漏，如密封圈未完全放入密封圈槽导致漏气、密封胶未打饱满导致雨水渗入发生壳体锈蚀最终产生漏气等。

（四）处理方法

1. 泄漏点检测定位方法

首先定期巡视 SF_6 密度表，发现有压力降低现象时，进行检漏试验，确定泄漏点。常用检漏仪器为红外检漏仪。

2. 解决措施

先行补气，然后确定泄漏点，制定相应的检修策略，更换相应部件。

3. SF_6 气体泄漏防护方法：

（1）减少 SF_6 气体的排放量，提高气体的回收率。设备内的 SF_6 气体不得向大气排放，应采用净化装置回收，经处理合格后方准使用。

（2）SF_6 电气设备安装与主控制室隔离，防止泄漏气体进入主控室。设备安装室内应有良好的排风系统，通风孔应设在室内下部，底部应设 SF_6 气体泄漏报警器和氧量仪。

（3）工作人员不得单独或随意进入 GIS 室，因工作需要必须进入时应先排风 20min，不准在设备防爆膜附近停留。工作人员在进入电缆沟或低位区前，必须测量氧气含量，如氧气含量低于 18% 时，不得进行工作。气体采样及处理渗漏时，工作人员要穿戴防护用品，并在通风条件下进行。

（4）发生紧急事故应立即开启全 部通风系统进行通风，发生设备防爆膜破裂事故时，应停电处理，并用汽油或丙酮擦拭干净。

4. 现场急救办法

（1）组织人员立即撤离现场，开启通风系统，保持空气流通。

（2）观察中毒者，如有呕吐应使其侧位，避免呕吐物吸入，造成窒息。

（3）皮肤污染，应立即用清水冲洗，换衣服。

（4）眼部伤害或污染用清水冲洗并摇晃头部。

（5）应弄清毒物性质，并保留呕吐物待查。

（6）现场应配备必要的药品。

二、SF_6 气体中的含水量超标

GIS 设备中的 SF_6 气体水含量过高，不仅会使 SF_6 气体放电或产生热分离，而且有可能与 SF_6 气体中低氟化物反应产生氢氟酸，影响设备的绝缘和灭弧能力。同时在气温降到 0℃ 左右时，SF_6 气体中的水蒸气分压超过此温度的饱和蒸汽压，则会变成凝结水，附在绝缘物表面，使绝缘物表面绝缘能力下降，从而导致内部沿面闪络造成事故。

（一）故障（缺陷）产生的原因

（1）产品质量不良。由于产品质量不良导致含水量超标时有发生。

（2）产品结构设计不合理。

1）SF$_6$气体存放方法不当，出厂时带有水分，应妥善保管。

2）GIS内壁和固体绝缘材料析出水分，应在工作缸上法兰盘处加装一套分子筛和更新三连箱内分子筛，新分子筛放在450℃恒温箱干燥合格后回装，以随时吸收析出的水分。

3）工艺不当，充气时气瓶未倒立，管路、接口未干燥，装配时暴露时间过长，充气、补气时接口管路带入水分。应在使用前用0.5MPa的高纯氮气冲管路及接口1～2min，并冲洗断路器内部3次。

（3）零部件吸附的水分向SF$_6$气体扩散。设备在装配时，由于各零部件的烘烤时间不足，装配后使其中的水分向SF$_6$气体中扩散，导致SF$_6$气体中的含水量增加，甚至超标。

（4）密封不严，引起渗漏。GIS设备运行多年后，密封垫老化，瓷套与法兰的胶合部位可能会有渗漏，使大气中的水分通过这些微孔向SF$_6$气腔内扩散，导致SF$_6$气体中含水量超标。

（5）环境温度高，空气湿度大。

（6）人为因素。工艺掌握不熟练，责任心不强，对微水超标的危害性认识不清。应加强敬业爱岗教育和讲解微水超标对设备、人身的危害，以杜绝人为失误。

（二）处理方法

1. SF$_6$气体微水含量检测

（1）检测方法。使用露点法、湿敏法微水测试仪，对SF$_6$气室进行检测。检测时，用连接管路将设备内的SF$_6$气体经减压阀接入微水测试仪中，一般应调节流量不大于100mL/min。流量过大、过小均会影响检测结果准确性。连接管路、减压和调节阀均应进行充分干燥。

SF$_6$气体含水量的限值如表Z13K4002Ⅲ-1所示。

表 Z13K4002Ⅲ-1　　　　　状 态 量 的 评 价 表

气室名称		断路器气室	气体气室
含水量 （μL/L）	交接验收时	150	300
	运行时	300	500

（2）检测周期。一般情况下，新装设备3个月检测一次，微水含量稳定后应每年检测一次。

如发现设备发生SF$_6$气体泄漏时，则应在漏气处理前，检测设备微水含量。

2. 微水含量超标处理

（1）更换气室内分子筛，或加大分子筛用量。

（2）在使用前使用合格的高纯氮气冲洗管路及接口，确保充气回路中物超标水分。

注：在处理时一定要回收微水含量超标气体，不能随意排放到大气中污染环境。

三、断路器拒分拒合

（一）故障现象

开关电器大部分的故障集中在操动机构，主要的故障是动作不良。动作不良的故障包括拒合、缺相合闸、拒分、缺相分闸、分合不佳等多种故障形式。

（1）拒合。拒合常常是由操作回路中的线圈断线或烧坏，控制回路接线端子松动，辅助触点接触不良等引起的。

（2）拒分。拒分常常是由脱扣机构的锁扣部分磨损变形、生锈、分闸弹簧变形、折断、传动机构变形、连接销生锈、损坏及操作回路故障等引起的。

（3）分合不佳。分合不佳常常是因为脱扣机构的锁扣部分不能稳定扣住或合闸时振动使扣入部分滑脱；传动机构因生锈而不灵活或因多次的动作而变形、磨损；合闸电磁铁的动铁芯动作卡滞；油缓冲器衬垫间隙增大或材料失去弹性等。

（二）故障原因

1. 拒合故障原因

（1）操动机构控制回路由于熔断器熔体熔断无直流电源，使操动机构合不上闸，应检查并排除故障后更换同规格熔体。

（2）合闸线圈由于操作频繁，温度过高，甚至烧坏，应尽量减少操作次数。当合闸线圈温度超过65℃时，应停止操作，待线圈温度降低到65℃以下时再进行操作。

（3）直流电压低于合闸线圈的额定电压，导致合闸时虽然机构动作，但不能合闸，应调高直流电压，满足合闸线圈使用电压。

（4）合闸线圈内的套筒安装不当或变形，影响合闸线圈铁芯的冲击行程，应重新安装，手动操作试验，并观察铁芯的冲击行程且进行调整。

（5）合闸线圈铁芯顶杆太短，定位螺钉松动，使铁芯顶杆松动变位引起操动机构合不上闸，可调整滚轮与支架间的间隙，并紧固螺钉。

（6）辅助开关触点接触不良，使操动机构合不上闸，应调整辅助开关拐臂与连杆的角度，及拉杆与拉杆的长度或更换触点。

（7）操动机构安装不当，使机构卡住不能复位，应检查各轴及连板有无卡住，并进行相应处理。

2. 拒分故障原因

（1）分闸线圈无直流电压或电压过低，应检查调整直流电源电压，达到分闸线圈的使用电压。

（2）辅助触点接触不良或触点未切换，应调整辅助开关或更换触点。

（3）分闸铁芯被剩磁吸住，可将铁杆换成黄铜杆，而黄铜杆必须与铁芯用销子紧固。

（4）分闸线圈烧坏，应找出原因更换线圈。

（5）分闸线圈内部铜套不圆，不光滑，铁芯有毛刺而引起卡住，应对铜套进行修整，去除铁芯毛刺，以消除卡住。

（6）连板轴磨损，销孔太大使转动机构变位，应检查连板孔的公差是否符合要求。

（7）轴销窜出，连杆断裂或开焊，可用手动，打回冲击电磁铁芯使开关分闸。再检查连杆、轴销的衔接部分，进行更换或焊接。

（8）定位螺钉松动变位，使转动机构卡住，应将受双连板击打的螺钉调换方向或加设销紧螺母，以免螺钉松动变位。如果由于操作回路中发生故障不能分闸，与检查合闸不动作采用相同的方法。

（三）处理措施

针对上述原因，逐一排查各可能存在的隐患处。找到损坏部件后进行更换。

四、案例

（一）故障的发生

2009 年 10 月 24 日，在对南通如皋金城变电区 220kV 断路器进行模拟故障分合试验中，当操作主控室的"远方/就地"切换开关至"就地"位置时，出现了 A、B 两项合闸失败，拐臂旋转了约 20°左右的现象。该断路器为 ABB 生产的 LTB245E1 型弹簧操动机构断路器。

用户与 ABB 公司就开关出现合闸失败的现象进行了持续的沟通，一致认为有必要对开关进行再次检查。双方于 2009 年 10 月 27 日再次检查过程中，经现场测试，该断路器满足合分闸时间、分合闸速度、操作行程等机械特性与出厂试验无差异，满足 ABB 断路器技术要求。其控制回路未发现有寄生回路，分控箱内端子排绝缘电阻也正常，且在几十次的动作中故障现象均未再现，故障现象自然消失。

当进行模拟故障跳闸试验时，断路器进行了正常的分闸操作；在模拟故障量没有消除的情况下操作主控室的切换开关至"合闸"位置时，故障再次出现。

（二）故障原因分析

通过对断路器的数据测量和原因分析，认为断路器是在储能的初期进行了非正常的二次合闸操作，重点检查断路器的储能回路、合闸回路和主控室的相关设备、操作顺序等。

在没有储满能的情况下，K13 继电器的接点应该是断开的，为检查 K13 是否正常工作，对 K13 的 22、24 接点在断路器 C–O 操作时的信号进行了测量。试验结果表明该断路器储能继电器在开关动作约 80ms 期间内发生短时粘连，出现最大脉宽约 20ms 的闭合信号，如图 Z13K4002Ⅲ-1 中 2a 所示。

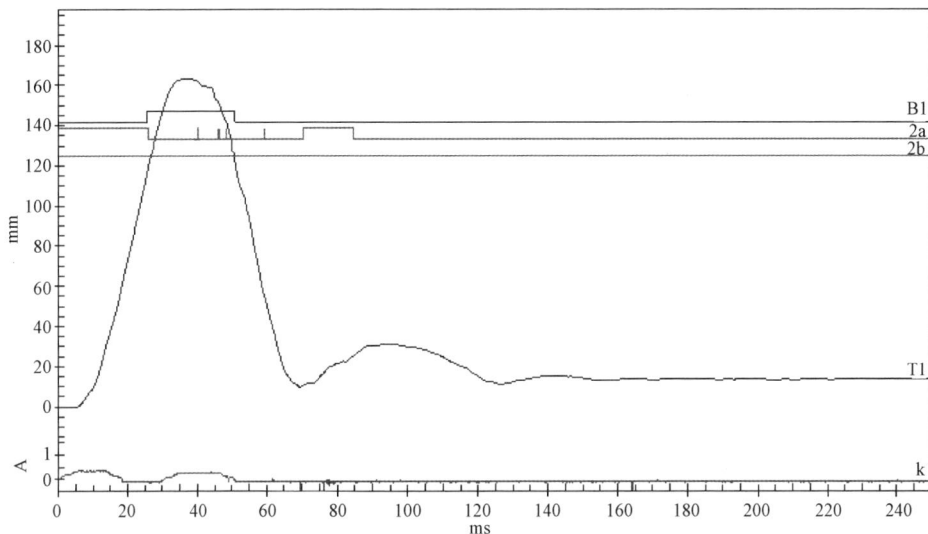

图 Z13K4002Ⅲ-1　K13 抖动信号图

另外，为检验主控室防跳回路是否正常工作，检修人员将储能继电器 K13 的两个端子 22、24（如图 Z13K4002Ⅲ-2 所示）短接后进行模拟故障分合试验，操作主控室的"远方/就地"切换开关至"就地"位置时，故障现象再次出现。

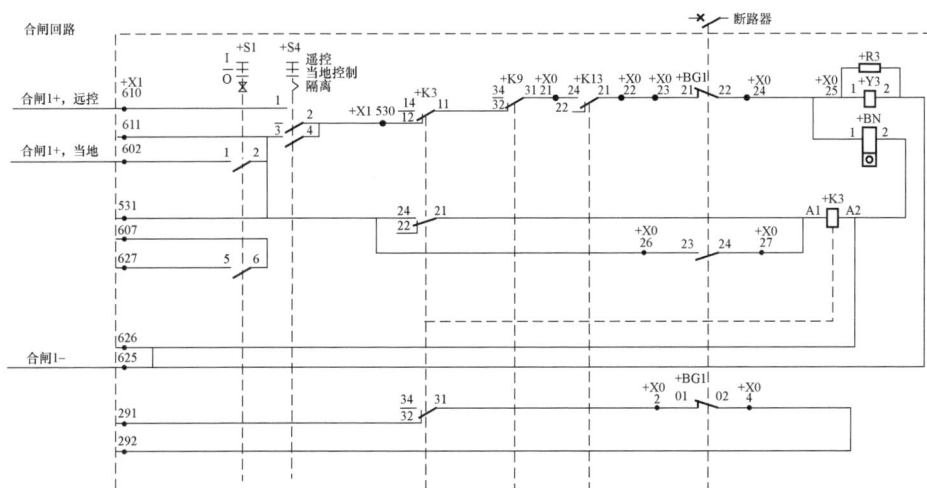

图 Z13K4002Ⅲ-2　断路器合闸控制回路原理图

说明当模拟故障持续存在的情况下，手动合闸时防跳保护未起作用，断路器实际执行了 C–O–C（手动合闸–模拟故障分闸–手动开关未归零继续合闸）操作，两次合闸命令之间没有足够的时间间隔，出现了断路器在分闸后储能不充分下的合闸操作，导致了合闸失败。

经检查主控设备（FCX–12HP 分相操作箱），发现防跳继电器的动作电流与断路器合闸线圈电流不匹配，导致防跳继电器功能丧失。

根据上述现象，经过技术人员和厂家的分析，认为故障发生的原因是由于主控室的 FCX–12HP 分相操作箱的防跳继电器的动作电流与断路器合闸线圈电流不匹配，导致防跳继电器功能丧失；同时电机储能继电器 K13 接点发生瞬时抖动的情况下（该抖动发生在开关合闸后 80ms 内），使得在模拟故障跳闸命令持续存在的情况下，手动合闸时断路器在储能过程中出现二次合闸。由于储能未完成，断路器慢合拒动保护启动，出现断路器合闸到 20° 左右即停止的现象。

（三）事故处理

对主控室的 FCX–12HP 分相操作箱中防跳继电器进行维修，解决了不匹配问题。经维修后，进行多次手动分合模拟故障操作，未出现该事故现象。

针对上述原因，对避免该类事故的再次发生提出建议：

（1）ABB 公司应尽量解决储能继电器在断路器动作时的短时粘连问题，如改用其他型号的继电器，增加其他保护逻辑等，一旦出现主控室放跳失败，断路器的回路能够起到一定的防范作用。

（2）对主控室的防跳回路进行进一步改进，避免该类事故的发生。

【思考与练习】

1. 简述断路器的典型故障。

2. 判断设备故障的步骤有哪些？

3. 简述发生 SF_6 泄漏的危害。

4. 断路器拒分拒合处理流程是什么？

◢ 模块 3　GIS 故障综合分析判断（Z13K4004Ⅲ）

【模块描述】本模块通过 GIS 结构和故障特征的介绍，对 GIS 各种试验项目、试验方法及测试数据的分析判断，掌握 GIS 故障分析判断的方法。

【模块内容】

气体绝缘金属封闭组合电器 GIS（Gas–Insulated metal–enclosed Switchgear）采用 SF_6 气体作为绝缘介质，将断路器、隔离开关、接地开关、电流互感器、避雷器、电压互感器、套管以及母线等部件密封在接地的金属腔体内，与传统敞开式配电装置相比主要由于其具有以下几个方面的优点：

（1）GIS具有占地面积小、体积小，重量轻、元件全部密封不受环境干扰。

（2）操动机构无油化，无气化，具有高度运行可靠性。

（3）GIS采用整块运输，安装方便，周期短，安装费用较低；检修工作量小时间短。共箱式GIS全部采用三相机械联动，机械故障率低。

（4）优越的开断性能——断路器采用新的灭弧原理为基础的自能灭弧室（自能热膨胀加上辅助压气装置的混合式结构），充分利用了电弧自身的能量。

（5）损耗少、噪声低——GIS外壳上的感应磁场很小，因此涡流损耗很小，减少了电能的损耗。采用弹簧机构，使得操作噪声很低。

鉴于上述优点，GIS在当今电力系统中应用越来越广泛。运行表明，GIS设备一旦发生内部故障，修复周期长、过程复杂、对供电系统影响较大。

GIS设备常见的故障主要包括：SF_6气体泄漏、SF_6气体含水量超标、操动机构拒动或误动、异常局部放电、击穿闪络等。

一、SF_6气体泄漏

（一）故障（缺陷）现象

某气室的SF_6气体密度继电器显示压力值降低、低气压保护动作、GIS室内SF_6气体浓度高报警等。

（二）GIS室发生SF_6泄漏的危害

GIS室内空间较封闭，一旦发生SF_6气体泄漏，流通极其缓慢，毒性分解物在室内沉积，不易排出，从而对进入GIS室的工作人员产生极大的危险。而且SF_6气体的比重较氧气大，当发生SF_6气体泄漏时SF_6气体将在低层空间积聚，造成局部缺氧，使人窒息。另一方面SF_6气体本身无色无味，发生泄漏后不易让人察觉，这就增加了对进入泄漏现场工作人员的潜在危险性。

（三）故障（缺陷）原因

1. 部件加工工艺控制不严

GIS在生产环节，由于对部件加工工艺控制不严，导致部件材料性能、部件尺寸等不能满足设计要求，如GIS腔体制造过程中产生砂眼未及时发现导致设备运行后发生漏气、盆式绝缘子尺寸偏差导致在运行中由于应力产生裂纹而产生漏气、连通管焊接工艺控制不严产生裂纹导致漏气、密封圈质量差导致密封失效而产生漏气等。

2. 设备安装工艺控制不严

GIS设备在安装时，工艺控制不严，导致SF_6气体泄漏，如密封圈未完全放入密封圈槽导致漏气、密封胶未打饱满导致雨水渗入发生壳体锈蚀最终产生漏气等。

（四）处理方法

1. 泄漏点检测定位方法

首先定期巡视 SF_6 密度表，发现有压力降低现象时，进行检漏试验，确定泄漏点。常用检漏仪器主要为红外检漏仪。

2. 解决措施

先行补气，然后确定泄漏点，制订相应的检修策略，更换相应部件。

3. SF_6 气体泄漏防护方法

（1）减少 SF_6 气体的排放量，提高气体的回收率。设备内的 SF_6 气体不得向大气排放，应采用净化装置回收，经处理合格后方准使用

（2）SF_6 电气设备安装与主控制室隔离，防止泄漏气体进入主控室。设备安装室内应有良好的排风系统，通风孔应设在室内下部，底部应设 SF_6 气体泄漏报警器和氧量仪。

（3）工作人员不得单独或随意进入 GIS 室，因工作需要必须进入时应先排风20min，不准在设备防爆膜附近停留。工作人员在进入电缆沟或低位区前，必须测量氧气含量，如氧气含量低于 18%时，不得进行工作。气体采样及处理渗漏时，工作人员要穿戴防护用品，并在通风条件下进行。

（4）发生紧急事故应立即开启全部通风系统进行通风，发生设备防爆膜破裂事故时，应停电处理，并用汽油或丙酮擦拭干净。

4. 现场急救办法

如果怀疑发生中毒现象，应采取以下措施：

（1）组织人员立即撤离现场，开启通风系统，保持空气流通。

（2）观察中毒者，如有呕吐应使其侧位，避免呕吐物吸入，造成窒息。

（3）皮肤污染，应立即用清水冲洗，换衣服。

（4）眼部伤害或污染用清水冲洗并摇晃头部。

（5）应弄清毒物性质，并保留呕吐物待查。

（6）现场应配备必要的药品。

二、SF_6 气体中的含水量超标

GIS 设备中的 SF_6 气体水含量过高，不仅会使 SF_6 气体放电或产生热分离，而且有可能与 SF_6 气体中低氟化物反应产生氢氟酸，影响设备的绝缘和灭弧能力。同时在气温降到 0℃左右时，SF_6 气体中的水蒸气分压超过此温度的饱和蒸汽压，则会变成凝结水，附在绝缘物表面，使绝缘物表面绝缘能力下降，从而导致内部沿面闪络造成事故。

（一）故障（缺陷）产生的原因

（1）产品质量不良。由于产品质量不良导致含水量超标时有发生。

（2）产品结构设计不合理。

1）SF₆气体存放方法不当，出厂时带有水分，应妥善保管。

2）GIS 内壁和固体绝缘材料析出水分，应在工作缸上法兰盘处加装一套分子筛和更新三连箱内分子筛，新分子筛放在 450℃恒温箱干燥合格后回装，以随时吸收析出的水分。

3）工艺不当，充气时气瓶未倒立，管路、接口未干燥，装配时暴露时间过长，充气、补气时接口管路带入水分。应在使用前用 0.5MPa 的高纯氮气冲管路及接口 1～2min，并冲洗断路器内部 3 次。

（3）零部件吸附的水分向 SF₆ 气体扩散。设备在装配时，由于各零部件的烘烤时间不足，装配后使其中的水分向 SF₆ 气体中扩散，导致 SF₆ 气体中的含水量增加，甚至超标。

（4）密封不严，引起渗漏。GIS 设备运行多年后，密封垫老化，瓷套与法兰的胶合部位可能会有渗漏，使大气中的水分通过这些微孔向 SF₆ 气腔内扩散，导致 SF₆ 气体中含水量超标。

（5）环境温度高，空气湿度大。

（6）人为因素。工艺掌握不熟练，责任心不强，对微水超标的危害性认识不清。应加强敬业爱岗教育和讲解微水超标对设备、人身的危害，以杜绝人为失误。

（二）处理方法

1. SF₆气体微水含量检测

（1）检测方法。使用露点法、湿敏法微水测试仪，对 SF₆ 气室进行检测。检测时，用连接管路将设备内的 SF₆ 气体经减压阀接入微水测试仪中，一般应调节流量不大于100mL/min。流量过大、过小均会影响检测结果准确性。连接管路、减压和调节阀均应进行充分干燥。

SF₆气体含水量的限值如表 Z13K4004Ⅲ-1 所示。

表 Z13K4004Ⅲ-1　　　　状 态 量 的 评 价 表

气室名称		断路器气室	气体气室
含水量 （μL/L）	交接验收时	150	300
	运行时	300	500

（2）检测周期。一般情况下，新装设备 3 个月检测一次，微水含量稳定后应每年检测一次。如发现设备发生 SF₆ 气体泄漏时，则应在漏气处理前，检测设备微水含量。

2. 微水含量超标处理

（1）更换气室内分子筛，或加大分子筛用量。

（2）在使用前使用合格的高纯氮气冲洗管路及接口，确保充气回路中物超标水分。

注：在处理时一定要回收微水含量超标气体，不能随意排放到大气中污染环境。

三、断路器拒分拒合

（一）故障现象

开关电器大部分的故障集中在操动机构，主要的故障是动作不良。动作不良的故障包括拒合、缺相合闸、拒分、缺相分闸、分合不佳等多种故障形式。

（1）拒合。拒台常常是由操作回路中的线圈断线或烧坏，控制回路接线端子松动，辅助触点接触不良等引起的。

（2）拒分。拒分常常是由脱扣机构的锁扣部分磨损变形、生锈、分闸弹簧变形、折断、传动机构变形、连接销生锈、损坏及操作回路故障等引起的。

（3）分合不佳。分合不佳常常是因为脱扣机构的锁扣部分不能稳定扣住或合闸时振动使扣入部分滑脱；传动机构因生锈而不灵活或因多次的动作而变形、磨损；合闸电磁铁的动铁芯动作卡滞；油缓冲器衬垫间隙增大或材料失去弹性等。

（二）故障原因

1. 拒合故障原因

（1）操动机构控制回路由于熔断器熔体熔断无直流电源，使操动机构合不上闸，应检查并排除故障后更换同规格熔体。

（2）合闸线圈由于操作频繁，温度过高，甚至烧坏，应尽量减少操作次数。当合闸线圈温度超过 65℃ 时，应停止操作，待线圈温度降低到 65℃ 以下时再进行操作。

（3）直流电压低于合闸线圈的额定电压，导致合闸时虽然机构动作，但不能合闸，应调高直流电压，满足合闸线圈使用电压。

（4）合闸线圈内的套筒安装不当或变形，影响合闸线圈铁芯的冲击行程，应重新安装，手动操作试验，并观察铁芯的冲击行程且进行调整。

（5）合闸线圈铁芯顶杆太短，定位螺钉松动，使铁芯顶杆松动变位引起操动机构合不上闸，可调整滚轮与支架间的间隙，并紧固螺钉。

（6）辅助开关触点接触不良，使操动机构合不上闸，应调整辅助开关拐臂与连杆的角度，及拉杆与拉杆的长度或更换触点。

（7）操动机构安装不当，使机构卡住不能复位，应检查各轴及连板有无卡住，并进行相应处理。

2. 拒分故障原因

（1）分闸线圈无直流电压或电压过低，应检查调整直流电源电压，达到分闸线圈的使用电压。

（2）辅助触点接触不良或触点未切换，应调整辅助开关或更换触点。

（3）分闸铁芯被剩磁吸住，可将铁杆换成黄铜杆，而黄铜杆必须与铁芯用销子紧固。

（4）分闸线圈烧坏，应找出原因更换线圈。

（5）分闸线圈内部铜套不圆，不光滑，铁芯有毛刺而引起卡住，应对铜套进行修整，去除铁芯毛刺，以消除卡住。

（6）连板轴磨损，销孔太大使转动机构变位，应检查连板孔的公差是否符合要求，挥转时必须更换。

（7）轴销窜出，连杆断裂或开焊，可用手动，打回冲击电磁铁芯使开关分闸。再检查连杆、轴销的衔接部分，进行更换或焊接。

（8）定位螺钉松动变位，使转动机构卡住，应将受双连板击打螺钉调换方向或加设销紧螺母，以免螺钉松动变位。如果由于操作回路中发生故障不能分闸，与检查合闸不动作采用相同的方法。

（三）处理措施

针对上述原因，逐一排查各可能存在的隐患处。找到损坏部件后进行更换。

四、局部放电

由于制造、安装等方面的原因，实际 GIS 内部仍不可避免存在绝缘缺陷。大部分 GIS 都需要在现场进行组装，由于受现场安装条件的限制，环境温度、湿度和空气的洁净度、安装工器具的精度、安装工艺水平都很难得到有效控制，对 GIS 安全稳定运行造成了一定影响。现场安装时未能清理干净的灰尘和金属微粒、导体因碰撞刮擦而留下的毛刺、安装或运行中机械振动导致的导体接触不良、绝缘子制造或安装过程中产生的缺陷等都会在运行电压下导致 GIS 内部电场发生畸变，导致局部电场过强，进而引发 GIS 内部绝缘的局部击穿，产生局部放电。

长期的局部放电使绝缘劣化并逐步扩大，甚至造成整个绝缘击穿或沿面闪络，从而对设备的安全运行造成威胁，导致设备在运行时出现故障，以至引起系统停电。局部放电是 GIS 早期绝缘缺陷的最初表现形式，因此，局部放电检测对 GIS 安全稳定运行有着至关重要的意义。

（一）绝缘缺陷主要原因及类型

GIS 具有很高的可靠性，但在其制造、运输、组装过程中，仍可能会引入多种缺陷，对 GIS 绝缘造成潜在威胁。GIS 中可能出现的主要绝缘缺陷如图 Z13K4004Ⅲ-1 所示，可以总结为以下几个方面：

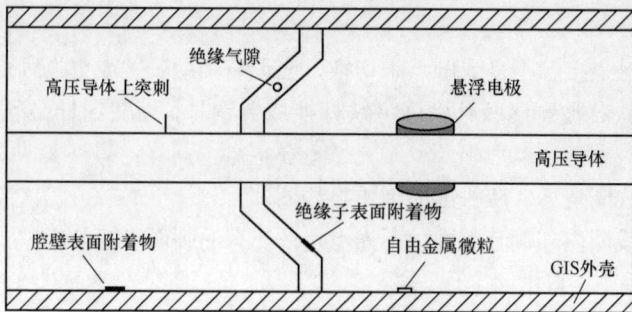

图 Z13K4004 Ⅲ-1 GIS 中几种绝缘缺陷的示意图

（1）自由金属微粒。自由金属微粒是 GIS 中最常见的缺陷，它是导致 GIS 绝缘故障的主要原因。这些微粒可能是制造或装配过程中产生的遗留物，也可能是机械装置动作时金属摩擦而产生的金属粉末。这些金属颗粒能在交流电压场的作用下获得电荷并发生移动，在很大程度上运动与放电的可能性是随机的。当金属微粒接近而未接触到高压导体时，局部放电最有可能发生。自由金属微粒的另一影响是，当其附着于绝缘子表面时，将可能引发绝缘子沿面闪络，造成击穿。

（2）金属尖刺。金属突起缺陷包括高压导体上的尖刺和筒壁内表面的突起。金属尖刺通常是在制造不良和安装损坏擦划时造成的，导致毛刺且较尖。针状突起物将使其周围的电场强度得到极大的加强，对绝缘产生不利影响。在稳定的工频状态下不引起击穿，但在快速电压如冲击、快速暂态过电压（VFTO）条件下则很危险，有可能会导致 GIS 的击穿。

（3）悬浮电极。GIS 中分布着若干改善部件局部场强分布的屏蔽电极。在正常状态下，这些屏蔽电极与高压导体或接地外壳接触良好，但随着开关操作产生的机械振动和长期使用带来的老化，可能使一些静电屏蔽体接触不良，从而形成悬浮电极。悬浮电极所形成的等效电容在充放电过程中会产生局部放电，放电会形成腐蚀性物质和微粒，从而加速恶化，污染附近绝缘表面直至造成绝缘故障。

（4）绝缘子缺陷。绝缘子缺陷包括在制造时造成的绝缘子内部空隙和实验闪络引起的表面痕迹，还包括或是因电极的表面粗糙或是来自制造时嵌入的金属微粒。此外因环氧树脂与金属电极的收缩系数不同，也会形成气泡和空隙。绝缘子缺陷在高压场强发生局部放电，导致局部绝缘恶化并发展成电树枝，最终使得绝缘子发生闪络，造成击穿。

（5）其他因素的影响。GIS 设备的器件体积大、重量大，在运输过程中，因机械振动、组件的相互碰撞等外力作用，常使紧固件松动、元件变形和损伤。另外，GIS 设备装配工作是一个复杂的过程，组件连接和密封工艺要求很高，稍有不慎就可能造成绝缘损伤、电极错位等严重后果，对今后 GIS 的运行带来了后患。

这些 GIS 的绝缘缺陷极有可能会在 GIS 中产生局部放电现象，在绝缘体中的局部放电甚至会腐蚀绝缘材料，进一步发展成电树枝，并最后导致绝缘击穿。因此，进行 GIS 局部放电检测，预防绝缘事故的发生，对维护设备安全和电力系统稳定运行有着十分重要的意义。

据统计引发 GIS 故障的内部缺陷所占比例如图 Z13K4004Ⅲ-2 所示。

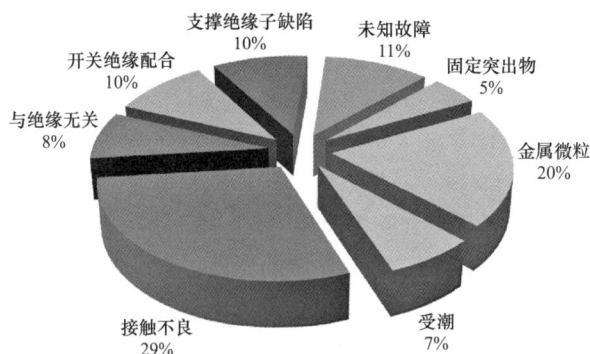

图 Z13K4004Ⅲ-2　引起 GIS 故障的内部缺陷所占比例

（二）检测方法

1. 超声波检测法

局部放电是一种快速的电荷释放或迁移过程，当 GIS 内部发生局部放电时，放电点周围的电场应力、机械应力与粒子力失去平衡状态而产生振荡变化，机械应力与粒子力的快速振荡，导致放电点周围介质的振动，从而产生声波信号。放电产生的声波频谱很宽，可以从几十 Hz 到几 MHz，放电强度的大小决定了电场应力、机械应力和粒子力的振荡幅度，直接决定了振动的程度和声波的相度。声能与放电释放的能量成比例，虽然在实际中各种因素的影响会使这个比例不确定，但从统计角度看，二者之间的比例关系是确定的。从局部放电的机理可知，局部放电初期是微弱的辉光放电，释放的能量很小，后期出现强烈的电弧放电，此时释放的能量很大，局部放电的发展过程中释放的能量是从小到大变化的，所以声能也从小到大变化。根据球面波的声能量式可知，在不考虑空气密度和声速的变化时，声能量与声压的平方成正比。根据放电释放的能量与声能之间的关系，用超声波信号声压的变化代表局部放电所释放能量的变化，通过测量超声波信号的声压，就可以推测出放电的强弱。超声传感器的原理是基于压电晶片的逆压电效应，超声波作用于传感器的压电晶片，由压电晶片将其转换成电信号，再经信号处理电路，以其他形式表现出来。基于超声波的局部放电检测受电气环境干扰小，可实现远距离无线测量，相对于传统的电脉冲等检测方法，有明显的优点，尤其是在大容量电容器的局部放电检测方面，其灵敏度甚至高于电脉冲法。

2. 特高频检测法

超高频检测法是通过检测 GIS 内部局部放电的超高频电磁波信号来获得局部放电的信息。在 GIS 局部放电测量时，现场干扰的频谱范围一般小于 300MHz，且在传播过程中衰减很大，若检测局部放电产生的数百兆赫以上的电磁波信号，则可有效避开电晕等干扰，大大提高信噪比。正是由于超高频法的特点以及 GIS 同轴体利于超高频信号传播的特点使得其抗干扰技术优于目前传统的局部放电检测方法，利于局部放电的在线监测。

3. SF_6 气体分解产物检测法

GIS 内部放电性故障有多种，根据放电能量的差异大致可分为局部放电、电晕与火花放电，根据放电部位的不同还有空气中电弧放电分解（断路的开断电弧）、涉及材料的电弧放电分解等。GIS 内部放电性故障的原因很多，大部分是设备的制造缺陷，此外，设备震动造成固定件松动、GIS 内部过热性故障的发展最终也会造成放电性故障。因此，对 GIS 内部放电性故障的研究实际上包含了 GIS 内部故障的所有内容，GIS 内部放电性故障及诊断的研究，不仅是故障原因分析、故障部位定位等已发生故障的研究，更重要的是对发展中异常的分析判断，通过各种手段发现设备异常并在异常发展为故障前予以阻止，以减少设备损失。

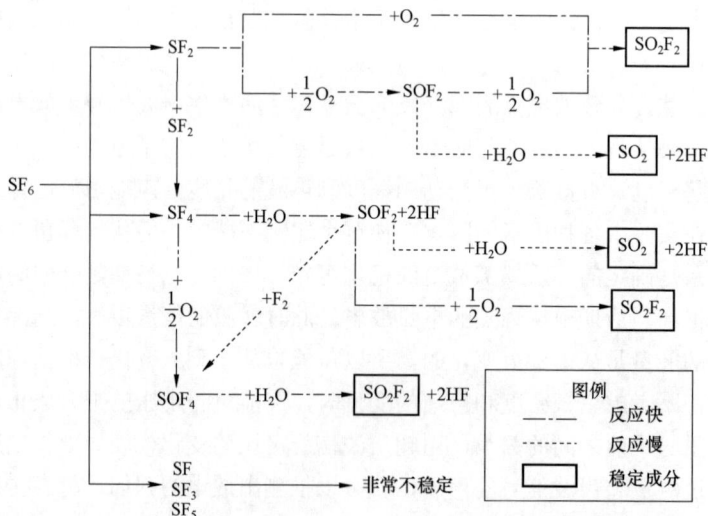

图 Z13K4004Ⅲ-3　SF_6 气体分解原理图

在正常情况下，SF_6 化学性质十分稳定，不易分解。但在放电或过热作用下，SF_6 会发生分解，生成 SF_5、SF_4、SF_2 和 S_2F_{10} 等多种低氟硫化物。对于纯净的 SF_6 气体，上述分解物将随着放电故障的消除或温度的降低很快复合还原为 SF_6 气体。而实际的 GIS 设备在制造、运输、安装、检修过程中可能接触到水分，SF_6 新气本身也会含有一定的水分、空气、CF_4 等杂质（目前我国生产的 SF_6 气体杂质含量均能达到我国技术条件要求和 IEC 标准）。因此当 GIS 设备发生绝缘故障时，上述分解生成的各种低氟硫化物，会与 GIS 气室内的微量氧气、水分和其他杂质发生反应，生成 CF_4、HF、SOF_2、SO_2F_2、SO_2、SO_2F_{10} 等多种稳定组分。SF_6 气体在放电能量作用下分解物的生成机理如图 Z13K4004Ⅲ-3 所示。

（1）正常：HF、SO_2（或 SO_2+SOF_2）、H_2S 总含量 0.5～1μL/L。

（2）注意：HF、SO_2（或 SO_2+SOF_2）、H_2S 总含量 1～5μL/L（有含碳固体材料的气室 CF_4、C_2F_6、C_3F_8、CO、CO_2 含量开始变化）。

（3）异常：HF、SO_2（或 SO_2+SOF_2）、H_2S 总含量＞5μL/L（有含碳固体材料的气室 CF_4、C_2F_6、C_3F_8、CO、CO_2 含量显著增加）。

由于设备气室体积差异较大，同样数量的特征气体分解物在不同大小的气室中的浓度会相差很大，因此在实际分析中不仅要关注特征气体分解物的浓度，更要关注特征气体分解物的绝对量。

五、案例

试验人员使用超高频法、超声波法和 SF_6 气体成分检测等设备，在对某变电站 220kVGIS 进行局部放电带电检测时，发现某间隔 B 相分支母线一绝缘盆子处存在较大的局部放电超高频信号，位置如图 Z13K4004Ⅲ-4 所示的测量位置 D 处所示，而在另外 A、C 两相上并没有检测到局部放电信号。同时，超声波仪器未检测到任何可疑信号，气体成分检测仪也未检测到任何 SF_6 分解物。

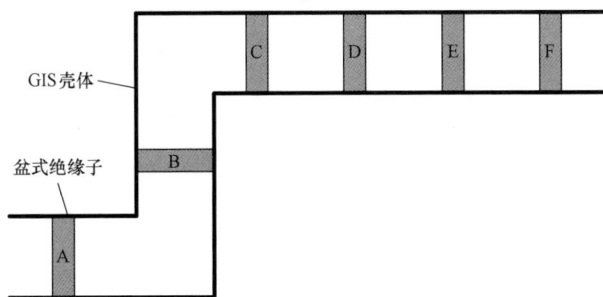

图 Z13K4004Ⅲ-4　某间隔 B 相分支母线示意图

该设备采用 ZF6A-252/Y-CB 型组合电器，2009 年 9 月 21 日投运。其绝缘子采用金属法兰结构，仅能通过长约 5cm、宽约 2cm 的浇筑孔检测局部放电的超高频信号。

检测时,打开浇筑孔上的盖板,将超高频传感器紧贴在浇筑孔上进行检测。

（一）缺陷定位和缺陷特征识别

使用两种方法对局部放电源进行定位,分别为基于信号能量衰减法和到达时间差法,对缺陷进行定位,定位结果如下。

1. 信号能量衰减法

超高频信号在 GIS 腔体内传播时,由于盆式绝缘子和 T、L 形结构的衰减,会形成以局部放电源为信号最大点两侧逐渐衰减的趋势,可通过检测信号最大处来达到定位局部放电源的目的。

使用超高频局部放电检测仪分别在图 Z13K4004Ⅲ-4 所示的 A、B、C、D、E、F 等六处绝缘子进行测量。结果表明,C、D、E 处的信号较强,B、F 处信号较弱,A 处几乎检测不到有效信号,如图 Z13K4004Ⅲ-5 所示。

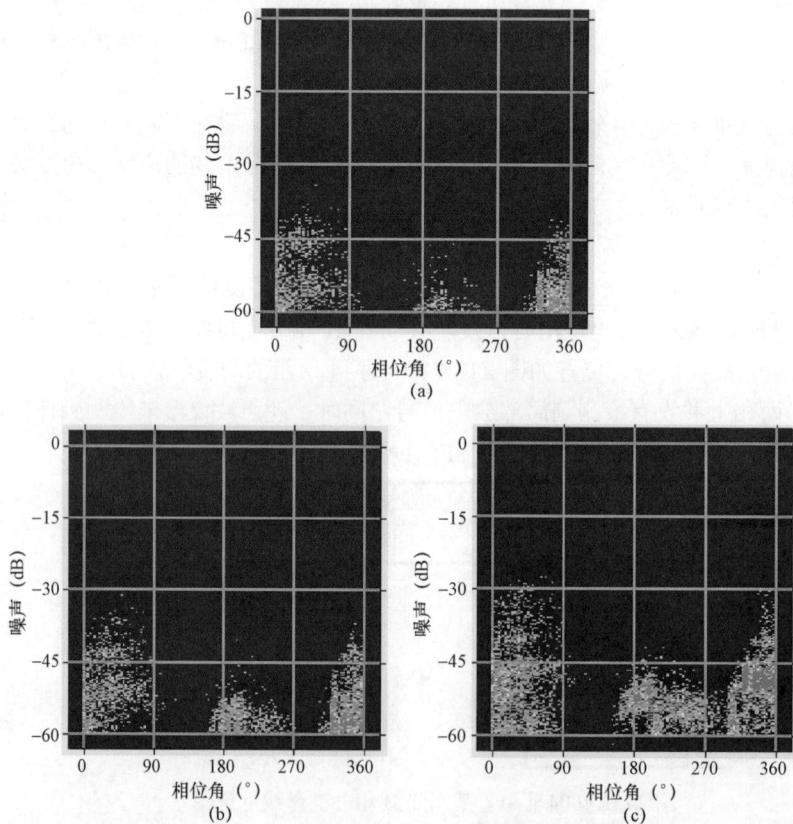

图 Z13K4004Ⅲ-5　各处检测到的信号 PRPD 谱图
（a）B 处信号；（b）F 处信号；（c）C、D、E 处信号

超高频信号在通过盆式绝缘子和 L 型结构时会发生反射效益，并且绝缘子本身的衰减作用比较大，因此经过 L 形结构的衰减后，B 处信号幅值几乎是 C、D、E 处信号的一半，A 处几乎检测不到信号。而 F 处由于仅有绝缘子的衰减，因此信号幅值比 B 处大。由此可判断局部放电源介于 C、E 两个盆式绝缘子之间。

假设 C 处绝缘子存在缺陷，经过 D 处绝缘子的衰减，E 处信号应该小于 D 处信号；同理，如果缺陷在 D 处绝缘子，C 处信号应该小于 D 处信号。因此采用排除法判断缺陷在 D 处绝缘子上。

2. 到达时间差法

来自同一局部放电源的信号存在一定的相关性，并且背景噪声信号与局部放电信号是不相关的，因此可以通过计算不同传感器接收到的信号之间的相干系数和相关函数，就可以估计出信号到达时延。

在图 Z13K4004Ⅲ–4 所示的位置 D 处和位置 E 处放置超高频传感器，检测到的超高频信号如图 Z13K4004Ⅲ–6 所示。

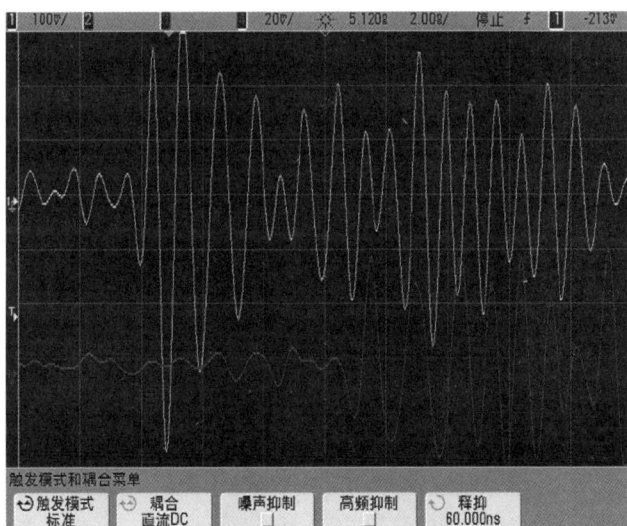

图 Z13K4004Ⅲ–6　位置 D、E 处的超高频信号

其中位置 E 传感器为红色信号，位置 D 传感器为黄色信号，位置 D 信号明显领先位置 E 信号，计算两信号时差为 7ns，即位置 D 处信号比位置 E 处信号超前 2.1m 左右，与 D、E 间距离基本相当，说明信号来自位置 D 方向。

在图 2 所示的位置 C 和位置 E 放置超高频传感器，测试得两处信号相差约 1ns，说明缺陷源在 C、E 中间偏 E 方向约 15～25cm，由于 CD 段比 DE 段多出约 30cm，因此缺陷位置在位置 D 所示绝缘子附近。

（二）缺陷类型识别

研究表明，由于不同的激发原理，导致不同缺陷产生的局部放电信息会在 PRPD 谱图上呈现不同的特征，如绝缘子内部气隙缺陷的放电谱图呈现"兔耳"现象。

检测时，仅超高频法测量到了局部放电信号，而超声波法和气体分解产物分析均未发现，由于超声波法和气气体分解产物分析法对绝缘子内部和表明缺陷不灵敏，由此可初步判断为绝缘子相关缺陷。

同时，可通过放电信号特征法进一步分析缺陷的类型。经过移相处理，可将 D 处检测到的信号处理成如图 Z13K4004Ⅲ-7 所示。该图呈现出明显的典型绝缘子内部气隙缺陷特征——"兔耳"现象。这是由于在施加电压过零点附近气隙外加电场极性的反转，与气隙内部对偶极子场强同一方向，两个场强叠加导致气隙内部场强剧增，而使得放电剧烈，所以出现"兔耳"这样特征较强的谱图。由此可判断其 D 处绝缘子内部存在内部气隙缺陷。

（三）解体分析

发现该缺陷后，随即在 C、D、E 处安装 3 个超高频传感器进行在线监测。经过 2 个月后，信号幅值明显变大，放电重复率突然增大，说明缺陷发展较快，鉴于这一情况，决定进行解体检查。

将 C、D、E 三处的绝缘子根据盆式绝缘子拆下，按照处理质量要求，对其进行了表面处理、清洁，标识后放进烘干箱内进行了 24h 烘干。然后进行 X 光探伤，在 D 处盆式绝缘子在浇口下部发现一条约 150mm 长、直径约 2mm 的气泡，如图 Z13K4004Ⅲ-8 中方框所示。

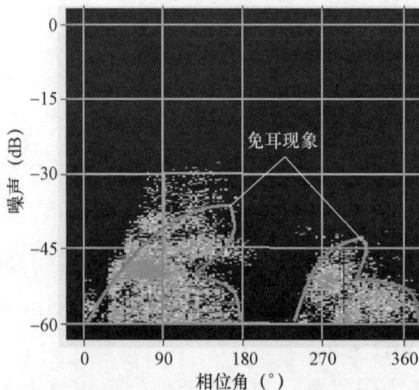

图 Z13K4004Ⅲ-7　移相后的 PRPD 谱图　　图 Z13K4004Ⅲ-8　绝缘子 X 光探伤图

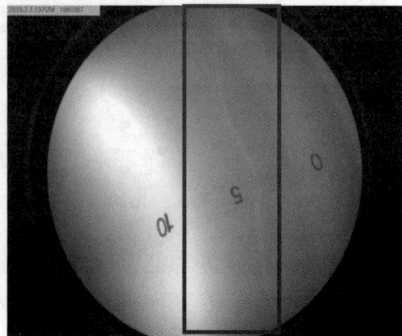

　　模拟现场运行情况将 C、D、E 三处盆式绝缘子装在罐体上进行了工频、局部放电实验。

　　实验结果表明 C、E 两处绝缘子工频耐压和局部放电实验通过，D 处绝缘子工频耐压通过，局部放电值超标，在运行相电压 146kV 下，局部放电视在放电量达 2.37nC。局部放电谱图呈现出明显的内部气隙特征，如放电发生在过零点附近、发生"兔耳"现象等，如图 Z13K4004Ⅲ-9 所示。

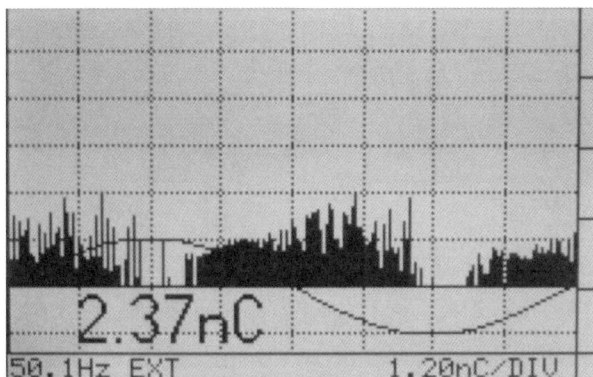

图 Z13K4004Ⅲ-9　局部放电谱图

　　为进一步查看缺陷情况，将 D 处盆式绝缘子进行了剖切，可清晰看见有约直径 ϕ2mm 长约 150mm 的气泡，如图 Z13K4004Ⅲ-10 所示。

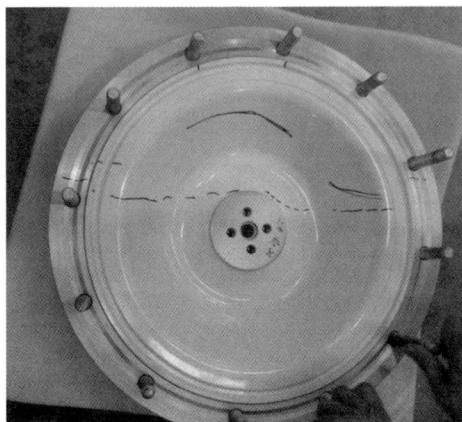

图 Z13K4004Ⅲ-10　绝缘子解剖图（一）

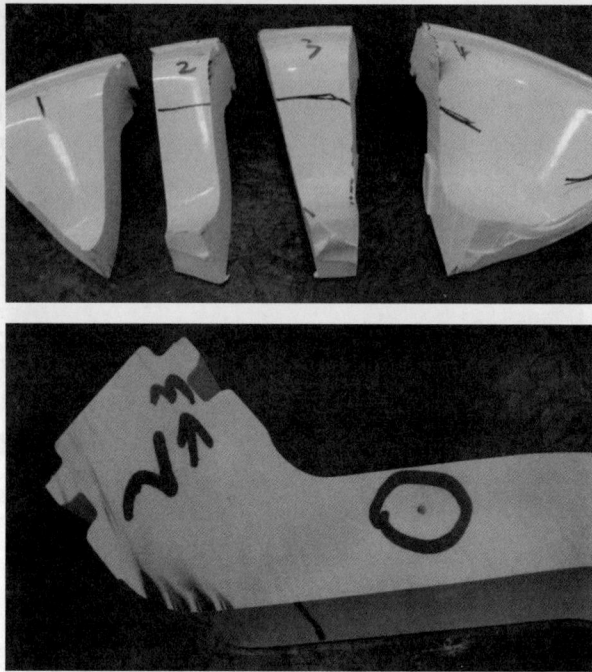

图 Z13K4004Ⅲ-10 绝缘子解剖图（二）

综上所述，实验结果验证了带电检测的结果，即 D 处盆式绝缘子确实存在内部气隙缺陷。

（四）讨论

对运行中的 GIS 进行带电检测，可发现其内部的绝缘缺陷，避免重大事故的发生。通过该缺陷的发现和分析，可得到以下结论：

（1）超高频法、超声波法和 SF_6 气体分解物成分分析法对不同的缺陷有不同的灵敏度和有效性，一种方法并不能发现所有缺陷。如超高频法对绝缘子内部和表明缺陷比较灵敏和有效，而超声波法则对微粒型缺陷较灵敏。只有将多种方法联合使用，优势互补，才能达到检测的目的。

（2）采用金属法兰结构绝缘子的组合电器仍然可以使用外置式超高频传感器进行局部放电检测，但应和生产厂家进行沟通，在充分了解其内部结构的前提下拆解盖板进行试验。

（3）使用超高频信号进行定位时，可根据信号在通过绝缘子、L 和 T 形结构时产生能量衰减和两路信号到达时延进行精确定位。

（4）运行中的盆式绝缘子内部出现气隙缺陷时产生的信号特征较明显，呈现"兔耳"现象，与实验室模拟结果相似，进一步验证了实验室模拟的正确性。

建议组合电器生产厂家能在各个环节加强质量监管力度，避免存在缺陷的设备进入电网。同时，供电公司应加强对组合电器的带电检测工作，组建一支技术过硬、经验丰富、设备先进的检测队伍，可避免重大事故的发生。

【思考与练习】

1. GIS 常见故障有哪些？
2. SF_6 气体微水含量超标后如何处理？
3. 断路器拒分拒合处理流程是什么？

▲ 模块 4　隔离开关故障综合分析判断（Z13K4003Ⅲ）

【模块描述】本模块包含隔离开关缺陷及故障诊断知识。通过分析隔离开关常见缺陷/故障类型、产生原因及处置策略，全面阐述隔离开关设备缺陷/故障分析诊断技能。

【模块内容】

一、隔离开关的主要类型及型号

隔离开关按断口类型一般分为水平断口和垂直断口两大类，具体包括以下类型：

（1）双柱式中心水平断口，代表型号为 GW4（Ⅱ形），GW5（Ⅴ形）。

（2）三柱式水平双断口，代表型号为 GW7。

（3）伸缩式水平断口，代表型号 GW17。

（4）偏折式垂直断口，代表型号为 GW16。

（5）对折式垂直断口，代表型号为 GW6。

目前不同厂家生产的隔离开关主要型号分别如表 Z13K4003Ⅲ-1 及表 Z13K4003Ⅲ-2 所示。

表 Z13K4003Ⅲ-1　　　　国产隔离开关型号主要厂家对照表

国产代表型号 ＼ 厂家	西开	南京电气（南瓷）	如高	长高	新东北（沈高）	抚瓷	平高
GW4	√	√	√	√	√	√GW25	√
GW5	√	√	√	√	√	√	√
GW6			√				
GW7	√	√	√	√	√	√GW26	√
GW16	GW10	GW22	√GW22	√	GW20		√
GW17	GW11	GW23	√GW23	√	GW12		√
独立隔离开关	JW3	JW2	JW2	JW6	JW2，JW6		JW2，JW6

表 Z13K4003Ⅲ–2　　进口、合资隔离开关型号主要厂家对照表

厂家 / 国产代表型号	ALSTOM（AREVA）	西门子	施耐德（EGIC）	高岳	瑞士双 S
GW4	S2DA（老型号） D300（新型号）	CR	SDC（老型号） CBD（新型号）	THBE	TKF
GW6		PR	SP（老型号） VR2D（新型号）	TPDE	
GW7	S3C	DR	TCB		
GW16	SPV		SSP		
GW17	SPO，2SPO（双 17）	M718.M，KR	OH，DOH（双 17）	TVR	
JW 系列隔离开关	ST3，STA，STB	BR	ST，ES，LT	EI	

二、隔离开关主要缺陷类型

经调研，隔离开关在运行中的主要问题集中在四方面，即操作失灵、异常发热、部件锈蚀及绝缘子破损。

（1）操作失灵。主要表现为在倒闸操作过程中发生操作卡涩、拒分、拒合、分合闸不到位以及传动部件损坏变形。操作失灵是运行中最常见的缺陷，严重时可能导致支柱绝缘子破损扩大事故范围，对电网的安全运行造成严重威胁，也给运行检修人员增加了工作量。国内相关统计表明隔离开关的操作故障大约占到总故障的一半。

（2）异常发热。主要表现为红外测温偏高、触头发热甚至烧损、线夹或桩头板搭接处发热等。导电回路过热是迎峰度夏期间的常见故障，在高负荷、高温等多重因素影响下，部分隔离开关温度甚至超过 130℃，以致必须停电处理，这对迎峰度夏期间电网运行方式的调整带来了较大挑战。且大量发热的隔离开关为母线隔离开关，其一旦发热处理必须停相应母线，限制了变电站的运行方式也为电网安全运行构成威胁。

（3）部件锈蚀。主要表现在转动轴承、导电管内复位弹簧、连杆及拐臂、转动关节等处的锈蚀。由于锈蚀导致转动和传动连接部位卡滞带来操作力的增大，会造成操作失灵甚至导致支持绝缘子断裂；锈蚀也可使机械传动部件强度下降而发生变形或损坏；锈蚀还会造成导电部位接触不良和导电性能减弱而发生过热等。

（4）绝缘子破损。主要表现为支柱绝缘子断裂、开裂、倾斜。虽然发生总次数不多，但高压隔离开关在运行中或操作时发生绝缘子破损是危害性较大的一种故障，它往往会造成绝缘子断裂，进而引起母线短路而引发母线停电，若单母运行时还会造成变电站全停的重大事故，且会损坏相邻的电气设备或伤及操作人员。

三、隔离开关主要缺陷原因分析

综合近年来隔离开关运行情况分析报告，隔离开关缺陷原因主要有以下几个方面：

（1）设计因素。早期国产隔离开关因设计考虑上的不足，存在大量的问题；但现在的国产隔离开关虽然在外形上可以仿造进口、合资产品，但在许多关键的细节尚有欠缺，如简单把键销都更换成不锈钢的，对其强抗剪切能力是否满足要求却没有认真验证，虽解决了锈蚀问题，又带来了强度问题，不一而足。

1）操作失灵：轴承座没有密封或密封不严；传动连杆之间的连接未采用润滑措施；传动部件之间配合公差大；轴销强度低且易锈蚀；随着运行时间的增长和操作次数的增加，润滑脂干燥和流失，轴承和轴销的锈蚀和磨损，导致转动部件卡涩、传动特性改变，都会造成隔离开关操作困难甚至无法操作。

2）异常发热：触头设计不合理，早期隔离开关触头上采用的是内拉式弹簧，触指弹簧与触指之间未采取绝缘措施，导致电流流过弹簧使弹簧退火失去弹性，造成触头与导电杆接触不良而发热。改进的隔离开关基本上废弃了这种结构形式，采用外压式弹簧或自力型触指。另外部分隔离开关的触头设计没有自清洁能力，又不能保证其触头接触的可靠，长时间运行后容易因为积污，导致接触电阻变大而发热。

3）部件锈蚀：设计时对密封防水、电场强度等考虑不周，如 GW16 型隔离开关动触头的设计上，因传动连杆没有采用绝缘结构，导致固定平衡弹簧的穿心弹簧销在电场的作用下不断磨损直至断裂；又如 GW16 型隔离开关动触头头部密封结构密封不严（实际也无法完全密封），但在导电管和传动管内部没有考虑排水孔，运行中容易积水，导致其导电管内部弹簧、传动轴套等元件容易发生锈蚀现象。早期国产隔离开关的机构箱在设计上未采用迷宫结构，柜门密封条弹性不足，顶盖未设置泄水坡，输出轴密封处没有防水折边，机构箱内加热器功率不足等，使机构箱容易发生进水、凝露和受潮，导致机构箱内元件锈蚀。

4）绝缘子破损：设计选用支持绝缘子的抗弯、抗扭强度不足；未采用干法成形的支持绝缘子，其机械强度分散性较大；对现场情况考虑不足，接线端子上的引线过重、过长，过紧等，都容易导致绝缘子破损。

（2）材料因素。材料因素是一直威胁着国产隔离开关的主要因素之一，且受制于国内基础工业的水平，短时间内难以得到较大提升。这里面既有制造水平的问题，也不排除厂家出于成本方面的考虑。用户目前对材料方面的了解不多，缺乏相关人才和手段，对厂家难以形成有效约束。

1）操作失灵：由于厂家选用的材料强度、硬度或刚度不满足要求，或焊接工艺存在问题，使用中容易发生变形、磨损等，导致隔离开关行程特性改变。另外二次元件的质量也直接关系到隔离开关的正常操作，辅助开关和行程开关切换不到位或接点接触不良均会导致隔离开关拒动；接线端子接触不良、接触器不吸合、电机损坏、二次元件绝缘破坏等会造成远方操作失灵。

2）异常发热：隔离开关的导电部分需要承载负荷电流，因此对导电臂、触指材质的选用必须考虑通流能力和耐腐蚀能力。若导电部件选用铝材不当，就会导致导电臂发生氧化剥落现象，严重影响通流能力；有的桩头板容易腐蚀产生氧化层，导致接触电阻升高，也是导致发热的原因之一。

3）部件锈蚀：金属部件的选材不当是造成锈蚀的一个主要原因。如轴销、弹簧、螺栓、螺母、机构箱外壳等未使用抗腐蚀能力强的材料，部分厂家使用不锈铁充当不锈钢。金属锈蚀给隔离开关带来的直接后果，就是造成机械传动环节的卡涩和部件强度的降低，触指弹簧的锈蚀还会导致发热甚至掉触指，对运行安全影响较大。

4）绝缘子破损：早期国产隔离开关的支持绝缘子未采用高强瓷，抗弯、抗扭能力较差，机械强度的分散性也较大，一旦遇到隔离开关的机械部分卡涩导致机械操作力增大，极易发生断裂。2004 年国家电网公司加强相关要求后上述情况基本上得到了遏制。但现场早期国产隔离开关采用的非高强绝缘子，由于当时瓷件标识不规范，有选择地识别和更换较难，可通过测瓷件中声速的方法（声速＞6300m/s）确定是否采用了高强瓷。

（3）工艺因素。工艺因素也是影响隔离开关性能的重要因素，如制造工艺、组装工艺、安装工艺不佳。

1）操作失灵：国产隔离开关普遍存在部件加工精度低、公差大、一致性和互换性较差的问题，不能保证传动部件之间的精确配合，导致操作特性不稳定、传动不可靠。由于在厂内没有进行整组开关的组装和调试，最多进行组架调试，操动机构与基座的连接、水平连杆的连接等都需现场完成，加上部分产品先天不足，连杆连接复杂，可调部分太多，容易走位，所以设计了很多现场调节的环节如调整板、伸缩节、垫片等，安装孔也做成椭圆形，这些措施实际上增加了隔离开关操作失灵的风险。

2）异常发热：国产隔离开关的触指或导电杆镀银层的厚度、硬度及附着力不足，操作时容易造成镀银层剥落、露铜而导致发热。对于隔离开关，其触头系统的镀银质量是保证通流能力的关键技术指标，镀银层并非越厚越好，提高镀银层的耐磨性能是关键。这对镀银工艺提出了严格的要求，除了镀银前对镀件要进行严格的表面处理之外，对镀银的方法、银液的配方等也提出了较高的要求，因此委托专业镀银厂加工的部件质量要好于自行加工的部件。另外，同一触头装配上所使用的弹簧长短偏差过大或者弹性不同，触头的每个触指在运行中电流的分布会因压力不同而不同，差别越大电流分布越不均匀，长期运行后就会发生接触不良而过热。又如合闸不到位或合偏所导致的接触不良也会导致发热，如折叠式隔离开关，如果传动系统调整不好就会造成动触头的夹紧力不足，水平开启式动静触头水平度偏差大就会造成合闸后动静触头偏向一边接触而导致接触不良。因此，改进触指的结构，降低其对零件和组装工艺的要求，也是解决问题的思路之一。

3）部件锈蚀：连杆、轴销、弹簧、螺栓、螺母、法兰、底座、支架、机构箱、防雨罩等金属部件发生锈蚀的原因主要是制造厂对部件防锈措施的重要性认识不足、重视不够，没有认真研究对不同部件应采取的防锈处理方法和工艺，以及表面防锈处理后的质量要求，有的部件仅简单进行表面清洁处理，然后刷漆或刷上银粉。有的部件虽然进行了热镀锌工艺处理，但是镀层质量差，薄厚不匀，容易脱落，有的采用了锌铬涂层却不注重成品保护，破坏了镀层，反而锈蚀得更厉害。

4）绝缘子破损：早期国产隔离开关采用的绝缘子采用湿法工艺，在成形时未采用等静压法，因此在泥滚内部容易产生孔隙、夹生、致密性不均等问题，在烧制过程中会产生内应力，运行过程中内应力逐渐释放，最终导致绝缘子破损。2004 年国家电网公司加强相关要求后，全部采用干式等静压法生产的绝缘子，并加强工厂质量检验，绝缘子质量得到了初步的保证。在质量检验上，部分电瓷生产厂在对绝缘子的检验上，没有在胶装法兰前进行逐只超声波探伤，成品也没有逐只进行机械试验和冷热循环试验，仅进行抽检，造成部分存在内部缺陷产品装到了运行产品上。这部分有内部缺陷的产品在现场是无法通过超声波检测检验出来的。支持绝缘子在胶装法兰时，早期采用压花工艺，造成内部应力集中导致绝缘子根部断裂，这类缺陷原来较为常见，现改为采用喷砂工艺，应力集中的现象得到了缓解，而且在现场投运前我省现在要求组织逐只进行超声波探伤后，问题不再突出。同样，原来对水泥胶装部位未采用防水胶，容易造成渗水，在低温状态下将法兰和绝缘子涨裂，现采用胶装后基本消除了缺陷。

（4）运维因素。运维不到位也是影响隔离开关运行可靠性的重要因素。如长期不操作、不试验、不维护等都会引起隔离开关缺陷或故障。

1）操作失灵：由于受运行方式的限制，大量隔离开关（尤其是母线隔离开关）未按照标准要求定期进行检查与操作，部分隔离开关甚至自投运数年后都未进行操作，以致隔离开关内部部件老化、积污、锈蚀，由此造成操作卡涩、分合不到位、甚至无法正常分合操作等一系列操作失灵缺陷。

2）异常发热：隔离开关为空气绝缘方式，其主触头等导电部件长期暴露在大气环境中，而部分运维单位对隔离开关表面清扫、红外测温等运维工作不到位，进而因空气污染易引起触头表面积污，导致隔离开关异常发热，进而影响设备安全运行。

3）部件锈蚀：隔离开关长期运行后，表面漆层易风化脱落。金属导电材料直接暴露在大气环境中，由于防锈、防腐等运维工作不到位，极易引起部件老化、锈蚀，进而产生一系列次生缺陷。

4）绝缘子破损：隔离开关在运行过程中，应加强旋转绝缘子、支柱绝缘子巡视，通过望远镜定期检查是否存在绝缘子开裂、伞群破损等缺陷；尤其是在经历不良工况（如地震）后，应适时开展绝缘子超声波探伤工作。而当前各运维单位对此类缺陷的重视程度不够，以致隔离开关绝缘子破损类缺陷时有发生。

（5）其他因素。

1）成本压力：部分生产厂家为了压低成本，采用耐腐蚀水平较差的材料，随意更改工艺，未按要求在厂内进行整组调试，甚至将部件直接发到现场进行组装，在基建安装时就问题百出，给以后的运行埋下隐患。

2）环境影响：在输变电设备中，隔离开关是受环境和气候条件影响最直接和最大的电器设备。因其属于运动设备，与其他静止设备相比，除了通流部分和绝缘部分相同外多出了运动部件；与同属运动设备的断路器相比，其通流部分是裸露的。因此在自然界的冷、热、风、雨、雾、雪、冰、霜、日晒、沙尘、潮气以及大气中的污秽等的考验下，对其综合性能是一种全方位的考验，任何一处存在问题都有可能引起缺陷的发生。如污秽等级的提高会导致隔离开关原设计的外绝缘爬距达不到现场要求而需更换或采取加伞裙或涂刷 RTV 涂料；由于绝缘子长期经受户外大气环境的作用，而且不同程度地承受着弯矩和扭矩的作用，产生老化和疲劳是必然的。曾对运行了 20 年的绝缘子进行抗弯和抗扭强度试验，结果证明强度明显下降。虽目前很难说明绝缘子的老化规律，但也应充分防范相应的风险。同样，恶劣环境对金属部件的考验就更加严苛，实践证明良好的镀锌工艺可较长时间地保证金属的防腐性能，因此，除了对装配精度有要求的细小元件（一般要求 $\leqslant \phi 12\text{mm}$）外，都应采用热镀锌防腐工艺。

3）系统的影响：随着近年来社会经济的不断发展，部分变电站或出线的负荷大幅增加，运行电流已接近甚至超过隔离开关的额定电流导致发热。另外，部分刀闸特别是一些母线侧刀闸长期因停不下电来而得不到彻底地维护，导致整体性能下降也是造成缺陷的原因之一。

四、隔离开关主要缺陷防范措施及改进建议

（1）操作失灵。

1）制造厂应提高各部件的制造质量，对隔离开关进行完善化的改进，消除转动轴承和传动连接设计不合理。

2）新投运的隔离开关应严格按厂方安装要求安装。如三相间的水平传动拉杆应保证在同一水平面内，相间的传动拉杆还应保证在同一中心线上；对于接头焊弯曲的连杆应重新割焊；对由于制造或运输造成弯曲的同相间的水平传动拉杆应进行校直；对不在同一中心线上的接地开关相间联运转轴应重新割焊；当支持绝缘子弯曲时，应用垫片调整到正常，如仍不能达到调度要求时则应予以更换，这些问题应彻底解决。

3）检修时，应着重检查、调整传动系统，检查各传动部件有无变形和损坏的情况，一经发现即应及时修整和更换。应调整磨损的轴销及限位螺钉，检查各紧固螺母有无松动，给各传动部位加润滑油。

（2）异常发热。

1）制造厂应保证条形触指有一定的强度，触指弹簧采用不锈钢或不易锈蚀的材料制造，进行触头组装时必须对触头弹簧进行挑选，要使得在一个触头装配中所使用弹簧的长度和弹性基本相同。对弹簧的材料质量和热处理工艺必须严格控制。

2）每年至少应对这种系列的隔离开关检修一次。重点检查导电回路触头弹簧的弹性和锈触情况，更换失去弹性或锈蚀严重的触头弹簧；另外应重点检查触指有无变形、过热及变色等异常现象，并清扫接触面；对于烧损严重的条形触指及柱形触头应用砂纸修平，变形严重或因过热而退火变软的触指应予以更换。

3）对新安装的、特别是大额定电流隔离开关，应对接线座进行抽样解体检查、清洗或整个接触面并重新涂中性凡士林，更换变形的滚轮弹簧。对运行年久的隔离开关应更换老化和破损的密封罩的密封圈，以防止进水。

4）对接线座进行改造，把滚动接触改为铜辫子分流接触。

5）严把设备的验收关，确保镀银层的附着力差和厚度不均的设备流入电网。

（3）部件锈蚀。

1）加强对设备进行必要的维护和检修，及时做好防锈、防腐措施，重点做好机构箱防水密封工作。

2）在设备招标时，要求厂家连杆、轴销、弹簧、螺栓、螺母、法兰、底座、支架、机构箱、防雨罩等进行防锈处理。

（4）绝缘子破损。

1）制造厂应提高支持绝缘子法兰根部的浇注等工艺水平，杜绝产生生烧现象，提高抗弯和抗扭强度。运行单位在浇注处，涂抹防水胶，杜绝胶装部分进水，冬天结冰。

2）安装单位应保证安装质量。防止出现安装完成后机构传动不畅、操作力矩大，运行中安装基础的变形、移位，从而使隔离开关承受外的弯矩作用。

3）运行时，应尽量减少不必要的倒母线操作，减少对绝缘子的冲击应力；检修时应尽量采用手动慢动操作。

4）因为法兰根部断裂是逐步发展的，所以应加强对隔离开关支持绝缘子法兰根部的超声波探伤检查。

5）高压隔离开关绝缘子质量水平是保证开关运行可靠性的基础，必须严格进行绝缘子的出厂试验和进厂试验验收，杜绝不合格的支持和旋转绝缘子进入电力系统。

【思考与练习】

1. 简述隔离开关的典型故障。

2. 防止隔离开关异常发热的步骤有哪些？

3. 简述隔离开关操作失灵原因分析。

第四十七章

其他类设备的故障分析判断

▲ 模块 1　避雷器故障综合分析判断（Z13K5001Ⅲ）

【模块描述】本模块通过避雷器结构和故障特征的介绍，对避雷器各种试验项目、试验方法及测试数据的分析判断，掌握避雷器故障分析判断的方法。

【模块内容】

一、避雷器结构与试验

1. 避雷器的分类

避雷器的分类有多种：

（1）按照系统形式分为交流避雷器、直流避雷器。

（2）按照标称放电电流分 20kA、10kA、5kA、2.5kA、1.5kA 的避雷器等。

（3）按照系统电压等级分 1000kV、750kV、500kV、330kV、220kV、110kV 等。

（4）按照使用场所分电站用（Z）避雷器、配电网（S）避雷器、保护电容器组用（R）避雷器、保护旋转电机用（D）避雷器、线路用（X）避雷器、中性点用避雷器等。

（5）按结构形式分无间隙避雷器和有间隙避雷器（串联间隙、并联间隙）。

（6）按绝缘形式分瓷外套避雷器、复合外套避雷器和 SF_6 罐式避雷器。

（7）按照线路放电等级分 1 级至 5 级。

2. 避雷器的结构

常见的瓷外套氧化锌避雷器的结构如图 Z13K5001Ⅲ-1 所示，包含盖板组件、底座组件、瓷套、防爆膜、接线端子、密封圈、弹簧、氧化锌电阻片、隔弧筒等。各部分功能如下：

（1）盖板和底座由铸铁制成，起支撑、连接、固定作用。

（2）瓷套采用高强瓷烧制而成，采用大小伞结构，具有良好的防污性能。

（3）氧化锌电阻片是以氧化锌加入少量的氧化铋、氧化钴、氧化铬、氧化锰、氧化锑以及其他金属氧化物添加剂，经过混料、造粒、成型后烧制而成，氧化锌颗粒是导电的，起非线性作用的是包围在氧化锌颗粒外面的晶界面，氧化锌电阻片正常工频电压下呈高电阻。

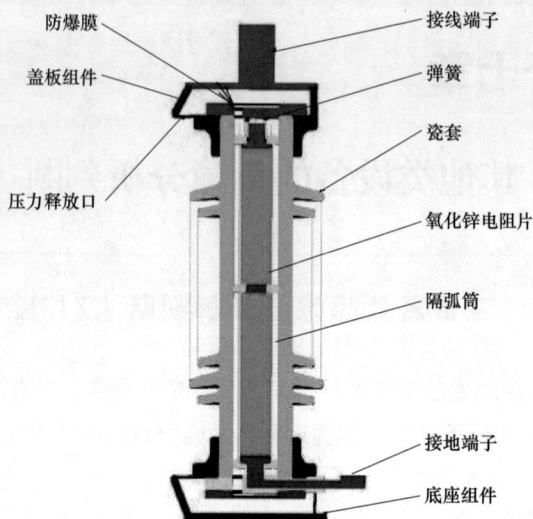

图 Z13K5001Ⅲ−1 瓷套避雷器（单元节结构图）

（4）密封圈采用具有持久抗腐蚀及抗老化性的材料，通过多层铝保护板组合，线、面密封结合。

（5）压力释放装置在避雷器两端，用于释放由于系统故障而造成的避雷器内部闪络或长时间通电升高的气体压力，防止避雷器瓷套爆炸。

（6）防爆膜采用印刷电路板制成，具有高机械强度，良好的冲剪性和高的耐潮、耐热性。

（7）隔弧筒由耐高温、耐电弧的环氧树脂制成，防止避雷器内部起弧时，弧道部分瓷壁短路时受热不均匀而炸裂。

3. 避雷器试验

氧化锌避雷器（MOA）试验项目主要有测量绝缘电阻、直流 1mA 下的电压及 0.75 该电压下的泄漏电流测量、运行电压下交流泄漏电流及其阻性分量测量等。

（1）测量绝缘电阻。

1）试验目的。测量氧化锌避雷器的绝缘电阻的目的是检查由于密封破坏而使其内部受潮或瓷套裂纹等缺陷，当避雷器密封良好时，其绝缘电阻值很高，受潮后则下降很多。

2）试验仪器。选用合适的绝缘电阻表。

（2）试验接线。

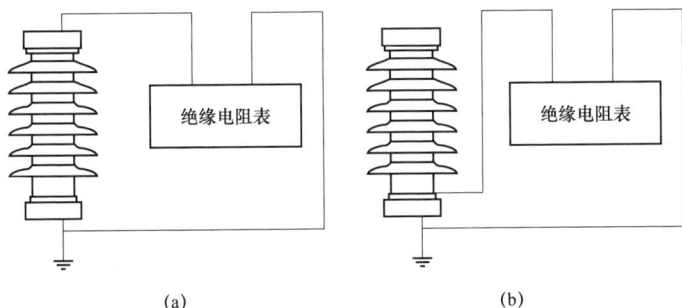

图 Z13K5001Ⅲ-2　试验接线示意图

（a）避雷器绝缘电阻测量；（b）避雷器底座绝缘电阻测量

（3）直流 1mA 下参考电压及 0.75 参考电压下的泄漏电流测量。

1）试验目的。在 U_{1mA} 下测量氧化锌避雷器，主要是检查阀片是否受潮、老化，确定其动作性能是否符合要求，直流 1mA 下参考电压一般等于或大于避雷器额定电压的峰值。

$0.75U_{1mA}$ 直流电压一般比最大工作相电压要高一些，在此电压下主要检测长期允许工作电流是否符合规定，因为这一电流与 MOA 的寿命有直接关系，一般在同一温度下泄漏电流与寿命成反比。

2）试验仪器。直流高压发生器、万用表、试验线、温湿度计、绝缘杆、放电棒、接地线、安全帽、电工常用工具、临时安全遮栏、标示牌等。

3）试验接线（见图 Z13K5001Ⅲ-3）。

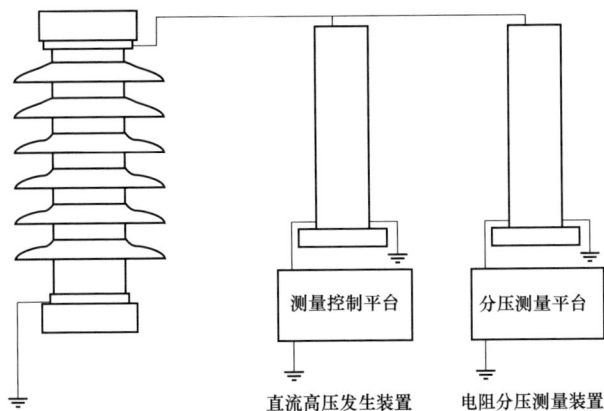

图 Z13K5001Ⅲ-3　直流 1mA 下参考电压（U_{1mA}）及
0.75 参考电压下（$0.75U_{1mA}$）的泄漏电流测量接线图

（4）运行电压下交流泄漏电流及其阻性分量测量。

1）试验目的。在运行电压下测量 MOA 交流泄漏电流可以在一定程度上反映 MOA 运行的状态，在正常运行情况下，流过避雷器的电流主要容性电流，阻性电流只占很小一部分，约为 10%～20%，当阀片老化、避雷器受潮、内部绝缘部件受损以及表面严重污秽时，容性电流变化不多，而阻性电流大大增加，所以测量避雷器运行电压下的交流泄漏电流及阻性电流和容性电流是现场监测避雷器运行状态的主要方法，特别是阻性电流对发现氧化锌避雷器受潮有重要意义，测试分为停电测试及带电测试。

2）试验仪器。选用试验变压器、阻性电流测试仪、万用表、试验线、温湿度计、绝缘杆、放电棒、接地线、安全帽、电工常用工具、临时安全遮栏、标示牌等。

3）试验接线（见图 Z13K5001Ⅲ-4）。

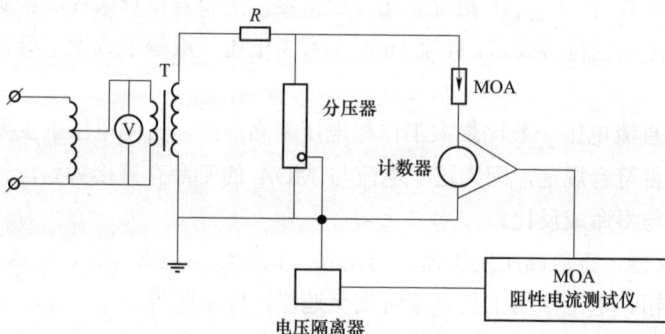

图 Z13K5001Ⅲ-4 运行电压下交流泄漏电流及其阻性分量测量试验接线图

（5）避雷器常用故障检测手段。

1）红外测温：检查避雷器是否发热异常。

2）持续电流检测：检查避雷器持续电流是否正常。

3）泄漏电流和绝缘电阻检测：停电状态下检测氧化锌避雷器的 U_{1mA}、$0.75U_{1mA}$ 下的泄漏电流和绝缘电阻。

4）阻性电流及全电流测量：带电状态下检测运行电压下的阻性电流分量 I_r，全泄漏电流 I_x。

通过以上手段检测：阀片是否老化、避雷器受潮情况、内部绝缘部件受损以及表面污秽程度。

二、避雷器故障分析与处理

1. 常见缺陷、故障及处理方法

（1）泄漏电流超标。

1）故障现场。避雷器泄漏电流表示数三相偏差较大，或与历史数据相比明显增长。

2）故障处理。对泄漏电流表示数超标的避雷器开展泄漏电流带电测试和红外测温，根据检测结果综合判断是泄漏电流表故障还是避雷器本体泄漏电流实际超标。如果带电测试结果正常，可判断为泄漏电流表故障，更换表计即可；如果带电检测结果异常，则需停电开展直流参考电压和 0.75 倍参考电压下泄漏电流测试，甚至解体检查，对避雷器进行综合诊断。

3）案例举例。

故障情况：运行人员抄录泄漏电流表时发现避雷器 B 相数据偏大，A、B、C 三相数据分别为 0.5、0.65、0.5mA。历史抄录数据三相均为 0.5mA。

检修班组进行了现场检查，更换 B 相泄漏电流表，泄漏电流数据无变化。运行单位随即安排夜间进行了一次红外测温（见图 Z13K5001Ⅲ-5），发现 B 相上节避雷器下部靠法兰处温度明显比其他部位高，温差 3.5℃。

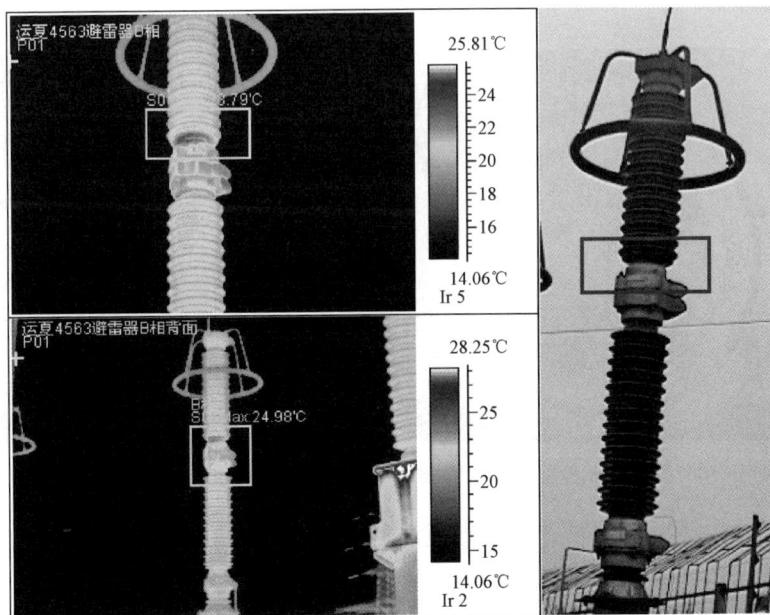

图 Z13K5001Ⅲ-5　B 相避雷器红外测温结果

原因分析：经解体发现避雷器生产组装过程中，因密封圈安装位置不当（见图 Z13K5001Ⅲ-6），导致密封失效，水汽进入避雷器内部，导致运行过程中局部温度过高。

避雷器受潮多是由于避雷器出厂、运输、安装等过程中工艺欠佳，导致避雷器密封性较差，或在环境温度骤变时，密封螺栓未压紧导致内部结露，进而导致氧化锌电阻片受潮。

处理建议：应加强避雷器出厂、运输、安装等环节全过程管控，做好红外测温、泄漏电流检测工作，以便及时发现问题。

（2）避雷器红外测温异常。

1）故障现场。避雷器红外测温相间或上下发热不均匀，温度差值超过 1℃。

2）故障处理。检查泄漏电流表读数，对避雷器开展泄漏电流带电测试，如果泄漏电流检测结果异常，则需停电开展直流参考电压和 0.75 倍参考电压下泄漏电流测试，甚至解体检查，对避雷器进行综合诊断。

3）案例举例。

故障情况：220kV 某变电站进行红外测温检测时发现某氧化锌避雷器 A、B 相间温差达到 2.1℃，见图 Z13K5001Ⅲ-7。

图 Z13K5001Ⅲ-6　B 相避雷器密封圈

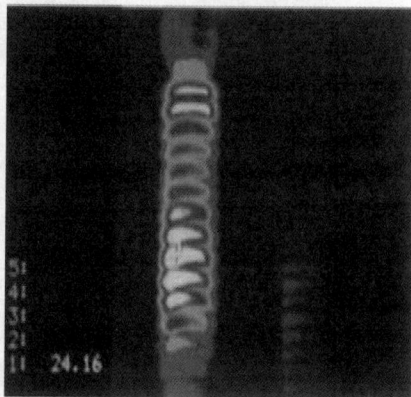

图 Z13K5001Ⅲ-7　发热异常的避雷器

原因分析及处理：对该避雷器进行常规性试验，发现其直流参考电压偏低，泄漏电流偏大；解体发现 A 相避雷器底端存在孔洞，导致其密封不良，内部受潮，氧化锌电阻片从下至上受到腐蚀，绝缘电阻下降，使得避雷器运行过程中相间温差较大；更换避雷器本体。

（3）避雷器计数器表计卡死损坏。

1）故障现场。避雷器计数器（泄漏电流表）指针卡死，或爆炸。

2）故障处理。检查计数器密封性是否变差、进水受潮。处理方式更换防腐、密封性较好的计数器。

3）案例举例。

故障情况：某变电站 2 号主变压器 35kV 侧中性点避雷器计数器损坏。2 号主变压器 35kV 中性点避雷器型号为 A 厂产品。后将计数器更换为 B 公司产品。前后共发生爆炸 3 次，见图 Z13K5001Ⅲ-8。

图 Z13K5001Ⅲ-8 爆炸的计数器

原因分析：避雷器电阻片存在质量问题，在运行电压下，氧化锌电阻片发生热崩溃，或在系统过电压时不能有效吸收暂态能量而发生热击穿，导致计数器爆炸。

处理建议：加强避雷器红外测温、泄漏电流、计数器装置的巡视检查，严格控制产品质量。

2. 复杂故障处理

（1）事故前运行情况。发生故障（如避雷器爆炸等）后，应立即收集事件经过和故障前运行方式当时的天气情况，设备受损情况等。

（2）事故现象。从继保室屏柜上收集故障时刻的录波资料、保护动作情况，分析保护动作过程。

（3）事故原因分析。故障发生后，应检查设备外观有无破损，外部是否有电弧烧灼痕迹；开展绝缘电阻、直流参考电压和 0.75 倍参考电压下泄漏电流等相关测试，根据试验结果分析判断设备状态；为深入掌握故障发生原因，还需对故障设备进行解体检查。

常见的避雷器故障、原因分析及处理如表 Z13K5001Ⅲ-1 所示。

表 Z13K5001Ⅲ-1　　　　　　　常见的缺陷及检修策略

序号	缺陷/故障	产生原因	检测、处理方法
1	均压环断裂	均压环锈蚀	更换均压环
2	计数器表针卡死	表计锈蚀	更换表记
3	泄漏电流超标	阀片老化或本体受潮	更换避雷器本体
4	泄漏电流表差值超标或无指示	泄漏电流表破损、或其他原因使指示有误	更换泄漏电流表
5	本体受潮	防爆膜未压紧、密封圈安装位置错误、瓷套表面破裂、沙眼	红外测温，检测泄漏电流，更换避雷器

3. 事故案例分析举例

（1）故障现象：110kV 某变电站正母母差保护动作，导致 110kV 正母线上**793、1 号主变压器 701、旁路 760、**785 开关跳闸。现场检查发现 110kV 正母线 A 相避雷器上下防爆膜冲开，避雷器计数器表面炸开，接地引下线烧断（图 Z13K5001Ⅲ-9）。

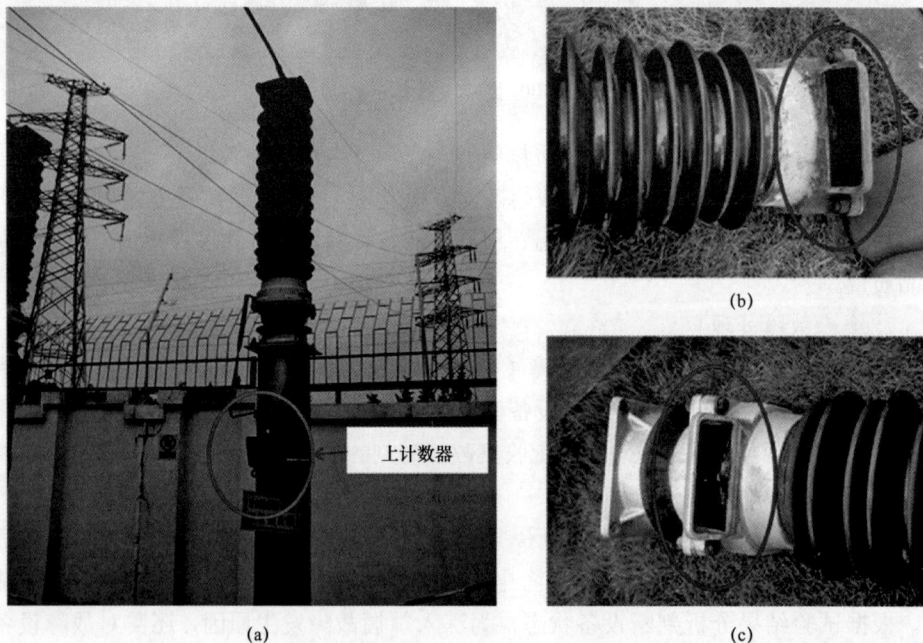

（a）

上计数器

（b）

（c）

图 Z13K5001Ⅲ-9　A 相避雷器故障情况
（a）上计数器；（b）上防爆口；（c）下防爆口

该 110kV 正母线 A 相避雷器相关参数如下：出厂日期为 2000 年 5 月，避雷器持续运行电压为 78kV，直流参考电压为 145kV。B、C 两相避雷器与 A 相避雷器参数一致。

（2）外观检查。110kV 正母三相避雷器外观检查结果如表 Z13K5001Ⅲ-2 所示。

表 Z13K5001Ⅲ-2　　　避雷器外观检查项目及检查结果

工序	检查项目	检查结果
本体检查	瓷套外观	A、B、C 相瓷套表面光洁无裂纹
	瓷铁胶合处检查	A、B、C 相均粘合牢固
	防爆片检查	A 相上下端防爆膜均冲破损坏 B、C 相防爆片完好无损坏
附件检查	上端部引线接头	A、B、C 相引线均未断股断线
	接地引下线接头	A 相接地引下线烧断 B、C 相引线均未断股断线
	放电计数器与避雷器连接	A、B、C 相均牢固可靠
	底座接地	A、B、C 相均牢固可靠
	相色标志	A、B、C 相均清晰正确

外观检查结果显示，A、B、C 三相避雷器本体、附件及其连接均正常，A 相避雷器由于故障，防爆膜冲开，外瓷套存在电弧灼烧痕迹，接地引下线烧断。

（3）试验检查。为判断避雷器内部是否存在受潮或氧化锌阀片老化现象，对 B、C 两相避雷器进行直流参数测量，包括绝缘电阻、直流 1mA 下的参考电压 U_{1mA} 和 $0.75U_{1mA}$ 下的泄漏电流，试验结果如表 Z13K5001Ⅲ-3 所示（A 相避雷器因损坏无法测量）。2012 年 11 月 24 日开展的避雷器预防性试验记录如表 Z13K5001Ⅲ-4 所示。

表 Z13K5001Ⅲ-3　　　同组三相避雷器直流参数测量结果

序号	试验项目	氧化锌避雷器		
		A 相	B 相	C 相
1	绝缘电阻（GΩ）	—	55	70
2	U_{1mA}（kV）	—	148.3	147
3	$I_{0.75U_{1mA}}$（μA）	—	64	68

表 Z13K5001Ⅲ–4　同组三相避雷器预防性试验记录（2012 年 11 月 24 日）

序号	试验项目	氧化锌避雷器		
		A 相	B 相	C 相
1	绝缘电阻（GΩ）	10	10	10
2	U_{1mA}（kV）	153.5	152.6	150.2
3	$I_{0.75U_{1mA}}$（μA）	9	6	8

试验结果表明：

1）B、C 两相直流 1mA 参考电压 U_{1mA} 分别为 148.3kV 和 147kV，较 2012 年 11 月 24 日开展的预防性试验结果（152.6kV 和 150.2kV）明显降低。

2）B、C 两相 $0.75U_{1mA}$ 下的泄漏电流分别为 64μA 和 68μA，均超出标准值 50μA，且远大于 2012 年 11 月 24 日开展的预防性试验结果（6μA 和 8μA）。

（4）解体检查。为进一步分析避雷器故障原因，对 A、B 两相避雷器进行解体，以便做对比分析。

1）A 相避雷器解体情况。分别打开 A 相避雷器上端部、下端部盖板、防爆膜保护板，取出避雷器绝缘套筒与阀片，对避雷器内部状况进行检查分析，具体步骤及相关结果如下：

a. 打开避雷器上端部盖板，发现防爆膜保护板外侧已经熏黑（见图 Z13K5001Ⅲ–10）。

b. 取出上端部防爆膜保护板，发现保护板内侧存在大面积锈迹（见图 Z13K5001Ⅲ–11），表明避雷器内部存在受潮现象。

图 Z13K5001Ⅲ–10　上端部防爆膜
保护板已熏黑

图 Z13K5001Ⅲ–11　防爆膜保护板
内侧存在明显锈迹

　　c. 取下保护板上的密封圈，发现密封圈无缺损（见图 Z13K5001Ⅲ-11），但已被压扁且失去弹性，表明密封圈已经老化。

　　d. 打开防爆膜保护板，取出防爆膜，发现防爆膜已经被冲破，防爆膜两侧保护板均存在明显锈迹，密封圈同样已被压扁且失去弹性（见图 Z13K5001Ⅲ-12）。

　　e. 打开 A 相故障避雷器下端部盖板，取出防爆膜保护板，发现防爆膜保护板外侧同样存在明显锈迹，密封圈已经硬化且被大量铜绿包裹（见图 Z13K5001Ⅲ-13），表明避雷器下端部密封不良。

图 Z13K5001Ⅲ-12　密封圈
已被压扁且失去弹性

图 Z13K5001Ⅲ-13　下端部防爆膜保护板
外侧存在明显锈迹

　　f. 打开防爆膜保护板，发现防爆膜已经被冲破，保护板内部无锈迹（见图 Z13K5001Ⅲ-14）。

　　g. 取出避雷器绝缘芯棒及环氧筒，发现绝缘芯棒和环氧筒完全被熏黑（见图 Z13K5001Ⅲ-7），绝缘芯棒结构完好。

图 Z13K5001Ⅲ-14　下端部防爆膜
保护板内侧无锈迹

图 Z13K5001Ⅲ-15　避雷器绝缘
芯棒及环氧筒

h. 检查电阻片（共 34 个），发现下起第 13 个电阻片边缘破损，其余电阻片结构完好，电阻片表面已经烧黑，内部颜色正常（见图 Z13K5001Ⅲ-16）。

2）B 相避雷器解体情况。分别打开 B 相避雷器上端部、下端部盖板、防爆膜保护板，取出避雷器绝缘套筒与阀片，对避雷器内部状况进行检查分析，具体步骤及相关结果如下：

a. 打开避雷器上端部盖板，发现防爆膜保护板外侧出现大面积锈蚀（见图 Z13K5001Ⅲ-17）。

图 Z13K5001Ⅲ-16　电阻片内部颜色正常

图 Z13K5001Ⅲ-17　上端部防爆膜保护板外侧出现大面积锈蚀

b. 取出防爆膜保护板，发现保护板内侧存在明显锈迹和铜绿（见图 Z13K5001Ⅲ-18），表明避雷器内部受潮。

c. 取下保护板上的密封圈，发现密封圈无缺损，但已失去弹性且布有铜绿，密封圈老化。

d. 打开防爆膜保护板，取出防爆膜，发现防爆膜完好。

e. 打开避雷器下端部盖板，取出防爆膜保护板，发现防爆膜保护板外侧完好，无锈迹出现（见图 Z13K5001Ⅲ-19）。

f. 取下防爆膜保护板，发现保护板内侧存在大量锈迹，两道密封垫均已失去弹性，且外圈密封垫布有少量铜绿（见图 Z13K5001Ⅲ-20）。

g. 取出避雷器绝缘芯棒及环氧筒，发现绝缘芯棒和环氧筒完好，电阻片颜色正常（见图 Z13K5001Ⅲ-21）。

图 Z13K5001Ⅲ-18　上端部防爆膜保护板
内侧出现明显锈迹和铜绿

图 Z13K5001Ⅲ-19　下端部防爆膜
保护板外侧无锈迹

图 Z13K5001Ⅲ-20　下端部防爆膜保护板
内侧存在大量锈迹

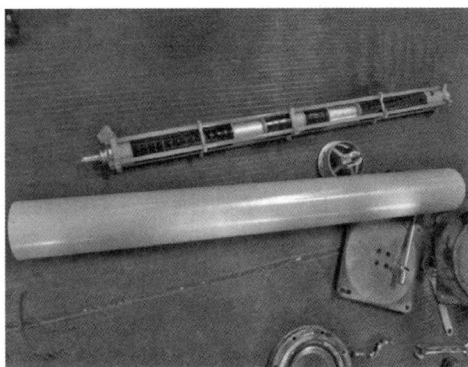

图 Z13K5001Ⅲ-21　避雷器绝缘
芯棒及环氧筒

（5）故障分析。

通过对 A 相避雷器进行外观检查、解体分析，可以发现：

1）上端部防爆膜保护板存在大面积锈迹，上端部有水分浸入。

2）上端部防爆膜保护板的密封圈已被压扁且失去弹性，密封圈已经老化。

3）下端部防爆膜保护板外侧存在明显锈迹，下端部有水分侵入。

4）下端部密封圈已经硬化且被大量铜绿包裹，密封已经失效。

5）上、下端部均无排水孔。

通过对 B 相避雷器进行外观检查、试验检测、解体分析，可以发现：

1）上端部防爆膜保护板两侧均出现不同程度的锈迹和铜绿，上端部有水分浸入。

2）上端部防爆膜保护板的密封圈失去弹性且有铜绿，密封圈已经老化。

3）下端部防爆膜保护板外侧完好，无锈迹出现，但保护板内侧存在大量锈迹，水分最初可能由上端部进入，沿着腔体渗入到下端部保护板内侧，引起保护板内侧生锈。

4）上、下端部均无排水孔。

通过对 A、B 两相避雷器进行解体分析发现 A、B 两相避雷器上下端部密封圈均存在不同程度的老化现象，导致密封失效，电阻片受潮，使得避雷器参考电压明显下降，泄漏电流值大大增加。自 2013 年 7 月 4 日起当地持续雷雨天气，A 相避雷器很可能在雷电过电压作用下内部发生击穿，剧烈的电弧导致防爆膜冲开、避雷器计数器表面炸开、接地引下线烧断。

（6）建议。该型号避雷器投运时间较长（13 年），上、下端部均无排水孔，避雷器易受潮，存在一定设计缺陷，需加强同厂家同类型产品的巡检力度，一旦发现异常缺陷立即更换处理。

【思考与练习】

1. 简述避雷器常见的缺陷。

2. 简述避雷器的检修策略。

3. 判断设备故障的步骤有哪些？

4. 简述避雷器过热故障的检查项目和处理步骤。

◢ 模块 2 电容器故障综合分析判断（Z13K5002Ⅲ）

【模块描述】本模块通过对电容器结构和故障特征的介绍，对电容器各种试验项目、试验方法及测试数据的分析判断，掌握电容器故障分析判断的方法。

【模块内容】

一、电容器的结构和分类

1. 电容器的分类

（1）架式电容器。目前主流产品：单套管、双套管。

（2）箱式电容器。主要特点为单台容量大。

（3）集合式电容器。分为半密封、全密封两个类型。

（4）干式电容器。具有防火、自愈功能。

（5）充气式电容器。油气并存，即集合式箱体内油换成气，内部单台产品为油浸式。

2. 框架式电容器结构与分类

电力系统中主要使用的是框架式电容器。

（1）按照套管分为：单套管电容器和双套管电容器（见图 Z13K5002Ⅲ-1）。

（2）按照熔丝结构分为：外熔丝电容器、内熔丝电容器和无熔丝电容器（见图

Z13K5002Ⅲ-2）。

电容器结构如图 Z13K5002Ⅲ-3 所示。

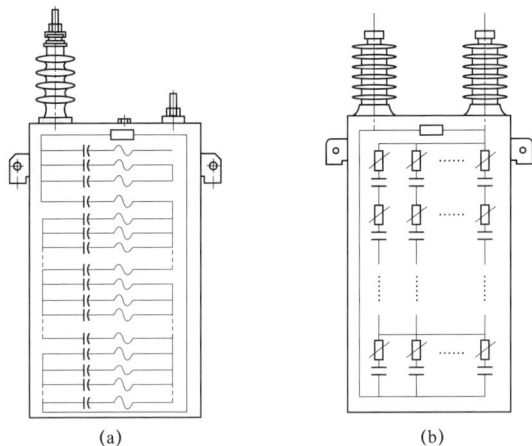

图 Z13K5002Ⅲ-1　单、双套管电容器单元示意图
（a）单套管；（b）双套管

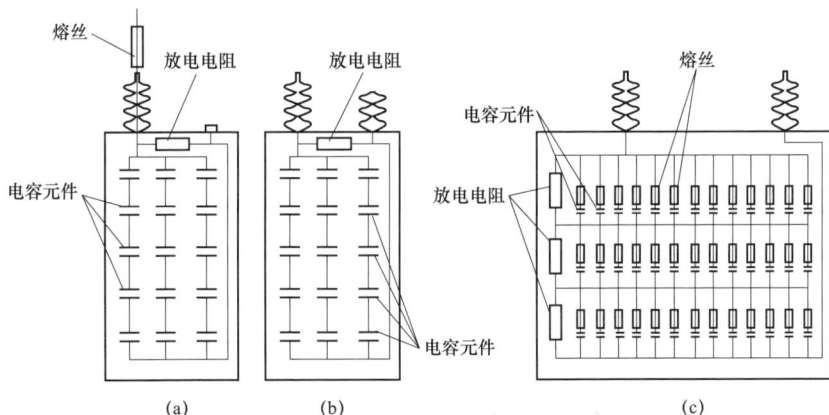

图 Z13K5002Ⅲ-2　各类熔丝结构电容器结构示意图
（a）外熔丝电容器；（b）无熔丝电容器；（c）内熔丝电容器

3. 电容器元件的结构与形式

电容器元件结构如图 Z13K5002Ⅲ-4 所示，电容器内部的小单元元件由膜绕制而成，一般为 2～3 层聚丙烯薄膜和铝箔绕制；聚丙烯薄膜表面粗化是为了给液体介质提供通道，以便在真空浸渍阶段，液体介质能很好深入两层聚丙烯薄膜之间、薄膜和铝箔之间空气和水分被抽出后留下的各个部位，保证电容器良好的电气性能。

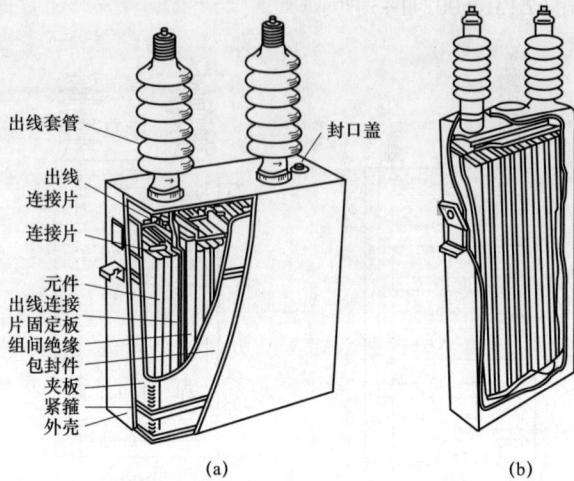

图 Z13K5002Ⅲ-3 电容器结构示意图

电容器的介质包括：① 固体介质，聚丙烯薄膜；② 液体介质，俗称电容器油。

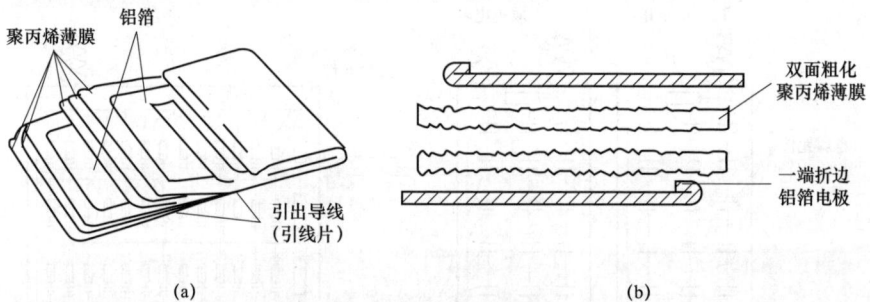

图 Z13K5002Ⅲ-4 电容器元件结构示意图

二、电容器试验

电容器巡检和例行试验项目主要有外观检查、红外成像检测、绝缘电阻、电容量检测。

1. 外观检查

对电容器巡检时应注意检查有无油渗漏、鼓起；高压引线、接地线连接是否正常。

2. 红外热像检测

检测电容器及其所有电气连接部位，红外热像图显示应无异常温升、温差和/或相对温差。

3. 绝缘电阻

采用 2500V 绝缘电阻表测量，高压并联电容器主要测量极对壳绝缘电阻，集合式电容器主要测量极对壳绝缘电阻，有 6 支套管的三相集合式电容器，应同时测量其相间绝缘电阻。

4. 电容量测量

Q/GDW 1168—2013《输变电设备状态检修试验规程》中对电容量测量规定如下：

电容器组的电容量与额定值的标准偏差应符合下列要求，且任意两线端的最大电容量与最小电容量之比值，应不超过 1.05。

（1）3Mvar 以下电容器组：−5%～10%。

（2）从 3Mvar 到 30Mvar 电容器组：0%～10%。

（3）30Mvar 以上电容器组：0%～5%。

当测量结果不满足上述要求时，应逐台测量。单台电容器电容量与额定值的标准偏差应在−5%～10%，且初值差小于±5%。

三、电容器故障分析与处理

1. 常见缺陷、故障及检修策略

电容器常见缺陷、故障及检修策略见表 Z13K5002Ⅲ−1。

表 Z13K5002Ⅲ−1　　　　电容器常见缺陷、故障及检修策略

序号	缺陷/故障	产生原因	检测、处理方法
1	渗漏油	质量不良、运维不当、外壳生锈	补焊、肥皂嵌入（轻微）、更换电容器
2	外壳变形（鼓肚）	电解质膨胀、产生气体等	更换电容器
3	电容器爆炸	元件击穿、外壳击穿，制造工艺不良，运行环境恶劣，过电压引起	装配熔丝，损坏后更换
4	外部因素引起的电容击穿	异物造成的短路，绝缘子污秽严重、闪络引起击穿	更换电容器，清扫绝缘子
5	电容量变化	元件击穿，内部断线	更换电容器
6	电容器温度过高	通风不良，长期过流，介质老化等	加强红外检测，发现后立即停运

2. 熔断器熔丝发生不正常熔断

（1）故障现象。并联电容器组保护主要配置有两种，一是以继电保护为主的保护，另一种是以电容器外熔丝或内熔丝为主的保护。

（2）原因分析及处理措施。电容器正常状态下，发生熔断器不正常熔断，主要原因有：

1）熔丝质量不好或者热容量不够。

2）连接时熔丝损伤，如轧伤、压伤等。

3）使用铁质螺栓连接，因锈蚀接触不良。

4）弹簧锈蚀，弹力不够。

5）安装角度不符合要求，影响弹力。

6）长时间户外风雨、污秽影响。

7）外部小动物、异物造成的群爆。

针对以上原因，主要预防措施如下：

1）按照熔断器的特性加强运行管理，提高运行管理水平。

2）选用合适的熔断器，安秒特性应符合以下要求：熔丝通过 1.1 倍额定电流时，4h 不熔断；熔丝通过 1.5 倍额定电流时，熔丝熔断时间不小于 75s；熔丝通过 2.0 倍额定电流时，熔丝熔断时间应小于 7.5s。

3）选择配件如弹簧、绝缘管要符合使用环境条件要求，即耐用、不变质、有足够的耐爆能力。

4）熔断器安装角度一般掌握在 45°～60°。

5）锈蚀的弹簧、螺栓要及时调换，保持接触良好。

（3）案例举例。

故障情况：220kV 某变电站 3644 电容器组外熔丝群爆。

原因分析及处理：现场检查发现是由于小动物（猫）进入导致电容器短路熔丝发生群爆，有 1 台电容器外壳烧穿；更换避雷器本体，加强电容器组的隔离。

3. 电容器过电压、过电流、温度过高引发的故障

（1）故障现象。电容器频繁投切，在真空开关分闸或者合闸触头弹跳时易引起重燃过电压，合闸时会有较大的冲击电流；电容器一般在满负荷下较长时间运行，环境温度较高将加速电容器的损坏，如图 Z13K5002Ⅲ-6 所示。

（2）处理措施。

1）加强电容器用断路器的选型管理，所选用断路器型式试验项目必须包含投切电容器试验，必须适合频繁操作而开断时重燃率极低的产品，交接和大修后应对真空断路器合闸弹跳和分闸反弹进行检测。

2）应选用温度类别与实际运行环境温度相适应的电容器，电容器安装使用中应特别注意电容器实际使用工况下的通风、散热和辐射问题。

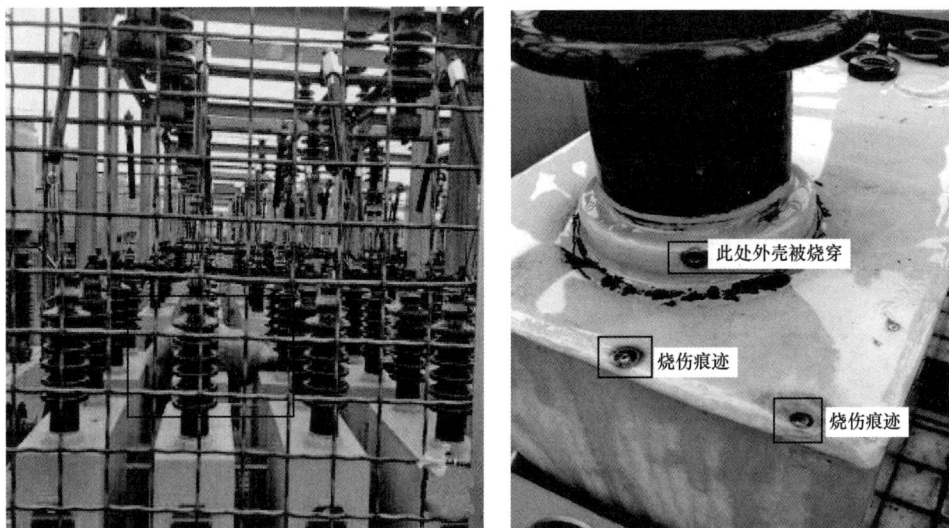

此处外壳被烧穿

烧伤痕迹

烧伤痕迹

图 Z13K5002Ⅲ-5 电容器外部短路检查结果

图 Z13K5002Ⅲ-6 电容器过电压、过电流故障

（3）案例举例。

故障情况：某变电站 334 开关 A 相过流 Ⅰ 段动作，重合成功；现场检查发现 1 号电容器组曾发生电容器群爆现象，共 24 台电容器中有 10 台电容器出现明显鼓肚现象，其中 3 台电容器套管从根部断裂，两台电容器外壳击穿，零序 TA 炸裂，匝间保护器炸碎。

原因分析及处理：故障跳闸（重合闸成功），引起的操作过电压极可能造成了某台电容器内部元件的损坏，这是造成本次故障的直接原因；但由于整定值过大，故障不能及时切除，其他正常电容器承受了较长时间的过电压和过电流，最终造成了电容器组多台电容器群爆的故障；应校核保护定值。

4. 电容量绝缘不良引发的故障

（1）故障现象。电容器绝缘不良，主要有电容值明显变化和介质损耗过大两种现象。电容值明显变化时电容器内部有局部放电现象，是损坏元件造成的；长期运行的电容器介质损耗会略有增加，但若成倍增长则是绝缘不良造成的。

（2）处理措施。

1）定期实测电容量，推荐采用不拆引线的测量方法，防止因拆装连接线导致套管受力而发生套管根部渗漏油。

2）有内熔丝电容器的电容量减少，要按照保护整定允许减少的规定值退出运行。

3）当发现电容器的电容量增大时，要立即退出运行，以防止电容器带故障运行而发展成扩大性故障。

（3）案例举例。

故障情况：220kV 某变电站运行人员发现 35kV 4 号电容器组桩头严重发热。

原因分析及处理：经停电试验，发现该相电容器部分电容值为 0，可能是电容器元件击穿或内部断线。经更换电容后顺利投运。

【思考与练习】

1. 简述电容器常见的缺陷。

2. 简述电容器的检修策略。

3. 判断设备故障的步骤有哪些？

4. 简述电容器过热故障的检查项目和处理步骤。

▲ 模块 3　电缆故障综合分析判断（Z13K5003Ⅲ）

【模块描述】本模块通过电缆结构和故障特征的介绍，对电缆各种试验项目、试验方法及测试数据的分析判断，掌握电缆故障分析判断的方法。

【模块内容】

一、电缆常见故障介绍

高压电缆运行中常见故障有主绝缘故障和外护套故障。对于这两类故障常用的定位方法有很多种，以下分别对这两类故障定位方法做介绍。

（一）主绝缘故障。

常见主绝缘击穿（短路）和断路（断线）。击穿故障分为低阻击穿、高阻击穿、稳定型高阻击穿。常用定位方法是先粗略定位，再进行精确定位。

粗略定位采用波反射法、电桥法、电压降法；精确定位采用脉冲声测法、电磁巡测法和声磁同步法。

（二）外护套故障

外护套故障也分为粗略定位和精确定位。粗略定位采用电桥法、电压降法、截面法，精确定位采用跨步电压法。

二、电缆主绝缘故障定位方法介绍

1. 电桥法

电桥法是利用电缆导体或金属屏蔽电阻均匀的特点，通过电桥原理得到故障点的位置。该方法的优点有价格低，使用方便；定位温和，无额外击穿；没有盲区，特别适用于判断短电缆及靠近端头的击穿点等。电桥法接线如图 Z13K5003Ⅲ-1 所示。

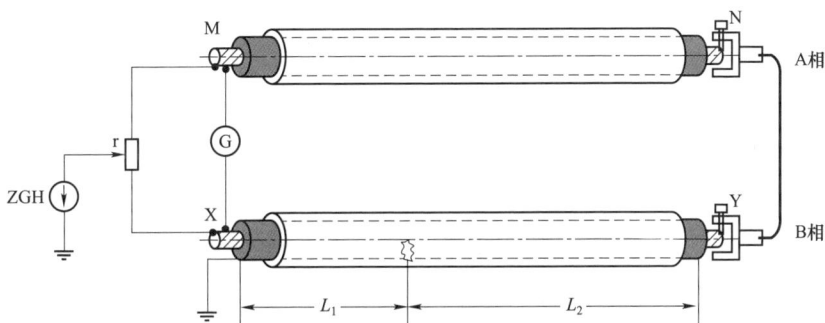

图 Z13K5003Ⅲ-1 电桥法接线示意图

2. 电压降法

电压降法是利用电缆导体或金属屏蔽电阻均匀的特点，测量通过故障电流引起的电压降，计算故障位置比例或长度。

电压降法必须具备以下前提条件：已知被测电缆长度，已知故障电缆截面相等且材料相同。

电压降法接线如图 Z13K5003Ⅲ-2 所示。

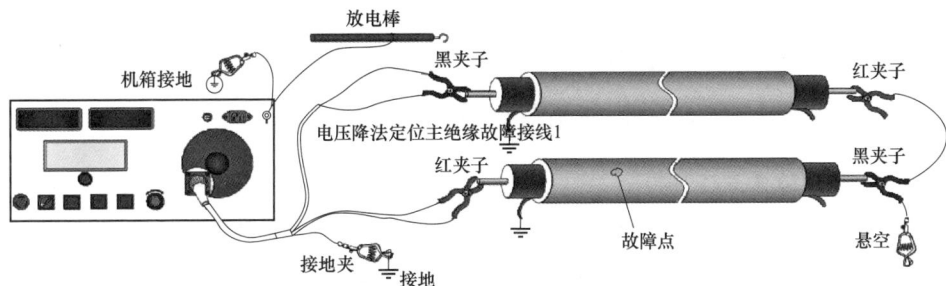

图 Z13K5003Ⅲ-2 电压降法接线示意图

3. 波反射法

依据波反射原理，利用脉冲波的传播及反射时间，计算故障点距离，原理如图 Z13K5003Ⅲ-3 所示。

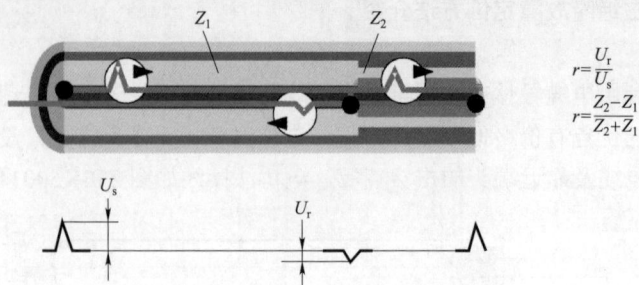

$$r=\frac{U_r}{U_s}$$

$$r=\frac{Z_2-Z_1}{Z_2+Z_1}$$

图 Z13K5003Ⅲ-3　波反射法原理图

r—反射系数；U_s—发射信号；U_r—反射信号；Z_1—前段电缆的阻抗；Z_2—后段电缆的阻抗

当 $Z_2=0$，$r=-1$，短路故障脉冲在短路点产生全反射；当 $Z_2=\infty$，$r=1$，脉冲在断路点产生全反射。波反射法能定位断线故障，无需知道电缆全长。

三、电缆外护套故障定位方法介绍

外护套故障会最终会导致主绝缘损伤，影响电缆运行。常见外护套故障有外力损伤、生物腐蚀等。

1. 截面法

截面测试接线如图 Z13K5003Ⅲ-4 所示。

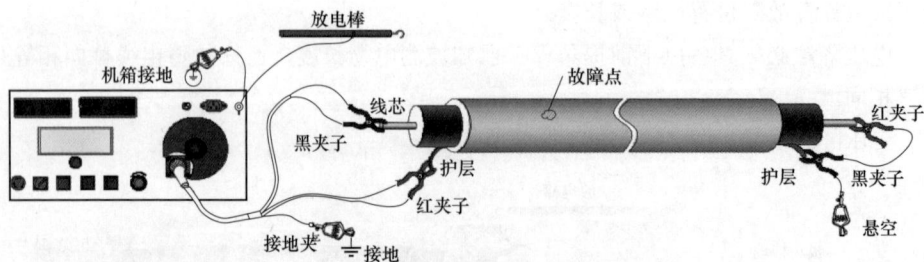

图 Z13K5003Ⅲ-4　截面法测试接线示意图

2. 电缆故障定点

利用脉冲放电设备在故障电缆端部施加高压脉冲，传到至故障点形成放电，根据故障粗略定位范围，用定点仪在预计故障点位置测量声音和磁场分布，实现故障点精确定位。

3. 脉冲声测法

利用声波测量仪测量故障点附近放电声波，实现故障点定位。

4. 电磁巡测法

在故障点附近沿电缆路径测量磁场强度变化，在远离故障点电缆上方，磁场强度很小；在故障点附近，磁场明显增强。

5. 跨步电压法

循电缆路径测量两测量点之间的跨步电压以精确定位故障点，测试原理如图Z13K5003Ⅲ-5 所示。

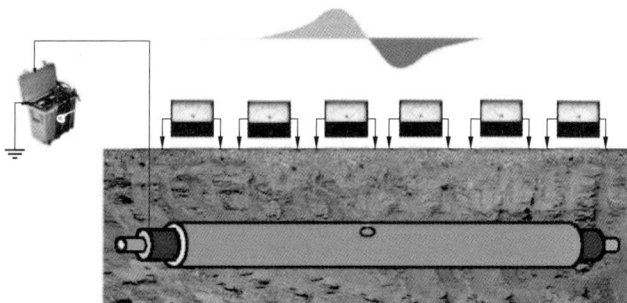

图 Z13K5003Ⅲ-5 跨步电压法原理示意图

跨步电压法适用于直埋电缆、穿管但故障接地电阻较小的电缆。对绝缘穿管内外护套故障，无法采用跨步电压法，可测量穿管端部电缆表面的电位分布，若两端电位分布方向相反，可断定护套缺陷在穿管内。若穿管浸没于水中，可测量水中电压分布；若穿管内没有浸没于水中，可借助穿管器测量电缆表明电位分布判断故障点准确位置。

6. 多个故障点定位

通过粗略定位找到第一个故障最严重的故障点，排除该点后再找下一个故障点。

【思考与练习】

1. 电缆常见故障有哪些？

2. 电缆主绝缘故障定位方法有哪些？

3. 电缆外护套故障定位方法有哪些？

第四十八章

设 备 状 态 评 价

◢ 模块 1 变压器状态评价（Z13K6001Ⅲ）

【模块简介】本模块介绍变压器状态评价的主要原则和方法，通过方法介绍，掌握变压器状态评价的步骤和方法。

【模块内容】

变压器的状态评价的主要方法是依托状态量的劣化程度及对应的权重进行扣分，依据扣分值确定变压器的状态评价状态。

一、变压器的评价状态

变压器状态评价状态分为正常状态、注意状态、异常状态和严重状态。

（一）正常状态

变压器各状态量处于稳定且在规程规定的警示值、注意值（简称标准限值）以内，可以正常运行。

（二）注意状态

变压器单项（或多项）状态量变化趋势朝接近标准限值方向发展，但未超过标准限值，此时仍可以继续运行，应加强运行中的监视。

（三）异常状态

变压器单项重要状态量变化较大，已接近或略微超过标准限值，此时应监视运行，并适时安排停电检修。

（四）严重状态

变压器单项重要状态量严重超过标准限值，需要尽快安排停电检修。

二、状态量构成及权重

状态量直接或间接表征设备状态的各类信息，如数据、声音、图像、现象等，分为一般状态量和重要状态量。

（一）变压器状态量构成

（1）原始资料。原始资料主要包括铭牌参数、型式试验报告、订货技术协议、设备监造报告、出厂试验报告、运输安装记录、交接验收报告等。

（2）运行资料。运行资料主要包括运行工况记录信息、历年缺陷及异常记录、巡检情况、不停电检测记录等。

（3）检修资料。检修资料主要包括检修报告、例行试验报告、诊断性试验报告、有关反措执行情况、部件更换情况、检修人员对设备的巡检记录等。

（4）其他资料。其他资料主要包括同型（同类）设备的运行、修试、缺陷和故障的情况、相关反措执行情况、其他影响变压器安全稳定运行的因素等。

（二）状态量权重

视状态量对变压器安全运行的影响程度，从轻到重分为四个等级，对应的权重分别为权重1、权重2、权重3、权重4，其系数为1、2、3、4。权重1、权重2与一般状态量对应，权重3、权重4与重要状态量对应。

（1）状态量劣化程度。视状态量的劣化程度从轻到重分为四级，分别为Ⅰ、Ⅱ、Ⅲ和Ⅳ级。其对应的基本扣分值为2、4、8、10分。

（2）状态量扣分值。状态量应扣分值由状态量劣化程度和权重共同决定，即状态量应扣分值等于该状态量的基本扣分值乘以权重系数（见表Z13K6001Ⅲ-1）。状态量正常时不扣分。

表 Z13K6001Ⅲ-1　　　　　　变压器状态量应扣分值

状态量劣化程度　　权重系数　基本扣分	1	2	3	4
Ⅰ	2	2	4	6	8
Ⅱ	4	4	8	12	16
Ⅲ	8	8	16	24	32
Ⅳ	10	10	20	30	40

三、变压器状态评价标准及方法

变压器的状态评价分为部件评价和整体评价两部分。

（一）变压器部件状态评价

（1）变压器部件的划分。

变压器部件分为：本体、套管、分接开关、冷却系统以及非电量保护（包括轻重瓦斯、压力释放阀以及油温油位等）五个部件。

（2）变压器部件状态量扣分标准。变压器部件状态量扣分标准见表 Z13K6001Ⅲ-2～表 Z13K6001Ⅲ-8。当状态量（尤其是多个状态量）变化，且不能确定其变化原因或具体部件时，应进行分析诊断，判断状态量异常的原因，确定扣分部件及扣分值。经过诊断仍无法确定状态量异常原因时，应根据最严重情况确定扣分部件及扣分值。典型缺陷的分析诊断方法见表 Z13K6001Ⅲ–9～表 Z13K6001Ⅲ–13。

表 Z13K6001Ⅲ–2　变压器（电抗器）本体状态量评价标准

序号	状态量 分类	状态量 名称	劣化程度	基本扣分	判断依据	权重系数	扣分值（应扣分值×权重）	备注
1	家族缺陷	同厂、同型、同期设备的故障信息	Ⅲ	8	一般家族性缺陷未整改的	2		
2			Ⅳ	10	重大家族性缺陷未整改的	3		对家族性缺陷的处理应根据实际情况确定
3	隐患	短路损坏风险	Ⅳ	10	全电缆线路采用自动重合闸装置；低压短路电流超过断路器开断能力	4		
4			Ⅳ	10	中低压侧存在短路风险；短路校核结果不满足当前电网最大短路电流要求且未整改	3		
5			Ⅲ	8	低压套管及母线未绝缘化处理	2		
6		储油柜密封元件（胶囊、隔膜）	Ⅳ	10	储油柜密封件为隔膜，且运行超过15 年	3		
7			Ⅱ	4	储油柜密封件为胶囊，且运行超过15 年；金属膨胀器储油柜，运行超过 10 年	2		
8		绕组材质及工艺	Ⅳ	10	绕组为薄绝缘	4		薄绝缘指 1990 年前的早期产品
9			Ⅲ	8	铝线圈	3		
10			Ⅲ	8	内绕组使用非自粘的换位导线	3		
11		运行年限	Ⅱ	4	运行超过 20 年	2		
12	运行巡检	短路电流、短路次数		10	短路冲击电流在允许短路电流的 50%～70%，同绕组累计次数达到 6 次及以上	2		如短路后安排试验则本项不扣分；测试结果按相关项目（色谱、频率响应、短路阻抗、绕组电容量等）评价标准扣分；允许短路电流计算公式按 GB 1094.5 的要求
13			Ⅳ	10	短路冲击电流在允许短路电流的 70%～90%，按次扣分	2		
14				10	短路冲击电流达到允许短路电流 90% 以上，按次扣分	3		
15		短路冲击累计	Ⅳ	10	重合不成，短路冲击持续时间每超过 0.5s，按照故障录波次数计入累计，按次扣分	4		

续表

序号	状态量		劣化程度	基本扣分	判断依据	权重系数	扣分值（应扣分值×权重）	备注
	分类	状态量名称						
16		变压器过负荷	I	2	达到短期急救负载运行规定或长期急救负载运行规定	4		过负荷规定按 DL/T 572《电力变压器运行规程》的要求
17		过励磁	I	2	达到变压器过励磁限值	4		过励磁能力按 Q/GDW 11306 《110 (66)～1000kV 油浸式电力变压器技术条件》的要求
18		储油柜密封（胶囊、隔膜、金属膨胀器）	II	4	金属膨胀器有卡滞、隔膜式储油柜密封面有渗油迹	4		
19			IV	10	金属膨胀器破裂、胶囊、隔膜破损	4		
20		渗油	I	2	有轻微渗油，未形成油滴，部位位于非负压区	2		
21		漏油	II	4	有轻微渗漏（但渗漏部位位于非负压区），不快于每滴 5s	4		
22	运行巡检		IV	10	渗漏位于负压区或油滴速度快于每滴 5s 或形成油流	4		
23			IV	10	整体密封性能检查后，发现渗漏	4		
24		噪声及振动	I	2	噪声、振动异常，绝缘油色谱正常	4		查阅变压器运行巡视记录或缺陷分析报告；按《国家电网公司 变电运维管理规定（试行）第 1 分册油浸式变压器（电抗器）实施细则》（国家电网企管〔2017〕206 号）第二十六条异常声音的处理要求
25			II	4	噪声、振动异常，绝缘油色谱异常	4		
26		表面锈蚀	I	2	表面漆层破损和轻微锈蚀	1		
27			III	8	表面锈蚀严重	2		
28		呼吸器	II	4	受潮硅胶超过 2/3，吸附剂碎裂、粉化；吸湿器油杯的油量低于油面线；在顶盖下未留出 1/5～1/6 高度的空隙；吸湿器管道有堵塞现象，吸湿器部件存在渗漏，未起到长期呼吸作用	2		
29			IV	10	呼吸器堵塞严重	3		
30		运行油位	III	8	假油位（油位表计无异常）	3		结合红外测温对储油柜油位的检测，实际油位与油位计、温度的比对，防止出现

续表

序号	状态量分类	状态量名称	劣化程度	基本扣分	判断依据	权重系数	扣分值（应扣分值×权重）	备注
31	运行巡检	运行油位	III	8	因储油柜设计容积偏小导致的油位异常；因渗漏、注油不当等其他原因导致的油位异常	2		假油位；电抗器储油柜容积符合 JB/T 8751《500kV 油浸式并联电抗器技术参数和要求》规定
32		运行油温	III	8	顶层油温异常(测温装置或冷却装置无异常)：强油循环风冷变压器顶层油温超过 75℃，自然油循环风冷/自冷变压器超过 85℃，并联电抗器超过 90℃	3		正常运行时油温
33		压力释放	IV	10	动作、周围有油迹（排除自身装置异常原因）			
34		气体继电器	II	4	轻瓦斯发信，重瓦斯未动作	4		在排除二次原因后，应进行油色谱分析，或检查渗漏（尤其负压区）
35			IV	10	重瓦斯动作	4		
36	试验	绕组直流电阻	IV	10	各相绕组相互间的差别大于三相平均值的 2%，无中性点引出线的绕组，线间偏差大于三相平均值的 1%；与以前相同部位测得值折算到相同温度其变化大于 2%；三相间阻值大小关系与出厂不一致	3		关注色谱变化、短路情况、分接开关以及套管连接，操作分接开关，测量不同分接电阻，区分是否为分接连线问题
37		绕组介质损耗因数	I	2	介质损耗因数未超标准限值，但有显著性差异	3		异常时关注变压器本体及各部件渗漏、绝缘油试验情况
38			III	8	介质损耗因数超标、电容量无明显变化	3		
39		绕组电容量	IV	10	绕组电容变化>5%	4		
40			II	4	绕组电容变化 3%～5%	4		
41		铁芯接地电流	I	2	铁芯多点接地，但运行中通过采取限流措施，铁芯接地电流一般不大于 0.1A	3		关注绝缘油色谱。异常时，如产期速率大于 10%/月，为紧急缺陷
42			II	4	铁芯接地电流在 0.1～0.3A			
43			IV	10	铁芯接地电流超过 0.3A			
44		绕组频率响应测试	III	8	绕组频响测试异常	2		绕组频谱、短路阻抗异常时，应结合色谱分析、绕组电容量以及变压器短路情况综合考虑

续表

序号	状态量		劣化程度	基本扣分	判断依据	权重系数	扣分值（应扣分值×权重）	备注
	分类	状态量名称						
45	试验	短路阻抗测试	IV	10	容量 100MVA 及以下且电压等级 220kV 以下的变压器，短路阻抗初值差超过±2%，或相间偏差大于 2.5%；容量 100MVA 以上或电压等级 220kV 以上的变压器，短路阻抗初值差超过±1.6%，或相间偏差大于 2%	3	绕组频谱、短路阻抗异常时，应结合色谱分析、绕组电容量以及变压器短路情况综合考虑；如因生产制造原因导致的阻抗偏差不扣分
46		绕组电压比	II	4	额定分接位置电压比允许误差＞±0.5%，其他分接位置电压比允许误差＞±1%	3	
47		空载电流、空载损耗测量值	II	4	空载损耗测量、空载电流结果与出厂试验值相比，有明显差异	3	
48		铁芯、夹件及铁芯对夹件的绝缘电阻	III	8	＜100MΩ	2	
49		绕组直流泄漏电流	II	4	历次相比变化 30%～50%	1	异常时应同时关注含气量、微水含量、变压器密封情况
50			IV	10	历次相比变化大于 50%		
51		绕组绝缘电阻、吸收比或极化指数	IV	10	绝缘电阻不满足规程要求	2	
52		油介质损耗因数（tanδ）	II	4	330kV 及以下，$\tan\delta > 4\%$；500kV 及以上变压器，$\tan\delta > 2\%$	3	
53		油击穿电压	III	8	≤60kV，750kV；≤50kV，500kV；≤45kV，330kV；≤40kV，220kV；≤35kV，110（66）kV	3	符合 Q/GDW1168 的规定
54		绝缘油微水	II	4	110（66）kV 变压器≥35mg/L；220kV 变压器≥25mg/L；330kV 及以上变压器≥15mg/L	3	注意取样温度
55		油中含气量	II	4	500（330）kV 变压器油中含气量（体积分数）大于 3%；750kV 变压器油中含气量（体积分数）大于 2%；500（330）kV 及以上电抗器油中含气量（体积分数）大于 5%	2	超过时，注意检查变压器密封情况

续表

序号	状态量分类	状态量名称			劣化程度	基本扣分	判断依据	权重系数	扣分值（应扣分值×权重）	备注
56	试验	绝缘纸聚合度			IV	10	绝缘纸聚合度≤250	4		
57		油中糠醛			IV	10	油中糠醛不满足 DL/T 984 要求	4		跟踪检测时，注意增长率
58		绝缘油界面张力			I	2	≤19（新投运 35）mN/m	4		
59		绝缘油体积电阻率			I	2	≤1×1010（新投运 6×1010）Ω·m，500kV 及以上；≤5×109（新投运 6×1010）Ω·m，330kV 及以下	4		
60		绝缘油油泥与沉淀物			I	2	存在明显沉淀和悬浮物质	4		
61		绝缘油酸值			I	2	>0.01mgKOH/g	4		
62		红外测温			II	4	油箱红外测温异常	3		
63		油中溶解气体分析	总烃		II	4	总烃含量大于 150μL/L	3		色谱按评价标准最高扣分仅扣分一次；乙炔含量异常应组织厂家进行诊断分析
64					III	8	产气速率大于 10%/月	3		
65					IV	10	总烃含量大于 150μL/L，且有增长趋势，但产气速率大于 10%/月	3		
66			C_2H_2		II	4	乙炔含量大于 0.5μL/L，但低于注意值	2		
67					IV	10	乙炔含量大于注意值	3		
68			CO		II	4	CO 含量有明显增长	2		
69			H_2		II	4	H_2 含量大于 150μL/L	2		
70		变压器中性点直流电流测试			II	4	中性点直流电流介于 1A～3A	3		中性点直流电流为三相绕组合电流；建议结合噪声、振动、色谱进一步分析
71					III	8	中性点直流电流>3A			
72		局部放电检测			IV	10	局部放电量超标，发现典型放电图谱	3		采用脉冲电流法、超声波法、特高频等检测方法，并结合色谱进一步分析
73	在线监测	油色谱在线监测			III	8	色谱异常、色谱超标报警、增长速率超标	3		结合离线比对分析

续表

序号	状态量 分类	状态量 名称	劣化程度	基本扣分	判断依据	权重系数	扣分值（应扣分值×权重）	备注
74	在线监测	中性点电流（直流偏磁）在线监测	Ⅲ	8	噪声、振动、中性点交直流电流异常或增长明显	2		
75		铁芯、夹件接地电流在线监测	Ⅲ	8	接地电流异常或增长明显	2		

表 Z13K6001Ⅲ-3　　油纸电容式套管状态量评价标准

序号	评价状态量 分类	状态量 名称	劣化程度	基本扣分	判断依据	权重系数	扣分值（应扣分值×权重）	备注
1	运行巡检	瓷绝缘	Ⅲ	8	外观有面积微小的脱釉情况、掉瓷	3		
2			Ⅳ	10	瓷套严重破损或裂纹	3		
3			Ⅳ	10	防污闪涂料憎水性降低	2		
4			Ⅳ	10	增爬裙老化、开裂	3		
5		外绝缘	Ⅳ	10	外绝缘爬距不满足要求	3		
6		复合绝缘	Ⅳ	10	护套（包括辅助伞裙）受损、裂纹、蚀损及老化，伞裙与绝缘管界面粘结部位有脱胶或起鼓等现象	3		
7			Ⅳ	10	复合套管各连接部位密封失效、出现裂缝和滑移	3		
8			Ⅳ	10	伞套憎水性降低	2		
9			Ⅳ	10	外绝缘爬距不满足要求	3		
10		外观	Ⅰ	2	套管表面有油迹，但未形成油滴	4		
11			Ⅳ	10	套管表面有油迹，虽未形成滴油，但套管表面有油迹已延伸 2/3 以上瓷裙	3		
12			Ⅳ	10	套管表面渗油，形成油滴	4		
13			Ⅳ	10	外绝缘表面出现爬电，存在电晕	4		
14		油位指示	Ⅳ	10	油位异常	3		
15		末屏	Ⅳ	10	末屏接地不良引起放电	4		

续表

序号	评价状态量		劣化程度	基本扣分	判断依据	权重系数	扣分值（应扣分值×权重）	备注
	分类	状态量名称						
16	试验	绝缘电阻	Ⅰ	2	主屏<10 000MΩ 或末屏<1000MΩ	3		
17		介质损耗	Ⅲ	8	介质损耗值达到标准限值的 70%，且变化大于 30%	3		可结合电容屏数量进行诊断分析
18			Ⅳ	10	介质损耗超过标准要求	4		
19		电容量	Ⅲ	8	与初值相比，偏差在 3%～5%，明显异常	2		
20			Ⅳ	10	与初值相比，偏差大于 5%	4		
21		油中溶解气体分析	总烃	Ⅱ	4	总烃含量大于 150μL/L	3		色谱按评价标准最高扣分只扣一次
22				Ⅲ	8	产气速率大于 10%/月			
23				Ⅳ	10	总烃含量大于 150μL/L，且有增长趋势，但产气速率大于 10%/月			
24			C_2H_2	Ⅱ	4	乙炔含量大于注意值	4		
25			CO、CO_2	Ⅱ	4	CO 含量有明显增长	2		
26			H_2	Ⅱ	4	H_2 含量大于 140μL/L	2		
27			CH_4	Ⅱ	4	CH_4 含量大于 40μL/L			
28	带电检测	红外测温	Ⅱ	4	接头异常发热；温差不超过 10K，未达到严重缺陷的要求	3		红外判断按 DL/T 664 的要求；特别需注意密封件部位温度异常
29			Ⅲ	8	相对偏差≥95%或热点温度>80℃	3		
30			Ⅲ	8	套管本体温度分布异常	3		
31		紫外检测	Ⅲ	8	外绝缘存在异常电晕放电	3		注意套管不同部位放电对运行影响不同
32	在线监测	末屏电压在线监测	Ⅳ	10	电压异常	3		
33		套管绝缘在线监测	Ⅲ	8	相对介质损耗因数变化量>0.003；相对电容量初值差>5%	2		
34	运行巡检	外绝缘	Ⅳ	10	外绝缘爬距不满足要求，且未采取措施	3		

续表

序号	评价状态量 分类	评价状态量 状态量名称	劣化程度	基本扣分	判断依据	权重系数	扣分值（应扣分值×权重）	备注
35	运行巡检	外观	Ⅳ	10	伞套憎水性永久消失； 伞套表面被电弧严重灼伤； 护套受损、裂纹及蚀损深度危及绝缘管体； 伞裙与绝缘管界面粘结部位有脱胶或起鼓等现象； 复合套管各连接部位密封失效、出现裂纹和滑移	4		干式套管包括环氧芯子带外护套、环氧芯子无外护套、玻璃纤维丝芯子带外护套
36			Ⅲ	8	外绝缘表面出现爬电，存在电晕			
37	试验	绝缘电阻	Ⅰ	2	主屏＜10 000MΩ 或末屏＜1000MΩ	3		
38		介质损耗	Ⅳ	10	介质损耗超过标准要求	4		
39		电容量	Ⅲ	8	与初值相比，偏差在 3%～5%，明显异常	2		
40			Ⅳ	10	与初值相比，偏差大于 5%	4		
41	带电检测	红外测温	Ⅱ	4	接头异常发热； 温差不超过 10K，未达到严重缺陷的要求	3		红外判断按 DL/T 664《带电设备红外诊断应用规范》的要求；特别需注意密封件部位温度异常
42			Ⅲ	8	相对偏差≥95%或热点温度＞80℃	3		
43		紫外检测	Ⅲ	8	存在异常电晕放电	3		
44	在线监测	末屏电压在线监测	Ⅳ	10	电压异常	3		
45		套管绝缘在线监测	Ⅲ	8	相对介质损耗因数变化量＞0.003；相对电容量初值差＞5%	2		

表 Z13K6001Ⅲ-4　　　　纯瓷套管状态量评价标准

序号	评价状态量 分类	评价状态量 状态量名称	劣化程度	基本扣分	判断依据	权重系数	扣分值（应扣分值×权重）	备注
1	运行巡检	外绝缘	Ⅳ	10	外绝缘爬距不满足要求，且未采取措施	3		
2		外观	Ⅰ	2	瓷件有面积微小的脱釉情况、掉瓷	3		
3			Ⅲ	8	瓷套严重破损或裂纹	3		

续表

序号	评价状态量		劣化程度	基本扣分	判断依据	权重系数	扣分值（应扣分值×权重）	备注
	分类	状态量名称						
4	运行巡检	外观	Ⅲ	8	套管表面有油迹、滴油	2		
5			Ⅲ	8	外绝缘表面出现爬电，存在电晕	4		
6	试验	绝缘电阻	Ⅱ	4	绝缘电阻＜1000MΩ	3		
7	带电检测	红外测温	Ⅱ	4	接头异常发热；温差不超过 10K，未达到严重缺陷的要求。	3		红外判断按 DL/T 664 的要求
8			Ⅲ	8	相对偏差≥95%或热点温度＞80℃	3		

表 Z13K6001Ⅲ-5　　冷却（散热）系统状态量评价标准

序号	评价状态量		劣化程度	基本扣分	判断依据	权重系数	扣分值（应扣分值×权重）	备注
	分类	状态量名称						
1		电机运行	Ⅰ	2	风机运行异常	2		
2			Ⅳ	10	油泵、水泵及油流继电器工作异常			
3		冷却装置控制系统	Ⅳ	10	冷却器交流总电源无法进行切换，单组冷却器工作方式无法进行切换；单组冷却器分路电源空气开关合不上，总电源空气开关合不上；控制箱进水造成直流接地、回路短路、元器件进水等	3		
4	运行巡检	冷却装置散热效果	Ⅰ	2	冷却装置表面有积污，但对冷却效果影响较小	3		
5			Ⅳ	10	冷却装置表面积污严重，进出口油温差小，对冷却效果影响明显			
6		水冷却器（如有）	Ⅳ	10	冷却水管有渗漏	4		
7		渗油	Ⅰ	2	有轻微渗油，未形成油滴，部位位于非负压区	2		
8		漏油	Ⅳ	10	渗漏位于负压区或油滴速度快于每滴5s或形成油流	4		
9			Ⅰ	2	有轻微渗油，未形成油滴，部位位于非负压区			
10	隐患	电源	Ⅲ	8	未配置三相电压监测装置	2		
11			Ⅲ	8	强油循环的冷却系统的相互独立电源未采用自动切换装置	2		

续表

序号	评价状态量 分类	评价状态量 状态量名称	劣化程度	基本扣分	判断依据	权重系数	扣分值（应扣分值×权重）	备注
12		电源	Ⅳ	10	强油循环的冷却系统未配置两个相互独立的电源	2		
13	隐患	水冷（如有）	Ⅲ	8	单铜管水冷却变压器油压小于水压	2		
14		油路系统波纹管	Ⅲ	8	波纹管限位螺栓安装不正确，波纹管不能正常伸缩；过渡波纹管两侧连管存在高度差	2		

表 Z13K6001Ⅲ-6　　　有载分接开关状态量评价标准

序号	状态量 分类	状态量 状态量名称	劣化程度	基本扣分	判断依据	权重系数	扣分值（应扣分值×权重）	备注
1		油位	Ⅱ	4	油位异常	3		
2		呼吸器	Ⅱ	4	吸湿器油封异常，或呼吸器呼吸不畅通，或硅胶潮解变色部分超过总量的 2/3 或硅胶自上而下变色	2		
3			Ⅳ	10	呼吸器无呼吸			
4		分接位置	Ⅳ	10	有载分接开关的分接位置异常	4		
5		渗漏	Ⅰ	2	有轻微渗漏	3		
6			Ⅳ	10	内漏或外漏、渗漏严重			
7	运行巡检	气体继电器	Ⅳ	10	重瓦斯动作	4		
8		油流继电器	Ⅳ	10	油流继电器动作	4		
9		压力释放阀	Ⅳ	10	动作、周围有油迹（排除自身装置异常原因）	4		
10		切换次数	Ⅲ	8	分接开关切换次数超过厂家规定检修次数未检修	3		制造厂检修周期规定：次数、时间
11		与前次检修间隔	Ⅲ	8	超出制造厂规定检修时间间隔	3		
12		在线滤油装置	Ⅱ	4	在线滤油装置压力异常	3		

续表

序号	状态量		劣化程度	基本扣分	判断依据	权重系数	扣分值（应扣分值×权重）	备注
	分类	状态量名称						
13			IV	10	未按制造厂规定维护			
14	运行巡检	传动机构	IV	10	电机运行异常或传动机构传动卡涩；传动轴系三相动作不一致	4		
15		限位装置失灵	IV	10	装置失灵	2		
16		滑档	IV	10	滑档	3		
17		控制回路	IV	10	控制回路失灵，过流闭锁异常	3		
18	试验	动作特性	IV	10	动作特性试验不合格	4		
19		油耐压	IV	10	不合格	3		

表 Z13K6001Ⅲ-7　　　　无励磁分接开关状态量评价标准

序号	状态量		劣化程度	基本扣分	判断依据	权重系数	扣分值（应扣分值×权重）	备注
	分类	状态量名称						
1	运行巡检	分接位置	IV	10	分接位置异常，工作挡位与操动机构显示挡位不一致	4		
2			II	4	挡位指示模糊	2		
3		操动机构	II	4	机械闭锁不可靠，控制回路失灵	2		
4		传动机构	III	8	传动机构传动卡涩	4		
5		限位装置失灵	III	8	装置失灵	4		
6		锈蚀	II	4	轻微锈蚀或漆层破损、严重锈蚀	2		

表 Z13K6001Ⅲ-8　　　　非电量保护状态量评价标准

序号	状态量		劣化程度	基本扣分	判断依据	权重系数	扣分值（应扣分值×权重）	备注
	分类	状态量名称						
1	运行巡检试验	温度计	II	4	温度计指示异常，二次回路绝缘电阻不合格；温度计远方与就地指示不一致，偏差5度以上；温度计未现场校验	1		

续表

序号	状态量		劣化程度	基本扣分	判断依据	权重系数	扣分值（应扣分值×权重）	备注
	分类	状态量名称						
2	运行巡检试验	油位指示计	Ⅱ	4	油位计指示异常	1		
3		压力释放阀	Ⅳ	10	有渗漏、发生过误动扣分，二次回路绝缘电阻不合格	2		
4		气体继电器	Ⅲ	8	气体继电器未定期检查	2		
5			Ⅳ	10	气体继电器有渗漏油现象，二次回路绝缘电阻不合格	2		
6		压力继电器	Ⅳ	10	有渗漏、发生过误动扣分，二次回路绝缘电阻不合格	2		
7		压力突发继电器	Ⅲ	8	有渗漏、发生过误动扣分，二次回路绝缘电阻不合格	2		
8		油流继电器	Ⅳ	10	有渗漏、发生过误动扣分，二次回路绝缘电阻不合格	2		
9		分接开关位置远方与就地指示一致性	Ⅱ	4	偏差超过规定限值	2		
10	隐患	防雨措施	Ⅲ	8	户外布置的压力释放阀、气体继电器和油流速动继电器应加装防雨罩	2		
11		气体继电器	Ⅲ	8	气体继电器未定期检查	2		

注　此处仅评装置，动作及指示情况在本体部分评价。

表 Z13K6001Ⅲ-9　　各类试验项目可诊断的缺陷

试验项目	可诊断的缺陷
绕组直流电阻	绕组断线或断股，绕组引线或分接引线接触不良
绝缘电阻、吸收比和极化指数	绝缘受潮，油质劣化等
绕组绝缘介质损耗和电容量	绝缘受潮，油质劣化，线圈变形
低电压空载试验	铁芯局部短路，绕组匝层间短路
低电压短路阻抗测试	绕组股间短路，线圈变形
绕组变比试验	绕组匝层间短路，可区别高压、中压和低压绕组的短路
绕组频率响应测试	线圈变形
局部放电检测	证实放电的存在，判断悬浮放电、气泡放电、沿面放电等放电类型，配合局部放电超声波检测可对放电位置定位

续表

试验项目	可诊断的缺陷
油流带电度检测	油流放电
油中溶解气体分析	绝缘导线过热，注意 CO 和 CO_2 含量和 CO_2/CO 值
	分接开关接触不良，引线夹件螺丝松动和接头焊接不良，涡流引起铜过热。铁芯漏磁、局部短路、层间绝缘不良，铁芯多点接地等
绕组直流电阻	绕组断线或断股，绕组引线或分接引线接触不良
绝缘电阻、吸收比和极化指数	绝缘受潮，油质劣化等
绕组绝缘介质损耗和电容量	绝缘受潮，油质劣化，线圈变形
低电压空载试验	铁芯局部短路，绕组匝层间短路
低电压短路阻抗测试	绕组股间短路，线圈变形
绕组变比试验	绕组匝层间短路，可区别高压、中压和低压绕组的短路
绕组频率响应测试	线圈变形
局部放电检测	证实放电的存在，判断悬浮放电、气泡放电、沿面放电等放电类型，配合局部放电超声波检测可对放电位置定位
油流带电度检测	油流放电
油中溶解气体分析	绝缘导线过热，注意 CO 和 CO_2 含量和 CO_2/CO 值
	分接开关接触不良，引线夹件螺丝松动和接头焊接不良，涡流引起铜过热。铁芯漏磁、局部短路、层间绝缘不良，铁芯多点接地等
	高湿度、高含气量引起油中低能量密度的局部放电
	引线对电位未固定比较间连续火花放电，分接抽头引线和油隙闪络，不同电位之间的油中火花放电或悬浮电位间火花放电
	线圈匝间、层间短路，相间闪络、分接引线间油隙闪络、引线对箱壳放电、线圈熔断、分接开关飞弧、因环流引起电弧、引线对接地体放电
	绝缘导线过热，注意 CO 和 CO_2 含量和 CO_2/CO 值
绝缘油微水	绝缘受潮
绝缘油介质损耗	绝缘受潮、绝缘油劣化
油中糠醛、聚合度	绝缘老化
铁芯接地电流	确认是否多点接地；不能排除铁芯段间短路

表 13K6001Ⅲ–10 过热性缺陷原因分析判断

序号	状态量描述	停电测试项目	缺陷原因判断
1	C_2H_6、C_2H_4 增长较快可能有 H_2 和 C_2H_2，CO 和 CO_2 增长不明显	空载损耗试验异常增大；1.1 倍过励磁试验下油色谱有明显增长	铁芯短路

续表

序号	状态量描述	停电测试项目	缺陷原因判断
2	C_2H_6、C_2H_4 增长较快可能有 H_2 和 C_2H_2, CO 和 CO_2 增长不明显	运行中用钳形电流表测量铁芯接地电流，大于 100mA；停电检测铁芯绝缘电阻，绝缘电阻较低（如几千欧）	铁芯多点接地
3	C_2H_6 和 C_2H_4 增长较快，CO 和 CO_2 增长不明显	直流电组比上次测试的值有明显的变化	导电回路接触不良
4	油中 C_2H_4、CO、CO_2 含量增长较快	分相低电压下的短路损耗明显增大	多股导线间短路
5	故障特征是低温过热逐渐向中温至高温过热演变，且油中 CO、CO_2 含量增长较快	1.1 倍的过电流会加剧它的过热，油色谱会有明显的增长	油道堵塞
6	油中 C_2H_6、C_2H_4 含量增长较快，有时会产生 H_2 和 C_2H_2	红外测温检查套管连接接头有否高温过热现象	导电回路分流
7	色谱呈现高温过热特征，总烃增长较快	直流电阻不稳定，并有较大的偏差；在较低的电压励磁下，也会持续产生总烃	结构件或磁屏蔽短路
8	色谱呈现高温过热特征，总烃增长较快	1.1 倍的过电流使油色谱会有明显的增长	漏磁回路的涡流绕组连接（或焊接）部分接触不良

表 Z13K6001Ⅲ-11   放电性缺陷原因分析判断

序号	状态量描述	辅助判断方法或停电测试项目	缺陷原因判断
1	色谱呈现高能放电特征，乙炔增长速度快	放低有载开关油位，停止调压，色谱特征气体不再增长；有载分接开关储油柜中的油位异常升高或持续冒油，或与主储油柜的油位趋于一致	有载分接开关泄漏
2	有少量 H_2、C_2H_2 产生，总烃稳步增长趋势	局部放电量超标	悬浮电位接触不良
3	C_2H_2 单项增高，油中带电度超出规定值	逐台开启油泵，测量中性点的静电感应电压或泄流电流，如长时间不稳定或稳定值超出规定值，则表明可能发生了油流带电现象	油流带电
4	具有局部放电，这时产生主要气体 H_2 和 CH_4	油中金属微量测试若铁含量较高，表明铁芯或结构件放电，若铜含量较高，表明绕组或引线放电，局部放电超标	金属尖端放电
5	低能量密度局部放电，产生主要气体是 H_2 和 CH_4。油中含气量过大	检查气体继电器内的气体，取气样分析，如主要是氧和氮，表明是气泡放电	气泡放电
6	具有高能量电弧放电特征，主要气体是 H_2 和 C_2H_2	绝缘电阻会有下降的可能，油中金属铜微量测试可能偏大，局部放电量测试超标	分接开关拉弧、绕组或引线绝缘击穿

续表

序号	状态量描述	辅助判断方法或停电测试项目	缺陷原因判断
7	以 C_2H_2 为主，且通常 C_2H_4 含量比 CH_4 低	与变压器负荷电流密切相关，负荷电流下降，超声波值减小	油箱磁屏蔽接触不良

表 Z13K6001Ⅲ-12　　　　　　绝缘受潮缺陷分析判断

状态量描述	辅助判断方法或停电测试项目	缺陷原因判断
单 H_2 增长较快，油中含水量超标，油耐压下降，部件存在渗漏情况	绝缘电阻下降；泄漏电流增大；变压器本体介质损耗因数增大	外部进水，绝缘受潮

表 Z13K6001Ⅲ-13　　　　　　绕组变形缺陷分析判断

状态量描述	辅助判断方法或停电测试项目	故障原因判断
阻抗增大，频响试验异常，电容量有变化，色谱异常	在相同电压和负荷电流下，变压器的噪声或振动变大，运行中出口或近区短路情况	短路冲击后，绕组发生严重变形

（3）变压器部件的状态评价方法。变压器部件的评价应同时考虑单项状态量的扣分和部件合计扣分情况，部件状态评价标准见表 Z13K6001Ⅲ-14。

当任一状态量单项扣分和部件合计扣分同时达到表 Z13K6001Ⅲ-14 规定时，视为正常状态；

当任一状态量单项扣分或部件所有状态量合计扣分达到表 Z13K6001Ⅲ-14 规定时，视为注意状态；

当任一状态量单项扣分达到表 Z13K6001Ⅲ-14 规定时，视为异常状态或严重状态。

表 Z13K6001Ⅲ-14　　　　　　各 部 件 评 价 标 准

评价标准 设备部件	正常状态		注意状态		异常状态	严重状态
	合计扣分	单项扣分	合计扣分	单项扣分	单项扣分	单项扣分
本体	≤30	≤10	>30	(12, 20]	(20, 30]	>30
套管	≤20	≤10	>20	(12, 20]	(20, 30]	>30
冷却系统	≤20	≤10	>20	(12, 20]	(20, 30]	>30
分接开关	≤20	≤10	>20	(12, 20]	(20, 30]	>30
非电量保护	≤20	≤10	>20	(12, 20]	(20, 30]	>30

（二）变压器整体状态评价

变压器的整体评价应综合其部件的评价结果。当所有部件评价为正常状态时，整体评价为正常状态；当任一部件状态为注意状态、异常状态或严重状态时，整体评价应为其中最严重的状态。

【思考与练习】

1. 变压器的状态有哪些类型？

2. 简述变压器状态量评价标准。

3. 简述变压器分接开关状态量评价标准。

◢ 模块 2 互感器状态评价（Z13K6002Ⅲ）

【模块简介】 本模块介绍互感器状态评价的主要原则和方法，通过方法介绍，掌握互感器状态评价的步骤和方法。

【模块内容】

互感器的状态评价的主要方法是依托状态量的裂化程度及对应的权重进行扣分，依据扣分值确定变压器的状态评价状态。

本模块中将互感器分为电流互感器、电容式电压互感器及电磁式电压互感器三部分。

一、互感器的评价状态

互感器状态评价状态分为正常状态、注意状态、异常状态和严重状态。

（一）正常状态

互感器各状态量处于稳定且在规程规定的警示值、注意值（简称标准限值）以内，可以正常运行。

（二）注意状态

互感器单项（或多项）状态量变化趋势朝接近标准限值方向发展，但未超过标准限值，此时仍可以继续运行，应加强运行中的监视。

（三）异常状态

互感器单项重要状态量变化较大，已接近或略微超过标准限值，此时应监视运行，并适时安排停电检修。

（四）严重状态

互感器单项重要状态量严重超过标准限值，需要尽快安排停电检修。

二、状态量构成及权重

状态量指直接或间接表征设备状态的各类信息，如数据、声音、图像、现象等，分为一般状态量和重要状态量。

（一）状态量构成

（1）原始资料。设备的原始资料主要包括铭牌参数、型式试验报告、订货技术协议、设备监造报告、出厂试验报告、运输安装记录、交接验收资料、安装使用说明书等。

（2）运行资料。设备的运行资料主要包括设备运行工况记录信息、历年缺陷及异常记录、巡检记录、带电检测、在线监测记录等。

（3）检修资料。设备的检修资料主要包括检修报告、试验报告、设备技改及主要部件更换情况等信息。

（4）其他资料。设备的其他资料主要包括同型（同类）设备的异常、缺陷和故障的情况、设备运行环境变化、相关反措执行情况、其他影响电流互感器安全稳定运行的因素等信息。

（二）状态量权重

视状态量对电流互感器安全运行的影响程度，从轻到重分为四个等级，对应的权重分别为权重1、权重2、权重3、权重4，其系数分别为1、2、3、4。权重1、权重2与一般状态量对应，权重3、权重4与重要状态量对应。

（1）状态量劣化程度。视状态量从轻到重分为四个等级，分别为Ⅰ、Ⅱ、Ⅲ和Ⅳ级，其对应的基本扣分值为2、4、8、10分。

（2）状态量扣分值。状态量扣分值由状态量劣化程度和权重共同决定，即状态量应扣分值等于该状态量的基本扣分值乘以权重系数（见表Z13K6002Ⅲ-1）。状态量正常时不扣分。

表 Z13K6002Ⅲ-1　　　　　　互感器状态量应扣分值

状态量劣化程度　　基本扣分 / 权重系数	1	2	3	4
Ⅰ 2	2	4	6	8
Ⅱ 4	4	8	12	16
Ⅲ 8	8	16	24	32
Ⅳ 10	10	20	30	40

三、互感器状态评价标准及方法

（1）互感器以相为单位进行状态评价。

（2）电流互感器状态量的权重及评价标准见表 Z13K6002Ⅲ-2，电磁式电压互感器状态评价标准见表 Z13K6002Ⅲ-3，电容式电压互感器状态评价标准见表 Z13K6002Ⅲ-4。

表 Z13K6002Ⅲ-2 电流互感器状态评价标准

序号	分类	状态量名称	劣化程度	基本扣分	判断依据	权重系数	扣分值（基本分值×权重系数）
1	家族缺陷	同厂、同型号、同批次设备的故障信息	Ⅱ	4	一般缺陷未整改	3	
			Ⅳ	10	严重缺陷未整改	3	
2		密封性	Ⅰ	2	油浸式电流互感器表面有油迹，但未形成油滴	3	
			Ⅲ	8	油浸式电流互感器漏油	3	
			Ⅲ	8	SF_6 气体年漏气率大于 0.5%或不符合设备技术文件要求	3	
3		本体温升	Ⅱ	4	相间温差大于 3K	2	
			Ⅲ	8	热点温度＞55℃	2	
4		外绝缘防污闪水平	Ⅲ	8	外绝缘爬距不满足所在地区污秽程度要求且未采取防范措施	2	
5		异常声响	Ⅲ	8	内部有放电声或爆裂声、过励磁等异常声音	3	
6	运行巡检	本体外绝缘表面情况	Ⅰ	2	硅橡胶憎水性能异常	2	
			Ⅱ	4	外绝缘轻微破损、开裂、复合绝缘伞群变色，但不影响设备运行	2	
			Ⅲ	8	外绝缘严重破损、开裂	3	
			Ⅳ	10	外绝缘表面有较严重电晕或滑闪放电	3	
7		膨胀器、底座、二次接线盒外观	Ⅱ	4	轻微锈蚀或漆层破损	2	
			Ⅱ	4	二次接线盒密封不良	3	
			Ⅲ	8	锈蚀严重	2	
			Ⅲ	8	膨胀器异常升高或外观破损	3	
8		油位	Ⅱ	4	油位指示不清晰	2	
			Ⅱ	4	油位高于或低于正常油位，且油位可见	3	
			Ⅲ	8	油位计破损	3	
			Ⅳ	10	膨胀器冲顶	3	
			Ⅳ	10	油位不可见	3	
9		SF_6气体压力	Ⅱ	4	SF_6 气体压力异常	4	
			Ⅲ	8	SF_6 气体压力低报警	4	

续表

序号	分类	状态量名称	劣化程度	基本扣分	判断依据	权重系数	扣分值（基本分值×权重系数）
10	运行巡检	二次元件（ECT）	II	4	SV 报文输出无效	2	
			II	4	SV 报文输出双 A/D 不一致	2	
			III	8	SV 报文输出中断	2	
			III	8	光缆外层破损严重	3	
			IV	10	电源模块异常	4	
11		绕组绝缘电阻	II	4	一次绕组绝缘电阻小于 3000MΩ，或初值差大于-50%	2	
12	试验	主绝缘介质损耗因数	III	8	主绝缘 tanδ 大于下列值：500kV 及以上：0.007；220/330kV：0.008；110kV/66kV：0.010（聚四氟乙烯缠绕绝缘互感器：0.005）	3	
13		主绝缘电容量	IV	10	主绝缘电容量初值差超过±5%	3	
14		末屏绝缘	II	4	电容型电流互感器末屏对地绝缘电阻小于 1000MΩ	2	
			III	8	绝缘电阻低于 1000MΩ 且末屏对地 tanδ 大于 0.015	2	
15		局部放电	II	4	$1.2U_m/\sqrt{3}$ 测量电压下，局部放电量超过以下标准：20pC（气体）；20PC（油纸绝缘及聚四氟乙烯缠绕绝缘）；50pC（固体）	3	
16	试验	一次绕组电阻	II	4	一次绕组主回路电阻与初值比较，变化明显	2	
17		油色谱	II	4	$H_2>150\mu L/L$	2	
			II	4	总烃：100～300μL/L	3	
			III	8	总烃>300μL/L	3	
			III	8	乙炔：220kV 及以上：>1μL/L；110kV：>2μL/L	3	
18		SF$_6$ 气体湿度	III	8	A 类检修后大于 250μL/L；运行中大于 500μL/L，且测量值与要求值比值<2	2	

序号	分类	状态量名称	劣化程度	基本扣分	判断依据	权重系数	扣分值（基本分值×权重系数）
18	试验	SF_6 气体湿度	Ⅳ	10	A 类检修后大于 250μL/L；运行中大于 500μL/L，且测量值与要求值比值≥2	3	
19		高频局部放电	Ⅱ	4	在同等条件下同类设备检测的图谱有明显区别	2	
			Ⅲ	8	具有典型局部放电的检测图谱	2	
20		相对介质损耗因数（带电，固体绝缘或油纸绝缘）	Ⅲ	8	相对介质损耗因数变化量＞0.003	3	
21		相对电容量比值（带电，固体绝缘或油纸绝缘）	Ⅳ	10	相对电容量比值初值差＞5%	3	
22		SF_6 气体纯度分析	Ⅱ	4	纯度＜97%	2	
23		二次绕组精度	Ⅱ	4	不满足保护、计量要求	3	
24		二次绕组容量	Ⅱ	4	不满足保护、计量要求	3	
25		电流比校核	Ⅲ	8	不符合设备技术文件要求	3	
26		交流耐压试验	Ⅳ	10	一次绕组耐压试验不通过	4	
27		SF_6 气体成分分析	Ⅲ	8	SO_2＞1μL/L H_2S＞1μL/L	3	

表 Z13K6002Ⅲ-3　　电磁式电压互感器状态评价标准

序号	状态量		劣化程度	基本扣分	判断依据	权重系数	扣分值（基本扣分×权重系数）
	分类	状态量名称					
1	家族缺陷	同厂、同型设备当年被通报的故障信息	Ⅱ	4	一般缺陷未整改	2	
			Ⅳ	10	严重缺陷未整改	2	
2	运行巡视	密封性	Ⅰ	2	油浸式电磁式电压互感器渗油	3	
			Ⅱ	4	油浸式电磁式电压互感器漏油	3	
			Ⅰ	2	SF_6 气体年漏气率大于 1%	3	
3		本体温升	Ⅱ	4	相间温差大于 3K	2	
4		外绝缘防污闪水平	Ⅱ	4	外绝缘爬距不满足所在地区污秽程度要求且未采取措施	3	
5		异常声响	Ⅲ	8	互感器内部有放电等异常声响	3	

续表

序号	状态量		劣化程度	基本扣分	判断依据	权重系数	扣分值（基本扣分×权重系数）
	分类	状态量名称					
6	运行巡视	本体外绝缘表面情况	I	2	硅橡胶憎水性能异常	2	
			II	4	外绝缘破损	2	
7		膨胀器、底座、二次接线盒锈蚀情况	II	4	锈蚀严重	1	
8		油位	II	4	油位不正常	3	
9		连接端子及引流线温升	II	4	相间温差大于15K	2	
			III	8	热点温度＞90℃	2	
10		引流线、接地引下线锈蚀情况	II	4	锈蚀严重	2	
11		SF$_6$气体压力	III	8	SF$_6$气体压力低报警	4	
			II	4	SF$_6$气体压力异常	4	
12		其他	I	2			
13	试验	绕组绝缘电阻	II	4	初值差大于−50%（小于3000MΩ时或二次绕组绝缘电阻小于10MΩ时）	2	
14		绕组绝缘介质损耗因素	II	4	绕组绝缘tanδ大于下列值：0.02（串级式）；0.005（非串级式）	3	
15		支架绝缘介质损耗因素	III	8	支架绝缘tanδ大于0.05	3	
16		油色谱（注1）	I	2	H$_2$大于150μL/L	2	
			II	4	总烃大于100μL/L	2	
			III	8	乙炔大于2μL/L	2	
17		局部放电			＞20pC	3	
18		SF$_6$气体微水含量	II	4	A类检修后大于250μL/L；运行中大于500μL/L	2	
19		二次绕组精度	II	4	不满足计量要求	3	
20		二次绕组容量	II	4	不满足计量要求	3	
21		其他	I	2			

注 取氢气、总烃、乙炔三项中最大扣分值。

表 Z13K6002Ⅲ-4　　　　电容式电压互感器状态评价标准

序号	状态量		劣化程度	基本扣分	判断依据	权重系数	扣分值（基本扣分×权重系数）
	分类	状态量名称					
1	家族缺陷	同厂、同型设备当年被通报的故障信息	Ⅱ	4	一般缺陷未整改	2	
			Ⅳ	10	严重缺陷未整改	2	
2	运行巡检	密封性	Ⅲ	8	电容器渗油	3	
			Ⅳ	10	电容器漏油	3	
			Ⅰ	2	中间变压器渗油	3	
			Ⅱ	4	中间变压器漏油	3	
3		本体温升	Ⅱ	4	相间温差大于3K	2	
4		外绝缘防污闪水平	Ⅱ	4	外绝缘爬距不满足所在地区污秽程度要求且未采取措施	3	
5		异常声响	Ⅰ	2	互感器内部有放电等异常声响	2	
6		本体外绝缘表面情况	Ⅰ	2	硅橡胶憎水性能异常	2	
			Ⅱ	4	外绝缘破损	2	
7		膨胀器、底座、二次接线盒锈蚀情况	Ⅱ	4	锈蚀严重	1	
8		中间变压器的油位	Ⅱ	4	油位不正常	3	
9		连接端子及引流线温升	Ⅱ	4	相间温差大于15K	2	
			Ⅲ	8	热点温度>90℃	2	
10		引流线、接地引下线锈蚀情况	Ⅱ	4	锈蚀严重	2	
11	试验	电容器极间绝缘电阻	Ⅱ	4	低于5000MΩ	2	
12		中间变压器二次绕组绝缘电阻	Ⅱ	4	低于10MΩ	2	
13		电容分压器介质损耗因素	Ⅱ	4	$\tan\delta$ 大于：油纸绝缘：0.005；膜纸绝缘：0.0025	4	
14		电容分压器电容量	Ⅲ	8	主绝缘电容量初值差超过±2%	3	
15		二次电压变化量	Ⅱ	4	二次开口三角电压 $3U_0$ 大于1.5V	3	
16		二次绕组精度	Ⅱ	4	不满足计量要求	3	
17		二次绕组容量	Ⅱ	4	不满足计量要求	3	
18		其他	Ⅰ	2			

（3）互感器的状态评价方法。根据设备评价结果，设备状态分为"正常状态""注意状态""异常状态"和"严重状态"。扣分值与状态的关系见表 Z13K6002Ⅲ-5。

当任一状态量的单项扣分和合计扣分同时达到表 Z13K6002Ⅲ-5 规定时，视为正常状态；

当任一状态量的单项扣分或合计扣分达到表 Z13K6002Ⅲ-5 规定时，视为注意状态；

当任一状态量的单项扣分达到表 Z13K6002Ⅲ-5 规定时，视为异常状态或严重状态。

表 Z13K6002Ⅲ-5　　　　　　　　互感器评价标准

评价标准 设备	正常状态		注意状态		异常状态	严重状态
	合计扣分	单项扣分	合计扣分	单项扣分	单项扣分	单项扣分
电流互感器	≤30	＜12	＞30	12～16	20～24	≥30
电磁式电压互感器	≤30	＜12	＞30	12～16	20～24	≥30
电容式电压互感器	≤30	＜12	＞30	12～16	20～24	≥30

【思考与练习】

1. 互感器的状态量有哪些类型？
2. 简述互感器状态量评价标准。
3. 简述互感器状态量构成。

◢ 模块 3　断路器状态评价（Z13K6003Ⅲ）

【模块描述】本模块包含断路器状态评价的有关规定。通过要点讲解，掌握断路器状态评价工作的方法。

【模块内容】

随着电网输变电设备制造水平的发展，电网输变电状况有了较大改善；社会用电需求的迅猛增长，电网规模迅速扩大，社会对电网供电可靠性要求越来越高。国家电网公司为适应新形势的要求，在公司系统内部推进输变电设备状态检修工作。

状态检修是以状态评价为基础的，状态评价是根据状态检修工作的要求，选取一定数量的状态量，对设备的状态进行分级，为检修策略的制定提供依据。

一、断路器状态量构成及权重

110（66）～750kV 电压等级 SF_6 高压交流瓷柱式和罐式断路器的状态评价工作可

根据 Q/GDW 171—2008《SF_6高压断路器状态评价导则》标准的规定执行，35kV 及以下电压等级的断路器由各网省公司参照执行。

（一）相关定义

1. 状态量

状态量指直接或间接表征设备状态的各类信息，如数据、声音、图像、现象等，分为一般状态量和重要状态量。

（1）一般状态量。对设备的性能和安全运行影响相对较小的状态量。

（2）重要状态量。对设备的性能和安全运行有较大影响的状态量。

2. 部件

断路器上功能相对独立的单元称为部件。

3. 状态分类

断路器及其部件的状态分为：正常状态、注意状态、异常状态和严重状态。

（1）正常状态。各状态量均处于稳定且良好的范围内，设备可以正常运行。

（2）注意状态。单项（或多项）状态量变化趋势朝接近标准限值方向发展，但未超过标准限值，或部分一般状态量超过标准值，此时仍可以继续运行，但应加强运行中的监视。

（3）异常状态。单项重要状态量变化较大，已接近或略微超过标准限值，此时应监视运行，并适时安排停电检修。

（4）严重状态。单项重要状态量严重超过标准限值，需要尽快安排停电检修。

（二）断路器状态量构成及权重

1. 状态量构成

（1）原始资料。断路器的原始资料主要包括铭牌、型式试验报告、订货技术协议、设备监造报告、出厂试验报告、运输安装记录、交接验收报告、安装使用说明书等。

（2）运行资料。设备的运行资料主要包括断路器动作次数，断路器故障跳闸记录（故障跳闸次数、继电保护及自动装置提供的故障电流的波形、相别、幅值、持续时间等），设备巡视记录，历年缺陷及异常记录，红外测温记录等。

（3）检修试验资料。设备的检修试验资料主要包括检修报告、预试报告、SF_6气体检验报告、在线监测信息、特殊测试报告、有关反措执行情况、设备技改及主要部件更换情况等。

（4）其他资料。设备的其他资料主要包括同型（同类）设备的运行、修试、缺陷和故障的情况，设备运行环境的变化、系统运行方式的变化，安装地点短路电流计算报告，其他影响断路器安全稳定运行的因素等。

2. 状态量权重

视状态量对断路器安全运行的影响程度，从轻到重分为四个等级，对应的权重分别为权重1、权重2、权重3、权重4，其系数为1、2、3、4。权重1、权重2与一般状态量对应，权重3、权重4与重要状态量对应。

（1）状态量劣化程度。视状态量的劣化程度从轻到重分为四级，分别为Ⅰ、Ⅱ、Ⅲ和Ⅳ级。其对应的基本扣分值为2、4、8、10分。

（2）状态量扣分值。状态量应扣分值由状态量劣化程度和权重共同决定，即状态量应扣分值等于该状态量的基本扣分值乘以权重系数（见表Z13K6003Ⅲ-1）。状态量正常时不扣分。

表 Z13K6003Ⅲ-1　　　　　　断路器状态量应扣分值

状态量劣化程度 \ 权重系数 基本扣分值		1	2	3	4
Ⅰ	2	2	4	6	8
Ⅱ	4	4	8	12	16
Ⅲ	8	8	16	24	32
Ⅳ	10	10	20	30	40

二、断路器状态评价标准及方法

断路器的状态评价分为部件评价和整体评价两部分。

（一）断路器部件评价

由于断路器可以分为几个功能相对独立的部件，而各部件的状态量基本只反映该部件的状态而与其他部件无关，所以在本导则的评价中将断路器分为了本体、操动机构、并联电容、合闸电阻等4个部件分别评价。评价后的各部件可以有不同的状态，因此制定检修策略时，各部件可以采取不同的检修策略，如执行不同的检修周期和检修等级。

1. 断路器部件的划分

根据断路器各部件的独立性，将断路器分为：本体、操动机构（分为弹簧机构、液压机构、液压弹簧机构、气动机构等）、并联电容、合闸电阻等4个部件。

2. 断路器部件状态量扣分标准

断路器部件状态量扣分标准见表Z13K6003Ⅲ-2～表Z13K6003Ⅲ-9。

表 Z13K6003Ⅲ-2 断路器本体状态量评价标准表

序号	状态量		劣化程度	基本扣分	判断依据	影响因子	扣分值（基本扣分×影响因子）	备注
	分类	状态量名称						
1	隐患	已发布的家族缺陷；或者同厂、同型、同期设备的故障信息	Ⅲ	8	一般家族性缺陷未整改的	2		对家族性缺陷的处理应根据实际情况确定
			Ⅳ	10	重大家族性缺陷未整改的：	3		
2		额定电流	Ⅳ	10	额定电流小于实际运行电流	3		
3		额定短路开断电流	Ⅳ	10	额定短路开断电流小于安装地点故障电流	3		
4	运行	累计开断短路电流值（折算后）	Ⅱ	4	小于厂家规定值,但达到厂家规定值的80%	4		累计开断短路电流值按$\sum I^{1.8}$（I为短路电流,kA）计算
			Ⅳ	10	大于厂家规定值			
5		开断运行电流	Ⅳ	10	发生重燃现象	3		
6		本体锈蚀	Ⅲ	8	外观连接法兰、连接螺栓有较严重的锈蚀或油漆脱落现象	1		
7		振动和声响	Ⅳ	10	设备运行中有异常振动、声响	4		
					内部及管道有异常声音（漏气声、振动声、放电声等）			
8		高压引线及端子板连接	Ⅳ	10	引线端子板有松动、变形、开裂现象或严重发热痕迹	4		
9		接地连接锈蚀	Ⅰ	2	接地连接有锈蚀或油漆剥落	1		
10		接地连接松动	Ⅲ	8	接地引下线松动	4		
			Ⅳ	10	接地线已脱落,设备与接地断开			
11	运行	分、合闸位置指示	Ⅱ	4	分、合闸位置指示不清	3		
12			Ⅲ	8	分、合闸位置指示脱落			
13			Ⅳ	10	分、合闸位置指示不正确或不到位,与当时的实际本体运行状态不相符			
14	基础及支架	基础破损	Ⅳ	10	基础有严重破损或开裂	1		
15		基础下沉	Ⅲ	8	基础有轻微下沉或倾斜	3		
			Ⅳ	10	基础有严重下沉或倾斜,影响设备安全运行			

续表

序号	状态量		劣化程度	基本扣分	判断依据	影响因子	扣分值（基本扣分×影响因子）	备注
	分类	状态量名称						
16	运行	基础及支架	支架锈蚀	IV	10	支架有严重锈蚀	1	
17			支架松动	IV	10	支架有松动或变形	3	
18	运行	套管	瓷套管	III	8	外观有面积微小的脱釉情况、掉瓷	3	
				IV	10	瓷套严重破损或裂纹	3	
				IV	10	防污闪涂料憎水性降低	2	
				IV	10	外绝缘爬距不满足要求	3	
19			复合套管	IV	10	护套受损、裂纹、蚀损及老化，伞裙与绝缘管界面粘结部位有脱胶或起鼓等现象	3	
				IV	10	复合套管各连接部位密封失效、出现裂缝和滑移	3	
				IV	10	伞套憎水性降低	2	
				IV	10	外绝缘爬距不满足要求	3	
20			套管放电	I	2	瓷套外表面有轻微放电或轻微电晕	3	
				IV	10	瓷套外表面有明显放电或较严重电晕		
21		均压环	均压环锈蚀	IV	10	均压环有严重锈蚀	1	
22			均压环变形	I	2	均压环有轻微变形	2	
				IV	10	均压环有严重变形		
23			均压环破损	I	2	均压环外观有轻微破损	3	
				IV	10	均压环外观有严重破损		
24		相间连杆	相间连杆锈蚀	IV	10	相间连杆有严重锈蚀	2	
25			相间连杆变形	IV	10	相间连杆明显变形	3	
26	运行	SF₆压力表及密度继电器	外观	III	8	外观有破损或有渗漏油	3	
27			压力表指示	IV	10	压力表指示异常	3	

续表

序号	分类	状态量 状态量名称		劣化 程度	基本 扣分	判断依据	影响因子	扣分值 （基本扣分× 影响因子）	备注
28	运行	SF$_6$气体泄漏		I	2	SF$_6$气体两次补气间隔大于一年且小于两年	3		
				II	4	两次补气间隔小于一年大于半年			
				IV	10	两次补气间隔小于半年			
29		在线监测装置		II	4	在线监测装置故障或运行异常	2		
30	检修试验	SF$_6$气体湿度		II	4	运行中微水值大于 300μL/L	3		
				III	8	运行中微水值大于 300μL/L且有快速上升趋势			
				IV	10	运行中微水值大于 500μL/L且有快速上升趋势			
31	检修试验	主回路电阻值		I	2	和初值比较，有明显增长但不超过 20%	4		试验方法按Q/GDW 1168的要求
				II	4	超过初值的 20%			
				IV	10	超过初值的 50%			
32		红外测温	引线接头	II	4	温差大于 15K，且热点温度＜80℃	3		红外判断按DL/T 664 的要求
				III	8	热点温度介于 80～110℃，或相对温差介于 80%～95%			
33			引线接头	IV	10	热点温度≥110℃或相对温差≥95%	3		
34			上下法兰	III	8	温差大于 10K	4		红外判断按DL/T 664 的要求
35	检修试验	红外测温	灭弧室	II	4	温差大于 5K，且热点温度＜50℃	4		
				III	8	热点温度介于 50～80℃，或相对温差介于 80%～95%			
				IV	10	热点温度≥80℃或相对温差≥95%			
36		SF$_6$分解物		I	2	存在较明显 SO$_2$ 或 H$_2$S，且 SO$_2$≤1μL/L、H$_2$S≤1μL/L	3		
				III	8	1μL/L＜SO$_2$≤5μL/L 或 1μL/L＜H$_2$S≤2μL/L			
				IV	10	SO$_2$＞5μL/L 或 H$_2$S＞2μL/L			
37		TA 异常声响		IV	10	TA 内有异常声响	3		罐式断路器

续表

序号	状态量		劣化程度	基本扣分	判断依据	影响因子	扣分值（基本扣分×影响因子）	备注
	分类	状态量名称						
38	检修试验	TA 二次回路绝缘电阻	Ⅲ	8	TA 二次回路绝缘电阻小于2MΩ	3		罐式断路器
39		TA 外壳密封条	Ⅲ	8	密封条脱落、密封不严	3		
40		TA 外壳	Ⅲ	8	TA 外壳有变形	2		
41		罐内异响	Ⅳ	10	罐内有异响	3		
42		罐体加热带	Ⅳ	10	罐体加热带异常	3		
43		罐体锈蚀	Ⅳ	10	罐体有较严重锈蚀	1		
44		局部放电	Ⅱ	4	具有较明显局部放电图谱特征	3		

表 Z13K6003Ⅲ-3　　**操动机构通用部分状态量评价标准**

序号	状态量			劣化程度	基本扣分	判断依据	影响因子	扣分值（基本扣分×影响因子）	备注
	分类	状态量名称							
1	隐患	已发布的家族缺陷；或者同厂、同型、同期设备的故障信息		Ⅲ	8	一般家族性缺陷未整改的	2		对家族性缺陷的处理应根据实际情况确定
				Ⅳ	10	重大家族性缺陷未整改的	3		
2		二次回路		Ⅳ	10	二次回路采用RC加速设计	2		
3	运行	操作次数		Ⅱ	4	机械操作大于厂家规定次数的80%，但少于厂家规定次数	4		
					10	机械操作大于厂家规定次数			
4		机构箱	密封	Ⅰ	2	机构箱密封不良	3		
				Ⅳ	10	机构箱密封不良，箱内有积水			
5			变形	Ⅰ	2	机构箱有轻微变形	1		
				Ⅲ	8	机构箱有较严重变形			
6			机构箱锈蚀	Ⅳ	10	机构箱有严重锈蚀	2		
7		缓冲器		Ⅱ	4	轻微渗漏油	3		
				Ⅳ	10	严重漏油或油位不可见	3		
8	运行	二次元件	温湿度控制装置	Ⅱ	4	温湿度控制器工作不正常，加热器不能正常启动	3		

续表

序号	状态量		劣化程度	基本扣分	判断依据	影响因子	扣分值（基本扣分×影响因子）	备注
	分类	状态量名称						
8	运行	温湿度控制装置	Ⅲ	8	温湿度控制器不正常启动，机构箱内有凝露现象			
9		二次元件 其他二次元件	Ⅳ	10	接触器、继电器、辅助开关、限位开关、空气开关、切换开关等二次元件接触不良或切换不到位；控制回路的电阻、电容等零件损坏	4		
10		端子排	Ⅲ	8	端子排有较严重锈蚀	2		
11		二次电缆	Ⅲ	8	绝缘层有变色、老化或损坏等	3		
12		辅助及控制回路绝缘电阻	Ⅲ	8	辅助及控制回路绝缘电阻低于 2MΩ（采用 500V 或 1000V 绝缘电阻表测量）	3		
13	检修试验	分合闸线圈 操作电压	Ⅳ	10	分合闸脱扣器不满足下列要求：合闸脱扣器应能在其额定电压的 85%～110%范围内可靠动作；分闸脱扣器应能在其额定电源电压 65%～110%范围内可靠动作。当电源电压低至额定值的 30%时不应脱扣	3		
14		直流电阻	Ⅳ	10	直流电阻与出厂值或初始值的偏差超过 20%	3		
15		分合闸线圈	Ⅳ	10	线圈引线断线或线圈烧坏	4		
16		时间特性 分闸时间	Ⅳ	10	不符合厂家要求	3		
17		合闸时间	Ⅳ	10	不符合厂家要求	3		
18		合分时间	Ⅳ	10	不符合厂家要求	3		
19	检修试验	时间特性 相间合闸不同期	Ⅳ	10	相间合闸不同期大于 5ms 或不符合厂家要求	3		
20		相间分闸不同期	Ⅳ	10	相间分闸不同期大于 3ms 或不符合厂家要求	3		
21		同相各断口合闸不同期	Ⅳ	10	同相各断口合闸不同期大于 3ms 或不符合厂家要求	3		
22		同相各断口分闸不同期	Ⅳ	10	同相各断口分闸不同期大于 2ms 或不符合厂家要求	3		
23		速度特性 分闸速度	Ⅳ	10	与初始值有明显偏差或不符合厂家要求	3		

续表

序号	状态量		劣化程度	基本扣分	判断依据	影响因子	扣分值（基本扣分×影响因子）	备注
	分类	状态量名称						
24	速度特性	合闸速度	IV	10	与初始值有明显偏差或不符合厂家要求	3		
25	储能电机	绝缘电阻	IV	10	储能电机绝缘电阻低于0.5MΩ（采用500V或1000V绝缘电阻表测量）	3		
26		锈蚀	III	8	储能电机外壳严重锈蚀	1		
27	检修试验	异响	II	4	储能电机有异响	3		
28		损坏	IV	10	储能电机烧损或停转	4		
29	三相不一致保护		III	8	三相不一致保护功能检查不正常或不符合技术文件要求	3		
30	防跳继电器		III	8	防跳继电器功能检查不正常或不符合技术文件要求	3		
31	动作计数器		II	4	失灵	1		

表 Z13K6003Ⅲ-4　　液压操动机构专用状态量评价标准表

序号	状态量		劣化程度	基本扣分	判断依据	影响因子	扣分值（基本扣分×影响因子）	备注
	分类	状态量名称						
1	运行	液压机构压力及打压	II	4	液压机构24h内打压次数超过技术文件要求	4		
			III	8	液压机构24h内打压次数超过技术文件要求且有上升的趋势			
			IV	10	液压机构打压不停泵			
			IV	10	分闸闭锁、合闸闭锁动作			
			III	8	压力异常升高	3		
2		油压力表	II	4	外观有损坏	3		
			IV	10	指示有异常			
3		储气缸	III	8	储气缸漏氮，未到报警值	3		
4	检修试验	泵的补压时间	II	4	泵的补压时间不满足厂家技术条件要求	3		

续表

序号	状态量		劣化程度	基本扣分	判断依据	影响因子	扣分值（基本扣分×影响因子）	备注
	分类	状态量名称						
5	检修试验	泵的零起打压时间	Ⅱ	4	泵的零起打压时间不满足厂家技术条件要求	2		
6		操作压力下降值	Ⅲ	8	分闸、合闸、重合闸操作压力下降值不满足技术文件要求	3		

表 **Z13K6003Ⅲ-5**　　　**弹簧操动机构专用状态量评价标准**

序号	状态量		劣化程度	基本扣分	判断依据	影响因子	扣分值（基本扣分×影响因子）	备注
	类别	状态量名称						
1	检修试验	分合闸弹簧 弹簧锈蚀	Ⅱ	4	弹簧轻微锈蚀	1		
			Ⅳ	10	弹簧严重锈蚀			
2		弹簧损坏	Ⅳ	10	弹簧脱落、有裂纹或断裂	4		
3		弹簧储能	Ⅱ	4	弹簧储能时间不满足厂家要求	3		
			Ⅳ	10	储能异常			
4		弹簧机构操作	Ⅲ	8	弹簧机构操作卡涩	3		

表 **Z13K6003Ⅲ-6**　　　**液压弹簧操动机构专用状态量评价标准表**

序号	状态量		劣化程度	基本扣分	判断依据	影响因子	扣分值（基本扣分×影响因子）	备注
	类别	状态量名称						
1	运行	液压机构压力及打压	Ⅱ	4	液压机构 24h 内打压次数超过技术文件要求	4		
			Ⅲ	8	液压机构24h 内打压次数超过技术文件要求且有上升的趋势			
			Ⅳ	10	液压机构打压不停泵			
			Ⅳ	10	分闸闭锁、合闸闭锁动作			
2		油压力表	Ⅱ	4	外观有损坏	3		
			Ⅳ	10	指示有异常			
3	检修试验	泵的补压时间	Ⅱ	4	泵的补压时间不满足厂家技术条件要求	3		

续表

序号	状态量		劣化程度	基本扣分	判断依据	影响因子	扣分值（基本扣分×影响因子）	备注
	类别	状态量名称						
4	检修试验	泵的零起打压时间	Ⅱ	4	泵的零起打压时间不满足厂家技术条件要求	2		
5		操作压力下降值	Ⅲ	8	分闸、合闸、重合闸操作压力下降值不满足技术文件要求	3		
6		动作计数器	Ⅱ	4	失灵	1		

表 Z13K6003Ⅲ-7　气动操动机构专用状态量评价标准表

序号	状态量		劣化程度	基本扣分	判断依据	影响因子	扣分值（基本扣分×影响因子）	备注
	类别	状态量名称						
1	运行	加热装置	Ⅱ	4	加热装置损坏	3		
			Ⅳ	10	加热装置损坏，管路或阀体结冰			
2		气水分离器	Ⅳ	10	未安装，或安装后不能正常工作	3		
3		气动机构压力	Ⅱ	4	气动机构 24h 内打压次数超过技术文件要求	4		
			Ⅲ	8	气动机构 24h 内打压次数超过技术文件要求且有继续上升的趋势			
			Ⅳ	10	分闸闭锁、合闸闭锁动作			
4		自动排污装置	Ⅲ	8	自动排污装置失灵	3		
5		压缩机	Ⅱ	4	气动机构压缩机补压超时	3		
			Ⅳ	10	润滑油乳化	3		
6		压力表	Ⅱ	4	外观有损坏	3		
			Ⅳ	10	指示有异常			
7	检修试验	压力继电器	Ⅲ	8	动作值异常	2		

表 **Z13K6003Ⅲ–8** 并联电容状态量评价标准表

序号	状态量		劣化程度	基本扣分	判断依据	影响因子	扣分值（基本扣分×影响因子）	备注
	类别	状态量名称						
1	隐患	已发布的家族缺陷；或者同厂、同型、同期设备的故障信息	Ⅲ	8	一般家族性缺陷未整改的	2		对家族性缺陷的处理应根据实际情况确定
			Ⅳ	10	重大家族性缺陷未整改的	3		
2	运行	瓷套管	Ⅲ	8	外观有面积微小的脱釉情况、掉瓷	3		
			Ⅳ	10	瓷套严重破损或裂纹	3		
			Ⅳ	10	防污闪涂料憎水性降低	2		
			Ⅳ	10	外绝缘爬距不满足要求	3		
			Ⅰ	2	瓷套外表面有轻微放电或轻微电晕	3		
			Ⅳ	10	瓷套外表面有明显放电或较严重电晕			
3		电容器外观	Ⅰ	2	电容器有轻微渗油痕迹	4		
			Ⅲ	8	电容器有较严重渗漏油痕迹			
4		红外测温	Ⅲ	8	以整体温升偏高或局部过热，温差大于 2K，且发热符合自从一侧至另一侧递减的规律	3		热备用时检测，红外判断按 DL/T 664 的要求
5	检修试验	电容量	Ⅱ	4	电容量初值差有明显变化但不超过±5%	3		
			Ⅳ	10	电容量初值差大于±5%			
6		介质损耗	Ⅱ	4	介质损耗因数：10kV 电压下，膜纸复合绝缘及全膜绝缘<0.002 5，油纸绝缘<0.005，但和上次试验值比较有明显变化	3		试验方法按 Q/GDW 1168 的要求
			Ⅲ	8	介质损耗因数：10kV 电压下，膜纸复合绝缘及全膜绝缘>0.002 5，油纸绝缘>0.005	3		试验方法按 Q/GDW 1168 的要求；建议通过运行电压下介质损耗试验进行诊断

表 Z13K6003Ⅲ-9　　合闸电阻状态量评价标准表

序号	状态量		劣化程度	基本扣分	判断依据	影响因子	扣分值（基本扣分×影响因子）	备注
	类别	状态量名称						
1	隐患	已发布的家族缺陷；或者同厂、同型、同期设备的故障信息	Ⅲ	8	一般家族性缺陷未整改的	2		对家族性缺陷的处理应根据实际情况确定
			Ⅳ	10	重大家族性缺陷未整改的	3		
2	运行	瓷套管	Ⅲ	8	外观有面积微小的脱釉情况、掉瓷	3		
			Ⅳ	10	瓷套严重破损或裂纹	3		
			Ⅳ	10	防污闪涂料憎水性降低	2		
			Ⅳ	10	外绝缘爬距不满足要求	3		
			Ⅰ	2	瓷套外表面有轻微放电或轻微电晕	3		
			Ⅳ	10	瓷套外表面有明显放电或较严重电晕			
3	检修试验	红外测温	Ⅲ	8	以整体温升偏高或局部过热，与正常部位温差大于2K，且发热符合自从一侧至另一侧递减的规律	3		热备用时检测，红外判断按DL/T 664的要求
4		合闸电阻预投入时间	Ⅳ	10	与初始值有明显偏差，或不符合厂家要求	3		
5		合闸电阻阻值	Ⅱ	4	阻值和上次试验值比较有明显变化但不大于±5%	3		
			Ⅳ	10	阻值和上次试验值比较大于±5%			

注　各单位可根据实际情况和运行经验对状态量重要性进行适当调整。

3. 断路器部件的状态评价方法

断路器部件的评价应同时考虑单项状态量的扣分和部件合计扣分情况，部件状态评价标准见表 Z13K6003Ⅲ-10。

当任一状态量单项扣分和部件合计扣分同时达到表 Z13K6003Ⅲ-10 规定时，视为正常状态；

当任一状态量单项扣分或部件所有状态量合计扣分达到表 Z13K6003Ⅲ-10 规定时，视为注意状态；

当任一状态量单项扣分达到表 Z13K6003Ⅲ-10规定时，视为异常状态或严重状态。

表 Z13K6003Ⅲ-10　　　　设备部件总体评价标准

评价标准 设备部件	正常状态	注意状态		异常状态	严重状态
	合计扣分	合计扣分	单项扣分	单项扣分	单项扣分
断路器本体	<30	≥30	12~16	20~24	≥30
操动机构	<20	≥20	12~16	20~24	≥30
并联电容器	<12	≥12	12~16	20~24	≥30
合闸电阻	<12	≥12	12~16	20~24	≥30

（二）断路器整体评价

断路器整体评价应综合其部件的评价结果。当所有部件评价为正常状态时，整体评价为正常状态；当任一部件状态为注意状态、异常状态或严重状态时，整体评价应为其中最严重的状态。

断路器状态评价报告推荐格式见表 Z13K6003Ⅲ-11。

表 Z13K6003Ⅲ-11　　　　断路器状态评价报告推荐格式

设备资料					
变电站	110kV××站	运行编号	××	设备型号	
额定电压		额定电流		额定短路开 断电流	
操动机构型号		操动机构型式			
出厂日期		出厂编号		投运日期	
生产厂家	苏州阿尔斯通高压开关有限公司				
上次 A、B 类检修 时间		上次停电例行 试验时间			
上次评价结果		上次评价时间			
状态评价					
部件名称	本体	操动机构		并联电容	合闸电阻
单项最大扣分					
合计扣分					
部件评价结果					
整体评价结果					
扣分状态量状态 描述					

续表

检修策略建议（类别、内容、时机）				
评价人员			评价时间	
结果审核				
诊断分析	该设备状态异常主要由老化引起，评价结论适当。			
评价结果	□正常状态　　□注意状态　　□异常状态　　□严重状态			
检修策略				
审核人员			审核时间	

三、状态量的获取

由于目前有效的断路器带电检测手段还不多，难以真正做到实时监测设备的状态。因此设备状态量的获取主要来自以下几个方面：

（一）上次停电预试的数据

由于预试中试验数据有超过试验标准时，一般都会及时处理，除非缺陷一时难以消除且不影响运行时，才会暂时投运，有这种情况发生时，应注意相关状态量的评价并采取有效手段及时跟踪其变化趋势。

（二）运行中巡视、带电检测

运行中巡视、带电检测在设备的状态评价中占据重要的地位，在在线监测技术还不成熟的情况下，只能依靠巡视和带电检测手段来掌握设备的实时状态。日常巡视中，对于设备评价标准涉及的状态量应重点检查并做好记录，同时可定期开展检修人员巡视。检修人员巡视的周期可以较长，但巡视内容应和运行人员巡视有所区别，应着重从设备的结构、原理等方面检查设备可能存在的缺陷隐患。

应加强设备的带电检测，特别是已被证实为有效的检测手段，如红外测温等。同时积极探索气体的带电检测方法，如紫外检测放电、超声波或超高频检测罐式断路器或 GIS 局部放电等。

（三）家族性的缺陷信息

应积极做好设备缺陷的统计分析工作，对已发生的设备缺陷应及时汇总，分析缺陷发生的本质原因，总结同型同厂的设备是否有存在同样缺陷的可能，并及时通报。对于被通报的存在家族缺陷的设备，应根据该缺陷的严重程度确定其状态。

【思考与练习】

1. 断路器状态量包括哪些？如何获取？

2. 何时进行断路器状态评价？

3. 如何评估断路器状态评价结果的准确性？

◢ 模块4　GIS 状态评价（Z13K6005Ⅲ）

【模块描述】本模块包含运行中气体绝缘金属封闭开关设备（GIS）和 HGIS 等其他类型的组合电器状态评价的资料、评价要求、评价方法及评价结果。通过要点讲解，掌握 GIS 状态评价工作的方法。

【模块内容】

状态检修是以状态评价为基础的，状态评价是根据状态检修工作的要求，选取一定数量的状态量，对设备的状态进行分级，为检修策略的制定提供依据。

一、GIS 状态量构成及权重

110（66）～750kV 电压等级 GIS 和 HGIS 等其他类型的组合电器的状态评价工作可根据《Q/GDW 448—2010 气体绝缘金属封闭开关设备状态评价导则》标准的规定执行，35kV 及以下电压等级的 GIS 和 HGIS 等其他类型的组合电器由各网省公司参照执行。

（一）相关定义

1. 状态量

状态量指直接或间接表征设备状态的各类信息，如数据、声音、图像、现象等，分为一般状态量和重要状态量。

（1）一般状态量。对 GIS 的性能和安全运行影响相对较小的状态量。

（2）重要状态量。对 GIS 的性能和安全运行有较大影响的状态量。

2. 部件

各间隔内功能相对独立的单元称为部件。

3. 状态分类

GIS 及其部件的状态分为：正常状态、注意状态、异常状态和严重状态。

（1）正常状态。各状态量均处于稳定且良好的范围内，设备可以正常运行。

（2）注意状态。单项（或多项）状态量变化趋势朝接近标准限值方向发展，但未超过标准限值，或部分一般状态量超过标准值，此时仍可以继续运行，但应加强运行中的监视。

（3）异常状态。单项重要状态量变化较大，已接近或略微超过标准限值，此时应监视运行，并适时安排停电检修。

（4）严重状态。单项重要状态量严重超过标准限值，需要尽快安排停电检修。

（二）GIS 状态量构成及权重

1. 状态量构成

（1）原始资料。原始资料主要包括铭牌参数、型式试验报告、订货技术协议、设备监造报告、出厂试验报告、运输安装记录、交接试验报告、交接验收资料、安装使用说明书等。

（2）运行资料。运行资料主要包括运行工况记录、历年缺陷及异常记录、巡检记录、带电检测及在线监测记录等。

运行中巡视、带电检测在设备的状态评价中占据重要的地位。日常巡视中，对于设备评价标准涉及的状态量应重点检查并做好记录，同时可定期开展检修人员巡视。检修人员巡视的周期可以较长，但巡视内容应和运行人员巡视有所区别，应着重从设备的结构、原理等方面检查设备可能存在的缺陷隐患。

（3）检修试验资料。

检修资料主要包括检修报告、试验报告、设备技改及主要部件更换情况等。

当预试中试验数据有超过试验标准时，一般都会及时处理，除非缺陷一时难以消除且不影响运行时，才会暂时投运，有这种情况发生时，应注意相关状态量的评价并采取有效手段及时跟踪其变化趋势。

（4）其他资料。

其他资料主要包括同型（同类）设备的异常、缺陷和故障的情况、设备运行环境变化、相关反措执行情况、其他影响安全稳定运行的因素等信息。

其他资料主要是指非本设备，但与本设备有某种联系的其他设备的相关资料。如设备的家族性缺陷、个别运行环境因素等。对组合电器而言，如某组合电器发生问题，怀疑与使用了某特定品牌的材料有关，则使用了该品牌材料的组合电器，不管目前是否发生异常，在评价时该材料问题应作为注意问题之一予以考虑，且一旦组合电器部分参量发生异常时，应甄别是否与该材料有关。

2. 状态量权重

视状态量对 GIS 安全运行的影响程度，从轻到重分为四个等级，对应的权重分别为权重 1、权重 2、权重 3、权重 4，其系数为 1、2、3、4。权重 1、权重 2 与一般状态量对应，权重 3、权重 4 与重要状态量对应。

（1）状态量劣化程度。视状态量的劣化程度从轻到重分为四级，分别为Ⅰ、Ⅱ、Ⅲ和Ⅳ级。其对应的基本扣分值为 2、4、8、10 分。

（2）状态量扣分值。状态量应扣分值由状态量劣化程度和权重共同决定，即状态量应扣分值等于该状态量的基本扣分值乘以权重系数（见表 Z13K6005Ⅲ-1）。状态量正常时不扣分。

表 Z13K6005Ⅲ-1　　　　　　GIS 状态量应扣分值

状态量劣化程度 \ 权重系数 基本扣分值	基本扣分值	1	2	3	4
Ⅰ	2	2	4	6	8
Ⅱ	4	4	8	12	16
Ⅲ	8	8	16	24	32
Ⅳ	10	10	20	30	40

二、GIS 状态评价标准及方法

GIS 的状态评价分为部件评价和间隔评价两部分。

（一）GIS 部件状态评价

1. GIS 部件的划分

GIS 部件分为断路器、隔离开关及接地开关、电流互感器、避雷器、电压互感器、套管以及母线七个部件。

2. GIS 部件状态量扣分标准

GIS 部件状态量和扣分标准见表 Z13K6005Ⅲ-2～表 Z13K6005Ⅲ-8。

当状态量（尤其是多个状态量）变化，且不能确定其变化原因或具体部件时，应进行分析诊断，判断状态量异常的原因，确定扣分部件及扣分值。

经过诊断仍无法确定状态量异常原因时，应根据最严重情况确定扣分部件及扣分值。

表 Z13K6005Ⅲ-2　　　　　　断路器状态量评价标准

序号	状态量 分类	状态量 状态量名称	劣化程度	基本扣分	判断依据	权重系数	扣分值（基本扣分×权重）
1	家族缺陷	同厂、同型、同期设备的故障信息	Ⅱ	4	一般缺陷未整改	2	20
			Ⅳ	10	严重缺陷未整改		
2	运行巡检	振动和异常声响	Ⅲ	8	运行中内部出现振动和异常声响	3	
3		放电声	Ⅳ	10	运行中内部出现放电声	4	
4		累计开断短路电流值（折算后）	Ⅱ	4	小于制造厂规定值但达到制造厂规定值的 80%	4	
			Ⅳ	10	超过制造厂规定值		
5		累计机械操作次数	Ⅰ	2	机械操作大于厂家规定次数的 50% 且少于厂家规定次数的 80%	4	

续表

序号	状态量		劣化程度	基本扣分	判断依据	权重系数	扣分值（基本扣分×权重）
	分类	状态量名称					
5		累计机械操作次数	II	4	机械操作大于厂家规定次数的 80%且少于厂家规定次数		
			IV	10	机械操作大于厂家规定次数		
6		控制辅助回路元器件工作状态	II	4	元器件损坏、失灵、端子排锈蚀、脏污严重或接线桩头松动发热	2	
7		油泵或空压机启动次数	II	4	24 小时启动次数超过厂家规定值	3	
			III	8	24 小时启动次数超过厂家规定值且有明显增加的趋势		
8		油泵或空压机单次打泵时间	IV	10	单次打泵时间超过厂家规定值	3	
9		汇控柜或机构箱密封	I	2	密封不良	3	
			IV	10	密封不良，箱内有积水		
10		机构电动机运行情况 锈蚀	III	8	电机外壳严重锈蚀	1	
		异响	II	4	电机有异响	3	
		损坏	IV	10	电机烧损或停转	4	
11	运行巡检	缓冲器	III	8	漏油或外观异常	3	
12		自动排污装置	I	2	失灵	1	
13		压缩机	I	2	润滑油乳化	1	
14		汽水分离器	I	2	不能正常工作	1	
15		油（气）压力表	I	2	指示不正常	2	
16		操作压力下降值	II	4	不满足制造厂技术条件	3	
17		储压筒	III	8	渗油、压力异常或漏氮	3	
18		分合闸弹簧	III	8	锈蚀	3	
19		分合闸弹簧	IV	10	卡涩	4	
20		压力开关	IV	10	失灵或卡涩	3	
21		SF_6压力表及密度继电器	III	8	外观有破损或有渗漏油	3	
22			IV	10	压力表指示异常		
23		机构传动部件	IV	10	部件脱落、有裂纹，紧固件松动等现象	4	
24		接地连接锈蚀	II	4	接地连接有锈蚀或油漆剥落	2	
25		接地连接松动	III	8	接地引下线松动	3	
			IV	10	接地线已脱落，设备与接地断开		

续表

序号	状态量		劣化程度	基本扣分	判断依据	权重系数	扣分值（基本扣分×权重）
	分类	状态量名称					
26	运行巡检	基础及支架	IV	10	基础有严重破损或开裂	1	
		基础破损	III	8	基础有轻微下沉或倾斜	4	
		基础下沉	IV	10	基础有严重下沉或倾斜，影响设备安全运行		
		支架锈蚀	IV	10	支架有严重锈蚀	1	
		支架松动	IV	10	支架有松动或变形	3	
27		设备标牌	II	4	设备编号标识不齐全或模糊不能辨识	1	
28		设备外壳	II	4	锈蚀或变形	1	
29		其他	I	2			
30	试验	二次回路绝缘电阻	III	8	二次回路绝缘电阻低于 2MΩ	3	
31		导电回路电阻测量	I	2	和出厂值比较有明显增长但不超过 20%	4	
			II	4	超过出厂值的 20% 但小于 50%		
			III	8	超过出厂值的 50%		
32		三相不一致保护	III	8	功能检查不正常	3	
33		防跳功能	III	8	功能检查不正常	3	
34		辅助开关	IV	10	出现卡涩或接触不良等现象	4	
35		操作电压试验	IV	10	分合闸脱扣器不满足下列要求：合闸脱扣器应能在其额定电压的 85%～110% 范围内可靠动作；分闸脱扣器应能在其额定电源电压 65%～110%（直流）或 85%～110%（交流）范围内可靠动作。当电源电压低至额定值的 30% 时不应脱扣	4	
36		分合闸线圈电阻	IV	10	大于制造厂规定值的 1.2 倍	3	
37		机械特性	IV	10	分合闸同期性不符合制造厂规定值；分合闸时间、速度不符合制造厂规定值	4	
38		SF_6 气体密度	I	2	SF_6 气体两次补气间隔大于一年且小于两年	3	
			II	4	两次补气间隔小于一年大于半年		
			III	8	两次补气间隔小于半年		
39		SF_6 气体湿度	II	4	运行中微水值达到 300μL/L		
			III	8	运行中微水值大于 300μL/L 且有快速上升趋势		

续表

序号	状态量		劣化程度	基本扣分	判断依据	权重系数	扣分值（基本扣分×权重）
	分类	状态量名称					
39	试验	SF₆气体湿度	IV	10	运行中微水值大于500μL/L且有快速上升趋势		
40		其他	I	2			

表 Z13K6005Ⅲ-3　隔离开关及接地开关状态量评价标准

序号	状态量		劣化程度	基本扣分	判断依据	权重系数	扣分值（基本扣分×权重）重）
	分类	状态量名称					
1	家族缺陷	同厂、同型、同期设备的故障信息	II	4	一般缺陷未整改	2	
			IV	10	严重缺陷未整改		
2		累计机械操作次数	I	2	机械操作大于厂家规定次数的50%且少于厂家规定次数的80%	4	
			II	4	机械操作大于厂家规定次数的80%且少于厂家规定次数		
			IV	10	机械操作大于厂家规定次数		
3		快速接地开关累计关合短路电流（折算后）	II	4	小于但达到制造厂规定值80%	4	
			IV	10	超过制造厂规定值		
4		振动和异常声响	III	8	运行中内部出现振动和异常声响	3	
5		放电声	IV	10	运行中内部出现放电声	4	
6	运行巡检	机构箱密封	I	2	密封不良	3	
			IV	10	密封不良，箱内有积水		
7		机构电动机运行情况　锈蚀	III	8	电机外壳严重锈蚀	1	
		异响	II	4	电机有异响	3	
		损坏	IV	10	电机烧损或停转	4	
8		控制辅助回路元器件工作状态	II	4	元器件损坏、失灵、端子排锈蚀、脏污严重或接线桩头松动发热	2	
9		机构传动部件	IV	10	部件脱落、有裂纹，紧固件松动等现象	4	
10		SF₆压力表及密度继电器	III	8	外观有破损或有渗漏油	3	
			IV	10	压力表指示异常		
11	运行巡检	接地连接锈蚀	II	4	接地连接有锈蚀或油漆剥落	2	
12		接地连接松动	III	8	接地引下线松动	3	
			IV	10	接地线已脱落，设备与接地断开		

续表

序号	状态量		劣化程度	基本扣分	判断依据	权重系数	扣分值（基本扣分×权重）重）
	分类	状态量名称					
13	运行巡检	设备标牌	II	4	设备编号标识不齐全或模糊不能辨识	1	
14		设备外壳	II	4	锈蚀或变形	1	
15		其他	I	2			
16	试验	二次回路绝缘电阻	II	4	绝缘电阻低于 2MΩ	3	
17		机构电动机绝缘电阻	IV	10	储能电机绝缘电阻低于 0.5MΩ	3	
18		导电回路电阻测量	I	2	和出厂值比较有明显增长但不超过20%	4	
			II	4	超过出厂值的20%但小于50%		
			III	8	超过出厂值的50%		
19		辅助开关	IV	10	出现卡涩或接触不良等现象	4	
20		SF$_6$气体密度	I	2	SF$_6$气体两次补气间隔大于一年且小于两年	3	
			II	4	两次补气间隔小于一年大于半年		
			III	8	两次补气间隔小于半年		
21		SF$_6$气体湿度	II	4	运行中微水值达到 500μL/L	3	
			III	8	运行中微水值大于 500μL/L 且有快速上升趋势		
			IV	10	运行中微水值大于 800μL/L 且有快速上升趋势		
22		机械连锁和传动	IV	10	机械连锁性能不可靠；机械传动分合不到位	4	
23		其他	I	2			

表 Z13K6005Ⅲ-4　　　　电流互感器状态量评价标准

序号	状态量		劣化程度	基本扣分	判断依据	权重系数	扣分值（基本扣分×权重）
	分类	状态量名称					
1	家族缺陷	同厂、同型、同期设备的故障信息	II	4	一般缺陷未整改	2	
			IV	10	严重缺陷未整改		
2	运行巡检	振动和异常声响	III	8	运行中内部出现振动和异常声响	3	
3		放电声	IV	10	运行中内部出现放电声	4	
4		机构箱密封	I	2	密封不良	3	
			IV	10	密封不良，箱内有积水		

续表

序号	状态量 分类	状态量 状态量名称	劣化程度	基本扣分	判断依据	权重系数	扣分值（基本扣分×权重）
5	运行巡检	控制辅助回路元器件工作状态	II	4	元器件损坏、失灵、端子排锈蚀、脏污严重或接线桩头松动发热	2	
6		SF₆压力表及密度继电器	III	8	外观有破损或有渗漏油	3	
			IV	10	压力表指示异常		
7		接地连接锈蚀	II	4	接地连接有锈蚀或油漆剥落	2	
8		接地连接松动	III	8	接地引下线松动	3	
			IV	10	接地线已脱落，设备与接地断开		
9		设备标牌	II	4	设备编号标识不齐全或模糊不能辨识	1	
10		设备外壳	II	4	锈蚀或变形	1	
11		其他	I	2			
12	试验	二次绕组电阻	III	8	与出厂值明显偏差	2	
13		二次绕组绝缘电阻	II	4	绝缘电阻低于2MΩ	3	
14		SF₆气体密度	I	2	SF₆气体两次补气间隔大于一年且小于两年	3	
			II	4	两次补气间隔小于一年大于半年		
			III	8	两次补气间隔小于半年		
15		SF₆气体湿度	II	4	运行中微水值达到500μL/L		
			III	8	运行中微水值大于500μL/L且有快速上升趋势		
			IV	10	运行中微水值大于800μL/L且有快速上升趋势		
16		其他	I	2			

表 Z13K6005 III–5 避雷器状态量评价标准

序号	状态量 分类	状态量 状态量名称	劣化程度	基本扣分	判断依据	权重系数	扣分值（基本扣分×权重）
1	家族缺陷	同厂、同型、同期设备的故障信息	II	4	一般缺陷未整改	2	
			IV	10	严重缺陷未整改		
2	运行巡检	在线检测泄漏电流表指示值	III	8	与投运时偏差较大	3	
3		振动和异常声响	III	8	运行中内部出现振动和异常声响	3	

续表

序号	状态量		劣化程度	基本扣分	判断依据	权重系数	扣分值（基本扣分×权重）
	分类	状态量名称					
4		放电声	IV	10	运行中内部出现放电声	4	
5		在线检测泄漏电流表状况	I	2	异常	1	
6		SF_6压力表及密度继电器	III	8	外观有破损或有渗漏油	3	
		SF_6压力表及密度继电器	IV	10	压力表指示异常		
7	运行巡检	接地连接锈蚀	II	4	接地连接有锈蚀或油漆剥落	2	
8		接地连接松动	III	8	接地引下线松动	3	
			IV	10	接地线已脱落，设备与接地断开		
9		基础及支架	基础破损	IV	10	基础有严重破损或开裂	1	
			基础下沉	III	8	基础有轻微下沉或倾斜	4	
				IV	10	基础有严重下沉或倾斜，影响设备安全运行		
			支架锈蚀	IV	10	支架有严重锈蚀	1	
			支架松动	IV	10	支架有松动或变形	3	
10		设备标牌	II	4	设备编号标识不齐全或模糊不能辨识	1	
11		设备外壳	II	4	锈蚀或变形	1	
12		其他	I	2			
13	试验	运行电压下交流泄漏电流阻性分量	III	8	与出厂值明显偏差	3	
14		在线检测泄漏电流表动作状况	I	2	动作试验不合格	2	
15		SF_6气体密度	I	2	SF_6气体两次补气间隔大于一年且小于两年	3	
			II	4	两次补气间隔小于一年大于半年		
			III	8	两次补气间隔小于半年		
16		SF_6气体湿度	II	4	运行中微水值达到$500\mu L/L$		
			III	8	运行中微水值大于$500\mu L/L$且有快速上升趋势		
			IV	10	运行中微水值大于$800\mu L/L$且有快速上升趋势		
17		其他	I	2			

注：表中"基础及支架"行的列结构较复杂，表格列标题为：序号、分类、状态量名称、劣化程度、基本扣分、判断依据、权重系数、扣分值。

表 Z13K6005Ⅲ−6 电压互感器状态量评价标准

序号	状态量		劣化程度	基本扣分	判断依据	权重系数	扣分值（基本扣分×权重）
	分类	状态量名称					
1	家族缺陷	同厂、同型、同期设备的故障信息	Ⅱ	4	一般缺陷未整改	2	
			Ⅳ	10	严重缺陷未整改	2	
2	运行巡检	振动和异常声响	Ⅲ	8	运行中内部出现振动和异常声响	3	
3		放电声	Ⅳ	10	运行中内部出现放电声	4	
4		SF₆压力表及密度继电器	Ⅲ	8	外观有破损或有渗漏油	3	
			Ⅳ	10	压力表指示异常		
5		接地连接锈蚀	Ⅱ	4	接地连接有锈蚀或油漆剥落	2	
6		接地连接松动	Ⅲ	8	接地引下线松动	3	
			Ⅳ	10	接地线已脱落，设备与接地断开		
7	运行巡检	基础及支架	基础破损 Ⅳ	10	基础有严重破损或开裂	1	
			基础下沉 Ⅲ	8	基础有轻微下沉或倾斜	4	
			Ⅳ	10	基础有严重下沉或倾斜，影响设备安全运行		
			支架锈蚀 Ⅳ	10	支架有严重锈蚀	1	
			支架松动 Ⅳ	10	支架有松动或变形	3	
8		设备标牌	Ⅱ	4	设备编号标识不齐全或模糊不能辨识	1	
9		设备外壳	Ⅱ	4	锈蚀或变形	1	
10		其他	Ⅰ	2			
11	试验	二次绕组绝缘电阻	Ⅱ	4	绝缘电阻低于2MΩ	3	
12		一次绕组直流电阻	Ⅲ	8	与出厂值明显偏差	3	
13		二次绕组直流电阻	Ⅲ	8	与出厂值明显偏差	3	
14		SF₆气体密度	Ⅰ	2	SF₆气体两次补气间隔大于一年且小于两年	3	
			Ⅱ	4	两次补气间隔小于一年大于半年		
			Ⅲ	8	两次补气间隔小于半年		
15		SF₆气体湿度	Ⅱ	4	运行中微水值达到500μL/L		
			Ⅲ	8	运行中微水值大于500μL/L且有快速上升趋势		
			Ⅳ	10	运行中微水值大于800μL/L且有快速上升趋势		
16		其他	Ⅰ	2			

表 Z13K6005Ⅲ-7   套管状态量评价标准

序号	状态量		劣化程度	基本扣分	判断依据	权重系数	扣分值（基本扣分×权重）
	分类	状态量名称					
1	家族缺陷	同厂、同型、同期设备的故障信息	Ⅱ	4	一般缺陷未整改	2	
			Ⅳ	10	严重缺陷未整改	2	
2	外绝缘水平	爬电比距	Ⅲ	8	不满足最新污秽等级要求且没有采取防污闪措施	3	
		爬电系数	Ⅲ	8	不满足要求	3	
3	运行巡检	导电连接点红外热像检测	Ⅲ	8	相对温差在 40%～95%或温升在 30～65K	3	
4		瓷套污染	Ⅱ	4	瓷套外表有明显污秽		
			Ⅳ	10	瓷套外表有严重污秽		
5		瓷套破坏	Ⅰ	2	瓷套有轻微破损	3	
			Ⅱ	4	瓷套有较严重破损，但破损位不影响短期运行		
			Ⅳ	10	瓷套有严重破损或裂纹		
6		瓷套放电	Ⅱ	4	资套外表面有轻微放电或轻微电晕		
			Ⅳ	10	瓷套外表面有明显放电或较严重电晕		
7		均压环 均压环锈蚀	Ⅲ	8	均压环严重锈蚀	1	
		均压环变形	Ⅰ	2	均压环有轻微变形	2	
			Ⅳ	10	均压环有严重变形		
		均压环破损	Ⅰ	2	均压环外观有轻微破损	3	
			Ⅳ	10	均压环外观有严重破损		
8		接地连接锈蚀	Ⅱ	4	接地连接有锈蚀或油漆剥落	2	
9		接地连接松动	Ⅲ	8	接地引下线松动	3	
			Ⅳ	10	接地线已脱落，设备与接地断开		
10		基础及支架 基础破损	Ⅳ	10	基础有严重破损或开裂	1	
		基础下沉	Ⅲ	8	基础有轻微下沉或倾斜	4	
			Ⅳ	10	基础有严重下沉或倾斜，影响设备安全运行		
		支架锈蚀	Ⅳ	10	支架有严重锈蚀	1	
		支架松动	Ⅳ	10	支架有松动或变形	3	
11		设备标牌	Ⅱ	4	设备编号标识不齐全或模糊不能辨识	1	

续表

序号	状态量 分类	状态量 状态量名称	劣化程度	基本扣分	判断依据	权重系数	扣分值（基本扣分×权重）
12	运行巡检	设备外壳	Ⅱ	4	锈蚀或变形	1	
13		其他	Ⅰ	2			
14	试验	SF$_6$气体密度	Ⅰ	2	SF$_6$气体两次补气间隔大于一年且小于两年	3	
			Ⅱ	4	两次补气间隔小于一年大于半年		
			Ⅲ	8	两次补气间隔小于半年		
15		SF$_6$气体湿度	Ⅱ	4	运行中微水值达到500μL/L		
			Ⅲ	8	运行中微水值大于500μL/L且有快速上升趋势		
			Ⅳ	10	运行中微水值大于800μL/L且有快速上升趋势		
16		其他	Ⅰ	2			

表 Z13K6005Ⅲ-8　　　　　**母线状态量评价标准**

序号	状态量 分类	状态量 状态量名称	劣化程度	基本扣分	判断依据	权重系数	扣分值（基本扣分×权重）
1	家族缺陷	同厂、同型、同期设备的故障信息	Ⅱ	4	一般缺陷未整改	2	
			Ⅳ	10	严重缺陷未整改	2	
2	运行巡检	SF$_6$压力表及密度继电器	Ⅲ	8	外观有破损或有渗漏油	3	
			Ⅳ	10	压力表指示异常		
3		接地连接锈蚀	Ⅱ	4	接地连接有锈蚀或油漆剥落	2	
4		接地连接松动	Ⅲ	8	接地引下线松动	3	
			Ⅳ	10	接地线已脱落，设备与接地断开		
5		基础及支架	Ⅳ	10	基础有严重破损或开裂	1	
		基础破损					
		基础下沉	Ⅲ	8	基础有轻微下沉或倾斜	4	
			Ⅳ	10	基础有严重下沉或倾斜，影响设备安全运行		
		支架锈蚀	Ⅳ	10	支架有严重锈蚀	1	
		支架松动	Ⅳ	10	支架有松动或变形	3	
6		设备标牌	Ⅱ	4	设备编号标识不齐全或模糊不能辨识	1	
7		设备外壳	Ⅱ	4	锈蚀或变形	1	

续表

序号	状态量		劣化程度	基本扣分	判断依据	权重系数	扣分值（基本扣分×权重）
	分类	状态量名称					
8		其他	I	2			
9	试验	导电回路电阻测量	I	2	和出厂值比较有明显增长但不超过20%	4	
			II	4	超过出厂值的20%但小于50%		
			III	8	超过出厂值的50%		
10		SF$_6$气体密度	I	2	SF$_6$气体两次补气间隔大于一年且小于两年	3	
			II	4	两次补气间隔小于一年大于半年		
			III	8	两次补气间隔小于半年		
11		SF$_6$气体湿度	II	4	运行中微水值达到500μL/L		
			III	8	运行中微水值大于500μL/L且有快速上升趋势		
			IV	10	运行中微水值大于800μL/L且有快速上升趋势		
12		其他	I	2			

3. GIS 部件的状态评价方法

GIS 部件状态的评价应同时考虑单项状态量的扣分和部件合计扣分情况，部件状态评价标准见表 Z13K6005Ⅲ-9。

当任一状态量单项扣分和部件合计扣分达到表 Z13K6005Ⅲ-9 规定时，视为正常状态；

当任一状态量单项扣分或部件所有状态量合计扣分达到表 Z13K6005Ⅲ-9 规定时，视为注意状态；

当任一状态量单项扣分达到表 Z13K6005Ⅲ-9 规定时，视为异常状态或严重状态。

表 Z13K6005Ⅲ-9　　　各 部 件 评 价 标 准

评价标准 \ 设备部件	正常状态		注意状态		异常状态	严重状态
	合计扣分	单项扣分	合计扣分	单项扣分	单项扣分	单项扣分
断路器	≤30	<12	>30	12~16	20~24	≥30
隔离开关及接地开关	≤20	<12	>20	12~16	20~24	≥30
电流互感器	≤20	<12	>20	12~16	20~24	≥30
避雷器	≤20	<12	>20	12~16	20~24	≥30

设备部件 \ 评价标准	正常状态		注意状态		异常状态	严重状态
	合计扣分	单项扣分	合计扣分	单项扣分	单项扣分	单项扣分
电压互感器	≤20	<12	>20	12~16	20~24	≥30
套管	≤20	<12	>20	12~16	20~24	≥30
母线	≤20	<12	>20	12~16	20~24	≥30

（二）GIS 间隔状态评价

GIS 的间隔评价应综合其部件的评价结果。当所有部件评价为正常状态时，间隔评价为正常状态；当任一部件状态为注意状态、异常状态或严重状态时，间隔评价应为其中最严重的状态。

GIS 状态评价报告推荐格式见表 Z13K6005Ⅲ–10。

表 Z13K6005Ⅲ–10　　GIS 状态评价报告推荐格式

110（66）kV 及以上电压等级 GIS 状态评价报告

××公司××变电站×××kV GIS

设备资料	安装地点		运行编号		型号	
	额定电压		额定电流		额定短时耐受电流及持续时间	
	额定峰值耐受电流		制造厂		出厂编号	
	生产日期		投运日期		上次检修日期	
	上次间隔状态评价结果/时间					

部件评价结果

评价指标		断路器	隔离开关及接地开关	电流互感器	避雷器	电压互感器	套管	母线
扣分情况	单项最大扣分值							
	合计扣分值							
状态定级								
诊断试验情况	待分析状态量							
	诊断结果							

GIS 间隔评价结果：
□正常状态　□注意状态　□异常状态　□严重状态

续表

扣分状态量 状态描述	主要扣分情况： 描述主要状态量扣分项情况，如一般状态量评价为最差状态时，也应描述；
处理建议	
	评价时间：　　年　　月　　日
评价人：	审核：
上述诊断结果、扣分状态量状态描述如报告篇幅不够，可用附录说明。	

【思考与练习】

1. GIS 状态量包括哪些？如何获取？

2. 何时进行 GIS 状态评价？

3. 如何评估 GIS 状态评价结果的准确性？

▲ 模块 5　隔离开关和接地开关状态评价
（Z13K6004Ⅲ）

【模块描述】 本模块包含隔离开关和接地开关状态评价的有关规定。通过要点讲解，掌握隔离开关状态评价工作的方法。

【模块内容】

状态检修是以状态评价为基础的，状态评价是根据状态检修工作的要求，选取一定数量的状态量，对设备的状态进行分级，为检修策略的制定提供依据。

一、断路器状态量构成及权重

110（66）～750kV 的隔离开关和接地开关的状态评价工作可根据 Q/GDW 450—2010《隔离开关和接地开关状态评价导则》标准的规定执行，35kV 及以下电压等级的隔离开关和接地开关由各网省公司参照执行。

（一）相关定义

（1）一般状态量。对隔离开关和接地开关的性能和安全运行影响相对较小的状态量。

（2）重要状态量。对隔离开关和接地开关的性能和安全运行有较大影响的状态量。

2. 状态分类

隔离开关和接地开关的状态分为：正常状态、注意状态、异常状态和严重状态。

（1）正常状态。各状态量均处于稳定且良好的范围内，设备可以正常运行。

（2）注意状态。单项（或多项）状态量变化趋势朝接近标准限值方向发展，但未超过标准限值，或部分一般状态量超过标准值，此时仍可以继续运行，但应加强运行中的监视。

（3）异常状态。单项重要状态量变化较大，已接近或略微超过标准限值，此时应监视运行，并适时安排停电检修。

（4）严重状态。单项重要状态量严重超过标准限值，需要尽快安排停电检修。

（二）设备状态量构成及权重

1. 状态量构成

（1）原始资料。原始资料主要包括铭牌参数、型式试验报告、订货技术协议、设备监造报告、出厂试验报告、运输安装记录、交接试验报告、交接验收资料、安装使用说明书等。

（2）运行资料。运行资料主要包括运行工况记录、历年缺陷及异常记录、巡检记录、带电检测及在线监测记录等。

运行中巡视、带电检测在设备的状态评价中占据重要的地位。日常巡视中，对于设备评价标准涉及的状态量应重点检查并做好记录，同时可定期开展检修人员巡视。检修人员巡视的周期可以较长，但巡视内容应和运行人员巡视有所区别，应着重从设备的结构、原理等方面检查设备可能存在的缺陷隐患。

（3）检修试验资料。检修资料主要包括检修报告、试验报告、设备技改及主要部件更换情况等。

当预试中试验数据有超过试验标准时，一般都会及时处理，除非缺陷一时难以消除且不影响运行时，才会暂时投运，有这种情况发生时，应注意相关状态量的评价并采取有效手段及时跟踪其变化趋势。

（4）其他资料。其他资料主要包括同型（同类）设备的异常、缺陷和故障的情况、设备运行环境变化、相关反措执行情况、其他影响安全稳定运行的因素等信息。

其他资料主要是指非本设备，但与本设备有某种联系的其他设备的相关资料。如设备的家族性缺陷、个别运行环境因素等。对隔离开关和接地开关而言，如某隔离开关和接地开关发生问题，怀疑与使用了某特定品牌的材料有关，则使用了该品牌材料的隔离开关和接地开关，不管目前是否发生异常，在评价时该材料问题应作为注意问题之一予以考虑，且一旦隔离开关和接地开关部分参量发生异常时，应甄别是否与该材料有关。

2. 状态量权重

视状态量对隔离开关和接地开关安全运行的影响程度，从轻到重分为四个等级，对应的权重分别为权重1、权重2、权重3、权重4，其系数为1、2、3、4。权重1、权重 2 与一般状态量对应，权重 3、权重 4 与重要状态量对应。

（1）状态量劣化程度。视状态量的劣化程度从轻到重分为四级，分别为 I 、II 、III 和IV级。其对应的基本扣分值为 2、4、8、10 分。

（2）状态量扣分值。状态量应扣分值由状态量劣化程度和权重共同决定，即状态量应扣分值等于该状态量的基本扣分值乘以权重系数（见表 Z13K6004III–1）。状态量正常时不扣分。

表 Z13K6004III–1　　　隔离开关和接地开关状态量应扣分值

状态量劣化程度	基本扣分值	权重系数 1	2	3	4
I	2	2	4	6	8
II	4	4	8	12	16
III	8	8	16	24	32
IV	10	10	20	30	40

二、隔离开关和接地开关的状态评价

（一）隔离开关和接地开关状态量扣分标准

隔离开关和接地开关状态量和扣分标准见表 Z13K6004III–2。

表 Z13K6004III–2　　　隔离开关和接地开关状态量评价标准

序号	状态量 分类	状态量名称	劣化程度	基本扣分	判断依据	权重系数	扣分值（基本扣分×权重）
1	家族缺陷	同厂、同型、同期设备的故障信息	II	4	一般缺陷未整改	2	
			IV	10	严重缺陷未整改		
2	外绝缘水平	爬电比距	IV	10	不满足最新污秽等级要求且没有采取防污闪措施	3	
		爬电系数	IV	10	不满足要求		
3		导电回路放电	III	8	出现异常放电声	2	
4		累计机械操作次数	IV	10	超过制造厂规定值	4	
5	运行巡检	瓷柱污染	II	4	瓷柱外表有明显污秽	3	
			IV	10	瓷柱外表有严重污秽		
6		瓷柱破损	I	2	瓷柱有轻微破损	3	
			II	4	瓷柱有较严重破损，但破损位不影响短期运行		
			IV	10	瓷柱有严重破损或裂纹		

续表

序号	状态量		劣化程度	基本扣分	判断依据	权重系数	扣分值（基本扣分×权重）
	分类	状态量名称					
7		瓷柱放电	I	2	瓷柱外表面有轻微放电或轻微电晕		
			IV	10	瓷柱外表面有明显放电或较严重电晕		
8		导电回路	II	4	导体出现腐蚀现象	3	
9		一次接线端子	III	8	出现裂纹或破损	3	
10		传动部件	III	8	分合闸不到位，存在卡涩现象	2	
			III	8	出现裂纹、紧固件松动等现象		
11		机构箱密封	I	2	密封不良	3	
			IV	10	密封不良，箱内有积水		
12	运行巡检	基础及支架	基础破损 IV	10	基础有严重破损或开裂	1	
			基础下沉 III	8	基础有轻微下沉或倾斜	4	
			基础下沉 IV	10	基础有严重下沉或倾斜，影响设备安全运行		
			支架锈蚀 IV	10	支架有严重锈蚀	1	
			支架松动 IV	10	支架有松动或变形	3	
13		红外热像检测	III	8	触头及设备线夹等部位温度为 90～130℃，或相对温差为 80%～95%时	4	
			IV	10	触头及设备线夹等部位温度＞130℃，或相对温差＞95%时		
14		加热器、动作计数器、机械指示状态	I	2	不能投入或失灵	1	
15		均压环	IV	10	严重锈蚀、变形、破损	2	
16		软连接	I	2	连接断片或松股小于 5%	2	
			II	4	连接断片或松股超过 5%,但小于 20%		
17		设备标牌	II	4	设备编号标识不齐全或模糊不能辨识	1	
18		其他	I	2			
19	试验	二次回路绝缘电阻	II	4	二次回路绝缘电阻低于 2MΩ	3	
20		导电回路电阻测量	I	2	为制造厂规定值的 1.2～1.5 倍或与历史数据比较有明显增加	3	

续表

序号	状态量		劣化程度	基本扣分	判断依据	权重系数	扣分值（基本扣分×权重）
	分类	状态量名称					
20		导电回路电阻测量	Ⅱ	4	为制造厂规定值的1.5～3.0倍		
			Ⅲ	8	超过制造厂规定值的3.0倍		
21		辅助开关	Ⅱ	4	出现卡涩或接触不良	3	
			Ⅲ	8	切换不到位		
22	试验	分、合闸操作状况	Ⅳ	10	分合不到位	4	
			Ⅰ	2	三相同期性不满足要求	4	
			Ⅱ	4	电动操作失灵	4	
			Ⅰ	2	机构电动机出现异常声响现象	4	
23		超声波探伤	Ⅱ	4	瓷柱内存在裂纹长度小于5mm	4	
			Ⅳ	10	瓷柱内存在裂纹长度超过5mm	4	
24		机械连锁和传动	Ⅳ	10	机械连锁性能不可靠；机械传动分合不到位	4	
25		其他	Ⅰ	2			

当状态量（尤其是多个状态量）变化，且不能确定其变化原因或具体部件时，应进行分析诊断，判断状态量异常的原因，确定扣分部件及扣分值。

经过诊断仍无法确定状态量异常原因时，应根据最严重情况确定扣分部件及扣分值。

（二）隔离开关和接地开关状态评价方法

隔离开关和接地开关的评价应同时考虑单项状态量的扣分和合计扣分情况，状态评价标准见表Z13K6004Ⅲ-3。

表 Z13K6004Ⅲ-3　隔离开关和接地开关状态评价报告推荐格式

隔离开关和接地开关状态评价报告					
××公司××变电站×××					
设备资料	安装地点			型号	
	制造厂		额定电压		额定电流
	额定短时耐受电流及持续时间		机构型号		出厂编号
	生产日期		投运日期		上次检修日期

续表

上次评价结果/时间	
本次评价	
单项最大扣分值	
合计扣分值	
评价结果： □正常状态 □注意状态 □异常状态 □严重状态	
扣分状态量 状态描述	主要扣分情况： 描述主要状态量扣分项情况，如辅助状态量评价为最差状态时，也应描述；
处理建议	
评价时间： 年 月 日	
评价人：	审核：

上述诊断结果、扣分状态量状态描述如报告篇幅不够，可用附录说明。

当状态量单项合计扣分达到表 Z13K6004Ⅲ–4 规定时，视为正常状态。

当任一状态量单项扣分或所有状态量合计扣分达到表 Z13K6004Ⅲ–4 规定时，视为注意状态。

当任一状态量单项扣分达到表 Z13K6004Ⅲ–4 规定时，视为异常状态或严重状态。

表 Z13K6004Ⅲ–4　隔离开关和接地开关状态量与评价扣分对应表

正常状态	注意状态		异常状态	严重状态
合计扣分	合计扣分	单项扣分	单项扣分	单项扣分
<30	≥30	12～16	20～24	≥30

当出现下列情况时，该设备应评价为严重状态：

（1）累计机械操作次数达到制造厂规定值。

（2）发生拒分、合现象，或自行误分合，或接地开关拉不开。

（3）出线座卡死或不能操作。

（4）操作时可动部件卡死或不能操作。

（5）操作连杆断裂或脱落。

（6）机械闭锁失灵。

隔离开关和接地开关状态评价报告推荐格式见表 Z13K6004Ⅲ–5。

【思考与练习】

1. 隔离开关和接地开关状态量包括哪些？如何获取？

2. 何时进行隔离开关和接地开关状态评价？

3. 如何评估隔离开关和接地开关状态评价结果的准确性？

◢ 模块6　避雷器状态评价（Z13K6007Ⅲ）

【模块描述】本模块包含避雷器状态评价的有关规定。通过要点讲解，掌握避雷器状态评价工作的方法。

【模块内容】

状态检修是以状态评价为基础的，状态评价是根据状态检修工作的要求，选取一定数量的状态量，对设备的状态进行分级，为检修策略的制定提供依据。

一、避雷器状态量构成及权重

等级为110（66）～750kV的避雷器的状态评价工作根据《国家电网公司变电评价管理规定（试行）第8分册：避雷器精益化评价细则》标准的规定执行，35kV及以下电压等级的避雷器由各网省公司参照执行。

（一）相关定义

1. 状态量

状态量直接或间接表征设备状态的各类信息，如数据、声音、图像、现象等，分为一般状态量和重要状态量。

（1）一般状态量。对避雷器的性能和安全运行影响相对较小的状态量。

（2）重要状态量。对避雷器的性能和安全运行有较大影响的状态量。

2. 状态分类

避雷器的状态分为：正常状态、注意状态、异常状态和严重状态。

（1）正常状态。各状态量均处于稳定且良好的范围内，设备可以正常运行。

（2）注意状态。单项（或多项）状态量变化趋势朝接近标准限值方向发展，但未超过标准限值，或部分一般状态量超过标准值，仍可以继续运行，但应加强运行中的监视。

（3）异常状态。单项重要状态量变化较大，已接近或略微超过标准限值，应监视运行，并适时安排停电检修。

（4）严重状态。单项重要状态量严重超过标准限值，需要尽快安排停电检修。

（二）避雷器状态量构成及权重

1. 状态量构成

（1）原始资料。避雷器的原始资料主要包括铭牌、型式试验报告、订货技术协议、设备监造报告、出厂试验报告、运输安装记录、交接验收报告、安装使用说明书等。

（2）运行资料。避雷器的运行资料主要包括：设备运行工况记录信息、历年缺陷及异常记录、巡检记录、带电检测、在线监测记录等。

（3）检修试验资料。避雷器的检修资料主要包括检修报告、试验报告、设备技改及主要部件更换情况等信息。

（4）其他资料。避雷器的其他资料主要包括同型（同类）设备的异常、缺陷和故障的情况、设备运行环境变化、相关反措执行情况、其他影响金属氧化物避雷器安全稳定运行的因素等信息。

其他资料主要是指非本设备，但与本设备有某种联系的其他设备的相关资料。如设备的家族性缺陷、个别运行环境因素等。对金属氧化物避雷器而言，如某金属氧化物避雷器发生问题，怀疑与使用了某特定品牌的材料有关，则使用了该品牌材料的金属氧化物避雷器，不管目前是否发生异常，在评价时该材料问题应作为注意问题之一予以考虑，且一旦金属氧化物避雷器部分参量发生异常时，应甄别是否与该材料有关。

2. 状态量权重

视状态量对避雷器安全运行的影响程度，从轻到重分为四个等级，对应的权重分别为权重1、权重2、权重3、权重4，其系数为1、2、3、4。权重1、权重2与一般状态量对应，权重3、权重4与重要状态量对应。

（1）状态量劣化程度。视状态量的劣化程度从轻到重分为四级，分别为Ⅰ、Ⅱ、Ⅲ和Ⅳ级。其对应的基本扣分值为2、4、8、10分。

（2）状态量扣分值。状态量应扣分值由状态量劣化程度和权重共同决定，即状态量应扣分值等于该状态量的基本扣分值乘以权重系数（见表Z13K6007Ⅲ-1）。状态量正常时不扣分。

表 Z13K6007Ⅲ-1　　　　　　避雷器状态量应扣分值

状态量劣化程度	基本扣分值 / 权重系数	1	2	3	4
Ⅰ	2	2	4	6	8
Ⅱ	4	4	8	12	16
Ⅲ	8	8	16	24	32
Ⅳ	10	10	20	30	40

二、避雷器的状态评价

避雷器状态评价以相为单位，其状态量的权重及评价标准见表 Z13K6007Ⅲ-2。

表 Z13K6007Ⅲ-2　　金属氧化物避雷器状态量评价标准

序号	状态量		劣化程度级别	基本扣分	判断依据	权重系数	扣分值（基本扣分×权重系数）
	分类	状态量名称					
1	家族性缺陷	同厂、同型设备被通报的故障、缺陷信息	Ⅱ	4	一般缺陷未整改的	2	
			Ⅳ	10	严重缺陷未整改的		
2		密封	Ⅱ	4	密封件接近使用寿命	4	
			Ⅲ	8	密封件超过使用寿命		
3		本体锈蚀	Ⅱ	4	外观连接法兰、连接螺栓有较严重的锈蚀或油漆脱落现象	1	
4		外绝缘防污水平	Ⅱ	4	外绝缘爬距不满足所在地区污秽程度要求且未采取措施	3	
5		在线监测泄漏电流表指示值	Ⅱ	4	交流泄漏电流指示值纵横比增大 20%	3	
			Ⅲ	8	交流泄漏电流指示值纵横比增大 40%		
			Ⅳ	10	交流泄漏电流指示值纵横比增大 100%		
6	运行巡检	外套和法兰结合情况	Ⅳ	10	外套和法兰结合情况不良	4	
7		在线监测泄漏电流表状况	Ⅱ	4	进水受潮；玻璃盖板开裂；指示不准；指针卡涩	3	
8		本体外绝缘表面情况	Ⅰ	2	硅橡胶憎水性能异常	2	
			Ⅱ	4	外绝缘破损		
9		连接端子及引流线温升	Ⅱ	4	温差不超过 5K	2	
			Ⅳ	10	热点温度≥80℃或相对温差≥80%		
10		均压环外观	Ⅲ	8	均压环外观有严重锈蚀、变形或破损	2	
11		引线、接地引下线锈蚀情况	Ⅱ	4	锈蚀严重	2	
12		其他	Ⅰ	2			
13	试验	直流参考电压及泄漏电流　直流 1mA 电压 U_{1mA}	Ⅱ	4	U_{1mA} 实测值与制造厂规定值相比变化较明显，大于 3%	3	
			Ⅲ	8	U_{1mA} 初值差超过 5% 且高于 GB 11032 规定值	3	

续表

序号	状态量		劣化程度级别	基本扣分	判断依据	权重系数	扣分值（基本扣分×权重系数）
	分类	状态量名称					
13	试验	直流参考电压及泄漏电流	0.75U_{1mA}下的泄漏电流	Ⅱ	4	0.75U_{1mA}下泄漏电流超过 40μA	3	
				Ⅲ	8	0.75U_{1mA}漏电流初值差>30%或>50μA	3	
14		运行电压下交流泄漏电流阻性分量	阻性电流	Ⅱ	4	测量值与初始值比较，增加 30%	3	
				Ⅲ	8	测量值与初始值比较，增加 50%		
				Ⅳ	10	测量值与初始值比较，增加 1 倍（100%）时		
15	试验	底座绝缘电阻	底座绝缘电阻值	Ⅱ	4	测量值<10MΩ	3	
16		红外热像检测		Ⅱ	4	温差超过 1K	4	
				Ⅲ	8	热点温度≥55℃或相对温差≥80%		
				Ⅳ	10	热点温度≥80℃或相对温差≥95%		
17		放电计数器功能检查		Ⅱ	4	功能异常	2	

避雷器评价状态按扣分的大小分为"正常状态""注意状态""异常状态"和"严重状态"。扣分值与状态的关系见表 Z13K6007Ⅲ-3。

当任一状态量的单项扣分和合计扣分同时达到表 Z13K6007Ⅲ-3 规定时，视为正常状态。

当任一状态量的单项扣分或合计扣分达到表 Z13K6007Ⅲ-3 规定时，视为注意状态。

当任一状态量的单项扣分达到表 Z13K6007Ⅲ-2 规定时，视为异常状态或严重状态。

表 Z13K6007Ⅲ-3 避雷器部件总体评价标准

评价标准 设备部件	正常状态		注意状态		异常状态	严重状态
	合计扣分	单项扣分	合计扣分	单项扣分	单项扣分	单项扣分
避雷器本体	≤30	<12	>30	12～16	20～24	≥30

注意状态、异常状态及严重状态，皆可由单一状态量的单项扣分决定，状态量的测试结果将直接影响到避雷器的状态，故状态量的测试结果应具有高度的可信度。

测试误差可能直接影响到避雷器的评价结果，故应对测试结果依据状态检修试验规程规定的数据分析方法进行详细分析，只有确认数据有效才能用于状态评价。

避雷器状态量扣分标准按该状态量不同劣化程度可能对设备安全运行的影响程度确定。避雷器状态量的变化可能有不同原因引起，不同原因引起的状态量变化可能决定不同的设备状态及不同的检修策略，需进行必要的诊断性试验后再对设备的状态作进一步评价。

避雷器状态量评价报告推荐格式见表 Z13K6007Ⅲ-4。

三、评价的周期

避雷器评价应采用动态评价和定期评价相结合的方式，即每次获得设备状态量后，均应根据状态量对避雷器进行评价，并保证对避雷器的总体评价每年至少一次，避雷器定期评价一般安排在年度检修计划制定之前，设备日常巡视及维护所获得的状态量，如属正常可不录入状态评价系统，如上述工作中发现状态量异常时，可选择性的录入。

表 Z13K6007Ⅲ-4　　　　避雷器状态评价报告推荐格式

国家电网公司 110（66）kV 及以上电压等级金属氧化物避雷器状态评价报告
公司_____变电站_____金属氧化物避雷器

设备资料	安装地点		运行编号		型号	
	制造厂		额定电压		出厂编号	
	生产日期		投运日期		上次检修日期	

上次评价结果/时间	
本次评价	
单项最大扣分	
合计扣分	

评价结果：
□正常状态　　□注意状态　　□异常状态　　□严重状态

扣分状态量状态描述	主要扣分情况：描述重要状态量扣分项情况，如一般状态量评价为最差状态时，也应描述。
检修策略	
评价时间：　　年　　月　　日	
评价人：	审核：

注　上述诊断结果、扣分状态量状态描述如报告篇幅不够，可用附录说明。

【思考与练习】

1. 避雷器状态量包括哪些？如何获取？

2. 何时进行避雷器状态评价？

3. 如何评估避雷器状态评价结果的准确性？

◢ 模块 7 电容器状态评价（Z13K6008Ⅲ）

【模块描述】 本模块包含并联电容器装置（集合式电容器装置）状态评价的有关规定。通过要点讲解，掌握电容器状态评价工作的方法。

【模块内容】

状态检修是以状态评价为基础的，状态评价是根据状态检修工作的要求，选取一定数量的状态量，对电容器的状态进行分级，为检修策略的制定提供依据。

一、并联电容器装置（集合式电容器装置）状态量构成及权重

10～35kV 并联电容器装置（集合式电容器装置）（简称电容器）的状态评价工作可根据《国家电网公司变电评价管理规定（试行）第 9 分册：并联电容器组精益化评价细则》标准的规定执行。

（一）相关定义

1. 状态量

（1）一般状态量

对电容器的性能和安全运行影响相对较小的状态量。

（2）重要状态量

对电容器的性能和安全运行有较大影响的状态量。

2. 状态分类

电容器的状态分为：正常状态、注意状态、异常状态和严重状态。

（1）正常状态。各状态量均处于稳定且良好的范围内，设备可以正常运行。

（2）注意状态。单项（或多项）状态量变化趋势朝接近标准限值方向发展，但未超过标准限值，或部分一般状态量超过标准值，此时仍可以继续运行，但应加强运行中的监视。

（3）异常状态。单项重要状态量变化较大，已接近或略微超过标准限值，此时应监视运行，并适时安排停电检修。

（4）严重状态。单项重要状态量严重超过标准限值，需要尽快安排停电检修。

3. 部件

电容器设备上功能相对独立的单元称为部件。

（二）电容器状态量构成及权重

1. 状态量构成

（1）原始资料。原始资料主要包括铭牌参数、型式试验报告、订货技术协议、设备监造报告、出厂试验报告、运输安装记录、交接试验报告、交接验收资料、安装使用说明书等。

（2）运行资料。运行资料主要包括运行工况记录、历年缺陷及异常记录、巡检记录、带电检测及在线监测记录等。

（3）检修试验资料。检修资料主要包括检修报告、试验报告、设备技改及主要部件更换情况等。

当预试中试验数据有超过试验标准时，一般都会及时处理，除非缺陷一时难以消除且不影响运行时，才会暂时投运，有这种情况发生时，应注意相关状态量的评价并采取有效手段及时跟踪其变化趋势。

（4）其他资料。其他资料主要包括同型（同类）设备的异常、缺陷和故障的情况、设备运行环境变化、相关反措执行情况、其他影响安全稳定运行的因素等信息。

2. 状态量权重

视状态量对电容器安全运行的影响程度，从轻到重分为4个等级，对应的权重分别为权重1、权重2、权重3、权重4，其系数为1、2、3、4。权重1、权重2与一般状态量对应，权重3、权重4与重要状态量对应。

（1）状态量劣化程度。视状态量的劣化程度从轻到重分为4个等级，分别为Ⅰ、Ⅱ、Ⅲ和Ⅳ级。其对应的基本扣分值为2、4、8、10分。

（2）状态量扣分值。状态量应扣分值由状态量劣化程度和权重共同决定，即状态量应扣分值等于该状态量的基本扣分值乘以权重系数（见表Z13K6008Ⅲ-1）。状态量正常时不扣分。

表 Z13K6008Ⅲ-1　　　　　　　电容器状态量应扣分值

状态量劣化程度 / 基本扣分值	权重系数 1	2	3	4
Ⅰ	2	2	4	6	8
Ⅱ	4	4	8	12	16
Ⅲ	8	8	16	24	32
Ⅳ	10	10	20	30	40

二、并联电容器装置（集合式电容器装置）的状态评价

并联电容器装置（集合式电容器装置）的状态评价以组为单位，分为部件评价和整体评价两部分。

（一）并联电容器装置（集合式电容器装置）部件评价

1. 并联电容器装置（集合式电容器装置）部件的划分

并联电容器装置（集合式电容器装置）部件分为单台电容器（集合式电容器）、串联电抗器和其他配套辅件等三个部件。

2. 并联电容器装置（集合式电容器装置）部件状态量的扣分标准

并联电容器装置（集合式电容器装置）部件状态量的扣分标准见 Q/GDW 452—2010《并联电容器装置（集合式电容器装置）状态评价导则》附录 A。附录 A 未列明的其他状态量及其扣分标准，由评价单位根据设备实际情况自定。

3. 并联电容器装置（集合式电容器装置）部件的状态评价方法

并联电容器装置（集合式电容器装置）部件的评价应同时考虑单项状态量的扣分和部件合计扣分情况，部件状态评价标准见表 Z13K6008Ⅲ-2。

当任一状态量单项扣分和部件合计扣分同时达到表 Z13K6008Ⅲ-2 规定时，视为正常状态。

当任一状态量单项扣分或部件合计扣分同时达到表 Z13K6008Ⅲ-2 规定时，视为注意状态。

当任一状态量单项扣分达到表 Z13K6008Ⅲ-2 规定时，视为异常状态或严重状态。

表 Z13K6008Ⅲ-2　　　　　　　　　并联电容器装置评价标准

	正常状态		注意状态		异常状态	严重状态
	合计扣分	单项扣分	合计扣分	单项扣分	单项扣分	单项扣分
单台电容器	<30	<12	>30	12~16	20~24	≥30
串联电抗器	<30	<12	>30	12~16	20~24	≥30
其他配套辅件	<30	<12	>30	12~16	20~24	≥30

（二）并联电容器装置（集合式电容器装置）整体评价

并联电容器装置（集合式电容器装置）的整体评价应综合其部件的评价结果。当所有部件评价为正常状态时，整体评价为正常状态；当任一部件为注意状态、异常状态或严重状态时，整体评价应为其中最严重的状态。

【思考与练习】

1. 电容器状态量包括哪些？如何获取？

2. 何时进行电容器状态评价？

3. 如何评估电容器状态评价结果的准确性？

◢ 模块 8 电缆状态评价（Z13K6006Ⅲ）

【模块描述】本模块包含电缆状态评价的有关规定。通过要点讲解，掌握电缆状态评价工作的方法。

【模块内容】

状态检修是以状态评价为基础的，状态评价是根据状态检修工作的要求，选取一定数量的状态量，对设备的状态进行分级，为检修策略的制定提供依据。

一、电缆状态量构成及权重

10～220kV 电力电缆线路（简称线路）的状态评价工作可根据本教材的提供的方法进行。

（一）相关定义

1. 状态量

状态量指直接或间接表征设备状态的各类信息，如数据、声音、图像、现象等，分为一般状态量和重要状态量。

（1）一般状态量。对线路的性能和安全运行影响相对较小的状态量。

（2）重要状态量。对线路的性能和安全运行有较大影响的状态量。

2. 线路单元

根据线路的结构和特点，将线路上功能和作用相对独立的同类设备总称为线路单元。

3. 状态分类

线路的状态分为：正常状态、注意状态、异常状态和严重状态。

（1）正常状态。表示线路各状态量处于稳定且在规程规定的警示值、注意值（以下简称标准限值）以内，可以正常运行。

（2）注意状态。单项（或多项）状态量变化趋势朝接近标准限值方向发展，但未超过标准限值，或部分一般状态量超过标准值，此时仍可以继续运行，但应加强运行中的监视。

（3）异常状态。单项重要状态量变化较大，已接近或略微超过标准限值，此时应监视运行，并适时安排停电检修。

（4）严重状态。单项重要状态量严重超过标准限值，需要尽快安排停电检修。

（二）断路器状态量构成及权重

1. 状态量构成

（1）原始资料。线路的原始资料主要包括铭牌、型式试验报告、订货技术协议、线路监造报告、出厂试验报告、运输安装记录、交接验收报告、安装使用说明书等。

（2）运行资料。线路的运行信息主要包括：运行工况、巡检情况、在线监测、历年缺陷和异常记录等信息。

（4）检修试验资料。线路的检修信息主要包括：检修报告、反措执行情况、线路技改及主要部件更换情况、检修人员巡检情况等信息。

（4）其他资料。线路的其他资料主要包括检测报告、试验报告，线路的运行、缺陷和故障的情况，其他影响线路安全稳定运行的因素如通道、环境等信息。

2. 状态量权重

根据状态量对线路安全运行的影响程度，从轻到重分为 4 个等级，对应的权重分别为权重 1、权重 2、权重 3、权重 4，其系数为 1、2、3、4。权重 1、权重 2 与一般状态量对应，权重 3、权重 4 与重要状态量对应。

（1）状态量劣化程度。视状态量的劣化程度从轻到重分为 4 个等级，分别为 I、II、III 和 IV 级。其对应的基本扣分值为 2、4、8、10 分。

（2）状态量扣分值。状态量应扣分值由状态量劣化程度和权重共同决定，即状态量应扣分值等于该状态量的基本扣分值乘以权重系数（见表 Z13K6006III-1）。状态量正常时不扣分。

表 Z13K6006III-1　　　　　线路状态量应扣分值

状态量劣化程度	基本扣分值 权重系数	1	2	3	4
I	2	2	4	6	8
II	4	4	8	12	16
III	8	8	16	24	32
IV	10	10	20	30	40

二、线路的状态评价

线路的状态评价分为线路单元评价和整体评价两部分。

（一）线路单元评价

1. 线路单元的划分

根据线路的特点，将线路分为土建、电气安装、接地系统安装、防火封堵、通道环境等 5 个线路单元。

2. 线路单元状态量扣分标准

线路单元状态量的评价标准见表 Z13K6006Ⅲ-2。

表 Z13K6006Ⅲ-2　　　　　　线路单元状态量评价标准

线路单元	状态量	状态程度	基本扣分	判断依据	权重系数	应扣分值（应扣分值×权重）	备注
土建	土建尺寸	Ⅳ	10	施工和运行中的弯曲半径不满足厂家要求，厂家无要求时小于 20 倍电缆外径	4		
		Ⅲ	8	施工和运行中的弯曲半径不满足厂家要求，厂家无要求时不小于 20 倍电缆外径			
	构筑物接地	Ⅳ	10	接地体埋深低于设计值 60cm 以上	4		
		Ⅲ	8	接地体低于设计值 40～60cm			
		Ⅱ	4	接地体埋深低于设计值 20～40cm			
	排水设施	Ⅳ	10	电缆井、沟底板未设有排水坡，坡比小于 1‰；电缆井、沟内低点未设积水井	4		
		Ⅲ	8	电缆井、沟底板未设有排水坡，坡比小于 1‰ 或电缆井、沟内低点未设积水井			
	电缆沟盖板及检查井	Ⅳ	10	盖板及井圈不完整，不满足道路承载及防盗要求	4		
		Ⅱ	4	盖板及井圈完整但不满足道路承载及防盗要求			
	保护范围内基础表面取土情况	Ⅳ	10	基础被取土 30cm 以上	3		
		Ⅲ	8	基础被取土 20～30cm			
电气安装	电缆敷设牵引力及侧压力	Ⅳ	10	牵引力大于 70N/mm²，平面滑动敷设侧压力大于 3kN/m，滑轮组敷设时每只滑轮侧压力大于 2kN/只	4		
		Ⅲ	8	牵引力大于 70N/mm²，平面滑动敷设侧压力大于 3kN/m 或滑轮组敷设时每只滑轮侧压力大于 2kN/只	4		
	电缆的固定及排列	Ⅳ	10	不满足设计要求，单芯电缆固定抱箍形成闭合的铁磁回路	4		
		Ⅲ	8	不满足设计要求但单芯电缆固定抱箍未形成闭合的铁磁回路			
		Ⅱ	4	个别电缆固定不满足设计要求			

续表

线路单元	状态量	状态程度	基本扣分	判断依据	权重系数	应扣分值（应扣分值×权重）	备注
电气安装	电缆附件安装	IV	10	接头布置不合理，终端头带电部分相间及相对地不满足安全距离	4		
		III	8	终端头带电部分相间及相对地不满足安全距离			
		II	4	并列敷设的电缆，其接头的位置未相互错开			
	避雷器安装	IV	10	放电计数器未密封良好，绝缘垫及接地不可靠；计数器安装高度不合适；计数器引下线未应用绝缘线，截面小于 16mm²	4		
		III	8	放电计数器未密封良好，绝缘垫及接地不可靠；计数器引下线未应用绝缘线，截面小于 16mm²			
		II	4	计数器安装高度不合适			
	电缆下引线安装	IV	10	挑线绝缘子型号不满足防污要求，固定不牢固；线间及对地（构架或铁搭）相间距离不符合要求	4		
		III	8	线间及对地（构架或铁搭）相间距离不符合要求			
		II	4	挑线绝缘子不满足污区图要求			
接地系统安装	单芯电缆的接地系统	IV	10	金属护层接线方式不正确，交叉换位的连接未使用同轴电缆，截面不符合设计要求；护层保护器直流参考电压值不在产品标准规定的范围之内	4		
		III	8	交叉换位的连接未使用同轴电缆，截面不符合设计要求；护层保护器直流参考电压值不在产品标准规定的范围之内			
		II	4	交叉换位的连接使用的同轴电缆截面不符合设计要求			
	接地网（极）	IV	10	接地体连接未应用焊接法，焊接不牢固；扁钢的连接其搭接长度小于宽度的 2 倍；圆钢间及圆钢与扁铁的连接，搭接长度小于圆钢直径的 6 倍	4		
		III	8	扁钢的连接其搭接长度小于宽度的 2 倍；圆钢间及圆钢与扁铁的连接，搭接长度小于圆钢直径的 6 倍			
		I	2	接地体连接未应用焊接法，焊接不牢固			

续表

线路单元	状态量	状态程度	基本扣分	判断依据	权重系数	应扣分值（应扣分值×权重）	备注
防火封堵	防火隔板	IV	10	固定防火隔板的附件未达相应耐火等级要求。防火隔板的安装不牢固可靠、未保持平整，缝隙处未用有机堵料封堵严密	4		
		II	4	防火隔板的安装不牢固可靠、未保持平整，缝隙处未用有机堵料封堵严密			
	有机防火堵施工	IV	10	有机防火堵料与其他防火材料配合封堵时，有机防火堵料未高于隔板 10mm，未呈几何形状	4		
		III	8	有机防火堵料与其他防火材料配合封堵时，有机防火堵料未高于隔板 20mm，未呈几何形状			
	无机防火堵料施工	IV	10	构筑阻火墙时，阻火墙的厚度小于 150MM	4		
		II	4	构筑阻火墙时，阻火墙的厚度小于 250MM			
	防火涂料施工	IV	10	电缆穿越墙、洞、楼板两端涂刷涂料，涂料的长度距建筑物的距离小于 0.5m，涂刷不整齐	4		
		II	4	电缆穿越墙、洞、楼板两端涂刷涂料，涂料的长度距建筑物的距离小于 1m，涂刷不整齐			
通道环境	与其他线路临近距离	IV	10	电力电缆与煤气、输油管道及地下储油罐、煤气罐之间净距小于 80%规定值	4		
		III	8	电力电缆与煤气、输油管道及地下储油罐、煤气罐之间净距为 80%～90%规定值			
		II	4	电力电缆与煤气、输油管道及地下储油罐、煤气罐之间净距为 90%～100%规定值			
	通道内树木、建筑情况	IV	10	电力电缆线路保护区内大面积种植树木；通道内违章房屋、修筑道路、开挖施工	4		
		III	8	电力电缆线路保护区外建房			
		II	4	电力电缆保护区内零星种植树木，近年内对电网不构成威胁			

　　在确定线路单元状态量扣分时应对该条线路所有同类设备的状态进行评价，但某状态量在线路不同地方出现多处扣分，不应将多处扣分进行累加，只取其中最严重的扣分作为该状态的扣分。

　　3. 线路单元评价方法

　　线路单元评价应同时考虑单项状态量的扣分和该单元所有状态量的合计扣分情

况，线路单元状态评价标准见表 Z13K6006Ⅲ-3。

当任一状态量单项扣分和单元所有状态量合计扣分同时达到表 Z13K6006Ⅲ-3 规定时，视为正常状态。

当任一状态量单项扣分或单元所有状态量合计扣分达到表 Z13K6006Ⅲ-3 规定时，视为注意状态。

当任一状态量单项扣分达到表 Z13K6006Ⅲ-3 规定时，视为异常状态或严重状态。

表 Z13K6006Ⅲ-3 　　　　线路单元评价标准

状态 线路单元	正常状态		注意状态		异常状态	严重状态
	合计扣分	单项扣分	合计扣分	单项扣分	单项扣分	单项扣分
土建	<14	≤10	≥14	12~24	30~32	40
电气安装	/	≤10	/	12~24	30~32	40
接地系统安装	/	≤10	/	12~24	30~32	40
防火封堵	<14	≤10	≥14	12~24	30~32	40
通道环境	/	≤10	/	12~24	30~32	40

4. 线路单元状态评价报告

线路单元状态评价报告格式见表 Z13K6006Ⅲ-4~表 Z13K6006Ⅲ-8。

表 Z13K6006Ⅲ-4 　　　　土建状态评价报告推荐格式

××公司××kV××线土建状态评价报告			
线路长度		土建数量	
土建状态量扣分情况及状态描述			
状态量名称	扣分值	扣分理由	
土建尺寸		1） 2）	
构筑物接地			
排水设施			
电缆沟盖板及检查井			
保护范围内基础表面取土情况			
土建状态量扣分情况统计			
单项最大扣分		合计扣分	

土建状态评价结果： □正常状态 □注意状态 □严重状态 □危急状态	
处理建议：	
评价时间： 年 月 日	
评价人：	审核：

表 Z13K6006Ⅲ-5 **电气安装状态评价报告推荐格式**

<table>
<tr><td colspan="3" align="center">××公司××kV××线电气安装状态评价报告</td></tr>
<tr><td align="center">线路长度</td><td></td><td align="center">电缆型号</td><td></td></tr>
<tr><td colspan="4" align="center">电气安装状态量扣分情况及状态描述</td></tr>
<tr><td align="center">状态量名称</td><td align="center">扣分值</td><td colspan="2" align="center">扣分理由</td></tr>
<tr><td align="center">电缆敷设牵引力及侧压力</td><td></td><td colspan="2"></td></tr>
<tr><td align="center">电缆的固定及排列</td><td></td><td colspan="2"></td></tr>
<tr><td align="center">电缆附件安装</td><td></td><td colspan="2"></td></tr>
<tr><td align="center">避雷器安装</td><td></td><td colspan="2"></td></tr>
<tr><td align="center">电缆下引线安装</td><td></td><td colspan="2"></td></tr>
<tr><td colspan="4" align="center">电气安装状态量扣分情况统计</td></tr>
<tr><td align="center">单项最大扣分</td><td></td><td align="center">合计扣分</td><td></td></tr>
</table>

电气安装状态评价结果： □正常状态 □注意状态 □严重状态 □危急状态	
处理建议：	
评价时间： 年 月 日	
评价人：	审核：

表 Z13K6006Ⅲ-6 **接地系统安装状态评价报告推荐格式**

<table>
<tr><td colspan="3" align="center">××公司××kV××线接地系统安装状态评价报告</td></tr>
<tr><td colspan="3" align="center">接地系统安装状态量扣分情况及状态描述</td></tr>
<tr><td align="center">状态量名称</td><td align="center">扣分值</td><td align="center">扣分理由</td></tr>
<tr><td align="center">单芯电缆的接地系统</td><td></td><td></td></tr>
<tr><td align="center">接地网（极）</td><td></td><td></td></tr>
<tr><td colspan="3" align="center">接地系统安装状态量扣分情况统计</td></tr>
<tr><td align="center">单项最大扣分</td><td></td><td align="center">合计扣分</td></tr>
</table>

续表

接地系统安装状态评价结果： □正常状态 □注意状态 □严重状态 □危急状态
处理建议：
评价时间： 年 月 日

评价人：	审核：

表 Z13K6006Ⅲ-7 防火封堵状态评价报告推荐格式

××公司××kV××线防火封堵状态评价报告

防火封堵状态量扣分情况及状态描述

状态量名称	扣分值	扣分理由
防火隔板		
有机防火堵施工		
无机防火堵料施工		
防火涂料施工		

防火封堵状态量扣分情况统计

单项最大扣分		合计扣分	

防火封堵状态评价结果： □正常状态 □注意状态 □严重状态 □危急状态
处理建议：
评价时间： 年 月 日

评价人：	审核：

表 Z13K6006Ⅲ-8 通道环境状态评价报告推荐格式

××公司××kV××线通道环境状态评价报告

通道环境状态量扣分情况及状态描述

状态量名称	扣分值	扣分理由
与其他线路临近距离		
通道内树木、建筑情况		

通道环境状态量扣分情况统计

单项最大扣分		合计扣分	

通道环境状态评价结果： □正常状态 □注意状态 □严重状态 □危急状态
处理建议：
评价时间： 年 月 日

评价人：	审核：

线路单元状态评价报告中应列出各状态量的扣分理由。

（二）线路整体评价

当整条线路所有单元评价为正常状态且未出现表 Z13K6006Ⅲ–9 中所列的状况时，则该条线路总体评价为正常状态。

当所有单元评价为正常状态时，但出现表 Z13K6006Ⅲ–9 中所列的状况之一，则该条线路总体评价为注意状态。

表 Z13K6006Ⅲ–9　　　　　线路注意状态情况列表

状态量	状态量描述
线路通道有施工等现场	线路通道内有建房及钻探施工等
导线锈蚀或损伤情况	导线出现 5 处以上的轻微锈蚀或损伤情况
外绝缘配置与现场污秽度适应情况	外绝缘配置与现场污秽度不相适应，有效爬电比距比污区图要求值低 3mm/kV
连接金具家族性缺陷情况	由于设计或材料缺陷在运行中发生过故障
线路设计缺陷情况	线路设计考虑不周，致使线路多次发生同类故障或存在安全隐患

当任一线路单元状态评价为注意状态、严重状态或危急状态时，架空输电线路总体状态评价应为其中最严重的状态。

线路状态评价报告推荐格式见表 Z13K6006Ⅲ–10。

表 Z13K6006Ⅲ–10　　　电力电缆线路状态评价报告推荐格式

江苏省电力公司电力电缆线路状态评价报告

××公司××kV××线

线路资料	电缆长度		电缆型号	
	电缆生产厂家		电缆出厂日期	
	附件厂家		投运日期	
	设计单位		施工单位	
	备注			

线路单元状态评价结果

线路单元	土建	电气安装	接地系统安装	防火封堵	通道环境
状态					
线路注意状态列表	线路通道有施工等现场				
	导线锈蚀或损伤情况				
	外绝缘配置与现场污秽度适应情况				

续表

线路注意 状态列表	连接金具家族性缺陷情况	
	线路设计缺陷情况	
总体状态评价结果： □正常状态　　□注意状态　　□严重状态　　□危急状态		
扣分状态 量状态 描述		
处理 建议		
评价时间：　　　年　　月　　日		
评价人：		审核：

【思考与练习】

1. 电缆线路状态量包括哪些？如何获取？

2. 何时进行电缆线路状态评价？

3. 如何评估电缆线路状态评价结果的准确性？

▲ 模块9　配电装置状态评价（Z13K6009Ⅲ）

【模块简介】本模块介绍配电装置状态评价的主要原则和方法，通过方法介绍，掌握配电装置状态评价的步骤和方法。

【模块内容】

配电装置状态评价主要包括配网架空线路、中压开关站、环网单元、配电室（箱式变电站）、电力电缆线路等设备的评价。

一、架空线路评价

架空线路按主干线线段和分支线（小分支可归并到上一级线路）、柱上设备单元进行状态评价。各单元按相应的评价标准进行状态评价，在各单元评价的基础上，架空线路宜作为一个整体设备进行综合评价。

状态评价以线路单元为单位，包括架空线路的杆塔（基础）、导线、绝缘子、铁件、金具、拉线、通道、接地装置及附件等部件。架空线路单元各部件的范围划分见表Z13K6009Ⅲ-1。

表 Z13K6009Ⅲ-1　　　　　架空线路单元各部件的范围划分

部件	代号	评 价 范 围
杆塔（基础）	P1	混凝土杆、铁塔、钢管杆的本体、基础、低压同杆
导线	P2	裸导线、绝缘线
绝缘子	P3	盘形悬式绝缘子、针式绝缘子、棒式绝缘子、双头瓷拉棒、拉线绝缘子等
铁件、金具	P4	横担、线夹、接地环装置等
拉线	P5	钢绞线、拉线金具、拉线基础
通道	P6	通道内线路交叉跨越情况、对地距离、水平距离情况等
接地装置	P7	接地引下线、接地网
附件	P8	标识、故障指示器等

架空线路单元状态评价内容包括绝缘性能、温度、机械特性、外观、负荷情况、接地电阻和电气距离，见表 Z13K6009Ⅲ-2。

表 Z13K6009Ⅲ-2　　　　　架空线路单元状态评价内容

部件	代号	评价内容						
		绝缘性能	温度	机械特性	外观	负荷情况	接地电阻	电气距离
杆塔（基础）	P1			√				
导线	P2		√	√	√	√		√
绝缘子	P3	√			√			
铁件、金具	P4	√	√	√	√			
拉线	P5			√	√			√
通道	P6				√			
接地装置	P7				√		√	
附件	P8				√		√	

注　"√"表示对该部件的相应状态进行评价，以下均同。

架空线路单元评价内容包含的状态量见表 Z13K6009Ⅲ-3。架空线路单元的状态量以巡检、例行试验、家族缺陷、运行信息等方式获取。

表 Z13K6009Ⅲ-3　　　　　架空线路单元评价内容包含的状态量

部件	代号	状 态 量
杆塔（基础）	P1	机械特性（埋深）、外观（倾斜度、裂纹、锈蚀、防护、沉降、低压同杆）

续表

部件	代号	状 态 量
导线	P2	温度、机械特性（断股）、外观（弧垂、散股、绝缘破损、异物、锈蚀）、负载、电气距离（交跨距离、水平距离）
绝缘子	P3	绝缘性能（污秽）、机械特性（固定）、外观（破损）
铁件、金具	P4	温度、机械特性（紧固）、外观、（锈蚀、弯曲度、附件完整度）
拉线	P5	机械特性（埋深）、外观（锈蚀、防护、沉降、松紧）、电气距离（交跨距离）
通道	P6	外观（保护距离）
接地装置	P7	外观（接地引下线外观）、接地电阻
附件	P8	外观（标识齐全、故障指示器等安装）

架空线路单元的状态量以巡检、例行试验、家族缺陷、运行信息等方式获取。

架空线路单元状态评价以量化的方式进行，各部件起评分为 100 分，各部件的最大扣分值为 100 分，架空线路单元各部件得分权重见表 Z13K6009Ⅲ–4。架空线路单元的状态量和最大扣分值见表 Z13K6009Ⅲ–5。

表 Z13K6009Ⅲ–4　　　　　架空线路单元各部件得分权重

部件	杆塔（基础）	导线	绝缘子	铁件、金具	拉线	通道	接地装置	附件
代号	P1	P2	P3	P4	P5	P6	P7	P8
权重 K_p	K_1	K_2	K_3	K_4	K_5	K_6	K_7	K_8
权重得分值	0.15	0.1	0.1	0.1	0.15	0.2	0.05	0.15

表 Z13K6009Ⅲ–5　　　　架空线路单元的状态量和最大扣分值

序号	状态量名称	代号	最大扣分值	序号	状态量名称	代号	最大扣分值
1	埋深	P1/P5	40	10	散股	P2	25
2	倾斜度	P1	40	11	绝缘破损	P2	20
3	裂纹	P1	40	12	温度	P2	40
4	塔材、金具、铁件锈蚀	P1/P4	30	13	负载	P2	40
5	防护	P1/P5	20	14	导线锈蚀	P2	40
6	沉降	P1/P5	40	15	异物	P2	40
7	低压同杆	PI	40	16	电气距离	P2/P5	40
8	弧垂	P2	20	17	交跨距离	P2	40
9	断股	P2	40	18	水平距离	P2	40

序号	状态量名称	代号	最大扣分值	序号	状态量名称	代号	最大扣分值
19	污秽	P3	40	26	拉线锈蚀	P5	40
20	破损	P3	40	27	拉线松紧	P5	40
21	固定	P3	40	28	保护距离	P6	40
22	温度	P4	40	29	接地引下线外观	P7	40
23	紧固	P4	40	30	接地电阻	P7	30
24	弯曲度	P4	40	31	标识齐全	P8	30
25	附件完整度	P4	40	32	故障指示器等安装	P8	30

评价结果计算方法如下。

（1）部件得分：

1）某一部件的最后得分 $M_P = m_P K_F K_T$（$P=1$，$\cdots$，8），其中 K_F 为家庭缺陷系数，K_T 为寿命系数。

2）某一部件的基础得分 $m_P = 100-$相应部件状态量中的最大扣分值（$P=1$，$\cdots$，8）。对存在家族缺陷的部件，取家族缺陷系数 $K_F = 0.95$，无家族缺陷的部件 $K_F = 1$。寿命系数 $K_T =$（$100-$运行年数$\times 0.3$）/100。

（2）某类部件得分：某类部件都在正常状态时，该类部件得分取算数平均值；有一个及以上部件得分在正常状态以下时，该类部件得分与最低的部件一致。各部件的评价结果按量化分值的大小分为正常状态、注意状态、异常状态和严重状态四个状态。架空线路部件评价分值与状态的关系见表 Z13K6009Ⅲ-6。

表 Z13K6009Ⅲ-6　　架空线路部件评价分值与状态的关系

部件	代号	85~100	75~85（含）	60~75（含）	60（含）以下
杆塔（基础）	P1	正常状态	注意状态	异常状态	严重状态
导线	P2	正常状态	注意状态	异常状态	严重状态
绝缘子	P3	正常状态	注意状态	异常状态	严重状态
铁件、金具	P4	正常状态	注意状态	异常状态	严重状态
拉线	P5	正常状态	注意状态	异常状态	严重状态
通道	P6	正常状态	注意状态	异常状态	严重状态
接地装置	P7	正常状态	注意状态	异常状态	严重状态
附近	P8	正常状态	注意状态	异常状态	严重状态

（3）架空线路单元得分。所有部件的得分都在正常状态时，该架空线路的状态为正常状态，最后得分=$\sum K_P M_P$（P=1，…，8），K_P为权重；有一类及以上部件得分在正常状态以下时，该架空线路单元的状态为最差部件的状态，最后得分=$\min M_P$（P=1，…，8）。

二、柱上设备

（一）柱上真空开关。

柱上真空开关状态评价以台为单元，包括套管、开关本体、隔离开关、操动机构、接地、标识及电压互感器等部件。柱上真空开关各部件的范围划分见表 Z13K6009Ⅲ-7。

表 Z13K6009Ⅲ-7　　　　柱上真空开关各部件的范围划分

部件	代号	评价范围
套管	P1	本体出线套管、外部连接
开关本体	P2	真空开关本体
隔离开关	P3	隔离开关
操动机构	P4	操动机构指示、连杆及拉环
接地	P5	接地引下线、接地体外观及接地电阻
标识	P6	各类设备标识、警示标识
电压互感器	P7	电压互感器

柱上真空开关的评价内容分为绝缘性能、直流电阻、温度、机械特性、外观和接地电阻，柱上真空开关各部件的评价内容见表 Z13K6009Ⅲ-8。

表 Z13K6009Ⅲ-8　　　　柱上真空开关各部件的评价内容

部件	代号	评价内容					
		绝缘性能	直流电阻	温度	机械特性	外观	接地电阻
套管	P1					√	
开关本体	P2	√	√	√	√	√	
隔离开关	P3			√	√	√	
操动机构	P4				√	√	
接地	P5					√	√
标识	P6					√	
电压互感器	P7	√				√	

柱上真空开关评价内容包含的状态量见表 Z13K6009Ⅲ-9。

表 Z13K6009Ⅲ-9　　　柱上真空开关评价内容包含的状态量

评价内容	状 态 量
绝缘性能	绝缘电阻
直流电阻	主回路直流电阻
温度	接头（触头）温度
机械特性	动作次数、正确性、卡涩程度
外观	完整、污秽、锈蚀、接地引下线外观、标识齐全、电压互感器外观
接地电阻	接地体的接地电阻

柱上真空开关的状态量以巡检、例行试验、诊断性试验、家族缺陷、运行信息等方式获取。

柱上真空开关状态评价以量化的方式进行，各部件起评分为 100 分，各部件的最大扣分值为 100 分。柱上真空开关各部件得分权重见表 Z13K6009Ⅲ-10。柱上真空开关的状态量和最大扣分值见表 Z13K6009Ⅲ-11。

表 Z13K6009Ⅲ-10　　　柱上真空开关各部件得分权重

部件	套管	开关本体	隔离开关	操动机构	接地	标识	电压互感器
代号	P1	P2	P3	P4	P5	P6	P7
权重 KP	K1	K2	K3	k4	K5	K6	K7
权重得分值	0.2	0.2	0.2	0.2	0.05	0.05	0.1

表 Z13K6009Ⅲ-11　　　柱上真空开关的状态量和最大扣分值

序号	状态量名称	代号	最大扣分值	序号	状态量名称	代号	最大扣分值
1	外观完整	P1/P3/P7	40	7	锈蚀	P2/P4/P5	30
2	污秽	P1/P3	40	8	正确性	P4	40
3	绝缘电阻	P2/P7	40	9	卡涩程度	P3/P4	30
4	主回路直流电阻	P2	40	10	接地引下线外观	P5	40
5	接头（触头）温度	P2/P3	40	11	标识齐全	P6	30
6	动作次数	P2	20	12	接地电阻	P5	30

评价结果计算方法如下。

（1）部件评价。

1）某一部件的最后得分 $M_P = m_P K_F K_T$（$P=1, \cdots, 7$）。

2) 某一部件的基础得分 m_P=100–相应部件状态量中的最大扣分值（P=1，…，7）。对存在家族缺陷的部件，取家族缺陷系数 K_F=0.95，无家族缺陷的部件 K_F=1。寿命系数 K_T=（100–设备运行年数×0.5）/100。

各部件的评价结果按量化分值的大小分为正常状态、注意状态、异常状态和严重状态四个状态。柱上真空开关部件评价分值与状态的关系见表 Z13K6009Ⅲ–12。

表 Z13K6009Ⅲ–12　　柱上真空开关部件评价分值与状态的关系

部件	代号	85～100	75～85（含）	60～75（含）	60（含）以下
套管	P1	正常状态	注意状态	异常状态	严重状态
开关本体	P2	正常状态	注意状态	异常状态	严重状态
隔离开关	P3	正常状态	注意状态	异常状态	严重状态
操动机构	P4	正常状态	注意状态	异常状态	严重状态
接地	P5	正常状态	注意状态	异常状态	严重状态
标识	P6	正常状态	注意状态	异常状态	严重状态
电压互感器	P7	正常状态	注意状态	异常状态	严重状态

（2）整体评价。当所有部件的得分在正常状态时，该柱上真空开关的状态为正常状态，最后得分=$\sum K_P M_P$（P=1，…，7）；一个及以上部件得分在正常状态以下时，该柱上真空开关的状态为最差部件的状态，最后得分=$\min M_P$（P=1，…，7）。

（二）柱上 SF$_6$ 开关。

柱上 SF$_6$ 开关状态评价以台为单位，包括套管、开关本体、隔离开关、操动机构、接地、标识及电压互感器等部件。柱上 SF$_6$ 开关各部件的范围划分见表 Z13K6009Ⅲ–13。

表 Z13K6009Ⅲ–13　　　　柱上 SF$_6$ 开关各部件的范围划分

部件	代号	评价范围
套管	P1	本体出线套管、外部连接
开关本体	P2	SF$_6$ 开关本体
隔离开关	P3	隔离开关
操动机构	P4	操动机构指示、连杆及拉环
接地	P5	接地引下线外观、接地电阻
标识	P6	各类设备标识、警示标识
电压互感器	P7	电压互感器

柱上 SF$_6$ 开关的评价内容分为绝缘性能、直流电阻、温度、机械特性、外观和接

地电阻，柱上 SF_6 开关各部件的评价内容见表 Z13K6009Ⅲ-14。

表 Z13K6009Ⅲ-14　　　　柱上 SF_6 开关各部件的评价内容

部件	代号	评价内容					
		绝缘性能	直流电阻	温度	机械特性	外观	接地电阻
套管	P1			√		√	
开关本体	P2	√	√		√	√	
隔离开关	P3			√	√	√	
操动机构	P4				√	√	
接地	P5					√	√
标识	P6					√	
电压互感器	P7	√				√	

柱上 SF_6 开关评价内容包含的状态量见表 Z13K6009Ⅲ-15。

表 Z13K6009Ⅲ-15　　　　柱上 SF_6 开关评价内容包含的状态量

评价内容	状　态　量
绝缘性能	绝缘电阻
直流电阻	主回路直流电阻
温度	接头（触头）温度
机械特性	动作次数、正确性、卡涩程度、低气压闭锁
外观	完整、污秽、锈蚀、标识齐全、SF_6 仪表指示、接地引下线外观、电压互感器外观
接地电阻	接地电阻

柱上 SF_6 开关的状态量以巡检、例行试验、诊断性试验、家族缺陷、运行信息等方式获取。

柱上 SF_6 开关状态评价以量化的方式进行，各部件起评分为 100 分，各部件的最大扣分值为 100 分。柱上 SF_6 开关各部件得分权重见表 Z13K6009Ⅲ-16。柱上 SF_6 开关的状态量和最大扣分值见表 Z13K6009Ⅲ-17。

表 Z13K6009Ⅲ-16　　　　柱上 SF_6 开关各部件得分权重

部件	套管	开关本体	隔离开关	操动机构	接地	标识	电压互感器
代号	P1	P2	P3	P4	P5	P6	P7
权重 KP	k1	k2	K3	K4	K5	k6	K7
权重得分值	0.2	0.2	0.2	0.2	0.05	0.05	0.1

表 Z13K6009Ⅲ–17   柱上 SF₆ 开关的状态量和最大扣分值

序号	状态量名称	代号	最大扣分值	序号	状态量名称	代号	最大扣分值
1	外观完整	P1/P3/P7	40	8	SF₆ 仪表指示	P2	40
2	污秽	P1/P3	40	9	正确性	P4	40
3	绝缘电阻	P2/P7	40	10	卡涩程度	P3/P4	30
4	主回路直流电阻	P2	40	11	接地引下线外观	P5	40
5	接头（触头）温度	P2/P3	40	12	标识齐全	P6	30
6	动作次数	P2	20	13	接地电阻	P5	30
7	锈蚀	P2/P4/P5	30				

评价结果计算方法如下。

（1）部件评价。

1）某一部件的最后得分 $M_P = m_P K_F K_T$（P=1，…，7）。

2）某一部件的基础得分 m_P=100–相应部件状态量中的最大扣分值（P=1，…，7）。对存在家族缺陷的部件，取家族缺陷系数 K_F=0.95，无家族缺陷的部件 K_F=1。寿命系数 K_T=（100–设备运行年数×0.5）/100。

各部件的评价结果按量化分值的大小分为正常状态、注意状态、异常状态和严重状态四个状态。柱上 SF₆ 开关部件评价分值与状态的关系见表 Z13K6009Ⅲ–18。

表 Z13K6009Ⅲ–18   柱上 SF₆ 开关部件评价分值与状态的关系

部件	代号	85～100	75～85（含）	60～75（含）	60（含）以下
套管	P1	正常状态	注意状态	异常状态	严重状态
开关本体	P2	正常状态	注意状态	异常状态	严重状态
隔离开关	P3	正常状态	注意状态	异常状态	严重状态
操动机构	P4	正常状态	注意状态	异常状态	严重状态
接地	P5	正常状态	注意状态	异常状态	严重状态
标识	P6	正常状态	注意状态	异常状态	严重状态
电压互感器	P7	正常状态	注意状态	异常状态	严重状态

（2）整体评价。当所有部件的得分在正常状态时，该柱上 SF₆ 开关的状态为正常状态，最后得分=$\Sigma K_P M_P$（P=1，…，7）；一个及以上部件得分在正常状态以下时，该柱上 SF₆ 开关的状态为最差部件的状态，最后得分=$\min M_P$（P=1，…，7）。

（三）柱上隔离开关

柱上隔离开关状态评价以台为单元，包括支持绝缘子、隔离开关本体、操动机构、接地系统及标识等部件。柱上隔离开关各部件的范围划分见表 Z13K6009Ⅲ-19。

表 Z13K6009Ⅲ-19　　　　　柱上隔离开关各部件的范围划分

部件	代号	评 价 范 围
套管	P1	本体支持绝缘子、外部连接
隔离开关本体	P2	隔离开关本体
操动机构	P3	连杆及拉环
接地	P4	接地引下线外观、接地电阻
标识	P5	各类设备标识、警示标识

柱上隔离开关的评价内容分为绝缘性能、温度、机械特性、外观和接地电阻，柱上隔离开关各部件的评价内容见表 Z13K6009Ⅲ-20。

表 Z13K6009Ⅲ-20　　　　　柱上隔离开关各部件的评价内容

部件	代号	评价内容				
		绝缘性能	温度	机械特性	外观	接地电阻
支持绝缘子	P1	√				
本体	P2		√	√	√	
操动机构	P3				√	
接地	P4				√	√
标识	P5				√	

柱上隔离开关评价内容包含的状态量见表 Z13K6009Ⅲ-21。

表 Z13K6009Ⅲ-21　　　　　柱上隔离开关评价内容包含的状态量

评价内容	状 态 量
绝缘性能	污秽、完整
温度	接头（触头）温度
机械特性	卡涩程度
外观	锈蚀、接地引下线外观、标识齐全
接地电阻	接地电阻

柱上隔离开关的状态量以巡检、例行试验、诊断性试验、家族缺陷、运行信息等方式获取。柱上隔离开关状态评价以量化的方式进行，各部件起评分为 100 分，各部件的最大扣分值为 100 分，柱上隔离开关各部件得分权重见表 Z13K6009Ⅲ-22。柱上隔离开关的状态量和最大扣分值见表 Z13K6009Ⅲ-23。

表 Z13K6009Ⅲ-22　　　　柱上隔离开关各部件得分权重

部件	支持绝缘子	隔离开关本体	操动机构	接地	标识
代号	P1	P2	P3	P4	P5
权重 KP	k1	k2	K3	K4	K5
权重得分值	0.3	0.3	0.25	0.1	0.05

表 Z13K6009Ⅲ-23　　　柱上隔离开关的状态量和最大扣分值

序号	状态量名称	代号	最大扣分值	序号	状态量名称	代号	最大扣分值
1	污秽	P1	40	5	锈蚀	P2/P3	30
2	完整	P1	40	6	接地引下线外观	P4	40
3	接头（触头）温度	P2	40	7	接地电阻	P4	30
4	卡涩程度	P2/P3	30	8	标识齐全	P5	30

评价结果计算方法如下。

（1）某一部件的最后得分 $M_P=m_P K_F K_T$（P=1，…，7）。

（2）某一部件的基础得分 m_P=100−相应部件状态量中的最大扣分值（P=1，…，7）。对存在家族缺陷的部件，取家族缺陷系数 K_F=0.95，无家族缺陷的部件 K_F=1。寿命系数 K_T=（100−设备运行年数×0.5）/100。

各部件的评价结果按量化分值的大小分为正常状态、注意状态、异常状态和严重状态四个状态。柱上隔离开关部件评价分值与状态的关系见表 Z13K6009Ⅲ-24。

表 Z13K6009Ⅲ-24　　　柱上隔离开关部件评价分值与状态的关系

部件	代号	85～100	75～85（含）	60～75（含）	60（含）以下
支持绝缘子	P1	正常状态	注意状态	异常状态	严重状态
本体	P2	正常状态	注意状态	异常状态	严重状态
操动机构	P3	正常状态	注意状态	异常状态	严重状态
接地	P4	正常状态	注意状态	异常状态	严重状态
标识	P5	正常状态	注意状态	异常状态	严重状态

（四）跌落式熔断器

跌落式熔断器状态评价以组为单元，包括本体及引线等部件。跌落式熔断器各部件的范围划分见表 Z13K6009Ⅲ-25。

表 Z13K6009Ⅲ-25　　　跌落式熔断器各部件的范围划分

部件	代号	评价范围
本体及引线	P1	跌落式熔断器本体、上下引线

跌落式熔断器的评价内容分为绝缘性能、温度、机械特性和外观。跌落式熔断器各部件的评价内容见表 Z13K6009Ⅲ-26。

表 Z13K6009Ⅲ-26　　　跌落式熔断器各部件的评价内容

部件	代号	评价内容			
		绝缘性能	温度	机械特性	外观
本体及引线	P1	√	√	√	√

跌落式熔断器评价内容包含的状态量见表 Z13K6009Ⅲ-27。

表 Z13K6009Ⅲ-27　　　跌落式熔断器评价内容包含的状态量

评价内容	状态量
绝缘性能	完整、污秽
温度	接头（触头）温度
机械特性	操作稳定性、可靠性、故障跌落次数
外观	锈蚀

跌落式熔断器的状态量以巡检、家族缺陷、运行信息等方式获取。

跌落式熔断器状态评价以量化的方式进行，部件起评分为 100 分，最大扣分值为 100 分，跌落式熔断器各部件得分权重见表 Z13K6009Ⅲ-28。跌落式熔断器的状态量和最大扣分值见表 Z13K6009Ⅲ-29。

表 Z13K6009Ⅲ-28　　　跌落式熔断器各部件得分权重

部件	本体及引线
代号	P1
权重 KP	K1
权重得分值	1

序号	状态量名称	代号	最大扣分值	序号	状态量名称	代号	最大扣分值
1	完整	P1	40	4	故障跌落次数	P1	40
2	污秽	P1	40	5	操作稳定性、可靠性	P1	40
3	接头（触头）温度	P1	40	6	锈蚀	P1	30

评价结果计算方法如下。

（1）最后得分 $M_P=m_P K_F K_T$（$P=1$）。

（2）基础得分 $m_P=100-$状态量中的最大扣分值（$P=1$）。对存在家族缺陷的，取家族缺陷系数 $K_F=0.95$，无家族缺陷的 $K_F=1$。寿命系数 $K_T=$（$100-$运行年数$\times0.5$）$/100$。

评价结果按量化分值的大小分为正常状态、注意状态、异常状态和严重状态四个状态。跌落式熔断器评价分值与状态的关系见表 Z13K6009Ⅲ-30。

表 Z13K6009Ⅲ-30 跌落式熔断器评价分值与状态的关系

部件	代号	85～100	75～85（含）	60～75（含）	60（含）以下
本体及引线	P1	正常状态	注意状态	异常状态	严重状态

（五）金属氧化物避雷器

金属氧化物避雷器状态评价以组为单元，分为本体及引线。金属氧化物避雷器部件的范围划分见表 Z13K6009Ⅲ-31。

表 Z13K6009Ⅲ-31 金属氧化物避雷器部件的范围划分

部件	代号	评价范围
本体及引线	P1	避雷器本体、引线及接地

金属氧化物避雷器的评价内容包括绝缘性能、温度、外观和接地电阻三个方面。金属氧化物避雷器各部件评价内容见表 Z13K6009Ⅲ-32。

表 Z13K6009Ⅲ-32 金属氧化物避雷器各部件评价内容

部件	代号	绝缘性能	温度	外观	接地电阻
本体及引线	P1	√	√	√	√

金属氧化物避雷器评价内容包含的状态量见表 Z13K6009Ⅲ-33。

表 Z13K6009Ⅲ-33　　金属氧化物避雷器评价内容包含的状态量

评价内容	状　态　量
绝缘性能	污秽
温度	温差
外观	完整、接地引下线外观
接地电阻	接地电阻

金属氧化物避雷器的状态量以巡检、家族缺陷、运行信息等方式获取。

金属氧化物避雷器状态评价以量化的方式进行，部件起评分为 100 分，最大扣分值为 100 分，金属氧化物避雷器各部件得分权重见表 Z13K6009Ⅲ-34。金属氧化物避雷器的状态量和最大扣分值见表 Z13K6009Ⅲ-35。

表 Z13K6009Ⅲ-34　　　　金属氧化物避雷器各部件得分权重

部件	本体及引线
代号	P1
权重 KP	K1
权重得分值	1

表 Z13K6009Ⅲ-35　　　金属氧化物避雷器的状态量和最大扣分值

序号	状态量名称	代号	最大扣分值	序号	状态量名称	代号	最大扣分值
1	完整	P1	40	4	接地引下线外观	P1	40
2	温差	P1	30	5	接地电阻	P1	30
3	污秽	P1	40				

评价结果计算方法如下。

（1）最后得分 $M_P = m_P K_F K_T$（$P=1$）。

（2）基础得分 $m_P = 100 -$ 状态量中的最大扣分值（$P=1$）。对存在家族缺陷的，取家族缺陷系数 $K_F = 0.95$，无家族缺陷的 $K_F = 1$。寿命系数 $K_T =$（$100 -$ 运行年数）$/100$。

评价结果按量化分值的大小分为正常状态、注意状态、异常状态和严重状态四个状态。金属氧化物避雷器部件评价分值与状态的关系见表 Z13K6009Ⅲ-36。

表 Z13K6009Ⅲ-36 金属氧化物避雷器部件评价分值与状态的关系

部件	代号	85～100（含）	75～85（含）	60～75（含）	60 及以下
本体及引线	P1	正常状态	注意状态	异常状态	严重状态

（六）电容器

电容器状态评价以台为单元，包括套管、电容器本体、熔断器、控制机构、接地系统及标识等部件。电容器各部件的范围划分见表 Z13K6009Ⅲ–37。

表 Z13K6009Ⅲ–37 电容器各部件的范围划分

部件	代号	评 价 范 围
套管	P1	本体出线套管、外部连接
电容器本体	P2	电容器本体
熔断器	P3	熔断器
控制机构	P4	控制机构动作及指示
接地	P5	接地引下线外观、接地电阻
标识	P6	各类设备标识、警示标识

电容器的评价内容分为绝缘性能、温度、机械特性、外观和接地电阻。电容器各部件的评价内容见表 Z13K6009Ⅲ–38。

表 Z13K6009Ⅲ–38 电容器各部件的评价内容

部件	代号	评价内容				
		绝缘性能	温度	机械特性	外观	接地电阻
套管	P1	√	√		√	
电容器本体	P2	√	√		√	
熔断器	P3		√		√	
控制机构	P4			√	√	
接地	P5				√	√
标识	P6				√	

电容器评价内容包含的状态量见表 Z13K6009Ⅲ–39。

表 Z13K6009Ⅲ–39 电容器评价内容包含的状态量

评价内容	状 态 量
绝缘性能	绝缘电阻、电容量
温度	接头（触头）温度、电容器本体温度、熔断器温度
机械特性	控制机构动作正确性
外观	完整、污秽、锈蚀、电容器渗漏、鼓肚、显示、接地引下线外观、标识齐全
接地电阻	接地电阻

电容器的状态量以巡检、例行试验、诊断性试验、家族缺陷、运行信息等方式获取。

电容器状态评价以量化的方式进行，各部件起评分为 100 分，各部件的最大扣分值为 100 分，电容器各部件得分权重见表 Z13K6009Ⅲ-40。电容器的状态量和最大扣分值见表 Z13K6009Ⅲ-41。

表 Z13K6009Ⅲ-40　　　　　电容器各部件得分权重

部件	套管	电容器本体	熔断器	控制机构	接地	标识
代号	P1	P2	P3	P4	P5	P6
权重 KP	k1	k2	K3	K4	K5	k6
权重得分值	0.2	0.2	0.1	0.3	0.1	0.1

表 Z13K6009Ⅲ-41　　　　电容器的状态量和最大扣分值

序号	状态量名称	代号	最大扣分值	序号	状态量名称	代号	最大扣分值
1	绝缘电阻	P1/P2	40	7	锈蚀	P2/P4/P5	30
2	温度	P1/P2/P3	40	8	动作正确性	P4	40
3	完整	P1/P3	40	9	显示	P4	40
4	污秽	P1/P3	40	10	接地电阻	P5	20
5	电容量	P2	40	11	标识齐全	P6	30
6	电容器渗漏、鼓肚	P2	40				

评价结果计算方法如下。

（1）部件评价。

1）某一部件的最后得 $M_P = m_P K_F K_T$（$P = 1$，$\cdots$，6）。

2）某一部件的基础得分 $m_P = 100 -$ 相应部件状态量中的最大扣分值（$P = 1$，$\cdots$，6）。对存在家族缺陷的部件，取家族缺陷系数 $K_F = 0.95$，无家族缺陷的部件 $K_F = 1$。寿命系数 $K_T =$（100 - 设备运行年数 × 0.5）/100。

各部件的评价结果按量化分值的大小分为正常状态、注意状态、异常状态和严重状态四个状态。电容器部件评价分值与状态的关系见表 Z13K6009Ⅲ-42。

表 Z13K6009Ⅲ-42　　　电容器部件评价分值与状态的关系

部件	代号	85～100	75～85（含）	60～75（含）	60（含）以下
套管	P1	正常状态	注意状态	异常状态	严重状态

续表

部件	代号	85~100	75~85（含）	60~75（含）	60（含）以下
电容器本体	P2	正常状态	注意状态	异常状态	严重状态
熔断器	P3	正常状态	注意状态	异常状态	严重状态
控制机构	P4	正常状态	注意状态	异常状态	严重状态
接地	P5	正常状态	注意状态	异常状态	严重状态
标识	P6	正常状态	注意状态	异常状态	

（2）整体评价。当所有部件的得分在正常状态时，该电容器的状态为正常状态，最后得分=$\sum K_P M_P$（$P=1，\cdots，6$）；一个及以上部件得分在正常状态以下时，该电容器的状态为最差部件的状态，最后得分=$\min M_P$（$P=1，\cdots，6$）。

（七）高压计量箱

高压计量箱状态评价以台为单元，包括绕组及套管、油箱（外壳）、接地及标识等部件。高压计量箱各部件的范围划分见表 Z13K6009Ⅲ-43。

表 Z13K6009Ⅲ-43　　　　　　高压计量箱各部件的范围划分

部件	代号	评 价 范 围
绕组及套管	P1	出线套管、绕组
油箱（外壳）	P2	油箱（外壳）
接地	P3	接地引下线
标识	P4	各类设备标识、警示标识

高压计量箱的评价内容分为绝缘性能、温度、外观和接地电阻，高压计量箱各部件的评价内容见表 Z13K6009Ⅲ-44。

表 Z13K6009Ⅲ-44　　　　　　高压计量箱各部件的评价内容

部件	代号	评价内容			
		绝缘性能	温度	外观	接地电阻
绕组及套管	P1	√	√	√	
油箱（外壳）	P2			√	
接地	P3			√	√
标识	P4			√	

高压计量箱评价内容包含的状态量见表 Z13K6009Ⅲ-45。

表 Z13K6009Ⅲ-45　　　　高压计量箱评价内容包含的状态量

评价内容	状态量
绝缘性能	绝缘电阻
温度	接头温度
外观	污秽、锈蚀、接地引下线外观、标识齐全
接地电阻	接地电阻

高压计量箱的状态量以查阅资料、停电试验、带电检测、巡视检查和在线监测等方式获取。

高压计量箱状态评价以量化的方式进行，各部件起评分为 100 分，各部件的最大扣分值为 100 分。高压计量箱各部件得分权重见表 Z13K6009Ⅲ-46。高压计量箱的状态量和最大扣分值见表 Z13K6009Ⅲ-47。

表 Z13K6009Ⅲ-46　　　　高压计量箱各部件得分权重

部件	绕组及套管	油箱（外壳）	接地	标识
代号	P1	P2	P3	P4
权重 KP	K1	k2	K3	Ka
权重得分值	0.4	0.3	0.2	0.1

表 Z13K6009Ⅲ-47　　　　高压计量箱的状态量和最大扣分值

序号	状态量名称	代号	最大扣分值	序号	状态量名称	代号	最大扣分值
1	一次绝缘电阻	P1	40	6	锈蚀	P2	30
2	二次绝缘电阻	P1	30	7	渗漏油	P2	40
3	接头（触头）温度	P1	40	8	接地引下线外观	P3	40
4	套管污秽	P1	40	9	接地电阻	P3	30
5	套管外观	P1	40	10	标识齐全	P4	30

评价结果计算方法如下。

（1）部件评价。

1）某一部件的最后得分 $M_P = m_P K_F K_T$（P=1，…，4）。

2）某一部件的基础得分 m_P=100-相应部件状态量中的最大扣分值（P=1，…，6）。对存在家族缺陷的部件，取家族缺陷系数 K_F=0.95，无家族缺陷的部件 K_F=1。寿命系数 K_T=（100-设备运行年数×0.5）/100。

各部件的评价结果按量化分值的大小分为正常状态、注意状态、异常状态和严重状态四个状态。高压计量箱部件评价分值与状态的关系见表 Z13K6009Ⅲ-48。

表 Z13K6009Ⅲ-48　　　高压计量箱部件评价分值与状态的关系

部件	代号	85～100	75～85（含）	60～75（含）	60（含）以下
绕组及套管	P1	正常状态	注意状态	异常状态	严重状态
邮箱（外壳）	P2	正常状态	注意状态	异常状态	严重状态
接地	P3	正常状态	注意状态	异常状态	严重状态
标识	P4	正常状态	注意状态	异常状态	

（2）整体评价。当所有部件的得分在正常状态时，该高压计量箱的状态为正常状态，最后得分=$\sum K_P M_P$（$P=1$，…，4）；一个及以上部件得分在正常状态以下时，该电容器的状态为最差部件的状态，最后得分=$\min M_P$（$P=1$，…，4）。

三、配电变压器

配电变压器状态评价以台为单元，包括绕组及套管、分接开关、冷却系统、邮箱、非电量保护及接地系统、绝缘油及标识等部件。配电变压器各部件的范围划分见表 Z13K6009Ⅲ-49。

表 Z13K6009Ⅲ-49　　　　配电变压器各部件的范围划分

部件	代号	评价范围
绕组及套管	P1	高压绕组、低压绕组及出线套管、外部连接
分接开关	P2	无载分接开关
冷却系统	P3	风机、温控装置
油箱	P4	油箱（包括散热器）、储油柜、密封
非电量保护	P5	气体继电器、压力释放阀、温度计
接地	P6	接地引下线、接地电阻
绝缘油	P7	油样
标识	P8	各类设备标识、警示标识

配电变压器的评价内容分为绝缘性能、直流电阻、温度、机械特性、外观（油位、呼吸器、硅胶、密封）、负荷情况、接地电阻、安全对地距离。配电变压器各部件的评价内容见表 Z13K6009Ⅲ-50。

表 Z13K6009Ⅲ-50 配电变压器各部件的评价内容

部件	代号	评价内容							
		绝缘性能	直流电阻	温度	机械特性	外观	负荷情况	接地电阻	安全对地距离
绕组及套管	P1	√	√	√		√	√		
分接开关	P2				√				
冷却系统	P3			√	√				
油箱	P4					√			√
非电量保护	P5	√							
接地	P6					√		√	
绝缘油	P7	√				√			
标识	P8					√			

配电变压器评价内容包含的状态量见表 Z13K6009Ⅲ-51。

表 Z13K6009Ⅲ-51 配电变压器评价内容包含的状态量

评价内容	状 态 量
绝缘性能	绕组及套管绝缘电阻、非电量保护装置绝缘电阻、绝缘油耐压
直流电阻	绕组直流电阻
温度	接头温度、油温度、干式变压器身温度、温控装置性能
机械特性	风机动作情况、分接开关动作情况
负荷情况	负载率、三相不平衡率
外观	标识齐全、油位、污秽、锈蚀、密封、呼吸器硅胶颜色、接地引下线外观、绝缘油颜色
接地电阻	接地电阻
安全对地距离	配电变压器台架对地安全距离

配电变压器的状态量以巡检、例行试验、诊断性试验、家族缺陷、运行信息等方式获取。

配电变压器状态评价以量化的方式进行，各部件起评分为 100 分，各部件的最大扣分值为 100 分，配电变压器各部件得分权重见表 Z13K6009Ⅲ-52。配电变压器的状态量和最大扣分值见表 Z13K6009Ⅲ-53。

表 Z13K6009Ⅲ-52　　　　　配电变压器各部件得分权重

油浸式变压器								
部件	绕组及套管	分接开关	冷却系统	油箱	非电量保护	接地	绝缘油	标识
代号	P1	P2	—	P4	P5	P6	P7	P8
权重 K_p	K1	K2	—	K4	K5	K6	K7	K8
权重得分值	0.3	0.10	—	0.10	0.10	0.10	0.20	0.10

干式变压器								
部件	绕组及套管	分接开关	冷却系统	油箱	非电量保护	接地	绝缘油	标识
代号	P1	P2	P3	—	—	P6	—	P8
权重 K_p	K1	K2	K3	—	—	K6	—	K8
权重得分值	0.40	0.10	0.30	—	—	0.10	—	0.10

表 Z13K6009Ⅲ-53　　　　配电变压器的状态量和最大扣分值

序号	状态量名称	代号	最大扣分值	序号	状态量名称	代号	最大扣分值
1	绕组直流电阻	P1	40	13	密封	P4	40
2	绕组及套管绝缘电阻	P1	40	14	油位	P4	40
3	接头温度	P1	40	15	呼吸器硅胶颜色	P4	15
4	负载率	P1	40	16	油温度	P4	25
5	污秽	P1	40	17	锈蚀	P4	30
6	套管外观	P1	40	18	非电量保护装置绝缘电阻	P5	30
7	干式变压器身温度	P1	30	19	接地引下线外观	P6	40
8	三相不平衡率	P1	20	20	接地电阻	P6	30
9	分接开关性能	P2	15	21	绝缘油颜色	P7	10
10	温控装温性能	P3	40	22	交流耐压试验	P7	40
11	风机运行情况	P3	40	23	标识齐全	P8	30
12	配电变压器台架对地安全距离	P4	40				

评价结果如下。

（1）部件评价。

1）某一部件的最后得分 $M_P=m_P K_F K_T$（$P=1$，…，8）。

2）某一部件的基础得分 $m_P=100-$相应部件状态量中的最大扣分值（$P=1$，…，8）。对存在家族缺陷的部件，取家族缺陷系数 $K_F=0.95$，无家族缺陷的部件 $K_F=1$。寿命系

数 K_T=（100−设备运行年数×0.5）/100。

各部件的评价结果按量化分值的大小分为正常状态、注意状态、异常状态和严重状态四个状态。配电变压器部件评价分值与状态的关系见表 Z13K6009Ⅲ–54。

表 Z13K6009Ⅲ–54　　配电变压器部件评价分值与状态的关系

部件	代号	85～100	75～85（含）	60～75（含）	60（含）以下
绕组及套管	P1	正常状态	注意状态	异常状态	严重状态
分接开关	P2	正常状态	注意状态		
冷却系统	P3	正常状态	注意状态	异常状态	严重状态
油箱	P4	正常状态	注意状态	异常状态	严重状态
非电量保护系统	P5	正常状态	注意状态	异常状态	
接地	P6	正常状态	注意状态	异常状态	严重状态
绝缘油	P7	正常状态	注意状态	异常状态	严重状态
标识	P8	正常状态	注意状态	异常状态	

（2）整体评价。当所有部件的得分在正常状态时，该配电变压器的状态为正常状态，最后得分=$\sum K_P M_P$（P=1，…，8）；一个及以上部件得分在正常状态以下时，该电容器的状态为最差部件的状态，最后得分=$\min M_P$（P=1，…，8）。

四、开关柜

开关柜状态评价以间隔为单元，包括本体、附件、操动机构及控制回路、辅助部件及标识等部件。开关柜各部件的范围划分见表 Z13K6009Ⅲ–55。

表 Z13K6009Ⅲ–55　　　　　　开关柜各部件的范围划分

部件	代号	评 价 范 围
本体	P1	开关、隔离开关、熔断器、母线、绝缘子
附件	P2	电流互感器、电压互感器、避雷器、加热器、温湿度控制器、故障指示器
操动系统及控制回路	P3	操动弹簧机构、分合闸线圈、辅助开关、二次回路、端子
辅助部件	P4	带电指示、五防、压力表、二次仪表、接地
标识	P5	各类设备标识、警示标识

开关柜的评价内容分为绝缘性能、载流能力、SF_6 气体、机械特性、接地电阻和外观，开关柜各部件的评价内容见表 Z13K6009Ⅲ–56。

表 Z13K6009Ⅲ-56   开关柜各部件的评价内容

部件	代号	评价内容					
		绝缘性能	载流能力	SF$_6$气体	机械特性	接地电阻	外观
本体	P1	√	√	√			√
附件	P2	√					√
操动系统及控制回路	P3	√			√		
辅助部件	P4					√	√
标识	P5						√

开关柜评价内容包含的状态量见表 Z13K6009Ⅲ-57。

表 Z13K6009Ⅲ-57   开关柜评价内容包含的状态量

评价内容	状 态 量
绝缘性能	绝缘电阻、凝露、放电声音
载流能力	主回路直流电阻、导电连接点的相对温差或温升
SF$_6$气体	SF$_6$气体泄漏
机械性能	联跳功能、分合闸操作、辅助开关投切状况、五防
外观	标识齐全、带电显示器、二次仪表、锈蚀、接地、接地引下线外观
接地电阻	接地电阻

开关柜的状态量以巡检、例行试验、诊断性试验、家族缺陷、运行信息等方式获取。

开关柜状态评价以量化的方式进行，各部件起评分为 100 分，最大扣分值为 100分，开关柜各部件得分权重见表 Z13K6009Ⅲ-58。开关柜的状态量和最大扣分值见表Z13K6009Ⅲ-59。

表 Z13K6009Ⅲ-58   开关柜各部件得分权重

部件	本体	附件	振动系统及控制回路	辅助部件	标识
代号	P1	P2	P3	P4	P5
权重 KP	K1	K2	K3	K4	K5
权重得分值	0.3	0.2	0.25	0.15	0.1

表 Z13K6009Ⅲ-59　　　　　开关柜的状态量和最大扣分值

序号	状态量名称	代号	最大扣分值	序号	状态量名称	代号	最大扣分值
1	绝缘电阻	P1、P2、P3	40	10	联跳功能	P3	40
2	放电声音	P1	40	11	五防功能	P3	40
3	主回路直流电阻	P1	40	12	辅助开关投切状况	P3	10
4	导电连接点的相对温差或温升	P1	40	13	接地引下线外观	P4	40
5	SF₆仪表指示	P1	40	14	接地电阻	P4	30
6	凝露（加热器、温湿度控制器异常）	P1	30	15	带电显示器	P4	20
7	污秽	P1	40	16	仪表指示	P4	10
8	完整	P1	40	17	标识齐全	P5	30
9	分合闸操作	P1	40				

评价结果如下。

（1）部件评价。

1）某一部件的最后得分 $M_P = m_P K_F K_T$（$P=1$，…，5）。

2）某一部件的基础得分 $m_P = 100 -$ 相应部件状态量中的最大扣分值（$P=1$，…，5）。对存在家族缺陷的部件，取家族缺陷系数 $K_F = 0.95$，无家族缺陷的部件 $K_F = 1$。寿命系数 $K_T =$（$100 -$ 设备运行年数×0.5）/100。

各部件的评价结果按量化分值的大小分为正常状态、注意状态、异常状态和严重状态四个状态。开关柜部件评价分值与状态的关系见表 Z13K6009Ⅲ-60。

表 Z13K6009Ⅲ-60　　　　　开关柜部件评价分值与状态的关系

部件	代号	85～100	75～85（含）	60～75（含）	60（含）以下
本体	P1	正常状态	注意状态	异常状态	严重状态
附件	P2	正常状态	注意状态	异常状态	严重状态
操动系统控制回路	P3	正常状态	注意状态	异常状态	严重状态
辅助部件	P4	正常状态	注意状态	异常状态	严重状态
标识	P5	正常状态	注意状态	异常状态	

（2）整体评价。当所有部件的得分在正常状态时，该配电变压器的状态为正常状态，最后得分 $= \sum K_P M_P$（$P=1$，…，5）；一个及以上部件得分在正常状态以下时，该电

容器的状态为最差部件的状态，最后得分=$\min M_P$（$P=1$，…，5）。

五、电缆线路

电缆线路状态评价以每条电缆为单元，包括电缆本体、电缆终端、电缆中间接头、接地系统、电缆通道、辅助设施等部件。电缆线路各部件的范围划分见表 Z13K6009Ⅲ-61。

表 Z13K6009Ⅲ-61 电缆线路各部件的范围划分

部件	代号	评 价 范 围
电缆本体	P1	电缆本体
电缆终端	P2	电缆终端头
电缆中间接头	P3	电缆中间头
接地系统	P4	接地引下线
电缆通道	P5	电缆井、电缆管沟、电缆桥架、电缆支架、电缆线路保护区
辅助设施	P6	电缆金具、围栏、保护管、各类设备标识、警示标识

电缆线路的评价内容分为电气性能、机械性能、防火阻燃、设备环境和外观。电缆线路各部件的评价内容详见表 Z13K6009Ⅲ-62。

表 Z13K6009Ⅲ-62 电缆线路各部件的评价内容

部件	代号	评价内容				
		电气性能	机械性能	防火阻燃	设备环境	外观
电缆本体	P1	√		√	√	√
电缆终端	P2	√		√		√
电缆中间接头	P3	√		√	√	√
接地系统	P4	√				√
电缆通道	P5			√	√	√
辅助设施	P6		√			√

电缆线路评价内容包含的状态量见表 Z13K6009Ⅲ-63。

表 Z13K6009Ⅲ-63 电缆线路评价内容包含的状态量

部件	代号	状 态 量
电缆本体	P1	电气性能（线路负荷、绝缘电阻）、防火阻燃、设备环境（埋深）、外观（破损变形）
电缆终端	P2	电气性能（连接点温度）、防火阻燃、外观（污秽、破损）
电缆中间接头	P3	电气性能（温度）、运行环境、破损；防火阻燃

续表

部件	代号	状 态 量
接地系统	P4	外观（接地引下线外观）、电气性能（接地电阻）
电缆通道	P5	防火阻燃、设备环境（电缆井环境、电缆管沟环境）、外观（电缆线路保护区运行环境）
辅助设施	P6	机械性能（牢固）、外观（标识齐全、锈蚀）

电缆线路的状态量以巡检、例行试验、诊断性试验、家族缺陷、运行信息等方式获取。

电缆状态评价以量化的方式进行，各部件起评分为 100 分，各部件的最大扣分值为 100 分，电缆线路各部件得分权重见表 Z13K6009Ⅲ-64。电缆线路的状态量和最大扣分值见表 Z13K6009Ⅲ-65。

表 Z13K6009Ⅲ-64　　　　电缆线路各部件得分权重

部件	电缆本体	电缆终端	电缆中间接头	接地系统	电缆通道	辅助设施
代号	P1	P2	P3	P4	P5	P6
权重 KP	K1	K2	K3	K4	K5	K6
权重得分值	0.20	0.20	0，20	0.10	0.15	0.15

表 Z13K6009Ⅲ-65　　　电缆线路的状态量和最大扣分值

序号	状态量名称	代号	最大扣分值	序号	状态量名称	代号	最大扣分值
1	线路负荷	P1	40	10	接地引下线外观	P4	40
2	绝缘电阻	P1	40	11	接地电阻	P4	30
3	电缆变形	P1	40	12	电缆井	P5	40
4	埋深	P1	30	13	电缆管沟环境	P5	40
5	防火阻燃	P1/P2/P3/P5	40	14	电缆线路保护区运行环境	P5	40
6	污秽	P2	40	15	牢固	P6	30
7	破损	P2/P3	40	16	标识齐全	P6	30
8	温度	P2/P3	40	17	锈蚀	P6	30
9	运行环境	P3	40				

评价结果如下。

（1）部件得分。

1）某一部件的最后得分 $M_P=m_P K_F K_T$（$P=1$，$\cdots$，6）。

2）某一部件的基础得分 $m_P=100-$相应部件状态量中的最大扣分值（$P=1$，$\cdots$，6）。对存在家族缺陷的部件，取家族缺陷系数 $K_F=0.95$，无家族缺陷的部件 $K_F=1$。寿命系数 $K_T=$（100–设备运行年数×0.5）/100。

（2）某类部件得分。某类部件都在正常状态时，该类部件得分取算数平均值；有一个及以上部件得分在正常状态以下时，该类部件得分与最低的部件一致。

各部件的评价结果按量化分值的大小分为正常状态、注意状态、异常状态和严重状态四个状态。电缆线路部件评价分值与状态的关系见表 Z13K6009Ⅲ–66。

表 Z13K6009Ⅲ–66　　　　电缆线路部件评价分值与状态的关系

部件	代号	85～100	75～85（含）	60～75（含）	60（含）以下
电缆本体	P1	正常状态	注意状态	异常状态	严重状态
电缆终端	P2	正常状态	注意状态	异常状态	严重状态
电缆中间接头	P3	正常状态	注意状态	异常状态	严重状态
接地系统	P4	正常状态	注意状态	异常状态	严重状态
电缆通道	P5	正常状态	注意状态	异常状态	严重状态
辅助设施	P6	正常状态	注意状态	异常状态	

（3）整体评价。所有类部件的得分都在正常状态时，该电缆线路单元为正常状态，最后得分$=\sum K_P M_P$（$P=1$，$\cdots$，6）；一个及以上部件得分在正常状态以下时，该电容器的状态为最差部件的状态，最后得分$=\min M_P$（$P=1$，$\cdots$，6）。

六、电缆分支箱

电缆分支箱状态评价以台为单元，包括本体、辅助部件等部件。电缆分支箱各部件的范围划分见表 Z13K6009Ⅲ–67。

表 Z13K6009Ⅲ–67　　　　电缆分支箱各部件的范围划分

部件	代号	评 价 范 围
本体	P1	母线、绝缘子、电缆头、避雷器
辅助部件	P2	带电显示器、五防、防火阻燃设施、外壳、接地、各类设备标识、警示标识

电缆分支箱的评价内容分别为绝缘性能、载流能力、接地电阻、机械特性、防火阻燃和外观，电缆分支箱各部件的评价内容见表 Z13K6009Ⅲ–68。

表 Z13K6009Ⅲ–68　　　　　电缆分支箱各部件的评价内容

部件	代号	评价内容					
		绝缘性能	载流能力	接地电阻	机械特性	防火阻燃	外观
本体	P1	√	√				√
辅助部件	P2			√	√	√	√

电缆分支箱评价内容包含的状态量见表 Z13K6009Ⅲ–69。

表 Z13K6009Ⅲ–69　　　　　电缆分支箱评价内容包含的状态量

评价内容	状 态 量
绝缘性能	绝缘电阻、放电声、凝露
载流能力	导电连接点的相对温差或温升
接地电阻	接地电阻
机械性能	五防
防火阻燃设施	防火阻燃
外观	带电显示器、外壳、接地引下线外观、标识齐全

电缆分支箱的状态量以巡检、例行试验、家族缺陷、运行信息等方式获取。

电缆分支箱状态评价以量化的方式进行，各部件起评分为 100 分，各部件的最大扣分值为 100 分，电缆分支箱各部件得分权重见表 Z13K6009Ⅲ–70。电缆分支箱的状态量和最大扣分值见表 Z13K6009Ⅲ–71。

表 Z13K6009Ⅲ–70　　　　　电缆分支箱各部件得分权重

部件	本体	辅助部件
代号	P1	P2
权重 KP	K1	K2
权重得分值	0.6	0.4

表 Z13K6009Ⅲ–71 电缆分支箱的状态量和最大扣分值

序号	状态量名称	代号	最大扣分值	序号	状态量名称	代号	最大扣分值
1	绝缘电阻	P1	40	8	带电显示器	P2	20
2	放电声	P1	40	9	外壳	P2	40
3	凝露	P1	30	10	接地引下线外观	P2	40
4	导电连接点的相对温差或温升	P1	40	11	接地电阻	P2	30
5	污秽	P1	40	12	标志齐全	P2	30
6	五防	P2	40	13	锈蚀	P2	30
7	防火阻燃	P2	40				

评价结果如下。

（1）部件得分。

1）某一部件的最后得分 $M_P = m_P K_F K_T$（$P=1$，2）。

2）某一部件的基础得分 $m_P = 100 -$ 相应部件状态量中的最大扣分值（$P=1$，2）。对存在家族缺陷的部件，取家族缺陷系数 $K_F = 0.95$，无家族缺陷的部件 $K_F = 1$。寿命系数 $K_T =$（$100 -$ 设备运行年数 $×0.5$）$/100$。

各部件的评价结果按量化分值的大小分为正常状态、注意状态、异常状态和严重状态四个状态。电缆分支箱部件评价分值与状态的关系见表 Z13K6009Ⅲ–72。

表 Z13K6009Ⅲ–72 电缆分支箱部件评价分值与状态的关系

部件	代号	85～100	75～85（含）	60～75（含）	60（含）以下
本体	P1	正常状态	注意状态	异常状态	严重状态
辅助部件	P2	正常状态	注意状态	异常状态	严重状态

（2）整体评价。当所有部件的得分在正常状态时，该电缆分支箱的状态为正常状态，最后得分 $= \sum K_P M_P$（$P=1$，2）；一个及以上部件得分在正常状态以下时，该电容器的状态为最差部件的状态，最后得分 $= \min M_P$（$P=1$，2）。

第四十九章

技　术　监　督

▲ 模块1　技术监督（Z13K7001Ⅲ）

【模块描述】　本模块介绍国家电网公司技术监督管理规定及输变电设备技术监督的有关内容。通过对重点内容及提纲的概述，掌握技术监督的有关规定。

【模块内容】

为适应当前电网发展的要求，实现建设"一强三优"现代公司的战略目标，进一步提高输变电设备运行水平，以设备技术监督为基础，以开展设备技术监督为手段，实现对电网和设备的全方位、全过程的技术监督。

为了便于学习、了解和运用标准，对标准进行了整理归纳，但不作一一解释，具体内容参见原标准。

一、标准的主题内容与适用范围

本模块主要阐述了技术监督工作的组织机构、工作内容、工作要求和评估考核等技术监督管理规定，及《国家电网公司关于印发〈国家电网公司技术监督规定〉的通知》（国家电网运检〔2013〕859 号）中的输变电设备技术监督规定（简称《输变电设备技术监督规定》）。主要内容如下：

二、规范性引用文件

本模块介绍了技术监督的引用标准，具体引用的标准如下：

（国家电网运检〔2013〕859 号）《国家电网公司关于印发〈国家电网公司技术监督管理规定〉的通知》。

Q/GDW 11074—2013　《交流高压开关设备技术监督导则》

Q/GDW 11075—2013　《电流互感器技术监督导则》

Q/GDW 11076—2013　《消弧线圈装置技术监督导则》

Q/GDW 11077—2013　《干式电抗器技术监督导则》

Q/GDW 11078—2013　《直流电源系统技术监督导则》

Q/GDW 11079—2013　《交流金属氧化物避雷器技术监督导则》

Q/GDW 110710—2013 《架空输电线路技术监督导则》

Q/GDW 110711—2013 《电压互感器术监督导则》

Q/GDW 110712—2013 《高压并联电容器装置技术监督导则》

Q/GDW 110713—2013 《高压支柱瓷绝缘子技术监督导则》

Q/GDW 110714—2013 《油浸式变压器（电抗器）技术监督导则》

三、技术监督定义

技术监督是指在规划可研、工程设计、采购制造、运输安装、调试验收、运维检修、退出报废等全过程中，采用有效的检测、试验和抽查等手段，监督公司有关技术标准和预防设备事故措施在各阶段的执行落实情况，分析评价电力设备健康状况、运行风险和安全水平，并反馈到规划、设计、建设、运检、营销、物资、调度等部门，以确保电力设备安全可靠经济运行。

四、技术监督工作要求

技术监督工作以提升设备全过程管理水平为中心，在专业技术监督基础上，以设备为对象，依据技术标准和预防事故措施并充分考虑实际情况，采用检测、试验和抽查等多种手段，全过程、全方位、全覆盖地开展监督工作。

技术监督工作实行统一制度、统一标准、统一流程、依法监督和分级管理的原则，坚持技术监督管理与技术监督执行分开、技术监督与技术服务分开、技术监督与日常设备管理分开，坚持技术监督工作独立开展。

技术监督工作必须落实完善的组织保障、制度保障、技术保障、信息保障和装备保障机制。

五、技术监督主要内容

技术监督应贯穿规划可研、工程设计、设备采购、设备制造、设备验收、设备安装、设备调试、竣工验收、运维检修、退役报废等全过程，在电能质量、设备性能、化学、电测、金属、热工、保护与控制、自动化、信息通信、节能、环境保护、水机、水工等各个专业方面，对电力设备（电网输变配电主要一、二次设备，发电设备，自动化、信息、电力通信设备等）的健康水平和安全、质量、经济运行方面的重要参数、性能和指标，以及生产活动过程进行监督、检查、调整及考核评价。全过程技术监督管理流程见附录一。

（一）全过程技术监督内容

（1）规划可研阶段：监督规划可研相关资料是否满足公司有关规划可研标准、设备选型标准、预防事故措施、差异化设计要求等。

（2）工程设计阶段：监督工程设计图纸、施工图纸、设备选型等内容是否满足公司有关工程设计标准、设备选型标准、预防事故措施、差异化设计要求等。

（3）设备采购阶段：依据采购标准和有关技术标准要求，监督设备招、评标环节所选设备是否符合安全可靠、技术先进、运行稳定、高性价比的原则。对明令停止供货（或停止使用）、不满足预防事故措施、未经鉴定、未经入网检测或入网检测不合格的产品，技术监督办公室以告警单形式提出书面禁用意见。

（4）设备制造阶段：监督设备制造过程中订货合同和有关技术标准的执行情况，必要时可派监督人员到制造厂采取过程见证、部件抽测、试验复测等方式开展专项技术监督。

（5）设备验收阶段：设备验收阶段分为出厂验收和现场验收。出厂验收阶段，监督设备制造工艺、装置性能、检测报告等是否满足订货合同、设计图纸、相关标准和招投标文件要求；现场验收阶段，依据公司现场交接验收有关要求，监督设备供货单与供货合同及实物一致性等。

（6）运输储存阶段：监督设备运输、储存过程中相关技术标准和反事故措施的执行情况。

（7）安装调试阶段：监督安装单位及人员资质、工艺控制资料、安装过程是否符合相关规定，对重要工艺环节开展安装质量抽检；在设备单体调试、系统调试、系统启动调试过程中，监督调试方案、重要记录、调试仪器设备、调试人员是否满足相关标准和预防事故措施的要求。

（8）竣工验收阶段：对前期各阶段技术监督发现问题的整改落实情况进行监督检查。220千伏及以上电网设备投产前，技术监督办公室应结合工程竣工验收，组织开展现场技术监督，编写《工程投产前技术监督报告》，并作为工程验收依据之一，与工程竣工资料一起存档。

（9）运维检修阶段：监督设备状态信息收集、状态评价、检修策略制定、检修计划编制、检修实施和绩效评价等工作中相关技术标准和预防事故措施的执行情况。

（10）退役报废阶段：监督设备退役报废处理过程中相关技术标准和预防事故措施的执行情况。

（二）专业技术监督内容

1. 电能质量监督

电网频率和电压质量。电网频率质量包括频率允许偏差、频率合格率；电压质量包括电压允许偏差、允许波动和闪变、电压暂升和暂降、短时间中断、三相电压允许不平衡度和正弦波形畸变率，影响电网运行的无功补偿设备的运行、管理，非线性负荷的入网管理，电能质量在线监测装置的检定、维护，电能质量超标用户的治理方案审核、验收等。

2. 电气设备性能监督

电气设备的绝缘强度（包括外绝缘防污闪）、通流能力、过电压保护及接地系统，包括对变压器、电抗器、组合电器、断路器、隔离开关、互感器、避雷器、耦合电容器、电容器、输电线路、电力电缆、接地装置、直流电源系统、发电机、电动机、封闭母线、高压直流输电换流设备、晶闸管等电气设备的技术监督。

3. 化学监督

水、汽、油、气、燃料品质，生产用各种药品质量，热力设备的腐蚀、结垢、积盐和停、备用设备保护，化学仪器仪表，电气设备的化学腐蚀。

4. 电测监督

各类电测量仪表、装置、变换设备及回路计量性能，及其量值传递和溯源；电能计量装置计量性能；电测量计量标准；各类用电信息采集终端；上述设备电磁兼容性能。

5. 金属监督

电气设备的金属线材、金属部件、电瓷部件、压力容器和承压管道及部件、蒸汽管道、高速转动部件的材质、组织和性能变化分析、安全和寿命评估；焊接材料、胶接材料、焊缝、胶接面的质量，部件、焊缝、胶接面和材料的无损检验。

6. 热工监督

各类温度、压力、液位、流量测量仪表、装置、变换设备及回路计量性能，及其量值传递和溯源；热工计量标准。

7. 节能与环境保护监督

输电线路及变电设备电能损耗，输变电系统噪声、工频电场、工频磁场、合成电场、无线电干扰、SF_6气体、废水、废油、固体废弃物和环境保护设施。

8. 保护与控制系统监督

电力系统继电保护和安全自动装置及其投入率、动作正确率；高压直流输电系统、串联补偿装置、静止无功补偿装置等各类电力电子设备控制系统；发电机组励磁系统、辅助控制系统、调速系统的控制范围、特性、功能。

9. 自动化监督

自动化系统的性能、运行指标等，包括电力调度自动化系统、水调自动化系统、电能量计费系统、配电管理系统；厂、站综合自动化系统等。

10. 信息通信监督

信息通信系统在架构、标准、功能、性能、安全、运行、应用等方面的指标和要求，具体包括信息通信机房和基础设施、通信设备、通信链路、网络设备、主机设备、数据库、中间件、安全设备、存储设备、基础平台、业务应用、安全监控系统、灾备系统、监控管理系统等设备、设施和系统。

11. 水机监督

水电厂水轮发电机组、水轮机控制系统及油压装置、水机自动化。

12. 水工监督

水工建筑物、大坝安全监测系统、水工金属结构设备。

六、技术监督工作要求

技术监督应坚持"公平、公正、公开、独立"的工作原则，按全过程、闭环管理方式开展工作。

技术监督工作应以技术标准和预防事故措施为依据，结合实际，对现场工作进行抽查，对设备质量进行抽检，有重点、有针对性地开展专项技术监督工作。抽查和抽检也可委托第三方进行。

技术监督工作应建立开放性的长效机制，建立由现场经验丰富、理论知识扎实、责任心强的人员组成的技术监督专家库，为技术监督工作提供技术支撑。

技术监督工作应建立动态管理、预警和跟踪、告警和跟踪、检查评估和考核、报告、例会六项制度。

（一）动态管理制度

技术监督办公室根据科技进步、电网发展以及新技术、新设备应用情况，按年度对技术监督工作的内容、方式、手段进行拓展和完善，提高各专业技术监督工作的水平，做到对各类设备的有效、及时监督。

（二）预警和跟踪制度

技术监督办公室在全过程、全方位开展技术监督工作的基础上，结合对设备的运行指标分析、评估、评价，针对技术监督工作过程中发现的具有趋势性、苗头性、普遍性的问题及时发布技术监督工作预警单，并跟踪整改落实情况。

技术监督工作预警单由设备状态评价中心（分中心）组织专家编制并签字确认，经技术监督办公室审批盖章后，及时向相关单位和部门进行发布。预警单发布后 10 个工作日内，由主管部门组织相关单位向技术监督办公室提交反馈单。预警单和反馈单模板见附录三、附录四，发布流程见附录五。

（三）告警和跟踪制度

技术监督办公室在监督中发现设备存在严重缺陷或隐患、技术标准或反措执行存在重大偏差等严重问题，将对电网安全生产带来较大影响时，应及时发布技术监督工作告警单，并跟踪整改落实情况。

技术监督工作告警单由设备状态评价中心（分中心）组织专家编制并签字确认，经技术监督办公室审批盖章后，及时向相关单位和部门进行发布。告警单发布后 5 个工作日内，由主管部门组织相关单位向技术监督办公室提交反馈单。告警单和反馈单模板见附录四、附录六，告警单发布流程见附录七。

（四）检查、评估和考核制度

技术监督工作应建立检查、评估和考核制度。应分阶段、分专业、分设备，有重点地对技术监督工作的内容、标准和实施情况进行检查、分析、评估和考核，及时发现技术监督工作存在的问题。对严重违反技术标准、技术监督不到位，造成严重后果的单位，要责令限期整改。

（五）报告制度

公司实行年报、季报制度。省公司在二、三、四季度首月20日前向公司技术监督办公室、公司设备状态评价中心上报上季度技术监督季度报告，公司设备状态评价中心于当月30日前汇总分析后形成公司技术监督季度报告，并上报公司技术监督办公室；省公司于次年首月20日前向公司技术监督办公室、公司设备状态评价中心上报上年度技术监督年度总结报告，公司设备状态评价中心于当月30日前汇总分析后上报公司技术监督办公室。年度技术监督年度总结报告模板见附录八。

省公司实行月报制度，地市公司在每月5日前向省公司技术监督办公室报送上月技术监督月报，县公司、工区（班组）按照上级单位要求提供相关材料。

专项技术监督工作应形成专项技术监督报告，由工作负责人和执行单位签字盖章，在监督结束后一周内上报技术监督办公室。专项技术监督报告模板见附录九。

（六）例会制度

技术监督办公室每季度组织召开由办公室成员参加的季度例会，听取各相关部门工作开展情况汇报，协调解决工作中的具体问题，提出下阶段工作计划。必要时临时召集相关会议。

七、计划编制与下达

公司技术监督办公室结合生产实际和年度重点工作，组织公司设备状态评价中心制订年度工作计划，经公司领导小组审核批准后，在当年12月底前下达各有关单位和部门执行。公司各相关部门应于当年11月底前向技术监督办公室提交下年度工作计划，年度计划中要明确工作项目、重点监督内容、实施时间以及费用。

各省公司技术监督办公室应于1月25日之前将本单位年度技术监督工作计划上报公司技术监督办公室备案。

各地市公司按照省公司要求将本单位年度技术监督工作计划上报省公司技术监督办公室。

在PMS系统中建立技术监督模块，构建相关流程和文本格式。技术监督办公室应定期组织人员核查信息质量，提高基层单位上报信息的及时性和准确性。

技术监督执行单位应配置开展技术监督所必需的装备，做好新技术、新设备的宣传与推广工作，不断完善技术监督的方法和手段。

八、评估与考核

技术监督工作应健全评估机制，对工作内容、方式、标准、过程及结果进行检查和评估，及时发现并纠正工作中存在的问题。评估报告详见附录十。

技术监督工作应进行量化考核，考核结果纳入对各单位（部门）绩效考核体系。

附录一：国家电网公司技术监督全过程管理流程

附表 Z13K7001Ⅲ-1　国家电网公司技术监督全过程管理流程

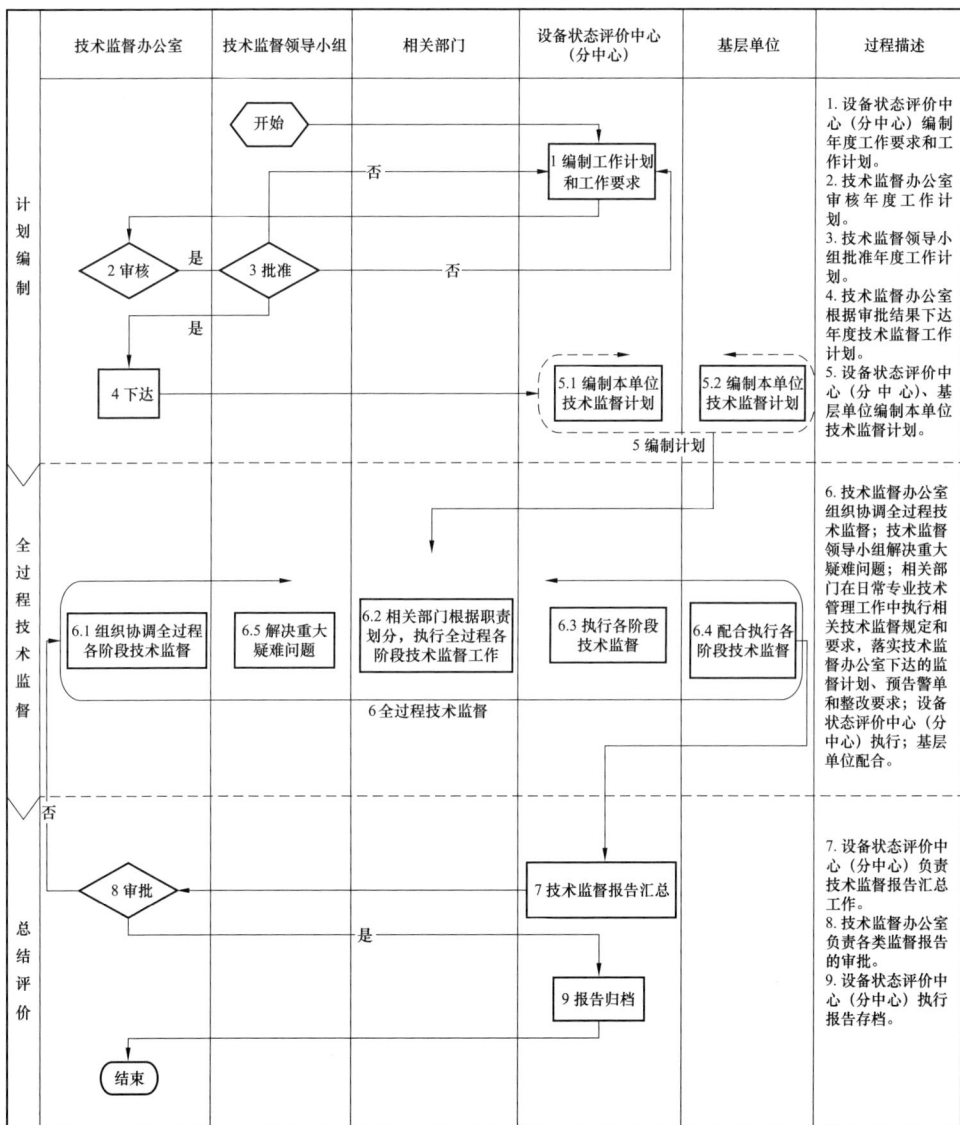

	技术监督办公室	技术监督领导小组	相关部门	设备状态评价中心（分中心）	基层单位	过程描述
计划编制	2 审核	3 批准	开始	1 编制工作计划和工作要求 5.1 编制本单位技术监督计划 5 编制计划	5.2 编制本单位技术监督计划	1. 设备状态评价中心（分中心）编制年度工作要求和工作计划。2. 技术监督办公室审核年度工作计划。3. 技术监督领导小组批准年度工作计划。4. 技术监督办公室根据审批结果下达年度技术监督工作计划。5. 设备状态评价中心（分中心）、基层单位编制本单位技术监督计划。
	4 下达					
全过程技术监督	6.1 组织协调全过程各阶段技术监督	6.5 解决重大疑难问题	6.2 相关部门根据职责划分，执行全过程各阶段技术监督工作 6 全过程技术监督	6.3 执行各阶段技术监督	6.4 配合执行各阶段技术监督	6. 技术监督办公室组织协调全过程技术监督；技术监督领导小组解决重大疑难问题；相关部门在日常专业技术管理工作中执行相关技术监督规定和要求，落实技术监督办公室下达的监督计划、预告警单和整改要求；设备状态评价中心（分中心）执行；基层单位配合。
总结评价	8 审批			7 技术监督报告汇总 9 报告归档		7. 设备状态评价中心（分中心）负责技术监督报告汇总工作。8. 技术监督办公室负责各类监督报告的审批。9. 设备状态评价中心（分中心）执行报告存档。
	结束					

附录二：工程投产前技术监督报告

一、工程概况

简要介绍工程主要设备数量、设备参数、设计单位、施工单位、主要设备厂家、交接验收等情况。

二、设计与标准的符合程度

设计是否符合相关标准，存在的问题（含抽查、抽检情况）；设计是否满足现场实际需要，存在的问题；原因分析及违反标准条款说明。

三、设备质量与标准的符合程度

设备是否符合相关标准和订货协议，存在的问题（含抽查、抽检情况）；设备是否满足现场实际需要，存在的问题；原因分析及违反标准条款说明。

四、施工与标准、设计的符合程度

施工存在的问题及遗留的缺陷（含抽查、抽检情况）；施工是否符合设计要求，是否满足现场实际需要，存在的问题；原因分析及违反标准条款说明。

五、交接试验与标准的符合程度

试验存在的问题（含抽查、抽检情况）；原因分析及违反标准条款说明。

六、资料情况

资料存在的问题（含抽查、抽检情况）；原因分析及违反标准条款说明。

七、技术监督结论

八、措施建议

提出有针对性、实效性的改进建议，可备注《技术监督工作预警单》。

批准：

审核：

技术监督专家组成员：

××公司技术监督办公室

××年××月×日

附录三：技术监督工作预警单

技术监督工作预警单

编号：[预] 年——号

单位名称	
主管部门	
依据标准	

存在问题：

处理建议：

专家组签字：（组长）

（组员）

技术监督办公室意见：

签字：

日期：

（技术监督办公室盖章）

注　请在预警单发布之后 10 个工作日内将反馈单提交技术监督办公室。

附录四：反馈单

反 馈 单

预/告警单编号：

责任单位		责任人	
计划完成时间		项目执行单位	

采取措施：

预期效果：

签字：

日期：

（项目单位盖章）

主管部门意见：

签字：

日期：

（主管部门盖章）

附录五：技术监督预警单发布流程

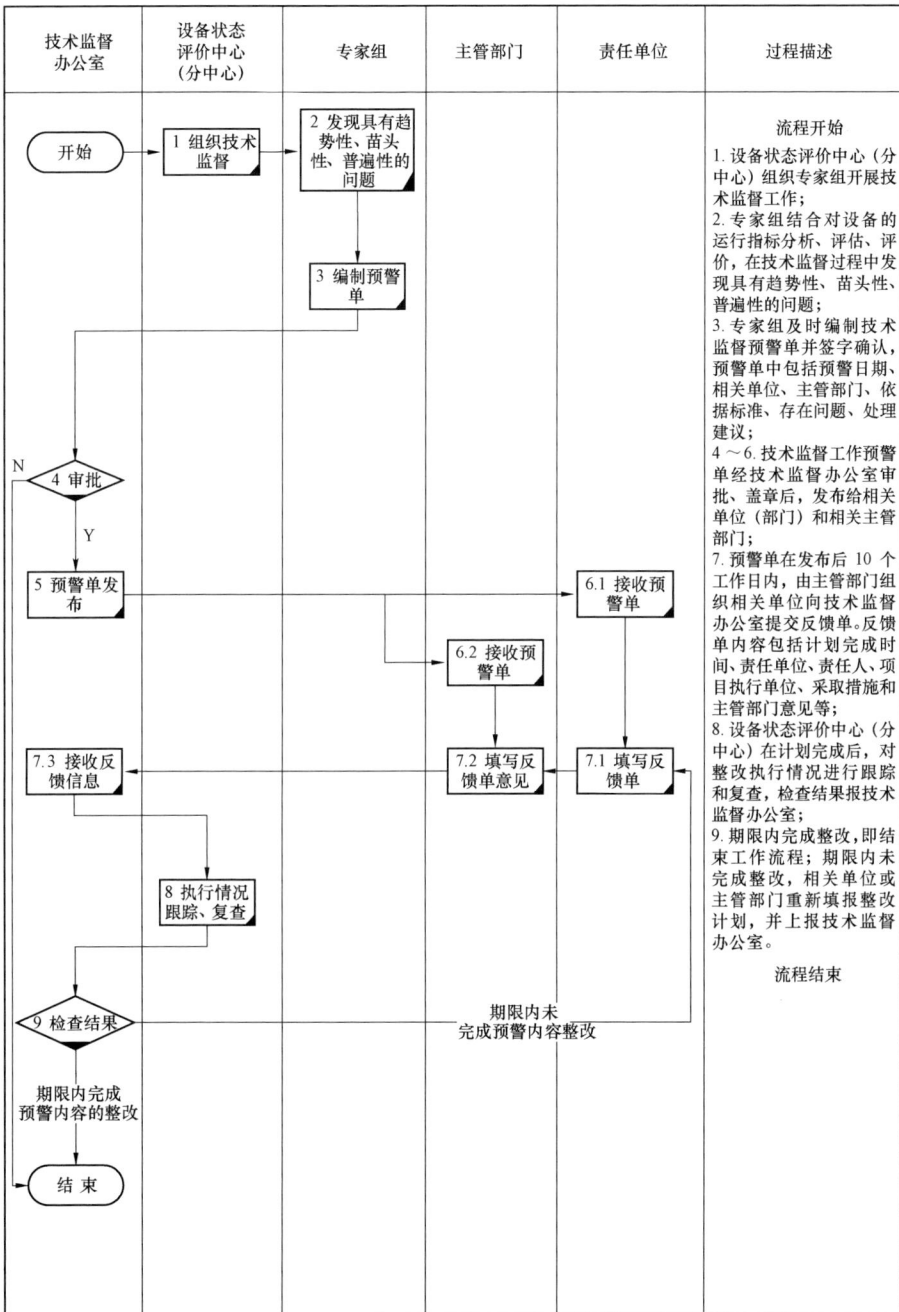

技术监督办公室	设备状态评价中心（分中心）	专家组	主管部门	责任单位	过程描述
开始	1 组织技术监督	2 发现具有趋势性、苗头性、普遍性的问题			流程开始

流程描述：

流程开始

1. 设备状态评价中心（分中心）组织专家组开展技术监督工作；

2. 专家组结合对设备的运行指标分析、评估、评价，在技术监督过程中发现具有趋势性、苗头性、普遍性的问题；

3. 专家组及时编制技术监督预警单并签字确认，预警单中包括预警日期、相关单位、主管部门、依据标准、存在问题、处理建议；

4～6. 技术监督工作预警单经技术监督办公室审批、盖章后，发布给相关单位（部门）和相关主管部门；

7. 预警单在发布后10个工作日内，由主管部门组织相关单位向技术监督办公室提交反馈单。反馈单内容包括计划完成时间、责任单位、责任人、项目执行单位、采取措施和主管部门意见等；

8. 设备状态评价中心（分中心）在计划完成后，对整改执行情况进行跟踪和复查，检查结果报技术监督办公室；

9. 期限内完成整改，即结束工作流程；期限内未完成整改，相关单位或主管部门重新填报整改计划，并上报技术监督办公室。

流程结束

流程框图内文字：
- 3 编制预警单
- 4 审批 N / Y
- 5 预警单发布
- 6.1 接收预警单
- 6.2 接收预警单
- 7.3 接收反馈信息
- 7.2 填写反馈单意见
- 7.1 填写反馈单
- 8 执行情况跟踪、复查
- 9 检查结果 / 期限内未完成预警内容整改
- 期限内完成预警内容的整改
- 结束

附录六：技术监督工作告警单

技术监督工作告警单

编号：［告］年—号

单位名称	
主管部门	
依据标准	

存在问题：

处理建议：

专家组签字：（组长）

（组员）

技术监督办公室意见：

签字：

（技术监督办公室盖章）

注 请在告警单发布之后 5 个工作日内将反馈单提交技术监督办公室。

附录七：技术监督告警单发布流程

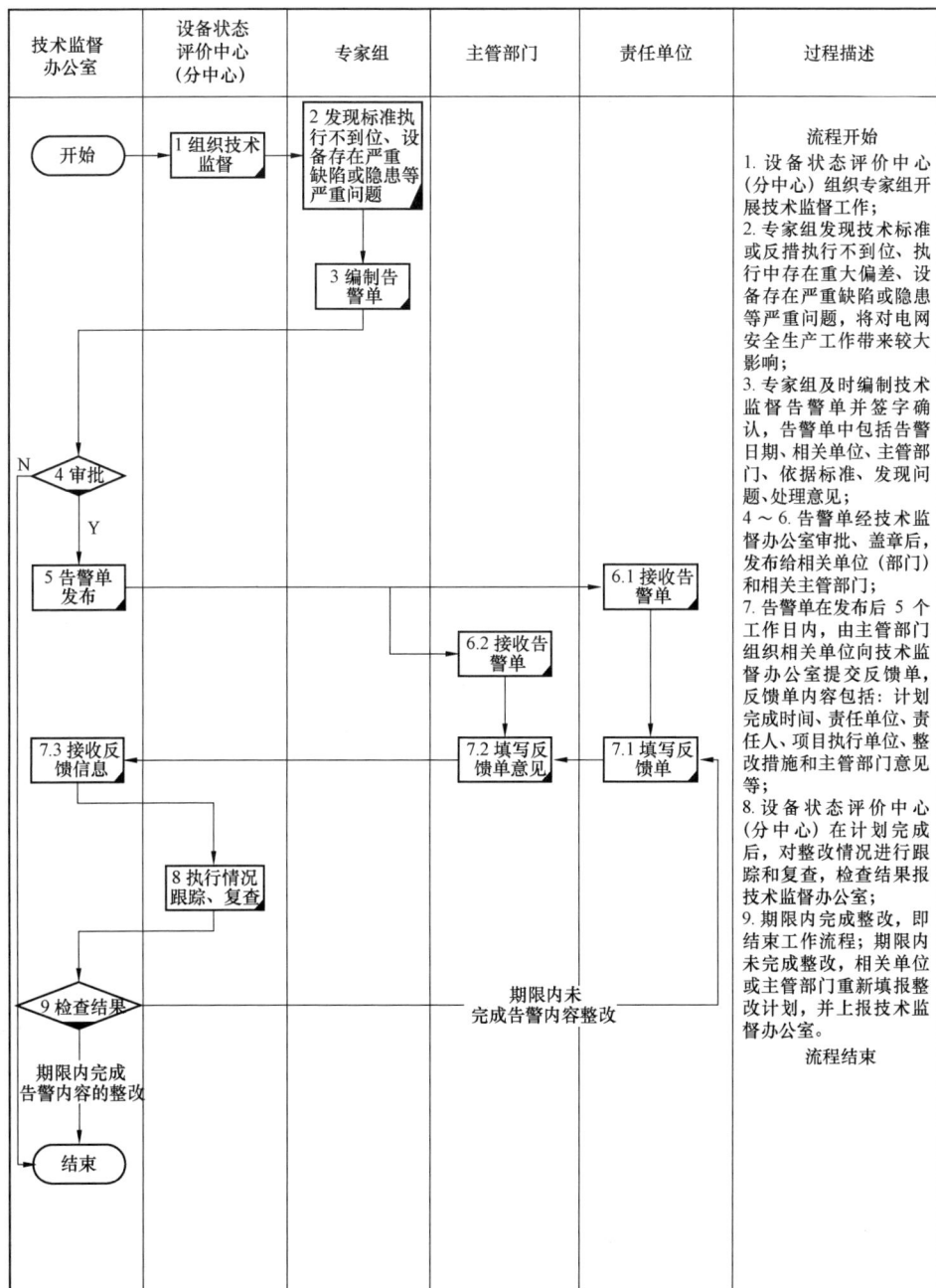

技术监督办公室	设备状态评价中心(分中心)	专家组	主管部门	责任单位	过程描述
开始	1 组织技术监督	2 发现标准执行不到位、设备存在严重缺陷或隐患等严重问题 3 编制告警单			流程开始 1. 设备状态评价中心(分中心)组织专家组开展技术监督工作; 2. 专家组发现技术标准或反措执行不到位、执行中存在重大偏差、设备存在严重缺陷或隐患等严重问题,将对电网安全生产工作带来较大影响; 3. 专家组及时编制技术监督告警单并签字确认,告警单中包括告警日期、相关单位、主管部门、依据标准、发现问题、处理意见; 4~6. 告警单经技术监督办公室审批、盖章后,发布给相关单位(部门)和相关主管部门; 7. 告警单在发布后 5 个工作日内,由主管部门组织相关单位向技术监督办公室提交反馈单,反馈单内容包括:计划完成时间、责任单位、责任人、项目执行单位、整改措施和主管部门意见等; 8. 设备状态评价中心(分中心)在计划完成后,对整改情况进行跟踪和复查,检查结果报技术监督办公室; 9. 期限内完成整改,即结束工作流程;期限内未完成整改,相关单位或主管部门重新填报整改计划,并上报技术监督办公室。 流程结束
N ← 4 审批 ↓Y 5 告警单发布 7.3 接收反馈信息 9 检查结果 期限内完成告警内容的整改 结束	6.2 接收告警单 8 执行情况跟踪、复查		7.2 填写反馈单意见 期限内未完成告警内容整改	6.1 接收告警单 7.1 填写反馈单	

附录八：技术监督年度总结报告

一、××××年技术监督主要工作情况

（一）工作开展情况

主要包括日常管理、全过程各阶段技术监督、专项监督、新技术应用、技术培训与交流等工作开展情况，应有必要的数量统计。

（二）工作创新及工作成效

如管理创新、检测方法创新、人员素质提高、新技术应用等，应有事例、有数据。

二、工作中存在的主要问题和困难

三、下一年度工作思路和重点工作

（一）工作思路

（二）重点工作

四、技术监督工作建议

附录九：专项技术监督报告

专 项 技 术 监 督 报 告

技术监督项目名称	
工作时间	
工作地点	
工作人员	
应用标准	
现场技术监督情况	
存在问题及原因分析	
改进措施与建议	
监督结论	

（内容不够，可以附页）

批准：　　　　　　　　　审核：　　　　　　　　　编写：

附录十：技术监督评估报告

技术监督评估报告

技术监督评估单位	
技术监督评估范围及内容	
技术监督评估情况	1. 技术监督工作完成情况
	2. 技术监督标准、项目缺失情况
	3. 技术监督中异常情况的处理及分析
	4. 技术监督资料情况
建议及意见：	
技术监督办公室： 签字：　　　　　　　年　　月　　日 （技术监督办公室盖章）	

（内容不够，可以附页）

第八部分

电气试验/化验规程

第五十章

电气试验规程解读

▲ 模块1 10kV～500kV 输变电设备交接试验规程（Z13B1001 Ⅰ）

【模块描述】本模块介绍 10kV～500kV 输变电设备交接试验规程。通过对重点内容及提纲的概述，掌握交接试验的项目、标准和要求。

【模块内容】

QGDW 11447—2015《10kV～500kV 输变电设备交接试验规程》共分 20 章和 7 个附录，主要内容包括：范围、规范性引用文件、术语和定义、符号、总则、电力变压器及电抗器、互感器、开关设备、套管、母线、二次回路、电容器、金属氧化物避雷器、交联聚乙烯电力电缆线路、接地装置、串联补偿装置、绝缘子、输电线路、绝缘油和 SF_6 气体、接地电阻器。

为了帮助大家学习、运用本标准，现对该标准作一简单概括和总结，不作标准解释，标准的具体内容可直接参见 Q/GDW 11447—2015。

一、范围

Q/GDW 11447 规定了国家电网公司 10kV～500kV 交流输变电设备的交接试验项目和标准要求，该标准适用于 10kV–500kV 新安装的、按照国家相关标准出厂试验合格的电气设备交接试验，该标准不适用于配电设备。

二、规范性引用文件

本章介绍了 Q/GDW 11447 中引用的标准本文件。

三、术语和定义

本章介绍了交接试验及交接试验的定义。

四、符号

本章介绍了下列符号：U_m：设备最高工作电压有效值；U_N：设备额定工作电压有效值；U_0：电缆设计用的导体与金属屏蔽或金属套之间的额定电压有效值。

五、总则

本章规定了设备交接试验应按本规程相关项目和要求执行，如果设备技术文件要求但本标准未涵盖的检查和试验项目，按设备技术文件要求进行。若设备技术文件要求与本标准要求不一致，按严格要求执行。交接试验结束后，超过半年未投运设备投运前应重做部分交接试验项目，具体项目按照 Q/GDW 1168—2013《输变电设备状态检修试验规程》所规定的设备例行试验项目，但试验结论的判定仍按照本标准要求执行等内容。

六、电力变压器及电抗器

本章介绍了油浸式电力变压器（电抗器）的试验项目和标准要求；试验项目包括油中溶解气体色谱分析，绕组连同套管的直流电阻绕组连同套管的直流电阻，绕组连同套管绝缘电阻、吸收比或极化指数等 23 项。介绍了干式变压器（电抗器）的试验项目和标准要求；试验项目包括绕组连同套管的直流电阻，绕组连同套管绝缘电阻、吸收比或极化指数，交流耐压试验等 16 项。介绍了消弧线圈试验项目和标准要求；试验项目包括绕组连同套管的直流电阻，绕组连同套管绝缘电阻、吸收比或极化指数，绕组连同套管的介质损耗因数和电容量等 9 项。

七、互感器

本章介绍了油浸式电磁式电流互感器试验项目和标准要求；试验项目包括绕组及末屏的绝缘电阻、$\tan\delta$ 及电容量、交流耐压等 11 项。介绍了 SF_6 电磁式电流互感器试验项目和标准要求；试验项目包括绕组的绝缘电阻试验、老炼试验及交流耐压试验、局部放电测量等 10 项。介绍了干式电磁式电流互感器试验项目和标准要求；试验项目包括绕组及末屏的绝缘电阻、$\tan\delta$ 及电容量、交流耐压等 8 项。介绍了油浸式电磁式电压互感器试验项目和标准要求；试验项目包括绝缘电阻、$\tan\delta$ 及电容量、交流耐压等 12 项。介绍了 SF_6 电磁式电压互感器试验项目和标准要求；试验项目包括绝缘电阻、交流耐压、局部放电测量等 11 项。介绍了干式电磁式电压互感器试验项目和标准要求；试验项目包括绝缘电阻、交流耐压、局部放电测量等 7 项。介绍了电容式电压互感器试验项目和标准要求；试验项目包括极间绝缘电阻测量、低压端对地绝缘电阻、$\tan\delta$ 及电容量测量等 13 项。介绍了电子式互感器试验项目和标准要求；试验项目包括外观、标志检查，绝缘电阻，电容量和介质损耗因数测量等 14 项。

八、开关设备

本章介绍了 SF_6 断路器的试验项目和标准要求；试验项目包括断路器内 SF_6 气体的湿度、断路器内 SF_6 气体的纯度、密封性试验等 18 项。介绍了气体绝缘金属封闭开关设备的试验项目和标准要求；试验项目包括 SF_6 气体的湿度及纯度、密封性试验、主回路的交流耐压试验等 8 项。介绍了真空断路器的试验项目和标准要求；试验项目包括绝缘电阻、交流耐压、每相导电回路的电阻等 8 项。介绍了高压开关柜的试验项目和标准要求；试验项目包括辅助回路和控制回路绝缘电阻，操动机构合闸接触器及分、合闸电磁铁的最低动作电压，合闸接触器和分、合闸电磁铁线圈的直流电阻和绝缘电阻等 11 项。介绍了隔离开关和接地开关的试验项目和标准要求；试验项目包括绝缘电阻、辅助回路和控制回路绝缘电阻、导电回路电阻等 7 项。

九、套管

本章介绍了套管的试验项目和标准要求；试验项目包括外观检查、绝缘电阻、油中溶解气体色谱分析等 7 项。

十、母线

本章介绍了母线的试验项目和标准要求；试验项目包括绝缘电阻、交流耐压试验。

十一、二次回路

本章介绍了套管的试验项目和标准要求；试验项目包括绝缘电阻、交流耐压试验。

十二、电容器

本章介绍了并联电容器和交流滤波电容器的试验项目和标准要求；试验项目包括外观检查、极对壳绝缘电阻、电容值等 5 项。介绍了集合式电容器的试验项目和标准要求；试验项目包括外观检查、极对壳绝缘电阻、电容值等 6 项。介绍了耦合电容器的试验项目和标准要求；试验项目包括外观检查、绝缘电阻、电容值等 5 项。介绍了断路器断口并联电容器的试验项目和标准要求；试验项目包括外观检查、绝缘电阻、电容值等 4 项。介绍了放电线圈的试验项目和标准要求；试验项目包括外观检查、绝缘电阻、一次绕组直流电阻等 7 项。

十三、金属氧化物避雷器

本章介绍了无间隙金属氧化物避雷器的试验项目和标准要求；试验项目包括外观检查、绝缘电阻、直流 1mA 电压 U_{1mA} 及 $0.75U_{1mA}$ 下泄漏电流等 7 项。介绍了串联间隙金属氧化物避雷器的试验项目和标准要求；试验项目包括绝缘电阻，直流 1mA 电压 U_{1mA} 及 $0.75U_{1mA}$ 下泄漏电流，放电计数器动作检查等 5 项。

十四、交联聚乙烯电力电缆线路

本章介绍了交联聚乙烯电力电缆线路的试验项目和标准要求。适用于陆地安装和运行条件下使用的交流电力电缆线路，水底电缆线路可参照执行。试验项目包括主绝缘绝缘电阻，直外护套、内衬层绝缘电阻，外护套直流耐压试验等 7 项。

十五、接地装置

本章介绍了接地装置的试验项目和标准要求；试验项目包括有效接地系统接地装置的接地阻抗，接触电位差、跨步电位差测量，非有效接地系统接地装置的接地阻抗等 13 项。

十六、串联补偿装置

本章介绍了串联补偿装置的试验项目和标准要求；试验项目包括金属氧化物限压器的试验项目和标准要求，串联电容器组的试验项目和标准要求，阻尼电抗器的试验项目和标准要求，火花间隙及触发控制设备的试验项目和标准要求，旁路断路器的试验项目和标准要求。

十七、绝缘子

本章介绍了绝缘子的试验项目和标准要求；试验项目包括绝缘电阻、交流耐压、支柱瓷绝缘子超声探伤。

十八、输电线路

本章介绍了输电线路的试验项目和标准要求；试验项目包括绝缘子和线路的绝缘电阻、检查相位、线路的工频参数测量等 5 项。

十九、绝缘油和 SF$_6$ 气体

本章介绍了套管的试验项目和标准要求；试验项目包括简化分析、水溶性酸、水分等。

二十、接地电阻器

本章介绍了套管的试验项目和标准要求；试验项目包括直流电阻、绝缘电阻、交流耐压。

【思考与练习】

1. 当电气设备进行交接试验时，若电气设备的额定电压与实际使用的额定工作电压不同，应如何确定试验电压的标准？

2. 多绕组设备进行绝缘试验时，非被试绕组应如何处理？

3. 充油设备在注油后应有足够的静置时间才可进行耐压试验，如无制造厂规定时，应如何选择？

4. 对非标准电压等级的电力设备的交流耐压试验值进行交接试验时，应按什么规定执行？

▲ 模块 2 输变电设备状态检修试验规程 （Z13B1002 I ）

【模块描述】 本模块介绍输变电设备状态检修试验规程。通过对重点内容及提纲的概述，掌握输变电设备状态检修试验的项目、标准和要求。

【模块内容】

DL/T 596—1996《电力设备预防性试验规程》一直是电力生产实践和科学试验中的一本重要的试验规程,该规程为我国电力设备的安全运行发挥了积极的作用。随着时代的发展,社会对供电可靠性的要求越来越高,同时电力设备现场试验和检测新的方法和手段不断出现,DL/T 596—1996 已不能完全满足生产的实际需要,国家电网公司为了适应新的形势,规范、指导系统内状态检修工作的开展,组织编制出版了 Q/GDW 1168—2013《输变电设备状态检修试验规程》。

制定该规程的目的在于,在保证设备安全的基础上,为开展状态检修工作的单位和设备提供一个明确的试验依据,一方面改变以往无法顾及设备状态,停电试验周期短、项目多,设备可用率低等现状,缓解设备数量急剧增加和试验人员数量有限之间的矛盾;另一方面,可以明确设备的状态及采取的措施,更好地保证设备的安全运行。Q/GDW 1168—2013 的制定将为国家电网公司系统输变电设备状态检修工作的开展提供强有力的技术保证。

为了便于电气试验人员学习、了解和运用本规程,以下主要对 Q/GDW 1168—2013 分章节进行整理归纳,但不作规程条文解释,具体内容参见 Q/GDW 1168—2013《输变电设备状态检修试验规程》原文。

一、前言

本章说明了制定 Q/GDW 1168—2013 的原因、提出部门、解释部门、归口部门、起草单位、起草人等基本信息,并明确指出:对于开展状态检修的单位和设备,执行本规程;对于没有开展状态检修的单位和设备,仍然执行 DL/T 596—2005《电力设备预防性试验规程》,开展预防性试验。

二、范围

本章介绍了 Q/GDW 1168—2013 的使用范围。

本规程适用于 66～750kV 的交流和直流输变电设备,35kV 及以下电压等级设备由各单位自行规定。

三、规范性引用文件

本章介绍了 Q/GDW 1168—2013 的引用标准。

四、定义、符号

本章介绍了输变电设备状态检修试验的有关定义和符号含义。对比 DL/T 596、参考国外相关标准和借鉴国内运行经验提出了许多新名词,如警示值、轮试、家族缺陷、不良工况、例行试验和诊断性试验等,需要认真学习和理解。

五、总则

本章介绍了 Q/GDW 1168—2013 中的状态检修试验分类、设备状态评价和处置原则、新提出两种辅助分析方法（显著性差异分析法和纵横比分析法）及基于设备状态的周期调整原则要求等内容，是本标准的核心内容。

六、交流设备

本章具体介绍了油浸式电力变压器、SF_6 气体绝缘电力变压器、电流互感器、电磁式电压互感器、电容式电压互感器、高压套管、SF_6 断路器、气体绝缘金属封闭开关设备（GIS）、少油断路器、真空断路器、隔离开关和接地开关、耦合电容器、高压并联电容器和集合式电容器、金属氧化物避雷器、电力电缆、接地装置、串联补偿装置、变电站设备外绝缘及绝缘子、输电线路、旋转电机等 19 类交流输变电设备巡检及例行试验、诊断性试验项目、基准周期和要求。

和 DL/T 596—2005 差异在于依据新的研究成果或借鉴国外相关标准，对一些重要试验项目分析标准进行了改进，如变压器绕组绝缘电阻注意值标准、复合绝缘子评估等；同时又增加目前普遍使用的新设备和试验项目，如 SF_6 绝缘电磁式电压互感器和电流互感器、红外热像检测、现场污秽度评估等。对运行的新设备的现场试验有了依据，增加的一些新的试验项目，在诊断设备缺陷、确保电网安全运行方面是有效的。

油浸式电力变压器、电抗器例行试验，进行红外热像检测时，检测变压器箱体、储油柜、套管、引线接头及电缆等，既要注意温度的大小，也要注意温差规律，测量时应该记录环境温度、负荷大小及其前 3h 的变化情况、冷却装置开启组数，分析时应注意这些影响因素。测量和分析方法可参考 DL/T 664。

开展油中溶解气体分析时，取样及测量程序参考 GB/T 7252，同时注意设备技术文件的特别提示（如有）。表中总烃包括 CH4、C2H6、C2H4 和 C2H2 四种气体。运行中，各气体成分应符合注意值要求。此外，新投运、对核心部件或主体进行解体性检修之后重新投运的变压器，在投运后的第 1、4、10、30 天各进行 1 次本项试验。即使小于注意值，若同比异常，应缩短试验周期。烃类气体含量较高时，应计算总烃的产气速率，要求绝对产气速率≤12mL/天（隔膜式）或 6mL/天（开放式）；相对产气速率≤10%/月。与国外相关标准相比，Q/GDW 1168—2013 中油中溶解气体分析的周期是偏短的，这主要是考虑到本项试验不需要设备退出运行，且为广谱性诊断项目，许多缺陷最终会使油中溶解气体发生变化。在强调本项目的重要性的同时，也必须指出，油中溶解气体对一些缺陷的反应是滞后的，这一点必须注意。除例行试验之外，当听到内部异常声响或者气体继电器有信号时（可能出现局部放电），或者发生了短路故障的最初几周之内（可能发生绕组变形），或者经历了过负荷运行之后，或保护避雷器有动作记录时（可能出现绝缘缺陷），应进行额外的取样分析，凡此情况，更要注意油中溶解气体的增长趋势。详细的分析方法参考 GB/T 7252。

对于绕组电阻测量，由于绕组温度的准确测量比较困难，因此修正之后可能仍有偏差，偏差较大时，可能导致误判。此时，对于三角形联结和无中性点引出线的星形联结，优先检验三相之间的互差；对于有中性点引出线的星形联结，可将直接测量的相绕组电阻与通过测量线端电阻，然后经换算得到的相绕组电阻进行比较，如果直接测量的相绕组电阻偏明显差大，可怀疑中性点引出线存在问题。我国曾出现过因中性线接触不好，变压器单相接地时发生故障的先例。正因为如此，在判断绕组电阻合格与否时，重在比较相间互差的同时，还要求与初值进行比较。

铁芯绝缘电阻是定期试验项目，试验结果如何分析，在 DL/T 596 中无明确规定。本规程参考国外标准，结合国内运行经验，给出了注意值，通常新变压器应大于 1000MΩ，运行中变压器大于 100MΩ 可视为正常，10～100MΩ 表明铁芯绝缘出现劣化。除关心绝缘电阻大小外，要特别注意绝缘电阻的变化趋势，它反映了铁芯绝缘的劣化速率。对于铁芯在箱体外部接地的情况，当接地阻抗超过注意值要求时，可以在接地线上串联电阻以减少电流，但采取此方式前须咨询制造商的意见。绝缘电阻测量采用 2500V（老旧变压器 1000V）绝缘电阻表。

与 DL/T 596 比，绕组绝缘电阻的判断标准有所调整，主要增加了绝缘电阻超过 10 000MΩ 就可判定合格的条款。小于 10 000MΩ 时，仍然要求吸收比大于 1.3 或极化指数大于 1.5。修订之后，在目前调研的范围内，与实践经验不再矛盾，也易于掌握。测量结束之后，应该将绕组接地放电，放电时间应足够长或经检测电压已降为零。除例行试验之外，绝缘油试验中水分偏高，或者怀疑箱体密封被破坏，也应进行本项目。本项目的一般性说明可参考 Q/GDW 1168—2013 中的第 9.1 条。

绕组绝缘介质损耗因数，由于本项目主要是检测绝缘是否受潮，而温度低于 0℃ 时，油中水分会结冰，结冰之后水分就很难被检测，因此，应在 0℃（最好在 5℃）以上进行测量。测量时，瓷套表面应清洁、干燥。记录环境湿度和绕组温度。

测量时，非测量绕组及外壳接地，必要时分别测量被测绕组对地、被测绕组对其他绕组的绝缘介质损耗因数。测量方法可参考 DL/T 474.3。一般而言，绕组介质损耗因数不应大于 0.005（20℃），大于 0.005 但小于 0.008（20℃）应引起注意，达到 0.01 以上应按超过警示值处理。Q/GDW 1168—2013 虽然仅给出一个注意值，在分析时，也要注意与初值比较，或与同电压的其他绕组的测量结果比较。

在测量绕组介质损耗因数时，也测得一个电容量。电容量决定于绕组之间、铁芯和箱体的几何尺度和位置，一般不会变化，如果测量结果出现明显改变，可能预示着存在绝缘缺陷或机械性位移、变形缺陷。此时，应进行绕组频率响应分析或短路阻抗试验，以便进一步分析。本项目的一般性说明可参考第 9.2 条。

七、直流设备

本章具体介绍了换流变压器、平波电抗器、油浸式电力变压器和电抗器、SF_6 气体绝缘电力变压器、电流互感器、电磁式电压互感器、电容式电压互感器、光电式电流互感器、直流分压器、高压套管、SF_6断路器、气体绝缘金属封闭开关设备、直流断路器、隔离开关和接地开关、耦合电容器、交流滤波器、直流滤波器及并联电容器组、中性线母线电容器、金属氧化物避雷器、电力电缆、直流接地极及线路、接地装置、晶闸管换流阀等22类直流输变电设备巡检及例行试验、诊断性试验项目、基准周期和要求。和 DL/T 596—2005 相比，这章是新加内容。

光电式电流互感器例行试验项目包括红外热像检测、火花间隙检查。其中红外热像检测需要检查本体及电气连接处，应无异常。注意测量时的负荷及环境温度影响。测量方法可参考 DL/T 664。火花间隙检查需要检查火花间隙是光电式电流互感器电子电路的保护元件，应清洁间隙表面积尘，并确认间隙距离符合设备技术文件要求。不同制造商的保护元件可能不尽一致，凡此情况，按设备技术文件要求进行。光电式电流互感器诊断性试验项目包括电流比校核及激光功率测量等，当二次侧电流异常或者达到设备要求的校核周期时进行本项目。在 5%～100%额定电流范围内，从一次侧注入任一电流值，测量二次侧电流，校核电流比。这项试验是简单的确认试验，不是完整的电流比试验。如果校核结果明显偏离铭牌值，或与其他同型设备不一致，应进行诊断性试验；激光功率可在线监测，仅当在线监测系统显示光功率不正常时，进行本项目。用光通量计测量到达受端的激光功率，并与要求值和上次对应位置的测量值进行比较，偏差不大于±5%或符合设备技术文件要求。必要时，可测量光纤系统的衰减值，测量结果应符合设备技术文件要求。

直流分压器例行试验项目包括红外热像检测、电压限制装置功能验证、分压电阻、电容值测量。红外热像检测需检查本体及电气连接处，应无异常。电压限制装置功能验证，检查电压限制装置的保护水平，应符合设备技术文件要求，一般是用不超过1000V 绝缘电阻表施加于电压限制装置的两个端子上，应能识别出电压限制装置内部放电。

分压电阻、电容值测量需定期或二次侧电压值异常，测量高压臂和低压臂电阻阻值，同等测量条件下，初值差不应超过±2%；如属阻容式分压器，应同时测量高压臂和低压臂的等值电阻和电容值，同等测量条件下，初值差不超过±3%，或符合设备技术文件要求，需要指出的是，有用电桥测量阻容式分压器的介质损耗因数，这也可以间接表述分压器参数，但不能理解为传统意义的介质损耗因数。

八、绝缘油试验

本章专门介绍了绝缘油例行试验和诊断性试验项目、要求和方法。

绝缘油例行试验包括视觉检查、击穿电压、水分、介质损耗因数等。

（1）视觉检查，凭视觉检测油的颜色，可粗略判断油的状态。

（2）击穿电压，油在污染或老化之后，其击穿电压会明显下降。击穿电压按 GB/T 507 测定。击穿电压值达不到规定要求时，应进行处理或更换新油。

（3）水分，油中水分影响油纸。

（4）介质损耗强度，对于变压器等多油设备，除定期测量外，在怀疑受潮时，应随时测量油中水分。测量时务必注意油温，并尽量在顶层油温高于 60℃ 时取样。油中水分按 GB/T 7600《运行中变压器油和汽轮机油水分含量测定法（库仑法）》或 GB/T 7601《运行中变压器油、汽轮机油水分测定法（气相色谱法）》测量。由于水分会随着温度变化在固体绝缘和油之间迁移，因此，油中水分低并不能确切地证明绝缘系统是未受潮的，相对饱和度提供了一个较为广泛适用的绝缘系统受潮评估方法。即使如此，对绝缘受潮的评估仍然可能存在偏差，这是因为水分在绝缘油和固体绝缘之间很难达到真正的平衡，取样时越是远离平衡，偏差就越大。这一偏差可能是正偏差，也可能是负偏差，这取决于水分在绝缘油和固体绝缘表面的短暂迁移或在厚绝缘中的长期迁移。图 8 给出了不同温度下的相对饱和度，通常在设备可能达到的最低运行温度下，相对饱和度不应超过 30%。介质损耗因数按 GB/T 5654 测量。

九、SF$_6$ 气体湿度和成分检测

本章介绍了 SF$_6$ 气体湿度和成分分析的周期、要求和方法，SF$_6$ 气体成分分析是一种新的配合事故分析和预防的方法。

湿度是 SF$_6$ 气体绝缘的一项重要指标。控制 SF$_6$ 气体中的水分，主要是防止在冬季气温很低时，水分达到饱和而结露，进而降低绝缘强度。因此，北方寒冷地区应更重视 SF$_6$ 气体湿度检测。一般地，如果设备密封性良好，投运时 SF$_6$ 气体湿度不大，运行中 SF$_6$ 气体湿度迅速增加的可能性很小。因此，只有设备出现密封不良，如气体密度明显下降，水分才有可能异常增加。此外，SF$_6$ 气体绝缘设备内部的固体部件及其表面，可能会慢慢释放出一些水分，这种情况下，新充气之后需要过段时间才能检查出来。为此，本规程规定，下列情形下，要测量 SF$_6$ 气体湿度：

（1）新投运测 1 次，若接近注意值，半年之后应再测 1 次；

（2）新充（补）气 48h 之后，2 周之内应测量 1 次；

（3）气体压力明显下降时，应定期跟踪测量气体湿度。

怀疑 SF$_6$ 气体质量存在问题，或者配合事故分析时，可选择性地进行 SF$_6$ 气体成分分析。测量方法参考 DL/T 916《六氟化硫气体酸度测定法》、DL/T 917《六氟化硫气体密度测定法》、DL/T 918《六氟化硫气体中可水解氟化物含量测定法》、DL/T 919《六氟化硫气体中矿物硫含量测定法（红外光谱分析法）》、DL/T 920《六氟化硫气体中空气、四氟化碳、六氟乙烷和八氟丙烷的测定（气相色法）》、DL/T 921《六氟化硫气体毒性生物试验方法》。

十、附录

本章通过给出附录 A、附录 B 和附录 C，分别就状态量显著性差异分析法、变压器线间电阻到相绕组电阻的换算方法以及直流设备状态量化评价法进行了介绍。

试验数据分析中的状态量显著性差异分析法是本规程新提出的分析方法，有前提条件，可作为辅助分析手段。对无法测量变压器相间电阻的，应参照给出的公式进行线间电阻到相绕组电阻换算，以便准确判断。直流设备状态量化评价法是根据设备状态量及其发展趋势、经历的不良工况以及家族缺陷等信息，对设备状态进行量化分级的新方法，可作为调整检修和试验周期的参考。

另外本规程在编制说明中用了 34 节比较大的篇幅对国家电网公司编制 Q/GDW 1168 的目的和意义、与 DL/T 596—1996 的主要差异和改进、新增设备和试验项目、规程涉及的新名词解释、试验数据的分析方法、常用试验注意事项以及电力变压器、电流互感器、输电线路、直流断路器、绝缘油试验等 24 类交直流设备的例行试验和诊断性试验项目和内容进行了比较详细的解释说明，对规程的进一步理解和有效执行有很大的帮助。

【思考与练习】

1. 什么是例行试验？什么是诊断性试验？

2. Q/GDW 1168—2013《输变电设备状态检修试验规程》中例行试验的基准周期是多少？调整后最多可达规程中的基准周期的多少倍？

3. 设备的注意值和警示值区别是什么？

▶ 模块 3 国家电网公司变电检测管理规定
（Z13B1006 I ）

【模块描述】本模块介绍国家电网公司变电检测管理规定及细则。通过对重点内容的概述及要点讲解，掌握变电检测的管理、试验、标准和要求。

【模块内容】

国家电网公司变电五项通用制度涵盖了变电验收、运维、检测、评价、检修等 5 个方面，是国家电网公司系统变电运检管理先进经验全面、系统的梳理总结，是实现变电运检管理全过程、全方位、标准化和全面提升的有力抓手。《国家电网公司变电检测管理规定（试行）》〔国网（运检/3）829—2017〕是国家电网公司变电五项通用制度中的一种管理规定，规范国家电网公司（以下简称公司）变电检测管理，目的是进一步提高检测水平，保证检测质量。

为了便于电气试验人员学习、了解和运用本规定，以下主要对《国家电网公司变电检测管理规定（试行）》分章节进行整理归纳，但不作条文解释，具体内容参见《国家电网公司变电检测管理规定（试行）》原文及细则。

一、总则

本规定对变电设备检测职责分工、检测分类、检测周期、检测计划、检测准备、检测实施、检测验收、检测报告、检测分析等方面做出规定。确定变电检测管理坚持"安全第一、统筹安排、分级负责、标准作业、应试必试"的原则。

本规定适用于公司系统 35kV 及以上变压器（电抗器）、断路器、组合电器、隔离开关、开关柜、电流互感器、电压互感器、避雷器、并联电容器、干式电抗器、串联补偿装置、母线及绝缘子、穿墙套管、电力电缆、消弧线圈、高频阻波器、耦合电容器、高压熔断器、中性点隔直装置、接地装置、端子箱及检修电源、站用变、站用交流电源、站用直流电源、构支架、辅助设施、土建设施、避雷针等 28 类设备和设施的检测工作。

二、职责分工

本规定对各级组织机构的职责进行了分工。

三、检测分类

本规定将检测工作分为停电试验和带电检测两类。带电检测指设备在运行状态下，采用检测仪器对其状态量进行的现场检测。停电试验指需要设备退出运行才能进行的试验。

四、检测周期、项目和标准

规定了正常情况下各单位应依据检测基准周期、项目和标准开展带电检测和停电试验。

五、检测计划

规定了应根据带电检测周期要求和设备状态评价结果编制年度检测计划。

六、检测准备

规定了应检测计划下达后，运检单位应分解任务到班组，明确工作负责人、监护人与工作组成员，落实仪器、工器具，明确具体检测时间和项目。

七、检测实施

规定了开工前，工作负责人应做好技术交底和安全措施交底；开工后，工作负责人组织实施，做好现场安全、技术和结果控制；班组成员严格按照仪器设备操作规范、标准作业卡进行现场检测，检测现场应无杂物，使用的工器具、材料应摆放整齐有序；检测过程中应及时排除检测方法、检测仪器以及环境干扰问题；检测过程中应及时、准确记录保存试验数据、检测图谱。

八、检测验收

规定了检测工作执行班组自验收和运维人员验收。

九、验收内容

规定了验收内容包括检测项目、数据记录、场地、被测设备、零部件标志及是否恢复到工作许可前的电气接线状态。

十、检测记录和报告

规定了检测班组应在现场测试工作结束后 15 个工作日内完成检测记录的整理，并录入 PMS 系统并形成检测异常分析报告。

十一、检测结果分析与处理

规定了国网评价中心负责一类变电站设备检测重大异常数据分析和复测工作，省评价中心负责本单位发现的各类变电设备试验检测重大异常数据分析和复测工作。

十二、电气试验班组管理

规定了班组班长及各成员的岗位职责。

十三、文明生产

规定了文明生产的内容。

十四、标准化作业

规定了标准作业卡的编制的要求。

十五、仪器仪表管理

规定了仪器仪表选用应遵循成熟可靠、先进适用、经济合理、便于携带的原则。仪器仪表的配置应满足公司相关专业规程试验、检测项目的要求。采购的仪器产品在投入使用前，应进行到货检测，检测结果应符合产品订货技术条件。仪器仪表应有专人负责，妥善保管。各单位应建立台账，具备出厂合格证、使用说明书、质保书、检定证书、分析软件和操作手册等档案资料。

十六、人员培训

规定了培训标准。专业管理人员熟悉变电设备检测流程、检测标准，掌握本通则规定的各项管理要求。检测人员熟悉设备的结构特点、工作原理，具备现场检测相关技术技能，掌握现场检测方法、工器具及仪器仪表操作方法。

十七、检查与考核

规定了各单位检测工作规范性、及时性和准确性要求。

十八、附则

规定由国网运检部负责解释并监督执行。本规定自 2017 年 3 月 31 日起施行。

十九、《国家电网公司变电检测管理规定（试行）》各分册的细则

依据本规定编制了六十七类设备检测细则，与本规定同时施行，分别为：《红外

热像检测细则》《高频局部放电检测细则》《超声波局部放电检测细则》《暂态地电压局部放电检测细则》《铁芯接地电流检测细则》《SF_6气体湿度检测细则》《SF_6气体分解产物检测细则》《电缆外护层接地电流检测细则》《相对介质损耗因数和电容量比值检测细则》《机械振动检测细则》《声级检测细则》《红外成像检漏细则》《紫外成像检测细则》《油中溶解气体检测细则》《泄漏电流检测细则》《直流偏磁水平测量细则》《外施交流耐压试验细则》《直流高电压试验细则》《感应耐压试验细则》《局部放电试验细则》《直流电阻试验细则》《绝缘电阻试验细则》《电容量和介质损耗因数试验细则》《空载电流和空载损耗试验细则》《短路阻抗测试细则》《绕组频率响应分析细则》《绕组各分接位置电压比测量细则》《超声波探伤检测细则》《电抗值测量细则》《纸绝缘聚合度测量细则》《电流比校核细则》《电压比校核细则》《励磁特性测量细则》《合闸电阻预接入时间测量细则》《主回路电阻测量细则》《灭弧室真空度测量细则》《断路器机械特性测试细则》《SF_6密度表（继电器）校验细则》《气体密封性检测细则》《电容器电容量测量细则》《直流参考电压（U_{nmA}）及在 $0.75U_{nmA}$ 泄漏电流测量细则》《工频参考电流下的工频参考电压测量细则》《接地引下线导通测试细则》《接地阻抗测量细则》《土壤电阻率测量细则》《跨步电压和接触电压测量细则》《串联补偿装置不平衡电流测量细则》《现场污秽度评估细则》《绝缘子零值检测细则》《硅橡胶憎水性评估细则》《机械弯曲破坏负荷试验细则》《孔隙性试验细则》《绝缘油酸值检测细则》《绝缘油击穿电压检测细则》《绝缘油介质损耗因数检测细则》《绝缘油含气量检测细则（气相色谱法）》《绝缘油含气量检测细则（真空压差法）》《绝缘油水分检测细则》《绝缘油界面张力检测细则》《绝缘油抗氧化剂含量检测细则（液相色谱法）》《绝缘油抗氧化剂含量检测细则（红外光谱法）》《绝缘油体积电阻率检测细则》《绝缘油油泥与沉淀物检测细则》《绝缘油颗粒数检测细则》《绝缘油铜金属含量检测细则》。

【思考与练习】

1. 检测分类及要求有哪些？
2. 班组职责分工有哪些要求？
3. 检测仪器仪表管理内容是什么？

▲ 模块 4 现场绝缘试验实施导则（Z13B1007 I）

【模块描述】 本模块介绍现场绝缘试验实施导则。通过对重点内容及提纲的概述，掌握现场绝缘试验的方法、试验过程、试验分析及注意事项。

【模块内容】

为了满足电力系统的发展，一些新绝缘材料、新结构的一次设备大量运用到系统中，对电气试验提出更高的要求。现行 DL/T 474《现场绝缘试验实施导则》由四个部分组成，详见表 Z13B1007Ⅰ–1。

表 Z13B1007Ⅰ–1 现场绝缘试验实施导则摘录

序号	名　称
1	DL 474.1—2018《现场绝缘试验实施导则　绝缘电阻、吸收比和极化指数试验》
2	DL 474.2—2018《现场绝缘试验实施导则　直流高电压实验》
3	DL 474.3—2018《现场绝缘试验实施导则　介质损耗因数 tanδ 试验》
4	DL 474.4—2018《现场绝缘试验实施导则　交流耐压实验》

为了更好地学习、理解和使用《现场绝缘试验实施导则》，对"导则"进行一定的整理和归纳，但不作"导则"解释，具体内容可直接参见相关"导则"。

1. DL 474.1 《绝缘电阻、吸收比和极化指数试验》

本导则介绍了绝缘电阻、吸收比和极化指数试验所涉及的绝缘电阻表电压、容量选择、绝缘电阻表的负荷特性、试验方法、注意事项、影响因素及测量结果的判断等一系列技术细则。实际工作中按相关国家标准及国家能源局制定的相应规定、标准执行。

本导则提出了绝缘电阻、吸收比和极化指数试验所涉及的仪表选择、试验方法和注意事项等一系列技术细则，贯彻执行有关国家标准和能源部《电气设备预防性试验规程》的相应规定。

本导则适用于在发电厂、变电所、电力线路等现场和在修理车间、试验室等条件下对高、低压电气设备绝缘进行绝缘电阻、吸收比和极化指数试验。

2. DL 474.2 《直流高电压实验》

本导则介绍了现场直流高电压绝缘试验所涉及的试验电压的产生、试验接线、主要元件的选择、试验方法、测量方式、注意事项、影响因素等一些技术细则。在实际工作中，按相关国家标准及国家能源局制定的相应规定、标准执行。

本导则提出了现场直流高电压绝缘试验所涉及的试验电压的产生、试验接线、主要组件的选择和试验方法等一些技术细则和注意事项，贯彻执行有关国家标准和行业标准《电气设备预防性试验规程》的相应规定。

本导则适用于在变电所、发电厂现场和在修理车间、试验室条件下对高压电气设备绝缘进行直流耐压试验和直流泄漏电流试验。

3. DL 474.3 《介质损耗因数 tanδ 试验》

本导则介绍了变压器、套管、互感器等设备的结构、介质损耗因数 tanδ 和电容的试验方法、试验接线、判断标准、注意事项，并且详细阐述了现场测量中的电场干扰、磁场干扰及其他影响因素，分析可能产生误差的原因和减少误差的技术措施。在实际工作中，按相关国家标准及国家能源局制定的相应规定、标准执行。

本导则提出了测量高压电气设备绝缘介质损耗因数 tanδ 和电容的方法，试验接线和判断标准，着重阐述现场测量的各种影响因素，可能产生的误差和减少误差的技术措施，贯彻执行有关国家标准和能源部《电气设备预防性试验规程》（以下简称《规程》）等的相应规定。

本导则适用于发电厂、变电站现场和修理车间、试验室等条件下，测量高压电气设备绝缘的介质损耗因数 tanδ 和电容。

本导则中的试验结果判断标准主要引自《规程》，对规程中未规定的，本导则中提出的推荐值供参考。

4. DL 474.4 《交流耐压实验》

本导则介绍了高压电气设备交流耐压试验所涉及的试验设备的选择、现场试验接线、试验方法、注意事项，详细阐述了变压器感应耐压试验的方法、"容升效应和电压谐振"的产生等。在实际工作中，按相关国家标准及国家能源局制定的相应规定、标准执行。

本导则适用于在发电厂、变电所现场和修理车间、试验室等条件下对高压电气设备进行交流耐压试验。

【思考与练习】

1. 为什么每次测量变压器的绝缘电阻、吸收比和极化指数要选用相同的绝缘电阻表？

2. 直流高电压试验中滤波电容器如何选取？

3. 为什么测量电容型电流互感器介质损耗因数 tanδ 要采用"正接线"？

4. 交流耐压试验中试验设备有哪些？其保护电阻如何选取？

5. 什么是避雷器工频参考电压？如何测量？

▲ 模块 5　高压电气设备绝缘配合规定（电气试验部分）（Z13B1011Ⅱ）

【模块描述】本模块介绍高压电气设备绝缘配合规定的电气试验部分。通过对重点内容及提纲的概述，掌握高压电气设备绝缘配合的有关规定。

【模块内容】

GB 311.1—2017《高压输变电设备的绝缘配合》，第一版由国家技术监督局 1997 年 7 月 3 日批准，1998 年 5 月 1 日实施。后于 2017 年改版修订。

为了便于学习、了解和运用该标准，对标准进行了整理归纳，但不作一一解释，具体内容参见原标准。

一、标准的主题内容与适用范围

本章节主要阐述了该标准的主题内容、标准适用和不适用的范围，主要内容如下：

1. 主题内容

该标准规定了三相交流系统中的高压输变电设备的相对地绝缘、相间绝缘和纵绝缘的额定耐受电压的选择原则，并给出了供通常选用的标准化的耐受电压值。

在制定各设备标准时，应根据该标准的要求，规定适合于该类设备的额定耐受电压和试验程序。

2. 本标准适用范围

标准适用于设备最高电压大于 1kV 的三相交流电力系统中使用的下列户内和户外输变电设备。

（1）变压器类有电力变压器、并联电抗器、消弧线圈和电磁式电压互感器；

（2）高压电器有断路器、隔离开关、负荷开关、接地短路器、熔断器、限流电抗器、电流互感器、封闭式开关设备、封闭式组合电器、组合电器等；

（3）组合式（箱式）变电站；

（4）电力电容器有耦合电容器（包括电容式电压互感器）、并联电容器、交流滤波电容器；

（5）高压电力电缆；

（6）变电站绝缘子、穿墙套管；

（7）阀式避雷器绝缘外套。

3. 本标准不适用范围

（1）安装在严重污秽或带有对绝缘有害的气体、蒸汽、化学沉积物的场合下的设备；

（2）相对湿度较高且易出现凝露场合的户内设备。

二、引用标准

本章节主要介绍了该标准修订所引用的标准。

三、标准主要内容

本章节是标准的核心部分，具体规定了电力设备的使用条件、绝缘配合的基本原则、绝缘水平和试验规定。通过本章节的学习可以掌握如下规定和内容：

（一）使用条件

规定了设备的标准参考大气条件、正常使用条件和超出正常使用条件换算和校正，以及设备适用的电力系统中性点的接地方式。

（二）绝缘配合基本原则

本章节主要介绍了绝缘配合、设备上的作用电压、设备最高电压 U_m 的范围、绝缘试验、绝缘配合方法的选择、持续工频电压和暂时过电压下和雷电过电压下的绝缘配合。内容如下：

1. 绝缘配合

绝缘配合是考虑电力系统所采用的过电压保护措施后，决定设备上可能的作用电压，并根据设备的绝缘特性及可能影响绝缘特性的因素，从安全运行和技术经济合理性两方面确定设备的绝缘水平的基本原则。

2. 设备上的作用电压

本章节介绍了设备上的作用电压的种类和波形，如持续工频电压、暂时过电压、缓波前（操作）过电压、快波前（雷电）过电压、陡波前过电压和联合过电压。

3. 设备最高电压 U_m 的范围

本章节规定了设备最高电压 U_m 分为范围Ⅰ（$1kV \leqslant U_m \leqslant 252kV$）和范围Ⅱ（$U_m > 252kV$）。

4. 绝缘试验

本章节介绍了绝缘试验类型和绝缘试验类型的选择。

5. 绝缘配合方法的选择

本章节主要介绍绝缘配合方法［确定性法（惯用法）、统计法、简化统计法］和各种方法的应用选择，同时强调应考虑可能降低运行中绝缘强度的所有因素，保证安装设备的寿命期间满足绝缘耐受电压，为此应考虑大气校正系数、安全校正系数和绝缘配合因数等。

6. 持续工频电压和暂时过电压下和雷电过电压下的绝缘配合

通过持续工频电压和暂时过电压下的绝缘配合的学习，可以明确对范围Ⅰ的设备所规定的短时工频耐受电压，一般均能满足在正常运行电压和暂时过电压下的要求。为检验设备老化对内绝缘性能、污秽对外绝缘性能的影响所进行的长时间工频试验，应在有关设备标准中规定。标准仅给出了应遵循的一般规则。

对雷电过电压下的绝缘配合，规定在所有情况下，进行绝缘配合时应考虑：设备安装点的预期过电压值、系统与设备的电气特性、类似的系统的运行经验以及所有保护装置的限压效果，特别指出设备的相对地绝缘的额定耐受电压是确定设备的相间绝缘和纵绝缘额定耐受电压的基础。

（三）绝缘水平

本章节规定了绝缘水平包括额定短时工频耐受电压的标准值（有效值）、额定冲击耐受电压的标准值（峰值），以及高压输变电设备的额定绝缘水平。

规定了范围Ⅰ的设备的绝缘水平：在此电压范围内选取设备的绝缘水平时，首先应考虑雷电冲击作用电压，和每一设备最高电压相对应，给出了设备绝缘水平的两个耐受电压，即额定雷电冲击耐受电压和额定短时工频耐受电压。

规定了范围Ⅱ的设备的绝缘水平：应考虑额定雷电冲击耐受电压和额定操作冲击耐受电压，和每一设备最高电压相对应，也给出了设备绝缘水平的两个耐受电压，即额定雷电冲击耐受电压和额定操作冲击耐受电压。

对各类输变电设备的绝缘水平也作出了规定，可取与变压器相同的或高一些的绝缘水平。

（四）试验规定

本章节提出试验规定的目的在于验证设备是否符合决定其绝缘水平的额定耐受电压。本章节还提出相间绝缘和纵绝缘的联合电压耐受试验规定和型式试验、出厂试验、验收试验的规定。

【思考与练习】

1. 电气设备在运行中可能受到的作用电压有哪几种？

2. 什么是短时工频耐受电压试验？

▲ 模块6 高电压试验技术（电气试验部分）（Z13B1012Ⅱ）

【模块描述】 本模块介绍高电压试验技术的电气试验部分。通过对重点内容及提纲的概述，掌握高电压试验技术的一般试验要求及测量系统要求。

【模块内容】

高电压技术的研究对象是各种形态的高电压和各种性能的介质，需要有各种高电压的测试设备来研究各种介质在各种高电压下的物理现象。由于试验技术对高电压技术如此重要，以及它所使用的一些手段的特殊、内容的丰富和技术的复杂，已成为高电压技术领域中的一个重要方面。

现行的 GB/T 16927《高电压试验技术》电气试验部分包括两个部分，详见表 Z13B1012Ⅱ-1。

表 Z13B1012Ⅱ-1　　　　　　　　高 电 压 试 验 技 术

序号	名　　称
1	GB/T 16927.1《高电压试验技术　第 1 部分：一般试验要求》 eqv IEC 60–2《高电压试验技术　第 1 部分：一般试验要求》
2	GB/T 16927.2《高电压试验技术　第 2 部分：测量系统》 eqv IEC 60–2《高电压试验技术　第 2 部分：测量系统》

GB/T 16927.1—2011 和 1997 年版比较，技术上吸取现代高电压技术工作者对放电机理的研究成果，修改了大气校正因数。增加了人工污秽试验，增加了标准附录 B《人工污秽试验程序》和标准附录 C《用棒—棒间隙校核未认可的测量装置》。GB/T 16927.2—2013 和 1997 年版比较，保留了传统的测量系统参数，如刻度因数、阶跃波响应及参数等，又引进了认可的测量系统概念，提出了性能试验、性能记录及标准测量系统，比对测量等。

另外，相关标准包括：GB 311.2《高电压试验技术　第一部分：一般试验条件和要求》、GB 311.3《高电压试验技术　第二部分：试验程序》、GB 311.4《高电压试验技术　第一部分：测量装置》、GB 311.5《高电压试验技术　第二部分：测量装置及使用导则》、GB 311.6《高电压试验技术　第五部分：测量球隙》、GB/T 2900.19《电工术语　高电压试验技术和绝缘配合》。

1. GB/T 16927.1《高电压试验技术　第一部分：一般试验要求》

本标准介绍了试验程序和试品的一般要求，试验电压和电流的产生，试验方法，试验结果的处理方法和试验是否合格的判据。适用于最高电压 U_m 为 1kV 以上设备的下列试验：

（1）直流电压绝缘试验；

（2）交流电压绝缘试验；

（3）雷电冲击电压绝缘试验；

（4）操作冲击电压绝缘试验；

（5）上述电压联合的绝缘试验；

（6）冲击电流试验。

试验程序在满足设备标准规定的同时，还考虑试验结果的准确度、被观测现象的随机性和被测特性与极性的关系以及重复施加电压引起逐渐劣化的可能性；试品的一般要求包括试品布置、干试验及湿试验的条件和要求、大气条件的校准及校正因数的选取和人工污秽试验的分类（即盐雾法和固体污层法）及通用导则。

高压试验部分介绍了各项试验的试验要求、试验方法、试验实现的回路、试验数据的测量、试验程序等整个试验过程的各项要求，从而为高压试验人员提供参考，使试验顺利完成并有据可依，按此标准进行验收。如交流电压试验介绍了有关定义［峰值、方均根（有效）值、试验电压值］，试验电压的要求（电压波形、容许偏差），试验电压的产生（一般要求、对试验回路的要求、串联谐振回路），试验电压的测量，试验程序（耐受电压试验、破坏性放电电压试验、确保放电电压试验）等完整试验过程。

另外高压试验部分还介绍了试验结果的统计评价方法、污秽试验的程序和具体实施方法以及用棒—棒间隙校核未认可的测量装置的方法。

2. GB/T 16927.2《高电压试验技术　第二部分：测量系统》

本标准介绍了测量系统所用到的术语及其定义、测量系统应满足的要求、测量系统及其组件的认可和校核方法以及系统被证实满足要求的程序，适用于直流电压、交流电压、雷电和操作冲击电压、冲击电流以及联合和合成试验中测量电压和电流的测量系统及其组件。《高电压试验技术　第一部分：一般试验要求》中的各项试验中参数的测量都是依照本部分进行的。

在对每一种高压试验种类测量时，都包含对认可的测量系统的要求、认可的测量系统组件的验收试验、性能试验、性能校核和标准测量装置五部分，并根据具体试验种类对这五部分进行了详细要求说明，对所使用的标准测量系统也给出了应满足的要求、校准方法及鉴定的有效周期。

另外，还介绍了标准测量系统国家认证系统的情况、性能记录表格要求、阶跃波响应实现的回路、电阻温升测量的计算公式、标准测量系统和冲击电压比对测量的文献、应对测量系统进行的试验和测量系统组件选择以及参数测量时的注意要点。

【思考与练习】

1. GB/T 16927.1《高电压试验技术　第一部分：一般试验要求》中对试验试品的总体布置有什么要求？

2. 如何将试验条件下的闪络电压换算到标准参考大气条件下的电压？

3. 人工污秽试验分哪两类？简要介绍试验方法。

4. 联合电压试验和合成电压试验的区别是什么？为什么要进行开关联合电压试验？

5. 幅—频响应、刻度因数和总不确定度的定义是什么？

6. 认可的雷电冲击测量系统的一般要求是什么？

▲ 模块 7　电网设备状态检修管理标准（Z13B1003 Ⅰ）

【**模块描述**】　本模块包含电网设备状态检修管理标准的有关规定。通过要点讲解，掌握状态检修管理的相关要求。

【**模块内容**】

为进一步深化电网设备状态检修工作，确保工作规范、扎实、有效开展，促进各单位全面达到公司的管理、工作和技术标准要求，实现从定期检修到状态检修的根本性转变，组织编制了《关于印发电网设备状态检修管理标准和工作标准（试行）的通知》（国家电网生〔2011〕494 号）中的《电网设备状态检修管理标准》。

本标准是企业标准。

为了便于电气试验人员学习、了解和运用本标准，以下主要对《电网设备状态检修管理标准（试行）》分章节进行整理归纳，但不作条文解释，具体内容参见《电网设备状态检修管理标准（试行）》原文。

一、范围

本章规定了状态检修的基本原则、管理职责、管理内容、技术监督、装备配置、辅助决策系统应用、人员培训、评价与考核等内容。

二、规范性引用文件

本章介绍了电网设备状态检修管理的引用标准，具体引用的标准如下：

——DL/T 393《输变电设备状态检修试验规程》；

——Q/GDW 534《变电设备在线监测系统技术导则》；

——《国家电网公司输变电设备风险评估导则》（国家电网生变电〔2008〕32 号）；

——《国家电网公司输变电装备配置管理规范》（国家电网生〔2009〕483 号）；

——《电力设备带电检测仪器配置原则（试行）》（国家电网生变电〔2010〕212 号）；

——《国家电网公司特高压变电站和直流换流站设备状态检修管理标准、工作标准（试行）》（国家电网生〔2011〕309 号）。

三、基本原则

本章节介绍了电网设备状态检修管理的基本原则，具体如下：

（1）安全第一原则。状态检修工作必须在保证安全的前提下，综合考虑设备状态、运行工况、环境影响以及风险等因素，确保工作中的人身和设备安全。

（2）标准先行原则。状态检修工作应以健全的管理标准、工作标准和技术标准为保障，工作全过程要做到"有章可循、有法可依"。

（3）应修必修原则。状态检修工作的核心是确定设备的状态，并依据设备状态适时开展必要的试验、维护和检修工作，真正做到"应修必修，修必修好"，避免出现失修或过修的情况。

（4）过程管控原则。开展状态检修工作应落实资产全寿命周期管理要求，从规划设计、采购建设、运行检修、技改报废等方面强化设备全过程技术监督和全寿命周期成本管理，提高设备寿命周期内的使用效率和效益。

（5）持续完善原则。开展状态检修工作应制订切实可行的工作目标和总体规划，适应电网发展和技术进步的要求，不断健全制度体系、完善装备配置、提升信息化水平、提高人员素质和技能水平。

四、管理职责

本章节介绍了电网设备状态检修的管理职责。

状态检修工作实行统一管理，分级负责。公司系统应健全公司总部、网省公司、地市公司（含检修公司、超高压公司）、生产工区、班组各级状态检修组织体系。公司总部、网省公司依托所属科研试验机构成立设备状态评价指导中心；地市公司应明确专业班组状态检修工作职责。各级生产技术部门应设置状态检修专职岗位，生产工区应设立专责岗位。

基层班组主要职责：

（1）贯彻执行上级状态检修有关管理标准、技术标准和工作标准。

（2）开展设备状态巡检、维护、试验、检修等工作，掌握所辖设备运行状态。

（3）保管设备状态原始资料，按照状态信息管理分工，及时收集设备状态信息，并录入生产信息管理系统，保证信息数据的规范性、准确性和完整性。

（4）开展设备状态诊断和班组初评工作，提出检修决策建议，形成班组初评意见。

（5）参与新建、改扩建工程设备安装调试、交接验收等工作，及时收集和录入新投运设备状态信息，并按时完成新设备首次状态评价。

（6）开展岗位技能培训，提高班组成员设备状态诊断分析技能水平。

五、管理内容

本章节介绍了电网设备状态检修的管理内容。

状态检修工作内容包括状态信息管理、状态评价、风险评估、检修决策、检修计划、检修实施及绩效评估七个环节。

状态信息管理是状态评价与诊断工作的基础，应统一数据规范、统一报告模板，实行分级管理、动态考核，落实各级设备状态信息管理责任，确保设备全寿命周期内状态信息的规范、完整和准确。状态信息管理应涵盖设备信息收集、归纳和分析处理全过程。设备状态信息包括设备投运前信息、运行信息、检修试验信息、家族性缺陷信息等四类信息。状态信息收集应按照"谁主管、谁收集"的原则进行，并应与调度信息、运行环境信息、风险评估信息等相结合。为保证设备全寿命周期内状态信息的完整和安全，应逐年做好历史数据的保存和备份。

状态评价是开展状态检修的关键，应通过持续开展设备状态跟踪监视，综合停电试验、带电检测、在线监测等各种技术手段，准确掌握设备运行状态和健康水平。设备状态评价包括设备定期评价和设备动态评价。定期评价每年不少于一次；动态评价主要包括新设备首次评价、缺陷评价、不良工况评价、检修评价、特殊时期专项评价等；动态评价应根据设备状况、运行工况、环境条件等因素及时开展，确保设备状态可控、在控。各级生产技术部门应按照基层班组、生产工区、地市公司三级评价要求，按时组织开展设备状态评价，积极发挥各级状态评价指导中心的作用，确保工作质量。

风险评估应结合设备状态评价结果，综合考虑安全性、经济性和社会影响等三个方面的风险，确定设备风险程度。风险评估与设备定期评价应同步进行。

检修决策应依据国家电网公司输变电设备状态检修导则等技术标准和设备状态评价结果，参考风险评估结论，考虑电网发展、技术更新等要求，综合调度、安监部门意见，确定设备检修维护策略，明确检修类别、检修项目和检修时间等内容。检修决策应综合考虑检修资金、检修力量、电网运行方式安排等情况，保证检修决策的科学性和可操作性。

检修计划应依据设备检修决策而制定，包含年度状态检修计划与年度综合停电检修计划。年度状态检修计划作为年度综合停电检修计划的编制依据。年度综合停电检修计划应在年度状态检修计划基础上，结合反措、可靠性预控指标及与基建、市政、技改工程的停电要求编制。应统筹考虑输电与变电，一次与二次等设备停电检修工作，统一安排同间隔设备、同一停电范围内的设备检修，避免重复停电。检修计划管理包括年度状态检修计划和年度综合停电检修计划的编制、审核、审定和批准等工作。

检修计划实施是状态检修的执行环节，应依据年度综合停电检修计划组织实施，按照统一计划、分级管理、流程控制、动态考核的原则进行。检修计划实施过程包括准备、实施和总结三个阶段标准化、规范化管理。

绩效评估是对状态检修体系运作的有效性、策略适应性以及目标实现程度进行的评价，查找工作中存在问题和不足，提出改进措施和建议，持续改进和提升状态检修工作水平。绩效评估指标包括可靠性指标实现程度、效益指标实现程度等评估指标。绩效评估结果分别定为优秀、良好、一般、差四级。

六、技术监督

本章节介绍了电网设备状态检修工作中的技术监督要求。

充分发挥技术监督在设备状态检修管理工作中的作用，强化设备设计选型、设备制造、安装调试、交接验收、运行监测、检修试验、故障处理、更新改造等环节的全过程技术监督工作。

交接验收环节应执行交接试验规程和验收规范，把好交接验收关，确保设备"零缺陷"投产。在新设备投运一个月内应组织开展带电检测诊断，资料交接完成后一个月内对新设备运行状态进行一次全面评价。

检修试验环节应按照现场标准化作业要求，执行相关标准规程、工艺导则，全面记录检修过程中发现的缺陷、异常及处理情况。

七、装备配置

本章节介绍了电网设备状态检修工作的技术装备要求。

技术装备是开展电网设备交接试验、运行巡检、例行试验、诊断性试验、在线监测、带电检测、维护检修等状态检修工作的基础。

根据《国家电网公司运检装备配置使用管理规定》〔国网（运检/3）300—2014〕配置状态检测装备，包括 GIS 超声波、超高频局部放电检测仪、SF_6 纯度及成分检测仪、红外成像测温和紫外检测等带电检测仪等，具备红外成像测温、油色谱分析、避雷器阻性电流测量、电容型设备带电测试、GIS 及开关柜局部放电检测等带电检测能力，具备交接试验和诊断试验能力。

八、辅助决策系统应用

本章节介绍了电网设备状态检修工作中的辅助决策系统应用。

状态检修辅助决策系统是开展状态检修工作的重要技术支撑平台，应依据设备状态检修评价导则、检修导则等相关标准要求，实现状态检修工作信息化，并能满足状态检修管理新技术、新方法和新策略变化发展的要求。

九、人员培训

本章节介绍了电网设备状态检修工作中的人员培训要求。

应分级开展网省公司、地市公司状态检修相关专责人员培训，提高状态检修工作的组织和管理能力。加强一线人员状态巡视、状态检（监）测分析、故障诊断技能培训，提高实际操作能力。建立特殊检测技能"持证上岗"制度，规范开展上岗培训和考核。

十、评价与考核

本章节介绍了电网设备状态检修工作中的评价与考核要求。

地市公司每年对状态检修工作质量进行一次年度自查评价，于次年 1 月 30 日前上报网省公司。网省公司对地市公司状态检修工作质量结合相关工作开展复评，于每年 3 月 15 日前上报国家电网公司。国家电网公司定期对网省公司状态检修工作情况开展检查和评价。

评价内容主要包括管理体系、技术体系、执行体系、培训体系、保障体系五个方面。评价结果分为不合格、合格、良好和优秀四档。评价结果纳入网省公司、地市公司生产管理绩效考核。

【思考与练习】

1. 生产工区、基层班组主要职责有什么要求？
2. 生产工区、基层班组装备配置有哪些？
3. 电网设备状态检修管理的基本原则是什么？

◢ 模块 8　电网设备状态信息收集工作标准 （Z13B1004 Ⅰ）

【模块描述】　本模块包含电网设备状态信息收集工作的有关规定。通过要点讲解，掌握状态检修信息收集工作的相关要求。

【模块内容】

为进一步深化电网设备状态检修工作，确保工作规范、扎实、有效开展，实现从定期检修到状态检修的根本性转变，组织编制了《电网设备状态信息收集工作标准》。

本标准是企业标准。

为了便于电气试验人员学习、了解和运用本标准，以下主要对《电网设备状态信息收集工作标准》分章节进行整理归纳，但不作条文解释，具体内容参见《电网设备状态信息收集工作标准（试行）》原文。

一、范围

本标准规定了电网设备状态信息收集的范围、工作依据、工作内容、工作要求、工作时限要求、评价及考核等内容。

二、规范性引用文件

本章介绍了电网设备状态信息收集工作的引用标准，具体引用的标准如下：

——《电网设备状态检修管理标准和工作标准（试行）（国家电网生〔2011〕494 号》；

——《变电站管理规范》（国家电网生变电〔2006〕512 号）；

——《架空输电线路管理规范》（国家电网生变电〔2006〕935 号）；

——《输变电设备状态检修辅助决策系统建设技术原则（试行）》（国家电网生变电〔2008〕32 号）；

——《国家电网公司特高压变电站和直流换流站设备状态检修管理标准、工作标准（试行）》（国家电网生〔2011〕309 号）

三、工作内容

本章节介绍了电网设备状态信息收集的工作内容。

状态信息管理是状态评价与诊断工作的基础，涵盖设备信息收集、归纳和分析处理等全过程，应按照统一数据规范、统一报告模板，分级管理、动态考核的原则进行，落实各级设备状态信息管理责任，健全设备全过程状态信息管理工作机制，确保设备全寿命周期内状态信息的规范、完整和准确。

设备状态信息应包括设备全寿命周期内表征设备健康状况的资料、数据、记录等内容，按照生产过程可分为投运前信息、运行信息、检修试验信息、家族性缺陷信息等四类。投运前信息主要包括设备技术台账、设备监造报告、出厂试验报告、交接试验报告、安装验收记录、新扩建工程有关图纸等纸质和电子版资料。运行信息主要包括设备巡视、维护、故障跳闸、缺陷记录，在线监测和带电检测数据，以及不良工况信息等。检修试验信息主要包括例行试验报告、诊断性试验报告、专业化巡检记录、缺陷消除记录及检修报告等。家族性缺陷信息指经国家电网公司或各网省公司认定的同厂家、同型号、同批次设备（含主要元器件）由于设计、材质、工艺等共性因素导致缺陷的信息。

状态信息收集应按照"谁主管、谁收集"的原则进行，并应与调度信息、运行环境信息、风险评估信息等相结合。为保证设备状态信息的完整和安全，还应逐年做好历史数据的保存和备份。投运前信息由运维单位生产技术部门组织协调收集，设备投运后由基建、物资等部门移交生产，其中，设备技术台账、新扩建工程有关图纸等信息由运维单位收集并录入生产管理信息系统，出厂试验报告、交接试验报告、安装验收记录等信息由检修试验单位负责组织收集并录入生产管理信息系统。设备的原始资料应按照档案管理相关规定妥善保管。运行信息由运维单位负责收集、整理，并录入生产管理信息系统。其中，设备巡视、操作维护、缺陷记录、在线监测和带电检测数据由运维单位收集和录入，故障跳闸、不良工况等信息从调度、气象等相关部门获取后录入生产管理信息系统。检修试验信息由检修试验单位负责收集、整理，并录入生产管理信息系统，如设备为返厂检修，应从设备制造厂家获取检修报告和相关信息后录入生产管理信息系统。家族性缺陷应由国家电网公司或各网省公司在汇总各类缺陷信息后，组织相关专家进行统一认定后发布。各运维单位应在家族性缺陷公开发布后，负责完成生产管理信息系统中相关设备状态信息的变更。

四、工作要求

本章节介绍了电网设备状态信息收集的工作要求。设备状态信息收集工作共划分为五个阶段，包括班组信息收集和录入、工区信息审核和上报、地市公司信息审核和汇总、网省公司信息检查和考核，以及公司总部信息督查和发布等阶段。

班组信息收集和录入阶段：生产班组按照职责分工，及时收集所管辖设备的投产前信息、运行信息和检修试验信息，依据 PMS 数据录入规范中的要求格式，采用 PDA 或人工输入方式将信息录入生产管理信息系统。对于疑似家族性缺陷信息，按照"疑似家族性缺陷上报单"进行信息报送，家族性缺陷正式发布后，在生产管理信息系统中完成相关设备状态信息的变更维护。

工区信息审核和上报阶段：检修、运行和输电等生产工区按照管辖范围，及时审核班组输入生产管理信息系统的数据资料，若数据信息不够准确，应退回班组进行修改，重新录入审核通过后方可作为正式信息保存和上报。

地市公司信息审核和汇总阶段：地市公司生产技术部门按照管辖范围，审核各生产工区报送的状态信息数据和资料，督促检查各生产工区状态信息的收集工作，并对信息收集的及时性、规范性和准确性进行考核。

网省公司信息检查和考核阶段：网省公司生产技术部门可查阅管辖设备的状态信息数据资料，督促检查并考核各地市公司各类状态信息收集及家族性缺陷信息的收集、发布与上报情况。网省公司设备状态评价指导中心应指导做好 220kV 及以上主设备的状态信息汇总和分析工作。

公司总部信息督查和发布阶段：总部生产技术部可查阅公司系统主设备的状态信息数据，督促检查并考核各网省公司状态信息收集整理及家族性缺陷信息收集、发布等情况。国家电网公司设备状态评价指导中心应相应做好协助工作，督促收集并汇总分析 500（330）kV 及以上新设备监造、关键项目交接试验、运行设备故障信息等。

五、工作时限要求

本章节介绍了电网设备状态信息收集的工作时限要求。

家族性缺陷信息在公开发布一个月内，应完成生产管理信息系统中相关设备状态信息的变更和维护。

投运前信息应由基建或物资部门在设备投运后一周内移交生产技术部门，并于一个月内录入生产管理信息系统。运行信息应即时录入生产管理信息系统。检修试验信息应在检修试验工作结束后一周内录入生产管理信息系统。设备及其主要元部件发生变更后，应在一个月内完成生产管理信息系统中相关信息的更新。

六、评价与考核

本章节介绍了电网设备状态信息收集工作的评价与考核要求。

各单位应明确信息维护人员的职责和要求，各网省公司应每年对地市公司生产管理信息系统和状态检修辅助决策系统的应用情况进行一次全面评价和考核。

各级生产技术部门应定期检查生产管理信息系统中设备状态信息数据录入是否及时准确，对录入不及时、不准确的单位纳入绩效考核，按照"设备状态信息收集工作质量评价考核表"（见附件6）进行评价。对状态信息管理相关整改措施落实不力，造成状态检修工作质量下降的单位和个人，依据相关管理规定进行考核。

【思考与练习】

1. 设备状态信息应包括哪些内容？

2. 投运前信息、运行信息、检修试验信息、家族性缺陷信息收集分别由哪些部门负责?

3. 班组信息收集和录入阶段的设备状态信息收集工作有哪些?

▲ 模块9 电网设备状态评价工作标准（Z13B1005Ⅰ）

【模块描述】 本模块包含电网设备状态评价工作的有关规定。通过要点讲解，掌握状态评价工作的相关要求。

【模块内容】

国家电网公司全面推进状态检修工作，为确保工作规范、扎实、有效开展，实现从定期检修到状态检修的根本性转变，组织编制了《电网设备状态检修管理标准和工作标准（试行）》（国家电网公司生〔2011〕494号）。

本标准是企业标准。

为了便于电气试验人员学习、了解和运用本标准，以下主要对《电网设备状态评价工作标准（试行）》分章节进行整理归纳，但不作条文解释，具体内容参见《电网设备状态评价工作标准（试行）》原文。

一、范围

本标准规定了电网设备状态评价范围、工作依据、工作内容（含风险评估、检修决策）、工作要求及工作时限、评价与考核等内容。

二、规范性引用文件

本章介绍了电网设备状态评价工作的引用标准，具体引用的标准如下：

——DL/T 393《输变电设备状态检修试验规程》；

——《电网设备状态检修管理标准和工作标准（试行）》（国家电网公司生〔2011〕494号）；

——《国家电网公司输变电设备风险评估导则》（国家电网生变电〔2008〕32号）；

——《国家电网公司特高压变电站和直流换流站设备状态检修管理标准、工作标准（试行）》（国家电网生〔2011〕309号）。

三、工作内容

本章节介绍了电网设备状态评价的工作内容。

设备状态评价应按照Q/GDW 1168《输变电设备状态检修试验规程》等技术标准，通过对设备状态信息收集、分析，确定设备状态和发展趋势。设备状态评价应坚持定期评价与动态评价相结合的原则，建立以地市公司三级评价为基础，以各级设备状态评价指导中心复核为保障的工作体系。

　　设备状态评价（含风险评估和检修决策）包括设备定期评价和设备动态评价。设备定期评价指每年为制定下年度设备状态检修计划，集中组织开展的电网设备状态评价、风险评估和检修决策工作。定期评价每年不少于一次。设备动态评价指除定期评价以外开展的电网设备状态评价、风险评估和检修决策工作，动态评价适时开展。主要内容包括：

　　（1）新设备首次评价：基建、技改、大修设备投运后，综合设备出厂试验、安装信息、交接试验信息以及带电检测、在线监测数据，对设备进行的评价；

　　（2）缺陷评价：包括运行缺陷评价和家族性缺陷评价。运行缺陷评价指发现运行设备缺陷后，根据设备相关状态量的改变，结合带电检测和在线监测数据对设备进行的评价；家族性缺陷评价指上级发布家族性信息后，对运维范围内存在家族性缺陷设备进行的评价。

　　（3）不良工况评价：设备经受高温、雷电、冰冻、洪涝等自然灾害、外力破坏等环境影响以及超温、过负荷、外部短路等工况后，对设备进行的评价。

　　（4）检修评价：设备经检修试验后，根据设备检修及试验获取的状态量对设备进行的评价；

　　（5）特殊时期专项评价：各种重大保电活动、电网迎峰度夏、迎峰度冬前对设备进行的评价。

　　四、工作要求

　　本章节介绍了电网设备状态评价的工作要求。设备状态评价包含定期评价、动态评价、风险评估和检修决策。

　　1. 设备定期评价

　　设备定期评价按设备运维范围建立各级评价工作流程。地市公司编制设备状态检修综合报告，各级评价指导中心负责相应设备评价结果的复核工作。设备定期评价在地市公司三级评价的基础上，按照管辖范围逐级报送网省公司、公司总部复核。

　　地市公司三级评价（即班组评价、工区评价和地市公司评价）是设备评价的基础，其评价结果应能反映设备的实际状态，各单位必须加强设备评价的管理与培训，提高设备状态评价人员的能力和水平，确保设备评价工作质量。

　　（1）班组评价设备运维及检修专业班组通过对设备各状态量的分析和评价，确定设备状态级别（正常状态、注意状态、异常状态或严重状态），形成班组初评意见。班组初评意见应包括设备铭牌参数、投运日期、上次检修日期、状态量检测信息、状态评价分值、状态评价结论、班组检修决策初步意见等。地市公司生产工区分别组织班组开展设备评价。

　　（2）工区评价生产工区审核设备状态量信息及相关各专业班组的评价意见，并编制设备初评报告。设备初评报告内容应包括设备铭牌参数、投运日期、状态量检测信息、状态评价分值、状态评价结论及工区检修决策等。

（3）地市公司评价地市公司组织各类专业管理人员对生产工区上报的设备初评报告进行审核，开展风险评估，综合相关部门意见形成本单位设备状态检修综合报告。设备状态检修综合报告内容应包括设备状态评价结果、风险评估结果、检修决策及审核意见等。

1）地市公司 220kV 及以上电网设备状态检修综合报告以及评价结果为异常和严重状态的 110（66）kV 及以上电网设备的状态评价报告，应报网省公司进行复核。

2）网省公司复核：网省公司生产技术部门委托网省公司设备状态评价指导中心对地市公司上报的电网设备状态检修综合报告进行复核，并考虑电网发展、技术更新等要求，综合相关部门意见，编制复核意见并形成网省公司 220kV 及以上电网设备状态检修综合报告。500（330）kV 及以上电网设备状态检修综合报告以及评价结果为异常和严重状态的输电线路、变压器（电抗器）、断路器、GIS 四类主设备的状态评价报告上报公司总部复核。状态检修综合报告复核意见表模板见附件 4。

3）公司总部复核：总部生产技术部组织国家电网公司设备状态评价指导中心对区域电网公司上报的设备状态检修综合报告进行复核并反馈复核意见。

2. 设备动态评价

设备动态评价在地市公司进行三级评价，由地市公司根据评价结果安排相应的检修维护。特殊时期专项评价应按照定期评价流程开展，由地市公司上报电网设备状态检修综合报告以及评价结果为异常和严重状态的 110（66）kV 及以上设备状态评价报告；网省公司上报 500（330）kV 及以上电网设备状态检修综合报告以及评价结果为异常和严重状态的输电线路、变压器（电抗器）、断路器、GIS 四类主设备的状态评价报告。

3. 风险评估

风险评估应按照国家电网公司《输变电设备风险评估导则》的要求执行，结合设备状态评价结果，综合考虑安全性、经济性和社会影响等三个方面的风险，确定设备风险程度。风险评估与设备定期评价同步进行。风险评估工作由各地市公司生产技术部组织，财务、营销、安监、调度等部门共同参与，科学合理确定设备风险水平。

（1）财务部门负责确定设备的价值；

（2）营销部门负责确定设备的供电用户等级；

（3）安监部门负责确定设备的事故损失预估；

（4）调度部门负责确定设备在电网中的重要程度及事故影响范围。

4. 检修决策

本章节介绍了电网设备状态评价的检修决策工作要求。检修决策应以设备状态评价结果为基础，参考风险评估结果，考虑电网发展、技术更新等要求，综合调度、安监部门意见，依据国家电网公司 Q/GDW 1168《输变电设备状态检修导则》等技术标准确定检修类别、检修项目和检修时间等内容。

（1）确定设备的检修等级（A、B、C、D、E）。

（2）确定设备的检修项目，包括设备必须进行的例行试验和诊断性试验项目，以及在停电检修前应开展的 D 类检修项目。

（3）确定设备检修时间，根据为设备状态评价结果，并依据 Q/GDW 1168《输变电设备状态检修试验规程》 等技术标准和管理规定确定。

五、工作时限要求

本章节介绍了电网设备状态评价的工作时限要求。工作时限要求包含设备定期评价工作时限和设备动态评价工作时限。

1. 设备定期评价工作时限

（1）每年 8 月 1 日前，地市公司完成电网设备状态检修综合报告，其中 220kV 及以上电网设备状态检修综合报告上报网省公司复核。

（2）每年 8 月底前，网省公司完成地市公司上报状态检修综合报告的复核并反馈复核意见，完成异常和严重状态的 500（330）kV 及以上四类主设备状态检修综合报告的编制并上报国家电网公司。

（3）每年 9 月底前，国家电网公司完成上报设备状态检修综合报告的复核，并反馈复核意见。

2. 设备动态评价工作时限

（1）新投运设备应在 1 个月内组织开展首次状态评价工作，并在 3 个月内完成。

（2）运行缺陷评价随缺陷处理流程完成；家族性缺陷评价在上级家族性缺陷发布后 2 周内完成。

（3）不良工况评价在设备经受不良工况后 1 周内完成。

（4）检修（A、B、C 类检修）评价在检修工作完成后 2 周内完成。

（5）重大保电活动专项评价应在活动开始前至少提前 2 个月完成；电网迎峰度夏、度冬专项评价原则上在 4 月底和 9 月底前完成。

六、评价与考核

本章节介绍了电网设备状态评价的监督检查。设备评价工作的监督检查，网省公司每年一次，地市公司每季度一次，生产工区每月一次。对状态评价工作未按要求开展或开展不力的单位，上级单位应加强督导，必要时进行通报和考核。

【思考与练习】

1. 设备动态评价指除定期评价以外开展的电网设备状态评价、风险评估和检修决策工作，动态评价适时开展。主要内容有哪些？

2. 风险评估工作由地市公司哪些部门参与？具体评估设备的哪些方面？

3. 设备定期评价工作时限是什么？设备动态评价工作时限是什么？

第五十一章

油务化验规程解读

▲ 模块1 运行变压器油维护管理导则
（Z13D10002Ⅲ）

【**模块描述**】 本模块包含运行变压器油维护管理导则概述。通过了解运行变压器油维护管理内容，掌握正确维护运行变压器油的管理要求。

【**模块内容**】

一、适用范围

GB/T 14542—2017《变压器油维护管理导则》对运行中的电力变压器、电抗器、互感器、充油套管等充油电气设备中使用的矿物变压器油维护管理提出了原则性的管理要求，该管理导则从新油验收、运行油维护管理、油样采取、运行中如何混补油、油防劣化措施以及油处理等方面作了详细的规定。但该导则不适用于合成绝缘液体。

二、变压器油性能

（一）绝缘油性能

绝缘油性能按检测方法包括：

（1）物理性能，如外观、密度、黏度、闪点、倾点、界面张力、苯胺点、颗粒度、多环芳香烃（PCA）含量、多氯联苯（PCB）含量等。

（2）化学性能，如氧化安定性、酸值、硫含量、腐蚀性硫、气体含量、油泥析出、水含量等。

（3）电气性能，如击穿电压、冲击击穿电压、介质损耗因数、电阻率、析气性、带电度（或称带电倾向 ECT）等。

（二）绝缘油的指标特性

（1）功能特性：与绝缘和冷却功能相关的性质。包括黏度、密度、倾点、水含量、击穿电压、介质损耗因数。

（2）精制与稳定性：受原油类型、精制质量及添加剂影响的性质。包括外观、界面张力、硫含量、酸值、腐蚀性硫、抗氧化剂、2-糠醛含量。

（3）运行性能：油的长期运行条件和（或）对高电场应力和温度的反应相关的性能。包括氧化安定性、析气性等。

（4）健康、安全和环境因素：与人体健康、安全运行和环境保护相关的性质。包括闪点、密度、PCA（多环芳香烃）、PCB（多氯联苯）。

三、变压器油的评定

（一）新变压器油的评定

1. 新油验收

应对接受的全部油样进行监督，以防止出现差错或带入脏物。所有样品应进行外观的检查，国产新变压器油应按 GB 2536《电工流体　变压器和开关用的未使用过的矿物绝缘油》标准验收；进口设备用油，应按合同规定验收。

2. 新油在脱气注入设备前的检验

新油注入设备前，必须用真空滤油设备进行过滤净化处理，以脱除油中的水分、气体和其他颗粒杂质，在处理过程中应按表 Z13D10002Ⅲ-1 的规定项目进行油质检验，达到表 Z13D10002Ⅲ-1 中要求后方可注入设备。对互感器和套管用油的评定，可根据用油单位具体情况自行决定检验项目。

3. 新油注入设备进行热循环后的检验

处理后的新油，应从变压器下部阀门注入设备内，使空气排尽，最终油位达到上轭铁以下 100mm 处。油在变压器内的静置时间应按不同电压等级要求，至少不小于 12h，然后进行热油循环。热油经过二级真空过滤设备由油箱上部进入，再从油箱下部返回处理装置，一般控制净油箱出口温度为 60℃（制造厂另有规定除外），连续循环时间为三个循环周期。经过热油循环后，应按表 Z13D10002Ⅲ-2 规定进行检验。

表 Z13D10002Ⅲ-1　　　　　　　新油净化后的检验指标

项目	电压等级（kV）					
	1000	750	500	330	220	≤110
击穿电压/kV	≥75	≥75	≥65	≥55	≥45	≥45
水分/（mg/L）	≤8	≤10	≤10	≤10	≤15	≤20
介质损耗因数（90℃）	≤0.005					
颗粒污染度/粒	≤1000	≤1000	≤2000	—	—	—

注　颗粒污染度为100mL 油中大于 5μm 的颗粒数

表 Z13D10002Ⅲ−2 热油循环后的油质检验指标

项目	电压等级（kV）					
	1000	750	500	330	220	≤110
击穿电压/kV	≥75	≥75	≥65	≥55	≥45	≥45
水分/（mg/L）	≤8	≤10	≤10	≤10	≤15	≤20
油中含气量（体积分数）/%	≤0.8	≤1	≤1	≤1	—	—
介质损耗因数（90℃）	≤0.005					
颗粒污染度/粒	≤1000	≤2000	≤3000	—	—	—

注 颗粒污染度为 100mL 油中大于 5μm 的颗粒数

4. 新设备投运前的检验

新变压器油注入电器设备后投运前，应符合有关标准要求。

（二）运行中变压器油的评定

1. 运行中变压器油的质量标准及其检验周期

在设备投运前、大修后和运行中，按照 GB/T 7595《运行中变压器油质量》中的规定执行。

通常对于变压器油可按下述原则检验：

（1）按照 GB/T 7595 中所规定的周期，应定期地进行性能检验，除非制造厂商另有规定；

（2）在经常性的检验周期内，应在同一部位取油样进行检验；

（3）对满负荷运行的变压器，可以适当增加检验次数；

（4）对任何重要的性能，若已接近所推荐的标准极限值时，应增加检验次数。

2. 试验结果的解释

变压器油在运行中的劣化程度和污染状况，应根据所有的试验结果、油的劣化原因及已确认的污染来源一起考虑后，方能评价油是否可以继续运行，以保证设备的安全可靠。

对运行变压器油，应通过下述试验确定油质和设备的情况：

（1）油的颜色和外观；

（2）击穿电压；

（3）介质损耗因数或电阻率；

（4）酸值；

（5）水分含量；

（6）油中溶解气体组分含量的色谱分析。

四、运行中变压器油指标超极限值的原因及对策

对于运行中变压器油的所有检验项目，超出质量控制极限值的原因分析及应采取的措施见表 Z13D10002Ⅲ-3，同时遇有下述情况应该引起注意。

表 Z13D10002Ⅲ-3　运行中变压器油的超极限值的原因及对策

项目	设备电压等级（kV）	超极限值	可能原因	采取对策
外观		不透明，有可见杂质或油泥沉淀物	油中含有水分或纤维、碳黑及其他固形物	调查原因并与其他试验（如含水量）配合决定措施
颜色		油色很深	可能过度劣化或污染	检查酸值、闪点、油泥、有无气味，以决定措施
水分（mg/kg）	≥330	>20	（1）密封不严、潮气侵入；（2）运行温度过高，导致固体绝缘老化或油质劣化	（1）检查密封胶囊有无破损，呼吸器吸附剂是否失效，潜油泵是否漏气；（2）降低运行温度；（3）采用真空过滤处理
	220	>30		
	≤110	>40		
酸值（mgKOH/g）		>0.1	（1）超负荷运行；（2）抗氧剂消耗；（3）补错了油；（4）油被污染	调查原因，增加试验次数，投入净油器，测定抗氧剂含量并适当补加，或考虑再生
击穿电压（kV）	≥500	<50	（1）油中水分含量过大；（2）油中有杂质或颗粒污染	检查水分含量，对大型变电设备可检测油中颗粒污染度；进行精密过滤或换油
	330	<45		
	220	<40		
	66~110	<35		
	≤35	<30		
介质损耗因数（90℃）	≥500	>0.020	（1）油质老化程度较深；（2）油被杂质污染；（3）油中含有极性胶体物质	检查酸值、水分、界面张力数据；查明污染物来源并进行吸附过滤处理，或考虑换油
	≤330	>0.040		
界面张力（mN/m，25℃）		<19	（1）油质老化严重，油中有可溶性或沉析性油泥；（2）油质污染	结合酸值、油泥的测定，采取再生处理或换油
闪点（℃，闭口）		低于新油原始值10℃以上	（1）设备存在严重过热或放电性故障；（2）补错了油	查明原因，消除故障，进行真空脱气处理或换油

续表

项目		设备电压等级 （kV）	超极限值	可能原因	采取对策
体积电阻率 （Ω·m，90℃）		≥500	<1×10¹⁰	（1）油质老化程度较深； （2）油被杂质污染； （3）油中含有极性胶体物质	检查酸值、水分、界面张力数据；查明污染物来源并进行吸附过滤处理，或考虑换油
		≤330	<5×10⁹		
油泥与沉淀物 （质量分数，%）			>0.02	（1）油质深度老化； （2）杂质污染	考虑油再生或换油
水溶性酸（pH 值）			<4.2	（1）油质老化； （2）油被污染	与酸值比较，查明原因；进行吸附处理或换油
油中总含气量 （体积分数，%）		≥330	>3	设备密封不严	与制造厂联系，进行设备的严密性处理
油中溶解气体组分含量（μL/L）	乙炔	变压器、电抗器 ≥330	>1	设备存在局部过热或放电性故障	进行跟踪分析，彻底检查设备，找出故障点并消除隐患，进行真空脱气处理
		变压器、电抗器 ≤220	>5		
		套管 ≥330	>1		
		套管 ≤220	>2		
		电流互感器 ≥220	>1		
		电流互感器 ≤110	>2		
		电压互感器 ≥220	>2		
		电压互感器 ≤110	>3		
	氢	变压器、电抗器	>150		
		套管	>500		
		电流互感器	>150		
		电压互感器	>150		
	总烃	变压器、电抗器	>150		
		电流互感器	>100		
		电压互感器	>100		
	甲烷	套管	>100		

（1）当试验结果超出了所推荐的极限值范围时，应与以前的试验结果进行比较，如情况许可时，在采取措施之前，应重新取样分析以确认试验结果无误。

（2）如果油质快速劣化，则应进行跟踪试验，必要时可通知设备制造商。

（3）某些特殊试验项目，如击穿电压低于极限值要求，或是色谱检测发现有故障存在，则可以不考虑其他特性项目，应果断采取措施以保证设备安全。

五、混油规定

（1）电气设备充油不足需要补充油时，应优先选用符合相关新油标准的未使用过的变压器油。最好补加同一油基、同一牌号及同一添加剂类型的油品。补加油品的各项特性指标都应不低于设备内的油。当新油补入量较少时，例如小于5%时，通常不会出现任何问题；但如果新油的补入量较多，在补油前应先做油泥析出试验，确认无油泥析出，酸值、介质损耗因数值不大于设备内油时，方可进行补油。

（2）不同油基的油原则上不宜混合使用。

（3）在特殊情况下，如需将不同牌号的新油混合使用，应按混合油的实测凝点决定是否适于此地域的要求。然后再按 DL/T 429.6《电力用油开口杯老化测定法》方法进行混油试验，并且混合样品的结果应不比最差的单个油样差。

（4）如在运行油中混入不同牌号的新油或已使用过的油，除应事先测定混合油的凝点以外，还应按 DL/T 429.6 的方法进行老化试验和测定老化后油样的酸值和介质损耗因数，并观察油泥析出情况，无沉淀方可使用。所获得的混合样品的试验结果应不比原运行油的差，才能决定混合使用。

（5）对于进口油或产地、生产厂家来源不明的油，原则上不能与不同牌号的运行油混合使用。当必须混用时，应预先进行参加混合的各种油及混合后的油按 DL/T 429.6 方法进行老化试验，并测定老化后各种油的酸值和介质损耗因数及观察油泥沉淀情况，在无油泥沉淀析出的情况下，混合油的质量不低于原运行油时，方可混合使用；若相混的都是新油，其混合油的质量应不低于最差的一种油，并需按实测凝点决定是否可以适于该地区使用。

（6）在进行混油试验时，油样的混合比应与实际使用的比例相同；如果混油比无法确定时，则采用1:1质量比例混合进行试验。

六、防老化手段

（1）延长运行中变压器油的寿命，可采取的防劣措施有：

1）安装油保护装置（包括呼吸器和密封式储油柜），以防止水分、氧气和其他杂质的侵入；

2）安装油连续再生装置即净油器，以清除油中存在的水分、游离碳和其他老化产物；

3）在油中添加抗氧化剂（如 T501 抗氧化剂），以提高油的氧化安定性。

（2）防劣措施的选用应根据充油电气设备的种类、类型、容量和运行方式等因素来选择。

1）电力变压器应至少采用上述三条中所列举的一种防劣措施。

2）对低电压、小容量的电力变压器，可装设净油器；对高电压、大容量的电力变压器，应装设密封式储油柜。

3）对 110kV 及以上电压等级的油浸式高压互感器，应采用隔膜密封式储油柜或金属膨胀器结构。

（3）在油中添加和补加 T501 抗氧化剂时，应注意以下事项：

1）药剂的质量应按标准进行验收，并注意药剂的保管，防止变质。

2）对不明牌号的新油（包括进口油）、再生油及老化污染情况不明的运行油，应做油对抗氧化剂的感受性试验（感受性指通过油的氧化或老化试验，其结果有一项指标较不加 T501 抗氧化剂的油提高 20%～30%，而其余指标均无不良影响）。确定该油是否适合添加和添加时的有效剂量。对感受性差的油，可将油进行净化或再生处理后，再作感受性试验。

3）对新油、再生油，油中 T501 抗氧剂的含量，应不超过 0.3%（质量分数）；对于运行中油应不低于 0.15%（质量分数）。

4）运行中油添加抗氧化剂时应在设备停运或检修时进行。添加前，应先清除设备内和油中的油泥、水分和杂质。添加时应采用热溶解法添加，即将 T501 抗氧化剂在 50℃下配制成含 5%～10%（质量分数）的油溶液，然后通过滤油机，将其加入循环状态的设备内的油中并混合均匀，以防药剂过浓导致未溶解的药剂颗粒沉积在设备内。添加后，油的电气性能应合格。

5）对含抗氧化剂的油，如发现油质老化严重，应对油进行处理，当油质达到合格要求后再补加抗氧化剂。

（4）为充分发挥防劣措施的效果，应对几种防劣措施进行配合使用，并切实做好监督和维护工作。对大容量或重要的电力变压器，必要时可采用两种或两种以上的防劣措施配合使用。在运行中，应避免足以引起油质劣化的超负荷、超温运行方式，并应采取措施定期清除油中气体、水分、油泥和杂质等。做好设备检修时的加油、补油和设备内部清理工作。

七、油的净化处理方法

（1）净化处理是用物理方法的分离过程，使油中的气体、水分和固体颗粒降低到符合油的有关指标的要求。净化处理方法有：机械过滤、离心分离和真空过滤。使用时，应根据油净化应达到的指标要求和处理方法的特点进行选择。

（2）机械过滤设备不能有效地除去油中溶解的或呈胶态的杂质，也不能脱除气体。使用时应注意下列事项：

1）过滤器的过滤介质在使用前应充分干燥。当过滤含有水的油时，应在较低温度

（一般低于 45℃）下过滤，有利于脱水效果的提高。

2）滤油机的工作状况，主要靠观察滤油机的进口油压和测定滤油机出口油的水分含量或击穿电压值来进行监督。当发现过滤器油压增加或滤出油的水分含量增加、击穿电压值降低时，应采取更换滤纸等措施。

3）当过滤含有较多油泥或其他固体杂质时，应增加更换滤纸的次数。必要时，可采用预滤装置（滤网）。

4）处理超高压设备油时，可将机械过滤和真空过滤配合使用。

（3）当处理含有大量水分、固体颗粒、油泥等悬浮物的油时，须先采用离心分离方式进行净化。

离心分离要求转速应大于 5000r/min。它能清除较大浓度的污染物，但不能除去油中的溶解水分。只能作为含有大浓度污染物油的一种粗滤处理方式。

（4）真空过滤适于对油的深度脱气、脱水处理。使用真空过滤应注意以下事项：

1）用冷态机械过滤处理方式去除油泥和游离水分效果好；而用热态真空处理去除溶解水和悬浮水的效果好。

2）油温应控制在 70℃ 以下，以防油质氧化或引起油中 T501 及油中某些轻组分的损失。

3）处理含有大量水分或固体物质的油时，在真空处理过程之前，应使用离心分离或机械过滤，这样能提高油的净化效率。

4）对超高压设备的用油进行深度脱水和脱气时，采用二级真空滤油机，真空度应保持在 133Pa 以下。

5）在真空过滤过程中，应定期测定滤油机的进、出口油的含气量、水分含量或击穿电压，以监督滤油机的净化效率。

（5）当电气设备需再次注油时，应再一次经过净化，然后可直接注入设备中。这种直接净化方式已在开关和小型变压器中广泛应用。但应注意保证芯子绕组、内桶和其他含油隔板应使用已净化的油清洗。

（6）循环净化滤油方式分为直接循环净化和间接循环净化两种方式，通常采用间接循环法。

1）直接循环净化，是将滤油机与变压器设备连成循环回路，通过净油机，油从电气设备底部抽取，由电气设备的顶部回入。返回的油应该做到平稳地在靠近顶部油面的水平位置处回入，尽量地避免已处理的油同还没有经过净油机处理的油相混合。为了提高直接循环净化油的效果，在实施时应注意以下事项：① 循环过滤次数，应使被处理的设备内的总油量通过净油机至少不低于 3 次，最终的循环次数应视被处理的油在设备内稳定数小时后，从设备底部取样经检测水分、击穿电压或总含气量合格后，才能决定循环净化过程的结束。② 净油机的进、出口油管与设备的连接应分别接在对角线上，并在处理过程中，改变回油进入设备的位置，以避免设备内有循环不到的死角。③ 将未参加循环的油，如变压器设备中的冷却器、有载调压开关油箱、储油柜等内部的油，放出过滤后再分别返回原设备内。④ 循环净化不能带电作业，应在电气设备的电源拉断后，循环净化才能开始。

2）间接循环净化，是将滤油机串接在设备与油处理用罐之间，先将设备中油过滤后送入油罐，待对设备内部工件脱除水分、气体后，再用滤油机将处理好的油罐油抽回设备。当间接循环法不能实施时（如变压器壳体不能承受真空时），应采用直接循环法。

（7）在特殊的情况下，电气设备无法安排停电但又必须进行带电滤油时，应做好各方面的安全措施，并特别注意：

1）滤油机的进、出管路一定要严密，避免管路系统进气和漏油，以免发生故障。

2）控制油流速度不能过大，以免产生流动带电而引起危险。

八、技术管理与安全要求

（1）库存油管理。

1）新购进的油须先验明油种、牌号，检验油质是否符合相应的新油标准。经验收合格的油入库前须经过滤净化合格后，方可注入备用油罐。

2）库存备用的新油与合格的油，应分类、分牌号存放，并应挂牌建账。

3）库存油应严格执行油质检验。除应对每批入库、出库油作检验外，还要加强库存油移动时的检验与监督。油的移动包括倒油罐、倒桶以及存有油的容器内再进入新油等。油在移动前后均应进行油质检验，并作好记录，以防油的错混与污染。对长期储存的备用油，应定期（一般每半年一次）检验，以保证油质处于合格备用状态。

（2）设备的技术档案与技术资料。

1）主要用油设备台账：包括设备地点、容量、电压等级、油种、油量、油保护方式、投运日期及移动情况记录。

2）主要用油设备运行油质检验台账：包括换油、补油、防老化措施执行情况，运行油质量检验及油处理情况记录。

3）主要变压器等用油设备中气体色谱分析台账：包括异常情况、检验与处理结果记录。

4）主要用油设备大修检查记录。

5）旧油、废油回收和再生处理记录。

6）库存备用油油质检验台账：包括油种、牌号、油员及油移动等情况记录。

（3）安全与卫生。

1）油库、油处理站设计必须符合消防与工业卫生的有关要求。油罐安装间距及油罐与周围建筑的距离应具有足够的防火间距，且应设置油罐防护堤。为防止雷击和静电放电，油罐及其连接管线应装设良好的接地装置，必要的消防器材和通风、照明、油污废水处理等设施均应合格齐全。油再生处理站还应根据环境保护规定，妥善处理油再生时的废渣、废气。

2）油库、油处理站及其所辖油区应严格执行防火防爆制度。杜绝油料的渗漏与泼洒，地面油污应及时清除。严禁烟火，对用过的沾油棉织物及一切易燃物品应清除干净。油罐输油操作应注意防止静电放电。查看或检修油罐油箱时，应使用低电压安全行灯并注意通风等。

3）从事接触油料工作必须注意有关保护措施，尽量避免吸入油雾或油蒸气；避免皮肤长时间过多地与油接触，必要时操作过程应戴防护手套及围裙，操作前也可涂抹合适的护肤膏。操作后及饭前应将皮肤上的油污清洗干净，油污衣服应及时清洗等。

4）PCB 的化学名为多氯联苯，它是一种性能良好的绝缘液体，常用作电容器油。但 PCB 是一种严重的致癌物质，对环境的污染比较严重，世界各国已明文规定禁止使用。

对从国外进口的设备和油品，一定要严格检测 PCB，一经发现应立即采取措施，加强用油管理，杜绝含有 PCB 的油对其他干净油的污染，以保护人身安全和防止环境污染。

【思考与练习】

1. 对运行变压器油，应通过什么试验来确定油质和设备的情况？

2. 为了延长运行中变压器油的寿命，应采取的防劣措施有哪些？

3. 库存油的管理有什么要求？

▲ 模块 2　SF_6 电气设备气体监督细则（Z13D10003Ⅲ）

【模块描述】　本模块包含 SF_6 电气设备气体监督细则概述。通过了解 SF_6 电气设备气体监督细则内容，正确监督 SF_6 气体。

【模块内容】

DL/T 595《SF_6 电气设备气体监督导则》明确了 SF_6 电气设备气体监督的具体实施细则，为电力各级主管部门、设备用户单位（运行单位和基建单位）提供了充气设备的监督管理办法，设备制造厂家和电力用户单位都可参照执行。

一、技术管理

（一）SF$_6$新气的管理

1. 出厂检验

工业 SF$_6$ 出厂前应由生产厂的质量检验部门进行检验，应保证每批出厂的产品都符合国家标准的要求。每批出厂的 SF$_6$ 都应附有一定格式的质量证明书，内容包括生产厂名称、产品名称、批号、气瓶编号、净重、生产日期和标准编号。气瓶应喷涂油漆、漆色和字样应符合国家规定，气瓶标签应标明生产厂名称、产品名称、批号、气瓶编号及商标。

2. 用户检验

使用单位在 SF$_6$ 新气到货后，应检查气瓶的漆色字样、安全附件、分析报告和无毒合格证。在 SF$_6$ 新气到货的 1 个月内，应按《SF$_6$气瓶及气体使用安全技术管理规则》和 GB 12022《工业六氟化硫》中的有关规定抽样分析复核主要技术指标。

SF$_6$ 抽样气瓶数可按 GB 12022 规定从每批产品中随机选取。每瓶 SF$_6$ 构成单独的样品（同一气体来源处稳定充装的工业 SF$_6$ 构成一批）。表 Z13D10003Ⅲ-1 中列出的是选取的最少气瓶数，也可以按 DL/T 596—1996《电力设备预防性试验规程》的规定，每批产品按 3/10 的抽检率进行复核分析，DL/T 596—1996 对 SF$_6$ 新气的质量监督更加严格。

对国外进口的新气，亦应进行复检验收。可按 IEC 60376《电气设备用工业级六氟化硫（SF$_6$）的规范》及 GB 12022 新气质量标准验收。

供需双方对产品质量发生争议时，可提请电力集团、省电力公司的 SF$_6$ 监督检测中心判定。

表 Z13D10003Ⅲ-1 抽 样 气 瓶 数 的 规 定

每批气瓶数	选取的最少气瓶数	每批气瓶数	选取的最少气瓶数
1	1	41～70	3
2～40	2	71 及以上	4

3. 用户存储

验收合格的 SF$_6$ 新气，应存储在带篷的库房中。SF$_6$气瓶严禁曝晒，严禁靠近易燃、油污地点，库房应阴凉通风良好。气瓶要直立存放。未经检验的气体及其他气体不能同检验合格的 SF$_6$ 气体存放一室，以免混淆。

SF$_6$ 气体在气瓶中存放半年以上时，使用单位在将这种气体充入 SF$_6$ 气室以前，应复检其中的湿度和空气含量，指标应符合新气标准。

（二）对使用中的 SF_6 气体的监督和安全管理

（1）凡充于电气设备中的 SF_6 气体，均属于使用中的 SF_6 气体，应按照 DL/T 596《电力设备预防性试验规程》中的有关规定进行检验。

（2）SF_6 电气设备制造厂在设备出厂前，应检验设备气室内气体的湿度和空气含量，并将检验报告提供给使用单位。

（3）SF_6 电气设备安装完毕，在投运前（充气 24h 以后）应复验 SF_6 气室内的湿度和空气含量。

（4）设备通电后一般每 3 个月，亦可一年内复核一次 SF_6 气体中的湿度，直至稳定后，每 1~3 年检测湿度一次。发现气体质量指标有明显变化时，应报请电力集团、省电力公司 SF_6 监督检测中心复核，证明无误时，应制定具体处理措施并上报电力集团、省电力公司 SF_6 监督检测中心，取得一致意见后，由基层单位进行处理。

（5）对充气压力低于 0.35MPa 且用气量少的 SF_6 电气设备（如 35kV 以下的断路器），只要不漏气，交接时气体湿度合格，若非异常，运行中可不检测气体湿度。

（6）室内安装的 SF_6 电气设备，其安装室与主控室间要作气密性隔离，以防有毒气体扩散入主控室。设备安装室应定期进行 SF_6 和氧气含量的检测。空气中的含氧量应大于 18%，空气中 SF_6 浓度不应超过 1000μL/L。在户内设备安装场所的地面层应安装带报警装置的氧量仪和 SF_6 浓度仪。氧量仪在空气中含氧量降至 18% 时应报警，SF_6 浓度仪在空气中 SF_6 含量达到 1000μL/L 时发出警报。如发现不合格时应通风、换气。

（7）SF_6 设备安装场所要安装通风系统，抽风口应设在室内下部。运行人员经常出入的户内设备场所每班至少换气 15min，换气量应达 3~5 倍的场所空间体积，对工作人员不经常出入的设备场所，在进入前应先通风 15min。

（8）定期监测设备内的湿度、分解气体含量，如发现其含量超过允许值时，应采取有效措施，包括气体净化处理、更换吸附剂、更换 SF_6 气体、设备解体检修等。在气体采样操作及处理一般渗漏时，要在通风的条件下戴防毒面具工作。

（9）运行设备如发现表压下降时应分析原因，必要时对设备进行全面检漏，若发现有漏气点应及时处理。当 SF_6 电气设备故障造成大量 SF_6 外逸时，工作人员应立即撤离现场。若发生在户内安装场所，应开启室内通风装置，事故发生后 4h 内，任何人进入室内必须穿戴防护服、手套、护目镜和佩戴氧气呼吸器。在事故后清扫故障气室内固态分解产物时，工作人员也应采取同样的防护措施。清扫工作结束后，工作人员必须先洗净手、臂、脸部及颈部或洗澡后再穿衣服。被大量 SF_6 气体侵袭的工作人员，应彻底清洗全身并送医院诊治。

（三）设备解体时的 SF_6 气体监督管理

（1）设备解体大修前，应按 IEC 60480《电气设备中 SF_6 气体检测导则》和 DL/T

596《电气设备预防性试验规程》的要求进行气体检验，设备内的气体不得直接向大气排放。

（2）设备解体大修前的气体检验，必要时可由上一级气体监督机构复核检测并与基层单位共同商定检测的特殊项目及要求。

（3）工作人员在处理使用过的 SF_6 气体时，必须配备安全防护用具（手套、防护眼镜等）。检修人员与分解气体和粉尘接触时，应该穿耐酸质料的衣裤相连的工作服，戴塑料或软胶手套，戴专用的防毒呼吸器，操作人员工作完毕后应注意清洗。

（4）从事处理废弃 SF_6 气体的工作人员必须熟悉 SF_6 气体分解产物的性质，了解其对健康的危害性，应给予专门的安全培训（包括急救指导）。

（5）工作人员在使用 SF_6 气体回收装置回收气体时，应预先培训 SF_6 气体回收装置使用技术。使用时，应严格遵守制造厂对有关此类设备的操作要求。

（6）设备解体前需要回收和处理使用过的 SF_6 气体。断路器等气室中可能会有较大量的有害杂质，必须采取严格的监督管理措施，防止中毒事故。解体前需对气体全面分析，以确定其有害成分含量。也可用气体毒性生物试验的方法确定其毒性的程度，然后制定防毒措施。

（7）设备解体前，通过气体回收装置将 SF_6 气体全部回收，回收的气体应装入有明显标记的容器内待处理，不得直接向大气中排放，特别是不得向工作场所中排放。

（8）设备解体后，检修人员应立即离开作业现场到空气新鲜的地方，工作现场需要强力通风，以清理残余气体，至少 30～60min 后再进行工作。

（9）SF_6 电气设备内部含有有毒的或腐蚀性的粉末，有些固态粉末附着在设备内及元件的表面，要仔细地将这些粉末彻底清理干净，应用专用吸尘器进行清理。用于清理的物品需要用浓度约 20%的氢氧化钠水溶液浸泡后交专业公司处理。

（10）检修人员与分解气体和粉尘接触时，应该穿耐酸原料的衣裤相连的工作服，戴塑料软胶手套，戴专用的防毒呼吸器，操作人员工作完毕后，应彻底清洗全身。解体检修中使用的下列物品应作有毒废物处理：吸尘器的过滤纸袋、抹布、防毒面具中的吸附剂、气体回收装置中使用过的活性氧化铝或分子筛、设备中取出的吸附剂、严重污染的工作服等。处理方法是将废物装入双层塑料袋中，再放入金属桶内密封埋入地下，或用苏打粉与废物混合后再注水，放置 48h 后（容器敞开口），可作普通垃圾处理。

防毒面具、塑料手套、橡皮靴及其他防护用品必须用肥皂洗涤后晾干备用。

（11）在工作场所，要严格控制 SF_6 气体的泄漏。当 HF、SO_2、SOF_2、SO_2F_2 分解产物存在时，对空气中 SF_6 的安全浓度为 $200\mu L/L$。在设备发生内部故障以后的任何工作期间，可能出现 SF_6 的高度分解，可能发生 SOF_2 的水解，此时空气中 SF_6 的最大允许浓度是 20μL/L。

（12）室内处理使用过的 SF$_6$ 气体时，应当明示工作场所注意事项，说明禁火、禁烟、禁止高于 200℃ 的加热和无专门预防措施的焊接。

（四）SF$_6$ 气体外溢时个体防护用品佩戴

运行中设备发生严重泄漏或设备爆炸而导致 SF$_6$ 气体大量外溢时，现场工作人员必须按 SF$_6$ 电气设备制造、运行及试验检修人员安全防护的有关规定佩戴个体防护用品。

（五）SF$_6$ 电气设备完成出厂试验后装箱或降压要求

SF$_6$ 电气设备完成出厂试验后，如需减压装箱或解体装箱时，应参照（三）中的要求进行气体检验后，方可进行装箱或降压。

（六）SF$_6$ 电气设备补气（混合气）

SF$_6$ 电气设备补气时，如遇不同产地、不同生产厂家的 SF$_6$ 气体混用时，应参照 DL/T 596《电力设备预防性试验规程》中有关混合气的规定执行。

（七）SF$_6$ 气体的充装过程管理

（1）在充装作业时，为防止引入外来杂质，所有管路、连接部件均需处理干净。接口处擦净吹干，充气前用 SF$_6$ 新气缓慢冲洗后连接设备即可正式充气。

（2）对设备抽真空是净化和检漏的重要手段。充气前设备应抽真空至规定指标，真空度为 133Pa，再继续抽气 30min，停泵 30min，记录真空度（A），再隔 5h，读真空度（B），若（B）-（A）值小于 133Pa，则可认为合格，否则应进行处理并重新抽真空至合格为止。

（3）对于运输中已充入部分 SF$_6$ 气体的设备，充入新的 SF$_6$ 气体前，应复检设备内气体的湿度和纯度，当确认合格后，方可缓慢地充入 SF$_6$ 气体。充气过程中当 SF$_6$ 气瓶压力降至 0.1MPa 表压时，应停止充气。

（4）充装完毕后，对设备密封处，焊缝以及管路接头，使用灵敏度不低于 $1×10^{-8}$MPa·cm^3/s 的检漏仪进行全面检漏，确认无泄漏则可认为充装完毕。

（5）充装完毕 24h 后，对设备中气体进行湿度测量，必要时可测量纯度和其他杂质，若超过标准，必须进行处理，直到合格。

（八）吸附剂的管理

设备内吸附剂的种类、用量应符合制造厂规定。

1. 吸附剂的安装

吸附剂在安装前进行活化处理。

应尽量缩短吸附剂从干燥容器或密封容器内取出直至安装完毕之间的时间。一般不应超过 15min。吸附剂安装完后，一般不超过 30min，应立即抽真空。

2. 吸附剂的处理

吸附剂需要进行活化处理时，处理温度按生产厂家要求，由产生分解气体的设备中更换下来的吸附剂不要再生，应使用 20%的氢氧化钠溶液浸泡后交专业处理公司处理。

3. 吸附剂的存放

吸附剂应防潮、防水、置于干燥处保管。

（九）安全防护用品的管理与使用

（1）设备运行检修人员使用的安全防护用品应有工作手套、工作鞋、密闭式工作服、防毒面具、氧气呼吸器等。

（2）安全防护用品应设专人保管并负责监督检查保证其随时处于备用状态。防护用品应存放在清洁干燥阴凉的专用柜中。

（3）工作人员佩戴防毒面具或氧气呼吸器进行工作时，要有专门监护人员在现场进行监护，以防出现意外事故。

（4）设备运行及检修人员要进行专业安全防护教育及安全防护用品使用训练。使用防毒面具和氧气呼吸器的人员应体格检查，心肺功能不正常者不能使用以上用品。

二、试验仪器的管理

（1）对 SF_6 气体检测使用的仪表和仪器设备，应制定详细的使用、保管和定期校验制度，并应建立设备使用档案。

（2）对有关测试仪器、仪表，应建立监督与计量传递制度。

（3）各类仪器的校验周期按国家检定规程要求确定。暂无规定的原则上每年一次。

三、技术文件和档案管理

（一）本企业气体监督文件

各级 SF_6 监督检测中心和基层 SF_6 气体管理部门，应有下列气体监督的本企业文件：

（1）SF_6 气体验收方法。

（2）SF_6 气体质量分析检验规程和质量保证体系。

（3）SF_6 气体监督检测仪器仪表的操作规程。

（4）SF_6 气体监督检测仪器仪表的检定规程。

（5）接触 SF_6 气体的有关工作人员的劳动、安全、卫生和保健的有关规定。

（6）个体防护用品使用和维护规程。

（二）气体质量监督管理文件

各级 SF_6 监督检测中心和基层 SF_6 气体管理部门，应有《SF_6 电气设备中气体管理和检测导则》《SF$_6$电气设备气体监督细则》《SF$_6$电气设备制造、运行及试验检修人员安全防护条例》《SF$_6$气瓶及气体使用安全技术管理规则》等气体质量监督的管理文件。

（三）国家标准和行业标准齐备

各级 SF$_6$ 监督检测中心和基层 SF$_6$ 气体管理部门，应有有关 SF$_6$ 气体检测的国家标准和行业标准等气体质量监督的技术文件。

（四）文件归档管理

（1）SF$_6$ 新气验收、每年定期的 SF$_6$ 气体质量检测、大修前后气体分析的原始数据和质量校验报告。

（2）仪器使用说明书（进口仪器的原文说明书及翻译件），仪器调试、使用、维修记录。

（3）仪器检定规程和自检规程，仪器定期校验报告。

（4）有关 SF$_6$ 电气设备的技术档案。

【思考与练习】

1. 对 SF$_6$ 新气管理有何要求？

2. 在工作场所，有分解产物存在时，对空气中 SF$_6$ 的安全浓度为多少？

3. 吸附剂的管理有哪些要求？

参 考 文 献

[1] 张仁豫，等. 高电压试验技术. 北京：清华大学出版社，2006.

[2] 王川波. 高电压技术. 北京：中国电力出版社，2002.

[3] 严璋，朱德恒，等. 高电压绝缘技术. 北京：中国电力出版社，2007.

[4] 梁曦东，等. 高电压工程. 北京：清华大学出版社，2003.

[5] 江苏省电力工业局，江苏省电力试验研究所编. 电气试验技能培训教材. 北京：中国电力出版社，1998.

[6] 陈天翔，王寅仲，海世杰. 电气试验. 北京：中国电力出版社，2008.

[7] 李建明，朱康. 高压电气设备试验方法. 北京：中国电力出版社，2007.

[8] 李一星. 电气试验基础. 北京：中国电力出版社，2001.

[9] 国家电网公司人力资源部. 国家电网公司生产技能人员职业能力培训专用教材　电气试验. 北京：中国电力出版社，2010.

[10] 陕西省电力公司. 高压电气试验. 北京：中国电力出版社，2003.

[11] 华北电网有限公司. 高压试验作业指导书. 北京：中国电力出版社，2004.

[12] 吴克勤. 变压器极性与接线组别. 北京：中国电力出版社，2006.

[13] 周学君. 输电线参数测量方法. 广东电力，1999，12（6）：30–33.

[14] 韩伯锋. 电力电缆试验及检测技术. 北京：中国电力出版社，2007.

[15] 尹克宁. 变压器设计原理. 北京：中国电力出版社，2003.

[16] 白忠敏. 电力用互感器和电能计量装置选型与应用. 北京：中国电力出版社，2003.

[17] 凌子恕. 高压互感器技术手册. 北京：中国电力出版社，2005.

[18] 陈家斌. 接地技术与接地装置. 北京：中国电力出版社，2002.

[19] 何金良，曾嵘. 电力系统接地技术. 北京：科学出版社，2007.

[20] 丘昌容，曹晓珑. 电气绝缘测试技术. 北京：机械工业出版社，2002.

[21] 保定天威保变电气股份有限公司. 变压器试验技术. 北京：机械工业出版社，2000.

[22] 国家电网公司人力资源部. 国家电网公司生产技能人员职业能力培训专用教材　油务化验. 北京：中国电力出版社，2010.

[23] 胡毅. 带电作业工具及安全工具试验方法. 北京：中国电力出版社，2003.

[24] 陈化钢. 电力设备预防性试验方法及诊断技术. 北京：中国科学技术出版社，2001.

[25] 要焕年. 电力系统谐振接地. 北京：中国电力出版社，2000.

[26] 河南电力技师学院编. 电力行业高技能人才培训系列教材 油务员. 北京：中国电力出版社，2014.

[27] 刘珍，黄沛成，于世林，周心如. 化验员读本上册化学分析. 第四版. 北京：化学工业出版社，2004.

[28] 国家电网公司人力资源部组编. 国家电网公司生产技能人员职业能力培训专用教材 电测仪表. 北京：中国电力出版社，2010.

[29] 朱明华. 仪器分析. 北京：高等教育出版社，1993.

[30] 钱旭耀. 变压器油及相关故障诊断处理技术. 北京：中国电力出版社，2006.

[31] 电力行业电厂化学标准技术委员会. 电力用油、气质量、试验方法及监督管理标准汇编. 北京：中国电力出版社，2001.

[32] 温念珠. 电力用油实用技术. 北京：中国水利水电出版社，1998.

[33] 郝有明，温念珠. 电力用油（气）实用技术问答. 北京：中国水利水电出版社，2000.

[34] 孟玉蝉，朱芳菲. 电力设备用六氟化硫的检测与管理. 北京：中国电力出版社，2009.

[35] 孙坚明，孟玉蝉，刘永洛. 电力用油分析及油务管理. 北京：中国电力出版社，2009.

[36] 孙坚明，李荫才. 运行变压器油维护与管理. 北京：中国标准出版社，2006.

[37] 黄奇峰. 电测仪表技术问答. 北京：中国电力出版社，2003.

[38] 范巧成. 计量基础知识. 北京：中国计量出版社，2006.

[39] 刘青松. 电工测试基础. 北京：中国电力出版社，2004.

[40] 中国电力企业家协会供电分会编. 电测仪表（初/中/高级工）. 北京：中国电力出版社，1999.

[41] 劳动和社会保障部教材办公室编. 电工测量与仪表. 北京：中国劳动社会保障出版社，2007.

[42] 刘常满. 电工测量仪表的使用·维护·保养 400 问. 北京：国防工业出版社，2008.

[43] 钱国柱. 电工仪器仪表技术问答. 北京：水利电力出版社，1987.

[44] 潘必卿，刘玉俊. 精密电工仪器修理. 北京：机械工业出版社，1988.

[45] 冯占岭. 数字电压表及数字多用表检测技术. 北京：中国计量出版社，2003.

[46] 陈忠. 仪器仪表检修技巧. 北京：机械工业出版社，2007.

[47] 梁东源. 电测仪表. 北京：中国电力出版社，2004.

[48] 韩启纲. 智能化仪表原理与使用维修. 北京：中国计量出版社，2002.

[49] 胡晓光，孙来军. SF_6 断路器在线绝缘监测方法研究. 电力自动化设备，2006，26（4），1-3.

[50] 黎斌. 断路器电寿命的折算、限值及其在线监测技术. 高压电器，2005，41（6），428-433.

[51] 张元林，王文胜，徐大可，等. 变电站电气设备在线监测综述. 高压电器，2001，37（5），30-32.